| 제2판 |

인간공학

| 제2판 |

인간공학

Christopher D. Wickens, John D. Lee, Yili Liu, Sallie E. Gordon Becker 지음

이재식, 김정룡 옮김

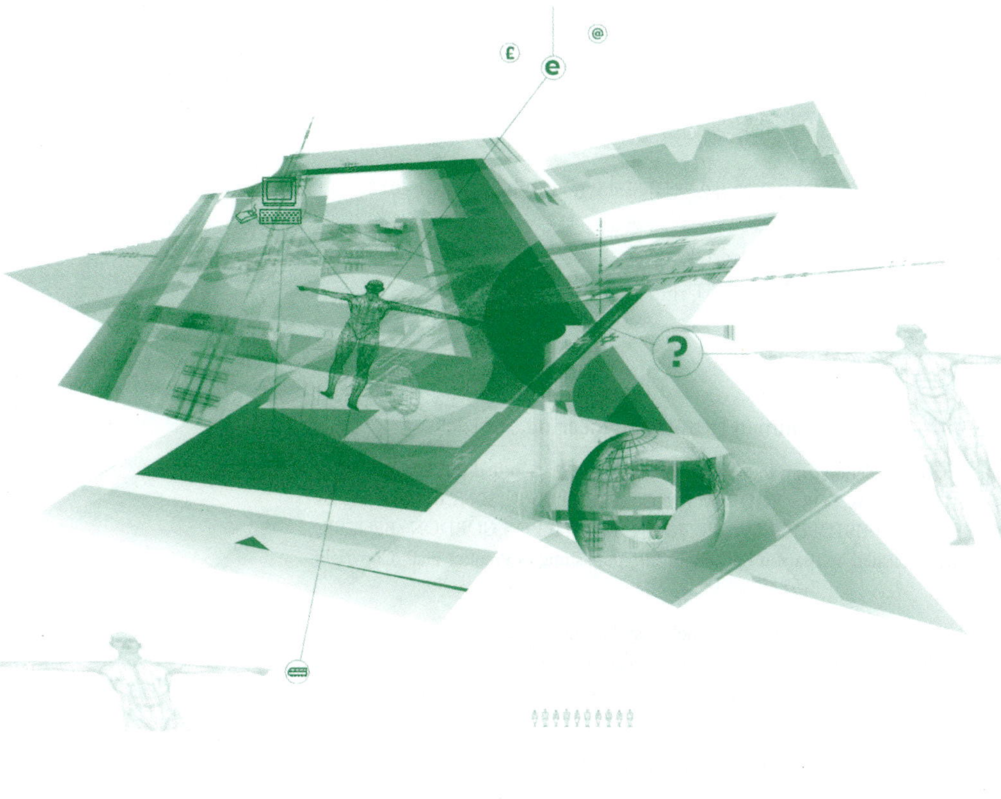

Σ 시그마프레스

인간공학, 제2판

발행일 | 2008년 3월 1일 1쇄 발행
2009년 10월 1일 2쇄 발행
2014년 1월 5일 3쇄 발행
2020년 8월 3일 4쇄 발행

저 자 | Christopher D. Wickens, John D. Lee, Yili Liu, Sallie E. Gordon Becker
역 자 | 이재식, 김정룡
발행인 | 강학경
발행처 | (주)시그마프레스
디자인 | 김경임
편 집 | 문수진

등록번호 | 제10－2642호
주소 | 서울시 영등포구 양평로 22길 21 선유도코오롱디지털타워 A401～402호
전자우편 | sigma@spress.co.kr
홈페이지 | http://www.sigmapress.co.kr
전화 | (02)323－4845, (02)2062－5184～8
팩스 | (02)323－4197
ISBN | 978－89－5832－360－0

An Introduction to Human Factors Engineering, 2nd Edition

＊ 책값은 책 뒤표지에 있습니다.

역자 서문

효율적이고 안전한 수행에 바탕을 둔 생활은 인간의 삶의 질을 결정짓는 가장 중요한 측면 중 하나이며, 이것은 인간이 주변의 다양한 기계(혹은 시스템) 및 환경과 어떠한 방식으로 상호작용하는가에 따라 결정된다는 것은 주지의 사실이다. 이러한 상호작용 방식을 좀 더 바람직한 방향으로 개선하기 위해서는 인간이나 기계 혹은 환경이 가진 본질을 총체적으로 이해할 수 있어야 한다. 특히 최근 들어 우리가 많이 듣고 있는 '인간 중심의 설계' 라는 개념이 시사하듯이, 그러한 상호작용 속의 중심에는 인간 요인이 자리잡고 있다고 할 수 있다. 이 책의 역자들이 심리학과나 공과대학 학생들을 대상으로 공학심리학이나 인간 공학이란 과목을 강의하면서 느꼈던 것 중 하나는, 이 분야와 관련된 많은 저서나 번역서들이 주로 공학적 관점에서 쓰여져 인간 요인과 관련된 많은 측면들이 상대적으로 약하게 강조되었다는 점이다.

인간 공학의 초기 역사에서 보면, 설계 과정에서 인간의 특성을 고려하지 않은 채 시스템을 설계하여 '시스템을 인간에 맞추기' 보다는 '인간을 시스템에 맞추어야' 했던 경험과 일맥상통하는 부분이 없지 않다고 보인다. 다행히 1992년에 Christopher D. Wickens 교수의 *Engineering Psychology and Human Performance*(제2판, 1992)라는 저서가 국내 심리학자들에 의해 번역되었다. 이 책은 심리학에서의 주요 연구 패러다임 중 하나인 정보 처리적 관점에 주로 기초하여 쓰여졌을 뿐만 아니라, 다양한 심리학적 · 공학적 문헌을 인용하여 궁극적으로 잘 설계된 시스템이라는 것이 무엇인지를 명쾌하게 보여주었다.

「인간공학」은 위에서 소개한 Wickens 교수 등이 집필한 *An Introduction to Human Factors Engineering,* 제2판(2004)을 번역한 것이다. 저자들이 서문에서도 밝혔듯이, 이 책은 인간 공학/공학심리학에 대한 입문서 성격을 띠고 있으며, 이 책에서 다룬 주제들은 인간 공학/공학심리학의 다양한 하위 영역을 충실히 반영하면서도 그 내용은 알기 쉽게 저술되었다.

이 책은 인간 공학의 영역을 크게 네 가지 측면, 즉 연구 방법론, 인간 정보 처리의 본질, 시스템 인터페이스, 그리고 인간 공학의 응용에 초점을 맞추고 있으며, 전체적으로는 19개의 장들로 구성되어 있다. 이 책은 산업공학, 항공공학 혹은 시스템공학과 같은 공학 분야나 심리학을 전공하는 학부(혹은 인간 공학이나 공학심리학을 접해 보지 않은 대학원) 수준의 독자들뿐만 아니라, 각종 시스템/제품 설계나 인간 에러 및 안전과 같은 측면에 관심이 있는 연구자들에게도 널리 읽힐 수 있는 책이라고 생각된다.

끝으로, 이 책의 출간 작업을 차질 없이 진행하는 데 지원을 아끼지 않은 (주)시그마프레스의 강학경 사장님과 교정을 담당한 문수진 씨에게 감사의 뜻을 전한다. 아울러 교정 작업을 도와준 김비아 박사와 주미정, 이세원 등의 대학원 학생들에게도 고마움을 표한다.

2008년

이재식, 김정룡

저자 서문

우리가 이 책을 쓴 이유는 공학자들이나 시스템 설계자들, 그리고 다른 전문가들이 시스템을 더 좋게 설계하고, 사용자들을 더 효과적으로 훈련시키며, 또한 어느 한 시스템이 갖는 사용성을 더 정확하게 평가하기 위해서는 그들이 인간의 신체적 · 정신적 능력과 한계에 대해 제대로 이해하고 있어야 한다는 것을 깨달았기 때문이다. 이러한 목표들을 성취하기 위한 지식이나 방법들은 인간 공학이라고 불리는 학문 분야에서 구체적으로 다루어지고 있다. 이 책의 초반부에도 소개되겠지만, 시스템 설계에서 인간 공학의 응용에 따른 비용-이익 분석(cost-benefit analysis)은 그러한 응용에 대한 매우 적합한 평가를 제공해 준다.

이 책에서 우리는 인간 공학적 원리들에 대한 분명하고도 직관적인 이해가 가능한 설명들에 초점을 맞추고자 한다. 우리는 실제 세계에 있는 설계 사례들을 들어 이러한 원리들을 기술할 것이며, 필요하다면, 왜 그러한 원리들이 형성되었는지를 독자들이 이해할 수 있도록 이러한 원리들이 어떻게 인간의 심리적, 생물학적, 그리고 신체적 특성들에 기초하고 있는지 보여줄 것이다. 이 책에서 우리는 인간 공학적 원리들에 초점을 맞추고 있기 때문에 심리학적인 이론이나 연구 패러다임 및 실험들에 대해서 자세하게 언급하지는 않을 것이다. 다만 우리는 독자들이 이 책에서 기술하는 원리들이 타당한 연구의 결론에 따라 정립되었다는 것을 알고 있다고 믿고 있으며, 필요하다면 그러한 연구들을 다시 살펴볼 수 있도록 인용된 문헌들을 소개하였다.

우리는 이 책이 설계에서 인간 공학을 적용하는 데 필요한 유일한 참고서가 될 것이라고는 기대하지 않는다. 인간이 갖는 기본적 한계를 염두에 두고 시스템을 설계하는 데 필요한 구체적인 숫자나 값, 공식들은 지면상의 문제로 이 책에는 포함되지 않았다. 그러나 이러한 측면들에 대한 좀 더 자세한 정보를 원하는 독자들을 위해 이 책의 여러 곳에서 관련된 참고문헌을 소개하였다.

이 책은 이론이나 연구보다는 설계 원리 및 방법론을 더 강조하여 구성하였기 때문에, 우리는 설계 과정에 참여할 공과대학 학부생을 이 책의 일차적인 독자로 생각하고 있다. 그러나 이러한 독자들이 심리학개론을 모두 수강했을 것이라고는 생각되지 않기 때문에, 우리는 몇 가지 필수적인 심리학적 기초들을 제공하고자 노력하였다. 우리는 또한 이 책이 심리학과의 응용심리학이나 학부 수준의 공학심리학 과목에도 매우 유용할 것이라고 믿는다. 그것은 다양한 영역에서의 시스템 설계에 적용된 많은 심리학 지식들이 이 책에서 소개되고 있는 것만 보아도 알 수 있을 것이다.

인간 공학은 급속하게 성장하고 있는 분야이다. 많은 중소기업체들에서는 인간 공학에 대한 공식적인 훈련을 받지 않은 사람들이 인간 공학자들이 수행하는 직무에 배치되고 있다. 따라서 우리는 이 책이 공과대학이나 심리학과의 강의에서 사용되는 것에 그치지 않고, 실제 작업장에서의 근로자나 관리자들에게도 유용한 참고서가 될 수 있을 것으로 기대하고 있다.

우리는 이 책이 적절한 예시들을 사용한 반면, 지나치게 세세한 부분은 배제하고, 필요하다면 좀 더 자세한 정보를 얻을 수 있는 참고문헌들을 제시함으로써 비교적 직관적이고 쉽게 읽을 수 있는 유형으로 기술되었다는 점을 장점으로 생각하고 있다. 또한 우리는 한편으로는 인간 수행의 다양한 측면들과 연합되어 있는 인간 요인들(예 : 신체적 한계, 디스플레이 처리 혹은 기억 실패 등)을 제시하는 것과, 다른 한편으로는 특히 중요한 응용 영역들을 제시하는 것 사이에 균형을 이룰 수 있도록 노력했다는 점도 말하고 싶다. 예를 들어 교통수단과 관련된 인간 공학이나 인간-컴퓨터 상호작용에 대해서는 장을 따로하여 소개하였다.

이번 개정판(제2판)에서 우리는 책의 내용이나 구성의 기본적인 틀을 많이 바꾸지 않았다. 아이오와대학교 산업공학과 교수인 John Lee 교수가 공동저자로 참여하였다. Lee 교수는 자동화와 도로교통 안전 영역의 전문가이다. 제2판에서는 제1판의 독자들이 지적해 준 몇 기지 사항들을 보완하였고, 운전자 주의분산, 인간 에러와 관련된 조식적 측면, 법적 규제에 대한 인간 공학적 고려, 메타인지, 그리고 과제 관리와 같은 다양한 주제들을 추가하였다. 또한 각 장들 사이에 서로 관련있는 내용을 여러 번 언급하면서 인간 공학이 통합과학이라는 것을 강조하고자 하였다. 그리고 각 장의 끝에는 그 장에서 인용된 참고문헌의 전체 목록을 제시하였다.

Christopher D. Wickens, John Lee
Yili Liu, Sallie Gordon Becker

차례

제4장 시각각 체계

제5장 청각, 촉각 및 전정감각 체계

제6장 인지

제7장 의사결정

제8장 디스플레이

제9장 제어

제15장 인간-컴퓨터 상호작용 573

제16장 자동화 631

제17장 교통 인간 공학 659

제18장 선발과 훈련

제19장 사회적 요인들

1 인간 공학의 소개

어느 공장의 생산 조립 라인에서 일하는 한 근로자가 있었다. 그가 하는 일은 손이 잘 닿지 않는 위치에 무거운 부품을 옮겨 놓는 것이었다. 어느 날 퇴근 무렵, 늘 하던 것처럼 무거운 부품을 옮기려 하는데 갑자기 허리 아랫 부분에 쑤시는 듯한 통증을 느꼈다. 병원에서 진찰한 결과 그 근로자는 하요부 디스크 증세가 있음이 판명되었고, 그는 며칠 동안 일을 하지 못했다. 나중에 그 근로자는 하요부에 위험한 신체적 활동을 요구한 회사에 대해 소송을 제기하였다.

어느 할머니 한 분이 두 가지의 문제에 봉착했다. 의사가 처방해 준 약병을 잘 살펴보았지만, 할머니는 추천 복용량을 열거해 놓은 깨알같이 작은 글씨뿐만 아니라, 그 아래 빨간색으로 표시된 경고 문구조차 읽을 수 없었다. 이것이 첫 번째 문제였다. 그러나 아이러니컬하게도, 복용량이나 경고 문구를 제대로 읽지 못해 발생할 수 있었던 사고는 두 번째 문제 덕분에 발생하지 않았다. 두 번째 문제는 '아동이 열지 못하도록' 만든 병마개를 열기에는 그 할머니의 손동작이 정교하지 못했고 힘 역시 부족했다는 것이다.

자동응답 전화 시스템을 통해 급하게 전화 메시지를 듣고자 했던 어느 불쌍한 고객은 정말 비협조적인 자동응답 시스템에다 대고 자신이 혼자 열심히 '말하고' 있음을 깨달았다. 인내심을 갖고 긴 선택 메시지 항목들을 끝까지 들었지만, 실수로 엉뚱한 선택 버튼을 누르고 말았다. 더 기가 막혔던 것은 자신이 원했던 메시지를 다시 찾기 위해서는 어떻게 되돌아가야 하는지 전혀 알 수 없었고, 다만 한 가지 가능한 방법은 전화를 끊고 처음부터 다시 이 긴 과정을 반복하는 것이었다.

인간 공학이란 무엇인가

앞에서 언급된 세 가지 에피소드는 그 성격으로 볼 때 우리의 일상생활에서 매우 흔히 있는 일이고, 세상 곳곳에서 다양한 형태로 반복적으로 발생하는 일이다. 그러나 지금 소개하고자 하는 네 번째 에피소드, 즉 1987년에 페르시아 만에서 발생한 사고는 매우 특별한 것이었다. 미 해군 순양함 USS Vincennes 호는 일촉즉발의 위기가 감도는 페르시아 만을 순찰하고 있었다. 그때 레이더에 한 비행 물체가 접근해 오고 있는 것 같은 모호한 정보가 제시되었다. 배에 장착된 레이더 시스템의 디스플레이 특성상, 레이더를 감시하는 승무원은 그 비행기가 상승하고 있는지 혹은 하강하고 있는지의 여부를 판단하기 매우 어려웠다. 결국 비행기가 하강하고 있다고 잘못 판단한 그 승무원은 그 비행기가 접근 중인 적기일 것이라고 잠정적으로 확인하였다. 생명이 위협받는 일촉즉발의 상황에서, 어떤 행동을 취할 시간이 매우 짧다는 것과 사람들 사이의 의사소통 단절(배에 있던 사람들과 접근 중인 비행기의 조종사), 그리고 적대적 상황에 의해 파생된 승무원의 기대 등이 결합되어 결국 함장으로 하여금 접근 중인 비행기에 미사일을 발사하도록 하는 결정을 내리게 하였다. 불행하게도 그 비행기는 실제로는 이란 민간 항공기였으며, 피격 당시 하강하고 있던 것이 아니라 오히려 상승하고 있는 상태였다.

이 네 가지의 사례들은 모두 인간 공학(human factors)이 기여할 수 있는 영역들을 예시해 주고 있다. 이러한 사례들을 통해 인간이 다루고 있는 시스템과 인간 사이의 상호작용을 분석해 봄으로써 인간 공학에 대해 보다 자세하게 살펴볼 수 있을 것이다. 실제로 대부분의 경우에 다양한 시스템들은 제대로 작동하고 있을 뿐만 아니라 어떤 경우에는 '필요 이상으로' 잘 작동한다. 그러나 제대로 작동하고 있는 것보다는 뭔가 잘못 작동하고 있다는 것을 더 쉽게 알아차리는 것이 인간의 본성이다. 더구나 진단과 해결책을 요구하는 상황은 다름 아닌 뭔가 문제가 발생한 때이며, 시스템 설계에 대한 인간 공학의 주된 공헌들도 이러한 진단과 해결책의 제시와 관련되어 있다.

우리는 인간 공학의 **목표**를 인간과 시스템이 상호작용할 때

- 수행을 향상시키고
- 안전성을 증가시키며
- 사용자의 만족감을 증대시키는

것으로 정의할 수 있다. 또한 인간 공학은 이러한 목표의 달성을 촉진하는 요인들에 대한 **연구**와 도구들의 **개발**을 포함한다. 우리는 제3장과 제15장에서 생산성(productivity) 향상과 에러 감소(error reduction)의 목표가 컴퓨터 시스템 설계에 주로 적용되는 **사용성**(usability)이라는 개념으로 어떻게 기술될 수 있는지 살펴볼 것이다.

이러한 목표들을 고려할 때는 이들 사이에 교환적 관계(tradeoff)가 존재할 수 있다는 것을 염두에 두는 것이 좋다. 예를 들어 수행(performance)이라는 용어 속에는 에러의 감소나 생산성(예 : 생산 속도)의 향상과 같은 것들이 모두 포함될 수 있을 것이다. 따라서 생산성을 향상시키고자 할 경우 이것은 때로 더 많은 오퍼레이터 에러를 야기할 수 있고, 잠재적으로는 안전을 위협할 수 있다. 또 다른 예로, 어떤 회사에서는 생산성 향상의 목표를 달성하기 위해 시간이 요구되는 안전 절차들을 줄이고자 할 수도 있을 것이다. 그러나 다행스러운 것은 이러한 교환관계들이 불가피한 것은 아니라는 것이다. 인간 공학적 개입을 통해 때로는 동시에 두 가지 목표를 만족시킬 수 있다(Hendrick, 1996; Alexander, 2002). 예를 들어 작업장을 개선한 어느 한 회사는 첫해에만 400,000달러에서 94,000달러까지 근로자의 산업재해 보상 비용을 경감시키기도 하였다(Hendrick, 1996). 즉 근로자들이 재해로 인해 일을 하지 못하는 시간을 줄이고 지속적으로 근무할 수 있게 하였을 뿐만 아니라(생산성의 증가), 작업장에서 일하다가 다칠 가능성도 크게 경감시켰던 것이다(안전성의 증가).

일반적으로 이러한 인간 공학 목표들은 그림 1.1과 같은 인간 공학의 순환과정 속에 있는 몇 가지 절차들에 의해 달성된다. 그림 1.1은 인간 오퍼레이터(뇌와 신체)와 이들이 상호작용하는 시스템 사이의 관계를 보여주고 있다. 먼저, A 부분에서는 기존의 인간-시스템 상호작용에 존재하는 문제나 결함을 진단하고 확인하는 것이 필수적이다. 이것을 효과적으로 수행하기 위해서는 인간의 신체(크기, 형태 및 능력)와 마음(정보처리 특성과 한계)에 대한 핵심적 지식이 물리적 혹은 정보 처리적 시스템에 대한 완전한 이해와 결부되어야 한다. 그리고 인간-시스템 상호작용의 붕괴 원인을 분명히 밝히는 데 적합한 **분석**(analysis) 도구가 적용되어야 한다. 예를 들어 앞에서 언급한 첫 번째 예시에서 왜 그 근로자는 하요부에 상해를 입게 되었는가? 들어 나르는 물체가 너무 무거웠기 때문인가, 아니면 그것을 들어 올려다 놓는 곳의 위치가 잘못되었기 때문인가? 이 근로자는 상해로 고생하는 다른 사람들의 대표적 사례인가? 이러한 문제에 대한 해답을 얻기 위해서는 과제분석, 통계분석, 그리고 사건이나 사고에 대한 분석 등과 같은 것들이 요구되고, 이것들의 각각에 대해서는 이 책의 다음 장들에서 논의될 것이다. 문제가 확인되었다면, 그 문제를 해결하기 위하여 그림 1.1의

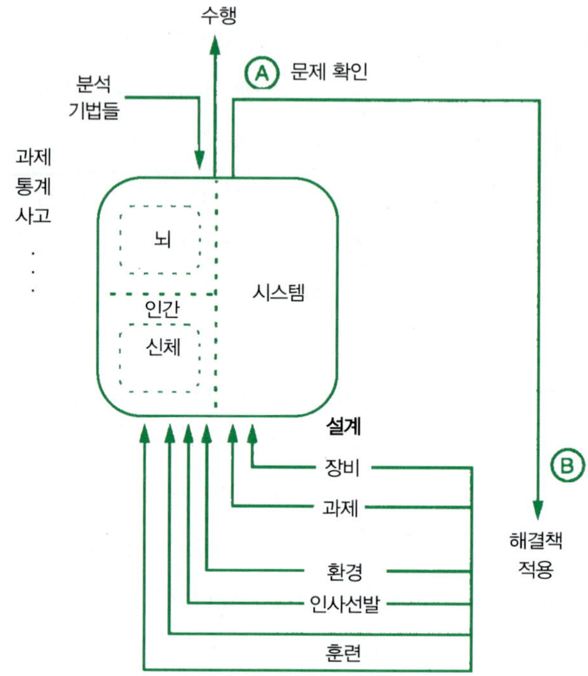

그림 1.1

인간 공학의 순환. 순환과정에서 점 A는 인간-시스템 상호과정 중의 문제 발생(예 : 사고나 사건)과 이에 따른 인간 공학적 해결책의 모색을 나타낸다. 점 B는 설계 순환의 초반에 바람직한 인간 공학적 해결책들이 적용되는 것을 나타낸다.

하단 B에 제시된 것과 같은 다섯 가지의 접근들이 적용될 수 있을 것이다(Booher, 1990, 2003).

장비 설계(equipment design)는 인간이 다루는 물리적 장비의 본질을 바꾸는 것이다. 앞의 예시에서 약병에 좀 더 읽기 쉬운 라벨을 다시 붙일 수 있고, 또는 좀 더 열기 쉬운 마개로 대체할 수 있을 것이다. USS Vincennes 호의 레이더 디스플레이는 항공기의 종적 혹은 횡적 움직임을 좀 더 통합적으로 보여줄 수 있는 형태로 새롭게 설계될 수 있을 것이다.

과제 설계(task design)는 오퍼레이터들이 사용하는 장치보다는 그들이 수행하는 과제들을 변화시키는 데 초점을 둔다. 예를 들어 생산 조립 라인의 노동자들이 부속품들을 손으로 들어야 할 필요가 없도록 작업장을 재설계할 수 있다. 종종 과제 설계는 과제의 일부나 전체를 다른 작업자에게 할당하거나 혹은 시스템의 자동화된(automated) 요소에 할당하는 것을 포함한다. 예를 들어 로봇이 인간을 대신해서 들기 과제를 수행하도록 할 수 있을 것이다.

물론 앞의 자동응답 시스템의 예에서 보았듯이 자동화가 항상 해결책이 되는 것은 아니다.

환경 설계(environmental design)는 과업이 수행되는 물리적 환경에서의 변화(예 : 조명이나 온도를 조절하거나 소음을 감소시키는 것과 같은 것)를 가져오는 것이다. 환경의 범위를 좀 더 넓은 관점에서 본다면 작업이 이루어지는 조직의 분위기도 포함할 수 있다. 예를 들면 안전 프로그램을 구현하는 데 작업자들이 좀 더 활발히 참여할 수 있도록 경영 구조를 변화시키는 것 등을 포함한 조직 내의 변화를 모색하는 것도 환경 설계의 일부이다.

훈련(training)은 작업자들에게 요구되는 신체적 혹은 정신적 기술들을 교육하고 연습시킴으로써 직무 환경에서 직면할 수 있는 여러 조건들에 대해 작업자들을 좀 더 준비시키는 데 초점을 둔다.

선발(selection)은 요구되는 직무를 수행하는 데 필요한 거의 모든 신체적 · 정신적 차원에서 사람들 사이에 개인차가 있다는 것을 인정하는 기법이다. 수행은 주어진 직무의 여러 특성에 가장 잘 맞는 능력을 갖춘 오퍼레이터를 선발함으로써 최적화될 수 있다. 예를 들어 우리가 맨 처음 예로 들었던 하요부 상해는 무거운 물체를 옮기는 데 요구되는 신체적 능력이나 특성을 충분히 갖고 있지 않았던 작업자에게 이러한 직무를 요구했기 때문에 발생했을 수 있다. 만일 엄격한 선발과정을 거쳤다면 이러한 사고는 방지할 수도 있었을 것이다.

우리가 그림 1.1에서 볼 수 있는 것처럼, 이러한 접근들은 모두 문제를 '교정'하는 데 적용될 수 있고, 이러한 교정이 성공적이었음을 확인하기 위해 수행이 다시 측정될 수 있다. 지금까지의 논의는 그림 1.1의 A 지점에서 확인한 결함 있는 시스템을 **교정**(fixing)하는 데 초점이 맞추어졌었다. 그러나 인간 공학의 바람직한 실천 방향은 처음부터 효과적으로 작동하는 시스템을 설계하여 인간 공학적 결함들이 시스템 설계에 포함되기 이전에 그러한 결함들을 미리 예상하고 방지하는 것이다. 이러한 관점에서 볼 때, 설계 순환과정에서의 인간 공학의 역할은 그림 1.1의 A와 마찬가지로 B 지점에도 쉽게 관여될 수 있다. 설계과정의 초기에 인간 공학적 요소들을 충분히 고려하여 적용한다면 비용이나 인간의 고충이 상당히 많이 절감될 수 있다(Booher, 1990; Hendrick, 1996). 예를 들어 앞의 예시에 제시된 근로자 상해의 경우, 처음부터 회사가 작업장 설계에 주의를 기울였다면 그 근로자가 제기한 법적 소송으로 인해 지불해야 했던 수천 달러의 법률 비용이 절약되었을 것이다. Alexander (2002)는 한 조직에서 설계에 인간 공학을 적용할 때 소요되는 비용은 설계의 최초 단계(따라서 사소한 작업장 사고 등을 예방할 수 있는 단계)부터 인간 공학이 적용될 경우에는 전체 생산비의 대략 2%를 차지하는 데 반해, 제품의 제조 단계 이후에 그러한 사고에 대응하기 위하여 인간 공학을 적용하고자 하는 경우에는 5~20%까지 증가하는 것으로 추정하였다. 제3장에서는 설계과정에서의 인간 공학의 역할을 좀 더 자세히 다룰 것이다.

인간 공학의 영역

비록 인간 공학이란 분야가 원래는 (대개 군대나 산업 장면에서) 물리적 장치들과 인간과의 상호작용이라는 상당히 좁은 관심에서 생겨난 것이기는 하지만, 지난 수십 년에 걸쳐 그 영역이 상당히 확장되어 왔다. **미국 인간 공학회**(Human Factors and Ergonomics Society, HFES)의 회원수가 북미 지역만 고려해도 5,000명에 이르렀고, 유럽의 인간 공학회(Ergonomics Society)의 회원수도 이에 버금가는 것으로 보고되고 있다. 더구나 한 조사에 의하면, 이 회원수는 현장에서 일하면서 실제로 자신들이 인간 공학을 실천하고 있다고 믿고 있는 많은 사람들의 수를 상당히 과소 추정한 수치이다(Williges, 1992).

이러한 성장과 더불어, 인간 공학의 실천이 내용 지향적(content-oriented)이라기보다는 **목표 지향적**(goal-oriented)이라는 사실은 인간 공학의 영역을 단정적으로 정의할 수 없음을 시사한다. 비록 인간 공학의 영역을 한정적으로 정의하기는 어렵지만, 인간 공학 전문가들이 대체적으로 하는 일이 무엇인지 이해할 수 있는 한 가지 방법이 그림 1.2에 제시되어 있다. 이 행렬표 상단의 좌우로는 인간이 작업하는 환경 혹은 맥락을 정의하는 시스템들(systems)의 주요 범주 목록이 (일부) 제시되어 있다. 왼쪽의 다섯 가지 범주는 개개의 오퍼레이터에 초점을 맞춘 시스템 환경들을 나타내고 있다. 여기에서의 주요 범주들은 산업 환경(예 : 제조, 원자력 발전소 혹은 화학적 처리), 컴퓨터 혹은 정보 환경, 건강 관리, 소비 제품(예 : 시계, 카메라, VCR 등), 그리고 교통 시스템 등이다. 오른쪽의 두 가지는 2명 이상의 개인들이 보이는 상호작용에 초점을 둔 환경을 나타내 주고 있다. 여기에서는 **팀**(team)과 **조직**(organization) 사이의 구분이 가능한데, 예를 들어 팀은 하나의 협동 프로젝트 수행과 같은 측면에 초점이 주어지는 반면, 조직은 경영 구조에 대한 좀 더 넓은 관심에 초점이 맞추어진다.

그림 1.2의 아래쪽으로는 시스템 사용을 위해 요구되는 인간 사용자의 다양한 요소들이 열거되고 있다. 과제를 수행하는 데 필요한 정보가 가시적으로 제시되어 있는가? 그러한 정보는 감각될 수 있는 것들이고, 또한 충분히 지각 가능한 형태인가? 이런 요소들은 앞에서 살펴본 두 번째 사례의 노인에게는 충분하지 못한 것들이었다. 정보를 이해하고 그것으로 무엇을 할 것인지 의사결정하는 데 어떤 인지적 과정들이 포함되어 있는가? USS Vincennes

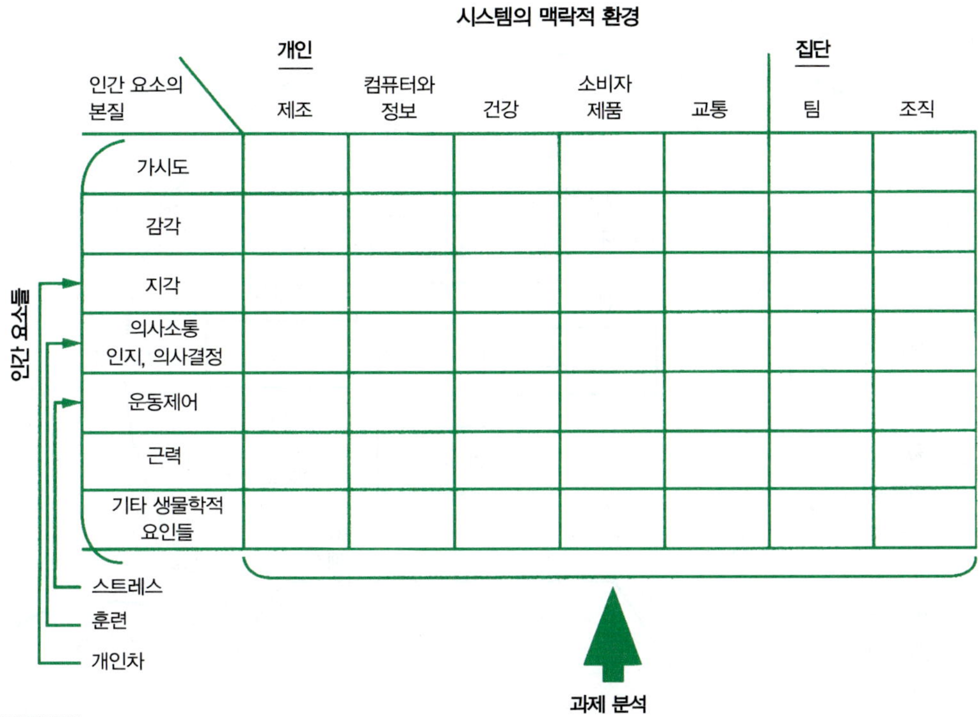

그림 1.2

인간 공학이 적용될 수 있는 맥락적 환경들에서 인간의 수행과 관련된 문제들을 기술할 수 있는 인간 공학적 주제의 행렬표. 인간 공학적 연구들은 행렬표의 각각의 칸 혹은 여러 칸들의 조합 안에 포함될 수 있다.

호의 경우에서 보았던 잘못된 의사결정은 모호한 의사소통으로 인해 사람들이 상황을 정확하게 이해하지 못했기 때문에 발생한 것이었다. 행위는 어떻게 수행되어야 하고, 이런 행위를 수행하기 위해서 요구되는 신체적 특성은 무엇이며, 또 얼마만큼의 근력이 필요한가? 물론 이것은 우리가 앞에서 들었던 예시의 생산 조립 라인 근로자가 당한 허리 부상의 원인이었다. 그림의 맨 왼쪽에 보이는 것처럼, 이러한 모든 과정들은 인간 오퍼레이터에게 부과된 **스트레스**, **훈련**, 그리고 기술이나 신체적 역량에서의 **개인차**에 의해 영향을 받는다.

따라서 표의 상단에 좌우로 걸쳐 있는 특정 과제 환경은 표의 왼쪽에 상하로 걸쳐 있는 인간 요소들의 어떤 하위집합과 관련될 수 있다. 제3장에서 논의될 과제 분석의 중요한 역할은 과제와 인간 요소가 어떻게 대응하는지 확인하고, 이를 통해 특정한 상황에서 적용 가능한 인간 공학의 영역을 정의하는 것이다.

인간 공학의 영역을 살펴보는 두 번째 방법은 다른 과학이나 공학 영역과 같은 학문 영역

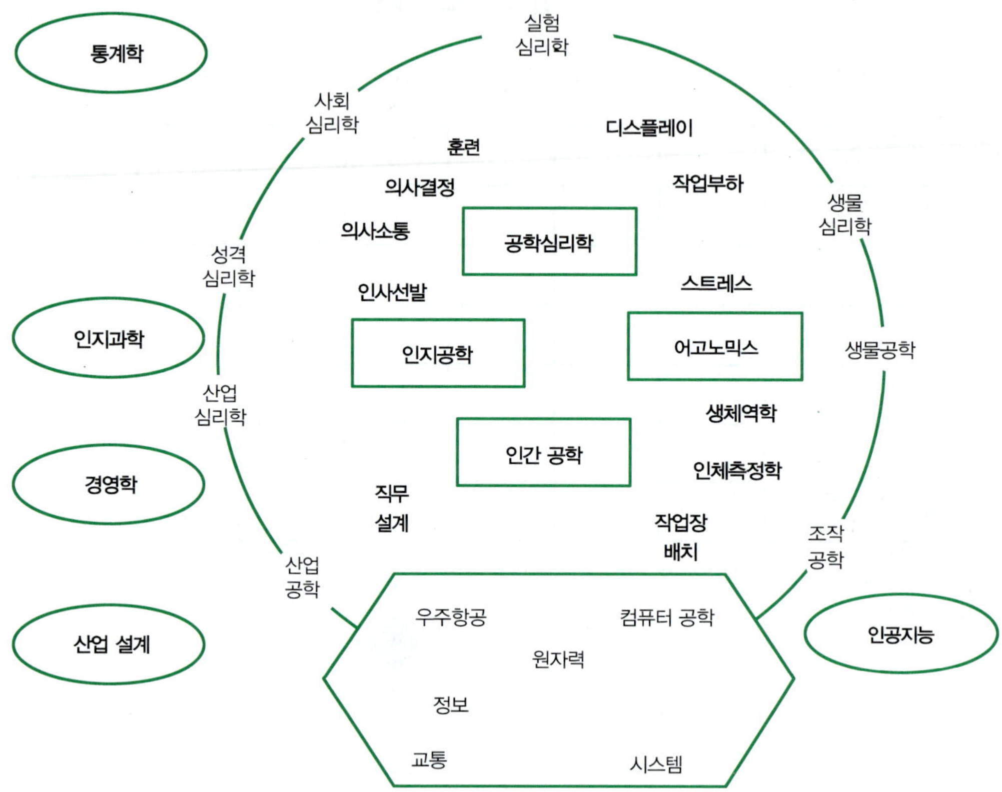

그림 1.3

인간 공학(원 안의 가운데)과 다른 관련 학문 분야들의 관계. 여러 학문 분야 중에서 심리학과 더 밀접한 분야들은 그림의 위쪽에, 공학과 더 밀접한 분야들은 그림의 아래쪽에 제시되어 있다.

과 인간 공학과의 관계를 고려해 보는 것이다. 이것은 그림 1.3에 제시되어 있다. 그림 속에서 관련 있는 항목들은 서로 가까운 곳에 위치하고 있다. 인간 공학에서 핵심적인 학문 분야들은 그림의 큰 원 가운데에 있고, 바로 그 옆에 표시된 것들은 인간 공학에서 연구하는 다양한 하위 영역들이다(큰 원 안에 굵은 글자로 표기되어 있음). 그 다음, 이것들을 둘러싸고 있는 것들은 인간 공학과 공유할 수 있는 심리학(위쪽)과 공학(아래쪽)의 학문 분야들이다. 하단에 제시된 것은 영역 특정적(domain-specific) 공학 학문이라고 불리는 것으로, 각각은 인간 요소들을 포함하는 특정 유형의 시스템에 초점을 둔다. 마지막으로 원의 바깥 부분은 역시 인간 공학의 몇몇 측면들과 겹치는 다른 학문 분야들을 가리킨다.

인간 공학과 밀접하게 관련된 학문들로는 어고노믹스(ergonomics), 공학심리학

(engineering psychology), 그리고 인지공학(cognitive engineering)이 있다. 역사적으로 볼 때 어고노믹스(Ergonomics)[1]라고 하는 분야는 신체적 작업과 관련되는 인간 공학 측면들, 예를 들어 들기(lifting), 신체 도달 가능 범위(reaching), 스트레스, 피로 등에 더 중점을 두어 왔다(Grandjean, 1988). 어고노믹스는 인간의 생리학적인 측면들과 종종 밀접한 관련이 있는데, 이 때문에 어고노믹스는 생물심리학이나 생체공학과 같은 학문 분야와 매우 밀접하다. 또한 어고노믹스는 인간 공학의 모든 측면들을 기술하는 데 있어 주로 유럽 쪽에서 선호하는 명칭이기도 하다. 그러나 실제로는 인간 공학과 어고노믹스의 영역들이 두 대륙 사이에 이미 충분히 섞여 있기 때문에 양자의 구분이 지켜지지 않는 경우가 많다.

인간 공학이 공학의 한 영역인 반면, 공학심리학은 심리학의 한 영역이다. 이 구분은 분명하다. 인간 공학의 궁극적인 목표는 인간 요소의 속성들인 심리적 · 신체적 요인들을 고려하여 시스템을 설계하는 것이다. 이와는 대조적으로, 공학심리학의 궁극적인 목표는 인간의 마음을 이해하는 것이며, 그러한 이해들이 실제로 시스템 설계와 관련된다(Wickens & Hollands, 2002). 그러한 점에서 공학심리학은 일반화될 수 있는 심리학적 원리와 이론의 발견을 더 강조하는 경향이 있는 반면, 인간 공학은 유용한 설계 원리의 개발을 더 강조하는 경향이 있다고 할 수 있다. 그러나 이러한 구분은 그렇게 확정적인 것은 아니다.

인지공학도 인간 공학과 매우 밀접하게 관련되어 있지만, 학문의 정의상 약간 더 복잡하여(Rasmussen et al., 1995; Vicente, 1999) 그림 1.3의 어느 한곳에 두는 것이 쉽지 않다. 본질적으로 인지 공학은 시스템 수행이 인간에 의한 것이건 아니면 기계에 의한 것이건 상관없이, 복잡한 인지적 사고(cognitive thinking)와 시스템 수행의 여러 측면들과 관련된 지식에 초점을 두고 있다. 특히 시스템 수행이 기계에 의한 것일 경우, 인지 공학은 인공지능(artificial intelligence)이나 인지과학의 여러 요소들을 좀 더 면밀히 다룬다.

과학으로서의 인간 공학 연구

과학으로서 인간 공학이 갖는 특징들(Meister, 1989)은 일반화(generalization) 및 예언(prediction)의 추구와 관련이 있다. 문제 진단 단계(그림 1.1)에서, 연구자들은 공통 요소를 가질 수 있는 여러 문제들을 일반화하기 원한다. 예를 들어 항공기와 관제소 사이의 의사소통

1) 이 책에서 인간 공학은 'human factors'를 번역한 것이며, 어고노믹스(ergonomics)도 human factors란 용어와 특별히 구분되어야 할 필요(예를 들면 지금 논의되고 있는 학문의 정의나 학문 간 비교)가 없다고 판단되면 이 역시 '인간 공학'으로 번역하였다(역주).

문제는 시끄러운 공장에서 근로자들끼리 경험하는 의사소통 문제나 응급실에서 의사들과 간호원들 사이의 의사소통 문제와 동일한 요소를 가질 수 있고, 따라서 이 세 가지 문제들에 대해 유사한 해결책이 적용될 수 있다. 만일 인간 오퍼레이터가 갖고 있는 신체적 · 정신적 요소들에 대한 깊은 이해에 기초하여 일반화할 수 있다면 더욱 효과적이다. 또한 좋은 인간 공학을 통해 확립된 해결책들이 실제 상황에 성공적으로 적용될 수 있다는 것을 예언할 수 있는 것도 매우 중요하다.

유효한 일반화 및 예언과 관련된 매우 중요한 요소는 우리가 제2장에서 다룰 인간 오퍼레이터에 대한 연구 혹은 관찰(observation)의 본질이다. 인간이 연구될 수 있는 환경의 범위는 연구 환경이 얼마나 관련 시스템을 실제감(realism) 있게 모사하는지의 정도에 따라 달라질 수 있다. 예를 들어 연구 환경은 고도로 통제된 관찰이나 실험을 위한 실험실 환경에서부터 실제 시스템을 사용하는 실제 사용자들의 행동(정상 행동, 준사고, 사고)을 검토하는 환경까지 다양하다. 연구자들은 인간 오퍼레이터를 이해하고 일반화 및 예언을 제대로 하기 위해서는 이러한 다양한 연구 환경으로부터 관찰 결과들을 얻어야 한다는 것에 동의하고 있다. 따라서 인간 공학자들은 예를 들어 실제로 발생한 USS Vincennes 호 사고의 원인이 무엇인지 이해하고 유사한 사고를 방지하기 위한 해결책을 모색하기 위해 실험실 연구에 기초한 의사소통(제6장), 의사결정(제7장), 디스플레이 통합(제8장), 시간 압력하에서의 수행 저하(제13장) 등의 연구 결과들과 연결시켜 볼 수 있을 것이다.

이 책의 개관

이후의 장들은 네 개의 기본적인 하위 영역으로 나누어진다. 제2장과 제3장에서는 상이한 연구 기법과 설계 방법론이 기술된다. 두 번째 하위 영역은 여섯 개의 장을 통해 인간 정보처리의 본질을 다룬다—시각체계와 청각체계(제4장과 제5장), 지각과 인지(제6장), 의사결정(제7장), 디스플레이 처리(제8장), 그리고 제어(제9장). 세 번째 하위 영역은 인간 공학에서의 비심리학적 문제들을 다룬다—작업장 설계(제10장), 신체 역량(제11장), 생리학(제12장), 스트레스(제13장), 그리고 안전과 관련된 문제들(제14장). 안전과 스트레스를 다룬 장들에서는 심리학적인 문제들도 다루게 된다. 마지막 하위 영역은 인간 공학이 응용되는 특정 영역에 초점을 둔다—자동화(제15장), 인간-컴퓨터 상호작용(제16장), 교통(제17장), 훈련과 선발(제18장), 그리고 집단과 조직 행동(제19장).

독자들에게 이 책과 유사하고 관련이 많은 내용을 다룬 저서 몇 권을 읽어보기를 권한다. Sanders & McCormick(1993), Bailey(1989), 그리고 Proctor & Van Zandt(1994) 등은 인간 공학에 대해 광범위하게 다루고 있다. Norman(1988)은 일반인들이 매일 경험하는 여러 종류의 일상적 시스템들(예 : TV나 VCR)과 관련된 인간 공학적 측면들을 검토하고 있고, Meister(1989)는 과학으로서의 인간 공학을 다루고 있다. Wickens & Hollands(2000)는 공학 심리학을 다루면서 심리학과 관련되지 않은 인간 요소들(예 : 가시도, 신체 도달 가능 범위, 근력)을 추가적으로 다루고 있다. 이와는 달리 Wilson & Corlett(1991), Chaffin, Andersson, & Martin(1999), 그리고 Kroemer & Grandjean(1997)은 인간 공학에서 좀 더 신체적인 측면들(예 : 고전적인 '어고노믹스')에 초점을 둔다. 마지막으로 Salvendy(1997)의 *Handbook of Human Factors and Ergonomics*에서는 인간 공학의 거의 모든 측면들이 광범위하게 다루어지고 있고, 시스템 통합 문제는 Booher(2003)에서 찾을 수 있다.

인간 공학 연구들을 소개하는 몇 개의 저널들도 있다. 이 중에서 가장 중요한 저널들은 International Ergonomics Society에서 발간하는 *Ergonomics*와 *Theoretical Issues in Ergonomics Sciences*가 있는데, 이 둘은 모두 영국에서 출판된다. 미국의 Human Factors and Ergonomics Society에서 발간하는 세 가지의 저널도 있는데, 그것은 *Human Factors*, *Ergonomics in Design*, 그리고 매년 발간되는 *Proceedings of the Annual Meeting of the Human Factors and Ergonomics Society*이다.

참고문헌

Bailey, R.W.(1989). *Human performance engineering: Using human factors/ergonomics to achieve computer system usability*(2nd ed.). Englewood Cliffs, NJ: Prentice-Hall.

Booher, H.R.(ed.)(1990). MANPRINT: *An approach to systems integration.* New York: Van Nostrand Reinhold.

Grandjean, E.(1988). *Fitting the task to the man*(4th ed.). London: Taylor & Francis.

Hendrick, H.(1996). The ergonomics of economics is the economics of ergonomics. *Proceedings of the 40th Annual Meeting of the Human Factors and Ergonomic Society*(pp.1-10). Santa Monica, CA: Human Factors and Ergonomics Society.

Meister, D.(1989). *Conceptual aspects of human factors.* Baltimore: The Johns Hopkins University Press.

Norman, D.A.(1988). *The psychology of everyday things.* New York: Basic Books.

Proctor, R.W., and Van Zandt, T.(1994). *Human factors in simple and complex systems.* Needham

Heights, MA: Allyn & Bacon.

Rasmussen, J., Pejterson, A., and Goodstein, L.(1995). *Cognitive engineering: Concepts and applications.* New York: Wiley.

Salvendy, G.(1997). *Handbook of human factors and ergonomics*(2nd ed.). New York: Wiley

Sanders, M.S., and McCormick, E.J.(1993). *Human factors in engineering and design*(7th ed.). New York: McGraw-Hill.

Wickers, C.D.(1992). *Engineering psychology and human performance*(2nd ed.). New York: HarperCollins.

Williges, R., et al.(1992). *The education and training of human factors specialists.* Washington, DC: National Academy Press.

Wilson, J.R. and Corlett, E.N.(1991). *Evaluation of Human Work.* London: Taylor & Francis.

2 연구 방법

한국회의원이 운전 중 휴대전화를 사용하던 운전자가 정지 신호를 무시하고 주행하는 바람에 자동차 사고를 당하였다. 운전 중 휴대전화 사용이 안전한 운전을 방해할 수 있다고 생각한 그 의원은 운전 중 휴대전화 사용을 금지하는 법을 입안하고자 하였다. 그러나 다른 사람들은 어떻게 한 사람의 경험만으로 모든 사람의 휴대전화 사용을 금지할 수 있는지 반박하였다. 다시 말해 하나의 개인적인 경험이 반드시 모든 혹은 대다수의 사람들에게 일반화될 수 있느냐는 것이다. 결국 운전 중 휴대전화 사용이 실제로 안전 운전을 방해하는지를 밝히기 위해 인간 공학 전문회사에 증거를 수집해 줄 것을 의뢰하기로 하였다.

언제 그리고 어떻게 그 증거를 얻을 수 있을까? 그 회사는 사고 통계 자료나 경찰의 사고 조사 보고서를 살펴볼 수 있을 것이다. 그리고 운전자들에게 운전 중에 얼마나 자주 휴대전화를 사용하는지 물어본 설문조사 결과와 비교하여 운전 중 휴대전화 사용 때문에 발생한 교통사고는 그렇게 많지 않았음이 밝혀졌다고 하자. 그러나 이 증거는 얼마나 믿을 만하고 정확한 것일까? 모든 교통사고 조사 보고서에 경찰관이 사고 당시 휴대전화를 사용했는지의 여부를 기재하는 난이 있는 것은 아닐 것이다. 그리고 설문조사의 경우에도 얼마나 자주 운전 중에 휴대전화를 사용하는지에 대한 운전자들의 응답을 전적으로 믿을 수 있는 것은 아닐 것이다. 그 회사는 고가의 운전 시뮬레이터를 이용하여 운전 중 휴대전화 사용 여부가 운전 수행에 어떠한 차이를 보이는지 밝히기 위한 연구를 수행할 수도 있을 것이다. 그러나 운전 시뮬레이터는 얼마나 실제 운전 조건을 그대로 재현할 수 있을까? 실제 운전 상황에서는 사람들이 언제 휴대전화를 사용할지 스스로 결정한다. 그러나 시뮬레이션 상황에서는 사람들이 특정 시점에 휴대전화를 사용하도록 요구받는다. 그 회사는 좀 더 기초적인 실험실 연구를 통해서 보행자를 표시하는 자극이 나타나는지 여부를 탐지하면서, '대화하기' 와 차량 제어와 유사한 '추적과제 수행' 사이에 발생할 수 있는 이중과제 간섭의 정도를 측정할 수도 있을 것이다(Strayer & Johnston, 2001). 하지만 컴퓨터에 기반한 추적과제는 실제 자동차 운전과 다르지 않은가?

위에서 기술된 증거 수집 접근들은 '실제 세상' 에서 시스템과 상호작용하는 인간 행동에 대한 '진실' 을 발견하는 데 인간 공학자들이 채택할 수 있는 수많은 **연구 방법들**(research methods)에 대한 하나의 예시이다. 연구는 관찰 결과나 자료를 과학적으로 수집하는 것과 연구 문제와 관련하여 이러한 자료들이 무엇을 의미하는지 해석하는 과정을 포함한다. 인간 공학에서 이러한 의미는 무엇이 효과가 있는가? 무엇이 안전하지 못한가? 혹은 어떤 것이 더 좋은가? 등의 방식으로 종종 표현된다. 또한 연구 자료의 의미는 다양한 시스템 맥락에서 인간이 어떻게 기능하는지에 대한 좀 더 일반적인 원리들로 표현되기도 한다. 인간 공학은 과학을 시스템 설계에 응용하는 것이기 때문에, 많은 연구자들은 인간 공학을 일종의 응용 과학(applied science)으로 여긴다. 궁극적인 목표가 실제 세상에서의 인간 수행을 반영하는 원리를 확립하는 것이지만, 그러한 과학적 원리들은 실험실 환경과 실제 세상 환경에서 수행된 연구들을 통해 얻어진다.

인간 공학 연구자들은 전통적인 자연과학과 사회과학에서 수년간에 걸쳐 발달해 온 과학적 원리들을 개발하고 검증하기 위해 표준적인 방법들을 사용한다. 이런 방법들은 고도로 통제된 실험실 환경에서 수행되는 '순수한 과학적 실험' 에서부터 실제 생활에서 덜 통제되기는 하지만 좀 더 현실적인 관찰 연구에 이르기까지 다양하다. 이렇게 연구 방법들이 다양하기 때문에, 인간 공학 연구자들은 어떤 방법이 특정한 연구 문제에 가장 적합한지를 알아야 할 뿐만 아니라, 사용 가능한 연구 방법들의 범위에도 익숙해야 한다. 또한 인간 공학 연구자들은 그들이 발견한 것들을 인간 공학의 실천자들이 궁극적으로 어떻게 사용하는지도 이해해야 한다. 이상적으로는 인간 공학적 발견물들이 설계과정에 좀 더 유용하게 사용될 수 있는 방향으로 연구를 이끌 수 있도록 하는 것인데, 다시 말해 이것은 인간 공학이 응용 가능하도록 한다는 것을 의미하는 것이다(Chapanis, 1991).

또한 기초 연구 방법들에 대한 지식도 인간 공학적 설계 작업에 필요하다. 다시 말해 표준적인 설계 방법들이 제품이나 시스템의 설계 초기 단계에 사용되어야 한다. 대안적인 설계 해결 방법들이 출현함에 따라, 가끔은 현재 주어진 문제에 가장 적합한 설계 해결책이 무엇인지를 결정하기 위한 공식적 혹은 비공식적 연구들을 수행할 필요가 있다. 이 상황에서 설계자들은 가장 적합한 연구 방법을 선택해서 사용해야 한다. 제3장에서는 인간 공학에서 공통적으로 사용되는 설계 방법들에 대해 개관할 것인데, 여기에서 다양한 연구 방법들에 대해 다시 한 번 언급할 것이다.

연구 방법들의 소개

제1장에서 살펴보았듯이, 인간 공학 연구들은 다양한 학문 영역과 관련이 있다. 즉 인간의 뇌가 어떻게 정보를 처리하는지를 이해하는 것에서부터 인간이 갖고 있는 신체적 · 생리적 한계들을 이해하는 것에 이르기까지 다양하다. 또한 인간 공학 연구자들은 시스템들이 물리적/기계적인지(예 : 휴대전화, 삽, 항공기 등) 아니면 정보 처리와 관련된 것인지(예 : 부조종사와 대화하거나, 911 응급상황실 요원과 통화하거나, 혹은 교육용 시스템과 상호작용하는 것 등)에 상관없이 인간의 마음과 신체가 시스템들과 연결되었을 때 어떻게 작동하는지에 대해서도 알아야 한다. 이 때문에 인간 공학에서도 기초 연구의 중요성이 강조되기는 하지만, 인간 공학 영역에서 대부분의 과학적 연구들은 심리학이나 물리학, 혹은 생리학에서의 좀 더 기초적인 연구만큼 단순하거나 '맥락으로부터 자유로울 수 있는' 것은 아니다.

기초 연구와 응용 연구

인간 공학과 관련된 과학적 연구들이 기초적인 것에서부터 응용적인 것까지 다양할 수 있다는 것은 분명하다. 기초 연구(basic research)는 '사람, 과제 및 환경(setting)의 넓은 범위에 걸쳐 일반화되는 이론, 원리, 그리고 연구 결과들을 개발하는 것'으로 정의될 수 있다. 이에 대한 한 가지 예로, 사람들이 특정한 활동을 수백 번 연습하면 이 활동은 자동화되어, 의식적이거나 노력이 드는 인지적 처리가 요구되지 않는다는 이론을 검증하는 일련의 연구들을 들 수 있다. 응용 연구(applied research)는 '특정한 모집단, 과제, 제품, 시스템, 그리고/혹은 환경에 대한 비교적 구체적인 이론이나 원리, 그리고 연구 결과들을 개발하는 것' 으로 정의될 수 있다. 응용 연구의 한 가지 사례는 고속도로에서 운전할 때 특정 휴대전화를 사용하는 것이 운전자의 주의를 일차적인 운전 과제로부터 얼마나 빼앗아 가는지를 측정하는 경우가 될 수 있을 것이다.

몇몇 전문가들은 기초 연구와 응용 연구 사이의 이분적 분류를 강조하기도 하지만, 기초 연구와 응용 연구 사이에는 일종의 연속체가 존재하고 있으며, 연구의 이론이나 결과들이 과제, 제품, 혹은 환경에 일반화되는 정도에 따라 모든 연구들이 그 연속체의 어딘가에 해당된다고 말하는 것이 더 정확하다. 기초 연구나 응용 연구 모두는 서로 상대적인 이점과 단점을 갖고 있다. 기초 연구는 응용 연구에 비해 일반화 가능성이 더 큰 기초적 원리를 개발하는 경향이 있다. 기초 연구는 엄격하게 통제된 실험실 환경에서 수행되는데, 이런 연구들은 다른 변인들의 혼입을 방지하고, 우리가 연구하고 있는 인과관계에 대한 더 큰 확신을 제공해 준다는 점에서 이점이 있다. 그러나 실험실 환경에서의 연구들은 때로 단순하고 인공적이며, 실제 세계에서 행해지는 수행과는 전혀 유사하지 않을 수 있다. 여기서의 핵심은 기초 연구를 통해 개발된 이론과 연구 결과들이 특정한 설계 문제에 응용될 수 있다고 가정하는 것에 주의해야 한다는 점이다(Kantowitz, 1990). 이런 이유로 기초 연구를 하는 사람들은 다양한 과제들과 환경을 포함한 통제적 연구를 하도록 노력해야 하며, 실제로 이런 연구들의 몇몇은 실험실에서보다는 '현장(field)'에서 수행된다. 이것은 연구 결과가 새로운 혹은 상이한 과제나 상황에도 일반화될 수 있는 가능성을 증가시킨다.

앞에서 언급한 논의대로라면 응용 연구만이 인간 공학 설계자에게 가치 있는 것으로 여겨질 수도 있을 것이다. 어찌되었건 응용 연구는 특정한 과제나 환경에 국한되는 원리나 연구 결과들을 만들어 낸다. 설계자는 주어진 설계 문제에서 특정한 요인들의 조합에 관한 연구 결과들을 찾아 그것을 적용하면 된다. 이러한 견해가 갖는 문제점 중의 하나는 전부는 아닐지라도 많은 설계 문제들이 과거에 연구되었던 것들과 어느 정도 차이가 있다는 점이다. 응용 연구의 장점은 동시에 한계점이 될 수도 있다. 응용 연구는 실제 생활에서의 행동을 보다 잘 기술할 수 있지만, 그 범위는 훨씬 좁은 경향이 있기 때문이다.

게다가 현장 연구와 같은 응용 연구는 때로 많은 비용을 요구한다. 때로 고가의 장비들(예 : 운전 중 휴대전화 사용의 영향을 알아보기 위해 운전 시뮬레이터를 사용하거나 실제 차량을 사용하는 것)을 사용하고, 실험 참가자들을 사고의 위험에 빠뜨릴 수 있다(이 문제는 이 장의 뒷부분에서 언급할 것이다).

종종 인간 공학 연구 문제를 밝히는 데 연구비가 충분하지 않을 수 있고, 시간도 부족할 수 있기 때문에 응용 연구를 통해 밝혀야 하는 많은 문제들에 대한 해답을 얻는 것이 불가능하다. 따라서 좀 더 기초적이고, 비용이 적게 들며, 덜 위험한 실험실 연구를 수행하거나, 저널이나 서적을 통해 출판한 다른 사람들의 연구 결과로부터 결론을 도출해야 한다. 이러한 연구들은 인간 공학 설계자들이 관심을 갖고 있는 조건들을 그대로 반영하지 못할 수 있다. 그러나 결과들이 강력하고 신뢰할 수 있는 것이라면 설계 문제를 해결하는 데 유용한 가이드라인을 제공해 줄 수 있을 것이다. 예를 들어 운전 중 휴대전화 사용 문제에 관심을 갖고 있는 응용 연구자들이나 휴대전화 설계자들에게 어떤 운전 조건에서 휴대전화 사용이 운전자의 주의를 더 (혹은 덜) 분산시키는지, 혹은 손으로 전화를 거는 것에 비해 음성으로 전화를 거는 것은 얼마나 이득이 있는지에 대한 정보를 제공해 줄 수 있을 것이다.

연구 방법들의 개관

과학적 연구의 목표는 변인들 사이의 관계를 기술하고 이해하며 예언하는 것이다. 앞에서 예로 들었던 것처럼, 우리는 '운전 중의 휴대전화 사용'과 '운전 수행'이라는 변인들 사이에 관심이 있다. 좀 더 구체적으로 말하면, 우리가 운전 중에 휴대전화를 사용하면, 사용하지 않고 운전하는 경우에 비해 운전 수행이 더 떨어질 것이라는 가설을 세울 수 있다.

앞에서 언급했던 것처럼, 우리는 다양한 원천으로부터 자료를 수집할 수 있다. 기초 연구의 자료 원천은 주로 실험을 통해 얻어진다. 물론 응용 연구나 현장 연구들도 종종 실험을 포함하기도 한다. **실험적 방법**(experimental method)은 하나 혹은 그 이상의 원인들 혹은 **독립변인들**(independent variables)을 신중하게 변화시켜, 그러한 변화들이 하나 혹은 그 이상의 결과들 혹은 **종속변인들**(dependent variables)에 어떤 영향을 주는지 측정한다. 좋은 실험의 핵심적 요소는 **통제**(control)이다. 즉 독립변인만이 변화되어야 하고, 다른 모든 변인들은 그대로 유지되거나 통제되어야 한다. 그러나 연구 결과들을 더 일반화하고자 하는 응용 연구일수록 통제는 더 어려워진다.

통제가 느슨해질수록 연구자들은 좀 더 **기술적 방법들**(descriptive methods)에 의존하게 된다. 기술적 방법은 기존에 이미 존재하는 관계들(비록 이러한 관계들이 연구자들에 의해 조작되거나 통제되지 못한다 하더라도)을 기술하는 것이다. 예를 들어 연구자는 휴대전화 사용이 여러 곳에 주의를 분산해야 하는 '바쁜' 운전자들을 더 많이 방해한다는 결론을 뒷받침하기 위해 운전 중 휴대전화 사용 때문에 발생한 교통사고가 고속도로보다 도심에서 더 많다는 자료를 인용할 수 있을 것이다. 또한 연구자는 실제 세계에서 운전하는 운전자들을 관찰하여 객관적으로 기록한 후, 이를 통해 운전자의 행동을 분석할 수도 있을 것이다.

다른 연구 분야와 마찬가지로, 실험적이건 기술적이건 인간 공학에서 자료를 수집하는 것은 전체 과정의 한 부분에 불과하다. 다른 한 부분은 자료를 통해 얻어진 의미를 해석하는 것인데, 이것은 대개의 경우 전체 모집단에서 표집된 특정 자료로부터 **일반화**하거나 예언하는 과정을 포함한다. 운전 중 휴대전화 사용이 운전을 방해한다는 것이 단지 시뮬레이터 실험에 참가한 운전자들이나 교통사고 통계에 포함된 표본에만 적용되는 것이 아니라 더 넓은 범위의 운전자들에게도 해당되는가? 얼마나 일반화할 수 있느냐는 실험의 설계와 통계 분석 모두에 달려있다.

실험적 연구 방법들

하나의 실험은 원인이 되는 독립변인들과 그에 따라 변화하는 하나 혹은 그 이상의 종속변인들(종속변인들은 전형적으로 수행, 작업부하, 선호도 혹은 다른 주관적 평가들에 대한 측정치들이다) 사이의 관계를 살펴보는 것이다. 실험의 목표는 우리가 측정한 종속변인의 어떤 양적인 차이가 다른 변인이 아닌 독립변인에 의해 발생되었다는 것을 보여주기 위한 것이다. 우리가 실험을 수행할 때는 다음과 같은 다섯 개의 단계를 거치게 된다.

실험 수행 단계

단계 1. 문제와 가설 정의 연구자는 가장 먼저 많은 변인들 사이의 관계들에 대해 가설을 세운 다음, 변인들 사이에 인과관계가 실제로 존재하는지를 결정하기 위해 실험 설계들을 설정한다. 예를 들어 주간과 야간을 번갈아 가면서 근무하는 사람들은 일정하게 주간 근무나 야간 근무를 하는 사람들에 비해 수행상의 에러를 더 많이 범할 것이라는 가설을 세울 수 있을 것이다. 추상적 의미(예 : 피로 혹은 주의)에서 독립변인과 종속변인이 일단 정의되고 가설이 설정되면, 연구자들은 좀 더 구체적으로 실험을 명세화(specification)해야 한다.

단계 2. 실험 계획 명세화 실험 계획을 명세화하는 것은 수행되어야 하는 실험의 모든 세부 항목들을 확인하는 것이다. 여기서 우리는 종속변인이 정확히 무엇을 의미하는지 명세화해야 한다. 예를 들어 '수행'이란 무엇을 의미하고 있는가? 실험 참가자들에게 어떤 과제를 수행하도록 할 것이며, 또한 그러한 과제의 어떤 측면들을 측정해야 하는가? 예를 들면 데이터를 입력할 때의 키 입력 에러 수로 수행을 정의할 수 있을 것이다. 우리는 또한 독립변인들이 어떻게 조작될 수 있는가의 측면에서 정의해야 한다. 예를 들어 주간 근무와 야간 근무를 교대하는 것이 정확히 무엇을 의미하는지 명세화해야 할 것이다. 근무 시간이 매일 변경되는 것인가 아니면 주를 단위로 변경되는 것인가? 독립변인을 정의하는 것은 실험적 설계를 구성하는 데 중요한 부분이다. 어떤 독립변인을 조작할 것인가? 각각의 독립변인들에는 몇 개의 수준들이 있는가? 예를 들어 근로자의 세 집단에서 보이는 수행 차이를 검토하고자 한다면 야간에 근무하는 사람들, 주간에 근무하는 사람들, 그리고 주간 근무와 야간 근무를 교대하는 사람들을 비교해 볼 수 있을 것이다.

단계 3. 연구 실시 연구자들은 실험에 참가할 사람들을 구하고, 실험 재료들을 만들며, 연구 수행을 준비한다. 만일 연구자가 연구의 어떤 측면에 대해 확신할 수 없는 것이 있다면, 전체적인 '실제' 실험을 실시하기 전에 사전 연구(pilot study)라고 불리는 소규모 실험을 수행하는 것이 효율적이다. 사전 연구를 통해 모든 것을 확인한 다음에 실험을 수행하고 자료를 수집한다.

단계 4. 자료 분석 하나의 실험에서 종속변인은 각각의 피험자들에 대해 측정되고 수량화된다(하나 이상의 종속변인이 있을 수도 있다). 앞에서 언급된 예에서 주간과 야간 근무를 교대로 하는 사람들, 주간 근무에만 할당된 사람들, 그리고 야간 근무에만 할당된 사람들의 키 입력 에러 값들을 얻을 수 있을 것이다. 이러한 세 집단 사이에 유의미한 차이가 있는지 알아보기 위해 기술적 통계방법과 추론 통계방법을 이용해 자료가 분석된다.

단계 5. 결론 도출 통계적 분석 결과에 기초를 두고 실험에서의 인과관계에 관한 결론을 이끌어 낸다. 가장 간단한 수준으로 보면 이것은 가설이 지지되었는지의 여부를 결정하는 것을 의미한다. 응용 연구에서는 너무 뻔한 것 이상을 고려하는 것이 중요할 때가 종종 있다. 예를 들어 단순히 교대 근무에 따라 수행에 차이가 있다고 결론을 내리기보다는, 교대 근무는 젊은 근로자들보다는 고령의 근로자들에게 더 영향을 준다거나, 혹은 어떤 과제들의 수행에는 영향을 주는 반면 어떤 과제들의 수행에는 영향을 미치지 않는다는 식으로 결론을 내릴 수 있을 것이다. 분명히, 우리가 내리는 결론은 실험 설계에 따라 달라진다. 뿐만 아니라 연구자들은 관찰된 결과를 넘어서 왜 그러한지를 질문하는 것이 더 중요하다. 예를 들어 고령의 근로자들이 교대 근무에 의해 수행이 더 방해된다면 그것은 그들이 수면이 더 필요하기 때문인가? 아니면 젊은 근로자에 비해 고령 근로자의 자연적 주기리듬(낮-밤의 주기리듬)이 바뀌기 더 어려워서인가? 심리적 이유든 아니면 생리적 이유든, 근원적인 이유를 확인하는 것은 좀 더 유용하고 일반화 가능한 원리나 가이드라인들의 개발을 가능하게 해준다.

실험 설계

어떤 실험이든 자료를 수집하기 위해 사용될 수 있는 실험 설계 방법들은 다양하다. 어떤 설계가 최상인가 하는 것은 특정 상황에 따라 달라진다. 실험 설계들 사이에서 찾을 수 있는 주요 특징들은 각각의 독립변인들이 두 개 혹은 그 이상의 수준들을 포함하는지, 하나 혹은 그 이상의 독립변인들이 조작되는지, 그리고 독립변인들로 구성되는 상이한 조건들에 동일한 사람들이 참여하는지 아니면 상이한 사람들이 참여하는지 등이다(Keppel, 1992; Elmes et al., 1995; Williges, 1995).

두 집단 설계 두 집단 설계(two-group design)에서는 하나의 독립변인 혹은 요인이 두 조건 혹은 두 수준에 걸쳐 검증된다. 고전적인 두 집단 설계에서는 **통제집단**(control group)은 아무런 처치를 받지 않는 반면(예 : 휴대전화를 사용하지 않고 운전하는 것), **실험 집단**(experimental group)은 어느 정도 독립변인의 '영향'을 받게 된다(예 : 휴대전화를 사용하면서 운전하는 것). 종속변인(운전 수행)은 이 두 집단에 대해 비교된다. 그러나 인간 공학에서는 트랙볼을 사용했을 때의 수행과 마우스를 사용했을 때의 수행 차이를 비교하는 경우처럼, 두 개의 상이한 실험 처치들을 비교할 때가 종종 있다. 이런 경우들에서 통제집단은 필요하지 않다. 즉 마우스나 트랙볼 조건에 비교할 만한 통제집단은 아무런 커서 제어장치가 없는 것인데, 이것은 실제로 아무 의미가 없는 것이기 때문이다.

중다 집단 설계 종종 두 집단 설계는 우리가 관심을 갖고 있는 가설을 제대로 검증해 주지 못한다. 예를 들어 만일 우리가 디스플레이 지각에 대한 VDT의 밝기 효과를 평가하고자 한다면, 우리는 VDT 밝기를 서로 다르게 해서 평가하고자 할 것이다. 이런 경우 우리는 하나의 독립변인(밝기)의 효과를 연구하는 것이기는 하지만, 그 변인이 갖는 여러 **수준**(levels)들의 효과를 평가하고자 할 수도 있다. 만일 우리가 다섯 가지의 밝기 수준에 따라 다섯 개의 집단을 사용한다면, 우리는 여전히 하나의 독립변인에 대해 연구하는 것이지만, 단지 두 수준/두 집단을 사용했을 때보다 훨씬 더 많은 정보를 얻을 수 있을 것이다. 이런 설계에서는 밝기에 따른 수행 변화에 대한 **정량적 모델**(quantitative model) 혹은 공식을 만들 수 있다. 이와 비슷하게, 우리는 트랙볼, 썸휠(thumbwheel), 전통적 마우스, 그리고 키 마우스(key-mouse) 등과 같은 네 가지의 서로 다른 입력 도구들과 관련된 수행을 검증하고자 할 수도 있다. 우리는 네 개의 상이한 실험 조건들을 갖게 되지만, 여전히 독립변인(입력 도구의 유형)은 하나이다.

요인 설계 하나의 독립변인에 대해 수준 수를 증가시킬 수도 있지만, 하나의 실험에서 두 개 이상의 독립변인 혹은 요인을 평가함으로써 두 집단 설계를 확장할 수 있다. 인간 공학에서 우리는 종종 복잡한 시스템에 대해 알고 싶어하고, 따라서 단지 두 개의 변인보다는 더 많은 변인들 사이에서 동시에 존재하는 관계에 관심을 가질 수 있다. 예를 들면 앞의 예에서 우리는 근무 교대 스케줄(요인 A)이 젊은 근로자와 고령의 근로자(요인 B)에 대해 동일한 효과를 갖는지 여부를 결정하고자 할 수 있다.

각각의 독립변인들의 상이한 수준들을 조합하여 두 개 이상의 독립변인들을 평가하는 중다요인 설계를 **요인 설계**(factorial design)라고 한다. 요인(factorial)이란 용어는 독립변인들의 모든 가능한 조합들이 결합되고 평가된다는 것을 나타낸다. 요인 설계는 연구자로 하여금 독립변인 그 자체의 영향뿐만 아니라, 독립변인과 다른 변인들이 어떻게 **상호작용하는지**(interact) 평가할 수 있게 해준다. 많은 인간의 수행이 복잡하고 인간-기계 상호작용도 역시 복잡하기 때문에, 기초적 혹은 응용적 인간 공학 연구에서 요인 설계는 가장 흔히 사용되는 연구 설계이다.

요인 설계는 두 개의 독립변인들이 두 개의 수준에서 각각 조작되는 2×2 설계에 비해 훨씬 더 복잡한 형태로 확장될 수 있다. 먼저, 각각의 독립변인에 두 개 이상의 수준이 있을 수 있다. 예를 들어 우리는 두 개의 서로 다른 휴대전화 설계 방식(즉 손으로 버튼을 누르는 방식과 음성으로 전화를 거는 방식)뿐만 아니라 휴대전화를 사용하지 않는 조건에서 운전 수행을 비교해 볼 수 있을 것이다. 그리고 이 세 수준을 갖는 변인을 두 개의 운전 조건(예 : 시내 운전 vs. 고속도로 운전)을 갖는 변인과 결합시킬 수 있을 것이다. 이것은 3×2 요인 설계가 될 것이다. 요인 설계가 좀 더 복잡해질 수 있는 또 다른 방법은 독립변인의 수를 늘리는 것이다. 앞에서 언급한 2×3 설계를 젊은 운전자와 고령의 운전자들에게 각각 반복한다고 가정해 보자. 이것은 2×3×2 설계가 된다. 세 개의 독립변인들을 갖는 설계는 3원 요인 설계(three-way factorial design)라고 한다.

독립변인의 수를 추가하는 것은 세 가지의 이점이 있다. (1) 설계자가 하나의 실험을 통해 더 많은 시스템 특징들을 변화시킬 수 있다. 따라서 **효율적**(efficient)이다. (2) 실제 세상에 존재하는 복잡한 사실들에 대해 많은 부분을 밝혀주어, 실험 결과가 더 많이 일반화될 수 있도록 해준다. (3) 요인 설계는 독립변인들 사이에 상호작용(interaction)이 있는지를 확인할 수 있게 해준다. 상호작용은 수행에 대한 한 독립변인의 효과가 다른 독립변인의 수준에 따라 달라지는 것을 의미한다. 이에 대해서는 단순 요인 설계를 예시한 박스 안에 기술되어 있다.

피험자 간 설계 앞에서 기술된 대부분의 예들에서, 독립변인의 다른 수준들이 서로 다른 피험자 집단을 사용하여 평가되었다. 예를 들어 우리는 교통이 혼잡한 지역에서 휴대전화를 사용하는 한 집단과, 교통 소통이 원활한 지역에서 휴대전화를 사용하는 또 다른 집단에 서로 다른 피험자들을 할당할 수 있을 것이다. 이때는 서로 다른 피험자 집단 사이의 운전 수행을 비교하기 때문에 피험자 간(between-subjects)이란 용어를 사용한다. 피험자 간 변인은 각각의 수준 혹은 실험 조건들에 서로 다른 피험자 집단을 사용하는 독립변인이다.

피험자 간 설계에서는 모든 독립변인들이 피험자 간 변인들이므로, 독립변인들의 각 조합이 상이한 피험자 집단에 대해 실시된다. 피험자 간 설계는 연구의 관심이 되는 하나 이상의 조건들 속에서 피험자들이 어떠한 수행을 보이는지 관찰하고자 할 때 가장 일반적으로 사용되는 설계 방법이다. 예를 들어 만일 여러분이 피험자들에게 한 가지 유형의 훈련(예 : 시뮬레이터를 이용한 훈련)을 받게 했다면, 그들은 이미 그 훈련에 대해 알고 있기 때문에 또

단순 요인 설계에 관한 일례

요인 설계의 논리를 이해하기 위해 가장 단순한 형태의 한 가지 예를 들어 보자. 가장 단순한 요인 설계는 독립변인들의 수가 두 개이고, 또한 이 독립변인들이 각각 두 개의 수준만을 갖는 설계이며, 이를 2×2 요인 설계라고 부른다. 어떤 연구자가 운전 중에 휴대전화를 사용할 때, 이것이 운전 수행에 어떠한 영향을 미치는지를 알아보고자 한다고 가정해 보자. 먼저 이 연구자는 첫 번째 독립변인을 운전 중에 휴대전화를 사용하는 조건과 사용하지 않는 조건으로 조작한다. 그러나 이 연구자는 운전 중의 휴대전화 사용이 교통이 매우 혼잡한 장소를 운전하는 경우에만 운전 수행에 영향을 미치는 것은 아닌지 의심해 본다. 따라서 이 연구자는 두 번째 독립변인으로서 운전 조건의 수준을 한산한 교통 조건과 혼잡한 교통 조건의 두 가지 수준으로 조작한다. 이렇게 했을 때의 실험 설계는 그림 2.1과 같은 형태를 갖게 될 것이다—두 독립 변인들의 조합으로부터 각각 네 개의 피험자 집단이 결정된다.

그림 2.1에 나타난 네 개의 집단 각각에 할당된 피험자들을 대상으로 각각의 조건에 따라 운전을 하게 하고, 이때 피험자들이 차선을 몇 번이나 넘어갔는지 측정했다고 하자. 우리는 각 조건에 해당하는 칸의 평균치(즉 각 조건에 해당하는 피험자들의 점수를 각 조건별로 평균하여)를 평가해 봄으로써 여기서 얻어진 자료의 형태를 파악해 볼 수 있을 것이다. 이렇게 해서 얻은 결과가 표 2.1과 같았다고 가정하자.

교통 조건들(즉 한산한 교통 조건과 혼잡한 교통 조건)을 따로 구분하지 않고 휴대전화

	운전 조건 한산한 교통	 혼잡한 교통
휴대전화 비사용	한산한 교통 조건에서 운전하면서 휴대전화를 사용하지 않음	혼잡한 교통 조건에서 운전하면서 휴대전화를 사용하지 않음
휴대전화 사용	한산한 교통 조건에서 운전하면서 휴대전화를 사용함	혼잡한 교통 조건에서 운전하면서 휴대전화를 사용함

그림 2.1
2 x 2 요인 설계에 대한 네 가지 실험 조건

사용 조건만을 전체적으로 비교해 보면, 우리는 운전 중에 휴대전화를 사용하는 경우가 그렇지 않은 경우에 비해 운전 수행을 더 저하시킨다는 결론에 도달할 것이다. 그러나 그림 2.2에 제시된 것처럼, 모든 변인들을 고려해 보면 운전 중 휴대전화의 사용은 교통이 혼잡한 조건인 경우에만 운전 수행을 저하시킨다는 것을 알 수 있다. 그림 2.2에서 보이는 것처럼 조건들의 조합에 따른 각각의 칸이 갖는 평균치를 연결한 선분이 평행하지 않을 경우, 우리는 두 독립변인들 사이에 어떤 유형의 상호작용이 있다는 것을 알 수 있다. 요인 설계는 두 독립변인들 사이의 상호작용을 연구자들이 평가해 볼 수 있도록 해주기 때문에 기초 연구나 응용 연구 모두에서 매우 자주 사용되는 실험 설계 방법이다.

표 2.1 운전 연구에 대한 가상적 자료

휴대전화 사용 여부	한산한 교통	혼잡한 교통
휴대전화 비사용	2.1	2.1
휴대전화 사용	2.2	5.8

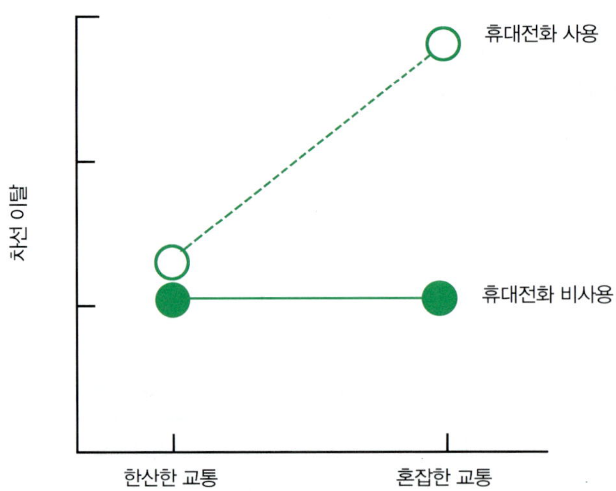

그림 2.2
휴대전화 사용 조건과 운전 조건 사이의 상호작용에 대한 예시

다른 유형의 훈련을 새로 시작할 수 없다. 피험자 간 설계는 또한 순서 효과(order effects)에 의한 혼입도 방지할 수 있는데, 이에 대해서는 다음에 간략하게 언급할 것이다.

피험자 내 설계 많은 실험들에서 동일한 피험자들이 모든 실험 조건들에 참가할 수도 있을 것이다. 예를 들어 운전 수행 연구에서 표 2.1에 보이는 네 가지 조건 각각에 같은 피험자들을 할당하여 일정 시간 동안 운전하게 한 후 서로 다른 조건들에 대해 동일한 피험자들이 어떤 수행을 보였는지 비교할 수 있다. 같은 피험자가 어떤 독립변인의 모든 수준을 경험하게 될 때, 그 독립변인은 피험자 내 변인이라고 한다. 그리고 모든 독립변인들이 피험자 내 변인들인 경우 그 실험은 **피험자 내 설계**(within-subjects design)라고 한다. 피험자 내 설계를 사용하면 많은 측면에서 장점이 있다. 무엇보다 피험자 내 설계는 실험 조건들 사이의 통계적으로 유의미한 차이를 더 쉽고 민감하게 찾을 수 있게 해준다. 또한 실험에 참가할 수 있는 피험자의 수에 제한이 있을 때에도 이점이 있다.

혼합 설계 요인 설계에서 각각의 독립변인들은 피험자 간 변인이 될 수도 있고 피험자 내 변인이 될 수도 있다. 만일 두 유형이 모두 사용된다면 이 설계는 **혼합 설계**(mixed design)라고 지칭된다. 예를 들어 피험자의 한 집단은 교통이 혼잡한 지역에서 휴대전화를 사용하거나 사용하지 않는 각각의 조건 모두에서 운전을 수행할 수 있고, 다른 피험자 집단은 교통이 한산한 조건에서 역시 휴대전화를 사용하거나 사용하지 않는 조건 모두에서 운전을 수행할 수 있을 것이다. 따라서 교통 혼잡도 변인은 피험자 간 변인인 반면, 휴대전화 사용 여부는 피험자 내 변인이고, 이렇게 피험자 간 변인과 피험자 내 변인을 모두 포함한 실험은 혼합 설계가 된다.

중다 종속변인들 앞 절에서는 하나의 종속변인 혹은 '효과'와 결부된 중다 독립변인의 여러 가지 변형이라고 할 수 있는 몇 개의 상이한 실험 설계들에 대해 기술하였다. 그러나 인간을 포함해서 우리가 연구하는 시스템은 매우 복잡하다. 우리는 종종 원인이 되는 변인들이 여러 개의 종속변인들에 어떻게 영향을 미치는지 동시에 측정하기를 원한다. 예를 들어 휴대전화를 사용하는 것이 주행 도로로부터의 이탈, 운전자 차량 앞에 있는 다른 차량이나 물체들에 대한 브레이크 반응시간, 운전자의 주변시야에 주어진 대상들에 대한 재인 시간, 운전 속도, 가속 등과 같은 많은 운전 관련 변인들에 어떻게 영향을 주는지 알고자 할 수 있다.

실험 도구와 맥락의 선택

일단 실험 설계가 명세화되면, 연구자들은 사람들이 수행할 과제가 무엇이고 어떤 맥락에서 수행되어야 하는지를 결정해야 한다. 응용 연구에서는 가장 잘 일반화될 수 있는 결과를 가져오는 과제나 환경이 무엇인지 확인하고자 할 것이다. 이것은 실제 세계에서 혹은 충실도가 높은 조건에서 실험을 수행한다는 것을 의미한다.

실험 참가자들의 선발

실험 참가자들은 연구자가 관심을 갖고 있는 전집 혹은 집단을 대표해야 한다. 예를 들어 우리가 비행기 조종사의 행동을 연구하고 있다면, 일반적인 비행기 조종사의 전집을 대표하는 조종사들의 표본을 수집해야 한다. 만일 우리가 노년층에 대한 연구를 한다면, 우리는 우리가 관심 있는 전집(예 : 글을 읽을 수 있는 65세 이상의 노인들)을 정의하고, 그 전집에서 대표적인 표본을 얻는다. 그러나 노년층 인구의 모든 특징들을 갖는 표본을 찾기가 어려울 수 있다는 점에 주목하라. 만일 운이 좋다면, 우리는 노년층 인구의 대표적 표본으로서 미국에 거주하는 건강하고 영어를 할 줄 아는 사람들로 표본을 구할 수 있을 것이다.

실험 통제와 혼입변인들

연구가 어떻게 수행되어야 하는지를 결정할 때는 종속변인에 영향을 줄 수 있는 모든 변인들을 고려하는 것이 중요하다. **과외변인들**(extraneous variables)은 인과관계에 끼어들 잠재성을 가지고 있으며, 이를 방지하기 위해 이들은 **통제되어야** 한다. 만일 과외변인들이 종속변인들에 영향을 미칠 경우, 이들을 **혼입변인**(confounding variables)이라고 부른다. 과외변인들 중에서 대표적인 것은 실험 참가자들 사이에서 보이는 다양한 사람들 간의 차이이다. 이러한 과외변인들을 통제함으로써 피험자 간 실험에서 상이한 피험자 집단은 처치 조건에 대해서만 다르고, 그 외의 변인이나 범주에서는 다르지 않도록 하는 것이 중요하다. 예를 들어 휴대전화 사용과 운전 수행 간의 관계에 대한 연구에서, 노년층 운전자들에게만 휴대전화를 사용하게 하고, 젊은 운전자들에는 휴대전화를 사용하지 않게 하고 싶지는 않을 것이다. 만일 그렇게 할 경우 연령은 혼입변인이 된다. 모든 집단이 동질적이라고 확신할 수 있는 한 가지 방법은 모든 피험자의 집합을 구한 후에, 실험 조건들에 따라 그들을 무선적으로 할당하는 것이다. 만일 표본이 충분히 크다면 이러한 방식을 통해 실험 참가자들의 특성들이 집단에 걸쳐 비슷하게 될 것이다. 이런 절차를 **무선 할당**(random assignment)이라고 부른다. 각각의 집단에 속한 실험 참가자들의 특성에 차이가 없도록 하는 또 다른 방법은 피험자 내 설계를 사용하는 것이다. 그러나 피험자 내 설계는 실험 통제의 측면에서 또 다른 문제를 야기하기도 한다.

피험자 변인 외에 다른 변인들도 통제되어야 한다. 예를 들어 휴대전화를 사용하는 조건의 피험자들은 'A' 라는 차량을 운전하게 하고, 휴대전화를 사용하지 않는 조건의 피험자는 'B' 라는 차량을 운전하도록 하는 실험 설계는 잘못된 것이다. 왜냐하면 차종에 따라 운전 행동에 영향을 줄 수 있는 운전 특성이나 차량의 크기에서 차이가 있을 수 있기 때문이다. 휴대전화를 사용하거나 사용하지 않는 조건들 간의 비교는 같은 차량(혹은 같은 유형의 차량)을 이용하여 실시되어야 한다. 그러나 연구가 응용 연구의 성격이 강해질수록 완전한 통제는 때로 불가능하다는 점을 기억해야 한다.

피험자 내 설계에서는 또 다른 변인이 통제되어야 한다. 이 변인은 실험 참가자들이 실험 처치를 받는 순서와 관련이 있는데, 이는 순서 효과(order effect)라고 불린다. 사람들이 몇 개의 처치 조건들에 참가할 때, 처치들 혹은 독립변인들의 수준들이 단순히 특정한 순서로 경험되었다는 이유만으로도 종속변인들은 조건들에 따라 차이를 보일 수 있다. 예를 들어 한 실험에서 실험 참가자들이 다섯 개의 커서 제어장치들을 사용했다면, 그들은 다섯 번째 장치를 사용할 때는 피곤해질 수 있고, 따라서 더 많은 에러와 더 느린 반응시간을 보일 수 있다. 이것은 사용된 장치들 그 자체보다는 장치들의 사용 순서에 기인한 것이다. 반면, 어떤 실험 참가자가 커서 제어 과제를 처음으로 수행하는 것이라면 이 실험 참가자는 실험이 진행될수록 제어장치들의 사용방식을 점차 학습할 수 있고, 실제로 제어장치가 더 좋아서가 아니라 단지 커서 제어 기술이 점차 연습되었다는 이유만으로 다섯 번째 제어장치에 대해 가장 우수한 수행을 보일 수 있을 것이다. 피험자 내 설계에서의 이러한 피로 및 연습 등과 같은 순서 효과들은 모두 잠재적인 혼입변인들이다. 그리고 이러한 변인들이 나중에 검사되는 조건들을 더 이롭게 하거나(예 : 연습) 혹은 반대로 더 손해가 되도록(예 : 피로) 한다고 해서 이들이 조건들 사이에 균형을 맞춰 주는 것은 아니다. 결국 이것들은 조건들을 모두 동질적으로 해 주지는 못한다.

순서가 독립변인에 혼입되는 것을 방지하기 위해 우리는 다양한 방법을 사용한다. 예를 들어 충분한 연습은 학습효과를 감소시킬 수 있다. 조건들 간의 시간 간격을 조정하는 것도 피로 효과를 경감시킬 수 있다. 마지막으로, 연구자들은 종종 역균형법(counterbalancing)이라고 하는 기법을 사용한다. 이 방법은 서로 다른 피험자들이 다른 순서로 처치 조건에 할당된다는 것을 의미한다. 예를 들어 실험 참가자들의 절반은 처음에 트랙볼, 그 다음에 마우스를 사용할 수 있고, 나머지 절반은 처음에 마우스, 그 다음에 트랙볼을 사용할 수 있다.

순서 효과를 역균형시키는 몇 가지 특수한 기법들이 있는데, 가장 흔한 것은 라틴-스퀘어(Latin-square) 설계이다. 이러한 설계 방법들의 사용 지침들은 연구 방법에 관한 서적들(예 : Keppel, 1992)을 참조하기 바란다.

요약하면, 연구자들은 과외변인들이 독립변인들과 공변(covary)하지 않도록 함으로써 이들을 통제해야 한다. 만일 이러한 과외변인들이 독립변인들과 공변하게 되면 이들은 독립변인에 혼입되어 실험 자료에 대한 해석을 불가능하게 만든다. 왜냐하면 연구자들은 어떤 변인이 종속변인에서의 차이를 가져왔는지 확신할 수 없기 때문이다.

연구의 수행

연구를 설계하고 실험 참가자들의 표본을 정한 후에, 연구자는 실험을 실제로 실시하여 데이터를 수집한다. 연구의 본질에 따라 조작 수준이 올바로 설정되었는지, 실험 참가자들(피험자들)이 기대하지 않았던 문제를 경험하지는 않는지, 그리고 실험이 대체적으로 순조롭게 진행되는지를 체크해 보기 위해 소규모의 사전 연구를 수행할 수도 있을 것이다. 실험이 수행되고 있을 때 실험자는 자료수집 방법을 일관적으로 유지해야 한다. 예를 들어 관찰자는 시간이 지남에 따라 점점 해이해져서는 안 되고, 측정장치들도 잘 조정된 상태를 유지해야 한다. 마지막으로, 모든 피험자들은 윤리적으로 대우받아야 한다(이 문제에 대해서는 다음에 좀 더 자세하게 기술되어 있다).

자료 분석

일단 실험 자료가 수집되면, 연구자는 실험 조건에 따라 종속변인(들)에 실제로 변화가 있는지의 여부를 결정해야 한다. 예를 들어 운전 중에 휴대전화를 사용하면 실제로 운전 수행이 '더 저하' 되는가? 연구의 문제나 가설을 평가하기 위해 실험자는 두 가지 유형의 통계 방법, 즉 **기술 통계**(descriptive statistics)와 **추론 통계**(inferential statistics)에 의존한다. 기술 통계는 서로 다른 처치의 조건들에 대해 종속변인들을 요약하는 방법인 반면, 추론 통계는 실험 집단 간의 어떠한 차이가 단지 우연에 의한 무선적 변화가 아니라 '실제로 존재할' 가능성에 대해 알 수 있도록 해준다.

기술 통계 실험 집단 간의 차이는 대개 평균(averages)이라는 용어를 통해 기술된다. 따라서 가장 흔한 기술 통계치는 **평균치**(mean)이다. 연구 보고서들은 전형적으로 각 피험자 집단에 대한 종속변인의 평균값들을 기술한다(예 : 표 2.1과 그림 2.2에 보이는 자료를 보라). 평균치를 비교하는 것은 종속변인에 대한 독립변인(들)의 효과들을 알 수 있는 아주 단순하고 쉬운 방법이다. 표준편차(standard deviation)는 점수들이 어떻게 분포하고 있는지를 알려주기 위해 사용된다.

추론 통계 비록 실험 집단들이 다양한 조건들에 따라 상이한 평균치를 보일지라도, 그러한 차이들은 단지 우연에 기초해서 생겼을 가능성이 있다. 사람들이 어떤 변인들에 조작을 전혀 가하지 않아도 거의 항상 수행상의 무선적인 변산성을 보인다. 실험적 처치에 기인하지 않고도 한 변인에 대해 상이한 평균치를 보여주는 피험자들의 두 집단을 얻는 것은 드문 일이 아니다. 마찬가지로, 우리가 10회씩 두 차례에 걸쳐 동전을 던진 후 앞면이 나오는 수를 비교했을 때도 서로 다른 관찰치를 얻을 가능성이 더 크다. 사실 똑같은 값을 갖는 평균치들을 얻는 일은 거의 없다. 따라서 여기에서의 문제는 '이 차이가 우연의 가능성을 배제하고, 독립변인이 효과가 있다고 가정할 만큼 충분히 큰 것인가?' 이다. 추론 통계는 집단들 사이의 차이가 우연에 의한 것일 수 있는 확률에 대한 정보를 우리에게 제공해 준다. 우리가 만일 '우연에 의한 것' 이라는 설명을 배제할 수 있다면, 우리는 그러한 차이가 실험적 조작에 기인한 것이라고 추론할 수 있다.

두 집단 설계에서 대체적으로 쓰이는 추론 통계는 *t*-검증이다. 두 집단 이상에 대해서는 변량 분석(analysis of variance, ANOVA)을 쓴다. 두 검증 모두 하나의 점수를 산출해 내는데, *t*-검증의 경우에는 *t*값이라고 불리는 통계치를, 그리고 ANOVA인 경우에는 *F*값이라고 불리는 통계치를 얻게 된다. 가장 중요한 것은 특정한 데이터의 집합에 대해 어떤 효과나 차이 없이 *t*나 *F*값을 우연히 얻을 수 있는 확률 *p*를 확인할 수 있다는 점이다. *p*가 작을수록 우리가 얻은 결과는 더 유의하고, 독립변인이 실제로 차이를 가져왔다는 확신의 정도도 더 커진다. 평균치들 사이의 차이가 클수록, 한 조건 안에서 관찰치들 사이의 변산성(표준편차)이 작을수록, 그리고 실험에 포함된 **표본 크기**(sample size)가 클수록(즉 피험자들이 더 많을수록, 그리고 피험자당 측정치들의 수가 더 많을수록) 이러한 *p*값은 작아진다. 표본 크기가 클수록 실험을 통해 유의한 차이를 발견하는 데 더 큰 **통계적 검증력**(statistical power)을 제공해 준다.

결론의 도출

연구자들은 대체적으로 p값이 .05보다 작다면, 결과가 우연에 기인한 것이 아닌 독립변인의 효과에 기인한 것이라고 결론 내릴 수 있다고 가정한다. 그 차이가 우연에 기인한 것이었는데도 독립변인(원인이 되는 변인)이 효과가 있다고 잘못 결론을 내리는 것을 제1종 오류(Type I error)를 범했다고 말한다. 만일 어느 과학자들이 .05 결정 기준(cutoff)을 사용한다면, 그들은 20번에 한 번꼴로 제1종 오류를 범하게 될 것이다. 전통적인 과학에서 제1종 오류는 '나쁜 것'으로 여겨져 왔다(Wickens, 1995). 이런 생각은 어느 연구자가 물리적 혹은 사회적 세계에 대한 인과관계 모델을 개발하고자 하는 경우에 특히 중요한데, 왜냐하면 제1종 오류는 잘못된 이론을 개발하게 할 수도 있기 때문이다.

인간 공학 연구자들도 제1종 오류를 범하는 것이 좋지 않다는 암묵적 가정에 동의해 왔다. 그리고 추론 통계치가 .05보다 큰 자료는 대부분의 저널에 출간되지 못한다. 시스템 설계 대안들의 효과를 연구하는 실험들은 때로 대안들에 차이가 없다는 결론에 도달한다. 새로운 프로그램을 도입하여 그 프로그램의 효과를 평가한 추론 통계치가 $p>.05$인 경우 연구자들은 새로운 프로그램의 도입 효과가 없다고 결론 지을 것이다. 왜냐하면 또 다른 변인들이 그러한 결과를 야기시켰을 수 있는 가능성이 20번에 한 번보다 더 크기 때문이다.

임의적인 결정 기준으로 $p = .05$를 설정했을 때의 손실은 제2종 오류(Type II error), 즉 연구자들이 실제로는 실험적 조작이 효과가 있는데도 불구하고 효과가 없다고 결론 내리는 것이다(Keppel, 1992). 이것은 예를 들어 어느 한 안전 관리사가 혹독한 환경 조건에서 어떤 새로운 장치들이 실제로는 사용하기 더 쉬운데도 불구하고 그렇지 않다고 결론을 내리는 경우이다. 제1종 오류나 제2종 오류를 범할 가능성은 서로 역으로 관련되어 있다. 따라서 어떤 실험자가 이전 것과 비교하여 새로운 장비가 **통계적으로 유의하게 더 좋은 것**은 아니라는 것을 밝혔다면(예 : .05 이하의 결정 기준에서 볼 때) 실제로는 새로운 장비가 더 좋은 것임에도 불구하고 사용이 거부될 것이다. 반면 p 수준이 .05대신 .10으로 정해졌다면 새로운 장비가 더 좋은 것이라고 결론 내릴 것이다.

인간 공학에서 $p = .05$ 기준을 사용하는 것은 문제가 될 수 있다. 왜냐하면 우리는 종종 비용 문제나 고도로 훈련받은 전문가들의 수가 제한되어 있기 때문에 이로 인해 비교적 소수의 피험자들을 대상으로 실험이나 평가를 실시하는 경우가 많기 때문이다(Wickens, 1998). 앞에서도 살펴보았듯이, 적은 수의 피험자들을 사용하면 통계적 검증력이 훨씬 더 떨어져 실제로는 차이가 있음에도 불구하고 유의하지 않거나 혹은 $p>.05$를 보일 가능성을 크게 한다. 또한 서로 다른 피험자들 사이에서 보이는 수행에서의 개인차나 혹은 동일한 피험자가 시간이나 조건에 따라 보이는 변산성도 모든 과외변인들을 통제하기 매우 어려운 좀 더 응용적 연구 환경에서는 더 커질 수 있다. 결국 이러한 요인들은 유의하지 않다거나 혹은 p >.05인 결과를 이끌 가능성을 증가시킨다. 이러한 이유 때문에 인간 공학 연구자들은 자료에서의 차이가 무선적 변산에 의해 야기되었을 가능성이 단지 20분의 1보다 크다는 이유만으로 실험 조건들 사이에 아무런 차이가 없다고 결론 내리기도 한다.

인간 공학 영역에서 연구자들은 전통적인 .05 결정 기준 수준에서 차이가 유의하지 않았을 때의 제2종 오류 확률과, 이러한 차이가 없다는 결론을 다른 연구자들이 사용할 때의 문제들을 고려해 보아야 한다(Wickens, 1998). 예를 들어 이러한 전통적인 결정 기준에 비추어 안전을 향상시키는 어떤 장치가 채택되지 않을 수 있다. 또 다른 예로 운전 중 휴대전화 사용이 운전 수행을 저하시키기는 하지만 휴대전화를 사용할 때와 사용하지 않을 때의 차이가 .05 유의도 수준에 미치지 못한다고 해서 운전 중 휴대전화 사용이 '안전하다고' 결론 내릴 수 있을까? 제1종 오류와 제2종 오류 사이에 어떻게 균형을 맞추어야 하는지는 쉬운 문제가 아니다(Keppel, 1992; Nickerson, 2001). 그러나 이 문제에 대해서는 표본의 크기가 커질수록 두 유형의 오류 중 하나가 발생할 가능성도 감소한다는 것을 깨닫는 것과, 인간 공학 실험에서 불가피하게 표본의 수도 적고 검증력도 낮은 경우에는 두 유형의 오류가 가져올 수 있는 결과들을 신중히 고려해 보는 것 등이 최상의 해답이 될 것이다.

통계적 유의성 대 실용적 유의성

일단 우연성이 제거되면(즉 p <.05이면), 연구자들은 집단 간의 차이를 일종의 사실로 받아들이고 이것에 대해 논의한다. 그러나 두 집단 사이의 점수들은 그렇게 '큰' 차이가 없으면서도 통계적으로는 다를 수 있다는 것을 기억하는 것이 중요하다. 한 가지 예로, 훈련을 받는 두 집단의 신병들을 비교한다고 가정해 보자. 한 집단은 충실도가 낮은 개인용 컴퓨터를 이용해 탱크 사격술 훈련을 받는 반면, 다른 한 집단은 고가의 충실도 높은 시뮬레이터로 훈련을 받는다고 가정하자. 나중에 우리가 두 집단의 수행을 측정하였는데, 개인용 컴퓨터로 훈련받은 집단은 80%의 평균 정확률을 보인 반면 시뮬레이터로 훈련을 받은 집단의 평균 정확률은 83%였다고 하자. 만일 우리가 충분히 많은 피험자들을 사용하여 두 집단 사이에 통계적으로 유의한 차이를 발견하였다면, 시뮬레이터가 더 나은 훈련 시스템이라고 결론을 내릴 수 있다. 그러나 특히 응용 연구에서는 두 집단의 차이를 **실용적** 유의성의 관점에서

도 살펴보아야 한다. 정확률을 80%에서 83%로 올릴 목적으로 모든 군대의 부대마다 시뮬레이터를 설치하는 데 엄청난 액수의 돈을 쓰는 것이 과연 가치가 있는 것인가? 이것은 실용적 유의성은 충분히 강조하지 않으면서 통계적 유의성만 너무 강조해서는 안 된다는 것을 시사해 주는 예라 할 수 있다.

기술적 방법

기본적인 법칙과 원리를 밝혀내는 데는 엄격하게 통제된 환경에서 실험이 실시되는 것이 바람직하지만, 연구가 실제 세계에서 더 잘 수행되는 경우도 종종 있다. 실제 환경에서 복잡한 과제들을 사용하여 얻은 결과들은 복잡한 실제 세상의 더 많은 특징들을 반영해 주기 때문에 더 일반화될 수 있는 자료가 된다. 그러나 불행하게도 실제 환경에서 연구를 수행하고자 할 경우에는 변인들을 직접 조작하거나 통제할 수 없기 때문에, 종종 '진정한' 실험 설계가 불가능할 때도 있다. 한 예가 **기술적 연구**(descriptive research)이다. 여기에서 연구자들은 단순히 많은 변인들을 측정하여 그들이 서로 어떻게 관련되어 있는지 평가한다. 이런 연구 유형의 예로는 여러 교차로 지점에서 그 지역 거주자들이 어떠한 운전 행동을 보이는지 평가하는 것이나, 사람들이 특정하게 설계된 현금인출기를 어떻게 사용하는지 측정하는 것, 그리고 안전하지 못한 행동 유형이나 빈도를 확인하기 위해 제조 공장에서 일하는 근로자들을 관찰하는 것을 들 수 있다.

관찰법

많은 경우에 인간 공학적 연구는 다양한 상황에서 과제가 수행될 때 사람들이 보이는 행동들을 기록하는 것을 포함한다. 예를 들어 운전자가 운전 중에 휴대전화를 사용하는 상황을 녹화하기 위해 (운전자의 동의를 얻어) 자동차에 비디오카메라를 설치할 수 있을 것이다.

관찰 연구를 계획할 때 연구자들은 측정될 변인들, 각각의 변인들을 관찰하거나 기록하는 데 사용될 방법들, 관찰이 이루어질 조건들, 그리고 관찰 시간 등을 명세화해야 한다. 예를 들어 운전 중 휴대전화 사용에 대한 연구에서, 우리는 각각의 휴대전화 사용을 할당할 일련의 '차량 상태 범주들'(예 : 차량이 정지한 상태, 회전하는 상황, 시내 도로, 혹은 고속도로 등)을 명세화할 수 있을 것이다. 이러한 범주들은 일종의 **분류법**(taxonomy)을 정의한다. 그렇지 않으면 관찰은 수많은 정보 단편들의 수집만으로 끝날 것이고, 의미 있는 설명이나 결론으로는 정리되지 못할 것이다. 대부분의 경우 선행 자료에 기초를 둔 분류법을 개발하는 것이 가장 편리하다. 이러한 방식으로 관찰자는 각각의 새로운 정보의 실례들을 기록하고 분류하기 위해 체크리스트를 사용할 수 있으며, 새로운 정보의 사례들이 수집됨에 따라 이들을 응축해 나갈 수 있을 것이다.

많은 양의 데이터가 수집될 수 있는 상황에서는 모든 것을 한꺼번에 표집하기보다는 당장 유용한 행동적 데이터의 한 부분만 표집하거나, 관찰 회기들을 달리하여 행동을 표집하는 것이 더 바람직하다. 예를 들어 안전 관리사는 어느 공장의 작업 현장에서 일어나는 잘못된 행동 절차나 위험 감수 행동의 주된 내용들을 하루에 모두 다 표집하는 것보다는 일정한 시간 동안 서로 다른 회기에 걸쳐 표집하는 것이 더 좋을 것이다. 관찰의 목표는 행동의 대표적 표집들을 구하는 것인데, 이러한 목표는 시간이나 조건을 달리하여 관찰이 이루어졌을 때 더 쉽게 달성된다.

조사와 질문지법

기초 연구나 응용 연구 모두 변인들을 측정하기 위해 조사나 질문지법에 자주 의존한다. 신뢰할 수 있고 타당한 자료를 얻을 수 있는 질문지나 조사방법을 설계하는 것은 쉬운 일이 아니다. 이에 대한 자세한 내용과 절차에 대해서 독자들은 Salvendy와 Carayan(1997)을 참조하기 바란다. 질문지법과 조사방법은 때로 개방형 질문들(예 : "이 장치의 어떤 특징에 대해 알고 싶은가?" 혹은 "이 장치를 사용할 때 주요 문제들은 무엇이라고 생각하는가?" 등)을 통해 질적인(qualitative) 자료를 수집한다. 그러나 정밀한 조사 자료는 전형적으로 양적인(quantitative) 자료를 통해 구할 수 있다. 이러한 양적인 자료는 대개의 경우 1∼7점, 혹은 1∼10점 사이의 평정 척도를 이용하여 얻는다. 이와 같은 양적인 자료는 통계적 분석으로 기술될 수 있다는 장점이 있다.

질문지법의 주요 문제는 **타당도**(validity)이다. 질문들이 원하는 내용을 적합하게 평가하도록 설계되는 것은 말할 것 없고, 대부분의 경우 응답자들에게 그들의 응답이 무기명이고 비밀보장이 된다는 것을 언급해 주어야 한다. 이 때문에 대개 연구자들은 질문지에 이름보다는 개인 번호(identifying numbers)만을 기입하도록 한다. 근로자들은 그들의 이름이 그들의 응답과 직접적으로 연관되지 않을 때 좀 더 정확하게 응답하는 경향이 있다.

질문지법이 갖고 있는 하나의 문제는 응답자들이 자원해서 응답하지 않을 경우 질문지를 끝까지 채우지 않을 수도 있다는 점이다. 만일 질문지에 응답하여 돌려주는 사람과 그렇지 않은 사람이 조사와 관련된 주요 차원에서 서로 다른 사람들이라면 조사 결과는 분명히 왜곡될 것이다. 예를 들어 어느 한 공장에서 안전하지 못한 행동에 대해 익명으로 조사를 실시하여 그 결과를 해석한다고 해보자. 이 경우, 시간 압력하에서 작업하는 사람들은 불안전한 행위를 범할 가능성도 크지만 동시에 시간이 모자라 조사를 끝내지 못할 수 있다. 결국 이 조사 결과에 그들의 행위는 충분히 반영되지 않을 것이다.

질문지법이나 조사는 그 본질상 주관적이다. 그리고 이러한 주관적 자료들은 에러율이나 반응시간과 같은 객관적인 수행 자료와 비교될 수 있을 것이다. 주관적 측정치들이 실시하기 더 용이하고, 비용이 적게 들며, 큰 표본을 이용할 수 있다는 점을 감안하면 주관적 측정치와 객관적 측정치 사이의 차이는 중요한 문제가 될 수 있다.

객관적 혹은 주관적 측정치와 관련된 논쟁을 다룬 좋은 논문들이 발표되었다(예 : Hennessy, 1990; Muckler, 1992). 이러한 문헌들의 내용을 종합적으로 평가해 보면, 객관적 측정치나 주관적 측정치 모두 각각의 유용성이 있다는 것이 분명하다. 예를 들어 군인들의 스트레스 장애를 이끄는 요인에 관한 연구에서 Solomon, Mikulincer, 그리고 Hobfoll(1987)은 스트레스 정도나 사회적 지지에 대한 객관적 지표들과 주관적 지표들이 모두 전투 스트레스 반응과 외상 후 스트레스 장애에 매우 예언적인 지표임을 발견했을 뿐만 아니라, 특히 '둘 중에서 주관적 모수치들이 더 강한 예언자'임을 밝혔다(p. 581). 그러나 주관적 측정치들을 사용하고자 할 때는 사람들이 주관적으로 '선호한다'고 평정한 시스템 특징이 항상 최상의 수행을 가져오는 시스템 특징은 아니라는 것을 염두에 두어야 한다(Andre & Wickens, 1995). 예를 들어 여러 색상으로 구성된 디스플레이가 단색으로 된 디스플레이에 비해 수행을 저하시킬 수도 있지만, 사람들은 거의 대부분 여러 색상으로 구성된 디스플레이를 더 선호한다.

준사고 분석과 사고 분석[1)]

때로 인간 공학 분석가들은 특히 안전과 관련하여 시스템의 전반적 기능을 평가해야 할 때

1) 일반적으로 'incident'는 중대한 사건으로 이어질 수 있는 부수적인 사건을 의미하는 반면 'accident'는 뜻하지 않게 실제로 발생한 사고를 의미한다. 이 책에서는 'incident'를 사건이라는 표현 대신 '준사고'라는 표현을 사용하고자 한다. 그리고 실제로 사고로 이어지지는 않았지만 사고가 발생할 뻔했던 상황을 나타내는 용어는 'near-miss'이고, 이것을 근접사고라 부른다. 근접사고는 주로 항공 영역에서 많이 사용되는 개념이다(역주).

가 있다. 안전을 평가하기 위한 방법은 많이 있으며, 앞에서 언급된 조사법이나 질문지법 등도 포함된다. 또 다른 방법은 준사고(incident)나 사고(accident)의 발생, 혹은 이 두 가지 모두를 평가하는 것이다. 준사고는 시스템의 작동 중에 주목할 만한 문제가 발생하기는 했지만, 실제로 그것 때문에 사고가 발생한 것은 아닌 경우를 의미한다. 우주 항공 분야와 같은 몇몇 영역에서는 준사고나 사고에 대한 데이터베이스를 구축하였다(Rosenthal & Reynard, 1991). 비행 안전 보고 시스템(Aviation Safety Reporting Systems, ASRS)은 NASA에 의해 운용되는 것으로서, 매년 조종사나 교통 통제사들에 의해 보고된 30,000건 이상의 준사고에 대한 자료를 포함하고 있다.

이런 정보들은 매우 가치 있는 것이기는 하지만, 이 데이터베이스와 관련된 몇 가지 어려움이 있다(Wickens, 1995). 첫째, 질적인 특성만 갖고 있는 데이터베이스는 인과 분석을 실시하거나 인과관계를 확인하는 데 어려움을 준다. 둘째, 비록 보고하는 사람들의 익명성이 보장된다고 해도 모든 준사고들이 보고되는 것은 아니다. 세 번째 문제는 사람들이 준사고나 사고의 근본 원인을 확인하는 데 필요한 정보를 제대로 제공해 주지 못한다는 점이다. 비록 추후 인터뷰 기법이 이런 문제를 보완하는 데 어느 정도 도움이 되긴 하지만 근본적인 문제를 완전히 제거해 주지는 못한다.

사고 방지는 인간 공학 분야의 중요한 목표 중 하나이다. 특히 더 크고 복잡한 시스템을 인간이 조작해야 하는 요구가 점차 더 증가함으로써 이러한 목표의 중요성도 역시 증가하고 있다. 사고에 대한 체계적 분석을 통해 사고의 근원적 원인이 무엇인지, 즉 사고가 인간, 기계 혹은 양자 간의 어떠한 상호작용의 결과에 기인한 것인지를 결정할 수 있다. 기존의 사고 분석 결과들은 빈약한 시스템 설계 때문에 인간 에러가 발생한 많은 사례들을 지적하였다. 예를 들어 기억 실패에 기인한 1989년 디트로이트에서의 노스웨스트 항공기 사고, 훈련과 의사결정 에러에 기인한 1987년도 워싱턴 공항에서의 플로리다 항공기 사고 등이 여기에 포함된다. 사고들은 대부분 한 시스템 안에서 동시에 발생하는 몇 가지 기계 고장이나 인간 에러의 결과물이다. 이러한 사고의 대부분은 훈련, 절차, 제어장치 및 디스플레이, 시스템 요소 등에서 안전하지 못한 중다 요소들이 있었기 때문에 발생한 것들이었으며, 이러한 사고의 원인들이 대부분의 경우 사고 발생 이후라기보다는 그 이전에 충분히 탐지될 수 있었던 것들이었다. 이것은 사고 분석과 같은 사고 이후의 분석보다는 시스템 안전에 대한 예방적 접근이 더 요구된다는 것을 의미한다. 이 주제에 대해서는 제14장에서 더 자세히 언급될 것이다.

기술적 측정치들의 분석

대부분의 기술적 연구는 많은 변인들 사이의 관계를 평가하기 위해 실시된다. 연구 자료가 관찰법을 이용해 얻어졌건 혹은 질문지를 통해 얻어졌건, 기술적 연구들의 목표는 변인들 사이에 관계가 있는지, 그리고 그 관계의 강도는 얼마나 되는지 측정하는 것이다. 변인들 사이의 관계는 여러 가지 방법으로 측정될 수 있다.

연속적 변인들 사이의 관계 만일 우리가 어느 한 회사 안에서 직무 경험과 안전에 대한 태도 사이의 관계를 알아보고자 한다면 이것은 상관 분석(correlational analysis)을 통해 확인이 가능하다. 상관 분석은 두 변인이 공변하는 정도, 즉 한 변인의 값을 다른 변인의 값을 통해 예언할 수 있는 정도를 측정한다. 예를 들어 정적인 상관에서는 한 변인의 값이 증가함에 따라 다른 변인의 값도 증가한다. 예를 들어 책을 읽는 데 필요한 조도의 양은 연령과 정적으로 상관되어 있다. 부적인 상관에서는 한 변인의 값이 증가함에 따라 다른 변인의 값은 감소한다. 예를 들어 겨우 들을 수 있는 음의 강도는 연령과 부적으로 상관되어 있다. 상관계수 r을 계산함으로써 우리는 관계의 강도에 대한 측정치를 얻을 수 있다. 그리고 그러한 관계가 변인에서의 우연한 변동에 의한 것일 수 있는 확률을 결정하기 위해 통계적 검증들이 수행될 수 있다. 따라서 우리는 관계가 존재하는지(p), 그리고 관계의 강도 측정치(r)가 얼마인지에 대한 정보를 얻을 수 있다. 다른 통계 측정치들과 마찬가지로 유의한 상관을 얻을 수 있는 가능성은 표본의 크기, 즉 두 변인에서 측정된 항목들의 수가 증가함에 따라 증가한다.

한 가지 주의할 점이 있다. 우리가 통계적으로 유의한 상관을 얻었을 때, 한 변인이 다른 변인의 변화를 야기했을 것이라고 가정하는 오류를 범할 수 있다는 점이다. 이런 인과적 추론은 다음의 두 가지 이유로 근거가 없다. 첫째, 인과관계의 방향이 실제로는 정반대일 수 있다. 예를 들어 우리는 직무 수행 기간과 위험 감수 사이에 부적으로 상관되어 있는 결과를 얻었다고 하자. 이 결과에 비추어 직무 경험이 많을수록 근로자들이 더 조심한다고 해석하는 것도 가능하지만, 더 조심해서 일한 것이 부상이나 사망의 가능성을 더 낮게 했고 따라서 이것이 사람들로 하여금 그 직무를 더 오래 수행할 수 있게 했을 가능성도 있는 것이다. 둘째, 제3의 변인이 두 변인 사이의 변화를 일으킨 원인이 될 수도 있다. 예를 들어 더 열심히 근무한 사람들은 계속 그 직무를 수행하도록 권고 받았을 수 있고, 또 열심히 일하는 것의 한 측면으로 더 조심해서 일할 수도 있었을 것이다.

복잡한 모델링 및 시뮬레이션

연구자들은 종종 중다 변인들에 대한 많은 양의 데이터를 수집해서 모델이나 시뮬레이션을 통해 관계성을 검증한다(Pew & Mavor, 1998). Bailey(1989)에 의하면, 모델이란 '하나의 수학적/물리적 시스템으로 이들은 특정한 규칙이나 조건을 따르며, 실제 시스템(물리적, 생물학적, 인간-기술적 등)의 특정 측면들에 대한 유추를 통하여 실제 시스템을 이해하는 데 사용되는 것'이다. 모델은 밝기 수준에 따른 디스플레이 지각을 예언하는 것과 같은 간단한 수학적 방정식에서부터 고도로 복잡한 컴퓨터 시뮬레이션(실행 가능한 모델들)까지 다양하다. 그러나 모든 모델들은 그들이 반영하고자 하는 시스템보다는 좀 더 제한적이고 덜 '실제적' 이다.

모델들은 종종 물리적 시스템에서의 관계, 혹은 인체의 생리학적 관계를 기술하기 위해 사용된다. 인체에 대한 수학적 모델들은 작업장 설계를 위한 시뮬레이션을 만들어 내는 데 사용되어 왔다. 한 가지 예로서 COMBIMAN은 다양한 작업장 설치 형태에서의 인체 움직임에 대한 다양한 이미지들을 제공해 줄 수 있는 일종의 시뮬레이션 모델이다(McDaniel & Hofmann, 1990). 이것은 또한 기존의 조종실이나 새로운 조종실에서 조종사의 신체 조절 능력을 평가하는 데도 사용된다.

복잡한 시뮬레이션을 개발하는 데 수학적 모델들이 사용될 수 있다(Elkind et al., 1990; Pew & Mavor, 1998; Laughery & Corker, 1997 참조). 즉 특정 시스템에서의 몇 가지 주요 변인들과 그들 사이의 상호 관련성이 수학적으로 모형화되고 실행 가능한 시뮬레이션 프로그램으로 부호화된다. 다양한 시나리오들이 실행되고 모델은 시스템에 어떤 일이 일어나는지를 보여준다. 시뮬레이션의 예측은 실제의 인간 수행(시간, 에러, 작업부하 등)을 통해 그 타당성이 검증될 수 있다. 이것은 실제 실험을 수행하지 않고도 설계 변화에 따른 효과를 예측하는 데 강력한 도구를 제공해 준다. 연구에 모델을 사용할 때의 중요한 이점은 유해한 환경 조건의 영향을 평가할 때 인간 피험자를 직접 쓰지 않아도 된다는 점이다(Kantowitz, 1992; Moroney, 1994).

문헌 조사

기술적 연구 방법은 문헌을 찾거나 조사하는 것도 포함한다. 대개의 경우 문헌 탐색이나 조사는 실험 이전에 수행되는 것이 보통이지만, 다른 연구자들이 이미 실험을 통해 해답을 내놓았다면 문헌 조사를 충실하게 하는 것만으로도 종종 실험을 대신할 수 있다. 문헌 조사의 특수한 형태 중 하나로 **통합 분석**(meta-analysis)이라고 불리는 것이 있다. 통합 분석은 공통적인 독립변인들을 검토한 많은 실험들의 통계적 결과들을 통합하는 것이다. 이를 통해 그러한 변인들이 갖고 있는 효과에 대해 종합적이고 매우 신뢰할 수 있는 결론을 도출할 수 있다(Rosenthal & Reynard, 1991).

윤리적 문제들

인간 공학 연구들에 '사람' 들을 실험 참가자로 포함시킨다는 것은 이 장을 기술하는 과정에서 분명히 드러난 사실이다. 많은 전문단체나 정부기관은 실험 참가자들을 연구에 참여시킬 때 사용해야 하는 방법들에 대한 구체적이고 문서화된 가이드라인을 제시하고 있다. 미국 연방 기관들은 미국 연방 법령(Code of Federal Regulations HHS, Title 45, Part 46, 인간 실험 참가자에 대한 보호 규정, Department of Health and Human Services, 1991)에서 규정한 가이드라인을 엄격하게 준수하고 있다. 미국 국립 보건원(National Institute of Health)의 웹 페이지(http://ohsr.od.nih.gov/cbt/)에는 인간 피험자 검사와 관련된 다양한 정보를 제공하고 있다. 실험 참가자들을 사용하는 연구자는 누구나 이들에 대한 윤리적 대우에 대한 미국 연방 가이드라인이나 미국 심리학회 가이드라인(American Psychological Association, 1992)을 숙지해야 한다. 이런 가이드라인은 기본적으로 다음과 같은 원리들을 제시하고 있다.

- 정신적 · 신체적 손상으로부터 실험 참가자들의 보호
- 실험 참가자들이 자신들의 행동에 대해 프라이버시를 가질 수 있는 권리
- 연구에 참여하는 것이 완전히 자발적이라는 보장
- 실험 참가자들이 실험 절차들의 본질에 대해 미리 알 권리

사람들이 실험에 참가하거나 다른 방법을 통해 연구에 대한 자료를 제공하는 경우 그들은 연구의 일반적 본질에 대해 듣게 된다. 종종 그들은 가설의 정확한 본질에 대해서는 듣지 못하기도 하는데, 가설의 정확한 본질을 말해 줄 경우 이것이 그들의 행동을 편파시킬 수도 있기 때문이다. 실험 참가자들에게는 모든 결과들이 익명으로 절대 비밀 보장될 것이라는 것을 알려줘야 한다. 이것은 인간 공학 연구에서는 특히 중요한 문제인데, 예를 들어

근로자들이 실험 참가자로 실험에 참여할 경우, 그들은 경영진에 의해 그들의 수행이 평가되는 것을 꺼리는 경우가 있기 때문이다. 마지막으로, 실험 참가자들은 종종 고지에 입각한 동의서(informed consent form)라고 하는 서류에 사인할 것을 요구받기도 하는데, 여기에는 그들이 실험의 본질이나 위험에 대해 이해하고, 그들의 참여가 자발적이었으며, 언제든지 실험 중간에 그만둬도 되는 것을 알고 있다는 것 등이 언급되어 있다. 인간 공학 영역 연구에서는 실험 중에 제시되는 위험 정도가 실제 직무 환경에서 직면하는 것보다 크지 않다면 이러한 실험은 받아들여질 수 있다고 여겨진다. 연구가 수행되는 대학이나 조직의 연구위원회(research board)는 실험 참가 동의서의 적절성이나, 연구에서 발생할 수 있는 잠재적인 위험 정도와 연구를 통해 얻을 수 있는 전반적 이점의 상대적 차이를 심사한다.

마지막으로, 실험자들은 언제나 실험 참가자(피험자)들을 존중해야 한다. 실험 참가자들은 그들의 수행이 평가되고 있다는 것을 느끼고 있기 때문에, 그리고 제대로 수행하고 있는지에 대한 두려움을 갖고 있기 때문에 때때로 불안해할 수 있다. 실험 참가자들에게 그들을 평가하는 목적이 시스템과 관련된 여러 측면들을 알고자 하는 것이지 그들 자신이 아니라는 것을 확신시켜 줌으로써 실험 참가자들을 좀 더 편안히 해주는 것은 연구자들의 책임이다. 이것이 바로 시스템의 전반적인 사용 용이성이나 다른 요인들을 평가하기 위해 사람들에게 다양한 시스템 형태들을 사용해 보도록 하는 상황을 일컫는 사용자 검사(user testing)란 용어가 사용성 검사(usability testing)란 말로 바뀐 이유 중 하나이다.

참고문헌

American Psychological Association(1992). Ethical principles of psychologists and code of conduct. *American Psychological Association.* Washington, DC: American Psychological Association .

Bailey, R.W.(1989). *Human performance engineering using human factors/ergonomics to achieve computer system usability*(2nd ed.). Englewood Cliffs, NJ: Prentice-Hall.

Baron, S.(1985). Pilot control. In E. Wiener and D. Nagel(eds.), *Human factors in aviation.* San Diego, CA: Academic Press.

Chapanis, A.(1991). To communicate the human factors message, you have to know what the message is and how to communicate it. *Human Factors Society Bulletin,* 34(11), 1-4.

Cook, T.D., and Campbell, D.T.(1979). *Quasi-experimentation: Design and analysis for field Settings*. Boston, MA: Houghton Mifflin.

Department of Health and Human Services(1991). *Code of Federal Regulations, Title 45, Part*

46: Protection of human subjects. Washington, DC: HHS.

Elkind, K.I., Card, S.K., Horhberg, J., and Huey, B.M. (eds.)(1990). Human performance models for *computer-aided engineering.* San Diego, CA: Academic Press.

Elmes, D.G., Kantowitz, B.H., and Roediger III, H.L.(1995). *Research methods in psychology.* St. Paul, MN: West Publishing Company.

Hancock, P.A., and Meshkati, N.(eds.)(1988), *Human mental workload.* Amsterdam: North-Holland.

Harris, D.(1991). The importance of the Type II error in aviation safety research. In E. farmer(ed.), *Stress and error in aviation*(pp. 151-157). Brookfield, VT: Avebury Technical.

Hart, S.G., and Wickens, C.D.(1990). Workload assessment and prediction. In H.R. Booher(ed.), MANPRINT: *An approach to systems integration*(pp. 257-296). New York: Van Nostrand Reinhold.

Hennessy, R.T.(1990). Practical human performance testing and evaluation. In H.R Booher(ed.), MANPRINT: *An approach to systems integration*(pp.433-479). New York: Van Nostrand Reinhold.

Joreskog, K., and Sorbom, D.(1976). LISREL III-Estimation of linear structural equation systems by maximum likelihood methods: A. Fortran IV program. Chicago: International Educational Services.

Kantowitz, B.H.(1992). Selecting measures for human factors research. *Human Factors, 34(4),* 387-398.

Kantowitz, B.H.(1990). Can cognitive theory guide human factors measurement? P*roceedings of the Human Factors Society 34th Annual Meeting*(pp. 1258-1262). Santa Monica, CA: Human factors Society.

Keppel, G.(1992). *Design and analysis: A researcher's handbook*(3rd ed.). Englewood Cliffs, NJ: Prentice-Hall.

Kosso, P.(1989). Science and objectivity. *Journal of philosophy* 86, 245-257.

Lysaght, R.J., Hill, S.G., Bick, A.O., Plamondon, B.D., Wherry, R.J., Jr., Zaklad, A.L., and Bittier, A.C., Jr. (1989). *Operator wcrkload: Comprehensive review and evaluation of operator workload methodologies*(ARI Technical Report 851). Alexandria,VA: U.S. Army Research Institute for the Behavioral and Social Sciences.

McDaniel, J.W,, and Hofmann, M.A.(1990). Computer-aided ergonomic design tools. In H.R. Booker (ed.), MANPRINT: *An approach to systems integration.* New York: Van Nostrand Reinhold.

Mitchell, M., and Jolley, J.(1992). *Research design explained*(2nd ed.). Fort Worth, TX: Harcourt

Brace Jovanovich.

Moroney, W.F.(1994). Ethical issues related to the use of humans in human factors and ergonomics. *Proceedings of the Human Factors and Ergonomics Society 38th Annual Meeting*(pp. 404-407). Santa Monica, CA: Human Factors and Ergonomics Society.

Muckler, F.A.(1992). Selecting performance measures: "Objective" versus "subjective" measurement. *Human Factors*, 34(4), 441-455.

Olson, J., Chockie, A.D., Geisendorfer, C.L., Vallario, R.W,, and Mullen, M.F.(1988). *Development of programmatic performance indicators*(NUREG/CR-5241 PNL-6680, BHARC-700/88/022), Washington, DC: U.S. Nuclear Regulatory Commission.

Rosenthal, L.J., and Reynard, W.(Fall, 1991). Learning from incidents to avert accidents. *Aviation Safety Journal,* 7-10.

Sarno, K.J., and Wickens, C.D.(1995). The role of multiple resources in predicting time-sharing efficiency: An evaluation of three workload models in a multiple task setting. *International Journal of Aviation Psychology, 5(1)*, 107-130.

Smith, T.J.(1993). The scientific basis of human factors－A behavioral cybernetic perspective. *Proceedings of the Human Factors and Ergonomics Society 37th Annual Meeting*(pp.534-538). Santa Monica, CA: Human Factors and Ergonomics Society.

Solomon, Z., Mikulincer, M., and Hobfoll, S.E.(1987). Objective versus subjective measurement of stress and social support: Combat-related reactions. *Journal of Consulting and Clinical Psychology,* 55, 577-583.

Somber, R., and Sommer, B.B.(1986). *A practical guide to behavioral research.* New York: Oxford University Press.

Wickens, C.D.(1995). Aerospace techniques. In J. Wiemer(ed.), *Research techniques in human engineering*(pp.112-142). Englewood Cliffs, NJ: Prentice-Hall.

Wierwille, W.W., and Eggemeier, F.T.(1993). Recommendations for mental workload measurement in a test and evaluation environment. *Human factors, 35(2)*, 263-281.

Williges, R.C.(1995). Review of experimental design. In J. Weimer(ed.), *Research techniques in human engineering.* Englewood Cliffs, NJ: Prentice-Hall.

Wilson, G.F., and O'Donnell, R.D.(1988). Measurement of operator workload with the neurophysiological workload test battery. In P.A. Hancock and N. Meshkati(eds.), *Human mental workload* (pp.63-100). Amsterdam: North-Holland.

Woods, D.D., Roth, E.M., and Pople, H.E., Jr.(1990). Modeling operator performance in emergencies. *Proceedings of the Human Factors Society 34th Annual Meeting*(pp. 1132-1135). Santa Monica, CA: Human Factors Society.

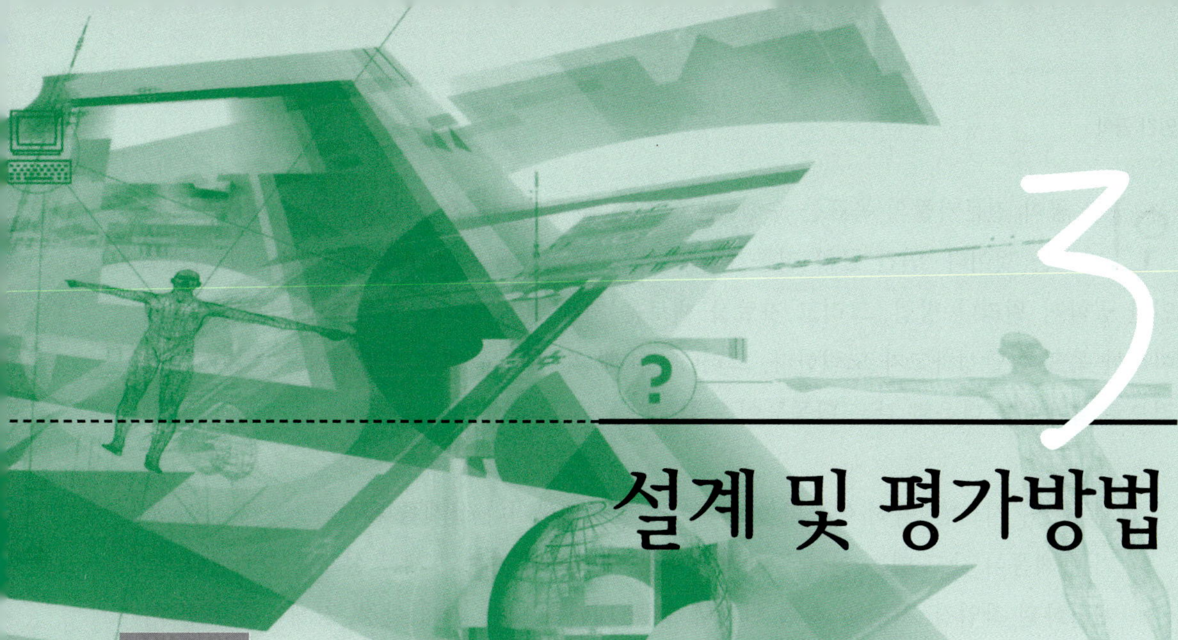

3 설계 및 평가방법

토머스 에디슨은 위대한 발명가였는지는 모르지만 사업가로서는 형편없었다. 축음기를 고려해 보자. 에디슨이 축음기를 발명하였고 그의 경쟁자들에 비해 기술력도 좋았다. 그러나 그는 사용자의 요구를 고려하지 않은 채 기술 위주의 장치를 개발하였고, 결국 축음기 사업도 실패하였다. 에디슨은 실패한 가장 중요한 원인 중 하나는 사용 용이성, 저장 및 배달 등의 측면에서 실린더 방식보다 디스크 방식이 훨씬 더 유리하다는 것을 무시했다는 점이다. 에디슨은 실린더 방식의 우수한 소리와 비교하여 디스크 방식으로 재생되는 딱딱한 소리를 비웃었다. 에디슨은 축음기가 '종이 없는 사무실'의 시대를 가져올 것이라고 생각했다. 즉 편지나 문서가 실린더에 기록되면 그 실린더를 수신자에게 보내면 된다고 생각했다. 그러나 축음기가 가장 많이 사용된 영역은 미리 녹음된 음악을 재생하는 것이었다(이것도 여러 생산업체에서 수많은 시행착오를 거쳐 알아낸 것이었다). 여기에서도 다시 한 번 에디슨은 고객들이 진정으로 원하는 것이 무엇인지 이해하는 데 실패했다. 그는 유명하고 '값비싼' 가수의 음성과 이들보다는 덜 알려진 가수의 음성에 차이가 없다고 판단했다. 그가 옳은지도 모른다. 에디슨은 덜 알려진 가수의 음성을 좋은 질(quality)로 녹음한다면 많은 돈을 아낄 수 있을 것으로 생각했다. 그가 옳긴 옳았다. 그렇게 해서 그는 많은 돈을 절약했다. 문제는 대중들이 덜 유명한 가수보다는 유명한 가수의 노래를 더 듣고자 했다는 점이다. 그는 대중들이 음악 자체에만 신경 쓸 것이라고 생각했다. 그래서 그는 심지어 몇 년 동안이나 레코드 판 위에 가수(혹은 연주자)들의 이름을 기재하지 않기도 하였다. 그는 그러한 차이가 중요한 것이 아니라고 생각하고, 자신의 취향과 기술 중심의 분석에만 몰두했다. 에디슨과 관련된 이러한 예시는 '사용자를 알아야 한다'는 것을 시사한다. 최초, 최상 혹은 옳다는 것조차 중요한 것이 아니다. 중요한 것은 고객이 무엇을 원하고 필요로 하는가이다. 많은 기술 중심적 회사들이 이와 유사한 문제로 어려움을 겪고 있다. 그들은 고객의 필요와 욕구에 대한 충분한 이해 없이 기술만을 위한 기술 중심적 제품들을 생산하고 있다. (출처 : Norman, 1988).

인간 공학 전문가들의 목표는 수행, 만족, 안전을 향상시킴으로써 시스템을 성공적으로 만드는 것이다. 인간 공학 전문가들은 기초 연구와 응용 연구를 실시하는 것 외에도 인간 공학적 원리나 방법, 그리고 자료를 새로운 제품이나 시스템의 설계에 적용함으로써 이러한 목표를 달성하고자 노력한다. 그러나 '설계'의 개념은 매우 광범위할 수 있다. 일반적으로 설계에는 다음과 같은 활동들이 포함된다.

- 제품이나 시스템, 특히 이들의 인터페이스를 설계하거나 설계를 돕는다.
- 기존 제품이 갖고 있는 인간 공학적 문제를 제기하여 기존의 제품 설계를 수정한다.
- 개별화된 작업장, 복잡한 작업 단위나 교통 패턴을 갖는 거대 환경, 장애자를 위한 가정 환경 등과 같은 다양한 환경에 대해 인간 공학적으로 바람직한 환경을 설계한다.
- 위험 분석, 산업 안전 프로그램 실행, 경고 라벨의 개발, 안전 관련 교육의 제공 등과 같은 안전 관련 활동을 수행한다.
- 체크리스트나 교재와 같은 훈련 프로그램이나 다른 수행 지원 방안들을 개발한다.
- 작업 그룹이나 팀을 훈련하거나 평가하는 방법들을 개발한다.
- 조직 개발이나 재구조화에 인간 공학적 원리를 적용한다.

이 장에서 우리는 제품이나 시스템을 설계하는 것을 지원하는 데 인간 공학자들이 사용하는 몇 가지 방법들을 개관할 것이다. 인간 공학적 방법과 원리들은 사전 설계 분석, 기술적 설계, 그리고 최종 검사와 평가과정들을 포함한 거의 모든 제품 설계 과정에 적용된다. 비록 인터페이스 설계가 대부분 눈에 보이는 설계 요소들에 대해 이루어지지만, 인간 공학 전문가들은 일반적으로 이 범위를 넘어 상호작용이나 직무의 설계 혹은 심지어 사람과 기술의 조식화를 동한 작업 재설계와 같은 과제를 수행한다. Cooper(1999)는 인터페이스 설계에만 초점을 맞추는 것은 비효과적일 뿐만 아니라 마치 '죽은 사람 얼굴에 화장하는 격'이라고 하였다. 보기 좋은 3차원의 그래픽을 만든다고 해서 직무나 조직의 특성을 고려하지 않은 시스템이 갖는 문제들을 해결해 주는 것은 아니다. 이 장에서는 인간 공학적 과정(process)에 대해 전반적으로 개관하고, 그 다음 이러한 과정들을 수행하는 데 필요한 몇 가지 기본적인 내용들을 기술할 것이다. 앞에서 열거된 것들 중 이 장에서 다루어지지 않는 나머지 활동들에 대해서는 다음 장들을 통해 그것들이 갖고 있는 특정한 주제와 방법들을 중심으로 기술될 것이다.

설계와 평가에 대한 개관

모두 다 그러한 것은 아니지만, 아직도 많은 제품과 시스템들이 충분한 인간 공학적 고려 없이 설계되고 있다. 설계자들은 인간(사용자)의 관점에서 제품의 사용을 충분히 고려해 보지 않은 채, 제품 자체와 그 기능에 주로 초점을 두는 경향이 있다. 모든 공학자들이 한 번쯤은 읽어 봐야 할 저서에서, Norman(1988)은 다음과 같이 설득력 있게 기술하고 있다.

> 왜 우리는 우리가 매일 사용하는 대상들, 즉 우리가 어떻게 사용해야 할지 모르는 대상들, 거의 열지 못할 것처럼 보이는 제품의 포장, 사람들을 골탕먹이는 문, 사용하려고 하면 혼란스러워지는 세탁기나 건조기, 광고에 의하면 뭐든지 할 수 있다고 자랑하지만 실제로 어떤 일을 하기엔 거의 불가능한 오디오-스테레오-텔레비전-비디오-카세트-레코더 등에 대한 우리의 불만을 참고 있어야만 하는가?

잘못된 설계는 매우 흔한 것이 되어 버렸다. 더구나 우리가 사용하는 제품들이 기계적으로 더 정교하고 복잡해질수록 그것들을 사용하는 것은 점차 더 어려워지고 있다.

설계자들이 인간 요인들을 고려하는 경우가 있다 하더라도, 그들은 종종 제품 설계를 먼저 완성한 다음 인간 공학 전문가들에게 그저 그것의 설계도(청사진)나 시제품을 떠넘기는 것이 고작이다. 그 다음에 인간 공학 전문가는 한 개인이나 팀이 몇 개월에 걸쳐서 수천 달러를 들여 가며 개발했을 한 설계에 대한 비판만 잔뜩 가지고 돌아와야 하는 별로 부러워할 것 없는 위치가 되고 만다(다시 말해 인간 공학자들이 제기한 문제점들이 설계 과정에 제대로 반영되지 못한다). 왜 공학자들이 인간 공학적 분석 결과를 받아들이는 데 열심이지 않은가를 이해하는 것은 그리 어렵지 않다. 그들은 그 설계에 이미 돈을 투자했고, 그 설계를 믿고 있으며, 종종 인간 공학적 권고 사항을 받아들이기 주저하기 때문이다. 인간 공학적 분석을 제품 설계 단계의 맨 끝에 두는 설계 과정은 필연적으로 설계와 관련된 모든 사람들 사이의 불화를 가져올 수 있다. 이러한 마찰과 변화에 대한 공학자들의 저항 때문에 만들어진 제품은 종종 인간 수행이나 안전을 지원하는 데 매우 성공적이지 못한 경우가 많다.

우리가 제1장에서도 언급했듯이 인간 공학은 궁극적으로 기업체들이 돈과 시간을 절약할 수 있게 해준다. 그러나 인간 공학적 방법들을 적용함으로써 얻을 수 있는 이익을 극대화하기 위해서는 그러한 활동들이 시스템 설계 순환 과정의 비교적 초기 단계에 도입되어야 한다. 우리는 이 장에서 이것이 어떻게 이루어질 수 있는지 간단히 기술할 것이다. 그러나 우선은 인간 공학 분석을 수행할 때의 가치를 보여주기 위해 설계자들이 사용할 수 있는 몇 가지 방법을 기술하겠다. 경영진에게 인간 공학의 가치를 제시해 줄 수 있는 최상의 방도는 비용/이익 분석(cost/benefit analysis)을 수행하는 것이다.

비용/이익 분석

인간 공학적 분석을 실시한다고 할 경우, 이것은 분석을 할 때 소요되는 비용과 상쇄되거나 혹은 그보다 더 큰 금전적 보상을 가져다 주지 못하는 일종의 추가적 지출로 보일 수 있다. 이러한 경우, 인간 공학 전문가들은 왜 그들이 프로젝트에 참가해야 하는지에 대한 이유를 정당화해야 할 것이다. 이런 경우 비용/이익 분석이 인간 공학적 노력의 전반적 이점을 보여주기 위해 수행될 수 있다(Alexander, 2002; Bias & Mayhew, 1994; Hendrick, 1996).

비용/이익 분석에서는 인간 공학적 노력이 요구하는 비용을 계산하고, 인간 공학적 노력에 의해 잠재적으로 얻을 수 있는 이득을 금전적 형태로 추정한다. Mayhew(1992)는 그와 같은 분석의 간단한 예를 보여주고 있다. 표 3.1은 하나의 소프트웨어 원형에 대해 사용성 연구를 수행할 때 요구되는 비용에 대한 가설적 사례를 보여주고 있다.

대부분의 경우 인간 공학적 노력에 대한 비용을 추정하는 것은 상대적으로 쉬운 일인데,

표 3.1 소프트웨어 사용성 연구를 수행하는 데 있어서의 가설적 비용들

인간 공학적 과제들	시간
검증 문제들의 결정	24
검사와 재료의 설계	24
20명의 사용자를 검증	48
자료 분석	48
결과의 준비와 발표	16
인간 공학 노력의 총 시간	160
	비용(달러)
시간당 45달러의 160시간 인간 공학 노력 시간	7,200
시간당 20달러의 연구 보조원 48명 수당	960
시간당 30달러의 카메라맨 48명 수당	1,440
비디오테이프 구입 가격	120
총 비용	9,720

출처 : D. T. Mayhew, 1992. *Principles and guidelines in software user interface design*. Englewood Cliffs, NJ: Prentice Hall. Adapted by permission.

그 이유는 설계자들이 인적 · 물적 비용에 대해 많이 익숙한 경향이 있기 때문이다. 그러나 이익을 추정하는 것은 좀 더 어려운 일이고, 이것은 몇 가지 가정에 기초해야 한다(Bias & Mayhew, 1994). 그리고 어떤 비용은 특정 유형의 제조자나 고객들에 따라서 상대적으로 더 흔하게 나타날 수도 있다. 예를 들어 마이크로소프트사의 소프트웨어 개발자와 같은 경우 고객 지원 서비스에 지출되는 비용은 심각하게 고려되어야 하는 사항이다. 마이크로소프트사에서는 자사 제품 사용에서 고객들이 경험하는 어려움을 극복하는 데 도움을 주기 위하여 연간 8억 달러를 지출하고 있다. 또한 어떤 혼동되는 인터페이스는 항공기 조종사가 탑재된 컴퓨터에 잘못된 정보를 입력하게 하여 항공기가 산 중턱에 충돌하는 사고를 야기하기도 하였다. 이로 인해 160명이 사망하였다(Cooper, 1999). 그와 같은 참사를 막았다면 그 금전적 가치는 헤아리기 어려울 것이다. Mayhew(1992)는 수량적으로 추정될 수 있는 가능한 이익의 유형들을 다음과 같이 열거하였다—판매량 증가, 훈련 비용 감소, 고객 지원 비용 감소, 개발 비용 감소, 유지 비용 감소, 사용자 생산성 증가, 사용자 에러 감소, 서비스 질 향상, 훈련 시간 감소, 고객 이탈(turnover) 감소.

수량화 가능한 다른 이익들은 안전이나 건강과 관련된 것인데(Alexander, 1995), 이들 중 대표적인 것들은 다음과 같다—종업원 만족 증가(이직률 감소) 및 조퇴나 일을 쉬어야 하는 시간의 감소, 사고와 심한 부상 빈도 감소, 장기적 장애(예 : 누적적 외상장애) 빈도 감소, 의료 혹은 재활 비용 감소, 소환이나 벌금 빈도 감소, 법정 소송 빈도 감소.

노력의 총 이익을 계산할 때는 인간 공학의 개입이 없을 경우의 관련 변인들에 대한 가치를 먼저 추정한다. 그 다음 중간 정도로 인간 공학 분석이 성공적이었다고 가정하고 동일한 변인들에 대한 가치가 추정된다. 이때 추정된 이익은 인간 공학 노력의 성공(중간 수준의 성공)이 가져다 준 이익에서 인간 공학적 노력이 요구하는 비용을 뺀 값이다.

예를 들어 어느 한 소프트웨어의 사용성을 평가한다고 하자. 이때 어떤 과제를 수행하는 데 걸린 평균 시간과 에러 수, 그리고 에러와 관련된 시간상의 손실 등을 계산해 볼 수 있을 것이다. 그 다음 동일한 측면에 대해 인간 공학적 노력이 주어졌을 때는 어떻게 변하는지 추정하여 원래 손실과의 차이를 계산한다. 그리고 이러한 수치들에 일정 기간(예 : 1년 혹은 5년 동안)에 걸친 과제들의 수행 횟수 및 그 과제들을 수행하는 사람들의 수를 곱한다. Mayhew(1992)는 손으로 직접 명령어를 입력해야 하는 채워 넣기식(fill-in) 스크린의 처리 시간을 하나의 스크린당 3초 정도 단축할 것으로 기대되는 새로운 소프트웨어에 대해 인간 공학적 분석을 실시한 예를 제시해 주고 있다. 표 3.2는 추정된 이익들을 보여주고 있다. 비록 과제당 적은 양의 비용 절감이지만 이것들이 1년이라는 기간 동안 축적될 수 있음을 쉽게 볼 수 있다. 이 경우에서는 1년 동안 발생한 43,125달러라는 비용 절감이 사용성 평가에 소요되는 비용인 9,720달러를 초과하고 있다. Karat(1990)은 24만 명의 고용인들이 사용하는 소프트웨어의 개발에 인간 공학이 적용되었던 한 사례를 소개하고 있다. 그녀는 설계 개선 노력의 비용은 6,800달러였던 반면, 과제 수행 시간을 금전적으로 계산했을 때 첫해에만 총 6,800,000달러의 절감 효과가 있음을 추정하였다. 소프트웨어 스크린의 변화에 따른 수행의 차이를 알고자 하는 설계자들은 실제 사례에 바탕을 둔 자세한 자료가 수록된 문헌들(예 : Bias & Mayhew, 1994)을 참조하면 이 영역을 전체적으로 개관해 보는 데 도움이 될 것이다. 이러한 방식으로 제조 공장에서도 제품 조립이나 보수/정비와 관련된 비용을 감소시킴으로써 이익을 높일 수 있다(예 : Marcotte et al., 1995). 특히 부상이나 건강과 관련된 분석 결과들의 적용을 통해 얻을 수 있는 이득은 앞에서 본 사례들(즉 소프트웨어 재설계)보다 훨씬 더 클 수 있다. 좀더 상세한 비용/이익 분석에 대한 설명에 대해서는 Alexander(1995), Bias와 Mayhew(1994), Mantei와 Teorey(1988), 그리고 Hendrick(1996)을 참조하기 바란다. 비용/이익 분석은 설계에 대해 인간 공학적 공헌이 갖는 가치를 분명하게 확인하게 해준다.

제품 설계 순환 과정에서의 인간 공학

인간 공학이 추구하는 중요한 목표 중의 하나는 제품들을 저렴하게, 그리고 시기적절하게 설계함으로써 그 제품들이 사용자의 작업을 지원하고, 작업 영역을 확장하며, 작업 방략을 쉽게 바꿀 수 있도록 해주는 것이다(Wixon et al., 1990). 앞에서 언급한 바와 같이, 최종 제품에 대한 이익을 극대화하기 위해서는 인간 공학이 제품 설계가 끝난 이후에 그것을 평가

표 3.2 스크린 사용에서 3초의 사용 시간 감소에 대해 추정된 가설적 이득

	250명의 사용자
×	하루에 60대의 스크린 사용
×	1년 중 230일 작업
×	스크린당 3초의 처리 시간 단축
×	시간당 15달러 이득
=	1년에 총 43,125달러 절약

출처 : D. J. Mayhew, 1992. *Principles and guidelines in software user interface design*. Englewood Cliffs, NJ: Prentice Hall. Adapted by permission.

하는 과정으로 수행되기보다는, 가능하면 제품(혹은 시스템) 설계의 초기 단계에 포함되는 것이 바람직하다.

체계적 설계 모델들은 많이 있으며, 이러한 모델들은 제품 분석, 설계 및 제작 단계들에 대한 최적의 순서들을 구체적으로 제시해 주고 있다(예 : Bailey, 1996; Blanchard & Fabrycky, 1990; Dix et al., 1993; Meister, 1987; Shneiderman, 1992 참조). 제품 설계 모델들은 모두 어느 정도는 서로 유사하며, 이들은 사전 설계 혹은 전단 분석(前端 分析: front-end analysis), 제품 자체의 설계, 생산, 그리고 현장 검사 및 평가 등의 단계들을 포함하고 있다. 제품 **수명주기 모델**(生命週期 모델, lifecycle models)은 앞에서 열거한 단계들 외에 제품 완성, 활용 및 유지, 그리고 제품 분해 및 폐기 등의 단계들이 추가된다.

많은 사람들은 인간 공학을 전체 설계 과정 중 마지막 단계에서 주로 수행되는 '제품 평가' 단계로 생각하지만, 인간 공학 활동은 많은 단계들에서 발생할 뿐만 아니라 인간 공학 분석의 대부분은 설계 초기 단계에서 이루어진다.

다음 몇 페이지에 걸쳐 기술되겠지만, 제품 수명주기에 포함된 6개의 주요 인간 공학 단계들은 (1) 전단 분석, (2) 반복적 설계와 검사, (3) 제품 생산, (4) 시스템 설치 및 평가, (5) 시스템 작동 및 유지/보수, 그리고 (6) 시스템 폐기이다. 이러한 6단계를 상세히 기술하기 이전에 인간 공학 실천가들이 사용자 중심 설계라는 목표를 달성하기 위해 사용하는 자료의 원천들을 논의하고자 한다.

제품 설계에서 인간 공학을 포함시킬 수 있는 가장 효율적인 방법은 설계의 시작부터 같이 일할 수 있는 여러 학문적 배경의 사람들로 팀을 구성하는 것이다. 이런 것은 최근 들어 산업체에서 동시 공학(concurrent engineering)에 대해 강조하는 것과 일치하는 생각이다(Chao, 1993). 동시 공학에서는 서로 다른 기능 집단으로부터 선발한 구성원들로 설계팀이 짜여져 이들이 처음부터 끝까지 그 제품에 대해 작업한다. 대개의 경우, 팀 구성원들에는 마케팅에 종사하는 사람들, 공학자와 설계자, 인간 공학 전문가, 제작 및 제조 공학자, 서비스 제공자, 그리고 한 명 이상의 고객 등이 포함된다. 대규모 프로젝트의 경우 여러 전문가팀들이 짜여지는 것이 일반적이다.

사용자 중심 설계

우리가 간단히 개관해 볼 모든 인간 공학적 방법이나 기법들은 인간 공학 분야에서 주로 사용되는 방법론적 원리들을 수행하는 방식이라고 할 수 있다. 이런 원리는 설계과정이 사용자를 중심으로 진행되어야 한다는 것을 의미하는 것이기 때문에, 인간 공학적 설계는 **사용자 중심 설계**(user-centered design)가 되도록 하는 것이다(Norman & Draper, 1986). 비슷한 의미를 갖는 다른 표현들에는 '사용자를 알아라' 혹은 '사용자를 존중해라'는 것들이 있다. 분명히 이러한 모든 표현들은 동일한 내용을 시사하고 있다. 인간 공학 전문가들의 입장에서 보면 시스템이나 제품 설계는 '사용자'라고 하는 핵심적 요소를 중심으로 이루어진다. 어떻게 우리는 이 원리를 실제로 적용할 수 있을까? 이 질문에 대한 해답은 일차적으로 사용자의 요구가 무엇인지 제대로 파악하기 위해 시간을 투자한다거나, 모든 설계과정 단계들에 사용자들을 참여시킴으로써 얻을 수 있다. 이 말은 인간 공학 전문가들이 사용자의 직무 혹은 과제 수행을 분석하고, 그들의 요구사항이나 그들이 선호하는 것이 무엇인지 추측하며, 제품에 대한 사용자의 통찰이나 아이디어가 무엇인지 그들에게 질문해 보고, 다양한 대안적 설계 방안들에 대한 사용자들의 반응을 측정해야 한다는 것을 의미한다. 사용자 중심 설계는 사용자가 제품을 '설계'한다거나, 설계과정에 어떤 통제를 한다는 것을 의미하는 것은 아니다. 인간 공학 전문가들의 목표는 사용자들이 시스템에 자신들을 맞추어야 하는 시스템을 만드는 것이 아니라 사용자의 요구에 부응할 수 있는 시스템 설계 방안을 찾아내는 것이다. 사용자 중심 설계는 또한 **사용성 공학**(usability engineering)이라고 알려진 또 다른 하위 영역을 통해서도 구현될 수 있다(Gould & Lewis, 1985; Nielson, 1993; Rubin, 1994; Wiklund, 1993, 1994). 사용성 공학은 대부분 소프트웨어 설계를 위해 개발되었는데(예 : Nielson, 1993), 여기에는 설계에 대한 4개의 일반적인 접근이 포함된다.

- 사용자와 과제에 대해 초기 단계부터 초점을 두는 것
- 양적인 수행 자료에 초점을 둔 질문지법, 사용성 연구와 사용법 연구를 통한 **경험적 측정**
- 인터페이스 설계를 신속하게 변화시킬 수 있세 해주는 원형을 사용한 **빈복적 설계**
- 설계팀의 일원으로서 사용자가 직접 참여하는 **참여적 설계**

설계 작업에 필요한 자료의 출처

인간 공학 전문가들은 다양한 정보 출처들의 도움을 받아 가며 설계과정에서 그들의 작업을 수행한다. 여기에는 이전에 발표된 연구, 자료 일람표, 인간 공학적 표준, 그리고 좀 더 일반적인 원리나 가이드라인 등이 포함된다.

자료 일람표 인간 공학 분야가 성장해 감에 따라 많은 사람들이 시스템 설계에서 인간 공학적 측면들을 지원할 수 있는 정보 원천의 필요성을 강조해 왔다(예 : Boff et al., 1991; Rogers & Armstrong, 1997; Rogers & Pegden, 1977). 그와 같은 정보 원천들은 몇 가지 형태로 개발되어 왔다. 한 가지 형태는 압축적이고 범주화된 자료들로 구성되어 있는 것으로, 여기에는 인간 능력에 대한 여러 도표와 공식에 대한 정보들이 포함된다. 한 가지 예는 Boff와 Lincoln(1988)에 의해 발간된 *Engineering Data Compendium: Human Perception and Performance*인데, 이 책은 모두 4권으로 되어 있고, 'Computer-Aided Systems Human Engineering(CASHE)' 이라는 이름으로 CD-ROM으로도 나와 있다.

인간 공학적 설계 표준 설계를 지원하는 또 다른 형태의 정보는 공학적 혹은 인간 공학적 설계 표준(design standards)들이다. 표준들은 매우 구체적인 영역이나 주제와 관련하여 정확하게 규정된 추천 사항들을 의미한다. 인간 공학에서 가장 많이 쓰이는 표준 중의 하나는 미국 군사 표준 MIL-STD-1472D(미 국방성, 1989)이다. 이 표준은 제어장치, 시각과 청각 디스플레이, 라벨링(이름 · 명칭 붙이기), 인체측정학, 작업장 설계, 환경적 요인들, 그리고 정비/보수, 위험, 혹은 안전을 위한 설계 등과 같은 영역에 대해 자세한 필요조건들을 제시해 주고 있다. 또 다른 것으로, 소프트웨어 인간 공학에 대한 비교적 최근의 ANSI/HFES-100 VDT 표준과 ANSI/HFES-200 설계 표준이 있다(Reed & Billingsley, 1996). 이 두 가지 표준들은 요구 조건과 추천 사항들을 모두 포함하고 있다.

인간 공학적 원리와 가이드라인 기존의 표준들로는 실제적인 문제에 대한 해답을 찾을 수 없는 상황이 많이 있다. 예를 들어 현재 발간된 자료에는 설계자가 카메라의 어디에 사용자가 사용할 제어장치들을 위치시킬지 결정하고자 하는 것에 대해 답할 수 있는 아무런 표준도 없다. 설계자는 이 정보를 얻기 위해 좀 더 추상적인 원리와 가이드라인을 찾아보아야 한다.

인간 공학적 원리나 가이드라인들은 상당히 일반적인 것에서 매우 구체적인 것까지 광범위한 주제를 다룬다. 아주 일반적인 것들로서, Donald Norman(1992)은 사용하기 쉬운 제품을 설계하는 데 필요한 원리들을 제공하고 있고, Van Cott와 Kinkade는 장비 설계에 대한 일반적인 인간 공학적 가이드라인들을 제시해 주고 있다(Van Cott & Kinkade, 1972). 몇몇의 가이드라인들은 물리적 설비의 설계에 대한 내용을 포함하고 있는가 하면(예 : McVey,

1990) 다른 것들은 소프트웨어 인터페이스(예 : Galitz, 1993; Helander, 1988; Mayhew, 1992; Mosier & Smith, 1986; Shneiderman, 1992)나 영상 출력 장치(예 : Gilmore, 1985) 등과 같이 매우 구체적인 측면을 다루고 있는 것도 있다. 다른 가이드라인들은 자동차 안에서의 정보 시스템에 초점을 두고 있다(Campbell et al., 1998; Campbell et al., 1999). 심지어 의료기기 향상 학회(Association for the Advancement of Medical Instrumentation)에서조차 인간 공학적 가이드라인을 출간하기도 하였다(AAMI, 2001). 다음 장들에서 우리는 그와 같은 몇 가지 가이드라인들을 소개할 것이다.

여기서 한 가지 지적해야 할 매우 중요한 점은 대다수의 가이드라인이 매우 엄격한 규칙이라기보다는 단지 안내자일 뿐이라는 것이다. 설계자들은 보다 신중하게 자신이 작업하고 있는 설계에 대해 고찰해야만 가장 적합한 가이드라인들을 찾을 수 있고 또 적용할 수 있을 것이다. 특히 설계자들은 그들의 설계 해결책이 어떠한 시사점을 갖는지에 대해 충분히 생각해 본 후 가이드라인들을 적용해야 한다(Woods et al., 1992).

전단 분석 활동

이 부분에서는 전단 분석 단계에서 수행되는 주요 활동들에 대해 기술하고자 한다. 모든 프로젝트에서 이러한 활동들이 모두, 그리고 자세하게 수행되는 것은 아니지만 설계자들은 개념적 설계 단계에서 설계 해결책이 만들어지기 이전에 다음과 같은 질문들에 답할 수 있어야 한다.

1. 누가 제품/시스템의 사용자인가? (이 말은 전통적 의미에서의 사용자뿐만 아니라 제품/시스템의 분배, 유지, 감시, 수리, 그리고 폐기 처분을 담당하는 사람들도 포함한다.)
2. 인간에 의해서건 아니면 기계에 의해서건 상관없이, 시스템에 의해 수행되는 주요 기능은 무엇인가? 어떤 과제들이 수행되어야 하는가?
3. 시스템/제품이 사용될 환경적 조건들은 무엇인가?
4. 제품에 대한 사용자의 선호도나 요구사항들은 무엇인가? 확인된 시스템의 기능들이 사용자의 선호도나 요구사항에 부응하는가?

이러한 질문들에 대한 해답은 다양한 분석을 통해 구할 수 있으며, 그중에서 가장 일반적인 것들이 아래에 기술되어 있다.

사용자 분석

다른 어떤 분석보다도 먼저 수행되어야 하는 것은 설계 순환 과정의 각 단계마다 시스템의 잠재적 사용자들이 누구인지, 그리고 그들의 특성이 무엇인지 분석하는 것이다. 가장 중요한 사용자 전집은 제품이나 시스템의 일상적인 사용자 혹은 '오퍼레이터'가 될 것이다. 예를 들어 지금 사용되는 것보다 더 사용하기 편한 자동 입출금기를 설계하는 사람은 주요 사용자 전집을 10대에서 노인에 이르는 연령의 시민들, 고등학교 졸업에서 박사학위 소지자까지의 교육배경을 갖는 사람들, 그리고 최소한 초등학교 3학년 수준 이상의 읽기 능력을 갖고 있는 사람들, 신체 장애가 있는 사람들(제18장 참조), 그리고 과제 관련 기술이 있는 사람들 등으로 할 수 있을 것이다. 사용자 전집에 대한 특징이 확인되면 설계자들은 누가 시스템을 설치하고 유지 · 관리할 것인지에 대해서도 명세화해야 한다.

잠재적인 사용자 전집에 대해 완벽하게 기술하는 것은 매우 중요한 일이다. 여기에는 대개 나이, 성별, 교육 수준이나 읽기 수준, 신체 크기, 신체 능력(혹은 장애), 특정 제품에 대한 친숙도, 그리고 과제 관련 기술 등과 같은 특징들이 포함된다. 제품이나 시스템이 이미 존재하고 있는 상황에서 설계자가 주요 사용자들의 특징을 결정할 수 있는 한 가지 방법은 일정한 시간에 걸쳐 기존의 사용자 전집으로부터 단순히 표본을 뽑아내는 것이다. 예를 들어 자동 입출금기의 설계자는 현재 자동 입출금기를 사용하는 사람들의 몇 가지 측면들을 측정할 수 있을 것이다. 그러나 이것은 현재의 자동 입출금기를 사용할 수 있는 능력이 있고 실제로도 자동 입출금기를 사용하고 있는 사용자들에 대한 기술에 불과하다는 것에 주목해야 한다. 만일 자동 입출금기 설계의 목적이 기존의 자동 입출금기에 비해 좀더 광범위한 사용자들의 관심을 끌어 더 많은 사람들이 사용할 수 있는 설계를 하고자 한다면 이러한 분석은 적합하지 않다.

사용자 특성에 대한 목록이 확인되었다 하더라도 사용자 특성에 대한 단순한 목록은 설계에 영향을 주지 못하는 경우가 종종 있다. 사용자 특성을 구체적으로 명세화하지 않으면 시스템 특징이 바뀜에 따라 특성도 변하는 '고무줄 사용자'를 만들 수 있다. 고무줄 사용자를 대상으로 설계할 경우 그 제품은 실제 사용자를 만족시키지 못할 것이다. Cooper(1999)는 사용자 특성을 구체적이고 이해 가능한 방식으로 나타내기 위해 **페르소나**(personas)라는 개념을 개발하였다. **페르소나**는 실제 사람에 대한 인터뷰와 관찰을 통해 개발된 가상적인 인물이다. 페르소나는 사람은 아니지만 설계과정에서 사용자 전집의 주요 특성들을 나타내 준다. 페르소나를 기술할 때는 신체적 특성이나 능력뿐만 아니라 페르소나가 갖고 있는 목표, 작업 환경, 전형적 활동들, 과거 경험, 그리고 페르소나가 성취하고자 하는 것이 정확히 무엇인지를 포함한다. 페르소나는 각자 이름을 가질 만큼 구체적이다. 대부분의 페르소나 적용 장면에서 3~4명의 페르소나가 사용자 전집의 특성들을 나타낼 수 있다. 각각의 페르소나는 한 시스템의 정비사와 같이 시스템에서 어떤 역할을 담당하는 사람으로 기술되어야 한다. 페르소나는 시스템이 지원해야 하는 목표를 정의하고 사용자가 갖는 역량과 한계를 구체적인 용어로 기술하기 위해 존재한다. 페르소나는 프로그래머나 설계팀의 다른 구성원들이 구체적인 사용자 특성을 고려할 수 있도록 해주고, 사용자들은 모두 비슷하다고 믿는 경향을 방지해 준다.

환경 분석

대부분의 경우 사용자 특성은 특정한 환경에서 고려되어야 한다. 예를 들어 만일 자동 입출금기가 실내에 설치되는 것이라면 이에 대한 환경 분석(environmental analysis)은 어느 정도 제한된 요인들에 대해 이루어질 수 있을 것이다. 예를 들어 이러한 경우에 고려될 수 있는 요인들은 접근 유형(그 위치가 휠체어를 타고도 접근 가능한 곳인가?), 날씨 조건(예 : 실내온도가 외부온도와 같은가?), 사람들이 착용할 의복의 유형(예 : 사람들이 장갑을 끼고 있을 것인가?) 등을 포함하게 될 것이다. 환경 분석은 사용자 분석 및 과제 분석과 함께 수행될 수 있다. 과제 분석을 통해 확인된 활동들과 기초적인 과제들은 활동들이 수행되는 구체적인 환경의 관점에서 기술되어야 한다(Wixon et al., 1990).

기능 분석과 과제 분석

대부분의 전단 분석 활동들은 인간/기계/환경 시스템에 의해 수행될 수 있는 기능들에 대한 분석뿐만 아니라, 그 기능을 달성하기 위해 인간이 수행해야 하는 과제들에 대한 자세한 분석을 목적으로 실시된다.

기능 분석 일단 잠재적인 사용자의 전집이 확인되면, 인간 공학 전문가들은 '시스템' (시스템은 인간-기계, 인간-소프트웨어 혹은 인간-장비-환경 등이 될 수 있다)에 의해 수행될 기본적인 기능들에 대한 분석을 실시한다. 기능에 대한 기술들은 시스템이 제공하는 기능들의 일반적 범주들을 나열하고 목록화하는 것이다. 자동 입출금기의 기능들은 단순히 고객의 돈을 은행 구좌에 입금하거나 은행 구좌에서 돈을 인출하는 것 등이 될 수 있다. 기능들은 사용자들의 목표 달성을 도와주는 전반적 정보 변환과 시스템 상태를 나타내 주기는 하지만 구체적인 과제에 대해서는 명세화하지 않는다.

과제 분석 과제 분석은 사용자를 이해하기 위한 가장 중요한 도구 중 하나이며 자세함의 수준에 따라 본질적으로 다를 수 있다. 설계되는 시스템의 본질에 비추어 인간 공학 전문가들은 예비적인 과제 분석(Nielson, 1993), 혹은 종종 **활동 분석**(activity analysis)이라고 하는(Meister, 1971) 것을 수행해야 할 필요가 있다. 예비적 과제 분석은 전통적으로 사람이 수행해야 할 직무, 임무, 과제 및 행위들을 명세화한다. 예를 들어 체인 톱을 설계할 때 설계자들은 그 톱으로 수행될 과제들의 목록을 작성한다. 이 과제는 톱질의 유형이나 사용될 재료(예 : 목재) 등을 포함한 매우 구체적인 명세가 되어야 한다. 하나의 간단한 예로, 자동 입출금기 설계에 대한 일차적인 과제 분석은 사용자가 수행할 과제들을 비교적 짧게 목록화하는 것이다. 예를 들어 예금을 인출하거나 입금하는 것, 그리고 잔액이 얼마인지 확인하는 것 등이다.

일반적으로 항공기 제어장치와 같이 시스템이 복잡할수록 기능 분석과 과제 분석이 더 자세하게 이루어진다. 하나의 제품이나 시스템에 대한 이러한 분석을 수행하는 데 인간 공학자들이 몇 개월씩 매달리는 것은 특이한 일이 아니다. 이러한 분석을 통해 수집된 자료들은 사용자 목표들, 사용자가 그 목표를 달성하기 위해 수행하는 주요 과제들, 필요한 정보, 가능한 결과물 등을 포함하는 정보 베이스가 될 것이다. 한 가지 예로 카메라 설계에 대한 예비적 과제 분석을 실시한다고 가정해 볼 때, 처음에 해야 할 일은 사람들이 카메라를 이용하여 주로 찍고자 하는 사진의 유형들(예 : 단체 사진, 증명 사진, 풍경 사진, 스포츠나 예술 행위 등에 대한 사진)을 명세화하는 것이다. 그 다음에는 좀더 구체적인 과제들, 예를 들어 필름을 구매한다거나, 카메라에 필름을 넣는 일, 피사체로부터 어느 정도 거리를 두고 서는 것, 태양 광선을 고려하여 사람이나 피사체를 위치시키는 것, 플래시를 사용하는 것 등을 추가해야 한다. 마지막으로, 예비적 과제 분석에서는 현재 분석되고 있는 주된 과제의 수행과 동시에 발생할 수 있는 다른 활동에 대한 평가도 포함해야 한다. 예를 들어 차량에서 사용될 카폰에 대한 분석은 자동차 안에서의 전화 사용 과제뿐만 아니라, 이와 동시에 수행되는 다른 활동들(예 : 운전)에 대한 기술들도 포함해야 한다.

목표, 기능 혹은 과제는 종종 혼동되어 구분하지 않고 사용되기도 하지만 이들은 같은 것이 아니다. 목표는 최종 조건 혹은 과제를 수행하는 이유이다. 기능은 그러한 목표를 달성하기 위해 필요한 일반적 변환을 나타내고, 과제는 사람이 기능을 수행하기 위해 요구되는 구체적인 활동들을 의미한다. 목표는 기술의 영향을 받지 않고 일정하게 유지된다. 그러나 기술은 과제를 본질적으로 변화시킬 수 있다. 예비적 과제 목록은 실제 사람이 무엇을 하는지에 대해 자세하게 기술한 것이 아니기 때문에 기능 목록과 예비적 과제 목록을 구분하는 것이 어려울 때가 종종 있다. 예를 들어 편지 개봉용 칼(letter opener)은 편지 봉투를 개봉하는 기능을 갖고 있지만, 과제도 역시 편지 봉투를 여는 것이다. 좀더 세부적인 과제 목록을 통해 편지 봉투를 개봉하는 데 포함된 하위과제들을 명세화할 수 있을 것이다. 이와 유사하게, 단순한 시스템에 대한 예비적 분석에서는 목표와 기능이 때로 혼동된다. 왜냐하면 최종 상태(예 : 편지가 개봉되도록 하는 것)가 기능 혹은 그러한 상태를 달성하는 데 필요한 변형(예 : 편지 봉투를 여는 것)과 매우 유사하기 때문이다. 예비적 과제 분석에서의 짧은 목록은 설계과정의 처음 부분에서는 충분하기는 하지만 설계과정이 진행됨에 따라 좀더 광범위한 과제 분석이 요구된다.

어떻게 과제 분석을 실시할 것인가

일반적으로 과제 분석은 시스템 요구와 인간 역량을 어떻게 대응시킬 것인지 이해하기 위해 인간과 시스템과의 상호작용을 체계적으로 기술하는 방식이라고 정의할 수 있다. 다음 단계들은 과제 분석의 기본적 요소들을 기술한다.

- 분석 목적 정의 및 요구되는 자료 유형 확인
- 과제 자료 수집
- 과제 자료 요약
- 과제 자료 분석

Kirwan과 Ainsworth(1992)는 과제 분석 기법에 대해 자세히 기술하고 있다.

분석 목적 정의 및 요구 자료 확인 과제 분석의 첫 번째 단계는 과제 분석을 통해 어떤 설계 고려사항들을 다룰 것인지 정의하는 것이다. 과제 분석은 시간이 많이 요구되는 작업이기 때문에 자료의 최종적 사용에 맞추어 분석을 실시하는 것이 중요하다. 과제 분석을 실시하는 전형적인 이유들은 훈련 필요 여부 결정, 소프트웨어 및 하드웨어 요구사항 확인, 과정의 재설계, 시스템 신뢰도 평가, 작업자 충원 여부 결정 등을 포함한다.

과제의 목적이나 과제의 유형 모두 수집된 정보에 영향을 준다. 과제들은 카메라의 셔터 속도를 맞추는 것과 같은 신체적 과제들이 될 수도 있고, 조건에 따라 셔터의 속도는 얼마나 되어야 하는지를 결정하는 것과 같은 인지적 과제들일 수도 있다. 직무의 수가 증가하면 이것은 상당히 많은 인지적 하위과제들의 수행을 요구하기 때문에 전통적 과제 분석은 인지적 과제 분석(cognitive task analysis)이라고 불리는 방법에 의해 점점 더 보강되고 있다. 이러한 분석들은 과제 수행에 필요한 정신적 처리과정, 기술, 방략, 그리고 정보의 사용 등에 초점을 맞춘다(Schragen, Chipman, & Shalin, 2000; Gordon & Gill, 1997). 최근 들어 인지적 과제 분석을 위해 특별히 개발되고 있는 많은 방법들이 있지만, 우리는 이런 방법들을 표준적 과제 분석의 확장된 형태로서 다룰 것이다. 따라서 우리는 이러한 방법들을 구분하지는 않을 것이며, 이것들을 모두 과제 분석이라고 부를 것이다. 그러나 다음과 같은 특징들이 존재한다면, 설계자들은 분석을 수행할 때 인지적 요소에 대해 더 많은 주의를 기울여야 한다(Gordon, 1994).

- 복잡한 의사결정, 문제해결, 진단, 혹은 추리
- 과제들을 수행하는 데 필요한 많은 양의 개념적 지식
- 상황 특성들에 따라 달라질 수 있는 크고 복잡한 규칙 구조들

과제는 몇 가지 유형의 정보로 기술될 수 있다. 많은 과제 분석 정보 중에서 특히 중요한 것은 과제들이 어떻게 하위과제들로 구성되어 있고 과제 집단들이 어떻게 기능으로 결합되는지 알려주는 위계적 관계(hierarchical relationship)이다. 카메라를 예로 들면, 기능은 사진을 찍는 것이고, 이 기능의 한 부분이 되는 과제는 카메라를 켜는 것이며, 이 과제의 한 부분이 되는 하위과제는 on/off 스위치를 누르는 것이다. 기능, 과제 및 하위과제 사이의 위계적 관계에 대한 기술은 수백 개의 하위과제들이 갖는 세부 사항들을 이해할 수 있게 해준다. 기능, 과제 및 하위과제들을 위계적으로 집단화(grouping)하는 것도 훈련 프로그램을 설계하는 데 유용한 정보를 줄 수 있는데, 왜냐하면 이것은 학습해야 하는 과제를 어떻게 집단화해야 자연스러운지 알 수 있게 해주기 때문이다.

과제를 기술할 때 고려해야 하는 두 번째 정보 유형은 **정보 흐름**(information flow)이다. 정보 흐름은 사람들 사이의 의사소통과 역할(즉 사람 및 자동화된 시스템이 하나의 체계 안에서 수행하는 역할)을 기술한다. 카메라의 경우 사진을 찍는 사람과 찍히는 사람이 각각 중요한 역할을 담당한다. 이 상황에서 정보 흐름은 사진의 이미지와 사진을 찍은 순간을 기술하는 날짜나 메시지 등이 사진을 찍은 사람으로부터 찍히는 사람으로 전달되는 것이 될 것이다. 어떤 시스템에서는 정보 흐름이 복잡한 연결망을 갖는 복수의 사람들과 이들이 협응해야 하는 자동화된 시스템의 역할을 통해 이루어진다. 대부분의 시스템에서는 여러 사람들이 서로 협응해야 하기 때문에, 정보 흐름과 자원에 대한 중요한 설계 고려사항들이 무엇인지 확인하기 위해서는 어떤 사람이 어떤 역할을 담당하는지 신중하게 검토해 보아야 한다.

과제를 기술할 때 고려해야 하는 세 번째 정보 유형은 **과제 진행 정보**(task sequence information)이다. 이것은 과제의 수행 순서와 각 과제 사이의 관계를 기술한다. 카메라를 예로 들면, 중요한 과제 진행 정보는 처음에 카메라 사용자가 카메라를 켜고, 찍고자 하는 장면에 카메라를 고정한 후 셔터를 누르는 것 등이 될 것이다. 다른 순서로는 사진을 찍고자 하는 목표를 달성할 수 없다. 과제 진행 정보는 일련의 과제를 완수하는 데 시간이 얼마나 소요되는지 혹은 이 과제들을 수행하기 위해 얼마나 많은 사람들이 요구되는지 추정하는 데 매우 유용하다. 구체적인 과제 진행 정보에는 과제 목표나 의도, 순서적 관계(즉 어떤 과제를 먼저 혹은 나중에 수행해야 하는가), 과제 진행을 촉발하는 요소나 사건, 과제 수행의 결과나 산출, 과제 수행 지속시간, 요구되는 사람들의 수나 유형, 그리고 동시에 수행될 과제가 무엇인지 등이 포함된다.

과제를 기술하는 데 사용되는 네 번째 정보 유형은 과제가 발생하는 물리적 **장소와 환경**(location and environment)에 관한 것이다. 카메라의 예에서 중요한 장소 정보는 사용자 책상의 배치 형태와 사용할 수 있는 책상 공간이 카메라에서 컴퓨터로 사진을 전송하는 작업을 하는 데 충분한지의 여부 등을 포함할 것이다. 제조 라인 장면에서는 장비의 배치 장소가 사람들의 작업 효과성에 중요한 영향을 미친다. 물리적 공간도 컴퓨터 기반 작업을 수행하는 데 매우 큰 영향을 미친다. 컴퓨터로 작업한 내용을 프린트하기 위해 아래층으로 내려가야 하는 사람들은 다 알 것이다. 구체적인 장소와 환경 정보들은 다음과 같은 것들을 포함한다.

- 사람들이 한 장소에서 다른 장소로 이동하는 경로
- 특정 과제가 수행되는 장소
- 벽, 칸막이, 그리고 책상과 같은 물리적 구조
- 도구와 이것들의 위치
- 과제가 수행되는 조건
- 작업 장소, 이동 경로 및 물리적 구조의 배치 형태

이러한 네 가지 과제 정보 범주들은 서로 다른 관점에서 과제를 기술하며, 포괄적인 과제 분석을 위해서는 이들 모두가 필요하다. 이러한 네 가지 범주 이외에도 과제를 잘못 수행할 확률, 활동이 발생하는 빈도, 그리고 과제의 중요성 등과 같은 다른 유용한 정보들이 과제 분석에 포함될 수 있다. 예를 들어 발생 빈도는 사람들 사이의 정보 흐름 혹은 특정 경로가 선택되는 수와 같은 것으로 기술될 수 있다. 가장 중요한 측면은 과제 분석을 실시할 때 현재 사용하고 있는 시스템이 사용자의 목표 달성을 어렵게 하는 경우는 어떠한 것들이 있는지 기록해야 한다는 점이다. 이러한 자료는 시스템을 재설계하거나 향상시키는 데 중요하게 사용된다.

과제 분석의 목적이 무엇인지 그리고 어떤 자료를 수집해야 하는지 확인했다면 이후에는 과제 수행 자료를 수집하고, 요약하며, 분석해야 한다. 이러한 단계들에 적용될 수 있는 방법들은 많이 있다. 그중에서 가장 중요한 참고문헌은 Kirwan과 Ainsworth(1992)의 *A Guide to Task Analysis*이다. 이 책에서는 과제 분석에 사용되는 41개의 서로 다른 방법들에 대해 자세한 사례들을 포함하여 기술하고 있다. Schraagen 등(2000)은 몇 가지 인지적 분석들을 기술하고 있다. 현재 사용 중인 과제 분석 방법들은 매우 다양하다. 이것들은 크게 세 가지의 과제 분석 과정에 따라 자료들을 수집하는 방법, 과제 분석 결과를 나타내는 방법, 그리고 과제 분석 자료를 분석하는 방법 등으로 체제화되어 있다. 여기에서 우리는 가장 흔히 사용되는 방법들만을 개관할 것이다. 과제 분석 기법들에 대한 좀 더 자세한 개관은 Gordon(1994)을 보라.

과제 분석은 일반적으로 자료수집, 분석, 새로운 분석 문제 제기, 설계 변경, 그리고 추가적인 자료수집 등의 순서로 이루어진다. 다음에 소개되는 몇 가지 방법들은 이러한 반복적 과정에서 서로 조합되어 사용될 수 있는 것들이다.

과제 자료 수집

과제 분석은 여러 사람들의 활발한 상호작용을 통해 수행된다(Diaper, 1989; Johnson, 1992; Nielson, 1993). 자료수집 방법은 과제 분석에서 요구되는 정보가 무엇인지에 따라 달라질 수 있다. 이상적으로는, 인간 공학 전문가들은 사용자들이 과제를 수행할 때 이들을 관찰하고 필요한 것에 대해 질문하고자 할 것이다. 그러나 이것은 항상 가능한 일은 아니며, 설문이나 질문지법과 같은 다른 방법들을 통해 정보를 얻을 수 있다면 비용 측면에서는 더 효과적일 것이다.

관찰법 자료수집의 가장 유용한 방법 중 하나는 사용자가 기존의 제품이나 시스템을 어떻게 사용하는지 관찰하는 것이다(Nielson, 1993; Wixon et al., 1990). 카메라 사용에서의 과제 분석을 예로 들면, 카메라를 사용할 사람들의 유형을 정의한 다음 그들이 어떻게 카메라를 사용하는지 관찰하여 카메라를 사용할 때 보이는 활동과 일반적 과제들이 무엇인지 확인할 수 있을 것이다. 시스템 사용자들에게 여러 가지 전형적인 사용 시나리오 조건에서 시스템을 사용해 보도록 한 다음, 분석가는 그들의 작업을 관찰하고, 필요하다면 질문을 할 수 있을 것이다. 관찰을 진행해 나갈 때는 어느 한 사람에게서 전형적으로 사용되는 한 가지 방법만을 확인하는 것보다 목적을 달성하기 위한 서로 다른 방법들을 확인하는 것이 중요하다. 관찰은 사람이 정상적으로 과제를 수행하는 현장에서 이루어질 수도 있고, 혹은 시뮬레이션 상황이나 실험 상황에서 이루어질 수도 있다.

관찰법은 면접법이나 초점 집단 사용법에 비해 때로 훨씬 더 많은 가치를 가질 수 있는데, 왜냐하면 사람들이 말하는 것과 실제로 행하는 것이 항상 일치하지는 않기 때문이다. 더구나 사람들은 중요한 세부 사항들을 빠뜨리고 말할 수도 있고, 새로운 기술에 대해 그것이 어떤 것인지 잘 상상하지 못하여 말로 잘 표현할 수 없으며, 자신이 무능력하다거나 뭐가 뭔지 잘 모른다는 것을 보이지 않기 위해 왜곡하여 말할 수도 있다. 사용자들이 주어진 활동이나 과제를 어떻게 수행하는지 상상하거나 말로 표현하는 것은 때로 어려운 일이 될 수 있다. 그러나 Wixon과 동료들(1990)이 지적하였듯이, 사용자의 작업 구조는 그들의 생각이나 목표 혹은 의도 등에 따라 달라질 수 있기 때문에, 관찰법만 사용하는 것은 과제를 이해하는 데 충분하지 못하다. 특히 거의 관찰 가능한 활동을 보이지 않는 인지적 과제인 경우에는 더 그렇다.

생각하며 말하기 방법 많은 연구자들이나 설계자들은 사용자들에게 다양한 과제를 수행하면서 머릿속에 떠오르는 생각을 말로 보고하게 함으로써 과제 분석을 실시한다. 이러한 방법은 그들이 갖고 있는 목표나 방략, 의사결정, 그리고 다른 인지적 요소들에 대한 통찰을 제공해 준다. 과제 수행과 관련된 내용을 말로 보고한 내용은 언어적 보고 내용(verbal protocol)이라 불리고, 그러한 보고 내용에 대한 분석이나 평가는 언어 보고 분석(verbal protocol analysis)이라고 불린다. 언어 보고 내용은 대체적으로 세 가지 유형 중 하나이다— 동시적(concurrent) 언어 보고는 과제 수행 동안에 얻어지는 것이고, 후향적(retrospective) 언어 보고는 과제 수행이 끝난 후에 기억에 의존하여 보고한 내용이나 녹화 테이프를 보고 다시 분석하여 얻어지는 것이며, 선행적(prospective) 언어 보고는 사용자들이 주어진 가상적인 시나리오에 대해 과제를 수행하는 과정을 상상하면서 떠오르는 생각을 말로 하게 하는 것이다. 동시적 언어 보고는 때때로 얻기 힘들 때가 있다. 만일 과제가 빨리 수행되고 과제 수행에 집중이 필요한 것이라면, 사용자들은 자신의 생각을 말로 표현하는 데 어려움이 있을 것이다. 따라서 후향적 언어 보고가 사용자에게는 더 쉬울 수 있고, Ohnemus와 Biers(1993)에 의한 비교 평가에서도 후향적 언어 보고가 동시적 언어 보고보다 유용한 정보를 실제로 더 많이 제공해 주었음이 확인되었다. Bowers와 Snyder(1990)는 동시적 언어 보고에서는 절차적 정보를 얻는 경향이 있는 반면, 후향적 언어 보고는 모호했던 것에 대한 설명을 더 많이 제공해 준다는 것을 관찰하였다.

질문을 받으면서 과제 수행하기 언어 보고법으로 자료를 모으는 방법의 한 가지 변형은 사용자들로 하여금 과제를 수행하면서 질문에 대해 답하도록 요구하는 것이다. 표준적인 언어 보고법에 비해 이러한 방법이 갖는 이점은, 이 방법이 사용자들의 목표나 방략을 좀더 자주 말로 표현할 수 있도록 사용자들에게 단서를 제공할 수 있다는 점이다. 이 방법의 단점은 사용자들이 과제를 수행하는 동안 질문을 받고 이에 답하는 것이 그들의 과제 수행을 방해할 수 있다는 것이다. 이런 이유로, 비디오로 녹화한 후에 추가적으로 분석하는 후향적 분석은 이러한 유형의 과제 분석에서 매우 효율적인 방법이다. 사용자들은 비디오를 보면서 그때 생각한 내용을 크게 말로 표현하도록 요구받을 수 있고, 필요하다고 생각되는 정보에 대한 보고가 없을 때 인간 공학 전문가들은 테이프를 잠깐 멈추고 필요한 질문을 할 수 있다. 이 방법은 좀더 정확한 기억에 기초한(예 : 사용자들은 자신이 수행한 것을 직접 보고 대답하기 때문에 왜 그렇게 수행했는지를 더 잘 기억해 낼 수 있을 것이다) 구조화된 면접과 유사한 기능을 한다.

비구조적 면접과 구조적 면접 인간 공학 전문가들은 사용자들에게 시스템을 사용하면서 일반적으로 어떤 활동을 하는지 기술해 보도록 요구할 수 있을 것이다. 이럴 경우 대개는 짧은 비구조적 면접으로 시작하는데, 여기에서 분석가들은 사용자들이 수행하는 활동뿐만 아니라 사용자들의 선호도나 시스템 사용에서의 방략 등에 대해서도 물어보는 것이 필요하다. 또한 분석가들은 사용자들이 어떤 시점에서 목표를 달성하지 못하고 에러를 범하며, 이해부족을 보이고, 좌절하거나 불편감을 느끼는지 알아보아야 한다(Nielson, 1993).

비구조적 면접은 사용자들과의 면담을 진행해 나갈 때 특정한 형식 없이 사용자들에게 그들의 활동이나 과제들에 대해 기술해 보도록 요구하는 방법을 말한다. 비구조적 면접은 "OO에 대해 말씀해 주십시오.", "당신은 OO에 대해 어떤 일들을 합니까?" 혹은 "당신은 어떻게 OO와 같이 하십니까?"와 같은 질문이나 진술을 중심으로 이루어진다. 구조적 면접은 면접과정을 좀 더 효율적이고 완전하게 만들 수 있는 질문이나 방법을 포함한다(Creasy, 1980; Graesser et al., 1987). Gordon과 Gill(1992)은 특정 과제를 언제, 왜, 어떻게 수행하는지, 그리고 그 과제를 수행하지 않았을 때의 결과는 무엇인지와 관련된 탐사형 질문(question probe)의 사용을 제안하였다.

대개의 경우 전문가들은 각각의 사용자를 상대로 면접을 실시한다. 면접을 위해 전문가는 미리 질문과 노트를 준비하고, 면접 중의 질문과 대답을 녹음한다. 구조적 면접의 경우 면접 내용 자체가 기능, 과제 및 하위과제들의 위계적 관계에 대한 질문들을 토대로 구조화되기 때문에 위계망 형태로(예 : 그래프 등을 이용하여) 질문과 대답을 정리하는 것이 특히 도움이 된다(Gordon & Gill, 1992). 때때로 사용자의 소집단들을 모아 인터뷰를 실시하는 경우도 있는데, 이러한 소규모 집단을 **초점 집단**(focus group)이라고 한다(Caplan, 1990; Greenbaum, 1993). 초점 집단은 대개 6~10명으로 구성되는 집단으로, 과제나 시스템에 대해 잘 알고 있는 토론 진행자(facilitator)가 그들의 토론이 이끌어 간다(Caplan, 1990; Nielson, 1993). 토론 진행자는 토론의 결과에 대해 중립적 위치를 지켜야 한다. 초점 집단은 개별적 면접보다 비용 면에서 효율적이고(분석에 시간이 덜 걸린다), 초점 집단의 구성원들이 잊어버릴 수 있던 것들을 대화하는 동안 다시 기억해 낼 수 있기 때문에 사용자들 사이의 논의를 통해 더 많은 정보를 얻을 수 있다는 등의 장점을 갖고 있다.

조사표와 질문지 조사표(survey)와 질문지(questionnaires)는 보통 설계자들이 활동이나 기본적 과제들에 대한 예비적 정보를 얻은 다음에 작성되고 배포된다. 조사표나 질문지를 사용하는 방법이 갖는 제한점들에 대해서는 제2장을 보기 바란다. 질문지는 정보의 정확성을 확인하거나, 다양한 사용자 집단들의 과제 수행 빈도를 알아보거나, 혹은 사용자가 보이는 선호나 편파가 무엇인지 확인하기 위해 사용된다. 이것은 다음에 설계자들이 상이한 대안적 설계 기능들 혹은 대안적 세부 특징들 중에서 어떤 것에 우선권을 주어야 하는지를 결정하는 데 도움을 줄 것이다.

제약점 설계자들이 주의해야 하는 것은 과제 분석이 기존의 제품이나 시스템을 사용하여 너무 자세하게 수행되면 어떤 제한점들을 가질 수 있다는 점이다. Roth와 Woods(1989)가 지적했듯이, 기존 시스템에 대한 활동 혹은 과제 분석에 지나치게 의존한다는 것은 '현재 작업 환경의 빈약한 표상 때문에 발생했던 표면적 요구만을 해결하기 위해 오퍼레이터들이 사용했던 기존 방략들만을 향상시키는 방향'으로 새로운 제어장치, 디스플레이, 그리고 수행을 위한 다른 보조장치들이 설계될 수 있다는 것을 의미하기 때문이다. 바로 이것이 기존 제품을 사용할 때 사용자들이 어떻게 과제를 수행하는가에만 초점이 주어지기보다는 사용자들이 갖고 있는 기본적인 목표나 활동이 무엇인지에 초점을 두고 과제 분석을 수행해야 하는 이유이다. 새로운 시스템의 설계인 경우에는 현재 수행하는 과제보다는 사용자들이 어떻게 하면 목표를 달성할 수 있을지의 측면에서 과제 자료가 분석되어야 한다.

기존의 과제들을 기술하는 것을 넘어 과제 분석을 실시하는 한 가지 방법은 환경이나 시스템의 제어 특성이 갖는 본질이 무엇인지 평가해 보는 것이다(Vicente, 1999). 원자력 발전소를 예로 들면 이것은 반응로가 작동하는 기초적인 물리 현상이 무엇인지 알아보는 것이 될 것이다. 때로 그와 같은 분석을 통해 사용자들과의 면담을 통해서는 얻지 못했던 과제 수행 방식에 대한 새로운 자료를 얻을 수 있게 된다. 마지막으로, 과제 분석은 제품이나 시스템의 설계가 시작되기 이전에 완결되어야 한다는 점이다. 한 가지 예외는 기존의 시스템으로는 과제 수행이 충분하게 실시될 수 없어서 사용자의 활동을 분석하기 위해 새로운 실물 모형이나 원형이 사용되는 경우이다.

과제 분석 자료의 요약

일단 과제와 관련된 정보가 수집되면, 수집된 정보들은 어떤 형태로 기록되고 체계화되어야 한다. 흔히 사용되는 몇 가지 기록 형태들에는 (1) 목록, 아웃라인(개요), 혹은 행렬표(matrices), (2) 위계 혹은 망상형 도표, 그리고 (3) 흐름도(flow chart), 시간선분표(timelines) 및 도해(map) 등이 있다.

목록, 아웃라인, 행렬표 과제 분석은 목록들의 집합으로 시작되고, 그 다음 과제들을 몇 개의 하위과제들로 나눈다. 이것의 한 예가 표 3.3에 나타나 있다. 위계적인 아웃라인(개요도)이 어느 정도 완성되면 분석가는 정보 입력, 요구되는 행위들, 과제 수행 시간 등과 같은 각 과제나 하위과제들에 대한 관련 정보를 구체적으로 명시한 표(table)나 행렬표를 만들 수 있다. 행렬표의 경우 전형적으로 가로 행에는 각각의 과제들이, 세로 열에는 각각의 과제에서 수행되는 구체적 활동들이 표시된다.

위계와 망상형 형태 개요나 표를 사용하는 것의 단점은 과제들이 종종 위계적으로 조직화되어 있을 경우 이러한 위계적 특징들을 잘 제시해 주지 못한다는 점이다. 과제가 위계적으로 진행되어야 할 경우, 과제에 대한 자료도 위계적 형태로 나타낸다면 자료를 표상해 주거나 분석하는 데 좀 더 용이할 수 있다. 이것은 위계적인 차트나 망상형 구조로 표시해 줌으로써 가능하다. 위계적 차트의 한 예로 자주 사용되는 것 중 하나는 위계적 과제 분석

표 3.3 아웃라인 형태를 통한 디지털 카메라 사용의 과제 분석의 일부

단계 1. 사진을 찍고자 하는 피사체 및 피사체와 어울리는 배경 결정하기
- A. 피사체를 선택한다
- B. 방해물을 피하기 위해 피사체의 위치를 변화시킨다
- C. 태양과의 상대적 각도를 맞춘다

단계 2. 카메라 준비
- A. 렌즈 마개를 연다
- B. 카메라를 켠다
- C. 사진을 찍기 위해 적합한 모드를 선택한다

단계 3. 사진 찍기
- A. 피사체를 프레임 안에 들어오도록 조정한다
  - (1) 적합한 모드(예 : 광각 혹은 파노라마)를 선택한다
  - (2) 카메라 방향을 조정한다
  - (3) 줌을 조정한다
- B. 초점을 맞춘다
- C. 셔터를 누른다

(hierarchical task analysis, HTA)이다(예 : Kirwan & Ainsworth, 1992). 이 방법은 좀더 고차적 수준의 목표를 달성하기 위해 사용되는 행위들의 집합으로 과제들을 체계화하는 도식적 표기 방법이다. 한 예로 그림 3.1에 보이는 사고 조사를 수행하기 위한 HTA를 고려해 보라. 이 과제는 계획, 진행 순서에 따른 과제들의 군집, 그리고 과제들이 수행되는 데 필요한 조건들로 체제화되어 있다.

위계적 그래프의 또 다른 예는 goal(목표), operator(조작자), method(방법), 그리고 selection rule(선택 규칙)의 약자인 GOMS로 알려진 표상 형식이다(Card et al., 1983; Kieras, 1988a). GOMS 모델은 대부분의 경우 어떤 소프트웨어 인터페이스를 사용하면서 수

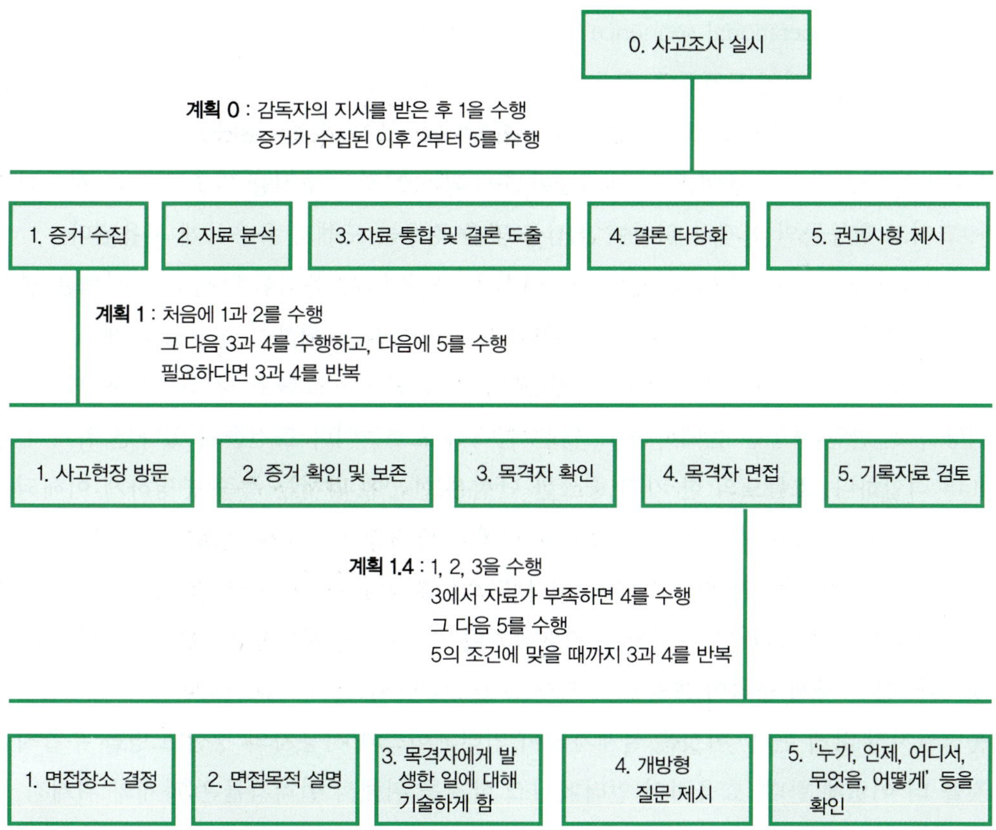

그림 3.1

산업 사고의 조사 수행에 대한 위계적 과제 분석

출처 : McCallister, D., unpublished task analysis, University of Idaho. Used with permission.

행되는 과제의 분석에 많이 사용되는데(예 : John et al., 1994; Kieras, 1988a), 이에 대한 좀 더 자세한 설명은 제15장에 제시되어 있다. HTA나 GOMS는 인지적 정보 처리나 의사결정의 자세한 수준들을 모두 나타내 주는 것은 아니다. 인지적 요소가 많이 포함된 과제들에 대해서는 개념적 그래프나 컴퓨터 시뮬레이션이 정보를 표상하기 위해 자주 사용된다. 그 이유는 이러한 방법들이 추상적 개념들이나 규칙, 방략, 그리고 그 외의 인지요소들을 더 잘 표상해 줄 수 있기 때문이다(Gordon & Gill, 1997).

흐름도, 시간선분표, 도해 과제 분석에 자주 쓰이는 또 다른 도식적 표기의 예는 흐름도의 형태이다. 흐름도는 하위과제들이 정상적으로 수행될 때의 시간적 순서에 대한 정보와 대안적인 경로가 선택되었던 의사결정 지점을 나타내 준다. 가장 많이 쓰이는 흐름도의 한 유형은 **조작 계열 도표**(operational sequence diagram, OSD)이다(Kirwan & Ainsworth, 1992). 그림 3.2와 같은 조작 계열 도표들은 활동의 전형적인 순서를 보여주고, 의사결정, 조작, 수용, 전달과 같은 다양한 행동요소들로 조작을 범주화한다. 조작 계열 도표는 또한 사람과 과제 장비 사이의 상호작용을 보여준다. 과제들이 수행되는 시점에 초점을 맞출 경우는 시간선분표가, 그리고 활동들의 신체적 위치에 초점을 맞출 경우는 도해가 유용하게 사용된다.

지금까지 기술된 모든 방법들은 장점과 단점을 가지며, 가장 적합한 방법의 선택은 분석되는 활동의 유형에 따라 달라진다. 만일 펑크 난 타이어를 교체하는 것처럼 과제가 기본적으로 선형적이고 특정 순서에 따르는 것이라면 아웃라인이나 흐름도 방법을 사용하는 것이 더 적당하다. 만일 행동을 선택하는 데 많은 인지적 요소들이나 조건들이 있다면 위계적 형태가 더 적합하다. 흐름도의 한 가지 중요한 단점은 한눈에 봐서는 종종 분명하게 이해되지 못할 수 있다는 점이다. 사람들이 군집이나 위계적 형태를 사용하여 목표나 과제들을 정신적으로 표상한다는 증거가 있다. 제어장치나 디스플레이의 설계는 이러한 군집이나 위계들과 대응되어야 한다. 그러나 과제들을 기술하거나 수행할 때 행위들은 선형적인 계열로 보일 것이다. 만일 과제 분석이 흐름도의 형태로 표상된다면 인지적 집단화나 인지적 요소 등은 분명해지지 않게 된다. 이것은 설계자들이 인터페이스와 사용자의 정신 모형을 부합시키는 것을 더 어렵게 한다. 효율적인 인터페이스 설계를 위해서 설계자들은 과제의 위계적 구조와 시간적 계열을 모두 고려해야 한다.

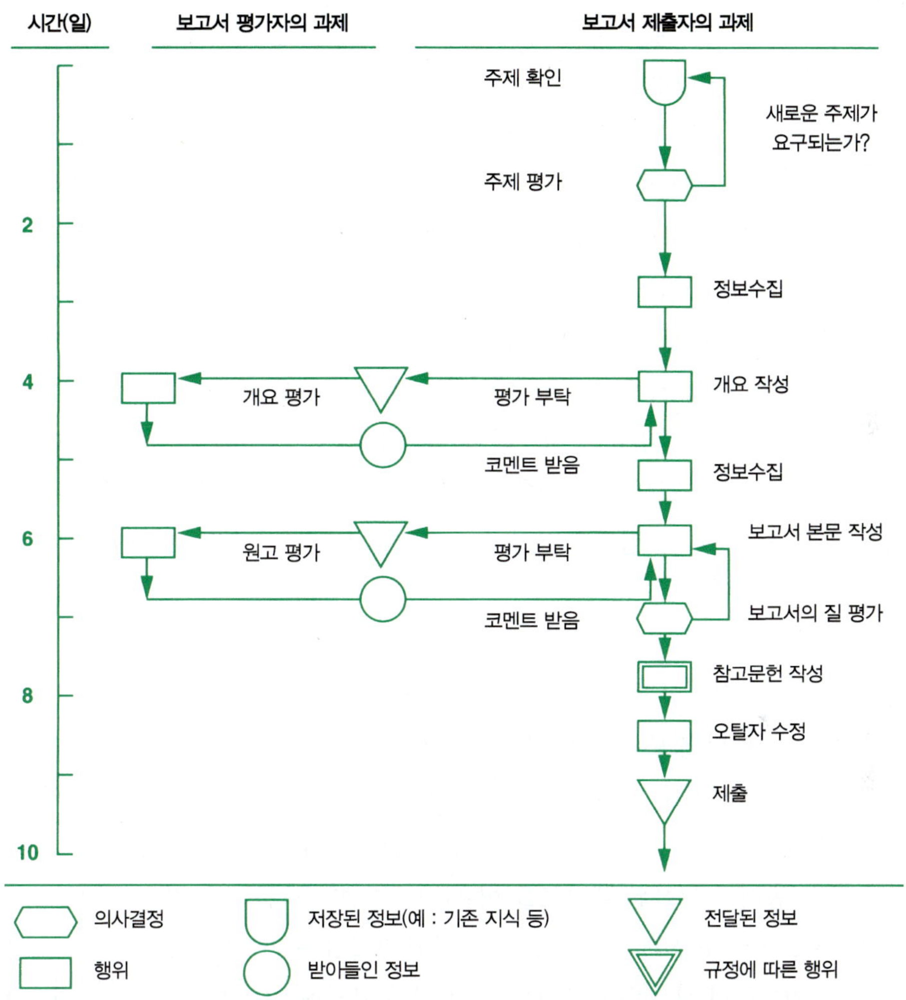

보고서 작성의 기본적 과제들은 주제를 확인하는 것에서부터 시작하여 몇 개의 단계를 반복함으로써 '빛나는' 결과를 얻을 수 있다. 그림에서 이중의 선으로 표시된 사각형은 참고문헌을 작성할 때 정해진 규정을 따라야 한다는 것을 보여준다. 참고로 여기에 예시된 OSD에는 보고서 작성 과정을 '극적으로' 바꾸는 보고서 작성자의 '꾸물거림'의 결과는 나타내지 않았다.

그림 3.2
보고서 작성을 위한 조작 계열 도표

과제 자료 분석

과제 자료를 분석하는 데는 중복적인 과제가 무엇인지 알아보기 위해 흐름도를 살펴보는 것과 같은 직관적 분석 방법도 포함된다. 그러나 단순히 그래프나 요약표를 살펴보는 것만으로는 복잡한 시스템과의 상호작용을 이해하는 데 어려움이 있을 수 있고, 이에 따라 좀더 정교화된 분석 방법이 요구된다. 간단한 방법 중 하나는 스프레드시트를 이용하여 각각의 과제를 수행하는 데 걸린 시간의 평균이나 표준편차를 계산하거나, 특정 과제 수행에 어떤 기술이 요구되는지 혹은 사람들이 어떤 과제를 수행하는 데 어려움을 겪는지 확인하기 위해 과제들을 분류해 볼 수 있을 것이다. 또한 스프레드시트를 이용하면 과제 수행 빈도나 수행 시간을 조합하여 특정 과제 수행에 요구되는 전체 시간을 계산할 수 있다. 이보다 좀 더 정교화된 방법 중 하나는 컴퓨터 시뮬레이션을 사용하는 것인데, 이를 통해 과제 분석 자료를 조합하여 다양한 조건에서 이루어지는 수행을 예측할 수 있다(Brown et al., 2001). 이러한 양적 자료를 사용하는 접근을 통해 도표 등의 자료를 직관적으로 분석하는 기법이 갖는 한계들을 극복할 수 있다.

위계망 분석 행렬표는 하나의 망(network) 속에서 정보 흐름을 검토하는 데 사용될 수 있다. 그림 3.3은 기능들 사이의 정보 흐름에 대한 행렬 방식의 표상을 보여준다. 중추적인 기능들은 좌우로 배열된 행과 상하로 배열된 열로 표시할 수 있다. 그림을 보면 기능 2는 다른 기능들에 입력을 제공하는 반면, 기능 3은 입력을 받아들이는 데 중추적인 역할을 하고 있다는 것을 알 수 있다. 좀더 정교화된 행렬표를 이용하면 관련 기능들의 군집을 확인할 수 있다(Kusiak, 1999; Wasserman & Faust, 1994). 정교화된 행렬표는 기능들의 수가 많아서 그래프를 이용할 경우 기능들의 관계를 이해하는 것이 너무 복잡해지는 경우에 유용하다. 제10장에서는 장비들의 배치를 결정하는 이 방법이 어떻게 사용될 수 있을지 기술하고 있다.

작업부하 분석 설계되고 있는 제품이나 시스템이 너무 복잡하여, 한 가지 과제를 수행하거나 혹은 다른 과제들을 함께 수행할 때 사용자에게 과도한 정신적 작업부하를 가져올 수 있다고 평가되는 경우가 있을 것이다. 이런 경우에 인간 공학 전문가들은 과제 수행의 다양한 시점에서 사용자에게 부과될 작업부하량을 예언할 수 있는 분석을 실시한다. 이에 대해서는 제6장과 제13장에서 기술한 바 있다. 정보가 매우 자세한 것이라면 과제 분석 자료 결과를 사용하여 작업부하량을 예측할 수 있다.

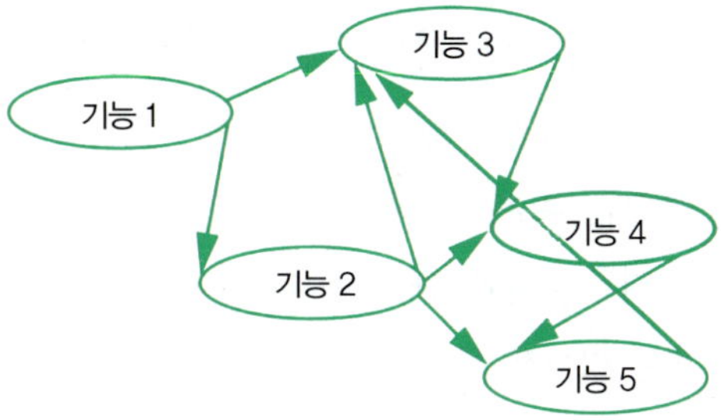

	기능 1	기능 2	기능 3	기능 4	기능 5	
기능 1		1	1			2
기능 2			1	1	1	3
기능 3				1		1
기능 4					1	1
기능 5			1			1
	0	1	3	2	2	

그림 3.3
기능들 사이의 정보 흐름을 그림 형식과 행렬표 형식을 이용하여 나타내는 방법

시뮬레이션과 모델링 제2장에서 평가 도구로서 소개된 컴퓨터 시뮬레이션과 모델링도 일종의 과제 분석 도구라고 생각할 수 있다. 이 방법을 통해 뻗기(reaching)나 쥐기(grasping)와 같은 신체적 과제(제10장, 제11장 참조)와 의사결정과 같은 인지적 과제(Laughery & Corker, 1997; Pew & Mavor, 1998; Elkind et al., 1990)를 포함한 인간에 의해 수행되는 과제들의 결과를 효과적으로 분석할 수 있다.

안전 분석 어떤 제품이나 시스템이 인간의 안전문제와 관련되어 있을 경우 잠재적 위험요소나 인간 에러의 가능성을 확인하기 위한 분석들을 수행해야 한다. 이러한 분석을 수행하는 것에는 몇 가지의 표준적인 방법들이 있는데, 이들에 대해서는 제14장에서 다루어진다.

시나리오 명세화 과제 계열 자료를 좀더 구체적으로 나타낼 수 있는 방법은 시나리오를 만드는 것이다(McGraw & Harbison, 1997). 시나리오는 시스템이나 제품을 사용할 때의 중요한 상황 혹은 과제 집합을 기술한다. 시나리오 작성은 소프트웨어 개발에서 스크린의 변화 순서를 결정하는 첫 번째 단계이다. 또한 시나리오를 통해 사용성 검증과정에서 사용자들에게 질문할 과제들이 어떤 것이 되어야 하는지를 구체화할 수 있다. 시나리오를 작성할 때는 사용자의 목표와 직접적으로 관련되는 과제들만을 검토하고, 이전의 기술과 관련된 특수한 특성들은 생략하는 것이 일반적이다. 설계와 관련하여 두 가지 유형의 시나리오 명세화가 유용하게 사용된다. 첫 번째 유형은 **일상적 사용** 시나리오로, 이 시나리오는 일상적으로 매일 발생하는 공통적 과제들을 기술한다. 카메라 사용을 예로 들면, 이것은 실내에서 플래시를 터뜨려 사진을 찍는 과제와 관련된 활동들의 계열적 순서가 될 것이다. 두 번째 유형은 **필수적 사용** 시나리오로, 이것은 빈번하지는 않지만 반드시 수행되어야 하는 과제 집합들을 기술한다. 카메라 사용을 다시 예로 들면, 오래된 사진의 느낌을 주기 위해 카메라에 특수한 설정을 하는 활동들의 계열적 순서를 명세화하는 것이 될 것이다. 시나리오는 사람들이 시스템을 사용할 때 따르는 일종의 대본이라고 생각할 수 있다(Cooper, 1999).

사용자의 선호도나 요구사항들의 확인

사용자의 선호도나 요구사항들을 확인하는 것은 과제 분석의 논리적 확장이다. 인간 공학 분석가들은 이미 확인된 사용자의 중요한 활동이나 목표에 해당하는 주요 요구사항이나 선호를 결정하고자 할 것이다. 종종 이러한 선호는 자동화의 문제들과 관련될 수 있을 것이다—즉 사용자들은 자신들이 직접 과제를 수행하는 것을 선호하는가 아니면 시스템이 자동적으로 수행하는 것을 선호하는가?

한 가지 예로, 카메라를 설계할 경우 우리는 사용자들에게 (인터뷰나 질문지법을 통해) 방수 기능의 중요성, 각각의 세부 특징들이 갖는 중요성, 혹은 카메라의 크기(소형화의 정도)와 사진 질의 상대적 중요성 등에 대해 질문할 수 있을 것이다.

사용자의 선호나 요구사항들에 대한 분석이 매우 광범위할 수 있다는 것은 쉽게 알 수 있다. 이런 분석 유형의 대부분은 시장 분석(market analysis)과 관련되어 있고, 따라서 마케팅 전문가가 이 단계에서 설계팀과 파트너가 되어야 한다. 마지막으로 제품 특성에 대한 강력한 요구사항이나 선호사항이 있다면, 그것들 중에 우선권을 주거나 비중을 달리하는 시도가 이루어져야 한다.

반복 설계와 검증

일단 전단 분석이 수행되면, 설계자들은 사용자의 요구가 무엇인지 알 수 있게 된다. 이러한 이해를 통합하여 일차적인 시스템 사양은 어떻게 설정해야 하는지 결정하고, 초보적인 원형을 만든다. 초보적인 원형이 개발되어 감에 따라 설계자 혹은 설계팀은 좀 더 상세하게 제품을 설계하기 시작한다. 인간 공학자들은 설계의 인간 공학적 측면들을 지원하기 위하여 항상 설계자 및 한 명 이상의 사용자와 공동으로 작업한다. 이러한 작업의 대부분은 사용자들이 그들에게 할당된 기능들을 어떻게 수행하는지 검토하는 것을 중심으로 이루어진다. 좀 더 구체적으로 말하면, 인간 공학 전문가들은 각각의 기능이 인간 능력의 한계 범위 안에 들어올 수 있는 신체적 · 인지적 행위들을 요구하는지 평가한다. 다시 말해 인간이 그 기능을 안전하고 쉽게 수행할 수 있는가를 평가한다.

이러한 평가는 먼저 자세한 과제 분석을 통해 수행되며, 다음에 발견법적 설계 평가, 득실관계 분석(tradeoffs analysis), 원형 만들기 및 사용성 검증 등과 같은 활동들이 이어진다. 평가 연구들을 통해 설계나 원형을 수정하는 데 필요한 피드백을 제공받을 수 있게 해준다. 종이로 원형을 만들면 수정하는 데 비용이 거의 들지 않으면서 여러 설계 대안들을 만드는 것이 가능하기 때문에 설계과정의 초반부에는 매우 효과적인 방법이 될 수 있다(종이를 이용한 원형 제작에 대한 좀더 세부적인 내용에 대해서는 제15장 참조). 종이 원형은 전단 분석을 통해 확인된 사용자의 요구를 검증하는 데 사용된다. 이 설계 단계의 목적은 기술이 어떻게 사용자의 요구를 만족시킬 수 있는지, 그리고 이것이 작업 부담 문제를 어떻게 해결할 수 있는지 확인하고 평가하는 것이다. 이러한 재설계와 평가는 많은 반복을 통해 계속적으로 진행되는데, 때때로 그러한 반복이 10회나 20회에 이르기도 한다. 이 설계 단계에서 주어지는 질문에는 다음과 같은 것들이 포함된다.

1. 확인된 특징과 기능이 사용자의 선호와 일치하고, 사용자의 요구사항을 충족시키는가?
2. 시스템 설계의 관점에서 이미 존재하는 제약점이 있는가?
3. 설계 해결책들을 위한 인간 공학적 기준들이 있는가?
4. 어떤 설계 대안이 인간의 한계를 가장 잘 해결할 수 있는가?

시스템 명세화에 대한 자료의 제공

기본적 과제나 활동들, 환경(들), 그리고 사용자의 요구사항들과 관련된 정보들이 일단 수집되면, 설계팀은 시스템 명세의 집합과 개념적 설계 해결책들을 작성한다. 이것은 처음에는 비교적 막연하게 시작되어 점자 구체적으로 진행된다. 설계 해결책은 대개 기존의 제품이나 시스템에 기초하여 이루어진다. 설계팀이 대안적 설계들을 만들어 감에 따라 인간 공학 전문가들은 시스템 명세가 오퍼레이터의 수행, 만족, 그리고 안전 등의 측면에서 충분한지 확인한다.

시스템 명세화에는 대개 (1) 시스템의 전반적 **목적**, (2) 시스템 수행이 충족시켜 주어야 하는 **요구 조건**과 **세부 특징**, 그리고 (3) 설계상의 **제약점**이 포함된다. 여기에서의 문제는 시스템 사용에서 사용자가 갖는 목적과 목표를 가장 잘 충족시켜 주는 특징과 수행 요구조건들을 반영할 수 있는 시스템 명세화가 이루어져야 한다는 점이다.

시스템 목적들은 매우 넓은 관점에서, 그리고 선부른 설계 결정을 피하기 위해 작성된다. 시스템 목적은 시스템을 만들기 위해 사용되는 기술보다는 사용자의 목표를 반영하여 설정되어야 한다. 하나의 예로, 초보자나 중간 수준의 전문성을 갖는 사진사를 위한 카메라의 목적은 (부분적이지만) 다음과 같은 것들을 포함할 수 있다.

- 카메라가 많은 사진을 찍을 수 있는 용량을 갖고 있다.
- 다양한 조도 조건을 갖는 실내와 실외에서 모두 촬영한다.
- 컴퓨터에 연결하지 않고도 찍은 사진을 살펴볼 수 있다.
- 카메라 사용자를 포함하는 단체 사진을 찍는다.
- 먼 거리에 있는 피사체를 클로즈업 해서 촬영한다.
- 카메라가 자동 조절 기능을 갖고 있다.

시스템 목적은 어떤 특정한 제품의 형태를 지정하여 작성되어서도 안 되고, 사용자들이 목표나 활동을 어떻게 달성할 것인가를 너무 구체적으로 명시해서도 안 된다.

시스템 목적들이 작성된 다음에 설계자들은 제품/시스템이 그들의 기능을 달성할 수 있는 수단이 무엇이어야 하는지 결정한다. 이것을 수행 **요구조건**(performance requirements)이라고 한다. 수행 요구조건은 시스템이 어떤 조건에서 어떤 일을 수행할 수 있는지를 언급한다. 예를 들어 카메라 설계에서의 삼각대, 15피트까지 빛이 도달할 수 있는 플래시(혹은 추가적으로 부착할 수 있는 플래시), 자동 초점 조절과 자동 셔터 타이밍 기능, 최소한 16MB 이상의 메모리와 LCD 디스플레이 등이 여기에 해당된다.

수행 요구조건과 시스템 세부 특징들을 토대로 설계팀은 다양한 해결책들을 개발한다. 마지막으로, 시스템 목적과 시스템 세부 특징 외에도 명세 기록들은 무게, 속도, 비용, 사용자의 능력 등과 같은 다양한 설계 제약점들도 목록화한다. 좀 더 일반적으로 말하면, 설계 제약점들에는 비용, 제조, 개발 시간 및 환경적 제약 등이 포함된다. 그러한 제약점들은 설계 대안들의 범위를 한정해 준다.

사용자의 목표와 요구를 시스템 명세에 반영할 때 인간 공학 전문가들은 **시스템 설계**(system design) 접근을 취하는데, 여기에서는 시스템 세부 특징들을 가장 잘 구성하기 위하여 전체적인 인간-기계 상호작용 과정을 분석한다. 이때는 기술이나 사람 각각에 초점이 주어지기보다는 인간과 기술을 하나의 단위로 통합하여 다루어야 한다. 시스템 설계 접근은 몇 가지 설계 방식이나 분석 방법을 사용하는데, 이들은 아래에 기술되어 있다.

품질 기능 전개 시스템 명세들이 작성될 때 인간 공학 전문가들의 역할은 무엇인가? 먼저그들은 시스템 세부 특징과 제약점을 이전 단계에서 확인된 사용자의 특성, 활동, 환경적 조건, 그리고 특히 사용자의 선호나 요구사항들과 비교한다(Bailey, 1996; Dockery & Neuman, 1994). 이런 과정은 설계 명세화가 사용자의 요구에 부응하고, 사람들이 필요로 하지 않는 기술적 요인들을 쓸데없이 첨가시키지 않았다는 것을 확인시켜 준다. 인간 공학 설계자들은 단순하지만 효율적인 방법을 개발했는데, 이것은 품질 기능 전개(quality function deployment, QFD)[1] 혹은 '품질의 집(house of quality)[2]'이라고 알려져 있다(Barnett et al., 1992; Hauser & Clausing, 1988). 이 방법에서는 시스템 명세를 사용자의 요구사항들에 일치시키기 위해 일종의 의사결정 행렬표를 사용한다. 이 행렬표는 설계자들로

1) Griffin과 Hauser(1993)에 의하면, 품질 기능 전개는 내부 기능팀들(마케팅, 제조, 공학 및 연구 개발팀)이 마치 집과 같은 모양의 행렬표를 연속적으로 사용하여 고객의 요구를 설계, 제조, 서비스 전달로 전개하는 제품이나 서비스의 개발 공정이다. Griffin, A., and Hauser, J. R. (1993). The Voice of the Customer, Marketing Science, Vol.12.(역주)

2) 품질의 집은 QFD에서 가장 대표적인 첫 번째 매트릭스이다. 품질의 집을 구현하는 절차는 크게 고객의 소리를 공학적 소리와 결합하는 것이다. 고객의 소리(voice of the customer)는 고객 요구의 확인, 요구의 계층화, 요구의 우선순위, 고객의 인지 수준 비교와 같은 순서로 구축할 수 있다. 또한 공학의 소리(voice of the engineering)는 설계 속성 확인, 공학적 측정과 비교, 관계 행렬표(relationship matrix) 개발, 지붕 행렬표(roof matrix) 개발의 순서로 구축할 수 있다(Hauser & Clausing, 1988 참조)(역주).

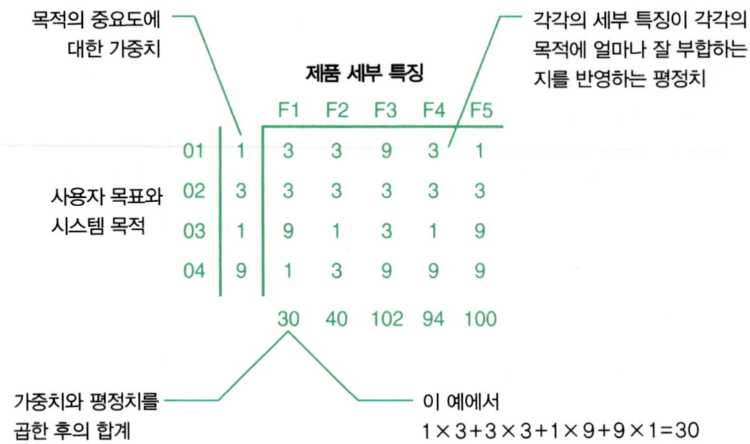

그림 3.4
목적(O)에 대한 세부 특징(F)의 중요도를 평가하기 위한 단순화된 형태의 '품질의 집' 의사결정 행렬표

하여금 그들의 작업이 고객의 요구를 얼마나 만족시켜 줄 수 있는지의 정도를 알게 해 주고, 시스템 목적과 시스템 세부 특징 사이의 잠재적 갈등을 분석하는 데에도 도움을 준다.

그림 3.4는 디지털 카메라 설계에 대한 단순화된 형태의 '품질의 집'을 보여주고 있다. 각각의 열은 시스템 목적을 나타내고, 각각의 행은 수행 요구 조건과 시스템 세부 특징들을 보여주고 있다. 과제 분석과 사용자 선호도 분석을 통해 각각의 요구 조건이 갖는 중요도(혹은 가중치)를 확인하는데, 이것은 시스템 목적 행의 오른쪽에 제시되어 있다. 이러한 가중치들은 사람들에게 시스템이 갖는 각각의 목적들에 대해 그것의 중요도에 따라 특정한 값을 할당하도록 함으로써 구해진다(예 : 9는 '매우 중요하다', 3은 '어느 정도 중요하다', 1은 '조금 중요하다'). 그림 3.4의 행렬표의 각각의 셀 안에는 각각의 시스템 세부 특징이 각각의 시스템 목적을 얼마나 만족시키는지 나타낸다. 각각의 시스템 목적에 대한 가중치 및 시스템 목적과 시스템 세부 특징 사이의 관계에 대한 평정치는 전형적으로 가중치를 정의한 것과 같은 방식인 9/3/1 평정 척도를 사용한다(마찬가지로 9는 '매우 중요하다', 1은 '약간 중요하다'). 그 다음 각 세부 특징이 갖는 중요도는 세부 특징에 대한 평정치와 시스템 목적이 갖는 비중치를 각각 곱한 후에 이를 합함으로써 구해진다. 이를 통해 사용자의 목표를 달성하는 데 가장 중요한 세부 특징이 무엇인지 결정할 수 있다. 또한 이러한 분석은 기술 중심 세부 특징과 사용자 중심 세부 특징을 분명하게 분리시켜 주어서 시스템의 목

적(혹은 사용자의 목표)에 좀더 초점을 맞춘 시스템이 개발될 수 있도록 해준다.

비용/이익 분석 QFD 분석을 통해 세부 특징들의 상대적 중요도(즉 시스템 세부 특징들이 사용자의 목표와 얼마나 잘 부합하는지)를 결정할 수 있다. 세부 특징들의 중요도는 비용/이익 분석(cost/benefit analysis) 자료로 사용될 수 있다. 비용/이익 분석은 서로 다른 설계 특징들이 갖는 비용과 이익의 상대적 차이를 비교하는 과정이다. 비용과 이익은 금전적 용어나 혹은 다른 방식(예 : 앞에서 기술한 9/3/1 평정 척도 방식)으로 정의될 수 있다. 정량적 비용/이익 분석으로 가장 많이 쓰이는 방법은 그림 3.4에서 보이는 것과 유사한 의사결정 행렬표를 사용하는 것이다. 설계 대안들에 따라서 차이가 날 수 있는 세부 특징들(혹은 변인들)은 행렬표의 왼쪽에 상하로 나열되고, 상이한 설계 대안들은 표의 위쪽에 좌우로 나열된다. 카메라의 경우 세부 특징의 예들에는 삼각대나 LCD 디스플레이가 해당된다. 각각의 세부 특징(혹은 변인)들에 대해서 얼마나 그 세부 특징이 중요한 것인가를 나타내는 가중치가 주어진다. 이것은 QFD 분석의 결과이며, 그림 3.4의 경우 의사결정 행렬표의 맨 아랫줄에 제시된 것은 각 세부 특징의 전체 중요도 점수가 될 것이다. 그 다음, 각각의 설계 대안들에 대해서 이것이 특정한 세부 특징들을 얼마나 포함하고 있는지에 따라 평정값이 할당된다. 마지막으로 이 평정값과 각 세부 특징의 가중치를 곱한 후에 이 점수들을 모두 합산하여 총점수를 구하면, 이것이 특정 설계가 갖는 전체 이득이 된다. 비용을 이득으로 나누면 비용/이득 비율이 구해지는데, 이 비율이 최소인 세부 특징들이 제품이나 시스템의 가치에 가장 큰 기여를 한다.

득실관계 분석 때때로 한 설계 방안이 갖는 세부 특징은 한 가지 이상의 방법으로 구현될 수 있다. 인간 공학 전문가들은 서로 다른 대안들 중에서 어떤 것을 선택해야 할지 결정하는 데 도움이 되는 자료나 가이드라인을 갖지 못할 수도 있다. 많은 경우에, 어느 설계 대안이 최적 수행(예 : 가장 빠르거나 정확한 수행)을 보일 것인지를 결정하기 위해 소규모 연구가 수행된다. 이런 연구들은 득실관계 분석(tradeoffs analysis)이라고 불린다. 때에 따라서는 실제 연구를 수행하지 않고도 모델링과 같은 방법이나 수행 측정치를 사용하여 득실관계 분석이 이루어지기도 한다. 만일 중다 요인들이 고려되는 경우라면, 한 설계 방안이 갖는 득실관계는 가장 많은 수의 장점들과 가장 적은 수의 단점들을 가질 수 있는 설계를 지향하며 이루어진다. 또는 QDF 분석에서 사용된 것과 유사한 의사결정 행렬표나 비용/이익 분석이 사용될 수도 있다. 이러한 행렬표를 통해 세부 특징들이 서로 다른 구현 방법들을 통해 얼마나 잘 반영될 수 있는지 평가할 수 있다.

의사결정 행렬표 분석 방법들이 매우 유용하기는 하지만, 이 방법들은 모두 세부 특징들이 서로 독립적이라는 것을 가정하고 시스템을 평가한다. 개개의 세부 특징에만 초점을 맞출 경우 이들이 하나의 집단을 이루어 서로 어떻게 상호작용하는지에 대한 정보는 얻을 수 없을 것이다. 어찌되었건 사람들은 제품 자체를 사용하는 것이지 세부 특징들의 집합을 사용하는 것은 아니며, 제품은 그것에 포함된 세부 특징들을 모두 합해 놓은 것 이상이다. 이러한 이유로 행렬표 분석은 시나리오 명세화와 같은 다른 방법들을 통해 보완되어야 한다. 이렇게 함으로써 하나의 제품은 매우 중요하지만 서로 분리된 세부 특징들의 집합체가 아닌 통합된 전체로서 사용자를 지원할 수 있을 것이다.

인간 공학 기준의 확인 인간 공학 전문가의 두 번째 역할은 시스템 요구 조건의 목록에 인간 공학적 기준들을 첨가하는 것이다. 이것은 소프트웨어 사용성 공학에서는 매우 흔한 일이다(Dix et al., 1993). **사용성 요구 조건**(usability requirements)이라고도 하는 이러한 인간 공학적 기준들은 시스템들이 포함해야 하는 인간 수행 및 안전과 직접적으로 관련되는 특징들을 명세화한다. 소프트웨어 사용성 공학에서 인간 공학적 필요조건들은 에러로부터의 회복이나 동시에 하나 이상의 과제들과 관련된 사용자의 상호작용에 대한 지원 등을 포함할 수 있을 것이다.

또 다른 예로, 인간 공학적 키보드 설계에 대해 McAlindon(1994)은 새로운 키보드는 지나친 손목의 이탈을 제거해야 하고, 키 입력에 과중한 힘이 들어가는 것을 막아주며, 손가락의 움직임을 감소시켜야 한다고 주장하였다. 이러한 요구 조건들로부터 얻어진 설계는 지금 사용되고 있는 전통적 QWERTY 키보드와는 완전히 다른 것이었지만 인간 공학적 기준을 만족하는 설계이다.

기능 할당 많은 기능들은 인간 혹은 기계에 의해 수행될 수 있고, 인간 공학 전문가들은 인간이나 기계가 수행할 기능이 무엇인지 확인해야 한다. 이를 위해 인간 공학 전문가들은 앞에서 확인된 활동을 지원하거나 활동들의 성취를 위하여 인간-기계 시스템이 수행해야 하는 기본적 기능들을 평가한다(Kirwan & Ainsworth, 1992). 그 다음, 그들은 각각의 기능이 시스템에 의해 수행되어야 하는지(자동적), 인간에 의해 수행되어야 하는지(수동적), 혹은 이들 사이의 어떤 조합으로 수행되어야 하는지를 결정한다. 이러한 과정을 기능 할당(functional allocation)이라고 하는데, 이것은 인간 공학에서는 매우 중요하고 때로는 핵심적인 단계이기도 하다(Price, 1990).

앞에서 보았던 카메라 분석을 통해 기능 할당의 한 가지 예를 살펴볼 수 있을 것이다. 우리는 사전 설계 분석을 통해 카메라를 들고 포커스를 맞추었을 때 자동적으로 최적의 렌즈 구경과 셔터 속도를 결정하는 카메라를 사용자들이 선호한다는 것을 확인해 볼 수 있을 것이다. 그런 기술이 존재한다면 그렇게 하지 않을 이유가 없을 것이고, 따라서 이런 기능은 카메라로 할당될 것이다. 기능 분석은 할당의 적합성을 결정하기 위해 항상 비용/이익 분석과 연결되어 수행된다.

그러나 기능 할당이 항상 그렇게 단순하게 이루어지는 것은 아니다. 기능을 기계나 인간에게 할당하기 위해서는 많은 요인들을 고려해야 한다. 1951년에 Paul Fitts는 사람에 의해 더 잘 수행될 수 있는 기능과 기계에 의해 더 잘 수행될 수 있는 기능에 대한 목록을 만들었다(Fitts, 1951). 그 이후로도 유사한 목록들이 많이 발표되었고, 몇몇 연구자들은 기능 할당이 단순히 인간과 기계 둘 중에 좀 더 '능력 있는' 요소에 기능을 할당하는 방식으로 이루어져야 한다고 주장하기도 하였다. 기능이 단지 가장 유능한 시스템 요소(인간이건 기계이건)로 할당되는 이런 전통적인 관점에 따른다면, 우리는 그림 3.5에서 묘사된 것과 유사한 세상을 보게 될 것이다.

이 그림은 이제는 한물 간 접근으로 알려진 기능 할당 방략을 보여주고 있다. 기계가 더 능력을 갖추게 될수록 인간 공학 전문가들은 기능 할당이 절대적 의미에서 가장 유능한 요소(인간이건 기계이건)에 각각의 기능을 단순히 할당하는 것보다 훨씬 더 복잡한 문제가 된다는 것을 깨닫게 되었다. 이 외에 또 다른 중요한 요인들이 있는데, 여기에는 인간이 그 기능을 수행하는 것이 단순히 더 '나은 것인지'의 여부 등이 포함된다. 기능 할당을 할 때 가장 중요한 것은 인간이 이해할 수 있고 인간의 역할이 필요한 경우 반응할 수 있는 기능들을 인간이 수행할 수 있도록 남겨 두는 방식으로 인간과 기계가 기능을 공유해야 한다는 것이다. 몇몇 연구자들은 기능 할당에 대한 가이드라인을 저술하였다(Kantowitz & Sorkin, 1987; Meister, 1971; Price, 1985, 1990). 기능 할당은 제16장에서 좀더 자세히 다루어질 자동화의 문제와 밀접하게 관련되어 있다.

보조 자료 개발 마지막으로, 제품 설계가 점차 완전해짐에 따라 인간 공학 전문가들은 종종

그림 3.5
'능력 위주' 기준을 사용했을 때의 극단적 기능 할당에 대한 풍자
출처 : Cheney, 1989. New Yorker Magazine, Inc.

보조물 혹은 Bailey가 '촉진물(facilitator)'이라고 부른 것의 설계에 들어가게 된다(Bailey, 1996). 보조 자료들은 대개의 경우 설계가 종결된 후 개발되는데 이것은 결코 바람직하지 않은 것이다. 보조 자료 설계는 전단 분석 단계에서 시작되는 시스템 명세화의 한 부분으로 이루어져야 한다. 제품에는 대개 매뉴얼, 조립 설명서, 사용자 매뉴얼, 훈련 프로그램 등이 따라다닌다. 설계팀에 포함된 인간 공학자들의 중요한 책임 중 하나는 인간 사용자의 특성이나 한계에 부합되도록 이러한 자료들을 설계해야 한다는 점이다. 예를 들어 테이블형 톱과 함께 제공되는 사용 설명서에는 안전이나 올바른 사용 절차들에 대한 매우 중요한 정보들이 포함되어 있다. 이런 정보는 매우 중요한 것이기 때문에 사용 설명서는 사용자들이 그것을 읽고, 제대로 이해하며, 지시된 내용을 지키면서 수행할 가능성을 최대로 할 수 있는 방식으로 제시되어야 한다. 보조 자료의 개발에 대해서는 제14장과 제18장에서 자세히 논의될 것이다.

조직 설계

인간 공학자들에 의해 수행된 몇몇 연구들은 인터페이스, 상호작용 및 조직 설계와 관련되는 좀 더 광범위한 프로그램 형태의 시스템에 대한 설계와 분석도 포함하고 있다. 조직 설계에는 훈련, 절차 및 인원 교체 등이 포함된다. 예를 들어 인간 공학 전문가들은 전체 제조 공장에 대한 인간 공학적 분석을 수행할 수 있을 것이다. 이러한 분석에서는 다음과 같은 것들을 포함한 광범위한 요인들을 고려한다.

- 인간 공학적 관점을 통한 장비의 개별적 부분에 대한 설계
- 장비, 작업장, 환경 등과 연관된 위험요소들
- 안전 절차 및 정책
- 작업장의 설계
- 공장 배치의 효율성
- 직무와 과제의 효율성
- 고용인 훈련의 적합성
- 조직 설계, 직무 구조
- 보상/인센티브 혹은 정책
- 정보교환 및 의사소통

이러한 측면들에 대해 평가한 다음, 인간 공학 전문가들은 그 공장을 위해 권고 사항들의 목록을 개발할 수 있을 것이다. 이러한 권고 사항들은 개개 장비의 인터페이스 설계나 개개 장비와 인간과의 상호작용 방식에 대한 설계 범위를 넘는 것이다.

한 가지 예로 어느 통신 장비 제조업체에 대한 인간 공학적 평가를 통해 그 회사의 전반적 개선을 가져왔던 Eckbreth(1993)의 연구를 들 수 있다. 이 회사에서 근무하는 케이블 제조 근로자들 사이에서는 여러 종류의 근로 상해나 질병이 빈번하였다. 한 연구팀이 이 회사의 작업장을 평가하였는데, 이 연구팀은 처리 공학자, 감독자, 인간 공학자, 작업장 동료, 그리고 보수 및 정비 담당자 등으로 구성되었다. 이 팀은 부상이나 사고의 기록과 근로자들의 불만 내용, 그리고 과제 수행에 대한 비디오테이프를 검토하였다. 이를 통해 인간 공학적 분석이 수행되었고 연구팀은 권고 사항들과 이를 추진하기 위해 소요되는 비용을 추정하였다. 실행된 권고 사항에는 다음과 같은 것들이 포함되었다.

훈련 : 36명의 근로자들에게 최적의 작업 자세, 작업장의 배치를 조절하여 이용하는 방법, 그리고 피해야 할 자세 등을 포함한 기본적인 인간 공학 원리들을 가르쳤다.

기존 장비 수정 : 장비의 어느 한 부분을 회전시키는 데 요구되는 힘을 줄일 수 있도록 장비의 부품을 수리했다.

장비 재설계 및 재배치 : 케이블 제조대와 같은 몇 가지 장비들이 재설계되었고, 인간 공학적 원리에 맞는 적합한 자세를 유지하며 과제를 수행할 수 있도록 구성되었다. 다른 장비들도 인간 공학적 측면에서 좀 더 바람직한 것들로 대체되었다.

발디딤 장비(step stools) : 발을 딛고 더 높은 곳에 닿을 수 있는 장비를 구입하여 몇 가지 작업에서 손을 머리 위로 올려야 했던 위험한 속성들을 제거했다.

피로방지용 매트(antifatigue mats) : 피로와 누적성 외상 장애를 줄일 수 있는 바닥용 매트를 구입하였다.

직무 순환(job rotation) : 직무 순환도 권고되었지만 그 회사의 직무가 두 수준밖에 되지 않아 실제로는 적용되지 않았다.

이러한 예를 통해 알 수 있듯이, 작업장이나 공장에 대한 분석을 통해 매우 다양한 인간 공학적 권고 사항을 제공해 줄 수 있다. 인간 공학 전문가들은 권고된 변화가 실행된 다음에도 그 변화의 효과를 평가해야 한다. 물론 프로그램 평가를 위한 가장 일반적인 연구 설계는 사전 검사-사후 검사 형태이다. 이 설계가 '진정한' 실험은 아니기 때문에, 그 연구 결과를 해석하는 것을 불가능하게 하는 몇 가지 요인들이 있다. 근거 없는 결론을 이끄는 것을 피하기 위해서 인간 공학자들은 프로그램 평가 연구들을 신중하게 설계해야 한다('진정한' 실험이 아닌 경우가 갖는 제한점과 주의점에 대해서는 Cook et al., 1991 참조).

인간 공학의 관심이 개개의 제품 혹은 장비의 한 부분에 대한 특성이나 인터페이스에만 있는 것이 아니라는 것이 분명하다. 점점 더 많은 인간 공학 전문가들은 조직에서의 실제적이고 장기적인 변화를 유도하기 위해서는 근로자의 신념이나 태도와 같은 요인들을 포함한 조직의 전체적인 리엔지니어링이 중요하게 다루어져야 할 문제임을 깨닫게 되었다. 거시 인간 공학(macroergonomics)이라고 불리는 이러한 시스템 재설계에 대한 전체적인 접근 방식은 인간 공학 분야에서는 비교적 새로운 영역이지만 동시에 매우 급속하게 성장하고 있는 영역이기도 하다. 우리는 사회적 요인들을 다룬 제19장에서 거시 인간 공학의 몇 가지 기본적인 개념들에 대해 간략하게 개관해 볼 것이다. 새로운 기술이 도입됨에 따라 인간 사용자의 역할은 변하고 있으며, 이러한 변화가 주는 사회적 · 조직적 시사점을 무시할 경우 조직의 성공 가능성은 감소하게 될 것이다.

원형

인터페이스나 인간-기계 상호작용 방식 설계, 사용성 검증, 그리고 다른 인간 공학적 활동들을 지원하기 위해 제조물의 **실물 모형**(mock-ups)이나 **원형**(prototype)이 설계과정의 매우 초기 단계에서 만들어진다. 실물 모형이란 최종적인 제조물에 대한 대략적인 유사 모형으로 종종 발포성 스티로폼이나 카드보드 등으로 만들어진다. 원형은 최종적인 제조물과 매우 유사한 외형이나 느낌을 주기는 하지만 아직 완전한 기능을 다 갖지는 못한다. 소프트웨어 설계에서 종이로 원형을 제작할 경우 종이 위에 스크린의 설계 방식을 스케치하면서 빠르고 값싸게 수정할 수 있기 때문에, 종이를 사용한 원형은 설계의 초기 단계에서 유용하게 사용될 수 있다. 원형을 사용하는 것은 많은 이점들이 있으며, 다음과 같은 것들이 포함된다.

- 전단 분석 단계에서 수집된 통찰들이 맞는지 확인시켜 준다.
- 설계팀이 아이디어를 구체화할 수 있도록 돕는다.
- 원형은 의사소통의 매체로 작용하기 때문에 설계팀의 수행에 도움이 된다.
- 발견법적 평가를 지원해 준다.
- 사용자들에게 뭔가에 반응할 수 있게 하거나 사용해 볼 수 있도록 함으로써 사용성 검사가 현실감 있게 이루어질 수 있도록 해준다.

컴퓨터 인터페이스의 설계에서 전문가들은 종종 **신속 원형화**(rapid prototyping) 도구들을 사용하는데, 이것은 인터페이스에 매우 신속한 변화를 가져올 수 있게 해줌으로써 단기간에 많은 설계의 반복이 이루어질 수 있도록 해주는 것이다. Bailey(1993)는 원형 만들기와 반복적 사용성 검사의 효과성에 대해 연구했다. 그는 설계가 한 번 반복될 때마다 사용자의 수행이 12% 정도 증가했으며, 소프트웨어와 관련된 과제를 수행하는 데 걸린 평균 시간은 최초 설계에 비해 마지막 설계에서 35% 정도 감소한다는 것을 보여주었다. 원형들은 다음에 열거된 여러 가지 평가에 사용될 수 있다.

발견법적 평가

설계의 발견법적 평가(heuristic evaluation)란 제품이나 시스템이 인간 공학적 기준에 맞는지의 여부를 결정하기 위해 제품이나 시스템 설계의 특성들을 분석적으로 고려하는 것을 의미한다(Desurvire & Thomas, 1993). 사용성 공학에서 발견적 평가는 인터페이스의 모든 측면들이 사용성 규준을 충족시키고 있는지의 여부를 검증하는 것을 의미한다(Nielson, 1993; Nielson & Molich, 1990). 그러나 안전이나 안락감과 같이 사용성과는 직접적으로 관련되지는 않지만 시스템이 갖고 있어야 하는 중요한 측면들도 있다. 따라서 여기에서 발견법적 평가는 제품의 설계가 인간 공학적 가이드라인이나 기준들을 얼마나 준수했는지를 판단하기 위해 제품의 설계를 체계적으로 평가하는 것을 의미하는 것으로 사용될 것이다(이 방법에 대한 좀더 자세한 논의는 O'Hara, 1994 참조). 발견법적 평가는 대체적으로 요구 조건 명세화를 통해 열거된 인간 공학적 기준들과 시스템 인터페이스를 비교하거나, 혹은 다른 인간 공학적 가이드라인 및 표준들과 시스템 인터페이스를 비교함으로써 수행된다. 간단한 제품/시스템들에 대해서는 단순한 체크리스트가 이런 목적을 위해 사용될 수 있다. 또한 인간 공학적 관점에서 발견법적 평가는 시스템의 어떤 측면들 혹은 설계의 어떤 대안들이 더 선호되는지를 결정하기 위해 사용되기도 한다. 분석가들이 개별적으로 발견법적 평가를 수행할 수도 있지만, 이럴 경우 사용성이나 인간 공학적 문제들에 대한 중요한 측면들을 많이 놓칠 수 있기 때문에 불리할 수 있다. Nielson(1993)은 최소한 3명, 가능하면 5명의 평가자들이 참여할 것을 권고하고 있다. 그리고 평가자들은 다른 평가자들과 따로 떨어져서 제품 설계나 원형을 검사해야 한다. 또 평가를 마친 후에 각자 발견한 것들에 대해 정보를 교환하거나 통합할 수 있도록 해주어야 한다.

일단 발견법적 평가가 끝나면 그 결과가 설계팀에 전달되어야 한다. 종종 이것은 집단모임을 통해 수행될 수 있는데, 여기서 평가자와 설계팀의 구성원들은 확인된 문제에 대해 논의할 뿐만 아니라 실현 가능한 설계 해결책들을 생성하기 위해 브레인스토밍을 하기도 한다(Nielson, 1994a). 발견법적 평가를 실시하면 비용 절감 효과가 매우 큰 것으로 나타났다. 예를 들어 Nielson(1994b)은 발견법적 평가를 수행하는 데 드는 비용이 10,500달러였던 반면, 이를 통해 기대되는 이익은 500,000달러(48 대 1의 비율)에 이르렀던 어느 한 사례 연구를 보고하고 있다.

사용성 검증

설계자들은 제품/시스템에 대한 가능한 해결책의 범위를 좁히기 위해 발견법적 평가나 다른 연구들을 수행한다. 그들은 제품/시스템이 과도한 신체적 혹은 심리적 부하를 야기하는지 결정하고 관련된 위험요소들을 분석한다. 그러나 어느 한 시스템이 사용자가 상호작용해야 하는 제어장치나 디스플레이를 포함하고 있다면, 아직 한 가지 과제가 더 남아 있다. 즉

Desurvire, H., and Thomas, J.C.(1993). Enhancing the performance of interface evaluators using non-empirical usability methods. *Proceedings of the Human Factors and Ergonomics Society 37th* Annual Meeting(pp.1132-1136). Santa Monica, CA: Human Factors and Ergonomics Society.

Diaper, D.(1989). *Task analysis for human-computer interaction.* Chichester, UK: Ellis Horwood.

Dix, A., Finlay, J., Abowd, G., and Beale, R.(1993). *Human-computer interaction.* Englewood Cliffs, NJ: Prentice-Hall.

Mockery, C.A., and Neuman, T.(1994). Ergonomics in product design solves manufacturing problems: Considering the users' needs at every stage of the product's life. *Proceedings of the Human Factors and Ergonomics Society 38th Annual Meeting*(pp.691-695). Santa Monica, CA: Human Factors and Ergonomics Society.

Dumas, J.S.(1988). *Designing user interfaces for software.* Englewood Cliffs, NJ: Prentice-Hall.

Eckbreth, K.A.(1993). The ergonomic evaluation and improvement of a cable forming process: A case study. *Proceedings of the Human Factors and Ergonomics Society 37th Annual Meeting*(pp.822-825). Santa Monica, CA: Human Factors and Ergonomics Society.

Eisenhut, S.M., and Beaton, R.J.(1995). Micro SAINT modeling of visual displays and controls consoles. *Proceedings of the Human Factors and Ergonomics Society 39th Annuat Meeting*(pp. 16-19). Santa Monica, CA: Human Factors and Ergonomics Society.

Elkind, J., Card, S., Hochberg, J., and Huey, B.(eds.)(1990). Human performance models for computer-aided engineering. New York: Academic Press.

Evans, S.M.(1991). EDGE: A CAD tool for system design. In Boyle, Ianai, Easterly, Harper, and Korna(eds.), *Human-centered Technology for Maintainability: Workshop Proceedings*(AL-TP-1991-0010). Wright-Patterson Air Force Base, OH: Armstrong Laboratory.

Fewins, A., Mitchell, K., and Williams, J.C.(1992). Balancing automation and human action through task analysis. In B. Kirwan and L.K. Ainsworth(eds.), *A guide to task analysis*(pp.241-251). London: Taylor & Francis.

Fitts, P.M.(ed.)(1951). *Human engineering for an effective air-navigation and traffic control system.* Washington, DC: NRC.

Fontenelle, G.A., and Laughery, K.R.(1988). A workload assessment aid for human engineering design. *Proceedings of the Human Factors Society 32nd Annual Meeting*(pp.1122-1125). Santa Monica, CA: Human Factors Society.

Galitz, W.O.(1993). *User-interface screen design.* New York: Wiley.

Gilmore, W.E.(1985). *Human engineering guidelines for the evaluation and assessment of video display units*(NUTREG-CR-4227). Washington, DC: U.S. Nuclear Regulatory Commission.

Gordon, S.E.(1994). *Systematic training program design: Maximizing effectiveness and minimizing liability*. Englewood Cliffs, NJ: Prentice-Hall.

Cordon, S.E.(1995). Cognitive task analysis using complementary elicitation methods. *Proceedings of the Human Factors and Ergonomics Society 39th Annual Meeting*(pp.525-529). Santa Monica, CA: Human factors and Ergonomics Society.

Gordon, S.E., and Gill, R.T.(1989). Question probes: A structured method for eliciting declarative knowledge. *AI Applications in Natural Resource Management, 3*, 13-20.

Gordon, S.E., and Gill, R.T.(1992). Knowledge acquisition with question probes and conceptual graph structures. In T. Lauer, E. Peacock, and A. Graesser(eds.), *Questions and information systems*(pp.29-46). Hillsdale, NJ: Lawrence Erlbaum Associates.

Gordon, S.E., and Gill, R.T.(1997). Cognitive task analysis. In C. Zsambok and G. Klein(eds.), *Naturalistic decision making.* Hillsdale, NJ: Lawrence Erlbaum Associates.

Gould, J.D.(1988). How to design usable systems. In M. Helander,(ed.), Handbook of human-computer interaction(pp.757-789). The Netherlands: Elsevier.

Gould, J.D., and Lewis, C.(1985). Designing for usability: Key principles and what designers think. *Communications of the ACM, 28*(3), 360-411.

Graesser, A.C., Lang, K.L., and Elofson, C.S.(1987). Some tools for redesigning system-operator interfaces. In D.E. Berber, K. Pezdek, and W.P. Banks(eds.), *Applications of cognitive psychology: Problem solving, education, and computing*(pp.163-181). Hillsdale, NJ: Lawrence Erlbaum Associates.

Greenbaum, T.L.(1993). *The handbook of focus group research.* New York: Lexington Books.

Gugerty, L., Halgren, S., Gosbee, J., and Rudisill, M.(1991). Using GOMS models and hypertext to create representations of medical procedures for online display, *Proceedings of the Human Factors Society 35th Annual Meeting*(pp.713-717). Santa Monica, CA: Human Factors and Ergonomics Society.

Hamilton, D.B., and Bierbaum, C.R.(1990). Task Analysis/Workload(TAWL): A methodology for predicting operator workload. *Proceeding of the Human Factors Seciety 34th Annual Meeting*(pp.1117-1121). Santa Monica, CA: Human Factors and Ergonomics Society.

Hauser, J.R., and Clausing, D.(1988). The house of quality. *Harvard Business Review*, May-June, 63-73.

Helander, M.(ed.)(1988). *Handbook of human-computer interaction.* The Netherlands: Elsevier. Institute of Electrical and Electronic Engineers(1988). *IEEE STD-1023, Guide for the application of human factors engineering to systems, equipment, and facilities of nuclear power generating station.* New York: Institute of Electrical and Electronic Engineers.

John, B.E., Vera, A.H., and Newell, A.(1994). Towards real-time GOMS: A model of expert behavior in a highly interactive task. *Behavior and Information Technology, 13,* 255-267.

Johnson, P.(1992). *Human-computer interaction: Psychology task analysis and software engineering.* London: McGraw-Hill.

Kantowitz, B.H., and Sorkin, R.D.(1987). Allocation of functions. In G. Salvendy(ed.), *Handbook of human factors*(pp.355-369). New York: Wiley.

Karat, C.(1990). Cost-benefit analysis of usability engineering techniques. *Proceedings of the Human Factors Society 34th Annual Meeting*(pp.839-843). Santa Monica, CA: Human Factors Society.

Kieras, D.E.(1988). Towards a practical GOMS model methodology for user interface design. In M. Helander(ed.), *Handbook of human-computer interaction.* Amsterdam: Elsevier Science Publishers.

Kirwan, B., and Ainsworth, L.K.(eds.)(1992). *A guide to task analysis.* London: Taylor & Francis.

Mantei, M., and Teorey, T.J.(1988). Cost/benefit for incorporating human factors in the software lifecycle. *Communications of the ACM, 31*(4), 428-439.

Marcotte, A.J., Marvin, S., and Lagemann, T.(1995). Ergonomics applied to product and process design achieves immediate, measurable cost savings. *Proceedings of the Human Factors and Ergonomics Society 39th Annual Meeting*(pp.660-663). Santa Monica, CA: Human factors and Ergonomics Society.

MATRIS Office(1994). *Directory of design support methods.* San Diego, CA: DTIC-AM.

Mayhew, D.J.(1990). Cost-justifying human factors support—A framework. *Proceedings of the Human Factors Society 34th Annual Meeting*(pp. 834-838). Santa Monica, CA: Human factors and Ergonomics Society.

Mayhew, D.J.(1992). *Principles and guidelines in software user interface design.* Englewood Cliffs, NJ: Prentice-Hall.

McAlindon, P.J.(1994). The development and evaluation of the keybowl: A study on an ergonomically designed alphanumeric input device. *Proceedings of the Human Factors and Ergonomics Society 38th Annual Meeting*(pp.320-324). Santa Monica, CA: Human Factors and Ergonomics Society.

McVey, G.F.(1990). The application of environmental design principles and human factors guidelines to the design of training and instructional facilities: Room size and viewing considerations. *Proceedings of the Human Factors Society 34th Annual Meeting*(pp.552-556). Santa Monica, CA: Human Factors Society.

Meister, D.(1971). *Human factors: Theory and practice.* New York: Wiley.

Meister, D.(1986). *Human factors testing and evaluation.* New York: Elsevier.

Meister, D.(1987). System design, development, and testing. In G. Salvendy(ed.), *Handbook of human factors*(pp.17-41). New York: Wiley.

Mosier, J.N., and Smith, S.L.(1986). Application guidelines for designing user interface software. *Behavior and Information Technology, 5*, 39-46.

Nielson, J.(1993). *Usability engineering.* Cambridge, MA: Academic Press Professional.

Nielson, J.(1994a). Heuristic evaluation. In J. Nielsen and R.L. Mack(eds.), *Usability inspection methods.* New York: Wiley.

Nielson, J.(1994b). Guerilla HCI: Using discount usability engineering to penetrate the intimidation barrier. In R.G. Bias and D.J. Mayhew(eds.), *Cost-justifing usability*(pp.245-272). Boston, MA: Academic Press.

Nielson, J., and Molich, R.(1990). Heuristic evaluation of user interfaces. *Proceedings of the ACM CHI' 90 Conference*(pp. 249-256). Association for Computing Machinery.

Norman, D.A.(1988). *The design of everyday things.* New York: Doubleday-Currency.

Norman, D.A.(1992). *Turn signals are the facial expressions of automobiles.* Reading, MA: Addison-Wesley Publishing.

Norman, D. A., and Draper, S.W.(eds.)(1986). *User centered system design.* Hillsdale, NJ: Lawrence Erlbaum Associates.

O' Hara, J.M.(1994). Evaluation of complex human-machine systems using HFE guidelines. *Proceedings of the Human Factors and Ergonomics Society 38th Annual Meeting*(pp.1008-1012). Santa Monica, CA: Human Factors and Ergonomics Society.

Ohnemus, K.R., and Biers, D.W.(1993). Retrospective versus concurrent thinking-out-loud in usability testing. *Proceedings of the Human Factors and Ergonomics Society 37th Annual Meeting*(pp. 1127-1131). Santa Monica, CA: Human Factors and Ergonomics Society.

Price, H.E.(1985). The allocation of functions in systems. *Human Factors, 27*(1), 33-45.

Price, H.E.(1990). Conceptual system design and the human role. In H.R. Booher(ed.), *Manprint: An approach to systems integration*(pp.161-203). New York: Van Nostrand Reinhold.

Pulliam, R., and Price, H.E.(1985). *Automation and the allocation of functions between human and automatic control: Ceneral method*(AFAMRL-lTR-85-017). Wright Patterson Air Force Base, OH: Aerospace Medical Division, Air Force Aerospace Medical Research Laboratory.

Reed, P., and Billingsley, P.(1996). Software ergonomics comes of age: The ANSI/HFES-200 standard. *Proceedings of the Human Factors and Ergonomic Society 40th Annual Meeting*(pp.323-327). Santa Monica, CA: Human Factor and Ergonomics Society.

Rogers, J.G., and Armstrong, R.(1977). Use of human engineering standards in design. *Human*

Factors, 19(1), 15-23.

Rogers, J.G., and Pegden, C.D.(1977). Formatting and organizing of a human engineering standard. *Human factors, 19*(1), 55-61.

Roth, E.M., and Woods, D.D.(1989). Cognitive task analysis: An approach to knowledge acquisition for intelligent system design. In G. Guida and C. Tasso(eds.), *Topics in expert system design.* The Netherlands: Elsevier.

Rubin, J.(1994). *Handbook of Usability Testing: How to plan, design and conduct effective tests.* New York: Wiley.

Ryder, J.M., Redding, R.E., and Beckshi, P.F.(1987). Training development for complex cognitive tasks. *Proceedings of the Human Factors Society 3lst Annual Meeting*(pp.1261-1265). Santa Monica, CA: Human factors Society.

Schlager, M.S., Means, B., and Roth, C.(1990). Cognitive task analysis for the real(-time) world. *Proceedings of the Human Factors Society 34th Annual Meeting*(pp 1309-1313). Santa Monica, CA: Human Factors Society.

Seamster, T.L., Rodding, R.E., Cannon, J.R., Ryder, J.M., and Purcell, J.A.(1993) Cognitive task analysis of expertise in air traffic control. *The International Journal of Aviation Psychology 3*(4), 257-283.

Seamster, T.L., Redding, R.R., and Kaempf, G.f.(1997). *Applied cognitive task analysis in aviation.* Brookfield, VT: Ashgate Publishing.

Shneiderman, B.(1992). *Designing the user interface: Strategies for effective human-computer interaction*(2nd ed.). Reading, MA: Addison-Wesley.

Smith, S.L., and Mosier, J.N.(1986). *Guidelines for designing user interface software*(Technical Report NTIS No A177 198). Hanscom Air force Base, MA: USAF Electronic Systems Division.

Thomas, B., and McClelland, I.(1994). The development of a touch screen based communications terminal. *Proceedings of the Human factors and Ergonomics Society 38th Annual Meeting*(pp. 175-179). Santa Monica, CA: Human Factors and Ergonomics Society.

Van Cott, H.P,, and Kinkade, R.G.(eds.)(1972). *Human engineering guide to equipment design.* Washington, DC: U.S. Government Printing Office.

Vicente, K.J.(1990). A few implications of an ecological approach to human factors. *Human Factors Society Bulletin, 33*(11),1-4.

U.S. Department of Defense(1989). *Human engineering design criteria for military systems, equipment, and facilities*(MIL-STD-1472D). Washington, DC: Department of Defense.

Weimer, J.(ed.)(1995). *Research techniques in human engineering.* Englewood Cliffs, NJ:

Prentice-Hall.

Whiteside, J., Bennett, J., and Holtzblatt, K.(1988). Usability engineering our experience and evolution. In M. Helander(ed.), *Handbook of Human-Computer Interaction*(pp.791-817). New York: North Holland.

Wiklund, M.E.(1994). *Usability in practice: How companies develop user-friendly products.* Cambridge, MA: Academic Press Professional.

Williams, J.C.(1988). Human factors analysis of automation requirements—A methodology for allocating functions. *l0th Advances in Reliability Technology Symposium.* Warrington: U.K. Atomic Energy Authority.

Wixon, D., Holtzblatt, K., and Knox, S.(1990). Contextual design: An emergent view of system design. *CHI' 90 Proceedings, April,* 329-336.

Woods, D.D., Johannesen, L., and Potter, S.S.(1992). The sophistry of guidelines: Revisiting recipes for color use in human-computer interface design. *Proceedings of the Human Factors Society S6th Annual Meeting*(pp.418-422). Santa Monica, CA: Human factors Society.

Woods, D.D., Roth, E.M., and Pople, H.E.(1990). Modeling operator performance in emergencies. *Proceedings of the Human Factors Society 34th Annual Meeting*(pp. 1132-1135). Santa Monica, CA: Human factors and Ergonomics Society.

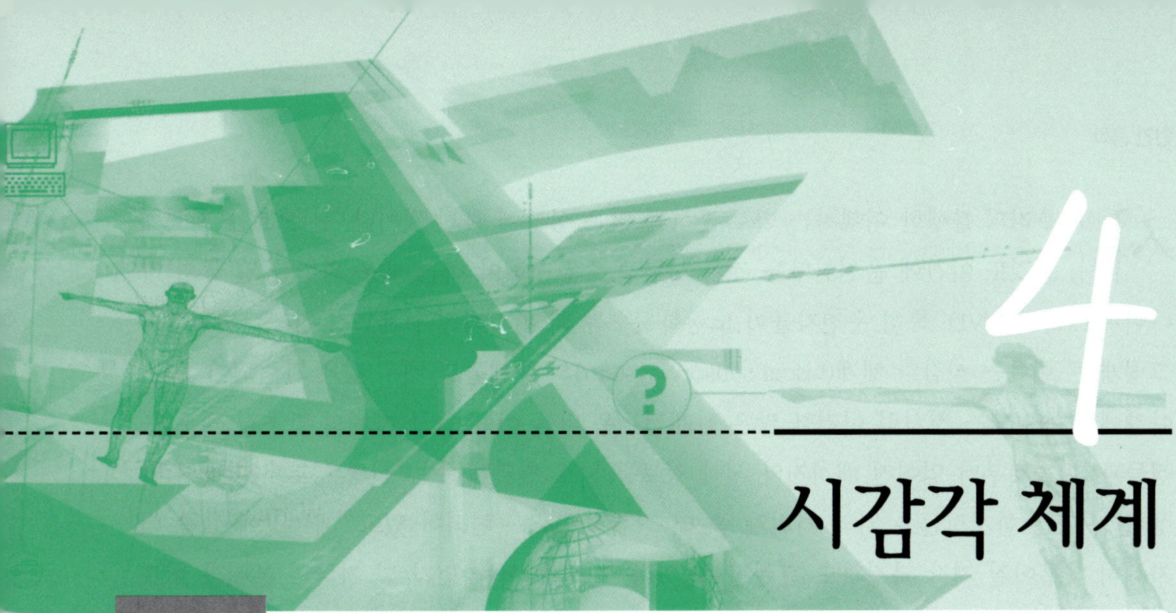

4 시감각 체계

50세의 한 여행자가 어느 비오는 밤에 비행기를 타고 낯선 도시에 왔다. 그리고 자신이 예약한 렌트카를 가지러 가기 위해 렌트카 회사에서 제공하는 버스를 탔다. 렌트카 회사 버스 운전사는 주차장에 그 여행자를 내려놓고, "저기 있는 빨간색 승용차요."라고 손으로 가리킨 후 가버렸다. 그러나 주차장의 조명이 너무 어두웠기 때문에 그 여행객은 어느 차가 빨간색이고 어느 차가 갈색인지 구분할 수 없었다. 대강 버스 운전사가 가리킨 것이라고 생각되는 자동차 쪽으로 다가갔지만, 잠시 후에 자신이 선택한 자동차는 다른 자동차였음을 알아차렸다. 자신의 실수를 바로 잡아 겨우 자신이 찾던 차에 올라탄 후, 그는 공항에서 어떻게 빠져나가야 하는지를 알아보기 위해 지도를 펼쳐 들었다. 하지만 자동차의 실내 조명이 너무 어두워 인쇄된 도로 이름들이 그저 검게 흐려 보였고, 지도에는 도형이나 그림으로 나타나 있는 것도 없었다. 지도 보는 것을 포기하고, 밖으로 차를 몰고 나가기만 하면 목적지까지 가기 위해 운전해야 할 60번 도로를 보여주는 도로 표지판이 있을 것이라 생각하고 주차장을 빠져 나가기 위해 시동을 걸었다. 비가 억수같이 내렸기 때문에 그는 와이퍼의 스위치를 찾아보려 했지만 회색으로 된 실내 색 때문에 어두운 색으로 쓰여진 와이퍼 스위치를 찾기가 매우 어려웠다. 조금 더듬거렸지만 어쨌든 와이퍼를 움직일 수 있었고, 그는 주차장에서 나와 고속도로에 접어들었다. 그때 갑자기 뒤에서 어느 차가 매우 빠르게 달려들었고 그 차의 헤드라이트 때문에 자동차의 후사경(rear view mirror)에 번쩍거림이 발생하였다. 그는 눈이 부셨고 이것을 피하기 위해 속도를 높여야 했다. 운전해 가는 도중 그는 도로의 오른쪽에 제시된 첫 번째 도로 표지판을 제대로 읽지 못했다. 그 표지판에 쓰여 있던 것이 60번 도로였던가 아니면 66번 도로였던가? 그는 도로 표지판이 다시 한 번 더 나올 것이라고 생각하면서 계속 운전했다. 그런데 갑자기 고속도로의 왼쪽에 도로 표지가 하나 나타났고(그는 이번에도 오른쪽에 도로 표지판이 있을 것이라고 기대했다) 그것을 알아보기도 전에 표지판을 스쳐 지나가고 말았다. 짜증이 나서 다시 한 번 지도를 꺼내보기 위해 실내등을 켰는데 그때 매우 짧은 순간이었지만 고개를 밑으로 숙였다. 그 순간 차 밑에서 그가 차선을 벗어나 갓길을 달리고 있다는 것을 알려주는 갑작스런 자갈소리가 들렸다. 차를 원래 차선으로 돌려놓으려고 바둥거리는 동안 그는 갓길 위의 큰 구덩이를 발견하지 못했고, 차는 그 구덩이에 빠져 갑자기 서 버렸다.

사실, 우리의 불행한 여행자는 별로 흔하지 않은 상황에 빠진 것이다. 잘 모르는 지역에서, 그것도 야간에 운전한다는 것은 사람들이 감수해야 하는 매우 위험한 일 중의 하나이며(Evans, 1991), 특히 운전자들이 노령화될수록 더 위험해진다(제17장 참조). 위험성이 그렇게 큰 이유는 시감각 체계(visual sensory system)의 한계들과 매우 깊게 관련되어 있다. 아래에서 논의되는 것처럼 이러한 많은 한계점들은 다름 아닌 안구 자체의 말초적 세부 특징들과, 이들로부터 얻어진 메시지와 시각 정보를 뇌로 전달해 주는 신경 경로 사이에서 발생한다. 다른 한계점들은 뇌의 처리와 좀 더 직접적으로 관련되어 있고, 제16장에서 좀 더 자세히 다루어질 지각 과정과도 관련될 수 있다. 이 장에서는 먼저 빛 자극의 본질과 이것을 처리하는 안구의 해부학적 측면들에 대해 논의할 것이다. 그 다음에 인간 시각 수행의 몇 가지 중요한 특성들을 논의할 것이다. 인간 시각 수행은 자극 특성과 인간 지각자 사이의 상호작용에 영향을 받는다.

자극 : 빛

인간이 지각할 수 있는 모든 시각적 자극들은 본질적으로 전자기 에너지 파형으로 기술될 수 있다. 파형(wave)은 시각적 스펙트럼을 따라 하나의 점으로 표상될 수 있다. 그림 4.1a에서 보이는 것과 같이, 이 점은 전형적으로 그림의 수평축에 나노미터(nm)로 표현되는 파장(wavelength)과 수직축에 표시된 진폭(amplitude)을 갖고 있다. 파장은 지각되는 자극의 색상(hue)을 결정하며, 진폭은 그것의 명도(brightness)를 결정한다. 그림에서 보이듯이, 전형적으로 눈으로 볼 수 있는 파장의 범위는 400nm 근처의 짧은 파장에서부터(이때는 빛이 전형적으로 파란색-보라색으로 관찰된다) 700nm 근처의 긴 파장(이때는 빛이 전형적으로 빨간색으로 관찰된다)에 이른다. 실제로 눈이 '순수한' 파장들을 만나는 일은 거의 없다. 그 대신 서로 다른 파장들의 혼합이 자극으로서 활동한다. 예를 들어 빨간색과 파란색의 혼합은 자주색으로 지각된다. 반면 파란색이나 노란색과 같이 색상으로 특징지어지는 순수한 파장들은 회색이나 흰색을 달리한 혼합에 의해 '희석' 될 수 있다. 회색이나 흰색을 무채색광(achromatic light)이라고 부르는데, 이러한 빛은 주도적인 색상이 없기 때문에 스펙트럼상에 나타나지 않는다. 순수한 빨간색과 같이 희석되지 않는 파장들은 순수하다(saturated)고 말한다. 핑크색과 같은 희석된 파장은 물론 '순수하지 못하다' 고 말한다. 따라서 주어진 하나의 빛은 그것의 색상(hue), 순도(saturation) 및 명도(brightness)로 특징지어질 수 있다.

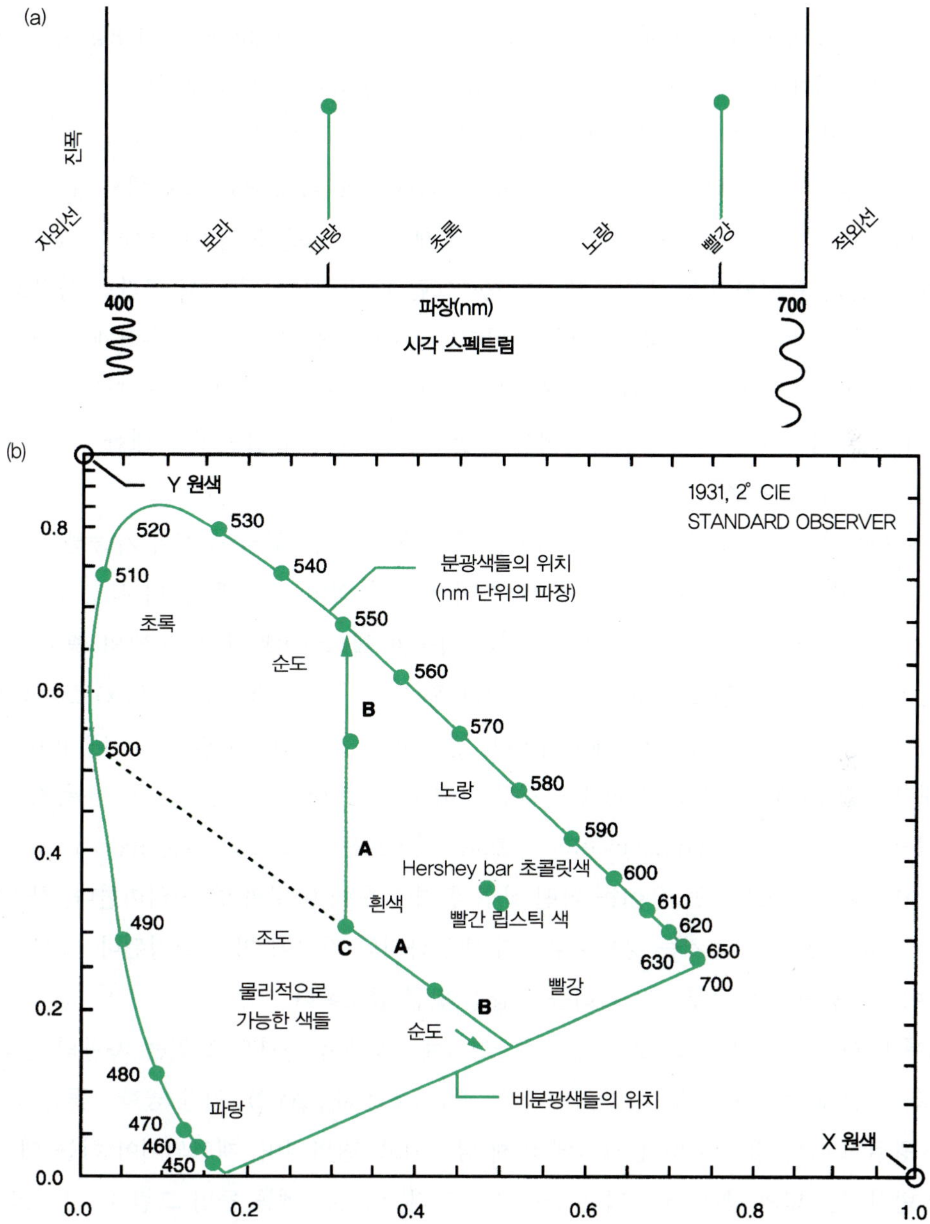

그림 4.1

(a) 전자기적 에너지(빛)의 가시 스펙트럼. 매우 짧은 파장(자외선)과 매우 긴 파장(적외선)은 그림에서 보이는 가시 스펙트럼의 바로 왼쪽과 오른쪽에 각각 위치한다. **(b) CIE 색채 공간.** 그림에서는 x축과 y축의 측정 좌표에 의해 표현되는 전형적인 색채들을 보여주고 있다(예를 들어 빨강의 xy좌표는 0.64, 0.33, 초록은 0,29, 0.60 등이다–역주).

출처 : Helander, M., 1987. The design of visual displays. In *Handbook of Human Factors*. G. Salvendy, ed., New York: Wiley, Fig. 5.1.35, p. 535; Fig. 5.1.36, p. 539. Reprinted by permission of John Wiley & Sons, Inc.

한 광선의 실제 색상은 전형적으로 삼원색(적색, 녹색, 청색)의 조합에 의해 결정된다(Helander, 1997). 이것은 국제 조명 위원회(Commission International de L'Elairage, CIE)에서 개발된 절차에 따르기 때문에 CIE 색 체계(CIE color system)라고 불린다.

그림 4.1b에서 볼 수 있듯이, CIE 색채 공간은 x축과 y축에 각각 나타난 긴 파장과 중간 파장의 두 원색들을 통해 모든 색채들을 나타낸다(Wyszecki, 1986). 그림에서 종 모양의 테두리에 표시된 색들은 모두 순수한 색들이다. 무채색광은 가운데 점 C에 나타나 있다. 이 그림에는 명도가 표시되어 있지 않은데, 명도는 그림 4.1b에 제시된 색채 공간을 상하로 가로지르는 세 번째 차원으로 생각하면 된다. 이러한 표준적 좌표 체계를 사용하게 되면 상이한 사용자들 사이에 공통적인 색의 명세가 가능해진다. 예를 들어 '립스틱의 빨간색'은 긴 파장에서는 .5, 중간 파장에서는 .33 지점에서 찾으면 된다(색체 표준화에 대한 좀 더 자세한 논의는 Post, 1992 참조).

파장으로 안구에 도달하는 자극의 색상을 측정하거나 명세화하는 것이 가능하지만, 명도의 측정은 빛의 강도(intensity)가 갖는 몇 가지 상이한 의미 때문에 좀 더 복잡하다(Boyce, 1997). 우리는 태양이나 그림 4.2에서 보이는 자동차 헤드라이트와 같은 빛의 출처는 알 수 있다. 이러한 광원은 **광도**(luminous intensity) 혹은 광 플럭스(luminous flux)로 나타낼 수 있으며, 이것은 광원의 실제 빛 에너지이다. 광도의 측정 단위는 **칸델라**(candela)이다. 그러나 대상의 표면(예 : 도로 표지판)에 실제로 가해지는 에너지의 양은 매우 다른 측정치를 사용하는데, 이것을 조도(illuminance)라 부르며, 단위로는 럭스(lux) 혹은 fc(foot candles)를 사용한다. 따라서 **조도**라는 용어는 어떤 작업 환경에 주어진 빛의 양을 의미한다. 한 대상이 얼마만큼의 조도를 받는지는 광원으로부터 대상까지의 거리에 의해 결정된다. 그림에서 보이듯이 조도는 광원으로부터의 거리를 제곱한 만큼 감소된다.

비록 우리는 우리가 직접 보는 광원의 조도(예 : 앞에서 다가오고 있는 차량의 번쩍이는 헤드라이트)에 종종 관심을 갖고 있지만(Theeuwes et al., 2002), 인간 공학자들은 대상 자체가 광원이 아닌 경우일 때 관찰자에 의해 탐지되고, 변별되며, 재인되어야 하는 대상으로부터 반사되는 빛의 양에 더욱 많은 관심을 갖는다. 이것은 예를 들면 그림 4.2의 도로 표지판으로부터 오는 빛의 양이다. 우리는 특정한 자극에 대한 이러한 측정치를 휘도(luminance)라고 부르며, 전형적으로 푸트 람베르트(foot lamberts, FL) 단위로 측정된다. 휘도는 표면이 반사하거나 흡수하는 빛의 양의 차이를 나타내기 때문에 조도와는 다른 것이다. 검정색 표면은 거기에 도달하는 대부분의 조도를 흡수하기 때문에 휘도가 거의 없게 된다. 반면 흰색 표면은 대부분을 반사한다. 실제 우리는 표면의 **반사율**(reflectance)을 다음과 같은 비율로 나타낼 수 있다.

$$\text{반사율}(\%) = \frac{\text{휘도(FL)}}{\text{조도(FC)}} \tag{4.1}$$

(조도와 휘도를 구별할 수 있는 한 가지 힌트는 조도가 표면에 'il'을 남겨놓고 휘도만 보내 주었다고 생각하면 된다.)

한 자극에 대한 **명도**(brightness)는 시각적 강도에 대한 실제적 경험이며, 이 강도는 자극의 가시도(visibility)를 결정한다. 이것으로 볼 때 우리는 어떤 자극들이 검정색 표지로 제시되건 아니면 흰색 표지로 제시되건, 이 자극들이 갖는 가시도나 명도는 조건에 따라 동일할 수도 있다는 것을 알 수 있다. 예를 들어 잘 반사되지는 않지만 잘 비춰진 검정색 표지와 반사는 잘 되지만 잘 비춰지지 않은 흰색 표지는 가시도 혹은 명도에서 동일할 수 있다. 가시

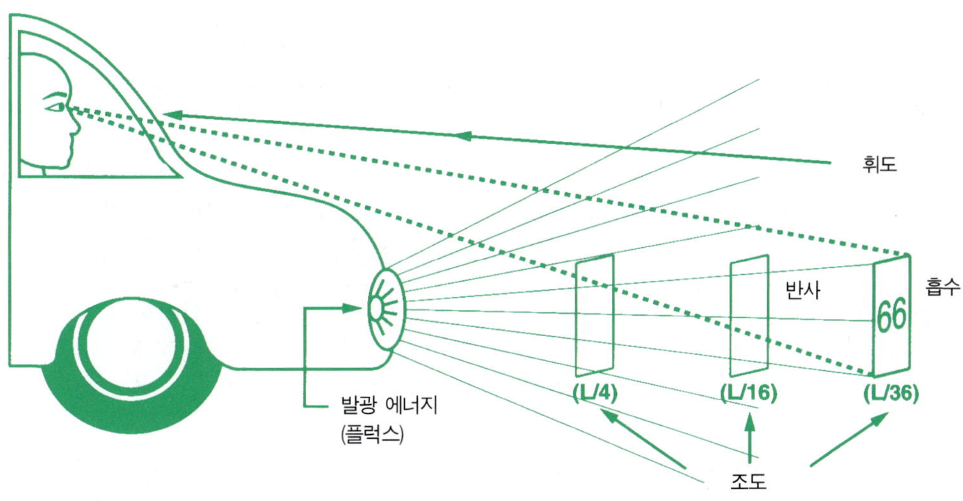

그림 4.2

시각적 밝기 지각에 대한 예시. 발광 에너지(luminance energy)는 광원에서 나오지만, 어떤 비춰진 영역(즉 조도, illuminance)에서 이 에너지는 광원으로부터의 거리의 제곱만큼 강도가 떨어진다. 이것은 그림의 세 개의 표지들 밑에 숫자로 표시되어 있는데, 여기에서는 표지들 광원으로부터 각각 2, 4, 그리고 6단위만큼 떨어져 있는 경우를 나타내 주고 있다. 광원으로부터 나온 빛 에너지(가는 실선)는 표지판에 의해 흡수되기도 하고, 나머지는 다시 관찰자에게 반사되는데, 이것은 관찰된 표지의 휘도(luminance)이다. 밝기는 관찰자에 의해 주관적으로 경험된다.

표 4.1 빛과 빛의 단위에 대한 물리적 수량화

수량적 속성	단위
발광 플럭스	1 candela 혹은 12.57 lumins
조도	Foot candle 혹은 10.76 LUX
휘도	Candela/M^2 혹은 foot lambert
반사	비율
명도	

도는 또한 자극과 그 자극을 둘러싼 배경 사이의 대비(contrast)에 의해서도 영향을 받을 수 있는데, 이것은 또 다른 문제로서 다음 몇 페이지를 통해 기술될 것이다.

표 4.1은 이러한 다양한 광선에 대한 측정치들을 요약하고 있으며, 이것들이 전형적으로 측정되는 단위들도 나타내 주고 있다. 광도계(photometer)는 발광 강도(luminous intensity)를 푸트 람베르트로 측정할 수 있는 전기적 장치이다. 조도계(illumination meter)는 조도를 측정하는 장치이다.

수용기 체계 : 안구와 시신경

전자기적 에너지인 빛은 전기화학적 신경에너지로 변환되어야 하는데, 이 과정은 안구에 의해 수행된다. 그림 4.3은 시각 수용기 시스템인 안구를 도식적으로 나타내고 있다. 안구가 갖는 중요한 해부학적 특징들과, 이러한 특징들이 안구를 통과하는 빛 에너지의 특성에 어떻게 영향을 미칠 수 있는지 이해하여 많은 작업 환경에서 시각 능력을 저하시키는 방해 유형들을 확인할 수 있을 것이다. 이 주제는 인간 공학자들의 중요한 관심사이다.

수정체

광선은 맨 처음 각막(cornea)[1)]을 통과하게 되는데, 각막은 빛 에너지의 일부를 흡수하는 일종의 보호막이다(특히 나이가 들수록 각막을 통과하지 못하고 각막에 흡수되는 빛의 양이 증가한다). 그런 다음, 광선은 동공(pupil)을 통과한다. 동공은 조도가 낮을 때는(어두운 곳

1) 그림 4.3에는 각막이 제시되어 있지 않지만, 각막은 수정체 앞에 위치해 있는 안구의 겉 표면이다(역주).

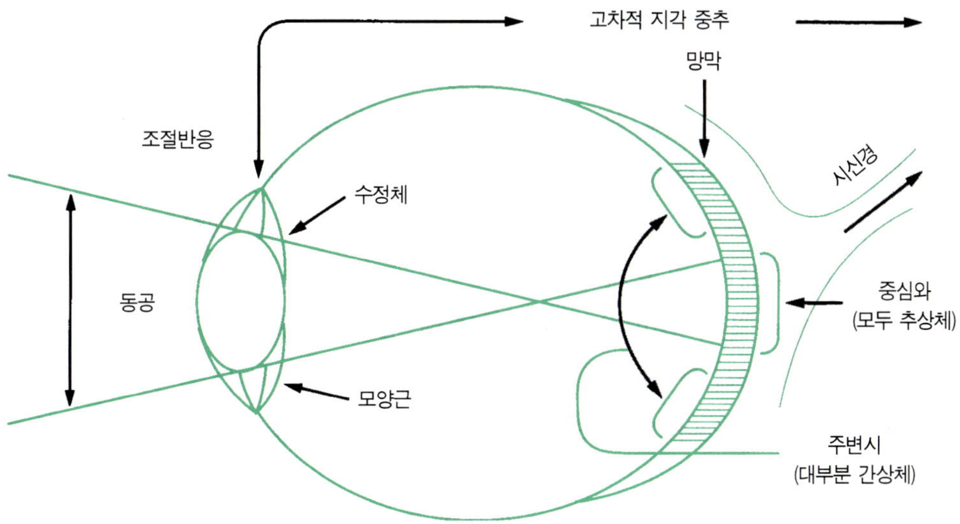

그림 4.3
안구의 해부학적 주요 구조

에서는) 더 많은 빛을 통과시키기 위해 확대되고, 조도가 높을 때는(밝은 곳에서는) 빛을 조금만 통과시키기 위해 오므라든다. 안구의 수정체(lens)는 망막(retina)이라고 하는 안구의 맨 뒤쪽 표면에 정확한 이미지를 맺히게 하기 위해 그 형태를 바꾸거나 **조절**한다. 이러한 조절과정은 수정체를 둘러싸고 있는 모양근(ciliary muscles)들에 의해 이루어진다. 모양근 안의 감각 수용기들은 조절에 대한 정보를 뇌의 좀 더 고차적인 지각 중추들로 보낸다. 우리가 가까운 이미지를 볼 때는 그 이미지로부터 나오는 광선이 눈에 접근함에 따라 수렴되고, 모양근들은 수정체가 좀 더 둥근 형태가 되도록 조절해야 한다. 멀리 보이는 이미지로부터 평행하게 나오는 광선이 눈으로 들어온다면 모양근들은 수정체를 좀 더 평평하게 만들도록 조절한다. 이 두 가지 상태의 어딘가에서 수정체가 자연스럽게 '휴식하고 있는' 지점이 있는데, 이때 모양근이 할 일은 거의 없다. 이것을 조절의 **휴식 상태**(resting state)라고 부른다.

조절의 양은 초점이 맞춰진 대상과 눈 사이의 거리로 표현될 수 있다. 이때 요구되는 조절의 양은 **디옵터**(diopter) 단위로 측정되는데, 이 값은 1/시거리(viewing distance)과 같다. 시거리는 미터 단위로 나타내기 때문에 1디옵터는 1미터 거리에 있는 물체를 보기 위해 요구되는 조절의 양이다.

이 장의 맨 앞부분에서 예시했던 일화에서 운전자가 지도에 쓰인 작은 글씨들을 읽기 곤

럼 보일 것이다. 암소시(暗所視, scotopic vision)는 간상체만이 작동하는 야간의 시각을 말한다. 명소시(明所視, photopic vision)는 간상체와 추상체 모두를 활동시키기에 충분한 양의 조도가 있을 때의 시각을 말한다(그러나 대부분의 시각 경험은 추상체의 행위에 의한 것이다).

4. **색채 민감도** 빛들이 강도에서도 차이가 없다면 간상체는 빛의 서로 다른 파장을 구별하지 못한다. 간상체는 '색맹' 이기 때문에 색상이 분석될 수 있는 정도는 주변시(즉 추상체의 수가 적은 경우)와 야간(즉 간상체만이 작동하는)에 더 감소한다. 따라서 우리가 이 장의 처음 부분에서 예시했던 운전자가 밤에 자신이 렌트한 차를 찾으려 했지만, 조도가 좋지 않았던 빨간색 차를 그 주변에 있는 다른 차들과 분간해 낼 수 없었던 이유를 알 수 있을 것이다.
5. **순응** 간상체가 빛에 의해 자극을 받게 되면 급격하게 민감도를 상실하고, 간상체가 자신의 '최적 주시 환경' 인 어두운 곳에 들어가더라도 원래의 민감도를 다시 회복하는 데는 비교적 긴 시간(최대 30분)이 걸린다. 이러한 현상은 우리가 밝은 곳에 있다가 영화관에 들어갔을 때 일시적으로 '눈이 보이지 않는' 경험을 생각해 보면 이해가 될 것이다. 오퍼레이터들이 주기적으로 밝은 빛에 노출되는 동시에 때에 따라 암소시를 필요로 하는 환경에서 작업해야 한다면, 이러한 환경에서의 작업은 특히 더 많은 어려움을 겪을 것이다. 그러나 추상체는 적은 양의 자극에 대해서도 과민해질 수 있다. 이것이 바로 야간의 밝은 빛에 대한 **눈부심**(glare)의 원인이다. 눈부심에 대해서는 제13장에서 더 논의할 것이다.
6. **차별적 파장 민감도** 추상체들은 일반적으로 모든 파장에 민감하지만, 간상체들은 긴 파

표 4.2 시력에 대한 몇 가지 측정치

최소 분리 시력(minimum separable acuity)	가장 최소의 세부를 탐지할 수 있는 능력에 대한 일반적 측정치
버니어 시력(Vernier acuity)	두 개의 평행하는 막대의 높이가 같은가?
랜돌트 고리 시력(Landolt ring acuity)	고리에서 벌어진 틈을 탐지할 수 있는가?
스넬른 시력(Snellen acuity)	20피트 거리에서 분석될 수 있는 세부에 대한 측정치로, 정상적인 관찰자가 동일한 수준의 세부를 분석할 수 있는 거리에 대한 상대적 거리이다(예 : 20/30은 정상적인 사람은 30피트 떨어져서 분석할 있는 세부를 어떤 관찰자는 20피트 떨어진 위치에서 분석할 수 있다는 것을 의미한다).

장(즉 빨간색 같은)에 특히 둔감하다. 그래서 빨간색으로 된 대상이나 표면은 밤에 매우 검게 보인다. 더 중요한 점은 어두운 환경에서 빨간색으로 대상들을 비추게 되면 간상체의 암순응이 소멸되지 않고 그대로 남아 있을 수 있다는 점이다. 예를 들어 배의 어두운 갑판실에서 항해사들은 항해 차트의 세세한 부분을 보기 위해 추상체를 자극하고자 빨간색 램프를 사용할 수 있을 것이다. 빨간색 램프는 간상체의 암순응을 없애지 않기 때문에, 이것은 수평선에 있는 약한 빛이나 어두운 형태를 주사(scan)하는 능력을 방해하지 않는다.

종합하면, 간상체와 추상체의 이러한 현격한 차이는 매우 다양한 시각 경험의 원인이 된다. 다음에는 감각 처리의 세 가지 중요한 측면들(즉 대비 민감도, 야간시, 그리고 색채시)과 관련된 인간 공학적 문제들에 대해 이러한 현상들이 어떠한 시사점을 갖는지 고려해 볼 것이다.

감각 처리의 한계

대비 민감도

앞에서 예시한 우리의 불행한 운전자는 여러 가지 이유로 와이퍼를 나타내는 라벨이나 지도의 세부 항목, 그리고 길가의 웅덩이 등을 제대로 식별할 수 없었는데, 이 모든 것들은 대비 민감도라고 하는 매우 중요한 인간 공학적 개념과 밀접하게 관련되어 있다. 대비 민감도(contrast sensitivity, CS)는 밝은 공간 영역과 어두운 공간 영역이 '겨우' 탐지될 수 있는 최소 대비의 역수로 정의될 수 있다. 즉 이 최소값 이하에 해당하는 대비 수준에서 두 영역은 동질적으로 보인다. 따라서 이러한 대비를 탐지할 수 있는 능력은 글자의 형태를 분간하거나 길 위의 웅덩이를 구별해 낼 수 있는 것처럼, 모양을 탐지하고 재인하는 능력에 필수적인 것이다. 주어진 시각 자극에 대한 대비는 전형적으로 밝은 곳과 어두운 곳의 조도 차이와 두 조도값을 합한 값의 비율로 표현된다.

$$c = (L-D)/(L+D) \tag{4.3}$$

관찰자가 처리하는 대비 민감도가 클수록 겨우 탐지될 수 있는 대비 최소량(C_M)은 작아

진다(대비 최소량은 대비 역치[contrast threshold]를 결정한다). 따라서

$$CS = 1/C_M \tag{4.4}$$

이다. 최소 분리 시력(minimum separable acuity : 어두운 두 개의 선을 분리하는 빛의 너비)은 대비 민감도에 대한 하나의 측정치가 될 수 있을 것이다. 왜냐하면 선들 사이의 틈(gap)이 이 최소값보다 더 작다면, 이 막대들은 동일한 명도를 가진 하나의 선으로 지각될 것이기 때문이다.

대비 민감도는 그림 4.4의 x축에 따라 보이는 것처럼 격자(grating)를 이용해 측정된다. 그림의 맨 오른쪽 격자와 같이 멀리서 보았을 때 격자가 하나의 막대처럼 보이게 되면, 관찰자는 흑백의 막대들이 반복적으로 놓여 있다는 것을 분간해 낼 수 없고(즉 막대들을 분리할 수 없고), 이때의 대비는 관찰자의 CS 역치 밑에 있게 된다.

여기에서 우리는 CS에 영향을 주는 몇 가지 요인 중에서 첫 번째 요인을 생각해 볼 수 있을 것이다. 즉 그것은 격자의 **공간 빈도**(spatial frequency)이다. 그림 4.4에서 볼 수 있듯이, 공간 빈도는 1도의 시각도(cycle/degree 혹은 c/d)를 차지하는 밝음과 어두움의 주기수(number of cycle)로 표현될 수 있다. 만일 독자가 이 책을 대략 1피트(약 30cm) 정도 거리에서 본다면, 왼쪽 격자의 공간 빈도는 0.6c/d, 그 다음 격자는 1.25c/d, 그리고 세 번째 격자는 2.0c/d의 공간 빈도를 갖게 된다. 또한 공간 빈도는 검은 막대나 흰 막대의 너비와 역으로 관련되어 있음을 알 수 있다. 그림 4.4의 축을 따라 그려진 대비 민감도 함수에서 볼 수 있는 것처럼, 인간의 눈이 가장 민감한 공간 빈도는 대략 3c/d이다. (밝은 막대와 어두운 막대의) 대비가 더 커지면 모든 공간 빈도에 걸쳐 민감도는 더 커진다.

그림 4.4의 맨 오른쪽에 있는 것과 같은 높은 공간 빈도는 아주 작은 글자로 된 인쇄물을 읽거나 아주 미세하게 눈금을 조절해야 하는 버니어 자(vernier scale)를 사용하는 경우와 같이, 아주 작은 시각도나 혹은 아주 미세한 세부 특징들을 우리가 얼마나 민감하게 구별할 수 있는지(즉 민감도) 알게 해준다. 이런 이유로 넓은 공간 빈도를 갖는 격자들은 표준적인 시력의 측정에 사용되기도 한다. 훨씬 더 낮은 공간 빈도는 이 장의 서두에서 예시했던 운전자가 제대로 보지 못했던 도로 표지판이나 길가의 움푹 패인 웅덩이처럼 흐릿하거나 저하된 조건하에서 대상의 **형태**(shape)를 재인하는 경우이다. 낮은 공간 빈도에서의 낮은 대비는 적외선 레이더를 통해 제시되는 이미지처럼 좋지 못한 '센서 해상력'에 의한 저하된 질의 이미지를 보는 것과 같은 경우이다(Uttal et al., 1994).

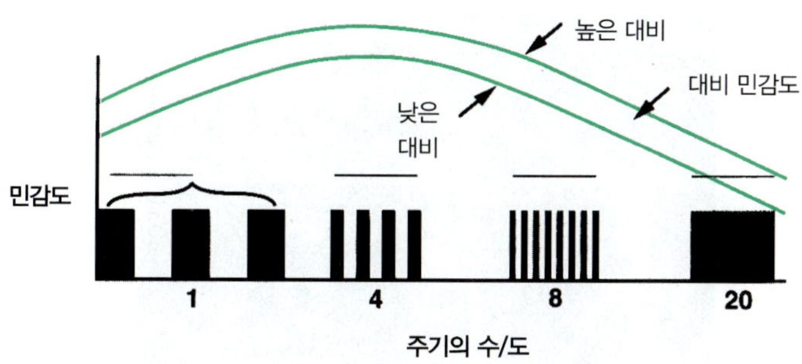

그림 4.4

대비 민감도를 측정하는 데 사용되는 공간 빈도 격자들(즉 막대들)에 대한 예시. x축에 있는 특정 값들은 시각도에 따라 변하기 때문에, 그림을 볼 때 눈의 위치는 그림으로부터 일정한 거리에 위치시켜야 한다. 따라서 이 그림을 52cm 떨어져서 본다면, 각각의 격자 위에 있는 수평 막대들은 각각 1도의 시각도를 차지하게 된다. 두 개의 곡선은 서로 다른 대비 수준의 형태를 나타낸다.

대비 민감도에 영향을 미치는 두 번째 요인은 대비 그 자체이다. 그림 4.4에서 보이듯이 낮은 대비는 구별하기가 더 쉽지 않다(그림에서 두 곡선들을 비교해 보라). 따라서 회색 대시보드 위에 쓰인 검정색의 '와이퍼'라는 글자를 그 운전자가 왜 읽기 어려웠는지 이해할 수 있다. 만일 그 라벨이 흰색 배경 위에 쓰여 있었더라면 라벨을 읽기가 훨씬 더 쉬웠을 것이다. VCR과 같은 일상적인 가전제품의 사용자들은, 입체적으로 글자들이 배경에서 돋아나 보이기는 하지만 검정색 바탕에 검정색으로 쓰인 지시문을 읽는 데 종종 곤란함을 경험한다(그림 4.5). 조도가 좋은 조건에서 서로 다른 색에 의한 대비(즉 색 대비, color contrast)가 항상 좋은 대비율(contrast ratio)을 가져오는 것은 아니다. 그래서 예를 들면 청색 바탕에 검정색으로 텍스트가 쓰여진 슬라이드는 청중들이 읽기 매우 어렵다.

대비 민감도에 영향을 미치는 세 번째 요인은 자극의 조도 수준이다(공식 4.3의 분모, $L+D$). 놀랄 것도 없이, 낮은 조도는 대비에 대한 민감도를 감소시키고, 낮은 빈도에서보다는 (추상체의 영향을 받는) 높은 공간 빈도의 경우에 민감도를 더 감소시킨다. 이것은 왜 낮은 조도에서 작은 글자들을 읽기가 매우 어려운지를 설명해 준다. 그러나 낮은 조도는 낮은 공간 빈도의 시각도를 방해할 수 있다—우리의 운전자가 낮은 공간 빈도의 구덩이를 보는 데 어려움을 경험하게 했던 가시도의 상실에 주목하라.

대비 민감도에 영향을 주는 다른 두 가지 요인은 눈 자체의 해상력과 시각 조건들의 역동적 특성들이다. 나이가 들면 각막을 통과하는 빛의 양이 감소하게 되고(상대적으로 각막에

그림 4.5

배경으로부터 글자나 그림을 단순히 돋거나 파서 제시한 인쇄 형태가 갖는 낮은 대비. 이러한 형태의 표지는 가시성을 매우 낮게 한다. 또한 검정색 바탕에 너무 작은 글자체로 인쇄된 표지는 좋지 못한 조도 조건에서는 거의 읽을 수 없다.
출처 : Courtesy of Anthony D. Andre, Interface Analysis Associates, San Jose, CA.

흡수되어 버리는 빛의 양이 더 증가한다) 이것이 대비 민감도를 크게 감소시킨다. 이 요인이 가까운 물체를 보아야 할 때 필요한 시각 조절 능력의 상실과 결합되면, 좋지 못한 조도 조건에서 나이가 많은 사람들이 글자를 읽는 데 매우 큰 곤란을 야기하게 된다. 대비 민감도는 또한 우리의 운전자가 고속도로 표지를 읽으려 했을 때와 같이 관찰자에 대해 자극이 움직이고 있을 때(즉 관찰자가 움직이거나 혹은 자극이 움직이거나)도 떨어진다.

표 4.3에 요약되어 있듯이, 이러한 모든 요인들은 다양한 방식으로 관찰 조건이 저하되었을 때 자극의 세부 항목이 지각될 수 있는지, 혹은 대상의 형태가 제대로 재인될 수 있는지의 여부를 결정하는 중요한 요인들이다. 또한 이러한 요인들은 어떤 중요한 상징이 충분한 가시성을 가질 수 있도록 설계하고자 할 때 설계자들이 고려해야 하는 다양한 설계 표준들에 대한 정보들을 간접적으로 제공해 주기도 한다. 이러한 표준들에 대한 자세한 내용은 Boff와 Lincoln(1989), 혹은 Salvendy(1997)의 저서에서 찾을 수 있다.

또한 인간 공학 연구자들은 표 4.3에 제시된 대비와 가시도에 영향을 주는 다양한 요인들이 서로 어떻게 상호작용하는지를 보여주기 위한 모델을 개발하고자 한다. 예를 들어 이런 모델들은 어떤 특정 조도 조건에서 20/40의 시력을 가진 사람에게 제시할 지시문의 최소 글자 크기를 규정하거나, 특정한 거리에서 밤에 표적을 재인할 수 있는 확률을 결정하도록 해준다(Owens et al., 1994). 그러나 여러 변인들이 복합적으로 관련될 때 이러한 모델들의 정확

표 4.3 대비와 가시도에 영향을 미치는 몇 개의 변인들

변인	효과	예시
↓대비	↓가시도	회색 바탕의 검정색
↓조도	↓대비 민감도	좋지 못한 조도에서 지도를 보는 것
비대칭적 대비	흰색 바탕의 검정색이 검정색 바탕의 흰색보다 더 좋다.	그래프의 설계
공간 빈도	3 *C/D*에서 최적의 대비 민감도	주어진 관찰 거리에서 이상적인 글자체의 크기
시각적 조절	대비 민감도	야간 운전 중에 지도를 보는 것
운동	↓대비 민감도	움직이면서 도로표지를 보는 것

성은 바로 응용할 수 있는 수준까지는 미치지 못한다. 따라서 이러한 요인들에 대한 모델들의 즉각적 응용보다는 좋지 못한 조건에서 인쇄물이나 상징들이 읽혀야 하는 경우에 이러한 요인들이 인쇄물이나 상징물의 최적 설계에 대해 어떤 시사점들을 갖는지 분명히 규명하는 것이 필요하다. 지금부터는 이러한 가이드라인들 중 몇 가지를 기술하고자 하는데, 이들은 인쇄된 단어의 가독성과 관련되어 있다. 그리고 제8장에서는 언어 기반 지시문과 관련된 다른 인간 공학적 문제들을 논의할 것이다.

인쇄물 읽기 당연한 것이지만, 인쇄물은 가독성을 보장할 수 있도록 너무 작게 인쇄되어서는 안 된다. 글자를 읽는 조건이 최적이 아닌 조건에서 글자에 대한 최대의 가독성을 보장해 주기 위해서는 가능하면 글자 크기가 3c/d(글자 굵기는 1/6 정도로)[3]에 가깝도록 해야 한다. 글자의 크기가 너무 작거나 굵기가 너무 가는 경우는 피해야 한다. 이와 유사하게, 흰색 배경에 검정색 글자를 채택함으로써 대비를 최대로 하는 것이 바람직하다. 좀 더 '멋있게' 인쇄물을 제시할 생각으로 색의 대비가 좋지 못한 색상들(예 : 청색 바탕에 검정색 글씨)을 선택하는 것은 좋은 생각이 아니다. 조도가 낮을 때, 빨간색 바탕에 쓰인 검정색 글씨는 특히 위험하다. 왜냐하면 어두운 조건에서 빨간색은 검게 보이는 경향이 있기 때문이다. 시각 처리 시스템의 이러한 비대칭성 때문에, 어두운 색 바탕에 쓰인 밝은 글씨('정적 대비')보다는 더 밝은 배경 위에 어두운 색으로 된 글씨('부적 대비')가 더 높은 대비 민감도

3) 글자의 굵기는 대개 글자 획의 두께와 글자(혹은 숫자)의 높이의 비로 나타낸다. 따라서 1/6의 글자 굵기는 획과 높이의 비가 1 : 6임을 나타낸다.

를 제공해 준다. 검정색 바탕 위에 쓰여진 흰색 글씨들이 퍼져 보이거나 번져 보이는 이런 경향은 '빛 번짐' 혹은 광휘(光輝, irradiation)라고 불린다.

실제 글자체도 문제가 된다. 이 책의 문장들처럼 '전형적'인 글자체로 쓰인 텍스트들은 블럭체나 표준적이지 못한 글씨체로 쓰인 텍스트보다 더 읽기 쉽다. 가독성에 영향을 주는 또 다른 요인은 인쇄물의 대문자 및 소문자의 사용이다. 하나의 고립된 단어들(예 : 스위치에 써 있는 'on' 혹은 'off')은 소문자보다는 대문자로 제시되는 것이 바람직하다. 이러한 이점은 부분적으로는 대문자가 소문자에 비해 더 넓은 시각도와 더 낮은 공간 빈도를 제공해 주기 때문에 생긴다.[4] 그러나 여러 단어가 사용되는 텍스트들이 대문자로만 제시될 경우에는 소문자만 사용되거나 대문자와 소문자가 모두 섞여 있는 경우에 비해 더 읽기 어렵다. 그 이유는 소문자들로 된 텍스트가 전형적으로 단어 모양(word shape)의 다양성을 더 많이 제공해 주기 때문이다. 이러한 글자 모양의 다양성은 개개 낱자에 대한 높은 공간 빈도 분석(즉 개개 낱자에 대한 세세한 분석)과 병행하여, 낮은 공간 빈도(즉 단어의 전반적인 모양이 어떠한가)에서 단어 의미의 어떤 측면을 식별하는 데 사용될 수 있는 추가적인 감각 정보를 전달해 준다(Broadbent & Broadbent, 1980; Allen et al., 1995). 모두 대문자로 쓰인 블럭체의 단어들에는 이러한 낮은 공간 빈도 채널이 갖는 이점이 없을 것이다.[5] 텍스트 크기와 글자체에 대한 다른 가이드라인들은 Sanders와 McCormick(1993)에서 찾을 수 있다.

색 감각

색채시는 조도가 좋은 환경에서 대상의 재인을 촉진하는 데 사용될 수 있다. 반면 주차장에서 좋지 않은 조도 때문에 우리의 운전자는 빨간색 차량을 찾아내는 데 어려움을 경험하였

4) 예를 들어 단어가 단독으로 사용될 때, 소문자에 비해 대문자가 선호되는 이유 중의 하나는 대문자가 소문자에 비해 주어진 공간을 극대화하여 사용할 수 있기 때문이다. 즉 소문자들에 비해 대문자들은 글자의 전체 높이를 극대화하여 표기된다(예 : 소문자들은 글자 높이가 다르다). 이것은 결국 한 낱자를 주어진 공간의 테두리에 모두 채워 넣음으로써 상대적으로 공간 빈도를 낮게 해준다(반면, 시각도는 더 크게 해준다).

5) 낮은 공간 주파수에서의 단어에 대한 분석은 단어 형태의 전반적 분석을 의미하며, 본문에서도 언급되었듯이 소문자는 대문자에 비해 더 다양한 단어의 형태를 제공해 준다. 예를 들어 'pie'와 'tie'가 갖는 전체적인 단어 모양은 'PIE'와 'TIE'의 그것과는 다르다. 먼저. 'pie'와 'tie'를 비교해 보자. 'pie'에서의 'p'는 획이 밑으로 내려가지만, 'tie'에서의 't'는 획이 위로 올라간다. 이러한 획의 방향은 두 단어가 전체적인 테두리 안에서 매우 상이하게 보이도록 해준다. 반면 'PIE'와 'TIE'는 이런 측면에서는 잘 구분되지 않기 때문에 둘 사이를 구분하려면 자세히 보아야 한다. 이러한 예시는 인간 공학(7판, 조영일 역, 박영사, 1995, 원저는 *Human factors Engineering and Design*, Sanders & McCormick, 1993, McGRAW-HILL, Inc)의 99-100페이지를 참조하였음을 밝힌다(역주).

다. 색을 효과적으로 사용할 수 없게 하는 두 번째 특성은 남자 인구의 약 7%가 색각 이상(color deficiency)이라는 점이다. 즉 이들은 특정 색상들을 구별하지 못한다. 색각 이상 중에서 가장 흔한 것은 적녹 색맹(protanopia)으로, 두 색상의 파장들이 같은 조도의 강도를 갖고 있다면 이 두 가지 파장은 동일한 감각을 만들어 낸다. 많은 컴퓨터 그래픽 프로그램들은 선을 구분하기 위하여 색을 사용한다. 그러나 단지 선들 사이의 특징을 구분하기 위하여 색을 달리하는 것이라면 색맹인 사용자나 혹은 컬러로 인쇄되지 않는 복사기를 사용하는 사람들에게 이것은 무용지물이 될 것이다.

색채에 대한 이 두 가지의 중요한 감각적 제한점 때문에 가장 중요한 인간 공학적 가이드라인 중 하나는 처음에는 단색으로 설계하고(Shneiderman, 1987), 중요한 정보를 알려주기 위한 일종의 보조적인 지원책으로만 색을 사용하라는 것이다. 따라서 교통 신호를 예로 들면, 교통 신호등은 교통 명령 정보를 주기 위해 발광하는 램프의 위치(상, 중, 하)를 주요 정보원으로 사용하고 그 위치에 해당하는 색을 중복적으로 사용한다.

색의 사용에 영향을 줄 수 있는 색 감각 처리에는 두 가지 추가적인 특성이 있다. 동시 대비(simultaneous contrast)는 어떤 색상들이 다른 색상 옆에 위치할 때 그 색이 달리 보이는 경향을 말한다(예 : 초록색은 회색보다는 빨간색 옆에서 볼 때 더 진하게 보일 것이다). 지도와 같이 여러 색상으로 부호화된 디스플레이들은 색의 수가 많아지기 때문에, 동시 대비는 여러 색으로 된 디스플레이의 사용성에 영향을 줄 수 있다. 이런 측면들에 대해서는 제8장에서 절대 판단에 대해 논의할 때 좀 더 자세히 다룰 것이다. 부적 잔상(negative afterimage)은 동시 대비와 유사한 현상이지만, 어떤 색을 오랫동안 본 다음에 다른 색을 보았을 때 다른 색의 잔상을 보게 되는 것을 말한다.[6]

6) 이러한 부적 잔상효과는 색채 지각의 신경생리학적인 속성에 의한 것이다. Edward Hering에 의하면, 우리가 색채를 지각하는 것은 흰색과 검정, 초록과 빨강, 그리고 노랑과 파랑의 대립적 쌍들을 갖는 시각세포들의 작용에 의한 것이다. 이것을 Hering의 대립과정 이론(opponent-process theory)이라고 부른다. 그리고 부적 잔상은 이러한 세포들의 특정한 반응이 피로해졌기 때문에 발생한다. 예를 들어 초록-빨강의 대립 쌍을 갖는 세포가 지속적으로 초록색에 노출되면, 이 세포는 초록색에 대해 지속적으로 흥분하다가, 초록빛이 사라지면 세포의 출력은 초록빛에 대립적이었던 빨간색으로 나타난다(즉 이제는 초록빛에 억제되었던 빨간색 탐지 부분이 활동할 차례이다!). 독자들은 이것을 한번 시도해 보기 바란다. 1분 정도 노란색을 응시하고 있다가 곧바로 백지를 보면, 그 백지는 잠깐 동안 파란색으로 보일 것이다(다른 대립 쌍들도 마찬가지이다). 이것이 부적 잔상이다.

야간시

모든 공간 빈도에서 대비 민감도의 상실은 빈약한 조도 환경에서 모양이나 색을 통한 대상의 탐지/재인뿐만 아니라 인쇄물의 지각도 억제한다. 연령의 증가에 따른 대비 민감도 상실과 매우 열악한 조도 조건이 결합된 상태에서의 운전(예 : 노령층의 야간 운전)—특히 잘 알지 못하는 지역에서 운전하는 경우라면—은 매우 위험한 결과를 초래할 수 있다(Waller, 1991; Shinar & Schieber, 1991).

이러한 야간시의 위험요소들과 결부될 수 있는 것은 섬광(glare)과 관련된 것들이다. 섬광은 높은 강도를 가진 부적합한 빛으로 정의될 수 있을 것이다. 섬광 때문에 생기는 불쾌감이나 방해감과 같은 것 말고도, 섬광은 낮은 공간 빈도에 대한 간상체의 민감도를 파괴하는 효과를 가진다. 따라서 섬광으로 인한 눈부심에 민감한 운전자는 희미하게 보이는 도로상의 위험요소(길 위의 웅덩이나 어두운 색의 옷을 입은 보행자)를 알아차리기 더 힘들 것이다(Theeuwes et al., 2002).

상향 처리 대 하향 처리

지금까지는 주로 뇌에 도달하는 감각 정보의 질(quality)에 영향을 주는 인간 시각 체계의 요인들에 대해 주로 논의했다. 그림 4.6에 나타나 있듯이 우리는 이러한 요인들은 아래에서부터(즉 자극 처리의 하위 수준) 위로(즉 지각과 이해에 관여하는 고차적인 뇌 영역 쪽으로)의 처리에 영향을 줄 수 있는 것으로 생각할 수 있다. 이러한 처리를 아래에서부터 위로의 처리(bottom-up processing), 혹은 상향 처리라고 부른다. 예를 들어 시력의 상실은 상향 처리를 저하시키는 요인으로, 반면에 높은 대비 민감도는 이 처리의 향상을 가져오는 것으로 생각할 수 있을 것이다. 상향 처리와는 다른 방식을 취하면서도 정보 처리에 똑같은 중요성을 갖는 것이 있는데, 이것을 위로부터 아래로의 처리(top-down processing), 혹은 하향 처리라고 부른다. 이러한 하향 처리에 의한 지각은 '무엇이 거기에 있어야 하는가'에 대한 우리의 지식(그리고 욕구)에 기초한 지각이다. 따라서 만일 '작동을 마쳤으면 시스템을 끄시오'와 같은 지시문을 읽는다면, 지시문이 말하고자 하는 내용을 충분히 추측할 수 있기 때문에, 마지막 단어가 매우 작은 글자로 인쇄되었는지 혹은 이들이 낮은 대비로 제시되었는지에 대해 걱정할 필요가 없을 것이다. 지각 정보에 대한 처리는 '무엇이 거기 있어야 하는

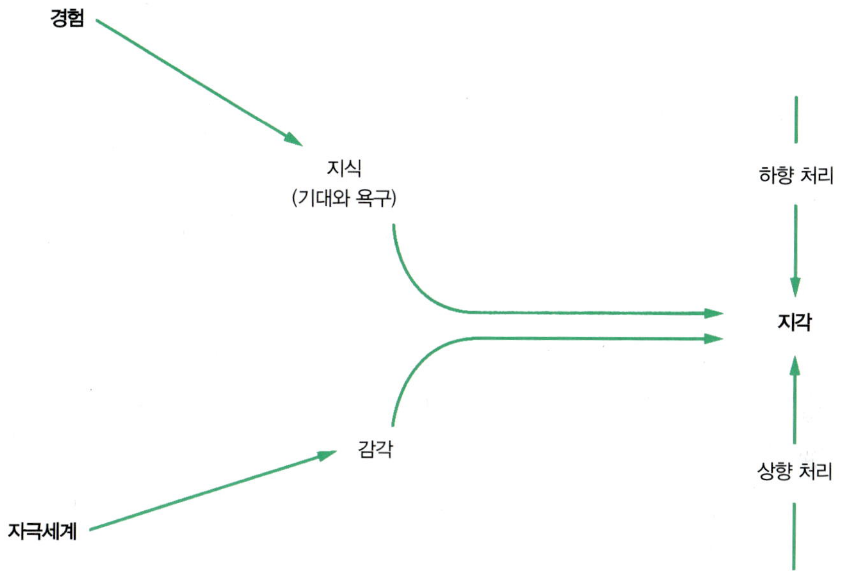

그림 4.6
상향 처리와 하향 처리의 관계

가'를 알려주는 하향 처리와 '무엇이 거기에 있는가'를 알려주는 상향 처리 사이의 복잡한 상호작용에 의존한다. 한 처리 방식이 부족하면 다른 처리 방식에 의해 보완될 수도 있다. 예를 들어 거의 보이지 않는 작은 글씨체로 된 텍스트는 그 텍스트가 무엇을 말하고자 하는지에 대한 기대를 통해 보완될 수 있다. 이러한 두 가지 처리 양상 사이의 상호작용에 대해서는 깊이 지각에 대한 논의에서 일차적으로 소개될 것이고, 신호탐지에 관한 내용을 다루면서 좀 더 확장되어 설명될 것이다.

깊이 지각

인간은 3차원의 세계를 항행하고 조작하는데, 대개 이러한 행위들은 매우 정확하고 자동적으로 이루어진다(Gibson, 1979). 그러나 때로는 우리 자신과 다른 대상들이 3차원 공간의 어디에 존재하는지를 지각하는 능력이 와해될 수 있다. 예를 들어 계기들을 이용하지 않고 비행하는 항공기 조종사들은 3차원 공간에서 자신들이 어디에 위치해 있는지, 그리고 그 공간을 얼마나 빨리 이동하는지에 대해 매우 쉽게 착각할 수 있다(O' Hare & Roscoe, 1990; Hawkins & Orlady, 1993; Leibowitz, 1988).

3차원 공간에서 우리 자신과 대상들 사이의 거리(그리고 대상들 사이의 거리)를 판단하기 위해서는 우리에게 사물들이 얼마나 멀리 떨어져 있는가를 알려줄 수 있는 **깊이 단서**(depth cues)들이 요구된다. 우리가 논의할 처음 세 개의 단서들(즉 조절, 양안 수렴, 그리고 양안 부등)은 모두 시감각 체계의 생리적 구조와 연결 상태에 따라 본래부터 정해져 있는 것들이고, 따라서 이것들은 상향 처리로 작동한다고 말할 수 있을 것이다.

앞에서 살펴본 바와 같이 **조절**(accommodation)은 서로 다른 거리에서 보이는 대상들의 이미지들이 망막 상에 초점이 맞춰지도록 수정체의 모양을 바꾸는 것을 말한다. 그림 4.3에서 보이듯이 이러한 변화를 수행하는 모양근 속의 감각 수용기들은 얼마만큼의 조절이 이루어졌고 따라서 대상들이 얼마나 가깝거나 멀리 떨어져 있는지에(대략 3m 범위 안에서) 대한 정보들을 뇌의 좀 더 고차적인 지각 중추에 신호를 보내준다. (우리가 제5장에서 논의하겠지만, 모양근으로부터 뇌로 전달되는 이러한 신호들은 **고유감각적 입력**[proprioceptive input]이라고 불린다).

수렴(convergence)은 하나의 이미지가 두 눈의 망막 위에서 일치하는 부위에 맺히도록 하는 안구 근육의 수행을 말한다. 즉 수렴은 안구를 안쪽으로 모이게 하는 안구 회전의 양에 기초하는 단서이다. 이미지가 보이는 거리가 가까울수록 안구 근육을 통제하는 신경에 의해 좀 더 고차적인 뇌 중추에 전달되는 고유감각적 '수렴 신호(convergence signal)'의 양은 증가한다.

입체영상(stereopsis)이라고도 하는 **양안 부등**(bionocular disparity)은 한 대상이 관찰자로부터 가깝게 위치해 있을수록 각각의 안구에 의해 수용되는 대상의 모양이 더 달라지기 때문에 발생하는 깊이 단서이다. 따라서 뇌는 대상이 얼마나 떨어져 있는지를 추정하기 위해 이러한 부등 측정치(부등 측정치는 두 안구로부터 오는 시각 신호가 뇌에서 통합되는 즉시 계산된다)를 사용한다.

이러한 세 가지의 상향 처리 단서들은 모두 관찰자로부터 수 미터 이내에 있는 대상들의 거리, 경사, 그리고 속도에 대한 판단에만 효과를 발휘하는 것들이다(Cutting & Vishton, 1995). (그러나 입체영상 디스플레이를 이용하면 좀 더 멀리 떨어져 있는 입체 정보도 모사할 수 있다. 이에 대해서는 제8장에서 논의한다.) 좀 더 멀리 떨어져 있는 대상이나 표면에 대한 깊이 거리의 판단은 때로 '회화적(pictorial)' 단서들이라고 하는 것에도 의존한다. 이러한 단서들은 화가들이 그림에 깊이감을 주기 위해 사용하는 단서들의 종류이기 때문에 그렇게 불린다. 회화적 단서들은 과거 경험에 바탕을 두기 때문에 하향 처리의 영향을 더 많이 갖는 경향이 있다. 그림 4.7에서 보이듯이 깊이에 대한 몇 가지 중요한 회화적 단서들은 다음과 같다.

직선 조망(linear perspective) : 좀 더 먼 지점으로 뻗어 있는 평행선들의 수렴(예 : 도로)을 나타낸다.

상대적 크기(relative size) : 만일 두 개의 같은 크기를 갖는 대상들(예 : 그림에서의 두 대의 트럭)이 있다면, 더 작은 시각도(그림에서 멀리 있는 트럭)를 차지하는 대상이 더 멀리 있을 것이라는 지식에 바탕을 둔 단서이다.

중첩(interposition) : 더 가까이 있는 대상들은 더 멀리 있는 대상들의 윤곽을 가리는 경향이 있다(도로변의 두 건물들을 보라).

빛과 그림자 : 3차원 대상들은 빛에 의해 그림자를 만들고, 자신들의 표면에도 밝은 부분과 어두운 부분을 차별적으로 만드는 경향이 있다. 이러한 그림자들은 대상의 위치나 3차

그림 4.7
몇 개의 회화적 깊이 단서들
출처 : Wickens, C. D., 1992. Engineering Psychology and human performance. New York: HarperCollins. Reprinted by permission of Addison-Wesley Educational Publishers, Inc.

원 형태에 관한 정보를 제공한다(Ramachandran, 1988).

표면결 구배(texture gradient) : 사각(oblique angle)으로 본다면 결이 있는 모든 표면은 표면결 밀도(공간 빈도)에서의 변화를 보인다(예 : 그림에 제시된 미국 아이오와 주의 전형적인 옥수수 밭을 보라). 더 조밀한 표면결은 더 멀리 떨어져 있는 영역을 말하고, 시각도 단위당 표면결의 변화량은 시선에 대한 기울기 각도를 알려준다.

상대적 운동(relative motion) 혹은 운동 시차(motion parallax)는 더 멀리 있는 대상은 관찰자가 움직임에 따라 시각장에서 상대적으로 더 작은 움직임을 보일 것이라는 것을 말한다. 따라서 우리는 종종 대상의 상대적 거리를 판단하기 위해 머리를 움직여 본다. 또한 상대적 운동은 공간에서 우리가 사물에 접근함에 따라 사물에 대한 망막상의 이미지가 가속적으로 커지는 경우를 설명하는 데도 사용되는데, 이러한 단서는 때로 루밍(looming)[7]이라고도 불린다(Regan et al., 1986). 예를 들어 그림 4.7에서 왼쪽 차선에 있는 차량에 대한 망막 이미지는 시간이 지남에 따라 점점 더 커지기 때문에 이 차량은 관찰자의 위치로 점점 더 다가오는 것으로 지각된다(오른쪽 차선에 있는 차량들은 그 반대이다).

종합하면, 이러한 단서들은 모두 우리가 움직이고 있는 세계가 충분한 조도와 풍부한 시각적 표면결을 갖고 있다면, 3차원 공간에서의 우리의 위치나 운동에 대한 매우 풍부한 감각을 제공해 준다. Gibson(1979)은 자연 환경에서 이러한 단서들의 풍부함이 어떻게 공간 지각과 운동 지각을 지원해 주는지 명쾌하게 기술한 바 있다. 그러나 단서들의 질이 저하되거나, 약해지거나, 혹은 어두운 관찰 환경 등에 의해 단서들이 제거되었을 때는 깊이 지각이 왜곡될 수 있다. 이러한 것은 때로는 위험한 상황에 이르기도 한다. 예를 들어 야간에 혹은 표면결이 없는 눈 덮인 곳의 상공을 비행하는 조종사는 지상에 대해 자신의 위치가 어디인지 알려줄 수 있는 시각 단서들을 갖고 있지 못하기 때문에(O' Hare & Roscoe, 1990) 좀 더 정확한 비행 계기들에 의해 필요한 정보가 제공되어야 한다(제8장과 제17장 참조). 마찬가지로, 도로에 가장자리 표시와 고각도 조명(high-angle lighting)을 같이 설치하는 것은 운전 속도(깊이에서의 위치 변화)나 위험요소까지의 거리를 판단하는 데 유용한 단서들을 풍부하게 하여 안전하게 운전할 수 있게 해준다(제17장 참조). 제8장에서는 이러한 정보들이 3차원 디스플레이의 설계에 얼마나 유용하게 적용될 수 있는지에 관해 논의할 것이다.

7) 루밍은 어떤 물체가 시야에 갑자기 나타나는 것을 의미한다(역주).

깊이 단서들의 질이 저하되면 깊이 판단을 요구하는 과제들의 수행이 더 저하될 것이라고 짐작할 수 있는 것처럼, 세상의 세부 특징들이 우리가 갖고 있는 기대에 위배되거나 하향 처리가 부정확한 지각을 우리에게 제공한다면 지각적 왜곡들이 발생할 수 있다. 예를 들어 Eberts와 MacMillan(1985)은 상대적 크기 단서 때문에 작은 차들이 추돌당하는 비율이 평균 이상이라는 것을 발견하였다. 작은 차들은 뒤에서 다가오고 있는 관찰자들에게는 실제보다 더 멀리 떨어져 있는 것으로 지각된다. 따라서 뒤에 따라오는 운전자들은 정상적인 속도보다 더 빨리 앞에 있는 작은 차들에 접근할 것이고 더 늦게 브레이크를 밟을 것이다.

물론 인간 공학의 현명한 응용은 때로 이런 왜곡을 이점으로 바꾸어 놓기도 한다. 이러한 사례가 스코틀랜드에 있는 어느 원형 교차로의 재설계이다(Denton, 1980). 운전자들은 원형 교차로에 들어왔을 때 과속을 하는 경향을 보였고, 그 결과 이 지점에서의 사고율이 매우 높았다. Denton은 원형 교차로에 접근할수록 도로 위에 간격이 점점 더 좁혀지는 선들을 그려 놓음으로써, 운전자의 지각 시스템을 '속이는' 방식으로 이 문제에 대한 해결책을 제시하였다. 원형 교차로에 일정한 운전 속도로(물론 과속으로) 접근함에 따라, 운전자들은 자동차가 지나가는 표면결 흐름이 더 빨라지고 있다는 것(즉 가속되고 있다는 것을)을 경험할 것이다. 많은 지각적 측면들이 거의 자동적 방식으로 처리되기 때문에 운전자들은 지각된 가속에 반응하기 위해 본능적으로 브레이크를 밟을 것이고, 그 결과 바람직한 안전 속도에 더 가까운 운전 속도로 달리게 만든다. 이것은 실제로 도로에 선을 그려 놓은 다음에 운전 행동과 관련하여 관찰된 효과이며, 회전식 교차로에서의 사망 사고율을 상당히 줄였을 뿐만 아니라 몇 년 동안이나 이 결과가 유지되었다(Godley, 1997).

시각 탐색 및 탐지

시스템과의 상호작용과 관련된 중요한 인간 수행의 많은 측면들은 시각 탐색이나 탐지 과제와 밀접하게 관련되어 있다. 이 장의 서두에서 말한 운전자는 몇 가지를 찾고자 하였다: 와이퍼를 조작하는 데 필요한 제어장치, 목적지를 찾는 데 필요한 도로 표지, 그리고 도로 위에 나타날 수 있는 몇 개의 가능한 위험요소나 방해물(알아차리지 못했던 구덩이가 이 중 하나이다). 이러한 탐색의 목표는 필요한 대상 혹은 사물을 **탐지**하는 것이다. 이러한 과제들은 우리가 전화번호부에서 피자 가게 목록을 탐색하거나, 이 책의 독자들이 원하는 주제를 찾기 위해 이 책의 색인을 탐색하거나, 특정 데이터 값을 알기 위해 복잡한 그래프를 탐색

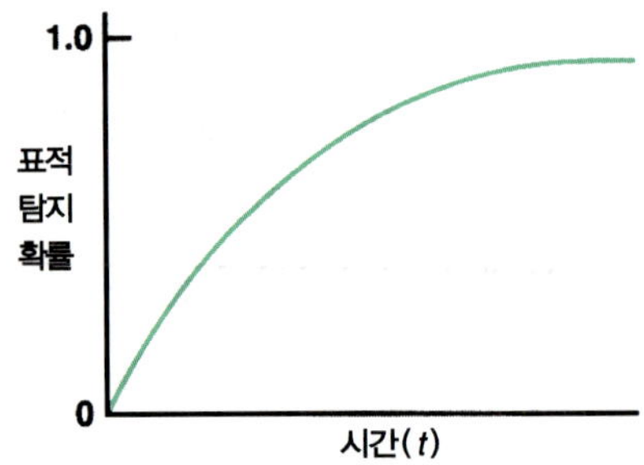

그림 4.8

탐색에 주어진 시간에 따른 탐지 성공 확률

출처 : Drury, C., 1975. "Inspection of sheet metal: Models and data". Reprinted with permission from *Human Factors, 17*. Copyright 1975 by the Human Factors and Ergonomics Society.

다. 이러한 계열적 탐색 모델은 다양한 환경에서 사람들이 전화번호부나 컴퓨터 메뉴 목록에서 원하는 항목을 탐색하는 것과 같은 수행을 예언하는 데 응용되고 있다(Lee & MacGregor, 1985; Yeh & Wickens, 2001).

만일 시각 탐색 공간이 잘 체제화되어 있다면, 사람들은 위에서 아래로, 그리고 왼쪽에서 오른쪽으로 탐색하는 경향을 보인다. 그러나 만일 공간이 그러한 체제화의 이점을 갖고 있지 않다면(예 : 표적을 지도에서 찾거나 비행기 안에서 땅을 보며 추락한 비행기를 찾는 것; Stager & Angus, 1978), 사람들의 탐색은 구조적으로 볼 때 매우 무선적이 되며, 모든 지점들을 '남김없이' 검사하지도 않는다(Wickens, 1992; Stager & Angus, 1978). 만일 표적들이 쉽게 눈에 띌 수 있는 것이 아니라면, 항목들을 '남김없이 검사하지 않는' 이러한 특성은[8] 그림 4.8에서 보이는 것과 같은 탐색-시간 함수를 이끌어 낸다(Drury, 1975). 그림은 탐색 시간과 표적의 탐지 확률이 일차 선형적 관계가 아니라, 시간을 더 많이 준다 해도 탐지 확률의 증가폭은 감소한다는 것을 시사한다. Drury는 사람들이 품질 검사를 하는 데 최적의 검사 시간은 얼마나 주어져야 하는지 검토하기 위해 이러한 모델을 이용하였다.

탐색 모델들은 시간이 매우 중요한 변인으로 작용하는 환경 속에서 탐색 시간을 예언하는 데 매우 중요하게 사용된다(Brogan, 1993). 예를 들어 운전자가 도로 표지판을 찾기 위

8) 항목들을 남김없이 탐색하는 것을 소진적(exhaustive), 그렇지 않은 것을 비소진적(nonexhaustive)이라고 표현하기도 한다(역주).

해 도로로부터 얼마나 오랫동안 눈을 돌릴 것인가? 그러나 불행하게도 엄격한 계열 탐색 모델이 적합하지 않을 수도 있는 두 개의 중요한 상황들이 있는데, 이 중 하나는 상향 처리와, 그리고 다른 하나는 하향 처리와 관련되어 있다. 이 두 요인들 때문에 시각 탐색에 관한 모델들은 종종 더 복잡해질 뿐만 아니라 그 정확도가 떨어지기도 한다.

현저성 전통적인 시각 탐색 모델의 예언을 빗나가게 할 수 있는 상향 처리의 영향은 바로 표적의 **현저성**(conspicuity)이다. 어떤 표적들은 매우 눈에 잘 띄기 때문에 시각장의 어느 곳에 있건 '툭 튀어 나와(pop out)' 보일 수 있고, 비표적 항목들은 검사될 필요가 없을 수 있다(Yantis, 1993; Treisman, 1986). 심리학자들은 그러한 표적들에 대한 탐색을 **병렬적**이라고 하는데, 왜냐하면 이러한 상황에서의 시각 탐색에서는 본질적으로 모든 항목들이 동시에 검토되고, 4.5의 식과는 달리 탐색 시간이 총 항목 수에 따라 증가하지 않기 때문이다. 이런 경우는 주로 깜빡거리는 경고 신호, 움직이는 표적, 체크리스트, 컴퓨터 스크린, 혹은 전화번호부에서 독특하게 채색되거나 부각된 항목과 같은 '주의를 끄는 항목들(attention grabbers)' 에서 나타난다.

만일 과제가 표적을 처리하는 것이라면 표적의 현저성은 바람직한 속성이 될 수 있지만, 현재의 과제에 현저한 항목이 관련되지 않는 것이라면 바람직하지 않은 속성이다. 따라서 만일 위급 상황과 관련된 항목들을 빨간색으로 부각시킨 체크리스트를 설계하고자 한다면 이런 설계는 오퍼레이터가 위급 상황에 대처하는 데 도움을 줄 수 있지만, 오퍼레이터가 정상적인 작동 지시들을 유도하는 목록을 사용하고 있다면 이런 부각된 항목들은 방해물이 될 것이다. 즉 위급 상황에서 보아야 할 현저한 항목들 때문에 정상적 지시문에 주의를 맞추는 것이 더 어려워질 것이다. 이러한 현저성의 이중적 영향 때문에 어떤 항목을 좀 더 현저하게 부각시킬지 선택하는 것이나, 이러한 항목이 사용되었을 때의 효과 등은 표적으로 부각된 항목을 사용자들이 얼마나 필요로 할 것인지에 대한 신중한 분석을 토대로 결정되어야 한다(Fisher & Tan, 1989). 표 4.4에서는 표적의 현저성에 영향을 줄 수 있는 몇 가지 주요 변인들과, 이러한 변인들이 구현되었을 때 항목들이 어떻게 병렬적으로 탐색될 수 있는지에 대해 정리해 놓았다.

기대 계열적 탐색 모델에서 벗어난 시각 탐색을 이끌어 내는 두 번째의 영향은 표적이 어디에 있을 것인가에 대한 탐색자의 기대를 나타내는 하향 처리와 관련되어 있다. 다른 모든

표 4.4 병렬적 탐색을 포함하는 표적의 속성

1. 배경적 요소들로부터의 변별 가능성
   a. 색(특히 비표적들이 동일한 색으로 되어 있을 경우)
   b. 크기(특히 표적이 더 크다면)
   c. 밝기(특히 표적이 더 밝다면)
   d. 운동(특히 배경이 움직이지 않을 경우)
2. 단순성 : 표적이 몇 개의 차원(예 : 빨갛고 작은 것)이 아닌, 단지 하나의 차원(예 : 빨간색으로만 된 것)으로 정의될 수 있는가?
3. 자동성 : 표적이 매우 친숙한 것인 경우(예 : 자신의 이름)

독특한 모양들(예 : 글자나 숫자들)은 일반적으로 병렬적 처리를 지원해 주지 못한다는 것을 주목하라(Treisman, 1986).

하향 처리와 마찬가지로, 기대는 기존 지식에 바탕을 두고 있다. 우리의 운전자는 도로 표지판이 도로의 왼쪽에 있을 것이라고는 기대하지 않았고, 그 결과 너무 늦게 표지판을 발견하는 바람에 표지의 내용을 제대로 읽지 못했다. 또 다른 예를 들어 보자. 우리가 전화번호부에서 찾고자 하는 항목을 탐색할 때 우리는 대개 전체 페이지를 일일이 다 훑어보지 않는다. 그 대신 알파벳에 대한 지식이 우리가 원하는 표적의 철자와 가까운 지점에서부터 출발할 수 있게 해준다. 이와 유사하게, 색인을 탐색할 때 우리는 어떤 주제에 그것이 포함될 것인지에 대한 가정을 갖고 있으며, 이러한 가정은 우리가 어디서부터 탐색을 시작해야 하는지를 알려준다.

이러한 기대는 경험을 통해서만 가능하다는 것을 깨닫는 것이 중요하다. 따라서 우리는 숙련된 오퍼레이터가 비숙련 오퍼레이터에 비해 시각 탐색을 이끌어 주는 하향 처리를 더 많이 할 것이라고 예언할 수 있고, 연구 결과들도 보여주었듯이 이러한 하향 처리에 의한 시각 탐색이 더 효율적이다(Parasuraman, 1986). 또한 이러한 하향 처리의 영향은 색인이나 메뉴 페이지와 같은 탐색 영역을 개발하고자 하는 설계자에게 사용자들이 갖고 있는 항목들의 주관적 순서화나 집단화에 대해 이해할 수 있도록 할 수도 있다. 이 주제에 대해서는 제15장에서 다시 언급될 것이다.

결론 결론적으로, 시각 탐색에 관한 연구들은 대개 다음의 네 가지 일반적 시사점들을 제공해 주고 있다. 이러한 시사점들은 모두 시스템 설계에서 중요한 것들이기도 하다.

1. 현저성 효과에 관한 지식은 설계자들로 하여금 표적 항목의 가시성을 향상시키도록 유도할 수 있다(예 : 반사되는 운동복이나[Owens et al., 1994] 중요한 메뉴 항목이 부각되는 것). 또한 역동적 디스플레이의 경우, 자동화는 오퍼레이터가 주의를 주어야 하는 중요한 표적을 자동적으로 부각시켜 줄 수 있다(Yeh & Wickens, 2001b; Dzindolet et al., 2002).
2. 많은 시각 탐색 과제에서의 계열적 측면들에 대한 지식은 설계자들에게 혼잡한 디스플레이(혹은 탐색 환경)가 갖는 대가에 대해 미리 경고해 줄 수 있을 것이다. 예를 들어 지도 속에 너무 많은 정보가 제시되어 있을 때 그 지도는 과도한 혼잡을 야기한다. 전자 디스플레이를 이용할 경우 이러한 사실을 바탕으로 정보의 어떤 범주들을 전기적으로 보이지 않게 하거나 강도를 낮추는 **탈혼잡 옵션**(decluttering option)의 사용이 고려되어야 한다(Mykityshyn et al., 1994; Stokes et al., 1990; Yeh & Wickens, 2001a). 그러나 상이한 정보의 유형을 구분하는 단서로서 색이나 강도를 신중하게 사용한다면, 이것은 반드시 탈혼잡을 해야 할 필요성을 제거해 주기도 한다(Yeh & Wickens, 2001a).
3. 시각 탐색에서 하향 처리의 역할에 관한 지식은 설계자들로 하여금 사용자에게 최대한 더 분명하게 보일 수 있고, 사용자의 지식(예 : 과거 경험)과 일관되는 방식으로 탐색 영역을 구조화하도록 해준다. 언어 정보에 대해서 항목을 알파벳 순서로 조직화하거나 의미의 유사성에 기반을 두고 체제화하는 것 등은 이러한 하향 처리에 관한 지식을 적용한 것이다. 도로 표지판을 일관적인 위치에 두는 것도 여기에 해당될 것이다(제17장 참조).
4. 이러한 모든 영향들에 관한 지식은, 예를 들어 금속 판박에서 불량품을 찾거나(Drury, 1975), 컴퓨터 메뉴 항목 중에서 목표 항목을 찾거나(Lee & MacGregor, 1985; Fisher & Tan, 1989), 혹은 도로에서 교통 표지판을 찾는 것과 같이(Theeuwes, 1994) 특정한 표적을 발견하기까지 걸리는 시간이 얼마나 될지를 예언할 수 있는 시각 탐색 모델의 개발에도 기여할 수 있다. 그러나 시각 탐색에 대해 이러한 모델들이 당면하는 주요 도전들 중의 한 가지는 시각 탐색이 상향 처리보다는 하향 처리에 의해 더 많이 영향을 받을 수 있다는 사실이다(Theeuwes, 1994). 또한 하향 처리에 필요한 전문성의 수준을 결정하기 위해서는 정확한 수학적 항들을 찾아야 하는데, 이는 매우 복잡하고 어려운 일이다.

탐지

일단 표적이 시각 탐색이 가능한 곳에 위치해 있으면, 그 다음은 그 항목이 실제로 관심 있는 것인지의 여부를 확인하는 것, 다시 말해 그 항목에 대한 **탐지**가 요구된다. 이러한 항목에 대한 탐지는 만일 표적이 이미 잘 알려진 것이거나 충분히 볼 수 있는 것(예 : 목록에 지시된 이름)이라면 사소한 문제일 수 있다. 그러나 금속 판막의 희미한 흠집, X-선으로 촬영된 골격상의 작은 금, 혹은 바다 위의 등대에서 희미하게 가물거리는 빛과 같이 자극의 질이 저하되어 있다면 결코 쉬운 것이 아니다. 이러한 경우 우리는 오퍼레이터의 **신호 탐지**(signal detection) 능력에 대해 기술해야 한다. 실제로 신호 탐지는 시각 탐색이 전혀 없는 경우에도 매우 중요하다. 예를 들어 어떤 품질 관리사는 결함이 있는 제품을 검사할 때 한곳에만 몰두할 수 있다(즉 불량품을 찾기 위해 이곳 저곳을 탐색하지 않아도 된다). 이와 유사하게, 반짝거리는 경고 불빛을 탐지하는 능력은 그것이 시각장의 어디에 위치해 있는가에 대해서는 영향을 훨씬 더 적게 받는다. 그러나 이러한 자극들의 탐지에 영향을 줄 수 있는 요인들이 있는데, 이에 대해서는 지금부터 설명해 보기로 한다.

신호 탐지 이론 많은 다양한 과제들에 대해서 신호를 탐지하는 과정은 **신호 탐지 이론**(signal detection theory, SDT)에 의해 모형화될 수 있다(Swets, Tanner, & Birdsall, 1961; Green & Swets, 1988; Swets, 1996; T. D. Wickens, 2002). 신호 탐지 이론의 도식적 예시가 그림 4.9에 제시되어 있다. SDT는 그림 4.9의 상단에 걸쳐 표시된 것과 같이 오퍼레이터의 과제와 관련된 '세상'은 탐지되어야 하는 '신호(signal)'가 있는지의 여부에 따라 모형화될 수 있다고 가정한다. 또한 신호가 제시되든 제시되지 않든 세상에는 방해자극(noise)들이 포함되어 있다고 가정된다. 따라서 공항 안전 경찰에 의해 조사되는 화물 속에는 무기처럼 보이는 것들(예 : 헤어드라이어, 계산기, 등산용 장비 등과 같은 방해자극들) 속에 실제로 무기(신호)가 포함될 수도 있고 혹은 '방해자극'만 들어 있을 수 있다.

신호를 탐지하는 오퍼레이터의 목표는 방해자극 속에서 신호를 실제로 변별하는 것이다. 따라서 그림 4.9의 두 열에 나타난 바와 같이 관찰자의 행동을 구분할 수 있는데, 하나는 'Yes' (신호를 봤다고 반응하는 것)이고, 다른 하나는 'No' (신호는 없고 방해자극만 있다고 반응하는 것)로 표시된다. 두 가지의 세상 상태(즉 세상에 방해자극만 있는 경우와 신호가 있는 경우)와 두 가지 유형의 반응(즉 'Yes' 와 'No')을 조합하면, 그림에서 네 개의 칸들에 표시되어 있는 것처럼 네 가지의 결합 사상(joint events)들이 구성될 수 있다. 이 네 개의 결

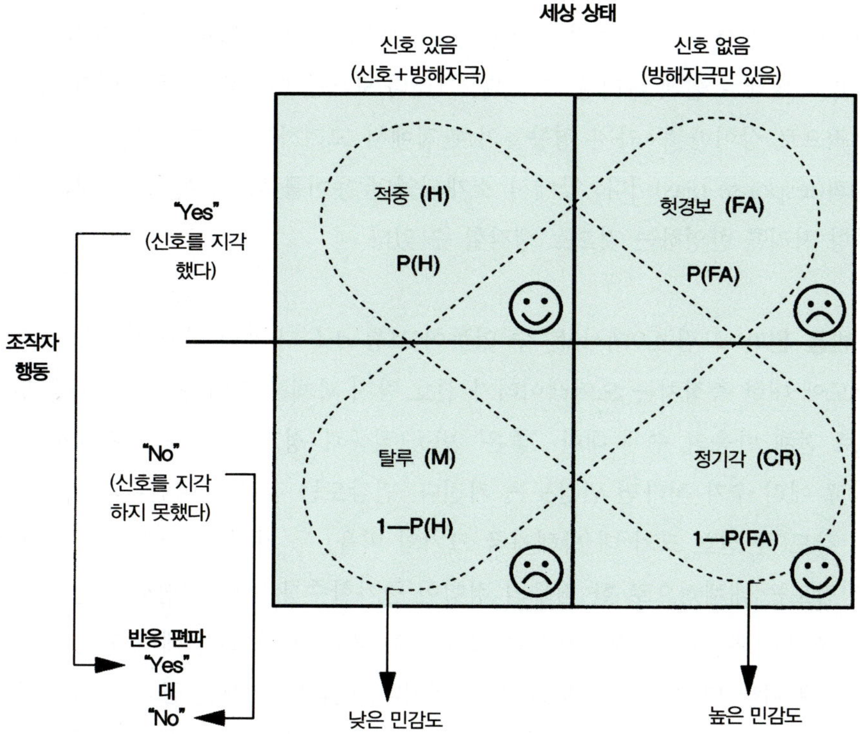

그림 4.9

신호 탐지 이론에서의 반응 결과들에 대한 표상. 그림에서는 행렬표 안의 네 가지 연결 사상들의 변화가 어떻게 일차적 수행 측정치들인 민감도와 반응 편파(그림 하단 부분)에 영향을 주는지 보여주고 있다.

합 사상은 각각 적중(hit, H), 헛경보(false alarm, FA), 탈루(misses, M) 그리고 정기각(correct rejection, CR)으로 명명되어 있다. 그림에서 보이듯이, 이 네 개의 칸 중에서 두 가지(적중과 정기각)는 분명히 '좋은' 결과를 보여주고 있고, 따라서 이상적으로 말한다면 수행의 대부분을 차지해야 한다. 반면, 다른 두 가지(즉 탈루와 헛경보)는 '나쁜' 결과이고 따라서 이상적으로 이들은 발생해서는 안 된다. 만일 세상 상태에 대한 몇 번의 경험(신호 탐지 시행들)이 누적되면, 몇 번은 신호를 포함할 것이고 다른 몇 번은 방해자극만 포함할 것이다. 그렇다면 우리는 각각의 칸에 있는 수들을 적중률—(적중 수/신호가 제시된 시행 수 = p(적중); 탈루율[1−p(적중)]; 헛경보율(헛경보 수/신호가 제시되지 않은 시행 수); 그리고 정기각률[1−p(헛경보)]—로 표현할 수 있을 것이다. 이러한 공식을 통해 알 수 있듯이, p(적중)와 p(헛경보) 값들이 측정된다면 다른 나머지 두 칸은 자연적으로 결정된다.

따라서 신호 탐지 환경에서 나온 자료들을(예 : 공항 안전 경찰의 수행에 대한 많은 시행들이 관찰되어 앞에서 언급된 각각의 확률들이 신뢰성 있게 추정될 수 있다면) 그림 4.9와 같은 행렬표의 형태로 쉽게 나타낼 수 있다. 그러나 SDT는 이러한 값들을 인간 탐지 수행에 대한 근본적으로 상이한 두 가지 영향들의 관점에서 고려하는데, 그것은 민감도(sensitivity)와 반응 편파(response bias)이다. 앞에서 소개되었던 용어를 빌면, 이 두 가지는 각각 상향 처리와 하향 처리를 반영하는 것으로 생각할 수 있다.

민감도와 반응 편파 그림 4.9에서 볼 수 있듯이 보통 d′(‘디 프라임’이라고 읽음)으로 표현되는 민감도에 대한 측정치는 오퍼레이터가 신호 탐지 과제를 얼마나 잘했는가를 말해주며, 본질적으로 전체 반응의 수에 대한 ‘좋은’ 반응(적중과 정기각)의 수를 반영한다. 올바른 반응이 많고 에러 수가 적다면 민감도는 커진다. 민감도는 감각의 예민함과 방해자극에 대한 신호의 강도(즉 신호 크기 대 방해자극 크기의 비율) 두 가지 모두에 영향을 받는다. 예를 들어 민감도는 대체적으로 한 직무의 경험이 증가할수록 어느 지점까지 향상될 것이고, 나쁜 가시 조건(나쁜 시력을 포함해서)에 의해서는 저하될 것이며, 깨어 있는 감시자는 졸리운 감시자에 비해 더 높은 민감도를 가질 것이다. 민감도의 계산 공식은 이 책에서는 논의되지 않을 것이다. d′외에 민감도를 계산하는 데 사용되는 다른 측정치들도 있다(T. D. Wickens, 2002). 표 4.5는 신호 탐지 분석에서 관찰될 수 있는 몇 개의 d′값을 제시해 주고 있다.

그림 4.9의 좌측에 표기된 반응 편파 혹은 반응 기준(response criteria)의 측정은 ‘yes’ 와

표 4.5 적중률과 헛경보율에 따른 몇 가지 d′ 값들

	P(헛경보)					
P(적중)	0.01	0.02	0.05	0.10	0.20	0.30
0.51	2.34	2.08	1.66	1.30	0.86	0.55
0.60	2.58	2.30	1.90	1.54	1.10	0.78
0.70	2.84	2.58	2.16	1.80	1.36	1.05
0.80	3.16	2.89	2.48	2.12	1.68	1.36
0.90	3.60	3.33	2.92	2.56	2.12	1.80
0.95	3.96	3.69	3.28	2.92	2.48	2.16
0.99	4.64	4.37	3.96	3.60	3.16	2.84

출처 : *Signal Detection and Recognition by Human Observers* (Appendix 1, Table 1) by J. A. Swets, 1969, New York: Wiley. Copyright 1969 by John Wiley & Sons, Inc. Reproduced by permission.

'no' 반응에 대한 오퍼레이터의 편파 정도를 반영한다. 비록 전형적인 신호 탐지 이론에서는 'β(베타)'라는 기술적인 용어를 써서 반응 편파를 기술하지만(Green & Swets, 1988; Wickens & Hollands, 2000), 오퍼레이터가 'yes' 반응을 할 확률('yes' 반응의 수/총 반응의 수)로서 반응 편파를 좀 더 쉽게 표현할 수 있다. 반응 편파는 전형적으로 두 가지 요인에 의해 영향을 받는데, 이 두 가지 요인들은 모두 하향 처리를 반영한다. 첫째, 신호가 보일 것이라는 오퍼레이터의 기대를 증가시키면 이에 따라 'yes' 반응의 확률도 증가하게 할 것이다. 예를 들어 어느 한 품질 관리사가 몇몇 제품들이 고장 난 기계로 만들어졌다는 것과 이럴 경우 많은 결함이 있을 수 있다는 지식을 갖고 있다면, 이 지식은 반응 기준을 이동시켜 제시된 제품에 대해 '신호'(즉 결함이 있는 제품)라고 더 자주 말하도록 할 것이다. 이러한 반응 기준의 이동 결과, 적중과 헛경보가 더 빈번히 나타난다.

둘째, 그림 4.10의 네 가지 상이한 사상들의 유형에 대해 가치 혹은 이득과 손실을 변화시키는 것도 반응 기준을 이동시킬 수 있다. 항공 관제사는 공중 충돌에 의해 엄청난 재앙이 될 수 있는 신호(예 : 두 항공기 사이의 갈등)를 탐지하지 못해서는(즉 탈루) 안 될 것이다(Bisseret, 1981). 따라서 이 항공 관제사는 탈루가 거의 일어나지 않는 수준으로 반응 기준을 정할 것이다. 반면 상대적으로 반응의 대가가 크지 않은 헛경보도 더 자주 범하게 될 것이다. 항공 관제사를 일종의 신호 탐지자로 본다면, 이러한 헛경보들은 관제사가 잠재적으로 갈등적인 경로를 탐지했을 때, 꼭 필요하지는 않더라도 어느 한 비행기의 경로를 바꾸도

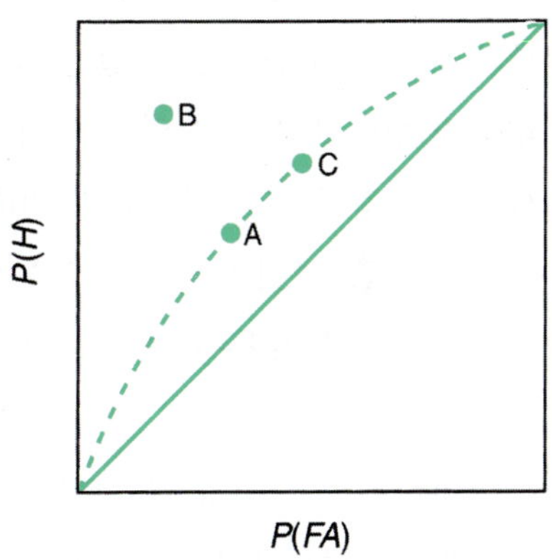

그림 4.10

수용자 조작 특성(ROC) 곡선. 각 점들은 그림 4.9에 보이는 것과 같은 하나의 행렬표를 통해 얻어진 신호 탐지 자료를 나타낸다.

록 지시하는 상황으로 생각할 수 있다.

많은 경우, 신호 탐지 분석 결과는 그림 4.10에 제시된 것과 같은 **수용자 조작 특성**(receiver operating characteristics, ROC) 공간을 이용하여 표시할 수 있다(Green & Swets, 1988). 이러한 2차원 공간에서 x축에는 *p*(헛경보)를, *y*축에는 *p*(적중률)을 표시한다. 그리고 이 공간에서의 특정한 지점은 어느 한 탐지 조건에서 관찰된 관찰자의 민감도와 반응 기준을 나타내 준다. 그림 4.10에서 관찰치들이 좌측 상단으로 갈수록 민감도(d′)가 높은 것을 의미하며, 점선 위의 A와 C처럼 동일한 곡선 위의 관찰치들은 동일한 민감도를 갖지만 반응 기준에서 차이가 난다는 것을 나타낸다. 따라서 B는 C보다 더 민감한 반응을 나타낸다. A와 C는 동일한 민감도를 갖지만 반응 기준은 다른데, A에 비해 C는 더 많이 'yes' 반응하는 경향을 보인 것이라 할 수 있다. ROC 공간에 대한 좀 더 자세한 내용은 Green과 Swets(1988), T. D. Wickens(2002), 그리고 Wickens와 Hollands(2000)에서 찾을 수 있다.

개입과 경계 SDT에서 민감도와 반응 기준을 구분하는 이유는 매우 중요하다. 왜냐하면 이러한 구분은 다양한 상황에서 탐지 수행을 향상시키고자 인간 공학의 실천자들이 여러 종류의 개입을 시도했을 때 그 개입의 결과를 이해할 수 있도록 해주기 때문이다. 예를 들어 오퍼레이터들을 좀 더 경계시키고 탈루를 범하지 않도록 교육하는 것은 적중률을 증가시키기도 하지만, 이에 상응하는 헛경보율도 증가시킬 것이다. 왜냐하면 이러한 교육을 통해 습득한 오퍼레이터의 지식은 이득과 손실을 반영하는 일종의 동기가 될 수 있고, 이러한 것들은 그림 4.10의 ROC에서 A로부터 C로 이동하는 것과 같이 반응 기준을 결정하는 데 전형적으로 영향을 준다(적중했을 때 금전적 보상을 해주는 것도 같은 효과를 가질 것이다). 마찬가지로, X-선 사진 위에서 비정상적인 것들이 발견될 수 있는 특정 지점으로 방사선과 의사의 주의를 돌리게 하면 그 지점에서 비정상적인 것을 탐지하기 위해 반응 기준을 이동시키는 경향을 보일 것이지만, 이것이 민감도를 증가시키지는 않는다는 연구 결과가 있다(Swennsen et al., 1977). 따라서 그러한 개입의 가치는 적중과 헛경보의 상대적 손실의 차원에서 고려되어야 한다.

그러나 민감도를 증가시키는 좀 더 바람직하고 직접적인 변인이 몇 가지 있다(예 : 그림 4.10에서 A를 B로 이동시키는 것). 앞에서도 살펴보았듯이 신호가 어떻게 생겼는가에 대해 오퍼레이터를 훈련시키면 민감도를 향상시킬 수 있다. 마찬가지로, 검사자에게 검사되고 있는 각각의 사례들과 비교될 수 있는 잠재적 신호에 대한 '시각적 형판(visual template)'을

표 4.6 신호 탐지 수행에 영향을 주는 요인들

payoffs(이것은 전형적으로 반응 편파에 영향을 준다)
신호율을 인위적으로 높이기 위한 '가짜 신호들' 의 도입[반응 편파 : *P*(yes)가 증가한다]
인센티브 제공이나 권고 제시(반응 편파)
결과 지식의 제공(이것은 대개 민감도를 증가시키지만, 만일 관찰자에게 신호 확률에 대한 좀 더 정확한 지각을 제공해 줄 수 있다면 이것도 반응 편파를 조정하게 할 수 있다)
신호 제시 속도를 둔화시키기(예 : 조립 라인의 속도를 늦추는 것과 같은 것. 이것은 민감도를 증가시킨다)
(방해자극보다) 신호를 차별적으로 더 증폭시키기(민감도를 증가시킨다)
신호를 역동적으로 만들기(민감도를 증가시킨다)
더 빈번한 휴식 시간 제공(민감도를 증가시킨다)
신호에 대한 시각적 (혹은 청각적) 형판의 제공(민감도를 증가시킨다)
신호에 대한 경험의 제공(민감도를 증가시킨다)
신호에 대한 중복적 표상의 제공(민감도를 증가시킨다)

제공함으로써 민감도를 향상시킬 수 있다(Kelly, 1955). 신호 탐지에 영향을 줄 수 있는 몇 가지 다른 형태의 개입과 이들이 민감도 혹은 반응 편파에 대해 미칠 수 있는 효과가 표 4.6에 제시되어 있다. 이것들에 대해서는 Wickens와 Hollands(2000)에서 좀 더 자세하게 다루어지고 있다. 또한 제5장에서는 신호 탐지 이론이 청각 경보(alarms)의 설계에서도 얼마나 중요하게 적용될 수 있는지에 대해 기술할 것이다.

제13장에서는 야간에 근무하는 경비원의 경우처럼 낮은 각성 상태에서 감시 과제를 수행하는 오퍼레이터의 경계 상실을 신호 탐지 이론이 어떻게 설명할 수 있는지 기술할 것이다. 조립 라인의 검사자들이 보이는 수행의 장기적인 감소는 매우 커서 때로 탈루율이 30~40%까지 이르기도 한다. 표 4.6의 지침들은 이러한 문제들을 해결할 수 있는 몇 가지 방법들을 제시해 주고 있다. 그러나 앞에서 지적했던 점을 다시 한 번 강조하자면, 인간 공학 실천자들이 적중률을 증가시키기 위해 반응 기준에 영향을 주는 어떤 개입을 하게 되면 이에 따라 헛경보도 증가할 수 있다는 점이다. 따라서 이럴 경우에는 탈루에 의한 손실보다 헛경보에 의한 손실이 덜 심각하다는 것이 전제되어야 한다(즉 더 많은 적중에 의한 이점이 탈루의 손실보다 크다). 여기에는 항공 관제 상황이 좋은 예가 될 것이다. 가능한 충돌 상황을 탐지하고자 한다면 탈루(즉 가능한 충돌이 탐지되지 못하는 것)보다는 헛경보의 손실이 훨씬 적기 때문에, 헛경보율을 증가시키는 대신 탈루율도 감소시키는 것이 바람직한 개입이 될 것이다. 최근 연구는 이득, 손실 및 신호 확률을 명세화할 수 있을 경우 SDT를 통해 반응 기준을 최적 수준으로 설정할 수 있는 방법도 제시하고 있다(Wickens & Hollands, 2000).

변별

많은 경우에서 인간 시감각 수행과 관련된 문제들은 신호의 존재를 탐지(detect)하는 것보다는 두 신호를 변별(discriminate)해 내는 능력에 기초하고 있다. 우리의 운전자는 도로 표지를 볼 수는 있었지만(즉 그것을 탐지하기는 했지만) 희미한 조도 아래서 아주 짧은 동안에 그것을 보았기 때문에, 도로 번호가 60번이었는지 66번이었는지(혹은 출구를 나타내는 화살표가 왼쪽을 가리켰는지 아니면 오른쪽을 가리켰는지) 변별할 수 없었다. 그는 또한 차가 빨간색인지 갈색인지 혼동되었다. 변별의 실패인 혼동(confusion)은 자극들이 유사할 때 발생한다. 아주 상이한 자극들이라 해도 저하된 조건하에서 보게 되면 혼동을 일으킬 수 있다. 한 가지 예로, 유럽에서 발생했던 어느 상업용 제트 비행기 사고의 한 가지 원인은 지상에 대한 항행 각도(3.3도) 제어의 자동적 설정이 이 비행기들의 수직 속도(3,300피트/분) 제어의 자동적 설정과 매우 유사하기 때문이었다고 생각된다(Billings, 1996; 그림 4.11 참조). 그 결과 조종사들은 실제로는 자신들이 3,300피트/분의 수직 하강 속도로 맞추었으면서도 3.3도의 항행 각으로 설정해 놓은 것으로 생각하여, 이 두 가지를 아주 쉽게 혼동하였을 것이다(3,300피트/분으로 수직 하강 속도를 맞추어 놓으면 항행 각을 3.3도로 맞추었을 때보다 훨씬 더 빠르게 비행기가 하강하게 된다). Gopher와 동료들(1989)은 복용량과 약의 성분은 매우 다르지만 눈에는 매우 유사하게 보이는 의약품의 위험 가능성에 대해 지적하였다. 유사한 의약품을 혼동하여 생기는 위험은 'capastat'과 'cepastat', 'mesantoin'과 'metinon', 그리고 'Norflox'와 'Norflex' 같은 의약품 이름의 쌍들에서 볼 수 있다[9]. 이들은 각각의 처방에 따라 매우 다른 효과를 갖지만 눈으로 보기에는 매우 유사한 것들이다. 이러한 혼동은 의사들이 처방전을 손으로 적어 주는 경우에는(이것은 대체적으로 매우 읽기 힘들다) 더 증폭될 수 있다.

따라서 제어장치나 디스플레이를 설계하는 사람들은 의도하지 않았던 또 다른 제어장치가 작동하거나 혹은 디스플레이가 지각될 수 있다는 것을 고려하여 이것들을 설계하는 것이 중요하다. 즉 제어장치들이나 디스플레이들이 현재 주어진 상황에 필요한 것과 그렇지 않은 것 사이에서 충분히 변별될 수 있도록 설계되어야 한다. 또한 혼동이 일어나지 않도록 공간상에서 충분히 떨어져 있거나 색깔, 모양 혹은 다른 라벨들과 같은 세부 특징들로 구분

9) 예를 들어 capastat는 결핵을 치료하는 데 사용하는 'capreomycin'이라는 약물의 상표명이고, cepastat는 감기 등에 의해 목이 아플 때 사용하는 감기 몸살 약의 상표명이다(역주).

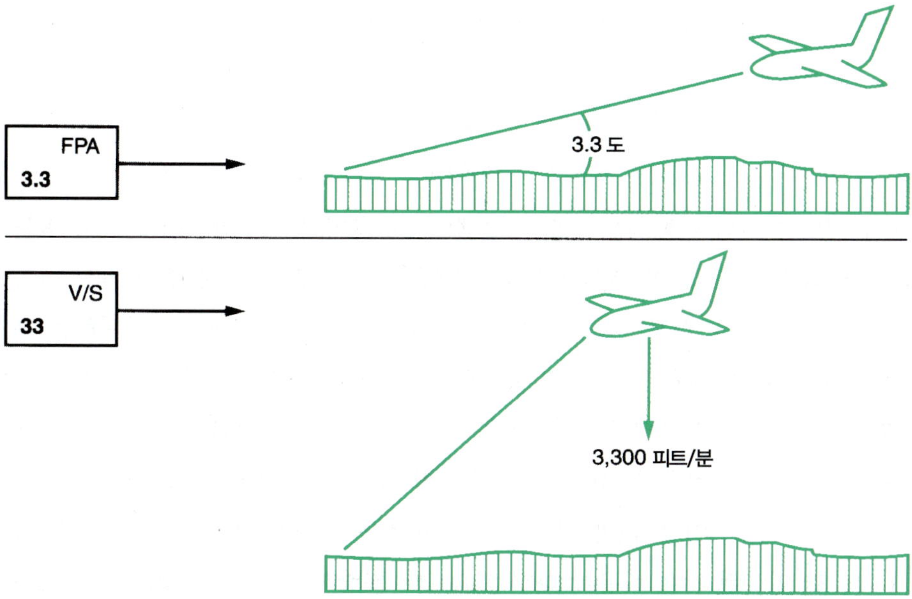

그림 4.11
실제로 있었던 어느 한 여객기 추락의 원인으로 생각되는 자동 설정 시스템에서의 혼동에 대한 예시. 조종사들은 실제로는 하단의 수직 속도(vertical speed, VS)를 설정하였음에도 불구하고, 비행 경로 각도(flight path angle, FPA)를 설정한 것으로 혼동하였다. 이 두 가지 디스플레이는 너무 유사하게 보이기 때문에 혼동을 유발할 가능성이 매우 높다.

될 수 있어야 한다. 그러나 제어장치나 디스플레이들을 서로 변별하기 위해 언어적 라벨만이 사용된다면, 앞에서 논의했던 가시성이나 가독성 문제에 좀 더 주의를 기울여야 한다. 변별과 혼동의 문제에 대해서는 작업기억에 대해 논의한 제6장과 디스플레이에 대해 논의한 제8장에서 좀 더 자세하게 다룰 것이다.

변별에서의 한계를 좀 더 단순한 형태로 기술할 수 있는 방법은 특정 자극 차원에서의 변화, 예를 들어 막대그래프의 높이나 지시계의 밝기 등에서의 매우 작은 변화를 알아차릴 수 있는 능력을 측정하는 것이다. 심리적 감각과 물리적 자극 사이의 관계를 연구하는 정신물리학(psychophysics) 영역에서 그와 같은 차이역(difference thresholds)은 **최소 가지 차이**(just noticeable difference, JND)라고 불린다. 설계자들은 사용자들이 JND보다 작은 차이를 변별하도록 해서는 안 된다. 예를 들어 어떤 사용자가 특정량 이상으로 전력계가 변화하는지 여부를 감시해야 한다고 하면, 전력계는 JND보다 더 크게 변화를 나타낼 수 있도록 눈금을 매겨야 한다.

많은 감각들에 대해 강도 **차이**를 판단하기 위한 JND는 절대 강도의 크기에 비례하여 증가한다. 이러한 단순한 관계는 **Weber의 법칙**으로 기술된다.

$$\text{JND} = K(DI)/I \tag{4.6}$$

여기서 *DI*는 강도에서의 변화, *I*는 강도의 절대 수준, 그리고 *K*는 상수이다. 상수 *K*는 감각 유형들(예 : 빛의 밝기, 소리의 크기, 선분의 길이 등)에 따라 다르게 정의된다. 더 중요한 점은, Weber의 법칙이 비감각적인 측면에 대한 사람들의 심리적 반응을 설명하는 데도 사용될 수 있다는 점이다. 예를 들어 특정 항목의 비용에 대해 어느 정도의 변화가 있어야 실제로 비용에 차이가 있다고 느끼는지 여부(즉 비용 차이가 JND보다 위 혹은 아래에 있는지 여부)는 원래 그 항목의 비용이 얼마였느냐에 따라 달라진다. 만일 버스 요금이 0.50달러에서 1.50달러로 1.00달러 인상되었다면 여러분은 버스를 타려고 하지 않을 것이다. 즉 버스 요금이 1.00달러 인상된 것은 비용에 대한 JND보다 분명히 더 크다. 그러나 항공료가 같은 정도로 1.00달러 인상되었다면(예 : 432달러에서 433달러로), 이러한 인상폭은 여러분이 비행기표를 살지 말지 고민하는 데 거의 영향을 주지 않을 것이다. 항공료가 1.00달러 인상된 것은 원래 항공료 432달러와 비교한 JND보다는 그 인상폭이 훨씬 작기 때문이다.

절대 판단

변별이란 실제로(혹은 잠재적으로) 제시된 두 가지 정보 사이의 차이에 대한 판단을 말하며, 그 차이가 너무 적거나 혹은 관측 조건이 너무 나쁘지 않다면 사람들은 일반적으로 이 과제를 매우 잘 수행한다. 반면 절대 판단(absolute judgement)이란 약호화된 자극에 의해 주어진 변인의 절대값을 판단하는 인간의 능력을 말한다. 예를 들어 막대그래프의 높이에 대해 정수를 써서 가장 가까운 숫자를 추정해 보는 것이 일종의 절대 판단 과제이다. 마찬가지로, 교통 신호등의 색을 판단하라고 요구한다면(각각의 공간적 위치는 무시하고) 이것은 자극값이 세 가지의 수준을 갖는 절대 판단 과제이다. 사람들은 일반적으로 이러한 '수준에 값 할당하기(labels to levels)' 와 같은 절대값 판단을 잘 하지 못한다(Wickens & Hollands, 2000). 사람들은 어떠한 감각의 연속선상에서 다섯 수준보다 적은 수준들이 사용되는 경우에만 어느 정도 정확한 절대 판단을 보장할 수 있는 것으로 보인다(Miller, 1956). 특히 음의 고저(pitch), 소리의 크기, 혹은 짠맛과 같은 몇 개의 감각적 연속체들에 대한 절대값 판단에는 더 어려움을 겪는 것으로 보인다. 예를 들어 이들이 5개의 수준을 갖더라도 사람들은 5개 수준 중에서 세 번째와 네 번째의 수준을 혼동하는 식으로 실수를 하게 된다.

이러한 절대 판단의 한계들이 설계자들에게 주는 교훈은, 막대의 위치나 불빛의 색과 같이 어떠한 절대적 약호화 도식에 기초하여 판단되어야 하는 수준들의 수는 보수적으로 선택되어야 한다는 것이다(즉 가능하면 그렇게 해서는 안 된다). 예를 들어 판단에 고도의 정확성이 요구되는 경우라면 (그리고 색들이 서로 비교될 수 있는 자료가 같이 제시되지 못하는 경우라면) 7가지 이상의 색을 사용하지 않는 것이 좋다. 더구나 이러한 지침들은 관찰 조건이 좋지 못한 경우(예 : 좋지 않은 조명 아래서 보아야 하는 지도)에는 더 엄격하게 지켜져야 한다.

결론

이 장에서 우리는 시각체계의 한계점들이 시각 정보의 해석에 어떻게 영향을 주는지 살펴보았다. 우리는 또한 이러한 해석과 관련된 몇 가지 요인들을 고려하기 시작했는데, 이러한 요인들에는 기대, 학습, 그리고 가치와 같은 하향 처리의 영향들이 포함된다. 제5장에서는 청각 및 다른 감각 정보의 처리에 관해 이와 비슷한 논점들을 고려할 것이다. 세상을 이해하기 위해서는 좀 더 정교화된 지각적 · 인지적 처리가 필요하다. 제4장과 제5장은 이러한 처리에 '원료'가 되는 감각 처리를 다룬다고 할 수 있다. 제6장에서는 좀 더 고차적인 처리와 관련된 문제들에 대해 언급한 다음, 상향적 감각 처리, 지각, 그리고 이해 등과 같은 지식들이 인간 사용자들의 과제 수행을 지원하기 위한 디스플레이 설계에 어떻게 영향을 미치는지 고려할 것이다. 이것은 제8장의 초점이 될 것이다.

참고문헌

Allen, P.A., Wallace, B., and Weber, T.A.(1995). Influence of case type, word frequency, and exposure duration on visual word recognition. *Journal of Experimental Psychology: Human Perception and Performance, 21*(4). 914-934.

Ball, K.K., Beard, B.L., Roenker, D.L., Miller, R.L., and Griggs, D.S.(1988). Age and visual search: Expanding the useful field of view. *J. Opt. Soc. Am. A., 5*(12), 2210-2219.

Billings, C.(1966). *Toward a human centered approach to automation.* Englewood Cliffs, NJ:

Parasuraman, R. (1986). Vigilance, monitoring, and search. In K. Boff, L. Kaufman, and J. Thomas(eds.), *Handbook of perception and human performance, Vol. 2: Cognitive processes and performance*(pp.43.1-43.39). New York: Wiley.

Regan, D.M., Kaufman, L., and Lincoln, J(1986). Motion in depth and visual acceleration. In K. Boff, L. Kaufman, and J. Thomas (eds.), *Handbook of perception and human performance*(pp. 19-1－19-46). New York: Wiley.

Ramachandran, V.S.(1988). Perceiving shape from shading. *Scientific American, 259*, 76-83.

Salvendy, G.(Ed.).(1997). *The handbook of human factors and ergonomics*(2nd ed.). New York: Wiley.

Sanders, A.F.,(1970). Some aspects of the selective process in the functional visual field. *Ergonomics, 13*, 101-117.

Sanders, M.S., and McCormick, E.J.(1993). *Human factors in engineering and design*(7th ed.). New York: McGraw-Hill.

Schultz, E.E., Nickols, D.A., and Curran, P.S.(1985). Decluttering methods for high density computer generated displays. *Proceedings of the 29th Annual Meeting of the Human Factors Society.* Santa Monica, CA: Human Factors Society.

Shinar, D., and Schieber, F.(1991). Visual requirements for safety and mobility of older drivers. *Human Factors, 33*(5), 507-520.

Shneiderman, B.(1987). *Designing the user interface: Strategies for effective human-computer interaction.* Reading, MA: Addison-Wesley.

Somberg, B.L.(1987). A comparison of rule-based and positionally constant arrangements of computer menu items. *Proceedings of CHI and GI'87, Conference on Human Factors in Computing Systems.* New York: Association for Computing Machinery.

Stagar, P., and Angus, R.(1978). Locating crash sites in simulated air-to-ground visual search. *Human factor, 20,* 453-466.

Stokes, A.F., Wickens, C.D., and Kite, K.(1990). *Display technology: Human factors concepts.* Warrendale, PA: Society of Automotive Engineers.

Swennsen, R., Hessel, S.J., and Herman, P.G.(1977). Omissions in radiology: Faulty search or stringent reporting criteria? *Radiology, 125,* 563-567.

Swets, J.A. (1996). *Signal detection theory and ROC analysis in psychology and diagnostics.* Mahwah, NJ: Lawrence Erlbaum Associates.

Swets, J.A., Tanner, W.P., and Birdsall, T.G.(1961). Decision processes in perception. *Psychological Review, 68,* 301-340.

Theeuwes, J.(1994). Visual attention and driving behavior. In C. Santos(ed.), *Human factors in road traffic*(pp.103-123). Lisboa, Portugal: Escher.

Treisman, A.(1986). Properties, parts, and objects. In K.R. Boff, L. Kaufman, and J.P. Thomas(eds.), *Handbook of perception and human performance.* New York: Wiley.

Uttal, W.R., Baruch, T., and Allen, L.(1994). Psychophysical foundations of a model of amplified night vision in target detection tasks. *Human Factors, 36,* 488-502.

Waller, P.(1991). The older driver. *Human Factors, 55*(5), 499-505.

Wickens, C.D.(1992). *Engineering psychology and human performance*(2nd ed.). New York: HarperCollins.

Wyszecki, C.(1986). Color appearance. In K. Boff, L. Kaufman, and J. Thomas(eds.), *Handbook of perception and human performance,* Vol I. New York: Wiley.

Yantis, S.(1993). Stimulus-driven attentional capture. *Current Directions in Psychological Science, 2,* 156-161.

5

청각, 촉각 및 전정감각 체계

어느 소규모 제조 공장의 한 근로자는 작업장에서 발생하는 소음 때문에 점점 더 짜증나기 시작하였다. 그것은 불쾌하고 스트레스 쌓이게 하는 것이었다. 그녀는 매일 귓속에서 윙윙거리는 소리가 들렸고, 두통을 느끼면서 집으로 돌아오곤 하였다. 특히 그녀를 걱정하게 했던 것은 그녀가 사용하는 장비의 비상 경고가 울렸는데도 그것을 듣지 못했던 전날의 사건이었다. 왜냐하면 이 경고음을 듣지 못해 하마터면 부상을 입을 뻔했기 때문이다. 소음을 줄이기 위해 왜 귀마개를 하지 않았느냐고 그녀의 남편이 묻자, 그녀는 "그것은 너무 불편해요. 귀마개를 했더라면 경고를 더 못 들었을 거예요. 게다가 귀마개를 하면 옆에서 일하는 다른 동료와 이야기하기가 매우 힘들잖아요. 그것이 일하면서 느끼는 몇 가지 안 되는 즐거움 중의 하나인데."라고 대답하였다. 다행히 며칠 후 직업 안전 및 위생국(Occupational Safety and Health Administration, OSHA)에서 조사관이 그녀의 장애를 평가하기 위해 공장을 방문한다는 소식을 전해 듣고, 그녀는 어느 정도 안심이 되었다.

이 근로자에 대한 예시는 소리의 세 가지 중요한 유형들, 즉 작업장에서의 바람직하지 않은 소음(noise), 경고의 임계음(critical tone), 그리고 말소리(speech)[1]를 통한 중요한 의사소통 등의 효과를 보여준다. 우리가 원하는 것이든(즉 경고나 말소리) 원하지 않는 것이든(즉 소음) 이러한 세 가지 음향 정보의 원천을 처리하는 우리의 능력, 그리고 이러한 처리가 우리의 수행이나 건강, 그리고 안락감에 미치는 영향 등이 이 장의 첫 번째 부분에서 중점적으로 다루어질 것이다. 그 다음에, 그 외의 세 가지 중요한 감각 경로들, 즉 촉각(tactile) 경로, 고유감각-운동감각(proprioceptive-kinesthetic) 경로, 그리고 전정(vestibular) 감각 경로에 대해 대략적으로 논의할 것이다. 이러한 세 가지 감각은 인간-기계 시스템의 설계에 작지만 중요한 역할을 한다.

소리 : 청각 자극

그림 5.1a에서 보이듯이, 듣기에 대한 자극은 공기 분자들의 진동(실제로는 압축과 희박)인 소리이다. 따라서 음향 자극은 진폭(amplitude)과 주파수(frequency)를 갖는 사인파로 표시할 수 있다. 이것은 제3장에서 논의했던 공간 빈도의 표상과 유사하지만, 소리의 주파수는 공간보다는 시간에 따라 전달된다. 그림 5.1b는 세 가지의 주파수를 보여주고 있는데, 각각은 서로 다른 주파수 값과 진폭을 갖는다. 이러한 것들은 그림 5.1c에서 보이는 것처럼 하나의 스펙트럼상에 표시될 수 있다. 스펙트럼을 따라 제시된 각 막대의 위치는 실제 주파수를 나타내는데, 주로 싸이클/초 혹은 헤르츠(Hz)로 표시된다. 막대의 높이는 전형적으로 파의 진폭을 나타내며 파워(power)로 표시된다.

주어진 모든 소리 자극들은 그림 5.1c에서처럼 단일 주파수나 주파수들의 집합으로 나타낼 수도 있고, 혹은 그림 5.1d에서처럼 주파수의 연속적 밴드(band)로 표시될 수도 있다. 자극의 주파수는 대략적으로 음의 고저(pitch)에 상응하고 진폭은 자극의 지각적 크기(loudness)에 상응한다. 듣기에 대한 효과를 기술할 때, 진폭은 주로 음압(P)의 비율(ratio)로서 표현되고 주로 데시벨(dB)로 측정된다. 즉

$$\text{소리의 강도(sound intensity)(dB)} = 20 \log(P1/P2)$$

1) 말소리(speech)는 연구자들에 따라 '구화'라고 번역하기도 한다(역주).

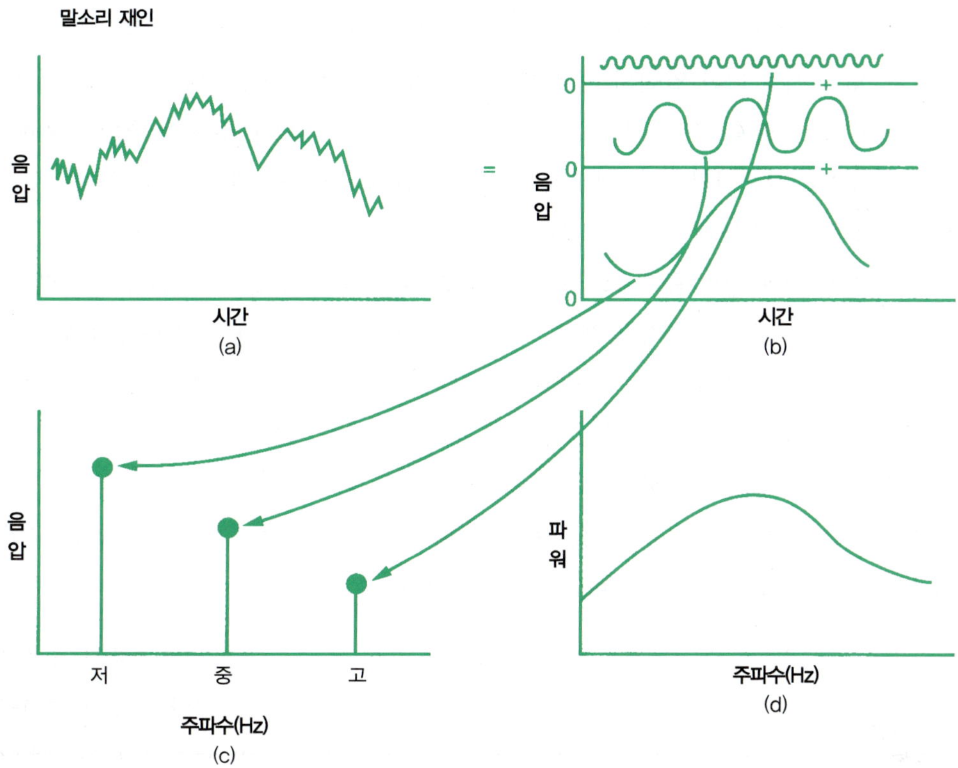

그림 5.1
음성 신호에 대한 다양한 표상 방식들. (a)는 음압의 시간에 따른 변화, (b)는 (a)의 세 가지 주파수 요소들, (c)는 (b)의 파워 스펙트럼, 그리고 (d)는 음성의 연속적 파워 스펙트럼을 나타낸다.

데시벨 척도가 비율로 나타나기 때문에 그것은 두 가지 중 하나로 사용될 수 있다. 첫째, 절대적 강도의 측정치로서 *P*2는 청각의 역치(최적 조건에서 들을 수 있는 가장 작은 소리) 근처에서 고정된다. 이것은 20mN/m^{2}에서의 1,000Hz에 해당하는 순음(pure tone)이다. 표 5.1은 데시벨 척도에 따라 일상적으로 들을 수 있는 여러 가지 소리들의 절대 강도에 대한 몇 가지 예들을 보여주고 있다. 둘째, 데시벨 척도가 비율적 측정치이기 때문에 데시벨 척도는 두 소리의 비율을 검토하는 데 사용될 수 있다. 예를 들면 그 공장을 방문했던 OSHA 조사관은 주변의 배경 소음보다 경보음이 얼마나 크게 들렸는지 알아보고자 했을 수 있다. 따라서 예를 들면 경보음이 주변 소음보다 15dB 정도 더 강하다고 말할 수 있을 것이다. 혹은 소음의 수준을 20dB 정도 감소시키는 귀마개의 종류에는 어떤 것들이 있는지 결정해 볼 수도 있을 것이다.

소리의 강도는 소리 강도 측정기(sound intensity meter)로 측정될 수 있다. 이 측정기는 선택될 수 있는 서로 다른 일련의 눈금들을 갖고 있어 특정 주파수 범위에서 특정적으로 소리가 측정될 수 있도록 한다. 예를 들어 A 척도는 인간 청각의 특징을 반영하기 위해 소리들을 차별적으로 가중시키는데, 인간에게 가장 예민한 주파수들에 가장 큰 비중치를 준다. C 척도는 모든 주파수들에 거의 동일한 가중치를 준다.

진폭(음의 세기)과 빈도(음의 고저)뿐만 아니라 두 개의 중요한 소리 자극의 차원들이 있다. 하나는 소리 자극의 시간적 특성을 반영하는 것으로, 이것은 종종 소리가 발생하는 엔벨로프(envelope)라고도 불린다.[2] 또 하나는 소리 자극의 위치이다. 소리 자극의 시간적 특성들은 불규칙적으로 들리는 사이렌 소리와 일정하게 들리는 자동차의 경적을 구분하는 것에 비유할 수 있고, 청취자에 대한 소리 자극의 위치는 물론 뒤쪽에서 다가오며 울려대는 소방차의 사이렌 소리와 앞쪽의 교차로를 가로지르며 달리는 소방차의 사이렌 소리를 구별하는 것으로 생각할 수 있을 것이다(Casali & Porter, 1980).

표 5.1 데시벨 척도

음압 수준(db)	
140	귀의 손상이 가능한 수준, 제트 비행기의 이륙 소리
130	고통스러운 소리
120	프로펠러 비행기의 이륙 소리
110	시끄러운 천둥 소리
100	지하철 소음
90	버스나 트럭의 소음
80	평균적인 자동차 소음, 시끄러운 라디오 소리
70	
60	정상적인 대화
50	소용한 레스토랑
40	조용한 사무실이나 집안에서 나는 소리
30	
20	속삭임
10	정상적인 호흡소리
0	청각 역치

2) 엔벨로프(envelope)는 포락선이라고도 하며, 소리의 파(wave)가 변할 때 그 그래프의 정점을 잇는 곡선을 의미한다(역주).

귀 : 감각 변환기

귀는 우리의 청각 경험의 차이를 결정짓는 세 가지의 중요한 부분들을 갖고 있다. 그림 5.2에서 볼 수 있듯이 귓바퀴(pinnea)는 소리를 수집하고, 비대칭적인 모양 때문에 어디서 소리가 들려왔는가에 대한 몇 가지 정보를 제공해 준다. 외이(outer ear)와 중이(middle ear)의 기제들, 즉 고막(ear drum 혹은 tympanic membrane), 추골(hammer bone 혹은 malleus), 침골(anvil bone 혹은 incus), 등골(stirrup bone 혹은 stapes)은 내이 속으로 음파(sound wave)를 전달하고 증폭시킨다. 고막 파열이나 귀지가 많아짐에 따라 소리가 갑자기 들리지 않거나 귀가 먹게 되는 것은 이러한 구조들과 관련되어 있다. 내이의 근육들은 매우 큰 소음에 쉽게 반응하여 큰 소음이 내이에 전달되기 전에 진동의 진폭을 약하게 하기 위해 반사적으

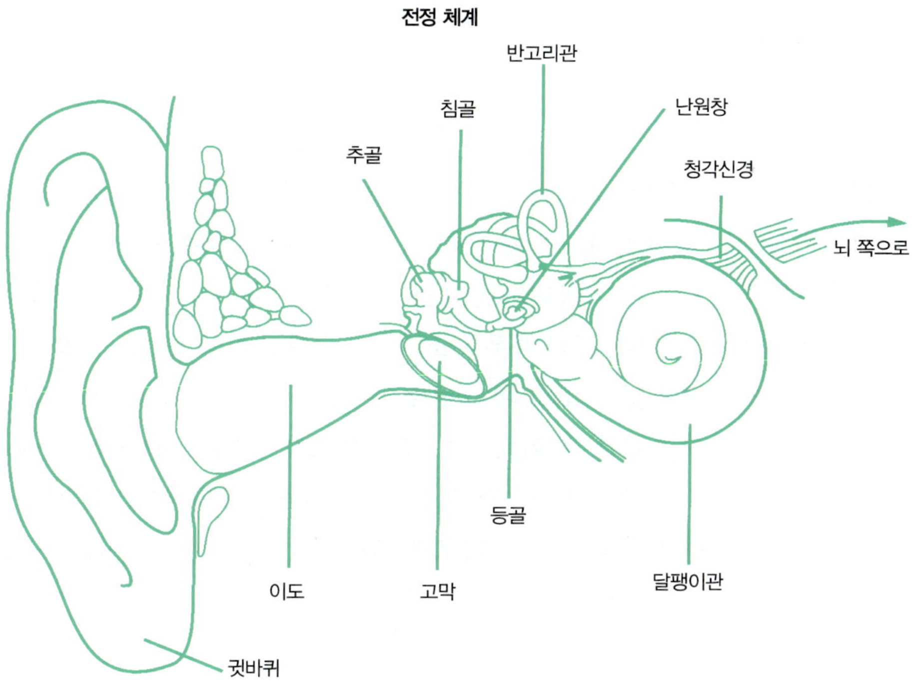

그림 5.2

귀의 해부적 구조

출처 : Bernstein, D., Clark-Stewart, A., Roy, E., and Wickens, C. D., 1997. *Psychology*, 4th ed. Copyright 1997 by Houghton-Mifflin. Reprinted with permission.

로 수축된다. 따라서 이러한 청각 반사(aural reflex)는 내이를 보호해 준다.

기저막(basilar membrane) 안에 위치한 달팽이관(cochlea)으로 구성된 내이(inner ear)는 소리 에너지의 물리적 운동이 전기적 신경 에너지로 변환되는 부분이며, 이 전기적 신경 에너지는 청각 신경을 통해 뇌까지 전달된다. 이러한 변환은 기저막을 따라 분포하고 있는 작은 유모세포(hair cells)들이 구부러지는 것에 의해 이루어지는데, 이 기저막은 상이한 주파수를 갖는 소리에 따라 달리 움직인다. 강한 소리를 듣게 되면 기저막의 특정 위치에 있는 유모세포의 손상을 가져올 수 있는데, 그 결과 특정 주파수에 대한 선택적인 청력 손상을 야기할 수 있다. 마지막으로, 두 귀로 들어오는 청각 신호들은 이들 사이의 지연이나 진폭의 차이에 대해 비교된다. 이러한 차이들은 소리의 위치에 대한 또 다른 단서를 제공해 준다. 왜냐하면 소리가 청취자의 중심으로 정확히 앞이나 뒤쪽에서 직접적으로 제시되면 음의 지연이나 진폭이 동일하지만, 청취자의 좌우 어느 한쪽으로 치우쳐 제시된다면 소리의 지연이나 진폭의 차이가 있기 때문이다.

청각 경험

소리 자극과 관련된 지금까지의 논의를 확대시켜 보면, 네 가지 차원이 소리의 심리적 경험에 모두 대응한다. 즉 지각된 음의 크기는 강도에, 음의 고저는 주파수에, 그리고 지각된 자극의 위치는 소리의 위치에 각각 대응한다. 그리고 소리의 질은 자극 속의 주파수 집합과 엔벨로프 모두에 의해 결정된다. 특히 플루트 소리와 트럼펫 소리의 차이를 구별할 수 있게 하는 것과 같은 소리 자극의 **음색**(timbre)은 **기본 주파수**(fundamental frequency, 기본 주파수는 특정 음의 고저를 결정한다)보다 위에 있는 고차적 **조화 주파수**(harmonic frequency)의 집합에 의해 결정된다.[3] 엔벨로프와 연속적인 소리들의 리듬을 포함한 다양한 시간적 특성들도 소리의 질을 결정한다. 우리가 곧 알아보겠지만, 엔벨로프에서의 차이들은 말소리를 구분하는 데 매우 중요하다.

3) 음파는 주기적이거나 비주기적이다. 주기적 음파는 반복되는 패턴이 계속 일어나는 경우이다. 주기적인 복합음파(complex sound)는 주파수와 진폭이 다른 여러 개의 사인파들로 구성된다. 복합음파에서 가장 낮은 주파수를 기본 주파수라 부르고 높은 주파수를 가지는 여러 가지 주파수들을 조화 주파수라 부른다. 음색은 조화 주파수와 관계가 있다. 예를 들어 플루트와 트럼펫이 같은 곡조를 연주하여도 그 음색은 매우 다르게 지각된다. 이것도 두 악기의 기본 주파수는 같지만, 조화 주파수가 매우 다르기 때문이다(역주).

음의 강약과 고저

지각된 음의 강약은 소리의 세기에 대한 물리적 측정치와 관련되어 있는(그러나 동일한 것은 아니다) 심리적 경험이다. 지각된 음의 강약과 소리의 세기가 왜 직접적으로 일치하지 않는가에 대한 두 가지 중요한 이유가 있는데, 그것은 음의 강약에 대한 정신물리학적 척도와 음의 고저를 변경시키는 요인들의 효과와 관련되어 있다. 우리는 이것들에 대해 차례로 논의할 것이다.

정신물리학적 척도화 우리는 먼저 물리적 소리 강도에서의 동일한 증대(dB 척도로)가 심리적으로 지각되는 음의 강약에 동일한 증가를 만들지 못한다는 것에 주목한다. 즉 80dB의 세기를 갖는 소리는 40dB의 세기를 갖는 소리에 비해 두 배만큼 더 크게 들리지 않는다. 마찬가지로, 40dB에서 50dB로 소리의 크기를 증가시키는 것은 70dB에서 80dB로 증가시키는 것과 동일한 증가로 지각되지 않는다. 물리적 강도와 지각된 소리의 강약에 대한 심리적 경험(이것은 손[sone]이라고 불리는 단위로 표현된다)을 관련 지은 정신물리학적 척도가 그림 5.3에 제시되어 있다.

손(sone)의 값이 1인 경우는 대략 주파수가 1,000Hz이고 강도가 40dB인 음이 지각되는

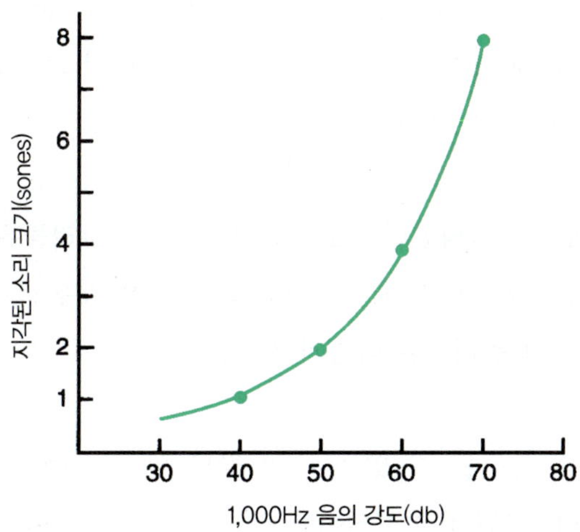

그림 5.3
소리의 물리적 강도와 지각된 소리 크기와의 관계

소리의 크기에 해당된다. 두 배 더 크게 들리는 소리는 2손(sone)이 될 것이다. 대략적으로 지각된 소리의 크기는 물리적 소리의 강도가 10dB씩 증가함에 따라 두 배가 된다고 할 수 있다. 그림 5.3에 제시된 지각된 소리의 크기 척도에 대해서는 두 개의 중요한 수준을 구별하는 것이 중요하다. 앞에서도 말했듯이, 역치는 소리가 탐지될 수 있는 최소한의 강도이다. 소리의 강도가 85~90dB 사이에 있는 높은 수준의 소리 강도는 귀에 잠재적 위험이 될 수 있는 수준이다. 그러나 소리 강도의 차이에 따라 달리 지각되는 소리의 크기는 모두 소리의 주파수(음의 고저)에 영향을 받으며, 우리는 이것의 영향에 대해 고려해 보아야 한다.

주파수의 영향 그림 5.4는 일련의 동일한 소리 크기 감각곡선(equal-loudness curves)을 여러 개의 파동적 선들로 표시해 주고 있다. 주파수에 따라 동일한 크기로 지각되는 소리를 나타내는 선들은 대략 평행적인 곡선들로 보이고 있다. 예를 들어 70dB의 강도를 갖는 100Hz의 음은 57dB 정도의 강도를 갖는 500Hz의 음과 소리의 크기가 동일하게 지각된다. 그림에서도 볼 수 있듯이 x축에 표시된 소리 자극의 주파수는 소리 경험에서 몇 가지 중요한 수준(즉 역치 수준, 시끄러운 수준, 그리고 위험 수준)들에 모두 영향을 미치고 있다. 인간이 들을 수 있는 주파수의 범위는 20~20,000Hz 사이로 제한되어 있다. 이 범위 중에서 4,000Hz에 해당하는 소리에 사람들이 가장 민감한 것으로(즉 역치가 가장 낮다) 보인다. (그림에서는 동일한 소리 크기 감각곡선들을 폰[phon]이라는 단위로 표시하고 있다. 1폰은 1,000Hz 음의 지각된 소리 크기가 1dB인 것과 동일하며, 이것은 눈금조정[calibration]의 표준이 된다. 따라서 40폰의 선에 위치한 모든 음들은 같은 소리의 크기로 지각되고, 이것은 1손에 해당하는 40dB의 1,000Hz 음이다).

차폐 이 장의 처음 부분에서 예시되었던 근로자가 느꼈듯이, 소리들은 다른 소리들에 의해 차폐될(masked) 수 있다. 실제적으로 차폐(masking)의 본질은 매우 복잡하지만(Yost, 1992), 설계에 관련된 몇 가지 중요한 원리들은 다음과 같다.

1. 소리가 들린다는 것을 확신할 수 있는 음의 강도 차이는 (차폐하는 음보다) 최소한 15dB 이상이어야 한다. 그러나 청취되어야 하는 소리의 음고를 알 수 없을 경우에 이 값은 더 커질 수 있다.
2. 차폐하는 소리가 차폐되는 소리의 임계 주파수대(critical frequency band) 주변에 있는

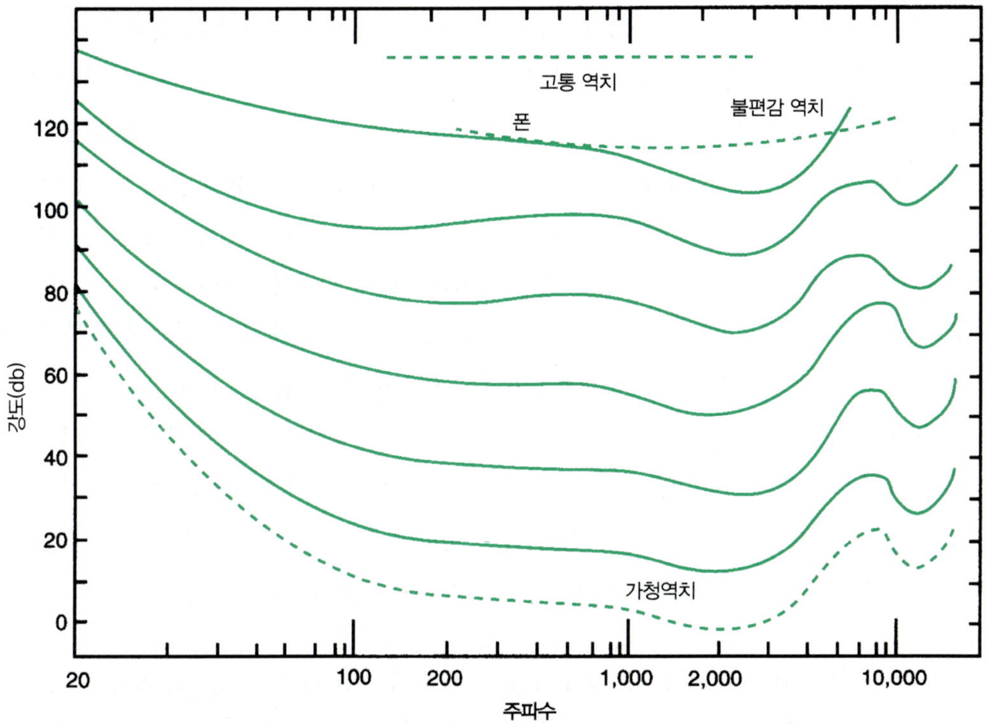

그림 5.4

주파수와 소리 강도에 따른 동일한 소리 크기 감각곡선. 하나의 동일한 곡선에 있는 모든 지점에서는 소리가 같은 크기로 들린다. 예를 들어 40dB의 1,000Hz 음(40폰)은 60dB의 8,000Hz 음과 같은 크기로 들린다.

출처 : Kryterm K. D. Speech Communications, in Van Cott, H. P. & R. G. Kinkade, eds., 1972. *Human Engineering Guide to System Design*. Fig 4-6. Washington, DC: U.S. Government Printing Office.

소리들이 가장 많이 차폐된다.

3. 낮은 소리는 높은 소리를 그 반대의 경우보다 더 많이 차폐한다. 따라서 만일 남녀의 목소리가 같은 강도의 수준이라 해도 남성의 목소리가 여성의 목소리에 의해 차폐되는 것보다 여성의 목소리가 남성의 목소리에 의해 더 잘 차폐된다.

경보

경보(예 : 앞에서 예시했던 근로자가 거의 듣지 못했던 중요한 신호)의 효율적 설계는 인간의 청각 처리에 대한 자세한 이해에 상당히 많이 의존한다(Stanton, 1994; Bliss & Gilson,

1998; Pritchett, 2001; Woods, 1995). 청각 경보에 대한 설계는 다른 감각을 이용한 설계에 비해 매우 독특한 특징을 갖고 있는데, 그것은 바로 청각 시스템이 **전방향적**(omni-directional)이라는 점에 기인한다. 즉 시각적 신호들과는 달리 우리가 어디를 지향하고 있든지 우리는 청각 신호를 감각할 수 있다. 게다가 눈을 감아버리는 것보다 '귀를 닫는 일'은 훨씬 어려운 일이다(Banbury et al., 2001). 이러한 이유를 포함하여 몇 가지 이유들 때문에 청각 경보는 시각 경보에 비해 사람들이 더 잘 따르는 경향이 있다(Wolgalter et al., 1993). 따라서 다양한 과제 분석 결과들은 만일 화재 경보와 같이 반드시 감각되어야 하는 경보가 있다면, 그 경보는 청각적 형태(비록 경우에 따라서는 시각 경로와 촉각 경로를 중복적으로 사용하면 더 좋을 때도 있지만)로 주어져야 한다고 제시하고 있다.

어떤 감각양식을 선택할 것인지의 문제는 비교적 명료하고 간단하지만 청각 경보를 어떻게 설계해야 할 것인지의 문제는 그렇게 간단한 일이 아니다. 한 영국 비행사의 준사고 보고서(incident report)에서 따온 아래의 인용문을 고려해 보자. 이 인용문은 청각 경보와 관련된 많은 문제점들을 시사해 주고 있다.

> 어느 날 밤 나는 제트기류 속을 비행하고 있었는데, 그때 청각 경고, 조종간의 떨림, 그리고 몇 개의 경고 불빛들로 인해 비행의 평화로움은 끝나 버렸다. 그 효과는 내가 전혀 의도하지 않았던 것이 되어버렸다. 나는 너무 놀라서 잠시 멍하니 있었고, 직감적으로 행위를 취하기보다 그 시각적/청각적 '공격' 들을 멈추기 위해 어떻게 해야 할지 계기들만을 그저 열심히 바라볼 뿐이었다. 여러 경고들이 합해져서 너무 시끄럽고 눈이 어지러울 지경이었으며, 이 때문에 다른 승무원에게 말하는 것이 불가능했다. 이 시끄러운 소음을 없애기 위한 행동만을 취했기 때문에 다음에 정말 더 심각한 문제에 봉착하게 되었다. (Patterson, 1990)

경보의 기준 Patterson(1990)은 탐지의 두 가지 상반되는 문제들(즉 이 책의 처음 부분에서 예시했던 공장 근로자는 경보음을 듣지 못했던 반면, 방금 예시한 조종사는 '과잉신호' 에 당황하였다)을 해결하기 위해 경보 시스템이 갖추어야 할 몇 가지 속성들(예 : 그림 5.5)을 논의하였다.

1. 가장 중요한 점은 경보가 언제나 배경 소음과 함께 청취된다는 것이다. 이것은 경보에 반응해야 하는 모든 사용자들의 청취 위치에서 배경 소음의 스펙트럼이 신중하게 측정되어야 한다는 것을 의미한다. 배경 소음의 스펙트럼이 결정되면, 경보는 그러한 소음

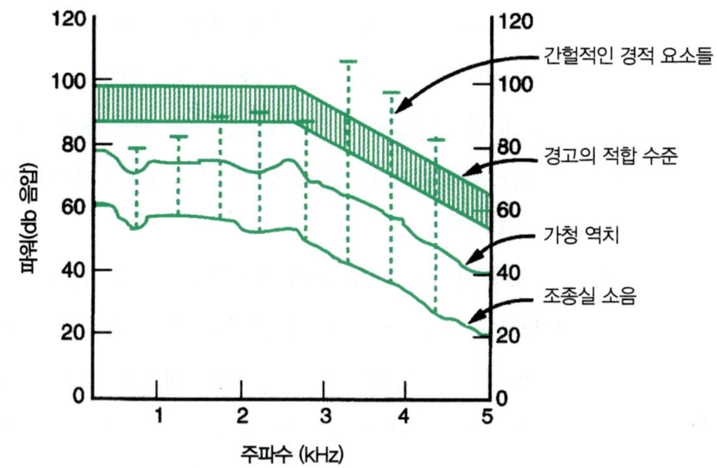

그림 5.5

보잉 737 조종실에서의 경고음 요소들에 대한 적합 수준의 범위(그림에서 빗금 친 부분). 최소 적합 수준 범위는 조종실에서의 소음 수준에 대해 계산된 가청 역치 수준보다 대략 15dB 정도 더 높다. 수직의 점선들은 간헐적인 경고 경적 요소들의 파워를 보여주고 있는데, 이 중 몇 개는 적합 수준의 최대 범위보다 훨씬 더 높다는 것을 주목하라

출처 : Patterson, R. D., 1990. Auditory warning sounds in the work environment. *Phil. Trans. R. Soc. London B.*, 327, p. 487, Fig.1.

수준에 대한 청각 역치보다 최소한 15dB 이상 크게 선정되어야 한다. 이것은 경보에 대한 탐지를 보장하기 위해서는 경보음이 소음 수준보다 전형적으로 30dB 이상 커야 한다는 것을 의미한다(그림 5.5 참조). 경보 요소들이 이러한 스펙트럼에서 몇 개의 상이한 주파수들을 갖도록(즉 스펙트럼에서 고루 위치하도록) 하는 것도 바람직할 수 있다. 왜냐하면 어떤 오기능들은 그 자체가 배경 소음의 수준을 넘는 소음(예 : 오기능하는 엔진에서 나오는 날카로운 소리)을 낼 수 있기 때문이다. [4]

2. 경보는 가능한 신체의 청각 기관들이 수용할 수 있는 위험 수준 이상으로 제시되어서는 안 된다(만일 주변 소음이 위험 수준에 가깝다면 가장 중요한 기준인 앞의 기준 1에 의해 경보의 수준을 더 크게 들리도록 하는 방법 밖에는 없을 것이고, 이에 따라 신체에 손상을 줄 수 있는 높은 수준의 경고가 제시될 수 있을 것이다). 위험 수준은 대략 85~90dB이다. 경보의 주파수에 대한 신중한 선택을 통해 앞에서 말한 두 가지의 기준

4) 다시 말해 배경 소음을 넘는 수준으로 오작동하는 기계에서 소음이 날 경우, 이것은 이러한 오작동에 대한 경보를 차폐하거나, 혹은 경보와의 혼동을 일으키게 할 수 있으나, 경보를 여러 수준으로 설계할 경우, 소음들로부터 경보를 변별해 내는 것이 더 용이할 것이다(역주).

들(즉 경보를 소음으로부터 변별 가능하게 하되 신체에는 무리를 주지 않는 것)을 모두 충족시킬 수 있다. 예를 들어 주변 소음이 매우 강한 반면(예 : 90dB) 그 소음이 고주파수 영역에만 한정되어 있다면 좀 더 낮은 주파수 범위 안에서 경보음을 제시함으로써 경보가 제대로 청취되게 할 수 있다. 이런 가능성에도 불구하고 소음이 갖는 것과 같은 고주파 범위에서 경보를 소음보다 더 강하게(예 : 120dB로) 제시하려는 것은 오히려 역효과를 낼 수 있을 것이다.

3. 이상적으로, 경보 자체가 사람을 너무 놀라게 해서는 안 된다. 이것은 다음에 알아보겠지만 경보 펄스의 **오름 시간**(rise time)[5]의 조정을 통해 해결될 수 있다.
4. 앞에서 말한 영국 비행사의 경험과는 대조적으로, 경보는 다른 신호들(예 : 동시에 들리는 다른 경보들)의 처리나 경보를 다루는 데 필수적인 말소리 의사소통을 방해해서는 안 된다. 이것은 경보가 울린 조건이나 경보가 울린 다음에 이루어져야 하는 의사소통 과제에 대한 면밀한 **과제 분석**(task analysis)이 이루어져야 하는 경우에서 특히 준수되어야 하는 기준이다.
5. 경보는 **정보적**(informative)이어야 한다. 즉 경보는 청취자에게 위급 상황의 본질을 알려줄 수 있어야 하고, 이상적으로는 경보에 대해 취해야 할 적합한 행위가 무엇인지에 대해서도 알려줄 수 있어야 한다. 이러한 정보의 중요성은 어떤 병원의 집중 치료 병동에 설치된 한 경보 시스템을 통해 살펴볼 수 있다(결론부터 말하면, 이 경보 시스템은 보완되지 않으면 안 되는 것이었다[Petterson, 1990]). 이 병동에는 6명의 환자가 있었는데, 각 환자들은 10개의 서로 다른 경보를 제공하는 하나의 장치에 의해 감시되고 있었다. 따라서 전체적으로는 60개의 신호가 가능했으며, 병원 스태프들은 각각의 신호를 신속하게 확인할 수 있어야만 했다. 몇몇 항공기들은 최소한 16개의 서로 다른 청각 경보를 포함하고 있고, 각각의 경보음이 울리면 조종사들은 자동적이고 분명하게 경보의 조건이 무엇인지 정확하게 확인해야 한다고 한다. 이러한 유형의 경보 시스템들(즉 다수의 상이한 경보들이 각각 무엇인지 확인해야 하는 것)은 매우 부적합한 것으로 판명되었다. 따라서 경보가 정보성을 갖는 것도 필요하지만 같은 맥락에서 제시될 수 있는 다른 경보들과 혼동되는 것이어서는 안 된다. 제4장에서의 시각과 관련된 논의를 회상해 보면 알 수 있듯이, 이 말은 인간이 갖고 있는 **절대 판단**(absolute judgement)의 한계

5) 펄스 진폭의 10% 값에서 90%의 값에 이르는 데 필요한 시간(역주).

에 경보가 부담을 주어서는 안 된다는 것을 의미한다. 경고들이 한 가지 차원(예 : 음고)에서만 서로 다르다면, 이러한 기준에 맞도록 하기 위해서는 4개 정도의 상이한 경보들만이 허락될 수 있는 최대 수가 될 수 있을 것이다.

경보의 설계 그렇다면 최소한 앞에서 기술한 손실을 가장 작게 하기 위해서 경보는 어떻게 설계되어야 하는가?

먼저 앞에서도 지적되었듯이, 경보 외의 다른 소리들(즉 소음이나 의사소통)이 갖는 질(quality)과 강도(intensity)를 이해하기 위한 환경 분석이나 과제 분석이 수행되어야 한다. 왜냐하면 다른 소리들의 질이나 강도는 주어진 경보의 탐지 가능성을 결정할 뿐만 아니라, 경보 외의 다른 소리들이 갖는 질이나 강도에 대한 분석을 통해 그러한 소리들이 과제 수행을 방해하는 정도를 최소화할 수 있는 환경을 결정할 수 있기 때문이다.

둘째, 정보성을 보장하고 이와 동시에 혼동 가능성을 최소화하기 위해서는 무엇보다도 절대 판단의 한계를 넘지 않는 수준으로 경보를 설계해야 한다. 뿐만 아니라 비록 절대 판단의 한계를 넘지 않는다 하더라도, 소리들이 구별될 수 있는 다양한 차원들을 사용하여 가능하면 여러 경보음의 모수치들이 다른 것들과 구별될 수 있도록 해야 한다. 경보들은 세 가지 차원들, 즉 소리의 고저(기본적 고저 혹은 주파대역), 소리의 엔벨로프(예 : 상승하는 소리나 일정하게 들리는 소리), 그리고 소리의 리듬(예 : 동일한 박자의 '다다다' 나 박자가 다른 '다따다따')에서 다를 수 있을 것이다. 여기에 추가해서 고려될 수 있는 네 번째 차원은 (이것은 그림으로는 쉽게 표시되지 않는다), 예를 들어 호른과 플루트 소리를 구분할 수 있는 차원인 소리의 음색이다. 만일 2개의 경보가 이 세 가지(혹은 네 가지) 차원에 있는 양쪽 극단의 점들로 구성된다면 최대로 변별 가능할(그리고 최소로 혼동스러울) 것이다. 경보음들을 같은 중다 차원적 공간에서 서로 멀리 떨어져 위치하도록 설계하고자 한다면 설계 문제는 좀 더 복잡해지지만, 차원을 달리하여 경보를 설계함으로써 변별 가능성을 높인다는 기본적인 원리는 지킬 수 있을 것이다.

세 번째 단계는 개별적 소리 자체가 독특한 특성들을 갖도록 설계하는 일이다. Patterson (1990)은 그림 5.6에 개관된 절차를 권고하고 있다. 그림의 맨 위에 제시되어 있는 경고에는 개개의 펄스들이 어느 정도의 시간을 두고(예 : 최소 20msec) 상승하는 엔벨로프로 구성되어 있어, 매우 갑작스런 소리의 증가에 의해 사람들이 '깜짝 놀라는' 것을 방지하고 있다. 그림의 가운데에 제시되어 있는 것은 경보 순서에서의 펄스들의 집합이다. 이런 형식으로 경

Belz, Robinson 및 Casali(1999)는 이어콘 형태로 운전자들에게 위험 경보를 제시해 주었을 때(예 : 전방 충돌을 경고해 주기 위해 타이어에서 나오는 '끼익' 소리를 제시하는 것) 전통적인 청각 경보음보다 운전자의 반응시간을 더 많이 단축할 수 있다는 것을 발견하였다.

헛경보 경보 장치들은 전형적으로 인간 오퍼레이터의 몇 가지 처리를 감시하고 있다가, 경보 시스템 안의 논리에 의해 어떠한 처리가 잘못되고 있어 어떤 형태의 인간 개입을 요구한다고 추론될 때마다 오퍼레이터를 경계시킨다는 점에서 말할 것도 없이 하나의 자동화(automation) 형태이다(제16장 참조). 이러한 측면에서 보면 경보들은 제4장에서 기술했던 인간 신호 탐지자의 형태와 다르지 않다고 할 수 있다. 환경에서 낮은 강도의 신호(예 : 약간의 온도 증가나 연기의 발생)를 감지했을 때 경보 장치들은 몇 가지 실수를 범할 수 있다. 예를 들어 실제 문제가 있었는데도 아무 일도 없다고 추론하거나(탈루) 혹은 실제 아무 문제가 없었는데 뭔가 문제가 발생했다고 추론(헛경보)하는 경우이다.

대부분의 경보 장치 설계자들과 사용자들은 안전상의 이유로 탈루율을 최소화하고자 한다. 그러나 우리가 살펴보았던 것처럼, 경보 제시의 결정에 사용되었던 낮은 강도의 신호들 자체가 분명하지(noisy) 않은 경우에 '탈루가 없도록' 기준을 설정하는 것은 필요 이상으로 더 높은 헛경보율의 설정을 야기하게 될 것이다. 옛날 우화를 예로 들어 말하면, 이럴 경우의 경보 시스템은 "늑대가 나타났다"라고 너무 자주 말하는 것과 유사하다(Bliss & Gilson, 1998). 이런 현상은 비행기들이 지상과 너무 근접하여 비행할 때, 조종사에게 경보를 제시하여 주도록 설계되었던 지상 근접 경고 시스템(ground proximity warning system)이 처음에 도입되었을 때 실제로 경험한 것들이다. 불행하게도, 경보를 울리도록 하는 조건이 거의 발생하지 않는다면 사람들이 쉽게 탐지할 수 있는 경보들은 결과적으로는 상당히 많은 수의 헛경보를 제공한 것이 될 것이다(Parasuraman et al., 1997).

인간 공학적 관점에서 볼 때 분명한 고민거리 중의 하나는 헛경보율이 많아짐에 따라 사용자들이 경보 시스템을 불신하게 되어 심지어는 실제 타당한 정보를 경보 시스템이 제공할 때조차 그것을 무시하게 될 수도 있다는 점이다(Pritchett, 2001; Parasuraman & Riley, 1997). 그러나 이것보다 더 심각한 문제는 사용자들이 이렇게 울려대는 시스템을 꺼버리려고 할 수도 있다는 것이다(Sorkin, 1989). 이러한 문제의 대부분은 제16장에서 논의할 자동화에서의 신뢰(trust)의 문제와 관련되어 있다(Muir, 1988; Lee & Moray, 1992).

다섯 가지의 논리적 단계들이 경보 장치들의 '헛경보' 상황에서 발생할 수 있는 문제들을 해결하기 위해 사용될 수 있다. 첫째, 경보의 기준 자체를 매우 민감한 값들로 설정하여 헛경보의 수를 더 적게 하면서도 탈루율을 많이 증가시키지 않도록 하는 것이 가능하다. 둘째, 경보 시스템 안에 좀더 정교한 의사결정 알고리즘을 적용하여 경보 시스템의 **민감도**(sensitivity)를 향상시킴으로써 헛경보율이 낮아지게 하는 것이다. 이것은 지상 근접 경고 시스템의 문제를 해결하기 위해 실제로 사용된 단계이기도 하다. 셋째, 사용자들은 탈루와 헛경보 사이의 불가피한 득실 관계에 대해 훈련을 받을 수 있고, 따라서 헛경보율을 시스템의 실패라기보다는 확률적 세상에서 자동화된 보조 장치가 갖는 일종의 불가피한 속성인 것으로 받아들이도록 할 수 있다(특히 이러한 방략을 사용할 때는 경보를 확실하게 알아차릴 수 있도록 해야 한다. 왜냐하면 헛경보라 해도 경보 자체가 매우 희미하여 오퍼레이터가 이것을 자주 탈루한다면 반응 기준 자체가 점차 매우 보수적이 되어 헛경보 자체에 대한 탐지 역시 감소할 수 있기 때문이다; Edworthy et al., 1991). 넷째, 최소한 경보의 정확성을 확인해 볼 수 있도록 하는 것 등을 포함하여, 설계자들은 경보를 울리도록 했던 '원자료'나 조건들을 사용자에게 제공하도록 노력해야 한다.

마지막으로, Sorkin, Kantowitz, 그리고 Kantowitz(1988)에 의해 제안된 논리적 접근은 **등급화 경보 시스템**(graded alarm system) 혹은 **가능성 경보 시스템**(likelihood alarm system)을 사용하는 것으로, 이러한 경보 시스템들에서는 하나 이상의 경고 수준이 제공된다. 따라서 경보 상황이 존재한다는 것을 2개(혹은 그 이상)의 수준들로 인간에게 신호해 줄 수 있다. 예를 들어 빵이 약간 타서 연기가 날 때라면 이전의 경보 시스템들은 이것에 대해 완전한 화재 경보를 제시했을 것이다. 그러나 이 시스템은 분명치 않은 중간 정도의 위험 가능성에 대해서는 어느 정도의 감소된 강도를 갖는, 그러나 쉽게 지각될 수 있는 신호를 촉발시키게 된다.

가능성 경보의 개념은 **퍼지 신호 탐지 이론**과 밀접한 관계가 있다(Parasuraman et al., 2000). 제4장에서 기술된 바와 같이 원래의 신호 탐지 이론은 '신호'가 제시되어 있는가와 그렇지 않은가, 그리고 이에 대한 반응도 yes 혹은 no로 구분하였다. 이에 비해, 퍼지 신호 탐지 이론에서는 신호가 제시되어 있을 **정도**(degree), 혹은 위험이나 위협의 정도가 얼마나 되는지를 명세화한다. 다시 말해 이때는 신호가 있거나 없는 것과 같은 이분적 구분이 아니라 연속적 범위의 값들에 기초한다. 이것은 폭풍, 화재, 질병 발생 혹은 테러 공격에 대한 미래의 위협에 대한 정도를 나타낼 수도 있다. 이러한 모든 사건들은 심각성에서 다양한 수준을 가질 것이다. 따라서 '신호가 있는지'에 대한 반응도 다양한 수준으로 이루어진다. 세상 상태와 탐지 반응의 구분 모두에 대해 퍼지 개념을 적용하면 이 두 가지가 조합된 결과(적중, 헛경보, 정기각 및 탈루)도 퍼지 형태를 갖게 될 것이고, 이에 따른 민감도와 반응 기준에 대한 행동적 측정치들도 마찬가지이다.

경보와 관련된 중요한 측면 중 하나는 경험 많은 사용자들은 원래 설계자들이 의도했던 경보의 사용 범위(즉 사용자가 인식하지 못하고 있는 위험한 상황을 경고해 주는 것; Woods, 1995)보다 훨씬 더 넓은 범위에서 그것들을 사용한다는 점이다. 예를 들어 병원에서 경보 장치들을 어떻게 사용하는지 검토한 한 연구에서, 마취과 의사들이었던 Seagull과 Sanderson(2001)은 마취과 의사들이 경보를 그들의 의사결정이 제대로 됐는지 확인하는 수단으로 사용하거나, 혹은 어떤 수술 절차가 수행되어야 하는 시간을 알려주는 보조 장치로 사용한다는 것을 발견하였다.

소리의 위치 파악

제3장에서는 안구 운동에 의해 공간적 세상을 탐색하는 시각체계의 역할에 대해서 기술한 바 있다. 청각 체계는 정확한 공간적 위치 파악에 시각체계보다는 상대적으로 덜 적합하지만, 하나의 소리가 서로 다른 음향적 패턴을 가지고 있고 두 귀를 통해 처리된다면 청각체계도 소리의 위치 파악에 어느 정도 유용한 역량을 가지고 있다(Mckinley et al., 1994; Begault & Pittman, 1996). 소리의 위치를 파악하는 이러한 능력은 소리가 위쪽에 위치할 때보다는 왼쪽이나 오른쪽에 위치할 때 더 우수하다. 그리고 청취자의 앞이나 뒤에서 들리는 소리의 위치를 혼동하는 것도 매우 흔한 일이다. 전반적으로 볼 때 시각적으로 위치를 파악하는 것보다 청각적으로 위치를 파악하는 정확성은 더 떨어진다. 그러나 눈이 다른 과제를 수행하기 위해 너무 바쁘거나, 신호가 머리를 중심으로 360도의 전체 범위에서 발생할 수 있는(머리를 고정한 상태에서 눈이 볼 수 있는 범위는 대략 130도 정도이다) 환경에서 청각체계를 이용한 소리의 위치 파악은 상당한 가치를 지닌다. 그러나 예는 상공에서 항공기들끼리 충돌할 가능성이 있는 위치를 조종사에게 청각적으로 알려주는 경우이다(Begault & Pittman, 1996). 특히 시각적 위치 파악과 청각적 위치 파악을 동시에 할 수 있도록 하는 중복적 디스플레이들은 3차원에서 360도의 범위에 걸쳐 존재하는 표적을 탐지하는 데 매우 유용하다. 소리는 표적의 방향에 대해 매우 효율적으로 머리와 눈을 지향하도록 해서 그 다음 눈이 표적의 정확한 위치를 확인할 수 있도록 해준다(Bolia et al., 1999).

소리 전달 문제

이 장의 처음에 소개했던 사례에서는, 그 근로자가 작업장에서 다른 동료 근로자들과 의사소통할 수 없었다는 문제를 예시한 바 있다. 의사소통 붕괴의 더 비극적 사례는 1979년에 500명 이상의 목숨을 앗아간 Canary 군도의 Tenerife 공항에서 있었던 두 대의 점보기 충돌 사고이다(Hawkins & orlady, 1993). KLM 747은 활주로 한쪽 끝에서 엔진을 점화한 채 이륙을 기다리고 있었다. 이 항공기의 조종사는 나쁜 시계(poor visibility)가 더 악화되기 전에, 그리고 공항이 폐쇄되기 전에 이륙하고자 서두르고 있었다. 한편 이때 다른 제트기(Pan American)가 KLM기가 대기하고 있던 같은 활주로에 착륙하여 다른 출구로 나가기 위해 이동하고 있었다. 공항 관제사는 KLM 조종사에게 "오케이, 이륙을 잠시 미루고 있으면 내가 이륙 시기를 알려 주겠다."라고 지시하였다. 그러나 불행하게도 완전하지 못했던 무선통신과 빨리 이륙하고자 하는 조종사의 극단적인 욕망 때문에 그 조종사는 단지 '오케이…이륙(Okay…Take off)' 이란 말만 분명히 들을 수 있었다. 결국 이륙이 시도되었고, KLM기는 같은 활주로에서 움직이고 있었던 Pan American 747기와 충돌하고 말았다.

제4장에서 우리는 지각에 대한 상향 처리(감각 질)와 하향 처리(기대와 욕망)의 두 가지 모두의 영향에 대해 논의하였다. Canary 군도의 사고는 두 가지 처리가 모두 붕괴된 것을 보여준다. 공항 관제소로부터 오는 의사소통 신호들의 질은 저하되었고(상향 처리 질의 상실), KLM기 조종사는 '그가 듣고자 했던 것을 들으려고 하는' 기대와 욕망을 사용하여(부적합한 하향 처리) 관제소로부터 제공되었던 메시지를 '이륙' 허가로 해석해 버렸다. 이 절에서 우리는 청각적 의사소통에서 가장 중요한 것이라고 할 수 있는 인간의 말소리 처리(speech processing)에 이러한 두 가지 처리들이 어떠한 역할을 하는지 고려할 것이다(우리는 이미 앞에서 경고 정보의 의사소통에 대해 논의하였다). 우리는 먼저 말소리 자극(speech stimulus)의 본질을 기술한 다음 신호의 질이나 소음의 변화에 의해 어떻게 말소리의 전달이 왜곡될 수 있는지 논의할 것이다. 마지막으로, 말소리 전달과정에서의 붕괴를 개선할 수 있는 몇 가지 가능한 방법들을 고려할 것이다.

말소리 신호

말소리 주파분석표 전형적인 말소리 신호의 음파는 그림 5.7a의 패턴처럼 보인다. 우리가 살펴보았듯이 그와 같은 신호들은 그림 5.7b와 같은 분광 표상(spectral representation)에 의해 더 명료하게 표시될 수 있다. 특히 소음이나 음과는 달리, 말소리의 경우에는 많은 주요 속성들이 스펙트럼상에서의 시간에 따른 변화(time-dependent changes), 즉 소리의 엔벨로프로 나타낼 수 있다. 이러한 정보를 도식적으로 나타내기 위해 말소리는 그림 5.7c처럼 말소리 주파분석표(speech spectrograph)에 의해 기술된다. 말소리 주파분석표의 x축을 따라 어느 한 시점에 해당하는 수직적 단면을 그 시간에서 음성의 순간 스펙트럼(momentary spectrum)이라고 생각할 수 있다. 그림에서 굵게 보이는 부분은 파워가 있는 부분이며 더 굵을수록 파워가 더 크다는 것을 표시한다. 그러나 신호의 분광적 내용은 시간을 표시하는 축의 값이 왼쪽에서 오른쪽으로 움직임에 따라 변화된다. 따라서 그림 5.7c의 밑에 보이는 특정한 말소리 신호는 처음에는 매우 미약한 파워로 시작되어 몇 msec 동안 점차 소리의 고저와 진폭이 증가한 후 좀더 고차적인 주파수를 갖고 안정적인 상태에 도달한다. 그림 5.7c에 보이는 두 개의 막대들은 *d*('디')자를 읽을 때 나는 사람의 목소리를 표시해 주고 있다. 그림 5.7d는 좀 더 연속적인 말소리에 대한 스펙트럼을 보여주고 있다.

소리의 차폐 효과 청각 신호들이 다른 소리에 의해 차폐되는 정도는 청각 신호가 갖고 있는 강도(파워)와 주파수에 달려 있다(Crocker, 1997). 이 두 가지 변인들, 즉 파워와 주파수는 말하는 사람의 성별과 말소리 자체가 갖는 특성에 따라 달라진다. 첫째, 전형적으로 남성의 목소리에 비해 더 높은 주파수에서 최대의 파워를 보이는 여성의 목소리가 소음에 의해 더 쉽게 차폐될 수 있다.[6] 둘째, 그림 5.7c에서도 보이듯이, 말소리 신호의 파워 혹은 강도는 (이것은 막대의 굵기로 나타난다) 처음 자음 부분 *d*보다는 '*eee*' 라고 소리 나는 모음 부분에서 훨씬 더 크다. 모음의 소리가 종종 자음 소리보다 더 오랫동안 들리기 때문에 현출성의 측면에서 이러한 차이는 더 확대된다. 마지막으로, *s*와 *ch*와 같은 몇몇 자음 소리들은 아주 높은 주파수에서 구분되는 특징이 있고, 우리가 알아본 것처럼 높은 주파수들은 낮은

6) 남성과 여성의 말소리 파워 스펙트럼(즉 주파수에 따른 파워의 분포)을 분석해 보면, 여성의 말소리는 남성의 말소리보다 높은 주파수에서 최대의 파워를 갖는 반면, 남성의 말소리는 낮은 주파수에서 최대의 파워를 갖는다. 특히 여성의 말소리가 갖는 주파수는 남성의 말소리에 비해 그 범위가 상대적으로 더 좁다. 따라서 어떤 특정 소음이 제시된다면, 이 소음은 더 넓은 주파수 대역을 갖고 있는 남성의 말소리보다는 상대적으로 더 좁은 주파수 대역을 갖고 있는 여성의 말소리를 더 잘 차폐한다. 남성과 여성의 말소리 스펙트럼이 갖는 이러한 특성은 남성의 말소리가 여성의 말소리를 차폐하는 정도가 여성의 말소리가 남성의 말소리를 차폐하는 정도보다 더 큰(즉 여성의 말소리는 남성의 말소리에 의해 더 잘 차폐된다) 이유이기도 하다.

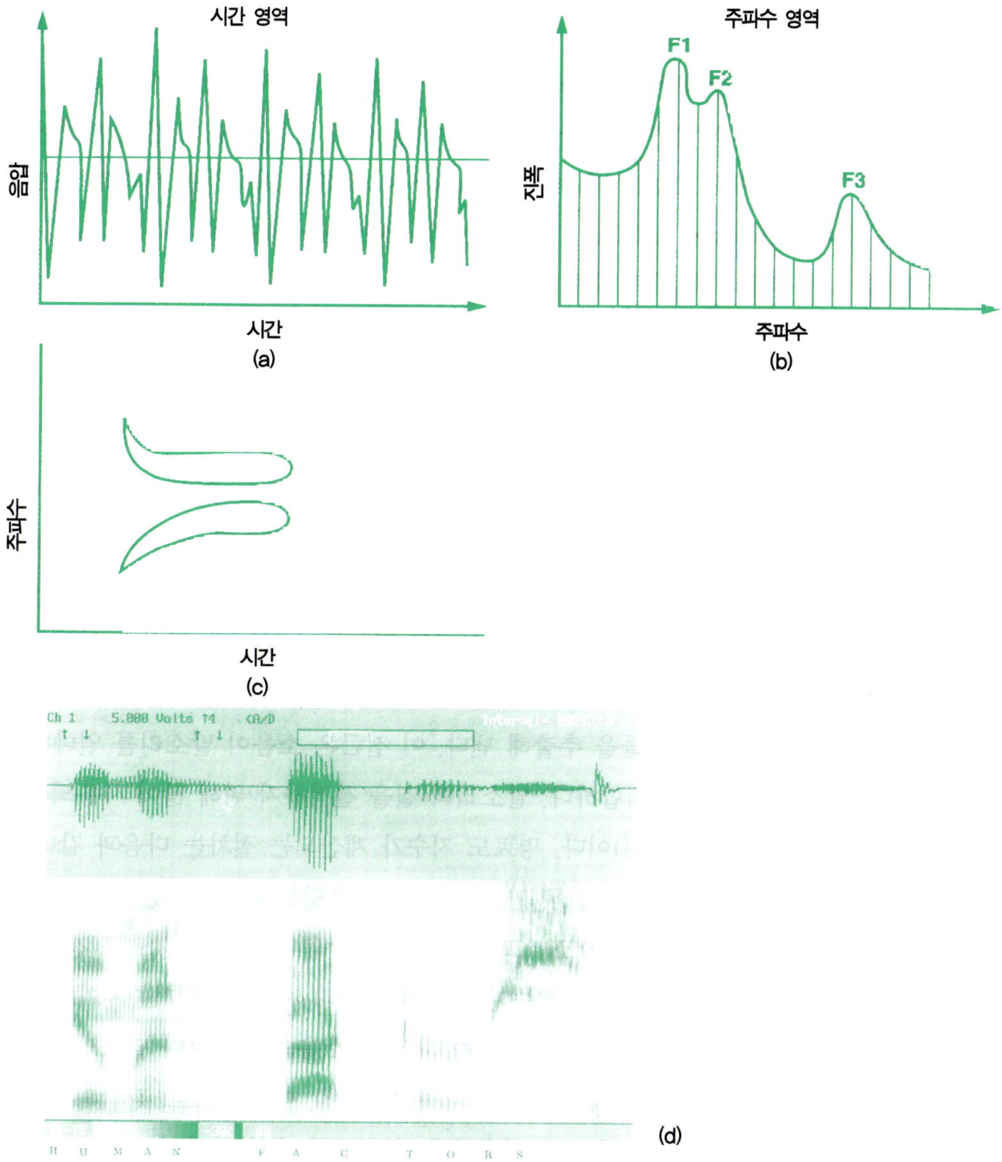

그림 5.7

(a) 시간에 따른 음성 신호

(b) 음성 스펙트럼(출처 : Yost, W. A., 1994. *Fundamentals of Hearing*, 3rd ed. San Diego: Academic Press.)

(c) 도식적 말소리 주파분석표(*dee* 음을 나타내고 있음)

(d) 'human factors' 라고 발음할 때의 실제 말소리 주파분석표(출처 : Courtesy of Speech and Hearing Department, University of Illinois)

리)에서 이 백분율은 전달되는 메시지를 듣는 사람의 기대와 지식의 정도(이것은 하향 처리에 영향을 주는 변인들이다)에 따라 변화한다. 이러한 상향 처리와 하향 처리의 상호보완적 관계는 그림 5.9에 제시되어 있다.

말소리 왜곡 AI가 말소리의 상향 처리에 대한 소음의 방해 효과를 객관적으로 측정할 수 있는 반면, 왜곡(distortions)이란 측면에서 보면 AI는 그렇게 객관적인 측정치를 제공해 주지 못한다. 왜곡은 다양한 원인 때문에 발생할 수 있다. 예를 들어 단어의 처음과 마지막 부분의 삭제, 부담이 큰 의사소통 경로에서의 감소된 밴드위쓰(bandwidth : 대역폭),[7] 소리의 울림이나 반향, 그리고 심지어는 디지털화된 합성 음성 신호의 낮은 질 등이 여기에 해당된다(Pisoni, 1982).

비록 이러한 상향적 영향들이 소음의 효과처럼 정확하게 수량화될 수는 없지만, 그럼에도 불구하고 이들이 말소리 재인에 미치는 부정적 효과를 최소화하는 데 채택될 수 있는 중요한 인간 공학적 가이드라인들이 있다. 음향 공학자들의 특별한 관심을 끌었던 한 가지 문제는 높은 정보를 갖는 말소리 신호가 낮은 밴드위쓰 채널을 통해 전달되기 위해서는 말소리 신호가 어느 정도 '여과' 되어야 하는데(예 : 디지털화된 음성을 통하여), 이때 발생하는 왜곡을 어떻게 하면 최소화할 수 있는가 하는 것이었다.

예를 들어 그림 5.7b와 같은 원래의 음성 파형은 1초당 59,000비트의 정보를 포함할 수도 있다(Kryter, 1972). 단일한 의사소통 채널을 통해 원래의 파형을 전달시키고자 한다면 이것은 동일한 채널을 통해 동시에 들어오는 다른 신호들을 받아들이는 것을 어렵게 할 것이다. 그러나 말소리 신호의 정보 내용을 줄일 수 있는 다양한 방법들이 있다. 즉 높은 주파수를 여과시키거나, 말소리 신호를 비연속적인 수준으로 디지털화하거나, 신호의 정보량 일부를 잘라내거나, 혹은 중간 범위의 주파수를 삭제함으로써 진폭의 범위를 감소시킬 수 있다. 인간 공학 연구들은 이러한 방법들 중에서 말소리 이해도의 최대량을 보존하는 데 어떤 방법이 가장 좋을 수 있는지에 대한 정보를 음향 공학자들에게 제공해 줄 수 있었다. 예를 들어 진폭 감소는 주파수 여과에 비해 음성의 질이나 이해도를 더 많이 보존하는 것으로 보이며, 주파수 여과는 매우 높거나 낮은 주파수들만이 제거된다면 더 효과가 좋다(Kryter, 1972).

물론 디지털화된 의사소통과 음성 합성 장치들의 사용이 가능함에 따라 최소의 밴드위쓰

7) 일반적으로 밴드위쓰란 1초당 수용할 수 있는 정보량을 말한다.

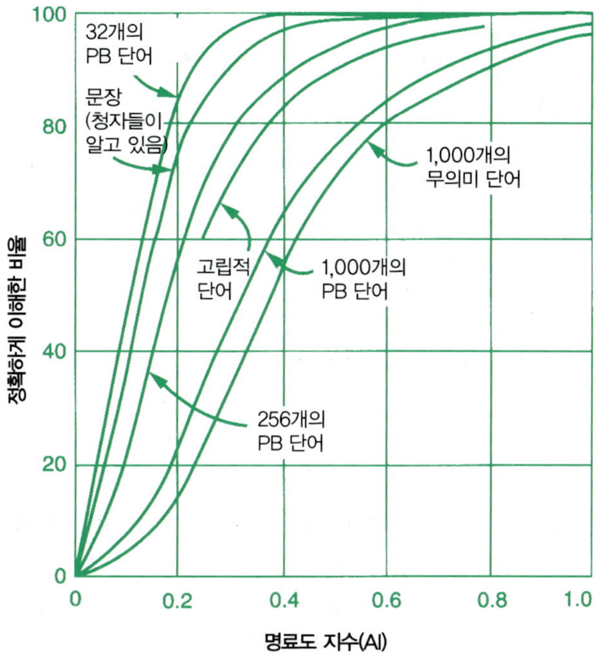

그림 5.9

명료도 지수와 다양한 말소리 검사 유형에 대한 이해도 사이의 관계. 어떤 주어진 AI에 대해서 어휘들의 수가 적을수록, 혹은 단어 문자열들이 조리 있는 문장들을 형성할수록 주어진 항목의 이해도가 높다는 것을 주목하라(그림에서 PB라고 기재된 것은 단어를 음운적으로 균형화[phonetically balanced, PB]했다는 것을 의미한다-역주).
출처 : Kryter, K., 1972. Speech Communications. In *Human Engineering Guide to System Design*, H. P. Van Cott, and R. G. Kinkade, eds., Washington, DC: U.S. Government Printing Office.

를 갖는 음성의 전달 문제는 그 중요성이 많이 줄어들었다. 예를 들어 단순히 메시지의 상징적 내용들(예 : 단어의 낱자들)을 전달한 다음, 음성 합성기가 필요한 소리를 재생할 수 있도록 하기만 하면 된다(물론 이렇게 하면 의사소통에서 인간만이 가지는 '독특한 비언어적' 측면들은 제거될 것인데, 이런 비언어적 측면들의 제거는 전화를 통해 의사소통할 때는 별로 바람직한 것이 되지 못한다). 그렇다면 중요한 문제들은 음성 합성 장치들이 (1) 재인 가능한 말소리를 만들어 내고, (2) 소음 속에서도 재인될 수 있는 말소리를 만들어 내며, (3) 합성된 말소리를 '편안하게 들을 수 있도록' 하는 데 필요한 충실도(fidelity)를 얼마나 갖고 있느냐 하는 것이다. 특히 음성 합성 장치들이 편안하게 들을 수 있도록 말소리를 재생하는 문제는 매우 중요하다. 왜냐하면 Pisoni(1982)가 발견했듯이 합성된 말소리를 듣는 것은 자연적인 말소리를 듣는 것보다 더 많은 심적 자원을 요구하며, 따라서 청취 과제와 동시에 수행되어야 하는 다른 과제들에 대해 더 많은 방해를 야기할 수 있기 때문이다(제6장 참조).

인쇄된 단어와는 달리 말소리는 순간적이다. 일단 단어가 말해지면 그것은 곧 사라져버리고 다시 돌이킬 수 없기 때문이다. 인간의 정보 처리 시스템은 말해진 단어들을 몇 초 동안 연장시킬 수 있도록 설계되어 있는데, 이것을 **잔향 기억**(echoic memory)이라고 한다. 그러나 이 시간 범위 밖에서는 발화된 정보가 능동적으로 시연되어야 하는데, 이러한 시연은 다른 과제들과 용량을 차지하기 위한 경쟁을 요구한다. 따라서 제시된 메시지가 몇 개 단어 이상인 경우에는 메시지를 청각적인 경로보다는 시각적으로 제시하거나 혹은 청각 신호와 중복적으로 시각 신호를 사용함으로써 제시되는 청각 신호들이 뒷받침될 수 있도록 해야 한다.

청력 손상

소음이나 말소리의 왜곡뿐만 아니라, 말소리의 전달을 방해하는 또 다른 요인은 말소리를 듣는 사람의 청각 손상 여부이다(Crocker, 1997; Kryter, 1995). 그림 5.10에서 볼 수 있듯이, 단순히 연령이 증가하는 것만으로도 청각의 상당 부분(특히 고주파 영역)이 손상될 수 있다. 이러한 측면은 경보 시스템의 설계, 특히 요양원에서의 경보 시스템의 설계에 고려되어야 하는 요인이다. 이러한 연령 증가에 기인한 청력 손상뿐만 아니라 시끄러운 작업장과 관련되어서도 청력 손상이 발생할 수 있는데, 이것은 일종의 직업-특정적 청력 손상이라 할 수 있다(Crocker, 1997; Taylor et al., 1965). 다음에 다시 기술하겠지만, OSHA와 같은 단체에서는 이러한 요인들을 제거하고자 노력하고 있다.

소음에 대한 재고

우리는 정보의 전달을 방해하는 하나의 요인으로서 소음을 논의하였다. 지금부터는 소음과 관련된 두 개의 중요한 인간 공학적 관심사(즉 작업장에서 소음이 건강에 위험요소가 될 수 있는 가능성과 소음이 환경에서 짜증을 유발하는 원인이 될 가능성)를 고려할 것이다. 제13장에서는 우리가 이 장에서 논의했던 의사소통에 대한 소음의 차폐 효과 외에 수행을 저하시키는 효과를 갖는 스트레스 요인으로서의 소음을 고려할 것이다. 그리고 세 가지 영역, 즉 의사소통, 건강, 그리고 환경에 대한 소음의 부정적 효과를 개선할 수 있는 몇 가지 가능한

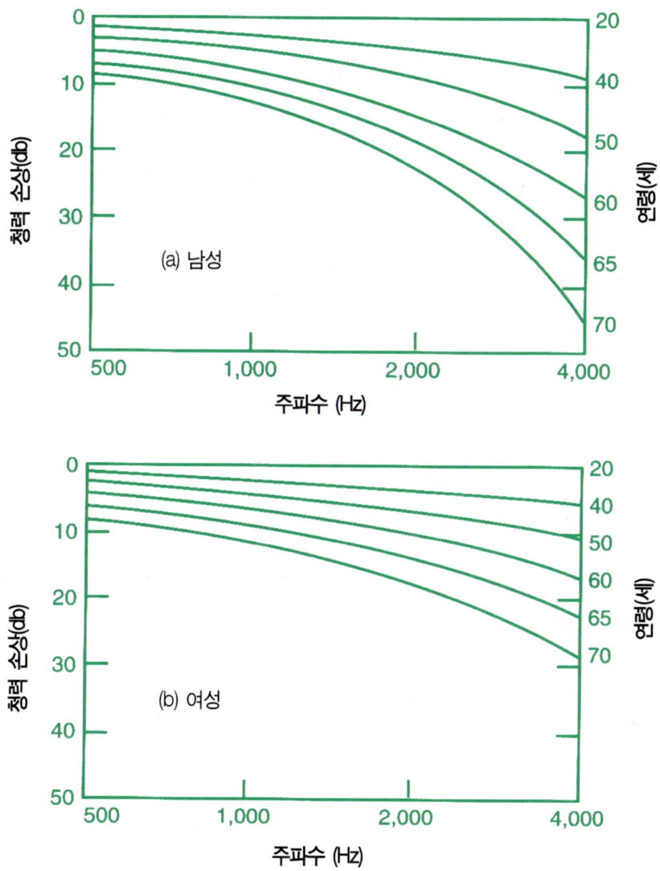

그림 5.10

다양한 주파수 수준들 및 연령에 따른 남성과 여성의 청력 손상(청력 손상은 50번째 백분위수, 즉 중앙값을 기준으로 계산되었음)

출처 : Kryter, K., 1983. Addendum: Presbycusis, Sociocusis and Nococusis. *Journal of Acoustic Society of America, 74*, pp. 1907-1909. Reprinted with permission. Copyright Acoustic Society of America.

방법들을 제시함으로써 결론을 맺을 것이다.

이 장의 첫 부분에 예시되었던 근로자는 작업장에서 발생하는 소음이 그녀의 청각에 미친 영향에 대해 걱정했었다. 우리는 소음이 실제적으로 청력 손상에 미칠 수 있는 영향을 세 가지의 측면들을 통해 고려해 볼 수 있을 것이다. 먼저 이미 논의되었던 차폐는 소음이 존재하고 있을 때의 신호에 대한 민감도의 상실이다.

소음 때문에 발생하는 청력 손상의 두 번째 형태는 일시적 역치 이동(temporary threshold shift, TTS)이다(Crocker, 1997). 만일 그 근로자가 전화를 받기 위해 기계로부터 떨어져서 좀 더 조용한 곳으로 자리를 옮긴다 해도 그녀는 소음에 대한 이전의 노출 때문에 발생하는 '이월 효과(carry over effect)'에 의해 여전히 청각에 몇 가지 곤란을 겪을 것이다. 이러한 일시적 역치 이동은 소음이 종료된 직후에는 크지만 청력이 '회복'되어 가는 몇 분에 걸쳐 점차 감소하게 된다(그림 5.11). TTS는 전형적으로 청력의 손상량(dB로 표시되는 역치의 이동)으로 표현되는데, 그림에서는 소음원이 종료된 후 2분 동안 TTS가 나타나고 있다. TTS는 이전의 소음에 대한 노출 시간이 더 길수록, 그리고 노출 수준이 더 클수록 증가하게 될 것이다. 실제로 TTS는 매우 클 수 있다. 예를 들어 100dB의 소음에 100분 정도 노출되면 이때의 TTS는 60dB이 된다.

소음으로 인한 청력 손상의 세 번째 형태는 **영구적 역치 이동**(permanent threshold shift, PTS)인데, 이것은 근로자의 건강에 가장 심각한 영향을 줄 수 있다. 이 측정치는 근로자가 작업장에서 높은 강도의 소음에 수개월 혹은 수년 동안 노출된 다음에 생길 수 있는 직업적 난청을 의미한다. TTS와 마찬가지로 PTS도 소음에 대해 더 오랫동안, 그리고 더 강하게 노출될수록 더 증가하게 될 것이다. 또한 앞에서 논의된 연령 관련 청력 손상과 마찬가지로 PTS는 좀 더 높은 주파수 영역에서 그 손상의 정도가 더 심각해진다.

지난 20년 동안, OSHA는 작업장 규준들을 규정하고 이 규준에 소음 수준과 노출 시간이

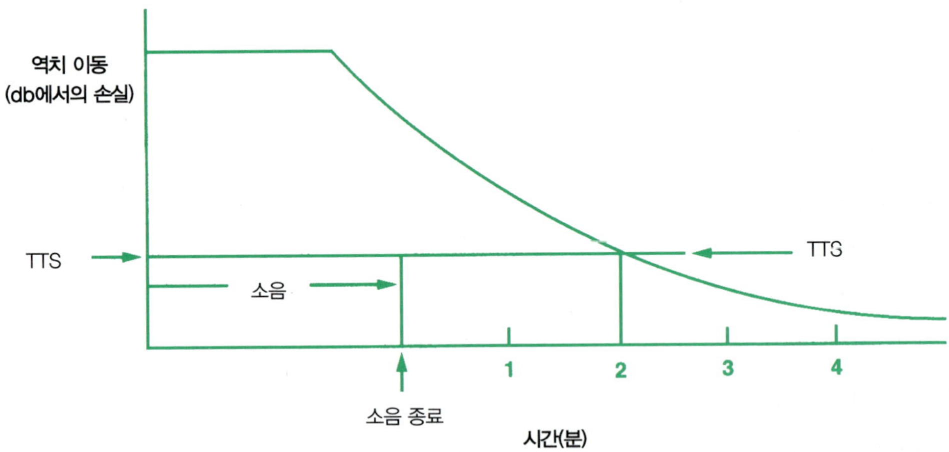

그림 5.11
소음 종료 후에 발생하는 일시적 역치 이동. 민감도는 시간이 지남에 따라 다시 회복된다는 것(즉 역치 이동이 시간이 지남에 따라 감소한다)에 주목하라. 여기에서는 소음이 종료된 후 2분 동안(이것은 임의적으로 정한 수준임) TTS가 있었음을 보여주고 있다.

초과할 경우의 대책 등을 포함시킴으로써 작업장에서의 장기적 소음이 갖는 위험으로부터 근로자의 안전을 보장할 수 있는 노력을 계속해 왔다(OSHA, 1983). 이러한 규준들은 작업장에서 경험되는 소음에 대한 시간 가중 평균(time-weighted average, TWA)에 기초하고 있다. 만일 TWA가 85dB 이상이면 대책 수준(action level)이라고 한다. 이 수준에서 고용자들은 청력 보호 대책들을 실행해야 한다. 이 대책 방안들에는 귀를 보호하기 위한 장비들의 활용, 청력의 잠재적 손상 가능성 및 이 손상을 피하기 위한 절차들과 관련된 정보의 제공, 그리고 정규적인 청력 검사 실시 등이 포함된다. 만일 TWA가 85dB 이상이면 이것을 허용 노출 수준(permissible exposure level)이라고 부르며, 고용자는 아래에 논의되는 절차들을 통하여 소음 감소를 위한 대책을 취해야 한다.

물론 많은 근로자들이 이러한 수준의 소음들을 지속적이고 연속적으로 경험하는 것은 아니지만 매우 조용한 시간 다음에 따라오는 아주 강한 소음에 갑작스럽게 노출될 수 있다. OSHA 규준은 소음에 노출된 다양한 시간들을 TWA로 표현된 단일한 규준으로 전환하는 방법들을 제공해 주고 있다(Sanders & McCormick, 1993). 또한 한 공장에서의 '소음 수준'이 하나의 값으로 표현될 수 있는 것이 아니라 근로자들의 위치가 어디인가에 따라 근로자들 사이에서 다양하게 차이가 날 수 있음을 염두에 두는 것이 중요하다. 이러한 이유 때문에 TWA 값들은 개개의 근로자들이 착용하는 소음계(dosemeter)의 값에 기초하여 계산되어야 한다.

소음 효과의 극복

소음의 효과를 경감시키기 위한 방법은 문제를 일으킨 소음의 특정한 본질과 해결 방안을 적용하기 전의 소음 수준이 어떠했는가에 따라 매우 달라질 수 있다. 먼저, 소음의 수준이 85dB 미만이고 그 상황에서 소음이 의사소통의 어려움을 야기하는 것이 문제라면 신호 향상(signal enhancement) 절차가 더 적당하다. 그러나 만일 소음이 대책 수준 이상(이것은 많은 산업체의 작업장에서 흔히 볼 수 있는 수준이다)이라면 소음 감소(noise reduction) 절차를 적용해야 한다. 왜냐하면 기존의 높은 수준의 소음에 대해 신호 강도를 더 높게 제공하는 것(예 : 더 큰 경보음)은 건강이나 안전 문제를 거의 경감시켜 주지 못할 것이기 때문이다. 마지막으로, 만일 소음이 특정 환경에서 짜증을 나게 하거나 스트레스를 느끼게 하는 원인이 된다면(예 : 공항이나 고속도로 근처에 사는 사람들이 경험하는 소음) 작업장에서 적합

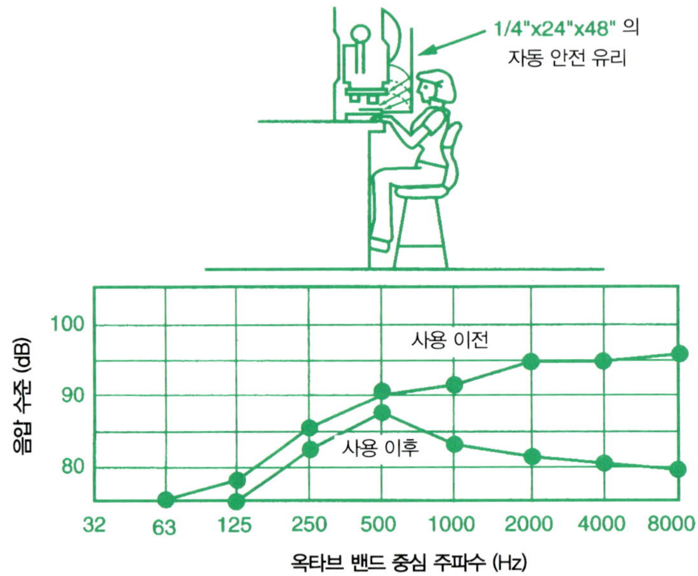

그림 5.12

천공기로부터 주어지는 고주파 소음을 줄이기 위한 두꺼운(6mm) 안전 유리의 사용에 대한 예시

출처 : American Industrial Hygiene Association, 1975, Fig. 11.73. Reprinted with permission by the American Industrial Hygiene Association

(덜 반향이 되는)에 제시되는 경우라면 이 방법은 더 효과적일 것이다.

청자 : 귀의 보호 만일 소음원을 줄이거나 소음원으로부터의 경로를 통제하여 수용될 수 있는 수준으로 소음을 줄일 수 없게 되는 경우에는 청자의 측면에서 해결책이 모색될 수 있다. 소음의 수준이 대책 수준을 넘었을 때 활용되어야 하는 귀의 보호 장치들은 크게 두 가지 유형으로 구분될 수 있다. 한 가지 유형은 귀 안으로 삽입되는 귀마개(ear plugs)의 형태이고, 다른 유형은 귀를 덮도록 되어 있는 귀가리개(ear muffs, 혹은 귀덮개)의 형태이다. 이 두 가지 유형의 귀 보호 장비들은 dB로 표시되는 소음 감소 비율(noise reduction ratio, NRR)을 표시하여 시판된다. 또한 각각의 귀 보호 장비들은 특정한 스펙트럼에 대해 더 큰 감소 효과를 갖도록 설계되어 있기 때문에 소음의 스펙트럼에 따라 차별적으로 소음의 dB을 감소시킨다. 그러나 두 종류의 보호 장치 모두에서 제조자들이 명시해 놓은 NRR에 비해 작업장에서 근로자들이 실제로 경험하는 소음 감소는 더 작은 것으로 보인다(Casali et al.,

1987). 그 이유는 제조자의 NRR 값은 전형적으로 이상적인 실험실 조건에서 계산된 것인 반면, 작업장에서의 근로자들은 그 장치들을 항상 제대로 착용하지 않는 경우도 있기 때문이다.

두 유형의 보호 장치 중에서, 제대로 착용만 한다면 귀마개가 전반적으로 더 큰 보호 효과가 있다(Sanders & McCormick, 1993). 그러나 이러한 귀마개의 효과에 대해서는 신중한 주의가 요구된다. 왜냐하면 귀마개는 귀가리개에 비해 제대로 착용되지 않는 경우가 더 많기 때문이다. 따라서 착용에 대한 훈련을 제대로 받지 못했다면(그리고 훈련을 받았다 해도 제대로 착용하지 않는다면) 때때로 귀가리개가 귀마개보다 더 효율적일 때가 있다. 귀가리개의 두 번째 이점은 이것을 사용할 때 헤드폰처럼 중요한 신호들을 증폭시킬 수 있기 때문에 신호 향상과 소음 감소 효과를 동시에 달성할 수 있다는 점이다.

안락감(comfort) 역시 작업장에서 보호 장치들의 효과성을 고려하는 데 무시되어서는 안 되는 특징이다. 귀찮고 불편한 보호 장비들은 비록 안전의 측면에서는 효과적일 수는 있어도 사용자들이 그것을 잘 착용하려 하지 않을 것이다(제14장 참조). 그러나 흥미로운 것은 이 장의 처음 부분에 소개했던 근로자가 귀 보호 장비를 사용하면 옆 사람과 대화를 할 수 없었다고 불평한 점이다. 사실 이러한 불평이 근거 있는 것은 아닌데, 왜냐하면 대화 내용을 들을 수 있는 능력은 신호 대 소음의 비율에 달려있기 때문이다. 소음과 신호의 정확한 스펙트럼 특성과 진폭의 특성, 그리고 소음 감소 함수 특성에 따라 그와 같은 보호 장비를 착용하는 것은 신호와 소음의 강도 모두를 감소시킨다 하더라도 신호 대 소음의 비율을 실제로는 더 향상시키게 될 것이다. 신호와 소음의 비율을 증가시키는 귀마개의 이득은 좀 더 큰 소음, 즉 대략 80~85dB보다 큰 소음인 경우에 최대가 된다(Kryter, 1972).

마지막으로, 말하는 사람도 적응적 특성이 있다는 것에 주목하는 것이 중요하다. 즉 말하는 사람은 스스로 언어 이해에 기대하지 못했던 몇 가지 영향력을 발휘한다. 예를 들어 우리는 부분적으로는 우리가 듣는 소리의 세기에 기초하여 우리의 목소리 수준을 자동적으로 조절하고, 시끄러운 환경(혹은 우리가 헤드폰을 착용하고 소리가 큰 스테레오 음악을 들을 때)에서는 좀 더 크게 이야기한다(Crocker, 1997). 따라서 시끄러운 환경 속에서 말하는 사람이 귀 보호 장비를 착용하였을 때는 그렇지 않은 경우보다 2~4dB 더 부드럽게(그리고 좀 더 빠르게) 말하는 경향이 있다. 이것은 말하는 사람들이 그들의 목소리 크기를 자동적으로 감소시키지 않도록 훈련받지 않았다면, 모든 작업자들이 귀 보호 장비들을 착용하고 있는 상황에서는 그와 같이 감소된 말소리를 듣는 것이 방해받게 될 수 있다는 것을 의미한다.

환경 소음

거주지 혹은 도시 환경에서 발생하는 소음은 작업장에서 발생하는 것보다는 덜 심각한 건강 위험요소가 되는 것이기는 하지만 여전히 중요한 인간 공학적 관심사이다. 또한 건강에 대한 위험요소가 전혀 없는 것도 아니다. 예를 들어 Meecham(1983)은 로스앤젤레스 공항 근처에 거주했던 노인들이 심장마비로 인해 사망한 비율이 비행기들이 이륙할 때와 착륙할 때 발생하는 극도의 소음이 없는 근처 지역의 비율보다 훨씬 높았다고 보고하였다(물론 두 지역은 항공기 소음 외에 다른 조건들은 모두 동일하였다).

환경 소음이 사람들을 짜증나게 하는 속성에 대한 측정은 작업장에서의 소음에 의한 위험 측정과는 어느 정도 상이한 절차를 따른다. 특히 소음의 세기 수준 외에 짜증감의 수준을 상승시킬 수 있는 '자극적' 요인들이 많이 있다. 예를 들어 높은 주파수는 낮은 주파수보다 더 짜증스럽게 한다. 같은 dB 수준이라 할지라도 항공기 소음은 차량 소음보다 훨씬 더 시끄럽게 들린다. 야간의 소음은 주간의 소음보다 더 짜증스럽다. 여름철의 소음은 겨울철의 소음보다 더 짜증스럽다(겨울에는 대부분 창문들을 닫아 놓을 것이니까). 비록 방금 말한 것들과 그 외의 고려사항들이 '짜증스러움'을 예언하는 공식에 정확하게 짜 맞춰질 수 있는 것은 아닐지라도, 거주자의 불만에 대한 환경 소음의 영향을 예언하는 데 이러한 요인들이 기여하는 바를 측정하는 것이 가능하다(Environmental Protection Agency, 1974). 한 연구(Finegold, 1994)에서는 70dB 이상의 소음 수준에서 '짜증스럽다'라고 말하는 사람들의 비율이 대략적으로 다음과 같은 형태를 취한다는 것을 발견하였다.

$$\text{매우 짜증스럽다고 말하는 사람들의 비율(\%)} = 20 + 3.2\text{dB}$$

모든 소음은 다 나쁜 것인가

소음과 관련한 우리의 논의를 마치기 전에, 좀 더 부드러운 소음이 도움이 될 수 있는 상황들을 확인하는 것이 중요하다. 예를 들어 연속적으로 들리는 낮은 수준의 소음(예 : 팬이 돌아가는 소리)은 불연속적이고 갑작스럽게 들리는 소음(시계 바늘이 큰소리로 똑딱거리는 것 혹은 옆방에서 들리는 이야기 소리)의 효과를 차폐시켜 줄 수 있다. 부드러운 배경 음악도 같은 목적을 달성할 수 있다. 어떤 경우에는 소음이 경계 수준을 높게 유지하게 해주는 각성 기능을 하기도 한다(Parasuraman et al., 1987; Broadbent, 1972; 제4장 참조). 게다가 우리가 대화를 나눌 때 나타나는 것처럼 한 사람의 소음은 다른 사람에게는 '신호'가 되는 경우도 분명히 있다.

이러한 점들은 우리가 반복해서 다루어 왔던 하나의 최종적 문제, 즉 과제 분석의 중요성에 대해 다시 한 번 강조하게 한다. 어떤 소리가 언제 제시되고, 누가 그것을 들을 것이며, 또 누가 그것을 들어야만 하는가, 듣기가 저하되었을 때의 과제 수행은 어떠할 것인가, 그리고 청자의 건강 및 안락감에는 어떠한 손해를 끼치는가 등에 대한 충분한 이해가 없으면 소리의 주파수나 강도를 조절했을 때 나타나는 수행상의 차이는 제대로 예언될 수 없을 것이다.

기타 감각들

시각과 청각은 이 장과 앞 장에서 중점적으로 다루어졌는데, 그 이유는 시감각과 청감각이 인간-기계 시스템 설계에서 가장 중요할 뿐만 아니라 가장 큰 시사점을 가지고 있기 때문이다. 인간의 경험에 매우 중요한 '다른' 감각들은 시스템 설계에서 훨씬 작은 역할을 한다. 후각과 미각 같은 감각들은 음식을 먹을 때 즐거움을 줄 수 있는 매우 중요한 요소들이고, 특히 후각의 경우 화재나 엔진 과열과 같은 것에 대한 중요한 정보를 제공하는 기능을 담당하고 있기는 하지만, 여기에서 이들에 대해서는 논의하지 않을 것이다. 대신 여기에서는 설계와 직접적으로 관련된 세 가지 범주의 감각, 즉 물건을 만지거나 느끼는 감각(촉감각), 사지의 위치와 운동에 대한 감각(운동감각), 그리고 전신의 방향과 운동에 대한 감각(전정감각) 등에 대해 간단히 논의할 것이다. 이러한 감각들은 인간이 물리적 시스템들과 서로 협응적으로 상호작용하는 데 도움을 주는 중요한 정보를 제공하는 감각 경로들이다.

촉감각

피부 바로 밑에는 피부에 가해진 압력에 반응하는 감각 수용기들이 위치해 있다. 손이나 손가락이 환경 안에서 물리적 사물들과 상호작용할 때, 이러한 감각 수용기들은 손이나 손가락 혹은 신체의 다른 부위들에 전달되는 미묘한 힘의 변화에 대한 정보를 두뇌에 전달해 준다. 압력에 대한 감각뿐만 아니라 이러한 감각들은 손가락의 위치에 관한 고유감각과 결합하여, 조작되는 대상이나 물체의 형상(shape)에 관한 촉각(haptic) 정보를 제공해 준다(Loomis & Lederman, 1986; Kaczmarer & Bach-T-Rita, 1995). 다음의 몇 가지 사례들에서 이러한 감각 경로들의 중요성을 살펴볼 수 있다.

1. 계산기와 같은 것에서 볼 수 있는 피막 키보드(membrane keyboard)의 문제 중 하나는 손가락이 버튼에 위치해 있을 때 기계식 키에서와 같은 '느낌(촉각적 피드백)'을 제공해 주지 못한다는 점이다(제9장 참조).
2. 추운 날씨(혹은 다른 위험한 조작 상황에서)에서 착용해야 하는 장갑은 어떤 조작이 요구되었을 때, 이에 대한 촉각적 피드백을 유지할 수 있는 민감도를 갖도록 설계되어야 한다(Karis, 1987).
3. 조종사들이 두 개의 매우 상이한 제어장치—랜딩 기어와 보조 날개 제어장치—를 서로 자주 혼동하였는데 이 제어장치들을 각각 매우 독특하게 느낄 수 있도록 재설계함으로써 이 문제를 해결하였다. 즉 제어장치들은 그것들이 활성화시키는 시스템과 어느 정도 유사하게 느껴지거나 보일 수 있도록—랜딩기어 제어장치는 바퀴처럼, 즉 비행기의 타이어처럼 느껴지도록 하고, 보조 날개 제어장치는 사각형의 보조날개 형태처럼 느껴지도록—하였다(제9장 참조).
4. 브라유(Braille) 점자를 통해 시각장애인들에게 공간적 · 상징적 정보 모두를 전달할 수 있는 것처럼, 촉감각은 시각이나 청각이 손상된 사람들에게 정보를 전달해 주는 대체 경로로서 충분히 활용될 수 있다.
5. 제15장에서 자세히 논의할 가상 환경(virtual environment; Durlach & Mavor, 1995; Kaczmarer & Bach-T-Rita, 1995)의 설계자들은 손이 '가상적 대상'을 조작할 때 손가락에 전기적 자극을 제시함으로써 만지거나 느끼는 것에 대한 인공적 감각을 제공하고자 한다(Bullinger et al., 1997).
6. 시각 부담이 높은 상황에서 촉각 디스플레이는 중요한 사상에 대해 오퍼레이터의 주의를 환기시킬 수 있고(Sklar & Sarter, 1999), 추적 과제나 연속 제어에 대한 중요한 정보를 제공하기도 한다(Kortelling & van Emmerick, 1998). 이 점에 대해서는 제9상에 좀 더 자세히 기술되어 있다.

고유감각과 운동감각

우리는 앞 절에서 손가락의 위치에 대해 두뇌가 스스로 파악할 수 있는 고유감각(proprioceptive) 경로에 대해 소개한 바 있다. 실제로 신체의 모든 관절에 위치해 있는 풍부한 수용기 시스템들은 모든 지점에서 관절 각도에 대한 정확한 표상과 사지를 뻗었을 때 공간에서의 사지의 위치에 대한 표상을 뇌에 전달해 준다. 고유감각 경로는 운동감각(kinesthetic)

경로와 밀접하게 결합되어 있는데, 운동감각은 근육에 의해 행해지는 사지의 **운동**(motion)에 대한 감각을 전달해 준다. 운동감각과 고유감각은 모두 환경 속에서 우리가 매일 사물들과 상호작용할 때 매우 중요한 피드백을 풍부하게 제공해 준다. 이러한 감각들과 관련된 영역은 컴퓨터 시스템에서의 조이스틱이나 키보드, 자동차의 핸들, 기계의 클러치, 항공기의 제어장치 등의 설계이다(제9장 참조). 특수한 한 가지 예로 **등척형 컨트롤**(isometric control)이 있는데, 이것은 실제로는 움직이지 않고 다만 이것에 압력이 작동했을 때만 반응하도록 되어 있다. 따라서 등척형 컨트롤은 얼마나 컨트롤이 움직였는가에 대한 고유감각 피드백을 전혀 제공해 주지 못한다. 실제로 항공기의 등척형 사이드 스틱 컨트롤러를 도입하고자 했던 노력은 많은 조종사들의 저항을 받았는데, 왜냐하면 이러한 방식의 제어장치들에는 휘어지는 '느낌'이 제거되었기 때문이었다.

전정감각

내이 안의 깊숙한 곳(그림 5.2)에 두 개의 수용기들의 집합이 있는데, 하나는 **세반고리관**(semicircular canals)에, 그리고 또 하나는 **전정낭**(vestibular sacs)에 자리하고 있다. 각각은 신체 회전과 직선적 **가속**(accelerations)에 관한 정보를 뇌에 전달해 준다. 따라서 눈을 감은 채로 머리를 돌리면, 목으로부터 전달되는 운동적 피드백뿐만 아니라 세반고리관에 의해 경험되는 회전각의 가속에 의해 고개를 돌리고 있다는 것을 알게 된다. 머리가 세 개의 축 방향으로 회전할 수 있기 때문에 세 개의 세반고리관들이 각각의 축들에 할당되어 있다. 마찬가지로, 전정낭들은 자동차 속에서의 선형적 가속이나 감속에 대한 정보를 (앉아 있는 의자로부터 오는 촉감각과 함께) 운전자나 동승자에게 제공해 준다. 또한 이러한 기관들은 아래로의 가속적 중력의 힘에 대한 항상적 정보를 제공해 주기 때문에 이들을 통해 제공되는 정보들은 우리의 균형감각(어느 쪽이 위쪽인지를 알 수 있다거나 이탈로부터 교정하는 것)을 유지할 수 있도록 계속적으로 사용된다.

시스템들이 직접 움직이든(운송 수단처럼) 아니면 **모사된**(simulated) 운동(자동차나 항공기 시뮬레이터, 혹은 가상 환경 등과 같이)을 하든, 그러한 시스템들과 인간이 상호작용할 때 전정감각들은 가장 중요한 감각이다. 이러한 환경에서 전정감각들은 두 가지 현상에 대해 중요한(그리고 잠재적으로는 부정적일 수도 있는) 역할들을 하는데, 하나는 **착시**(illusions)이고 다른 하나는 **운동 멀미**(motion sickness)와 관련되어 있다.

운동에 대한 전정 착시는 특히 항공기와 같은 경우처럼 인체가 자연적으로 적응하지 못한 지속적 가속이나 비수직 방향으로 이동하는 상황에 접했을 때 발생한다. 예를 들어 조종사가 지면이나 지평선을 보지 않은 채 구름 속을 비행하는 경우, 전정감각들은 실제와는 다르게 위와 아래에 대한 방향을 바꾸어 생각하는 '속임수'에 빠지게 된다. 이러한 착시는 공간적 방향상실(spatial disorientation)과 같은 실제적 위험을 종종 야기할 수 있으며, 그 결과 항공기 통제의 상실을 가져올 수도 있다(O'Hare & Roscoe, 1990; Young, 2003).

전정감각들은 또한 운동 멀미에 중요한 역할을 한다. 정상적인 상태에서 우리의 시감각과 전정감각은 우리가 어떻게 방향을 취하고 있고, 또 어떻게 움직이고 있는가에 대해 부합적이고 중복적인 정보들을 뇌에 전달해 준다. 그러나 이 두 개의 감각 경로들이 서로 분리되어 각자가 뇌에 서로 다른 정보를 제공하는 경우들이 종종 있다. 예를 들어 하나는 '이것'이라고 뇌에 전달하는데, 다른 하나는 '저것'이라고 전달해 줄 수 있다. 이러한 것들이 운동 멀미를 일으킬 수 있는 조건들이다(Oman, 1993; Reason & Brand, 1975; Young, 2003; Jackson, 1994). 이러한 분리가 야기할 수 있는 한 가지 결과의 예는, 전정감각 단서들이 운동을 신호해 주는 반면 시각적인 세계에서는 이런 정보를 제공해 주지 않을 때이다. 바깥 세계를 보지 않으면서 어떤 운송 수단에 타고 있을 때(예 : 아주 어린 아이가 차의 뒷좌석에 앉아 있을 때, 선박의 승객이 선창이 닫혀 있는 갑판 아래에 있을 때, 그리고 항공기 승객이 구름 속을 날고 있을 때)는 움직이고 있다는 것에 대한 아무런 시각적 증거를 갖지 못한다. 반면 운송 수단이 계속해서 흔들리거나 기울어지는 것들은 전정감각들에 움직임에 대한 매우 직접적인 자극들을 제공해 준다. 이렇게 두 가지 감각들이 갈등적인 경우에 종종 멀미가 발생하게 된다.

두 감각 사이의 갈등은 반대의 양상으로 나타나기도 한다. 비디오 게임을 할 때, 자동차나 항공기 시뮬레이터를 운전할 때, 그리고 가상적 환경에서 혹은 심지어 전혀 움직임이 없는 기차역 플랫폼에서 시각체계들은 매우 강력한 운동감각을 경험하게 된다. 이런 경우도 두 감각 사이에서 불일치가 발생하고, 불쾌한 멀미에 의해 뇌가 교란될 때 그 기능을 상실하게 되는(혹은 잘못된 경험을 하게 되는) 위험에 빠질 수 있게 된다(Bullinger et al., 1997). 우리는 이 주제에 대한 것을 스트레스와 관련된 제13장에서 다시 논의할 것이다.

결론

청각은 시각 혹은 다른 감각들과 결합되었을 때 뇌에 상당히 많은 정보를 제공해 줄 수 있다. 각각의 감각양식들은 나름대로 장단점을 갖고 있는 것으로 보이며, 여러 감각의 조화로운 결합을 통해 각각이 갖고 있는 취약점을 잘 보완할 수 있다. 현명한 설계자라면 두뇌의 고차적 중추 영역이 감각 정보들을 사용하여 지각, 해석, 의사결정, 그리고 더 높은 수준의 정보 처리를 할 수 있도록 감각들이 갖는 약점을 피하고 장점을 극대화할 수 있도록 할 것이다. 다음 두 개의 장에서는 이러한 고차 수준의 정보 처리 혹은 인지적 조작에 대해 고려할 것이다. 제8장에서는 디스플레이에 대한 신중한 공학적 설계를 통해 어떻게 감각 처리와 정보 처리가 인간 공학에서 결합될 수 있는지 살펴볼 것이다.

참고문헌

American Industrial Hygiene Association(1975). *Industrial noise manual*(3rd ed.) Akron, OH.

Ballas, J.A., and Muslins, R.T.(1991). Effects of context on the identification of everyday sounds. *Human Performance, 4,* 199-219.

Broadbent, D.E.(1972). *Decision and stress.* New York: Academic Press.

Caelli, T., and Porter, D.(1980). On difficulties in localizing ambulance sirens. *Human Factors, 22,* 719-724.

Casali, J., Lam, S., and Epps, B.(1987). Rating and ranking methods for hearing protector wearability. *Sound and Vibration, 21*(12), 10-18.

Crampton, G.(1990). *Motion and space sickness.* Boco Raton, FL: Chemical Rubber Company Press.

Durlach, N.I., and Mavor, A.(eds.).(1995). *Virtual reality: Scientific and technologic challenges.* Washington, DC: National Academy Press.

Edworthy, J., Loxley, S., and Dennis, I.(1991). Improved auditory warning design: Relations between warning sound parameters and perceived urgency. *Human Factors,* 33, 205-231.

Environmental Protection Agency(1974). *Information on levels of environmental noise requisite to Protect public health and welfare with an adequate margin of safety*(EPA 550/9-74-004). Washington, DC.

Gaver, W.W.(1986). Auditory icons: Using sound in computer interfaces. *Human-Computer Interaction, 2,* 167-177.

Hancock, P.A., Parasuraman, R., and Byrne, E.A.(1996). Driver-centered issues in advanced automation for motor vehicles. In R. Parasuraman and M. Mouloua(eds. *Automation and human performance: Theory and applications*(pp.337-364 Mahwah, NJ: Lawrence Erlbaum.

Handel, S.(1989). Listening: *An introduction to the perception of auditory event.* Cambridge, MA:

MIT Press.

Hawkins, F.H.(1993). *Human factors in flight.* Brookfield, VT: Ashgate.

Jackson, J.(1994). A multimodal method for assessing and treating airsickness. *The International Journal of Aviation Psychology,* 4(1), 85-96.

Kaczmarer, K., and Bach-T-Rita, P.(1995). Haptic displays. In W. Barfield and T. Furness(eds.) *Virtual environments and advanced interface design.* New York: Oxford University Press.

Karis, D.(1987). Fine motor control with CBR protective gloves. *Proceedings of the 31st Annual Meeting of the Human Factors Society*(pp.1206-1210). Santa Monica, CA: Human Factors Society.

Kryter, K.D.(1972). Speech communications. In H.P. Van Cott and R. G Kinkade(eds.), *Human engineering guide to system design.* Washington, DC: U.S. Government Printing Office.

Kryter, K.D.(1983). Presbycusis, sociocusis and nosocusis. *Journal of the Acoustical Society of America, 73*(6), 1897-1917.

Lee, J., and Moray, N.(1992). Trust, control strategies and allocation of function human-machine systems. *Ergonomics, 35*, 1243-1270.

Loomis, J. M., and Lederman, S.J.(1986), Tactual perception. In K. Boff, L. Kaufman, and J. Thomas eds.), *Handbook of human perception and performance.* New York: Wiley.

Massaro, D.W., and Cohen, M.M.(1995). Perceiving talking faces. *Current Directions in Psychological Science,* 4, 104-109.

Meecham, W.(1983, May 10). Paper delivered at Acoustical Society of America Meeting, Cincinnati, Ohio, as reported in *Science News, 123*, p.294.

Miller, G.A., Heise, G.A., and Lichten, W.(1951). The intelligibility of speech as a function of the text of the test materials. *Journal of Experimental Psychology 41,* 329-335.

Miller, G.A., and Nicely, P.E.(1955). An analysis of some perceptual confusions among some English consonants. *J. Acoust. Soc. Amer. 27*, 338.

Muir, B.M.(1988). Trust between humans and machines, and the design of decision aids. In E. Hollnagel, G. Mancini, and D.D. Woods(eds.), *Cognitive engineering in complex dynamic worlds*(pp.71-83). London: Academic Press.

O'Hare, D., and Roscoe, S.N.(1990). *Flightdeck performance:* The human factor. Ames, IA: lowa State University Press.

Occupational Safety and Health Administration(1983). Occupational noise exposure: Hearing conservation amendment. *Federal Register, 48,* 9738-9783.

Parasuraman, R., Hancock, P., and Olofinboba, O.(1997), Alarm effectiveness in driver-centered collision warning systems. *Ergonomics 40*, 390-399.

Parasuraman, R., Warm, J.S., and Dember, W.N(1987). Vigilance, taxonomy and utility. In L.S. Mark, J.S. Warm, and R.L. Huston(eds.), *Ergonomics and human factors*(pp.11-31). New York: Springer-Verlag.

Patterson, R.D.(1990). Auditory warning sounds in the work environment. *Phil. Trans. R. Soc. Lond. B, 327,* 485-294.

Pisoni, D.B.(1982). Perception of speech: The human listener as a cognitive interface *Speech Technology, 1,* 10-23.

Reason, J.T., and Brand, J.J.(1975). *Motion sickness.* New York: Academic Press.

Sanders, M.S., and McCormick, E.J.(1993). *Human factors in engineering and design(7th ed.).* New York: McGraw-Hill.

Selcon, S.J., Taylor, R.M., and Mckenna, F.P.(1995) Integrating multiple information sources: Using redundancy in the design of warnings. *Ergonomics, 38*(11), 2362-2370.

Simpson, C.(1987). Speech controls and displays. In G. Salvendy(ed.), *Handbook of human factors.* New York: Wiley

Simpson, C., and Williams, D.H.(1980). Response time effects of alerting tone and semantic context for synthesized voice cockpit warnings. *Human Factors, 22*, 319-330.

Sorkin, R.D.(1989). Why are people turning off our alarms? *Human Factors Bulletin, 32*(4), 3-4.

Sorkin, R.D., Kantowitz, B.H., and Kantowitz, S.C.(1988). Likelihood alarm displays. *Human Factors, 30,* 445-460.

Sumby, W., and Pollack, I.(1954). Visual contribution to speech intelligibility in noise. *Journal of the Acoustical Society of America, 26,* 212-215.

Taylor, W., Pearson, J., Mair, A., and Burns, W.(1965). Study of noise and hearing in jute weavers. *Journal of the Acoustical Society of America, 38,* 113-120.

Wickens, C.D.(1992). *Engineering psychology and human performance*(2nd ed.). New York: Harpercollins.

Wolgather, M.S., Kalsher, M.J., and Racicot, B.M.(1993). Behavioral compliance with warnings: Effects of voice, context, and location. *Safety Science, 16,* 637-654.

Yost, W.A.(1994). *Fundamentals of hearing*(3rd ed.). San Diego, CA: Academic Press.

6 인지

로라는 약속 장소에 가기 위해 익숙하지 않은 대도시 속을 새로 장만한 자동차 항법 장치에 의지하여 운전하고 있었다. 약속 장소까지 가는 방법을 적은 지시문을 읽기는 하였지만 도무지 알 수가 없었다. 그녀는 눈을 도로에서 떼지 않고도 목적지까지 길을 안내해 주는 음성 디스플레이가 필요하다고 느꼈다. 물론 교통 체증이 시작되기 전에 음성 디스플레이를 작동시킬 생각을 하고 있었지만 교통 체증이 예상보다 빨리 시작되고 말았다. 약속 시간에 늦었기 때문에 차를 옆에 세우고 음성 모드로 항법 장치를 전환하는 대신 계속 운전하면서 음성 모드로 전환하기 위한 절차를 시도해 보았다. 그러나 제대로 되지 않았고, 그 대신 전자 지도를 겨우 작동시킬 수 있었다. 하지만 그녀는 남쪽 방향으로 운전하고 있었고 전자 지도는 위쪽이 북쪽으로 표시되어, 이 때문에 매우 혼란스러웠다. 그녀는 결국 길을 잃었고 하는 수 없이 어떻게 가야 하는지 직접 물어보기 위해 휴대전화를 꺼내 들고 종이에 적어 놓았던 전화번호인 303-462-8553을 곁눈질로 보면서 전화를 걸었다. 그러나 그녀가 돌린 전화번호는 303-462-8533이었다. 전화 응답이 없자 그녀는 짜증이 났다. 다시 전화번호를 확인하고 이번에는 좀 더 신중히 전화번호를 눌렀다. 그때 그녀는 오른쪽에서 들어오는 차량을 보지 못했고, 경적 소리가 울리고 나서야 상황을 깨닫게 되었다. 그녀는 브레이크를 급하게 밟았고 겨우 사고를 모면할 수 있었다. 길가에 차를 세우고, 현재 위치를 확인한 다음, 이번에는 좀 더 안전하게 다시 전화를 걸었다.

우리는 매일 다양한 목적들을 달성하고 세상에 성공적으로 적응하기 위해 우리의 환경으로부터 주어지는 엄청난 양의 정보를 처리해야 한다. 방금 앞에서 본 사례는 인간이 만든 기계(혹은 환경)와 인간 정보 처리 시스템 사이의 빈약한 대응 때문에 우리가 경험하는 전형적인 문제들에 대한 예시이다. 이러한 비대응 때문에 사람들은 종종 잘못 지각하거나 때로는 기억의 실패를 경험하기도 한다. 비록 앞의 사례가 비교적 사소한 것이기는 하지만, 이런 문제들이 부상이나 사망에까지 이르게 한 경우들도 많이 있다(Casey, 1993; Wickens & Hollands, 2000). 이러한 심각한 사례들의 몇 가지에 대해서는 안전에 대한 문제들을 다룬 제14장에서 더 자세히 논의될 것이다. 이 장에서는 일반적으로 인지(cognition)라고 알려진, 사람들의 지각과 사고, 그리고 기억에 대한 기본적 기제들을 고려할 것이다. 그리고 어떻게 이러한 정보들이 처리되는지 이해하기 위한 틀을 제공할 것이다. 우리는 인간의 인지 시스템이 갖고 있는 다양한 한계점에 대해 기술한 후에, 이들이 설계 문제와 관련하여 어떠한 함의점들이 있고 또 그 해결방안들은 무엇인지에 대해서 고려할 것이다.

인간 정보 처리 시스템은 정보가 변형되는 과정에 따라 (1) 환경에 대한 정보의 지각, (2) 그러한 정보들의 중추적 처리 및 변형, 그리고 (3) 정보에 대한 반응과 같은 몇 가지 **단계**들로 묶인다. 우리는 이처럼 단순한 세 단계 모형보다는 좀 더 정교화된 모형을 다루지만, 이 장에서는 우선 첫 번째와 두 번째 단계를 인지과정에 포함하여 주로 살펴볼 것이다. 이 단계들은 전형적으로 응용 인지심리학 영역에서 많이 다루고 있다(Durso, 1999). 그 다음, 앞 장들에서 빠졌던 청각 및 시각과 관련된 좀 더 감각적인 측면에 대해 논의할 것이다. 다음의 제7장에서는 의사결정의 기초를 형성하는 좀 더 복잡한 인지적 과정에 대해 논의할 것이다. 지각 및 인지가 디스플레이 설계에 대해 갖는 함의점들에 대해서는 제8장에서, 그리고 제어장치 설계에 대해서는 제9장에서 논의할 것이다. 이 장에서의 기억에 대한 논의는 학습과 직접적인 관련이 있는데, 이에 대해서는 제18장에서 좀 더 자세히 다룰 것이다.

정보 처리 모델

그림 6.1에 보이는 것은 일종의 정보 처리 모델인데, 여기에서는 인지(세상에 대한 지각, 사고 및 이해)에 전형적으로 영향을 미치는 측면들을 부각시켜 주고 있다. 그림의 왼쪽에 보이는 감각은 정보를 모은다. 그 다음, 이 감각된 정보는 **지각**(perceived)되는데, 이 과정에서는 우리의 이전 지식의 도움으로 감각된 것에 대해 의미 있는 해석이 주어진다(이것은 그림

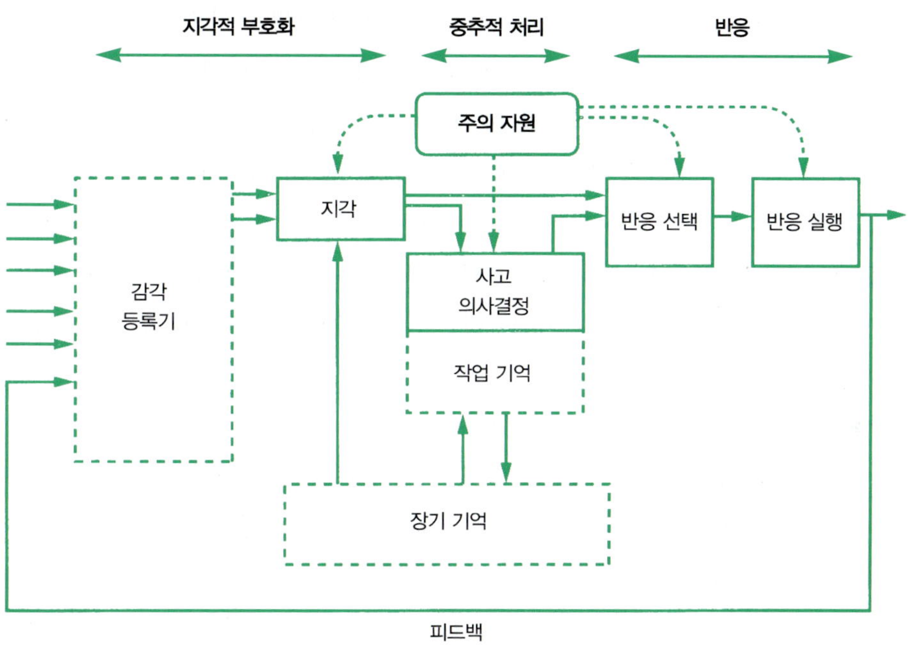

그림 6.1
인간 정보 처리 모형

4.6에서 기술하였던 **하향 처리**이다). 이전 지식은 장기 기억에 저장되어 있다.

이 장의 초반부에서 예시했던 운전자가 오른쪽에서 끼어드는 차를 피하기 위해 급하게 브레이크를 밟았던 것처럼, 지각은 때로 반응 선택이나 반응 실행을 직접적으로 이끈다. 그러나 **작업 기억**(working memory) 안에 있는 지각된 정보에 대해 '생각하거나' 조작할 때는 행위가 지연되거나 혹은 전혀 실행되지 않는 경우도 매우 빈번하다. 정보 처리에서 이 단계는 우리가 의식적으로 수행하는 시연, 계획, 이해, 시각화, 의사결정, 그리고 문제해결과 같은 다양한 정신적 활동에서 주된 역할을 한다. 작업 기억은 일시적이고 노력이 요구되는 저장소이다. 작업 기억이 사용되는 활동 중의 하나는 정보를 좀 더 영구적으로 **장기 기억**(long-term memory)에 표상하는 것이다. 그러한 정보는 장기 기억으로부터 몇 분, 몇 시간, 며칠 혹은 몇 년 이후에 인출될 수 있다. 정보를 장기 기억 속에 저장하였다가 필요할 때 꺼내 쓰는 것이 학습과 인출과정이다. 그림에서도 볼 수 있듯이, 우리가 익숙한 정보를 지각할 때마다 장기 기억으로부터 정보가 인출된다.

그림에서 볼 수 있듯이, 정보 처리의 많은 단계들이 정신적 혹은 인지적 **자원**(resources)에 의존하여 처리된다는 것을 알 수 있다. 정신적/인지적 자원은 일종의 주의 혹은 **정신적 노력**(mental effort)이다. 이것은 가용성이 제한되어 있고, 필요에 따라 각 처리들에 할당된다. 주의의 본질과 관련하여 중요한 측면 중 하나는 주의의 역할이 서로 대비되는 두 가지로 구분될 수 있다는 점이다. 주의의 역할 중 하나는 정보를 좀 더 처리하기 위해 감각 경로들 중 일부를 **선택**한다는 것이다. 예를 들어 우리의 눈은 주어진 특정 시점에 세상의 일부에만 초점을 맞출 수 있다. 이와는 대조적으로, 주의의 또 다른 역할은 과제들 사이에 주의를 분산시켜 수행의 모든 측면들을 지원하는 것이다. 이러한 주의의 두 측면, 즉 선택과 분산에 대해서는 이 장에서 따로 다루고자 한다.

마지막으로, 그림에서 피드백 루프에 주목하라. 우리가 어떤 행위를 하게 되면 그 행위는 때로 감각되고 지각되어야 하는 새로운 정보를 생성하게 된다. 이러한 정보 처리의 순서는 어느 단계에서나 시작될 수 있다. 예를 들어 우리는 지각에 의지하지 않고 의사결정을 통해 행위를 시작할 수 있다. 그 다음 감각과 지각 단계를 거쳐 그러한 결정의 결과를 평가할 수 있을 것이다. 이러한 폐쇄 피드백 루프의 중요성에 대해서는 제9장에서 논의할 것이다.

선택 주의

이 장의 서두에서 예시했던 일화에서, 로라는 휴대전화를 보는 순간에는 도로에 주의를 기울이지 않았다. 그리고 이러한 선택 주의의 실패로 인해 하마터면 사고가 날 뻔했다. 제17장에서도 살펴보겠지만 주의 실패(이들의 많은 부분은 선택 주의의 실패이다)는 자동차 사고의 주요 원인이다(Malaterre, 1990). 마찬가지로, 인명 피해가 가장 많았던 상업용 항공기 사고, 즉 조종사에 의해 항공기가 지상과 충돌하는 **조종 상태 지상 충돌**(controlled flight into terrain)의 원인은 대부분 항공기 고도와 관련된 모든 정보 원천들에 선택적으로 주의를 기울이지 못했기 때문이다(Phillips, 2002; Wiener, 1977).

선택 주의가 지각을 보장해 주지는 못하지만, 지각하기 위해서는 선택 주의가 필요하다. 다시 말해 우리는 우리가 지각하는 것을 주시하고, 주시하고 있는 것을 지각한다. 우리는 제4장에서 선택 주의에서의 시각적 주사에 대해 고려한 바 있다. 시각 양상에서 우리가 '눈알(eyeball)'을 통해 주의를 기울이는 것과는 달리, 선택적 청각 주의의 지표로 사용될 수 있는 '귀알(earball)' 은 갖고 있지 않다. 그러나 시각과 마찬가지로 청각 주의를 선택적으로 기울인다는 것을 나타내는 현상들이 있다. 예를 들어 시끄러운 작업장에서 다른 대화나 소음을 여과시키면서 특정한 대화에 주의를 집중할 수 있다.

어떤 경로(channel)에 주의를 선택적으로 기울일 것인지는 전형적으로 네 가지 요인, 즉 **현저성**(salience), **노력**(effort), **기대**(expectancy) 및 **가치**(value)에 의해 결정된다(Wickens et al., 2003). 우리가 제4장과 제5장에서 지각 과정에 적용했던 것처럼, 이들은 자극 주도적 상향 처리와 지식 주도적 하향 처리의 틀 속에서 서로 대비될 수 있다. 현저성은 상향 처리이고, 이는 **주의 획득**(attentional capture)과 관련된다(Yantis, 1993). 예를 들어 앞에서 예시한 일화에서 자동차 경적은 분명 로라의 주의를 획득하였을 것이다. 설계자들은 중요한 사상들을 경고나 경보를 통해 알려주기 위해 현저한 자극 차원을 사용한다. 갑작스럽게 시작되는 자극(Yantis, 1993), 독특한 자극이나 청각 자극(Spence & Driver, 2000; Banbury et al., 2001), 그리고 촉각 자극(Sklar & Sarter, 1999) 등은 특히 현저한 자극들이다. 반면 이러한 특징들을 갖고 있지 않은 많은 사상들은 비록 이것들이 중요할지라도 주의를 끌지 못할 것이다. 이러한 현상은 변화맹(change blindness) 혹은 주의맹(attentional blindness)이라고 알려져 있다(Rensink, 2002).

기대와 가치는 주의 할당에서 하향 처리 혹은 지식 주도 요인들이라고 불린다. 즉 우리는 정보를 찾을 수 있을 것으로 기대되는 곳을 주시하거나 '표집' 하는 경향이 있다. 제4장에서 논의한 시각 탐색을 예로 들어 보면, 방사선과 의사는 x-선 촬영 사진 안에서 비정상적 요소가 있을 것으로 기대되는 곳을 좀 더 면밀하게 살필 것이다. 마찬가지로, 조종사는 가장 빠르게 변하는 계기를 가장 자주 주시할 것인데, 왜냐하면 그 계기는 또 다시 변화될 것으로 기대되기 때문이다(Senders, 1964; Bellenkes et al., 1997). 어떤 경로를 얼마나 자주 주시하거나 주의를 기울일 것인지는 주시하는 곳의 가치가 얼마나 되는가(혹은 그 경로에서 발생한 사상을 놓쳤을 때 초래하는 비용은 얼마나 되는가; Moray, 1986)에 의해서도 바뀔 수 있다. 이것이 바로 숙련된 비행기 조종사가 주변에 다른 비행기들이 거의 없어도 자주 조종실 밖을 주사하는 이유이다(Wickens et al., 2002). 다른 비행기들을 살펴보지 않아서 그 비행기와 충돌한다면 그 비용은 엄청날 것이다.

마지막으로, 노력이 많이 요구된다면 선택 주의는 억제될 수 있다. 우리는 긴 거리보다는 짧은 거리를 주사하는 것을 더 선호하고, 때로 머리를 돌려 정보 원천들을 선택하는 것을 꺼리기도 한다. 이것이 바로 운전자들(특히 피곤한 운전자들이라면)이 차선을 변경할 때 고개를 돌려 사각 지대에 다른 차들이 있는지 여부를 잘 체크하지 않는 이유이다.

대적으로 덜 자동적이다. 지각과 이해의 구분은 분명하지 않다. 굳이 구분해 보자면, 우리는 단어를 지각한다고 하는 대신 문장을 구성하는 일련의 단어들을 이해한다고 생각한다. 앞으로 살펴보겠지만, 지각과 마찬가지로 이해는 상당 부분 과거 경험과 장기 기억에 의존하는 하향 처리에 의해 주도된다. 그러나 이해는 작업 기억의 역량에도 많이 의존하는 경향이 있다(이것은 지각과는 다른 측면이다).

작업 기억

기억 실패는 누구에게나 그리고 비교적 자주 발생한다(Schacter, 2001). 때로 기억 실패는 여러분이 바로 전에 만들었던 패스워드를 잊어버리는 것과 같이 비교적 사소한 것일 수 있다. 그러나 기억 실패는 매우 중대한 결과를 초래할 수도 있다. 한 가지 예로, 1915년에 스코틀랜드의 한 기차역에서 선로를 변경하는 일을 담당한 근로자가 선로를 변경하는 것을 망각하여 같은 선로에서 마주 보고 달리던 기차들이 충돌하여 200명의 사망자를 낳게 하고 말았다(Rolt, 1978).

다음 몇 개의 절에서는 인간 기억 시스템을 포함하는 인지 부분에 대해 초점을 맞출 것이다. 많은 증거들이 매우 상이한 두 가지 유형의 기억 저장이 있다는 것을 보여주고 있다. 먼저 **작업 기억**(working memory)—이것은 때로 **단기 기억**(short-term memory)이라고도 불린다—은 시연되거나 혹은 다른 인지적 변형에 의해 '작업되는' 소량의 정보를 비교적 일시적이고 제한적으로 유지한다(Cowan, 2001; Baddeley, 1986, 1990). 이것은 우리가 정보를 사용하고 있을 때나 혹은 정보를 사용할 때까지 그것이 활성화되어 있도록 하는 임시 저장소이다. 작업 기억의 몇 가지 예는 우리가 전화번호부에서 전화번호를 찾아 그 번호를 다 돌릴 수 있을 때까지 작업 기억 속에 그 번호를 유지하는 것, 문장을 이해하기 위해 처음에 들었던 단어들을 다음 단어가 나오기까지 기억하고 있다가 이들을 서로 통합하는 것, 우리가 두 개의 두 자리 숫자를 곱할 때 소계를 '유지'하기 위해 작업 기억을 사용하는 것, 혹은 지도를 본 후 다음에 나올 교차로에 대한 이미지를 떠올려 보는 것 등이다. 작업 기억은 두 개의 서로 다른 정보 유형, 즉 언어 정보와 공간 정보를 유지한다.

또 다른 기억 저장소인 **장기 기억**(long-term memory)은 작업 기억에서 더 이상 활성화되지 않는 정보를 저장하고, 시간이 지난 후에 그 정보를 인출하는 기능을 수행한다. 작업 기억이나 장기 기억으로부터 인출이 실패하는 경우 이것을 **망각**(forgetting)이라고 한다. 개념적으로 볼 때, 작업 기억은 환경으로부터 지각된 것이든 혹은 장기 기억으로부터 인출된 것이든 활성화되어 있는 정보를 임시로 유지한다. 반면 장기 기억은 정보를 비교적 수동적으로 저장하는 곳이라 할 수 있다. 장기 기억은 정보가 인출되어야 할 필요가 있을 때만 활성화된다. 작업 기억의 제한점들은 시스템 설계에 중요한 시사점들을 갖고 있다.

작업 기억 모델

작업 기억은 Baddeley(1986, 1990)에 의해 제안된 모델의 맥락에서 이해될 수 있다. 이 모델에서 작업 기억은 세 개의 하위요소들로 구성되어 있다. **중추적 집행부 요소**(central executive component)는 두 개의 '저장' 시스템으로부터 오는 정보를 조율하는 일종의 주의 통제 시스템으로서 작용한다.

시공간 스케치 패드(visuospatial sketch pad)는 아날로그적 공간 형태의 정보(예 : 시각적 심상)들이 사용되는 동안 이것들을 유지한다(Logie, 1995). 이러한 이미지들은 감각이나 장기 기억으로부터 가져온 부호화된 정보로 구성되어 있다. 따라서 항공 관제사는 항공기들이 상공의 어디에 위치해 있는지에 대한 정보를 유지하기 위해 이 시공간 스케치 패드를 사용한다. 디스플레이가 순간적으로 시야에서 벗어났을 때 관제사에게 이러한 표상의 사용은 필수적인 것이 될 수 있다. 이러한 공간적 작업 기억 요소는 운전자가 구두로 지시된 항행 정보를 듣고 다음에 어디에서 회전해야 하는지에 대한 심상 지도를 구성하는 경우에도 사용된다. 서두의 예시에서 로라는 남쪽을 향해 운전하면서 위쪽이 북쪽으로 표시되는 전자 지도를 보며 운전해야 했다. 이러한 불일치 때문에 로라는 눈으로 직접 보이는 도로 장면과 지도에 제시된 정보를 서로 맞추기 위해 심적 회전(mental rotation)을 해야 했는데, 이러한 과정은 공간적 작업 기억에서 이루어지는 것이다.

음운 루프(phonological loop)는 언어 정보를 일종의 청각적 형태로 표상한다(Baddeley, 1990). 이러한 언어 정보는 입으로 직접 소리를 내거나 혹은 마음속으로 '말함으로써' 작업 기억의 음운 루프 속에서 활성화된 상태 혹은 '시연된' 상태로 유지된다. 따라서 우리가 전화번호를 기억하려고 할 때 우리는 더 이상 필요하지 않을 때까지 그 번호들을 마음속으로 되뇌는 것이다.

재료가 언어적이든(음운 루프에서) 아니면 공간적이든(시공간 스케치 패드에서) 작업 기억 속에 정보를 유지시킬 수 있는 우리의 능력은 네 가지의 서로 관련되어 있는 측면들에서 제한되어 있다—얼마나 많은 정보들이 활성화되어 유지될 수 있는가(용량), 얼마나 오랫동안

활성화되어 유지될 수 있는가, 작업 기억 속의 요소들과 현재 진행되고 있는 정보 처리 요소들이 서로 얼마나 유사한가, 그리고 이러한 재료들을 활성화된 상태로 유지하기 위해 얼마나 많은 주의가 요구되는가.

작업 기억의 한계

용량 연구자들에 따라 다르지만(예 : Cowan, 2001) 작업 기억의 용량(capacity)은 상한계가 정보의 7±2 군집(chunks) 정도라고 정의하였다(Miller, 1956). 군집은 작업 기억 공간의 단위이다. 작업 기억 속의 군집은 항목들을 서로 묶는 물리적 · 인지적 속성들에 의해 정의된다. 따라서 4개의 서로 관련 없는 낱자들, X F D U는 4개의 군집으로 구성되어 있고, 4개의 숫자열 8 4 7 9도 마찬가지이다. 그러나 4개의 낱자들 DOOR와 4개의 숫자들 2004는 오직 하나의 군집을 갖는데, 왜냐하면 이들은 하나의 의미 있는 단위로 약호화될 수 있기 때문이다. 그 결과 각각은 작업 기억 속에서 오직 하나의 '슬롯(slot)' 만을 차지한다. 따라서 작업 기억은 7±2개의 서로 관련 없는 낱자들이나 숫자들뿐만 아니라, 7±2개의 단어나 익숙한 날짜들을 유지할 수 있다.

그렇다면 무엇이 항목 단위들을 묶어 하나의 군집으로 만드는가? 앞의 예들이 시사하듯이, 그것은 단위들 사이의 연결 혹은 연합에 대한 친숙성(familiarity)이다. 친숙성은 과거 경험에 기초하고 있기 때문에 장기 기억과 관련되어 있다. 이것이 작동하는 방식은 앞에서 논의했던 지각에서의 단위화의 역할과 유사하다. 아동이 글 읽는 것을 배워 감에 따라 단어 속의 각 낱자들은 점차 하나로 통합되어 하나의 군집을 형성하게 된다. 마찬가지로, 특정 영역에 대해 전문가가 친숙성을 획득해 갈수록 몇 개의 군집(즉 개개의 낱자들)이었던 두문자어(acronym)나 축약어(abbreviation)가 하나의 군집이 된다.

군집화는 몇 가지 방식에서 작업 기억의 작동에 이점을 준다. 첫째, 가장 직접적인 이점으로서 군집화는 작업 기억 속의 항목 수를 줄여줌으로써 작업 기억의 저장 용량을 증가시켜준다. 둘째, 이상적인 군집화는 장기 기억 속에 있는 의미 있는 연합의 사용을 통해 정보를 보유할 수 있도록 도와준다. 셋째, 작업 기억 속에서의 감소된 항목 수 때문에 재료들이 더 쉽게 시연될 수 있고, 이에 따라 장기 기억 속으로 더 잘 전이될 수 있게 된다(이것은 다음에 작업 기억의 부담을 줄여주는 것이기도 하다).

작업 기억 속의 군집은 '기억 단위' 로 생각할 수 있지만 이들 사이를 공간적으로 분리함으로써 **지각적 군집**(perceptual chunks)을 형성할 수 있다는 점에서 물리적 속성도 갖는다.

예를 들어 일반적인 전화번호 형태인 123 456 7890은 세 개의 물리적 군집들을 갖고 있다. 그와 같은 물리적 군집은 기억에 도움을 주기는 하지만, 물리적 군집은 그것의 인지적 군집과 결합될 때 가장 효과가 크다. 예를 들어 FBI CIA USA와 FBICIAUSA 중에서 어떤 것이 더 잘 지각되고 기억하기 용이한지 생각해 보자.

시간 작업 기억의 용량 한계는 작업 기억의 두 번째 한계, 즉 얼마나 오랫동안 정보가 작업 기억 속에 남아 있는가와 밀접하게 관련되어 있다. 작업 기억 속에서 정보의 강도는 주기적으로 재활성화되지(reactivated) 않으면―이러한 주기적 재활성화 과정을 유지 시연(maintenance rehearsal)이라고 부른다―시간이 경과함에 따라 소멸된다(Cowan, 2001). 청각 항목들에 대한 유지 시연은 본질적으로 마음속으로 항목들을 되뇌는 일종의 계열적인 과정이다. 따라서 주어진 항목들에 대해 특정 항목을 활성화할 수 있는 시간 간격은 전체 항목들을 재활성화하는 시간의 길이에 달려있다. 7개의 숫자로 된 전화번호의 경우에는 비교적 짧은 시간 안에 모든 항목들을 계열적으로 재활성화할 수 있으며, 짧은 시간이 주어졌다 하더라도 모든 항목들에 대한 활성화를 유지하는 데 충분하다(예 : 전화번호의 첫 번째 숫자는 마지막 숫자를 활성화한 후에도 아직 활성화되어 있다). 작업 기억 속에 있는 군집의 수가 클수록(7개의 숫자로 된 전화번호에 3개의 숫자로 된 지역번호가 추가되는 경우) 유지 시연 과정에서 모든 항목들을 차례로 시연하여 처음 항목으로 다시 돌아올 때까지의 시간이 더 많이 걸리게 될 것이고, 재활성화될 수 있는 범위를 벗어난 항목들이 소멸될 가능성이 커질 것이다.

몇 가지 사례를 더 언급하면서 작업 기억의 두 가지 중요한 특징들을 논의하고자 한다. 이 두 가지는 모두 시간 및 용량과 관련된다. 첫째, 7개의 숫자는 작업 기억 용량의 범위 안에 있지만 10개의 숫자는 분명 그 한계를 넘은 것이다. 따라서 작업 기억 속에 지역번호까지 유지하도록 한다면(특히 그 지역번호가 익숙한 것이 아니라면) 이것은 좋지 못한 인간공학 설계이다(더구나 장거리 전화로 잘못된 번호를 돌렸을 때는 비용도 많이 들 것이다). 둘째, 만일 익숙한 지역번호라면 이것은 세 개의 군집이 아닌 하나의 군집만을 생성하고, 전화번호의 국번 역시 세 개의 군집에서 하나의 군집으로 축소된다. 따라서 자기 집 전화번호는 작업 기억 용량에서 10개가 아닌 6개의 슬롯만을 차지하게 된다.

서로 다른 군집의 수에 따른 작업 기억의 쇠퇴를 예언하기 위해 Card, Moran, 그리고 Newell(1986)은 몇 개의 연구로부터 얻은 자료들을 조합하여 작업 기억 속에서 항목들의

'반감기(항목들에 대한 회상이 반으로 줄어드는 데 걸리는 지연 시간)'를 측정하였다. 3개의 군집을 갖는 기억 저장에 대해서는 대략 7초, 그리고 1개의 군집에 대해서는 대략 70초의 반감기가 추정되었다.

혼동 가능성과 유사성 제4장에서 지각적 혼동 가능성이 에러의 원천이 된다는 것을 살펴보았다. 마찬가지로, 작업 기억에서 항목들이 갖는 세부 특징 사이의 높은 혼동 가능성—즉 유사성—은 재활성화 이전에 이러한 세부 특징들이 쇠퇴할수록 이들을 구별 짓는 특징들이 사라질 가능성이 증가한다는 것을 의미한다. 예를 들어 E G B D V C 순서로 나열된 낱자열은 E N W R U J 순서로 나열된 낱자열에 비해 작업 기억으로부터 올바르게 인출될 가능성이 떨어지는데, 왜냐하면 전자의 경우 음향적 세부 특징들에서 혼동 가능성이 더 크기 때문이다. (사실 이것은 음운 루프에서 청각 측면들의 우세성을 보여주는 것이기도 하다. 자극 목록이 청각적으로 제시되든 시각적으로 제시되든 상관없이 작업 기억에서의 이러한 혼동의 차이는 일관적으로 관찰된다.) 따라서 유사한 자극 재료일수록(특히 그러한 재료들이 특정한 순서에 따라 회상되어야 할 때는 더) 작업 기억으로부터의 인출이 어려워진다(Cowan, 2001). 항목의 반복도 혼동 가능성을 야기한다. 특히 어떤 항목을 반복해야 하는지 혼동하는 경우에 에러가 자주 발생한다. 예를 들어 앞의 예시에서 로라는 8553을 8533으로 착각하였다. Smith(1981)는 숫자와 문자 순서들에서 가장 혼동 가능성이 높은 자료들을 제시해 주고 있다.

주의와 유사성 언어적이건 공간적이건 작업 기억은 **자원 제한적**(resource-limited)이다. 그림 6.1에서 볼 수 있듯이, 작업 기억은 제한적으로 공급되는 주의 자원에 매우 많이 의존한다. 만일 그러한 자원이 동시에 수행해야 하는 다른 과제로 돌려진다면 시연은 중단되고 쇠퇴는 훨씬 더 빨라질 것이다. 특히 전화번호를 기억하면서 농구 스코어를 듣는 데 주의를 돌리는 것과 같이 자원을 사용하는 활동들이 서로 유사하다면, 추가된 혼동은 작업 기억의 내용을 더 심각하게 손상시킨다. 의식적이거나 의도적이지 않아도 주의 전환은 작업 기억을 방해한다. 예를 들어 Banbury와 동료들(2001)은 계열적 순서를 파지하는 데 소리가 거의 자동적으로 작업 기억을 침해할 수 있는 특별한 방식에 대해 기술한 바 있다. 우리는 이 장의 끝부분에서 청각적 방해에 대해 다시 논의할 것이다. 우리는 선택 주의를 논의하면서 청각 자극이 갖고 있는 주의-획득 속성에 대해 이미 언급한 바 있다. Baddeley의 작업 기억 모델의 용어를 빌면, 시공간 스케치 패드는 가리키기(pointing)나 추적(tracking)과 같은 공간적 과제들에 의해 더 많은 방해를 받고, 음운 루프는 듣기나 말하기와 같은 언어적 과제 혹은 언어 기반 과제들에 의해 더 많은 방해를 받는다(Wickens et al., 1983; Wickens, 2002).

작업 기억 한계의 인간 공학적 시사점

1. **작업 기억 부담을 최소화하라.** 무엇보다도 과제를 수행할 때, 인간 오퍼레이터가 작업 기억 속에 유지하고 있어야 하는 시간과 용량(문자나 숫자의 수)을 모두 최소화해야 한다(Loftus et al., 1979). 일반적으로 설계자들은 임의적인 숫자나 숫자열로 구성된 긴 부호를 사람들이 사용하지 않도록 해야 한다(Peacock & Peacock-Goebel, 2002). 컴퓨터 시스템에서 윈도우는 서로 다른 화면의 순서를 작업 기억에 보유해야 하는 부담을 줄여주고 나란히 배열된 정보 원천들을 서로 비교할 수 있게 해준다. 전자식 '메모장(notepads)'은 유사한 목적을 달성하게 해준다(Wright et al., 2000).
2. **시각적 보조물을 제공하라.** 언어적 메시지를 합성 음성으로 전달하고자 할 때는 이 정보가 작업 기억에서 사라지지 않도록 하기 위해 그 정보에 대한 시각적 재료들을 원래의 청각적 정보와 함께 중복적으로 제시해 줄 수 있고, 또 이상적으로는 그렇게 해야 한다. 예를 들어 요즈음 자동 전화 안내 시스템이 많이 사용되고 있는데, 이런 시스템은 대부분 합성된 목소리를 이용하여 전화번호를 안내해 준다. 이러한 시스템의 경우, 전화기에 부착된 작은 시각 디스플레이를 통해 청각적으로 안내된 것과 같은 번호를 '시각적으로 반복(visual echo)' 해 줄 수 있을 것이다. 시각 재료들은 쉽게 다시 볼 수 있다. 반면, 분명하게 기억되지 않은 청각 재료들은 다시 '반복' 해 줄 것을 요구하지 않는 한 다시 들을 수 없다.
3. **순차적 과제들에 대해서는 특정 단계의 종료를 알려주는 표시를 하라.** 여러 단계를 요구하는 과제들에 대해서는(특히 각 단계에서 수행하는 행위가 외형상 혹은 피드백에서 서로 유사하다면) 어떤 단계가 완료되었는지 시각적 상기물을 표시함으로써 순간적으로 주의 분산된 오퍼레이터가 무엇이 끝났는지 잊어버려 다음 과제를 수행하지 않거나, 처음부터 과제를 다시 수행해야 하는 문제를 해결할 수 있다(Gray, 2000).
4. **군집화를 이용하라.** 우리는 이미 군집화가 어떻게 작업 기억 속에서 유지될 수 있는 재료의 수를 증가시켜 장기 기억으로의 전이가 더 많이 될 수 있게 하는지를 살펴본 바가 있다. 따라서 군집화를 사용하는 것이 유리하며 그러한 방법들은 다음과 같다.

- **물리적 군집 크기.** 낱자, 숫자 혹은 이 두 가지 모두를 제시하고자 할 때는 군집당 3~4개로 낱자나 숫자를 제시하는 것이 최적의 군집 크기이다(Bailey, 1989; Peacock & Peacock-Goebel, 2002; Wickelgren, 1964).
- **의미 있는 연속체.** 인지적 군집을 만들어 내는 최상의 절차는 전체 문자열에 대해 의미 있는 연속을 찾거나 만들어 내는 것이다. 의미 있는 연속은 장기 기억 속에 이미 통합적으로 표상되어 있다. 이것은 연속체가 개별적인 문자열의 집합이 아닌 단일한 항목으로 존재하고 있음을 의미한다. 유의미한 연속체는, 예를 들면 555, 4321, 혹은 이름의 이니셜 등과 같은 것들이다.
- **숫자에 대한 문자의 우세성.** 일반적으로 문자들은 숫자들보다 더 잘 군집화되는데, 왜냐하면 문자들이 잠재적으로 유의미성을 더 잘 가질 수 있기 때문이다. TV 광고들은 이러한 원리를 활용하고 있다. 예를 들어 8개의 단위들로 구성된 전화번호 '1-800-663-5900'을 문자를 사용한 '1-800-GET-HELP'로 바꿔 군집의 수가 3개가 되도록 하는 것이다(특히 이러한 전화번호의 경우, '1-800'은 아주 익숙한 것이기 때문에 이 전화번호는 단지 'GET-HELP'만을 갖는 하나의 단위로 생각할 수 있다). 낱자들을 하나의 단어로 집단화하여 군집으로 만들면 작업 기억의 능력을 크게 증가시켜 줄 수 있다.
- **문자와 숫자를 분리하라.** 만일 디스플레이가 문자와 숫자를 혼합하여 사용하는 경우라면 이 두 가지를 분리하는 것이 더 좋다(Preczewski & Fisher, 1990). 예를 들어 '458 GST'와 같이 숫자로 된 군집 하나와 문자로 된 군집 하나를 포함하는 자동차 번호판은 '4G58ST'라든가 '4G58 ST'와 같이 문자와 숫자가 조합되어 있는 것보다는 작업 기억 속에서 더 쉽게 유지될 수 있을 것이다.

5. **혼동 가능성을 최소화하라.** 작업 기억에서의 혼동 가능성은 유지해야 하는 재료에 물리적인 구분을 가함으로써 감소시킬 수 있다. 우리는 이미 단어나 문자들을 서로 다르게 소리 나도록 한다면 이들을 시연하는 동안 혼동의 가능성을 감소시킬 것이라는 것을 살펴보았다. 때로 서로 혼동하게 하는 항목들 사이의 공통요소들을 제거함으로써 혼동 가능성을 줄일 수 있다. 예를 들어 A5433과 A5423보다는 2와 3 사이의 혼동이 훨씬 더 적다. 공간적 분리도 혼동 가능성을 줄여준다(Hess, Detweiler, & Ellis, 1999). 4개의 서로 다른 정보가 순환적으로 제시되는 디스플레이보다는 4개의 상이한 윈도우를 통해 제시되는 것이 계속 추적하기 더 쉬울 것이다. 그와 같은 경우에 특정 윈도우가 차지하는 공

간적 위치는 현저하고 변별력 높은 단서들을 제공함으로써 혼동 가능성을 줄여준다.

6. 기억해야 하는 코드에 불필요한 숫자 '0'을 사용하지 마라. 002385처럼 코드에 포함된 숫자 '0'들은(이것은 아마도 코드 숫자가 더 증가할 것을 기대하고 여분의 숫자 공간을 준비했기 때문일 것이다) 작업 기억에서 과도한 슬롯을 차지할 수 있을 것이다.
7. 지시문에서의 작업 기억 한계를 고려하라. 지시문에 포함된 문장들은 정확하게 이해될 수 있어야 한다. 특히 지시문이 응급 상황에서 대처하는 절차를 기술하는 것이라면 정확하게 이해될 수 있는 문장의 중요성은 더 커진다. 우리가 문장을 이해하기 위해서는 문장이 해석될 때까지 문장에 포함된 대부분의 단어들이 작업 기억 속에서 유지되어야 한다(Wickens & Carswell, 1997; Kintsch & Van Dijk, 1978; Carlson et al., 1989). 따라서 긴 문장은 쉽게 혼동될 수 있고, 특히 익숙하지 않은 단어나 부호를 사용할 때는 더욱 그러할 것이다. 특히 취약한 문장들은, 문장을 모두 이해할 때까지 앞에서 제시되었던 정보들을 모두 파지하고 있어야 하는 것들이다. 그와 같은 사례는 다음과 같은 절차를 지시하는 문장이다.

X와 Y를 하기 전에 A를 수행하라.

여기서는 A를 접하기 전에 X와 Y를 기억하고 있어야 한다. 이보다 더 좋은 지시 순서는 다음과 같을 것이다.

A를 수행하라. 그런 다음 X와 Y를 수행하라.

Wickens와 Hollands(2000)는 이러한 설계는 텍스트의 지시 순서와 그에 따른 행위 순서 사이의 일치성(congruence)을 유지하는 향상된 설계라고 하였다. 일치성은 작업 기억의 부담을 줄여주는 좋은 설계 원리 중 하나이다.

마지막으로, 앞에서 지각에 대해 논의하면서도 언급되었지만, 재료를 이해하기 쉽도록 설계하고자 하는 설계자들은 문장 속의 부정어가 작업 기억에 추가적인 부담을 초래한다는 사실을 기억해야 한다. 비록 지시문 속에서 이러한 부정어들을 실제로 읽었거나 들었더라도 행위를 하기 전에 작업 기억 속에서 이들이 망각될 수 있다. 그와 같은 경우에 오퍼레이터는 부정어를 생략하고 지시문을 긍정문으로 해석하여 지시문과는 반대의 행위를 취할 수 있다. 이것이 바로 가능하다면 긍정문으로 지시문을 구성해야 하는 또 다른 이유이다(Wickens & Hollands, 2000). 텍스트와 지시문의 설계에 대해서는 제18장에 좀 더 자세히 기술되어 있다.

장기 기억

우리는 정보를 즉시 사용하기 위해 작업 기억 속에 항상 정보를 유지하고 있어야 한다. 그러나 우리가 추후에 정보를 사용하기 위해서는 정보를 저장하고 인출할 수 있는 기제도 요구된다. 이러한 기제를 장기 기억(long-term memory) 혹은 장기 저장이라고 한다. 학습(learning)은 정보를 장기 기억 속에 저장하는 과정이며, 학습을 촉진하기 위한 특수한 절차들이 설계되었을 때 우리는 이 절차를 교습(instruction) 혹은 훈련(training)이라고 부른다. 교습과 훈련에 대해서는 제18장에서 자세히 다룰 것이다.

장기 기억은 일반적 지식에 대한 기억을 포함하는지(이것을 의미 기억[semantic memory]이라고 부른다. 의미 기억은 사실이나 절차에 대한 기억이다), 혹은 특수한 사건에 대한 기억을 포함하는지(이것을 사건 기억[event memory]이라고 부른다)에 따라 구분될 수 있다.

장기 기억으로부터 중요한 정보를 기억해 내는 능력은 일상생활에서의 많은 과제 수행에 매우 중요한 것이다. 우리는 이 장의 서두에서 예시했던 로라가 약속 장소까지 가는 방법을 제대로 회상해 내지 못한 것이 이후에 발생한 문제들의 주요 원인이었음을 보았다. 많은 직무에서 전체 직무의 한 부분만 망각하여도 재앙을 가져올 수 있다. 이 절에서 우리는 장기 기억으로의 저장과 장기 기억으로부터의 인출에 바탕이 되는 기본적 기제들을 개관하고 장기 기억 시스템의 한계를 고려한 설계에 대해 살펴볼 것이다.

기본 기제

장기 기억에 저장되어 있는 재료가 나중에 얼마나 쉽게 인출될 수 있는지는 두 개의 중요한 요인, 즉 항목들 사이의 강도(strength)와 연합(association)에 달려있다.

강도 장기 기억에서 한 항목의 강도는 그것의 사용 빈도와 신근성(recency)으로 결정된다. 먼저 항목 강도에 대해 생각해 보자. 만일 컴퓨터에 로그온하기 위해 패스워드를 매일(즉 빈번하게) 사용한다면 이것은 장기 기억에 제대로 표상되어 거의 망각되지 않을 것이다. 신근성에 대해 고려해 보자. 만일 한 조종사가 하루 종일 특정한 응급 상황 대처 절차를 연습했다면 비행기 안에서 한 달 후에 응급 상황이 발생하는 것보다 다음 날 응급 상황이 발생했을 때 연습했던 절차들이 더 잘 회상될(그리고 더 잘 실행될) 것이다. 그러나 응급 절차들이 일반적으로 그렇게 빈번하게(예 : 매일) 연습되는 것은 아니라는 점을 고려한다면, 응급 절차는 기억에 의존하기보다는 외부의 시각적 체크리스트로 지원되어야 할 것이다.

연합 장기 기억으로부터 인출되는 각 항목은 다른 항목들과 연결 혹은 연합될 수 있다. 예를 들어 어느 외국어 단어의 발음은 그 단어의 의미 혹은 그 단어에 대한 원어민의 실제 발음과 연합되어 있다. 또 다른 예로, 숙련된 수리공의 마음속에 비정상적으로 작동하는 시스템에서 관찰되는 특정한 징후는 그것을 처리하는 적절한 절차에 대한 기억뿐만 아니라 동일한 고장으로 인해 나타나는 다른 징후들과도 연합되어 있을 것이다. 각각의 항목들이 나름대로의 항목 강도를 갖고 있는 것처럼 항목 사이의 연합들도 나름대로의 강도를 갖고 있다. 시간이 지남에 따라 연합들이 반복되지 않는다면 연합 사이의 강도는 점점 더 약해진다. 예를 들어 나중의 어느 시점에서 그 근로자는 어떤 장비를 보아도 그것의 이름을 기억해 내지 못할 수도 있을 것이다.

작업 기억과 장기 기억 장기 기억에 있는 정보는 항목들 사이의 연합들이 풍부해질수록, 그리고 그 수(number)가 많아질수록 더 쉽게 사용될 수 있다. 마치 물 속에 있는 어떤 물체와 연결되어 있는 줄처럼, 줄의 수가 많을수록 그 대상을 발견하여 들어 올릴 수 있는 가능성도 증가한다. 따라서 수업시간에 학습한 내용을 여러 상이한 맥락들에서 생각해 보고, 또 여러 상이한 예시들을 통해 생각해 본다면 그 내용을 나중에 기억할 수 있는 능력이 향상될 것이다. 항목들 사이에 유의미한 연합을 형성하는 정신적 작업은 학습에 대한 작업 기억의 적극적 역할을 의미한다(Carlson et al., 1989; 제18장 참조). 작업 기억에 대해 기술하면서 언급하였듯이, 그와 같은 관계들을 장기 기억에 저장하면 이것은 군집을 형성하게 한다. 군집은 작업 기억의 부담을 감소시켜 준다. 그러나 유의미한 연합에 기초하지 않고 단순한 반복을 통해 항목을 시연할 때(예 : 순수한 음운 루프), 우리의 기억은 단지 빈도와 신근성에만 기초하게 될 것이다. 이것은 본질적으로 **기계적 기억**(rote memory)이다. 그러나 기계적 기억은 빠르게 망각된다. 이것이 바로 광고업자들이 숫자로만 된 전화번호를 1-800-GET-RICH와 같은 항목으로 전환시키는 또 다른 이유인 것이다. 이런 전화번호들은 항목들의 수도 적을 뿐만 아니라 더 풍부한 연합적 의미를 갖고 있다.

망각 항목 강도와 연합 강도는 지수 곡선(exponential curve)의 형태로 쇠퇴한다. 즉 사람들은 며칠 이내로 기억의 급속한 감소를 경험한다. 따라서 훈련의 효과를 평가하기 위해 훈련의 한 과정이 끝난 직후에 학습한 내용을 측정하는 것은 그 사람의 궁극적 기억을 정확하게 측정하는 것이 되지 못한다. 망각을 피하기 위해 재료를 시연하는 경우라도 주어진 짧은 시간 안에 많은 연합들을 획득해야 한다면 이들은 서로를 방해하거나 혼동을 야기할 수 있다. 특히 유사한 재료를 포함하는 연합인 경우라면 이러한 가능성이 증가한다. 신참 훈련생들은 그들이 보았던 장비와 그들이 학습한 명칭들을 잘 회상해 낼 수도 있지만 새로운 연합들이 기존의 연합들을 방해하기 때문에 장비의 특정 부분의 명칭이 무엇이었는지 점차 혼동하게 된다.

따라서 기억 인출은 (1) 낮은 빈도나 신근성에 의한 약한 강도, (2) 다른 정보와의 약하거나 소수의 연합, 그리고 (3) 연합들 사이의 간섭으로 인해 실패를 가져올 수 있다. 나중에 그 정보가 기억될 수 있는 가능성을 증가시키기 위해서는 작업 기억 속에서 더 빈번하게 처리되어야 하고, 유의미한 방식으로 다른 정보들과 연결지어져 처리되어야 한다.

장기 기억으로부터 어떠한 방식으로 인출되는가에 따라서 저하되는 정도가 달라진다. 특히 회상(recall, 회상은 사실, 이름 혹은 적합한 행위와 같은 요구되는 항목들을 직접 인출하는 것이다)은 재인(recognition, 재인의 경우 환경으로부터 지각적 단서들이 주어지고 이 단서들이 인출되어야 하는 항목들과의 연합을 활성화시킨다)보다 더 빠르게 상실된다. 예를 들어 중다 선택형 시험에서는 정답 항목이 다른 항목들과 함께 시각적으로 제시되고, 사람들은 정답 항목을 다른 것과 구별하여 재인하면 된다. 이와는 대조적으로, 단답형 문제는 회상을 요구한다. 제15장에서 논의되는 인간-컴퓨터 상호작용에서 다시 살펴보겠지만, 명령어를 사용하여 컴퓨터에 입력을 주고자 하는 경우에 사용자는 그것을 회상해 내야 한다. 반면, 메뉴들은 화면에 미리 제시되어 있고 사용자는 적합한 메뉴를 재인하여 '클릭' 하면 된다.

장기 기억에서의 정보 체제화

작업 기억에 대한 설명에서 보았듯이 우리는 장기 기억 속에 특정 정보만을 따로 떼어서 저장하지는 않는다. 그 대신 우리는 항목들을 다른 관련된 정보와 연결지어 저장한다. 장기 기억 속의 정보는 연합망(associative networks) 속에 저장되는데, 이러한 연합망에서 각각의 정보(혹은 심상이나 소리)들은 관련된 다른 정보들과 연합된다. 일상적 생활에서 우리가 사용하는 지식의 대부분은 의미적 지식, 즉 사물들의 기본적인 의미이다. 인지심리학자들은 우리의 지식이 의미망(semantic networks) 속에 체제화되어 있다는 것을 보여주는 몇 가지 연구들을 수행한 바 있다. 의미망의 각 부분들은 서로 관련 있는 정보들을 포함하고 있다. 따라서 예를 들면 당신은 아마도 대학 교수에 대한 일반적 정보나 혹은 이전 경험에 기초한 특수한 경우들을 포함하여 대학 교수들과 관련된 모든 지식을 연결 짓는 하나의 의미망을 갖고 있을 것이다. 그리고 이러한 의미망들은 심상이나 소리 등과 같은 다른 연합된 정보들과 연결된다.

의미망은 연결망 구조와 많은 공통적 세부 특징들을 갖고 있다. 연결망 구조는 인덱스, 수리 매뉴얼 혹은 컴퓨터 메뉴 구조 등에서 사용되는 데이터베이스나 파일 구조의 기초가 된다. 설계자들은 데이터베이스의 구조를 사용자가 갖고 있는 의미망 체계와 부합되도록 혹은 합치되도록 설계하는 것이 중요하다(Roske-Hofstrand & Papp, 1986; Seidler & Wickens, 1992). 즉 의미망에 있는 항목들이 동일한 노드(node)를 공유하며 서로 근접해 있으면 정보 데이터베이스를 표상할 때도 서로 근접하도록 해야 한다. 예를 들어 만일 어느 인간 공학 데이터베이스 사용자가 지각 및 디스플레이가 서로 가까이 연합되어 있다고 의미망에 표상한다면, 데이터베이스도 이 두 개념을 서로 연결하는 구조를 갖고 있어야 한다. 이러한 과정은 좋은 디스플레이가 갖는 조건 중의 하나이다(제8장).

연결망뿐만 아니라 심리학자들이 정보 체제화를 설명하는 데 사용하는 세 가지의 다른 개념들이 있다. 이들은 **도식**(schemas), **정신 모형**(mental models), 그리고 **인지도**(cognitive maps)이다.

도식과 스크립트 장기 기억 속의 정보들은 중요한 개념이나 주제를 중심으로 체제화되는 경향이 있다. 특정 주제에 대한 전체적인 지식 구조를 도식(schema)이라고 부른다. 사람들은 그들이 사용하는 시스템이나 장치와 같은 것들을 포함하여 세상의 모든 측면들에 대해 도식을 갖고 있다. 흔한 도식의 예들로서는 '대학 생활', '컵' 혹은 '휴가' 등과 연합된 의미망들을 꼽을 수 있을 것이다. 도식을 통해 인터넷에 접속하는 것, 어느 상업 장비를 끄는 것, 혹은 작업 중 위기를 다루는 것과 같은 행위들의 전형적 순서(sequence)도 설명할 수 있다. 행위들의 전형적 순서들은 스크립트(scripts)라고 불린다(Schank & Abelson, 1977).

정신 모형 사람들은 장비들이나 시스템들에 대한 도식들을 갖고 있다. 시스템은 본질적으로 역동적이라고 할 수 있는데, 이러한 역동적 시스템에 대해 사람들이 갖고 있는 도식을 정신 모형(mental models)이라고 부른다(Gentner & Stevens, 1983; Norman, 1988; Rouse & Morris, 1986; Wilson & Rutherford, 1989). 전형적으로, 정신 모형들은 시스템의 구성요소들이 무엇인지, 이것이 어떻게 작동하는지, 그리고 그것을 어떻게 사용하는지에 대한 사람들의 이해를 포함한다. 특히 정신 모형들은 어떻게 장비나 시스템이 작동할 것인가에 대한 **기대**의 집합을 생성해 낸다. 정신 모형은 **완결성**과 **올바름**(correctness)의 정도에 따라 다양한 형태를 갖는다. 예를 들어 기체 역학에 대한 올바른 정신 모형은 비행기의 날개 위에 생긴 진공 때문에 비행기가 공중으로 뜬다고 생각하는 것이다. 이와는 대조적으로, 상공을 날아가는 비행기의 속도 때문에 비행기가 공중으로 뜬다고 생각하는 것은 기체 역학에 대한 틀린 정신 모형이다. 또한 정신 모형들은 그것들이 개인적인 것인가(즉 개인이 소유하고 있는 것인가) 아니면 많은 사람들의 집단이 소유하고 있는 것인가에 따라서도 구분될 수 있다. 특히 후자의 정신 모형은 **전집 스테레오타입**(population stereotype)이라고 불린다(Smith, 1981). 전집 스테레오타입과 일치하는 설계들은 이것과 **부합적**(compatible)이라고 표현된다. 예를 들어 라디오의 다이얼을 오른쪽으로 가게 하려면 회전식 노브를 시계 방향으로 돌리면 된다고 생각하는 것은 일종의 전집 스테레오타입이고, 실제 라디오의 회전식 노브를 시계 방향으로 돌리면 라디오의 다이얼이 오른쪽으로 움직이도록 설계한 것은 전집 스테레오타입과 부합하는 설계이다. 디스플레이(제8장), 제어장치(제9장), 그리고 컴퓨터 설계(제15장) 측면에서 사용자의 정신 모형을 이해하는 것의 중요성을 예시할 것이다.

인지도 도시나 방, 혹은 작업장의 배치와 같은 공간 정보의 정신적 표상은 인지도(cognitive maps)라 불린다. 이들은 장기 기억에 저장되어 있고, 작업 기억의 시공간 스케치 패드와 유사하다. 그와 같은 인지도들은 공간을 반드시 정확하게 표상할 필요는 없다(Wickens & Hollands, 2000). 예를 들어 어떤 지역에 대한 인지도는 실제로는 직각이 아닌 모퉁이들도 '정신적으로는 직각이 되도록' 하는 방식으로 단순화한다(Chase & Chi, 1979). 사람들은 또한 환경을 표상할 때 나름대로 선호하는 혹은 '표준적(canonical)'인 방위를 갖고 있다(Sholl, 1987). 이러한 방위들은 우리가 환경을 관찰할 때 가장 빈번하게 사용하는 방향을 나타내도 한다. 예를 들어 강의실에 대한 인지도는 당신이 앉아 있을 때 당신의 앞쪽 방향을 중심으로 방위를 새롭게 형성한다. '심적 회전(mental rotation)'을 통해 인지도의 조망을 바꾸는 것은 정신적 노력을 요구한다(Tversky & Franklin, 1981). 제8장에서 지도 디스플레이를 어떻게 설계해야 하는지 논의하겠지만, 이러한 특징들은 어떻게 지도를 구성해야 하는지에 대한 몇 가지 시사점들을 제공해 준다.

설계에 대한 장기 기억의 시사점

설계자들은 그들이 설계한 시스템을 일반 사용자들이 사용하면서 많은 어려움을 겪게 될 수도 있다는 점을 깨닫거나 예언하는 데 자주 실패한다. 그 이유 중 하나는 설계자들에게는 그 시스템들이 매우 친숙할 뿐만 아니라, 그 시스템에 대해 매우 상세하면서도 완벽한 정신 모형을 갖고 있기 때문이다(Norman, 1988). 설계자들은 어떻게 시스템이 작동하는지, 언제 다양한 일을 하게 되는지, 그리고 그 시스템을 어떻게 통제해야 하는지를 잘 알고 있다. 그러나 설계자들은 평균적인 사용자들이 이러한 정신 모형을 갖고 있지 못할 수 있다는 것을 깨닫지 못한다. 사람들은 매우 간단한 과제이지만 자주 수행하는 과제가 아니라면 그 과제를 쉽게 망각한다. 제조자들은 어떤 제품의 사용자들이 그 제품의 사용 설명서를 처음부터 끝까지 꼼꼼히 읽을 것이라고, 그리고 그 제품의 수명이 다할 때까지 모든 정보를 사용자들이 다 기억하고 있을 것으로 생각한다(그래서 그러한 방식으로 사용 설명서를 작성해서 내놓는다). 그러나 이것은 사실과는 전혀 다른 것이다. 비록 프로그램이 가능한 VCR의 작동에 대해 분명하고도 명확한 사용 설명서가 제공된다고 해도(실제로는 이렇게 분명한 사용 설명서가 있을 것 같지도 않지만), 우리는 특정 과제를 수행해야 할 때마다 사용 설명서를 일일이 다 참조하는 것은 아니며, 게다가 그 내용을 언제나 기억하고 있는 것도 아니다.

다음에 제시된 내용은 장기 기억으로부터의 빈약한 인출 때문에 생길 수 있는 문제, 에러, 사고, 그리고 불편함을 사람들이 겪지 않도록 하기 위해 환경이나 시스템을 어떻게 설계해야 하는지에 대한 몇 가지 방법들이다.

1. 빈도와 신근성을 증가시키기 위해 정보를 정기적으로 사용하도록 하라.
2. 회상되어야 하는 정보에 대해 적극적으로 구화(verbalization) 또는 재생하도록 하라. 예를 들어 수업시간에 들었던 내용을 필기하거나 소리 내어 다시 말해 보는 것은 그 정보의 기억 가능성을 증가시켜 줄 것이다.
3. 표준화하라. 장기 기억의 부담을 감소시킬 수 있는 한 가지 방법은 제어장치, 디스플레이, 상징들, 그리고 조작 절차와 같은 것들을 포함하여 환경이나 장비를 표준화하는 것

이다. 자동차 산업에서의 제어장치들을 예로 들어 보면, 기어의 변속 패턴은 표준화되어 있는 반면 전자식 유리창이나 조명과 같은 것에 대한 제어장치의 위치와 조작은 아직 표준화되어 있지 않다. 표준화는 매우 다양한 상황에 적용 가능한, 단순하면서도 강력한 도식을 개발할 수 있게 해준다. 물론 여러 산업에 표준화하는 것과 생산품의 독특성을 유지하는 것 사이에 아직 갈등이 남아 있으며, 이것은 설계에서 어려운 문제 중 하나이다.

4. **기억 보조수단을 이용하라.** 과제가 자주 수행되는 것이 아니거나 과제를 정확히 수행하는 것이 매우 중요할 때, 설계자들은 컴퓨터를 통해 제시해 주거나, 종이에 인쇄하여 제시해 주거나, 아니면 제18장에서 논의된 바와 같은 직무 보조수단들을 통해 기억 보조수단들을 제공해 주어야 한다. 이러한 기억 보조수단(memory aids)들은 과제 수행에 매우 중요한 정보를 포함하지만 때로는 절차에 대한 간단한 목록과 같이 단순한 형태가 될 수도 있다.

   Norman(1988)은 기억 보조수단이란 조작자가 '머릿속에 있는 지식' (예 : 지각)에 의존할 필요가 없도록 '세상 속의 지식' (예 : 장기 기억)을 제시해 주는 것이라고 하였다. 예를 들어 컴퓨터 메뉴들은 세상 속의 지식을 제공해 줄 수 있는 반면, 기억해서 타이핑해 넣어야 하는 명령어들은 머릿속에 있는 지식을 요구한다고 할 수 있다. 특히 세상 속의 지식은 회상 부담을 재인 기회로 대체한다. 이 주제에 대해서는 제15장과 제18장에서 다시 고려할 것이다.

5. **기억해야 할 정보를 신중히 설계하라.** 기억되어야 하고 다음에 인출되어야 하는 정보에 대한 기억 보조수단이 없다면 이 정보들은 다음과 같은 특징들이 있어야 한다.
   - 개인에게 유의미해야 하고 또한 다른 정보와 함께 의미 있게 연합되어야 함
   - 가능하면 추상적이기보다는 구체적인 단어
   - (간섭을 감소시키기 위한) 독특한 개념과 정보
   - (집단화나 다른 방식의 연합을 통한) 잘 체계화된 정보의 집합
   - 항목이 다른 정보에 기초하여 추측이 가능해야 함(하향 처리)
   - 기술적인 특수 용어의 사용을 최소화

6. **올바른 정신 모형의 개발을 지원할 수 있도록 설계하라.** 이렇게 할 수 있는 한 가지 방법은 Norman(1988)에 의해 제안된 가시성(visibility)의 개념을 응용하는 것이다. 이 가이드라인은 만일 사람들이 즉각적이고 용이하게 장비의 상태가 어떠한지, 그리고 대안적으로

취할 수 있는 행동들이 무엇인지 결정할 수 있다면 그 장비는 가시성이 있음을 시사한다. 예를 들어 켜지거나 꺼지는 것에 따라 다른 위치를 가질 수 있는 스위치는 가시성이 있다고 할 수 있는 반면, 누름식이나 토글(toggle)형의 스위치는 그렇지 못하다. 또한 가시성은 조작자의 행위와 시스템의 궁극적 반응 사이에 개입되어 있는 변인들을 보여줄 수 있는 시스템의 능력을 반영한다. 한 가지 예로 오븐의 디스플레이가 사용자의 입력이 주어졌다는 것과, 시스템이 뜨거워지고 있다는 것, 그리고 아직 원하는 온도가 되지 않았다는 것 등을 보여주는 것이다. 그리고 교습서에 어떤 행위가 요구되는지 뿐만 아니라 왜 특정한 행위가 요구되는지를 기술해 주는 것과 같은 적합한 내용을 제공하는 것도 정신 모형의 개발을 촉진할 수 있다.

사건에 대한 일화 기억

절차적 지식이나 선언적 지식이 도식이나 스크립트 혹은 기술로 구현되고 여러 번의 경험에 의해 획득되는 것과는 대조적으로, 특수한 사건이나 일화(episode)에 대한 개인적인 지식이나 기억은 말 그대로 거의 단일한 경험에 의해 획득된다. 맨 처음으로 고용주나 다른 직장 동료들과 만난 것, 가정이나 직장에서 당한 특정한 크고 작은 사고들, 혹은 범죄나 사고 장면에서 목격한 것 등이 일화 기억의 예이다. 이러한 유형의 기억들은 상당 부분 시각적 심상에 의존하는 것이기는 하지만, 그러한 기억들 자체가 항상 그 사건을 다시 비디오테이프로 돌려보는 것처럼 정확한 것은 아니기 때문에 이러한 기억들에는 많은 편파들이 존재한다.

일화 기억은 목격자 증언에서는 매우 중요한 요소이다. 목격자 증언은 범죄와 관련된 연역에서 특히 중요하지만(Wright & Davies, 1999; Devenport et al., 1999), 이것은 사고 조사 영역과도 밀접한 관계가 있다(사고 조사에 대해서는 제14장에서 다룰 것이다). 다시 말해 사고를 목격한 사람이 나중에 사고에 관한 질문을 받았을 때 그 상황에 대해 무엇을 회상해 낼 것인가?

간단한 인지적 과제 분석을 통해서 그림 6.2에 제시된 바와 같이 일화 기억의 형성, 저장 및 인출에 포함된 처리과정들을 나타낼 수 있다. 여기서 어떤 '사건'이 발생했다고 하자. 이 사건은 실제 무엇이 일어났는지에 대한 확고한 '진실'을 갖고 있다. 그리고 어느 목격자가 그 사건을 관찰하고 그 사건과 관련된 정보를 약호화한다. 이 과정은 선택 주의의 할당과 앞에서 기술했던 지각에서의 기대에 의한 하향 처리가 반영된다. 이후 일화에 대한 기억은

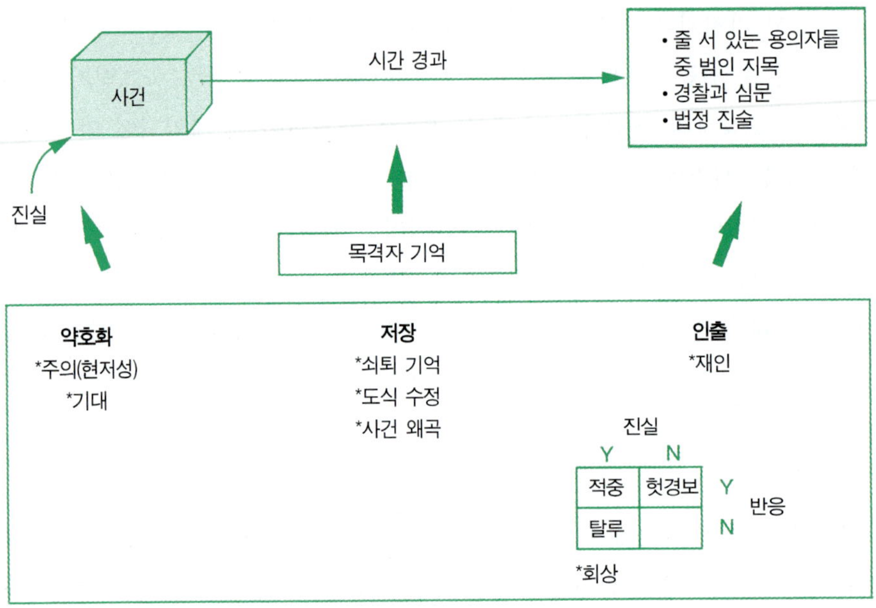

그림 6.2

일화 기억. 일화 기억에 포함된 과정들과 이에 영향을 미치는 요인들은 아래 상자 안에 제시되어 있다. 법정에서는 기억 인출(법정진술)이 때로 다른 기억 과정을 통해 이루어질 수 있다는 것에 주목하라. 예를 들어 배심원들은 나중에 배심원 심의와 판결 과정에서 인출하기 위해 목적자의 진술을 약호화한다.

장기 기억에 유지되는데, 장기 기억에서는 어느 정도의 저하(망각)가 발생하고, 또한 도식적 기억과 특정 관여 사건들에 의해 왜곡될 수도 있다(Bartlett, 1932). 마지막으로, 기억은 다양한 환경에서 인출될 수 있다. 예를 들어 목격자는 경찰이 세워 놓은 용의자들 중 한 명을 지목할 수 있고, 경찰에 목격한 사건 내용을 진술할 수 있으며, 또는 실제 법정에서 질문에 대답할 수도 있을 것이다. 이러한 인출과정에는 회상과 재인이 갖는 특징들이 모두 포함된다.

목격자 증언에 대한 많은 연구들은 일화 기억 처리가 매우 부정확하다는 것을 보여주었다(예 : Wright & Davies, 1999; Schacter, 2001; Wells & Seelau, 1995). 예를 들어 Wright와 McDaid(1996)는 한 연구에서 용의자들을 세워 놓고 목격자로 하여금 범인을 지목(즉 재인)하도록 했을 때 무고한 사람이 선택될 확률이 전체 횟수 중 약 20%에 이른다는 것을 발견하였다. 그와 같은 편파는 세 단계 모두에서 발생할 수 있다. 예를 들어 약호화 단계에서 보이는 잘 알려진 편파 중의 하나는 목격자가 범죄 현장에서 사용된 무기에 매우 강하게 주의의 초점을 맞춘다는 점이다. 주의가 갖고 있는 한계를 고려해 보면 무기가 사용되지 않은 범죄에 비해 이러한 초점 주의는 범죄 현장에 관한 다른 정보들, 특히 용의자 얼굴의 신체적 외형 등에 정보의 약호화를 더 저하시킨다(Loftus et al., 1987). 주의에 관한 또 다른 응용 연구에서, Lassiter와 동료들(예 : Lassiter, 2000)은 심문과정에서 용의자에게만 초점을 맞춘 비디오는 용의자와 수사관에 모두 초점을 맞춘 비디오에 비해 배심원들의 판단에 편파를 가져올 수 있음을 보여주었다. 즉 용의자에게만 초점을 맞춘 비디오는 심문 내용과는 상관없이 배심원들이 나중에 그 용의자가 유죄라고 판단할 가능성을 증가시킨다.

일화 기억은 청각적 요소들도 포함하고 있지만 이것 역시 결함을 가질 수 있다. 미국 리처드 닉슨 대통령의 보좌관이었던 John Dean은 매우 정확한 기억력으로 유명하였다. 어떤 사람들은 그를 '인간 녹음기' 라고 부를 정도였다(Neisser, 1982). 많은 대화들에 대한 그의 확신에 찬 회상은 닉슨 행정부를 몰락시키는 데 일조하였다. 그의 증언 이후 실제 대화 내용이 담긴 테이프가 공개되었고, Neisser는 Dean이 회상한 것과 실제 녹음된 대화 내용을 비교해 보았다. 그 결과 그는 Dean이 회상해 낸 것이 특정 대화들에 대한 세부 사항에서는 심각한 결함이 있는 것을 발견하였다. Dean은 '인간 녹음기' 가 아니었다. 그 대신 그는 대화의 전반적 주제나 핵심을 잡아내는 데 매우 정확하였다. 기억은 대화 내용을 그대로 기록하는 것이 아니다. 그보다는 핵심을 추출하고 세부 사항들을 재구성하는 것에 더 많이 의존한다. 세부 사항에 대한 재구성은 문화적 배경이나 개인이 갖고 있는 개인적 관심사에 의해 왜곡될 수 있다(Bartlett, 1932).

그림 6.2에서 시사하고 있듯이, 질적으로 다른 두 가지의 편파가 저장 단계에서 기억에 영향을 미칠 수 있다(Wright & Davies, 1999). 첫째, 제대로 보지 못한 시각적 내용들은 장기 기억 도식(즉 특정 사상이 갖는 '전형성')에 의해 부분적으로 대치될 수 있다. 예를 들어 '전형적인 범죄자' 의 모습은 어떤 것인가에 대한 목격자의 장기 기억 도식에 의해 불충분한 시각 기억이 대치될 수 있고, '전형적인 교통사고' 는 과속에 의한 것이라는 가정에 의해 충돌 당시의 속도를 과다추정하게 된다. 둘째, 저장 단계에서 발생하는 특정 사건들도 기억을 편파시킬 수 있다. 예를 들어 우연히 복도에서 수갑을 찬 용의자와 마주쳤다면, 이후에 경찰이 용의자들을 세워 놓고 목격자에게 범인을 지목하도록 하는 상황에서는 그 용의자를 범인으로 선택할 가능성이 커진다. 때로 목격자 면담에서의 질문 방식도 특정 용의자가 유죄라거나 실제 일어났던 것과는 다른 방식으로 사건이 일어났다는 것을 '암시' 하여 궁극적

으로 일화 기억을 왜곡시킨다. 이러한 암시는 실제 재판에서 사용될 수도 한다.

마지막으로, 용의자들 중에서 범인을 확인하는 것과 같이 재인 검사가 사용될 때 인출 단계에서의 편파들은 제4장에서 논의되었던 신호 탐지 과제의 형태로 나타낼 수 있다(Wells, 1993). 그림 6.2의 우측 하단에 제시되어 있는 것처럼, '신호'는 용의자의 외모에 대한 목격자의 정확한 일화 기억으로 표상할 수 있다. 그리고 목격자의 반응은 용의자들 중 범인을 선택하거나(yes 반응) 선택하지 못하는 것(no 반응)으로 구분할 수 있을 것이다. 이러한 조합을 통해 신호 탐지 이론에서 언급하고 있는 네 가지의 경우들을 구성할 수 있다. 여기에서 '적중(hit)'은 경찰이 사건을 정확하게 수사하는 데 가장 중요한 측면이다. 반면 '헛경보(false alarm)', 즉 범인이 아닌 사람을 범인이라고 지목하는 것은 분명히 바람직하지 않은 경우이며, 이것은 또한 사회적으로도 문제가 된다.

이러한 맥락에서 (탈루와 헛경보를 최소화하면서) 민감도를 극대화하는 것은 누구에게나 중요한 문제이다. 그러나 용의자가 유죄라고 생각하고자 하는 목격자의 '유죄 편파'를 피하는 것도 중요하다. 만일 목격자가 경찰이 줄지어 세워 놓은 용의자들 중에 범인이 있다고 확신한다면 범죄와 전혀 관련 없는 사람이라도 범인으로 지목될 확률은 20%나 된다. Wells와 Seelau(1995)는 목격자가 용의자들 중에서 범인을 지목할 때 유죄 편파를 방지할 수 있는 몇 가지 방법들을 기술하였다(Wright & Davies, 1999 참조). 예를 들어 이 연구자들은 줄지어 서 있는 용의자들 중에 실제 범인이 포함되어 있지 않을 수도 있다는 것을 목격자에게 분명하게 말해줄 것을 권고하였다. 특히 일차적으로 용의자가 아닌 사람들을 줄 세워 놓고 목격자로 하여금 그중에 범인이 있는지 지목하도록 할 수도 있다. 만일 목격자가 이 사람들 중에 범인이 있다고 한다면 이 목격자는 강한 유죄 편파를 가지고 있는 것이고, 따라서 이 목격자의 진술은 신빙성이 떨어질 것이다. 그러나 만일 그 사람들 중에 범인이 없다고 반응한다면 그 다음에 용의자가 포함된 사람들에 대해 범인이 있는지 여부를 판단하도록 할 수 있을 것이다.

목격자의 진술이 얼마나 정확한지 판단할 수 없기 때문에(예 : 재인 기억 검사의 '민감도'를 알지 못한다), 진술의 정확성을 평가할 수 있는 하나의 방법으로 목격자들로 하여금 그들의 진술에 대해 얼마나 확신하고 있는지 질문해 보는 것을 생각해 볼 수 있을 것이다. 그러나 불행하게도, 광범위한 연구 결과에 의하면 목격자의 판단에 대해 스스로 평가한 확신 정도는 그 판단의 정확성과 매우 약한 상관만이 있음이 밝혀졌다(Wells & Seelau, 1995; Wright & Davies, 1999; Wells et al., 1979).

일화적 내용의 인출에 대한 기억 연구의 중요한 응용으로서, Fisher와 Geiselman(1992; Fisher, 1999)은 **인지적 면담**(cognitive interview, CI) 기법을 개발하였다. 이 기법은 경찰이 목격자를 면담할 때 정보의 인출을 최대화하기 위한 것이다. 이 기법에서는 재인 과제를 사용하지 않는다. 왜냐하면 목격자들에게 일련의 '예-아니요 반응'을 요구하는 질문들(예 : 용의자의 머리색이 빨간색이었습니까?)은 편파를 야기할 수 있을 뿐만 아니라 목격자가 약호화한 정보들을 상당 부분 다루지 못하기 때문이다. 그 대신 이 연구자들은 효과적인 **회상** 절차를 개발하기 위해 인지심리학으로부터 얻은 일련의 원리들을 적용하였다. 예를 들어 인지적 면담 기법은

- 목격자가 원래의 일화 맥락을 다시 복원하도록 장려하여 일화 기억과 연결되어 있을 수 있는 풍부한 **연합망**(network of associations)을 활용할 수 있도록 하고,
- 목격자가 범죄의 세부 사항에 대한 일화 기억을 탐색하는 것과 수사관의 추가 질문을 듣는 것 사이에 인지 자원을 분할해야 하는 **시간-공유 요구**(time-sharing requirements)를 최소화하며(시간-공유가 어떠한 결과를 이끄는지에 대해서는 이 장의 후반부에서 다룰 것이다),
- 시간 압력을 피함으로써 목격자가 범죄에 관한 정보를 인출하는 데 충분한 시간을 주고, 이상적으로는 목격자가 회상하는 데 여러 기회를 가질 수 있도록 한다(이렇게 회상에 대해 여러 기회를 갖게 하는 것은 풍부한 연합망의 이점을 활용할 수 있도록 하는 것이다).

인지적 면담 기법은 표준적인 경찰 면담 절차에 비해 목격자들이 35~100% 정도 더 많은 정보를 생성해 낼 뿐만 아니라, 이렇게 해도 정확성에는 전혀 손실이 없었다는 것을 보여주었다. 현재 많은 경찰 기관에서 이 기법을 채택하고 있다(Fisher, 1999; Wright & Davies, 1999).

법적 소송 절차에서 인지심리학적 원리와 관련하여 중요하게 고려해야 하는 마지막 문제는, 위에서 기술된 다양한 목격자 편파들에 대한 전문 심리학자의 증언이 받아들여지는지의 여부이다(Devenport et al., 1999; Levett & Kovera, 2002). 판사들은 그러한 과학적 권고 사항들이 실제로 '진실'이고 따라서 용인될 수 있는 증거가 될 수 있는지에 대해 서로 다른 견해를 가질 수 있다. 연구는 심리학자에 의한 그와 같은 전문가 증언이 받아들여질수록 배심

원의 신념에 두 가지의 효과를 갖는다는 것을 보여준다. 첫째, 이것은 배심원들이 비디오테이프처럼 자세하게 진술된 일화 기억에 회의적이 되도록 하기 때문에 목격자의 증언이 갖는 효과를 전반적으로 평가절하하게 한다. 둘째, 이것은 배심원들로 하여금 정확한 증언과 부정확한 증언을 구분하는 데 더 민감해지도록 한다(Devenport et al., 1999).

결론적으로, 기억과 주의에 관한 인지심리학은 범죄 수사나 다른 법적 소송 절차의 질을 결정하는 데 매우 중요하다. 우리는 또한 다음 장에서 의사결정에 대한 연구가 갖는 관련성도 살펴볼 것이다. 일반 독자들에 대해서도 한 가지 조언을 하고자 한다. 만일 여러분이 어떤 심각한 상황을 목격하고 나중에 이에 대해 질문을 받을 것으로 생각된다면, 그 상황이 발생하자마자 그와 관련된 모든 것을 적어두고 그것들에 얼마나 확신할 수 있는지 표시하기 바란다. 그러면 당신의 기록은 이제 망각하기 쉬운 것이 아닌 '세상 속의 지식' 이 될 것이다.

미래 사상에 대한 예기 기억

일화 기억의 실패가 과거에 발생했던 것들에 대한 부정확한 회상을 의미하는 것이라면, 예기 기억(prospective memory)의 실패는 미래에 어떤 것을 해야 할 것인지를 망각하는 것을 나타낸다(Harris & Wilkins, 1982). 이 장의 초반부에서 예시했던 로라는 교통이 아직 혼잡하지 않을 때 음성 모드를 켜 놓는 것을 망각하였다. 1991년에 어느 한 항공 관제사는 통근 여객기 한대를 활주로 한 끝에 위치시킨 후에 그 비행기를 다른 위치로 옮기는 것을 망각하였다. 이 불행한 여객기는 다른 수송기가 같은 활주로로 착륙 허락을 받을 때까지 그 위치에서 대기하고 있었다. 두 비행기는 충돌하였고 그 결과 몇 명의 사망자들이 발생하였다(NTSB, 1992).

예기 기억의 실패는 종종 '멍한' 상태를 말하기도 한다. 몇몇 시스템 설계나 과제 설계 절차들은 예기 기억을 지원해 줄 수 있는 시스템들과 통합되기도 한다. 몇 가지 상기물(reminders)을 사용하는 것도 방략이 될 수 있다. 예를 들어 해야 할 일을 잊지 않기 위해 손가락에 끈을 묶어 둔다거나, 다음에 경고음이 울리도록 어떤 시스템의 시계를 맞추어 놓는다거나, 자동차 핸들에 메모를 붙여 놓는다거나, 혹은 방을 나갈 때 확실히 볼 수 있도록 부쳐야 할 소포를 문 앞에 둔다거나(물론 이것까지 망각하고 그 소포를 지나 그냥 밖으로 나간다면 할 수 없지만!) 하는 것들이다. 어떤 시스템을 여러 오퍼레이터들이 같이 사용한다면, 그리고 오퍼레이터들이 앞으로 수행해야 할 과제에 대한 지식을 공유하고 있다면 모든 오퍼레이터들이 동시에 이것을 망각할 가능성은 적기 때문에 예기 기억의 실패 가능성을 줄여줄 것이다. 또한 앞으로 어떤 활동들을 해야 하는지 계획하는 시점에서 그 행위들에 대해 소리 내어 말해 보거나 행위를 직접 수행해 보는 것(예 : 글로 쓰거나 타이핑하는 것) 등은 예기 기억의 상실을 많이 감소시킬 수 있을 것이다. 체크리스트는 예기 기억에 대한 보조수단이다(Degani & Wiener, 1991). Herrmann과 동료들(1999)은 PDA와 같은 이상적인 상기 장치들(reminding devices)의 특징에 대해 기술하고 있다.

상황 인식

앞에서 예시한 로라는 사상들이 역동적으로 전개되는 운전 상황에서 하마터면 사고를 당할 뻔했다. 그녀는 경적이 주의를 환기시키기 전까지 자신의 차선으로 들어오는 차를 인식하지 못했다. 복잡한 역동 시스템의 설계자나 연구자들은 사용자들이 처한 환경에서 역동적으로 변하는 것의 의미를 그들이 어떻게 인식하는지를 설명하기 위하여 **상황 인식**(situation awareness, SA)이라는 인지적 개념을 종종 사용한다(Durso & Gronlund, 1999; Adams et al., 1995). 치명적인 조종 상태 지상충돌을 초래한 조종사들은 상황 인식을 상실하였기 때문이고(Strauch, 1997; Wiener, 1977), 제16장에서도 다시 살펴보겠지만 Three Mile 섬 원자력 발전소의 관제실에 있던 오퍼레이터들이 발전소의 냉각수 수준이 너무 높다고 잘못 진단하여(실제로는 너무 낮았다) 대기 중에 치명적인 방사능 물질이 분출되게 한 것도 상황 인식을 상실하였기 때문이다(Rubinstein & Mason, 1979).

Endsley(1995)는 상황 인식을 '특정 시간과 공간에서 환경 요소들을 지각하고, 그들의 의미를 이해하며, 미래 상태를 예언하는 데 이들을 투사하는 것' (p. 36)이라고 정의하였다. 이러한 세 가지 단계들, 즉 지각, 이해 및 투사는 특정한 상황에 적용되어야 한다. 따라서 그 인식이 무엇인지(혹은 무엇이어야 하는지)를 명세화하지 않고는 사용자가 상황 인식을 가지고 있다고 말할 수 없다. 예를 들어 어떤 운전자는 시간이나 항행 정보(예 : 내가 지금 어디를 운전하고 있고 목적지까지는 얼마의 시간이 필요한지)는 잘 인식하고 있으면서도 자신의 차량 뒤쪽의 교통 상황은 잘 인식하지 못할 수 있다.

상황 인식에 필요한 여러 요소들에 대해서는 이 장의 여러 군데에서 다루어진 바 있다. 선택 주의는 상황 인식의 첫 번째 단계에서 필요한 것인 반면, 작업 기억과 장기 기억은 두 번째 단계(이해)에서 필요하다. 세 번째 단계, 즉 투사와 예측에 필요한 요소들에 대해서는 아직 다루지 않았다. 투사와 예측은 인지심리학에서 매우 중요한 구성 개념이고, 이들에 대해서는 다음의 계획과 일정 짜기 부분에서 좀더 세부적으로 다룰 것이다.

상황 인식은 **수행**(performance)과는 다르다는 것을 주의해야 한다. 즉 관찰할 수 있는 수행이 전혀 없어도 상황 인식은 유지될 수 있다. 예를 들어 차 안의 승객은 (주변을 시각적으로 주사하는 것 외에) 아무런 행위를 하지 않고도 교통 및 항행 상황에 대한 매우 좋은 인식을 가질 수 있다. 항공기 자동화 시스템에서 발생하는 기대하지 않았던 상황을 다루는 능력에서의 차이는, 조종사들이 완전히 수동적인 관찰자일 때 자동 항법으로 비행하는 동안 비행 상황의 변화를 얼마나 잘 인식할 수 있는지와 밀접하게 관련되어 있다(Sarter & Woods, 2000; Sarter et al., 1997). 우리는 또한 어떤 과제를 수행하는 것에 너무 몰두한 나머지 시간을 전혀 인식하지 못하는 경우처럼 상황 인식이 낮은 경우라도 매우 우수한 수행이 관찰되는 사례들도 많이 볼 수 있다. 상황 인식의 중요성과 관련하여 가장 핵심적인 문제는 정해진 순서로 반복해서 이루어지는 수행의 질을 평가하고 기술하는 것이 아니다. 그보다는 기대하지 않았던 사상에 대해 얼마나 적절하게 그리고 얼마나 적시에 반응을 보이는지를 이해하는 것이다(Wickens, 2000).

상황 인식의 측정

사고 이후에 상황 인식의 상실이 부분적으로 그 사고의 원인이었다는 것을 추론함으로써 상황 인식의 중요성을 깨닫게 되는 경우가 종종 있다. 대부분의 조종 상태 지상충돌 사고들은 조종사가 항공기 고도나 지상으로 향하는 항공기의 궤적에 대한 인식을 상실했기 때문에 발생하는 것으로 여겨진다(Strauch, 1997). 그러나 사고 이후에 상황 인식이 없었다고 (SA=0) 말하는 것과 기대하지 않았던 사상이 발생하지 않은 조건에서 특정 시스템이나 오퍼레이터가 얼마나 상황 인식을 유지하는가를 측정하는 것은 같은 것이 아니다(Endsley & Garland, 2000). 상황 인식을 측정하는 데 자주 사용되는 방법은 상황 인식 전체 평가방법 (situation awareness global assessment technique, SAGAT; Endsley, 1995)이다. 이 기법에서는 오퍼레이터가 역동적 과제를 수행하는 중간에 과제와 관련된 몇 가지 질문을 받게 된다. 예를 들어 운전 중에 주변의 다른 차량들의 위치를 보고하도록 하거나(Gugerty, 1997), 가장 가까이에 있는 위험 지형의 방향을 보고하도록(Wickens & Prevett, 1995) 하는 것이다. 상황 인식은 때로 주관적 평가("당신의 상황 인식 정도를 1점에서 10점 사이의 척도로 평정해 보시오."; Selcon et al., 1991)를 통해 측정되지만 그러한 자기평정 기법의 타당도에 대해 제기되는 한 가지 문제는 사람들이 무엇을 인식하지 못하고 있는지를 잘 모른다는 점이다.

이러한 메타인지(metacognition)의 문제에 대해서는 이 장의 다음 부분에서 언급될 것이다.

인간 공학에서 상황 인식의 중요성

인간 공학에 상황 인식 개념을 응용하는 가장 직접적이면서 일차적인 영역은 아마도 역동적 시스템의 디스플레이들을 해석하기 쉽도록 설계하여 사람들이 무슨 일이 진행되고 있는지 알아차릴 수 있도록 하고(단계 1), 그 의미를 해석/이해하도록 하며(단계 2; 복잡 시스템에서 서로 결합된 중다의 디스플레이가 있을 경우 이것은 어려운 문제이다), 미래 상태에 대해 예측할 수 있도록 하는 것(단계 3; 초대형 유조선, 산업용 건조기, 혹은 항공 교통 시스템과 같이 시스템이 느리거나 굼뜰 경우 이것은 어려운 문제이다)일 것이다. 인간 공학자들은 자동화가 복잡 시스템의 처리를 대부분 수행하는 경우 사람들이 매우 쉽게 상황 인식을 상실할 수 있기 때문에, 자동화된 시스템이 원래 의도대로 수행되지 않는 기대하지 못한 사상에서 상황 인식을 지원할 수 있는 디스플레이의 제공이 매우 중요하다는 것을 밝혀냈다(Parasuraman et al., 2000; Sarter et al., 1997; Sarter & Woods, 2000; 제16장 참조). 이러한 관점에서 통상적인 수행의 효과성을 극대화하기 위한 설계는 상황 인식을 지원하도록 하는 설계와는 동일하지 않을 수 있다(Wickens, 2000). 상황 인식을 지원하기 위한 설계는 전형적으로 기대하지 않았던 일이 발생하거나 일이 잘못 진행되었을 때 적합한 행동을 취할 수 있도록 하기 위한 추가적인 정보 디스플레이의 제공을 요구한다. 이러한 추가적 정보로 인해 오퍼레이터가 정보 처리에서 과부하되는 문제가 발생하지 않도록 신중하게 통합되어야 한다.

인간 공학에 상황 인식 개념을 응용하는 두 번째 측면은 사고가 상황 인식의 상실에 의해 발생되었을 경우 상황 인식의 개념이 사고 분석을 위한 중요한 도구가 될 수 있다는 점이다(Strauch, 1997). 사고가 상황 인식의 상실로 인해 발생하였다면 시스템은 상황 인식을 지원할 수 있도록 추가적으로 설계되거나 재설계되어야 한다(Wickens, 2000). 이러한 측면은 새로운 항공기나 발전소처럼 연방 정부가 시스템을 인증해야 하는 경우에 더 중요해진다.

셋째, 상황 인식 개념은 훈련에 중요한 시사점을 갖는다. 통상적 수행을 위한 훈련과 상황 인식을 유지하도록 하는 훈련은 서로 갈등을 일으킬 수 있다. 상황 인식 훈련에서 특히 중요한 부분은 주의 기술을 훈련하는 것이다(상황 인식 1단계). 여기에서는 수행에 중요하고 관련 있는 역동적 사상들이 발생하였을 때 이를 알아차리도록 하기 위하여 넓은 범위로 환경을 주사할 수 있게 훈련을 한다(Gopher, 1993).

문제해결과 오류진단

문제해결과 오류진단(troubleshooting)은 서로 중복되는 요소들을 많이 포함하고 있기 때문에 매우 밀접하게 연관되어 있는 인지현상들이다. 이 두 가지는 공통적으로 초기 상태와 마지막의 목표 상태 사이의 차이로부터 시작하여 전형적으로 목표 상태에 이르기까지 많은 인지적 조작들을 필요로 한다. 그러나 문제해결 행동을 수행하는 사람들은 이러한 인지적 조작들이 무엇인지 즉각적이고 분명하게 알지 못하는 경우가 종종 있다. 오류진단은 때로 문제를 해결하기 이전에 문제가 무엇인지 이해해야 한다는 점에서 문제해결의 일부가 될 수 있다. 예를 들어 자동차가 시동이 걸리지 않을 때는 이것을 해결하는 방법을 시행하기(문제해결) 이전에 왜 시동이 걸리지 않는지 알아야 한다(오류진단). 비록 오류진단이 문제해결 과정에 포함된 한 단계이기는 하지만, 문제가 시행착오를 통해 해결되거나 혹은 우연히 해결책을 찾는 경우에는 오류진단 단계 없이도 문제가 해결될 수 있다.

문제해결과 오류진단이 모두 지식 상태에 도달하는 것을 포함하고 있지만, 두 가지는 또한 전형적으로 특정 행위의 수행을 포함하고 있다. 따라서 대개의 경우 오류진단이 문제를 진단하는 데 사용될 일련의 검사들을 필요로 하는 데 반해, 문제해결은 해결책을 실행하는 행위들을 포함한다. 이 두 가지는 모두 그림 6.1에 제시되어 있는 정보 처리의 전 과정을 포함한 지각, 인지 및 반응 관련 활동들의 반복적 처리과정이라고 여겨진다.

문제해결 및 오류진단과 관련된 문제들

문제해결과 오류진단은 모두 과중한 인지적 활동들을 요구하기 때문에 이에 따라 인간 수행은 때로 제한적으로 이루어진다(Wickens & Hollands, 2000; Casner, 1994; Teague & Allen, 1997). 예를 들어 오류진단에서 사람들은 문제의 원인이 무엇인지 확인하는 데 기껏해야 2~3개의 적용 가능한 가설들만을 작업 기억 속에 유지할 수 있다(Rasmussen, 1981; Wickens, 1992). 이보다 더 많은 수의 가설들은 제한된 용량을 가진 작업 기억을 과부하시키는데, 그 이유는 각각의 가설이 하나 이상의 군집을 형성할 만큼 충분히 복잡하기 때문이다. 더구나 가설을 검증하는 단계에서도 가설을 확증하거나 기각하는 데 한 번에 하나의 가설에만 초점을 맞추는 경향이 있다. 따라서 자동차가 시동이 걸리지 않는 이유를 진단하고자 하는 사람(오류진단자)은 아마도 하나의 문제 형태를 가정한 후에 그 문제를 확증하는 데 국한된 검사들만을 수행할 것이다.

당연한 것이지만, 오류진단의 성공 여부는 사람들이 얼마나 적합한 단서들과 검사 결과에 주의를 기울일 수 있는지에 달려있다. 그러나 오류진단은 주의나 지각적 편파들에 쉽게 빠질 수 있다. 어떤 오퍼레이터는 매우 현저한 결과에만 선택적으로 주의집중하거나(상향 처리) 혹은 기대되는 결과에만 선택적으로 주의집중할 수 있다(하향 처리). 상향 처리에 의한 편파의 경우 현저하지 않은 자극이나 사상도 가설 검증에 중요하다는 것을 알아야 한다. 그러나 사람들은 무엇인가 부재한다는 것을 잘 알아차리지 못한다(Wickens & Hollands, 2000; Hunt & Rouse, 1981). 오류진단에서 어떤 증상이 부재한다는 사실은 무엇이 잘못되었는가에 대한 몇 가지 가설들 중에서 잘못된 가설을 제거하는 데 매우 가치 있고 진단적인 도구가 될 수 있다. 예를 들어 어느 특정한 경고등이 점등되지 않았다는 사실은 문제에 대한 다른 많은 경쟁적 가설들을 고려하지 않도록 해준다.

오류진단에서 하향 처리 혹은 기대 주도적 처리에 의해 발생하는 중요한 편파 중 하나는 종종 **인지적 터널링**(cognitive tunneling) 혹은 **확증 편파**(confirmation bias)라 불리는 것이다(Woods & Cook, 1999; Woods et al., 1994; 제7장 참조). 오류진단에서 이러한 경향은 (검증하기 위해 선택된) 특정 가설에 집착하거나, 그 가설을 확증해 주는 단서들을 찾거나(그러한 단서들에 주의 자원 할당을 유도하는 하향적 기대), 혹은 애매한 증거를 가설을 지지하는 증거로 해석(그렇게 지각하도록 유도하는 하향적 기대)하도록 한다. 문제해결에서 이에 대응되는 현상은 특정 해결책에 고착되어 이 해결책이 도움이 되지 않는다는 것을 알고도 이것에 계속 집착하는 경향이다.

이러한 인지적 편파들은 조사하고 있는 시스템이 다음의 두 가지 특징을 갖고 있을 때 더 두드러진다. 첫째, 높은 시스템 복잡성(즉 시스템 요소들의 수가 많을 뿐만 아니라 이들이 서로 결합되거나 연결되는 정도가 높을수록)은 오류진단을 더 어렵게 한다(Meister, 2002; Wohl, 1983). 복잡한 시스템은 잘못된 정신 모형을 만들어 낼 가능성이 더 높은데(Sanderson & Murtash, 1990), 이것은 적합한 검사를 선택하거나 검사 결과를 정확하게 해석하는 것을 방해할 수 있다. 둘째, 검사하고자 하는 시스템 요소에서 간헐적으로 오류가 발생할 경우 오류진단에 특히 더 많은 어려움을 경험한다(Teague & Allen, 1997).

계획하기와 스케줄링

계획하기와 스케줄링의 인지적 처리는 앞 절에서 살펴보았던 문제해결 및 오류진단과 밀접한 관련이 있는데, 왜냐하면 문제해결이나 오류진단을 요구받는 것은 미래의 검사와 활동에 대해 신중하게 계획하는 것을 포함할 수도 있기 때문이다. 그러나 오류진단은 일반적으로 무엇인가 잘못되었고 따라서 고쳐야 한다는 것을 시사하는 반면, 계획하기와 스케줄링은 이러한 시사점을 갖지 않는다. 즉 계획하기는 일상적이고 정규적인 활동들을 생성하는 경우처럼 문제해결 없이도 일어날 수 있다. 우리는 예기 기억이 계획하기의 한 형태라는 것을 살펴본 바 있다.

많은 역동 시스템에서 미래는 두 가지의 서로 다른 요소, 즉 제어되고 있는 시스템의 **예측된 상태**(predicted state)와 달성되어야 하는 이상적인 상태 혹은 **명령 상태**(command state)로 나뉠 수 있다. 예를 들면 어느 공장 관리자는 (작업자와 장비가 주어진다면) 몇 시간 이후에 얻을 수 있는 예측된 출력(predicted output)과 다른 외부 요인(예 : 고객)에 의해 요구되는 목표 출력(target output)을 모두 고려할 것이다. 만일 시스템이 상태나 출력을 쉽게 바꾸지 못할 경우, 우리는 이러한 시스템을 굼뜬(sluggish) 혹은 높은 관성(high inertia)을 갖는 시스템이라고 부른다. 굼뜬 시스템을 사용하는 경우에는 미래의 출력이 미래의 요구에 대응되도록 하기 위해 시간상 보다 멀리 계획하는 것이 매우 중요해지는데, 왜냐하면 시스템 출력을 신속하게 변경한다고 해서 원하는 바가 바로 충족되는 것은 아니기 때문이다. 가동에 시간이 걸리는 공장, 위치를 즉각적으로 변경할 수 없는 우주선, 그리고 높은 관성을 갖는 초대형 유조선이나 기차와 같은 것들이 굼뜬 시스템의 예이다.

이 장의 앞에서 논의되었던 두 가지 인지적 측면이 계획하기와 관련이 있다. 첫째, 상황인식의 단계 3은 미래 상태와 미래 요구를 정확하게 추정하는 능력에 대한 또 다른 표현방식이다. 둘째, 숙련된 오퍼레이터는 현재 상태로부터 미래 상태를 예측하기 위하여 정신적 시뮬레이션(mental simulation)을 통해 역동적 시스템에 대한 정신 모형을 종종 사용한다(Klein & Crandall, 1995). 정신적 시뮬레이션의 역할에 대해서는 제7장에서 논의된다. 정확한 정신 모형을 사용하고자 할 경우 작업 기억에 과중한 인지적 부담이 주어지고, 결국 많은 인지적 자원이 요구된다. 따라서 다른 과제들의 수행을 위해 자원을 할당한 결과로 인해 정신 모형의 사용에 자원이 부족하게 되면 예측이나 계획이 열악해지거나 혹은 오퍼레이터가 미래에 대비할 수 없게 된다.

일반적으로 사람들은 복잡하고 시간상 긴 범위의 계획을 세우려고 하지 않는 경향이 있다(Tulga & Sheridan, 1980). 이러한 경향은 높은 작업 기억 부담을 피하려는 욕구와, 불확실한 세상에서 계획을 정확하게 세우는 것은 불가능하고 세상이 원래 예측된 것과는 다른 방식으로 변하기 때문에 원래 계획은 어차피 수정되거나 폐기되어야 한다는 믿음에 바탕을 두고 있다. 그러나 때로 사람들은 이와는 반대의 행동을 보여 **계획 지속화 오류**(plan continuation error)라고 불리는 것을 만들어 낸다(Orsasanu et al., 2001; Muthard & Wickens, 2003; Goh & Wiegmann, 2001). 이 오류는 인지적 터널링에서 흔히 관찰되는 행동의 한 형태이다.

문제해결과 오류진단과 마찬가지로 다양한 형태의 자동화들이 계획 세우기에서 발생하는 인지적 부담을 줄여주기 위하여 제안되었다(Gronland et al., 2002). 이 중에서 가장 효과적인 것은 **예측 디스플레이**(predictive displays)인데, 이것은 미래에 발생할 가능성이 높은 정보를 시각적으로 미리 제시해 주어 작업 기억이 사용되어야 할 필요를 줄여준다(Wickens et al., 2000). 이에 대해서는 다음 장에서 논의될 것이다. 또한 컴퓨터 기반 계획수립 보조수단도 매우 유용하다. 이것은 계획들을 제안해 주거나(Layton et al., 1994; Muthard & Wickens, 2003) 그와 같은 계획들을 신속하게 시뮬레이션해 보도록 하여 오퍼레이터가 성공 가능성이 높은 계획을 선택할 수 있도록 해준다(Sheridan, 2002). 계획수립 보조수단 중 항공 관제사들이 많은 도움을 받을 수 있는 것은 사용자 의뢰 평가 도구(User Request Evaluation Tool, URET)이다. 이를 통해 관제사들은 항공기 갈등을 피하기 위해 몇 가지 비행 경로들을 미리 시험해 볼 수 있다.

메타인지와 노력

거의 모든 과제에서 수행은 지각 정보와 과제에 대한 장기 기억 지식의 조합을 통해 지원된다. Norman(1988)은 전자를 '세상 속 지식'으로, 그리고 후자를 '머릿속 지식'으로 각각 지칭하였다. 심리학자들은 수행의 많은 측면에서 매우 중요하고 질적으로 서로 상이한 지식의 원천을 확인하였는데, 이것이 **메타지식**(metaknowledge) 혹은 **메타인지**(metacognition)라 하는 것이다(Redar, 1996; Bjork, 1999). 이것은 사람들이 자신의 지식이나 능력에 대해 갖고 있는 지식을 의미한다. 예를 들어 자동차 엔진에 어떤 문제가 있는지 진단하여 이를 수리하고자 하는 오류진단자를 고려해 보자. 만일 진단이 잘못된 채로 다시 시동을 걸고자 한다면 심각한 손상으로 이어질 수 있을 것이다. 이 때문에 그 오류진단자는 자신이 그 문제의 본질을 제대로 알고 있는지, 그리고 수리한 결과 자동차가 손상 없이 다시 시동이 걸리도록 하는 데 얼마나 확신할 수 있는지에 대해 자신에게 물어볼 것이다. 다시 말해 그 오류진단자는 자신의 '지식에 대한 지식'을 평가해 볼 것이다. 이와 유사하게, 시험 준비를 하는 어떤 학생은 시험 공부를 중단하고 다른 활동을 해도 되는지에 대해 스스로에게 물어볼 수 있을 것이다.

메타인지의 또 다른 예는 목격자 증언이다. 어떤 목격자는 재인 기억에서 자신의 기억에 대해 일반적으로 과다확신하는 경향이 있다는 것을 알고 있다면 증언과정에서 자신의 확신 정도를 '깍아 내리려' 할 것이다. 따라서 메타인지는 때로 사람들이 어떤 행동을 하는지에 대한 선택과 그들이 알고 있는 것(머릿속의 지식)에 대한 확신의 정도, 그리고 추가적인 정보(세상 속의 지식)를 더 찾아보아야 할 것인지에 대한 선택을 조절할 수 있다.

선택적 주의와 관련되는 추가적 정보의 탐색은 또한 메타인지의 또 다른 구성개념인 **예상 노력**(anticipated effort), 즉 추가적 정보를 얻는 데 요구될 것으로 예상되는 노력의 정도와 관련된다(Wright et al., 2000; Fennema & Kleinmuntz, 1995). 예상 노력이라는 구성개념은 사람들이 정보 시스템을 사용하는 방략과 밀접하게 관계가 있으며, 단지 정보를 탐색하는 것뿐만 아니라 광범위한 과제를 수행하는 것과도 관련된다(Gray, 2000). 사람들은 종종 암묵적으로나 외현적으로 정보에 접근하는 데 필요한 예상 노력이 가치 있는 것인지 스스로에게 물어본다. 예를 들어 특정한 책에 내가 알고자 하는 정보가 있는지 확인하기 위하여 캠퍼스를 가로질러 도서관까지 가는 것이 더 바람직한 것인지, 아니면 겉으로 보기에도 전혀 생산적이지 못한 것 같은 현재의 탐색 수행을 계속할 것인지를 스스로에게 물어볼 것이다(MacGregor et al., 1987). 좀더 일반적인 의미로 말한다면, 사람들은 특정 시스템을 사용하는 데 드는 노력과 그 시스템을 사용함으로써 얻는 이득 사이의 득실관계를 스스로 따져볼 것이다.

메타인지적 득실관계 평가가 자주 행해지는 영역은 머릿속 지식과 세상 속 지식 사이의 득실관계 평가이다. 세상 속 지식을 획득하는 것(지각적 정보를 얻는 것)은 때로 머릿속 지식(기억에 의존하는 것)을 이용하는 것에 비해 더 정확하기는 하지만 동시에 더 많은 노력을 요구한다(Gray & Fu, 2001). 그러나 설계자들은 목격자들이 그들의 증언 내용을 과다확신 하는 경우처럼, 사람들은 자신이 갖고 있는 지식의 정확성을 과다확신한다는 것을 알아야 한다(Bjork, 1999). 따라서 노력이 많이 드는 지각적 정보 탐색을 피하고자 하는 결정은 항상 현명한 일은 아닐 수 있다.

예상 노력과 정확성과 같이 어떤 속성들의 이득과 비용을 균형 있게 하는 문제는 제7장에서 기술되는 의사결정의 맥락에서 좀 더 자세하게 다루어질 것이다. 또한 제7장에서는 노력이 많이 드는 의사결정 방략들 대신 노력이 적게 드는 발견법을 선택함으로써 사람들이 어떻게 의사결정을 최적화하는지에 대해서도 논의할 것이다(Bettman et al., 1990). 스케줄링과 계획하기의 관점에서 보면 사람들은 복잡한 계획보다는 단순하지만 최선의 계획을 선택하는 경향이 있다(Raby & Wickens, 1994). 설계자들은 인터페이스의 '강력한' 세부 특징에 의해 야기되는 노력의 부담도 알아야 한다. 그와 같은 부담은 그러한 세부 특징을 배우는 데 요구되는 인지적 노력이나, 그러한 세부 특징을 활성화시키는 데 요구되는 정신적 · 신체적 노력이나 시간의 용어로 표현될 수 있다. 많은 사람들은 그와 같은 세부 특징을 사용함으로써 생산성이 증가될 것으로 기대되는 경우에도 노력을 들이지 않으려 한다. 그 결과 그러한 세부 특징들은 사용되지 않은 채 방치될 것이다. 마찬가지로, 사람들에게 머릿속으로부터 정보를 인출하여 직접 수행하도록 요구하는 것은 단순히 시각장의 서로 다른 영역을 주사하도록 요구하는 것에 비해 더 많은 노력을 요구한다(Yeh & Wickens, 2001; Gray & Fu, 2001). 이러한 관점에서 보면 히든 데이터베이스(hidden database), 중다 수준 메뉴(multilevel menus), 그리고 탈혼잡화 도구(decluttering tool) 등의 설계 개념들은 문제가 있을 수 있다. 팝업 메시지나 사용자가 어떤 정보를 필요로 하는지 추론하여 이를 자동적으로 제공해 주는 기능 등을 통해 사용자의 정보 접근 노력을 줄여줌으로써 이러한 문제를 해결할 수 있을 것이다(Hammer, 1999).

노력은 사람들이 두 가지 과제를 동시에 수행할 때의 성공 여부를 결정하는 정보 처리의 또 다른 특징, 즉 분산 주의(divided attention)와 밀접하게 관련되어 있다. 이제부터는 주의의 특성과 관련하여 노력이라는 중요한 개념을 좀 더 직접적으로 검토해 보기로 하자.

주의와 시간-공유

앞에서는 환경에 대한 정보를 획득할 때의 주의에 대해 언급한 바 있다. 이것은 **선택 주의**(selective attention)이며 때로 노력을 요구하는 처리이다. 이 절에서는 두 가지 일을 동시에 수행하도록 하는 능력을 지원하는 주의, 즉 두 가지 과제 혹은 두 가지 정신적 활동들 사이에 주의를 분산시키는 것(Wickens, 2002)에 대해 논의하고자 한다. 선택 주의와 분산 주의는 서로 연관되어 있지만 그렇다고 같은 것은 아니다(Wickens et al., 2003). 예를 들어 처리해야 하는 두 정보 원천(예 : 운전할 때 전방의 장면과 차 안의 전자 지도)을 선택하는 것은 두 정보 원천 각각에 주의를 분산시키는 것을 성공적으로 이끌 수도 혹은 그렇지 못할 수도 있다. 이 장의 서두에서 예시했던 로라의 경우는 성공적이지 못한 경우였다. 인간 시간-공유를 연구하는 사람들은 분산 주의의 성공 여부를 결정하는 네 가지 주요 요인들을 확인하였다(Damos, 1991). 이 요인들은 각각 자원 요구, 구조, 유사성 및 자원 할당 혹은 과제 관리이다.

정신적 노력과 자원 요구

앞 절에서 우리는 하나의 과제 혹은 인지적 활동을 수행할 때 요구되는 노력에 대해 기술한 바 있다. 사람들은 추가적인 노력을 잘 기울이려 하지 않기 때문에 복잡한 숫자 계열들을 외운다거나, 심적 회전을 한다거나, 혹은 예측을 하는 것과 같은 노력이 많이 드는 활동들을 회피하는 경향이 있고, 그러한 활동들을 수행한다고 해도 잘 수행하지 못한다. 게다가 마치 그림 6.1에 제시된 주의 자원의 '저장고' 용량이 제한되어 있어 하나의 활동 수행을 지원하는 데 사용되는 자원은 다른 활동에는 거의 사용되지 못하는 것처럼, 한 가지 활동이 요구하는 정신적 노력, 난이도 혹은 자원 요구가 높을수록 동시에 수행되는 두 번째 활동의 수행 능력이 저하된다. 예를 들어 대화가 단순한 내용이고 쉽게 운전할 수 있는 상황이라면 우리는 운전하면서 동시에 옆 사람과 대화를 나눌 수 있다. 그러나 대화가 복잡해질 경우(예 : 어려운 문제를 해결해야 하는 경우처럼) 용량은 운전으로부터 대화로 전환되어야 하고 이 때문에 안전을 위협할 것이다. 그러나 이와는 반대로 운전이 갑자기 어려워진다면 대화는 중단될 것이다. 단일 과제에서의 난이도와 이중 과제에서의 분산 주의 저하 사이의 관계는 **자원 이론**(resource theory)의 핵심적인 특징이다(Kahneman et al., 1973). 부족한 정신적 자원이 과제들 사이에서 공유되어야 하고, 어려운 과제일수록 동시에 수행되는 다른 과제들에 넘겨줄 수 있는 자원이 더 적어진다면 그 결과 어느 한쪽의 수행은 저하된다(그림 6.3의 1).

정신적 노력의 개념은 **자동성**(automaticity)의 개념과 밀접하게 (그리고 역으로) 관련되어 있다(Schneider, 1985; Logan, 1985). 당신의 이름을 서명하는 것이나 매우 익숙한 컴퓨터 로그온 절차를 수행하는 것과 같이 어떤 과제가 자동화되었다고 할 때는 몇 가지 속성들이 있다. 자동화된 과제는 고도로 연습된 것이고, 의식적인 생각이 거의 없이 매우 신속하게 수행되며, 따라서 동시에 수행되어야 하는 다른 과제의 수행 능력을 향상시킨다. 자동성은 실무율적인 것이 아니라 정도의 문제이다. 따라서 자동성 정도는 주어진 정신적 자원의 투자를 통해 달성될 수 있는 수행 수준을 반영한다(Norman & Bobrow, 1975; Navon & Gopher,

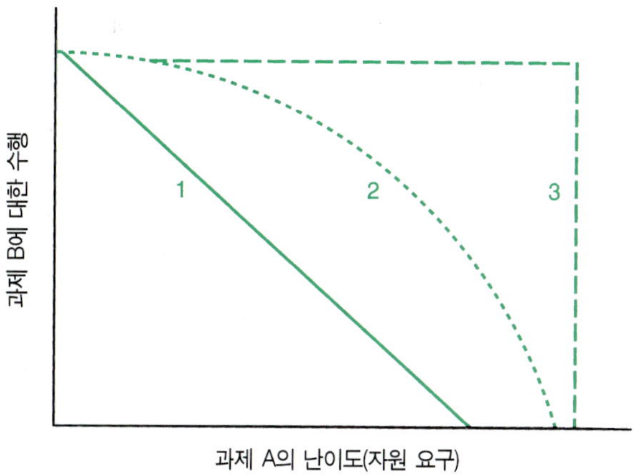

그림 6.3
자원이 공유되면서 동시에 수행되는 두 가지 과제 A와 B가 있다고 하자. 이 그림은 과제 A의 난이도에 따른 과제 B에 대한 수행 변화를 보여주고 있다. 여기에서 선 1, 2, 3은 점차 자동화되어 가는 과제 B에 대한 수행을 나타나고 있다. 자동화의 초상위 수준(선 3)에서는 과제 A의 난이도가 매우 높더라도 과제 B는 완벽하게 수행될 수 있다.

1979; Wickens & Hollands, 2000). 그림 6.3의 2와 3은 과제 (B)가 점차적으로 자동화될 때의 이중 과제 수행을 보여주고 있다. 앞에서도 언급하였듯이, 자동성은 지각적 속성들이 단위화되는 경우에 얻을 수 있는 하나의 특징이다.

구조적 유사성

자동성 혹은 자원 요구는 어떤 단일 과제(혹은 정신적 활동)가 얼마나 성공적으로 다른 과제와 시간-공유할 수 있는지를 예측하게 하는 속성이다. 이와는 대조적으로, **구조적 유사성**(structural similarity)은 짝을 이루어 동시에 수행되어야 하는 두 과제가 갖는 주요 처리 구조 사이의 유사성을 의미한다. 예를 들어 앞의 예에서 로라는 휴대전화를 보는 동안 도로 전방을 주시하지 못했기 때문에 옆 차선으로부터 끼어드는 다른 차량을 감시하지 못했다. 즉 두 과제 모두 시각 과제였다. 그러나 로라 자신도 여행을 시작하기 전에 생각했던 것처럼, 항행 지시 정보를 음성 모드로 들을 수 있었다면 주의를 눈과 귀로 분산시킬 수 있었기 때문에 좀더 안전하게 운전할 수 있었을 것이다. 연구자들은 인간 정보 처리에서의 서로 다른 구조들은 서로 분리되어 있는 중다 자원에 의해 각각 달리 지원된다고 주장해 왔다. 따라서 그림 6.1과 같이 단일한 저장고가 있는 것이 아니라 여러 개의 저장고가 있다는 것이다

(Navon & Gopher, 1979; Wickens, 1984, 2002). 두 과제가 서리 분리된(상이한) 자원을 요구할수록 시간-공유는 향상된다.

표 6.1은 중다 자원의 네 가지 이분적 차원들을 보여주고 있다. 일반적으로 시간-공유는 동일한 차원에서의 서로 다른 수준(양 극단)보다는 상이한 차원들 사이에서 더 잘 이루어진다. 표는 각 차원의 서로 다른 수준에 해당되는 자극 유형과 활동을 예시해 주고 있다. 4개의 차원들은 각각 서로 독립적(혹은 직교적)으로 관련된다. 예를 들어 공간 과제와 언어 과제(부호 차원)는 각각 지각-작업 기억 활동이나 반응 활동에 모두 포함될 수 있다(단계 차원). 그러나 어떤 차원은 다른 차원들의 일부 수준과 부분적으로 관련된다. 예를 들어 중심(focal) 시각 경로와 주변(ambient) 시각 경로 사이의 구분은 시각적, 지각-인지적 처리에서만 정의된다.

이 표를 통해 추론할 수 있는 가장 중요한 설계 특징은 두 개의 과제가 하나의 차원 혹은 그 이상의 차원에서 서로 공통적인 수준을 요구할수록 시간-공유가 저하될 가능성이 커지고, 단일 과제 수행에 비해 이중 과제에서 두 가지 과제 중 어떤 하나가 훨씬 더 많이 저하된다는 점이다. 예를 들어 많은 연구들에 의하면 '부호' 차원에서 언어적 재료를 사용하는 두 가지 과제들(예 : 전화번호를 암기하면서 말하기)은 언어 과제와 공간 과제를 각각 사용하는 경우보다 서로 더 많은 간섭을 일으킨다(Wickens & Liu, 1988). 또한 양상 차원에서 보면, 운전이나 비행 과제와 관련된 연구들은 이 과제들이 과중한 시각적 부담에 처해 있을 때 청각적 정보 디스플레이를 사용함으로써 일반적으로 더 많은 이점을 얻을 수 있다는 것을 보여주고 있다(Wickens & Seppelt, 2002). 그렇다면 시각적 부담을 경험하는 운전자나

표 6.1 중다 자원의 네 가지 차원

차원	두 수준	예시
양상	청각적 vs. 시각적	음성 디스플레이 혹은 공간적으로 위치된 톤 인쇄물 혹은 전자지도
부호	공간적 vs. 언어적	추적 과제, 가리키기, 심적 회전, 이미지화(시공간 스케치 패드) 말소리 듣기, 되뇌기(음운 루프), 말하기
단계	지각-작업 기억 vs. 반응	탐색, 이미지화, 읽기, 되뇌기, 듣기 밀기, 말하기, 가리키기, 조작하기
시각 경로	초점시 vs. 주변시	읽기, 상징 해석 흐름장(flow field) 처리, 균형 유지를 위한 시지각

출처 : Wickens, 2000.

조종사들에게 시각적으로보다는 항상 청각적으로 정보를 제공하는 것이 현명한 일인가? 반드시 그렇지는 않을 것이다. 왜냐하면 때로 정보 디스플레이의 구조를 변경하는 것은 자원 요구를 변화시킬 수 있기 때문이다. 이것은 앞에서 언급한 이중 과제 사이의 간섭을 완화하는 하나의 방법이다. 예를 들어 5~9개의 군집을 긴 청각 메시지로 전달할 경우 이것은 동일한 정보량을 시각적으로 전달할 경우에 비해 더 높은 자원 부담을 야기한다. 왜냐하면 시각 정보들은 암송할 필요가 없기 때문이다. 따라서 자원 요구와 구조 유사성을 함께 고려함으로써 이중 과제 간섭의 정도를 예측할 수 있다.

혼동

우리는 작업 기억에서 항목들 사이의 유사성이 혼동을 야기한다는 것을 살펴보았고, 제4장에서 시감각을 논의하면서도 유사성 기반 혼동에 대해 비슷한 결론을 내린 바 있다. 그리고 이 장에서는 유사한 구조를 가지면서 동시에 수행되어야 하는 두 가지 과제들 사이에도 간섭이 증가한다는 것을 알았다(Fracker & Wickens, 1989; Gille & Broadbent, 1989; Wickens, & Hollands, 2000). 예를 들어 암산하면서 야구 경기 점수를 살펴보는 것은 아마도 방해를 많이 받게 될 것인데, 왜냐하면 두 가지 과제 모두 숫자를 사용하기 때문에 서로 혼동을 일으키기 때문이다. 마찬가지로, 자동차 항법 시스템을 통해 회전 지점에서 '좌회전(left turn)' 이라는 음성 지시를 들었는데 같이 타고 있던 승객이 "맞아(right)…나도 그렇게 생각했어."라고 말한다면 운전자는 순간적으로 '우회전(right turn)' 하는 실수를 범할 수도 있다. 청각적 배경 정보는 이것이 갖는 침입성(intrusiveness) 때문에 현재 수행하고 있는 과제와는 상관없는 정보라 할지라도 혼동을 야기할 가능성이 특히 높다(Banbury et al., 2001).

과제 관리와 방해

앞 절에서 우리는 자원 요구, 구조적 중복 및 유사성 등이 결합되어 나타나는 두 가지 수행 과제들 사이의 **전체적 간섭**(total interference)에 대해서 기술하였다. 만일 이러한 요인들이 간섭을 일으키게 되면 두 가지 과제 중 하나에 대한 수행은 저하될 것이다. 이중 과제 수행에 대한 분석에서 우리가 전형적으로 일차 과제(primary task)라고 부르는 것은 가장 높은 우선권을 갖고, 높은 자원 요구나 구조적 유사성의 부정적 효과로부터 보호 받는 과제를 의미한다. 반면 수행이 저하되는 과제는 이차 과제(secondary task)라고 부른다. 따라서 운전 중에 휴대전화를 사용하더라도 운전자가 운전을 일차 과제로 수행하는 대신 휴대전화 사용을 이차 과제로 수행한다면 문제가 없을 것이다. 그러나 불행하게도 모든 운전자들이 그와 같은 최적의 과제 관리 방략을 채택하는 것이 아니기 때문에 그 결과 운전 중 휴대전화 사용으로 인한 사고가 발생한다(Violanti, 1998).

가장 기초적인 수준에서 보면, 과제 관리는 단순히 각각의 과제에 자원을 번갈아 할당하는 것이다. 그러나 자원 할당은 이보다 더 복잡해질 수도 있다. 예를 들어 대부분의 사람들이 운전 중에 휴대전화를 사용하는 것이 운전과 도로 감시로부터 자원을 (휴대전화 사용으로) 돌리게 한다는 것을 알고 있다면(메타인지) 왜 두 과제(운전과 휴대전화 사용)를 동시에 수행하고자 하는가? 이것에 대한 한 가지 이유는 성공적인 시간-공유 방략이 과제들 사이에서 주의를 최적으로 **전환**(switching)하도록 한다는 점이다. 예를 들어 운전자는 도로 전방에서 어떤 일이 발생할 가능성이 거의 없다는 것을 안다면 그 시점에서 이차 과제 수행에 필요한 시각 정보를 표집할 수 있을 것이다. 자동차가 곧게 뻗은 고속도로 위를 달리고 있고, 날씨도 좋으며, 주변에 다른 차량이나 위험요소들이 거의 없다면 운전자는 때로 고개를 숙이고 차 내부로 눈을 돌릴 수 있을 것이다. 선택 주의 맥락에서도 기술하였듯이 이 경우 '도로 경로' 에서는 중요한 사상에 대한 기대가 거의 없는 것이다. 그렇다면 얼마나 오래 '고개를 숙이고' 도로 전방 이외의 지점에 눈을 돌릴 수 있을까? 이것은 자동차의 속도, 도로상의 교통량, 그리고 위험한 사상을 알아차릴 수 있다는 운전자의 믿음 정도 등과 같은 여러 요인들에 따라 달라진다. 따라서 고도로 숙련된 운전자는 기대나 비용에 대한 정확한 정신 모형을 개발함으로써 최적으로 환경을 주사(scanning)할 수 있게 된다(Moray, 1986; Wickens et al., 2003).

앞에서 논의한 것에 따르면 과제들 사이의 전환은 바람직한 것이다. 그러나 두 과제의 수행을 위한 각각의 디스플레이들이 서로 멀리 떨어져 있어서 병렬 처리가 불가능한 경우에는 이러한 과제 사이의 전환은 필수적인 것이기도 하다. 실제로 두 과제 사이에 주의가 매우 빠르게 전환되거나 번갈아 주어지게 되면 이것은 병렬 처리와 거의 구분되지 않는다. 예를 들어 한 연구 결과에 따르면 동시에 수행해야 하는 과제들을 더 신속하게 번갈아가며 수행하는 사람들은 그렇지 않은 경우에 비해 더 효과적으로 수행하였다(Raby & Wickens, 1994). 반대로 중다 과제 환경에서 과제들 사이의 전환이 매우 느린 경우는 인지적 터널링을 가져올 수 있다(Moray & Rosenberg, 1989; Kerstholt et al., 1996). 즉 다른 과제나 정보 경로에 주의를 전환해야 함에도 불구하고 특정 과제 혹은 정보 경로에 계속 주의를 고정하는 것이다. 기억 실패의 맥락에서 보면 이것은 잠시 미루었던 과제에 대한 체크를 망각하는 경우이다(이것은 예기 기억의 실패이다).

인지적 터널링을 피할 수 있는 인간 공학적 설계 중 하나는 이 장의 초반부에서 기술되었던 상기물(remainder)을 사용하는 것이다(Herrmann et al., 1999). 그러나 이 문제와 관련된 좀 더 근본적인 인간 공학적 해결방안은 경보의 설계와 관련되어 있다(제5장 참조). 경보, 특히 청각 경보는 어떤 과제를 수행하고 있건 이 과제에 대한 수행을 중지시키고 사용자가 살펴보아야 하는 문제 있는 시스템으로 사용자의 주의를 변경하도록 설계된다(Woods, 1995). 따라서 항공기 조종실과 같은 복잡한 중다 과제 환경에서, 수행 중인 과제에 대한 중지를 사람들이 어떻게 처리할 것인지에 대한 훈련이 중요한 것으로 보인다.

시간-공유 과부하의 해결책

앞에서도 논의하였듯이, 과부하된 사무실의 비서, 자동차 운전자, 항공기 조종사 혹은 위기에 처한 조직의 관리자 등이 경험하는 중다 과제 환경에 대처하는 다양한 방법들이 있다. 이들은 다음의 네 가지 일반적 범주들로 나눌 수 있을 것이다.

1. 과제 재설계. 한 가지 방법으로, 우리는 오퍼레이터에게 시간-공유 부담을 주는 너무 많은 과제를 수행하도록 요구하지 말아야 한다. 그러나 전투용 항공기의 무기 및 감시 시스템의 경우처럼 조종사에게 점차 더 많은 '임무 과제'를 부과하는 경향이 있다. 이러한 시스템들은 필연적으로 과도한 시간-공유 부담을 야기하여 오퍼레이터들을 과부하시킨다. 우리는 이 장의 앞부분에서 인지적 면접(cognitive interview, CI) 기법을 통해 노력이 많이 드는 기억 인출과 질문 이해를 피하면서 목격자들로부터 진술을 얻는 몇 가지 방법을 살펴본 바 있다(Fisher, 1999). 시간-공유 부담을 줄일 수 있는 또 다른 방법은 자원을 덜 요구하도록 과제들을 재설계하는 것이다. 작업 기억의 부담을 줄이는 것은 종종 매우 성공적인 방법이다. 예를 들어 사용자들에게 10개의 숫자로 된 전화번호를 기억하도록 한다거나, 중다 과제 환경이라면 7개의 숫자들로 된 전화번호도 외우도록 해서는 안 된다.
2. 인터페이스 재설계. 때로 과도하게 부과된 자원 요구를 줄여주기 위하여 인터페이스가 재설계되기도 한다. 앞에서도 살펴보았지만 오퍼레이터가 눈으로 차량 통제와 감시를 계속 수행해야 하는 경우에는 음성 디스플레이가 시각적 텍스트를 대신하여 사용될 수 있을 것이다(Dixon & Wickens, 2003; Wickens, Sandry, & Vidulich, 1983).

3. **훈련.** 제18장에서도 언급되겠지만 오퍼레이터에 대한 명시적 혹은 암묵적 훈련은 중다 과제 환경에서 두 가지의 상이한 구성요소들을 갖고 있다. 첫째, 구성요소 과제에 대한 반복적이고 일관적인 연습은 자동성을 개발시킬 수 있고(Schneider, 1985), 이에 따라 자원 요구를 감소시킨다(그림 6.3 참조). 둘째, 주의 관리 기술에 대한 훈련은 자원 할당을 적절하게 할 수 있게 하여(Gopher, 1993; Gopher et al., 1994; Wickens, 1989) 과제 전환과 과제 방해의 문제에 대처할 수 있게 해준다(Dismukes, 2001).
4. **자동화.** 자동화도 이중 과제 수행과 관련하여 다음의 두 가지를 고려할 수 있다. 첫째, 제16장에서도 논의되듯이 자동화는 자원이 많이 요구되는 수행 측면들을 대치하거나 상당 부분 경감시켜 준다. 예를 들어 자동 항법 장치, 컴퓨터가 스스로 철자를 체크하는 것 혹은 경고 시스템 등이 이에 해당된다. 둘째, 설계자들은 최근에 지능형 자동화가 과제 관리자로 작용할 수 있음을 고려하기 시작하였다. 지능형 자동화는 사용자가 미처 알아차리지 못한 과제로 사용자의 선택 주의를 역동적으로 유도하거나, 필요하다면 스스로 그 과제를 맡아서 수행한다(Hammer, 1999).

결론

이 장에서 우리는 복잡한 환경에서 이루어지는 정보 처리의 핵심이라 할 수 있는 많은 정신 과정들에 대해 논의하였다. 이들은 인지심리학의 주요 연구 영역이기도 하다. 이러한 정신 과정들은 이 책의 다른 장들과도 관련된다. 지각은 시각과 청각을 다룬 제4장과 제5장, 그리고 디스플레이를 다룬 제8장과도 관련된다. 주의는 제4장 및 제8장에서 다루는 주제들과 관련이 있고, 제13장에서 다루는 작업부하의 과부하에 대한 주제와도 관련된다. 사람들의 불안전한 행동 경향에 근저하는 메타인지와 관련된 문제들은 제14장에서 언급한다. 모든 종류의 인지는 컴퓨터 사용(제15장), 자동화와 복잡 시스템 처리(제16장), 그리고 교통 시스템의 사용(제17장)에 관여된다. 인지는 일종의 지식이며, 지식은 학습과 훈련에 의해 습득된다(제18장). 마지막으로, 지각과 작업 기억에 대한 많은 인지 측면들은 의사결정과정에서의 모든 중요한 과제들에 포함되는데, 이것은 다음 장에서 살펴볼 것이다.

참고문헌

Allport, D.A., Antonis, B., and Reynolds, P.(1972). On the division of attention: A disproof of the single channel hypothesis. *Quarterly Journal of Experimental Psychology, 24,* 255-265.

Anderson, J.R.(1995). *Cognitive psychology*(4th ed.). New York: W.H. Freeman.

ANSI(1988). American National Standard for photography(equipment)-graphic symbols for controls and features. ANSI PH3. 624. American National Standards Institute.

Aurelio, D.N.(1988). *Evaluation of camera symbols.* Internal report, PPG Human Factors, Eastman Kodak Company, Rochester, New York.

Baddeley, A.D.(1986). *Working memory.* New York: Oxford University Press.

Baddeley, A.D.(1990). *Human memory: Theory and Practice.* Boston, MA: Allyn and Bacon.

Bailey, R.W.(1989). *Human performance engineering using human factors/ergonomics to achieve computer system usability*(2nd ed.). Englewood Cliffs, NJ: Prentice-Hall.

Bartlett, F.C.(1932). *Remembering: A study in experimental and social psychology.* New York and London: Cambridge University Press.

Best, J.B.(1995). *Cognitive psychology*(4th ed.). St. Paul, MN: West Publishing.

Biederman, I.(1987). Recognition-by-components: A theory of human image under standing. *Psychology Review, 94*(2), 115-147.

Biederman, I., and Ju, G.(1988). Surface vs. edge-based determinants of visual recognition. *Cognitive Psychology, 20,* 38-64.

Brooks, L.R.(1968). Spatial and verbal components in the act of recall. *Canadian Journal of psychology, 22*, 349-368.

Brouwer, W.H., Waterink, W., van Wolffelaar, P.C., and Rothengatter, T.(1991). Divided attention in experienced young and older drivers: Lane tracking and visual analysis in a dynamic driving simulator. *Human Factors,* 33, 573-582.

Buckhout, R.(1974). Eyewitness testimony. *Scientific American, 231*(6), 307-310.

Card, S., Moran, T., and Newell, A.(1986). The model human processor. In K. Boff, L. Kaufman, and J. Thomas(eds), *Handbook of perception and human performance*(vol. 2). New York: Wiley.

Casey, S.(1993). *Set phasers on stun and other true tales of design, technology, and human error.* Santa Barbara, CA: Aegean Publishing.

Crist, B., and Aurelio, D.N.(1990). Development of camera symbols for consumers. *Proceedings of the human Factors Society 34th Annual Meeting*(pp.489-493). Santa Monica, CA: The Human Factors Society.

Damos, D., and Wickens, C.D.(1980). The acquisition and transfer of time-sharing skills. *Acta*

Psychologica, 6, 569-577.

Danaher, J.W.(1980). Human error in ATC system. *Human Factors, 22*, 535-546.

Fracker, M.L., and Wickens, C.D.(1989). Resources, confusions, and compatibility in dual axis tracking: Display, controls, and dynamics. *Journal of Experimental Psychology: Human Perception and Performance, 15,* 80-96.

Gentner, D., and Stevens, A.L.(1983). *Mental models.* Hillsdale, NJ: Erlbaum.

Gopher, D.(1993). The skill of attention control: Acquisition and execution of attention strategies. In D.E. Meyer and S. Kornblum(eds.), *Attention and performance XIV.* Cambridge, MA: MIT Press.

Gopher, D., Weil, M., and Baraket, T.(1994). Transfer of skill from a computer game trainer to flight. *Human Factors, 36*, 387-405.

Gordon, S.E.(1992) Implications of cognitive theory for knowledge acquisition. In R. Hoffman(ed.), *The cognition of expert: Psychological theory and empirical AI*(pp.99-120). New York: Springer-Verlag.

Gordon, S.E.(1994). *Systematic training program design: Maximizing effectiveness and minimizing liability.* Englewood Cliffs, NJ: Prentice-Hall.

Haber, R.N., and Schindler, R.M.(1981). Error in proofreading: Evidence of syntactic control of letter processing? *Journal of Experimental Psychology: Human Perception and Performance,* 7, 573-579.

Harris, J.E., and Wilkins, A.J.(1982). Remembering to do things: A theoretical framework and illustrative experiment. *Human Learning, 1*, 123-136.

Hess, S.V., Detweiler, M.C., and Ellis, R.D.(1994). The effects of display layout on monitoring and updating system states. *Proceedings of the Human Factors and Ergonomics Society 38th Annual Meeting*(pp.1336-1341). Santa Monica, CA: Human factors and Ergonomics Society.

Hunt, E., and Lansman, M.(1981). Individual differences in attention. In R. Sternberg(ed.), *Advances in the psychology of intelligence*(vol. 1). Hillsdale, NJ: Erlbaum.

Isreal, J., Wilkens, C.D., Chesney, G., and Donchin, E.(1980). The event-related brain potential as a selective index of display monitoring load. *Human Factors,* 22, 211-224.

Kantowitz, B.H.(1989). The role of human information processing models in system development. *Proceedings of the Human Factors Society 33rd Annual Meeting*(pp.1059-1063). Santa Monica, CA: Human Factors Society.

Klemmer, E.T.(1969). Grouping of printed digits for manual entry. *Human Factors, 11*, 397-400.

Loftus, G.R., Dark, V.J., and Williams, D.(1979). Short-term memory factors in ground controller/pilot communication. *Human Factors, 21*, 169-181.

Miller, G.A.(1956). The magical number seven plus or minus two: Some limits on our capacity for processing information. *Psychological Review, 63,* 81-97.

Moray, N.(1986). Monitoring behavior and supervising control. In K.R. Boff, L. Kaufman, and J.P. Thomas(eds.), *Handbook of perception and human performance.* New York: Wiley.

Moses, F.L., and Ehrenreich, S.L.(1981). Abbreviations for automated systems. *Proceedings of the 25th Annual Meeting of the Human Factors Society.* Santa Monica, CA: Human Factors Society.

National Transportation Safety Board(1992). *Aircraft accident report. Runway collision of USAIR FLIGHT 1493 and Skywest Flight 5569.* NTSB/AAR-91/08. Washington, DC: National Transportation Safety Board.

Navon, D., and Gopher, D.(1979). On the economy of the human processing system. P*sychological Review, 86,* 254-255.

Navon, D., and Miller, J.(1987). The role of outcome conflict in dual-task interference. *Journal of Experimental Psychology: Human Perception and Performance, 13,* 435-448.

Neisser, U.(1964). Visual search. *Scientific American, 210*(6), 94-102.

Norman, D.A.(1981). The trouble with UNIX. *Datamation, 27*(12), 139-150.

Norman, D.A.(1988). *The psychology of everyday things.* New York: Harper & Row.

Norman, D., and Bobrow, D.(1975). On data-limited and resource-limited processing. *Journal of Cognitive Psychology, 7,* 44-60.

Nugent, W.A.(1987). A comparative assessment of computer-based media for presenting job task instructions. *Proceedings of the Human Factors Society 31st Annual Meeting*(pp.696-700). Santa Monica, CA: Human Factors Society.

Parasuraman, R., and Nestor, P.G.(1991). Attention and driving skills in aging and Alzheimer's disease. *Human Factors, 33*, 539-557.

Parkes, A.M., and Coleman, N.(1990). Route guidance systems: A comparison of methods of presenting directional information to the driver. In E.J. Lovesey(ed.), *Contemporary ergonomics 1990*(pp.480-485). London: Taylor & Francis.

Polson, M.C., and Friedman, A.(1988). Task-sharing within and between hemispheres: A multiple-resource approach. *Human Factors, 30*, 633-643.

Ponds, R.W.H.N., Brouwer, W.B., and van Wolffelaar, P.C.(1988). Age differences in divided attention in a simulated driving task. *Journal of Gerontology, 43*, 151-156.

Potter, M.C., and Faulconer, B.A.(1975). Time to understand pictures and words. *Nature, 253,* 437-438.

Preczewski, S.C., and Fisher, D.L.(1990). The selection of alphanumeric code sequences.

Proceedings of the Human Factors Society 34th Annual Meeting(pp.224-228). Santa Monica, CA: Human Factors Society.

Pritchard, R.M.(1961). Stabilized images on the retina. *Scientific American, 204*(6), 72-78.

Rasmussen, J.(1986). *Information processing and human-machine interaction: An approach to cognitive engineering.* New York: Elsevier.

Rolt, L.T.C.(1978). *Red for danger.* London: Pan Books.

Rouse, W.B., and Morris, N.M.(1986). On looking into the black box: Prospects an limits in the search for mental models. *Psychological Bulletin, 100,* 349-363.

Sanderson, P.M.(1989). Verbalizable knowledge and skilled task performance Association, dissociation, and mental models. *Journal of Experimental Psychology: Learning, Memory and Cognition, 15,* 729-747.

Schank, R.C., and Abelson, R.(1977). *Scripts, plans, goals, and understanding.* Hillsdale, NJ: Lawrence Erlbaum Associates.

Schmidt, J.K., and Kysor, K.P(1987). Designing airline passenger safety cards. *Proceedings of the Human Factor Society 31st Annual Meeting*(pp.51-55). Santa Monica, CA: Human Factors Society.

Schneider, W., and Fisk, A.D.(1982). Concurrent automatic and controlled visual search: Can processing occur without cost? *Journal of Experimental Psychology: Learning, Memory, and Cognition, 8,* 261-278.

Schneider, W., and Shiffrin, R.M.(1977). Controlled and automatic human information processing: I. Detection, search, and attention. *Psychological Review, 84,* 1-66.

Selfridge, O.(1959). Pandemonium: A paradigm for learning. In *Symposium on the mechanization of thought processes.* London: HM Stationary Office.

Shaffer, L.H.(1975). Multiple attention in continuous verbal tasks. In S. Dornic(ed.) *Attention and performance V.* New York: Academic Press.

Shiffrin, R.M., and Schneider, W.(1977). Controlled and automatic human information processing: II. Perception, learning, automatic attending and a general theory. *Psychological Review, 84,* 127-190.

Simpson, C.(1976, May). Effects of linguistic redundancy on pilot' s comprehension of synthesized speech. *Proceedings of the 12th Annual Conference on Manual Control*(NASA TM-X-73, 170). Washington, DC: U.S. Government Printing Office.

Spencer, K.(1988). *The psychology of educational technology and instructional media.* London: Routledge.

Tinker, M.A.(1955). Prolonged reading tasks in visual research. *Journal of Applied Psychology.*

39, 444-446.

Vartabedian, A.G.(1972). The effects of letter size, case, and generation method on CRT display search time. *Human Factors, 14,* 511-519.

Violanti, J.M., and Marshall, J.R.(1996). Cellular phones and traffic accidents: An epidemiological approach. *Accident Analysis and Prevention, 28*(2), 265-270.

Waltz, D.(1975). Understanding line drawings of scenes with shadows. In P. Winston(ed.), *The psychology of computer vision*(pp.19-92). New York: McGraw-Hill.

Wels, G.L., Lindsay, R.C., and Ferguson, T.I(1979). Accuracy, confidence, and juror perceptions in eyewitness testimony. *Journal of Applied Psychology, 64,* 440-448.

Wickelgren, W.A.(1964). Size of rehearsal group in short-term memory. *Journal of Experimental Psychology, 68,* 413-419.

Wickelgren, W.A.(1979). Cognitive psychology. Englewood Cliffs, NJ: Prentice-Hall.

Wickens, C.D.(1984). Processing resources in attention. In R. Parasuraman and R. Davies(eds.), *Varieties of attention*(pp.63-101). New York: Academic Press.

Wickens, C.D.(1992). *Engineering psychology and human performance*(2nd ed.). New York: Harpercollins.

Wickens, C.D., and Carswell, C.M.(1997). Information processing. In G. Salvendy(ed.), *Handbook of human factors and ergonomics*(2nd ed.). New York: Wiley.

Wickens, C.D., and Liu, Y.(1988). Codes and modalities in multiple resources: A success and a qualification. *Human Factors, 30*, 599-616.

Wilson, J.R., and Rutherford, A.(1989). Mental models: Theory and application in human factors. *Human Factors, 31*(6), 617-634.

7 의사결정

어느 대형 병원의 한 마취과 팀은 4명의 의사들로 구성되어 있었는데, 이 중 3명은 훈련 중인 레지던트들이었다. 이 팀은 한 건물에서는 네 가지 일들(시험관 수정, 구멍난 내장 봉합, 다리 동맥 연결, 그리고 맹장 제거 수술)을, 그리고 다른 건물에서는 진단을 위한 개복 수술을 도와주도록 되어 있었다. 모든 수술들은 시급한 것들이었고, 수술실 스케줄에 비추어 지연되어서는 안 되는 것들이었다. 그러나 수술 시작 전의 준비 과정에서 얼마간의 지연이 발생하였고 다른 외과 의사들과 간호사들은 빨리 수술을 끝내 달라고 거세게 요구했다. 문제는 스태프들이 두 개의 수술실을 동시에 담당해야 한다는 것 때문에 복잡해졌는데, 가장 좋은 방법은 한 수술이 끝나갈 때 다른 수술을 시작하여 수술이 겹치도록 하는 것이었다. 담당 마취과 의사는 4명의 마취과 팀 구성원들을 어떻게 5개의 수술에 할당할 것인가를 결정해야 했다. 또한 병원 응급실에서는 마취과 담당 의사가 급히 필요한 응급 사례들이 발생할 가능성도 매우 높았다. 주임 의사가 결정해야 할 것은 비교적 단순한 것이었다—4명 중 자신은 응급실에서 근무하고 나머지 3명이 5개의 수술을 담당하도록 할 것인가, 아니면 응급실에는 의사를 배치하지 않고 자신도 수술을 도울 것인가?

(출처 : Cook & Woods, 1994)

비록 이러한 가상적 시나리오는 의료적 의사결정 영역에서 일어날 수 있는 것이기는 하지만, 우리는 누구나 매일 의사결정을 하기 위해 많은 양의 인지적 처리를 해야 한다. 즉 여러 정보들을 고려해야 하고, 그 정보가 무엇을 나타내는지 혹은 그 정보의 실제 의미가 무엇인지 결정해야 하며, 최선의 행위들을 선택해야 한다. 우리가 처리하는 정보들은 단순한 것일 수도 있고 복잡한 것일 수도 있다. 혹은 분명한 것일 수도 있고 왜곡된 것일 수도 있으며, 완전한 정보일 수도 있고 빈틈이 있는 정보일 수도 있다. 이러한 정보의 복잡성과 완결성에 있어서의 다양함 때문에, 우리는 상황에 따라 상이한 의사결정을 한다. 우리는 대안들에 대해 신중하게 계산하고 평가하기도 하지만, 종종 그것이 우리 능력으로는 최선이라고 해석해 버리기도 하고, '경험에 바탕을 둔 추측을 통해' 무엇을 할지 결정하기도 한다.

많은 경우에, 우리가 상호작용하고 있는 시스템의 복잡성이 증가할수록 의사결정이나 문제해결이 더 어렵게 되고, 또 에러를 범하게 될 가능성도 증가한다. 이 때문에 의사결정은 인간 공학 전문가들의 핵심적인 관심 대상이 되었다.

다음부터는 의사결정 모델의 세 가지 주요 부류를 고려할 것이다. 먼저 최적 모델은 기대되는 가치(혹은 가치로부터의 이탈)에 바탕을 둔 모델이다. 정보 처리 모델은 발견법과 편파를 강조한다. 그리고 세 번째 부류의 모델은 자연스러운 일상 환경에서 이루어지는 의사결정을 다룬다. 마지막 절에서는 인간 의사결정의 문제를 극복할 수 있는 방법들을 자동화, 의사결정 지원, 디스플레이, 그리고 훈련의 관점에서 언급할 것이다.

의사결정의 정의

의사결정 과제란 무엇인가? 일반적으로 (a) **수많은 대안들** 중에서 한 가지를 선택하고, (b) 그러한 선택에 대해 사용할 수 있는 어느 정도의 **유용한 정보**가 있으며, (c) **처리 시간이 비교적 길고**(1초 이상), (d) 그 선택이 **불확실성**과 연합되어 있을 때(즉 어느 선택이 최선의 선택인지 분명하지 않을 경우) 이 과제를 의사결정이라고 한다. 이러한 정의대로라면 의사결정은 위험을 포함하고 있고, 좋은 의사결정자는 각각의 선택과 연합된 위험들을 효과적으로 평가할 수 있는 사람이다(Medin & Ross, 1992). 이 장에서 우리가 다룰 의사결정은 어떻게 자원을 할당할 것인지(예 : 위의 예시)나 진단 문제 해결과 같이 비교적 느리고 심사숙고하여 이루어지는 것으로부터, 교통 신호기의 황색등을 보고 속도를 높여 통과할 것인지 아니면 브레이크를 밟아 정차할 것인지를 결정하는 것과 같이 매우 빠르고 대안이 별로 없이 이루어지는 것에 이르기까지 다양하다.

의사결정은 일반적으로 세 가지 단계로 구분될 수 있으며, 각 단계는 몇 개의 하위 단계들로 좀 더 세분화할 수 있다. 첫 번째 단계는 의사결정에 필요한 정보나 단서(cues)들을 획득하고 지각하는 단계이다. 두 번째 단계는 의사결정의 현재와 미래 상태에 비추어 그러한 단서들이 무엇을 의미하는지에 대한 가설들을 생성하고 상황을 평가하는 단계이다. 세 번째 단계는 추론된 상태 및 상이한 산출이 갖는 비용과 가치에 기초하여 취해야 할 행위를 계획하고 선택하는 단계이다. 이러한 단계들은 하나의 의사결정 과정에서 때로 순환적이거나 반복적으로 이루어진다.

의사결정 모델

의사결정에 대한 대부분의 초기 연구들은 최적의 합리적 의사결정에 초점을 두었다(Fischhoff, 1982, Luce & Raiffa, 1957). 이러한 생각의 기본적인 가정은 만일 연구자들이 상이한 선택과 연합된 가치(비용 혹은 이득)를 규명할 수 있다면 수학적 모델들이 그러한 가치에 적용될 수 있고, 이에 따라 가치를 극대화하는 대신 비용을 최소화하는 최적의 선택을 산출할 수 있다는 것이다. 따라서 초기의 의사결정 이론들은 의사결정의 선택들이 주어졌을 때 사람들이 어떻게 해야 하는지를 규정하는 일종의 형식 모델들(formal models)의 집합이었다고 할 수 있다. 또한 초기의 의사결정 이론은 최적의 의사결정으로부터 사람들의 의사결정이 이탈된 정도를 가늠할 수 있는 잣대이기도 했다(Coombs et al., 1970; Edwards, 1954, 1961; Pitz & Sachs, 1984; Slovic et al., 1977). 의사결정에 대한 합리적 모델들은 규범적 모델(normative model)이라고 불리기도 하였는데, 왜냐하면 이 모델들은 사람들이 이상적으로 무엇을 해야 하는지를 규정했기 때문이다. 특히 이 모델들은 사람들이 실제로 어떻게 의사결정 과제들을 수행하는지에 대해서는 반드시 기술할 필요가 없었다. 이 모델은 많은 컴퓨터 기반 의사결정 보조수단들의 기초를 제공해 주기 때문에, 이 모델들을 이해하는 것은 매우 중요한 일이다(Edwards, 1987). 그 후 연구자들은 의사결정 행동과 관련된 인지적 과정을 기술하는 데 관심을 갖게 되었고, 많은 기술적 모델(descriptive model)을 개발하였다. 기술적 모델들은 때로 의사결정 상황의 모든 범위를 반영하지 않는 실험실 연구에 바탕을 두고 있다.

규범적 의사결정 모델

규범적 의사결정 모델은 **유용성**(utility)이라고 하는 핵심적 개념을 중심으로 형성되었는데, 유용성은 선택의 전반적 가치 혹은 각각의 결과물이나 산출이 의사결정자에게 얼마나 '가치' 있는 것인가를 나타내는 개념이다. 이 모델은 사람들의 의사결정뿐만 아니라 공학적 의사결정에도 응용되었다. 어떤 회사에 투자할 것인가, 제품을 생산하는 데 어떤 재료를 사용할 것인가, 어떤 직무를 택할 것인가, 혹은 심지어 어떤 차를 구입할 것인가 등은 **중다속성 유용성 이론**(multiattribute utility theory)을 통해 모형화할 수 있는 의사결정의 사례들이다. 제3장에서 기술되었던 의사결정 행렬표(그림 3.3)는 중다속성 유용성 이론이 어떻게 공학 설계에 대한 의사결정을 이끄는 데 사용될 수 있는지 보여주는 하나의 사례이다. 이와 유사하게, 이 이론은 갈등해결, 오염 지역에 대한 환경 정화(Accorsi et al., 1999), 그리고 제조 시스템의 오퍼레이터 지원 등에도 적용되었다(Aly & Subramaniam, 1993).

의사결정은 가능한 선택의 수, 각 선택이 갖는 속성이나 특징의 수, 그리고 매우 다른 차원에 속한 선택들 사이를 비교하는 것에서의 어려움 등에 의해 매우 복잡해질 수 있다. 중다속성 유용성 이론은 속성들의 중다 차원 공간을 전반적 유용성 혹은 각각의 선택이 갖는 전체적 가치로 바꿈으로써 이러한 복잡성을 해결한다. 예를 들어 이론적으로 이러한 접근 방식은 사과와 오렌지를 서로 비교하여 가장 좋은 것이 무엇인지를 선택할 수 있게 해준다.

중다속성 유용성 이론은 특정 결정이 갖는 전반적 가치는 각각의 속성이 갖는 강도(magnitude)를 각 속성의 유용성으로 곱한 값의 합이라고 가정한다. 즉

$$U(v) = \sum_{i=1}^{n} a(i)u(i)$$

이다. 여기서 $U(v)$는 특정 선택이 갖는 전반적 유용성, $a(i)$는 그 선택에서 i번째 속성이 갖는 강도, $u(i)$는 i번째 속성의 유용성('좋음' 이나 중요도), 그리고 n은 속성의 수이다.

그림 7.1은 네 가지 차종에 대한 가능한 선택들을 분석한 하나의 예시를 보여주고 있다. 각각의 차종은 다섯 가지의 속성에 따라 기술되고 있다. 이 속성에는 구입가격, 연비, 보험료, 스테레오의 음질, 그리고 유지비 등이 포함될 수 있을 것이다. 각 속성이 갖는 유용성은 각 속성이 구매자에게 주는 중요도를 반영한다. 예를 들어 비싼 비용을 들여 가며 자주 자동차를 수리할 수 없는 구매자에게는 다섯 번째 속성(즉 유지비)의 유용성 혹은 중요도가 상대적으로 매우 높을 것이지만(8), 이 구매자가 스테레오의 음질에 대해서는 별로 개의치

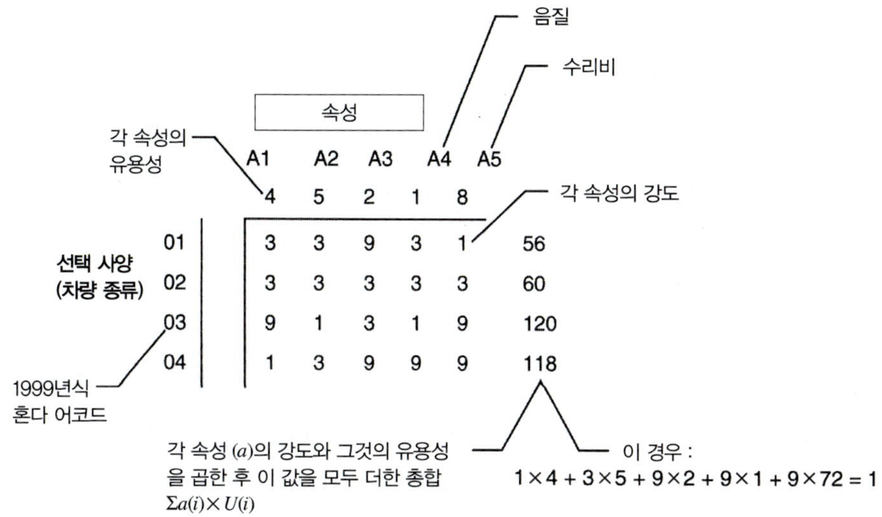

그림 7.1
중다속성 유용성 이론은 최적 의사결정을 위해 몇 개의 선택들이 각각 지니고 있는 중다속성들로부터 정보를 조합한다.

않는다면 네 번째 속성(스테레오 시스템의 질)이 갖는 유용성이나 중요도는 매우 낮을 것이다(1). 그림 7.1의 의사결정표 안에 있는 각 칸의 값들은 각각의 선택에서 속성들이 갖는 강도 값인데, 값이 클수록 바람직한 것을 의미한다. 예를 들어 세 번째 차종은 열악한 스테레오 시스템을 갖고 있지만 유지비는 낮다. 이와는 대조적으로, 첫 번째 차종의 경우 스테레오 시스템은 약간 더 좋지만 유지비는 높다. 속성들의 강도 값을 모두 조합하면 세 번째 차종(선택 3)이 최적의 선택이고 첫 번째 차종이 가장 매력적이지 못하다.

그림 7.1에 제시된 중다속성 유용성 이론은 모든 산출 결과가 분명하다고 가정한다. 그러나 인생은 불확실한 것이며 다양한 산출 결과는 확률적이다(예 : 우리는 유지비를 정확하게 예측하여 단정할 수 없다). 규범적 모델의 또 다른 예는 기대 가치 이론(expected value theory)인데, 이 이론은 불확실성의 문제를 다룬다. 기대 가치 이론은 앞에서 언급된 유용성의 개념을 기대 가치(expected value)라는 개념으로 대치한다. 이 개념은 '도박'을 포함한 모든 유형의 의사결정에 적용될 수 있는데, 이러한 유형의 의사결정에서는 각각의 선택이 가치나 확률과 연합된 하나 이상의 결과물(outcome)을 갖는다. 한 예로 어떤 사람은 다음과 같은 선택 조건 중 하나를 선택하도록 요구받을 수 있다.

1. 0.20의 확률로 50달러를 따거나
2. 0.60의 확률로 20달러를 딴다.

기대 가치 이론은 한 선택 조건에 대한 전반적 가치는 각각의 결과를 그것의 확률로 곱한 것들의 합이라고 가정하는데, 이것을 공식으로 표현하면 다음과 같다.

$$E(v) = \sum_{i=1}^{n} p(i)v(i)$$

여기서 $E(v)$는 어떤 선택 조건의 기대되는 가치이고, $p(i)$는 i 번째 결과의 확률이며, $v(i)$는 i번째 결과의 가치이다. 이 경우 첫 번째 선택 조건의 기대 가치는 50달러×.20 혹은 10달러인데, 이것은 만일 선택이 여러 번 이루어진다면 그 사람은 평균 10달러의 이득을 얻을 것이라는 것을 의미한다. 두 번째 선택 조건의 기대 가치는 20달러 ×.60 혹은 12달러이며 이것은 앞의 것보다 전반적 가치가 더 높다. 따라서 최적의 혹은 규범적인 의사결정자라면 항상 두 번째 선택 조건을 택할 것이다. 연구자들은 다양한 의사결정 과제들을 통해 규범적 모델에서 나온 결과들과 실제 인간의 의사결정을 비교해 보았는데, 사람들은 종종 '최적'의 선택에서 이탈할 수 있다는 것을 발견하였다.

실제 삶 속에서의 많은 선택들은 사람에 따라 상이한 가치를 가질 수 있다는 것은 당연한 것이기 때문에, 기대 가치 이론은 비교적 적용 범위가 제한적이다. 예를 들어 어떤 사람은 자동차에 대해 연비 효율성을 가치 있게 생각하는 반면 다른 사람들은 그렇지 않을 수도 있는 것이다. 인간 의사결정에서의 이러한 사실은 **주관적 기대 유용성 이론**(subjective expected utility theory, SEU)을 낳게 하였다. 주관적 기대 유용성 이론도 각각의 결과가 산출될 수 있는 확률과 그 결과들이 갖는 가치를 곱하여 유용성을 계산한다는 점에서 앞의 이론과 다르지 않다. 그러나 이 모델에서의 가치 요소는 주관적이고 각 개인에 따라 개별적으로 결정된다. 즉 객관적 가치(예 : 금전적 가치)라기보다는 각 개인에 따라 결과물들이 상이한 가치 혹은 유용성을 갖는다. 따라서 각각의 선택은 하나 혹은 그 이상의 결과물과 연합되어 있고, 각각의 결과물은 확률 및 주관적 유용성과 관련되어 있다.

기술적 의사결정 모델

수많은 연구들은 사람들이 규범적 모델, 특히 주관적 기대 유용성 모델을 얼마나 따르는지 평가해 왔다. 수년간의 실험을 통한 결론은 사람들의 의사결정은 규범적 모델의 주요 가정들을 빈번하게 위반한다는 것이었다.

실제적인 많은 증거들이 의사결정은 대체적으로 규범적 모델의 가정들을 위반한다는 것을 보여주었기 때문에 연구자들은 좀 더 기술적인 모델들, 즉 사람들이 실제로 어떻게 의사결정을 하는가를 설명할 수 있는 모델들을 찾기 시작했다. 이 연구자들은 사람들이 모든 가능한 선택들뿐만 아니라 이러한 선택의 결과들과 관련되는 모든 요인을 합리적으로 고려하는 것은 너무 어려운 것이라고 믿었다. 그들은 사람들이 훨씬 더 간단하고 덜 완벽한 선택 방법에 따라 의사결정을 한다는 모델들을 제안하였다. 사람들은 자주 **발견법**(heuristics)이라고도 불리는 단순화된 지름길(혹은 어림법)에 의존하여 의사결정을 한다. 초기의 기술적 모델 중에서 가장 잘 알려진 것 중의 하나는 Simon의 **만족화**(satisficing)이다.

Simon(1957)은 사람들이 절대적으로 최상인 혹은 최적인 의사결정을 해야 한다는 목표를 항상 따르는 것은 아니라고 주장하였다. 그보다 사람들은 자신들의 목적에 '어느 정도 충분하면' 혹은 '뭔가 만족스러우면' 그것을 선택한다는 것이다. 이러한 의사결정의 손쉬운 방법(혹은 '지름길')을 **만족화**라고 한다. 만족화 과정에서 의사결정자들은 처음에 수용 가능한 무엇이 발견될 때까지 선택 사항들을 생성해 내고 고려한다. 이 범위를 넘어서 더 좋은 무엇인가를 찾아내려고 하는 것은 노력에 비해 더 얻을 수 있는 이익이 거의 없을 뿐이다.

사람들이 제한된 인지적 역량을 갖고 있고 시간이 한정되어 있다면, 만족화는 매우 그럴듯한 접근 방식이 될 수 있다. 실제로 의사결정을 할 때 시간(혹은 노력)을 최소화하는 그 자체가 의사결정 과정의 한 속성이라고 생각한다면(예 : 기한 안에 의사결정을 해야 하고, 그 기한을 지키지 못할 경우 모든 것을 잃게 되는 경우) 만족화나 발견법은 최적의 의사결정 방법이 될 수 있다. 만족화와 같은 발견법들은 때로 매우 효과적이지만(Gigerenzer & Todd, 1999) 이것은 편파나 잘못된 의사결정을 이끌 수 있다. 이 점에 대해서는 다음 부분에

표 7.1 두 가지 가능한 결과에 대한 주관적 기대 유용성 모델의 가설적 가치들

대안	응급환자가 없을 확률 = 0.80	응급환자가 있을 확률 = 0.20	전체 기대 유용성
세 명의 마취과 의사들을 사용	−4(−4×.80 = −3.2)	10(10×.20 = 2.0)	−3.2+2.0 = −1.2
네 명의 마취과 의사들을 사용	6(6×.80 = +4.8)	−10(−10×.20 = −2.0)	4.8−2.0 = 2.8

※ 각 셀은 특정 결과의 유용성과 그 결과에 대한 계산(p×u)을 보여주고 있다. 맨 오른쪽 행은 네 명의 마취과 의사들을 사용하는 것이 전체 기대 유용성이 더 높기 때문에 이것을 선택해야 한다는 것을 보여주고 있다.

표 7.2 자연스러운 의사결정 상황의 특징

특성	예시
열악하게 구조화된 문제	산불 진화에 단일한 '최상'의 방법이 존재하지 않는 경우
불확실하고 역동적인 환경	화재 양상이 계속 변화되어 새로운 의사결정이 필요하거나 새로운 고려사항들이 등장하는 경우
상황 단서들이 매우 빠르게 변화되는, 정보가 풍부한 환경	연기와 화염이 보이고, 타는 소리가 들리며, 뜨거움이 느껴지면서 이러한 것들이 계속 변화되는 경우
반복적 행위/피드백 루프에 선행하는 인지적 처리	불을 끄려면 어떻게 해야 하는지 결정하기 위해 방염제를 뿌려 보고 그 결과를 살펴보는 것
변화하기 쉽고 서로 경쟁적인 중다의 개인적 혹은 조직적 목표	산불이 번짐에 따라 재산을 보호하는 목표에서 인명을 구조하는 쪽으로 목표가 변하는 경우
시간 제약 혹은 시간 압력	산불이 계속 번져서 의사결정이 신속하게 이루어져야 하는 경우
높은 위험성	잘못된 의사결정으로 엄청난 재산과 인명의 손실이 있는 경우
여러 사람이 약간씩은 의사결정에 관여	화재 진화를 위해 취해야 하는 행위에 대해 여러 사람들이 정보와 의견을 제시하는 경우

서 자세히 논의될 것이다.

실세계에서의 많은 의사결정들은 역동적이고 변화하는 환경에서 이루어진다. 이러한 환경은 이 장의 앞부분에서 예시하였던 주임 의사가 직면한 문제(즉 수술실과 응급실에 각각 몇 명의 의사를 배치할 것인가)와 같이 매우 복잡한 특징들을 가지고 있다(Orasanu & Connolly, 1993). **실세계에서의 의사결정**(naturalistic decision making) 연구는 표 7.2에 열거된 것과 같은 이러한 특징들을 확인하고, 특정 영역의 숙련된 사람들은 실제 세계에서 어떻게 의사결정하는지 기술한다. 실세계에서의 의사결정에 대한 한 가지 예로 산불 진화와 관련된 의사결정을 들 수 있다(Orasanu & Connolly, 1993).

이러한 특성들이 어떻게 결합되는지 살펴보기 위해 이 장의 서두 부분에서 소개했던 주임 의사의 수술실과 응급실에 대한 의사 배치 문제를 고려해 보자. 이 문제는 불완전하고 복잡하며, 역동적으로 변화한다. 또한 시간 압력이 있고, 위험 정도가 높으며, 가능한 결과나 비용 혹은 이득도 매우 다양하다. 여기에서의 의사결정과 관련된 또 다른 문제는 주임 의사는 외부로부터 요구되는 서로 갈등적인 많은 목표들을 충족시켜야 한다는 점이다. 즉 다른 의사들이 만족할 수 있도록 해야 하고, 즉각적인 수술이 요구되는 환자를 도와야 하며, 병원 경비를 낮춰야 하고, 법적 소송을 피하며, 다른 스태프들과 원만한 관계를 유지하고, 심각한 응급환자가 왔을 때 이를 담당할 수 있는 인력을 항상 준비하고 있어야 한다는 것 등이다.

요약하면, 정보의 양이 비교적 적고 시간에 제약이 없다면, 선택의 범위와 그러한 선택들의 '유용성'을 신중하게 분석하여 결정하는 것은 바람직한 일이고 또한 가능한 일이기도 하다. 그러나 정보의 양이 인지적 정보 처리의 한계를 초과하거나 시간 제약이 생김에 따라 (혹은 이 두 가지 모두가 다 발생했을 때) 사람들은 더 단순한 발견법 쪽으로 방략을 바꿀 것이다. 다음 절에서는 흔히 일어나는 발견법 및 이와 관련된 편파들에 대해 논의할 것이다. 그런 다음 사람들이 흔히 채택하는 의사결정 과정들의 범위에 대해 기술하고, 의사결정 맥락에 따라 의사결정 과정이 어떻게 변화되는지 고려할 것이다.

발견법과 편파

인지적 발견법은 의사결정을 쉽게 할 수 있는 방법이다. 발견법은 대체적으로 매우 강력하고 효율적이기는 하지만(Gigerenzer & Todd, 1999) 최상의 해결책이라는 것을 항상 보장하지는 못한다(Kahneman et al., 1989). 불행하게도 발견법들은 단순화를 의미하기 때문에 때로 체계적인 오류나 결함을 이끌기도 한다. 이러한 이유와 더불어 합리적이고 규범적인 모델로부터의 이탈 때문에 발견법들은 때로 편파라고 불리기도 한다. 이들은 기본적인 정보 처리 모델의 용어로 기술될 수 있다.

의사결정에서의 정보 처리 한계

그림 7.2는 의사결정에 대한 비교적 단순한 정보 처리 모델이다. 이 모델은 의식적이고 노력이 요구되는 의사결정 과정에서 나타나는 몇 가지 중요한 인지적 한계들을 보여주고 있다. 문제해결 및 오류진단과 마찬가지로 선택 주의, 작업 기억 안에서 수행되는 활동들, 그리고 장기 기억으로부터의 인출 등의 과정들이 의사결정에 중요한 영향을 미친다. 이러한 과정들은 인간 의사결정에 중요한 한계를 부과하는데, 이것이 사람들이 의사결정을 할 때 왜 발견법을 사용하는지의 이유이기도 하다. 이 모델에 따르면 작업 기억에서는 다음과 같은 활동들이 일어난다.

1. **단서 수용 및 통합.** 환경으로부터 많은 단서들 혹은 정보의 조각들이 수집되어 작업 기억 속으로 들어간다. 예를 들어 제조과정에서 어떤 문제가 있는지 확인하고자 하는 엔

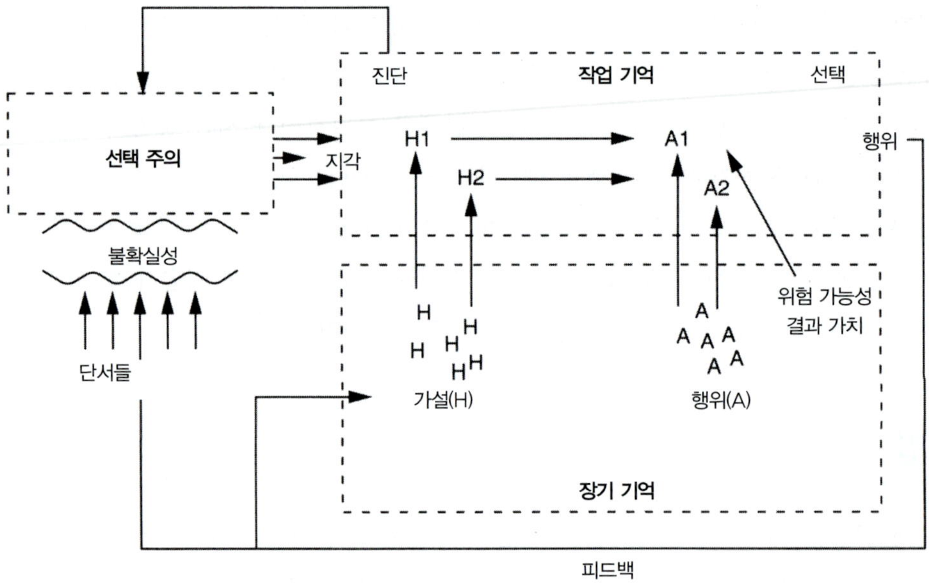

그림 7.2

의사결정의 정보 처리 모델. 단서들은 선택적으로 표집된다(왼쪽). 장기 기억으로부터의 인출을 통해 가설들이 생성되고, 행위들은 위험 가능성이나 행위 결과의 가치에 기초하여 선택된다.

출처 : Wickens, C. D., 1992. *Engineering Psychology and Human Performance*(2nd ed.). New York : HarperCollins Publishers. Reprinted by permission of Addison-Wesley Education Publishers, Inc.

지니어에게 특이한 진동, 너무 빠르게 진행되는 마모, 혹은 이상한 소음 등과 같은 많은 단서들이 주어질 수 있을 것이다. 이러한 단서들은 선택적으로 주의를 받아야 하고 해석되어야 하며, 어느 정도는 서로 통합되어야 한다. 이러한 단서들은 또한 불완전하고 불분명하며(fuzzy) 혹은 틀린 것일 수 있다. 즉 이러한 단서들은 어느 정도의 불확실성과 연합되어 있다. 제6장에서도 논의했듯이, 상황 인식의 1단계, 즉 시스템 상태를 지각하는 것은 의사결정 과정에서의 이러한 요소들에 영향을 받는다.

2. 가설 생성과 선택. 그 다음 이러한 단서들을 사용하여 단서들이 무엇을 의미하는지 하나 혹은 그 이상의 가설을 추측, 진단, 혹은 추론한다. 이것은 장기 기억으로부터 정보를 인출함으로써 달성된다. 예를 들어 어느 엔지니어는 앞에서 기술된 단서들이 마모된 베어링에 의해 야기되었을 것이라고 가설을 세울 수 있다. 인간 공학에서 연구된 많은 의사결정 과제들은 그와 같은 추론적 진단(inferential diagnosis)을 요구하는데, 추론적

진단이란 시스템 작동에 기초가 되는, 혹은 '진정한' 시스템 상태를 추론하는 과정이다. 추론적 진단의 예에는 의학적 진단, 기계 혹은 전기 시스템의 오류진단, 측정치나 디스플레이들에 기초한 날씨의 추측 등이 포함된다. 이러한 진단은 때로 현재 상태에 대한 것이기도 하고 때로는 날씨 예보나 경제 전망과 같은 미래 상태에 대한 예측이나 전망을 포함한다. 제6장에서도 논의되었듯이 상황 인식의 2단계와 3단계, 즉 시스템 상태에 대한 이해와 투사가 의사결정 과정에서 이러한 요소들에 영향을 받는다. 의사결정에서 상황 인식은 때로 **상황평가**(situation assessment)라고 불리기도 한다.

작업 기억 속으로 들어온 가설들은 그것이 얼마나 정확한 것인지 평가된다. 이러한 평가과정은 각 가설들을 올바른 것이라고 확증하거나 반대로 틀린 것이라고 반증하기 위해 환경으로부터 추가적인 단서들을 수집함으로써 달성된다. 또한 가설들이 수정되거나 혹은 새로운 가설들이 생성되어야 할 필요도 생긴다. 하나의 가설이 정보들에 의해 올바른 것이라고 밝혀지면, 이 가설은 행위과정의 기초로서 선택되게 된다. 이 과정은 다음의 시나리오를 통해 예시될 수 있다. 어느 한 의사가 응급실에 실려 온 한 여성 환자를 진찰하였다. 그 환자는 몇 시간 동안 구토증과 복통이 있었다고 말했다. 몇 가지의 검사 후에 그 의사는 맹장염 혹은 장염에 대한 추가적인 진단 검사를 고려하였다. 추가적 검사 결과를 토대로 그 의사는 맹장염일 가능성이 가장 높다고 진단하였다.

3. **계획 생성과 행위 선택.** 기억으로부터 인출된 가능성들을 토대로 한 가지 이상의 대안적 행위들이 생성된다. 예를 들어 급성 맹장염이라고 진단한 후에 그 의사는 몇 가지 대안적인 행위들을 생성하였는데, 여기에는 기다리는 것, 추가적 검사들을 실시하는 것, 그리고 수술을 실시하는 것 등이 포함된다. 의사결정 시간이 더 주어져 있느냐의 여부에 따라 하나 이상의 대안들이 생성되고 고려된다.

하나의 행위를 선택하기 위해서 의사결정자는 그림 7.1이나 표 7.1에 제시된 절차를 따라 각 행위가 가져올 가능한 결과들(각각의 행위에 대해 여러 가지 가능한 결과들이 있는 경우), 각 결과의 가능성, 그리고 각 결과와 연합된 부정적/긍정적 요인들과 같은 정보를 평가할 것이다. 각 행위는 여러 가능한 결과들과 연합되는데, 이들 중에서 어떤 것은 다른 것들에 비해 더 가능성이 클 수 있다. 더구나 어떠한 결과들은 중간 정도에서 매우 긍정적인 것으로(예 : 수술을 했을 때의 한 가지 가능한 결과는 아무 문제없이 맹장을 제거하는 것) 혹은 이와는 반대로 중간 정도에서 극히 부정적인 것으로(예 : 그 의사가 시간을 지체하는 바

표 7.3 수술받기로 결정하는 것 혹은 검사받기로 결정하는 것의 의사결정 행렬표

선택/상태	맹장염	장염
수술	성공적 제거	불필요한 수술
검사	맹장 파열, 사망	올바른 진단

람에 환자의 맹장이 파열되어 그녀가 사망했으며, 결국 그 의사는 의료 과실에 의해 고소를 당하는 것)까지 다양할 수 있다. 표 7.3은 수술을 하는 것이나 검사를 하는 것과 관련된 가능한 결과들을 보여주고 있다. 최적의 선택은 각각의 결과가 갖는 유용성에 각 상태의 추정된 확률을 곱한 값의 합이 큰 것을 선택하는 것이다.

만일 지금 검토되고 있는 가설, 계획 및 행위가 만족스럽지 못할 경우 의사결정자는 새로운 가설이나 계획, 그리고 행위를 만들어 내고자 할 것이다. 어떤 계획이 최종적으로 선택되면 이것을 실행에 옮긴다. 그리고 의사결정자는 상황평가를 갱신하고 절차를 변화시켜야 하는지 결정하기 위해 환경을 계속 감시할 것이다.

그림 7.2는 의사결정 과정이 작업 기억의 경우처럼 제한된 인지적 자원에 의존해야 한다는 것을 보여준다. 다음 절에서는 제한된 인지적 자원 때문에 발생하는 다양한 발견법과 편파들에 대해 고려할 것이다. 발견법의 특징을 잘 숙지하게 되면 인간 정보 처리에 근저해 있는 편파들을 극복하는 정보 디스플레이와 인지 지원 시스템의 개발에 도움이 될 것이다(이러한 예들은 이 장의 뒷부분과 제8장 및 제16장에 기술되어 있다).

단서 수용과 사용에서의 발견법과 편파

1. 제한된 수의 단서들에 대한 주의. 작업 기억의 제한성 때문에 사람들은 세상이나 시스템의 상태를 파악하는 데 비교적 적은 수의 단서들만을 사용할 수 있다. 이것은 몇 개의 변인이나 요인들을 하나의 디스플레이를 통해 시각적으로 통합하는 형상 디스플레이가 왜 유용할 수 있는지의 이유이기도 하다(제8장 참조).
2. 단서 초두성과 기준화. 사람들이 단서들을 시간에 걸쳐 받아들이는 의사결정인 경우, 그러한 정보의 사용에는 어떠한 경향이나 편파들이 나타난다. 처음에 받아들였던 소수의 단서들은 평균치보다 더 큰 비중이나 중요도를 부여받는다. 이것은 많은 정보 처리 과정에서 발생하는 일종의 초두 효과(primacy effect)인데, 이 효과는 처음에 받아들여진 정보가 뒤에 오는 정보에 비해 더 큰 비중을 갖는다는 것을 의미한다(예 : Adelman et

al., 1996). 단서 초두성(cue primacy)은 사람들이 초기의 증거들에 의해 지지되는 가설들을 의사결정의 '기준'으로 삼도록 하기 때문에, 때로 기준화 발견법(anchoring heuristics)이라고 불리기도 한다(Tversky & Kahneman, 1974). 첫인상이 오래 남는 현상이 한 예이다. 정보의 순서가 어떠한 효과를 갖는 이유는 사람들이 정보에 주어진 비중 그 자체보다는 세상이나 시스템에 대해 그럴 듯한 이야기나 '정신 모형'을 구성하기 위해 그 정보를 사용하기 때문이다. 정신 모형들은 어떤 정보가 처음으로 사용되었는가에 따라 달라질 수 있다(Bergus et al., 2002). 가장 중요한 점은 이유가 무엇이든지 초기에 처리된 정보가 때로 가장 영향력이 있기 때문에 이것이 궁극적으로는 의사결정에 영향을 미친다는 점이다.

3. 후속 단서들에 대한 부주의. 단서 초두성과는 달리 나중에 제시되거나 시간에 따라 변하는 정보는 평균보다 과소하게 비중이 주어질 뿐만 아니라 때로는 완전히 무시되는 경향이 있는데, 이러한 경향은 주의 요인들(attentional factors)에서 그 이유를 찾을 수 있다. 예를 들어 의료적 진단의 경우, 초기에 제시되는 증상이나 단서들이 작업 기억 속으로 더 잘 전이되고 또한 더 지배적으로 작업 기억 속에 남아 있어 다음에 제시되는 정보들이 충분한 주의를 받지 못하는 경우이다. 정보가 자주 변화되는 역동적 환경에서 이전 정보가 정확하지 못하고, 쉽게 낡은 정보가 되는 경우 단서 초두성이나 후속 단서들에 주의를 기울이기 않는 것은 비생산적이 될 수 있다.

4. 단서 현저성. 지각적으로 현저한 단서들(perceptually salient cues)에는 더 많은 주의가 주어지고 이에 따라 이들에 대한 비중도 커진다(Endsley, 1995; Wickens & Hollands, 2000; 제6장 참조). 우리가 잘 알고 있듯이 디스플레이상에서 현저한 단서들에는 디스플레이의 맨 상단에 위치해 있는 정보, 소리가 가장 큰 경보음 혹은 크기가 가장 큰 디스플레이 등이 포함된다. 불행하게도, 가장 현저한 단서들이 항상 가장 중요하고 진단적이 되는 것은 아니다.

5. 신뢰성 없는 단서들에 대한 과다 비중. 단서들이 모두 다 똑같이 신뢰성 있는 것은 아니다. 예를 들어 재판과정에서 목격자들이 항상 진실을 말하는 것은 아니며, 어떤 사람들은 잘못된 기억을 가지고 있을 수도 있고, 어떤 목격자들은 의도적으로 거짓말을 할 수도 있다. 단서들을 통합할 때 사람들은 모든 단서들이 마치 동일하게 타당하고 신뢰성 있는 것으로 취급하여 단서들의 처리를 단순화하는 경향을 보인다. 이 결과, 사람들은 신뢰할 수 있는 정보들에 비해 상대적으로 신뢰할 수 없는 정보들에 대해 더 많은 비중을

두는 경향을 보인다(Johnson et al., 1973; Schum, 1975; Wickens & Hollands, 2000).

가설 생성, 평가 및 선택에서의 발견법

작업 기억 속에서 제한된 수의 단서들이 처리된 후에 의사결정자는 장기 기억으로부터 하나 이상의 가설들을 인출함으로써 가설들을 생성한다. 이 과정에 영향을 미치는 발견법이나 편파로는 다음과 같은 것들이 있다.

1. 제한된 수의 가설 생성. 제6장의 오류진단 부분에서 언급하였듯이 사람들은 작업 기억의 한계성 때문에 한 번에 겨우 몇 개의 가설들만을 고려할 수 있다(Lusted, 1976; Mehle, 1982; Rasmussen, 1981). 따라서 사람들은 평가를 위해 1~4개 정도의 가설들을 만들어 낸다. 사람들은 대개 한 번에 가능한 가설들의 작은 일부만을 고려하고 관련된 가설들을 모두 다 고려하지는 않는다(Elstein et al., 1978; Wickens & Hollands, 2000). 시간 압력하에서 이루어지는 실제 세상에서의 의사결정에 대한 최근의 연구들은 사람들이 단지 하나의 가설만 고려한다는 것을 밝혀주고 있다(Flin et al., 1996; Klein, 1993). 이러한 처리는 전문가보다는 초보자의 의사결정의 질을 더 심각하게 저하시킨다. 전문가가 고려한 첫 번째 선택은 타당한 것일 가능성이 높지만 초보자는 그렇지 못하다.
2. 가용성 발견법. 기억에 관한 연구들에 의하면 사람들은 가장 최근에 고려했거나 혹은 가장 빈번하게 고려했던 가설들을 가장 쉽게 인출한다고 한다(Anderson, 1990). 예를 들어 희귀한 병은 의사에게 처음부터 마음에 떠오르는 병은 아니다. 이러한 것들은 가용성 발견법(availability heuristic)이라고 불리는 또 다른 형태의 발견법과 관련되어 있다(Kahneman et al., 1982; Tversky & Kahneman, 1974). 이 발견법은 사람들이 상태나 사건이 얼마나 쉽게 머릿속에 생각나는지를 인지적으로 평가함으로써 어떤 판단(예 : 빈도에 대한 추정)을 한다고 가정한다. 이것이 시사하는 바는 비록 사람들이 합리적으로 가장 그럴 듯한 가설을 생성하려고 노력하기는 하지만 실제적으로 사람들은 뭔가 마음속에 상대적으로 쉽게 떠오르는 것이 있으면 이것은 흔한 것이기 때문에 좋은 가설이라고 가정한다는 것이다. 예를 들어 어떤 의사가 급성 맹장염이라는 가설을 쉽게 생각해 낸다면 그는 이것이 흔한 질병이기 때문에 환자가 보이는 증상의 원인이 급성 맹장염 때문이라고 판단하게 된다. 그러나 실제로는 기억으로의 가용성이 빈도를 추정하는 데 신뢰성 있는 기초가 되지 않을 수 있다. 가용성은 또한 가장 최근에 경험했던

가설에 기초할 수도 있다.

3. **대표성 발견법.** 사람들은 때로 단서들의 형태가 어떤 상황에 대해 '그럴 듯하게 보이기' 때문에 혹은 단서들의 형태가 어떤 상황의 전형적 특징을 대표하는 것이라고 판단하여 그 상황을 진단한다. 이것이 **대표성 발견법**(representativeness heuristic)이며(Kahneman et al., 1982), 대개의 경우 이것은 매우 효과적인 방략이 될 수 있다. 그러나 단서의 형태가 유사하거나 대표적 것일지라도 지각된 상황이 전형적인 사례와 약간 다를 경우 이 발견법은 때로 편파를 가져올 수 있다.
4. **과다확신.** 사람들은 자신의 작업 기억 속에 가져온 가설에 대해 그 가설이 맞을 것이라고 너무 믿는 쪽으로 편파를 보여(Mehle, 1982), 실제보다 자주 자신의 생각이 더 옳다고 믿는데, 이것은 제6장에서 기술하였던 메타인지 처리에서의 과신에 대한 일반적 경향을 반영하는 것이다(Bjork, 1999). 이러한 경향 때문에 사람들은 대안적인 가설에 해당하는 증거들을 찾으려 하지 않고, 자신이 틀렸을 경우 어떻게 해야 하는지도 대비하지 않는다.

일단 가설들이 작업 기억 속으로 들어오면 이들을 평가하기 위한 추가적인 단서들이 탐색된다. 추가적인 단서 정보들을 고려하는 과정은 다른 하위과정들과 마찬가지로 인지적 한계에 의해 영향을 받는다.

5. **인지적 터널링.** 앞에서 기준화(anchoring)에 대해 기술하면서 언급하였듯이 일단 하나의 가설이 생성되거나 선택되면 사람들은 추가적인 단서들의 활용을 소홀히 하는 경향을 보인다. 앞 장에서 소개했던 바와 같이 우리는 초기에 세웠던 가설에서 잘 빠져나오지 못하는데, 이러한 과정을 **인지적 터널링**(cognitive tunneling)이라고 부른다(Cook & Woods, 1994). 인지적 터널링의 예들은 복잡 처리 제어 시스템의 맥락에서 많이 찾을 수 있다(예 : Xiao et al., 1995). 한 가지 예로 Three Mile 섬 원자력 발전소 사고를 고려해 보자. 이 사고의 경우 배출 밸브 하나가 고장을 일으켜 몇 개의 계기들에서 냉각수 수위가 올라가는 것처럼 보이도록 하였다(Rubinstein & Mason, 1979). 이에 대해 오퍼레이터들은 냉각수의 흐름을 줄여야 한다고 잘못 생각했을 뿐만 아니라 이 가설을 두 시간 넘게 버리지 않았다. 이러한 가설에 얽매여 있지 않았던 감독관이 와서야 잘못된 행위 순서들을 변경시킬 수 있었다. 의사결정자가 처음으로 가설을 생성해 낼 때 인지적 터널링은 단서 초두성 효과와는 다른 효과를 갖는다는 점에 주목하라.

대상들의 일반적인 사용을 다른 각도에서 바라봄으로써 때로 인지적 터널링을 피할 수 있다. 영화 '아폴로 13'에서도 나왔던 하나의 일화는 사람들이 인지적 고착을 극복하는 능력을 보여주고 있다. 우주인들은 제대로 작동하지 않는 공기 정화 시스템으로 인해 곤경에 빠져 있었다. 이 문제를 해결하기 위해 지상 관제소에서는 우주선에 있다고 알려진 '쓸 만한' 물건들(튜브, 의류 등)을 모아 놓고 자유로운 브레인스토밍(brainstorming)을 통하여 이들을 여러 가지 형태로 조립해 본 후에 마침내 공기 정화 시스템으로 작동할 수 있는 시스템을 생각해 낼 수 있었다.

6. **확증 편파.** 인지적 고착과 밀접하게 관련되는 것으로 사람들이 가설을 평가하기 위해 여러 가지 추가적 단서들을 고려할 때 발생하는 또 다른 편파의 유형이 있다. 첫째, 사람들은 자신이 사용하는 가설을 반증(disconfirming)할 수 있는 정보가 더 진단적인 것임에도 불구하고 이러한 반증 정보보다는 자신의 가설을 확증(confirming)해 주는 정보들만 찾는 경향이 있다(Einhorn & Hogarth, 1978; Schustack & Sternberg, 1981). 예를 들어 고장 난 기계를 검사하는 엔지니어가 자신이 생각하기에 고장과 관련이 없다고 여겨지는 다른 문제들까지 일일이 검사하리라고 상상하기는 어렵다(이러한 일반적 편파의 극히 예외적인 경우는 경찰이 용의자들의 알리바이가 있는지 일일이 수사해 보는 것 정도일 것이다). 마찬가지로, 사람들은 반증적 정보들에 대해서는 가중치를 더 낮게 주고 때로는 그 정보들을 기억해 내지 못하거나(Arkes & Harkness, 1980; Wickens & Hollands, 2000) 꼭 있어야 하는 중요한 단서가 부재한다는 것도 진단 정보로 사용하지 않는 경향이 있다(Balla, 1980). 확증 편파(confirmation bias)는 높은 스트레스나 정신적 작업부하 조건에서 더 심하게 나타난다(Cook & Woods, 1994; Janis, 1982; Sheridan, 1981; Wright, 1974). 인지적 고착은 많은 이유 때문에 발생하지만, 그중 가장 중요한 것은 사람들이 기존에 갖고 있는 신념을 확증해 주는 정보만 찾는 경향이 있기 때문이다. 이것이 바로 확증 편파이다.

인지적 고착과 확증 편파의 차이는 정도의 문제이다. 인지적 고착의 경우 사람들은 하나의 가설을 채택하고 여기에 고착되어 그 가설이 옳다고 생각하면서 해결책을 찾으려 한다. 확증 편파의 경우 사람들은 평가하고자 하는 하나의 가설을 가지고 있고 이 가설을 평가할 때 그것을 지지해 주는 정보만을 찾는다.

행위 선택에서의 발견법과 편파

행위의 선택에도 여러 유형의 발견법이나 편파가 영향을 미칠 수 있다. 이러한 발견법이나 편파들 중에서 몇 가지는 우리가 이미 논의했던 기본적인 기억과정에 기초하고 있다.

1. 소수의 행위 인출. 장기 기억은 행위를 계획할 수 있도록 해준다. 그러나 사람들이 작업 기억 속에서 인출하거나 작업 기억 속에 보유할 수 있는 행위들의 수는 매우 제한되어 있다.
2. 행위에서의 가용성 발견법. 장기 기억으로부터 가능한 행위들을 인출할 때 사람들은 가장 '가용한(available)' 행위들을 인출하게 된다. 일반적으로 기억으로부터의 항목 가용성은 그 항목들의 신근성(recency), 빈도, 그리고 그 가설들이 'if-then' 규칙을 사용하여 선택된 가설 혹은 상황평가와 얼마나 강하게 연합되어 있는가에 따라 달라진다. 비행과 같이 위험 정도가 높은 직업에서는 비록 자주 수행되지는 않더라도 필요한 행위들이 수행될 수 있도록 응급상황 체크리스트와 같은 것들이 종종 사용된다(Degani & Wiener, 1993).
3. 가능한 결과의 가용성. 결과의 생성이나 인출에서도 또 다른 유형의 가용성 효과가 발생한다. 앞에서 논의했듯이 하나 이상의 가능한 행위들이 인출되면 의사결정자는 어떤 행위가 더 바람직한 결과를 가져올 것인가에 대한 판단을 근거로 이 중에서 하나를 선택해야 한다. 각각의 행위들은 그에 따른 결과와 연합되어 있고, 그러한 결과가 일어나는 것은 확률에 의존한다. 예를 들어 어느 작업자가 안전 절차를 준수하여 안전모를 착용할 것인지 아니면 안전 절차를 무시하고 안전모를 착용하지 않은 채 작업할 것인지를 결정한다고 가정해 보자. 안전모를 착용하고 작업할 경우 사고가 났을 때 생명을 보호할 가능성이 어느 정도 있을 것이다. 이러한 확률에 대한 작업자의 추정은 통계치에 바탕을 둔 객관적 추정이라기보다는 기억 속에 있는 사건들의 가용성에 더 기초할 것이다. 예를 들어 만일 다른 작업자들이 안전모를 착용하지 않고 작업했는데도 부정적인 결과를 당하지 않았다는 것을 보아 왔다면, 그 작업자는 떨어지는 물체에 상해를 입을 확률을 실제보다 더 낮게 추정할 것이다. 따라서 가용성 발견법은 특정 결과들만을 인출하도록 (그리고 다른 결과들은 인출하지 않도록) 편파시킨다. 제14장에서는 어떻게 경고를 설계해야 절차를 따르지 않았을 때 발생할 수 있는 잠재적 결과들을 미리 예시하여 이러한 다양한 결과들이 좀더 가용적이 되도록 함으로써 편파에 대항할 수 있

는지 기술할 것이다.

어떤 작업자가 안전모를 착용하지 않아 상해를 입었다면 사람들은 상해를 입은 사람이 분명히 실수를 했기 때문이라고 생각하고 이들에게 상해의 책임을 돌린다. 이렇게 "내가 그럴 줄 알았어!"라고 생각하는 사람들의 경향은 **후견지명 편파**(後見之明, hindsight bias)[1] 라고 불린다. 이러한 편파는 사람들이 월요일 아침 신문을 보고 주말에 벌어졌던 경기 결과에 대해 "그러면 그렇지."라고 믿는 것에서 그 예를 찾아볼 수 있다. 이보다 더 심각한 것은 사고 조사관들이 후견지명 편파와 기억에 쉽게 떠오르는 (가용한) 부정적 결과의 사례들만으로 어떤 사고에 대해 오퍼레이터가 에러를 저질렀기 때문이라고 잘못 결론을 내리는 경우이다(Fischhoff, 1975).

의사결정자들이 특정 행위와 관련된 모든 가능한 결과들을 인출할 가능성은 거의 없으며, 스트레스하에서는 더욱 그렇다. 따라서 행위의 선택도 우리가 이미 논의했던 다른 의사결정 행위들이 겪는 것과 동일한 인지적 한계들(즉 인출 편파와 작업 기억 한계)에 봉착하고 있다. 이러한 인지적 한계 때문에 행위의 선택은 만족화 모델을 따르는 경향이 있다. 즉 어떤 행위가 특정 기준을 통과할 수만 있다면 그 행위가 선택된다. 만일 선택된 행위가 제대로 작동되지 않으면 다른 행위들이 고려된다. 다시 한 번 말하지만, 이러한 편파는 전문가보다는 초심자에게 영향을 미칠 가능성이 더 높다(Lipshitz et al., 2001).

4. **틀 편파.** 틀 편파(framing bias)란 의사결정의 틀 혹은 의사결정 문제의 제시 방식에 따라 사람들의 판단이 영향을 받는다는 것을 의미한다(Kahneman & Tversky, 1984). 규범적 유용성 이론 모델에 따르면, 문제가 제시되는 방식은 판단에 영향을 주지 말아야 한다. 그러나 예를 들어 사람들에게 1파운드의 갈아서 파는 고기 중 10%의 지방질이 함유된 것과 90%의 살코기가 함유된 것 각각에 대해 얼마나 돈을 지불하고 살 것인가 물어보았을 때 두 종류가 동일한 것임에도 불구하고 사람들은 후자의 경우에 8.2센트 더 많이 지불하겠다고 응답하는 경향을 보였다(Levin et al., 2002). 이와 유사하게, 자신이 친 시험의 문제 중 80%를 맞혔다고 들은 학생은 20%를 틀렸다고 들은 학생보다 자신이 시험을 더 잘 치렀다고 느낀다. 마찬가지로, 사람들은 어떤 치료방법이 80%의

1) 앞으로의 일을 제대로 예측하여 알 수 있는 능력을 선견지명(先見之明, foresight)이 있다고 한다. 이에 대비시켜 역자는 hindsight bias를 후견지명 편파라고 번역하였다. 즉 이미 일어난 일에 대해 마치 자기도 그렇게 될 줄 알고 있었던 것처럼 생각하는 경향(편파)이다(역주).

생존율을 갖는다고 한 경우보다 20%의 사망률을 갖는다고 한 경우에 그 치료방법이 더 위험하다고 생각하여 '사망'이라는 용어(틀)로 표현된 치료방법을 잘 선택하려고 하지 않는다(McNeil et al., 1982). 따라서 의사결정 과제가 어떠한 틀로 제시되는지가 의사결정을 편파시킬 수 있다.

이러한 특징은 개인이나 회사가 투자에 대해 어떻게 생각하는지에 대해 중요한 시사점을 갖는다. 사람들은 투자를 이득의 틀에서 볼 것인지 아니면 손실의 틀 속에서 볼 것인지에 따라 투자에 대해 상이하게 판단한다. 사람들은 이득들 중에서 하나를 선택하도록 하면 보수적인 방향으로 의사결정하는 반면 손실들 중에서 하나를 선택하도록 하면 모험적인 방향으로 의사결정하는 경향을 보인다. 예를 들어 확실하게 50달러를 잃는 경우와, 동일한 확률로 100달러를 잃거나 비기는 경우 중 하나를 선택하라고 하면 사람들은 비기는 것을 기대하고 100달러를 잃거나 비기는 경우를 선택하는 경향을 보인다. 이와는 대조적으로, 확실하게 50달러를 따는 경우와, 동일한 확률로 100달러를 따거나 비기는 경우 중 하나를 선택하도록 하면 사람들은 좀더 보수적인 방향으로 의사를 결정하여 확실하게 50달러를 따는 경우를 선택하는 경향을 보인다. 이러한 각각의 예는 사람들이 더 작은 부정적 유용성의 확실한 손실에 비해 더 큰 부정적 유용성의 불확실한 손실을 더 선호하는 틀 편파를 보여준다.

틀 효과가 잘 나타나는 현상 중 하나는 매몰비용 편파(sunk cost bias)이다[2)](Arkes & Hutzel, 2000). 이러한 편파 때문에 개인 투자가는 값이 떨어지는 주식(확실한 손실)을 매도하기보다는 이 손실을 메꾸기 위해 값이 오르는 주식을 매수하려는 경향을 보인다. 마찬가지로, 어떤 프로젝트에 당신이 돈을 투자했다면 그 프로젝트가 실패할 것 같은데도 당신은 그 프로젝트를 포기하는 대신 그것이 다시 회복되기를 기대하면서 계속 투자하려고 한다. 당신은 그 프로젝트에 돈을 쏟아 부었기 때문에 이제 와서 그것을 포기하는 것은 확실한 손실이다. 포기하지 않고 계속 투자를 한다면 경우에 따라 그 프로젝트가 성공하여 이득을 얻을 수도 있겠지만 계속 투자하는 것은 더 큰 손실을 가져올 가능성이 더 높다. 이와 유사하게, 어떤 관리자나 엔지니어는 쓸모없게 된 장비를 교체하는 데 드는 확실한 비용을 잘 받아들이려 하지 않는다(이 때문에 궁극적으로 손실이 더 커질 수 있다). 프로젝트를 포기하는 것이 더 바람직한 것임에도 불구하고 매몰비용

2) 매몰비용이란 되돌릴 수 없는 비용을 의미하는 경제용어 중 하나이다. 비용은 주로 돈을 의미하지만, 이 범주 안에는 시간이나 노력 등도 포함될 수 있다(역주).

편파 때문에 확실한 손실(즉 그 프로젝트에 대한 투자를 중단했을 때 지금까지 투자한 자금)보다는 불확실한 손실(즉 프로젝트가 성공할지 모른다고 생각하고 계속 투자함으로써 발생하는 추가적인 손실) 쪽을 선택하게 된다. 사람들은 손실이 있는 상황에서는 더 큰 위험을 감수하려고 하기 때문에 이러한 경향성을 극복하기 위해서는 이익의 관점에서 의사결정의 틀을 가져야 한다.

발견법의 이점과 편파의 비용

앞에서는 발견법의 효과성을 떨어뜨리는 편파라는 관점으로 의사결정에서의 발견법이 갖는 부정적 측면에 초점을 맞추었다. 그러나 일반적으로 의사결정 발견법은 의사결정 과정을 단순화시키는 데 매우 효과적이어서 적시에 반응할 수 있게 해준다(Gigerenzer & Todd, 1999). 이러한 특징은 연료가 떨어지기 전에 어떻게 해야 할지 결정해야 하는 조종사의 경우처럼 극한 시간 압력하에서는 바람직할 뿐만 아니라 필요한 것이기도 하다. 그러나 몇몇 경우에 경험이 많지 않은 의사결정자가 소수의 대안들만을 생성해 내려고 하는 경향은 열악한 의사결정을 낳기도 하는데, 왜냐하면 이 때문에 최상의 대안들이 간과될 수 있기 때문이다. 이에 비해 몇 년간의 경험을 쌓은 전문가는 이러한 경험을 살려 의사결정을 하기 때문에 초보자와 비슷한 발견법을 사용하고도 편파에 빠지지 않을 수 있다. 상황을 평가한 후 전문가의 마음에 떠오르는 대안은 매우 좋은 선택이 될 수 있다. 다음 절에서도 기술하겠지만, 전문가는 발견법이 좋지 못한 의사결정을 이끌 수 있다고 판단하면 의사결정 방략을 바꿔 발견법을 사용하지 않는 능력도 갖고 있다.

상황과 의사결정

위에서 언급한 여러 가지 의사결정 편파와 발견법은 사람들이 일상생활에서 의사결정을 효과적으로 하지 못한다는 것을 시사한다. 그러나 사실은 그렇지도 않다. 대부분의 사람들은 대부분의 경우 바람직한 의사결정을 하며, 위에 나열된 비효과적인 편파와 발견법들은 Three Mile 섬 원자력 발전소 사고와 같이 어쩌다 발생하는 사건에 대해 왜 의사결정이 잘못 이루어졌는지를 설명하는 데 도움을 줄 수 있다. 대부분의 의사결정이 제대로 이루어지는 첫 번째 이유는 발견법들이 대부분의 경우 정확하기 때문이다. 두 번째 이유는 사람들이 의사결정에 필요한 다양한 자원들을 갖고 있다는 점이다. 즉 사람들은 자신이 처한 상황에 적응하는 데 도움을 주는 정보 처리 능력, 경험, 그리고 의사결정 보조수단(예 : 의사결정 행렬표)을 갖고 있다. 사람들이 적합한 의사결정 자원을 갖고 있을수록, 그리고 이들을 적절하게 적용할수록 그들은 바람직한 의사결정을 할 수 있다. 거의 경험을 하지 못한 고도로 통제된 실험실 조건과 같이 사람들이 잘 적응하지 못하는 환경에서는 좋지 못한 의사결정을 할 수 있다.

상이한 의사결정 환경에서 사람들이 적응하기 위한 한 가지 방법은 유용성을 최대화하려고 하는 분석적 접근에서 만족화와 같은 단순화한 발견법으로 의사결정 방략을 바꾸는 것이다(Hammond, 1993; Payne, 1982; Payne et al., 1988). 시간 압력, 인지자원의 한계, 그리고 친숙성 등은 사람들로 하여금 단순화한 의사결정 발견법을 사용하도록 이끈다(Janis, 1982). 이러한 경향은 병원, 발전소나 제조 공장의 통제실, 항공 관제탑, 그리고 항공기 조종실과 같은 복잡하고 역동적인 제어 환경에서 흔히 찾을 수 있다. 실제 세계에서의 의사결정 상황에서는 통제된 실험실 상황에서 관찰되는 것과는 다른 방략을 취하도록 한다. 의사결정이 사람에 따라 그리고 상황에 따라 어떻게 달라지는지 이해하는 것은 인간 의사결정을 향상시키는 방안을 모색하는 데 매우 중요한 요소이다.

기술 기반, 규칙 기반, 그리고 지식 기반 행동

기술 기반 행동, 규칙 기반 행동, 그리고 지식 기반 행동은 사람들이 그들의 경험 수준이나 의사결정 상황에 따라 채택할 수 있는 상이한 의사결정 과정을 기술하기 위해 사용되는 개념이다(Rasmussen, 1983, 1986, 1993). 행동에 대한 Rasmussen의 SRK(skill, rule, knowledge) 모델은 인간 공학의 영역에서 많은 관심을 끌고 있다(Vicente, 1999). SRK 모델은 Fitts(1964)와 Anderson(1983)에 의해 제안된 전문성의 3단계 모델처럼 다른 사람들에 의해 많이 수용되었고, 실험적으로도 증명된 인지적 정보 처리의 모델들과 일맥상통하며, 또한 인간의 에러를 설명하는 데도 많이 사용되는 모델이다(Reason, 1990; 제14장의 인간 에러에 대한 논의 참조). 이러한 구분은 매우 중요한데, 왜냐하면 의사결정을 향상시키는 방법들은 기술 기반 행동, 규칙 기반 행동 및 지식 기반 행동을 어떻게 지원할 것인지에 따라 달라질 수 있기 때문이다.

그림 7.3은 이러한 세 가지 인지적 제어의 수준(즉 기술 기반 행동, 규칙 기반 행동, 그리고 지식 기반 행동)을 보여주고 있다. 그림의 좌측 하단에 제시되어 있듯이 감각 입력이 주의 과정의 영향을 받으면서 들어온다. 그런 다음 이렇게 입력된 정보는 특정 상황에 대한 오퍼레이터의 경험 정도에 따라 기술 기반 수준, 규칙 기반 수준 혹은 지식 기반 수준 중 한

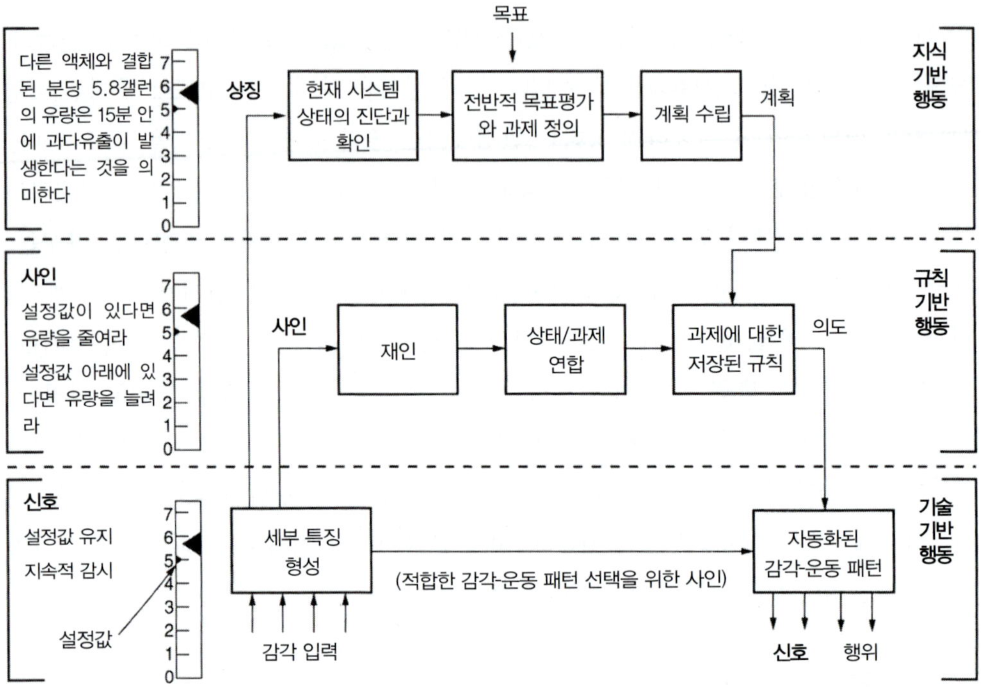

그림 7.3

인지적 통제에 대한 Rasmussen의 SRK 모델. 동일한 물리적 단서(예 : 그림에서 지시계)는 신호, 사인 혹은 상징으로 해석될 수 있다.

출처 : Rasmussen(1983). Skills, rules, and knowledge: Signals, signs, and symbols, and other distinctions in human performance models, *SMC-13*(3), 257-266.

수준에서 인지적으로 처리된다(Hammond, 1987; Rasmussen, 1993). 만일 사람들이 주어진 과제에 대해 경험이 매우 풍부하다면 이들은 이 압력 정보를 기술 기반 수준에서 처리하는 경향을 보여 '원래의(raw)' 지각적 요소들에 대해 자동적이고 무의식적인 수준으로 반응한다. 그들은 주어진 단서들을 해석하거나 통합할 필요가 없으며, 가능한 행위들에 대해서도 생각할 필요가 없다. 그 대신 반응을 유도하는 신호(signals)로서의 단서들에 반응하기만 한다. 그림에서는 이러한 제어 수준에서 사인(signs)도 사용될 수 있다는 것을 보여주고 있지만 이들은 단지 간접적으로만 사용된다. 사인은 특정 상황에 대해 적합한 운동 패턴을 선택하는 데 사용된다. 예를 들어 매일 자전거를 타고 출근한다면(따라서 많은 경험으로 인해 자전거를 능숙하게 탈 수 있다면) 자전거를 타는 스타일은 기술 기반 행동이다. 그러나 길 위의 빙판(이것은 사인이다)에서는 좀 더 주의를 기울여 자전거를 탄다. 이 경우는 약간 다른 운동 패턴을 갖는 기술 기반 행동이다. 기술 기반 행동은 자동적으로 수행되기 때문에 이때는 최소한의 주의 자원만이 요구된다(제6장). 예를 들어 어떤 오퍼레이터는 계기를 통해 보이는 유체의 흐름 변화에 대처하기 위해 계속적으로 밸브를 돌릴 수 있을 것이다(그림 7.3 좌측 하단 참조).

특정 과제에 친숙하기는 하지만 그에 대한 경험이 풍부하지 못한 경우 사람들은 규칙 기반적인 수준에서 입력 정보를 처리하고 과제를 수행한다. 입력은 특정한 시스템 상태와 관련하여 재인되는데, 이때 입력은 사인(signs)이라고 불린다. 사인은 과거 경험에 의해 축적된 규칙을 촉발시킨다. 이러한 축적된 지식은 사람들의 머릿속에 있을 수도 있고, 공식적인 절차로 표기될 수 있다. 빵을 굽기 위해 조리법을 따르는 것은 규칙 기반 행동이다. 이러한 규칙들은 단서들의 집합 및 이와 관련된 행위 사이의 'if-then' 연합들이다. 예를 들어 그림 7.3에서 볼 수 있듯이 오퍼레이터는 하나의 사인으로서 계기의 숫자를 해석하고 계기가 맞춤점 위에 있을 때에는 유체 흐름을 줄이도록 하는 절차에 따라 유체 흐름을 줄이고자 할 것이다.

어떤 상황이 새로운 것이라면 의사결정자들은 이 상황에 적용할 만한 규칙들(즉 과거의 경험을 통해 저장된 규칙들)을 갖고 있지 못할 것이다. 따라서 이들은 지식 기반 수준에서 조작해야 하는데, 지식 기반 수준에서는 본질적으로 개념적 정보를 이용한 분석적 처리가 일어난다. 지금 어떤 일이 발생하고 있는지를 확인하기 위해 사람들은 단서들에 대해 의미를 부여하고 이들을 통합한 다음 이러한 단서들을 목표 및 행위계획과 관련하여 처리하는데, 이때의 단서들을 상징(symbols)이라고 한다. 예를 들어 오퍼레이터는 계기 수치가 분당 5.8갤런의 흐름을 나타낸다고 읽고서 저장 탱크로 유입되는 다른 흐름과 합해질 경우 15분 이내에 탱크가 넘칠 것이라고 생각하여 흐름을 줄이고자 할 것이다(그림 7.3). 그림 7.3에 제시된 계기의 수치와 같이 동일한 감각 입력이라고 하여도 신호, 사인 혹은 상징으로 해석될 수 있음을 주목하라.

SRK 수준들은 사람들이 갖는 상이한 경험 수준을 기술할 수 있다. 초심자들은 분석적인 지식 기반적 수준에서만(혹은 만일 적혀진 절차가 있다면 규칙 기반 수준에서) 작업할 수 있다. 학습의 중간 수준쯤 되면 사람들은 훈련이나 경험을 통해 몇 가지 규칙들을 획득한다. 이들은 주로 규칙 기반 수준에서 작업하지만 새로운 상황을 만나게 되면 지식 기반 처리로 돌아가야 한다. 전문가들은 매우 광범위한 규칙 기반이나 기술 기반들을 갖고 있다. 따라서 전문가들은 기술 기반 행동을 사용하는 경향이 있지만 과제에 따라 세 수준 사이를 옮겨 다닌다. 이전에는 경험해 보지 못했던 시스템 고장과 같은 새로운 상황이 발생하면 전문가들이라

지는 단서들에 수동적으로 반응하는 것이 아니다. 그 대신 사람들은 자신의 행위를 적극적으로 감시하고 앞으로 시스템이 어떻게 변화될 것인지를 예상한다(Mumaw et al., 2000). 운전의 경우, 브레이크를 밟으면 차의 속도가 줄어든다는 것을 예상하고 있으며, 만일 브레이크를 밟았는데도 속도가 줄지 않으면 차에 고장이 있다는 것을 곧바로 알 수 있다.

장기적으로, 잘못된 피드백은 잘못된 학습과 부정확한 정신 모형을 만들어 낼 수 있다(Brehmer, 1980). 운전자는 비록 지금 당장의 차량 제어에 대해서는 좋은 피드백을 받을 수 있겠지만, 자신의 일반적 운전 속도나 위험 감수 행동에 대해서는 좋지 못한 피드백을 받을 수 있다. 예를 들어 치명적인 차량 충돌 사고로부터 살아남은 운전자는 단지 그 사고를 이끌었던 상황에서 자신이 보였던 운전 습관만 바꾸고, 그것도 불과 몇 개월 후에는 원래 자신의 운전 습관으로 돌아온다(Rajalin & Summala, 1997). 다른 상황과 마찬가지로 운전 상황에서도 여러 변인들 사이의 복잡한 확률적 관계로 인해 운전자들이 위험한 상황에 대해 잘못된 피드백을 종종 받을 수 있기 때문에, 운전 상황에서의 여러 요인들에 대한 학습이 어렵다(Brehmer, 1980). 제17장에서는 운전자들이 직면할 수 있는 몇 가지 문제점들을 보다 자세히 기술할 것이다.

그림 7.4에서 보이는 활동들을 고려해 보면 의사결정에 강력한 영향을 미치는 다양한 요인들과 인지적 한계들이 있음을 알 수 있다. 이러한 요인들을 아래에 요약하였다. 이들 중 일부는 Cook과 Woods(1994), 그리고 Reason(1990)의 연구에서 확인된 것들이다. 그리고 이 책의 앞 장들에서 논의된 내용을 종합하여 얻어진 결론도 포함하였다.

- 불충분한 단서 통합. 불충분한 단서 통합은 환경적 제약(열악하거나 신뢰할 수 없는 자료), 인지적 요인들(제6장에서 기술하였듯이 선택 주의를 방해하는 요인들), 그리고 편파(단서들에 대해 비중을 잘못 부여하는 것) 때문일 수 있다.
- 특정한 활동과 관련하여 사람들은 잘못된 혹은 질이 떨어지는 지식(가능한 가설들, 행위의 순서, 혹은 발생 가능한 결과)을 장기 기억 속에 보유할 수 있다. 이러한 제한된 지식 때문에 사람들은 열악하게 만들어진 규칙들(대표성 발견법이나 가용성 발견법과 연관된 규칙들)을 사용할 때 체계적인 편파에 빠지게 된다.
- 사람들은 시간이 있음에도 불구하고 단일한 행위 순서를 채택하고 문제 공간(problem space)을 넓게 생각하지 못하는 경향을 보인다. 작업 기억의 한계 때문에 여러 대안들을 동시에 고려하기 어렵고, 인지적 고착 경향은 초기의 가설을 채택한 이후에 입력되

는 단서들을 무시하도록 한다.

- 잘못된 혹은 불충분한 정신 모형은 시스템 상태나 행위의 결과에 대해 잘못된 가정을 하도록 한다.
- 작업 기억이나 주의 용량에서의 한계는 모든 가능한 가설들, 관련된 단서들, 결과의 이득이나 비용 등과 같은 것들을 동시에 고려하는 능력을 제한한다.
- 상황의 변화에 대한 인식이나 규칙 적용의 조절(예 : 빙판 길에서 운전 속도를 조절하지 못하는 것)에서의 능력이 부족하다.
- 잘못된 메타인지는 특정 상황에 대해 적합하지 못한 의사결정 방략(예 : 좀 더 정확한 분석적 접근이 필요한 상황임에도 불구하고 규칙 기반 접근을 고집하는 것)을 사용하도록 만든다.
- 과거의 의사결정과 관련하여 피드백이 제대로 주어지지 않았을 때 에러로부터의 회복이나 학습을 어렵게 한다.

이러한 요인들은 효과적인 의사결정을 방해하는 중요한 요인들이다. 다음 절에서는 이러한 문제들을 극복하고 의사결정을 향상시킬 수 있는 몇 가지 방략들을 소개하고자 한다.

의사결정의 향상 방안

그림 7.4는 의사결정이 때로 반복적 순환과정을 거친다는 것을 보여주고 있다. 즉 의사결정자는 그들의 경험, 과제 상황, 인지-반응 능력, 그리고 가용한 의사결정 보조수단 등에 따라 자신의 반응을 조절하고 적응적으로 행동한다. 이러한 적응적 의사결정을 이해하는 것은 매우 중요한데, 왜냐하면 시스템 설계, 훈련, 그리고 의사결정 보조수단 등이 이러한 적응적 의사결정을 지원할 수 있도록 해야 하기 때문이다. 적응적 의사결정 과정에 대한 이해가 없이 의사결정을 향상시키고자 하는 것은 대개 실패하는 경우가 많다. 이 절에서 우리는 인간의 의사결정을 향상시킬 수 있는 몇 가지 가능한 방법들, 즉 과제 재설계, 의사결정 보조 시스템, 그리고 훈련에 대해 간단히 논의하고자 한다.

과제 재설계

우리는 종종 의사결정에서의 열악한 수행이 보일 경우, 사람들이 좋은 의사결정자가 되도록 하기 위해서는 '사람에게' 무엇인가를 해야 한다고 성급하게 결론을 내리는 경향이 있다. 그러나 사람을 변화시키지 않고도 시스템에서의 변화를 통해 더 나은 의사결정이 되도록 지원해 줄 수 있다. 제1장에서 언급하였듯이 의사결정은 과제 설계를 통해 향상될 수 있다. 훈련을 통해 사람을 변화시키거나 심지어 의사결정 보조수단을 제공하는 것에 앞서 시스템을 변화시키는 것을 먼저 고려해 보아야 한다. 예를 들어 몇 개의 제어봉을 제거했는데 이 때문에 이상 핵반응을 일으켜 3명이 사망하고 23명이 높은 방사능에 피폭된 상황을 고려해 보자. 이 사고를 통해 설계자는 몇 개의 제어봉이 제거된 후에도 안정적으로 작동하는 반응로를 설계하고자 할 것이다(Casey, 1998). 시스템이 더 큰 안정성을 갖도록 설계한다면 의사결정에서 에러가 발생하여도 이를 수습할 수 있는 여지를 남겨 놓게 될 것이고, 정확한 정신 모형의 개발도 더 용이하게 할 수 있다.

의사결정 보조 시스템

의사결정자를 도와줄 수 있는 방법들은 단순한 표들의 제시로부터 정교한 전문가 시스템에 이르기까지 다양한 형태를 가질 수 있다. 어떤 형태의 의사결정 지원수단들은 작업 기억을 도와주고 연산을 수행하기 위하여 컴퓨터를 활용한다. 이러한 의사결정 보조수단들의 대부분은 **의사결정 보조 시스템**(decision-support systems)의 범주 안에 포함된다. Zachary(1988)에 의하면 의사결정 보조 시스템은 '사용자의 인지적 의사결정 능력을 확장시켜 줌으로써 사용자의 의사결정을 향상시켜 주도록 특별하게 설계된 모든 형태의 상호작용 시스템' 이다. 의사결정 보조 시스템들은 대개의 경우 정보 디스플레이를 요구하기 때문에 '의사결정 보조 시스템' 과 기술적으로 진보된 형태의 정보 디스플레이 사이를 구별하는 것이 때로 어려운 경우도 있다. 의사결정을 보조할 수 있는 가장 효과적인 방법 중 하나는 제8장에 기술되어 있듯이 좋은 디스플레이를 제공해 주는 것이다. 의사결정 보조 시스템은 또한 제16장에 좀 더 자세히 기술되어 있는 자동화와 많은 유사점이 있다.

의사결정 보조 시스템은 두 가지의 설계 접근으로 기술될 수 있다. 한 가지 접근은 사람들의 불완전하고 일관적이지 못한 의사결정을 제거함으로써 열악한 의사결정을 줄이고자 하는 것이다. 이러한 관점에 기초하여 개발된 의사결정 보조수단은 **인지적 대체장치**(cognitive prostheses)라고 부른다(Roth et al., 1987). 이 접근은 사람이 컴퓨터에 많이 의존하게 하는데, 사람은 컴퓨터에 자료를 입력하고 컴퓨터가 내놓은 의사결정을 해석하게 된다. 이와 다른 접근은 의사결정자를 컴퓨터로 대치하기보다는 의사결정을 지원할 수 있는 유용한 도구를 제공함으로써 사람들이 적응적인 의사결정을 할 수 있도록 하는 것이다. 이러한 접근을 이용하여 개발되는 의사결정 보조수단은 **인지적 도구**(cognitive tools)라고 부른다. 인지적 대체장치는 의사결정 상황이 잘 정의되어 있고(즉 분명하고) 예상하지 못한 조건을 포함하지 않을 경우에는 매우 효과적이다. 그러나 대체장치들은 기대하지 않았던 조건에서의 조절은 유연하지 못하다.

전통적인 전문가 시스템들은 많은 복잡한 의사결정 환경에서는 특히 성공적이지 못했는데, 그 이유 중 하나는 이들이 주로 인지적 대체장치라는 관점을 통해 개발되었기 때문이다(Leveson, 1995; Smith et al., 1997). 이러한 전문가 시스템들이 성공적이지 못하고 사용자의 기대에 부응하지 못했던 이유 중 하나는 컴퓨터 시스템이 모든 과제를 수행하도록 하는 대신 사람들은 정보 수집만 하는 일종의 하위 역할을 담당한다는 것이 사람들에게 주관적으로 잘 받아들여지지 않았기 때문이다(Gordon, 1988). 사람들은 자신들의 의사결정이 컴퓨터가 내놓은 의사결정에 비해 더 좋은 것인지 아니면 더 나쁜 것인지를 판단할 수 있는 기준을 갖지 못한다. 게다가 대개의 경우 컴퓨터를 이용한 전문가 시스템을 통해서는 인간 전문가와 같은 방식으로 사람들이 의사소통하거나 협동할 수 있는 방법이 없다. 흥미롭게도, Alty와 Coombs(1980)는 사람들이 인간 전문가에게 자문을 구할 때도 그 전문가가 매우 통제적인 사람이라면(즉 일방적으로 조언을 제공하거나 상담자와 제대로 상호작용하지 못하는 전문가) 사람들은 그 전문가를 매우 불만족스럽게 평가한다는 결과를 발견하였다. 또한 새로운 문제가 발생하거나 심지어는 매우 단순한 자료 입력의 실수가 있을 때조차 인지적 대체장치들이 성공적이지 못할 수 있다(Roth et al., 1987). 다시 말해 인지적 대체장치 접근은 예상하지 못한 상황에 직면해서는 전혀 유연하게 작동하지 못하는 취약한 인간-컴퓨터 의사결정 시스템이 되고 말았다. 이러한 이유들 때문에 인지적 대체장치들은 특이한 상황에서 반응하는 것보다는 의사결정에 일관성이 요구되는 정규적인 상황에서 가장 잘 적용될 수 있다. 특이한 상황에서 유연하게 적용되어야 하는 의사결정 시스템은 인간 의사결정자를 대체하는 것보다는 이들의 의사결정을 보완해 줄 수 있는 인지적 도구 접근을 통해 적용되는 것이 더 바람직하다.

의사결정 행렬표와 순서도 많이 사용되었던 접근법 중의 하나는 대안적인 행위들에 대해 가중치를 부여하는 인지적 과정인 '의사결정 분석(decision-analysis)'을 지원하기 위해 설계되었다(그림 7.3의 상단 참조). 이 방법은 엔지니어나 사업체 경영자들이 많이 사용하는 방법

중 하나이고, 대개의 경우 의사결정 표(decision tables)나 의사결정 행렬표(decision matrix)를 이용한다. 이 장의 초반부와 제3장에서 기술하였던 규범적 중다속성 유용성 이론은 이 방법을 많이 적용한다. 의사결정 표들은 가능한 결과들, 확률, 그리고 대안적 행위들의 활용 가능성에 대한 목록을 사용한다. 의사결정자가 추정된 확률이나 값들을 표 안에 입력하면 컴퓨터는 각각의 대안적 선택에 대해 유용성을 계산하여 제시해 준다(Edwards, 1987; White, 1990). 의사결정표는 작업 기억에 부과될 수 있는 부담을 덜어준다는 점에서 매우 도움이 되는 방법 중 하나이다. 이러한 부담을 컴퓨터에 넘김으로써 사람들이 의사결정 공간을 좀 더 넓은 범위에서 고려할 수 있도록 해준다.

의사결정 순서도(decision trees)는 의사결정 과정이나 그에 따른 결과가 순차적으로 이루어지는 경우에 유용한 방법이다(Edwards, 1987). 이 방법에서 분기점(branching point)들은 대안적인 의사결정을 나타내기 위해 사용되는데, 대안적인 의사결정들은 분기점에서 갈라지게 되고, 이에 따라 각각의 대안적 의사결정이 가져올 결과나 결과의 확률들이 제시된다. 이러한 절차는 의사결정 과정 중에 필요한 만큼 반복되는데, 이를 통해 의사결정자들이 각각의 행위-결과가 갖는 전반적인 확률을 파악할 수 있도록 해준다. 이 기법을 사용하는 데 가장 중요한 문제 중 하나는 사용자가 이러한 기법을 얼마나 받아들일지의 문제와 관련된다(Cabrera & Raju, 2001). 중다속성 접근은 사람이 어떻게 의사결정을 하는지에 대한 이론이 아니기 때문에 사람들에게 익숙하지 않은 방략으로 보일 수 있다. 그러나 암을 치료하기 위해 어떤 방법을 사용할지와 같이 선택의 위험 가능성이 높거나 선택들에 대한 확률들이 매우 심하게 변하는 과제들에 대해서는 사용자들이 이러한 보조 시스템들에 대해 좀 더 친숙할 수 있도록 훈련할 가치는 있다.

스프레드시트 의사결정 보조 시스템 설계에서 아마도 가장 중요한 문제 중의 하나는 스프레드시트에 기반한 시스템을 개발하여 사용하는 문제일 것이다. 스프레드시트는 가장 흔한 의사결정 보조수단으로 등장하였고, 다양한 범위의 조직체에서 사용되어 왔다. 스프레드시트는 다양한 영역에 속한 개발자들에 의해 만들어졌는데, 이러한 개발자들 역시 스프레드시트의 사용자이기도 하다. 스프레드시트는 지루한 계산을 대신 해줌으로써 의사결정에서 발생하는 인지 부담을 경감시켜 준다. 예를 들어 어떤 회사의 복잡한 예산계획을 스프레드시트에 입력한 후, 회사 경영자는 다양한 투자나 경영 시나리오에 대해 어떤 결과가 산출될 수 있을지 미리 계산해 볼 수 있을 것이다. 이러한 계산은 발견법만큼 쉽게 이루어진다. 그러나 발견법이 단순한 대신 덜 정확하고 몇 개의 결과물만을 산출하는 반면 스프레드시트를 이용한 계산은 쉬우면서도 많은 결과물들에 대해 검토해 볼 수 있게 해준다. 스프레드시트가 '만일 이렇게 하면 어떻게 될까(가정-결과 시나리오, what-if)'를 분석하는 데 소요되는 인지부담을 상당히 경감시켜 줄 수 있기 때문에 사람들은 자연스럽게 더 쉬우면서도 더 정확한 방략을 채택할 가능성이 높고 이에 따라 의사결정의 질을 향상시킬 수 있다(Todd & Benbasat, 2000). 그러나 불행하게도 스프레드시트는 때로 열악하게 설계되고, 잘못 사용되며, 에러를 포함하고 있을 수 있는데, 이러한 모든 요인들은 의사결정 수행을 저하시킬 수 있다.

스프레드시트에 포함된 믿기 어려울 정도로 많은 에러들은 중요하게 고려되어야 하는 부분이다. 실험실이나 실제 운용 상황에서 개발된 스프레드시트에 대한 조사 결과 24~91%의 스프레드시트가 에러를 포함하고 있음이 밝혀졌다(Panko, 1998). 용량이 큰 스프레드시트는 더 많은 에러를 포함하는 경향이 있다. 사업 장면에서 사용된 스프레드시트들에 대한 조사 결과 150줄 이상의 스프레드시트는 최소한 한 개 이상의 에러를 포함하는 것으로 밝혀졌다(Freeman, 1996). 이러한 에러들은 스프레드시트 소프트웨어나 컴퓨터 자체에 기인하는 것은 아니다. 그보다는 사람들이 자료나 공식을 부정확하고 불완전하게 입력했기 때문에 발생한 것들이다. 스프레드시트의 에러는 잘못된 의사결정을 이끌 수 있다. 한 예로 어떤 회사에서는 하나의 에러 때문에 7백만 달러가 엉뚱한 부서로 이체된 경우도 있었다(Panko, 1998).

스프레드시트에서 에러가 흔히 발생할 수 있다는 사실을 사람들이 잘 모른다는 점은 이 문제를 더 복잡하게 만든다. 한 연구에 의하면 용량이 큰 스프레드시트가 용량이 작은 스프레드시트에 비해 에러를 포함할 가능성이 더 높음에도 불구하고 사람들은 전자를 후자에 비해 더 정확하다고 평정하였다. 사람들은 또한 구성이 잘 되어 있는 스프레드시트를 평이하게 보이는 스프레드시트에 비해 더 정확하다고 평정하였다(Reithel et al., 1996). 이와 관련된 또 다른 문제는 스프레드시트를 이용하여 수행된 가정-결과 시나리오 분석(what-if analysis)은 의사결정에 대한 사용자의 확신 정도를 상당히 증가시키지만 그렇다고 항상 그 의사결정의 정확성을 증가시키는 것은 아니라는 점이다(Davis & Kottemann, 1994). 따라서 스프레드시트는 어떤 의사결정들에 대해서는 과다확신 편파와 같은 편파들을 더 악화시킨다. 이 때문에 심지어 스프레드시트에 에러가 없다 하더라도 이들은 의사결정 수행을 향상시키지 못할 수 있다.

비록 흔히 사용되는 의사결정 보조수단이기는 하지만 스프레드시트를 너무 많이 사용하

디스플레이 전문가 시스템은 의사결정자에게 조언을 제공해 주기 위해 전형적으로 환경적 단서들의 처리에서 많은 '인지적 작업'을 수행하지만, 그러한 단서들을 단순히 디스플레이로 표상해 주는 다른 형태의 의사결정 보조수단들도 많이 있다. 디스플레이 표상들은 정보를 찾거나 통합하는 데 소요되는 인지적 부담을 경감시켜 준다. 제4장에서 이미 논의하였고 제8장에서 다시 언급하겠지만, 경보들(alerts)은 사람들의 주의를 끌 만한 가치가 있는 변인들이 있는지에 대한 의사결정을 돕는 데 사용된다(Woods, 1995). 제8장과 제16장에서 논의되듯이, 형상 디스플레이(configural displays)는 의사결정에 필요한 원래의 자료나 단서들을 배열하여 이들이 진단과정에서 좀 더 효과적으로 통합될 수 있도록 해준다. 이러한 접근은 오퍼레이터가 그림 7.4의 지식 기반 수준에서 문제를 해결하고자 할 때 특히 가치 있는 방식이다(Vicente, 2002).

의사결정 보조 시스템에 대한 요약 지금까지 우리는 다양한 형태의 의사결정 지원 도구들을 개관하였다. 컴퓨터 자동화와 인지적 활동의 대체라는 관점에서 보면 어떤 도구들은 다른 것에 비해 훨씬 '적극적' 이다. 어떤 도구가 유용할 것인가? 사용자의 의사결정이 어떤 도구에 의존할 것인지의 여부는 어느 정도는 특정 도구를 사용하는 경우 예상되는 이득과 비용(노력과 시간)을 저울질 하는 사용자의 메타인지적 선택에 달려있음이 분명하다. 이때의 비용은 도구의 복잡성과 직접적으로 관련 있는 반면, 인터페이스나 지시 방식의 질과는 역으로 관련된다. 따라서 의사결정 보조 시스템이 복잡하다고 지각될 때는 잠재적으로 효과적인 보조수단이라 할지라도 잘 사용되지 않는다(Cook & Woods, 1996; Kirlik, 1993).

훈련

훈련은 그림 7.3에 제시된 제어의 세 가지 수준 각각에서 의사결정을 도울 수 있다. 첫째, 분석적 의사결정을 향상시켜 주기 위한 한 가지 방법은 앞에서 기술된 발견법이나 편파들을 사람들이 극복할 수 있도록 훈련하는 것이다. 이러한 노력들 중의 몇 가지는 의사결정을 하는 데 분석적, 규범적 유용성을 추구하는 방법을 가르치는 것에 초점을 두고 있다(Zakay & Wooler, 1984). 비록 사람들이 이러한 방법들을 배울 수는 있지만 이 방법을 사용하는 것이 귀찮고 또한 인지적 노력을 들일 가치가 없다고 느끼기 때문에 훈련은 대부분 성공적이지 못했다. 다른 훈련의 방략들은 특정한 유형의 편파들, 예를 들어 확증 편파(Tolcott et al., 1989)나 과다확신 편파(Su & Lin, 1998)에 대항하는 것에 초점이 주어졌다. 이러한 유형의 훈련들은 때로 의사결정 편파들을 감소시켜 주었지만, 많은 연구들은 이 방법이 거의 효과가 없다는 것을 보여주기도 하였다(Means et al., 1993). 좀 더 효과적인 접근 방법은 사람들이 다양한 방략들을 자연스럽게 사용할 수 있도록 해주는 것이겠지만 이때는 사람들에게 그것을 언제 사용해야 하는지 그리고 그 방략들이 갖고 있는 단점들은 무엇인지 가르쳐 주어야 한다.

또 다른 접근 방법으로서 Cohen, Freeman, 그리고 Thompson(1997)은 사람들이 메타인지 상태에서 수행을 더 잘 할 수 있도록 훈련해야 한다는 것을 제안하였다. 이러한 훈련 중에는 (1) 사람들이 상황 인식을 형성하는 데 필요한 적합하고 충분한 단서를 어떻게 고려해야 하는지, (2) 주어진 단서들을 통해 어떻게 일관적이고 완전하게 상황을 인식하거나 평가해야 하는지, (3) 상황 인식과 맞지 않는 데이터를 어떻게 분석할 것인지, 그리고 (4) 단서들과 상황 평가(혹은 설명) 사이에 갈등이 많은 때를 어떻게 확인할 수 있는지 등을 가르치는 것이 포함된다. 메타인지에 대한 훈련에서는 자동화에 의존하는 것이 좋은 때와 그렇지 않은 때를 구분하는 것도 포함한다. 자동화 편파는 사람들이 의사결정 보조수단에 너무 많이 의존하려는 경향을 말한다. 이 때문에 의사결정의 질이 저하될 수 있다. 훈련을 통해 자동화 편파를 줄이고 의사결정의 질을 높일 수 있다(Skitka et al., 2000).

분석적 의사결정도 정신 모형의 개발 기술이나 불확실성과 시간 압력의 관리 기술 등에 대한 훈련을 통해서 향상될 수 있다(Satish & Streufert, 2002). 일반적으로 이러한 기술들은 의사결정 맥락 안에서 훈련되어야 한다. 사람들은 단순히 문제해결이나 의사결정을 일반적으로 학습하는 것보다 특정 영역에서 이들을 더 잘 학습한다(Lipshitzs et al., 2001). 훈련이 특정 상황과 관련한 개념들을 신중하게 구조화하여 제공해 주지 않으면 사람들은 이론적 지식을 그러한 상황에 대한 실제적 지식으로 연결시키지 못한다(Wagemann, 1998). 사람들의 지식은 '비활성 상태'에 있다고 한다. 예를 들어 사람들에게 의사결정에 필요한 많은 양의 지식을 가르쳐도 이러한 지식의 대부분은 활성화되지 않은 상태로 남아 있을 수 있고, 그 결과 실제의 의사결정 맥락에서는 인출되지 않을 수 있다(Woods & Roth, 1988).

직관적인 규칙 기반 수준에서는 오퍼레이터들에게 그들의 지각적 기술이나 형태-재인 기술들을 향상시킬 수 있는 훈련이 제공될 수 있다. Flin과 동료들(1996), 그리고 Bass(1998)는 상황평가에 초점을 맞추는 것을 제안하였는데, 여기에서 피훈련자들은 중요한 상황적 단서들을 재인하고 상황에 대한 자신의 인식을 유지하는 능력을 향상시키도록 훈련받는다. 이것은 피훈련자들이 단서-행위 규칙들을 분명하게(explicitly; 즉 외현적으로) 기억하거나, 다양한 연습을 통해 암묵적으로(implicitly) 규칙들을 획득하도록 훈련함으로써 성취될 수 있다. 예를 들어 Kirlik와 동료들(1996)은 (a) 피훈련자들이 규칙을 암기하도록 하거나, (b) 중요한 상황적 단서들과 올바른 행위들이 부각되어 제시되는 연습 시나리오를 다양하게 변경함으로써 피훈련자들의 지각 학습과 형태 재인 기술을 향상시켰다. 이 두 가지 훈련 방법들은 실제로 의사결정 수행에 모두 효과적이었다. 연습 사례들을 다양하게 선택하면 대표성 발견법과 관련된 편파들을 피할 수 있는 가능성이 커진다.

자동적 수준에서 더 좋은 처리를 지원해 주기 위해서는 원자료 형태(raw data form)에 있는 단서들에 초점을 두고 훈련이 이루어지도록 해야 한다. 기술 기반 처리가 자동화 혹은 자동적으로 처리되도록 하기 위해서는 연합들에 대한 수백 번의 반복이 요구된다(예 : Schneider, 1985; 제6장과 제18장 참조). 게다가 이 접근은 단서의 집합이 특정한 행위에 일관적으로 대응되는 상황에서만 그 효과를 발휘할 수 있다. 규칙 기반적 훈련이나 기술 기반적 훈련 모두에서 시뮬레이션은 광범위한 연습을 위한 좋은 훈련 매체가 될 수 있는데, 그 이유는 시뮬레이션이 실제 세계 맥락보다는 더 다양한 시나리오를 가능하게 해주고, 시간을 더 적게 요구하기 때문이다(Salas et al., 1998; Salas & Burke, 2002). 마지막으로, 어떤 유형의 훈련 방법들이 사용되든지 의사결정자들에게는 피드백이 주어져야 하는데, 특히 이러한 피드백은 의사결정 전체에 대한 것보다는 의사결정 과정에서의 각각의 인지적 단계에 대해 제공되도록 해야 한다(Gordon, 1994). 복잡한 환경에서의 의사결정 훈련에 대한 몇 가지 추가적인 지침들은 Means 등(1993)과 제18장에 제시되어 있다. 또한 의사결정에 대한 훈련은 부분적으로만 효과가 있기 때문에 과제 재설계나 의사결정 지원 시스템의 사용 등도 함께 고려되어야 한다.

결론

지금까지 우리는 의사결정의 특징과 의사결정을 좀더 효과적으로 할 수 있는 요인들에 대해 기술하였다. 유용성 이론에 대한 규범적인 수학적 모델들은 사람들이 대안들을 어떻게 비교하여 최상의 의사결정을 할 수 있는지 기술한다. 그러나 제한된 인지자원, 시간 압력, 그리고 예측할 수 없는 변화 등의 문제들 때문에 이 접근은 잘 적용되지 못하고, 사람들은 의사결정을 더 쉽게 할 수 있게 하는 단순화된 발견법을 사용하는 경향을 보인다. 그러나 발견법은 체계적인 편파들을 이끈다. 실제 세계에서의 의사결정 상황에서 사람들은 자신의 의사결정을 정교화하고 편파를 피할 수 있도록 해주는 수년간의 경험을 갖고 있다. 또한 실제 세계에서의 의사결정 과정에서 사람들은 위험이나 시간 압력, 그리고 자신의 경험 정도에 따라 기술 기반 혹은 규칙 기반 의사결정으로부터 지식 기반 의사결정으로 자신의 의사결정 방략을 바꿀 수 있다. 과제 재설계, 의사결정 보조 시스템 혹은 훈련 등과 같은 요소들을 통해 의사결정의 질을 향상시키고자 할 때는 이러한 적응적 의사결정 과정을 반드시 고려해야 한다. 이 장에서 언급된 개념들은 제14장에서 기술된 안전과 인간 에러에 중요한 시사점을 갖는다. 이 장에서 기술된 다양한 형태의 의사결정 보조 시스템들은 디스플레이나 자동화의 관점에서도 고려될 수 있다. 제16장에서는 자동화에 대해, 그리고 디스플레이에 대해서는 다음 장에서 기술하고자 한다.

참고문헌

Adelman, L., Bresnick, T., Black, P.K, Marvin, F.F., and Sak, S.G(1996). Research with patriot air defense officers: Examining information order effects. *Human Factors, 38*(2) 250-261.

Alty, J.L., and Coombs, M.J.(1980). Face-to-face guidance of university computer users－I: A study of advisory services. *International Journal of Man-Machine Studies,* 12, 390-406.

Anderson, J.R.(1983). *The architecture of cognition.* Cambridge, MA: Harvard University Press.

Anderson, J.R.(1990). Cognitive psychology and its implications(3rd ed.). San Francisco: W.H. Freeman.

Arkes, H., and Harkness, R.R.(1980). The effect of making a diagnosis on subsequent recognition of symptoms. Journal of Experimental Psychology: Human Learning and Memory, 6, 568-575.

Arocha, J.F., and Patel, V.L(1995). Novice diagnostic reasoning in medicine Accounting for evidence. *The Journal of the Learning Sciences,* 4(4), 355-384.

Bainbridge, L.(1988). Types of representation. In L.P. Goodstein, H.B. Anderson, and S.E. O1sen(eds.), *Tasks, errors, and mental models*(pp.70-91). London: Taylor & Francis.

Balla, J.(1980). Logical thinking and the diagnostic Process. *Methodology and Information in Medicine, 19,* 88-92.

Bennett, K.B.(1994). Animated mimic displays. *Proceedings of the Human Factors and Ergonomics Society 38th Annual Meeting*(pp.1341-1345). Santa Monica, CA: Human Factors and Ergonomics Society.

Bennett, K.B., and Flach, J.M.(1992). Graphical displays: Implications for divided attention, focused attention, and problem solving. *Human Factors, 34*(5), 513-533

Botney, R., Gaba, D., Howard, S., and Jump, B.(1993). The role of fixation error in preventing the detection and correction of a simulated volatile anesthetic overdose(Abstract). *Anesthesiology, 79,* A1115.

Cannon-Bowers, J.A., Salas, E., and Pruitt, J.S.(1996). Establishing the boundaries of a paradigm for decision-making research. *Human Factors, 38*(2), 193-205.

Cohen, M.S., Freeman, J.T., and Wolf, S.(1996). Metarecognition in time-stressed decision making: Recognizing, critiquing, and correcting. Human Factors, 38(2), 206-219.

Cohen, M.S., Freeman, J.T., and Thompson, B.B.(1997) Training the naturalistic decision maker. In C. E. Zsambok and G. Klein(eds.), *Naturalistic decision making(*pp.257-268). Mahwah, NJ: Erlbaum.

Cook, R.I., and Woods, D.D.(1994). Operating at the sharp end: The complexity of human error. In M.S. Bogner(ed.), *Human error in medicine*(pp.255-301). Hillsdale, NJ: Erlbaum.

Cook, R.I., and Woods, D.D.(1996). Adapting to new technology in the operating room. *Human Factors,* 38(4), 593-613.

Cook, R., Woods, D., and McDonald, J.(1991) *Human performance in anesthesia: A corpus of cases*(Technical Report CSEL91. 003). Columbus: Ohio State University, Cognitive Systems Engineering Laboratory.

Coombs, C.H., Dawes, R.M., and Tversky, A.(1970). Mathematical psychology. Englewood Cliffs, NJ: Prentice-Hall.

deGreef, H.P., and Neerincx, M.A.(1995). Cognitive support: Designing aiding to supplement human knowledge. *International Journal of Human-Computer Studies, 42,* 531-571

DeKeyser, V, and Woods, D.(1990). Fixation errors: Failures to revise situational assessment in dynamic and risky systems. In A. Colombo and A. Bustamante(eds.), *Systems reliability assessment*(pp.231-251). Dordrecht, Holland: Kluwer Academic.

Descotte, Y., and Latombe, J.(1981). GARI: A problem solver that plans how to machine mechanical parts. *Proceedings of IJCAI-81,* pp.766-772.

Duchon, D., Dunegan, K.J., and Carton, S.L.(1989). *IEEE Transactions on Engineering Management, 36*(1), 25-27,

Eberts, R.E., Nof, S.Y., Zimolong, B., and Salvendy, G.(1984). Dynamic process control: Cognitive requirements and expert systems. In G. Salvendy(ed.), *Human-computer interaction*(pp.215-228). Amsterdam: Elsevier Science Publishers.

Edlund, C., and Lewis, M.(1994). Comparing ecologically constrained and conventional displays in control of a simple steam plant. *Proceedings of the Human Factors and Ergonomics Society 38th Annual Meeting*(pp.486-490). Santa Monica, CA: Human Factors and

Ergonomics Society.

Edwards, W.(1954). The theory of decision making. *Psychological Bulletin, 51,* 380-417

Edwards, W.(1961). Behavioral decision theory. *Annual Review of Psychology, 12,* 473-498.

Edwards, W.(1987). Decision making. In G. Salvendy(ed.), *Handbook of human factors(*pp.1061-1104). New York: Wiley

Einhorn, H.J., and Hogarth, R.M.(1978). Confidence in judgment: Persistence of the illusion of validity. *Psychological Review, 85,* 395-416.

Elstein, A.S., Schulman, L.S., and Sprafka, S.A.(1978), Medical problem solving: An analysis of clinical reasoning. Cambridge, MA: Harvard University Press.

Endsley, M.(1988). Design and evaluation for situation awareness enhancement. In *Proceedings of the Human Factors Society 32nd Annual Meeting(*pp.97-101). Santa Monica, CA: Human Factors Society.

Endsley, M.(1995). Toward a theory of situation awareness in dynamic systems. Human Factors, 37(1), 32-64.

Endsley, M.(1997), The role of situation awareness in naturalistic decision making. In C.E. Zsambok and G. Klein(eds.), *Naturalistic decision making*(pp.269-283), Mahwah, NJ: Erlbaum.

Fischhoff, B.(1988) Judgment and decision making. In R.J. Sternberg and E.E. Smith(eds.), The *psychology of human thought*(pp.153-187). Cambridge, NY: Cambridge University Press.

Fitts, P.M.(1964). Perceptual-motor learning skill. In A.W. Melton,(ed.), *Categories of human learning* (pp.243-285). New York: Academic Press.

Flin, R., Shaven, G., and Stewart, K.(1996). Emergency decision making in the offshore oil and gas industry. *Human Factors, 38*(2), 262-277

Fontenelle, G.A.(1983). *The effect of task characteristics on the availability heuristic for judgments of uncertainty*(Report No. 83-1). Office of Naval Research, Rice University.

Frederiksen, N.(1984). Implications of cognitive theory for instruction in problem solving. *Review of Educational Research,* 54(3), 363-407.

Gaba, D.M., Howard, S.K., and Small, S.D.(1995). Situation awareness in anesthesiology. *Human Factors,* 37(1), 20-31.

Garg-Janardan, C., Eberts, R.E., Zimolong, B., Nof, S.Y., and Salvendy, G.(1987). Expert systems. In G. Salvendy(ed.), *Handbook of human factors*(pp.1130-1176). New York: Wiley.

Garland, D.J., Endsley, M.R., Andre, A.D., Hancock, P.A., Selcon, S.J., and Vidulich, M.A.(1996). Assessment and measurement of situation awareness. *Proceedings of the Human Factors and Ergonomics Society 40th Annual Meeting*(pp.1170-1173). Santa Monica, CA.

Human Factors and Ergonomics Society.

Glaser, R.(1984). Education and knowledge: The role of thinking. *American Psychologist,* 39, 93-104.

Goodstein, L.P., Anderson, H.B., and Olsen, S.E.(eds.)(1988). *Tasks, errors, and mental models.* London: Taylor & Francis.

Gordon, S.E.(1988), Focusing on the human factor in future expert systems. In M.C. Majumdar, D. Majumdar, and J. Sackett(eds.), *Artificial intelligence and other innovative computer applications in the nuclear industry*(pp.345-352), New York: Plenum Press.

Gordon, S.E.(1991). Front-end analysis for expert system design. *Proceedings of the Human Factor Society 35th Annual Meeting*(pp.278-282). Santa Monica, CA: Human Factors Society.

Gordon, S.E.(1992). Implications of cognitive theory for knowledge acquisition. In R. Hoffman(Ed.), *The Psychology of Expertise: Cognitive Research and Empirical AI*(pp.99-120). New York: Springer-Verlag.

Gordon, S.E.(1994). *Systematic training program design: Maximizing effectiveness and minimizing liability.* Englewood Cliffs, NJ: Prentice-Hall.

Gordon, S.E.(1997). An Information-Processing Model of Naturalistic Decision Making. Presentation at Annual Meeting of the Idaho Psychological Association, Sun Valley, Idaho.

Gordon, S.E., and Gill, R.T.(1989). *The formation and use of conceptual structures in problem-solving domains.* Technical Report for the Air Force Office of Scientific Research, grant #AFOSR-88-0063,

Grabinger, R., Jonassen, D., and Wilson, B.G.(1992). The use of expert systems. In H.D. Stolovitch and E.J. Keeps(eds.), *Handbook of human performance technology*(pp.365-380). San Francisco, CA: Jossey-Bass.

Greeno, J.G.(1973). The structure of memory and the process of solving problems. In R. Solso(ed.), *Contemporary issues in cognitive psychology: The Loyola Symposium.* Washington, DC: Winston.

Guerlain, S., and Bullemer, P.(1996). User-initiated notification: A concept for aiding the monitoring activities of process control operators. *Proceedings of the Human Factors and Ergonomics Society 40th Annual Meeting*(pp.283-287). Santa Monica, CA: Human Factors and Ergonomics Society.

Gugerty, L.J., and Tirre, W.C.(1996). Situation awareness: A validation study and investigation of individual differences. *Proceedings of the Human Factors and Ergonomics Society 40th Annual Meeting*(pp.564-568). Santa Monica, CA: Human Factors and Ergonomics Society.

Hamm, R.M.(1988a). Clinical intuition and clinical analysis: Expertise and the cognitive continuum. In J. Dowie and A. Elstein(eds.), *Professional judgment: A reader in clinical decision making*(pp.78-105). Cambridge, UK: Cambridge University Press.

Hamm, R.M.(1988b). Moment-by-moment variation in experts' analytic and intuitive cognitive activity. *IEEE Transactions on Systems, Man, and Cybernetics, 18*(5), 757-776.

Hammond, K.R.(1980). Introduction to Brunswikian theory and methods. In K.R. Hammond and N.E. Wascoe(eds.), *Realizations of Brunswik's experimental design.* San Francisco, CA: Jossey-Bass.

Hammond, K.R.(1993). Naturalistic decision making from a Brunswikian viewpoint: Its past, present, future. In G.A. Klein, J. Orasanu, R. Calderwood, and C. Zsambok(eds.), Decision making in action: Models and methods(pp.205-227). Norwood, NJ: Ablex Publishing.

Hammond, K.R., Hamm, R.M., Grassia, J., and Pearson, T.(1987). Direct comparison of the efficacy of intuitive and analytical cognition in expert judgment. *IEEE Transactions on Systems, Man, and Cybernetics, SMC-17*(5), 753-770.

Hendry, C., and Burke, E.(1995, July), *Decision making on the London incident ground.* Presented at the Fourth European Congress of Psychology, Athens, Greece.

Janis, I.L.(1982). Decision making under stress. In L. Goldberger and S. Breznitz(eds.), Handbook of stress: *Theoretical and clinical aspects*(pp.69-87). New York: Free Press.

Johnson, E.M., Cavanagh, R.C., Spooner, R.L., and Samet, M.G.(1973). Utilization of reliability measurements in Bayesian inference: Models and human performance. *IEEE Transactions on Reliability, 22,* 176-183.

Kaempf, G.L., Wolf, S., Thordsen, M.L., and Klein, G.(1992). *Decision making in the AECIS combat information center.* Fairborn, OH: Klein Associates.(Prepared under contract N66001-90-C-6023 for the Naval Command, Control and Ocean Surveillance Center, San Diego, CA.)

Kahneman, D., Slovic, P., and Tversky, A.(eds.)(1982). *Judgment under uncertainty: Heuristics and biases.* New York: Cambridge University Press.

Kirlik, A., Walker, N., Fisk, A.D., and Nagel, K.(1996). Supporting perception in the service of dynamic decision making. *Human Factors, 38*(2), 288-299.

Klein, G.(1989). Recognition-primed decisions. *Advances in Man-Machine System Research, 5,* 47-92.

Klein, G.(1993). A recognition-primed decision(RPD) model of rapid decision making. In G. Klein, J. Orasanu, R. Calderwood, and C.E. Zsambok(eds.), *Decision making in action: Models and methods*(pp.138-147). Norwood, NJ: Ablex.

Klein, G.(1997). The recognition-primed decision(RPD) model: Looking back, looking forward. In C.E. Zsambok and G. Klein(eds.), Naturalistic decision making(pp.285-292). Mahwah, NJ:

Erlbaum.

Klein, G., and Calderwood, R.(1991). Decision models: Some lessons from the field *IEEE Transactions on Systems, Man and Cybernetics, 21,* 1018-1026.

Klein, G., Calderwood, R., and Clinton-Cirocco, A.(1986). Rapid decision making on the fire ground. *Proceedings of the Human Factors Society 30th Annual Meeting, 1,* 576-580.

Klein, G., and Crandall, B.W.(1995). The role of mental simulation in problem solving and decision making. In P. Hancock, J. Flach, J. Caird, and K. Vicente(eds.), *Local applications of the ecological approach to human-machine systems*(Vol. 2, p 324-358). Hillsdale, NJ: Erlbaum.

Klein, G., Orasanu, J., Calderwood, R., and Zsambok, C.E.(eds.)(1993). *Decision making in action: Models and methods.* Norwood, NJ: Ablex.

Kleinmuntz, B.(1990). Why we still use our heads instead of formulas: Toward an integrative approach. *Psychological Bulletin, 107*(3), 296-310.

Kolodner, J.L.(1993). *Case-based reasoning.* San Mateo, CA: Morgan Kaufmann.

Larkin, J., McDermott, J., Simon, D.P., and Simon, H.A.(1980). Expert and novice performance in problem solving physics problems, *Science, 209*, 1335-1342.

Lehner, P., and Zirk, D.A.(1987). Cognitive factors in user/expert-system interaction. *Human Factors, 29*(1), 97-109.

Lembersky, M., and Chi, U.(1984). Decision simulators speed implementation and improve operations. *Interfaces, 14*(4), 1-15.

Lipshitz, R.(1993). Converging themes in the study of decision making in realistic settings. In G. Klein, J. Orasanu, R. Calderwood, and C.E. Zsambok(eds.), *Decision making in action: Models and methods*(pp.103-137). Norwood, NJ: Ablex.

Lipshitz, R., and Ben Shaul, O.(1997). Schemata and mental models in recognition primed decision making. In C.E. Zsambok and G. Klein(eds.), *Naturalistic decision making*(pp.293-303). Mahwah, NJ: Erlbaum.

Lusted, L.B.(1976), Clinical decision making. In D. Dombal and J. Grevy(eds.), *Decision making and medical care.* Amsterdam: North Holland.

McDaniel, W.C., and Rankin, W.C.(1991). Determining flight task proficiency of students: A mathematical decision aid. *Human Factors, 33*(3) 293-308,

McNeil, B.J., Pauper, S.G., Cox, H.C., Jr., and Tversky, A.(1982). On the elicitation of preferences for alternative therapies. *New England Journal of Medicine, 306,* 1259-1262.

Means, B., Salas, E., Crandall, B., and Jacobs, T.O.(1993). Training decision makers for the real world. In G. Klein, J. Orasanu, R. Calderwood, and C.E. Zsambok(eds.), *Decision making in action: Models and methods*(pp.306-326). Norwood, NJ: Ablex.

Medin, D.L., and Ross, B.H.(1992). *Cognitive psychology.* Orlando, FL: Harcourt Brace Jovanovich.

Mehle, T.(1982). Hypothesis generation in an automobile malfunction inference task. *Acta Psychologica, 52,* 87-116.

Miller, T.E., and Woods, D.D.(1997). Key issues for naturalistic decision making researchers in system design. In C. E. Zsambok and G. Klein(eds.), *Naturalistic decision making(*pp.141-150). Mahwah, NJ: Erlbaum.

Mitchell, C.M., Morris, J.G., Ockerman, J.J., and Potter, W.J.(1997). Recognition primed decision making as a technique to support reuse in software design. In C.E. Zsambok and G. Klein(eds.), *Naturalistic decision making(*pp.305-318). Mahwah, NJ: Erlbaum.

Moore, P, and Corbridge, C.(1996), Designing mimic diagrams: Moving from art to science. *Proceedings of the Human factors and Ergonomics Society 40th Annual Meeting*(pp.328-332). Santa Monica, CA: Human Factors and Ergonomics Society.

Morrison, J.G., Kelly, R.T., and Hutchins, S.G.(1996). Impact of naturalistic decision support on tactical situation awareness. *Proceedings of the Human factors and Ergonomics Society 40th Annual Meeting*(pp.199-203). Santa Monica, CA: Human Factors and Ergonomics Society.

Mynatt, C.R., Doherty, M.E., and Tweney, R.D.(1977). Confirmation bias in a simulated research environment: An experimental study of scientific inference. *Quarterly Journal of Experimental Psychology 29,* 85-95.

Neerincx, M.A., and Griffioen, E.(1996). Cognitive task analysis: harmonizing tasks to human capacities. *Ergonomics, 59*(4) , 543-561.

Noble, D.(1993). A model to support development of situation assessment aids. In G. Klein, J. Orasanu, R. Calderwood, and C.E. Zsambok(eds.), *Decision making in action: Models and methods*(pp.287-305). Norwood, NJ: Ablex.

Orasanu, J.(1993). Decision-making in the cockpit. In E.L. Weiner, B.G. Kanki, and R.L. Helmreirh(eds.), *Cockpit resource management*(pp.137-168). San Diego, CA: Academic Press.

Orasanu, J.(1995). Training for aviation decision making: The naturalistic decision making perspective. *Proceedings of the Human Factors and Ergonomics Society 39th annual Meeting*(pp.1258-1262). Santa Monica, Ca: Human factors and Ergonomics Society.

Orasanu, J., and Connolly, T.(1993). The reinvention of decision making. In G. Klein, J. Orasanu, R. Calderwood, and C.E. Zsambok(eds.), *Decision making in action: Models and methods(*pp. 3-20). Norwood, NJ: Ablex.

Orasanu, J., Dismukes, R.K., and Fischer, U.(1993) Decision errors in the cockpit. *Proceedings of*

of Experimental Psychology: General, 110, 101-120.

Sheridan, T,(1981). Understanding human error and aiding human diagnostic behavior in nuclear power plants. In J. Rasmussen and W, Rouse(eds.), *Human detection and diagnosis of system failures*. New York: Plenum Press.

Shortliffe, E.H.(1976). *Computer-based medical consultations: MYCIN.* New York: Elsevier.

Simon, H.A.(1957). Models of man. New York: Wiley.

Simon, H.A.(1987). Decision making and problem solving. *Interfaces, 17,* 11-31

Slovic, P., Fischhoff, B., and Lichtenstein, S.(1977). Behavioral decision theory. *Annual Review of psychology, 28,* 1-39.

Smith, P.J., McCoy, E., and Carton, C.(1993). Design-induced error in flight planning. *Proceedings of the Human Factors and Ergonomics Society 37th AnnuaI Meeting*(pp.1091-1095). Santa Monica, CA: Human Factors and Ergonomics Society.

Taggart, W.(1986). An information processing model of the managerial mind: Some MIS implications. *Proceedings of the Symposium on Human Factors in Management Information Systems.* College Station, TX: Texas A&M University.

Tolcott, M.A., Marvin, F.F., and Bresnick, T.A.(1989). *The confirmation bias in military situation assessment.* Reston, VA: Decision Science Consortium.

Toms, M., and Patrick, J.(1989). Components of fault-finding: Symptom interpretation. *Human Factors, 31*(4), 465-483.

Tversky, A., and Kahneman, D.(1974). Judgment under uncertainty: Heuristics and biases. *Science, 185,* 1124-1131,

Tversky, A., and Kahneman, D.(1981). The framing of decisions and the psychology of choice, *Science,* 211, 453-458.

Waag, W.L., and Bell, H.H.(1997). Situation assessment and decision making in skill(fighter pilots. In C.E. Zsambok and G. Klein(eds.), *Naturalistic decision making*(pp.247-254). Mahwah, NJ: Erlbaum.

Weiner, A.J., Thurman, D.A., and Mitchell, C.M.(1996). FIXIT: An architecture to support recognition-primed decision making in complex system fault management activities. *Proceedings of the Human Factors and Ergonomics Society 40th Annual Meeting*(pp.209-213). Santa Monica, CA: Human Factors and Ergonomics Society.

White, C.C.(1990). A survey on the integration of decision analysis and expert system for decision support. *EEE Transactions on Systems, Man, and Cybernetics, 20*(2) 358-364.

Wickens, C.D.(1992). *Engineering psychology and Human performance*(2nd ed.). New York: Harpercollins Publishers.

Wisudha, A.D.(1985). Design of decision-aiding system. In G. Wright(ed.), *Behavior decision making*(pp.235-256). New York: Plenum.

Woods, D.D.(1988). Coping with complexity: The psychology of human behavior in complex systems. In L.P. Goodstein, H. B. Anderson, and S.E. O1sen(eds.), Tasks, errors, and mental models(pp.128-148). Bristol, PA: Taylor & Francis.

Woods, D.D., and Roth, E.M.(1988a). Cognitive engineering: Human problem solving with tools. *Human Factors, 30*(4), 415-430.

Woods, D.D., and Roth, E. M.(1988b). Cognitive systems engineering. In M. Helander(ed.), Handbook of human-computer interaction(pp.3-43). New York: North Holland.

Woods, D.D., O'Brien, J.F., and Hanes, L.F.,(1987). Human factors challenges process control: The case of nuclear power plants. In G. Salvendy(ed.), *Handbook of human factors*(pp.1724-1770). New York: Wiley.

Wright, P.(1974). The harassed decision maker: Time pressures, distractions, and the use of evidence. *Journal of Applied Psychology, 59,* 555-561

Xiao, Y., Mackenzie, C., and the LOTAS Group(1995). Decision making in dynamic environments: Fixation errors and their causes. *Proceedings of the Human Factors and Ergonomics Society 39th Annual Meeting*(pp.469-473). Santa Monica, CA: Human Factors and Ergonomics Society.

Xiao, Y., Milgram, P., and Doyle, D.J.(1997). Capturing and modeling planning expertise in anesthesiology: Results of a field study. In C. E. Zsambok and G. Klein(eds.), *Naturalistic decision making*(pp.197-205). Mahwah, NJ: Erlbaum.

Yoon, W.C., and Hammer, J.M.(1988). Deep-reasoning fault diagnosis: An aid and a model. *IEEE Transactions on Systems, Man, and Cybernetics, 18*(4), 659-675.

Zachary, W.W.(1988). Decision support systems: Designing to extend the cognitive limits. In M. Helander(ed.), Handbook of human-computer interaction(p.997-1030). Amsterdam: North Holland.

Zakay, D., and Wooler, S.(1984). Time pressure, training, and decision effectiveness *Ergonomics, 27,* 273-284.

Zsambok, C.E.(1997). Naturalistic decision making: Where are we now? In C.E. Zsambok and G. Klein(eds.), *Naturalistic decision making*(pp.3-16). Mahwah, NJ: Erlbaum.

Zsambok, C.E., and Klein, G.(1997). *Naturalistic decision making.* Mahwah, NJ, Erlbaum.

8 디스플레이

어느 전력 발전소의 한 오퍼레이터가 발전소의 작동 상황을 감시하고 있었는데, 그때 어떤 문제가 발생하였다는 경보음이 울려대기 시작했다. 맨 위의 패널(panel)에 있던 경고 표시계들의 경고 불빛들이 마치 모자이크처럼, 몇 개는 빨간색으로 또 다른 몇 개는 황갈색으로 계속 깜박거렸다. 이렇게 '크리스마스 트리의 불빛'처럼 깜박거리는 경고 불빛이 무엇을 의미하는지 전혀 알 수가 없어서, 이번에는 발전소의 여러 요소들이 변하는 것을 계속적으로 알려주는 복잡하게 배열된 계기들과 차트들을 내려다보았다. 몇 개의 표시계들이 정상 작동 범위를 넘은 것 같았지만 이것들은 어떠한 일관적인 형태로 변하는 것도 아니었고, 특히 어느 것이 디스플레이의 위쪽에 있는 경고 불빛들과 연합되어 있는지에 대해서도 전혀 알 수가 없었다. 그는 작동 매뉴얼을 펼쳤는데 이 매뉴얼에는 처음 몇 페이지에 걸쳐 발전소의 작동 흐름도가 자세히 나타나 있었다. 그러나 긴급 상황 경고 표시계들에 대한 정보를 찾기 위해서는 매뉴얼의 뒤쪽 페이지들을 살펴보아야 했고, 이 정보와 앞 페이지들에 있는 흐름도를 다시 비교하기 위해서는 페이지를 앞뒤로 넘겨야 했다. 더구나 이러한 상황에서 취해야 할 절차들은 또 다른 페이지에 적혀 있었다. 발전소 안에서 무슨 일이 발생했는지 제대로 이해하기 위해서는 다섯 개의 분리된 정보 출처를 재빨리 훑어보아야만 했다. 그러나 그는 결국 경고의 원인이나 해결책에 대한 아무런 해답을 얻지 못한 채 발전소의 전원을 내려야 했고, 그 결과 막대한 경제적 손실이 야기되고 말았다.

이 오퍼레이터는 디스플레이 계기들의 변화를 쉽게 감지하고, 발전소 조작 매뉴얼 속에 있는 개개의 텍스트나 그림들을 읽을 수도 있었을 것이다. 그는 또한 각각의 요소들을 지각할 수도 있었을 것이다. 그러나 정보의 전반적인 의미를 지각하는 그의 능력은 디스플레이의 열악한 통합 때문에 방해받고 말았다. 제4장과 제5장에서 우리는 다양한 감각 시스템들(주로 눈과 귀)이 원래의 감각 정보를 어떻게 처리하는지, 그리고 어떻게 하향 정보 처리를 이끄는 기대나 지식의 도움을 받아 이러한 정보들을 지각(다시 말해 그 정보가 갖는 의미에 대한 해석)의 상향 처리 기초로서 사용하는지 설명하였다. 제6장과 제7장에서는 지각된 정보들이 어떻게 추가적으로 처리되고, 작업 기억 속에 임시적으로 혹은 장기 기억 속에 영구적으로 저장되며, 진단이나 의사결정에서 이것들이 어떻게 사용되는지에 대해 기술하였다. 이 장은 디스플레이에 초점을 맞출 것이다. 디스플레이(display)란 해당 시스템 변인들에 대한 지각을 지원하고 그 정보의 추가적 처리를 촉진하기 위해 인위적으로 설계된 인공물이다(그림 8.1). 자동차의 속도계, 항공기 안에서의 경고음, 전화의 메뉴 시스템을 통한 메시지, 현금 인출기의 사용법 설명용 패널, 산업 공장에서의 유관 계기(stream gauge) 혹은 지원서의 작은 글자들 등은 모두 다양한 과제 수행에 필요한 정보들을 여러 감각 양상을 통해 전달해 주는 디스플레이의 사례들이다.

디스플레이란 개념은 그래픽 유저 인터페이스(graphical user interface, GUI)란 개념과 매우 밀접하게 관련된다. 그러나 전자는 때로 텍스트도 포함하는 반면 후자의 경우는 전형적으로 그래픽에 대한 것이며, 디스플레이를 조작하는 데 필요한 제어장치들도 포함한다. 이에 대해서는 제9장에서 기술할 것이다.

디스플레이의 본질에 대해서는 그림 8.1에 도식적으로 제시하였다. 디스플레이는 시스템(혹은 오퍼레이터에게 요구되는 행위)에 관한 정보와 시스템이 지금 무엇을 하고 있고, 무엇을 해야 하며, 시스템이 어떻게 기능하는가(정신 모형) 등에 대한 오퍼레이터의 지각과 인식 사이의 매개체로서 작용한다. 우리는 먼저 디스플레이 설계에 대한 13개의 주요 원리들을 기술할 것이다. 그 다음 이러한 13개의 원리들에 대한 다양한 응용 사례들을 예시해 가면서 디스플레이와 관련된 서로 다른 과제 범주들을 기술할 것이다.

디스플레이의 분류 방법

최소한 세 가지의 서로 다른 차원들(즉 물리적 속성, 디스플레이가 지원하고자 하는 과제,

그리고 디스플레이와 과제를 가장 잘 대응시키고자 하는 인간 사용자)에 따라 디스플레이들을 분류하는 것이 가능하다. 첫째, 디스플레이 장치들의 **물리적 구현**(physical implementation) 방식에 따라 차이가 있다. 예를 들어 하나의 디스플레이는 여러 가지 색을 사용하기도 하고, 이와는 대조적으로 단색을 사용하기도 하며, 시각 양상을 사용할 수도 혹은 청각 양상을 사용할 수도 있다. 그리고 3차원 디스플레이를 통해 입체적인 시각 정보를 제시해 줄 수도 있다.

이러한 디스플레이 구현 방식에 대해서는 이 장의 여러 곳에서 언급될 것이다. 그러나 디스플레이를 만들기 전에 설계자들은 디스플레이가 보조해 주고자 의도했던 **과제**의 본질(예 : 항행, 제어, 의사결정, 학습 등)을 먼저 확인해야 한다. 우리는 어떻게 상이한 디스플레이들이 상이한 과제들과 최적의 조화를 이룰 수 있는지 알고 있기 때문에, 이 장은 이러한 다양한 과제들을 보조해 주는 디스플레이들을 중심으로 구성될 것이다. 그러나 과제를 정의하는 것은 단지 첫 단계에 불과하다는 점을 주목해야 한다. 일단 과제와 그 과제의 목표가 확인되면(예 : 어느 운전자가 A라는 지점에서 B라는 지점까지 운전하는 데 도움을 줄 수 있는 지도의 설계) 그 과제를 수행하기 위해 오퍼레이터들이 알아야 할 것이 무엇인지 확인해 줄 수 있는 상세한 정보 분석(information analysis)을 실시해야 한다.

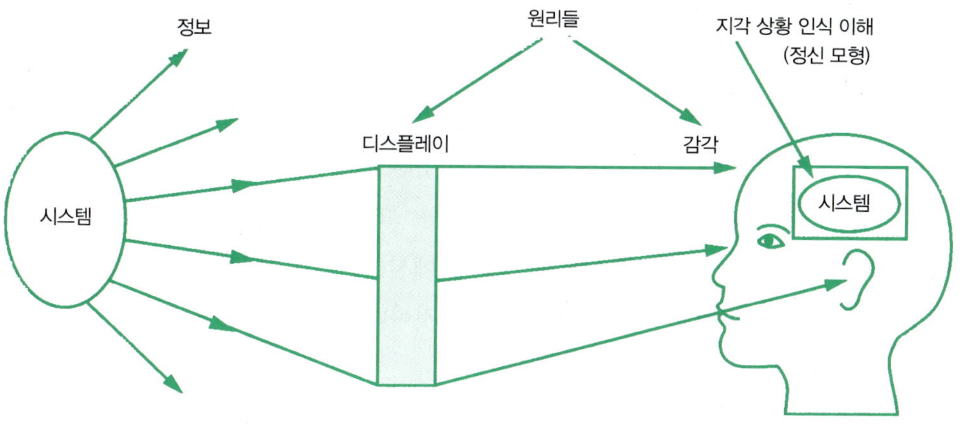

그림 8.1

디스플레이 설계에서의 주요 요소들. 시스템은 정보를 생성하며, 오퍼레이터가 과제를 수행하기 위해서는 이들 중 일부가 처리되어야 한다. 과제 수행에 필요한 정보들은 오퍼레이터의 지각과 이해를 돕기 위한 정보 제시 방식의 원리에 따라 디스플레이상에 제시되거나 구성된다. 때로 이러한 이해는 디스플레이로 제시되는 과정에 대한 정확한 정신 모형에 의해 촉진될 수 있다.

마지막으로 가장 중요한 것은 하나의 디스플레이 도구만으로 모든 과제와 조화를 이룰 수 있도록 할 수는 없다는 점인데, 그 이유는 그러한 과제들을 수행해야 하는 인간 사용자의 특성이 다양하기 때문이다. 예를 들어 만일 어떤 과제가 계기들의 정확한 값을 읽는 것을 요구하는 것이라면 디지털 디스플레이가 적합한 것이 될 수 있지만 계기들의 변화나 값에 대한 근사치들을 재빠르게 평가하는 과제에는 별로 좋은 것이 되지 못한다. 그림 8.1에서 보여주고 있듯이, 디스플레이의 물리적 형태와 과제 요구를 최적으로 대응시키는 데 결정적으로 작용하는 핵심적 매개 요인들은 인간의 지각과 정보 처리에 관한 일련의 원리(principle)들이다. 이러한 원리들은 인간의 지각과 정보 처리가 갖는 장점과 단점들 모두에 기초하여 정립된 것들이고(Wickens & Hollands, 2000; Boff et al., 1986, 제4장, 제5장, 제6장 참조), 최상의 디스플레이가 나올 수 있을지의 여부는 정보 분석 결과에 이러한 원리들을 얼마나 잘 적용했는지에 따라 달라진다.

디스플레이 설계의 13가지 원리

인간 공학에서 가장 잘 알려진 사실 중 하나는 5~6개의 항목들보다 더 많은 항목을 갖고 있는 목록은 이것이 아주 잘 조직화된 구조로 제공되지 않는 한, 사람들이 그것을 쉽게 기억하지 못한다는 점이다. 따라서 다음에 제시될 디스플레이 설계에 대한 13개의 원리를 모두 기억하기는 어려울 것이기 때문에, 우리는 이것들을 보다 잘 기억할 수 있도록 하기 위해 이 원리들을 4개의 구별되는 범주들로 묶어 보고자 한다—(1) 지각적(perceptual) 조작을 직접적으로 반영하는 원리들, (2) 정신 모형(mental models)의 개념으로 볼 수 있는 원리들, (3) 인간의 주의(human attention)와 관련되는 원리들, 그리고 (4) 인간 기억(human memory)과 관련되는 원리들. 이러한 원리들 중 몇 개는 앞에서(제4장~제6장) 이미 제시되었고, 나머지 원리들은 이 장의 후반부에서 자세히 논의될 것이다.

지각적 원리들

1. 디스플레이가 보이도록(혹은 들리도록) 하라. 이 원리는 새로운 것이 아니다. 이 원리는 대비, 시각도, 조도, 소음, 차폐 등과 같이 제4장과 제5장에서 논의하였던 거의 모든 내용들과 관련된다. 가독성은 좋은 디스플레이를 설계하는 데 매우 중요하기 때문에 여기에서 다시 한 번 언급하고자 한다. 가독성이 있는(legible) 디스플레이는 유용한 디스플레

이를 설계하는 데 충분조건은 아닐지라도 필요조건은 된다. 가청성(audible)이 있는 디스플레이도 마찬가지이다. 일단 디스플레이의 가독성이 확보되었다면 여기에 추가적으로 지각적 원리들이 적용되어야 한다. 다음 4개의 지각적 원리들이 그림 8.2에 예시되어 있다.

2. 절대 판단 한계를 피하라. 우리가 제4장에서 이미 살펴보았고, 경보음에 대해 논의한 제5장에서도 다시 한 번 살펴보았듯이, 5~7개 이상의 수준들을 포함할 수 있는 색채, 크기 혹은 소리의 강도와 같은, 단일한 감각 변인들에 기초해서 오퍼레이터가 제시된 변인의 수준을 판단하도록 요구해서는 안 된다. 한 가지 색만을 사용하는 대신 그 색의

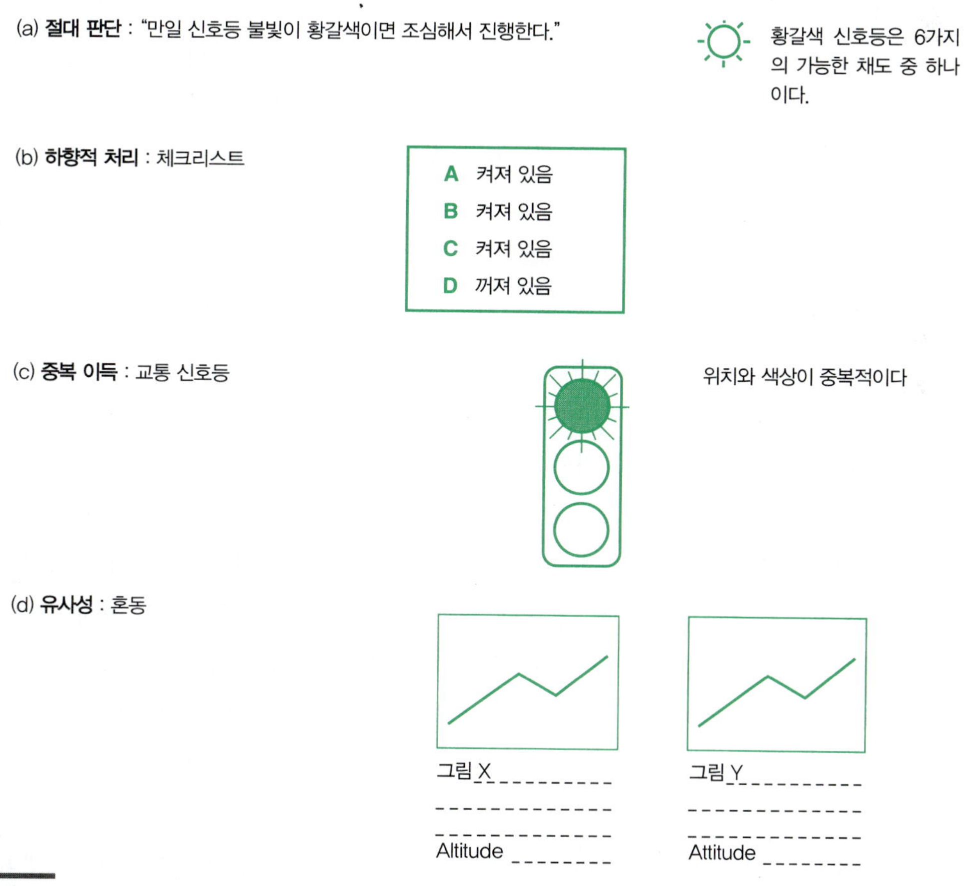

그림 8.2

본문에서 기술된 디스플레이 설계의 네 가지 지각적 원리들에 대한 몇 가지 사례들. (a) 절대 판단, (b) 하향적 처리('D가 켜져 있어야 한다'고 지각하는 경향), (c) 중복 이득, (d) 유사성 → 혼동

채도를 9개의 수준으로 부호화하여 제시한 지도는 판단 오류를 발생시킬 것이다.

3. 하향적 처리. 사람들은 그들의 과거 경험에 기초해서 지각될 것으로 기대되는 것과 일치하는 방식으로 신호를 지각하고 해석하는 경향이 있다. 만일 전혀 예상하지 않은 상황에서 경고나 경보가 울리는 것과 같이 기대와는 다르게 신호가 제시된다면 그 신호와 관련된 더 많은 물리적 증거들이 제시되어야만 그것이 정확하게 해석될 수 있다. 때로 기대들은 장기 기억에 기초한다. 그러나 그림 8.2b에서 보이는 예는 '켜져 있음' 메시지들이 계속 반복적으로 주어지는 상황처럼 기대는 **바로 그 시점에서의 맥락** 안에 기초하기도 한다는 것을 보여준다. 마지막에 제시되는 메시지도 마치 '켜져 있음'으로 지각하도록 한다.
4. 중복 이득. 보거나 듣는 조건이 저하된 경우, 같은 내용의 메시지가 한 번 이상 제시된다면 이 정보를 정확하게 해석할 수 있는 가능성은 더 커질 것이다. 특히 같은 내용의 메시지들이 대안적인(즉 상이한) 물리적 형태로 제시된다면(예 : 음과 음성, 음성과 인쇄물, 인쇄물과 그림, 색채와 형태 등) 제시된 정보에 대한 정확한 해석의 가능성은 더 증가한다. 즉 중복은 단순히 반복하는 것과는 같은 것이 아니다. 서로 다른 물리적 형태가 사용될 경우 이 중에서 한 형태를 저하시킬 수 있는 요인들(예 : 소음은 청각 메시지를 저하시킬 것이다)이 다른 형태를 저하시키지 않을 가능성은 더 커진다(예 : 소음은 인쇄된 글자를 저하시키지는 않을 것이다). 교통 신호기(그림 8.2c)는 중복 이득(redundancy gain)에 대한 좋은 예이다.
5. 변별 가능성. 유사성은 혼동을 가져온다. 따라서 변별 가능한 요소들을 사용해야 한다. 동시에 지각되든지 아니면 어느 정도의 시간을 두고 지각되든지(즉 작업 기억 속에 잠시 유지하고 있던 신호와 비슷한 또 다른 신호가 어느 정도의 지연 후에 제시되든지) 유사하게 보이는 신호들은 서로 혼동될 가능성이 높다. 두 가지 자극의 유사성 정도는 유사하지 않은 세부 특징들에 대한 유사한 세부 특징들의 **비율**로 결정할 수 있다(Tversky, 1977). 따라서 단지 숫자 하나만 다르더라도 AJB648이 AJB658과 유사한 정도는 48이 58과 유사한 정도보다 더 크다. 혼동이 심각한 문제를 낳을 수 있는 상황이라면, 설계자들은 불필요하고 유사한 세부 특징들을 제거하고 유사하지 않은(상이한) 세부 특징들을 더 부각시켜야 한다. 예를 들어 그림 8.2d에 보이는 두 그림에 대한 설명문은 혼동 가능성이 매우 높다는 것을 주목하라. 당신이 이 둘 사이의 차이를 알아내기 위해서는 좀 더 자세히 살펴보아야 할 것이다('Altitude'와 'Attitude'는 두 번째 글

자에서만 차이가 난다). 그림 4.11에서도 시각 정보의 유사성과 혼동이 대형 항공기 참사를 가져왔던 사례를 예시한 바 있다. 낮은 가독성(P1)도 열악한 변별 가능성이 갖는 부정적 효과를 증폭시킨다.

정신 모형 원리

오퍼레이터가 디스플레이를 지각할 때, 그들은 종종 시스템에 대하여 그들이 갖고 있는 기대나 **정신 모형**을 통해 디스플레이가 어떻게 생겼고 어떻게 움직이는지 해석한다(그림 8.1). 이러한 개념에 대해서는 제6장에서 논의된 바 있다(Norman, 1988; Gentner & Stevens, 1983). 이 장 처음 부분의 예시에서, 에너지 감시 시스템에 제시되었던 정보는 오퍼레이터의 정신 모형과는 맞지 않는 것이었다. 따라서 시스템에 대한 사용자의 기대에 기초하여 올바른 정신 모형에 부합할 수 있는 형태로 디스플레이를 제시하는 것이 바람직할 것이다. 원리 6과 7은 어떻게 이것이 달성될 수 있는지 보여준다.

6. **회화적 실재성의 원리**(Roscoe, 1968). 하나의 디스플레이는 그것이 나타내고 있는 변인과 **유사해야**(예 : 마치 그 변인에 대한 그림처럼) 한다. 따라서 만일 우리가 높거나 낮은 값을 모두 갖고 있는 온도를 생각한다면 온도계는 수직적으로 숫자들을 배열해야 할 것이다. 만일 하나의 디스플레이가 여러 개의 요소들을 포함하고 있는 것이라면 그 디스플레이는 실제 환경 속에서 요소들이 배열되어 있는 형태와 유사하게 보이도록(혹은 오퍼레이터가 그 환경을 개념화하는 방식과 유사하도록) 형상화해야 할 것이다.
7. **움직이는 부분의 원리**(Roscoe, 1968). 역동적인 정보를 보여주는 모든 디스플레이의 움직이는 요소들은 사용자들이 그러한 요소들에 대해 갖고 있는 정신 모형(즉 제시된 요소들이 어떻게 움직이는가)에 부합하는 공간적 형태와 방향으로 움직여야 한다. 따라서 만일 조종사가 고도가 높아져 비행기가 위쪽으로 움직이고 있다고 생각한다면 고도계 속에 있는 움직이는 요소도 고도가 증가함에 따라 위쪽으로 움직이게 보여야 한다.

주의에 기초한 원리

복잡한 중다 요소 디스플레이들을 처리하기 위해서는 세 가지의 주의요소들이 요구된다(Parasuraman et al., 1984). 제6장에서 논의되었듯이 **선택 주의**는 요구된 과제 수행에 사용될 정보 원천을 디스플레이에서 선택하는 데 필요하다. **초점 주의**는 이러한 정보 원천들이 주변에 있는 다른 정보 원천들의 방해를 받지 않고 지각될 수 있도록 해주고, 만일 과제가 두 개 이상의 정보들을 동시에 처리하는 것을 요구한다면 분산 주의가 여러 정보 원천들을 병렬적으로, 그리고 동시에 처리할 수 있게 해준다. 아래에 기술된 네 가지의 주의에 바탕을 둔 원리들은 모두 주의가 갖는 장점을 활용하는 반면 단점을 최소화하여 디스플레이를 설계하는 방식을 제시한다는 특징이 있다.

8. 정보 접근 비용을 최소화하라. 정보에 접근하기 위해 디스플레이의 한 지점에서 다른 지점으로 선택 주의를 '이동' 하는 경우에는 대개 시간과 노력이 든다. 앞에서 소개했던 발전소의 오퍼레이터는 매뉴얼의 페이지들을 이쪽 저쪽으로 넘겨 가며 읽어야 했고, 또한 매뉴얼과 디스플레이 계기판을 시각적으로 번갈아 훑어봐야 했기 때문에 소중한 시간을 많이 낭비했다. 또한 정보 접근 비용(information access cost)은 찾고자 하는 메뉴를 찾기 위해 키보드를 이용하여 컴퓨터 메뉴들 사이를 옮겨 다닐 때 소요되는 시간도 포함한다. 따라서 좋은 설계는 자주 접근되어야 하는 정보 원천들을 이동 비용이 적은 곳에 위치시킴으로써 전체 비용을 최소화하는 것이라 할 수 있다. 이 장의 처음 부분에 소개했던 한 일화에서의 유지/보수에 관한 설명서는 이러한 원리의 도움을 받지 못한 사례라고 할 수 있다. 우리는 제10장에서 이것에 대해 다시 논의할 것이다. 정보 접근 비용을 최소화해야 한다는 관점에서 보면 디스플레이의 크기를 작게 함으로써 모든 정보에 접근하는 데 시각적 주사가 거의 요구되지 않도록 해야 할 것이다. 그러나 그와 같은 가이드라인은 신중하게 채택되어야 한다. 왜냐하면 크기가 작으면 가독성이 저하되기 때문이다(Kroft & Wickens, 2003).
9. 근접 부합성 원리(Wickens & Carswell, 1995). 때때로 두 개 이상의 정보 원천들이 동일한 과제와 관련되어 있고 그 과제를 수행하기 위해서는 이러한 정보 원천들이 **정신적으로 통합**되어야 하는 경우가 있다(예 : 한 그림에서의 막대그래프와 그 그래프에 대한 설명 혹은 우리가 앞에서 예로 들었던 발전소의 배치 도면과 경고 표시 장치들의 의미). 즉 한 가지 과제를 수행하기 위해 두 가지 정보 원천으로의 **분산 주의**가 요구된다. 이러한 정보 원천들은 밀접한 정신적 근접성(mental proximity)이 있다고 일컬어진다. 원리 8에서도 기술되었듯이 좋은 설계가 되기 위해서는 정보 접근 비용이 낮아질 수 있도록 정보 원천들을 서로 근접하게 제시함으로써 정보 원천들이 디스플레이 근접성을 가질 수 있도록 해야 한다(Wickens & Carswell, 1995). 이러한 공간상의 거리에 의한 근접

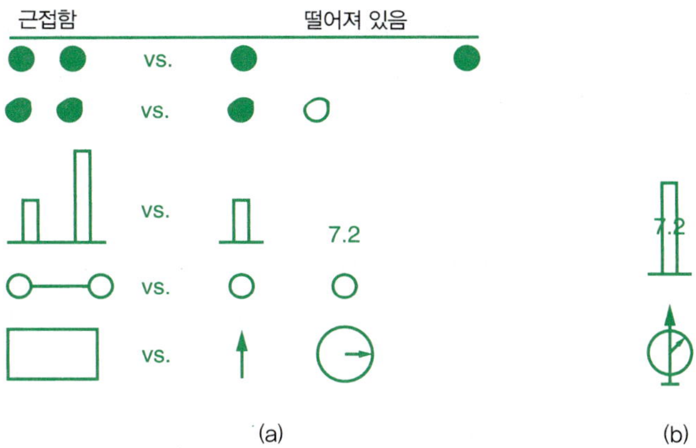

그림 8.3

근접 부합성 원리. (a) 다섯 가지의 사례 중에서 왼쪽에 제시된 디스플레이들이 근접 부합성의 원리에 더 가까운 것이며, 따라서 정보들을 통합해야 하는 과제들의 수행에 더 많은 도움을 줄 수 있다. (b) 여기에서 제시된 두 가지 사례들은 하나의 지시계에는 초점을 주는 반면, 다른 것은 무시해야 하는 능력을 저하시키는 근접성을 보여주고 있다.

성뿐만 아니라 디스플레이 근접성을 달성할 수 있는 또 다른 방법들이 있다. 예를 들어 디스플레이 근접성은 동일한 색으로 정보 원천들을 제시하거나 이들을 선으로 연결시키거나 혹은 원리 6에서 논의한 것처럼 하나의 형태로 '형상화' 하는 것을 통해서도 얻을 수 있다. 이러한 네 가지 기법들은 그림 8.3a에 제시되어 있다.

그러나 그림 8.3b와 같이 너무 가깝게 위치하는 디스플레이 근접성은 항상 좋은 것은 아닌데, 특히 요소들 중의 한 요소에 초점 주의를 주어야 하는 경우에 더 그렇다. 한 번에 같이 보여지는 이미지들의 혼잡성은 각각의 디스플레이에 대한 지각을 어렵게 한다. 초점 주의의 경우에는 아주 밀접한 근접성이 오히려 해를 줄 수 있으며, 정보 원천들을 좀 더 분리하여 떼어 놓는 것이 더 좋다. 초점 주의 과제가 요구하는 '낮은 정신적 근접성'은 분리(separation)에 의한 '낮은 디스플레이 근접성'을 통해 가장 잘 충족될 수 있다. 따라서 두 종류의 근접성, 즉 디스플레이 근접성과 정신적 근접성은 서로 '부합적으로' 관련되어 있다고 할 수 있다. 즉 정신적 근접성이 높다면(이 경우 통합을 위해서는 분산 주의가 요구된다) 디스플레이 근접성도 높아야 한다(두 디스플레이가 공간적으로 가까워야 한다). 반면 정신적 근접성이 낮다면(이 경우 초점 주의가 요구된다) 디스플레이 근접성도 낮아야 한다.

10. **중다 자원의 원리.** 제6장에서도 살펴보았듯이 많은 정보를 처리해야 할 경우에는 모든

정보를 시각적으로만 혹은 청각적으로만 제시하는 것보다 때에 따라서는 상이한 자원을 통해 정보를 분산시킴으로써(예 : 청각 정보와 시각 정보를 같이 이용하는 것) 정보처리가 더 많이 촉진될 수 있다.

기억 원리

인간의 기억, 특히 작업 기억은 제한된 용량 때문에 취약하다. 우리는 한 번에 소수의 정보만을 유지할 수 있기 때문에, 예를 들어 방금 들은 전화번호는 우리가 다시 그 전화번호를 직접 돌리거나 적어 두기 전이라도 쉽게 잊어버릴 수 있다. 앞에서 소개했던 발전소의 오퍼레이터는 매뉴얼의 다른 페이지들에 있는 정보에 접근하거나 그 내용을 읽으면서 어느 한 페이지에 있는 다른 정보를 기억하는 데 많은 어려움을 경험하였다. 장기 기억은 우리가 기억했던 어떤 것들을 망각할 수 있다는 것, 기억해야 하는 것이 아닌데도 쓸데없는 것들을 '너무 잘' 기억하려고 한다는 것, 혹은 올바르지 않은 기억에 너무 얽매이는 것 때문에 취약하다고 할 수 있다. 마지막 세 가지의 원리들은 이러한 기억과정들의 서로 다른 측면들에 대한 것들이다.

11. 세상 속 지식의 원리. 제6장에서도 언급되었듯이, 무엇을 할 것인지에 대한 지식을 '세상 속'에 제시하는 것은 가장 중요한 기억 원리이다(Norman, 1988). 사람들에게 중요한 정보를 작업 기억 안에서만 유지하거나 장기 기억으로부터 인출하도록 해서는 안 된다. 즉 전화번호를 안내받았다면 쉽게 사라지는 작업 기억 속의 음운 루프에 의존하여 전화를 거는 것보다는 시각적 보조물(예 : 번호를 종이에 적어 두는 것)을 사용하는 것이 좋다. 앞으로 해야 할 일들을 예기 기억에 의존하기보다는 체크리스트로 만들어 두는 것, 그리고 비교해야 하는 두 개의 디스플레이들을 순차적으로 제시하기보다는 동시에 제시하는 것 등도 '지식을 세상 속에 제시하는' 또 다른 예들이다. 물론 세상 속에 너무 많은 지식이 있다면 때로는 혼란의 문제를 야기할 수 있으며, 또한 머릿속에 존재하는 지식에 의존하도록 설계된 시스템이 반드시 나쁠 이유도 없다. 컴퓨터 사용을 예로 들어 보면, 전문가들은 각 메뉴 단계를 거치기보다는(세상 속의 지식) 정보를 직접 인출하여(머릿속의 지식) 명령어들을 입력할 것이다. 좋은 설계라면 이 두 가지 종류의 지식을 균형 있게 사용할 수 있도록 해야 한다. '기억'을 '지각'으로 대치하는 것의 특수한 경우가 예측을 보조해 주는 것이다.

12. **예측 보조의 원리.** 사람들은 미래를 예측하는 능력이 부족하다. 이러한 한계에 대한 가장 중요한 원인은 예측이 작업 기억에 주로 의존해야 하는 어려운 인지적 과제이기 때문이다. 우리는 현재의 조건, 미래의 가능한 상태, 그리고 현재의 조건이 미래의 상태를 어떻게 생성할지에 대한 정신 모형을 '돌려보아야' 한다. 정신적 자원이 다른 과제들의 수행을 위해 소비되면, 예측하는 능력이 상실되어 미래에 대한 예측을 통해 순

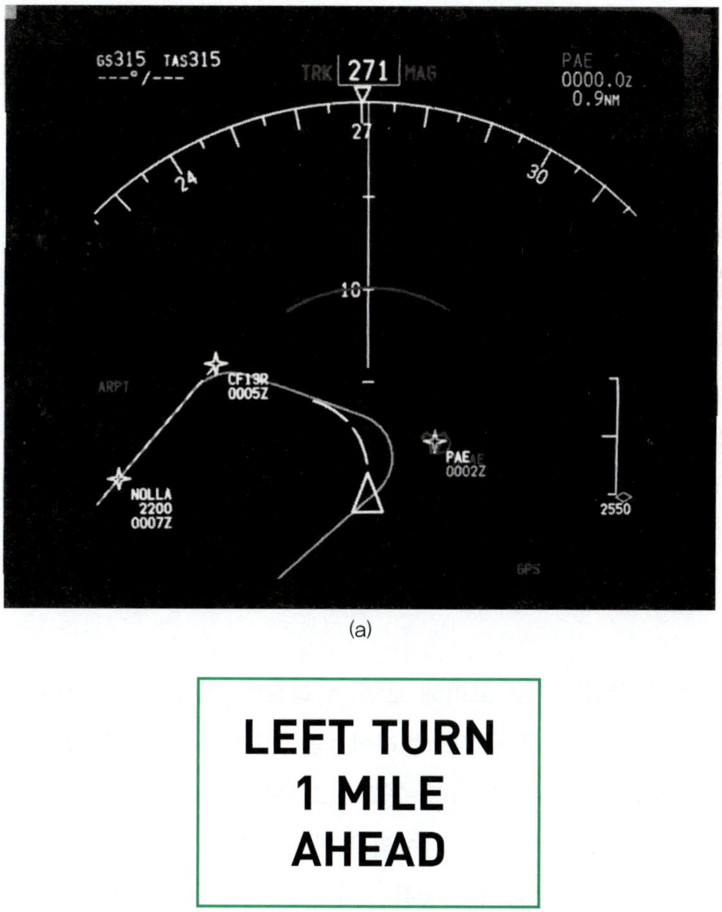

(a)

(b)

그림 8.4

예측 디스플레이에 대한 두 가지 사례. (a) 일종의 항공기 비행 경로 예언 표시. 아래의 삼각형 심벌로부터 왼쪽으로 굽은 점선은 이 항공기의 미래 회전 방향과 비행 방향을 예측해 준다. (b) 고속도로 표지

출처 : Courtesy of the Boeing Corporation

향적(proactive)으로 반응하기보다는 이미 발생한 일들에 **후향적**(reactive)으로 반응하게 된다. 대체적으로 순향적 행동이 후향적 행동보다 더 효과적이기 때문에 미래에 발생할(혹은 그러한 가능성이 있는) 것들을 분명하게 예측해 주는 디스플레이들은 일반적으로 인간 수행에 매우 효과적인 것이 될 수 있다. 예측 디스플레이들은 인지적 자원을 요구하는 과제들을 제거하여 이것을 단순한 지각적 과제로 대치한다. 그림 8.4는 효율적인 예측 디스플레이들의 몇 가지 사례들을 보여주고 있다.

13. **일관성의 원리.** 장기 기억이 '너무 잘' 작동하면 적합하지 않은 행위들을 계속해서 촉발시킬 수도 있는데, 이것은 매우 본능적이고 자동적인 인간의 경향이다. 옛날 버릇은 잘 없어지지 않는다. 이것을 피할 수 있는 방법이 없기 때문에 좋은 설계는 이것을 받아들일 수 있어야 한다. 또한 사용자가 동시에 지각해야 하는 디스플레이들(예 : 두 대의 컴퓨터를 번갈아 보는 경우)이나 바로 이전에 지각한 디스플레이와 새로 관찰하는 디스플레이가 서로 일관적일 수 있도록 설계해야 한다. 이렇게 하면 이전 디스플레이를 통해 습득한 습관이 새로운 디스플레이의 처리를 지원할 수 있도록 정적으로 전이될 것이다. 따라서 색 부호화는 특정 디스플레이들의 집합에 걸쳐 일관적으로 제시되어야 하는데, 예를 들어 빨간색은 항상 같은 것을 의미해야 한다. 또 다른 예로, 상이한 계기판들은 일관적인 방식으로 체제화되어야 하는데, 이렇게 하면 계기판들이 갖는 전반적 형태(예 : 색이나 위치)에 대한 학습이 이루어질 수 있고, 사용자들이 새로운 디스플레이 계기판들을 접할 때 이들에 대한 정보 접근 비용(P8)을 줄여 줄 수 있다.

결론

원리들에 대한 논의를 종합적으로 고려해 보면, 원리들이 때로는 갈등적이고 '상충'한다는 것을 분명히 알 수 있다. 예를 들어 디스플레이들을 모두 최적으로 부합되게 할 경우 디스플레이들은 일관적이지 못한 형태를 가질 수도 있고, 반대로 모든 디스플레이들이 일관성을 갖도록 설계하고자 하면 디스플레이들 사이의 부합성이 떨어질 가능성도 있다. 마찬가지로, 세상 속에 너무 많은 지식을 둔다거나 중복을 두는 것은 디스플레이의 혼잡성을 증가시켜 초점 주의를 더 어렵게 할 수 있다. 안타깝게도 두 가지 이상의 원리들이 서로 상충되는 경우에 어떤 원리가 다른 것에 비해 더 중요한지 결정할 수 있는 방법은 없다. 그러나 현명하고 신중한 설계를 통해 다른 원리들을 위반하지 않으면서 어떤 원리들이 더 효과적으로 적용될 수 있도록 할 수는 있다. 디스플레이의 다양한 범주들에 대해 앞으로 논의해 가면서 우리는 더 좋은 인간 공학을 성취하기 위해 어떤 특정 원리들이 적용될 수 있는지 살펴보게 될 것이다. 이 장에서 각 원리들이 적용되는 경우가 있으면 괄호 안에 그 원리를 다시 표기하도록 하겠다. 예를 들어 (P10)은 중다 자원의 원리를 의미한다.

경보 디스플레이

우리는 이미 제5장에서 청각 경고들에 대한 기술을 통해 어느 정도 경보 디스플레이에 대해 논의한 바 있다. 어떤 특정 조건에서 오퍼레이터의 주의를 환기시키는 것이 중요하다면 전방향적(omnidirectional)인 청각 경로가 최적이다. 그러나 경보되어야 하는 조건들의 심각성에는 몇 개의 상이한 수준들이 있을 수 있기 때문에, 경보들이 모두 다 청각적으로 제시되어야 할 필요도 없고 또 그렇게 해서도 안 된다. 예를 들어 자동차의 주행거리로 볼 때 어떤 정비를 받아야 할 때가 지났다면 그것을 알려주기 위해 매우 긴박하고 강한 청각 경보를 줄 필요는 없는 것이다.

전통적으로 시스템 설계자들은 경보들이 주는 정보에 주의를 기울이지 못했을 때 발생할 수 있는 결과의 심각성에 따라 경보들을 경고(warnings), 조심(cautions), 그리고 권고(advisories) 등의 세 가지 부류로 분류하였다. 가장 심각한 범주인 경고는 현저한 청각 경보들로 신호되어야 한다. 조심은 이보다는 약간 덜 현저한 청각 경보들로(예 : 좀 더 부드러운 목소리 신호로) 신호될 수 있다. 권고는 반드시 청각적일 필요는 없고 완전히 시각적으로 제시될 수도 있다. 청각적인 경고와 조심 모두는 시각 신호들과 함께 중복적으로 사용함으로써 그 효과가 증폭될 수 있다(P4). 경보에 시각 신호들을 중복적으로 사용할 때는 깜박이는 불빛이 더 효과적인데, 왜냐하면 이것은 경보의 시작에 대해 사람들의 주의를 반복적으로 끌 수 있기 때문이다. 이때 각각의 경보 개시는 그 자체로 중복적 신호가 된다. 경보의 심각성에 대한 혼동 가능성을 피하기 위해 항공 분야에서는 색 부호화(color coding)에 대해서도 분명한 가이드라인들을 확립해 놓았다. 예를 들어 경고 정보들은 항상 빨간색으로, 주의는 황갈색이나 노란색으로, 권고 정보는 빨간색이나 황갈색과는 확실하게 구분될 수 있는 다른 색(예 : 하얀색)으로 제시된다(P5).

상황의 심각성이 갖는 세 가지 수준들을 정의하는 데 사용된 개념들은 제5장에서 논의되었던 '가능성 경보들(likelihood alarms)'에 대한 가이드라인들과 일치하고 있음에 주목하라(Sorkin et al., 1988). 가능성 경보들은 위험이나 심각성의 상이한 정도를 비교적 명료하게 사용자에게 신호해 준다.

라벨

라벨(label)은 일반적으로 정적이고 별로 변하지 않는 특징을 가지고 있기는 하지만, 이것도 일종의 디스플레이라고 생각될 수 있다. 이것들의 목적은 제어장치, 디스플레이, 장비 혹은 다른 시스템 요소들의 본성과 기능을 확실하게 알려주는 것이다. 즉 라벨들은 그것이 무엇인지에 대해 세상 속의 지식을 제시해 준다(P11). 라벨들은 대개 인쇄된 형태로 제시되지만 때로는 아이콘의 형태를 취하기도 한다(그림 8.5). 단어로 제시되든 그림으로 제시되든 간에, 라벨을 설계할 때 핵심이 되는 네 가지 기준은 가시성(visibility), 변별 가능성, 유의미성, 그리고 위치이다.

1. 가시성/가독성. 이 기준(P1)은 제4장에서 논의했던 대비 민감도의 문제와 직접적으로 관련된 것이다. 텍스트나 아이콘 등이 갖는 선의 굵기와 배경과의 대비는 예상할 수 있는 최악의 조건에서도 분간될 수 있도록 설계되어야 한다. 낮은 공간 빈도 형태를 갖는 아이콘들에 대해서는 특히 많은 고려가 수반되어야 한다.
2. 변별 가능성. 변별 가능성(discriminability) 원리는 사람들이 동일한 맥락에서 존재할 것이라고 추론할 수 있는 다른 라벨들과 사람들이 처리해야 하는 라벨들이 잘 구별될 수 있도록 라벨의 세부 특징들을 분명하고 현저하게 부각시켜 주어야 한다는 것을 의미한다. 우리는 위에서 라벨들이 서로 공유하고 있는 세부 특징들의 비율이 증가함에 따라 혼동 가능성도 증가한다는 것을 알아본 바 있다. 따라서 동일한 텍스트를 많이 갖고 있는 두 개의 범례들은 그렇지 않은 두 개의 범례들에 비해 더 잘 혼동된다(그림 8.2d).

그림 8.5
몇 가지의 전형적 아이콘

제6장에서 기술하였듯이 매우 '비대칭적인' 혼동의 사례가 있다. 예를 들어 부정어를 사용한 라벨들(예 : '출구 없음', No Exit)과 긍정어로 된 라벨들(예 : '출구', Exit)을 혼동하는 경향이다. 어떤 행위를 하지 말도록 지시하는 부정어들이 분명하게, 그리고 눈에 잘 띄도록 제시되지 않으면 저하된 감각 조건에서 사람들은 이러한 부정어들을 쉽게 놓치게 되고, 그러한 라벨들(혹은 지시문들)을 긍정형으로 생각하기가 쉽다.

3. 유의미성. 비록 단어나 아이콘이 충분히 읽기 쉽고 혼동스럽지 않다고 하더라도 이것들이 지각될 때 관찰자의 마음에 그것들의 의미가 촉발된다는 보장은 없다. 예를 들어 그림 8.5에 보이는 모든 아이콘들은 무엇을 의미하고 있는가? 또는 독일의 아우토반에 설치된 표지판들을 보는 영국인 관찰자에게 *anfang*이란 단어는 무엇을 의미하고 있는가? 불행하게도 설계자에게는 매우 의미가 있는 단어, 아이콘 혹은 두음자어들은 (따라서 설계자들은 라벨이 제시될 때 사용자들도 그 의미를 분명히 알 수 있을 것이라고 기대한다) 그것들을 실제로 사용하는 일부 사람들에게는 그 의미를 파악하는 것이 거의 불가능한 경우가 너무 자주 있다. 이러한 불행한 상황들은 단어들을 사용할 때보다는 축약어나 아이콘들을 사용할 때 훨씬 더 자주 발생할 수 있기 때문에, 아이콘들이나 축약어들에만 기초한 라벨들은 가능하면 피해야 한다(Norman, 1988). 단어 라벨들이 그 언어에 익숙하지 않은 사람들에 의해 읽히는 경우(예 : 국제 고속도로 표지판)나 저하된 관찰 조건에서는 아이콘들이 유리한 것은 당연하다. 따라서 그러한 아이콘들이 제공해 주는 **중복** 이득(P4)은 대개의 경우 가치가 있다. 그러나 라벨들에 대한 이해가 중요한 경우에는 아이콘만 사용하는 것은 위험한 상황을 초래할 수 있다. 축약어도 마찬가지이다.

4. 위치. 라벨들의 위치(location)는 매우 중요한 특징이지만 종종 간과되는 특징이기도 하다. 라벨들은 이것들이 표시하고자 하는 실체와 물리적으로 근접한 곳에 위치해야 할 뿐만 아니라 모호하지 않게 관련지어져야 한다. 즉 근접 부합성의 원리에 따라야 한다(P9). 그림 8.6의 바벨 위치는 이 원리를 위반하고 있음을 주목하라. 온도 디스플레이는 '온도'라는 라벨과 근접해 있지만 그 반대는 그렇지 않다. 즉 '온도'라는 라벨의 위치는 온도 디스플레이와 속도 디스플레이 모두에 대해 동일한 위치에 있다. 또한 그림 8.6은 라벨의 위치 문제뿐만 아니라, 제9장에서 논의된 **자극-반응 부합성**도 위배하고 있다.

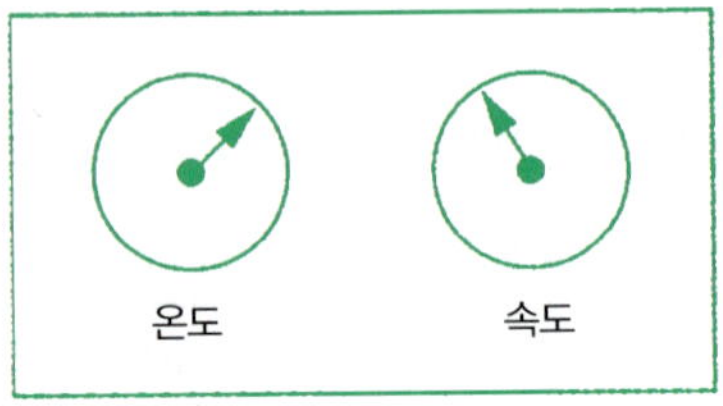

그림 8.6
디스플레이와 라벨 사이의 모호한 연합

제5장에서 논의되었듯이 컴퓨터 설계자들은 아이콘에 적용되는 개념을 소리에도 적용시키고자 하고 있는데, 이러한 것을 (아이콘에 대비하여) 이어콘(earcons)이라고 부른다. 이어콘들은 그것들이 나타내고자 하는 대상들과 직접적이고 유의미한 연합을 갖는 합성음이라고 할 수 있다. 아이콘을 사용할지 아니면 이어콘을 사용할지 결정할 때 설계자들이 고려해야 하는 중요한 특징이 있다. 즉 이어콘(소리)은 시간에 걸쳐 발생하는 사상(events)을 나타낼 때 가장 부합적인 반면, 아이콘은 공간상에 존재하는 위치(location)를 나타내는 데 부합적이다.

감시

감시(monitoring)를 위한 디스플레이들은 어떠한 변인들의 변화량을 관찰하는 데 도움을 주기 위해 제시된다. 이러한 변인들에는 채널 주파수, 속도, 온도, 소음 수준 혹은 직무 상태의 변화 등이 포함되는데, 이들은 대개 아날로그나 서열화된 값들로 표시된다. 다양한 과제들이 그와 같은 디스플레이들에 기초해서 수행되어야 하는 경우들이 있다. 감시되고 있는 디스플레이는 라디오의 어느 한 채널을 듣기 위해 해당되는 주파수로 다이얼을 돌리는 것과 같이 **맞추어져야**(set) 한다. 또한 감시 디스플레이들은 어떤 값에 도달할 때까지 관찰되기만(watched) 하면 되는 경우도 있고, 이와는 달리 감시되고 있는 변인의 변화에 따라 제어장치들을 통하여 또 다른 변인이 조절되어야 하는 경우도 있는데, 특히 후자의 경우에는 디스플레이들이 **추적되어야**(tracked) 한다고 말한다(추적에 대해서는 제9장에서 좀 더 자세하게 논의되어 있다). 감시되는 변인에 기초하여 이루어질 수 있는 행위들은 다양하다(예 : 불연속 혹은 연속 행위, 즉각적 혹은 지연적 행위). 감시 디스플레이를 최적화하는 데 사용될 수 있는 네 가지 중요한 가이드라인은 다음과 같다.

1. **가독성.** 앞 절에서도 기술된 디스플레이의 가독성은 친숙한 기준이고 또한 제4장에서 논의되었던 대비 민감도의 문제와도 관련되어 있다. 만일 감시 디스플레이가 디지털이라면 인쇄물이나 낱자의 해상도 문제가 언급되어야 한다. 만일 그러한 디스플레이들이 아날로그식의 다이얼이거나 포인터(pointer, 指針) 형태라면 포인터가 지시하는 눈금들의 가독성뿐만 아니라 포인터가 갖는 시각도(visual angle)나 배경과의 대비(contrast)도 매우 중요한 문제가 된다. 그러한 가독성을 제대로 제공해 주기 위한 일련의 가이드라인들이 Sanders와 McCormick(1993), 그리고 Helander(1997)에 제시되어 있다. 설계자들은 또한 디스플레이의 눈금을 읽는 관찰 조건이 저하될 수 있다는 것(예 : 낮은 조도)도 인식하고 있어야 하는데, 그러한 조건들에서도 가독성을 확보할 수 있도록 디스플레이를 설계해야 한다.
2. **아날로그 대 디지털.** 감시되어야 하는 대부분의 변인들은 연속적으로 변화하는 양이다. 특히 사용자들은 때로 그러한 변화하는 양에 대한 정신 모형을 형성한다. 따라서 회화적 실제성 원리(P6; Roscoe, 1968)가 시사하고 있듯이 연속적으로 변화하는 양을 나타내기 위해서는 디지털보다는 아날로그 표시가 유리하고, 또한 연구 결과들도 이 가이드라인을 지지하고 있는 것으로 보인다(Boff & Lincoln, 1988). 디지털 디스플레이와 비교하여(그림 8.7a) 그림 8.7b에서 보이는 것과 같은 아날로그 디스플레이는 잠깐만 보아도 쉽게 변화를 알아차릴 수 있다. 즉 아날로그 디스플레이의 값들은 디스플레이가 변화하고 있을 때 훨씬 더 쉽게 추정될 수 있으며, 그러한 변화들의 비율이나 방향도 쉽게 추정될 수 있다. 디지털 디스플레이는 매우 정확한 값을 읽어야 하거나 특정한 값에 정확하게 조절장치들을 맞추어야 하는 경우에 이점을 가질 수 있다. 그러나 디스플레이를 감시하는 과제가 특정한 값을 정확하게 읽는 것이나 조정을 요구하지 않는다면, 혹은 변인의 값들이 빠르게 변화한다면 디지털 디스플레이는 그림 8.7c의 고도계와 같이 아날로그 디스플레이와 함께 중복적으로(P4) 사용되어야 한다.
3. **아날로그 형태와 방향.** 만일 디스플레이의 형태로서 아날로그가 선택된다면, 회화적 실제성의 원리(P6; Roscoe, 1968)는 표시되는 양에 대한 오퍼레이터의 정신 모형과 일치하는 형태와 방향으로 디스플레이 눈금들의 운동 방향이 제시되어야 한다는 것을 시사한다. 회전하는 변인이나 순환적인 변인들(예 : 나침반의 방향이나 24시간 시계)에

대해서는 원형의 디스플레이 형태로, 반면 분명하게 높거나 낮은 지점으로 정의되는 양에 대한 변인들은 직선적 눈금들로 표시되어야 한다. 특히 높낮이가 있는 눈금들은 높은 값이 상단에, 그리고 낮은 값이 하단에 올 수 있도록 수직적으로 배열해야 한다. 그림 8.7b와 같이 눈금은 고정되어 있는 반면 포인터가 움직이는 디스플레이나, 그림 8.7c와 같이 포인터는 고정되어 있는 반면 눈금은 움직이는 디스플레이는 이러한 특징이 적용되어 있다.

그러나 오퍼레이터가 디스플레이를 감시하고 있는(혹은 조절하는) 동안에도 움직이는 매우 역동적인 디스플레이들도 많이 있다. 움직이는 부분의 원리(P7)는 사용자의 정신 모형과 일치할 수 있는 방향으로 디스플레이들이 움직여야 한다는 것을 시사한다. 즉 속도에서의 증가는 (혹은 다른 양적인 변화도 마찬가지로) 디스플레이에서 움직이는 부분이 위쪽으로 이동하도록 해야 한다. 오른쪽이나 시계 방향으로 움직이는 것도 어느 정도는 수용 가능하지만 이들은 증가에 대한 스테레오타입(stereotype)으로는 덜 강력한 것들이다. 그림 8.7b에서 보이는 것과 같은 포인터-이동형 디스플레이는 이러한 스테레오타입을 준수하고 있는 데 비해 그림 8.7c와 같은 눈금-이동형 디스플레이는 그렇지 못한데, 왜냐하면 눈금들이 위쪽으로 이동하는 것은 양적인 감소를 신호해 주기 때문이다. 역시 눈금-이동형이면서 그림 8.7c와는 눈금이 반대로 배열되어 있는 그림 8.7d의 디스플레이는, 움직이는 부분의 원리는 준수한 반면 값이 큰 눈금들이 아래쪽에 배열되어 있기 때문에 회화적 실제성의 원리(P6)는 위반한 것이다. 또한

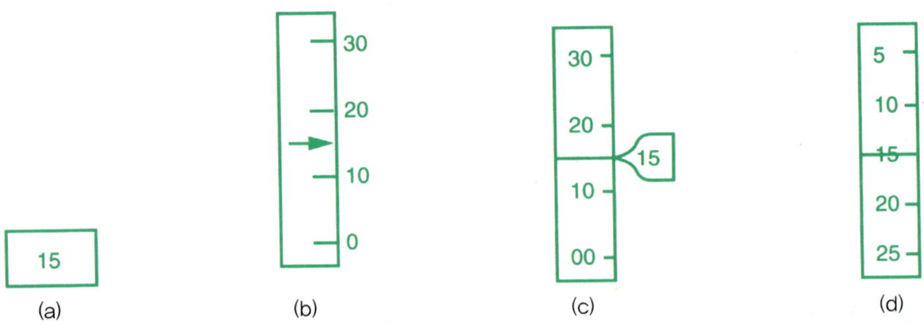

그림 8.7

(a) 디지털 디스플레이, (b) 포인터 이동형 아날로그 디스플레이, (c) 회화적 실제성의 원리를 지키면서 디지털 표시를 중복적으로 제시해 주는 눈금 이동형 아날로그 디스플레이, (d) 움직이는 부분의 원리를 지키고 있는 전도된(즉 작은 값이 상단에 제시되어 있는) 눈금 이동형 디스플레이

이 두 가지의 눈금-이동형 디스플레이들은 양이 급속하게 변할 때는 눈금의 값들을 읽는 것이 매우 곤란할 것이라는 것도 주목해야 한다.

회화적 실제성의 원리와 움직이는 부분의 원리를 지키는 것의 많은 장점들에도 불구하고 직선적으로 움직이는 포인터를 갖는 디스플레이들(그림 8.7b)은 한 가지 단점을 갖고 있다. 즉 이러한 유형의 디스플레이는 물리적 공간의 범위가 작기 때문에 그 범위 안에서 넓은 범위의 눈금값들을 나타내 주지 못한다. 특정 변인의 값이 변화하는 범위가 크거나 정확한 값을 읽는 것이 요구되는 경우(예 : 조종사가 보는 고도계)에는 문제가 될 수 있다. 한 가지 해결 방법은 이것을 눈금-이동형 디스플레이로 바꿔 큰 값들이 위쪽에 배열되도록 하는 것이다. 만일 값들이 급속하게 변화하지 않는다면(움직임이 거의 없다면) 움직이는 부분의 원리에 따르는 것이 별로 적합하지 않기 때문에 이것을 위반해도 그렇게 문제가 되지 않을 것이다. 두 번째 해결방안은 포인터가 원형으로 움직일 수 있도록 하는 것인데, 이러한 방법을 사용하면 공간의 사용이 좀 더 경제적이 된다. 비록 이러한 해결방안은 회화적 실제성의 원리에는 맞지 않을 수도 있지만(특히 변인들의 양적 변화가 직선적인 속성을 갖는 변인들을 보여주고자 하는 경우), 그래도 '증가는 시계 방향'이라고 하는 스테레오타입은 여전히 유지해 준다. 세 번째 가능성은 혼합형 눈금들을 사용하는 빈도-분리(frequency-separated) 개념을 채택하는 것이다. 이 경우 고빈도의 변화(즉 눈금이 빨리 움직이는 것)에 대해서는 눈금을 고정시키는 대신 포인터들이 움직이도록 하는 반면, 지속적인 저빈도 변화(즉 눈금이 천천히 움직이는 것)에 대해서는 높은 숫자들이 위쪽에 배열되어 있는 상태에서 눈금들이 이동하도록 한다(Roscoe, 1968; Wickens & Hollands, 2000).

모든 설계 해결책에서와 마찬가지로, 모든 상황에서 전혀 단점이 없는 '마술'과 같은 디스플레이의 형태는 없다. 따라서 항상 그러하듯이 과제 분석이 중요하다. 과제 분석을 수행할 때는 디스플레이의 형태가 선택되기 이전의 변인들의 변화율, 요구되는 정확성의 수준, 그리고 값들의 범위 등을 고려해야 한다.

디스플레이 선택에 영향을 미치는 또 하나의 요인은 나타내는 변인들을 조절하거나 추적하는 데 필요한 제어 행동의 특징과 관련되어 있다. 다행히 디스플레이에 대한 사용자의 기대나 정신 모형의 법칙들이 제어에도 동일하게 적용된다. 즉 디스플레이가 위쪽으로 (혹은 시계 방향으로) 이동하면 양이 증가했다고 사용자들이 기대하는 것(P3)과 마찬가지로 변인의 양을 증가시키기 위해서 사용자들은 제어장치들이 위쪽으로

(혹은 시계 방향으로) 이동해야 한다고 기대한다. 우리는 이러한 측면들에 대해, 디스플레이-제어장치 부합성의 문제를 논의하고 있는 제9장에서 다시 한 번 좀 더 자세히 다룰 것이다.

4. 예측과 굼뜸. 대형 선박이나 화학 공장에서와 같이 관성이 큰 시스템들의 변인들은 비교적 천천히 변화한다는 측면에서 '굼뜨다'고 말할 수 있다. 그러나 시스템이 느리게 변화한다는 것이 항상 나쁜 것만은 아닌데, 왜냐하면 이것은 어느 정도의 확실성을 가지고 변인들의 미래 상태에 대해 예측할 수 있다는 것도 의미하기 때문이다. 초대형 유조선이 그것의 한 사례가 될 수 있다. 즉 현재의 유조선의 항로와 유조선이 어떻게 이동하고 있는가에 대한 정보를 바탕으로 앞으로 몇 분 후에 유조선이 어느 지점에 있을 것인지를 상당히 정확하게 예측할 수 있다. 그와 같은 시스템의 또 다른 특성은 현재 실행된 시스템들에 대한 제어 노력은 시간이 훨씬 지난 다음에야 효과를 발휘한다는 점이다. 따라서 초대형 유조선의 방향타를 이동시켜도 어느 정도의 시간이 경과하기 전에는 배의 항로가 바뀌지 않는다. 마찬가지로, 화학 공장에서 온도 조절 장치를 조정하였다 하더라도 당장 처리 온도에 변화가 발생하지는 않는다(제16장). 따라서 제어는 현재 상태가 아니라 미래 상태에 대한 오퍼레이터의 예측에 바탕을 두어야 한다. 그러나 우리가 제6장에서도 살펴보았듯이, 예측한다는 것은 우리가 잘 할 수 있는 것이 아니며, 특히 스트레스 상황에서는 더욱 그러하다. 따라서 좋은 예측 디스플레이들은(P11) 인간 수행에 많은 도움을 줄 수 있다(그림 8.4).

전형적으로 물리적 시스템들이 갖고 있는 예측 디스플레이들은 제어되고 있는 시스템의 역학에 대한 컴퓨터 모델과 시스템에 작용하는 현재의 입력(혹은 힘)에 의해 주도된다. 점쟁이의 수정 구슬처럼 실제로는 이러한 디스플레이들이 미래에 대한 자동화 시스템의 추론에 기초하는 것이기 때문에 그들은 항상 정확한 것은 아닐 수 있으며, 또한 예측되고 있는 미래 상태에 대해 추가적인 교정을 가할 수 있는 가능성도 적다. 따라서 설계자들은 적당하다고 생각되는 미래보다 더 나중의 시스템 상태를 예측하는 데 신중해야 하며, 예측되는 변인들에 대한 확실성의 정도(혹은 그 한계)를 기술하는 것도 고려해 보아야 할 것이다. 예를 들어 어떤 예측 디스플레이는 미래의 어떤 시간에 발생할 수 있는 가능한 상태에 대해 90%의 신뢰구간으로 가장 가능한 상태를 예측할 수 있을 것이다. 이러한 신뢰구간은 그 시간(예측 범위)이 길어질수록 더 커질 것이다.

중다 디스플레이

실제 세계에서의 많은 시스템들은 복잡한 시스템들이다. 전형적인 핵 반응로가 제대로 작동하는 데 필수적인 변인들(따라서 오퍼레이터들이 반드시 감시해야 하는 변인들)의 수는 최소한 35개 정도이고, 항공기가 매우 정규적인 작동을 하는 상황에서도 조종사들이 꼭 감시해야 할 변인들이 최소한 7개는 된다고 한다. 따라서 중다 디스플레이의 설계에서 중요한 문제는 이러한 디스플레이들을 어디에 위치시켜야 하는가, 다시 말해 중다 디스플레이의 배치형태(layout)를 어떻게 결정해야 하는가의 문제이다(Wickens et al., 1997). 다음 절에서 우리는 디스플레이 배치에 관한 몇 가지 가이드라인을 논의할 것이다. 이러한 가이드라인들은 감시 디스플레이의 맥락에서 이미 소개되었지만 독자들은 이러한 가이드라인들이 거의 모든 유형의 디스플레이에 적용될 수 있다는 것을 알아야 한다. 여기에서 우리는 앞에서 기술된 13개의 원리와 구분하기 위해 '가이드라인'이라는 용어를 사용할 것이다(물론 이 중 많은 가이드라인들은 그러한 원리들로부터 도출된 것들이다). 그 다음에는 헤드-업 디스플레이와 형상 디스플레이(configural display)와 관련된 문제들에 대해 논의할 것이다.

디스플레이 배치형태

많은 작업 환경들에 대해 설계자는 일차 시각 영역(primary visual area, PVA)을 정의할 수 있을 것이다(제10장 참조). 일차 시각 영역은 의자에 앉아 있는 사용자들에 대해서는 머리와 눈이 앞을 똑바로 주시하고 있을 때 앞에 보이는 범위로 정의될 것이고, 자동차를 운전하는 사람에게는 전방에 보이는 도로로 정의될 것이며, 항공기를 조정하는 조종사들에게는 활주로가 일차적인 시각 영역이 될 수 있을 것이다. PVA의 범위(혹은 공간상의 한 지점)에 대한 정의는 매우 중요하다. 왜냐하면 디스플레이 배치와 관련된 6개의 가이드라인 중 첫 번째 가이드라인인 사용 빈도(frequency of use) 가이드라인이 빈번하게 사용되는 디스플레이들은 PVA 주변에 배치되어야 한다는 것을 나타내고 있기 때문이다. 빈번하게 접근해야 하는 디스플레이들은 PVA와 디스플레이 사이의 '이동 시간을 최소화' 할 필요가 있기 때문에(P8) 이 원리는 매우 그럴 듯하게 보인다. 그림 8.8에서 보이는 전통적인 항공기 디스플레이들의 배치는 자세 지시계(attitude indicator)와 같이 가장 빈번하게 사용되는 디스플레이들을 조종사가 착륙을 시도하거나, 다른 교통 상황을 체크할 때 눈을 고정해야 하는 비행기의 앞유리창(windshield)과 가장 가까운 지점인 중앙 상단에 위치시킴으로써 이 원리를 만족하고

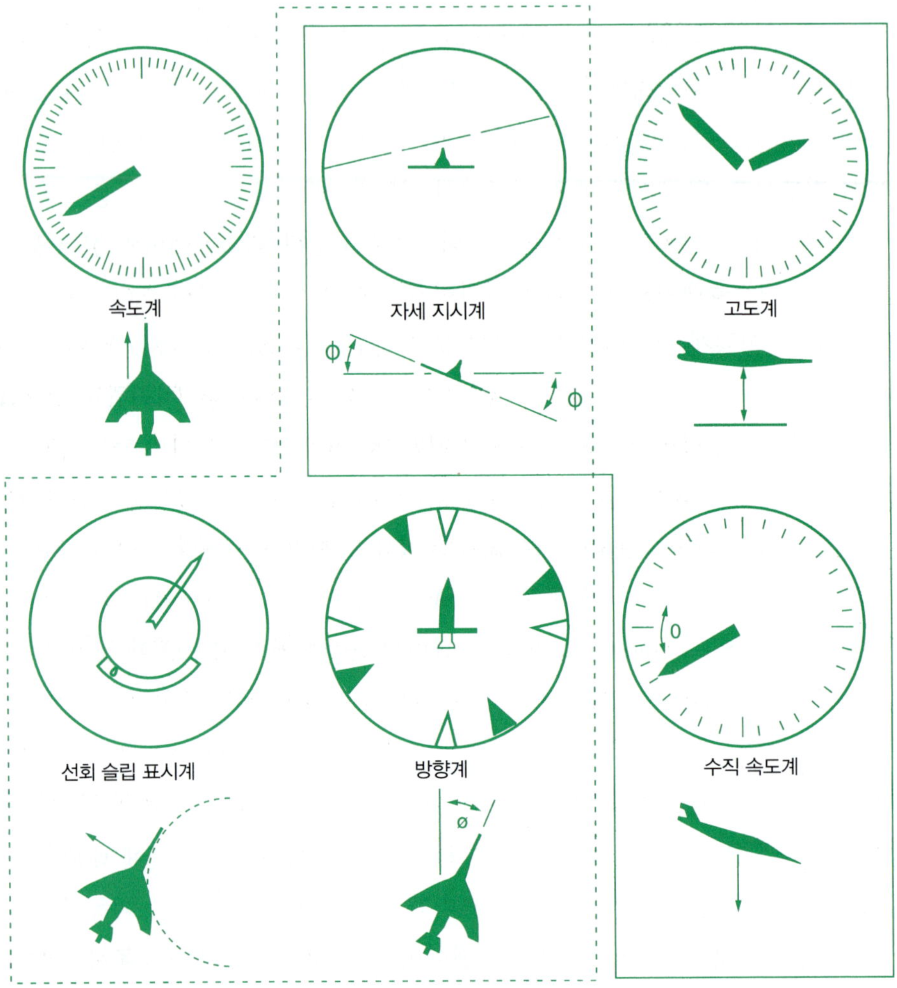

그림 8.8

전통적인 항공기 계기판. 자세 지시계는 그림의 상단 중앙에 제시되어 있다. 그림에서 실선으로 묶인 부분은 항공기의 수직적 위치의 제어와 관련된 계기들을, 그리고 점선으로 묶인 부분은 항공기의 횡적 위치의 제어와 관련된 계기들이다. 묶인 계기들은 각각의 묶음 속에서 물리적으로 근접해 있음을 주목하라.

있다.

사용 빈도와 밀접하게 관련된 것은 사용의 **중요성**(importance of use)이다. 사용의 중요성 가이드라인은 비록 정보가 빈번하게 사용되는 것은 아닐지라도 중요한 정보는 이것이 제시되었을 때 주의를 끌 수 있는 위치에 배치되어야 한다는 것을 의미한다. 그와 같은 정보들은 PVA에 위치시킴으로써 이 가이드라인을 충족시킬 수 있다. 또한 정보에 접근하기 위하여 어디를 보아야 하는지 유도하는 청각적 경보를 함께 사용할 수도 있을 것이다.

디스플레이 관련성(display relatedness) 혹은 **사용 순서**(sequence of use)는 관련되어 있는 디스플레이들 혹은 순차적으로 사용되는 디스플레이들의 쌍들은 서로 가까운 곳에 배치되어야 한다는 것을 말한다. (실제로 이 두 가지 기준들은 서로 상관되어 있다. 어느 한 지시계의 목표값과 실제값을 모두 제시해야 하는 경우처럼, 디스플레이들은 서로 관련되어 있기 때문에 종종 순차적으로 보아야 할 필요가 있다). 우리는 이 원리를 근접 부합성 원리(P9)(Wickens & Carswell, 1995)의 주요 특징을 언급할 때 살펴본 바 있다. 또한 이 장의 서두 부분에서도 이러한 원리가 오퍼레이터에게 위반되는 방식에 대해서 살펴보았다. 그림 8.8에 보이는 수직 속도 지시계와 고도계의 위치 설정은 매우 바람직한 것으로 보인다. 즉 이들은 그림의 오른쪽에 서로 공간적으로 매우 근접해 있을 뿐만 아니라 이 두 가지 신호 모두가 항공기의 수직적 위치에 관한 정보를 제공해 주기 때문에 서로 관련되어 있다.

일관성(consistency)은 기억과 주의 모두와 관련되어 있다. 만일 디스플레이들과 디스플레이 안의 항목들이 항상 일관적으로 동일한 공간상의 위치에 제시될 수 있다면, 항목들이 어디에 위치해 있는가에 대한 우리의 기억이 유용하게 활용될 수 있을 것이고, 또한 기억은 우리가 필요로 하는 항목을 찾는 데 쉽고 자동적으로 선택 주의를 이끌 수 있을 것이다(P8, P13). 다른 말로 하면 하향 처리가 디스플레이상의 정보 탐색을 이끌 수 있다. 따라서 새로운 기술이 항공기 계기판의 설계에 혁명적인 변화를 가져올 수도 있지만 미연방 항공국(Federal Aviation Administration)은 그림 8.8에 제시된 네 개의 중요한 계기들(대기 속도계, 자세계, 고도계, 그리고 방향 지시계)의 기본적 형태는 항상 보존되어야 한다는(그림에서 이들은 'T' 자 형태로 배치되어 있다) 강력한 가이드라인들을 제공하고 있다(FAA, 1987).

불행하게도, 일관성 가이드라인이 사용 빈도나 관련성의 가이드라인과 갈등을 야기하는 경우들이 많이 있다. 이러한 경우들은 **국면 관련 조작**(phase-related operation) 상황에서 많이 발생하는데, 국면 관련 조작 상황은 어느 한 국면에서의 조작에 중요한(혹은 관련되어 있고 순차적으로 사용되는) 변인들이 다른 국면에서의 조작에 사용되는 변인들과는 매우 다를 수 있는 경우이다. 원자력 발전소의 경우 발전소를 가동시키거나 중단시킬 때 중요하게 여겨지는 변인들은 발전소가 정상적으로 가동되고 있을 때 감시해야 하는 것과는 다를 수 있다. 항공기의 조종에서도 순항하고 있을 때 필요로 하는 정보는 착륙할 때 필요로 하는 정보와는 매우 다를 것이며, 또한 많은 시스템들에서 긴급 상황에 필요한 정보는 일상적인 작동 상황에서 필요한 것들과는 매우 다르다. 그러한 상황들에서 완전하게 일관적인 디스플레이들의 배치는 오히려 바람직하지 않은 것일 수 있으며, 최근의 '유연한(soft)' 컴퓨터 주도적 디스플레이들은 국면에 따라 다양하게 디스플레이들의 배치를 바꿀 수 있도록 해주기도 한다. 그러나 디스플레이 배치에 이러한 유연성을 첨가하기 위해서는 세 가지의 중요한 설계 가이드라인들을 명심하고 있어야 한다. (1) 여러 가능한 배열 방식 중에서 어떠한 배치가 현재 사용되고 있는지에 대해 현저하게 보일 수 있는 **신호들**(salient visible signals)을 제공함으로써 사용자들이 배열 방식에 대해 분명하게 알 수 있도록 해야 하고, (2) 모든 형태들에 걸쳐 가능하다면 일관성을 유지할 수 있도록 해야 하며(P13), (3) 설계자들은 지나치게 많은 유연성을 제공하는 것을 자제해야 한다(Andre & Wickens, 1992). 디스플레이 설계가 일관적이면 특정 국면에서 정보가 최상의 위치에 제시되지 않더라도 사용자의 기억이 필요한 정보를 재빨리 찾을 수 있도록 주의를 이끌 수 있다는 것을 기억하라.

체제적 집단화(organizational grouping) 가이드라인은 그림 8.9a와 8.9b에서 보이는 디스플레이의 배열들을 비교해 보면 바로 이해할 수 있다. 그림 8.9a에서 보이는 것과 같이 체제화되어 '모여 있는' 디스플레이는 한 집단 내의 모든 디스플레이들이 기능적으로 관련되어 있고, 그러한 관련성들을 사용자들이 분명하게 알고 있다면 특정 디스플레이 집단으로 사용자들의 시각적 주의를 쉽게 이끌어 내는 데 도움을 제공할 것이다(P8). 그러나 관련 없는 항목들이 같은 공간에 함께 모인다면 그와 같은 체제화는 오히려 역효과를 가져올 수 있다(P9).

마지막으로, 나머지 디스플레이 배치에 대한 두 가지의 가이드라인은 **자극-반응 부합성**(stimulus-response compatibility)과 **혼잡성 회피**(clutter avoidance)이다. 자극-반응 부합성 가이드라인은 연합되어 있는 디스플레이와 제어장치는 공간적으로 서로 근접해야 한다는 것과, 디스플레이의 운동 방향과 제어장치의 작동 방향이 부합되어야 한다는 것을 의미한다. 혼잡성 회피의 원리는 디스플레이들의 모든 쌍들 사이의 시각도(visual angles)는 이상적으로는 최소여야 한다는 것을 나타낸다. 자극-반응 부합성에 관해서는 제9장에서 논의할 것이고, 혼잡성 회피에 관해서는 다음 절에서 논의할 것이다.

헤드-업 디스플레이와 디스플레이 중첩

우리는 이미 중요한 정보 원천들은 일차 시각 영역(혹은 PVA)에 근접하도록 해야 한다는 디스플레이 가이드라인을 살펴본 바 있다. 이러한 접근 방법의 가장 궁극적인 사례는 PVA

위에 제시되는 정보들을 실제로 중첩(super impose)시키는 것인데, 이렇게 만들어진 디스플레이를 헤드-업 디스플레이(head-up display, HUD)라고 한다(Weintraub & Ensing, 1992; Newman, 1995; Wickens et al., 2003). 이러한 헤드-업 디스플레이들은 주로 수송 수단의 제어에 사용되도록 제안되었으나(실제로도 이 목적으로 많이 사용되었다), PVA가 분명하게 명세화될 수 있을 때는 다른 영역에도 사용될 수도 있다. 예를 들어 HUD는 설계 작업 공간 위에 컴퓨터 그래픽 설계자가 원하는 정보들을 중첩하여 제시하는 데 사용될 수도 있다(Harrison & Vicente, 1996). 그림 8.10에는 두 가지의 헤드-업 디스플레이에 대한 사례들이 제시되고 있는데, (a)는 자동차에서 사용되는 것이고 (b)는 항공기에서 사용되는 것이다.

HUD의 장점들은 크게 세 가지 정도로 알려져 있다. 첫째, 만일 운전자나 조종사가 대부분의 시간을 외부 쪽으로 눈을 향하고 있어야 한다고 가정한다면, HUD 이미지들을 겹쳐지게 제시하는 것은 먼 영역에 해당하는 환경에 대한 정보와 가까운 영역에 해당하는 실내 계기판들에 대한 정보가 병렬적으로 감시될 수 있도록 해줄 수 있을 것이다(P8). 둘째, 특히 항공기 HUD인 경우에 멀리 떨어진 영역의 정보와 직접적인 공간적 대응이 있는 이미지들을 제시해 줄 수 있다. 이러한 이미지들의 예들로는 실제 외부 환경에 존재하는 활주로나 지평선과 같은 것들을 HUD에 이미지화하여 제시한 것들이 있으며, 특히 이러한 이미지들은 합치적(conformal)이라고 말한다. 이렇게 이미지들을 HUD상에 제시함으로써 두 영역에

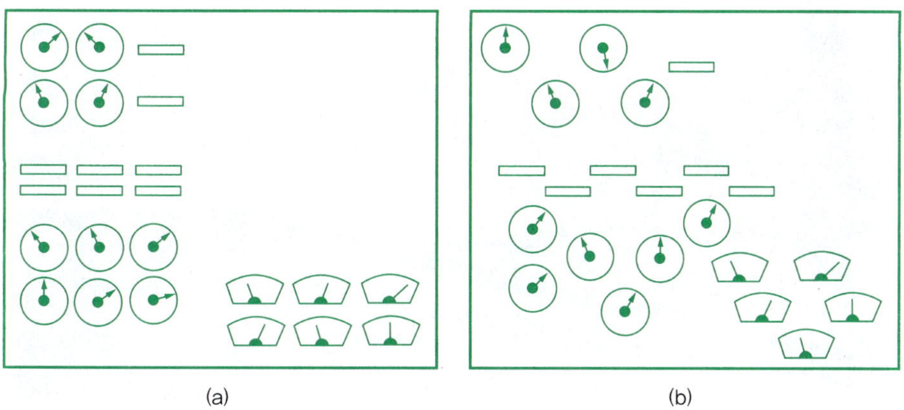

그림 8.9

디스플레이 체제화. (a) 높은 체제화, (b) 낮은 체제화. 디스플레이들을 물리적으로 집단화할 경우에는 그림의 (a)에서 제시된 방식처럼 서로 관련되어 있는 것끼리 묶일 수 있도록 해야 한다.

제는 조종사가 접근하고자 하는 활주로에 다른 비행기가 이동하고 있는 경우와 같이 먼 지점에서 발생하고 있는 기대되지 못한 사상들을 탐지할 때 많이 관찰되었다(Wickens & Long, 1995; Fischer et al., 1980; Fadden et al., 2001).

헤드-마운티드 디스플레이

헤드-업 디스플레이와 유사한 종류로 헤드-마운티드 디스플레이(head-mounted display, HMD) 혹은 헬멧-마운티드 디스플레이(helmet-mounted display)가 있는데, 이 디스플레이는 머리나 신체가 어느 방향을 향하고 있든지 상관없이 디스플레이가 보일 수 있도록 머리에 고정한 것이다(Melzer & Moffett, 1997). 이와 같은 디스플레이는 HUD에서 가능한 것보다 훨씬 더 넓은 범위에 걸쳐 먼 지점의 이미지들을 중첩시켜 사용자들이 볼 수 있도록 해준다는 장점이 있다. 항공기나 헬리콥터의 경우 HMD는 조종사들이 외부 세상의 넓은 범위에 걸쳐 위험한 정보요소들을 주사(scanning)하면서 동시에 비행에 필요한 계기들도 HMD를 통해서 볼 수 있도록 해준다(National Research Council, 1995). 이동하면서 작업하는 오퍼레이터들에게 HMD는 다른 활동을 위해 손을 자유롭게 사용하면서 정보 접근 비용을 최소화하는 데 사용될 수 있다. 예를 들어 어떤 장비를 검사하기 위해 비좁은 공간 속으로 머리와 상반신을 밀어 넣고 작업해야 하는 정비사를 고려해 보자. 그와 같은 작업자들에게는 검사 매뉴얼을 보아야 할 필요가 있을 때마다 그 좁은 공간에서 머리를 빼고 매뉴얼을 참조하는 것보다는 검사가 어떻게 수행되는지에 대한 정보를 HMD상에 제시하여 준다면 크게 도움이 될 것이다. 즉 검사 공간과 매뉴얼 사이의 밀접한 공간적 근접성은 두 정보 원천을 통합하는 데 도움을 줄 수 있다(P9). 합치적 정보와 머리의 방향을 감지할 수 있는 센서를 사용하면 현재의 머리 방향에 대한 공간상의 특정 위치(예 : 목표물, 이정표 혹은 북쪽이 어디인가 등)에 대한 방향 정보를 HMD상에 제시해 줄 수 있다(Yeh et al., 1999).

HMD는 한쪽 눈에만 이미지를 제시하거나(monocular: 단안 이미지), 양쪽 눈에 하나의 이미지가 동시에 제시되거나(biocular: 양안 동일-이미지) 혹은 각각의 눈에 서로 다른 이미지(binocluar: 양안 상이-이미지)들이 제시되는 것들이 있다. 첫 번째의 종류는 다시 불투명한 것(HMD가 사용되지 않는 다른 쪽 눈으로만 외부의 영역을 볼 수 있는 것)과 투명한 것(한쪽 눈으로 외부 영역을 보면서 또한 HMD 이미지가 중첩되어 보일 수 있도록 한 것)으로 구분될 수 있다. 불투명한 양안 상이-이미지 HMD는 가상현실 시스템의 일부로 사용된다. 각각의 변형들은 모두 나름대로의 장점과 단점이 있다(National Research Council, 1995).

우리는 앞에서 외부 세계를 볼 때의 혼잡도의 문제점에 대해서 이미 살펴본 바 있다. 이 문제는 한쪽 눈에는 HMD 이미지가 제시되지만 또 다른 눈에는 먼 지점에 대한 시야를 무제한적으로 제공해 줄 수 있는 단안적 HMD를 사용함으로써 어느 정도 경감시켜 줄 수 있다. 그러나 상이한 이미지들을 서로 다른 눈으로 제시하면 양안 경합(binocular rivalry)이나 양안 억제(binocular suppression)와 같은 문제들이 발생하는데, 이러한 경우 각각의 눈은 하나의 통합된 이미지를 뇌에 전달하기보다는 각자가 받아들인 이미지에 대한 정보를 뇌에 전달하기 위해 서로 경합하게 된다(Arditi, 1986).

HMD상에 합치적인 이미지들을 제시하고자 할 때는, 이미지를 새로 갱신하는 데 지연(delay)이 발생하기 때문에 HMD는 HUD와 비교하여 상당히 많은 문제가 있다고 할 수 있다. 합치 디스플레이(conformal display)[1]가 외부 세계의 공간적 위치를 제시하는 데 사용될 때는 외부 세계에 대한 디스플레이의 상대적 위치가 변할 때마다 공간적 위치들이 갱신되어야 한다. 따라서 HMD상에 제시되는 합치적 이미지들은 이러한 신체와 머리의 움직임 속도에 따라갈 수 있을 만큼 충분히 빨리 갱신되어야 한다. 만일 이렇게 하지 못하면 이미지들은 방향이 맞지 않게 되고(따라서 합치적이 될 수 없게 되고) 운동 멀미(motion sickness)를 일으킬 수 있다(Durlach & Mavor, 1995). 또한 이러한 지연은 사용자들이 머리의 움직임을 줄이는 자연스럽지 못한 방략을 채택하도록 하기도 한다(Seagull & Gopher, 1995; Yeh et al., 1999).

현재로서는 HMD상에 헤드-업으로 정보를 제시하는 것이 더 유리한지 아니면 휴대 가능한(handheld) 디스플레이에 헤드-다운(head-down)으로 정보를 제시하는 것이 더 유리한지에 대해서는 연구들이 엇갈린 결과를 보여주고 있다(Yeh et al., 1999; Yeh et al., 2003). 휴대 가능한 디스플레이에 자극 크기의 이미지를 제시할 경우 가독성의 문제가 발생할 수 있다(P1). 만일 머리의 움직임을 추적하는 것이 가능하다면 HMD에 제시될 수 있는 합치적 이미지를 통해 가까운 지점과 먼 지점의 정보를 통합하는 데 매우 도움이 될 것이다(P9). 그러나 그와 같은 합치적 이미지(혹은 증강 현실)가 만들어지지 못할 경우 HMD가 갖는 가치는 감소한다. 특히 표적이 작거나 매우 세세하게 제시되는 시각 정보가 혼잡한 HMD를 통해 처리되어야 할 때는 그러한 HMD의 가치 감소 정도는 더 커진다(Yeh et al., 2003).

---

1) 합치 디스플레이는 증강 현실(augmented reality)과 밀접한 관계가 있다. 증강 현실은 사용자가 눈으로 보는 현실 세계와 부가 정보를 갖는 가상 세계를 합쳐 하나의 영상으로 보여주는 가상현실의 하나이다. 즉 증강 현실은 현실 세계를 가상 세계로 보완해 주는 개념이다(역주).

형상 디스플레이

때때로 여러 개의 변인들에 관한 중다 디스플레이들(multiple displays)은 감시 과제에 필요한 어떤 속성들이 원래 변인값들의 조합으로부터 출현될 수 있는 공간이나 형태로 배열될 수 있다. 이러한 디스플레이의 한 가지 사례가 그림 8.11a에서 보이고 있는데, 이것은 Cole(1986)에 의해 개발된 환자의 호흡 감시용 디스플레이이다. 각각의 사각형에서 높이는 호흡의 양 혹은 호흡의 깊이를, 그리고 너비는 호흡의 비율을 나타내 준다. 따라서 사각형의 전체 넓이는 환자가 흡입한 전체 산소량(오른쪽)과 인공호흡기가 제공한 전체 산소량(왼쪽)을 나타낸다는 것을 알 수 있는데, 왜냐하면 '산소량 = 호흡률×호흡의 깊이' 이고 '사각형의 면적 = 높이×너비' 이기 때문이다. 이러한 디스플레이는 출현 속성(emergent feature)이라고 불리는 것을 만들어 내도록 형상화된 것이다(Pomerantz & Pristach, 1989; Sanderson et al., 1989). 즉 원래 변인들이 형상화된 결과, 원래의 변인들(이 경우에는 깊이와 비율)에는 존재하지 않았던 또 다른 속성이 '출현' 하여 수행되어야 하는 과제와 보다 직접적으로 관련되고, 또한 통합적인 형태로 새로운 변인(이 경우 사각형의 넓이 혹은 환자가 호흡한 전체 산소량)의 변화에 대한 정보를 제공해 준다(P9). 이 그림에서는 또한 사각형의 모양을 통해 지각될 수 있는 두 번째의 출현 속성이 있다는 것도 주목하기 바란다. 즉 사각형의 모양을 통해 환자가 얕고 빠른 호흡을 하고 있는지 아니면 깊고 느린 호흡을 하고 있는지(즉 호흡의 유형이 어떠한지)를 알 수 있다.

두 변인을 곱한 값이 더 중요한 제3의 변인을 만들어 내는 시스템이 매우 많기 때문에 사각형 디스플레이는 다양한 영역에서 사용될 수 있다. 이에 해당하는 예들에는 거리 = 속도×시간, 양 = 비율×시간, (정보의) 가치 = 신뢰도×진단성, 그리고 (의사결정에서의) 기대가치 = 확률×가치 등이 있다.

그림 8.11b에서 보이는 또 다른 예는 원자력 발전소의 통제실에서 사용되는 안전 파라미터 감시용 디스플레이로서 Woods, Wise, 그리고 Hanes(1981)에 의해 개발된 것이다. 여기서 8개의 주요 안전 파라미터들은 하나의 팔각형으로 형상화되도록 배열되었는데, 이러한 안전 파라미터들이 모두 정상적인 안전 범위 안에 있으면 전체적으로 대칭이라고 하는 새로운 출현 속성을 쉽게 지각할 수 있게 되어 있다. 더구나 일종의 시스템 오류의 결과에 의해 파라미터들이 정상적인 값들에서 멀어지게 되면, 다각형의 찌그러진 형태가 작동 오류의 본질에 대한 독특한 신호를 보내주게 된다. 이러한 특성은 이 장의 서두 부분에서 예시한 오퍼레이터에게는 주어지지 못했던 특징이라고 할 수 있다. 또한 이러한 특성은 그림 8.9에

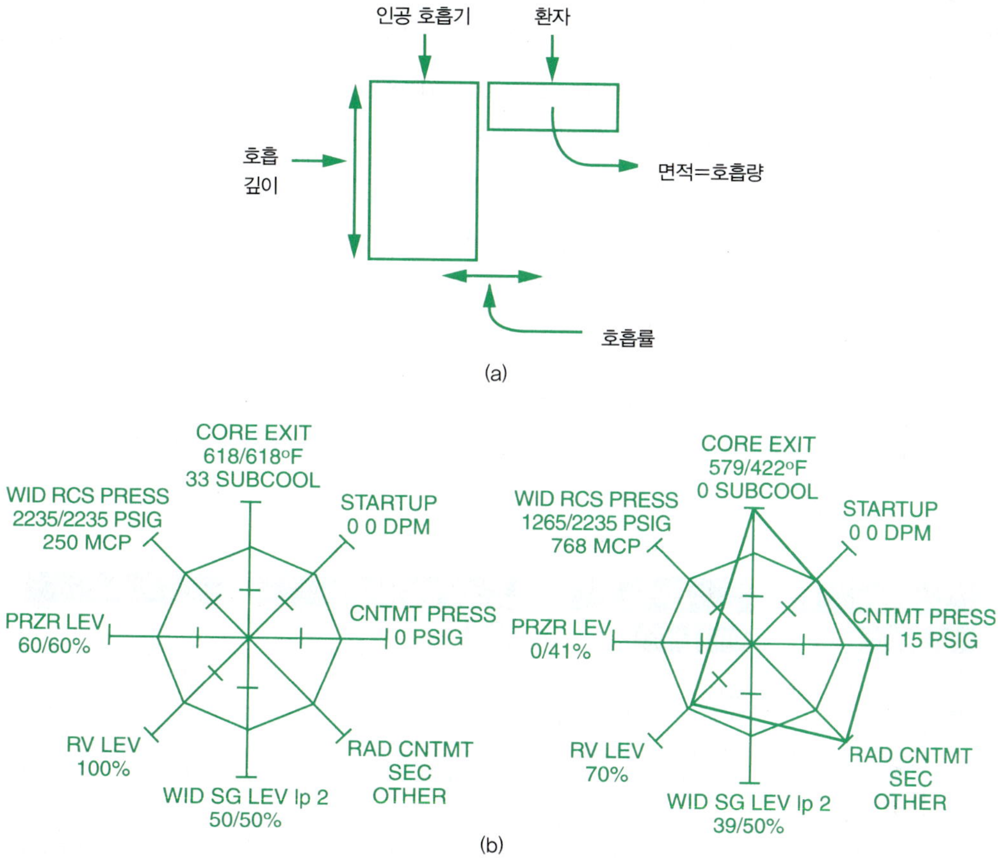

그림 8.11

(a) 형상적 호흡 감시 디스플레이(출처 : Developed by Cole, W. 1986. "Medical Cognitive Graphics." Proceedings of CHI. Human Factors in Computing Systems. New York: Association for Computing Machinery)

(b) 원자력 발전소에서의 주요 안전 변인들을 감시하기 위한 통합적 '바퀴살형(spoke)' 혹은 '극성(polar)' 디스플레이. 왼쪽 : 정상 작동, 오른쪽 : 냉각수 부족 사고 발생 시에 제시되는 형태(출처 : Woods, D. D., Wise, J., and Hanes, L. "An Evaluation of Nuclear Power Plant Safety Parameter Display Systems." Proceedings of the 25th Annual Meeting of the Human Factors Society; 1981, p. 111. Santa Monica, CA: Human Factors Society. Copyright 1981 by the Human Factors Society, Inc. Reproduced by permission.)

보이는 것과 같은 전통적 배열 방식의 디스플레이에서도 잘 찾을 수 없다.

그림 8.11에 제시된 두 가지 디스플레이들의 경우에서, 단일한 대상 속의 차원들로 변인들이 통합되도록 형상화하는 것은 이러한 변인들을 서로 융화시키는 일종의 '주의 접착제(attentional glue)'를 만들어 내게 된다. 이것은 근접 부합성의 원리를 따르는 결과를 낳게

하는 것이라고 할 수 있다(P9). 그러나 형상 디스플레이나 이들이 갖는 출현 속성이 반드시 단일한 대상으로 제시되어야만 하는 것은 아니다. 그림 8.12를 고려해 보자. 이것은 화력 발전소의 통제 디스플레이이다(Rantanen & Gonzalez de Sather, 2003). 발전소의 주요 파라미터들을 나타내 주는 13개의 막대그래프는 디스플레이의 중앙에 가상적인 직선(수평선)을 만들도록 형상화되었다. 즉 13개의 변인들이 모두 정상적 작동 범위에 있으면 전체적인 디스플레이에는 가상적인 직선이 만들어지는 것이다. 그림 8.12에서 보이듯이 비정상적인 파라미터(즉 FW Press)는 금방 눈에 띈다.

일반적으로 형상 디스플레이는 역동적으로 제시되는 요소들을 배열하기 위해 공간과 공간적 관계를 고려한다. 공간적 근접성을 통해 감시 수행에 도움을 줄 수 있고, 대상을 통합하는 것에도 도움이 될 것이다. 그러나 요소들을 공간적으로 근접하여 배열하거나 요소들

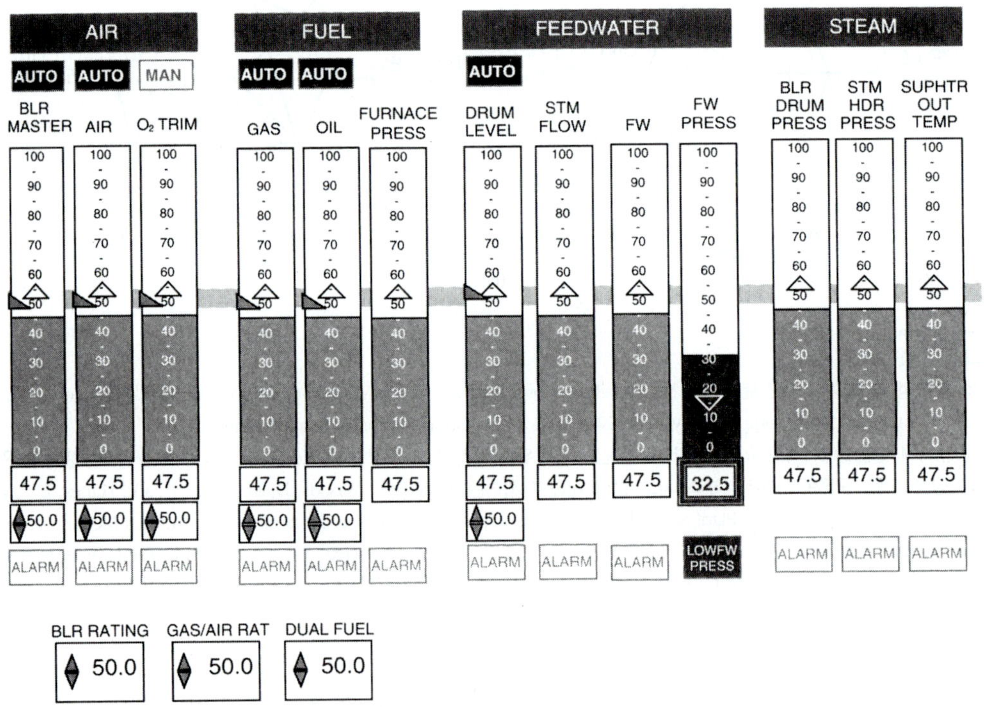

그림 8.12

화력 발전소에서 사용되는 감시 디스플레이의 일례 계기들에 걸쳐 중간에 나타난 직선이 출현 속성이다. (출처 : Rantanen & Gonzalez de Sather, 2003).

을 통합한다고 해서 출현 속성이 쉽고 빠르게 처리된다는 보장은 없다. 출현 속성이 쉽고 빠르게 처리되기 위해서는 출현 속성이 과제 관련 변인과 직접적으로 대응되어야 한다(Bennett & Flach, 1992). 이러한 출현 속성에 대한 직접적 지각은 제시된 정보들을 인지적으로 힘들게 계산해야 하는 부담을 줄여준다. 개개의 변인들이 형상 디스플레이로 통합될 경우 이것 때문에 각각의 변인에 대한 초점 주의가 방해를 받을 것인가? 일반적으로, 이러한 질문에 대한 연구 결과들은 그렇지 않다는 것을 시사해 주고 있다(Bennett & Flach, 1992). 예를 들어 그림 8.12에서 13개의 막대들이 서로 병렬적으로 형상화되어 배열되어도 특정 변인의 값을 지각하는 것(초점 주의)은 여전히 비교적 용이하다.

종합적 고찰 : 감독 디스플레이

산업적-처리 제어 시스템(제16장 참조)과 같은 많은 대형 시스템에서는 적절한 상황 인식을 위해, 그리고 효과적인 제어를 지원하기 위해 감독 디스플레이(supervisory display)가 필수적이다. 여기에도 이 장에서 논의했던 몇 개의 디스플레이 설계 원리나 가이드라인들이 조화롭게 적용되어야 한다. 그림 8.12는 그와 같은 예를 보여준다. 이 그림에서 13개의 병렬적 감시 디스플레이들이 수평적으로 동일한 위치로 배열되어 쉽게 접근할 수 있고(P8), 출현 속성을 제공함으로써 (작동이 정상적인지 확인하기 위해) 이들을 서로 비교하거나 통합하기 용이하도록 설계되어 있다(P9). 이 디스플레이는 하단부에 디지털 지시계를 제시함과 동시에 작동이 정상 범위를 벗어났을 때 막대의 색상을 변화시킴으로써 중복성을 제공해 주고 있다(P4). 그림에서 흰색 삼각형은 일종의 예측자(predictor, P12)로서 시스템의 추세를 보여준다. 눈금은 고정되어 있는 반면 포인터가 이동하는 디스플레이는 정신 모형과 관련된 설계 원리들, 즉 P6과 P7과 잘 합치한다. 마지막으로, 이 디스플레이는 경보 정보를 제시하기 위해 별도의 컴퓨터 윈도우 디스플레이를 사용하는 대신 각각의 파라미터 밑에 경보를 직접 위치시켜 근접 부합성 원리(P9)를 지키고 있다.

이러한 디스플레이를 설계할 때 가장 큰 문제 중 하나는 이러한 디스플레이를 통해 정규적인(혹은 약간 비정규적인) 상황뿐만 아니라 이 장의 서두에서 소개한 오퍼레이터가 직면했던 것과 같이 진단, 문제해결, 그리고 오류 검사 등이 요구되는 비정상적 상황에 대한 감시도 지원해야 한다는 점이다. 두 가지 형태의 행동을 지원하기 위해 전혀 다른 디스플레이를 각각 제공하는 것은 바람직한 생각이 아니다. 왜냐하면 복잡 시스템(complex system)에서 오퍼레이터는 디스플레이들을 서로 번갈아 관찰해야 하는 경우가 있기 때문이다. 뿐만 아니라 복잡 시스템은 여러 가지 이유로 고장을 일으킬 수 있는데, 한 가지 시스템 오류에 대한 관리를 지원하기 위해 디스플레이를 설계하는 것은 다른 형태의 시스템 오류에 대한 관리를 어렵게 할 수 있다.

이러한 문제를 극복하기 위해 인간 공학 연구자들은 **생태학적 디스플레이**(ecological display)를 개발하였다(Vicente, 2002; Vicente & Rasmussen, 1992). 생태학적 디스플레이 설계는 매우 복잡하기 때문에 이 책에서 다룰 범위를 넘어선다. 여기에서는 생태학적 디스플레이가 갖는 특징을 몇 가지 간략하게 소개하고자 한다. 우선 이 디스플레이는 처리과정을 표상하기 위해 그래픽을 부분적으로 활용한다. 그래픽 표상을 통해 시스템이 정상 범위를 넘어서는 것을 지각적으로 신호해 줄 수 있는 출현 속성을 만들어 낼 수 있고, 경우에 따라서는 비정상의 본질이 무엇인지 진단하는 데 도움을 줄 수 있다(그림 8.11b와 8.12). 생태학적 디스플레이는 또한 시스템에 대한 공간적 표상 혹은 유용한 '지도'를 활용한다(공간적 표상에 대해서는 다음 절에 논의될 것이다). 그러나 생태학적 디스플레이가 갖는 가장 중요한 특징은 이 디스플레이가 오퍼레이터/감독자가 문제에 대해 다양한 **추상화 수준**(levels of abstraction)에서 추론할 수 있도록 해주는 유연한 디스플레이와 혼합되어 이용될 수 있다는 점이다(Rasmussen, 1992). 어디서 고장이 발생하였는가? 이 고장으로 인해 에너지의 손실이 있을 것인가 아니면 압력이 과도하게 증가될 것인가? 이것이 궁극적으로 생산성과 안전에 어떤 영향을 미칠 것인가? 이 세 가지 질문들은 매우 구체적이고 물리적인 수준(첫 번째 질문)에서 훨씬 개념적이고 추상적인 수준(세 번째 질문)에 이르기까지 서로 다른 추상화 수준을 나타낸다. 사고 위험이 높은 시스템에서 오류를 관리하는 오퍼레이터는 이러한 다양한 수준 사이에서 신속하게 주의를 전환하거나 인지를 '이동' 시킬 수 있어야 한다. 생태학적 디스플레이 연구들에 대한 최근의 개관(Vicente, 2002)에 따르면, 다른 디스플레이에 비해 생태학적 디스플레이가 오류 관리에 더 효율적이며, 동시에 정상적인 시스템 작동 상태에서의 감독 활동도 저해하지 않는다는 것을 시사하고 있다.

과제의 상이한 측면들 혹은 서로 비교되어야 하는 상이한 추상화 수준을 지원하고자 설계된 여러 형태의 디스플레이가 있다면, 가능한 이들을 동시에 관찰할 수 있도록 하여 원하는 스크린을 찾기 위해 키보드를 누르는 등의 활동에 주의를 집중하기보다는 세상 속 지식(P11)을 사용할 수 있도록 해야 한다(Burns, 2000).

항행 디스플레이와 지도

지도와 매우 유사한 항행 디스플레이는 네 가지의 근본적으로 상이한 기능들을 제공해 주어야 한다. (1) 목적지까지 어떻게 갈 수 있을지에 대한 안내를 제공하고, (2) 여행에 대한 계획의 수립을 용이하게 하며, (3) 길을 잃었을 때 다시 찾을 수 있도록 도와주고, (4) 넓은 범위에 걸쳐 있는 대상들의 위치에 대한 상황 인식을 유지시켜 주어야 한다(Garland & Endsley, 1995). 예를 들어 조종사가 사용하는 항행 지도는 주변 지역의 다른 항공기나 일기 등에 대한 정보를 보여줄 수 있을 것이다. 또한 처리 제어 감독자는 공장에서의 시스템 배치에 대한 '모사 도표' 혹은 '지도'를 이용할 수 있을 것이다(제16장). 항행 디스플레이에는 일반적인 종이 지도나 전자 지도가 모두 포함될 수 있다. 그리고 앞에서 말한 기능들이 충족되어야 하는 환경들은 도시나 그 주변 영역에서부터 빌딩과 작은 상가들에 이르기까지 범위가 다양하다. 최근에는 이러한 환경의 범주 속에 데이터베이스, 하이퍼텍스트, 그리고 메뉴 시스템들과 같이 공간적으로 정의된 '전자적 환경' 들도 포함된다(제15장 참조). 또한 항행 보조수단들은 때로 운전자들이 자동차를 운전하면서 다른 과제들도 수행하는 것과 같은 중다 과제 조건에서 제공되어야 할 필요가 있다.

노선 목록과 명령 디스플레이

항행 디스플레이의 가장 단순한 형태는 노선 목록 혹은 **명령 디스플레이**(command display)이다. 이러한 디스플레이는 전형적으로 목적지까지 도달할 수 있도록 여행자에게 일련의 명령들(좌회전하라, 직진하라 등)을 제공하는 것이다. 전자 항행 디스플레이인 경우에는 특정 교차로에서 어디로 회전해야 하는지를 알려주기 위해 방향 표시와 같은 것을 사용한다. 명령 디스플레이는 사용하기 쉽다. 더구나 대부분의 항행과 관련된 명령들은 단어들로 표현될 수 있고, 명령어들이 언어적으로 표출된다면 항행하는 사람의 시각적 · 공간적 주의가 도로상에 주어져 있는 동안에도 명령들이 쉽게 처리될 수 있다(Streeter et al., 1985). 이것은 제6장에서 기술되었던 주의의 중다 자원의 원리(P10)를 따르는 것이다.

그러나 명령 디스플레이들이 효과를 발휘하기 위해서는 각각의 명령이 표출될 때 여행자가 어느 지점에 있는지에 대한 정확한 지식을 갖고 있어야 한다. 예를 들어 만일 여행자가 의도했던 노선에서 벗어나 있다면 종이에 기입된 노선 목록은 더 이상 유용하지 않으며, 교차로와 같이 항행하는 방향을 선택해야 하는 지점들이 데이터베이스에 존재하지 않는 환경 속에 나타나게 된다면(즉 교차로가 나타났는데도 항행 디스플레이가 이것을 보여주지 못한다면) 전자적으로 제공되는 항행 디스플레이도 소용 없을 것이다. 따라서 명령 디스플레이들은 누가 어디에 있는지 길을 잘못 찾았다면 어떻게 되찾아 가야 하는지에 대한 정보를 제공하는 데 효율적이지 못하며, 가야 할 경로를 계획하거나 주변 상황에 대한 인식을 유지하는 데도 유용하지 못하다고 할 수 있다. 이와는 대조적으로 공간적으로 형상화된 지도들은 이러한 종류의 도움(예 : 항행의 계획이나 주변에 대한 상황 인식)을 제공해 주는 데 더 좋은 기능을 한다. 그와 같은 종류의 지도들은 다양한 설계 특징들을 갖고 있는데, 아래에서 이러한 특징들을 차례로 고려할 것이다.

지도

가독성 반복되는 말이기는 하지만 지도가 유용하기 위해서는 무엇보다도 쉽게 읽을 수 있어야 한다(P1). 종이 지도인 경우에는 표식들과 배경 사이에 필요한 수준의 대비가, 그리고 텍스트의 크기에는 적당한 시각도가 있어야 한다. 만일 색으로 부호화된 지도를 사용하는 경우라면 배경색으로서 낮은 채도를 갖는 색을 사용하여 텍스트들이 더 잘 보일 수 있도록 할 수 있다(Reynolds, 1994). 그러나 색을 이용해 텍스트를 나타낼 경우 좋지 못한 대비를 가져올 수도 있다(제4장). 그와 같은 특징들을 고려하여 지도를 설계할 때는 지도가 읽히는 조건들에 대해서도 주의가 주어져야 한다(예 : 제4장에서 논의되었던 좋지 못한 조도 조건). 그러나 불행하게도 가독성은 (많은 정보들에 대한) 세세한 내용을 보여주어야 할 경우에는 종종 문제가 되는 측면이기도 하다. 전자 지도의 경우, 줌 기능(zooming)이 있다면 가독성을 희생하지 않으면서 세세한 부분에 대한 정보도 제공해 줄 수 있다.

혼잡도와 중첩 자세한 지도와 관련된 또 다른 문제는 많은 정보가 한꺼번에 제시됨으로써 발생하는 혼잡도의 문제이다. 혼잡도는 두 가지의 부정적인 결과를 초래할 수 있는데, 그것은 (1) 혼잡도가 증가할수록 정보에 접근하는 시간(즉 한 항목을 탐색하여 발견해 내는 것, P8)을 느리게 한다는 점과, (2) 주변의 항목들에 의해 찾고자 하는 항목이 차폐되어 그 항목을 읽는 데 시간이 느려진다는 점(지나친 근접성에 의한 초점 주의의 방해, P9)이다. 최소한의 정보를 제시하는 것으로 혼잡도의 문제를 해결하는 것 외에 다른 세 가지의 해결 방법들이 가능하다. 첫째, 효율적인 색채 약호화를 통해 서로 다른 정보 부류들을 상이한 색들로 제시해 줄 수 있다. 이렇게 함으로써 사람들이 선택 주의 기제를 이용하여 하나의 색으로 약호화된 특징들(예 : 도로)에 좀더 쉽게 초점을 맞출 수 있게 할 수 있고, 동시에 다른 색으로 약호화된 필요하지 않은 항목들(예 : 텍스트 심벌, 강 혹은 기타의 지세 등; Yeh & Wickens, 2001)은 임시적으로 여과시킬 수 있다. 색을 이용할 때는 지나치게 많은 수를 사용하거나(특히 절대 판단이 요구되는 경우에, P2) 너무 채도가 높은 색을 사용하지 않도록 주의해야 한다(Reynolds, 1994). 둘째, 전자 지도인 경우에는 사용자들이 필요로 하는 정보 부류들은 선택적으로 부각(강화)시키는 반면 다른 것들은 배경으로 남겨 놓는 것이 가능하다(Yeh & Wickens, 2001). 목표 정보의 강도를 증가시켜 주는 것은 상이한 색채를 사용하는 것보다 선택 주의와 초점 주의를 위한 더 효율적인 여과장치가 될 수 있다. 셋째, 필요한 정보를 부각시킨다는 개념을 극단적으로 사용하는 경우로 **탈혼잡화**(decluttering)가 있는데, 이 방법은 사용자들이 원하지 않는 정보의 범주들을 모두 제거할 수 있도록 해준다(Stokes et al., 1990; Mykityshyn et al., 1994). 부각시키기와 탈혼잡화는 공통적으로 한 가지 문제를 갖고 있는데, 그것은 조작에 더 많은 융통성이 있을수록 사용자의 선택 사양 수가 증가하여 결과적으로는 의사결정에 불필요한 부담을 초래할 수 있다는 점이다(Yeh & Wickens, 2001). 더구나 흔들리는 차량 안에서의 조작과 같은 경우에서는 여러 선택 사양 중에서 원하는 선택을 하는 것이 더 어려울 수 있다.

위치 표상 지도를 사용하는 사람들은 그들의 위치가 지도상에 직접적으로 나타날 수 있다면 항행 과제에서 이득을 볼 것이다. 이러한 특성은 일상적인 항행 과제에서 많은 도움을 줄 수 있는데, 왜냐하면 이것은 이동해야 하는 방향이나 거리 등을 추론하는 데 요구되는 정신적 부담을 경감시켜 줄 수 있기 때문이다. 특히 이러한 특징은 사람들이 길을 잃었을 때 다시 길을 제대로 찾을 수 있도록 돕는 데 매우 중요하다. 물론 이러한 특징은 작은 상가나 빌딩 혹은 지하철 안에서 볼 수 있는 지도에 '당신의 현 위치(you are here, YAH)'란 항목을 사용하는 일반적인 목적이기도 하다(Levine, 1982).

지도의 방향 좋은 지도가 갖는 중요한 특징 중의 하나는 항행하는 사람들로 하여금 빠르고 쉽게 앞에 펼쳐진 환경과 지도를 서로 비교할 수 있도록 하는 것이다(Wickens, 1999). 이러한 특징은 지도의 방향과 여행하는 방향이 일치하면 쉽게 달성될 수 있는데, 예를 들어 지도의 위쪽 방향이 여행하는 방향의 앞쪽이 되고 혹은 여행자가 앞쪽을 향하고 있을 때 여행자의 왼쪽이 지도상에도 왼쪽으로 나타나는 경우이다. 이러한 경우가 아니면 항행하는 사람들은 자신이 향하고 있는 방향과 지도의 방향을 일치시키기 위해 심적 회전(mental rotation)을 해야 하는데, 이것은 시간을 더 많이 요구하고 또 쉽게 실수를 범하게 한다(Aretz, 1991). 이러한 문제를 해결하기 위해 전자 지도의 경우 이동하는 방향이 항상 위쪽으로 나타나도록 지도를 회전시킬 수 있게 설계할 수 있고(Wickens et al., 1996; Wickens, 2000b), '당신의 현 위치'를 표시하는 지도의 경우에는 지도의 위쪽 방향을 지도를 보는 사람이 향하고 있는 방향과 일치하도록 할 수 있다(Levine, 1982; 그림 8.13). 이러한 대응이 이루어질 경우 회화적 실재성 원리(P6)가 만족된다.

그러나 항행을 돕기 위해 지도를 회전시키는 것의 이점에도 불구하고 이러한 방법에는 몇 가지 문제점들이 있다. 예를 들어 일반적인 종이 지도인 경우 만일 어떤 여행자가 남쪽을 향하고 있고 이동하는 방향과 지도의 방향을 일치시키고자 지도를 돌려보고자 한다면 지도 속의 텍스트들은 모두 뒤집혀서 보이게 될 것이다. 상세한 내용을 포함하고 있는 전자 지도의 경우에는 어느 정도의 컴퓨터 그래픽 능력이 있어야 할 것이다. 더구나 여행 계획을 세우거나 다른 사람과 의사소통할 때는 (일반적인 지도처럼) 북쪽이 위쪽으로 고정되어 있는 지도가 갖는 안정성과 방위의 보편성이 매우 유용할 수 있다(Baty et al., 1974; Aretz,

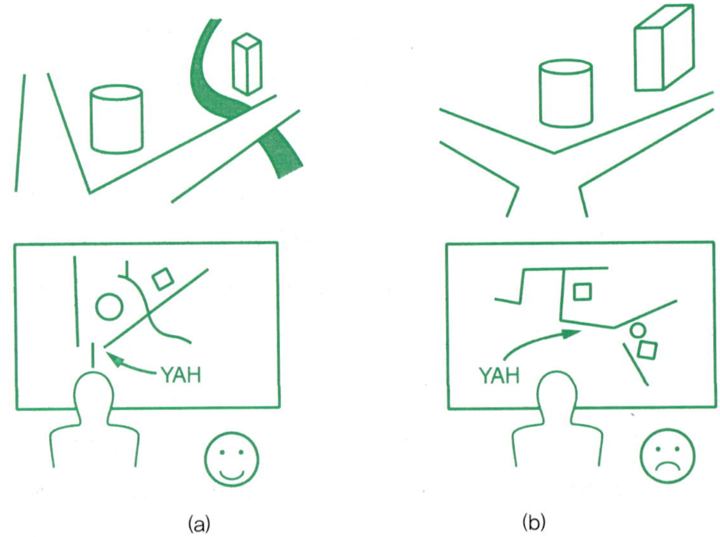

그림 8.13

'당신의 현 위치(you are here, YAH)' 지도. (a) 좋음, (b) 나쁨. (b)에서 관찰자는 세상의 좌우와 지도의 좌우를 일치시키기 위해 정신적으로 지도를 90도 회전시켜야 한다는 것에 주목하라.

1991). 따라서 지도가 회전할 수 있는 전자 지도라고 해도 (북쪽이 항상 위쪽으로 제시되는) 고정형 지도를 하나의 사양으로 선택할 수 있도록 설계해야 한다.

축척 일반적으로 어느 지역에 대해 제시되어야 하는 지리적 정보의 상세함 수준, 축척 혹은 가용성은 그 지점으로부터 여행자가 있는 지점까지의 거리가 멀어짐에 따라, 그리고 여행자의 앞쪽보다는 뒤쪽 방향에서(뒤쪽보다는 앞쪽이 미래의 이동 경로가 될 가능성이 크므로) 더 많이 감소한다고 가정할 수 있다. 이것은 전자 지도의 경우에 여행자의 위치를 전자 지도 스크린의 아랫부분에 위치시키는 주된 이유이기도 하다. 전자 지도의 축척은 사용자가 조절 가능할 수 있도록 해야 하는데, 그것은 비단 앞에서 언급한 혼잡도의 문제 때문만이 아니라 전자 지도의 축척에 대한 여행자의 요구가 여행 계획을 세우기 위한 것에서부터 길 안내를 받기에 이르기까지 다양할 수 있기 때문이다. 다시 말해 계획을 세우는 경우에는 아주 먼 지점에 있는 목적지까지의 경로에 대한 정보들이 보일 수 있어야 하는 반면(소축척), 길 안내를 받기 위해서는 현재 위치의 다음 지점에서 취해야 할 행동에 도움을 줄 수 있는 자세한 정보만이 요구되기 때문이다(대축척).

축척의 문제를 해결할 수 있는 한 가지 방법은 이중적인 지도를 만들어 사용자의 현재 위치와 방향에 관한 지역적 정보와 전체적인 환경에 관한 좀 더 넓은 지역의 정보를 같이 제시하는 것이다. 전자의 경우는 자기 참조적(ego-referenced), 후자의 경우는 세상 참조적(world-referenced)이라고 할 수 있다. 그림 8.14는 이에 대한 몇 가지 사례들을 보여주고 있다. 그와 같은 이중적 지도를 만들 때 넓은 범위의 세상 참조적 지도 속에 사용자의 현재 위치나 방향에 대한 정보가 부각되어 제시될 수 있다면 매우 가치가 있을 것이다(Aretz, 1991; Wickens et al., 2000). 이것은 또한 두 가지의 관련 있는 장면들을 시각적/인지적으로 연결시켜 주어야 한다(P9)는 시각 타성(visual momentum)의 원리를 따른다고 할 수 있다(Woods, 1984). 그림 8.14에서 보이는 두 개의 예들은 전체적 정보에 대한 국소적 정보의 위치를 나타내 주고 있다.

3차원 지도 최근 들어서 컴퓨터 그래픽 능력의 향상은 효율적이고 정확한 3차원의 지도 혹은 조망적 지도를 만들 수 있도록 해주었다(Wickens, 2000a & b). 만일 그것이 회전하는 지도라면 회화적 실재성의 원리(P5; Roscoe, 1968)를 아주 잘 따르는 것이 될 것이다. 그러나 3차원으로 된 지도가 도움이 될까? 이 질문에 대한 해답은 항행 공간의 수직축에 관한 정

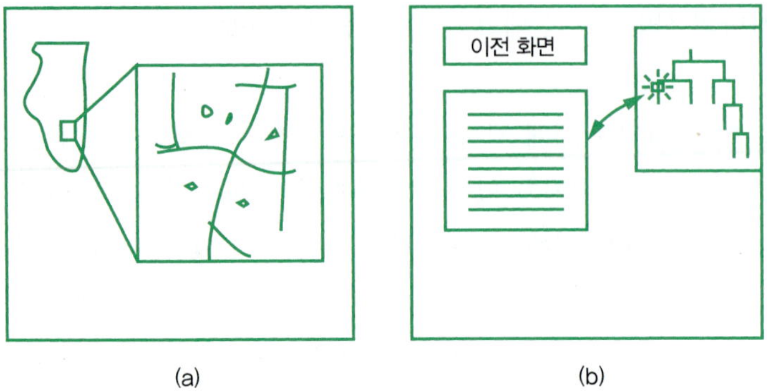

그림 8.14

전역적 · 국소적 지도 표상의 사례들. (a) 지도, (b) 컴퓨터 데이터베이스. 국소적 지도에 표시된 영역은 전역적 지도에도 제시되어 있는 것을 주목하라. 이러한 사례들은 관찰자가 하나의 정보가 다른 맥락에서는 어디에 위치하는지를 파악하게 해주는 시각타성을 예시해 주고 있다.

보 혹은 대상들을 3차원적으로 표상해 주는 것이 항행에 얼마나 필요한 것인가의 정도에 달려있다. 지상으로부터 매우 높은 상공을 비행하는 조종사나 한적한 고속도로를 운전하는 운전자에게는 수직적으로 배열된 정보들이 항행에 거의 도움을 주지 못할 것이다. 그러나 산악 지역을 여행하는 사람이나 헬리콥터 조종사, 저고도로 비행하는 조종사 혹은 앞쪽에 있는 이정표(예 : 높은 건물)를 찾아가며 운전해야 하는 사람들에게는 입체적으로 표시되는 정보들의 이점이 더욱 분명해질 것이다(Wickens, 1999). 2차원적인 평면 지도에 익숙하지 않은 사람들에게는 (회화적 실재성이 있기 때문에) 3차원 지도의 이점이 특히 더 크다. 간단히 말해 3차원 디스플레이는 대부분의 경우 표상 영역을 실제와 유사한 그림 형태로 제시해 주며(P6), 이것은 항행 인식을 유지하는 데 유용하다. 3차원 디스플레이의 사용과 관련된 지침들이 다음에 제시되어 있다.

지도 계획과 데이터 시각화 지금까지의 지도에 관한 우리의 논의는 지도를 보는 사람이 지도에 표시된 특정 위치와 방향 속에 '존재하는 것'을 가정하고 이루어졌다. 그러나 '지도 속에' 사용자가 존재하지 않을 수 있는 몇 가지 상황들이 있다. 그러한 예들은 항공 관제용 디스플레이, 운송 수단 배차용 디스플레이, 처리-제어 모사 도표, 건축 설계도, 배선도, 그리고 분자 구조와 같은 3차원적인 과학적 데이터의 디스플레이 등이다. 이러한 경우의 디스플레이 사용자는 디스플레이상에 제시된 각 요소들의 공간적 관련성을 이해하기 위해 디스플레이를 사용하는 일종의 '계획자'이다.

우리가 위에서 논의했던 많은 특징들(예 : 가독성과 혼잡도 문제, 축척의 유연성)은 '비항행자를 위한 지도'에도 적용된다. 그러나 이러한 경우에 '이동의 방향'은 전형적으로 존재하지 않기 때문에 지도의 회전은 문제가 되지 않는다. 일반적인 지리 지도의 경우 위쪽이 북쪽인 형태가 바람직한 선택이다. 그 외의 지도들의 경우는 사용자가 방향을 제어할 수 있는 유연한 형태가 때로 더 바람직할 수 있다.

그와 같은 지도에 대한 3차원 디스플레이의 장점과 단점은 주어진 과제의 특성에 따라 달라진다. 대형 건물의 설계와 같은 경우처럼 대상들을 3차원적으로 시각화해 줄 수 있는 지도들은 많은 도움이 된다(Wickens et al., 1994). 그러나 상하 혹은 좌우 차원에서 정보를 정확하게 분리하는 것이 매우 중요한 항공 관제와 같은 과제들인 경우에는 3차원 디스플레이들이 오히려 모호성을 줄 수 있기 때문에 바람직하지 않을 수 있다(제4장 참조). 3차원 디스플레이를 적용하기 전에 반드시 먼저 해야 할 일은 정보의 내용과 과제가 어떤 특성을 갖고 있는지에 대해 주의 깊은 분석을 실시하는 것이다. 이러한 것에 포함될 수 있는 문제들은 (1) 의사결정 과정에 입체적으로 제시되는 정보들이 얼마나 중요한가, (2) 제시된 정보들이 얼마나 정확한 수준에서 처리되어야 하는가(이 경우 3차원의 조망적 표상이 정보에 대한 정확한 판독을 어렵게 할 수 있기 때문에 3차원 디스플레이는 좋은 것이 되지 못한다; Wickens, 2000a, b; St. John et al., 2001), 아니면 3차원 디스플레이를 사용하여 '위' 혹은 '아래'와 같이 대체적인 정보만을 처리하는 것이 효율적인가 등이다.

만일 3차원(조망적) 지도가 선택되었다면 다음의 세 가지 중요한 가이드라인이 제공될 수 있다(Wickens et al., 1989). 첫째, 제4장에서도 살펴보았듯이 디스플레이 속에 제공될 수 있는 자연적인 깊이 단서들의 수가 많을수록 깊이 감각이나 3차원 감각이 더 강하게 발생할 수 있을 것이다. 이 경우 입체영상(stereo), 중첩(interposition) 및 운동시차(motion parallax, 이것은 관찰자가 3차원 디스플레이를 이쪽 저쪽으로 돌려봄으로써 얻을 수 있다)는 특히 중요한 단서들이다(Wickens et al., 1989; Sollenberger & Milgram, 1993). 둘째, 만일 디스플레이의 관찰점 위치를 변화시킬 수 있다면 하나의 선택으로 2차원적 관찰점(예 : 위에서 내려다보는 것과 같은)을 가질 수 있도록 하는 것이 바람직하다.

양적 정보 디스플레이 : 표와 그래프

어떤 디스플레이들은 숫자나 값들의 범위를 나타내 주기 위해 설계된다. 이러한 디스플레이에는 음식물의 영양 성분이나 소비 제품들의 가격, 상이한 검사 방법에 따른 결과값들의 예상되는 범위, 스프레드시트, 혹은 경제학적/과학적 데이터의 집합 등을 나타내기 위한 다양한 표가 포함될 수 있을 것이다. 그와 같은 데이터를 나타내는 형식은 데이터에 대한 해석에 큰 영향을 준다(Gillan et al., 1998). 가장 먼저 결정해야 하는 것은 이러한 값들을 표로 나타낼 것인지 아니면 그래프로 나타낼 것인지를 결정하는 것이다. 역동적 디스플레이에 대한 논의에서도 보았듯이 디지털로 나타낼 것인지 아니면 아날로그로 나타낼 것인지를 비교하는 경우라면 가장 중요하게 고려해야 할 것은 읽히는 값의 정확성 정도이다. 만일 고도를 정확하게 읽어야 하는 것이 요구된다면 표로 제시하는 것이 유리할 것이다. 그러나 그림 8.15a에서도 보이듯이 표들은 공간상의 변화를 지각하는 과제에는 별로 도움을 주지 못한다. 다시 말해 그림 8.15b에 있는 선형 그래프에 제시된 데이터와 비교하여 같은 값들이라고 해도 표 안에 제시된 값들을 통해서는 감소하거나 증가하는 경향을 구분하는 것이 매우

22	25	26	24	28
26	32	29	38	42

(a)

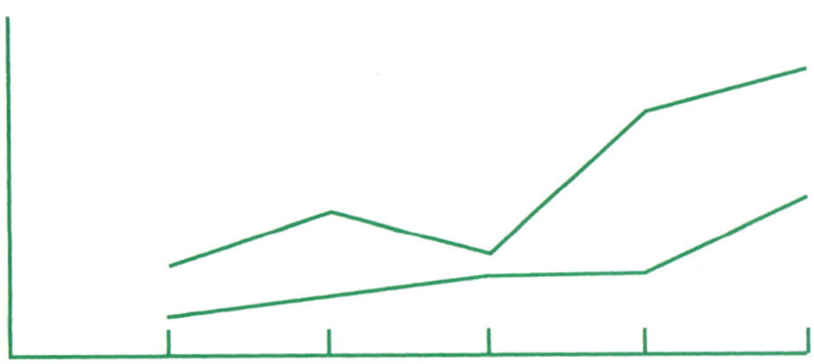

(b)

그림 8.15
(a) 경향성이 있는 변인값들에 대한 표 형식의 표상, (b) (a)와 동일한 자료에 대한 그래픽 표상. (a) 방식보다는 (b) 방식이 변인의 경향을 파악하는 데 더 용이하다는 것에 주목하라.

곤란하다. 또한 표로 제시된 값을 통해서는 그들의 변화 추세율을 지각하는 것이 매우 어려울 뿐만 아니라 서로 다른 차원에 따라 변화하는 값들의 추세(예 : 변인 사이의 상호작용)를 알아차리는 것은 매우 힘들다. 반면 그림 8.15b의 그래프에 제시된 두 개의 선을 통해서는 값들이 어떤 형태로 변화하고 있는지 쉽게 알아볼 수 있다.

따라서 만일 값에 대한 절대적 판단이 요구되지 않고 값들의 변화를 탐지하거나 지각하는 것이 중요한 경우에는 그래프를 통해 값들을 제시하는 것이 좋다. 그래프를 사용하는 경우의 문제는 그래프의 형태(파이형, 2차원 혹은 3차원적인 그래프 등)를 결정하는 것이다. 최적의 그래프 형태를 결정하는 데 도움을 줄 수 있는 참고문헌에는 Kosslyn(1994), 혹은 Gillan 등(1998)이 있는데, 이들이 제안한 가이드라인들 중에서 중요한 몇 가지를 소개하고자 한다.

가독성(P1)

여기에서도 대비 민감도의 문제가 중요하다. 선이나 라벨들은 읽을 수 있을 정도로 충분히 크게 제시되어야 한다. 두 번째의 중요한 고려사항은 **변별 가능성**(discriminability, P5)이다. 의미가 전혀 다른 선들이 매우 혼동스러운 점들로만 구분되어야 하는 경우가 너무 자주 있다(그림 8.16a). 이러한 경우에는 그림 8.16b에서와 같이 현저하고 중복적인 약호화를 통해

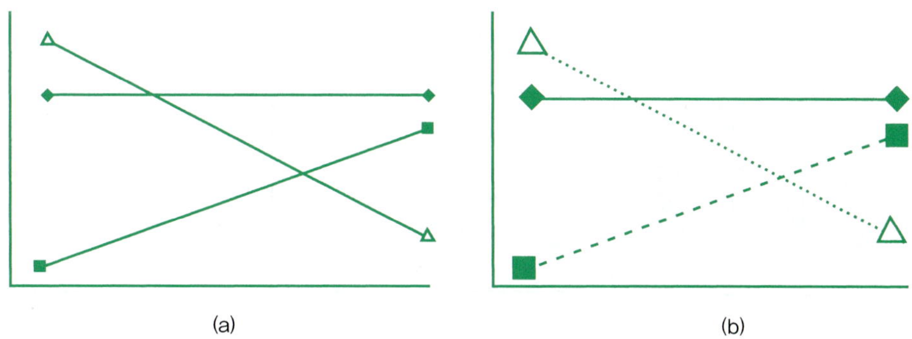

그림 8.16

(a) 그래프 안의 선들이 서로 혼동될 가능성이 높다. (b) 중복성을 부분적으로 이용하였으며, (a)에 비해 훨씬 변별 가능성이 높은 선들로 제시되어 있다.

출처 : Wickens, CD., 1992b. The human factors of graphs at HFS annual meetings. *Human Factors Bulletin, 35*[7], 1-3.

차이를 부각시켜 준다면 매우 도움이 될 것이다. 최근의 그래픽 패키지에서는 선을 변별하기 위해 종종 색을 사용한다. 이럴 경우 색 약호화는 다른 현저한 단서들과 함께 사용하는 것이 필수적이다. 왜 그럴까? 우리가 제4장에서도 언급했듯이 모든 사람이 다 좋은 색채시를 갖고 있는 것은 아니며, 색을 사용한 그래프라 해도 컬러 프린터(혹은 컬러 복사기)가 아니라면 아무 소용이 없기 때문이다.

혼잡도

그래프들은 실제로 전달하고자 하는 정보보다 더 많은 선분이나 표시(marker)를 제시하기 때문에 쉽게 혼잡해질 수 있다. 우리가 살펴보았듯이 지나치게 혼잡해지면 역효과를 가져올 수 있고(Lhose, 1993), 이러한 점 때문에 종종 자료-잉크 비율(data-ink ratio)이 최대가 되도록 해야 한다는 주장이 제기되기도 하였다(Tufte, 1983, 1990). 즉 자료의 최대량은 '잉크'의 최소량으로 제시되어야 한다는 것이다. 이러한 가이드라인은 그림 8.17a의 '부티크 그래프(boutique graph)'에서와 같이 2차원적인 자료를 3차원적인 자료로 불필요하게 표현하려고 지나치게 많은 '잉크'를 사용하는 것을 방지하는 데는 가치가 있을 수 있지만 이 원리를 지나치게 적용하는 경우에는 역시 역효과가 따르게 된다(Carswell, 1992). 따라서 그림 8.17b에서와 같이 자료-잉크의 비율이 최대가 되는 '최소-잉크' 그래프는 혼잡도를 많이 줄이기는 했지만 이렇게 단순하게 제시하였다고 더 나아진 것은 거의 없다. 예를 들어 그림 8.17c의 선분 그래프와 비교해 본다면 오히려 추세를 나타내는 능력을 상실하게 되었다. 그림

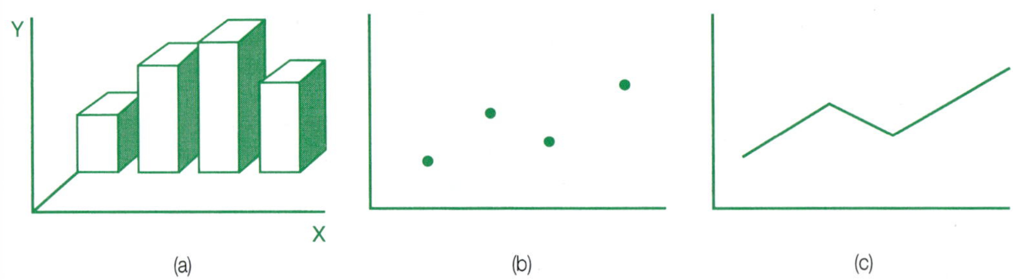

그림 8.17

(a) '자료-잉크' 비율이 매우 낮은 '부티크 그래프'의 일례. 이 그래프는 불필요한 요소들을 포함하고 있을 뿐만 아니라 깊이 차원의 표상이 제공해 주는 정보가 전혀 없다. (b) '자료-잉크' 비율이 매우 높은 단순 그래프. (c) 중간 수준의 '자료-잉크' 비율을 갖고 있는 그래프. 이 경우 선들의 형태에 의해 경향에 대한 중복적인 정보들이 추가된다는 것을 주목하라.

8.17c는 그림 8.17b에서는 존재하지 않는 출현 속성(즉 선분의 기울기)을 포함하고 있다. 그림 8.17b와 같은 점 그래프(dot graph)는 좋지 못한 관찰 조건(혹은 그래프 위에 무엇이 묻어서 잘 보이지 않는 경우)에서는 더 바람직하지 못한 형태의 그래프가 될 수 있다.

근접성

시각적 주의는 그래프의 이쪽 저쪽을 훑어보면서 많은 '작업'을 해야 하는데(P8), 이러한 시각적 탐색의 노력이 지나치게 요구된다면 이러한 노력은 그래프가 의미하는 것이 무엇인지 이해하는 데 사용되는 인지적 처리 자원과 경쟁하게 되어 결국 그래프의 해석을 방해하게

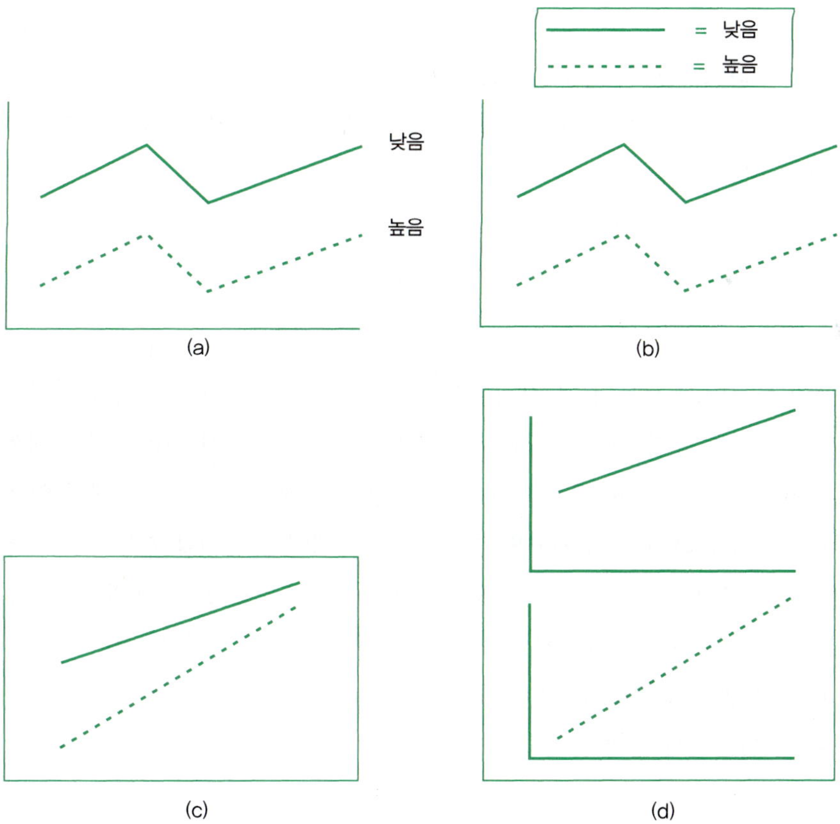

그림 8.18

그래프와 근접성. (a) 선분과 라벨의 높은 근접성, (b) 선분과 라벨의 낮은 근접성, (c) 비교되는 선분들의 높은 근접성, (d) 비교되는 선분들의 낮은 근접성

된다. 따라서 비교되어야 하는(혹은 통합되어야 하는) 것들은 공간상에 서로 근접되어 제시될 수 있도록 하든지, 아니면 공통적인 시각적 부호를 통해 지각적으로 쉽게 연결될 수 있도록 그래프를 구성하는 것이 중요하다. 물론 이것은 근접 부합성 원리(P9)의 특징이며, 이러한 원리를 적용시키는 경우들로는 그래프의 범례를 별도의 상자 안이나 설명문(caption)에 두는 것보다는(그림 8.18b) 해당되는 선들에 바로 근접시켜 제시한다거나(그림 8.18a), 서로 비교되어야 하는 두 개의 선들은 분리된 별도의 패널에 제시하는 것보다는(그림 8.18d) 하나의 그래프만을 이용해 두 개의 선들을 동일한 공간 속에 제시하는 것(그림 8.18c) 등이 해당될 수 있다.

형식

마지막으로, 그래프 속에 데이터 표시점들의 수가 상당히 많아지게 되면 이러한 디스플레이는 더 이상 그래프라고 부르지 않고 대신 '데이터 시각화'의 한 형태라고 한다. 데이터 시각화의 몇 가지 특성에 대해서는 앞부분에서 지도와 관련하여 기술된 바 있다. 다른 특징들에 대해서는 제15장에서 논의될 것이다.

결론

이 장에서 우리는 감각에서부터(제4장과 제5장) 인지, 이해 및 의사결정(제6장과 제7장)에 이르는 정보의 전달을 촉진시키기 위한 디스플레이의 다양한 설계 원리들에 대해서 살펴보았다. 정보 전달의 촉진을 위한 유일하면서도 '최상'의 방법은 없지만, 위에서 언급된 13개의 설계 원리들을 고려하여 설계한다면 열악한 디스플레이를 설계할 가능성은 분명히 줄일 수 있을 것이다. 디스플레이를 통해 제시되는 정보들은 궁극적으로는 행위(action), 즉 어느 시스템이나 환경의 한 측면을 제어하고자 하는 노력을 이끌어 내거나, 제시되는 정보에 대한 반응을 이끌어 낸다. 다음 장에서는 그러한 제어과정에 인간 공학자들이 어떠한 방식으로 도움을 줄 수 있는지에 대해 논의할 것이다.

참고문헌

Andre, A., and Wickens, C.D.(1992). Compatibility and consistency in display-control systems: Implications for aircraft decision aid design. *Human Factors, 34(6)*, 639-653.

Arditi, A.(1986). Binocular vision. In K. Boff, L. Kaufman, and J. Thomas(eds.), *Handbook of perception and human performance,* Vol. 1. New York: Wiley.

Aretz, A.J.(1991). The dosing of electronic map displays. *Human Factors, 33*(1), 85-101.

Aretz, A.J., and Wickens, C.D.(1992). The mental rotation of map displays. *Human Performance, 5,* 303-328.

Baty, D.L., Wempe, T.E., and Huff, E.M.(1974). A study of aircraft map display location and orientation. *IEEE Transaction on Systems, Man, and Cybernetics, SMC-4,* 560-568.

Bennett, K.B., Toms, M.L., and Woods, D.D.(1993). Emergent features and graphical elements: Designing more effective configural displays. *Human Factors, 35*(1), 71-98.

Blattner, M., Sumikawn, D., and Greenberg, R.(1989). Earcons and icons: Their structure and commanding principles. *Human Computer Interaction 4*, 11-44.

Boff, K.R., Kaufman, L., and Thomas, J.P.(eds.).(1986). *Handbook of perception and human performance.* New York: Wiley.

Boff, K.R., and Lincoln, J.(1988). Engineering data compendium: *Human perception and performance*(4 Volumes). Wright-Patterson Air Force Base, OH: Armstrong Aerospace Medical Research Laboratory, AAMRL/NATO.

Bogner, M.S. (1994). *Human error in medicine.* Hillsdale, NJ: Lawrence Erlbaum.

Carswell, C.M.(1992). Reading graphs: Interactions of processing requirements and stimulus structure. In B. Burns(ed.), *Percepts, concepts, and categories*(pp.605-647). Amsterdam: Elsevier Science Publications.

Cole, W.G.(1986). Medical cognitive graphs. *Proceedings of the ACM-SICCHI: Human Factors in Computing Systems*(pp.91-95). New York: Association for Computing Machinery.

Degani, A., and Wiener., E.L.(1990). *Human factors of fight-deck checklists: The normal checklist(*NASA Contractor Report 177549). Moffett Field, CA: NASA Ames Research Center.

Durlach, N.I., and Mavor, A.(1995). *Virtual reality: Scientific and technological challenges.* Washington, DC: National Academy Press.

Fadden, D.M., Braune, R., and Wiedemann, J.(1991). Spatial displays as a means to increase pilot situational awareness. In S.R. Ellis, M.K. Kaiser, and A.J. Grunwald(eds.), *Pictorial communication in virtual and real environments*(pp.173-181). London: Taylor & Francis.

Federal Aviation Administration(1987). U.S. Federal Aviation Administration Advisory Circular

#25-11. *Transport Category Airplane Electronic Display Systems.* Washington, DC: U.S. Department of Transportation.

Fischer, E., Haines, R.F., and Price, T.A.(1980) *Cognitive issues in head-up displays(*NASA Technical Paper 1711). Moffett Field, CA: NASA Ames Research Center.

Garland, D., and Endsley, M.(1995). *Proceedings International Congress on Experimental Analysis of Situation Awareness.* Daytona Beach, FL: Embrey Riddle.

Gentner, D., and Stevens, A.L.(1983). *Mental Models.* Hillsdale, NJ: Erlbaum.

Gillan, D.J., and Lewis, R.(1994). A componential model of human interaction with graphs. I. Linear regression modeling. *Human Factors, 36*(3), 419-440.

Harrison, B.L., and Vicente, K.J.(1996). A case study of transparent user interfaces in a commercial 3D modeling and paint application. *Proceedings of the 40th Annual Meeting of the Human Factors and Ergonomics Society.* Santa Monica, CA: Human Factors and Ergonomics Society.

Helander, M.G.(1987). Design of visual displays. In G. Salvendy(ed.), *Handbook of human factors(*pp. 507-548). New York: Wiley.

Johnson-Laird, P. N.(1983). *Mental models.* Cambridge, MA: Harvard University Press.

Kiefer, R.J.(1991). *Effect of a head-up versus head-down digital speedometer on visual sampling behavior and speed control performance during daytime automobile driving*(SAE Technical Paper Series 910111). Warrendale, PA: Society of Automotive Engineers.

Kocian, D.F., and Task, H.L. (1995). Visually coupled systems hardware and the human interface. In. W. Barfleld and T. Furness(eds.), *Virtual environments and advanced interface design.* New York: Oxford University Press.

Kosslyn, S.M.(1994). *Elements of graph design.* New York: W.H. Freeman and Co.

Larish, I., and Wickens, C.D.(1991). *Divided attention with superimposed and separated imagery: Implications for head-up displays.* University of Illinois Institute of Aviation Technical Report(ARL-91-4/NASA HUD-91-1). Savoy, IL: Aviation Research Laboratory.

Levine, M.(1982). You-are-here maps: Psychological considerations. *Environment and Behavior, 14*, 221-237.

Lhose, J.(1993). A cognitive model for perception and understanding. In S.P. Rebertson et al.(eds.), Human Factors in Computing Systems. CHI 1991 Conference Proceedings, pp.137-144. NY: Association for Computing Machinery.

Long, G.M., and Kearns, D.F.(1996). Visibility of text and icon highway signs under dynamic viewing conditions. *Human Factors, 38*(4), 690-701.

May, P.A., Campbell, M., and Wickens, C.D.(1996). Perspective displays for air traffic control:

Display of terrain and weather. *Air Traffic Control Quarterly, 3*(10), 1-17.

Mykityshyn, M.G., Kuchar, J.K., and Hansman, R.J.(1994). Experimental study of electronically based instrument approach plates. *The International Journal of Aviation Psychology, 4(*2), 141-166.

National Research Council(1995). *Human factors in the design of tactical displays for the individual soldier: Phase 1 report.* Washington, DC: National Academy Press.

Neisser, U., and Becklen, R.(1975). Selective looking: Attention to visually specified events. *Cognitive Psychology*, *7*, 480-494.

Newman, R.L.(1995). *Head-up displays: Designing the way ahead.* Brookfield, VT: Avebury.

Norman, D.A.(1981). The trouble with UNIX. *Datamotion 27*, 139-150.

Norman, D.A.(1988). *The psychology of everyday things.* New York: Harper & Row.

Olmos, O., Liang, C.C., and Wickens, C.D.(1997). Electronic map evaluation in simulated visual meteorological conditions. *International Journal of Aviation Psychology, 7*(1), 37-66.

Parasuraman, R., Davies, D.R., and Beatty, J.(1984). *Varieties of attention.* New York: Academic Press.

Pomerantz, J.R., and Pristach, E.A.(1989). Emergent features, attention, and perceptual glue in visual form perception. *Journal of Experimental Psychology: Human Perception and Performance, 15,* 635-649.

Rasmussen, J., Pejtersen, A., and Goodstein, L.(1995). *Cognitive engineering: Concepts and applications.* New York: Wiley.

Reynolds, L.(1994). Colour for air traffic control displays. *Displays, 15,* 215-225.

Roscoe, S.N.(1968). *Airborne displays for fight and navigation. Human Factors, 10,* 321-332.

Sanders, M.S., and McCormick, E.J.(1993). *Human factors in engineering and design.* New York: McGraw-Hill.

Sanderson, P.M., Flach, J.M., Buttigieg, M.A., and Casey, E.J.(1989). Object displays. do not always support better integrated task performance. *Human Factors, 31*, 183-189.

Schreiber, B., Wickens, C.D., Kennel, G., and Alton, J.(1996). Navigational checking: Implications for electronic map design. *Proceedings of the 40th Annual Meeting the Human Factors and Ergonomics Society.* Santa Monica, CA: Human Factors and Ergonomics Society.

Seagull, J., and Gopher, D.(1995). Training head movement in visual scanning: An embedded approach to the development of piloting skills with helmet-mounts displays. In *Proceedings 39th Annual Meeting of the Human Factors Society.* San Monica, CA: Human Factors.

Sollenberger, R.L. and Milgram, P.(1993). Effects of stereoscopic and rotational displays in a 3D path-tracing task. *Human Factors, 35*(3), 483-499.

Sojourner, R., and Antins, S.(1990). The effects of a simulated headup display speedometer on perceptual task performance. *Human Factors, 32*, 329-340.

Sorkin, R.D., Kantowitz, B.H., and Kantowitz, S.C.(1988). Likelihood alarm display. *Human Factors, 30,* 445-460.

Stokes, A.F., Wickens, C.D., and Kite, K.(1990). *Display technology: Human factors concepts.* Warrendale, PA: Society of Automotive Engineers.

Streeter, L.A., Vitello, D., and Wonsiewicz, S.A.(1985). How to tell people where to go: Comparing navigational aids. *International Journal on Man-Machine Studies, 22,* 549-562.

Tufte, E.R.(1983). *The visual display of quantitative information*. Cheshire, CT: Graphics Press.

Tufte, E.R.(1990). *Envisioning information.* Cheshire, CT: Graphics Press.

Tversky, A.(1977). Features of similarity. *Psychological Review, 84,* 327-352.

Vicente, K.J.(1995). Supporting operator problem solving through ecological interface design. *IEEE Transactions on Systems, Man, and Cybernetics, 25*(4), 529-545.

Vicente, K.J., Moray, N., Lee, J.D., Rasmussen, J., Jones, B.G., Brock, R., and Toufsk, D.(1996). Evaluation of a Rankine cycle display for nuclear power plant monitoring and diagnosis. *Human Factors, 38,* 506-522.

Vicente, K.J., and Rasmussen, J.(1992). Ecological interface design: Theoretical foundations. *IEEE Transactions on Systems, Man, and Cybernetics, 22*(4), 589-606.

Warren, D.H., Rossano, M.J., and Wear, T.D.(1990). Perception of map-environment correspondence: The roles of features and alignment. *Ecological Psychology, 2,* 131-15.

Weintraub, D.J., and Ensing, M.J.(1992). *Human factors issues in head-up display design: The book of HUD*(SOAR CSERIAC State of the Art Report 92-2). Crew System Ergonomics Information Analysis Center, Wright-Patterson AFB, Dayton, OH.

Weintraub, D.J., Haines, R.F., and Randle, R.J.(1984). The utility of head-up display Eye-focus versus decision time. *Proceedings of the 28th Annual Meeting of the Human Factors Society*(pp.529-533). Santa Monica, CA: Human Factors Society.

Weintraub, D.J., Haines, R.F., and Randle, R.J.(1985). Head-up display(HUD) utility, II: Runway to HUD transitions monitoring eye focus and decision times. *Proceedings of the 29th Annual Meeting of the Human Factors Society*(pp.615-619). Santa Monica, CA: Human Factors Society.

Wickens, C.D.(1992a). *Engineering psychology and human performance*(2nd ed.). New York: Harpercollins.

Wickens, C.D.(1992b). The human factors of graphs at HFS annual meetings. *Human Factors Bulletin, 35*(7), 1-3.

Wickens, C.D.(1997). Frame of reference for navigation. In D. Gopher and A. Koriat(eds.), *Attention and performance,* Vol. 16. Orlando, FL: Academic Press.

Wickens, C.D., and Carswell, C.M.(1995). The proximity compatibility principle: Its psychological foundation and its relevance to display design. *Human Factors, 37*(3), 473-494.

Wickens, C.D., Liang, C-C, Prevett, T., and Olmos, O.(1996). Electronic maps for terminal area navigation: Effects of frame of reference on dimensionality. *International Journal of Aviation Psychology.* 6(3), 241-271.

Wickens, C.D., and Long, J.(1995). Object-vs. space-based models of visual attention: Implications for the design of head-up displays. *Journal of Experimental Psychology: Applied, 1*(3), 179-194.

Wickens, C.D., Merwin, D.H., and Lin, E.(1994). Implications of graphics enhancements for the visualization of scientific data: Dimensional integrality, stereopsis, motion, and mesh. *Human Factors, 36*(1), 44-61.

Wickens, C.D., Todd, S., and Seidler, K.S.(1989). *Three-dimensional displays: Perception, implementation, and applications*(CSERIAC SOAR 89-001). Crew System Ergonomics Information Analysis Center, Wright-Patterson AFB, OH.

Wickens, C.D., Vincolo, M.A., Schopper, A.W., and Lincoln, S.E.(1997). *Computational models of human performance in the design and layout of controls and displays.* Wright-Patterson AFB, OH: CSERIAC.

Woods, D.D. (1984). Visual momentum: A concept to improve the cognitive coupling of person and computer. *International Journal of Man-Machine Studies, 21,* 229-244.

Woods, D., Wise, J, and Hanes, L.(1981). An evaluation of nuclear power plant safety parameter display systems. *Proceedings of the 25th Annual Meeting of the Human Factors Society*(pp.110-114). Santa Monica, CA: Human Factors Society.

9 제어

그가 렌트한 자동차는 비교적 새 차였고, 고속도로에 진입하고자 했을 때는 이미 어두워지기 시작한 시각이었다. 헤드라이트를 켜야겠다고 생각하고 헤드라이트 스위치라고 생각되는 것을 돌렸다. 그러나 헤드라이트 대신 앞 유리창에 창문 세척용 액체가 뿌려져 앞을 볼 수가 없었다. 실수를 바로 잡으려 하는 순간 다른 쪽 손이 매우 민감한 핸들을 건드렸고 자동차는 고속도로 진입로를 벗어나려고 하였다. 재빨리 반대쪽으로 핸들을 돌렸지만 너무 많이 돌려 자동차가 다시 반대 방향으로 급하게 돌아가고 말았다. 잠시 동안 자동차는 이쪽 저쪽으로 마구 흔들렸고 한참 후에 그는 자동차를 겨우 멈출 수 있었다. 그는 운전을 시작하기 전에 자동차 제어 장치들의 위치를 미리 확인해 보지 않은 점에 대해 스스로를 탓하면서 다시 한 번 헤드라이트 스위치라고 생각되는 또 다른 스위치를 돌렸다. 그러나 이번에도 헤드라이트는 켜지지 않았고 대신 비상등이 켜졌다. 실수를 범한 것은 마찬가지였지만 이번에는 그래도(앞 유리용 세척제가 쏟아져 앞을 볼 수 없었던 것에 비하면) 다행한 일이었다.

이 운전자는 자동차를 제어하는 데 몇 가지 어려움을 경험했다고 할 수 있다. 제6장에서 논의된 인간 정보 처리 모델은 간단히 말해 현재 상태를 인식하고, 무엇을 해야 할지 알며, 하고자 하는 행위를 하는 것이다. 제어(control)는 정보 처리 모델에서 보면 '무엇을 하는 부분'이다. 제어란 단어는 '제어장치'를 의미하는 명사가 될 수도 있고, '제어한다'는 의미의 동사가 될 수도 있다. 제6장에서 제시된 정보 처리 모델에 비추어 본다면, '제어'란 행위의 선택과 실행(다시 말해 제어는 정보 처리 모델에서 마지막의 두 단계)을 포함하며, 여기에 의도된 대로 제어 반응이 실행되었는지를 인간이 알 수 있도록 해주는 피드백 루프(feedback loop)가 수반된다. 이 장에서는 반응의 선택과 관련된 몇 가지 중요한 원리들에 대해 기술할 것이다. 그 다음에는 제어장치들의 본질(제어장치들의 본질은 수행되어야 하는 과제와 밀접하게 관련되어 있다)에 의해 결정되는 반응 실행의 여러 측면들에 대해 논의할 것이다. 구체적으로 이 장에서는 제어장치의 불연속적 활성화 혹은 스위치, 설정 혹은 지시용 장치로서 사용되는 제어장치, 언어 혹은 상징적 입력(예 : 타이핑) 도구로 사용되는 제어장치, 그리고 추적이나 이동에 사용되는 연속적 제어장치들에 대해 언급할 것이다.

반응 선택의 원리

하나의 반응 혹은 행위의 선택과 관련된 난이도나 속도는 몇 가지 변인들에 의해 영향을 받는데(Fitts & Posner, 1967; Wickens & Hollands, 2000), 그중에서 다음의 다섯 가지가 시스템 설계에 특히 중요한 변인들이다 – 의사결정의 복잡성, 기대, 부합성, 속도-정확성 교환, 그리고 피드백.

의사결정의 복잡성

하나의 행위가 선택되는 데 소요되는 속도는 주어진 맥락 안에서 선택될 수 있는 가능한 대안들의 수에 의해 강하게 영향을 받는다. 우리는 이것을 어떤 행위를 선택할지를 결정하는 것의 **복잡성**이라고 말한다. 따라서 단지 두 가지의 대안 중에서 한 가지만(예 : 'dit'와 'dah')을 선택해야 하는 모스 부호 오퍼레이터의 각 행위는, 26개의 알파벳 중에서 한 가지를 선택해야 하는 타이피스트의 각 행위들보다 훨씬 단순한 선택을 하게 된다. 따라서 모스 부호 오퍼레이터는 주어진 시간 안에(예 : 1분) 훨씬 더 많은 키 입력 횟수를 보일 수 있다. 마찬가지로, 8개의 선택 옵션을 갖는 컴퓨터의 메뉴 중에서 한 가지를 선택해야 하는 사용

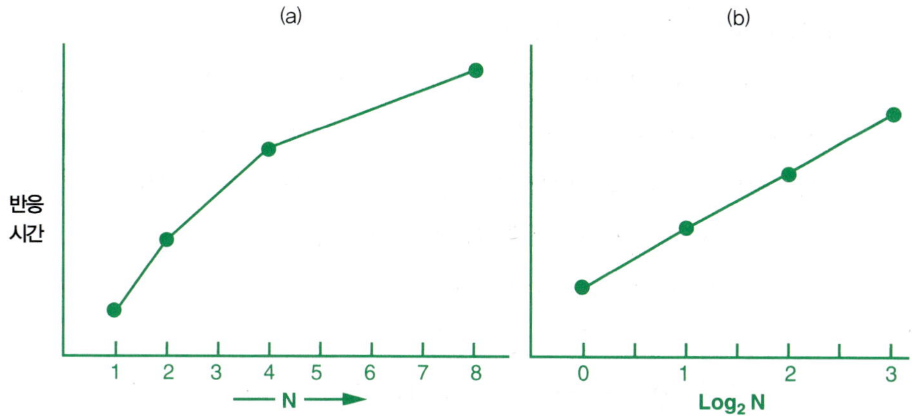

그림 9.1

반응시간에 대한 Hick–Hyman 법칙. (a) 그림은 가능한 자극-반응 대안들의 수(N)가 증가함에 따라 반응시간(RT)이 대수적으로 증가하고 있음을 보여주고 있다. 이것은 때로 $RT = a + b\,\mathrm{Log}_2 N$의 공식으로 표시될 수 있다. (b)는 이러한 선형관계를 보여주고 있다.

자보다 2개의 선택 옵션을 갖고 있는 컴퓨터의 메뉴 중에서 한 가지를 선택하고자 하는 사용자들이 요구되는 행위를 훨씬 더 빠르게 선택할 수 있을 것이다.

공학 심리학자들은 의사결정의 복잡성에 따른 반응 선택 시간의 차이를 그림 9.1과 같이 반응시간에 대한 **Hick-Hyman 법칙**으로 설명하고자 하였다(Hick, 1952; Hyman, 1953).

그러나 Hick-Hyman 법칙은 단순한 의사결정을 하도록 설계된 시스템이 더 우수하다는 것을 의미하는 것은 아니다. 실제로, 사용자에 의해 전달되어야 하는 특정한 양의 정보가 있다면, 다수의 단순한 의사결정을 하는 것보다는 소수의 복잡한 의사결정을 하는 것이 일반적으로 더 효율적이다. 이것을 **의사결정 복잡성의 이점**(decision complexity advantage)이라고 한다(Wickens & Hollands, 2000). 예를 들어 타이피스트는 모스 부호 오퍼레이터에 비해 같은 메시지를 더 빠르게 전달할 수 있다. 마찬가지로, 우리가 제15장에서 살펴보게 되겠지만, 다수의 주메뉴 속에 소수의 명령어들이 있는(즉 앞의 예에서 8개의 선택 옵션을 갖는 것과 같은 '넓고-얕은' 구조) 컴퓨터 메뉴 시스템이 소수의 주메뉴 속에 다수의 명령어들이 제시되도록 되어 있는(즉 '좁고-깊은' 구조) 메뉴 시스템보다 더 효율적이다.

반응 기대

제4장, 제6장, 그리고 제8장에서 우리는 기대되는 정보를 더욱 빠르게 (그리고 정확하게) 지

각한다는 것을 알아본 바 있다. 마찬가지 방식으로, 우리는 수행하기를 기대하지 못한 행위들에 비해 기대하고 있는 행위들을 더 빠르고 정확하게 선택한다. 예를 들어 우리는 고속도로에서 앞서 달려가고 있는 자동차가 갑작스럽게 멈출 것이라고는 기대하지 않는다. 고속도로에서 앞 차가 갑자기 멈춰 섰다면 우리는 시각장(visual field)에서 앞 차가 갑자기 다가오는 것을 지각하는 데도 느릴 뿐만 아니라 이때는 교차로의 신호등이 황색으로 바뀌었을 때 브레이크를 밟는 속도보다 더 느리게 브레이크를 밟게 된다.

부합성

제8장에서 디스플레이의 방향이나 동작과 이에 대해 오퍼레이터가 갖고 있는 기대 사이의 관련성, 즉 디스플레이 부합성 혹은 디스플레이 되고 있는 시스템에 대한 오퍼레이터의 정신 모형의 개념에 대해서 논의한 바 있다. **자극 반응 부합성**(혹은 디스플레이-제어 부합성)은 제어장치의 위치 혹은 제어 반응의 동작과 제어와 관련되어 있는 자극 혹은 디스플레이의 위치나 동작 사이에 기대되는 관련성을 설명하는 개념이다(Fitts & Seeger, 1953).

디스플레이와 제어장치(혹은 자극과 반응) 사이의 부합적 대응(따라서 좋은 대응이라고 볼 수 있는 대응)에는 크게 두 가지의 원리가 있다. (1) **위치 부합**(location compatibility)의 원리에 따르면, 제어장치는 제어되고 있는 대상 혹은 그러한 대상이 제시해 주는 디스플레이와 서로 근접하도록(실제로는 가장 근접되도록) 위치해야 한다. 그림 8.6은 라벨의 위치를 결정하는 데도 위치 부합성이 적용되어야 한다는 것을 보여주고 있다. 이 그림에서 라벨이 있는 곳에 제어장치가 위치한다면 이것은 열악한(혹은 모호한) 위치 부합성을 갖는 배치가 된다. (2) **동작 부합**(movement compatibility)의 원리는 제어장치의 움직임(즉 동작) 방향이 피드백 지시계의 움직임 및 시스템 자체의 움직임 모두와 일치해야 한다는 것을 의미한다. 따라서 만일 오퍼레이터가 디스플레이의 지시계를 오른쪽으로 이동시키기 위해 제어장치의 레버를 왼쪽으로 움직여야 한다면 이것은 동작 부합성의 원리를 위반한 것이 된다.

속도-정확성 교환

앞에서 열거한 세 가지 변인(의사결정의 복잡성, 반응 기대, 부합성)의 특성을 고려해 보면 반응의 선택을 느리게 하는 요인들(복잡한 의사결정, 기대되지 않은 행위들, 혹은 부합되지 못하는 반응들)은 에러를 유발시킬 수 있는 가능성도 더 크게 할 것이라고 가정할 수 있을 것이다. 따라서 반응시간과 에러의 비율 사이에는 (혹은 속도와 정확성 사이에는) 정적인 상관관계가 있고, 그러한 변인들 사이에는 속도와 정확성 사이에 교환관계(tradeoffs)가 성립하지 않는다. 그러나 두 측정치들 사이에 교환관계가 성립하는 경우도 있다. 예를 들어 만일 우리가 어떤 행위를 매우 빠르게 실행하고자 한다면(극단적인 시간 한계 상황에서 일을 처리해야 하는 경우처럼) 에러를 유발할 가능성은 더 커진다. 반면에 에러를 범하지 않는 것이 중요하여 매우 조심스럽게 행위를 수행하고자 한다면, 그 행위의 수행 속도는 느려질 것이다. 따라서 이러한 두 가지 사례에서는 속도와 정확성 사이에 **부적인** 상관관계 혹은 교환관계가 있다고 할 수 있으며, 여기에서의 교환관계는 사용자의 방략 때문에 발생한 것이다. 다음에 살펴보게 되겠지만, 때로 제어장치들은 속도-정확성 교환에서 차이를 보일 수 있는데, 그것은 어떤 제어장치들은 빠르지만 정확성이 떨어지는 행동을 이끌어 내는 반면에 어떤 제어장치들은 좀 더 신중하지만 느린 행동을 이끌어 내기 때문이다.

피드백

우리가 취하는 대부분의 제어나 행위들은 제어장치들에 의해 시스템이 반응하였다는 것을 나타내 주는 어떤 형태의 시각적 피드백과 연합되어 있다. 예를 들어 자동차의 속도계는 가속기 제어에 대한 시각적 피드백을 제공해 준다. 그러나 좋은 제어장치 설계가 되기 위해서는 제어 상태 자체에 대한 좀 더 직접적인 피드백의 제공도 고려해야 한다. 제5장에서 살펴보았지만 이러한 직접적인 피드백에는 촉각적 피드백(예 : 버튼이 눌렸을 때의 '느낌'이나 레버를 움직였을 때의 저항력)뿐만 아니라 청각적(스위치의 '딸깍' 하는 소리 혹은 전화 버튼을 눌렀을 때 나는 '삐' 소리) 혹은 시각적(스위치 옆에 부착되어 장치가 켜져 있음을 보여주는 'on' 표시, 혹은 누름 버튼이 눌러졌다는 것을 나타내 주는 분명하고도 특징적인 시각적 표시들)인 것들이 모두 포함될 수 있다.

어떤 감각 경로를 통하든지 현재의 제어 상태 자체나 혹은 제어 상태의 변화를 나타내 주는 피드백이 거의 즉각적으로 주어지기만 한다면 충분할 수 있다고 어느 정도는 확신 있게 말할 수 있다. 그러나 순서가 정해진 제어 행위들이 매우 신속하게 요구되는 경우라면 너무 즉각적인 피드백(구체적으로 100msec보다 짧은 지연)은 오히려 해로울 수 있다. 특히 오퍼레이터의 숙련 정도가 비교적 낮거나(따라서 오퍼레이터가 피드백에 더 많이 의존해야 하는 경우) 피드백이 청각적 경로를 통해 제시되어 선택주의 기제를 통해 이것이 여과되기 힘든 경우라면, 그렇게 짧은 지연을 통해 제시되는 피드백은 매우 해로울 수 있다(Wickens & Hollands, 2000).

적 과제들을 위치조정(positioning) 과제 혹은 포인팅(pointing) 과제라고 한다(Baber, 1997). 마우스나 조이스틱 같은 다양한 종류의 제어장치들이 그와 같은 과제의 수행을 위해 사용될 수 있다. 그러나 그러한 장치들의 속성을 비교하기 전에, 제어되는 실체(흔히 커서라고 불리는 것)를 목적지(흔히 타겟이라고 불리는 것)까지 이동시키는 과제의 기초가 되는 인간 수행 기술의 본질에 대해 먼저 고려하고자 한다. 그와 같은 동작을 하는 데 걸리는 시간을 설명하는 한 가지 모델을 고려해 보자.

동작 시간

제어장치들은 전형적으로 두 가지의 상이한 동작을 요구한다. (1) 제어장치에 도달하기 위해 손이나 손가락에 대해 어떠한 동작(제8장에서 논의된 정보에 접근하기 위해 주의를 이동시키는 것과는 다른 것임)이 요구되고, 그 다음에 (2) 제어장치들을 어떤 방향으로 이동시키는 데 필요한 동작이 요구된다. 최상의 조건이라고 해도(즉 제어 위치와 이동의 목적지점이 잘 학습된 경우) 이러한 동작들에는 시간이 걸린다. 다행히 Fitts의 법칙(Fitts, 1954; Jagacinski & Flach, 2003)이라고 알려진 모델에 의해 그와 같은 시간은 비교적 잘 예언될 수 있다. 이 모델을 수식으로 표현하면 다음과 같다.

$$MT = a + b\log_2(2A/W)$$

여기서 MT는 동작 시간, A는 동작의 진폭(일반적으로 출발점에서 표적 사이의 거리), W는 표적의 너비 혹은 요구되는 정확성의 정도를 나타낸다. 다시 말해 동작 시간은 $(2A/W)$의 로그함수와 선형적인 관계가 있다. 특히 $\log_2(2A/W)$는 동작의 난이도 지수(index of difficulty)라고도 불린다. 따라서 그림 9.2와 같이 키(key)에 이르는 거리가 두 배씩 증가할 때마다 동작 시간도 일정한 양으로 증가하게 될 것이다. 마찬가지로, 동작의 정확성이 두 배씩 증가할 때마다(즉 표적의 너비가 반으로 줄어들거나 요구되는 정확성이 두 배로 증가하면) 두 지점 사이의 거리가 변하지 않는 한 동작 시간은 일정한 양으로 증가할 것이다(그림 9.2b). 우리가 앞부분에서도 살펴보았듯이 두 개의 키 사이를 이동하는 데 걸리는 시간은 키 사이의 거리가 비율적으로 감소된다 하더라도, 만일 키들의 크기도 같은 비율로 줄어든다면 동작 시간은 감소하지 않을 것이다. 반면, 일정한 진폭(A)을 갖는 동작을 점점 더 빠른 시간(MT) 이내에 수행하고자 한다면 그 동작의 정확성은 Fitts의 법칙에서 예언되는 방식으로 감소하게

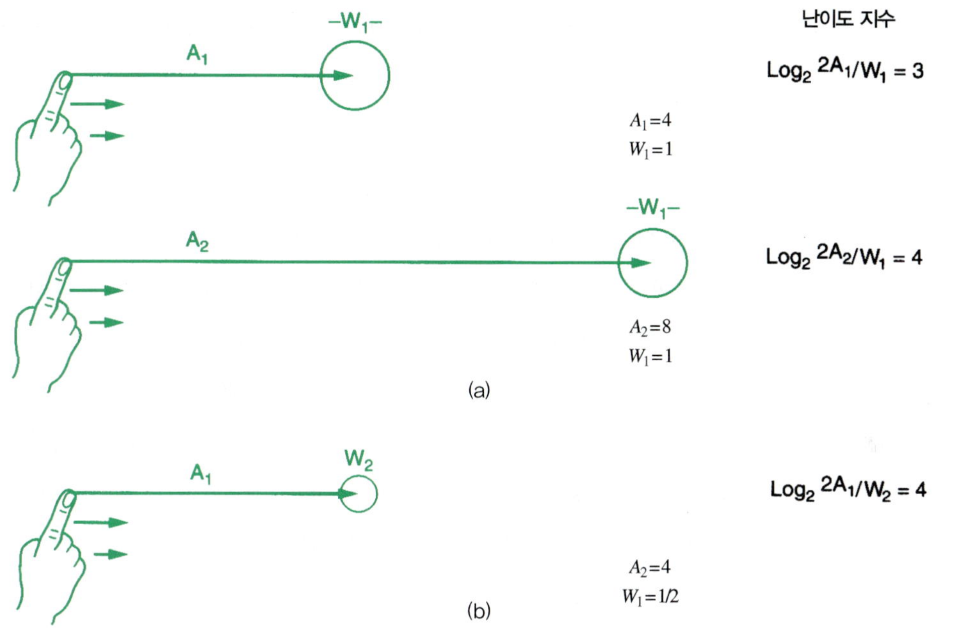

그림 9.2

동작 시간에 대한 Fitts 법칙의 예시. (a) 동작 진폭이 $A_1 \rightarrow A_2$로 됨에 따라 동작 진폭이 두 배가 되는 것을 보여주고 있다. (b) 표적 너비가 $W_1 \rightarrow W_2$로 변화되어 표적 정확성을 두 배로 요구하고 있는 것을 보여주고 있다. 그림의 오른쪽에는 난이도 지수를 계산하는 방법을 제시해 주고 있는데, 동작 시간은 난이도 지수에 직접적으로 비례한다.

될 것이다. 즉 일정한 거리에 있는 표적 사이의 이동 시간을 줄이고자 한다면 W값은 커져야 한다. 이것은 다름 아닌 포인팅하는 동작의 속도-정확성 교환관계이다.

Fitts 법칙의 바탕을 이루는 기제들은 통제적 겨냥(controlled aiming)에 대한 시각적 피드백 측면들에 주로 바탕을 두고 있다. 따라서 이 법칙은 어떤 제어장치들을 사용하여 스크린 상에 있는 표적으로 커서를 이동시키는 것과 같이(예 : 마우스를 이용하여 컴퓨터 메뉴의 특정 항목 위치에 커서를 옮겨다 놓는 것; Card et al., 1978) 손을 사용하여 표적까지 도달하는 신체적 동작을 설명하는 데 잘 적용된다. 뿐만 아니라 이 모델은 발을 특정한 페달로 이동시키는 것과 같은 비교적 세밀함을 요구하지 않는 동작들이나(Drury, 1975) 현미경을 보면서 조립하거나 조작하는 것과 같이 매우 세밀함을 요구하는 동작들(Langolf et al., 1976)에도 적용이 가능하다. 이러한 일반화 가능성 때문에 Fitts의 법칙은 다양한 상황에서 키보드 형태나 표적의 크기를 달리했을 때 발생할 수 있는 비용을 설계자들이 예언하게 할 수 있다는 매우 큰 가치를 가진다(Card et al., 1983). 특히 그림 9.1의 (b)와 (c)를 비교해 보면, Fitts의 법칙은 키 사이의 거리를 줄인 소형화된 키보드는 키보드 사용 속도를 증가시키지 않을 것임을 시사한다.

장치 특성

앞에서 언급한 위치조정 과제나 포인팅 과제를 수행하는 데 사용될 수 있는 다양한 범주의 제어장치들은 크게 네 가지의 독특한 범주들로 묶일 수 있다. 첫 번째 범주는 라이트 펜(light pen)이나 터치 스크린 같은 **직접적 위치 제어장치**(direct position controls)이다. 이러한 제어장치의 경우에는 사람의 손(혹은 손가락)의 위치가 커서를 이동시키고자 하는 위치와 직접적으로 대응된다. 두 번째 범주는 마우스, 터치 패드(touch pad) 및 태블릿(tablet)과 같은 제어장치들을 포함하는 **간접적 위치 제어장치**(indirect position controls)로서, 이 경우에는 신체(팔, 손 혹은 손가락)의 위치 변화가 커서의 위치 변화와 직접적으로 대응되기는 하지만, 신체가 움직이는 표면과 커서가 움직이는 표면이 서로 다르다.

세 번째 범주는 조이스틱이나 커서 키(예 : 일반적인 키보드상의 화살표가 표시된 키들) 등을 포함하는 **간접적 속도 제어장치**(indirect velocity controls)이다. 이런 종류의 제어장치인 경우에, 제어장치를 특정 방향으로 활성화시키면 전형적으로 그 방향으로 커서가 어떠한 속도를 가지고 이동하게 된다. 예를 들어 커서 키들을 사용하는 경우 키를 몇 번이나 반복적으로 누르는가 혹은 얼마나 오래 계속 누르고 있는가에 따라 그 방향으로의 커서 이동 속도가 결정된다. 조이스틱을 통한 이동의 경우에는 조이스틱의 편향 강도가 전형적으로 비율적인 속도를 만들어 낸다. 조이스틱에는 세 가지의 종류가 있다. **등장형**(等張型, isotonic) 조이스틱은 막대가 자유롭게 움직이며 더 이상의 힘이 가해지지 않으면 조이스틱의 막대가 그 위치에서 머무르고 있는 유형이다. **등척형**(等尺型, isometric)은 막대가 고정되어 있지만 가해진 힘에 비례하여 움직임을 만들어 낸다. 마지막으로 **스프링 장착형**(spring-loaded)은 가해진 힘에 비례하는 저항감을 제공해 주지만 압력이 제거되었을 때는 다시 중립 위치로 되돌아온다. 일반적으로 스프링 장착형 조이스틱은 동작 범위에 대한 고유감각적/운동지각적 피드백을 제공해 주기 때문에 가장 많이 선호된다(조이스틱이 이러한 위치 조정용 제어장치로서 부착될 수도 있지만, 아래에서 논의되는 이유들 때문에 일반적으로 그런 목적으로는 잘 사용되지 않는다). 제어장치의 마지막 범주는 음성 제어장치이다.

모든 디스플레이 유형에 대해 두 가지 변인들이 포인팅을 하기 위한 제어장치들의 사용성에 영향을 미친다(이 두 가지 변인은 이 장의 다음에 논의할 추적을 위한 제어장치들에도 마찬가지로 해당된다). 먼저 앞에서도 살펴보았듯이 커서의 현재 상태에 대한 피드백은 분명하고 가시적이며 또한 즉각적이어야 한다. 시스템의 지체는 포인팅 수행을 현저하게 저하시키는데, 특히 그 활동이 반복적인 것이라면 이러한 수행의 저하는 더욱 두드러진다. 둘째, 수행은 시스템의 이득에 의해 훨씬 더 복잡한 양상으로 영향을 받을 것이다. 이득은 다음과 같은 비율로 표시될 수 있다.

G = (커서의 변화) / (제어장치의 위치 변화)

따라서 고-이득 제어장치는 제어장치를 약간만 이동시켜도 커서가 많이 움직이는 장치, 혹은 속도 제어장치라면 커서가 빨리 이동하는 장치이다(이 변인은 또한 이득의 역수로서 혹은 '제어장치/디스플레이의 비율'로 표현되기도 한다는 것을 기억하라). 터치스크린이나 라이트 펜과 같이 직접 위치를 제어하는 장치들의 이득값은 분명히 1.0이 될 것이다.

다른 제어장치들의 이상적 이득은 1.0~3.0의 범위에 있어야 한다는 증거들도 있다(Baber, 1997). 그러나 이러한 이득의 권장 범위에 대해서 두 가지 특성이 고려되어야 한다. 첫째, 사람들은 그들의 제어 행동 과정에서 광범위한 이득 범위에 대해 비교적 성공적으로 적응할 수 있는 것으로 보인다(Wickens, 1986). 둘째, 바람직한 이득의 정도는 과제에 따라 달라지는 경향이 있는데, 그것은 저-이득 시스템과 고-이득 시스템의 속성이 매우 다르기 때문이다. 저-이득 시스템은 작은 동작을 만들어 내기 위해 많은 양의 제어 반응이 요구되기 때문에, 이러한 시스템을 다루기 위해서는 노력이 더 많이 필요한 경향이 있다. 이에 비해 고-이득 시스템은 작은 표적 위에 커서를 가져다 놓고자 할 때 '과조정(overcorrect)'되기 쉽기 때문에 부정확한 경향이 있다. 따라서 과제가 많은 반복을 요구하고 큰 표적까지 긴 이동을 요구하는 것이라면 이득이 클수록 더 좋다고 할 수 있다. 이러한 특성은 컴퓨터-보조 설계(computer-aided design, CAD) 도구를 사용하여 어느 한 시스템의 배치도를 작성하는 초기 단계의 행위들에서 찾아볼 수 있다. 반면 과제가 동작이 작고 고도의 정확성을 요구하는 것이라면 저-이득 시스템이 더 적합한 선택이다. 이러한 속성은 문서 편집이나 매우 조밀한 데이터의 한 지점을 특정적으로 선택해야 하는 경우에 해당된다. 많은 요인들이 제어장치들의 효율성에 영향을 미칠 수 있으며(Baber, 1997; Bullinger et al., 1997참조), 다음에서 그 요인들을 설명할 것이다.

작업 수행 의존성

포인팅(즉 표적을 가리키거나 표적들을 다른 위치로 끌어 놓는 것)에는 두 가지의 직접적 위치 제어장치들(터치스크린과 라이트 펜)과 마우스가 전반적으로 가장 우수한 장치들임을 밝힌 몇 가지 연구 결과가 있다(그림 9.3; Baber, 1997; Epps, 1987; Card et al., 1978). 또한 이동 거리의 범위와 정확성 사이의 관계를 살펴보기 위해 Fitts의 법칙을 적용한 Card 등(1978)의 연구 결과는 마우스가 직접적 포인팅 장치들에 비해 더 우수하다는 것을 시사하였다. 그러나 그림 9.3은 상당히 빠르지만 정확성은 떨어지는 경향이 있는 직접적 포인팅 제어장치들과, 비교적 느리기는 하지만 일반적으로 정확성이 더 높은 경향이 있는 마우스 사이에 속도-정확성 교환관계가 있음을 보여주고 있다. 직접적 위치조정 장치들이 갖는 낮은 정확성은 시차 에러(parallax error)[1], 손이나 손가락의 불안정성(특히 스크린이 수평이 아닌 경우), 그리고 터치스크린의 경우 작은 표적을 포인팅할 때 손가락이 닿는 영역의 부정확성과 같은 이유들 때문에 발생한다. 간접적 위치조정 제어장치들은 직접적 위치 제어장치들에 비해 정확성이 더 높다는 이점뿐만 아니라, 과제가 요구하는 위치조정 정확성(혹은 노력)의

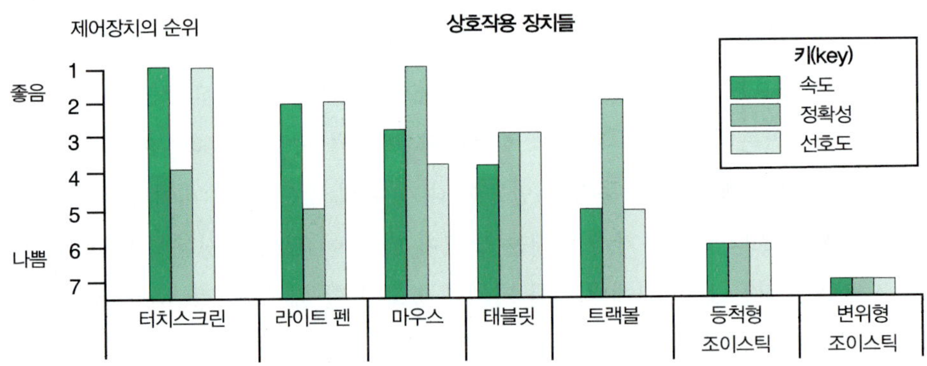

그림 9.3
속도, 정확성 및 사용자의 선호에 따른 다양한 제어장치들의 비교
출처 : Baber, C., 1997. *Beyond the Desktop*. San Diego, CA: Academic Press.

1) 예를 들어 손가락으로 터치 스크린을 누를 때 누르는 표면과 선택 사항들이 표시된 표면이 (전후 방향으로) 떨어져 있으면, 오퍼레이터가 누르는 제어 부분은 실제 의도한 선택 사항 부분이 아닌 다른 위치가 될 수 있다. 따라서 시차적 오차를 적게 하기 위해서는 오퍼레이터의 시선이 이 두 표면들과 거의 직각을 이루도록 하든지, 아니면 이 두 표면을 분리하지 말고 제어 부분과 표시 부분이 하나의 표면이 될 수 있도록 해야 한다(역주).

표 9.1 작업부하 측면에서 분류된 상호작용 장치

상호작용 장치	인지적 부하	지각적 부하	운동적 부하	피로
라이트 펜	낮음	낮음	중간	중간
터치 패널	낮음	낮음	낮음	낮음
태블릿(철필용)	높음	중간	중간	높음
영숫자 키보드	높음	높음	높음	높음
기능키	낮음	중간	낮음	낮음
마우스	낮음	중간	중간	중간
트랙볼	낮음	중간	중간	중간

출처 : Baber, C., 1997. *Beyond the Desktop*. San Diego, CA: Academic Press.

정도에 따라 이득이 조절될 수 있다는 또 다른 장점도 가지고 있다.

그러나 포인팅이나 위치조정이 그림 그리기나 필기와 같이 더 복잡한 공간적 활동을 하기 위해 필요한 경우라면 간접적 위치조정 제어장치들이 갖는 장점들은 미약해진다. 왜냐하면 간접적 위치조정 제어장치들에 비해 직접적 위치조정 제어장치들은 보다 자연스러운 피드백을 제공해 줄 수 있기 때문이다.

한 번에 긴 거리를 이동하지는 못하는 커서 키들은 문서를 편집하는 경우에서처럼 일반적으로 상하좌우 이동에 한정되어 사용된다. 그리고 아래에서 다시 한 번 살펴보겠지만, 음성 제어장치들은 비공간적 수단들을 사용하여 표적을 지정하는 데(예 : 표적의 위치보다는 표적의 정체를 지정하는 것) 적합한 제어장치이다. 그러나 음성 제어장치가 사용 가능하기 위해서는 표적들이 직접적이고 가시적이며 모호하지 않은 상징적 라벨링을 갖고 있어야만 한다.

작업부하에 대한 제어장치의 효과는 수행 효과와 밀접하게 관련되어 있다(제13장 참조). 이러한 내용이 표 9.1에 제시되어 있다.

작업 공간 환경

제어장치들이 사용되는 작업 공간의 한 가지 속성은 표적과 커서 정보가 제시되는 디스플레이이다. 앞에서도 살펴본 바와 같이, 디스플레이의 크기(혹은 디스플레이 요소들의 물리적 분리)는 표적에 접근하기 위해 필요한 제어장치의 이동 노력 정도에 영향을 미친다. 표적들이 더 멀리 떨어져 있을수록 고-이득 장치들이 더 효율적일 것인 반면, 표적들이 작고 더 조밀하게 제시되어 있다면(혹은 디스플레이의 크기가 작다면) 정밀한 조작이 가능한 장

syndrome: 일종의 손목 관절염)에 걸릴 가능성이 더 낮다(제11장). 마지막으로, 충분한 연습을 한다면 조화 키보드는 전통적인 타이프라이터 키보드에 비해 훨씬 더 빠른 단어 전사(transcription) 처리가 가능하다는 것이 밝혀졌다. 이러한 이점은 동작-시간 요구(movement-time requirement)가 없기 때문에 발생한 것이다(Seibel, 1964; Barton, 1986; Wickens & Hollands, 2000).

조화 키보드의 가장 중요한 단점은 각각의 손가락 조합과 이와 연합된 의미를 학습하는데 많은 양의 연습이 요구된다는 점이다(Richrdson et al., 1987). 이와 대조적으로, 타이프라이터 키보드는 각각의 키 위에 해당되는 라벨들이 제시되어 있기 때문에 '세상 속의 지식'을 제공해 준다(Norman, 1988). 조화 키보드를 사용하기 위해서는 단지 '머릿속의 지식'에만 의존해야 하는데, '머릿속의 지식'은 획득하기가 더 어려울 뿐만 아니라 망각에 의해 쉽게 상실될 수 있다. 그럼에도 불구하고 다양한 조화 키보드들이 나름대로 유용하게 사용되고 있다. 예를 들어 우편물 분류(Barton, 1986)와 법정에서의 속기(Seibel, 1964) 등에는 조화 키보드들이 유용하게 사용되고 있다. 그러나 특정 사용자들이 신속하게 정보를 입력하기 위해서는 그에 필요한 훈련시간이 요구된다.

음성 입력

최근 몇 년 동안 정교한 음성 재인 기술의 발달로 인해 음성 입력 장치들이 제어의 수단으로 유용하게 사용되고 있다. 이러한 음성 제어장치들도 나름대로 장점과 단점들을 가지고 있다.

음성 제어장치의 이점

하나의 행위로 수백 개의 항목 중에서 하나를 선택할 수 있다는 점에서 조화 키보드가 효율적이기는 하지만, 더 효율적인 언어 제어 능력을 음성에 의해 얻을 수 있다. 이 경우 하나의 발화(utterance)로 수천 가지의 가능한 의미들 중에서 하나를 선택적으로 나타내 줄 수 있다. 게다가 우리가 알고 있는 것처럼 음성을 통한 의사소통은 상징적 언어 정보의 매우 '자연스러운' 전달 경로라고 할 수 있다. 왜냐하면 이러한 방식의 의사 전달은 우리가 일상생활을 하면서 충분히 경험한 것이기 때문이다. 따라서 음성 제어의 이점이 기술적인 비용을 능가할 수 있다면 이러한 자연스러움이 제어장치 인터페이스 속에 구현될 수 있을 것이다

(사실 그렇게 되어 왔다).

음성 제어의 독특한 이점은 이중 과제 상황에서 관찰할 수 있다. 운전 상황에서처럼 손과 눈이 각각의 과제를 수행하는 데 '바쁜' 상황이라면(즉 키보드를 손으로 조작하거나 손가락들이 제대로 위치하고 있는지 눈으로 확인하는 것이 어렵다면) 오퍼레이터들이 이와는 다른 자원을 사용하여 인터페이스에 음성으로 명령함으로써 시간 공유를 할 수 있도록 해주는 설계는 매우 가치가 있을 것이다. 실제로 이러한 설계가 매우 성공적이었음을 밝혀준 사례들이 있다. 예를 들어 높은 시각적-수동적 작업부하가 있는 헬리콥터 조정 상황에서는 무전기의 주파수 데이터를 입력하기 위해 음성을 이용하기도 한다. 운전을 하면서 음성을 이용하여 휴대전화의 다이얼을 돌리는 것이나 항공기 화물을 다루는 사람들이 음성을 통해 화물의 목적지를 입력시킬 수 있도록 하는 것도 음성인식 기술의 유용한 응용으로 생각될 수 있다. 또한 음성 입력과 수동 입력(manual input)을 조합하여 사용함으로써 동일한 과제를 수행하는 데 이점을 가져올 수 있는 상황들도 많이 있다(Baber, 1997). 예를 들어 대상을 선택하는 데는 수동적 입력을 사용하고 선택된 항목에 대한 정보를 시스템에 전달하고자 할 때는 음성을 사용하는 방식으로 입력 방식들이 조합될 수 있다(Martin, 1989).

음성 제어의 단점

앞에서 살펴본 이점들과는 대조적으로, 다음에 열거된 네 가지의 단점들이 음성 제어의 활용에 제한을 가져올 수 있다. 또한 이러한 단점들은 음성 제어를 시스템에 구현하고자 할 때 고려되어야 하는 것들이기도 하다. 이러한 단점들의 대부분은 목소리가 갖는 복잡한 4차원의 아날로그 신호(제5장 참조)를 컴퓨터 기반 음성인식 시스템에 프로그램되어 있는 범주적 어휘로, 컴퓨터가 번역할 수 있도록 하는 데 필요한 기술적 정교화와 밀접하게 관련되어 있다(McMillan et al., 1997).

혼동과 제한된 어휘 크기 미묘한 소리의 차이를 컴퓨터가 분석하도록 요구한다는 것과 주어진 문구들이 발화되는 물리적 방식에서의 높은 변산성 때문에(발화자에 따라 그리고 상황에 따라) 음성인식 시스템들은 유사하게 소리 나는 발화들(예 : 'cleared to' 와 'cleared through')을 분류하는 데 혼동을 일으키기 쉽다. 그와 같은 혼동의 문제를 해결할 수 있는 방법들은 다양하다(McMillan et al., 1997). 한 가지 방법은 컴퓨터가 단순히 '최상의 추측'을 하여 그 항목을 시스템 입력으로 처리하는 것이다. 이것은 키를 잘못 눌렀을 때 컴퓨터가 알아서 교정해 주는 것과 같은 방식이다. 다른 해결 방법은 시스템이 입력된 발화를 어떤 특정한 범주 속에 분류해야 하는지 확실히 알 수 없을 때(혹은 발화된 것이 컴퓨터 속에 저장된 어휘의 어떤 것과도 전혀 근접하지 않을 때) 사용자에게 이것을 피드백해 주는 것이다. 이 경우의 문제는 컴퓨터의 인식 능력이 크지 않다면 이러한 피드백이 반복적으로 발생하게 되어 음성적 의사소통의 부드러운 흐름을 상당히 방해하게 될 수 있다는 점이다. 특히 피드백이 청각적 경로를 통해 제시되는 경우에는 방해의 정도가 더 클 것이다. 그렇다고 피드백을 시각적으로 제시해 준다면 앞에서 언급된 이중 과제에 대해 음성 제어가 갖는 이점(예 : 음성 제어를 통해 '눈' 이 하는 과제의 부담을 줄여 주는 것)이 상당 부분 상쇄되고 말 것이다. 이러한 혼동과 오재인(misrecognition)의 단점은 발화되는 어휘들의 수를 줄이고 청각적으로 유사한 항목들이 배제된 어휘들만을 발화 어휘로 사용함으로써 어느 정도 해결될 수도 있다.

속도상의 제약 대부분의 음성 재인 시스템은 일상적 대화와 같은 연속적 말소리를 잘 처리하지 못한다. 그것은 일상적인 말소리 흐름 속에는 단어들 사이의 물리적인 휴지점(pause)이 반드시 있어야 할 필요가 없기 때문이다(그림 5.8d 참조). 따라서 컴퓨터는 저장되어 있는 어휘들과 입력된 소리 사이의 연합을 찾기 위해 '음절 세는 것'을 언제 멈추어야 하는지, 그리고 단어의 끝이 어디인지 잘 알지 못한다. 이러한 한계점들을 극복하기 위해서는 말하는 사람이 각 단어 사이에서 잠시 멈추면서 매우 느리게 말해야 할 것이다.

발화 속도와 관련된 또 한 가지 문제는 음성 재인 시스템을 사용하기 전에 시스템이 각 개인의 음성을 이해할 수 있도록 시스템들을 많이 '훈련' 시켜야 한다는 점이다. 이러한 훈련이 필요한 이유는 동일한 단어를 발음한다고 해도 말하는 사람의 성별, 연령, 그리고 사투리 등에 따라 많은 물리적 차이가 있기 때문이다. 따라서 모든 가능한 사용자에 대해 사투리나 음성 특질을 모두 터득해야만 기능할 수 있는 시스템(발화자 독립형 시스템)보다는 특정 개인의 발화 특질 패턴을 '학습' 할 수 있는 시스템(발화자 중심형 시스템)이 훨씬 더 효율적이 될 수 있을 것이다. 이러한 이유 때문에 일반적으로 발화자 중심형 시스템이 더 많은 어휘들을 다룰 수 있다.

청각적 질, 소음 및 스트레스 다음의 두 가지 특성이 음성의 청각적 질(acoustic quality)을 저하시켜 음성을 재인하는 컴퓨터의 능력에 영향을 줄 수 있다. 첫째, 소음이 많은 환경은 음성 자극의 청각적 질을 떨어뜨리는데, 특히 신호와 소음이 갖는 청각적 스펙트럼 사이에 중복(overlap)의 정도가 클수록(즉 배경 속의 말소리들에 대하여 말하는 사람의 메시지를 재인하는 경우, 두 가지 말소리가 물리적으로 유사할수록) 음성 재인 시스템은 더 많은 방해를 받게 된다. 둘째, 스트레스 상황하에서는 사람들의 목소리가 갖는 물리적 특성들이 상당히 많이 변할 수 있는데, 때로는 기본 주파수가 두 배까지 증가하기도 한다(Sulc, 1995). 제13장에서도 살펴보겠지만 스트레스는 종종 위급 상황에서 발생하는 것으로 보이는데, 음성 제어장치가 위급 상황을 다룰 때의 한 부분으로 사용되어야 한다면 시스템들을 설계하기 전에 이것에 매우 주의해야 한다.

부합성 우리는 음성 제어장치들이 대부분의 수동 제어장치들에 비해 연속적인 동작을 제어하는 데는 거의 적합하지 못하다는 것을 살펴본 바 있다(Wickens et al., 1985; Wickens et al., 1984). 예를 들어 음성 제어장치를 통해 곡선으로 되어 있는 도로에서 "조금 왼쪽으로, 이제는 좀 더 왼쪽으로." 라고 말함으로써 자동차를 조향하는 상황을 상상해 보라.

결론 음성 제어장치들과 관련된 이러한 모든 요인들—장점, 단점, 그리고 (어휘 수를 제한하는 것과 같은) 설계상의 주의점들—때문에 수동 제어장치들에 비해 음성 제어장치들이 언제는 더 우수하고 혹은 언제는 더 열등하다고 정확하게 말하기가 매우 어렵다. 또한 음성 재인 시스템들이 갖고 있는 두 개의 주요 제한점(연속적 발화 지각의 문제와 발화자에 따라 음성 특질이 다르다는 것)을 해결할 수 있는 정교한 컴퓨터 알고리즘들이 현재 많이 개발되고 있기 때문에 이 문제는 훨씬 더 복잡한 것이 되었다. 그러나 그러한 새로운 시스템들이 이러한 문제들을 성공적으로 해결해 줄 수 있다고 해도 값이 비쌀 가능성이 높다. 따라서 앞에서 기술된 몇 가지 제약 범위 안에서 사용될 수 있다면 더 싸고 단순한 시스템들이 오히려 더 유용할 수 있다.

연속 제어와 추적

위치조정 과제와 관련된 논의에서는 매우 직접적인 손동작(터치스크린이나 라이트 펜)이든, 제어장치에 의해 간접적으로 조작되는 것(트랙볼, 조이스틱 혹은 마우스)이든 간에 우리는 고정되어 있는 표적까지 커서를 이동시키는 것에 주로 초점을 두었다. 그러나 작업이나 일상생활에서의 많은 과제들은 커서 혹은 해당 시스템(예 : 자동차)의 출력이 연속적으로 움직이는 역동적 표적을 따라가도록(혹은 '추적하도록') 하는 것들이다. 여기에는 날아다니는 파리를 잡기 위해 파리채를 휘두르는 것이나 커브로 된 길에서 자전거를 조작하는 것과 같이 매우 일상적인 것에서부터, 상공에서 곡선 항로를 따라 항공기를 조종하는 것이나 '가상현실(virtual reality)' 속에서 관찰점을 조절하는 것 혹은 신중하게 제어된 궤적을 따라 핵 반응로의 온도를 목표수치까지 올리는 것과 같은 매우 복잡한 과제들이 모두 포함된다. 이러한 과제들은 **추적**(tracking) 과제(Jagacinski & Flash, 2003; Wickens, 1986)를 통해 더 잘 기술될 수 있다. 추적 과제는 시간에 따라 변하는 표적의 입력에 대해 시스템 출력을 시간적/공간적으로 대응될 수 있도록 하는 과제이다.

추적 순환 : 기본적 요소

그림 9.4는 추적 과제의 기본적 요소들을 보여주고 있다. 각 요소는 시간에 따라 변하는 입력을 받아들여 그에 해당하는 결과를 생성한다(결과도 시간에 따라 변한다). 이러한 요소들이 어떻게 다른 추적 과제들로 일반화될 수 있는지 생각해 보는 것도 중요하지만, 여기에서는 우선 자동차 운전 맥락(제17장 참조)에서 기술하고자 한다.

자동차를 운전할 때 인간 오퍼레이터는 현재의 자동차 상태와 원하는 자동차 상태 사이의 괴리 혹은 에러를 지각한다. 자동차는 차선의 중심으로부터 이탈되어 있을 수 있고, 도로에서 벗어난 곳을 향하고 있을 수도 있다. 운전자는 이러한 시간에 따른 에러 함수 $e(t)$를 줄이

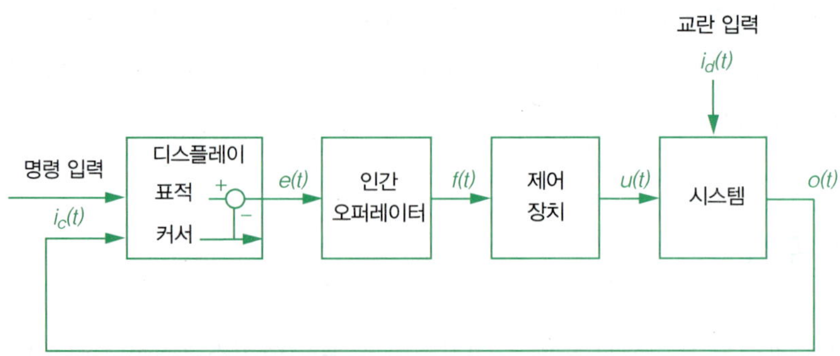

그림 9.4
추적 루프

고자 할 것이다. 그렇게 하기 위해서 일종의 힘(실제로는 회전력) $f(t)$가 핸들 혹은 제어장치에 가해진다. 그런 다음 이 힘이 핸들 자체의 회전 $u(t)$를 생성하는데, 이 회전을 제어 출력(control output)이라고 한다(여기서의 참조틀은 인간 오퍼레이터임을 주목하라. 따라서 시스템으로의 입력이라는 말보다는 인간으로부터의 출력이라는 용어를 사용한다). 가해진 힘과 핸들의 제어 출력 사이의 관계는 제어 역동(control dynamics)이라고 정의되는데, 이것은 오퍼레이터가 받는 고유감각적인 피드백과 관련되어 있다(제5장 참조).

그 다음에는 주어진 시간 함수 $u(t)$에 따른 핸들 혹은 제어장치의 움직임이 도로상에서 자동차의 실제 위치를 좌우로 이동하게 한다. 이 움직임을 시스템 출력 혹은 $o(t)$라고 한다. 이 장의 초반부에서 우리가 이미 살펴보았듯이 출력 위치가 디스플레이에 제시되었다면 이 출력 위치의 표상은 커서라고 불린다. 제어장치의 출력 $u(t)$와 시스템의 반응 $o(t)$ 사이의 관계는 시스템 역동(system dynamics)이라고 정의된다. 위치조정 제어장치에 대해 논의하면서, 위치 시스템 역동과 속도 시스템 역동의 차이에 대해 살펴본 바 있다. 만일 운전자가 성공적으로 핸들에 교정을 가했다면 자동차의 위치 $o(t)$와 의도된 혹은 '명령된' 위치 $i_c(t)$ 사이의 괴리는 감소하게 될 것이다. 즉 에러 $e(t)$는 0으로 감소할 것이다. 디스플레이에서는 입력을 나타내는 상징을 표적이라고 한다. 입력신호와 출력신호의 차이가 에러 $e(t)$인데, 우리는 이것부터 논의를 시작할 것이다. 좋은 운전자라면 $o(t) = i(t)$ 혹은 $e(t) = 0$이 되도록 운전할 것이다. 그림 9.4에 제시된 시스템은 폐쇄 순환 피드백 제어 시스템(closed-loop feedback control system)이라고 한다(Powers, 1973).

추적에서는 에러가 교정 반응을 요구하기 때문에 에러가 없는 한 오퍼레이터는 전혀 반응할 필요가 없다. 이러한 경우는 바람이 없는 날 직선으로 된 고속도로를 운전할 때 나타날 수 있는 것이라고 할 수 있다. 그러나 에러는 전형적으로 두 가지 출처 중 하나 때문에 발생한다. 명령 입력 $i_c(t)$는 추적되어야 하는 표적의 변화들이다. 예를 들어 도로가 곡선인데도 직선으로 주행한다면 에러가 발생할 것이고 따라서 교정 반응이 요구될 것이다. 교란 입력(disturbance input) $i_d(t)$는 시스템에 직접 가해지는 것인데, 오퍼레이터들은 이것을 보정해야 한다. 예를 들어 자동차를 도로의 중심으로부터 밀어내는 돌풍은 일종의 교란 입력이다. 또한 이 장 첫부분의 예에서 운전자가 보였던 핸들의 갑작스런 조작도 교란 입력이다.

교정 반응을 하는 데 필요한 모든 정보의 원천은 디스플레이이다(제8장 참조). 운전자들에 대한 디스플레이는 단순히 자동차의 앞 유리를 통해 보이는 외부 시야(field of view)라고 할 수 있지만 계기 착륙을 하고 있는 조종사들에게 디스플레이는 피치(pitch), 횡전(roll), 고

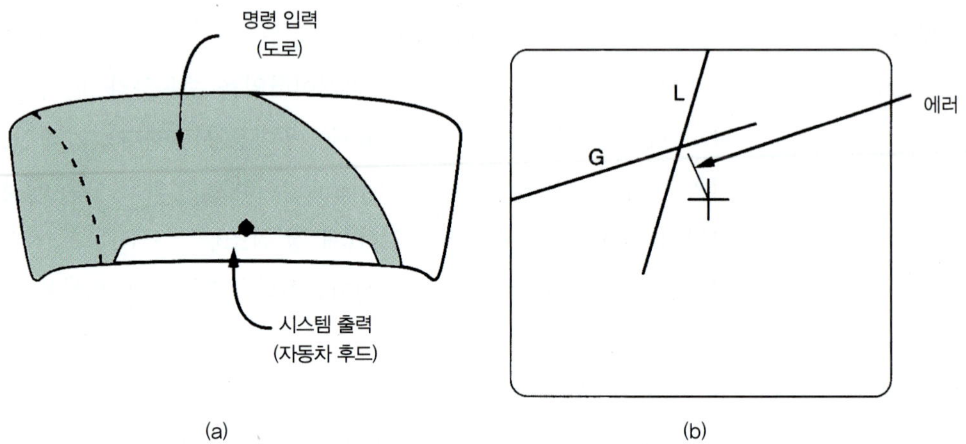

그림 9.5
(a) 자동차에 사용되는 추종 디스플레이. 후드의 위치로 판단되는 자동차의 움직임(시스템 출력)은 도로의 움직임(명령 입력)과는 독립적으로 보일 수 있다. (b) 항공기 착륙 지원 시스템으로 사용되는 보정 디스플레이. G와 L은 각각 활강 기울기(commanded vertical input : 수직입력 명령)와 로컬라이저(command horizontal input : 수평입력 명령)를 보여준다. +는 항공기의 위치를 나타낸다. 비행기가 움직이거나 입력 명령이 바뀌어도 디스플레이는 똑같이 보일 것이다.

도(altitude), 그리고 항로 정보 등을 제공해 주는 계기들에 의해 제시된다(제17장 참조). **추종 추적 디스플레이**(pursuit tracking display)와 **보정 추적 디스플레이**(compensatory tracking display) 사이에는 중요한 차이가 있다. 추종 디스플레이는 표적과 커서의 독립적 움직임에 대한 표상을 제공해 준다. 따라서 운전자들은 추종 디스플레이를 보고 있다고 할 수 있다. 왜냐하면 운전자는 자동차의 움직임을 도로의 굴곡(명령 입력)과는 독립적으로 관찰하고 또한 이들을 구분할 수 있기 때문이다(그림 9.5a). 보정 디스플레이는 디스플레이상에 있는, 고정되어 있는 일종의 참조틀(혹은 기준)에 대한 에러의 움직임만을 보여준다. 따라서 이러한 디스플레이는 에러가 시스템 출력에서의 변화 때문에 발생했는지 아니면 명령 입력에서의 변화 때문에 발생했는지에 대한 정보는 제공해 주지 못한다(Roscoe et al., 1981). 항공기의 항행 계기들은 전형적으로 보정 디스플레이들이다(그림 9.5b).

제8장에서 살펴보았듯이 디스플레이들은 시스템의 미래 상태에 대한 예측 정보를 포함할 수 있다. 그리고 이것은 시스템 역동이 굼뜨다면 매우 도움이 되는 특징이다. 도로의 소실점(vanishing point)에 대한 자동차의 현재 진행 방향은 앞으로 자동차가 도로의 중심으로부터 얼마나 이탈할 것인지에 대한 예측을 제공해 줄 수 있기 때문에, 자동차 디스플레이는 예측

디스플레이라고 할 수 있다.

마지막으로, 추적 수행은 전형적으로 에러의 관점에서 측정된다. 즉 수행의 각 시점마다 절대적 편차가 에러로서 계산되고, 그런 다음 추적 시행의 전 기간을 통해 합해져 표집 시점의 수로 나눠진 평균값으로 계산된다. Kelley(1968)는 추적 수행을 계산하는 여러 방법들에 대해 논의하였다.

지금까지 우리는 시스템 출력을 명령 표적 입력에 대응시키고자 하는 추적 과제의 요소들에 대해 살펴보았다. 이제는 인간-기계 상호작용의 어떤 특성들이 추적 수행을 어렵게 하는지(증가된 에러 혹은 증가된 작업부하)에 대해 알아보고자 한다. 이러한 지식을 통해 추적 수행을 보다 향상시킬 수 있는 시스템의 설계가 가능할 것이다. 앞으로 살펴보겠지만 추적 수행을 어렵게 하는 문제들은 부분적으로는 추적 시스템 그 자체 혹은 인간 오퍼레이터들의 처리 한계 때문에 발생하며, 다른 몇 가지 문제들은 이 두 가지(시스템과 인간)의 상호작용 때문에 발생한다.

입력

종이 위에다 연필로 직선을 그리는 것이나, 바람이 없는 날 쭉 뻗은 직선 도로를 운전하는 것은 모두 추적 과제의 예이다. 여기에는 명령 표적 입력과 시스템 출력(연필의 끝부분 혹은 자동차의 위치)이 모두 존재한다. 그러나 이러한 경우들에서 입력은 변하지 않기 때문에 이 과제는 쉬운 것이다. 일단 원래의 경로를 설정하고 나면 계속 그렇게 하기만 하면 된다. 따라서 천천히 운전하는 것이나 빨리 운전하는 것 사이의 난이도에는 별 차이가 없다(마찬가지로 직선을 천천히 그리는 것만큼 쉽게 직선을 빨리 그을 수 있다). 그러나 따라 그려야 하는 선이 물결치는 형태이거나 운전하는 도로가 구불구불하다면 당신은 여기에 맞게 교정을 해야 하고, 또한 앞으로 어떻게 해야 하는지 확실하게 알 수 없게 된다. 따라서 이러한 조건에서 운전을 빠르게 하고자 한다면(혹은 선을 빠르게 그리고자 한다면) 에러와 작업부하가 모두 증가할 수 있다. 그 이유는 동작이 더 빨라짐에 따라 요구되는 교정의 빈도가 증가할 뿐만 아니라, 불확실하고 예측할 수 없는 자극(예 : 선분이나 도로의 구불구불함)에 대해 빠른 반응들을 순차적으로 생성하는 데에는 인간의 능력이 제한되어 있기 때문이다. 따라서 굴곡이 심한 도로를 빠르게 운전하고자 한다면 당신은 도로의 중심으로부터 더 많이 이탈하기 시작할 것이고, 이에 따라 차를 도로 가운데로 유지시키고자 한다면 작업부하의 수준은 더 높아질 것이다. 방출되어야 하는 교정의 빈도를 결정하는 입력 특성을 입력의 밴

$O(t) = i(t)$이고 이는 시간에 따른 적분값이 존재하지 않는 경우이다.

0차(위치)와 1차(속도) 제어는 모두 수동 제어장치들의 설계에 중요하며, 각각은 장점과 단점을 모두 가지고 있다. "어느 것이 최상인가?" 라는 질문에 대해서는 어느 정도는 '때에 따라서' 라는 대답이 가능하다. 또한 부분적으로 이 문제는 목표에 따라 달라진다. 따라서 정확하게 위치를 잡는 것(예 : 스크린의 한 지점에 커서를 가져다 놓는 것)이 중요하다면 그림 9.3에서 볼 수 있듯이 위치조정 제어장치들이 유리하다. 반면 움직이고 있는 표적을 따라가거나 경로를 따라 앞으로 이동하는 것이 목표라면(예 : 속도 맞추기) 1차 속도 제어장치들을 사용하는 것이 유리하다. 중요한 차이점은, 0차 제어는 반복적인 행위를 달성하기 위해서는 신체적인 노력을 많이 요구하지만 속도 제어는 신체적 노력을 많이 절약할 수 있다는 점이다. 즉 속도 제어의 경우 올바른 방향으로 속도를 적합하게 맞추어 놓고 시스템 출력이 원하는 표적에 도달할 때까지 시스템이 작동하도록 하기만 하면 되기 때문이다.

1차 제어 역동을 사용하는 모든 시스템들은 분명하게 정의되고 용이하게 도달할 수 있는 **중립 지점**(neutral point)을 갖고 있어야 하는데, 이 지점에서는 커서에 속도가 전혀 명령되지 않는다. 그 이유는 일반적으로 '정지' 해 있는 상태는 많은 시스템이 요구하는 디폴트(default) 상태이기 때문이다. 특히 이러한 중립 지점에 대해서는 속도 제어를 위한 스프링 장착형 조이스틱을 사용하는 것이 매우 유리할 수 있다. 왜냐하면 스프링에 힘이 전혀 가해지지 않는 중립 지점이 속도가 0이 되는 지점으로 설정되기 때문이다. 그러나 마우스의 경우에는 0값을 가질 수 있는 지점이 없기 때문에, 마우스가 1차 제어장치로 사용되도록 하는 것은 불리하다. 1차 제어 시스템이 노력의 크기를 경감시켜 줄 수는 있지만, 인간이 제어장치에 대해 출력을 내도록 명령했을 때(즉 힘을 가했을 때)와 그 명령에 따라 시스템이 원하는 표적 위치까지 도달하는 시간 사이에는 그림 9.6b에서 보이는 것처럼 약간의 지체(lag) 혹은 지연(delay)이 있다.

가속도 제어 추진 로켓을 점화함으로써 우주선을 아주 정확한 지점까지 조작해야 하는 우주 비행사를 고려해 보자. 우주선의 관성 때문에 로켓이 점화되어 있는 한, 로켓을 추진시킬 때마다 우주선에는 가속도가 생성될 것이다. 시간에 따른 가속도 변화는 그림 9.6c와 유사한 형태를 갖는다. 일반적으로 이것을 2차 가속도 제어 시스템이라고 하는데, 공식으로 표현하면 다음과 같다.

$$o(t) = \beta\beta\, i(t)dt$$

2차 제어가 무엇인지 쉽게 이해하기 위해, 그림 9.6d와 같이 깡통을 판자 위에서 새로운 지점으로 옮겨지도록(명령 입력, *i*) 굴려 보라. 2차 제어장치는 일반적으로 지체가 크고 불안정적이기 때문에 제어하기가 매우 힘들다. 이러한 시스템의 지체는 그림 9.6b에서 보이는 지체에 비해 그림 9.6c에서 보이는 지체가 더 크다는 것을 통해 확인해 볼 수 있다. 앞으로 우리가 살펴보겠지만, 이러한 속성들은 오퍼레이터들로 하여금 시스템의 상태에 대해 (현재가 아닌 미래에 바탕을 두고) 기대하거나 예측하는 것을 요구하는데, 제6장과 제8장에서도 언급했듯이 이러한 요구는 인간 오퍼레이터들에게는 인지적으로 매우 부담이 되는 것이다.

2차 제어 시스템들은 제어하기 매우 힘들기 때문에 시스템이 2차적으로 제어되도록 의도적으로 설계하는 일은 (있기는 하지만) 매우 드물다. 그러나 물리적 세계에서 제어되는 요소들의 질량이나 관성 때문에, 인간이 제어해야 하는 많은 시스템들은 위치조정 입력에 대해 '굼뜬 가속적' 반응을 보이는 경우가 많다. 앞에서도 보았지만, 우주선의 추진 제어장치에 새로운 입력을 주면 우주선은 (끊임없이) 가속될 것이다. 항공기의 고도 제어장치에 압력을 가하는 것은 위나 아래로 항공기가 어느 정도는 가속된다. 자동차 핸들의 방향을 바꾸면 역시 자동차가 (최소한 초기에는) 직선 도로의 중앙에 대해 좌우 방향으로 가속된다. 화학 공장이나 발전소에서의 화학적 혹은 에너지의 전환과정에 입력을 가하는 것(예 : 열을 가하는 것)은 제어 변인들이 2차 반응을 일으키도록 한다. 따라서 인간 공학자들이 2차 시스템을 이해하는 것이 중요한데, 왜냐하면 이러한 이해를 바탕으로 2차 시스템을 제어해야 할 때 발생할 수 있는 부정적 효과들(예 : 증가된 추적 에러나 작업부하)을 해결하기 위한 설계자들이나 훈련자들의 노력에 도움을 줄 수 있기 때문이다.

2차 시스템은 지체가 길기 때문에, 오퍼레이터는 미래에 발생할 것으로 예측되는 에러에 기초하여 제어해야 한다. 그러한 예측이 없다면 불안정적인 행동이 발생할 것이다. 우리가 제6장과 제8장에서 살펴본 바와 같이 예측하는 것은 심적 자원을 요구할 뿐만 아니라 항상 제대로 되는 것도 아니다.

때로 에러가 변화되는 추세에 주의를 기울임으로써 시스템의 미래 상태를 예측하거나 예상할 수 있다. 미래에 대상들이 어디에 위치할 것인지에 대한 가장 좋은 단서들은 대상들이 지금 어떻게 변하고 있는지에 대한 추세 정보를 지각하는 것이다. 다시 말해 현재의 변화율에 주의를 기울이는 것이다. 예를 들어 운전의 경우, 미래에 자동차가 (차선의 중심으로부터) 어디에 위치하고 있을 것인지를 알 수 있는 가장 좋은 단서는 현재 자동차가 어디를 향해서 얼마나 빠르게 움직이고 있는가에 대한 정보이다. 이러한 정보는 자동차의 바로 앞에서 일어나는 (도로 중앙으로부터의) 자동차의 이탈 정도를 살펴보는 것보다 자동차의 진행 방향과 도로의 방향이 일치하는지를 살펴보기 위해 도로를 주시하는 것을 통해 더 잘 얻을 수 있다. 예측 가능한 정보는 제8장(그림 8.4a 참조)에서 기술된 것과 같은 예측 디스플레이(predictive display)를 통해서도 얻을 수 있다. 마지막으로, 제16장에서 논의한 바와 같이 설계자들은 지체가 있는 고차 시스템들을 자동화하기도 한다.

시간 지연 및 전달 지체

앞에서 우리는 고차 제어 시스템(특히 2차 제어 시스템)들이 어떤 형태로 시간적 지체를 보이는지에 대해서 살펴보았다(그림 9.6b와 c). 때로는 낮은 차수의 시스템에서도 지체가 발생할 수 있다. 시간이 많이 걸리는 컴퓨터 그래픽 순환문(routine)을 사용해야 하는 전자 공간 혹은 '가상현실' 속을 항행할 때는 제어장치의 작동과 디스플레이상의 위치 혹은 관찰점(viewpoint) 사이에 종종 시간적 지연이 발생한다(제15장 참조; Sherman & Craig, 2003). 이러한 시간 지연 혹은 전달 지체(transport lag)는 우리가 고차 시스템에서 살펴보았던 기대의 문제를 야기한다. 즉 지체는 오퍼레이터의 기대 능력을 요구하지만 이러한 요구는 인간의 작업부하나 시스템 에러를 일으키는 원천인 것이다.

이득

입력 장치를 논의할 때 살펴보았지만 시스템 이득(gain)은 주어진 입력의 양에 대해 시스템이 얼마만큼의 출력을 제공해 주는지를 기술한다. 따라서 이득은 ΔO/ΔI의 비율로 정의될 수 있는데, 여기서 Δ는 관련 변인들의 변화율 혹은 차이를 나타낸다. 고-이득 시스템의 경우 많은 양의 출력이 적은 양의 입력으로 산출된다. 스포츠카는 전형적으로 이득이 높은 시스템인데, 왜냐하면 핸들을 조금만 움직여도 출력(자동차의 진행 방향)의 변화가 매우 커지기 때문이다. 이득은 모든 차수의 시스템에 적용될 수 있다. 즉 제어가 이루어질 때 발생하는 위치(0차), 속도(1차) 혹은 가속도(2차)의 변화량을 이득의 개념으로 기술할 수 있다.

포인팅 과제를 논의하면서 우리가 살펴보았듯이, 이득이 높은 것이 좋은지 아니면 낮은 것이 좋은지(혹은 중간 정도가 좋은지)는 과제의 성격에 따라 달라진다. 시스템 출력이 먼 지점까지 이동해야 하는 것(혹은 큰 폭으로 변화하는 것)이라면 제어를 조금만 하여도 (위치조정 제어장치인 경우) 위치가 크게 변하거나 (속도 제어장치인 경우) 속도가 더 신속하게 변화하기 때문에 높은 이득을 갖는 시스템이 더 선호된다. 그러나 정확한 위치조정이 요구되는 과제라면 고-이득 시스템들은 지나침(overshooting)과 못미침(undershooting) 혹은 다음에 우리가 살펴볼 **불안정성**(instability) 문제를 야기할 것이다. 따라서 이 경우에는 낮은 이득이 더 선호된다. 물론 중간 정도의 이득값이 일반적으로 가장 좋은데, 왜냐하면 중간 정도의 이득값은 앞에서 언급된 문제들을 어느 정도는 해결(다시 말해 노력을 경감시켜 주고 안정성을 유지하는 것)할 수 있기 때문이다(Wickens, 1986).

안정성

지금까지 (높은 시스템 차수 혹은 전달 지연에 의한) 지체, 이득, 그리고 밴드위쓰의 개념을 소개하였다. 지금부터는 제어 시스템의 인간 요인에서 매우 중요한 또 한 가지의 개념, 즉 **안정성**(stability)에 대해 간단하게 논의하고자 한다. 초보 조종사는 때로 정해진 고도로 비행할 때 고도 제어의 불안정함을 보여줄 때가 있다. 이 장의 첫부분에서도 제어의 불안정함을 경험한 불행한 운전자의 사례를 소개한 바 있다. 이것이 **폐쇄-루프 불안정성**(closed-loop instability)이라고 알려진 불안정적 행동의 한 가지 예이다. 실제로 이러한 종류의 불안정성은 다음 세 가지 요인의 특정 조합 때문에 발생된다.

1. 지체가 있다(그림 9.4의 전체 제어 루프 중의 어디인가에서 시스템 지체 혹은 인간 오퍼레이터의 반응 시간 때문에).
2. 이득이 너무 높다. 이러한 높은 이득은 시스템이나 인간 오퍼레이터 모두에서 발견될 수 있다. 예를 들어 핸들을 돌렸을 때 방향에 너무 많은 변화가 오거나(시스템 이득), 에러가 있을 경우 이것을 지나치게 교정(오퍼레이터 이득)하는 경우이다.
3. 인간 오퍼레이터가 너무 빠르게 에러를 교정하려고 할 뿐만 아니라 시스템 출력이 안정적 상태가 되기 전에 또 다른 교정 입력을 가한다. 기술적 의미에서 말하면, 이 세 번째 요인은 시스템의 지체에 비해 입력 밴드위쓰가 높고, 오퍼레이터가 모든 차이에 대해 교정을 가하려고 하는 경우에 발생한다.

이러한 각각의 변인들(이득, 지체, 밴드위쓰)이 정확하게 얼마만큼의 불안정적인 행동을 산출해 내는가를 설명하는 것은 이 장의 범위를 벗어나는 것이다. 그러나 불안정적인 행동이 발생할 수 있는 조건들을 예측하는 데 사용될 수 있는 모델들이 제안되기도 하였다(McRuer, 1980; Wickens, 1986; Wichens & Hollands, 2000; Jagacinski & Flach, 2003).

인간 공학자들은 폐쇄-루프 불안정성을 감소시키기 위해 적용될 수 있는 5가지 해결책을 제안하였다—(1) 이득을 낮춘다. (2) (가능하다면) 지체를 감소시킨다. 예를 들어 가상현실 시스템에서 요구되는 그래픽의 복잡성을 감소시킴으로써 이것을 달성할 수 있을 것이다(Pausch, 1991; Sherman & Craig, 2003). (3) 오퍼레이터에게 모든 입력에 대한 교정을 요구하는 대신, 고빈도의 입력들은 여과시킴으로써 밴드위쓰를 감소시킬 수 있는 방향으로 방략을 변화시킬 수 있도록 주의를 준다. (4) 기대할 수 있거나 예측 가능한 입력을 찾을 수 있도록 방략을 변화시킨다(예 : 운전할 때 도로의 먼 지점을 보면서 자동차의 진행 방향에 주의를 기울이는 것). (5) '개방 루프'가 될 수 있는 방향으로 방략을 변화시켜라.

개방-루프 시스템과 폐쇄-루프 시스템

우리가 앞에서 기술했던 모든 경우들에서 우리는 오퍼레이터들이 에러를 지각하여 그것을 교정하려 한다는 것을 암묵적으로 가정하였다. 즉 그림 9.6에서 묘사된 루프는 폐쇄적인 것이다. 그러나 오퍼레이터들이 에러를 교정하려고 하는 대신 시스템 출력이 얼마가 되어야 하는 것만을 '알고자 하고' 또 그러한 출력을 만들어 내기 위해 제어장치에는 최소한의 교정만을 한다고 가정해 보자. 이럴 경우 오퍼레이터는 에러를 지각할 필요가 없기 때문에 시스템의 출력을 확인해 볼 필요가 없다. 그림 9.6은 루프가 끊어진 형태(다시 말해 루프를 개방하는 것)와 유사하다. 따라서 이러한 개방-루프 행동에서 오퍼레이터는 시스템의 지체가 있은 후에야 볼 수 있는 시스템 출력을 교정하려고 하지 않아도 된다. 그 결과 오퍼레이터는 폐쇄-루프가 갖고 있는 불안정성의 영향에서 벗어날 수 있다. 물론 개방-루프 행동은 (1) 표적이 어디에 위치할 것인가와 (2) 입력에 대해 시스템의 출력이 어떻게 반응할 것인지에 대한 오퍼레이터의 지식에 따라 달라진다(Jagacinski & Miller, 1978; 제6장). 따라서 개방-루프 행동은 전형적으로 고도의 기술을 가진 오퍼레이터들의 추적 행동이라고 할 수 있다.

개방-루프 추적은 처리 공정에서 새로운 온도에 도달하기 위해 얼마만큼의 온도를 올려야 하는지를 정확하게 알고 있을 뿐만 아니라 또 그러한 양만큼 정확하게 제어장치를 돌릴 수 있는 처리 제어 오퍼레이터들에게서 전형적으로 볼 수 있는 행동이다(제16장). 또한 개방-루프 추적 행동은 빠르게 날아오는 공의 초기 궤적을 재빠르게 표집하여 그 공을 배트로 맞히기 위해서 어떻게 배트를 휘둘러야 하는지를 정확하게 알고 있는 능숙한 야구 선수(타자)

의 행동 특성이기도 하다. 이 경우 반응을 유도하는 데 필요한 폐쇄-루프 피드백을 제공받을 시간이 없다. 능숙한 컴퓨터 사용자인 경우도 마찬가지인데, 예를 들어 능숙한 컴퓨터 사용자들은 복잡한 명령어들에 대한 각각의 키 입력이 컴퓨터 스크린에 출력되기를 기다리지 않는다. 물론 그러한 숙련된 사용자들도 그 기술이 발휘된 후에는 여전히 피드백을 받는다. 이러한 피드백은 학습을 하거나 정신 모형을 정교화하는 데 유용할 것이다(제18장).

원격 조작 혹은 텔레로보틱스

인간이 직접 수행하기가 불가능한 연속적 혹은 불연속적 제어 상황들이 많이 있다. 이러한 상황과 관련하여 두 가지 예를 들 수 있다. **원격 조작**(remote manipulation)은 무인 심해 탐사선이나 우주 탐사선을 오퍼레이터가 원격으로 제어하는 것이고, **위험 조작**(hazardous manipulation)은 매우 위험한 물질(예 : 방사능 물질)을 다룰 때의 조작 방식이다. **텔레로보틱스**(telerobotics)라고도 알려진 이러한 과제는 직접 보지 않으면서 시스템을 제어해야 하기 때문에 몇 가지 특징적인 도전에 직면한다. 그와 같은 시스템을 설계하는 사람들의 목표는 오퍼레이터들이 일종의 '원격 실재감(sense of telepresence)'을 가질 수 있도록 하는 것인데, 다시 말해 이러한 감각은 오퍼레이터가 그 환경 속에 있는 것처럼, 그리고 자신의 팔이나 손의 '확장'으로서 직접 조작을 제어하는 것처럼 느낄 수 있도록 하는 것이다. '실재감'을 가질 수 있도록 한다는 것과 유사한 목표가 가상현실 시스템의 설계자들에 의해서도 추구되고 있다(Durlach & Mavor, 1995; Sherman & Craig, 2003; Barfield & Furness, 1995). 그러나 텔레로보틱스 혹은 가상현실 영역에서 이러한 목표가 쉽게 달성되는 것을 곤란하게 하는 몇 가지 제어 특징들이 있다(Stassen & Smets, 1995).

시간 지연

시스템들은 종종 제어장치의 조작이 효과를 발휘할 때까지와 시각적 피드백이 제공될 때까지의 시간적 지연에 직면한다. 어떤 경우에서 이것은 전송 지연(transmission delays)이다. 예를 들어 어느 한 오퍼레이터가 지상에서 달에 있는 우주 탐사선을 원격으로 조작하는 데 걸리는 시간(즉 지구와 달 사이의 '왕복시간 지연')은 대략 5초 정도이다. 때로 이러한 지연은 단순히 제어되고 있는 시스템이 원래 굼뜨기 때문에 발생할 수도 있다. 다른 경우에서 이러한 지연은 특정 환경 속에서 관찰점(viewpoint)이 변환되거나 회전되었을 때 이것을 컴퓨터 시스템들이 그래픽 이미지로 구성하고 갱신하는 데 걸리는 시간상의 지연 때문에 발생하기도 한다. 모든 경우에서, 그와 같은 지연들은 효율적인 제어를 방해한다.

깊이 지각과 이미지의 질

원격 조작은 대개 3차원 안에서의 추적과 조작 과제를 포함한다. 그러나 우리가 제4장에서 살펴본 바와 같이 2차원 평면상에 표상된 3차원 디스플레이에 대한 인간의 깊이 지각은 그렇게 정확한 것이 되지 못한다. 이러한 문제를 해결하는 데 상당히 유용한 것으로 밝혀진 것은 입체를 사용하는 것이다. 그러나 입체를 사용하고자 할 때의 문제는 두 대의 카메라가 설치되어 매우 제한된 밴드위쓰를 갖는 채널(예 : 바다 밑바닥에 있는 로봇과 바다 위에 떠 있는 배의 통제실을 연결시켜 주는 케이블)을 통해 별도의 역동적 이미지들이 전송되어야 한다는 점이다. 밴드위쓰가 갖는 이러한 제약점들과 관련된 또 다른 문제는 제한된 밴드위쓰 때문에 단순한 이미지라고 해도 이미지의 질이 떨어져 오퍼레이터들이 정교한 협응 동작을 하기가 곤란하게 될 수 있다는 점이다. 이미지의 질을 높일 것인지(이 경우 이미지의 갱신 속도는 떨어진다) 아니면 이미지의 갱신 속도를 높일 것인지(이 경우 이미지의 질이 떨어진다)와 관련된 교환적 득실관계는 제어되는 로봇이 역동적이 될수록 더 심각해진다.

고유감각적 피드백

비록 시각적 피드백이 과제의 수행에 절대적으로 중요하기는 하지만, 고유감각적 혹은 촉각적 피드백이 더 중요한 상황들도 있다(Durlach & Mavor, 1995; Sherman & Craig, 2003). 이것은 원격 조작장치들이 때로는 엄청난 힘을 생성해 내도록(예 : 무거운 물체를 이동시키거나 녹이 슬어 빡빡해진 부분을 돌리는 것 등) 설계된 경우가 있기 때문이다. 그 결과 그러한 조작장치들이 물체들과 접촉하거나 힘을 가할 때 매우 신중하게 제어되지 않으면 큰 손상을 가져올 가능성이 있다. 예를 들어 원격 조작장치가 방사능 물질이 들어 있는 용기를 너무 세게 쥐어 그 용기에 구멍이 나거나, 볼트를 풀려고 하다가 볼트의 나삿니를 망가뜨렸을 때 발생할 수 있는 결과들을 생각해 보라. 이러한 종류의 사고를 방지하기 위해서 설계자들은 우리가 물체들을 손으로 쥐거나 조작할 때 경험하는 것과 같은 촉감, 느낌, 압력 및 저항 등에 대한 촉각적이고 고유감각적인 감각을 제공해 주려고 노력한다(제5장 참조). 그러나 그러한 피드백을 효율적이고 그럴 듯하게 제공하는 것은 아직 매우 어려운 일이다. 특히 '루프 지연'이 큰 경우에서 이러한 피드백을 제공하는 것은 매우 어려운 과제이다. 가해지는 힘에 대한 시각적 피드백은 좀 더 자연스러운 촉각적 피드백으로 대치되거나 보완되어 사용되어야 한다.

해결책

많은 원격 조작장치들이 갖는 가장 심각한 문제는 아마도 시간 지연일 것이다. 우리가 살펴보았듯이 이 문제에 대한 가장 효율적인 해결책은 시간 지연을 줄이는 것이다. 이러한 지연이 그래픽의 복잡성 때문에 발생하는 것이라면 그러한 복잡성의 일부를 줄임으로써 시간 지연의 문제도 해결 가능할 것이다. 그래픽의 복잡성을 감소시키는 것이 현실감이나 '실재감'을 낮추는 결과를 초래할 수도 있지만, 이것은 사용성을 향상시킬 수 있는 일종의 방법이기도 하다.

두 번째의 효율적인 해결책은 조작장치의 현재 상태와 오퍼레이터의 현재 제어 행동 및 미래의 의도에 기초하여 앞으로의 조작장치의 운동과 위치를 미리 알아볼 수 있게 해주는 예측 디스플레이를 개발하는 것이다(제8장 참조). 그와 같은 예측 도구들이 매우 유용한 것임이 밝혀지기는 했지만(Bos et al., 1995) 이러한 예측 도구들은 그들이 예측해 주고자 하는 시스템의 역동과 관련된 여러 가지 변인들의 영향을 많이 받을 수 있다. 예를 들어 교란 입력이 많은 경우 예측의 효율성은 감소하게 될 것이다. 더구나 예측 시스템들은 무선적으로 움직이는 표적들에 대해서는 효율적으로 예측(즉 미리 볼 수 있게)할 수 없을 뿐만 아니라, 때에 따라 자주 변하여 신뢰성이 떨어지는 경우 예측이 갖는 장점들은 사라지게 된다.

세 번째 해결책은 시스템과 직접 연결되지 않은 상태에서 오퍼레이터가 요구된 조작을 해 볼 수 있는 (지연이 전혀 없는) 시스템 역동에 대한 컴퓨터 모델을 구현하여 그 컴퓨터 모델로부터 제공되는 즉각적인 피드백에 의존하면서 조작할 수 있도록 하는 것이다(Sheridan, 1997, 2002; 제6장 참조). 만일 오퍼레이터가 자신의 조작이 효율적이라고 만족하면 이러한 조작 방식이 실제 시스템에 구현되도록 한다. 그러나 만일 컴퓨터 모델의 구현이 컴퓨터의 능력에 많은 부담을 주거나, 혹은 실제 시스템 속에 계획된 조작 방식이 구현되기 전에 표적이 되었던 환경이 변한다면 이러한 해결책도 문제가 될 수 있을 것이다.

행위를 계획하는 것은 인간이지만 그 계획된 행위를 컴퓨터가 실행하도록 하는 것은 수동 제어 영역이라기보다는 자동화된 제어의 영역이며, 이것에 대해서는 제16장에서 자세하게 논의할 것이다. 또한 다른 장들에서 논의될 두 가지 제어의 측면들에 주목하는 것이 필요하다. 우선 고도의 수준으로 자동화되어 있고 또한 실제적인 제어와 관련이 없는 많은 측면들(예 : 감시와 진단)을 포함하는 처리 제어(process control)에 대해서는 제16장에서 논의할 것이다. 그리고 지금까지 논의된 제어 특징들의 범위를 넘는 인간 공학적 측면들이 많이 포함되어 있는 항공 교통 관제에 대해서는 제17장에서 다룰 것이다. 마지막으로, 우리가 앞에서 살펴보았듯이 텔레로보틱스의 많은 특징들은 가상현실 시스템의 구현에서 언급되는 특징들과 유사한 것들이 많은데, 이것에 대해서는 제15장에서 논의할 것이다.

참고문헌

Baber, C.(1997). *Beyond the desktop.* San Diego, CA: Academic Press.

Barfield, W., and Furness, T.A. III(eds.)(1995). *Virtual environments and advanced interface design.* New York: Oxford University Press.

Barton, P.H.(1986). The development of a new keyboard for outward sorting foreign mail. IMechE, 57-63.

Bos, J.F.T., Stassen, H.G., and van Lunteren, A.(1995). Aiding the operator in the manual control of a space manipulator. *Control Eng. Practice, 3*(2), 223-230.

Card, S.K., English, W.K., and Burr, B.J.(1978). Evaluation of mouse, rate-controlled isometric joystick, step keys, and task keys for text selection on a CRT. *Ergonomics, 21*(8), 601-613.

Card, S., Moran, T.P., and Newell, A.(1983). *The psychology of human-computer interactions.* Hillsdale, NJ: Erlbaum.

Drury, C.(1975). Application to Fitts' Law to foot pedal design. *Human Factors, 17*, 368-373.

Durlach, N.I., and Mavor, A.(eds.)(1995). *Virtual reality: Scientific and technological* challenges. Washington, DC: National Academy Press.

Epps, B.W.(1987). A comparison of cursor control devices on a graphic editing task. *Proceedings of the 31st Annual Meeting of the Human Factors Society*(pp.442-446). Santa Monica, CA: Human Factors Society.

Fitts, P.M.(1954). The information capacity of the human motor system in controlling the amplitude of movement. *Journal of Experimental Psychology, 47*, 381-39.

Fitts, P.M. and Posner, M.I.(1967). *Human Performance.* Belmont, CA: Brooks/Cole.

Fitts, P.M., and Seeger, C.M.(1953). 5-R compatibility: Spatial characteristics of stimulus and response codes. *Journal of Experimental Psychology, 46*, 199-210.

Gopher, D., and Raij, D.(1988). Typing with a two hand chord keyboard-Will the QWERTY become obsolete? *IEEE Trans. in System, Man, and Cybernetics, 18,* 601-609.

Haskell, I.D., and Wickens, C.D.(1993). Two-and three-dimensional displays for aviation: A theoretical and empirical comparison. *International Journal of Aviation Psychology, 3(*2), 87-

109.

Hick, W.E.(1952). On the rate of gain of information. *Quarterly Journal of Experimental Psychology, 4,* 11-26.

Hyman, R.(1953). Stimulus information as a determinant of reaction time. *Journal of Experimental Psychology, 45,* 423-432.

Jagacinski, R.J.(1989). Target acquisition: Performance measures, process model: and design implications. In G.R. McMillan, D. Beevis, E. Salas, M.H. Strub, R. Sutton, and L. Van Breda(eds.), *Applications of human performance models to system design*(pp.135-150). New York: Plenum Press.

Jellinek, H.D., and Card, S.K.(1990). Powermice and user performance. *CHI '90*(pp.213-220). New York: Association for Computing Machinery.

Kelley, C.R.(1968). *Manual and automatic control.* New York: Wiley.

Langolf, C.D., Chaffin, D.B., and Foulke, S.A.(1976). An investigation of Fitts' law using a wide range of movement amplitudes. *Journal of Motor Behavior, 8,* 113-128.

Martin, G.(1989). The utility of speech input in user-computer interfaces. *International Journal of Man-Machine System Study, 18*, 355-376.

McMillan, G., Eggleston, R.G., and Anderson, T.R.(1997). Nonconventional Controls. In G. Salvendy(ed.), *Handbook of Human Factors and Ergonomics.* New York: Wiley.

McRuer, D.(1980). Human dynamics in man-machine systems. *Automatica, 16,* 237-253.

Mourant, R.R., and Rockwell, T.H.(1972). Strategies of visual search by novice and expert drivers. *Human Factors, 14*, 325-336.

Norman, D.(1988). *The psychology of everyday things.* New York: Basic Books.

Norman, D., & Fisher, D.(1982). Why alphabetic keyboards are not easy to use. *Human Fctors, 24,* 509-520.

Pausch, R.(1991). Virtual reality on five dollars a day. *Computer Human Interaction(CHI) Proceedings*(pp.265-269). New York: American Society for Computer Machinery.

Poulton, E.C.(1974). *Tracking skill and manual control.* New York: Academic Press.

Powers, W.T.(1973). *Behavior: The Control of Perception.* New York: Aldine de Grunter.

Richardson, R.M.M., Telson, R.U., Koch, C.G., and Chrysler, S.T.(1987). Evaluations of conventional, serial, and chord keyboard options for mail encoding. *Proceedings of the 3lst Annual Meeting of the Human Factors Society*(pp.911-915). Santa Monica, CA: Human Factors Society.

Roscoe, S.N., Corl, L., and Jensen, R.S.(1981). Flight display dynamics revisited. *Human Factors, 23,* 341-353.

Seibel, R.(1964). Data entry through chord, parallel entry devices. *Human Factors, 6,* 189-192.

Sheridan, T.(1997). Supervisory control. In G. Salvendy(ed.), *Handbook of human factors.* New York: Wiley.

Stassen, H.G., and Smets, G.J.F.(1995). Telemanipulation and telepresence.

Sulc, S.(1996). Speech characteristics in the course of coping with in-flight emergencies. In *Situation Awareness: Limitations and Enhancements in the Aviation Environment.* NATD AGARD CP-575 Neuilly-Sur-Seine, France: AGARD.

Wickens, C.D.(1986) The effects of control dynamics on performance. In K.R. Boff, L. Kaufman, and J.P. Thomas(eds.), *Handbook of Perception and Performance, Vol. II*(pp.39-1-39-60). New York. Wiley.

Wickens, C.D.(1992). *Engineering psychology and human performance*(2nd ed.). New York: Harpercollins.

Wickens, C.D., Sandry, D., and Vidulich, M.(1983). Compatibility and resource competition between modalities of input, central processing, and output: Testing a model of complex task performance. *Human Factors, 25*, 227-248.

Wickens, C.D., Vidulich, M., and Sandra-Garza, D.(1984). Principles of S-C-R compatibility with spatial and verbal tasks: The role of display-control location and voice-interactive display-control interfacing. *Human Factors, 26*, 533-543.

Wickens, C.D., Zenyuh, J., Culp, V., and Marshak, W.(1985). Voice and manual control in dual task situations. *Proceedings of the 29th Annual Meeting of the Human Factors Society.* Santa Monica, CA: Human Factors Society.

10 인체측정학 및 작업 공간 설계

존은 발전소에서 근무하는 작업자이다. 그의 하루 일과는 발전소의 상태를 표시하는 수십 개의 모니터를 관찰하는 것이다. 몇몇 디스플레이는 정확하게 읽으려면 발판 위에 올라가서 값을 읽어야 될 정도로 매우 높게 위치해 있다. 6피트 6인치인 존은 작은 사람들은 도대체 이 작업을 어떻게 수행할까 의아해했다. 그는 발판에서 내려올 때마다 "최소한 사다리를 오르지 않아도 되니까 나는 행운아야."라고 혼잣말을 하곤 하였다.

수잔은 제조회사의 '작업보조원(floater)'이다. 작업보조원이란 작업의 작업자가 쉬는 동안 작업을 대신 하기 위해 한 작업대에서 다른 작업대로 옮겨 다니며 일하는 사람을 말한다. 그녀는 서로 다른 작업을 수행할 수 있는 기술이 있고 다양한 형태의 작업대에서 작업을 수행할 수 있다는 것에 대해서 자부심을 가지고 있다. 그러나 대부분의 작업대가 그녀에게 너무 높기 때문에 힘들어한다. "한 가지 크기에 모든 것을 맞추다니! 나같은 작은 사람에게는 왜 맞지 않는 거야!" 그녀는 이러한 여러 작업대에서 일하는 것을 불편해할 뿐 아니라 공구를 집기 위해 어깨나 허리를 앞으로 너무 많이 굽힘으로 인해서 언젠가 다치지 않을까 걱정하고 있다.

우리는 몸에 맞지 않는 옷을 입으려고 하지는 않는다. 만일 신발의 크기가 우리 발에 맞지 않으면 안정적으로 걸을 수 없을 것이다. 너무 넓거나 너무 좁은 의자에 앉아 있다면 우리의 모습은 매우 이상할 것이고 기분이 좋지 않을 것이다. 너무 높이 있거나 테이블 저쪽에 너무 멀리 떨어져 있는 물체를 손으로 집을 수는 없을 것이다.

방금 말한 것들은 너무 흔하게 우리가 일상생활에서 경험할 수 있는 것들이라서 우리에게 특별한 의미로 다가오는 것은 아닐 것이다. 제품이나 작업장이 갖는 물리적 특징들이 사용자들의 신체적인 특징에 맞아야 한다는 것을 모르는 사람은 없는 것 같다. 그러나 설계자들이 종종 이러한 요구사항을 잊어버리거나 설계할 때 어떻게 이것들을 포함시킬 것인지를 잘 알지 못하기 때문에 인간과 맞지 않는 시스템이 설계되고 결과적으로는 이러한 부적합이 에러나 피로 혹은 불편함의 가장 흔한 원인 중의 하나가 된다는 것은 놀라운 일이다.

몇몇 발전소나 화학 처리 공장은 디스플레이들이 너무 높은 곳에 위치해 있어서 오퍼레이터들이 제시되는 값들을 읽기 위해서는 발판이나 사다리 위에 올라서서 보아야 한다. 미국 해군에서 사용하는 몇 종류의 항공기 조종실 내부에 설치되어 있는 제어장치들 중 10 %는 키가 가장 큰 조종사라 할지라도 손에 닿을 수 없을 만큼 높은 곳에 위치해 있으며, 키가 가장 작은 사람들의 경우에는 무려 70%의 위급 상황과 관련된 제어장치들이 손을 뻗어서 제어할 수 없을 만큼 떨어진 곳에 위치해 있다. 우리 주변에서도 이러한 사례들은 가정이나 교실에서 책상, 의자, 그 밖의 가구들을 주의 깊게 둘러보면 얼마든지 발견할 수 있을 것이다. 이것들은 인간 공학적 관점에서 보면 제대로 설계된 것이라고 할 수 있을까? 이 질문에 한 번 대답을 해보고, 이 장을 다 읽고 난 다음에 다시 한 번 질문해 보라.

이 장에서 우리는 인체측정학이라고 하는 학문 분야의 기본적 개념들을 소개하고자 한다. 인체측정학은 작업장이나 제품의 물리적 치수를 사용자의 신체에 맞도록 하기 위해 기본적 원칙과 수량화된 자료를 제공해 주는 학문이다. 우리는 또한 인체측정학적 정보를 설계 과정에 적용시키고자 할 때의 일반적 원리들과 유용한 방법들에 대해서도 기술하고자 한다.

인체측정학은 인간 신체의 여러 부분의 치수들에 대한 연구와 측정이라고 할 수 있다. 인체측정학적 데이터는 잠재적인 작업자들이 신체를 이용하여 작업하는 데 적합하도록 작업장이나 장비의 높이, 배열, 장비를 쥐는 데 드는 힘이나 도달하기 위한 거리 등에 대한 설계 가이드라인을 개발하기 위해 사용된다. 작업장의 설계 측면에는 앉아서 작업하는 것과 서서 작업하는 것, 생산 기계, 슈퍼마켓의 계산대, 그리고 복도나 통로 등이 포함된다. 노동력 측면과 관련해서는 작업을 수행하는 사람들(남녀를 모두 포함하여)의 키, 체격, 체력뿐만 아니라 신체적인 능력에 한계가 있는 장애자나 정상인들이 모두 포함된다.

인체측정학적 데이터는 또한 의복, 자동차, 자전거, 가구, 수공구 등과 같은 소비 제품의 설계에도 적용된다. 제품들은 다양한 유형의 소비자들을 상대로 설계되기 때문에, 설계에 가장 적합한 인체측정학적 데이터를 선택하고 사용하는 것이 중요한 준수 사항이다. Grieve와 Pheasant(1982)는 "아주 단순한 방법으로, 만일 우리가 어느 한 모집단 속에서 가장 키가 작은 한 여자와 가장 키가 큰 한 남자를 선발한다면, 이 남자는 30~40% 키가 더 크고, 100% 더 무거우며, 500% 더 강할 것이다."라고 언급하였다. 물론 남성의 인체측정학적 자료에 기초하여 설계된 제품들은 많은 여성 사용자들에게는 적합하지 않을 것이다. 국제 시장을 겨냥해서 제품을 설계할 때는 그 나라 사용자들의 인체측정학적 특성과 큰 차이가 있는 지역에서 수집된 자료를 그대로 사용하는 것도 바람직하지 못할 것이다.

인간 공학 영역들 중에서 인체측정학적 정보를 사용하는 또 다른 영역은 다음 장에서 논의될 주제 중의 하나인 작업 생체역학(occupational biomechanics)이다. 여기서 인체측정학적 데이터는 작업을 수행하는 동안 작업자의 관절이나 근육에 가해지는 스트레스를 측정하기 위하여 외부적 부하와 관련된 정보들과 연결되어 인체공학적 모델을 수립하는 데 사용된다.

설계과정에서 인간이 갖는 다양성을 고려하는 것이 매우 중요하기 때문에, 이 장은 인간이 갖는 변산성(variability)의 주요 원천이 무엇인지와, 어떻게 이러한 통계치들이 설계자들로 하여금 인간의 변산성을 분석하고 설계과정에서 이러한 정보를 사용할 수 있도록 도움을 줄 수 있는지를 논의하는 것으로부터 출발하고자 한다. 그 다음에는 인체측정 데이터를 수집하기 위해 사용되는 장치와 방법들, 그리고 인체측정 데이터의 주요 유형 등에 대해 간략하게 기술할 것이다. 그리고 설계에서 인체측정 데이터를 적용하는 일반적인 절차들이 소개될 것이고, 뒤이어 작업공간(workspace) 설계의 원리들이 논의될 것이다. 서서 하는 작업과 앉아서 하는 작업과 관련된 설계는 마지막 부분에서 논의될 것이다.

인간의 변산성과 통계치

인간 변산성

연령 차이 사람의 신장이 아동기에서 청소년기 사이에 급격하게 변한다는 것을 모르는 사람은 없을 것이다. 사실 많은 연구들이 각 연령에 따른 신장의 차이를 비교하였다. 이러한 결과들은 사람의 신장이 대략 20~25세 사이에서 증가하다가(Roche & Davila, 1972; VanCott & Kinkade, 1972) 대략 35~40세부터 감소하기 시작하며, 남자보다 여자가 더 큰 감소를 보인다(Trotter & Gleser, 1951; VanCott & Kinkade, 1972)는 것을 보여준다. 신장과는 달리 체중이나 가슴둘레와 같은 다른 신체적 특성들은 60세까지는 증가하다가 그 다음에 감소한다.

성별 차이 평균적으로 볼 때 성인 남성은 성인 여성보다 키나 체구가 더 크다. 그러나 12세의 여자 아동의 경우에는 평균적으로 같은 연령의 남자 아동에 비해 더 크고 무거운데, 그 이유는 여자 아동이 10~12세 사이에 최대의 성장률을 보이는 반면 남자 아동은 13~15세 사이에 최대의 성장률을 보이기 때문이다. 여자 아동들은 17세까지 매년 눈에 띄게 성장하는 반면 남자 아동들의 성장률은 대략 20세 정도가 될 때까지 점진적으로 줄어든다(Stout et al., 1960). 평균적으로 성인 여성 신체의 치수들은 성인 남성의 92% 정도에 해당한다(Annis, 1978). 그러나 신체 부위별로 보면 남성과 여성 사이에는 큰 차이를 보이는 경우가 있다. 예를 들어 평균적으로 대부분 신체 치수들에서 남성이 여성보다 크지만, 엉덩이나 허벅지의 둘레는 남성과 여성 사이에 큰 차이를 보이지 않고, 피하지방의 두께와 같은 많은 측면들에서는 오히려 여성이 남성을 능가하는 경우도 있다.

인종과 민족 차이 신체의 크기나 비율은 인종이나 민족 혹은 특정 지역의 주민에 따라 상당히 다양하다. 미국 공군에서 근무하는 흑인과 백인 남성들에 대한 인체측정 조사에 따르면, 두 인종 사이에 평균 신장은 같지만 백인에 비해 흑인들의 팔과 다리가 더 긴 경향이 있는 반면 몸통은 더 짧다(Long & Churchill, 1965; NASA, 1978). 미국 공군과 일본 공군을 비교한 자료는(Yokohori, 1972), 평균 신장은 일본의 공군이 미국 공군보다 작았지만 앉은 키의 평균은 두 집단 사이에서 차이가 없음을 발견하였다. 유사한 차이들이 미국, 프랑스, 그리고 이탈리아인들을 대상으로 한 인체측정학적 연구에서도 발견되었다. 이러한 차이에 기초하여, Ashby(1979)는 미국 전체 남성의 90%에 맞도록 설계된 장비가 있다면 이것은 대략 90%의 독일 남성, 80%의 프랑스 남성, 65%의 이탈리아 남성, 45%의 일본 남성, 25%의 태국 남성, 그리고 10%의 베트남 남성에게 맞을 것이라고 언급하였다.

직업 차이 신체의 크기나 치수에서의 차이들은 서로 다른 직업에 종사하는 사람들을 통해 쉽게 관찰될 수 있다. 프로 농구 선수들은 대부분의 일반 미국 남성들보다도 키가 훨씬 더 크다. 발레 무용수들은 평균보다 몸이 더 마른 경향이 있다. 기존의 자료들은 트럭 운전자들이 평균보다 키가 더 크고 무거우며(Sanders, 1977), 탄광 광부들은 더 큰 상반신과 더 두꺼운 팔 두께를 갖는 경향이 있다는 것을 보여주고 있다(Ayoub et al., 1982). 직업에 따른 이러한 신체 차이들은 직무와 관련된 신체적 활동의 유형이나 양, 특정 직업이 요구하는 특수한 신체적 특징, 그리고 직종을 선택하는 개인의 자기평가와 자기선택 등과 같은 많은 요인들 때문에 발생한다.

세대 혹은 연도별 차이 Annis(1978)는 1840년 이후 미국인들의 신장 변화 추세를 도식화하였는데, 1920년대 초반 이후에 10년마다 대략 1cm씩 키가 커졌음을 발견하였다. 향상된 영양이나 생활 조건들이 이러한 성장을 가능하게 한 이유 중 하나일 것이다. 그러나 신장이나 신체의 크기가 증가하는 이러한 추세는 멈춘 것으로 보인다(Hamil et al., 1976). Griener와 Gordon(1990)은 미국 남성 병사들을 상대로 22개의 신체 특성들의 연도별 변화 추세를 살펴보았는데, 몇 개의 특성들은 분명한 증가 추세를 보이는 반면(예 : 체중과 어깨 너비) 다른 차원(예 : 다리 길이)들은 특별한 변화가 없음을 발견하였다.

일시적인 일일 차이 Kroemer(1987)는 체중이 신체의 수분량 때문에 하루에 1kg 정도 변한다는 것을 지적하였다. 하루가 끝나는 시간에는 신장이 5cm까지도 변하는데, 그 이유는 주로 사람의 자세와 척추 연골의 두께에 대한 지구 중력의 효과 때문이다. 위치를 달리하여 자세를 측정할 때도 다른 결과를 보일 수 있다. 예를 들어 그냥 서서 신장을 재는 경우보다 벽에 꼿꼿이 기대어 신장을 재면 2cm 정도 더 신장이 증가될 수 있다. 가슴둘레는 호흡 주기에 따라 달라지며 의복도 신체 치수들을 변화시킬 수 있다.

통계적 분석

공학적 설계에서 이와 같은 변산성을 다루기 위해서는 단일한 값보다는 통계적 분포로서 인체측정 치수들이 분석된다. 정규분포(때로는 Gaussian 분포라고도 불린다)는 가장 흔히 사용되는 통계적 분포 중의 하나인데, 그 이유는 대부분의 인체측정 데이터들이 정규분포와 매우 유사한 형태로 분포하기 때문이다.

정규분포 정규분포는 그림 10.1에 보이는 대칭적인 종 모양의 곡선과 같은 정규곡선의 형태로 표시될 수 있다. 평균과 표준편차는 정규분포의 중요한 두 가지 모수치이다. 평균은 측정척도상에서 점수 집단들이 집중되는 것을 알려주는 중앙집중 경향의 측정치이다. 평균은 각 점수의 총합을 전체 표본 크기(예 : 측정된 사람들의 수)로 나눈 값이다. 공식으로는

$$M = \Sigma(X_i)/N$$

으로 표현되는데, 여기서 M은 표본의 평균, X_i는 i번째의 측정치, 그리고 N은 표본의 크기를 나타낸다.

표준편차는 측정된 값들이 집단 속에서 퍼져 있는 정도, 혹은 흩어져 있는 정도에 대한 측정치이다. 표준편차 s는 다음과 같은 공식으로 계산된다.

$$s = \sqrt{\frac{\sum(X_i - M)^2}{N-1}}$$

그림 10.1에서 평균은 수평축에서의 정규곡선의 위치를 결정하고, 표준편차는 정규곡선의 뾰족하거나 평평한 정도를 결정한다. 평균이 작은 정규곡선은 평균이 큰 정규곡선에 비해 항상 왼쪽에 위치한다. 표준편차가 작은 정규곡선은 대개 뾰족한 형태를 취하는데, 이것은 대부분의 측정치들이 평균에 근접하여 분포한다는 것을 나타낸다. 이와는 반대로 큰 표준편차는 측정된 값들이 평균으로부터 많이 흩어져 분포한다는 것을 시사한다.

백분위수 공학적 설계에서 인체측정 데이터는 백분위수(percentile)의 형태로 가장 많이 사

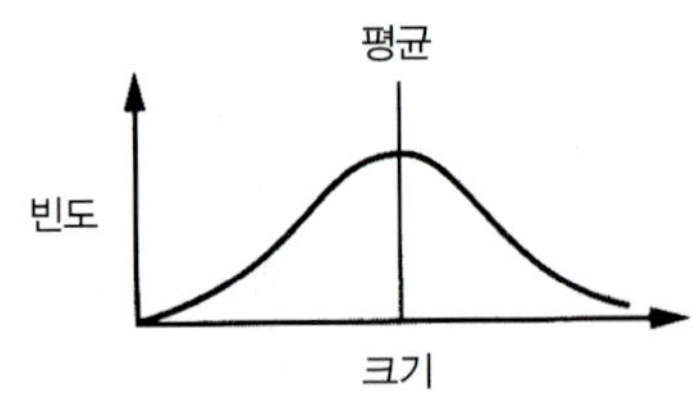

그림 10.1
정규분포의 일반적 형태

표 10.1 백분위수 계산을 위한 곱셈 계수

백분위수	F
1번째	−2.326
5번째	−1.645
10번째	−1.282
25번째	−0.674
50번째	0
75번째	+0.674
90번째	+1.282
95번째	+1.645
99번째	+2.326

용된다. 어느 한 인체측정 차원에 대한 백분위수는 특정 크기의 신체적 치수를 갖거나 그보다 작은 치수를 갖는 사람들의 전체 집합에 대한 백분율을 의미한다. 이러한 정보는 설계에서 매우 중요한데, 왜냐하면 백분위수가 특정 설계에 맞는 사용자 전체 집합의 백분율을 추정할 수 있게 해주기 때문이다. 예를 들어 만일 어떤 의자 표면의 너비가 미국 남성 엉덩이 크기의 50번째 백분위수를 사용하여 설계되었다면, 우리는 미국 남성의 50%가 이러한 유형의 의자에 충분히 앉을 수 있을 것으로 기대할 수 있는 반면, 나머지 50%(즉 엉덩이 크기가 더 큰 사람들)는 그렇지 못할 것이라는 것을 추정할 수 있다.

정규분포에서 50번째 백분위수의 값은 그 분포의 평균값과 동일하다. 만일 분포가 정규적이 아니라면, 50번째 백분위수는 평균값과 같아질 수 없다. 그러나 어떤 인체측정 치수의 값들은 정규적으로 분포하는 것은 아니지만 정규적으로 분포한다고 가정하는 것처럼, 실제 설계에서는 평균값과 50번째 백분위 값이 동일하지 않더라도 동일한 것으로, 혹은 거의 같은 것으로 가정하기도 한다.

정규곡선에서 백분위수들은 표 10.1과 아래의 공식을 이용하여 쉽게 계산될 수 있다.

$$X = M + F \times s$$

여기에서 X는 계산되고 있는 백분위수, M은 분포의 평균(50번째 백분위수 값), s는 표준편차, F는 요구되는 백분위수에 해당하는 표준편차의 값이다. F는 표 10.1에 제시되어 있다.

인체측정 데이터

측정 도구와 방법

많은 신체 치수들은 간단한 도구들로도 측정이 가능하다. 줄자를 사용하여 직선뿐만 아니라 주변둘레, 윤곽, 그리고 곡면 등을 측정할 수 있다. 인체측정기(anthropometer)는 눈금이 그려진 긴 막대에 두 개의 작은 막대들이 붙어있는데, 하나는 고정되어 있고 다른 하나는 움직일 수 있도록 되어 있어, 확실하게 구분되는 신체의 두 부위 사이의 거리를 측정하는 데 사용된다. 둥근 수평자는 두 개의 구부러진 가지(branch)가 경첩으로 연결되어 있는데, 두 가지의 양끝 사이의 거리는 이것에 붙어 있는 자를 통해서 측정될 수 있다. 작은 슬라이딩 컴퍼스는 손의 길이나 너비와 같은, 신체 부분의 짧은 거리를 측정하는 데 사용될 수 있다. 다양한 크기의 직경을 갖는 구멍들이 있는 보드(board)는 손가락이나 사지의 둘레 길이를 측정하는 데 사용될 수 있다. 그림 10.2는 기초적인 인체측정 도구의 종류들을 예시해 주고 있다.

각 신체 부위의 치수들은 표준화된 정의를 따라 표준화된 절차를 통해 측정된다. 확실하게 분간할 수 있는 신체 부위나 고정점들이 다양한 측정치들을 정의하는 데 사용된다. 예를 들어 신장은 사람이 서 있는 표면(즉 바닥)과 머리 끝까지의 거리로 정의되는 반면, 손 길이는 오른손의 가운데 손가락 끝에서부터 엄지 손가락의 시작 부분까지의 거리로 정의된다. 인체측정을 수행하는 사람은 간단한 측정 도구들을 사용하여 측정되는 사람(종종 피험자라고 불린다)의 인체의 각 치수를 측정하는데, 이때 피험자들은 표준적인 자세를 취해야 한다. 대부분의 인체측정치들은 피험자들이 바로 서거나 앉은 자세에서 측정되는 경우가 많다. 예를 들어 피험자들에게 두 발의 뒤꿈치를 모으고 똑바로 서게 한다든지, 벽에 뒷머리와 어깨, 그리고 엉덩이를 붙이고 서게 한 후에 측정하게 된다(Kroemer, 1987). 이때 피험자들은 옷이나 신발을 착용하지 않는 것이 일반적이다. 앉은 자세에 대한 여러 인체 치수들을 측정할 때는 피험자들에게 허벅지를 수평으로 하고 다리는 수직으로 하며, 발바닥은 바닥(혹은 발을 올려놓는 도구)에 붙이도록 한다.

모란트 기법(Morant technique)은 가장 흔히 사용되는 전통적인 측정 기법이다. 이 기법은 격자로 되어 있는 두 개의 평면이 직각으로 만나도록 배치하고, 측정하고자 하는 피험자들의 부위들이 격자의 특정 부위에 투사되도록 한다. 최근 들어서는 인체측정에 사진 촬영 방법, 필름이나 비디오로 녹화하는 기법, 여러 대의 카메라나 거울을 이용하는 방법, 홀로그

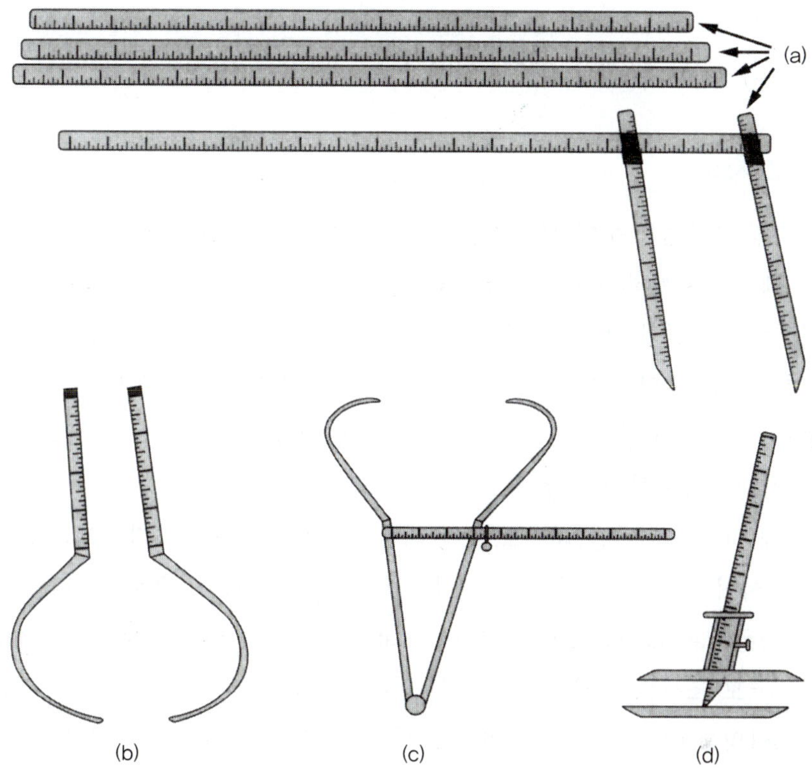

그림 10.2

기본적인 인체측정 도구들. (a) 곧은 가지들을 갖는 인체측정기 (b) 구부러진 가지를 갖는 인체측정기 (c) 둥근 수평자 (d) 슬라이딩 컴퍼스

래프나 레이저를 이용한 방법들이 사용되고 있다. 이러한 방법들은 다양한 설계나 연구의 목적에 맞도록 개선되고 있는 중이다.

해석상의 모호함을 피하기 위해 인체측정학에서는 관련 용어들이 다음과 같이 정의되어 사용된다(Kroemer, 1987).

높이(height) : 상하 방향으로 인체의 양 끝점 사이의 수직적 직선 길이

너비(breadth) : 좌우 방향으로 신체나 신체 부위의 수평적 직선 길이

깊이(depth) : 전후 방향으로 신체의 수평적 직선 길이

거리(distance) : 신체 부위들 사이의 직선 길이

둘레(circumference) : 한 지점에서 출발하여 신체 윤곽을 따라 다시 그 지점으로 돌아왔을 때의 길이

곡률(curvature) : 신체 두 지점 사이의 굽어진(혹은 휘어진) 정도

민간인 및 군인 자료

대규모 인체측정 조사들을 수행하는 데는 많은 시간이나 노력, 비용이 요구된다. 놀라운 일은 아니지만 세상에 존재하는 인체측정 자료 사이에는 큰 차이가 있다. 대부분의 인체측정 조사는 조종사나 군인들과 같은 특정한 집단을 대상으로 수행되었다. 그러나 민간인들에 대한 자료는 별로 없을 뿐만 아니라 조사가 되었다 하더라도 그 범위가 매우 한정적이다. 미국이나 그 외의 국가에서 나온 민간인 자료의 대부분은 너무 오래 전에 수집된 것이어서 현재의 사용자 집단을 대표하지 못할 수도 있다.

몇십 년 전에 민간인 집단을 대상으로 한 대규모 조사가 이루어졌다. O'Brein과 Sheldon (1941)은 의류 사이즈를 결정할 목적으로 약 1만 명의 여성을 대상으로 조사를 수행하였다. 미국 보건 통계국(National Center for Health Statistics)에서는 일반인 남성과 여성을 대상으로 두 개의 대규모 조사를 실시하였는데, 첫 번째 조사는 1960～1962년에 걸쳐 남성 3,091명과 여성 3,581명을 측정하였고, 두 번째 조사에서는 1971～1974년에 걸쳐 13,645명의 민간인들을 측정하였다. 비교적 규모가 작은 두 개의 조사가 최근에 이루어졌다. 그중 하나는 대략 100명의 남성과 100명의 여성을 대상으로 한 Eastman Kodak사의 조사이고, 다른 하나는 남녀 각각 384명과 125명의 산업 근로자들을 대상으로 한 Marras와 Kim(1993)의 조사이다.

가장 최근에 보고된 민간인의 인체측정 시도는 미국 및 유럽 민간인 인체측정 자료(Civilian American and European Anthropometry Resource, CAESAR) 프로젝트로서, 18세에서 65세 사이의 다양한 체중을 가진 민간인 남녀를 대상으로 미국인과 유럽인 각각 2,500명씩의 인체를 측정한 조사이다. 이 프로젝트는 전신 신체 스캐너를 사용하여 디지털 방식으로 인체를 스캔하여 이전에 사용하였던 전통적인 측정방법보다 더 포괄적인 자료를 제공하고, 인체의 크기와 형태에 대한 3차원 자료를 구축하고자 하였다(Society of Automotive Engineers, 2002).

이러한 민간인을 대상으로 한 조사는 그 규모 면에서 매우 한정적인 것들이었다. 비록 군인들을 대상으로 한 신체 치수들의 측정들이 보다 최신의 것이고 또한 매우 광범위하기는

하지만, 군인 집단과 민간인 집단 사이에는 큰 차이가 있다. 예를 들어 Marras와 Kim(1993)은 군인과 산업 근로자들 사이에는 체중과 복부 둘레에 큰 차이가 있음을 발견하였다. 95번째 백분위수에 해당하는 산업체 근로자는 95번째 백분위수에 해당하는 군인보다 훨씬 더 무거웠지만, 5번째 백분위수에 해당하는 산업체 여성 근로자들은 같은 백분위수의 여군보다는 더 가벼웠다.

미국을 포함한 많은 국가들에서 민간인 집단에 대한 신뢰로운 인체측정 정보들이 부족하기 때문에, 최근의 인간 공학적 설계에서는 민간인 집단에 대한 신체 치수의 추정치로 군인들의 자료를 활용하고 있다. 그러나 민간인과 군인들의 인체측정 자료에는 많은 차이가 있기 때문에 설계자들은 추정치를 사용할 때 바람직하지 못한 결과가 발생하지 않도록 매우 신중해야 하며, 필요하다면 설계 과정에서 자료를 조정하는 것을 주저하지 말아야 한다. 표 10.2는 미국 공군과 육군의 남녀 병사들을 주로 대상으로 해서 수집된 인체측정 자료의 표본을 제시하고 있다(Clauser et al., 1972; NASA, 1978; White & Churchill, 1971). 표 10.2에 제시된 측정치들의 측정 방법은 그림 10.3과 그림 10.4에 자세하게 묘사되어 있다.

구조적 자료와 기능적 자료

인체측정 자료들은 이것들이 어떻게 수집되느냐에 따라 구조적(structural) 자료와 기능적(functional) 자료의 두 가지 유형으로 분류될 수 있다. 구조적 자료는 정적(static) 자료라고도 불리고, 기능적 자료는 동적(dynamic) 자료라고도 불린다. 두 유형의 자료들은 공학적 설계에서 서로 다른 목적으로 사용된다.

구조적 인체측정 자료는 신체가 표준적인 혹은 정적인 자세에 있을 때 수집된 신체 치수들이다. 구조적 인체측정 자료의 예들로는 키, 어깨너비, 손목 굵기, 아래팔(forearm)의 길이, 그리고 손의 너비 등이 포함된다.

기능적 인체측정 자료는 신체가 다양한 작업 자세를 취할 때(즉 신체 부분들이 공간상의 하나의 기준점을 중심으로 움직일 때) 얻어지는 자료이다. 손목의 굽힘-폄(flexion-extension) 범위와 가쪽-안쪽(ulnar-radial) 동작 범위(그림 10.4의 41, 42 측정 부위 참조)는 기능적 인체 자료의 예이다. 다른 예는 이 장에서 소개할 싸개선(reach envelope)인데, 예를 들어 선 자세에서 오른손으로 뻗칠 수 있는 영역(area)을 오른손의 싸개면으로 정의한다. 이것은 서서 오른손으로 일하는 설계에 결정적인 정보를 제공한다. 정적 · 동적 자료를 포함하는 자세한 인체측정표는 Birt, Snyder와 Duncanson(1996)과 Roebuck(1995)의 연구에서 볼

표 10.2 인체측정학 데이터(단위 : 인치)

측정 대상	남성		여성		전집 백분위수 50/50 남성/여성		
	50번째 백분위수	±1표준편차	50번째 백분위수	±1표준편차	5번째	50번째	95번째
선 자세							
1. 전방 기능적 팔 뻗침							
a. 신체 깊이를 포함해서	32.5	1.9	29.2	1.5	27.2	30.7	35.0
	(31.2)	(2.2)	(28.1)	(1.7)	(25.7)	(29.5)	(34.1)
b. 어깨봉우리로부터	26.9	1.7	24.6	1.3	22.6	25.6	29.3
c. 복부로부터	(24.4)	(3.5)	(23.8)	(2.6)	(19.1)	(24.1)	(29.3)
2. 복부 깊이	9.2	0.8	8.2	0.8	7.1	8.7	10.2
3. 허리 높이	41.9	2.1	40.0	2.9	37.4	40.9	44.7
	(41.3)	(2.1)	(38.8)	(2.2)	(35.8)	(39.9)	(44.5)
4. 무릎 높이	17.9	1.1	16.5	0.9	15.3	17.2	19.4
5. 주먹 높이	29.7	1.6	2.8	1.6	25.9	28.8	31.9
6. 팔꿈치 높이	43.5	1.8	40.4	1.4	38.0	42.0	45.8
	(45.1)	(2.5)	(42.2)	(2.7)	(38.5)	(43.6)	(48.6)
7. 어깨 높이	56.6	2.4	51.9	2.7	48.4	54.4	59.7
	(57.6)	(3.1)	(56.3)	(2.6)	(49.8)	(55.3)	(61.6)
8. 눈높이	64.7	2.4	59.6	2.2	56.8	62.1	67.8
9. 키	68.7	2.6	63.8	2.4	60.8	66.2	72.0
	(69.9)	(2.6)	(64.8)	(2.8)	(61.1)	(67.1)	(74.3)
10. 머리 위로의 기능적 팔 뻗침	82.5	3.3	78.4	3.4	74.0	80.5	86.9
앉은 자세							
11. 허벅다리 여유공간 높이	5.8	0.6	4.9	0.5	4.3	5.3	6.5
12. 팔꿈치 지지대 높이	9.5	1.3	9.1	1.2	7.3	9.3	11.4
13. 중간 어깨 높이	24.5	1.2	22.8	1.0	21.4	23.6	26.1
14. 눈높이	31.0	1.4	29.0	1.2	27.4	29.9	32.8
15. 앉은키	34.1	1.5	32.2	1.6	32.0	34.6	37.4
16. 머리 위로의 기능적 팔 뻗침	50.6	3.3	47.2	2.6	43.6	48.7	54.8
17. 무릎 높이	21.3	1.1	20.1	1.9	18.7	20.7	22.7
18. 오금 높이	17.2	1.0	16.2	0.7	15.1	16.6	18.4
19. 다리 길이	41.4	1.9	39.6	1.7	37.3	40.5	43.9
20. 상각(upper leg) 길이	23.4	1.1	22.6	1.0	21.1	23.0	24.9
21. 엉덩이-오금 길이	19.2	1.0	18.9	1.2	17.2	19.1	20.9
22. 팔꿈치-주먹 길이	14.2	0.9	12.7	1.1	12.6	14.5	16.2
	(14.6)	(1.2)	(13.0)	(1.2)	(11.4)	(13.8)	(16.2)
23. 상완(upper-arm) 길이	14.5	0.7	13.4	0.4	12.9	13.8	15.5
	(14.6)	(1.0)	(13.3)	(0.8)	(12.1)	(13.8)	(16.0)
24. 어깨 너비	17.9	0.8	15.4	0.8	14.3	16.7	18.8
25. 엉덩이 너비	14.0	0.9	15.0	1.0	12.8	14.5	16.3

표 10.2 인체측정학 데이터(단위는 인치)(계속)

측정 대상	남성		여성		전집 백분위수 50/50 남성/여성		
	50번째 백분위수	±1 표준편차	50번째 백분위수	±1 표준편차	5번째	50번째	95번째
발							
26. 발 길이	10.5	0.5	9.5	0.4	8.9	10.0	11.2
27. 발 너비	3.9	0.2	3.5	0.2	32	3.7	4.2
손							
28. 손 두께(중지의 세 번째 마디)	1.3	0.1	1.1	0.1	1.0	1.2	1.4
29. 손 길이	7.5	0.4	7.2	0.4	6.7	7.4	8.0
30. 집게손가락 길이	3.0	0.3	2.7	0.3	2.3	2.8	3.3
31. 손 너비	3.4	0.2	3.0	0.2	2.8	3.2	3.6
32. 엄지손가락 길이	5.0	0.4	4.4	0.4	3.8	4.7	5.6
33. 엄지손가락 너비 (첫째 관절에서)	0.9	0.05	0.8	0.05	0.7	0.8	1.0
34. 가운뎃손가락 너비 (첫째 관절에서)	0.7	0.05	0.6	0.04	0.6	0.7	0.8
35. 쥐기 너비(안쪽)	1.9	0.2	1.7	0.1	1.5	1.8	2.2
36. 손 펴기 너비(엄지와 집게 손가락의 첫째 관절 사이)	4.9	0.9	3.9	0.7	3.0	4.3	6.1
37. 손 펴기 너비(엄지와 집게 손가락의 둘째 관절 사이)	4.1	0.7	3.2	0.7	2.3	3.6	5.0
머리							
38. 머리 너비	6.0	0.2	5.7	0.2	5.4	5.9	6.3
39. 동공 간 너비	2.4	0.2	2.3	0.2	2.1	2.4	2.6
40. 양안 너비	3.6	0.2	3.6	0.2	3.3	3.6	3.9
다른 측정치들							
41. 손목의 굽힘과 폄의 운동 범위 (각도로 측정됨)	134	19	141	15	108	138	166
42. 손목의 좌우 운동 범위 (각도로 측정됨)	60	13	67	14	41	63	87
43. 체중(단위 : 파운드)	183.4	33.2	146.3	30.7	105.3	164.1	226.8

출처: Eastman Kodak Company, 1983.

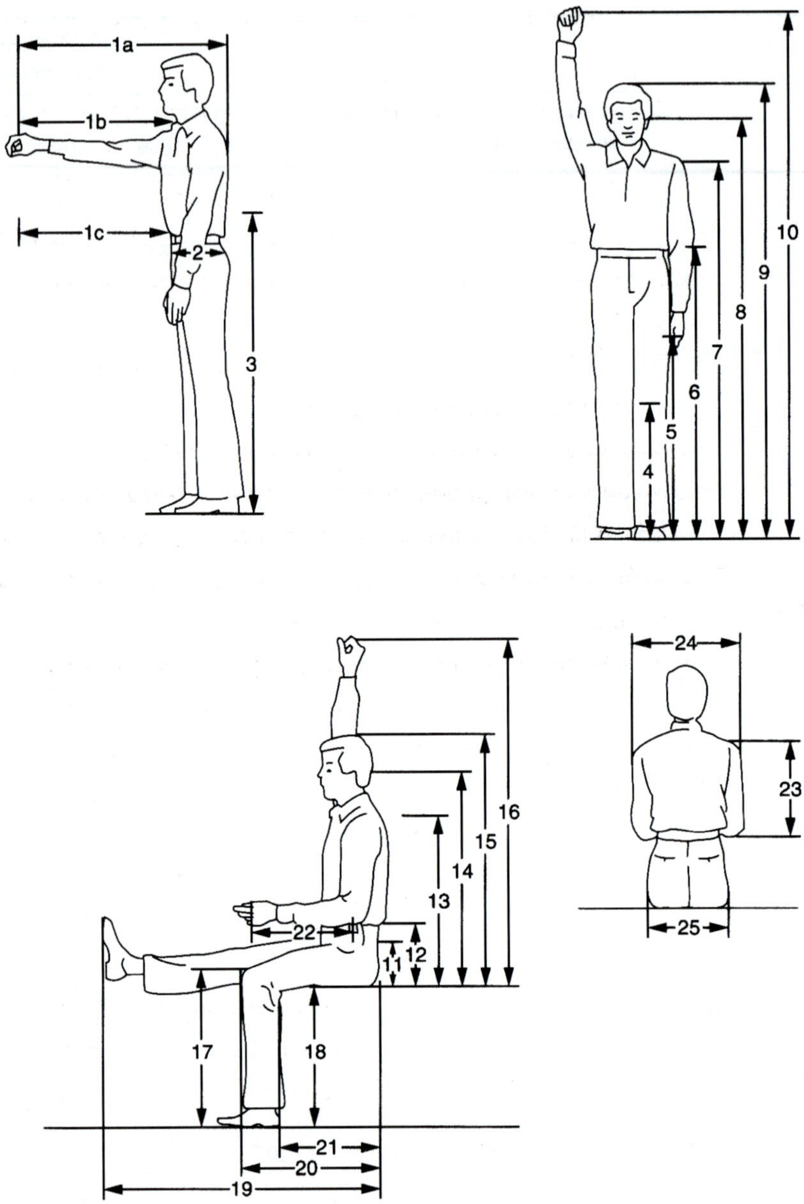

그림 10.3

선 자세와 앉은 자세에서의 인체측정 부위들

출처 : Eastman Kodak Company, 1986. *Ergonomic Design for People at Work,* Vol. 1. New York: Van Nostrand Reinhold.

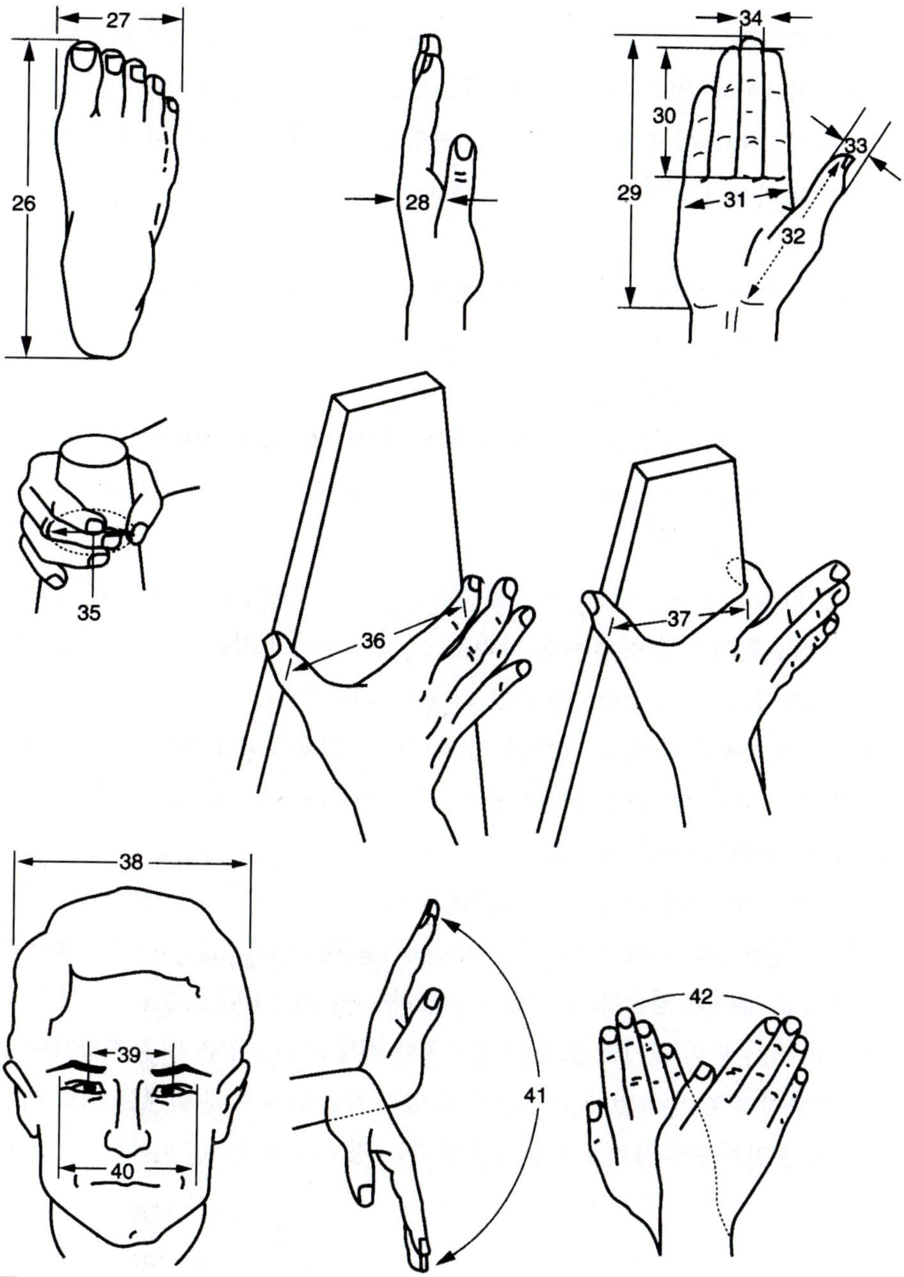

그림 10.4

인체측정 부위들 : 손, 얼굴, 발

출처 : Eastman Kodak Company, 1986. *Ergonomic Design for People at Work,* Vol. 1. New York: Van Nostrand Reinhold.

수 있다.

비록 작업 활동들이 동적 자료에 의해 더 정확하게 나타낼 수 있지만 대부분의 인체측정 자료는 정적 자료이다. 정적 자료를 동적 자료로 전환시킬 수 있도록 해주는 표준적인 절차가 존재하지 않기 때문에, Kroemer(1983)가 제안한 다음의 절차들은 설계자들이 동적 자료를 추정하는 데 유용하게 사용될 수 있을 것이다.

1. 높이(키, 눈높이, 어깨 높이 혹은 엉덩이의 높이)는 3% 감소되어야 한다.
2. 작업하기 위해 팔꿈치를 들어 올려야 한다면 팔꿈치의 높이는 정적 자료를 그냥 쓰거나 5%까지 증가시켜야 한다.
3. 만일 쉽게 접근할 수 있도록 하고자 한다면 전방으로 혹은 측방으로의 팔 뻗침 거리는 30% 감소시켜야 하고, 어깨나 몸통을 움직일 수 있다면 20% 증가시킬 수 있다.

여기서 한 가지 주목해야 하는 것은 몇 가지 인체측정 치수들이 서로 높은 상관을 보인다는 것이다. 예를 들어 키가 큰 사람은 다리가 길 것이고 키가 작은 사람들에 비해 체중이 더 많이 나갈 것이다. 그러나 어떤 치수들은 그렇게 높은 상관을 가지지 않는다. 예를 들어 어떤 사람의 키의 치수를 통해 그 사람의 머리 너비의 정도를 추정하는 것은 힘들다. 다양한 신체 부위 치수 사이의 상관관계에 관한 자세한 정보는 Roebuck, Kroemer, 그리고 Thompson(1975)에서 찾아볼 수 있다.

여기서 강조되어야 하는 또 한 가지 문제는 어떤 특정 집단에서 신체의 모든 치수들의 평균치를 갖는 '평균인(average person)'을 찾아내기가 매우 힘들다는 점이다. 예를 들어 어떤 사람의 키가 그 집단의 평균치(즉 50번째 백분위수)에 해당한다고 해서 그 사람의 손 길이나 어깨 너비 혹은 발의 크기도 모두 다 평균치에 해당될 가능성은 매우 희박하다.

휠체어 사용자와 같이 특별한 요구를 갖고 있는 사람들을 위해 설계할 때도 해당 전집으로부터 얻어진 인체측정 자료를 사용해야 한다는 것도 주목하라(Curtis et al., 1995; Das & Kozey, 1999).

설계에서 인체측정 자료의 이용

인체측정 자료표들에서 명시된 자료들은 설계자들이 작업장이나 제품을 설계할 때 매우 중요한 정보를 제공해 준다. 그러나 그러한 자료를 사용하기 위해서는 설계와 관련된 철저한 분석이 따라야 한다. 아래에 열거된 절차들은 설계과정에서 인체측정 자료를 사용하기 위한 체계적 접근 방법을 제공해 주고 있다.

1. 사용자 집단을 결정하라. 가장 핵심적인 질문은 "누가 그 제품이나 작업장을 사용할 것인가?" 이다. 서로 다른 연령 집단에 있는 사람들은 신체적 특징이나 요구 수준에서도 서로 다르다. 이 외에 고려되어야 하는 또 다른 요인들은 성차, 인종, 그리고 민족 차이이다. 또한 사용자들이 군인인지 민간인인지도 구분해야 한다.
2. 해당되는 신체 부위를 결정하라. 가장 핵심적인 질문은 "현재의 설계 문제와 관련된 가장 중요한 신체 부위는 어디인가?" 이다. 예를 들어 출입문을 설계할 때는 사용할 사람들의 키나 어깨 너비 등이, 그리고 의자의 표면을 설계할 때는 엉덩이 너비가 가장 중요하게 고려되어야 한다.
3. 전체 집단에 대해 그 제품이나 작업장을 사용할 수 있는 사람들의 비율을 결정하라. 이 문제는 만일 우리가 전집의 모든 사람들(즉 전집의 100%)이 사용할 수 있게 한다면 아주 간단한 문제로 보이지만, 이것은 다양한 재정적, 경제적, 그리고 설계상의 제약 때문에 많은 설계 장면에서 실용적이지 않고 바람직한 것도 못 된다. 예를 들어 전체 운전자 집단에서 덩치가 매우 크거나 작은 1%의 사람들을 위해 좌석이 조절될 수 있는 범위를 크게 하려면 이에 따라 설계의 전반적 구조도 변화시켜야 되는데, 이것은 엄청난 비용이 드는 일이다. 대부분의 설계과정에서 설계자들은 이러한 제약 범위 내에서 가능하면 많은 사람들이 사용할 수 있도록 설계하고자 한다. 이 문제에는 세 가지 접근 방법이 있다.

   첫 번째 접근은 **극단적 개인용 설계**(design for extremes)라고 하는데, 이것은 어떤 특정한 작업장이나 생활 환경의 설계에 극단적인 개인의 인체측정 자료(인체측정 척도상의 한쪽 극단치나 양쪽 극단치)를 사용하는 것을 의미한다. 이러한 접근법이 적용된 한 가지 예는 지지 장치(supporting devices)들의 강도인데, 설계자들은 모든 가능한 사용자들이 지지 장치들을 사용할 수 있도록 하기 위해 가장 무거운 사람들의 체중값을 적용하여 지지 장치를 설계한다.

   조절 가능 범위 설계(design for adjustable range)라고 하는 두 번째 접근 방법은 사용자 개인에 따라 장치나 설비의 특정 차원들이 조절될 수 있도록 설계하는 것이다. 흔한 예로는 높이를 조절할 수 있는 자동차의 좌석이나 핸들, 그리고 사무용 의자나 책상 등이

'자연스러운' 자세가 갖는 특징을 반영해 주기 위해서는 원래의 자료를 조정하여 사용하는 것이 필요하다. 예를 들어 '자연스럽게 서 있을 때(즉 약간 구부정하게 서 있을 때)'의 눈높이는 바로 서 있을 때보다 약 2cm 정도 더 낮고, '자연스럽게 앉아 있을 경우'에는 바로 앉아 있는 경우보다 눈높이가 약 4.5cm 정도 더 낮다(Hertzberg, 1972). 이 장의 뒷부분에서도 논의되듯이, 감시하거나 관찰하는 것이 중요한 작업장인 경우에는 이러한 측면들을 고려하여 설계하는 것이 매우 중요하다.

몇 가지의 물리적 치수들을 동시에 고려하여 시스템을 개발하거나 평가하는 경우(예 : 운전자의 시야를 확보하기 위한 의자의 높이 조절과 여러 제어 스위치들까지의 도달 거리가 함께 고려되어야 하는 자동차의 실내 공간 배치처럼)는 인체측정 자료를 적용하는 데 더 많은 시간과 노력이 요구된다. 다행히 최근에는 진보된 형태의 컴퓨터 그래픽 기술로 인해 Jack이나 COMBIMAN과 같은 여러 가능한 배치들을 검토해 볼 수 있게 해주는 다양한 인체측정 모델들이 제공되고 있다. 이러한 모델들을 통해 여러 백분위수에 해당하는 치수들에 따른 인체의 운동 영역이 결정되고, 이들은 다시 컴퓨터로 모사된 작업 공간 속에서 검토됨으로써 특정 설계가 제대로 되었는지를 평가할 수 있게 해준다(Badler, et al., 1990; Chaffin et al., 2001; Karwowski et al., 1990).

6. 설계의 평가에 실제 모형(mock-ups)이나 시뮬레이터를 사용하라. 설계자들은 실제 모형이나 시뮬레이터를 사용하여 대표적인 사용자들의 과제 수행 특성을 분석함으로써 설계 요구사항들이 제대로 반영되었는지 평가해야 한다. 이 단계는 매우 중요한데, 왜냐하면 비록 다양한 신체 치수들이 표준화된 인체측정 조사방법에 의해 개별적으로 측정되었다 할지라도 직무를 수행하는 데 요구되는 다양한 신체 치수들 사이에는 복잡한 상호작용이 있을 수 있기 때문이다. 실제 모형이나 시뮬레이터들은 이러한 가능한 상호작용들을 찾아내는 데 도움을 줄 수 있고, 이를 바탕으로 설계자들이 예비적 설계 단계에서 필요한 수정을 가할 수 있도록 해줄 수 있다. 실제 모형을 사용할 때의 문제는 평가에 참여할 수 있는 사용자들이 모든 가능한 사용자들에 비해 그 수가 제한되어 있다는 점이다. 이러한 한계점들을 고려하면 앞에서 언급된 인체측정 모델들이 더 이점이 많다고 할 수 있는데, 왜냐하면 인체측정 모델들에서는 모든 가능한 사용자들을 대상으로 한 모의실험이 가능하기 때문이다.

작업장 설계의 일반 원리

인간 공학의 목표는 인간 에러를 감소시키고, 생산성을 증가시키며, 안전성과 안락감을 향상시킬 수 있는 시스템들을 설계하는 것이다. 작업 공간 설계는 인간과 기계, 그리고 환경이 서로 잘 어울릴 수 있도록 하는 데 인간 공학 전문가들이 도움을 줄 수 있는 중요한 영역 중의 하나이다. 여기에서는 작업 공간 설계와 관련된 몇 가지 일반적 원리들을 요약하고자 한다. 비록 여기에서는 주로 인간 공학적 관점에서 작업 공간 설계를 기술하겠지만, 인간 공학적 관심사들은 비용, 미적 요소, 내구성, 그리고 구조적 특성들과 같은 다른 중요한 설계 요인들의 맥락 속에서 고려되어야 한다. 설계는 하나의 과학일 뿐만 아니라 일종의 예술이기 때문에 성공적인 설계를 확인시켜 줄 수 있는 공식은 존재하지 않는다. 그러나 여기에서 기술될 몇 가지 일반적 가이드라인들은 작업장 설계자들로 하여금 작업장이 요구하는 기본적인 사항들에 대해 다시 생각해 볼 수 있게 해줄 수 있고, 또한 너무 부적절하게 작업장을 설계하지 않도록 도와줄 수 있을 것이다.

여유공간 요건

여유공간(clearance) 문제는 작업장 설계에서 가장 자주 접하게 되고, 또 중요한 문제 중 하나이다. 장비들 사이와 장비 주변의 공간, 통로의 높이와 너비, 무릎, 다리, 팔꿈치, 발, 그리고 머리 등이 움직일 수 있는 범위와 같은 것은 여유공간 설계 문제와 관련된 몇 가지 사례들이다. 충분한 여유공간이 제공되지 않는다면 어떤 작업자들은 특정한 작업 영역까지 접근할 수 없을 것이다. 또한 여유공간이 있다 해도 부적절하게 제공된다면 어떤 작업자들은 불편한 자세로 작업해야 할 것이고, 이것은 불편감을 야기하고 생산성을 감소시킬 것이다.

앞에서도 언급되었듯이 여유공간의 크기는 하한계 치수이고, 작업장을 사용하기로 되어 있는 체구가 가장 큰 작업자에게도 적합해야 한다. 대부분의 설계과정에서 설계자들은 해당되는 인체측정 치수에 95번째 백분위수를 적용하고자 할 것이다. 그리고 두꺼운 옷을 입고 작업할 때는 추가적 공간이 요구되기 때문에, 인체측정 자료표에서 구한 원래의 자료를 상향 조정하는 것이 필요할 것이다. 여유공간과 같은 하한계 치수들을 이용한 설계에서는 항상 높은 백분위수들이 사용되지만, 그렇다고 해서 항상 남성의 자료가 사용되어야 한다는 것을 의미하는 것은 아니다. 말할 필요도 없이, 여성들만 작업하는 작업장이라면 여성 전집으로부터 구한 자료를 사용해야 할 것이다. 어떤 설계 치수들에 대해서는 임신한 여성의 신체 너비가 하한계를 결정하는 데 사용되어야 할 경우도 있다.

접근 가능 요건

작업장에서 작업자들은 때때로 손으로 작동하는 장치들까지 팔을 뻗어 조작해야 하거나, 발 조작 페달(foot pedal)을 작동시키기 위해 발을 뻗어야 할 때가 있다. 그러나 체구가 가장 큰 사람들을 대상으로 고려한 여유공간 문제와는 대조적으로, 접근 가능 거리는 체구가 가장 작은 사용자들의 팔이나 손 뻗침 능력에 기초하여 결정되어야 한다. 대부분의 설계과정에서 설계자들은 해당되는 치수로서 5번째 백분위수를 사용하는 것을 고려할 것이고, 복장과 같은 다른 요인들의 잠재적인 영향을 해결하기 위해 필요하다면 원래 값을 조정하고자 할 것이다. 두터운 복장은 사람들의 뻗침 능력(reach capability)을 감소시키기 때문에, 두터운 복장을 하고 작업하는 사람들의 감소된 뻗침 능력을 반영해 주기 위해 인체측정 자료표에서

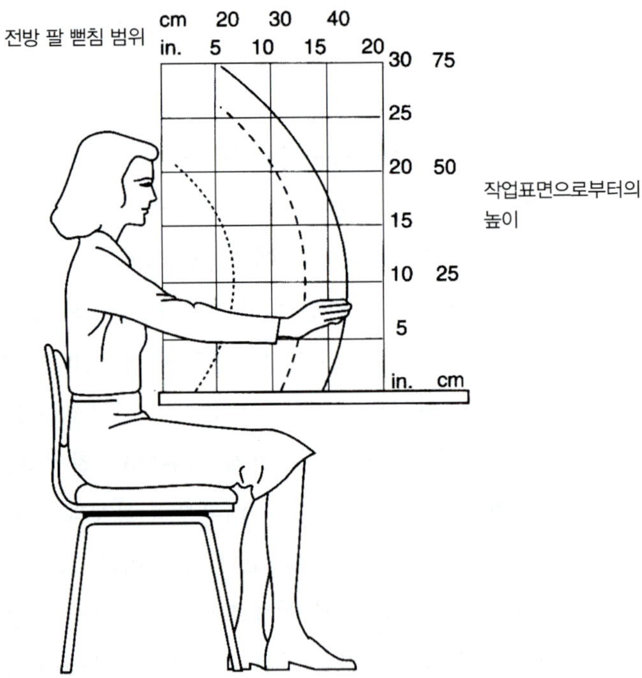

그림 10.5

앉은 자세에서 체구가 작은 여성이 오른팔을 뻗어 도달할 수 있는 범위

출처 : Eastman Kodak Company, 1986. *Ergonomic Design for People at Work*, Vol. 1. New York: Van Nostrand Reinhold; developed from data in Faulkner and Day, 1970.

구한 원래 값들을 하향 조정해야 할 필요가 있을 것이다.

여기에서 고려해야 할 중요한 한 가지 개념은 싸개선(reach envelope) 개념인데(공간의 경우 싸개면이라고도 한다), 이것은 사람이 몸을 앞으로 구부리거나 쭉 뻗지 않고도 도달할 수 있는 전방의 3차원 공간이다. 싸개면은 한 개인의 도달 능력을 나타낸다. 5번째 백분위수 여성의 앉은 자세 뻗침 싸개면(seated reach envelope)이 그림 10.5에 제시되어 있다. 이 그림은 오른손의 도달 영역만을 나타내 주고 있다. 실제적으로 왼손의 도달 영역은 오른손 도달 영역의 경상(鏡像 : mirror image)에 해당하는 것으로 생각하면 된다. 다양한 작업 상황을 위한 싸개면의 형태와 크기를 정하는 것은 계속되어야 할 연구 분야이다(Sengupta & Das, 2000).

당연한 것이지만, 빈번하게 도달되어야 하는 대상은 도달 영역 안에, 그리고 신체에 가능한 가깝게 위치해야 한다. 만일 이러한 대상들의 크기나 무게가 다르다면 더 크고 더 무거운 대상들이 신체의 전방에서 더 가까운 곳에 위치해야 한다. 때때로 작업자들은 도달 영역 밖에 있는 대상까지 몸을 구부려 도달해야 할 때가 있을 수 있지만, 그러한 활동들이 짧은 작업 순환 과정에서 빈번하거나 정기적으로 요구되는 직무의 일부가 되어서는 안 된다.

대상의 위치, 조작, 그리고 도달 범위와 관련된 문제들을 고려할 때는 근력과 피로의 문제도 함께 언급되어야 한다. 동일한 신체 부위의 비율을 가진 두 작업자들에게 동일한 물리적 배열이 제공되어 있다 하더라도 두 작업자들이 힘의 강도에서 서로 많이 다르다면, 혹은 작업장의 한쪽에서 다른 쪽으로 들어 옮겨야 하는 부품들의 무게가 크게 다르다면, 그러한 동일한 물리적 배열도 두 작업자들에게 장기적으로는 건강이나 안전 측면에서 상이한 효과를 가질 수 있다. 이러한 문제들에 대해서는 다음 장에서 다시 언급될 것이다.

유지/보수공을 위한 특별 요구사항들

잘 설계된 작업장이 되기 위해서는 작업장의 정규적인 기능이나 매일 작업하는 작업자들뿐만 아니라 유지/보수의 필요성과 유지/보수공(maintenance people)에 대한 특별한 요구사항들도 함께 고려하여 설계되어야 한다. 유지/보수공들은 정규적인 작업자들이 접근하지 않는 영역까지 접근해야 할 필요가 종종 있을 수 있기 때문에, 설계자들은 유지/보수공들을 위한 특별한 요구사항들을 분석하고 작업장도 그에 따라 설계해야 한다. 정규적인 작업자들과 유지/보수공들이 필요로 하는 사항들이 때로 다르기 때문에, 다음에 기술될 가변적 작업장(adjustable workplace)이 특히 바람직한 형태가 될 것이다.

가변 요건

인체측정 치수들은 사람에 따라 서로 다르고 특정한 날에 입는 의복들과 같은 많은 요인들에 의해서도 달라진다. 사람에 따라 가장 적합한 치수가 다르기 때문에 '모두에게 맞는 하나의 크기'를 결정하는 것은 거의 불가능하다. 위에서 언급했듯이, 설계자들은 조절 가능한 작업장이 실제로 사용하기도 쉽도록 설계해야 한다. 조절 가능하지만 사용하기 불편한 작업장이라면 사용자들은 조절방법의 복잡성에 어려움을 겪을 것이고, 또한 그것을 잘 사용하려고 하지 않을 것이기 때문이다. 예를 들어 자동차 좌석의 높낮이(혹은 앞뒤로의 이동)를 조절하는 것의 용이성은 조절장치들이 쉽게 손에 닿을 수 있는 위치에 부착되어 있는지의 여부와 어느 방향으로 조절장치를 이동시켜야 되는지가 얼마나 분명한지의 여부에 의해(제9장에서 논의됨) 크게 영향을 받을 수 있다.

작업장이 조절될 수 있는 방법들은 많이 있다. 아래에는 작업장 설계에서 반드시 고려되어야 하는 작업장 조절에 대한 네 가지의 일반적인 접근을 요약하고 있다(Eastman Kodak Company, 1986).

1. **작업장 조절.** 작업장의 형태, 위치, 그리고 방향은 작업자와 수행되어야 하는 과제가 잘 어울릴 수 있도록 조절될 수 있다. 예를 들어 작업자들이 작업면에 좀 더 접근하여 작업할 수 있는 작업대를 사용하거나 혹은 작업대나 장비들의 높이나 방향을 조절함으로써 도달 거리를 감소시킬 수 있다.
2. **작업장에 대한 작업자의 위치 조절.** 작업장을 조절함으로써 도달 거리를 감소시키고자 하는 것이 작업에 사용되어야 하는 다른 장비들의 사용을 더 불편하게 한다거나 혹은 초과 비용을 요구하는 경우가 발생할 수 있다. 이러한 경우 설계자들은 작업자들의 위치를 변화시킬 수 있는 다양한 방법들을 생각해 볼 수 있을 것이다. 예를 들어 의자 높이를 조절하거나 디딤 발판을 사용함으로써 작업자의 위치를 수직적으로 조절할 수 있고, 회전형 의자는 작업장 안에서 작업자의 상대적인 방향을 조절하는 데 사용될 수 있다.
3. **작업물 조절.** 리프트 테이블이나 지게차와 같은 것들은 작업하고 있는 대상의 높이를 조절하는 데 사용될 수 있을 것이다. 지그(jigs)나 클램프(clamps) 혹은 다른 고정용 장비들은 작업물을 보기 쉽고 또 쉽게 다룰 수 있는 방향이나 위치로 고정하는 데 사용될 수 있다. 부품 정렬대를 이용하여 부품 상자들을 체계 있게 배치해 놓음으로써 부품들을 쉽게 찾을 수 있을 것이다.

4. **공구 조절.** 길이를 조절할 수 있는 수공구들은 팔의 길이가 다른 사람들이 다양한 거리에 있는 물체들에 접근할 수 있도록 해준다. 특히 조립공장 같은 곳에서 작업자들은 길이를 조절할 수 있는 공구를 사용하여 다양한 거리에 있는 작업물에 접근할 수 있을 것이다. 마찬가지로, 강의실에서 길이를 조절할 수 있는 지시 막대(pointing stick)는 투사된 스크린상에 제시되는 다양한 위치의 항목들을 발표자들이 서 있는 위치나 자세를 많이 바꾸지 않고도 가리킬 수 있도록 해줄 것이다.

가시도와 정상 시선

설계자들은 작업장에 배치된 시각 디스플레이들을 작업자들이 쉽게 볼 수 있고 읽을 수 있도록 해야 한다. 이것은 작업자의 눈의 위치가 작업할 때 적당한 곳에 위치해야 한다는 것을 의미하며, 이러한 측면에서 '정상적인' 시선이라는 개념이 매우 중요하다.

정상 시선(normal line of sight)은 눈이 쉬고 있는 조건에서 선호되는 눈의 응시 방향이다. 대부분의 연구자들에 의하면 정상 시선은 수평면의 10~15도 아래로 여겨진다(그림

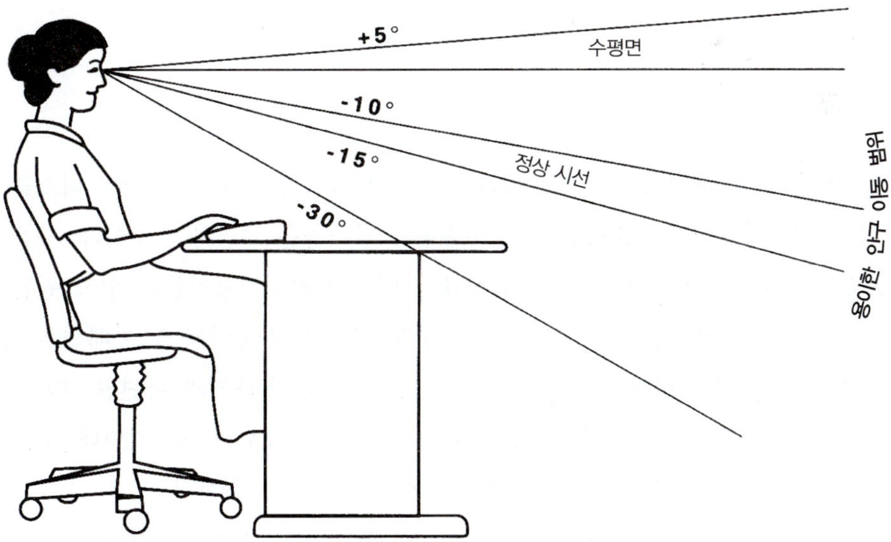

그림 10.6
정상 시선과 시선을 이동하는 데 용이한 범위
출처 : Grandjean, E., 1988. *Fitting the Task to the Man*(4th Edition). London: Taylor and Francis. Reprinted by permission of Taylor and Francis.

10.6). Grandjean, Hunting, 그리고 Pidermann(1983)은 정상 시선이 컴퓨터 스크린을 보고 작업하는 사람들이 가장 선호하는 시선이기도 하다는 연구 결과를 보고하였다. Bhatnager, Drury, 그리고 Schiro(1985)는 스크린의 높이가 사용자들의 수행, 불편감, 그리고 자세에 어떠한 영향을 주는지 연구하였는데, 스크린의 높이가 정상 시선과 가장 근접한 조건인 경우에 가장 좋은 수행과 높은 안락감이 관찰되었다. 따라서 시각 디스플레이들은 정상 시선을 중심으로 ±15도 범위 안에 위치해야 한다. 하나의 작업장에서 여러 개의 시각 디스플레이들이 사용되는 경우에는 중요한 시각 디스플레이에 우선권이 주어져 최적의 위치에 놓일 수 있도록 공간을 배열해야 한다.

물론 시각 재료들을 정상 시선의 15도 정도의 범위 안에 제시한다고 해서 이것들이 처리될 것이라고 확신할 수 있는 것은 아니다. 사용자의 시각 특성뿐만 아니라 시각 재료의 시각도나 대비, 관찰 거리도 제시되는 정보를 분석하는 데 적당해야 한다. 또한 가시도 분석에서는 중요한 신호들이 정상 시선의 범위 밖에서 주어질 때의 문제들도 다루어져야 한다. 예를 들어 주변시 영역에서 반짝이는 불빛이 보일 수 있을까? 중요한 경고 신호들이 다른 방해물에 의해 가려지지는 않을까? 기둥이나 차단물을 자동차 내부 설계에 포함시키고자 할 때 이것들이 외부에서 주어지는 중요한 위험 신호나 정보들을 알아차리는 것을 방해하지는 않을까?

요소 배열

작업장 설계자들이 해야 할 일 중의 하나는 어느 특정한 물리적 공간 안에 디스플레이와 제어장치들, 장비와 도구들, 그리고 다른 부품이나 장치들을 배열하는 것이다. 사용자나 과제의 특성에 따라 이러한 것들을 최적의 상태로 배열한다면 사용자들은 쉽고 원활하게 각각의 요소들에 접근하여 사용할 수 있을 것이지만, 주의를 기울이지 않은 배열은 사용자들을 혼동시켜 작업을 더 어렵게 만들 수 있을 것이다. 요소들의 배열과 관련된 일반적인 문제는 전반적인 이동의 효율성을 증가시키고 전체 이동 거리를 감소시키는 것인데, 여기에서의 이동은 손의 이동, 발의 이동, 혹은 신체 전체의 이동을 모두 포함한다.

제8장에서 논의되었던 디스플레이 배열의 원리들이 작업장 요소들의 배열에 대해서도 확장되어 적용될 수 있다. 이러한 원리들은 디스플레이의 배열보다는 요소들의 배열에 적용될 때 더 중요할 수 있는데, 왜냐하면 각각의 요소들에 도달하기 위해 손이나 신체를 움직이는 것은 디스플레이를 보기 위해 눈을 움직이는 것보다(혹은 주의를 돌리는 것보다) 더 많은

노력을 요구하기 때문이다. 여기에서 말하는 요소들에는 디스플레이와 제어장치들, 장비와 도구들, 부품 및 소모품, 그리고 작업자들이 과제를 수행하기 위해 사용해야 하는 다른 장치들을 포함한다.

1. 사용 빈도의 원리. 가장 빈번하게 사용되는 요소들은 가장 사용하기 편리한 곳에 배치되어야 한다. 빈번하게 보아야 하는 디스플레이들은 그림 10.6과 같이 일차 관찰 영역(primary viewing area) 안에 위치해야 한다. 빈번하게 사용되는 공구들은 잘 쓰는 손과 가까운 지점에 놓여 있어야 하고, 빈번하게 사용되는 발 조작 페달(foot pedal)은 오른발과 가까운 곳에 위치해야 한다.
2. 중요도 원리. 시스템의 목적을 달성하는 데 상대적으로 더 중요한 요소들은 사용하기 편리한 지점에 위치해야 한다. 중요도의 수준에 따라 디스플레이와 제어장치들은 일차적인 것들과 이차적인 것들로 구분될 수 있다. 일차적인 디스플레이들은 일차 관찰 영역에 근접하여 놓여야 하는데, 일차 관찰 영역은 조작자의 전방에 위치한 정상 시선의 10~15도 범위 안에 해당하는 공간이다. 이차적인 디스플레이들은 좀 더 주변적인 곳에 위치해도 된다. 제어장치들의 우선권에 따른 배열 방법이 그림 10.7에 제시되어 있다(Aeronautical Systems Division, 1980).
3. 사용 순서의 원리. 연속해서 사용되어야 하는 요소들은 서로 바로 옆에 놓여야 하고, 조작의 순서를 반영할 수 있도록 배열되어야 한다. 만일 전자 제품을 조립할 때 부품 상자에서 부품을 꺼내 바로 그 제품에 끼워 넣도록 되어 있다면, 부품 상자는 가능한 작업 중인 제품과 가까운 곳에 놓여야 한다.
4. 일관성 원리. 동일한 요소들은 기억이나 탐색 요구를 최소화하기 위해서 같은 지점에 위치해야 한다. 이러한 일관성은 하나의 작업장에서뿐만 아니라 유사한 기능을 하는 다른 작업장들에서도 유지되어야 한다. 예를 들어 어느 한 대학의 도서관마다 복사기가 같은 곳에 위치해 있다면(예 : 엘리베이터 옆) 사람들이 복사기를 훨씬 더 쉽게 찾을 수 있을 것이다.

   표준화는 기관이나 회사, 혹은 국가들 사이에서 일관성을 유지하도록 하는 데 중요한 역할을 한다. 예를 들어 미국에서 생산되는 자동차들은 요소들이 매우 표준화되어 배열되기 때문에 사람들은 서로 다른 자동차 회사에서 생산된 차들을 큰 어려움 없이 운전할 수 있다.

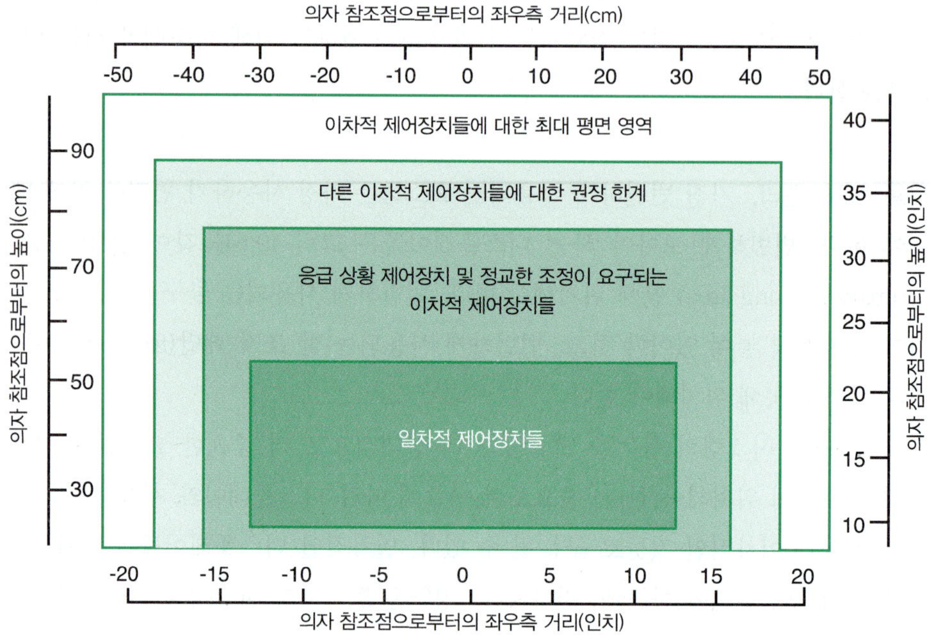

그림 10.7

제어장치 유형들에 따른 바람직한 수직 표면 영역들

출처 : Sanders, M. S., and McCormick, E. J., 1993. *Human Factors in Engineering and Design* (7th Edition). New York: McGraw-Hill. Adapted from Aeronautical Systems Division, 1980.

5. 동일 위치를 통한 제어장치-디스플레이 부합성 원리. 이것은 앞 장에서 논의된 자극-반응 부합성 원리의 특수한 형태라고 할 수 있다. 요소 배열의 맥락에서 이 원리는 제어장치들이 관련된 디스플레이와 근접하여 위치해야 하고, 여러 개의 제어장치들과 디스플레이들이 사용되는 경우에는 제어장치-디스플레이 관계를 쉽게 알아볼 수 있도록 제어장치들의 배열 형태가 디스플레이의 배열 형태를 반영해야 한다는 것을 의미한다.
6. 혼잡성-회피 원리. 우리는 이미 디스플레이들이 혼잡성을 피하여 배열되어야 한다는 것을 살펴본 바 있다. 마찬가지로, 제어장치들의 배열에서도 혼잡성의 회피는 중요한 문제이다. 실수에 의해 제어장치들을 잘못 작동시키지 않기 위해서 버튼이나 노브 혹은 페달들 사이에 적당한 공간이 주어져야 한다.
7. 기능적 집단화 원리. 밀접하게 관련된 기능을 갖는 요소들은 서로 가까운 곳에 위치해야 한다. 예를 들어 전력 공급과 관련된 디스플레이와 제어장치들은 같이 집단화되어 배

열되어야 하고, 마찬가지로 의사소통과 관련된 디스플레이와 제어장치들은 이것들끼리 서로 근접하여 배열되어야 한다. 관련 요소들끼리 서로 집단화되어 있으면 더 쉽고 분명하게 확인할 수 있으며, 상이한 색채나 형태를 사용하거나 혹은 집단 사이의 경계를 분리함으로써 집단들을 구분할 수 있다.

앞에서 언급된 모든 원리들을 모두 만족시키면서 설계하는 것이 이상적이지만, 원리들끼리 서로 상충되어 모든 원리들을 다 만족시키지 못하는 경우가 종종 있다. 예를 들어 시스템의 안전한 작동에는 경고 디스플레이가 매우 중요한 것이기는 하지만, 그것은 그렇게 자주 사용되는 요소는 아니다. 마찬가지로, 가장 빈번하게 사용되는 장치가 반드시 가장 중요한 요소가 되는 것은 아니다. 이러한 경우에 설계자들에게는 특정 상황에서 각 원리들이 갖는 상대적 중요성을 결정하기 위한 신중한 득실관계 분석이 요구된다. 몇몇 연구 자료에 의하면, 제어장치와 디스플레이의 배열에서 중요성의 원리보다는 기능적 집단화의 원리나 사용 순서의 원리가 더 중요한 것으로 보인다(Fowler et al., 1968; Wickens et al., 1997).

이러한 원리들의 적용에는 주관적인 판단이 요구된다. 예를 들어 각 요소가 갖는 상대적 중요성을 평가하고 기능적으로 관련된 집단들로 요소들을 집단화하기 위해서는 전문가의 판단이 요구된다. 그러나 링크 분석(link analysis)이나 최적화 기법(optimization technique) 등과 같은 수량적 분석 방법들이 이러한 주관적인 접근 방법과 연결되어 사용될 수도 있다.

링크 분석은 요소들 사이의 관련성을 검증하기 위한 수량적이고 객관적인 방법인데, 링크 분석을 통해 얻어진 요소들 사이의 관련성은 요소 배열의 최적화를 위한 데이터베이스로 사용될 수 있다. 한 쌍의 요소들 사이의 링크는 두 요소들 사이의 관련성을 나타낸다. 관련성의 강도는 링크 값으로 표현된다. 예를 들어 A-B 링크(A와 B를 연결하는) 사이의 링크 값이 3이라면 요소 A를 사용한 다음에 곧바로 요소 B가 세 번 사용되었음을 의미한다. 이러한 링크의 유형은 연속적 링크(sequential link)라고 불리며, 시각적 주사(visual scanning) 과정에서 디스플레이들 사이를 이동하는 안구의 움직임, 수동 조작과제에서의 손의 움직임 혹은 하나의 작업 공간 안에서 신체 전체의 움직임에 적용될 수 있다.

분명히, 연속적 링크에 관한 자료들은 작업장 설계에서 사용 순서의 원리를 적용하는 데 유용하다. 링크 분석은 또한 단위 시간당 각각의 요소들이 사용된 빈도에 대한 측정치도 제공해 준다. 문헌들에서 이 측정치는 일반적으로 기능적 연결(functional links)이라고 불리는데, 이러한 요소-사용 빈도 자료를 통해 얻어진 값들은 사용 빈도의 원리를 설계에 적용하

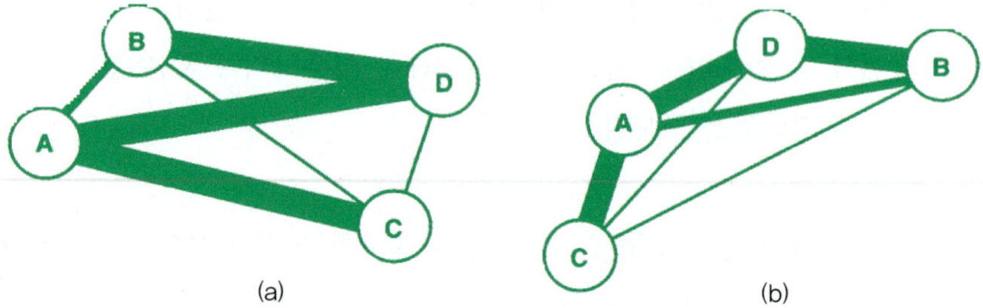

그림 10.8

시스템 설계에서 링크 분석을 적용하고 있는 일례. 여기에서 링크의 두께는 두 요소 사이의 이동 시간(혹은 연결 강도)을 나타낸다. 설계의 목적은 요소들 사이의 이동 시간을 최소화하는 것이다. (a) 요소들의 재위치가 이루어지기 이전. 두꺼운 선들이 긴 것에 주목하라. (b) 재위치 이후. 두꺼운 선들이 더 짧아진 것을 주목하라.

는 데 사용될 수 있을 것이다.

링크 분석의 한 가지 목적은 모든 요소들에 걸쳐 이동 시간(travel time)을 최소화할 수 있는 설계를 지원해 주는 것이다—즉 가장 많이 사용되는 링크를 가장 짧게 하는 것이다. 그림 10.8은 단순한 4요소 시스템을 통해 이 과정을 예시해 주고 있다. 여기서 링크의 너비는 링크의 강도를 나타낸다. 왼쪽에 보이는 시스템은 링크 분석이 이루어지기 전의 상태를 예시해 주며, 오른쪽의 시스템은 링크 분석 후에 다시 설계된 것이다.

그림 10.8과 같이 요소의 수가 적은 비교적 단순한 시스템들인 경우에 설계자들은 요소들을 배열하기 위해 링크 데이터를 적용하는 과정에서 단순한 시행 착오적 절차를 취할 수도 있을 것이다. 설계자들은 여러 개의 대안들을 개발하여 배열이 변할 때 이러한 값들이 어떻게 변하는지 살펴본 후에 최종적으로는 설계의 요구에 가장 잘 맞는 설계 옵션을 선택하면 될 것이다. 그러나 요소들의 수가 많은 복잡한 시스템의 경우에 설계자들은 문제를 해결하기 위해 수학적인 방법들을 사용할 수도 있을 것이다. 예를 들어 설계자들은 요소 배열을 일종의 최적화 문제로 간주하여 어떤 설계 준거(design criterion)를 최적화할 수 있는 방식으로 요소들을 배열하기 위해 선형 프로그래밍과 같은 이미 개발된 조작 연구 방법들을 사용할 수 있을 것이다. 설계 준거는 일종의 조작 비용으로 정의될 수 있는데, 이것은 요소들의 공간적 배열을 결정짓는 변인들의 수학적 함수로서 표현된다.

선 자세와 앉은 자세 작업 영역의 설계

선 자세 작업 영역과 앉은 자세 작업 영역의 선택

대부분의 작업 환경에서 작업자들은 서서 작업하거나 혹은 앉아서 작업한다. 서서 작업하는 작업장은 대개의 경우 넓은 영역의 작업장을 작업자들이 자주 돌아다녀야 하거나 매우 크거나 무거운 대상들을 다루는 경우, 혹은 손으로 큰 힘을 써야 하는 경우에 사용된다. 장시간 서 있어야 하는 직무는 항공사나 호텔의 예약을 담당하는 일이나 식당에서 손님을 대하는 일과 같은 서비스 업종에서도 찾을 수 있다. 장시간 서 있는 것은 신체에 무리한 부담을 줄 수 있는 자세이고 또한 체액(body fluid)을 다리 쪽으로 쏠리게 할 수 있기 때문에 작업자가 휴식 없이 장시간 서서 작업하도록 요구해서는 안 된다. 바닥에 매트를 깔거나 쿠션이 좋은 신발을 착용하도록 하는 것은 서서 작업하는 작업자의 안락감 수준을 증가시켜 줄 수 있다.

장시간 작업하는 직무는 가능하면 앉아서 작업하도록 하는 것이 바람직한데, 그 이유는 서서 작업하는 것에 비해 앉아서 작업하는 것이 훨씬 신체의 자세를 유지하기 쉽고 신체에 부담을 덜 주기 때문이다. 또한 앉아서 하는 작업은 팔을 더 정확하게 움직일 수 있도록 하고 더 강한 균형감이나 안전감을 제공해 주며 혈액 순환을 향상시켜 준다. 그러나 작업장 설계자들은 앉아서 작업하는 작업장인 경우 작업자의 발이나 무릎이 움직일 수 있는 여유 공간을 충분히 제공해 줄 수 있도록 해야 한다. 게다가 장시간 앉아서 작업하는 것은 허리에 해를 줄 수도 있다. 앉아서 작업하는 작업장에는 또한 작업자의 신체 치수에 따라 높이 등을 조절할 수 있는 의자와 발판이 제공되어야 하며, 일정 시간 후에 작업자들이 잠시 일어서거나 걸을 수 있도록 해주어야 한다.

앉아서 작업할 수도 있고 또 서서 작업할 수도 있도록 한 '앉았다 섰다 하는(sit-stand)' 작업장은 서서만 작업하거나 혹은 앉아서만 작업해야 하는 작업장들이 각각 가질 수 있는 장단점들을 서로 보완하여 사용되는 작업장의 한 유형이다. 이러한 유형의 작업장은 어느 직무의 일부 요소들은 서서 작업하는 것이 가장 좋지만 다른 요소들은 앉아서 하는 것이 가장 좋은 경우에 사용될 수 있다. 이러한 유형의 작업장을 설계하고자 할 때 설계자들은 작업에 포함되어 있는 요소들을 분석하여 어느 유형의 작업장이 각 요소에 가장 적합한지를 결정해야 한다.

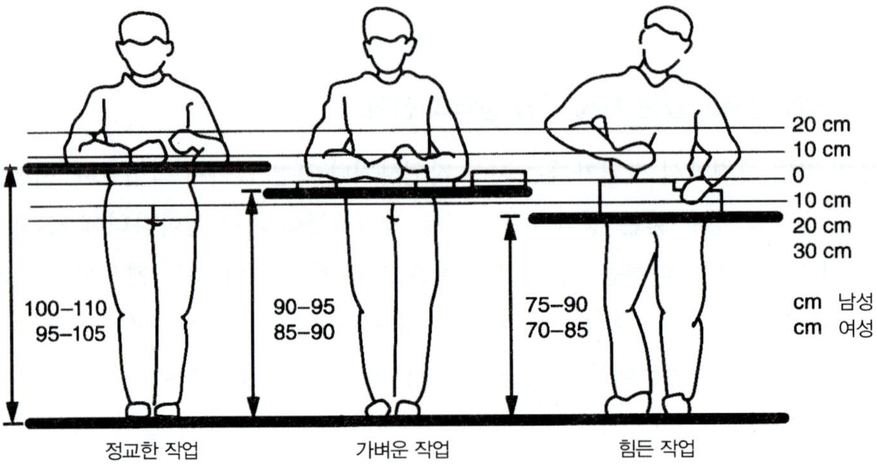

그림 10.9
선 자세 작업에서의 작업면에 대한 권장 높이. 참조선(0cm)은 바닥으로부터 팔꿈치의 높이이다.
출처 : Grandjean, 1988. *Fitting the Task to the Man* (4th Edition). London: Taylor and Francis.

작업면의 높이

수행되고 있는 과제의 본질에 따라, 서서하는 작업이든 앉아서 하는 작업이든 작업면의 높이가 올바로 결정되어야 한다. 작업면 높이를 결정하는 데 간단하지만 매우 유용한 하나의 대략적인 원리가 있는데, 작업이 매우 정교한 조작이나 큰 힘을 요구하는 것이 아니라면 서서 작업하는 경우에는 팔꿈치 높이보다 5~10cm(2~4인치 정도) 아래로, 그리고 앉아서 하는 작업인 경우에는 팔꿈치 높이와 같게 작업면을 설계하는 것이다(Ayoub, 1973; Grandjean, 1988; Eastman Kodak Company, 1986).

서서 하는 작업이나 앉아서 하는 작업 모두 정교한 조작이 요구되는 경우에는 작업면의 높이를 팔꿈치 높이보다 높게 설정해야 한다. 이 경우에는 작업면을 작업자들이 허리를 앞으로 굽히지 않고도 작업면을 충분히 볼 수 있는 수준까지 높여야 한다. 큰 힘을 주어야 한다거나 그렇게 높은 정교함이 요구되지 않는 작업인 경우에는 앞에서 언급된 대략적 원리가 규정한 것보다 더 낮은 높이의 작업면이 요구되지만, 너무 낮아서 작업면 아래의 발이나 무릎을 움직일 수 있는 여유공간이 부족해서는 안 된다. 그림 10.9는 서서 하는 작업인 경우 작업면 높이를 결정하는 데 이 대략적 원리가 적용되는 예시를 보여주고 있다.

가능하다면 작업면의 높이는 다양한 신체 크기를 갖는 작업자들에게 맞도록 조절 가능해

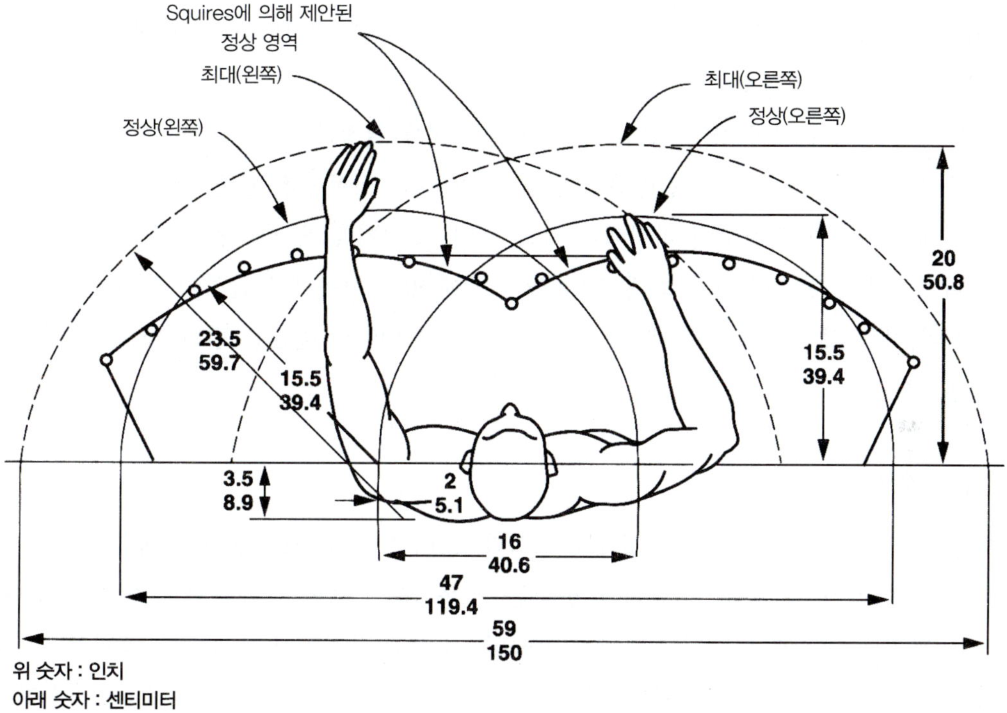

그림 10.10

Barnes에 의해 제안된 정상/최대 작업 영역과 Squires에 의해 제안된 정상 작업 영역

출처: Sanders, M. S., and McCormick, E. J., 1993. *Human Factors in Engineering and Design* (7th Edition). New York: McGraw-Hill. Copyright 1993. Reprinted by permission of the McGraw-Hill Companies.

야 한다. 경제적 문제나 다른 현실적 문제들 때문에 이러한 조절 가능성이 여의치 않을 때는 가장 체구가 큰 작업자의 인체측정 자료를 기준으로 작업면의 높이가 결정되어야 한다. 키가 더 작은 사람들에게는 딛고 올라설 수 있는 것들이 제공되어야 한다.

작업면의 깊이

여기에서의 중요한 개념들은 표준 작업 영역(normal work area)과 최대 작업 영역(maximum work area)들이다. 이러한 개념들은 Farley(1955)와 Barnes(1963)에 의해 처음 제안되었다. Barnes에 의한 이 두 영역들이 그림 10.10에 제시되어 있는데, 수평면에서의 표준 작업 영역은 위팔(upper arm)을 뻗지 않고 아래팔(forearm)을 휘둘러서 닿을 수 있는 영역이고, 최대 작업 영역은 어깨로부터 위팔까지를 뻗어 휘두를 때 닿을 수 있는 영역을 의미한다. 표준 작업 영역을 정의할 때 Barnes는 팔꿈치가 특정 지점에 고정되어 있다고 가정했으나, Squires(1956)에 의한 표준 작업 영역의 정의(그림 10.10에 제시되어 있다)에서는 이러한 '고정된 팔꿈치' 가정을 하지 않았다.

표준 작업 영역과 최대 작업 영역은 작업면의 깊이를 결정하는 데 반드시 고려되어야 하는 것들이다. 즉각적으로 혹은 빈번하게 도달되어야 하는 항목들은 표준 작업 영역 안에, 그리고 신체에 가능한 근접하여 위치해야 하는 반면, 그렇지 않은 항목들은 최대 작업 영역 안에 위치하면 된다. 작업자가 최대 작업 영역 밖에 있는 항목에 도달하기 위해 몸을 앞으로 숙여야 하는 것이 때에 따라서 허락될 수는 있지만 이러한 접근은 빈번하거나 정기적으로 발생해서는 안 된다.

작업면의 경사

대부분의 작업면들은 수평면으로 설계되어 있다. 그러나 읽기(reading)를 위해서는 약간 기울어진 표면(약 15도)이 사용되어야 한다는 것을 많은 연구 결과들이 보여주고 있다. Eastman과 Kamon(1976), 그리고 Bridger(1988)는 경사진 작업면이 자세를 더 좋게 하고, 몸통의 움직임을 감소시켜 주며, 목을 덜 구부리게 하고, 작업자의 피로나 불편감을 더 작게 한다는 것을 발견하였다. 그러나 쓰기(writing)와 같은 다른 유형의 시각 과제들인 경우에는 경사진 작업면이 최상의 선택이 아닐 수 있다. Bendix와 Hagberg(1984)는 사용자들이 쓰기 과제에서는 수평으로 된 책상을 선호하지만 읽기를 하는 경우에는 같은 사람들이라 해도 경사진 책상을 더 선호한다는 것을 발견하였다.

결론

사용자의 신체적 치수나 제약점들에 따라 작업장의 물리적 배열을 맞추는 것은 좋은 인간공학적 작업장 설계가 되기 위한 필요조건이기는 하지만 그렇다고 충분조건까지 되는 것은 아니다. 앞에서도 살펴보았듯이 작업자가 어느 한 요소에 도달할 수 있다고 해서 그가 그 요소를 쉽게 조작한다거나 허리의 요부에 손상을 입지 않고 그것을 들 수 있다는 것을 의미하는 것은 아니다. 작업장 설계와 관련된 이러한 역동적 측면들을 이해하기 위해서는 인체의 생체역학(biomechanics)적인 측면들을 고려해야 하는데, 다음 장에서 이 문제를 다루고자 한다.

참고문헌

Annis, J.F.(1978). Variability in human body size. In *Anthropometric source book,* Vol. 1, Chap. 2. NASA Reference Publication 1025, NASA Scientific and Technical Office. Houston, TX: NASA.

Ashby, P.(1979). *Ergonomics Handbook 1: Body Size and Strength.* Pretoria: SA Design Institute.

Ayoub, M.M.(1973). Work place design and posture, *Human Factors, 15*(3), 265-268.

Ayoub, M.M., Bethea, N., Bobo, M., Burford, C., Caddel, D., Intaranont, K., Morrissey., and Salan, J.(1982). *Mining in low coal, vol. 2: Anthropometry*(OFR 162(2)-83). Pittsburgh: Bureau of Mines.

Badler, N.I., Barsky, B.A., and Zelter, D.(eds.)(1990). *Making Them Move: Mechanics, Control, and Animation of Articulated Figures.* Palo Alto, CA: Morgan-Kaufmann.

Barnes, R.M.(1963). *Motion and time study(*5th edition). New York: Wiley.

Bendix, T., and Hagberg, M.(1984). Trunk posture and load on the trapezius muscle whilst sitting at sloping desks. *Ergonomics, 27*, 873-882.

Bhatnager, V., Drury, C.G., and Schiro, S.G.(1985). Posture, postural discomfort and performance. *Human Factors, 27*, 189-199.

Bridger, R.(1988). Postural adaptations to a sloping chair and work surface. *Human Factors, 30*(2), 237-247.

Clauser, C.E., Tucker, P.E., McConville, J.T., Churchill, E., Laubach, L.L., and Reardon, J.A.(1972). *Anrhropometry of Air Force women*(pp.1-1157). AMRL-TR-70-5. Wright-Patterson Air Force Base, OH: Aerospace Medical Research Labs.

Eastman Kodak Company, Ergonomics Group(1986). *Ergonomic design for people at work,* Vol. 1, New York: Van Nostrand Reinhold.

Eastman, M.C., and Kamon, E.(1976). Posture and subjective evaluation at flat and slanted desks. *Human Factors, 18*(1), 15-26.

Farley, R.R.(1955). Some principles of methods and motion study as used in development work. *General Motors Engineering Journal, 2*(6), 20-25.

Fowler, R.L., Williams, W.E., Fowler, M.G., and Young, D.D.(1968). *An investigation of the relationship between operator performance and operator panel layout for continuous tasks.* Technical Report Number 68-170. Wright Patterson Air force Base, Ohio.

Grandjean, E.(1988). *Fitting the task to the man(*4th ed.). London: Taylor & Francis.

Grandjean, E., Hunting, W., and Pidermann, M.(1983). VDT workstation design: preferred settings and their effects. *Human Factors, 25*, 161-175.

Griener T.M., and Gordon, C.C.(1990). *An assessment of long-term changes in anthropometric dimensions: Secular trends of U.S. Army males*(Natick/TR-91/006). Natick, MA: U.S. Army Natick Research, Development and Engineering Center.

Grieve, D., and Pheasant, S.(1982). Biomechanics. In W.T. Singleton(ed.), *The body at work.* Cambridge, England: Cambridge University Press.

Hamil, P., Drizo, T., Johnson, C., Reed, R., and Roche, A.(1976). *NCHS growth charts,* Monthly Vital Statistics Report, Health Examination Survey Data, HRA 76-1120, vol. 25, no. 3. National Center for Health Statistics.

Hertzberg, H.T.E.(1972). Engineering anthropometry. In H.P. Van Cott and R.G. Kinkade(eds.), *Human engineering guide to equipment design.* Washington, DC: U.S. Government Printing Office.

Karwowski, W., Genaidy, A., and Asfour, S.(eds.)(1990). *Computer-aided ergonomics.* London: Taylor & Francis.

Kroemer, K.H.E.(1987). Biomechanics of the human body. In G. Salvendy(ed.), *Handbook of human factors*(pp.169-181). New York: Wiley.

Long, L., and Churchill, E.(1965). Anthropometry of USAF basic trainees contrasts of several subgroups. Paper presented to the 1968 meeting of the American Association of Physical Anthropometrists.

Marras, W.S., and Kim, J.Y.(1993). Anthropometry of industrial populations, *Ergonomics, 36*(4), 371-378.

McCormick, E.J.(1976). *Human factors in engineering and design.* New York: McGraw-Hill.

National Aeronautics and Space Administration(NASA)(1978). *Anthropometric source book, vol. 1: Anthropometry for designers; vol. 2: A handbook of anthropometric data; vol. 3: Annotated bibliography*(NASA Reference Publication 1024). Houston, TX: NASA.

O' Brien, R., and Sheldon, W.C.(1941). *Women's measurements for garment and pattern construction,* U.S. Department of Agriculture, Misc. Pub. No. 454. Washington DC: U.S. Government Printing Office.

Robert, D.F.(1975). Population differences in dimensions, their genetic basis and their relevance to practical problems of design. In A. Chapanis(ed.), *Ethnic variables in human factors engineering*(pp. 11-29). Baltimore: Johns Hopkins University Press.

Roche, A.F., and Davila, G.H.(1972). Late adolescent growth in stature. *Pediatrics, 50*, 874-880.

Roebuck, J.A., Kroemer, K.H.E., and Thomson, W.G.(1975). *Engineering anthropometry methods.* New York: Wiley.

Sanders, M.S.(1977). *Anthropometric survey of truck and bus drivers: Anthropometry, control reach and control force.* Westlake Village, CA: Canyon Research Group.

Sanders, M.S., and McCormick, E.K.(1993). *Human factors in engineering and design*(7th ed.).

New York: McGraw-Hill.

Squires, P.C.(1956). *The shape of the normal work area.* Report No. 275. New London CT: Navy Department, Bureau of Medicine and Surgery, Medical Research Laboratory.

Stout, H.M., Damon, A., McFarland, R.A., and Roberts, J.(1960). Heights and weights of white Americans. *Human Biology, 32,* 331.

Trotter, M., and Gleser, G.(1951). The effect of aging upon stature. *American Journal of Physical Anthropology, 9,* 311-324.

Van Cott, H.P., and Kinkade, R.G.(1972). *Human engineering guide to equipment design.* Washington, DC: U.S. Government Printing Office.

White, R.M., and Churchill, E.(1971). *The body size of soldiers, U.S. Army anthropometry-1966*(pp.1-329). Tech. Report 72-51-CE. Natick, MA: U.S. Army Natick Labs.

Wickens, C.D., Vincow, M., and Schopper, R.(1997). Computational Models of human performance in the layout of displays. CSERIAC state of the art report. Crew Systems Ergonomics Information Analysis Center, Wright Patterson Air Force Base: Ohio.

Yokohori, E.(1972). *Anthropometry of JASDF personnel and its implications for human engineering.* Tokyo: Aeromedical Laboratory, Japanese Air Self Defense Force, Tachikawa Air Force Base.

11 작업의 생체역학

메리는 화물수송 회사의 사장이다. 메리와 그녀의 경영진들은 생산성과 경쟁력을 높이기 위하여 최근에 화물 중량을 80파운드에서 145파운드로 늘리기로 결정하였다. 이 결정은 작업자들 사이에서 동요를 일으키기 시작했고, 노조는 파업을 계획 중이었다. 노조는 새로운 중량 제한이 작업자들에게 큰 신체 부상의 위험부담을 가져온다고 믿고 있었다. 일부 작업자들은 80파운드라는 현재의 화물 중량 자체가 이미 너무 높다고 불평하고 있었다.

메리는 작업자들이 위험한 작업 환경에서 일하는 것을 바라지 않는다. 그녀는 회사에서 파업이 일어나는 것을 원하지 않을 뿐만 아니라 작업자가 작업장에서 부상을 당했을 때 회사가 고소를 당할까 봐 두려워하고 있다. 그러나 그와 동시에 메리는 경쟁적인 시장에서 살아남아 성공하기를 바라고 있고, 그러기 위해서는 영구적으로 생산성을 높여야만 했다. 그녀는 "145파운드의 한도가 너무 높은가? 80파운드 기준이 이미 무거운 것이 사실인가?"와 같은 질문에 대한 과학적인 답이 있는지 궁금해하고 있다.

앞장에서 우리는 제품 및 작업장의 물리적 치수와 사용자의 신체적 치수가 잘 어울릴 수 있도록 하는 것의 중요성에 대해서 논의하였다. 사용자의 인체측정학적 특성에 따르지 않고 제품이나 작업장이 설계된다면, 작업자들은 이것들을 제대로 사용할 수 없거나 혹은 사용하기 위해 매우 힘들고 신체에 무리를 줄 수 있는 자세를 취해야 할 것이다.

이러한 무리한 자세들만이 신체적 스트레스를 야기하는 유일한 요인은 아니다. 이 장에서는 작업장의 인간 공학적 설계에서 고려되어야 하는 또 다른 중요한 요인에 대해 언급할 것이다. 이 요인은 무거운 것을 들어 올린다거나 수공구들을 사용하는 것과 같이 과제 수행 과정에서 작업자들에 의해 발휘된 물리적인 힘과 관련되어 있다. 사실 이러한 무리한 자세와 과도한 힘의 발휘는 근골격 문제들(musculoskeletal problems)을 일으키는 중요한 원인들이다. 이러한 문제들이 매우 광범위하고 또한 심각하다는 것은 아래의 통계치를 살펴보면 알 수 있다.

미국 산업 안전 보건청(National Institute for Occupational Safety and Health, NIOSH, 1981)의 보고서에 따르면, 매년 미국 근로자들 중 약 50만 명 정도가 작업 중 일종의 과도한 힘의 발휘에 의한 상해를 당하고 있는 것으로 파악된다. 가장 흔한 두 가지 근골격 문제는 허리 통증이나 손가락, 손, 팔목, 팔, 그리고 어깨와 같은 상지의 누적성 외상 장애이다. 매년 보고되는 과도노력 상해(overexertion injuries)의 약 60%는 들기(lifting)에 의한 허리 통증을 포함하고 있다. 미국 보상 보험 협회(National Council on Compensation Insurance)는 허리 통증과 관련된 보상비 및 그에 따른 간접 비용이 미국에서 대략 270~560억 달러에 이르는 것으로 추정한다(Pope et al., 1991). Armstrong과 Silverstein(1987)의 연구에 따르면 손이나 팔을 반복적으로 사용해야 하는 산업체에서는 근로자의 10명 중 1명 이상이 매년 상지 누적성 외상 장애를 입는다.

이 장에서는 작업 생체역학이라고 하는 과학 분야를 소개할 것이다. 이 학문 영역은 인력 물자 취급작업(manual material handling) 환경에서의 인간 수행과 근골격 문제를 연구하고 분석하는 데 중요한 역할을 할 뿐만 아니라 육체 작업을 인간 공학적으로 분석하는 데 근본적이고 과학적인 기초를 제공해 준다. Chaffin과 Anderson, 그리고 Martin(1991, p. xv)이 정의하였듯이, 작업 생체역학은 "육체적인 작업이 수행될 때의 근육과 골격 및 피부의 기계적 행동에 대한 과학이며, 이를 통해 산업체에서 일어나는 수작업 활동의 물리적 속성에 대한 이해를 제공하고자 하는 학문이다."

작업 생체역학은 물리학, 생물학 및 공학으로부터 얻어진 기법들이나 지식을 통합하는 학제 간 과학이다. 생체역학은 본질적으로 인간의 근골격 체계를 물리학적 법칙들을 따르는 물리적 체계로서 분석한다. 따라서 작업 생체역학이 갖는 기본적 개념들의 대부분은 근골격 체계의 구조와 속성, 그리고 물리학의 법칙이나 개념들에 관한 것들이다. 이러한 생체역학의 두 가지 측면이 이 장의 처음 부분에서 다루어질 것이다. 그 다음에는 두 부분에 걸쳐 허리 통증과 상지 누적성 외상 장애에 대해 자세하게 논의할 것이다. 이 두 가지 근골격 장애의 유형들은 작업 환경에서 가장 자주 발생하는 문제이고, 또한 가장 위험하고 비용이 많이 드는 것들이다.

근골격 체계

근골격 체계는 뼈와 근육, 그리고 연결 조직으로 구성되어 있는데, 연결 조직(connective tissues)에는 인대(ligaments), 건(tendons), 근막(fascia), 그리고 연골(cartilage) 등이 포함된다. 뼈도 일종의 연결 조직이라고 생각할 수 있다. 근골격 체계의 주요 기능들은 신체 및 신체의 각 부위들을 지탱하고 보호하고, 자세를 유지하고 신체 운동을 만들어 내며, 열을 생성하고 체온을 유지하는 것이다.

뼈와 연결 조직

인간의 신체에는 206개의 뼈가 있는데, 이러한 뼈들은 신체를 보호하고 지탱하는 데 중요한 역할을 하는 견고한 골격 구조를 형성한다. 골격(skeleton)은 다른 모든 신체 부위들을 연결시켜 신체의 외곽 구조를 형성한다. 몇몇 뼈들은 신체 내부 기관들을 보호하는데, 예를 들어 두개골(skull)은 뇌를 보호하고 갈비뼈는 폐와 심장을 보호해 준다. 상지(upper extremity) 및 하지(lower extremity)의 긴 뼈들은 이들에 부착된 근육들과 함께 신체 운동이나 활동을 지지해 주는 역할을 한다.

앞에서 소개한 네 가지의 연결 조직들은 각기 독특한 기능들을 담당한다. 먼저 건은 근육을 뼈에 부착시키고 있는 조밀한 섬유 연결 조직으로, 근육에 의해 발휘된 힘을 뼈에 전달해 주는 기능을 한다. 인대도 일종의 조밀한 섬유 조직이지만, 이것들의 기능은 뼈의 관절을 연결시켜 주고 관절 부위에서 뼈들이 원활하게 협응할 수 있도록 하는 것이다. 연골은 관절 뼈의 표면, 코, 그리고 귀 같은 신체 기관에서 볼 수 있는 것으로 반투명의 탄력적인 조직이다. 근막은 근육과 다른 신체 구조물을 둘러싸서 이것들을 서로 분리시키는 역할을 한다.

두 개 이상의 뼈들은 관절 부위에서 서로 연결되어 있는데, 이러한 관절은 세 가지 유형으로 구분될 수 있다. 대부분의 관절들은 활액 관절들(synovial joints)로서 이러한 관절들은 관절 표면에 조직이 없고 대신 관절 표면 사이에 윤활액이 분비된다. 섬유 관절들(fibrous joints)은 두개골의 뼈들처럼 섬유 조직에 의해 연결되어 있는 관절이고, 연골 관절들(cartilaginous joints)은 추간 원판(intervertebral discs) 같은 척추뼈들을 연결시킨다. 관절의 동작 유형에 따라 관절의 유형을 분류하기도 하는데, 여기에는 비운동성 관절(no-mobility joints), 경첩 관절(hinge joints), 중쇠 관절(pivot joints) 그리고 절구 관절(ball-and-socket joints) 등이 포함된다. 비운동성 관절은 성인의 두개골 봉합선(seam)처럼 동작을 허용하지 않는다. 경첩 관절은 팔꿈치 관절처럼 한쪽 평면으로만 동작을 허용한다. 중쇠 관절은 두 평면으로 동작할 수 있도록 하는 것으로 팔목 관절이 여기에 해당한다. 그리고 절구 관절에는 대퇴관절(hip joint)이나 어깨 관절(shoulder joint) 등이 포함된다.

뼈에 가해지는 기계적 부하 때문에, 뼈는 시간이 지남에 따라 구조, 크기, 그리고 형태 등이 변한다. Wolff(1892)는 뼈가 필요한 곳에는 증가하고 필요없는 곳에서는 퇴화된다고 주장하였다. 그러나 뼈의 변화와 기계적인 부하 사이의 '정확한' 관계에 대해서는 아직 잘 알려져 있지 않다. 특히 굽히거나 뒤트는 힘 혹은 이 두 가지 힘이 결합된 형태로 과도하거나 반복적인 부하가 뼈에 가해질 경우 골절이 일어날 수도 있다는 것을 알아야 한다. 부하의 양, 반복의 수, 그리고 부하의 빈도는 골절을 야기할 수 있는 가장 중요한 세 가지 변인이다. 그리고 적당한 회복 시간이 주어진다면 작은 골절은 회복할 수 있는 능력도 있다. 따라서 수동적인 힘 발휘의 반복률(repetition rate of manual exertion), 혹은 힘 발휘 후의 회복기간(recovery period after the exertion)은 매우 중요한 요인들이 될 수 있다(Chaffin et al., 1999). 결합조직도 지나치게 사용하거나 반복사용하고 나면 손상될 수 있다. 예를 들면 과부하는 힘줄에 긴장을 증가시켜 통증을 유발할 수 있다. 힘줄의 지나친 사용은 힘줄의 염증을 유발하기도 한다.

근육

근골격 체계에는 약 400개의 근육들이 있다. 이 근육들은 대략적으로 체중의 40~50%를 차지한다. 근육들은 신체 에너지의 거의 반을 소비하는데, 이 에너지는 신체의 자세를 유지하거나 신체 운동을 생성하는 것뿐만 아니라 열을 생성해 내고 체온을 유지하는 데도 사용된다. 근육의 대사 작용에 대해서는 작업 생리학을 다룬 다음 장에서 자세히 논의될 것이다.

여기에서는 근육의 기본적 구조와 기계적 특징들에 대해 기술하고자 한다.

근육은 근섬유, 연결 조직, 그리고 신경들로 구성되어 있다. 근섬유(muscle fibers)는 긴 원주형 세포로 대부분 근원섬유(myofibrils)라고 불리는 수축성 요소들로 구성되어 있다. 근육의 연결 조직은 신경이나 혈관이 근육 속으로 드나들 수 있는 경로를 제공해 준다. 근육들은 감각신경섬유(sensory nerve fibers)와 운동신경섬유(motor nerve fibers)를 갖고 있다. 근육의 길이나 긴장도(tension)에 대한 정보는 감각신경섬유를 통해 중추신경계로 전달된다. 근육 활동은 운동신경섬유들에 의해 통제되는데, 운동신경섬유는 중추신경으로부터 오는 임펄스(impulse)를 근육에 전달해 준다. 각각의 운동신경섬유는 이것의 가지들(branches)을 통해서 관련된 근육섬유들을 통제한다. 동일한 운동신경섬유 가지들에 의해 통제되는 근육섬유 집단을 운동 단위(motor unit)라고 부르는데, 이 운동 단위는 근육의 가장 기본적인 기능 단위이다.

수축되거나 뻗쳐지지 않는 뼈와는 대조적으로, 근육들은 운동신경 임펄스에 따라 다양한 형태로 반응할 수 있다. 먼저 동심성 수축(concentric contraction)은 등장성 수축(isotonic contraction)이라고도 하는데, 수축할 때 근육이 짧아지며 동등한 내적 근력(internal muscle force)을 산출해 낸다. 편심성 수축(eccentric contraction)은 수축할 때 근육이 길어지는 것으로, 이것은 내적 근력보다 외부의 힘이 더 클 때 발생한다. 등척성 수축(isometric contraction)인 경우에는 수축과정 중에 근육의 길이가 변하지 않는다. 동심성 수축은 어떤 대상이 위로 들어 올려졌을 때의 팔의 굴근(arm flexor muscle)에서 관찰될 수 있다. 편심성 수축은 어느 개인이 무거운 대상을 들어 올렸지만, 원하는 위치에서 그것을 들고 있지 못하는 경우에 볼 수 있는 것으로, 이때 근육은 강제적으로 길어진다(Eastman Kodak Company, 1986). 등척성 수축은 물체를 들다가 멈춘 후 그것을 안정적인 위치에서 들고 있을 때 발생한다. 근육의 수축은 근력이나 근긴장(muscle tension)을 산출해 내고, 이것들은 건을 통해 뼈에 전달되어 신체의 자세를 유지하거나 육체적 작업을 하는 데 사용된다.

근육 안에서 발생하는 긴장의 정도를 직접적으로 측정할 수 있는 장치는 아직 개발되지 않았다. 따라서 근력은 근육이 발휘하는 힘의 양이나 토크(torque)에 기초해서 추정된다. 뒤틀림 모멘트(moment)라고도 불리는 토크는 일반적으로 뒤틀 수 있는 힘의 정도를 말하며, 신체 부위에는 팔 동작이 여기에 해당한다고 할 수 있다. 예를 들어 팔꿈치나 어깨에 있는 관절을 회전축으로 하는 팔의 회전에 의해 발생된 토크는 팔 근육의 수축을 육체적 작업으로 변환시켜 물체를 당기거나 밀어낼 수 있게 한다. 마찬가지로, 신체의 다른 부분의 운동에 의해 발생된 토크도 다양한 육체적 과제들을 수행하도록 해준다.

근력은 표준화된 측정 절차에 따라 측정 도구들에 의해 측정된 힘이나 토크의 양과 방향이다(Chaffin et al., 1999; Kroemer et al., 1994). 근력은 힘의 발휘 조건에 따라 정적 근력(static strength)과 동적 근력(dynamic strength)의 두 가지 유형으로 구분될 수 있다. 정적 근력은 등척성 근력이라고도 불리는데, 물체를 들고 있을 때처럼 신체를 움직이지 않으면서 고정된 물체에 자발적으로 가할 수 있는 근력의 최대값이다. 정적 근력은 4~6초 동안 피험자들이 고정된 물체에 대해 힘을 최대한 발휘하도록 한 후 30~120초 동안 휴식을 취하게 하는 과정을 몇 번 반복하여 처음 3초 동안에 발휘된 근력들의 평균을 계산하여 측정한다.

동적 근력은 정적 근력보다 측정하기가 훨씬 더 어려운데, 그 이유는 신체의 가속(body acceleration)이 측정하고자 하는 근력에 많은 영향을 주기 때문이다. 따라서 동적 근력은 피험자들이 수행하는 과제의 유형과 수행방식에 따라 다양한 차이를 보일 수 있다. 동적 근력 측정을 표준화하기 하기 몇 가지 방법들이 개발되었다. 그중 한 가지는 발휘되는 운동의 힘에 관계없이 신체의 운동 속도를 일정하게 유지할 수 있도록 특별하게 설계된 등속도 실험장치(isokinetic equipments)들을 사용하는 것이다. 이러한 장치를 사용하면 측정 중에 신체가 보이는 다양한 가속의 영향을 배제할 수 있다.

또 다른 방법으로 심물리학적 방법이 있다. 이 방법은 피험자들에게 실제 작업 상황처럼 모사된 과제 장면에서의 각 시행에 따라, 자신들이 발휘할 수 있는 최대 능력에 이르렀다고 생각될 때까지 부하를 올리거나 내리는 시행을 반복하도록 요구한다. 물론 개인의 동기나 협조하고자 하는 정도와 같은 많은 요인들이 심물리학적 방법을 통한 개인의 동적 근력의 측정치에 영향을 미칠 수 있을 것이다. 그러나 좀 더 종합적인 방법들이 개발되기 전까지는 모사된 과제 상황에 기초한 심물리학적 방법이 개인의 수용 가능한 근력 한계를 추정하는 데 가장 정확한 방법인 것으로 보인다(Chaffin et al., 1999).

근력은 특정 근육이 발휘할 수 있는 능력에 대해 측정되어 왔다. 예를 들어 Kamon과 Goldfuss(1978)는 한쪽 팔만을 사용했을 때, 남성 작업자의 경우 아래팔을 굽히거나 펼 때의 평균 근력은 대략 276뉴턴(Newtons)[1], 여성은 대략 160뉴턴이 된다는 것을 발견하였다. Asmussen과 Heebol-Nielsen(1961)은 남성의 경우 핸들을 돌리는 데는 평균 14.1뉴턴-미터(Newton-meters)[2], 그리고 열쇠를 돌리는 데는 평균 4.1뉴턴-미터의 토크 생성 능력이 있으며, 여성의 경우는 각각의 측정치에 대하여 평균 8.6뉴턴-미터와 3.2뉴턴-미터의 토크 생성 능력이 있다는 것을 발견하였다(Eastman Kodak Company, 1986).

신체적 작업을 수행할 때 과도한 부하는 골절이나 근육 피로와 같은 근골격 문제들을 야기할 수 있다. 신체에 대해 부하가 과중한지의 여부를 결정하기 위해서는 그 과제를 수행할 때 신체의 각 부위에 부과되는 신체적 스트레스의 강도를 수량화해야 한다. 어떻게 이러한 양적인 추정치들을 얻을 수 있을까? 다음 절에서 논의될 생체역학적 모델들은 이 문제에 대해 답해 줄 수 있는 중요한 방법들을 제공해 주고 있다.

생체역학 모델

생체역학 모델은 신체의 기계적 특성에 대한 수학적 모델이다. 생체역학적 모델에서는 근골격 체계들을 일종의 기계적인 링크 연결 구조로서 분석하며, 뼈나 근육은 일련의 지렛대로 작용한다. 생체역학 모델은 잘 확립된 물리학적 · 기계공학적 방법들을 통해 특정 근골격 요소에 부과되는 스트레스 수준을 수량적으로 예언할 수 있게 해주며, 따라서 직무 설계자들이 위험한 직무 상황들을 확인하고, 또한 이러한 상황이 되지 않도록 직무를 설계하는 데 도움이 되는 분석적 도구로서 기능할 수 있다.

생체역학 모델링은 뉴턴의 세 가지 물리학적 법칙에 기초하고 있다.

1. 물체는 불균형적인 외부의 힘이 작용하지 않는 한 일정한 운동 상태로 혹은 정지 상태로 남아 있게 된다.
2. 힘은 물체의 가속도에 비례한다.
3. 작용은 이와 같은 크기의 힘을 갖는 반작용을 받는다.

신체(body)나 체절(body segment)이 움직이지 않을 때, 이것을 정적 평형상태(static equilibrium)에 있다고 말한다. 정적 평형상태에 있는 한 대상에는 두 가지 조건이 충족되어야 한다. 첫 번째 조건은 정적 평형상태에 있는 대상에 대해 작용하는 모든 외부적 힘의 총합은 0이어야 한다는 것이다. 두 번째 조건은 정적 평형상태에 있는 대상에 대해 작용하는 모든 외부 모멘트의 총합은 0이 되어야 한다는 것이다. 이 두 가지 조건은 생체역학 모델링

1) 뉴턴(newtons)은 힘의 단위로 (기호로 N) 1N은 1kg의 질량에 $1m/sec^2$의 가속도가 생기게 하는 힘이다. 즉 $1N = 1kg\ m/s^2 = 0.225$ lbf(pond force)이다(역주).

2) 1N을 작용하여 1미터를 움직이는 것으로, 1줄(joule, J)의 에너지와 같다(역주).

에서 핵심적인 역할을 하며, 이들에 대해서는 아래에 자세히 기술되어 있다.

먼저 Chaffin, Anderson, 그리고 Martin(1991)의 이론에 바탕을 둔 체절에 대한 두 가지 평면적, 정적 모델들을 설명하고자 한다. 평면적 모델들(planar models : 때로 2차원적 모델이라고도 한다)은 단일 평면에 힘이 작용하는 대칭적 신체 자세를 분석하는 데 종종 사용된다. 정적 모델들(static models)은 사람들이 신체 전체나 혹은 신체 일부(즉 체절)를 전혀 움직이지 않고 정적인 자세를 취하고 있는 상황을 가정한다. 비록 이러한 모델들이 초보적이기는 하지만 이들은 생체역학 모델링 방법들을 예시할 목적으로는 충분히 사용될 수 있다. 뿐만 아니라 좀 더 복잡한 3차원 전신(whole body) 분석에 대한 모델들은 이러한 기초적인 모델들을 확장하여 개발될 수 있다.

단일 체절에 대한 평면적/정적 모델

단일 체절 모델들은 작업하는 관절이나 근육에 부과되는 신체적 스트레스를 규명할 목적으로 역학적 법칙을 사용하여 특정한 체절을 분석한다. 예를 들어 어떤 사람이 20kg의 무게가 나가는 물체를 두 손으로 잡아 아래팔을 지면과 평행하게 유지하고 있다고 가정해 보자. 그리고 하중은 두 손에 동등하게 분배되어 있다.

그림 11.1과 같이 물체와 팔꿈치 사이의 거리는 36cm라고 하자. 오른손과 오른쪽 아래팔과 오른쪽 팔꿈치만이 그림11.1에 나타나 있고, 다음과 같은 계산식으로 분석되어 있다. 왼손, 왼쪽 아래팔, 그리고 왼쪽 팔꿈치는 같은 계산방식을 따라 같은 결과를 산출하는데, 이는 두 팔에 똑같이 부하가 걸려있기 때문이다.

그 사람의 팔꿈치에 작용하는 힘과 회전 모멘트는 역학 법칙을 사용하여 결정될 수 있다. 먼저, 하중은 다음과 같은 공식으로 계산될 수 있다.

$$W = mg$$

여기서 W는 뉴턴(N) 단위로 측정된 대상의 무게, m은 킬로그램(kg) 단위로 측정된 대상의 질량, g는 중력 가속도(상수 9.8m/s^2) 이다. 따라서 앞의 예시의 경우 무게는 다음과 같이 구해진다.

$$W = 20\text{kg} \times 9.8\text{m/s}^2 = 196\text{N}$$

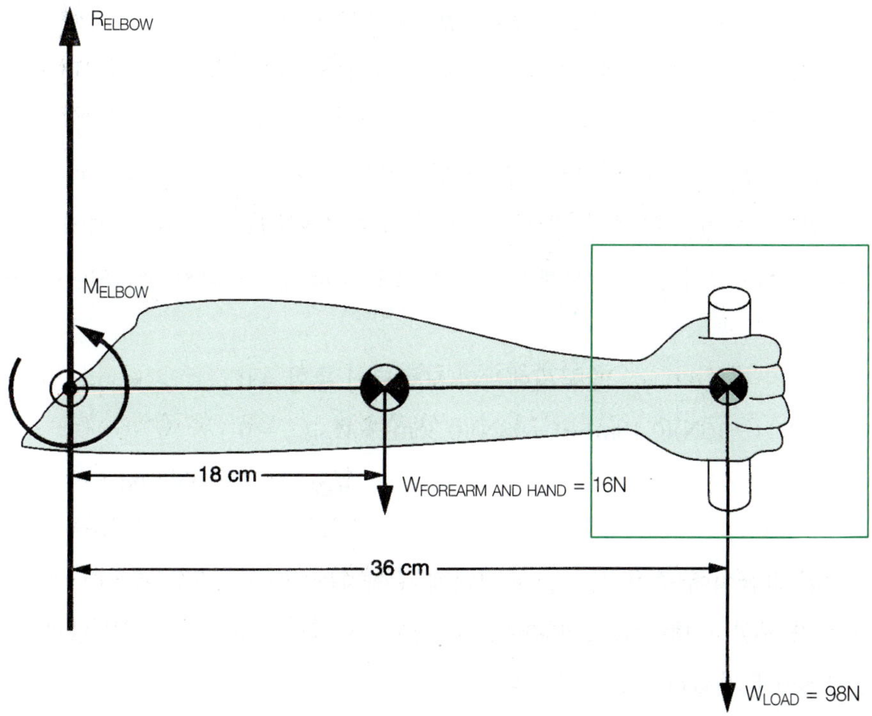

그림 11.1

수평으로 하중을 들고 있을 때의 아래팔과 손에 대한 단일 체절 생체역학 모델

출처 : Chaffin, D. B., Andersson, G. B. J., and Martin B. J., 1991. *Occupational Biomechanics* (3rd ed.). New York: Wiley, Copyright 1999. Reprinted by permission of John Wiley & Sons, Inc.

앞의 예시에서 하중의 질량 중심(center of mass)은 정확히 두 손 사이의 중앙에 있고, 두 손에 무게가 동등하게 분배되어 있기 때문에 각 손이 지탱해야 하는 무게는

$$W_{on\text{-}each\text{-}hand} = 98\text{N}$$

이다. 전형적인 성인 작업자의 경우, 그림 11.1과 같이 아래팔-손 체절의 무게는 16N이고 전완-손 체절과 팔꿈치의 무게중심 사이의 거리는 18cm이다.

팔꿈치의 반작용력 R_{elbow}는 앞에서 기술된 평형상태의 첫 번째 조건을 사용하여 계산될 수 있다. 앞 예시의 경우 R_{elbow}는 위쪽을 향하고 있고, 또한 들고 있는 물체와 아래팔-손 체절의 하중(즉 아래쪽으로 향하고 있는)을 견뎌낼 수 있을 만큼 충분히 커야 한다. 즉

$$\text{팔꿈치에서의 힘의 총합} = 0$$
$$-16\text{N} - 98\text{N} + R_{elbow} = 0$$
$$R_{elbow} = 114\text{N}$$

팔꿈치 모멘트 M_{elbow}는 평형상태의 두 번째 조건을 이용하여 계산할 수 있다. 좀 더 구체적으로 말하면, 들고 있는 물체와 아래팔-손 체절의 하중에 의해 만들어진 시계 방향으로의 모멘트는 이와 같은 크기를 갖는 시계 반대 방향으로의 M_{elbow}에 의해 상쇄되어야 한다. 즉

$$\text{팔꿈치에서의 모멘트의 총합} = 0$$
$$(-16\text{N})(0.18\text{m}) + (-98\text{N})(0.36\text{m}) + M_{elbow} = 0$$
$$M_{elbow} = 38.16\text{N}-\text{m}.$$

위에서 기술된 팔꿈치에 주어지는 힘은 어깨에 주어지는 힘과는 다를 것이다. 이를 계산하기 위해서는 2-체절 모델(two-segment model)을 사용해야 하는데, 이 모델에 대해서는 Chaffin 등(1999)에 자세히 기술되어 있다.

허리 장애

앞에서도 언급되었듯이, 허리 통증은 아마도 산업체에서 발생하는 근골격 관련 장애 중 가장 흔히 발생할 뿐만 아니라 이에 대한 치료 비용도 가장 많은 장애일 것이다. 미국 보상 보험 협회의 추정치에 따르면, 허리 통증으로 인한 의료비는 전체 근로 보상액의 거의 3분의 1에 해당한다. 간접적인 비용까지 포함한다면 전체 비용 총액은 미국에서만 270~560억 달러에 이르는 것으로 추정된다(Pope et al., 1991). 미국에서 보고되는 과도노력 상해의 약 60%는 들기(lifting)와 관련되어 있다(NIOSH, 1981). 더구나 직업적 요인이나 다른 요인들에 의한 허리 통증으로 고생하는 사람들은 전체 인구의 50~70%에 이른다는 연구 결과도 있다(Andersson, 1981; Waters et al., 1993).

들기, 굽히기, 상체 틀기와 같은 동작들을 포함하는 인력물자 취급작업은 발생 비율이나 심각성의 정도 측면에서 볼 때 작업과 관련된 허리 통증이나 허리 상해의 주요 원인이다. 그러나 허리 장애들이 인력물자 취급작업에만 한정되어 발생하는 것은 아니다. 허리 통증은

특별한 신체적 동작을 하지 않고 앉아서 장시간 작업해야 하는 작업 환경에서도 흔히 발생하는 문제이다. 따라서 인력물자 취급작업과 앉은 자세 작업은 허리의 생체역학적 특성이 면밀히 분석되어야 하는 두 개의 중요한 직무 상황이며, 지금부터 이들에 대해 논의하고자 한다.

들기 과제와 관련된 허리의 생체역학

허리는 그림 11.2에서 보이는 것과 같이 손으로 조작되는 하중으로부터 가장 멀리 떨어진 부위이기 때문에, 작업을 할 때 가장 손상을 입기 쉬운 근골격 체계 링크라고 할 수 있다. 물체의 하중과 상반신의 무게는 모두 허리에 위치한 신체 구조, 특히 L5/S1 허리 부위 디스크(L5/S1 lumbosacral disc)라고 불리는 제5요추골(fifth lumbar vertebrae)과 제1천골(first sacral vertebrae) 사이의 디스크에 심각한 신체적 스트레스를 발생시킨다.

L5/S1 디스크에서의 반작용력과 모멘트를 좀 더 정확히 계산하기 위해서는 어깨에서의 힘과 모멘트를 계산하면서 예시하였던 것과 같은 중다체절 모델(multisegment model)을 적용해야 한다. 뿐만 아니라 횡격막과 복벽 근육(abdominal wall muscle)에 의해 만들어지는 복압(abdominal pressure)도 고려해야 한다(Morris et al., 1961). 그러나 단순화된 단일-체절 모형을 사용하면 허리에 가해지는 입력을 빠르게 추정해 볼 수 있다(Chaffin et al., 1999).

상체의 무게 W_{torso}를 갖는 사람이 W_{load}의 무게를 갖는 작업물을 들어 올린다면, 그 작업물과 상반신은 다음과 같은 시계 방향의 회전 모멘트를 생성하게 된다.

$$M_{load\text{-}and\text{-}torso} = W_{load} \times h + W_{torso} \times b$$

여기서 h는 하중으로부터 L5/S1 디스크까지의 수평적 거리,

b는 상반신의 무게중심점으로부터 L5/S1 디스크까지의 수평적 거리이다.

이 시계 방향의 회전 모멘트는 시계 반대 방향의 모멘트에 의해 상쇄되어야 하는데, 이 모멘트는 5cm의 모멘트 암(moment arm)을 가진 등 근육에 의해 만들어진다. 즉

$$M_{back\text{-}muscle} = F_{back\text{-}muscle} \times 5(\text{N-cm})$$

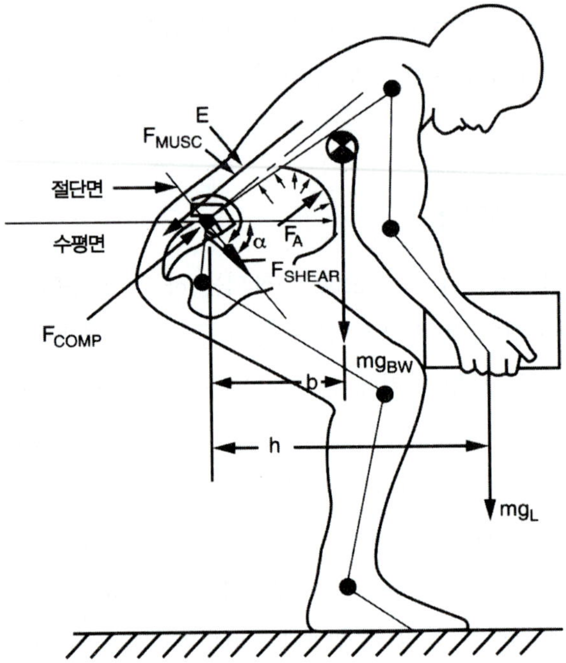

그림 11.2

정적 들기에 대한 허리 생체역학 모델

출처 : Chaffin, D. B., Andersson, G. B. J., and Martin, B. J., 1999. *Occupational Biomechanics* (3rd ed.). New York: Wiley. Copyright 1999. Reprinted by permission of John Wiley & Sons, Inc.

이다. 정적 평형상태에 대한 두 번째 조건에 의하여,

$$\text{L5/S1에서의 모멘트의 총합} = 0$$

이다. 즉

$$F_{muscle} \times 5 = W_{load} \times h + W_{torso} \times b$$
$$F_{muscle} = W_{load} \times h/5 + W_{torso} \times b/5$$

h와 b는 항상 5cm보다 훨씬 더 크기 때문에 F_{muscle}은 작업물의 무게와 상반신의 무게를 합한 것보다 언제나 더 크다. 예를 들어 어떤 전형적 들기 상황에서 h = 40cm이고 b = 20cm

라고 한다면

$$F_{muscle} = W_{load} \times 40/5 + W_{torso} \times 20/5$$
$$= 8 \times W_{load} + 4 \times W_{torso}$$

위의 공식은 들기 상황(lifting situation)에서 등 근육의 힘은 작업물 무게의 8배와 상반신 무게의 4배를 합한 것임을 나타내 주고 있는데, 이것은 다른 많은 전형적인 들기 상황에도 적용되는 것이다. 상반신 무게가 350N인 어떤 사람이 300N(약 30kg)의 무게를 들어 올리고 있다고 가정해 보자. 앞의 공식에 의하면, 이 사람의 등 근육 힘은 3,800N이 되는데, 사람에 따라서 이 값은 그 사람의 능력을 초과하는 것이다. 만일 이 사람이 450N의 무게를 들고자 한다면, 이 경우 앞의 공식에 따라 등 근육의 힘은 5,000N이며, 이것은 대부분의 사람들이 갖는 근육 능력의 상한계에 해당된다. Farfan(1973)은 허리에 있는 척추세움근(薦棘筋, erector spinal muscle)의 강도 능력의 범위를 2,200~5,500N이라고 추정하였다.

들기 과제와 관련된 생체역학적 특성들 중에는 앞에서 살펴본 허리의 근력뿐만 아니라 L5/S1 디스크의 압축력(compression force)도 함께 고려되어야 한다. 이것은 평형상태에 관한 첫 번째 조건에 기초하여 다음과 같이 추정될 수 있다.

L5/S1 디스크 힘의 총합 = 0

대략적으로 추정하기 위해서는 그림 11.2에서 보이는 복부의 힘 f_a는 무시하고 다음과 같은 공식을 사용하여 구할 수 있다.

$$F_{compression} = W_{load} \times \cos\alpha + W_{torso} \times \cos\alpha + F_{muscle}$$

여기서 α는 그림 11.2에서 보이는 바와 같이 수평면과 천골 절단면(sacral cutting plane) 사이의 각도로서, 디스크 압축력의 방향과 직각을 이룬다.

이 공식은 디스크 압축력이 근력보다 훨씬 더 클 수 있다는 것을 시사한다. 예를 들어 α = 55도라고 가정해 보자. 350N의 상반신 무게를 갖는 사람이 450N의 무게를 들어 올린다면 운반, 그리고 반복적인 무게 들기와 같은 활동들은 반복적이지 않은 들기 과제에 비해 근육들을 더 많이 사용하게 된다. 따라서 이러한 종류의 활동들은 더 많은 에너지를 소비하게 되는데, 이때 소비되는 에너지량은 작업자의 에너지 생산 능력을 초과해서는 안 된다. 생리학적 기준에 따르면, 들기 과제에 대한 최대 에너지 소비 한계는 2.2~4.7kcal/min에 이른다. 이러한 기준의 의미와 그 중요성에 대해서는 작업 생리학에 대한 다음 장에서 자세히 논의할 것이다.

정신물리학적 기준은 최대 허용 들기 무게(maximum-acceptable-weight-of-lift)에 대한 측정치의 기초에서 정립되었는데, 최대 허용 들기 무게란 특정한 들기 과제 상황에서 한 개인이 들 수 있는 무게량이다. 최대 허용 들기 무게는 실험을 통해 얻어지는데, 예를 들어 작업자들에게 무리하지 말고, 비정상적으로 피곤해지거나, 약해지거나, 열이 올라가거나, 숨이 차는 일 없이 할 수 있는 한 최대로 작업하도록 요구하고, 그때 작업자가 견딜 수 있는 무게를 최대 허용 들기 무게로 설정한다(Snook & Ciriello, 1991; Waters et al., 1993). 이와 관련된 연구들은 작업자들에 의해 허용 가능하다고 판단된 들기 과제들에서는 그렇지 못한 과제들에 비해 허리 통증이나 허리 상해의 빈도가 훨씬 적다는 것을 보여주었다. NIOSH 들기 공식에 적용된 심물리학적 기준은 주어진 들기 요구량이 남성 작업자의 99%, 그리고 여성 작업자의 75%에 해당하는 사람들의 최대 허용 들기 능력을 초과하지 않도록 규정하고 있다(남성과 여성이 반씩 섞여 있는 작업 집단인 경우에는 전체 작업자의 90%에 해당하는 작업자들의 최대 허용 들기 능력을 초과해서는 안 된다).

앞에서 기술된 세 가지 기준에 기초해서 권고 무게 한계를 계산하기 위해 다음과 같은 들기 공식이 개발되었다(Waters et al., 1993).

$$RWL = LC \times HM \times VM \times DM \times AM \times FM \times CM$$

여기서 RWL은 권고 무게 한계(recommended weight limit)이다.

LC는 부하 상수값(load constant)으로, 최적 조건에서의 들기에 대한 최대 권장 무게 한계를 규정한다. 이 최적 조건은 들기 과제가 상반신의 뒤틀림이 없는 대칭적인 들기 자세를 요구하고, 반복적이거나 빈번하지 않으며, 들고자 하는 대상에 손으로 잡을 수 있는 연결부가 있고, 수직적 들기 이동 거리가 25cm 이하인 조건을 만족하는 경우이다.

HM은 수평 계수(horizontal multiplier)로, 이 값은 하중과 척추의 거리가 증가할수록 디

스크에 주어지는 압축력도 증가한다는 것을 반영해 준다. 따라서 수평적 거리가 증가할수록 최대 권고 허용 한계값이 감소될 수 있도록 *LC*가 조정되어야 한다.

*VM*은 수직 계수(vertical multiplier)이다. 바닥에 있는 물체를 드는 것은 지면으로부터 좀 더 높이 놓여 있는 물체를 드는 것보다 더 힘이 든다. 따라서 들기 과제에 대한 허용 가능 무게는 하중이 지면으로부터 얼마나 떨어져 있는지를 고려하여 결정되어야 하는데, 이러한 목적을 위해 VM이 사용된다.

*DM*은 거리 계수(distance multiplier)이다. *DM*은 들어 올리는 수직적 거리가 증가할수록 신체적 스트레스도 증가한다는 것을 시사해 주는 실험 결과들에 기초하여 정립되었다.

*AM*은 비대칭 계수(asymmetric multiplier)이다. 상반신을 뒤틀면서 무게를 들어야 하는 비대칭적 들기는 대칭적 들기보다 허리 척추에 더 해로운 영향을 준다. 따라서 들기 과제가 비대칭적인 신체의 뒤틀림을 요구하는 경우에 허용 가능 무게는 더 감소되도록 조정되어야 하는데, *AM*은 이러한 목적을 위해 공식에 포함된다.

*CM*은 손잡이 계수(coupling multiplier)로, 작업자들이 들기 편하도록 들고자 하는 대상에 적당한 손잡이나 계수가 부착되어 있는지의 여부에 따라 그 값이 조정된다.

*FM*은 빈도 계수(frequency multiplier)로, 허용 가능 무게 한계에 미치는 들기 빈도의 효과를 반영해 주기 위해 사용된다.

앞의 공식에서 처음 다섯 개 요소들의 값들은 표 11.1에 있는 공식을 사용하여 결정될 수 있다. *FM*과 *CM*의 값은 각각 표 11.2와 11.3에 제시되어 있다.

*H*는 발목 사이의 중심점과 하중을 들고 있는 손들 사이의 수평 거리이다. 그림 11.2의 생체역학 모델은 하중을 들고 있는 손과 L5/S1 사이의 수평 거리를 사용하여 척추에 주어지는 스트레스를 분석하지만, NIOSH의 들기 공식은 하중을 들고 있는 손과 발목 사이의 중심점

표 11.1 NIOSH 들기 공식(1991)에서 사용되는 각 요소의 정의

요소	미터법	미국 체계
LC(부하 상수값)	23kg	51lb
HM(수평 계수)	(25/H)	(10/H)
VM(수직 계수)	(1−0.003|V−75|)	(1−0.0075|V−30|)
DM(거리 계수)	(0.82+4.5/D)	(0.82+1.8/D)
AM(비대칭 계수)	(1−0.0032A)	(1−0.0032A)
FM(빈도 계수)	표 10.2로부터	표 10.2로부터
CM(손잡이 계수)	표 10.3으로부터	표 10.3으로부터

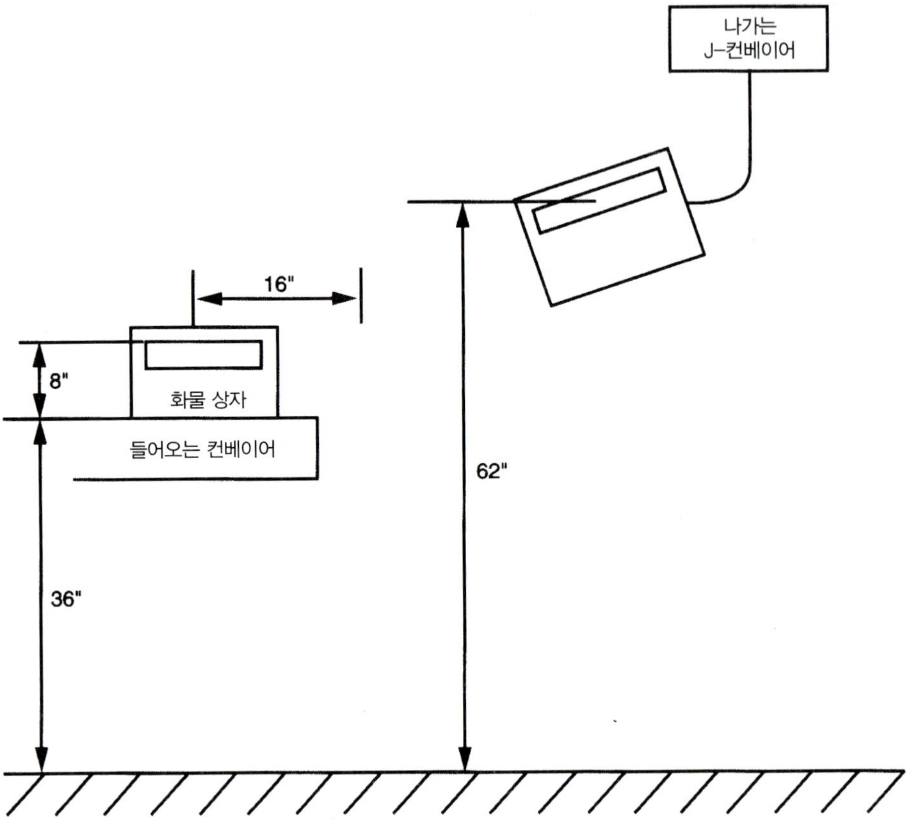

그림 11.3
화물 상자 이동을 위한 작업장의 도식적 표상

D = 18인치

A = 80도

F = 3회/분

C : 상자를 편하게 잡을 수 있으므로 손잡이가 양호함

작업 시간 : 하루 8시간

들어야 할 무게 : 15파운드

NIOSH 들기 공식에서의 6개의 계수(multiplier)들은 다음과 같이 계산될 수 있다.

HM = 10/H = 10/16 = 0.625

VM = 1−0.0075×|V−30| = 1−0.0075×|44−30| = 0.895

DM = 0.82+1.8/D+0.82+1.8/18+0.92

AM = 1−0.0032×A = 1−0.0032×80 = 0.744

FM = 0.55(표 11.2에서 3회/분, 하루 8시간 작업, V > 30인치이므로)

CM = 1.0(표 11.3에서 손잡이가 양호하므로)

따라서

RWL = 51×HM×VM×DM×AM×FM×CM

= 51×0.625×0.895×0.92×0.744×0.55×1.0

= 10.74(파운드)

LI = 상자의 무게/RWL = 15/10.74 = 1.40

이 분석 결과는 이 작업자가 작업을 수행할 때의 들기 지표(LI)가 1.4로 1.0보다 약간 더 크기 때문에 작업을 수행하는 과정에서 허리 부상을 입을 가능성이 있다는 것을 시사해 준다. 따라서 허리 상해의 가능성을 최소화할 수 있도록 주의해야 하고, 이 직무는 *LI* 값을 더 내리도록 다시 설계되어야 할 것이다.

1991년 NIOSH의 들기 공식은 1981년 NIOSH의 들기 공식에 비해 상당한 진전을 보이고 있음에도 불구하고 사용성에 있어서 많은 제한점을 가지고 있다. 예를 들면 이 공식은 정적인 들기 작업을 분석하는 데 한정되어 있으며 밀기, 당기기 혹은 운반 작업을 분석하기 위한 것이 아니다(Dempsey, 1999; Dempsey et al., 2000). 인간 공학과 직업 생체 역학의 현재 및 미래의 연구는 의심의 여지없이 보다 포괄적이고 광범위하게 적용할 수 있는 작업 분석 방법을 제공할 것이다.

인력물자 취급

앞에서 논의한 NIOSH 공식은 들기 요구량을 평가하기 위한 작업 분석 도구를 제공해 줄 뿐만 아니라 작업 설계자들이 물질 취급을 위한 작업장과 장비들을 설계할 때 최적화해야 하는 7가지 주요 설계 변인들에 대해서도 중요한 정보를 제공해 준다.

을 굽히면 손가락 건들이 손목관의 주변 부위와 마찰되도록 하여 손목 안에서 무리한 힘이 작용하게 한다. 이러한 힘과 압력은 손목관 안에 있는 건에 염증이나 부어오름과 같은 증상을 유발할 수 있다. 손목관 증후군은 손목관 속의 정중신경(median nerve)이 손상되는 경우에 발생하며, 그 결과 손바닥과 손가락에 쑤시는 듯한 통증이나 마비 증상을 일으킨다.

팔꿈치에서의 CTD 전완에 있는 많은 근육들은 팔꿈치에서부터 시작되며, 따라서 손목의 활동은 팔꿈치에 영향을 줄 수 있다. 반복적인 망치질과 같이 손목을 무리하게 반복적으로 사용하면 팔꿈치의 바깥쪽에 있는 펴짐근(伸筋, extensor muscle)에 영향을 주어 건에 염증을 유발하는데, 이것이 흔히 **테니스 엘보우**(tennis elbow) 혹은 **위팔뼈 외 상과염**(上腕骨外 上顆炎, lateral epicondylitis)이라고 알려진 증상이다. 팔꿈치의 안쪽에 있는 굽힘근(flexor muscle)들이나 이들과 연결된 건들이 손상되는 경우의 증상은 **골퍼 엘보우**(golfer's elbow) 혹은 **위팔뼈 내 상과염**(上腕骨內 上顆炎, medial epicondylitis)이라고 불린다. 팔꿈치에서의 CTD 중 잘 알려진 또 하나는 **전화 교환수의 엘보우**(telephone operator's elbow)라고 불리는 증상으로, 이것은 작업자들이 책상이나 용기(container)의 날카로운 모서리에 팔꿈치를 두어야 하는 작업장에서 종종 볼 수 있다. 날카로운 모서리로부터 압력이 계속 팔꿈치에 전달되면 신경을 자극하여 새끼손가락 주변에 통증이나 마비 증상을 야기한다.

어깨에서의 CTD 손을 빠르고 반복적으로 움직인다거나 손을 들어 올린 채 작업하는 경우(특히 손을 어깨 높이보다 더 높이 들고 작업하는 경우)에 어깨에 통증이나 상해를 가져올 수 있다. 이러한 활동 유형들은 어깨에 건활막염이나 활액낭염과 같은 CTD를 야기할 수 있는데, 이러한 증상들은 **어깨관절 증후군**(impingement syndrome), **근육둘레띠 통증**(rotator cuff irritation), **스위머스 숄더**(swimmer's shoulder) 혹은 **피처스 암**(pitcher's arm) 등과 같은 이름으로 알려져 왔다.

CTD의 원인과 대처

CTD들은 반복적 운동, 과도한 힘의 사용, 부자연스러운 자세, 장시간의 정적인 자세, 빠른 동작, 진동, 추운 환경, 그리고 연조직들에 대한 공구나 날카로운 모서리의 압력 등과 같은 원인들에 의해 발생한다.

손이나 손가락의 빠르고 반복적인 동작은 건들을 자극하고, 건들을 둘러싸고 있는 피포들이 활액을 과도하게 분비하도록 하여 건활막염이나 활액낭염과 같은 증상들을 야기한다. 이러한 문제들은 힘을 과도하게 발휘해야 하는 작업을 할 경우에 발생할 가능성이 더 높은데, 그 이유는 이러한 작업을 할 때 근육과 건들의 긴장 정도가 증가하기 때문이다. 팔목을 굽혀야 한다거나 팔꿈치나 어깨를 높이 들어 올려야 하는 것과 같은 부자연스러운 관절의 자세는 연조직들에 하중을 주거나 연조직들을 잡아당김으로써 뼈에 연결된 건들을 억압하여 서로 간의 마찰 정도를 증가시킬 수 있다. 손바닥으로 공구의 짧은 손잡이를 잡고 있어야 한다거나, 손으로 뾰족한 대상을 쥔다거나, 혹은 날카로운 모서리에 팔꿈치를 기대는 것과 같은 것은 혈류의 흐름을 방해하고 신경들을 자극할 수 있는데, 이것은 진동이 심하거나 추운 환경에서도 발생할 수 있다. 한 가지 작업 상황에서 이러한 요인들은 때로 여러 형태로 결합될 수도 있으며, 따라서 CTD에 대한 위험 가능성도 증가시킨다.

직업적 요인들 외에 다른 요인들도 CTD의 원인들로 확인되었는데, 이러한 요인들에는 건강 상태, 손목의 굵기, 임신, 경구용 피임제, 성별, 연령, 그리고 사회심리적인 요인들이 포함된다(Armstrong, 1983; Armstrong et al., 1993; Barton et al., 1992; Posch & Marcotte, 1976). 관절염, 당뇨병, 말초 순환계 장애와 같은 병력이 있는 사람들은 CTD의 가능성이 훨씬 더 크다. 또한 CTD는 손이 작거나 손목이 가는 사람들에게서 더 많이 보고된다. 임신, 폐경기, 그리고 경구용 피임약을 사용하는 것과 CTD의 가능성은 밀접한 관계가 있는 것으로 밝혀졌는데, 이것은 왜 여성이 남성에 비해 CTD에 더 취약한지를 부분적으로 설명해 주는 결과이다. 연령에 따라서도 CTD의 가능성에 차이가 있는데, 나이가 많이 든 사람이 CTD의 가능성이 더 높다. 특히 노령층 중에서 전반적인 건강 상태가 좋지 못한 사람들은 CTD의 가능성이 매우 높다. 또한 직무 만족, 자존감, 불쾌감에 대한 인내심 등과 같은 사회심리적인 요인들도 한 개인의 CTD에 대한 취약성을 결정하는 중요한 요인들이다.

이렇게 다양한 직업적, 비직업적 요인들이 원인이 되는 CTD들을 방지하기 위해서는 관리적 방법과 공학적 방법들을 모두 고려한 총체적 접근이 필요하다. 관리적 방법들에는 작업자에 대한 교육과 훈련, 그리고 작업과 휴식 시간의 효율적인 계획 등이 포함된다. 공학적 방법은 작업장과 작업 도구들을 재설계하기 위해 공학적 기법들을 사용한다는 것을 의미한다.

CTD의 위험성, 원인, 그리고 대처 방안들에 대한 작업자들의 경각심과 지식을 함양하기 위한 지속적인 교육 프로그램들을 확립하기 위해서 인간 공학 전문가들은 경영자 측과 근로자 단체들 모두와 협력해야 한다. 근로자 건강 상태에 대한 관심, 정규적인 훈련 프로그램의 수립과 훈련 시설의 확보, 그리고 바람직한 사회 환경의 뒷받침과 같은 것들은 작업 관련 CTD의 가능성을 최소화하기 위해 관리자 측면에서 채택할 수 있는 몇 가지 접근 방법 중 일부이다.

직무 스케줄은 작업 시간이나 작업 속도에 부담이 되지 않도록 신중하게 평가되고 설계되어야 하며, 또한 필요에 따라 조절 가능하도록 해야 한다. 작업을 시작하기 전에 준비운동 시간을 갖도록 하거나 적당한 작업-휴식 시간 주기를 채택하는 것도 작업 환경에 신체를 적응시키고 긴장을 풀어줄 수 있는 효과적인 방법들이다. 과제 순환은 과제의 다양성을 증가시켜 줄 수 있기 때문에 하나의 직무에서 작업이 반복적으로 수행되는 것을 최소화해 줄 수 있다. 앞 장에서도 논의되었듯이, 작업자의 인체측정적 특성에 근거하지 않고 작업장이 설계되면 작업자들이 부자연스러운 자세에서 작업을 해야 하는 경우가 발생한다. 예를 들어 작업 표면의 위치가 너무 높으면 손이나 팔을 높이 든 상태에서 작업해야 하고, 작업 공간이 너무 좁으면 작업자들은 다른 동작을 하지 못하고 정적인 자세에서 작업해야 할 것이다. 또한 시각 디스플레이들이 너무 높거나 낮은 곳에 설치되어 있다면 목이나 어깨에 통증이 생길 수 있을 것이다. 따라서 인체측정적 특성에 부합하는 작업장 설계는 작업 관련 CTD를 방지하는 가장 중요한 방법 중 하나이다.

자동화된 장비들, 보조장치들의 제공, 작업 도구들에 대한 신중한 설계와 같은 것들도 CTD의 가능성을 감소시킬 수 있다. 예를 들어 고도로 반복적인 작업이나 힘을 많이 발휘해야 하는 작업들은 가능하면 자동화하는 것이 바람직하다. 팔의 무게를 지탱해 줄 수 있는 팔걸이를 제공해 주면 팔꿈치나 어깨에 주어지는 하중을 감소시킬 수 있다. 작업 공구들을 설계할 때는 공구 사용에 요구되는 관절의 자세들에 대한 신중한 분석에 기초해야 하고, 관절들이 굽혀지거나 뒤틀리거나 혹은 과도하게 뻗쳐야 하는 자연스럽지 못한 자세를 피할 수 있도록 해야 한다. 컴퓨터 키보드 사용자들에 대해서 적합한 형태와 부드러운 재질로 된 팔받침을 제공해 준다면 손목을 자연스러운 자세로 유지하고 작업할 수 있고, 테이블의 날카로운 모서리나 차가운 부분에 손목이 접촉하는 것을 최소화해 줄 수 있을 것이다. 수공구는 작업장에서뿐만 아니라 일상생활에서도 자주 사용하는 것이기 때문에 지금부터는 수공구의 설계에 대해 좀 더 자세하게 논의하고자 한다.

수공구 설계

수공구는 어디서나 볼 수 있다. 스크루드라이버(screwdrivers), 톱, 망치, 펜치(pliers), 가위,

포크, 나이프, 젓가락 등은 일상생활에서 수백만 명이 사용하는 수공구의 극히 일부에 지나지 않는다. 수공구는 사람의 맨손으로는 불가능하거나 위험한 작업들을 수행하기 위해 인간의 손이 갖는 능력을 확장시켜 준다. 그러나 잘못 설계된 수공구들은 작업 수행 자체를 위험하게 하거나 생산성을 떨어뜨릴 뿐만 아니라 CTD의 주요 원인이 되기도 한다. 다음은 CTD의 가능성을 감소시킬 수 있는 수공구 설계를 위해 개발된 네 가지 지침들에 대한 요약이다(Armstrong, 1983; Chaffin et al., 1999; Greenberg & Chaffin, 1976; Pheasant, 1986; Tichauer, 1978).

1. **손목을 굽히지 않도록 설계하라.** 앞에서도 논의하였듯이, 부자연스러운 자세는 수행되는 작업에 사용되는 근골격 시스템에 해를 줄 수 있다. 수공구들을 사용할 때, 손목은 굽혀지거나 뒤틀리지 않고 곧은 상태를 유지해야 한다. 다시 말해 수공구를 사용할 때는 손, 손목, 그리고 아래팔이 일직선으로 배열되는 것이 좋다. 어떤 특정 과제 상황에서 손잡이가 곧게 되어 있는 수공구는 손목이 휘도록 하는 자세를 요구하는 반면 구부러진 손잡이를 갖는 수공구는 작업자가 손목을 곧게 유지하고 작업할 수 있도록 해준다. 그림 11.8과 같이 손잡이의 적합한 형태는 과제 상황에 대한 신중한 분석을 토대로 결정되어야 하는데, 어떤 과제 상황은 손잡이가 구부러진 것이 바람직한 반면 다른 상황에서는 손잡이가 곧은 것이 더 바람직할 때가 있다. 그림 11.8은 전동 드라이버의 손잡이가 권총형으로 되어 있는 것은 작업 수평면이 팔꿈치 높이에 있고 작업 수직면이 손목 아래의 높이에 있을 때 바람직한 반면, 곧은 형태의 손잡이는 작업 수평면이 팔꿈치의 높이에 있을 때 더 바람직하다는 것을 보여주고 있다.
2. **수공구의 형태를 잡기 쉽도록 하라.** 손바닥의 중앙은 가해지는 힘에 매우 취약한데, 왜냐하면 이 영역에 정중신경, 동맥, 그리고 손가락 굽힘건의 활막(滑膜, synovium)이 위치해 있기 때문이다. 공구의 손잡이들에 가해지는 힘이 손바닥의 양쪽과 손가락으로 분산될 수 있도록 충격 흡수용 패드를 덧대거나 길이를 충분히 길게 하고, 손잡이의 곡률(curvature)이 작도록 해야 한다.
3. **손잡이의 파악 범위를 적당하게 하라.** 그림 11.9에서 볼 수 있듯이, 악력(grip strength)은 손잡이를 잡는 폭, 즉 파악 범위와 밀접한 관계가 있다. 손잡이의 파악 범위(grip span)는 수공구의 두 손잡이가 벌어졌을 때 손이 접촉하는 두 지점 사이의 거리이다. 남성의 악력은 여성의 악력의 대략 두 배 정도이고 남성과 여성 모두 파악 범위가 약 7~8cm

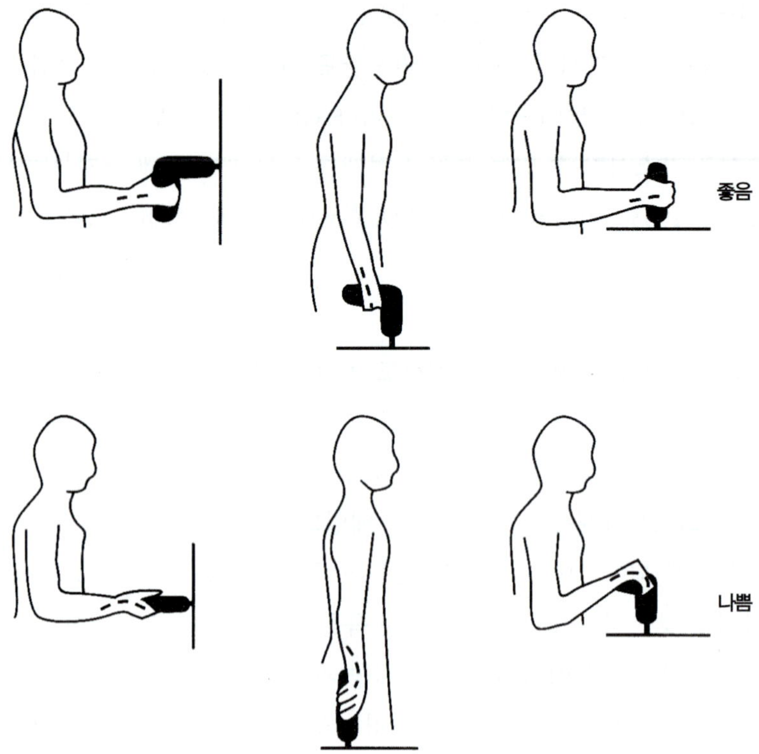

그림 11.8

손목의 위치는 작업면의 높이와 방향, 그리고 수공구의 형태에 따라 달라진다. 그림의 상단에 제시되어 있는 세 가지의 '좋은 설계들' 은 작업자들이 좋은 자세, 즉 손목을 곧게 한 상태에서 작업할 수 있도록 해준다. 그림의 하단에 있는 세 가지의 '나쁜 설계들' 은 손목을 굽히도록 하는 나쁜 자세에서 작업하도록 하는데, 수공구나 작업장의 설계에서 이러한 것들은 피해야 한다.
출처 : Armstrong T. J., 1983. *An ergonomics guide to carpal tunnel syndrome*. Akron, OH: AIHA Ergonomics Guide Series, American Industrial Hygiene Association. Copyright 1983. Reprinted by permission of American Industrial Hygiene Association, Fairfax, VA.

인 경우에 최대의 악력을 발휘할 수 있다(Greenberg & Chaffin, 1976).

스크루드라이버와 같이 손잡이가 둥근 경우에, 파악 범위는 손잡이의 직경이다. Ayoub과 Lo Presti(1971)는 원형으로 된 손잡이에 대한 최대 악력은 파악 범위가 약 4cm일 때라는 것을 발견하였다. 일반적으로 손잡이의 직경은 4~5cm를 넘어서는 안 되고, 엄지와 다른 손가락들이 약간 겹쳐질 수 있도록 해야 한다(Pheasant & O'Neill, 1975; Bridger, 1995).

4. 손가락(혹은 장갑을 착용했을 때)의 동작 여유공간을 제공하라. 손가락이 움직일 수 있는 여

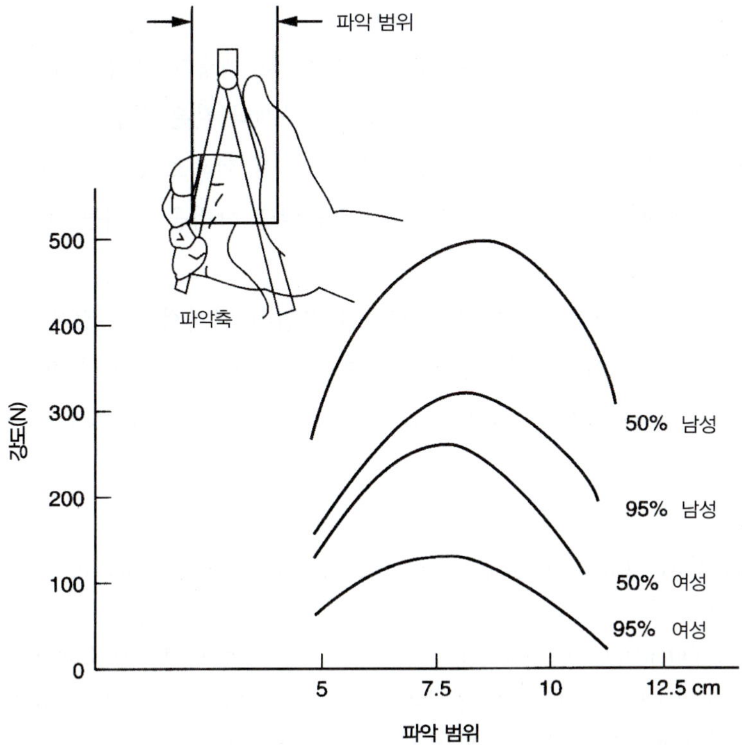

그림 11.9

손잡이의 벌림 너비에 따른 최대 파악 범위

출처 : Chaffin, D. B., Andersson, G. B. J., and Martin, B. J., 1999. *Occupational Biomechanics*. New York: Wiley. Copyright 1999. Reprinted by permission of John Wiley & Sons, Inc.

유공간은 대상을 제대로 잡았다는 것을 확인하기 위해, 그리고 손가락이 다른 물체에 끼이거나 압착되는 것을 방지하기 위해 요구되는 조건이다. 마찬가지로, 추운 작업 환경에서나 위험한 물질을 다루기 위해 작업자들이 장갑을 착용해야 한다면, 장갑을 끼고 동작하는 데 충분한 여유공간을 제공해 주어야 한다. 장갑을 착용하면 손의 감각이나 운동 능력이 감소되기 때문에 도구를 놓친다거나 실수로 옆에 있는 장치들을 작동시키지 않도록 공구나 직무를 설계할 때 추가적인 주의가 요구된다.

결론

이 장에서는 인간의 근골격 체계가 생체역학적 방법으로 어떻게 분석될 수 있는지와 이러한 분석들이 어떻게 요통과 누적 외상성 장애(CTD) 문제와 같은 현실 세계의 스트레스 문제에 대한 보다 깊고 정량적인 통찰력을 가지게 하는지를 살펴보았다. 이 분석들은 작업장을 개선할 방법을 알아내고 신체적인 상해의 위험을 낮출 방법을 밝히는 데에도 도움을 줄 수 있다.

이 장에서 논의된 생체역학적 방법은 신체적인 작업의 기계적인 관점에 초점을 맞추고 있다. 한편, 작업자들은 작업활동에 충분한 에너지를 가지고 있을 때에만 작업을 수행할 수 있다. 복합적인 생리적 시스템을 통해 발생되는 사람의 에너지는 다음 장에서 논의된다.

참고문헌

Andersson, G.B.J.(1981). Epidemiological aspects on low-bark pain in industry, *Spine, 6*(1), 53-60.

Andersson, G.B.J., Ortengren, A., Nachemson, A., and Elfstrom, G.(1974). Lumbar disc pressure and myoelectric back muscle activity during sitting. I. Studies on an experimental chair. *Scandinavian Journal of Rehabilitation Medicine, 3,* 104-114.

Armstrong, T.J.(1983). *An ergonomics guide to carpal tunnel syndrome.* AIHA Ergonomics Guide Series, American Industrial Hygiene Association, Akron, Ohio.

Armstrong, T.J., and Silverstein, B.A.(1987). Upper-extremity pain in the workplace-role of usage in causality. In N. Hadler(ed.), Clinical concepts in regional musculoskeletal illness(pp.333-354). Orlando, Florida. Grune and Stratton.

Armstrong, T.J., Buckle, P.D., Fine, L.J., Hagberg, M., Jonsson, B., Kilbom, A., Kuorinka, I., Silverstein, B.A., Sjogaard, G., Viikari-Juntura, E.R.A.(1993). A conceptual model for work-related neck and upper limb musculoskeletal disorders *Scandinavian Journal of Work, Environment and Health, 19,* 73-84.

Asmussen, E., and Heebol-Nielsen, K.(1961). Isometric muscle strength of adult men and women. *Communications from the Testing and Observation Institute of the Danish National Association for Infantile Paralysis,* NR-11, 1-41.

Ayoub, M.M., and Lo Presti, P.(1971). The determination of an optimum size cylindrical handle by use of electromyography. *Ergonomics, 4*(4), 503-518.

Barton, N.J., Hooper, G., Noble, J., and Steel, W.M.(1992). Occupational causes of disorders in the upper limb. *British Medical Journal, 304*, 309-311.

Bendix, T., Winkel, J., and Jersen, F.(1985). Comparison of office chairs with fixed forwards and backwards inclining, or tiltable seats. *European Journal of Applied Physiology, 54,* 378-385.

Bridger, R.S.(1995). *Introduction to ergonomics.* New York: McGraw-Hill.

Chaffin, D.B.(1997), Biomechanical aspects of workplace design. In G. Salvendy(ed.), *Handbook of human factors and ergonomics,*(2nd ed.). New York: Wiley.

Chaffin, D.B., and Andersson, G.B.J.(1991). Occupational biomechanics. New York: Wiley.

CTD News 1995). CTDs taking bigger bite of corporate bottom line. *CTD News,* vol. 4, no. 6, p.1.

Farfan, H.(1973). *Mechanical disorders of the low back.* Philadelphia: Lea & Febiger.

Frymoyer, J.W., Pope, M.H., Constanza, M., Rosen, K., Goggin, J., and Wilder, D.(1980) Epidemiological studies of low back pain. *Spine, 5,* 419-423.

Greenberg, L., and Chaffin, D.B.(1976). *Workers and their tools.* Midland, MI: Pendell.

Hedge, A., McCrobie, D., Morimoto, S., Rodriguez, S., and Land, B.(1996). Toward pain-free computing. *Ergonomics in Design,* 4(1), 4-10.

Herrin, G.D., Jaraiedi, M., and Anderson, C.K.(1986). Prediction of overexertion injuries using biomechanical and psychophysical models. *American Industrial Hygiene Association Journal,* 47(6), 322-330.

Hosea, T.M., Simon, S.R., Delatizky, J., Wong, M.A., and Hsieh, C.C.(1986). Myoelectrir analysis of the paraspinal musculature in relation to automobile driving. *Spine, 11,* 928-936.

Jager, M., and Luttman, A.(1989). Biomechanical analysis and assessment of lumbar stress during load lifting using a dynamic 19-segment human model. *Ergonomics, 32,* 93-112.

Kamon, E., and Goldfuss, A.(1978) In-plant evaluation of the muscle strength of workers. American *Industrial Hygiene Association Journal, 39*, 801-807

Keegan, J.J.(1953). Alternations of the lumbar curve related to posture and seating. *Journal of Bone and Joint Surgery* 35A, 589-603.

Kroemer, K.H.E., Kroemer, H.B., and Kroemer-Eilbert, K.E.(1994). *Ergonomics: How to design for ease and efficiency.* Englewood Cliffs, NJ: Prentice-Hall.

Morris, N.M., Lucas, D.B., and Bressler, M.S.(1961). Role of the trunk in the stability of the spine. *Journal of Bone and Joint Surgery, 43A,* 327-351.

Nachemson, A., and Morris, K.M.(1964). In vivo measurements of intradiscal pressure. *Journal of Bone and Joint Surgery.* 46A, 1077.

National Safety Council 1990). *Accident facts.* Chicago: National Safety Council.

National Institute for Occupational Safety and Health(NIOSH)(1981). *Work practices guide for the design of manual handling tasks.* NIOSH.

Pheasant, S.T.(1986). *Bodyspace*. London: Taylor & Francis.

Pheasant, S.T., and O'Neill, D.(1975). Performance in gripping and turning: A study in hand/handle effectiveness. *Applied Ergonomics, 6,* 205-208.

Pope, M.H., Andersson, G.B.J., Frymoyer, J.W., and Chaffin, D.B.(eds.)(1991). *Occupational low back pain.* St. Louis: Mosby Year Book.

Posch, J.L., and Marcotte, D.R.(1976). Carpal tunnel syndrome, an analysis of 1201 cases. *Orthopedic Review, 5,* 25-35.

Snook, S.H., and Ciriello, V.M.(1991). The design of manual handling tasks: Revised tables of maximum acceptable weights and forces. *Ergonomics, 34,* 1197-1213.

Tichauer, E.R.(1978). *The Biomechanical basis of ergonomics.* New York: Wiley.

Waters, T.R., Putz-Anderson, V, Garg, A., and Fine, L.(1993). Revised NIOSH equation for the design and evaluation of manual lifting tasks, *Ergonomics, 36,* 7, 749-776.

Wolff, J.(1892), *Das Gesetz der Transformation der Knochen.* Berlin: Hirschwald.

12 작업 생리학

주디는 대형 슈퍼마켓에서 손님을 맞이하는 일을 하고 있다. 그녀는 8시간의 근무시간 동안 슈퍼마켓 입구에서 거의 한자리에 서서 손님을 맞으면서 곧추 세운 자세와 계속 웃는 얼굴을 유지한다. 그녀는 정기적으로 휴식을 취하기는 하지만 더 자주 휴식이 필요하다고 느끼고 있다. 그러나 관리자는 동료들이 그녀가 이미 가장 쉬운 일을 하고 있다고 생각하기 때문에 그런 얘기를 관리자에게 꺼내기를 주저하고 있다. 다정한 성격인 주디는 부정적인 생각을 하기를 원하지 않고 “내가 나이가 들어서 여기 서 있기만 하면 되는 쉬운 일을 얻은 걸 거야.”라고 느끼고 있다. 그러나 그녀 자신은 하루 일과를 마치면 얼마나 피곤한지를 알고 있다.

조는 건설근로자로, 건강하고 강하며 자신의 기술에 자부심을 가지고 있다. 그의 아내가 남부 플로리다의 좋은 직장에서 스카웃 제의를 받았을 때 조는 그들이 자랐던 미네소타를 떠나 선샤인 주로 이사했다. 조는 바로 건설 일을 찾았지만 그의 생애 처음으로 쉽게 피로해지고 그의 동료들만큼 재빠르게 움직이거나 강하지 않다는 것을 느꼈다. 작열하는 태양과 숨막히는 습도에서 그는 동료들의 일의 진행을 더뎌지게 할 정도로 자주 휴식을 취해야 했다. 조는 기분은 좋지 않았지만, 그의 상관과 동료들은 “걱정 말게, 곧 나아질 걸세. 그리고 더이상 삽으로 눈을 치우는 일을 할 필요가 없다는 점을 생각하고 힘내게.”라고 말하면서 이해해 주었다.

인체는 뼈, 근육 그리고 연결 조직들로 구성된 근골격 체계를 갖고 있기 때문에 신체의 자세를 유지할 수 있고, 걷거나 달릴 수 있으며, 물체들을 들고 운반할 수 있다. 제11장에서는 육체적 작업의 기계적 측면들에 초점을 두고, 부자연스러운 작업 자세와 과도한 힘의 발휘가 어떻게 허리 통증이나 상지 장애들과 같은 근골격 문제들을 야기할 수 있는지 기술한 바 있다. 또한 생체역학적 방법들이 근골격 체계의 기계적 행동들을 분석하는 데 어떻게 적용될 수 있는지도 설명하였다.

이 장에서는 근육체계의 기계적 측면보다는 생리적 측면들에 더 관심을 두고 논의할 것이다. 육체적 작업은 근육의 수축을 지원해 줄 수 있을 만큼 충분한 에너지가 있을 때만 가능한 것이다. 이 장의 주제는 작업에서 요구되는 에너지를 조달하기 위해 어떻게 생리적 체계들이 협응하는지, 그리고 이러한 에너지 요구량이 육체적 작업의 분석에서 어떻게 측정되고 고려될 수 있는지에 대한 것이다.

이 장은 먼저 근육의 생리적 구조에 대해 기술하고 어떻게 에너지가 생성되어 근육에 의해 사용되는지를 설명할 것이다. 그 다음 어떻게 에너지 생산에 필요한 원료가 공급되고, 또 어떻게 노폐물이 순환계와 호흡계를 통해 제거되는지 살펴볼 것이다. 다음으로, 여러 가지 활동들에 필요한 에너지 소비량과 그러한 에너지 소비량의 수준이 어떻게 수량적으로 측정될 수 있는지 기술할 것이다. 물론 각 개인에 따라 에너지 생산량과 근육 작업에는 상한계가 존재한다. 이러한 작업 능력 한계가 갖는 시사점들에 대해서는 이 장의 마지막 부분에서 논의될 것이다.

근육의 구조와 대사

근육의 구조

근육의 주된 기능은 힘을 생성하고 운동을 할 수 있게 하는 것이다. 신체에는 세 가지 유형의 근육세포(일반적으로 근섬유라고도 한다)가 있다. **평활근**(smooth muscle)은 위나 내장, 혈관, 방광, 자궁 등을 이루는 근육이다. 평활근은 음식의 소화와 신체 내부 환경을 조절하는 기능에 관여한다. 정상적으로는 평활근의 수축은 의식적으로 통제되지 않는다. **심장근**(cardiac muscle)은 그 이름에서도 알 수 있듯이 심장의 근육이며, 평활근과 마찬가지로 의식적으로 통제할 수 없는 근육이다. 이 장에서는 세 번째 근육의 유형인 골격근에 대해 주로 설명할 것인데, 왜냐하면 육체적 작업은 골격근과 직접적으로 관련되기 때문이다.

골격근(skeletal muscle)은 신체에서 가장 큰 조직으로 체중의 약 40%를 차지한다. 골격근은 뼈에 부착되어 있으며, 골격근의 수축은 뼈가 지렛대처럼 작용하도록 해준다. 대부분 골격근의 수축은 의식적으로 통제할 수 있으며, 골격근에 의해 생성된 운동은 육체적 작업을 가능하게 해준다.

각각의 골격근은 수천 개의 원주 모양으로 된 긴 근섬유(근육세포)로 되어 있다. 각각의 근섬유들은 연결 조직들의 망으로 둘러싸여 있는데, 이 망을 통해 혈관이나 신경섬유들이 근섬유들을 통과한다. 각 근섬유들은 실제로는 서로 평행하게 배열된 수많은 원주 모양의 요소들로 구성되어 있다. 이 요소들을 **근원섬유**(筋原纖維, myofibrils)라고 하며, 이것은 다시 수많은 **근섬유분절**(sarcomeres)로 이루어져 있다. 근섬유분절들은 근원섬유를 따라 반복적인 형태로 배열되어 있는데, 이들은 골격근의 수축 단위이다.

근섬유분절들은 두 가지 유형의 단백질 필라멘트로 구성되어 있는데, 두꺼운 필라멘트는 **미오신**(myosin), 가는 것은 **악틴**(actin)이라고 한다. 이 두 가지의 필라멘트는 그림 12.1에서 보이는 것처럼 어둡고 밝은 띠들을 이루며 서로 겹쳐져 배열되어 있다. 두꺼운 필라멘트 층들은 근섬유분절의 가운데 부분에서 발견되며 어두운 띠를 형성하는데, 이것은 A대(A bands)라고 알려져 있다. 가는 필라멘트 층들은 Z선(Z line)이라고 하는 근섬유분절의 양쪽 끝 부분과 연결되어 있고, 근섬유분절 하나의 양끝에는 두 개의 Z선들이 있다.

호기성 대사작용과 혐기성 대사작용

육체 작업은 근육 수축에 필요한 에너지가 공급되어야만 가능하다. 그림 12.2는 작업이 요구하는 에너지 소비를 충족시키기 위해 협력하는 다양한 생리적 시스템을 보여주고 있다.

근육 수축(혹은 신체의 다른 생리적 기능)에 필요한 에너지는 아데노신 삼인산(adenosine triphospate, ATP)와 크레아틴 인산(creatine phosphate, CP)라고 알려진 높은 에너지를 갖는 인산 복합체의 형태로 전달된다. 이러한 복합체들은 산소를 사용하거나(**호기성 대사**) 혹은 산소를 사용하지 않는(**혐기성 대사**) 영양소의 대사작용에 의해 얻어지는데, 이러한 높은 에너지의 인산 복합체를 생성해 내는 과정을 **부인산작용**(附燐酸作用, phosphorylation)이라고 한다.

ATP와 CP 복합체는 신체의 모든 곳에서 발견되는 에너지 전달체이다. 이들은 신체의 모든 부위에서 신체가 에너지원을 사용하도록 하여 생명을 유지하는 기능을 한다. 근육의 수

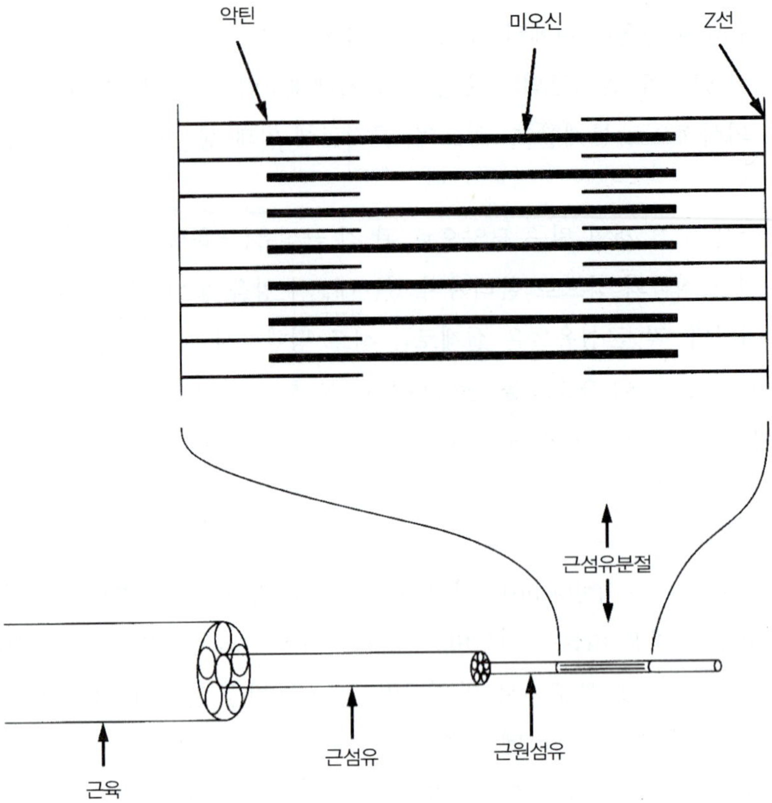

그림 12.1
근육의 구조

축이나 이완과 같은 반응에 에너지가 필요할 경우, ATP는 하나의 인산 결합을 떼어 놓음으로써 아데노신 이인산(adenosine diphosphate, ADP)으로 전환되며, 이 과정을 통해 에너지의 사용이 가능해진다. 이러한 측면에서 ATP는 직접 사용할 수 있는 에너지를 단기간 저장하는 일종의 재충전 가능한 배터리처럼 작용한다고 할 수 있다(Astrand & Rodahl, 1986).

신체가 ATP를 저장할 수 있는 능력은 제한되어 있다. 예를 들어 체중이 75kg(약 165파운드)인 사람이 한 번에 사용할 수 있는 ATP 저장 에너지는 약 1kcal 정도이다. 따라서 근육을 수축하기 위해 ATP 저장소에만 의존한다면 몇 초 안에 이 에너지는 고갈되고 말 것이다. 근육의 수축 활동을 지속시키기 위해서 ATP 복합체들은 이것이 사용되는 비율로 합성되고 보충되어야 한다. 이러한 ATP를 공급하는 데는 세 가지의 원천이 있는데, 그것은 크레아틴 인

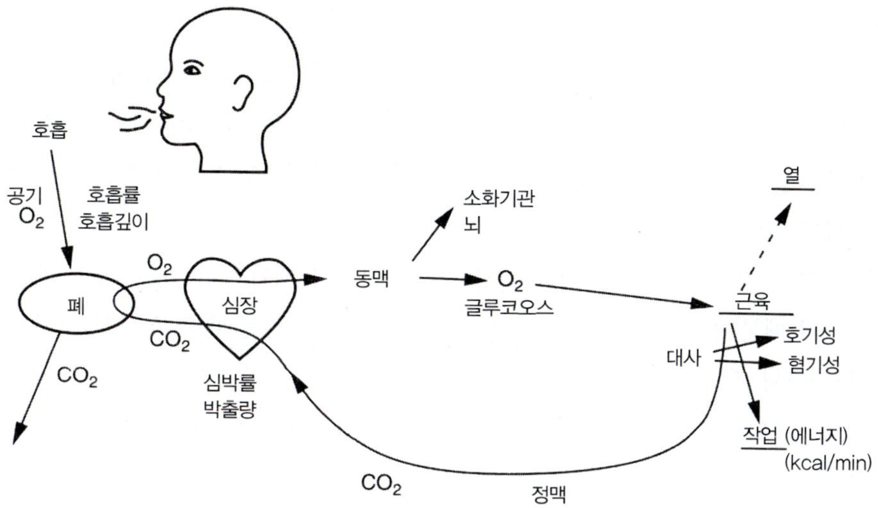

그림 12.2
작업의 에너지 소비 요구에 대한 여러 체계의 협력적 활동

산(CP), 호기성 대사작용을 통한 산화성 인산화작용(oxidative phosphorylation), 그리고 혐기성 대사작용을 통한 혐기성 당분해(anaerobic glycolism)이다.

CP의 분자들은 ADP가 ATP로 '재충전' 되게 하는 에너지를 포함하고 있다. 이러한 측면에서 CP 체계는 ATP를 위한 예비 저장소로서 작용하며, 근육세포 안에서 ATP를 다시 보충해 주는 가장 빠른 수단을 제공해 준다고 할 수 있다. CP 체계는 ATP 체계에 비해 약 네 배에 이르는 에너지 저장 능력을 갖고 있지만, 이 능력에는 여전히 많은 한계가 있다. ATP와 CP 체계에서 제공되는 에너지의 총량은 힘든 작업인 경우에는 수초간, 약간 힘든 작업인 경우에는 1분 정도밖에 지원해 주지 못하는 양이다.

근육 활동들이 비교적 긴 시간 동안 지속되기 위해서 근육세포들은 CP 체계 외의 다른 원천으로부터 ATP를 만들 수 있어야 한다. 산소가 충분히 있고 근육 활동들이 과도한 것이 아니라면(즉 ATP 소비가 그렇게 심하지 않은 것), 필요한 ATP의 대부분은 산화성 인산화작용을 통해 공급될 수 있다. 이 과정에서 영양분들(탄수화물이나 지방으로부터 제공되는 지방산)은 산소와 함께 연소되면서 근육 운동에 필요한 ATP를 형성하게 하는 에너지를 방출한다. 영양분들은 우리가 섭취하는 음식물에 의해 조달되고, 산소는 호흡을 통해 대기 중에서 조달된다. 영양분이나 산소는 혈액을 통해 근육세포들에 전달된다. 영양분들은 세포 속의 저장소로부터 얻어지기도 한다. 간이나 근육세포들은 글리코겐(glycogen)의 형태로 탄수화물을 저장하고 있는데, 글리코겐은 혈류 속의 글루코오스(glucose)로부터 얻어진다. 미오글로빈(myoglobin)이라고 알려진 근육 단백질은 미세한 양의 산소를 근육 속에 저장할 수 있도록 하는데, 이 산소는 단시간 내의 강력한 근육 수축에 사용된다. 이러한 산화성 인산화작용은 근육에서 사용할 에너지뿐만 아니라 부산물로서 이산화탄소를 방출하는데, 이산화탄소는 순환계에 의해 조직 내에서 제거되어야 한다.

신체적 작업을 수행하는 데 필요한 대사 요구량에 순환계가 반응하는 데는 대개 1~3분 정도 소요되기 때문에, 육체적 작업을 시작할 때 근골격 체계는 때로 호기성 대사작용(산화성 인산화작용)에 필요한 충분한 양의 산소를 갖고 있지 못하는 경우가 있다. 이때 요구되는 에너지의 일부분은 **혐기성 당분해 작용**(anaerobic glycolysis)을 통해 조달되는데, 혐기성 당분해 작용이란 산소 없이 글루코오스를 젖산(lactic acid)으로 분해함으로써 에너지를 생성하는 작용이다.

혐기성 당분해 작용은 산소 없이 매우 신속하게 ATP를 생성할 수는 있지만, 이 과정의 부산물로서 유산을 만들어 낸다는 단점을 가지고 있다. 젖산은 근육 조직의 산성도를 증가시키는데, 이것은 근육에서의 통증이나 피로의 가장 중요한 원인 중 하나라고 알려져 있다. 젖산을 제거하기 위해서는 산소가 필요하지만 산소가 충분하지 않으면 젖산이 근육세포들 사이로 퍼져 혈액 속에 축적되게 된다. 이 경우 혐기성 대사작용이 '산소 부채(oxygen debt)'를 야기했다고 하며, 이 산소 부채에 대해서는 근육 활동이 끝난 다음에 다시 갚아 주어야 한다. 다시 말해 이 부산물을 제거하기 위해서는 근육 수축이 끝난 다음에 원 상태로 회복될 수 있도록 근육이 계속 산소를 소비해 주어야 한다. 혐기성 당분해 작용의 또 다른 단점은 에너지를 생성하는 데 글루코오스를 효율적으로 사용하지 못한다는 것이다. 같은 양의 ATP를 생성하는 데 호기성 대사작용과 비교하여 혐기성 대사작용은 훨씬 더 많은 양의 글루코오스를 요구한다.

충분한 산소가 있을 경우, **호기성 대사작용**은 가볍거나 중간 정도의 근육 작업에 필요한 모든 에너지를 공급해 줄 수 있다. 이러한 상황하에서는 신체가 '안정된 상태'에 있는 것으로 생각될 수 있다. 그러나 과도한 육체적 작업이 요구되는 경우에는 충분한 산소가 있다 하더라도 호기성 대사작용은 ATP의 소비 속도에 보조를 맞출 수 있을 만큼 신속하게 ATP를 생산해 내지 못한다. 따라서 힘든 작업인 경우에 혐기성 대사작용이 ATP를 생산하는 추가적인 원천으로 작용할 수 있으며, 젖산이 근육세포와 혈액 속에 축적됨에 따라 빠르게 피로를 느끼게 된다.

근육이 화학적 에너지를 근육 활동으로 전환할 수 있는 전반적 효율성은 20%에 지나지 않는다는 것을 주목해야 한다. 대사작용에 의해 방출되는 에너지의 나머지 80%는 대사열(metabolic heat)이 차지한다(Edholm, 1967). 작업이 힘들수록 생산되는 열의 양도 증가한다. 이렇게 열의 생산이 증가하면 이것은 신체가 체온을 일정하게 유지할 수 있는 능력에 영향을 미치게 되는데, 특히 더운 장소에 있을 경우 이러한 효과가 뚜렷해진다. 이러한 대사열의 생산이 직무 설계에 시사하는 점들에 대해서는 다음에 논의할 것이다.

순환계와 호흡계

적당한 양의 영양분과 산소가 근육세포들에 계속 공급되고 대사작용으로 생성된 이산화탄소와 같은 노폐물들이 신속하게 체내에서 제거될 수 있는 경우에만 근육 활동은 유지될 수 있다. 이러한 기능들을 수행하고 요구조건들에 부응할 수 있도록 하는 것이 순환계와 호흡계의 임무이다. 순환계는 신체 내에서 일종의 교통체계와 같은 역할을 하여 신체 조직들에 영양분과 산소를 전달해 주고, 신체 조직에서 발생하는 이산화탄소와 노폐물들을 배출하는 기능을 담당한다. 호흡계는 산소와 이산화탄소를 교환해 주는 기능을 담당한다.

순환계

순환계는 혈액과 신체의 각 부위에 혈액을 전달해 주는 도구인 심장혈관계(cardiovascular system)로 구성되어 있다.

혈액 혈액은 세 가지 유형의 혈구(blood cells)와 혈장(plasma)으로 구성되어 있다. 적혈구는 조직에 산소를 전달해 주고 조직에서 방출되는 이산화탄소의 제거를 돕는다. 백혈구는 침입해 오는 병균들과 싸워 신체가 감염되는 것을 방지해 준다. 혈소판은 출혈을 막아준다. 혈구들은 혈장 속에서 떠다니는데, 혈장의 90%는 물이고 나머지 10%는 영양소와 염류로 되어 있다.

작업 생리학적인 측면에서 보면 세 가지 유형의 혈구 중에서 산소를 전달해 주는 기능을 하는 적혈구가 가장 중요하다고 할 수 있다. 적혈구는 골수에서 만들어져 헤모글로빈(hemoglobin, Hb)이라고 하는 특수한 유형의 분자를 전달한다. 헤모글로빈 분자는 네 개의 산소분자를 결합시켜 산화헤모글로빈(oxyhemoglobin)을 형성하는데, 이를 통해 혈액 속에 산소를 효율적으로 전달해 줄 수 있다.

혈액의 총 무게는 평균 성인 체중의 약 8%에 해당한다. 1kg의 무게는 1리터의 부피에 해당하기 때문에, 65kg의 체중을 갖는 성인의 경우 혈액의 부피는 약 5.2리터(0.08×65 = 5.2)이며, 이 중 혈장은 2.85리터, 혈구는 2.35리터의 부피를 갖는다.

만일 한 개인의 혈액 부피가 작거나 적혈구의 수가 적다면 신체 조직 속에 산소나 영양분을 공급하고 이산화탄소를 제거하는 혈액의 능력은 감소할 것이다. 또한 오염되거나 환기가 잘 되지 않는 곳에서 작업할 경우, 혹은 산소량이 부족한 높은 고도에서 작업할 경우에도 이러한 능력은 감소될 것이다. 이러한 환경에서 작업할 경우 순환계에 주어지는 스트레스가 증가하는데, 왜냐하면 감소된 혈액의 능력을 보상해 주기 위해 순환계가 더 격렬하게 작동해야 하기 때문이다.

심장혈관계의 구조 심장혈관계는 혈액이 지나 다니는 혈관과 이러한 혈액의 흐름을 만들어 내는 펌프 역할을 하는 심장으로 구성되어 있다.

심장은 흉곽에 자리잡고 있는 네 개의 방을 가진 일종의 근육 펌프이다. 심장에는 왼쪽과 오른쪽 각각에 심방(atrium)과 심실(ventricle)이 있다(그림 12.3). 그리고 이들 사이에는 심방에서 심실의 한쪽 방향으로만 혈액이 흐르도록 하는 방실판(atrioventricular valve, AV valve)이 위치하고 있다. 특히 왼쪽에 있는 심방이나 심실로부터 오른쪽에 있는 심방이나 심실로 혈액이 흐르지 않으며, 그 반대의 경우도 마찬가지이다.

심장혈관계에서는 두 가지 유형의 혈액순환 흐름이 있는데, 모두 심장에서 출발하여 심장에서 종료된다. 심장으로부터 혈액을 운반해 가는 혈관을 동맥(arteries)이라 하고, 심장 속으로 다시 혈액을 가져오는 혈관을 정맥(veins)이라고 한다.

먼저 체순환(systemic circulation : 대순환이라고도 한다)에서는 영양분과 산소가 풍부한 혈액이 대동맥(aorta)이라고 하는 큰 동맥을 통해 좌심실로부터 뿜어져 나온다. 대동맥으로부터 가지들처럼 뻗어져 나온 일련의 동맥들은 신체의 조직이나 기관들에 혈액을 전달해 준다. 이러한 동맥들은 점점 더 가는 가지들로 나뉘어져서 각각의 기관과 조직 안으로 들어가는데, 이렇게 가늘어진 동맥을 소동맥(arterioles)이라고 부른다. 소동맥들은 좀 더 나뉘어 매우 가늘고 작은 혈관망을 형성하는데, 이것이 조직이나 기관 속에 들어 있는 모세혈관(capillaries)이며, 이러한 모세혈관망을 통해 신선한 혈액이 조직에 산소와 영양분을 공급해

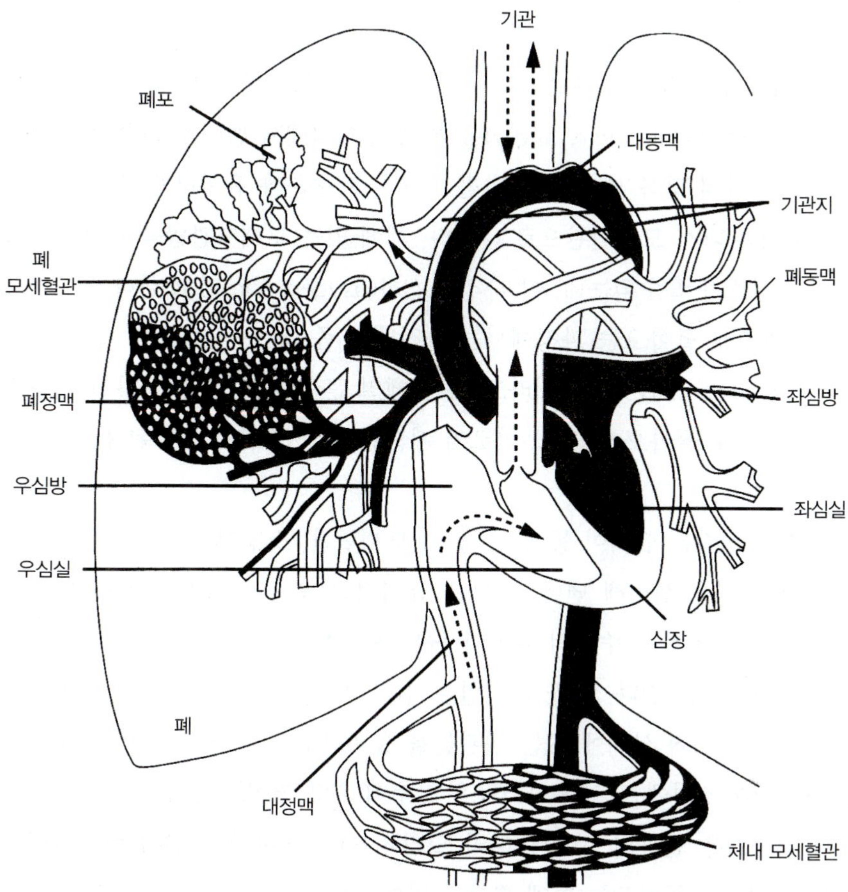

그림 12.3

순환계와 호흡계의 해부도. 그림에서는 이 두 가지 시스템의 주요 요소들과, 혈액의 두 가지 순환 방식(즉 체순환과 폐순환)을 제시해 주고 있다.

출처 : Comroe, J. H., Jr., 1966. The lung. *Scientific American, 220,* 56-68. Copyright February 1966 by Scientific American. All rights reserved.

주게 된다. 또한 혈액은 모세혈관망을 통해 조직으로부터 얻어지는 이산화탄소와 노폐물을 수집하여 다시 심장으로 전달한다.

혈액이 심장으로 돌아오는 과정을 보면, 모세혈관을 통과한 혈액은 소정맥(venules)이라고 하는 (모세혈관보다는) 좀 더 큰 혈관으로 모이고, 소정맥은 다시 좀 더 큰 혈관인 정맥으로 모이게 된다. 궁극적으로 신체의 상반신에 있는 정맥은 상대정맥(superior vena cava)이라고 하는 큰 정맥으로 연결되고, 하반신에 있는 정맥은 하대정맥(inferior vena cava)이라고 하는 또 다른 큰 정맥으로 합쳐진다. 이 두 가지 정맥을 통해 혈액이 심장의 우심방으로 들어오게 되면 체순환의 한 주기가 종료된다.

폐순환(pulmonary circulation)이라고 하는 두 번째의 순환에서는 이산화탄소가 많이 포함되어 있는 혈액이 폐동맥(pulmonary artery)을 통해 우심실에서 뿜어져 나오는데, 폐동맥은 두 개의 동맥으로 갈라져 양쪽 폐로 하나씩 들어간다. 체순환과 유사하게, 동맥들은 소동맥으로 나뉘고 소동맥은 다시 모세혈관으로 나뉜다. 폐에 있는 모세혈관망을 통해 이산화탄소가 방출되고 대신 산소가 흡수되는데, 이 과정을 산화(oxygenation)라고 한다. 모세혈관에서 산화된 혈액이 심장으로 돌아오는 과정에서는 소정맥과 좀 더 큰 정맥들을 거치게 된다. 최종적으로는 폐정맥(pulmonary veins)이라고 하는 제일 큰 정맥을 통해 산화된 혈액은 폐를 떠나 심장의 좌심방으로 돌아오게 되고, 이로써 폐순환의 한 주기가 종료된다.

혈액의 흐름과 분배 심장은 혈액이 동맥, 소동맥, 모세혈관, 소정맥, 그리고 정맥 사이로 이동하는 데 필요한 압력을 생성해 낸다. 심장은 규칙적인 수축과 이완 작용을 통해 혈액을 내뿜어 주며, 이러한 박동률은 주변의 온도나 습도와 같은 요인들뿐만 아니라 신체적인 작업부하의 정도에 따라 조절된다. 혈관의 역할은 심장의 펌프 작용에 비해 좀 더 복잡하다. 혈액의 흐름은 심장과 조직 사이에 있는 혈관들을 통과하면서 저항력을 받게 되며, 혈관은 다양한 신체 기관들과 조직에 필요한 산소량을 맞추기 위해 저항력의 수준을 조절한다.

혈액 흐름의 저항력은 혈관의 직경에 따라 달라지는데, 혈관의 직경이 변화되면 근육의 활동 수준에 따라 근육에 공급되는 혈액 흐름도 많이 달라진다.

각각의 혈관은 혈액을 분배하는 데 나름대로 독특한 기능을 담당한다. 동맥은 직경이 크기 때문에 혈액 흐름에서의 저항을 작게 해줄 수 있다. 동맥은 혈액이 조직 속으로 공급될 수 있도록 도와주는 일종의 압력 탱크 역할을 한다. 동맥 속의 압력은 심실이 수축할 때 최대에 이르렀다가 심실의 이완이 끝날 때 최소가 되는데, 최대 동맥 압력은 수축기 혈압(systolic pressure)이라고 하고, 최소 압력은 이완기 혈압(diastolic pressure)이라고 한다. 이 두 압력은 일반적으로 수축기/이완기의 형태(예 : 135/70mm Hg)로 기록되는데, 수축기 압력과 이완기 압력의 차이를 맥박압(pulse pressure)이라고 한다.

동맥에서의 저항은 상대적으로 무시할 만큼 작은 반면, 소동맥의 직경은 매우 작기 때문에 받는 저항이 상당하다. 특히 소동맥의 직경은 생리적 제어 기제들에 의해 매우 정교하게 변화될 수 있다. 따라서 소동맥은 혈액 흐름에 주어지는 저항의 주요 원천이며 혈액 흐름의 분배를 담당하는 중요한 부분으로 여겨진다.

모세혈관의 직경은 소동맥의 직경에 비해 훨씬 작지만, 그 수가 엄청나게 많기 때문에 혈액이 흐를 수 있는 영역을 충분히 제공해 줄 수 있고, 따라서 혈액이 받는 전체 저항은 소동맥에서 받는 저항보다 훨씬 더 작다. 이 때문에 모세혈관은 혈류에 대한 저항의 주요 원천으로는 여겨지지 않는다. 그러나 모세혈관망에는 **주관**(主管, thoroughfare channel)이라고 하는 혈액 분배를 통제하는 또 다른 기제가 있다. 주관들은 소동맥과 소정맥 사이를 직접 연결시켜 주거나 혹은 지름길을 제공해 주는 작은 혈관들이다. 이러한 지름길들은 혈액들이 모세혈관을 통하지 않고 소동맥에서 소정맥으로 직접 흐를 수 있도록 해주며, 다른 조직들에 대한 혈액 공급이 시급할 때 쉬고 있는 근육들로부터 신속하게 혈액을 이동시키는 데 사용된다.

정맥도 전반적인 혈액의 흐름에 기여한다. 정맥에는 혈액이 한쪽으로만 흐르게 하는 한 방향 밸브(oneway valve)가 있는데, 이 밸브 때문에 혈액은 심장 방향 쪽으로만 흐르게 된다. 특히 역동적인 근육 활동에 의한 규칙적인 펌프 작용은 정맥을 마사지하는 것과 유사한 효과를 줄 수 있는데, 이러한 근육 활동이 일종의 '근육 펌프' (혹은 '이차 펌프' 라고도 한다)처럼 작용하여 정맥을 따라 심장으로 돌아가는 혈액의 흐름을 촉진시켜 준다.

1분당 좌심실에서 뿜어져 나오는 혈액의 양을 **심장혈액 방출량**(cardiac output, Q)이라고 하며, 이것은 생리적, 환경적, 심리적, 그리고 개인적 요인들의 영향을 받는다. 근육 활동에 대한 생리적 요구는 심장혈액 방출량을 크게 변화시킨다. 쉬고 있을 때의 심장혈액 방출량은 분당 5리터 정도(5L/min)이고, 약간 힘든 작업을 할 경우에는 15L/min, 그리고 힘든 작업을 할 경우에는 쉬고 있을 때보다 다섯 배 정도 많은 25L/min까지 증가된다. 덥거나 습한 작업 환경에서 신체가 지나치게 높은 체온을 피부를 통해 발산시켜야 할 필요가 있을 때도 심장혈액 방출량이 증가한다. 심장혈액 방출량은 개인이 흥분된 상태이거나 스트레스하에 있을 때에도 증가한다. 연령, 성별, 그리고 건강 상태와 같은 조건들도 다양한 직무 상황에 있는 개인들의 심장혈액 방출량의 변화에 영향을 준다.

심장이 심장혈액 방출량을 증가시키는 방법에는 두 가지가 있는데, 하나는 분당 심장박동수(심박률; heart rate, HR)를 증가시키는 것이고, 다른 하나는 심장박동마다 혈액의 양(박출량; stroke volume, SV)을 증가시키는 것이다. 실제로 심장혈액 방출량은 아래 공식에서처럼 심박률과 박출량을 곱한 것과 같다.

$$Q(L/min) = HR(beats/min) \times SV(L/beat)$$

쉬고 있는 상태에서 성인의 박출량은 대략 0.05~0.06L/beat이며, 약간 힘든 작업을 할 때의 심장혈액 방출량은 대략 0.10L/min까지 증가할 수 있다. 힘든 작업에 대해서 심장혈액 방출량의 증가는 대부분 박동률의 증가에 의존한다. 박동률은 육체적 작업부하의 정도를 측정하는 중요한 방법 중 하나이다.

각각의 조직이나 기관들은 방출되는 혈액의 일부를 받아들인다. 쉬고 있을 때 성인의 각 기관에 전달되는 혈류의 분배 비율이 표 12.1에 제시되어 있다. 쉬고 있을 때는 소화계, 뇌, 신장, 그리고 근육들이 각각 전체 심장혈액 방출량의 대략 15~20%를 받아들인다. 중간 정도의 작업을 할 때는 심장혈액 방출량의 대략 45%가 근육의 대사작용을 충족시켜 주기 위해 활동하고 있는 근육에 분배된다. 힘든 작업을 하는 경우, 이 비율은 대략 70~75%까지 증가한다. 더운 작업 환경에서는 체온을 발산시키기 위해 더 많은 혈액이 피부에 전달된다. 작업부하가 증가함에 따라 소화계나 신장에 배분되는 혈액의 양은 급속하게 감소하게 된다. 혈액 분배 과정에서 흥미 있는 한 가지 사실은 뇌에 전달되는 혈액의 양은 상당히 안정적이라는 점이다. 비록 쉬고 있을 때보다 힘든 작업을 할 경우 뇌에 분배되는 혈액의 양은 전체 심장혈액 방출량의 비율로 볼 때 감소하기는 하지만, 대부분의 상황에서 뇌는 같은 양의 혈액을 분배받는다. 앞에서도 언급하였듯이 혈액의 분배는 상황에 따라 여러 신체 기관에 있는 소동맥들이 확장되거나 수축되는 작용에 주로 의존한다.

표 12.1 휴식 조건과 작업 조건에 따른 혈류의 분배

기관	혈류 분배(%)		
	휴식	중간 정도 작업(환경 : 38℃)	힘든 작업(환경 : 21℃)
근육	15~20	45	70~75
피부	5	40	10
소화기관	20~25	6~7	3~5
신장	20	6~7	2~4
뇌	15	4~5	3~4
심장	4~5	4~5	4~5

이 표는 세 가지 상황에서 여러 기관이나 조직의 혈류 분포를 보여주고 있다. 예를 들면 휴식 중에 근육은 전체 심장혈액 방출량의 15~20%를 받아들이지만 더운 환경(38℃)에서 보통의 작업을 할 때에는 전체 심장혈액 방출량의 45%를 받아들인다. 보통의 환경(21℃)에서 과중한 작업을 할 때에는 70~75%로 비율이 올라간다.

출처 : Astrand & Rodahl, 1986; Brouha, 1967; Eastman Kodak, 1986.

호흡계

호흡계는 기체를 교환하는 신체 장치이다. 호흡계는 산소를 받아들이고 이산화탄소를 외부로 내보내는 작용을 한다.

호흡계의 구조 호흡계는 코, 인두(pharynx), 후두(larynx), 기관지(bronchi), 폐(lungs), 흉벽(chest wall), 그리고 흉곽과 복부를 분리시켜 주는 횡격막(diaphragm)으로 구성되어 있다. 코와 코로부터 폐까지 연결되는 기도(airway)는 공기를 폐까지 운반해 줄 뿐만 아니라 공기를 여과시켜 먼지나 해로운 물질이 폐로 들어가는 것을 방지해 준다. 이들은 또한 흡입된 공기에 습기를 첨가해 주고 공기가 폐에 도달하기 전에 공기의 온도를 조절해 준다.

폐는 수많은 **폐포**(alveoli)들로 구성되어 있는데, 이러한 폐포들은 폐 안에서 기체가 교환될 수 있도록 넓은 표면적을 제공해 준다. 폐의 모세혈관들 속으로 들어오는 혈액은 폐포들을 통해 산소를 흡수하고 이산화탄소를 배출한다. 폐포 속에서 분당 교환될 수 있는 기체의 양은 **폐포 환기량**(alveolar ventilation)이라고 한다. 호흡계는 육체적 작업부하와 대사량의 수준에 따라 폐포 환기량을 조절한다.

공기는 흉벽에 있는 근육이 복근의 힘을 빌어 가슴의 용적을 늘리고 횡격막을 밑으로 밀어낼 때 폐 속으로 흡입된다. 이러한 근육 작용들은 가슴의 용적을 늘려 대기압보다 폐 안의 압력을 낮추기 때문에 공기가 폐 속으로 들어가게 된다. 마찬가지로, 가슴 근육들이 이완되고 횡격막이 위로 올라가게 되면 공기가 폐에서 빠져 나오게 된다.

폐 용량 아무리 최선을 다한다 해도 폐에 있던 공기가 모두 빠져 나오지는 않는다. 폐에 있는 공기를 가장 많이 내쉬었을 때 이것을 최대 호기(maximum expiration)라고 하며, 최대 호기 후에 폐에 남아 있는 공기의 양을 **잔여 용적**(residual volume), 그리고 최대 호기에 의해 폐에서 배출되는 공기의 양을 **폐활량**(vital capacity)이라고 부른다. 전체 폐 용량은 그림 12.4와 같이 이 두 가지 용적의 합이다.

최대 호기나 최대 흡기는 거의 나타나지 않는다. 숨을 한 번 쉴 때마다 내뿜어지는 공기의 양(이것을 **호흡 용적**, tidial volume이라고 한다)은 폐활량보다 양이 적기 때문에 폐에는 흡기용 예비 용량(inspiratory reserve volume, IRV)과 호기용 예비 용량(expiratory reserve volume, ERV)이 남게 된다. 쉬고 있을 때 성인의 호흡 용적률은 대략 0.5L이며, 심한 육체적 작업을 할 경우에는 약 2L까지 증가할 수 있다. 호흡 용적률의 증가분은 흡기용 공기의 예

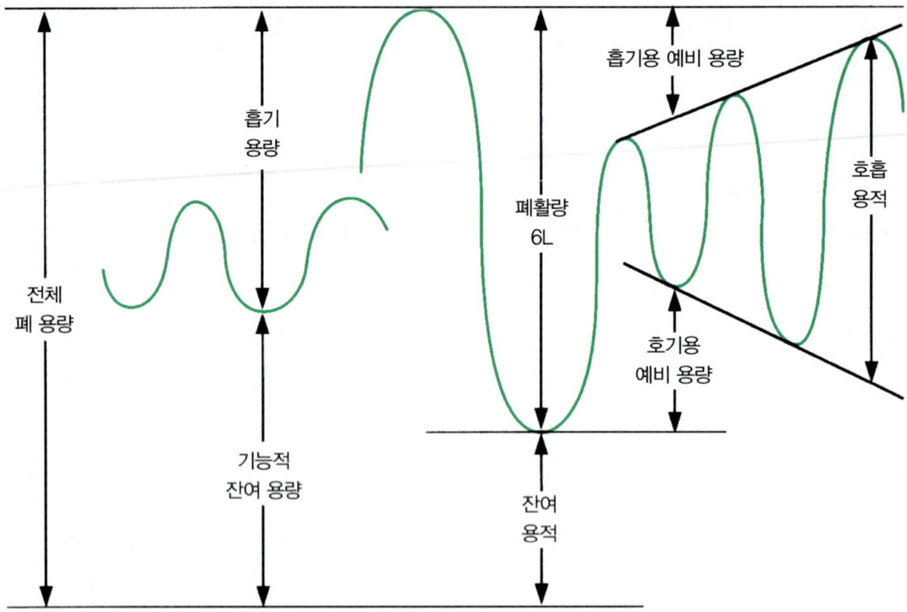

그림 12.4

호흡 용량과 용적

출처 : Kroemer, K. et al., 1990. *Engineering Physiology: Bases of Human Factors/Ergonomics*, 2nd ed. New York: Van Nostrand Reinhold. Copyright 1990. Reprinted by permission of Van Nostrand Reinhold.

비 용량과 호기용 공기의 예비 용량을 비교하여 계산할 수 있다.

호흡계는 호흡 용적률이나 호흡의 빈도를 변화시킴으로써 분당 호흡할 수 있는 공기의 양(이것을 분당 환기량, minute ventilation 혹은 분당 호흡 용적량, minute volume이라고 한다)을 조절할 수 있다. 실제로 분당 호흡 용적률은 호흡 용적률과 호흡의 빈도를 곱함으로써 구할 수 있다. 신체는 폐포 환기량이 필요로 하는 호흡의 효율성을 극대화하기 위해 이 두 가지 변인을 적절히 조절한다. 쉬고 있는 성인의 경우, 호흡 빈도는 대략 분당 10~15회 정도이다. 가벼운 육체적 작업인 경우에 호흡 용적은 증가하지만 호흡 빈도는 변하지 않는다. 그 이유는 호흡을 할 때마다 공기가 지나 다닐 수 있는 코와 폐 사이의 공기 통로가 해부학적으로 일정한 공간을 갖고 있고, 그 공간 속에 있는 공기가 폐포까지 도달하지 못하기 때문이다. 호흡이 깊어질수록(즉 호흡 용적률이 커질수록) 폐포에 도달하는 공기의 비율이 증가하기 때문에 호흡 빈도를 증가시키는 것보다 호흡 용적률을 증가시키는 것이 더 효율적이다. 그러나 작업이 힘들어짐에 따라 호흡 용적률을 증가시키는 것만으로 필요한 환기량을 충족시켜 줄 수 없기 때문에, 작업부하가 증가함에 따라 호흡 빈도도 급속하게 증가한다. 힘든 육체적 작업인 경우, 호흡 빈도는 쉬고 있을 때에 비해 세 배까지 증가하여 분당 45회 정도까지 이를 수 있다.

우리가 호흡하는 공기 중 21%는 산소, 0.03%는 이산화탄소이고, 나머지는 대부분 질소이다. 작업 환경의 환기가 불량하거나 공기가 오염되어 공기 중에 연기나 다른 화학적 물질들이 포함되어 있다면, 모자라는 산소의 공급을 보충하기 위해 순환계와 호흡계는 당연히 더 부지런히 작동해야 할 것이다. 또한 고도가 높은 곳에서 작업할 때는 대기 중에 산소량이 부족하고 대기압과 폐의 압력 사이의 차이가 감소하기 때문에 순환계와 호흡계에 주어지는 스트레스의 양도 증가하게 된다.

작업의 에너지 소비와 작업부하 평가

작업의 에너지 소비

인간은 전혀 활동을 하지 않을 때라도 기본적인 생명 기능들을 유지하기 위하여 에너지를 소비해야 한다. 생명을 유지하기 위한 최소한의 에너지 소비량을 **기초 대사량**(basal metabolism)이라고 한다. 기초 대사율은 소음이 없는 조용하고 온도가 통제된 환경에서, 그리고 작업을 하지 않고 쉬고 있는 상태에서 측정된다. 또한 측정받는 사람은 며칠 동안 제한된 음식물만 섭취하고, 검사 이전 12시간 동안에는 아무 음식도 섭취하지 않은 상태여야 한다. 기초 대사량에는 개인차가 있다. 성, 연령, 그리고 체중은 그 개인의 기초 대사량에 영향을 주는 가장 중요한 요인들이다. 인간의 에너지 소비량을 측정하는 단위로는 킬로칼로리(kilocalorie, kcal)를 사용한다. 성인의 경우 평균 기초 대사량은 24시간 동안 대략 1,600~1,800kcal 정도이고(Schottelius & Schottelius, 1978), 혹은 체중 1kg당 한 시간에 대략 1kcal 정도이다(Kroemer et al., 1994).

기초 대사량은 생명을 유지하기 위한 최소한의 에너지양이기 때문에 일상적인 생활과는 다른 매우 제한된 조건에서 측정된다. 심지어 낮은 강도의 앉아서 하는 활동이나 쉬고 있을 때조차도 기초 대사량 수준에서 공급되는 에너지양보다 더 많은 에너지가 요구된다. 앉아서 하는 비작업적 활동에 필요한 에너지의 양에 대한 다양한 추정치들이 있다. 예를 들어 근무를 시작하기 전에 휴식을 취하고 있는 사람이 필요로 하는 **휴식 대사량**(resting metabolism)은 기초 대사량보다 대략 10~15% 정도 더 높은 것으로 추정된다(Kroemer et al., 1994). Luehmann(1958), Schottelius와 Schottelius(1978)는 기초 대사량과 휴식 및 낮은 강도의 비작업적 활동들에 필요한 에너지 요구량은 하루에 대략 2,400kcal 정도라고 추정하였다.

육체적 작업을 시작하게 되면 신체가 요구하는 에너지의 요구량은 휴식을 취하고 있을 때 요구되는 수준보다 더 높아진다. 신체는 증가된 에너지 요구량을 충족시키기 위해 대사 작용 수준을 증가시키게 된다. **작업 대사량**(working metabolism) 혹은 **작업 대사 소비량**(metabolic cost of work)이라고 하는 용어는 쉬고 있는 상태에서 작업을 하는 단계로 변할 때 증가되는 대사량을 일컫는 말이다. 육체적인 작업 중의 대사율 혹은 에너지 소비율은 기초 대사율과 작업 대사율을 합한 것이다. 일상적 활동들이나 어떤 작업 유형들에 대한 에너지 소비율의 추정치들은 1.6~16kcal/min에 이르는 것으로 알려져 있다. 예를 들어 Durnin과 Passmore(1967)는 목수 일을 하는 남성의 경우 2.9~5.0kcal/min의 에너지가 요구되고, 세탁을 하는 여성의 경우에는 대략 3.0~4.0kcal/min의 에너지가 소비된다는 것을 밝혔다. 표 12.2는 다양한 활동들에 소요되는 에너지 소비율의 목록을 제시하고 있다.

그림 12.5에서 보이듯이, 신체가 대사율을 증가시켜 작업에 필요한 에너지 소비량을 충족시키는 데는 대개 어느 정도의 시간이 걸린다. 실제로 순환계와 호흡계가 증가된 대사 요구량에 따라 조절되어 작업에 필요한 에너지 요구량 수준까지 도달하는 데는 1~3분 정도 소요된다. 신체적인 작업을 시작할 때의 이러한 초기 준비 기간에는 조직들에 제공되는 산소

표 12.2 다양한 활동들에 대한 에너지 소비율의 추정치

활동	에너지 소비율의 추정치(kcal/min)
수면	1.3
앉아 있기	1.6
서 있기	2.3
걷기(3km/h)	2.8
걷기(6km/h)	5.2
목수일-조립하기	3.9
목세공-포장하기	4.1
저장고 작업	4.2
용접 작업	3.4
나무 톱질	6.8
나무 베기	8.0
운동 활동	10.0

출처 : Durnin & Passmore, 1967; Edholm, 1967; Passmore & Durnin, 1955; Vos, 1973; Woodson, 1981.

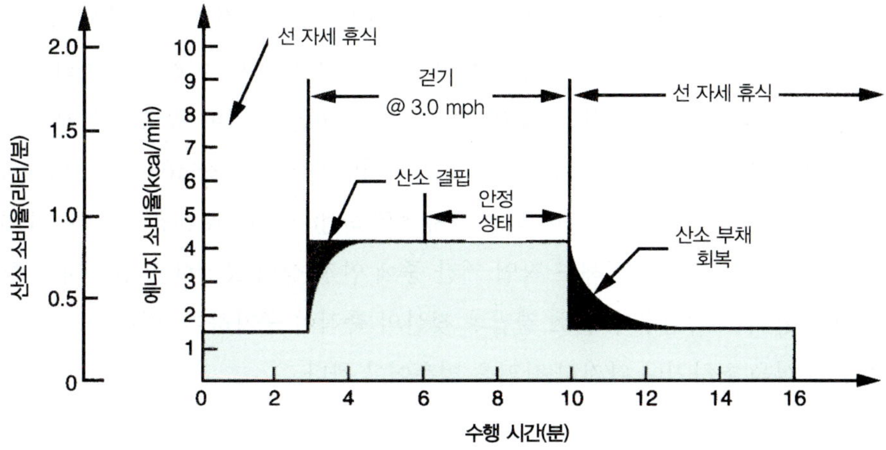

그림 12.5

활동 수준의 변화에 따른 전체 에너지 소비율의 변화

출처 : Garg, A., Herrin, G., and Chaffin, D., 1978. Prediction of metabolic rates from manual materials handling jobs. *American Industrial Hygiene Association Journal, 39*(8), 661-674.

의 양이 부족하게 되어 '산소 결핍'을 야기한다. 이러한 산소 결핍 혹은 부적절한 산소의 공급으로 인해 이 기간 동안에는 혐기성 대사에 의한 에너지가 주로 사용된다. 만일 신체적 작업이 그렇게 힘들지 않다면 산소를 사용하는 대사작용(즉 산화성 대사작용)이 모든 에너지 요구량을 충족시켜 줄 만큼 충분한 에너지를 생산해 내는 안정 상태(steady state)에 도달할 수 있다. 작업을 시작할 때 발생하는 산소 결핍은 언젠가는 해소되어야 한다. 가벼운 작업인 경우에는 그 작업을 수행하는 동안에 산소 결핍이 해소되는 반면, 작업이 약간 힘들거나 매우 힘든 경우에는 작업이 종료된 후 회복 기간에 산소 결핍이 해소된다. 약간 힘들거나 매우 힘든 작업을 종료한 후에 순환계나 호흡계가 정상적인 활동 수준으로 즉각 돌아오지 않는 것은 바로 이러한 이유 때문이다.

작업의 신체적 요구는 작업이 요구하는 에너지 소비량에 따라 가벼운 작업, 약간 힘든 작업, 힘든 작업, 매우 힘든 작업, 그리고 극히 힘든 작업으로 분류될 수 있다(Astrand & Rodahl, 1986; Kroemer et al., 1994). 가벼운 작업(light work)인 경우, 에너지 소비율은 매우 적고(2.5kcal/min보다 작음), 에너지 요구량은 신체의 산화성 대사만으로도 쉽게 충족될 수 있다. 약간 힘든 작업(moderate work)인 경우에 에너지 소비율은 대략 2.5~5.0kcal/min 정도인데, 이 정도의 에너지 소비량도 산화성 대사작용으로 충족될 수 있다. 힘든 작업(heavy work)은 5.0~7.5kcal/min 정도의 에너지 소비량을 요구한다. 신체적으로 건강한 사람이라면 산화성 대사에 의해 공급되는 에너지를 통해 비교적 긴 시간 동안 이러한 유형의 작업을 수행할 수 있다. 그러나 작업을 시작할 때 발생한 산소 결핍은 작업이 종료되기 전에는 해소되지 않는다. 에너지 소비율이 7.5~10.0kcal/min 사이인 매우 힘든 작업(very heavy work)과 에너지 소비율이 10.0kcal/min 이상이 되는 극히 힘든 작업(extremely heavy work)인 경우에는 신체적으로 건강한 사람이라 해도 작업 기간 중에 안정 상태 조건에 도달하지 못한다. 이러한 유형의 작업이 계속될수록 산소 결핍과 젖산의 축적이 증가하며, 이러한 이유로 작업자들은 자주 휴식을 취하거나 완전히 작업을 멈추어야 한다.

작업부하의 측정

작업 생리학에 대한 광범위한 연구 결과들은 에너지 소비율이 신체가 소비한 산소량 및 심장박동률과 직선적인 관계가 있음을 보여주고 있으며, 따라서 산소 소비율과 심장박동률은 신체적 작업량을 수량화하기 위해 종종 사용되어 왔다. 이 절에서 우리는 혈압 및 분당 호흡률과 더불어 잘 사용되지는 않지만 때로 신체적 작업부하에 대한 유용한 생리적 측정치들을 제공해 주는 두 가지 방법들에 대해 논의할 것이다. 또한 우리는 작업부하를 측정하기 위한 주관적 측정치들에 대해서도 논의할 것인데, 이 주관적 측정치들은 생리적 측정치들과 함께 사용되면 생리적 측정치만을 사용할 때에 비해 직무 분석가들이 작업부하를 보다 포괄적으로 이해하는 데 도움을 줄 수 있다.

산소 소비량 앞에서도 논의되었듯이 호기성(산화성) 대사작용은 신체가 안정적인 상태에 있을 때 지속적인 근육 작업에 필요한 에너지원들을 제공해 준다. 광범위한 연구 결과들은 산소 소비량과 에너지 소비량 사이에 선형적인 관계가 있음을 보여주고 있다—1리터의 산소가 소비될 때마다 평균 약 4.8kcal의 에너지가 방출된다. 따라서 어느 한 작업에 대한 호기성 대사량 혹은 에너지 소비량은 작업을 수행하면서 작업자가 소비한 산소의 양을 측정하여 결정될 수 있다. 좀 더 구체적으로 말하면, 특정한 신체적 작업에 대한 에너지 소비율(kcal/min)은 산소 소비율(리터/min)에 4.8(kcal/리터)을 곱함으로써 얻을 수 있다.

소비된 산소의 양은 (1) 단위 시간당 내쉰 공기량과 (2) 들이마신 공기 중의 산소 비율과 내쉰 공기 중의 산소 비율의 차이를 측정하여 알아낼 수 있다. 고도가 높거나 공기가 오염된 작업장을 제외한 대부분의 작업장에서는 들이마신 공기 중에 포함된 산소의 비율은 대략 21% 정도라고 가정한다.

작업장에서 내쉰 공기량을 측정하기 위해 작업자들은 대개 공기를 흡입하거나 내뿜을 수 있는 안면용 마스크(face mask)나 마우스피스(mouthpiece)를 착용하도록 요구받는다. 내쉰 공기는 큰 주머니(더글러스 주머니라고 한다)에 모여 나중에 그 속에 남아 있는 산소 용량이 분석되거나 공기 중의 산소 용량이 바로 측정될 수 있는 장비를 통과하기도 한다(Astrand & Rodahl, 1986; Harrison et al., 1982). 안면용 마스크나 마우스피스에 장착된 공기 흐름계를 이용해 들이마시거나 내쉰 공기의 용적을 측정할 수 있다. 더글러스 주머니 방법을 사용할 경우, 내쉰 공기 용적은 주머니 속에 채워진 공기 용적을 측정하여 결정될 수 있다. 내쉰 공기의 유출량과 산소 소비량을 측정할 수 있는 휴대용 장치들도 보급되어 있는 상태이다. 이러한 장치들이 갖추어야 할 조건은 이 장치들을 사용할 때 작업하는 작업자의 수행에 대한 방해를 최소화해야 한다는 것이다. 장치들은 너무 부피가 커서는 안 되고, 또한 장치에 부착된 요소들(예 : 마스크, 튜브, 밸브 등)은 힘든 육체적 작업 중의 호흡에 저항을 주지 않고 자연스럽게 공기가 흐를 수 있도록 해야 한다. 이러한 측정 장치들을 향상시키고 앞에서 언급한 요구 조건들을 가능한 충족시킬 수 있는 장비들을 개발하고자 하는 노력이 계속되고 있다.

작업 중에 소비되는 산소량에 대한 측정치는 작업과 관련된 호기성 대사량의 결정에만 사용된다는 것을 주목해야 한다. 작업 중에 사용되는 혐기성(비산화성) 대사의 양을 추정하기 위해서는 휴식 상태에서의 회복 기간 동안 소비되는 추가적인 산소의 양을 측정해야 한다. 앞에서 언급하였듯이, 산소 소비율은 작업이 종료됨과 동시에 정상적인 수준(즉 쉬고 있을 때의 수준으로)으로 회복되지는 않고 대신 얼마만큼의 시간 동안 상승되어 있다가 점진적으로 감소하여 휴식 수준으로 회복된다. 이 회복 기간 동안 사용된 추가적인 산소는 ATP와 CP의 부족량을 다시 채워주고 작업의 시작이나 작업 기간 동안 발생한 산소 부채량을 해소해 준다. 작업 기간 중의 혐기성 대사량이 많을수록 휴식 기간 동안 산소 부채량을 해소하는 데 필요한 추가적인 산소의 양은 더 커진다. 따라서 휴식 기간 동안 소비된 산소의 양에 대한 측정치는 특정 작업 중에 발생한 혐기성 대사량을 추정하는 데 사용될 수 있다.

여기서 주목해야 할 또 한 가지 문제는 걷기, 달리기, 그리고 들었다 놓기와 같이 근육의 수축과 이완이 반복되는 '동적인' 작업에 대한 에너지 요구량을 추정하는 것에만 사용될 수 있다는 점이다. 무거운 물체를 오랫동안 일정한 자세로 들고 있는 것과 같은 '정적인' 작업에 대해서는 이러한 측정치들을 통해 작업부하를 측정하는 것은 별로 좋지 못한데, 왜냐하면 정적인 작업은 대개 소수의 국소적 근육 집단만을 사용하고, 그러한 근육 집단들을 지속적으로 수축된 상태로 유지하기 때문이다. 근육을 지속적으로 수축하고 있을 경우 근육들이 근육 혈관에 계속 압박을 가해 혈액이 흐르는 것을 방해하고, 수축된 근육으로의 에너지 공급은 이러한 부적합한 혈액의 흐름 때문에 제한된다. 따라서 정적인 작업이 매우 힘들고 쉽게 피로감을 가져올 수는 있지만 정적인 작업 노력은 산소 소비량으로는 정확하게 반영되지 않는다. 정적인 작업을 평가하기 위한 방법들은 이 장의 마지막 절에서 논의될 것이다.

심장박동률 분당 심장이 뛰는 횟수를 나타내는 심장박동률도 흔히 사용되는 신체적 작업부하에 대한 생리적 측정치이다. 심장박동률은 대개 작업부하나 에너지 요구량이 증가함에 따라 증가한다. 심장박동률이 증가하는 것은 심장혈관계가 작업하고 있는 근육에 더 많은 산소를 공급해 주고 이들로부터 부산물들을 제거해야 하는 요구가 증가했음을 반영한다. 광범위한 연구 결과들은 중간 정도의 작업에서 나타나는 심장박동률은 산소 소비량과 선형적인 관계가 있음을 보여주었다(Astrand & Rodahl, 1986). 심장박동률은 산소 소비량에 비해 측정하기 더 쉽기 때문에 에너지 소비량에 대한 간접적 측정치로서 산업 장면에서 많이 사용되고 있다.

그러나 심장박동률은 에너지 소비량에 대한 측정치로서 산소 소비량만큼 신뢰도가 높지 않다는 점을 주목해야 한다. 심장박동률은 많은 요인들에 의해 영향을 받기 때문에 이러한 요인들에 의해 심장박동률과 산소 소비량 사이의 선형적 관계가 성립되지 않을 수도 있다. 이러한 요인들 중에는 정서적 스트레스, 커피나 차를 마시는 것, 부자유스러운 자세로 계속 작업하는 것, 혹은 더운 환경에서 작업하는 것 등이 포함된다. 이러한 요인들 중 하나만 개입되어도 산소 소비량에는 유의미한 증가 없이 심장박동률이 불균형적으로 증가할 수 있다. 더구나 심장박동률과 산소 소비량 사이의 선형적 관계는 개인에 따라 다르다. 즉 개인에 따라 산소 소비량 수준은 동일하더라도 심장박동률은 매우 다를 수 있다.

이러한 문제들이 있지만 측정하기 쉬울 뿐만 아니라 작업부하를 비교적 정확하게 측정할 수 있다는 점에서 심장박동률은 신체적 작업의 정도를 평가하는 데 매우 유용한 지표로 여겨지고 있다. 지금부터는 직무 평가 상황에서 심장박동률을 측정하는 방법과 그 결과를 해석하는 방법에 대해 기술하고자 한다.

먼저 휴대용 원격 심장박동률 계측기가 널리 보급되어 있는데, 이 장치는 작업자들을 방해하지 않고 작업자와 어느 정도 떨어진 거리에서 심장박동률을 계측하고 기록할 수 있게 해준다. 심장박동률을 측정하기 위해서 작업자의 심장에서 나오는 신호를 탐지할 수 있는 전극들이 작업자의 가슴 부위에 부착되며, 여기서 탐지된 신호들은 수신기에 전달되어 기록되고 분석된다. 작업자를 방해할 수 있으나 이보다 더 간단한 방법은 손목(엄지 손가락 밑 부분)에 위치한 요골동맥(radial artery)의 맥박을 손가락을 이용하여 세는 것이다. 심장박동률을 측정할 수 있는 또 다른 것으로 턱 밑 부위의 목에 있는 경동맥(carotid artery)의 맥박을 세는 방법도 있다.

심장박동률과 산소 소비량 사이의 선형적 관계는 개인에 따라 차이가 있기 때문에 심장박동률만을 사용하여 작업부하를 추정하고자 할 때는 각 개인에 따라 심장박동률과 산소 소비량 사이의 관계가 미리 설정되어야 한다. 이 과정은 작업부하의 수준들이 체계적으로 변화되는 통제된 실험실 조건 속에서 심장박동률과 산소 소비량이 측정되는 것을 요구한다. 특정한 작업자에 대해 이 두 가지 변인들 사이의 관계가 설정된 후에, 이 작업자가 보이는 에너지 소비율은 심장박동률을 산소 소비량과 에너지 소비량으로 전환함으로써 추정될 수 있다. 연구 결과들은 심장박동률과 산소 소비량 사이의 관계가 각각의 작업자들에 대해 조정될 수 있다면 심장박동률은 에너지 소비율에 타당한 추정치를 제공해 줄 수 있다는 것을 보여주었다(Bridger, 1995).

일반적으로, 신체적 작업을 하기 이전과 작업을 하는 도중, 그리고 작업을 마친 후의 심장박동률의 변화는 그림 12.5에서 보이는 것과 같은 산소 소비량과 에너지 소비량의 변화와 같은 형태를 보인다. 개인에 따라 많은 차이가 있지만, 휴식을 취하고 있을 때 성인의 전형적인 심장박동률은 분당 60~80회이다. 신체적 작업을 할 때는 처음에 심장박동률이 증가한 다음 증가된 상태를 안정적으로 유지하며, 작업이 종료되더라도 휴식 상태로 즉각 되돌아오지는 않는다. 휴식 상태로부터 작업에 의한 심장박동률의 증가량은 신체적 작업부하에 대한 하나의 측정치로 사용될 수 있으며, 심장박동률의 회복 시간도 마찬가지이다. 신체적 작업이 힘들수록 심장박동률은 더 증가하고, 심장박동률의 회복 시간도 증가한다.

개인에 따라 최대 심장박동률이 달라지는데, 이러한 최대 심장박동률은 연령, 성별, 그리고 건강이나 신체적 역량 수준과 같은 많은 요인들에 의해 영향을 받는다. 최대 심장박동률을 결정짓는 요인 중에 가장 중요한 것은 연령인데, 연령에 따른 최대 심장박동률의 감소는 다음과 같은 선형적 공식에 의해 추정될 수 있다(Astrand & Rodahl, 1986).

최대 심장박동률 = 206－(0.62×연령)

최대 심장박동률을 추정하는 데 흔히 사용되는 또 다른 공식(Cooper et al., 1975)은 다음과 같다.

최대 심장박동률 = 220－연령

최대 심장박동률은 한 개인의 최대 작업 능력 혹은 최대 에너지 소비율을 직접적으로 결정짓는다.

혈압과 분당 환기율 혈압(blood pressure)이라는 용어는 대동맥의 압력을 의미한다. 동맥은 혈액의 흐름에 저항을 거의 주지 않기 때문에 혈액이 조직 속으로 들어갈 수 있도록 도와주는 일종의 압력 탱크로 작용한다. 동맥 압력은 심실이 수축될 때 최대가 되고 심실의 이완이 종료되는 시점에서 최소가 된다. 최대 동맥 압력은 수축기 혈압(systolic pressure), 최소 동맥 압력은 이완기 혈압(diastolic pressure)이라고 한다. 이 두 종류의 혈압은 혈압계로 측정되어 수축기 혈압/이완기 혈압의 형태(예 : 135/70mm Hg)로 기록된다.

혈압을 측정하기 위해서는 작업자들이 작업을 중지해야 하고 이에 따라 정규적인 작업 공정의 진행을 방해할 수 있기 때문에 혈압 측정치들은 산소 소비량이나 심장박동률에 비해 자주 사용되지는 않는다. 그러나 몇몇 연구들은 불편한 자세로 계속해야 하는 작업에 대해서는 이 두 가지 측정치들에 비해 혈압이 작업부하에 대한 더 정확한 지표가 될 수 있다는 것을 보여주었다(Lind & McNichol, 1967).

직무 평가에 종종 사용되는 또 다른 생리적 측정치로서 분당 환기율(minute ventilation) 혹은 분당 호흡 용적량(minute volume)이 있는데, 이것은 1분당 호흡된 공기의 양을 말한다. 이러한 측정치들은 때로는 산소 소비량과 함께 측정되며, 정서적 스트레스에 대한 지표로 사용된다. 작업자들이 위급 상황이나 시간 압력과 같은 정서적 스트레스하에 있을 때는 호흡 형태의 변화나 분당 환기량의 증가를 보일 수 있다. 그러나 이러한 경우에도 대개 산소 소비량의 측정치들에는 증가가 없는데, 왜냐하면 이러한 상황하에서 신체가 소비하는 산소량은 거의 증가하지 않기 때문이다.

작업부하에 대한 주관적 측정치 신체적 작업부하에 대한 단순하면서 사용하기 쉬운 측정치로서 주관적 평정 척도들이 개발되어 왔다. 많이 사용되는 주관적 평정 척도는 Borg의 RPE(ratings of perceived exertion) 척도인데(Borg, 1985), 이 평정 척도에서는 작업자들이 주관적으로 지각한 신체적 노력의 정도를 6~20 사이의 척도로 평정하게 한다. 이 척도의 양끝은 각각 최소 심장박동률과 최대 심장박동률(즉 60과 200회/분)을 나타낸다. 주관적 척도들은 생리적 측정치들에 비해 저렴하고 사용하기 용이하며, 때로 직무에 포함된 신체적 노력에 대한 타당하고도 신뢰할 수 있는 정보를 제공해 준다. 그러나 주관적 척도들은 작업자의 작업장에 대한 만족, 동기 및 정서적 요인들과 같은 다른 요인들에 의해 영향을 받을 수 있다. 따라서 주관적 측정치들을 사용하거나 분석하는 데는 주의를 기울여야 하며, 작업 요구량에 대해 좀 더 포괄적으로 이해하기 위해 주관적 평정 기법들은 생리적 기법들과 함께 사용되기도 한다.

신체적 작업 역량과 전신 피로

단기적 작업 역량과 장기적 작업 역량

신체적 작업 능력(physical work capacity)은 신체적 작업 중에 있는 개인의 최대 에너지 생산율을 말하며, 이것은 작업의 지속시간에 따라 변한다. 몇 분에 걸쳐 한 개인이 얻을 수 있는 최대 에너지 소비율은 **단기 최대 신체 작업 능력**(short-term maximum physical work capacity, MPWC) 혹은 **호기성 능력**(aerobic capacity)라고 한다. 그림 12.6은 역동적인 작업 중의 최대 심장박동률이 분당 190회이고 MPWC가 대략 16kcal/min인 건강한 어느 한 개인의 에너지 소비율과 심장박동률 사이의 관계를 보여주고 있다. 그림은 또한 정적인 근육 작업인 경우 MPWC가 상당히 감소하고 있는 것도 보여주고 있는데, 이 경우에서는 근육으로 전달되는 혈류량이 제한되어 있기 때문에 혐기성 대사작용이 일어난다(Garg et al., 1978).

단기 최대 신체 작업 능력(MPWC) 혹은 호기성 능력은 개인의 산소 활용 능력을 기술하기 위해 'VO_{2max}'라고 일컬어지기도 한다. 최대 신체 작업 능력은 활동하고 있는 근육에 산소를 전달해 주는 심장이나 폐의 최대 용량에 의해 결정되는 것으로 알려져 있다. 작업 동안에는 작업부하가 증가함에 따라 심장박동률과 산소 소비량 모두 증가한다. 그러나 이들이 동일하게 증가하는 것은 아니다. 작업부하가 점점 더 증가함에 따라 심장이 더 빨리 뛸 수

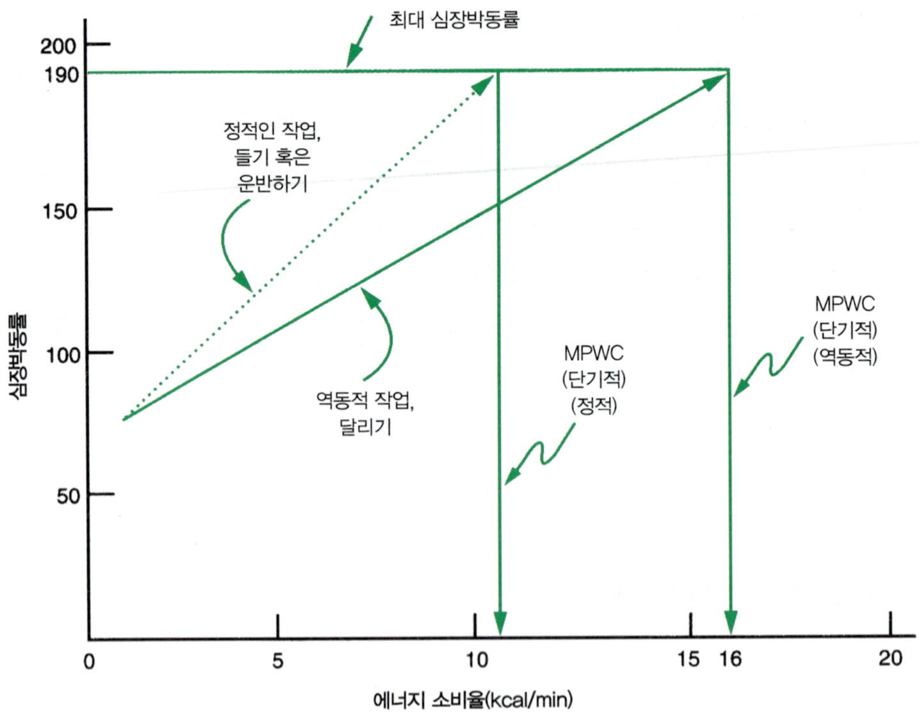

그림 12.6

정적 작업과 역동적 작업에 대한 심장박동률과 에너지 소비율 사이의 관계. 그림에서는 동일한 최대 심장박동률에 대해 역동적 작업에서의 최대 신체 작업 능력이 정적 작업에서의 최대 신체 작업 능력보다 더 크다는 것을 보여주고 있다.

출처 : Garg, A., Herrin, G., and Chaffin, D., 1978. Prediction of metabolic rates from manual materials handling jobs. *American Industrial Hygiene Association Journal, 39*(8), 661-674.

있는 것이 한계에 도달하게 되고 심혈관 체계는 작업이 요구하는 증가된 에너지 요구량을 충족시켜 줄 수 있을 만큼 빠르게 산소를 공급해 주지 못하게 된다. 이러한 경우 호기성 용량 혹은 VO_{2max}에 도달했다고 말한다.

호기성 능력의 개인차는 매우 크다. 연령, 성별, 건강이나 신체적 역량, 훈련, 그리고 유전적 요인들이 모두 한 개인의 호기성 능력에 영향을 준다. NIOSH(1981)의 자료에 따르면, 건강한 남성과 여성의 평균 호기성 능력은 각각 15kcal/min과 10.5kcal/min 정도이다.

신체적 작업 능력은 작업의 지속시간이 증가함에 따라 급속히 감소한다. 단기 최대 신체 작업 능력 수준으로부터 장기 최대 신체 작업 능력(long-term maximum physical work capacity)의 감소는 그림 12.7에 나타나 있다(Bink, 1964). NIOSH(1981)는 직무를 설계할 때 작업자들이 그들의 단기 최대 신체 작업 능력의 33%보다 높은 조건에서 8시간 이상 계속 작업을 하지 않도록 해야 한다고 지적하고 있다. 이 말은 8시간 동안 작업을 할 때, 건강한 남성 작업자의 경우 5kcal/min를 초과하는 비율로, 건강한 여성 작업자의 경우에는 3.5kcal/min를 초과하는 비율로 작업해서는 안 된다는 것을 의미한다. 간간이 수행되는 역동적 작업인 경우(8시간의 작업 기간 동안 1시간이나 그 이하의 작업), NIOSH는 권장 에너지 소비 한계를 건강한 남성과 여성 작업자에 대해 각각 9kcal/min과 6.5kcal/min으로 할 것을 제시하고 있다. 노령이거나 신체적으로 허약한 작업자들은 젊거나 신체적으로 건강한 작업자들에 비해 최대 작업 능력이 더 낮다는 것은 분명한 것이며, 이러한 작업자들에 대해서는 8시간 작업 역량 한계를 더 감소시켜야 한다.

인간 공학적 직무 평가를 통해 특정 직무가 작업자들에 의해서 수행될 수 있는지, 그리고 작업자들에 의해 직무가 수행될 수 있게 직무에 요구되는 에너지 소비율을 낮출 수 있도록 직무를 재설계해야 하는지의 여부를 결정하기 위해 다양한 직무들에 대한 에너지 요구량을 측정하여 앞에서 언급한 NIOSH의 권고 한계와 비교해 볼 수 있을 것이다. 예를 들어 어떠한 직무가 약 5kcal/min의 에너지 소비율을 요구하는 것으로 확인된다면 이 직무는 건강한

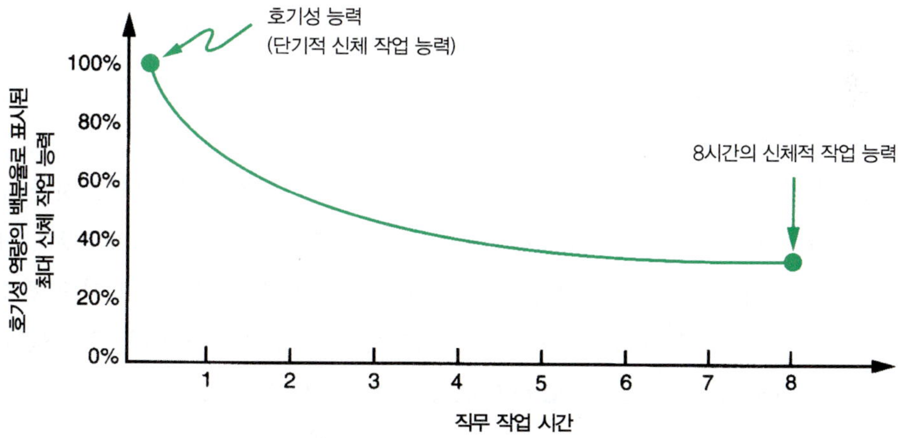

그림 12.7

작업 시간에 따른 최대 신체 작업 능력의 변화

출처 : Bink, B. 1962. The physical working capacity in relation to working time and age. *Ergonomics, 5*(1), 25-28; Bink, B., 1964. Additional studies of physical working capacity in relation to working time and age. *Proceedings of the Second International Congress on Ergonomics,* Dortmund, Germany: International Ergonomics Association.

남성 작업자만이 8시간의 근무시간 동안 지속적으로 이 작업을 수행할 수 있을 것이라는 것을 알 수 있다. 이 직무를 보다 많은 작업자들이 수행할 수 있게 하기 위해서 우리는 이 직무를 재설계하거나(예 : 자동화된 물자 취급 장치들을 사용하는 것), 앞에서 논의하였던 것과 같이 좀 더 수용 가능한 작업-휴식 스케줄을 채택해야 할 것이다.

전신 피로의 원인과 대책

만일 어떤 작업의 에너지 요구량이 작업자의 최대 호기성 능력치의 30~40%를 초과한다면, 그 작업자는 8시간의 작업 시간 중이나 작업의 종료 시점에 전신 피로를 경험할 가능성이 있고, 에너지 요구량이 호기성 능력치의 50%를 초과한다면 그 작업자는 분명히 피로감을 경험할 것이다. 주관적 증상이나 생리적 증상들이 모두 피로에 대한 지표들로 사용될 수 있다. 피로한 작업자들은 약간의 지겨움이나 싫증을 경험하거나 혹은 기진맥진해져서 근육을 사용해야 하는 수행의 저하나 정신을 집중하는 데 어려움을 보일 수 있다. 또한 혈액 속에 젖산이 축적되고 혈당이 감소할 것이다. 장기적인 전신 피로는 직무 만족감을 낮게 하고, 심지어 심장 발작과 같은 건강상의 위험을 증가시킬 수 있다.

전신 피로의 원인에 대한 한 가지 설명은 에너지 소비율이 호기성 능력치의 40~50%를 넘게 되면 호기성 대사작용이 모든 에너지의 요구량을 충족시켜 줄 수 있을 만큼 충분한 산소를 공급해 줄 수 있는 '안정적 상태'에 신체가 도달하지 못하기 때문이라는 것이다. 그 결과 혐기성 대사작용에 의해 공급되는 에너지의 양이 증가하여 대사과정 중에 젖산과 같은 부산물들을 더 생산해 내게 되는 것이다.

그러나 피로의 정확한 본질과 원인에 대해서는 아직 많이 알려지지 않았다는 것을 주목하는 것이 중요하다(Astrand & Rodahl, 1986; Simonson, 1971; Kroemer et al., 1994). 예를 들어 장시간 힘든 작업을 할 경우 혈액 중에 젖산의 축적량이 증가하는 것이 자주 관찰될 수 있지만, 역시 피로감을 야기하는 중간 정도의 작업은 그 작업을 계속한다 해도 혈액 속의 젖산의 양은 증가하지 않는다(Astrand & Rodahl, 1986). 전통적으로 ATP와 CP의 고갈이 피로의 주요 원인으로 여겨져 왔지만 이러한 견해도 최근에는 도전을 받고 있다(Kahn & Monod, 1989 : Kroemer et al., 1994). 피로는 질병이나 허약한 건강 상태에 의한 증상이기도 하다. 더구나 피로를 느끼게 되는 것은 작업자의 동기, 직무에 대한 흥미, 그리고 다른 심리적 요인들에 의해서도 영향을 받는다. 두 가지 종류의 직무가 거의 같은 에너지양을 요구한다 하더라도 작업자는 다른 직무에 비해 어느 특정 직무에 더 빨리 피로를 느낄 수도 있다. 마찬가지로, 건강이나 신체적 능력이 매우 유사한 두 작업자들이 동일한 직무에 대해 상이한 피로감을 느낄 수도 있다. 그러나 원인이 무엇이든 작업자들이 작업장에서 작업과 관련된 피로를 호소할 경우, 피로 때문에 발생할 수도 있는 위험요소들을 확인하고 제거할 수 있도록 이를 중요한 경고 신호로 여기고 심각하게 다루어야 한다.

산업 작업장에서 전신 피로에 의한 위험 가능성을 감소시키기 위해 공학적 방법과 경영상의 방법이 사용될 수 있다. 공학적 방법이란 직무를 재설계하고 직무 보조수단들을 제공해 주기 위해 공학적 기법들을 사용하는 것을 말한다. 예를 들어 컨베이어 벨트나 자동화된 물자 취급 장치들을 사용하면 무거운 물체를 들 때의 부담을 줄여 줄 수 있을 것이다. 또한 다양한 작업장 요소들의 사용 빈도나 사용 순서에 따라 작업장의 배치를 설계하면 무거운 물체들을 들거나 밀거나 혹은 당기는 거리는 감소시킬 수 있기 때문에 작업에 요구되는 에너지 소비량을 상당히 많이 감소시킬 것이다.

여러 가지 제약점들 때문에 기존의 힘든 작업이 공학적 방법들에 의해 재설계될 수 없을 경우, 작업-휴식 스케줄의 재조정은 수용 가능한 에너지 소비율을 유지하기 위해 가장 흔히 쓰이는 일종의 경영 방법이다.

환경적 열(environmental heat)이 없을 때 작업-휴식 스케줄은 아래의 공식에 의해 결정될 수 있다.

$$\text{전체 작업 시간 중 휴식 시간} = (PWC - E_{job})/(E_{rest} - E_{job})$$

여기서 PWC는 해당 작업자들의 신체적 작업 능력(physical work capacity)이고,

E_{job}은 직무를 수행하는 데 요구되는 에너지 소비율이며,

E_{rest}는 휴식 시간 중의 에너지 소비율이다. 보통 앉아서 휴식하고 있을 동안의 에너지 소비율은 1.5kcal/min을 사용하고 있다.

이 공식에 대한 한 가지 사례를 들어 보자. 어떠한 신체적 작업이 요구한 에너지 소비율이 6.5kcal/min이고 이 작업은 건강한 남성이나 여성 작업자에 의해 8시간 근무시간을 기준으로 수행되고 있다고 가정해 보자. 앞에서 NIOSH가 권고하고 있는 8시간 작업 역량 한계는 남성 작업자인 경우 5kcal/min, 그리고 여성 작업자인 경우 3.5kcal/min이었다는 것을 상기해 보면, 이 작업이 남성 작업자나 여성 작업자들에 의해 8시간 동안 지속적으로 수행될 수 없다는 것은 분명하다. 만일 이 작업이 공학적 기법에 의해 재설계될 수 있는 것이 아니

라면 전신 피로에 의한 위험 가능성을 감소시켜 주기 위해서는 작업-휴식 스케줄을 통해 이 문제를 극복하도록 할 수 있을 것이다. 특히 남성과 여성은 신체적 역량이 서로 다르기 때문에 휴식 시간의 조절은 남성 작업자와 여성 작업자에 대해 따로 이루어져야 한다.

앞의 공식을 이용하면 남성 근로자의 경우

$$\text{전체 작업 시간 중 휴식 시간} = (5-6.5)/(1.5-6.5) = 1.5/5 = 0.30$$

여성 근로자의 경우

$$\text{전체 작업 시간 중 휴식 시간} = (3.5-6.5)/(1.5-6.5) = 3/5 = 0.60$$

따라서 8시간 동안 작업을 수행할 때 그 작업이 주는 신체적 부담 때문에 전체 8시간 작업 중에 남성 작업자들은 2.4시간($0.30 \times 8 = 2.4$), 그리고 여성 작업자들은 4.8시간($0.60 \times 8 = 4.8$)의 휴식을 취해야 한다. 또한 휴식 시간을 설정할 때는 긴 시간 동안 한꺼번에 휴식을 취하는 것보다 전체 휴식 시간을 몇 개의 짧은 휴식 시간으로 나누어 8시간 작업 기간 중 골고루 휴식을 취할 수 있도록 해야 한다.

신체적 과제를 수행할 때 요구되는 에너지 소비율이 그렇게 높지 않더라도 더운 기후나 열이 많이 나는 장비 근처에서 작업하는 것과 같이 작업장에 환경적 열이 존재하는 경우에는 작업자들이 자주 휴식을 취해야 한다. 앞에서도 논의하였듯이, 대사 에너지의 80%는 대사열의 형태로 방출되는데, 이러한 열의 방출을 통해 신체가 일정한 체온(즉 36.5°C 혹은 98.6°F)을 유지할 수 있게 된다. 그러나 복사열이 많은 곳이나 습도가 높은 곳, 혹은 공기의 흐름이 원활하지 못한 작업 환경에서는 대사열의 방산(dissipation)이 어렵게 된다. 이러한 작업 환경에서 작업자들은 열과 관련된 위험을 피하기 위해 시원한 장소에서 휴식을 취해야 한다.

그림 12.8은 서로 다른 환경적 열 수준에 따라 다양한 작업부하에 대한 권고 작업-휴식 스케줄을 보여주고 있다. 이러한 가이드라인을 따르기 전에 습구 글로브 온도(wet bulb globe temperature, WBGT)라고 하는 환경적 열 부하의 지표가 다음과 같은 공식(NIOSH, 1972)을 사용해서 결정되어야 한다.

$$\text{WBGT} = 0.7(\text{자연 습구 온도})+0.3(\text{글로브 온도})$$

복사열의 수준이 높을 때(예 : 햇볕 속이나 복사열이 내놓는 열원 근처에서 작업할 경우)의 WBGT는

$$\text{WBGT} = 0.7(\text{자연 습구 온도})+0.2(\text{글로브 온도})+0.1(\text{건구 온도})$$

이다.

여기서 자연 습구 온도(natural wet bulb temperature, NWBT)는 실제의 공기 흐름이 있을 때 습구 온도계를 통해 측정된 온도이다. 습구 온도(wet bulb temperature, WBT)는 공기 중의 습도를 감안하기 위해 온도계의 온도 감지 요소(예 : 수은 온도계의 볼록한 끝 부분)를 습포(wet wick)로 싼 것으로 공기를 강제적으로 대류시켜 온도를 측정한다. 공기의 흐름 속도가 초속 2.5m/sec(혹은 초속 8ft/sec)보다 크면 자연 습구 온도는 습구 온도와 같다. 공기의 속도가 느린 경우 NWBT = 0.9WBT+0.1(건구 온도)이다.

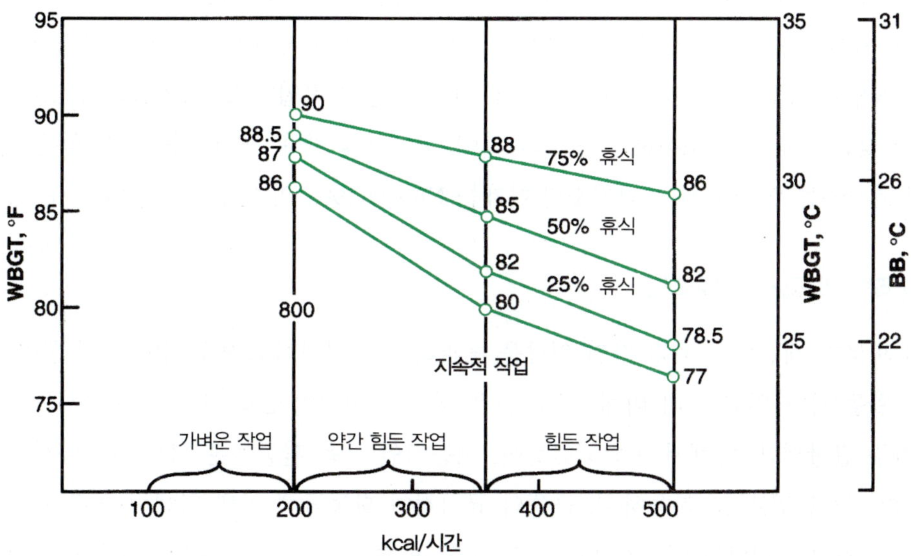

그림 12.8

다양한 작업부하 수준과 작업-휴식 스케줄에 대한 WBGT의 권장 한계

출처 : American Society of Heating, Refrigerating, and Air-Conditioning Engineers. *ASHRAE Handbook,* 1985 *Fundamentals*. New York: ASHRAE.

그림 12.8에서도 알 수 있듯이, 신체적 작업을 수행하는 데 에너지 요구가 그렇게 높지 않더라도 덥거나 습한 작업 환경에서 작업할 경우에는 시원한 장소에서 자주 휴식을 취해야 한다. 예를 들어 고온 스트레스가 없을 경우 대부분의 작업자들에 의해 지속적으로 수행될 수 있는 3.4kcal/min(240kcal/h)의 가벼운 작업인 경우에도 작업 환경의 WBGT가 88.5°F(31.4°C)이면 동일한 신체적 작업이라 해도 작업자들은 전체 시간의 50%를 시원한 장소에서 휴식을 취할 것을 요구한다.

그림 12.8을 사용할 때 세 가지를 주의해야 한다. 첫째, 남성과 여성의 신체적 역량에는 많은 차이가 있지만 그림 12.8은 이러한 차이를 고려하지 않았다. 둘째, 그림 12.8에서 지속적 작업(continuous work)이라고 표기된 용어는 반드시 8시간 동안 계속해서 작업을 수행한다는 것을 의미하지는 않는다는 점이다. 예를 들어 비록 가벼운 작업(200kcal/h 미만 혹은 3.4kcal/min 미만)은 75°F(23.9°C) WBGT의 작업 환경 속에서 남성과 여성 작업자들 모두에 의해 8시간 동안 지속적으로 수행될 수 있지만, 390kcal/h(혹은 6.5kcal/min)의 힘든 신체적 작업인 경우에는 앞에서 계산한 바와 같이 건강한 남성 작업자라 해도 8시간 동안 지속적으로 작업하기가 매우 힘들다. 환경적 고온 스트레스가 없는 경우에도 480kcal/h(혹은 8kcal/min)의 매우 힘든 신체적 작업에 대해서 대부분의 작업자들은 오랫동안 작업을 지속적으로 수행할 수 없다. 셋째, 그림 12.8은 열에 익숙해진 작업자(고온의 작업환경이 처음이 아닌 작업자)에만 적용된다. 더운 환경에 처음 노출된 작업자(열에 익숙하지 않은 작업자)는 더 낮은 에너지를 소비하는 정도의 일이 주어져야 한다. 열에 익숙하지 않은 근로자를 위해 권장하는 열 노출과 에너지소비 한계는 NIOSH(1986)의 연구에서 찾아볼 수 있다.

정적 작업과 국소 근육 피로

전신 피로가 개인의 신체적 작업 역량을 초과하는 장기적이고 역동적인 신체 활동들(즉 호기성 활동)과 관련있는 데 비해, 국소 근육 피로는 정적인 근육 수축을 요구하는 직무들에서 자주 관찰된다. 앞에서 논의되었듯이, 역동적인 근육 활동들은 혈관들을 마사지해 주는 일종의 '근육 펌프'로 작용하여, 근육의 규칙적인 활동들에 의해 혈액이 원활하게 흐를 수 있도록 해준다. 이와는 대조적으로, 정적인 근육 수축들은 근육 수축이 지속되는 한 지속적인 물리적 압력이 혈관의 팽창을 방해하기 때문에 활동 중인 근육 속으로 혈액이 흘러 들어가는 것을 방해할 뿐만 아니라 심지어 혈액의 흐름을 막아 버린다. 이러한 이유 때문에 발생하는 산소 공급의 결핍은 혐기성 대사작용이 일어나도록 하는데, 혐기성 대사작용에 의해 부산물이 급속도로 축적되고 활동 중인 근육 주변에 영양소의 결핍을 가져와 국소적 근육 피로가 빠르게 발생한다.

근육이 정적인 상태로 수축을 지속할 수 있는 최대 시간, 즉 근육 피로 한도 시간(muscle endurance time)은 근육이 발휘하는 힘이 얼마인지에 따라 달라지는데, 근육이 발휘하는 힘은 근육의 **최대 자율 수축**(maximum voluntary contraction, MVC)에 대한 백분율로 나타내진다. 이 관계가 그림 12.9에 보이고 있는데, 이것은 종종 **로머트 곡선**(Rohmert curve)이라고 한다(Rohmert, 1965). 그림 12.9에서 볼 수 있듯이, 근육이 발휘할 수 있는 최대의 힘은 불과 몇 초 동안만 지속될 수 있다. 최대 근력의 50%는 1분 정도 유지될 수 있지만 정적 수축인 경우, 발휘되는 근력이 MVC의 15% 이하라면 수 분, 심지어 몇 시간 동안 지속될 수 있다(Simonson & Lind, 1971).

몇몇 연구들은 발휘되는 근력이 MVC의 10% 미만인 경우에만 정적 수축이 거의 무한하게 유지될 수 있다는 것을 시사하고 있다(Bjorksten & Jonsson, 1977). 그러나 다른 연구에서는 근육 피로는 MVC의 어떤 수축 정도에서도 발생된다고 하였다(Sato et al., 1984).

근육 피로 한도 시간은 MVC의 15% 수준에서 급격하게 감소하고, 정적인 작업이 MVC의 40%보다 큰 값을 요구한다면 근육 피로는 매우 빨리(수초 안에) 올 수 있다. 국소적 근육 피로의 증상들에는 근육통이나 불편감, 근육 활동 사이의 협응 감소, 그리고 근육 경련의 증가와 같은 것들이 포함된다. 운동 통제의 감소는 직업적 상해나 사고를 이끌 수 있으며, 장기적 근육 피로는 근육 주변의 인대나 건에 장애를 가져올 수 있다.

국소적 근육 피로를 측정하는 데 흔히 사용되는 방법들에는 근전도(electromyography, EMG)와 주관적 평가 기법이 있다. 근전도는 근육 위의 피부에 전극을 부착하여 근육들의 전기적 활동들을 측정하는 기법이다. 광범위한 연구 결과, 근육이 피로해짐에 따라 EMG 신호들은 낮은 주파수로 이동하고 더 큰 진폭을 보인다는 것이 발견되었다(Hagberg, 1981; Lindstrom et al., 1977). EMG에서의 이러한 변화는 종종 국소적 근육 피로 발생에 대한 객관적 지표들을 제공해 준다.

전신 피로와 작업 역량과 마찬가지로 주관적 평가 척도들이 근육 피로를 측정하는 데 사용될 수 있다. 작업자들은 각각의 근육 집단들(예 : 왼쪽 어깨, 오른쪽 어깨, 왼쪽 손목, 오른쪽 손목)에 대해 직무 수행 중 경험한 피로의 수준을 평가하도록 요구받는다. 각각의 척도는 1~7과 같이 일종의 숫자로 표기되어 있으며, 각 척도의 양쪽 극단은 각각 가장 낮은 근육 피로와 가장 높은 근육 피로의 정도를 나타내도록 되어 있다. 정적 작업과 근육 피로에 대한 인간 공학적 직무 분석에서는 EMG 측정치들과 주관적 평가 척도들을 같이 사용하는 것이 더 바람직하다.

전신 피로의 경우처럼 작업장에서의 국소적 근육 피로에 의한 위험 정도를 감소시켜 주기 위해 공학적 방법과 경영상의 방법들이 모두 적용될 수 있다. 공학적 방법들은 정적인 작업 자세를 제거하여 여러 근육 관절들에 부과되는 부담을 줄일 수 있도록 직무를 재설계하는 데 초점을 둔다. 이러한 방법은 종종 작업장의 배치를 개선하거나, 손 받침, 신체 지지물, 혹은 직무 보조수단들을 제공함으로써 그 목적을 달성할 수 있다. 제11장에서 기술되었던 직무 분석에 대한 생체역학적 방법들이 이 과정에서 스트레스가 될 수 있는 부담들을 확인하고 대안적인 작업장 배치나 작업 방법들을 평가하는 데 적용될 수 있다.

국소적 근육 피로에 의한 위험 가능성을 줄이기 위해 가장 흔히 채택되는 경영상의 방법

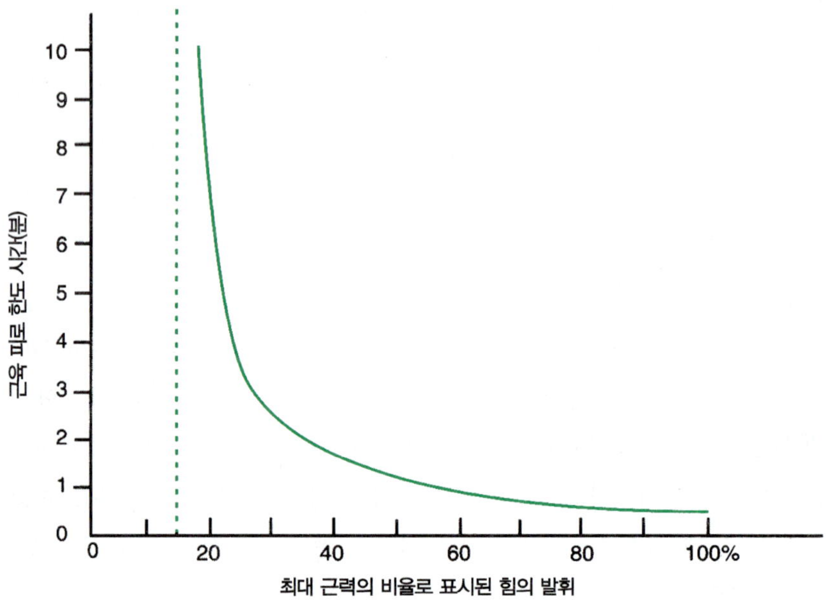

그림 12.9

정적 근육 피로 한도 시간과 근력 발휘 수준의 관계

이 그림은 낮은 수준의 근육 수축은 언제까지나 지속될 수 있다는 것을 보여주고 있으나 최근 연구의 결과(Sato et al, 1984; Sjogaard et al., 1986)는 근육 피로가 어느 수축 수준에서도 발생할 수 있다는 결과를 보여주고 있다.

출처 : Rohmert, W., 1965. Physiologische Grundlagen der Erholungszeitbestimmung, *Zeitblatt der Arbeitswissenschaft*, 19, p. 1. Cited in Simonson, E., ed., 1971. *Physiology of Work Capacity and Fatigue*, Springfield, IL: Charles C. Thomas Publishers, p. 246.

은 지속적인 정적 작업 동안이나 근력을 발휘하는 사이 사이에 근육이 휴식을 적당히 취할 수 있도록 해주는 것이다. 작업 절차들은 작업자들이 작업 중에 정기적으로 자세를 바꿀 수 있고 서로 다른 근육 집단들을 사용할 수 있도록 해야 한다. 예를 들어 8시간의 작업 시간 동안 계속 앉아서 작업하는 경우 작업 기간 중에 정기적으로 다리를 움직여 주는 것은 종아리 부분이나 발목이 붓거나 불편감이 느껴지는 것을 상당 부분 감소시켜 줄 수 있다(Winkel & Jorgensen, 1985).

결론

육체적인 작업은 근육 수축을 지속할 수 있는 충분한 에너지가 있을 때에만 가능하다. 이 장에서는 심혈관계와 호흡계가 작업에 요구되는 에너지양을 충족하기 위해 어떻게 함께 일하고, 이러한 요구량은 어떻게 정량적으로 측정되고 신체적인 작업 분석에서 어떻게 고려되는가에 대해 살펴보았다.

인체측정학적, 생체역학적, 생리학적인 내용이 제10장, 제11장, 제12장에서 따로 논의되었지만, 직업분석가들은 작업장을 디자인하거나 분석할 때 이 세 가지 면을 모두 고려해야 한다. 그렇지 않으면 이 작업장의 사용자들은 불편한 자세로 일을 할 수밖에 없을 것이다. 생태역학적 관점에서 보면 불편한 자세는 작업자의 관절과 근육에 스트레스를 줄 가능성이 높다. 생태역학적 방법은 신체적 상해의 위험을 밝히기 위해 규정된 물리적 힘과 더불어 사용자의 자세를 분석하는 데 사용될 수 있다. 어떤 작업에서의 에너지-소비 필요량은 전신피로의 위험을 낮추기 위한 생리학적인 방법을 사용하여 평가될 수 있다. 정적인 근육 수축을 포함하는 직업은 국소적인 근육피로를 줄일 수 있도록 재설계되는 것이 좋다.

잘못 설계된 작업대와 인력 물자 취급(manual material handling)은 신체적, 생리적 스트레스를 일으킬 수 있으나 그러한 것들이 우리의 생활과 일에서 스트레스를 일으키는 유일한 원인은 아니다. 소음과 진동뿐만 아니라 시간적 압박, 불안과 같은 다른 요인들도 스트레스를 일으킬 수 있다. 이러한 스트레스 요인들에 대해 다음 장에서 다루고자 한다.

참고문헌

Astrand, P.O., and Christensen, E.H.(1964). Aerobic work capacity. In F. Dickens and E. Neil(eds.), *Oxygen in the animal organism*(pp.295-314). New York: Pergamon Press.

Astrand, P.O., and Rodahl, L.(1986). *Textbook of work physiology*(3rd ed.). New York: McGraw-Hill.

Bink, B.(1962). The physical working capacity in relation to working time and age. *Ergonomics, 5*(1), 25-28.

Bjorksten, M., and Jonsson, B.(1977). Endurance limit of force in long-term intermittent static contractions. *Scandinavian Journal of Work, Environment, and Health, 3,* 23-28.

Borg, G.(1985), *An introduction to Borg's RPE-Scale. Ithaca,* NY: Movement Publications.

Bridger, R.S.(1995). *Introduction to ergonomics.* New York: McGraw-Hill.

Brouha, L.(1967). *Physiology in Industry.* 2nd Edition. New York: Pergamon Press.

Cooper, K.H., Pollock, M.L., Martin, R.P, , White, S.R., Linnerud, A.C., and Jackson, A.(1975). Physical fitness levels versus selected coronary risk factors. *Journal of the Americal Medical Association, 236*(2), 166-169.

Durnin, J.Y.G.A., and Passmore, R.(1967). *Energy, work, and leisure.* London, UK: Heinemann.

Eastman Kodak Company(1986). *Ergonomic Design for People at Work. Vol. 2,* New York: Van Nostrand Reinhold.

Edholm, O.G.(1967). *The biology of work.* McGraw-Hill, New York.

Grag, A., Herrin, G., and Chaffin, D.(1978). Prediction of metabolic rates form manual materials handing jobs. *Americal Industrial Hygiene Association Journal, 39*(8), 661-674.

Grinnell A.D., and Brazier, M.A.B.(eds.)(1981). *The regulation of muscle contraction: Excitation-contraction coupling.* New York: Academic Press.

Hagberg, M.(1981). Muscular endurance and surface electromyogram in isometric and dynamic exercise. *Journal of Applied Physiology: Respiration, Environment, and Exercise Physiology, 51,* 1.

Harrison, M.H., Brown, G.A., and Belyavin, A.J.(1982). The "Oxylog": An evaluation. *Ergonomics, 25,* 809.

Huxley, A.F.(1974). Muscular contraction. *Journal of Physiology, 243*, 1.

Kahn J.F., and Monod, H.(1989). Fatigue induced by static work. *Ergonomics, 32*, 839-846.

Kroemer, K., Kroemer, H., and Kroemer-Elbert, K.(1994). *Ergonomics.* Englewood Cliffs, NJ: Prentice-Hall.

Lind, A.R., and McNichol, G.W.(1967). Circulatory responses to sustained handgrip contractions performed during exorcise, both rhythmic and static. *Journal of Physiology, 192,* 595-607

Lindstrom, L., Kadefors, R., and Petersen, I.(1977). An electromyographic index for localized muscle fatigue. *Journal of Applied Physiology: Respiration, Environment, and Exercise Physiology, 43,* 750.

Luehmann, G.(1958). Physiological measurements as a basis of work organization in industry. *Ergonomics, 1,* 328-344.

Needham, D.M.(1971). *Machina carnis: The biochemistry of muscular contraction in its historical development.* Cambridge: Cambridge University Press.

NIOSH(1981). *Work practices guide for the design of manual handling tasks.* NIOSH.

Passmore, R., and Durnin, J.V.G.A.(1955). Human energy expenditure, *Physiological Review, 35,* 83-89.

Petrofskv, J.S., and Lind, A.R.(1980). The influence of temperature on the amplitude and frequency components of the EMG during brief and sustained isometric contractions. *European Journal of Applied Physiology, 44,* 189.

Rohmert, W.(1965). Physiologische Grundlagen der Erholungszeitbestimmung, *Zeitblatt der Arbeitswissenschaft, 19*, p. 1. Cited in E. Simonson, 1971, p. 246.

Schottelius, B.A., and Schottelius, D.D.(1978). *Textbook of physiolosy*(18th ed.). St. Louis: Mosby.

Simonson, E.(ed.). (1971). *Physiology of work and capacity and fatigue.* Springfield, IL: Charles Thomas Publisher.

Simonson E., and Lind, A.R.(1971). fatigue in static work. In E. Simonson(ed.), *Physiology of work capacity and fatigue.* Sprinsfield, IL: Charles Thomas Publisher.

Spurr G.B., Prentice, A.M., Murgatroyd, P.R., Goldberg, G.R., Reina, J.C., and Christman, N.T.(1988). Energy expenditure from minute-by-minute heart-rate recording: A comparison with indirect calorimetry. *American Journal of Clinical Nutrition, 48*, 552-559.

Vos, H.W.(1973). Physical workload in different body postures, while working near to or below ground level. *Ergonomics, 16,* 817-828.

Winkel, J., and Jorgensen, K.(1986). Evaluation of foot swelling and lower-limb temperatures in relation to leg activity during long-term seated office work. *Ergonomics, 29*(2), 313-328.

Woodson, W(1981). *Human factors design handbook.* New York: McGraw-Hill.

13 스트레스와 작업부하

연구 계획서를 오후 5시 이전까지는 보내야 했고, 한 시간 전부터 무리하게 복사기를 사용했기 때문에, 복사기는 기능을 멈추고 잘 알 수 없는 에러 메시지들을 복사기 위에 부착된 디스플레이에 보여주고 있었다. 제출 마감 시간까지 연구 계획서를 보내지 못하는 것은 아닐까 하는 불안감 때문에 그는 복사기의 디스플레이에 나타나 있는 복잡하고 혼란스러운 에러 메시지들이 도무지 무슨 내용인지 알 수가 없었다. 같은 대학의 또 다른 빌딩에서는 교수 초빙에 지원한 어느 한 여성이 교수 선발 과정 절차인 연구 발표(공개 강의)를 하고 있었다. 발표 중에 몇 가지 질문을 받았는데, 질문 중에는 매우 까다로운 것들도 있었기 때문에 비디오를 사용하여 질문에 대한 답을 좀 더 구체적으로 보여주고자 하였다. 중요한 발표였기 때문에 발표를 잘 해야 한다는 중압감과 까다로운 질문들에 대해 제대로 답하지 못한 것 같다는 불안감을 이미 느끼고 있었지만, 설상가상으로 그녀의 발표에 많은 도움을 줄 수 있는 비디오는 제대로 작동하지 않았다. 그녀가 비디오의 버튼을 이것 저것 누르면서 비디오를 작동시키기 위해 애쓰고 있는 동안 도와주려고 나서는 사람은 아무도 없었으며, 청중들은 빨리 비디오가 작동하기만을 초조하게 기다릴 뿐이었다.

한편 어느 한 등산가는 등반대원들을 이끌고 아주 험난한 산의 바위를 오르기 위해 애를 쓰고 있는 중이었다. 그때 구름이 갑자기 몰려왔고, 번개가 쳤으며, 흩날리는 진눈깨비 때문에 손으로 잡고 있던 바위들은 매우 미끈거리기 시작했다. 특히 손이 차갑게 얼기 시작했고 이 때문에 잡고 있던 로프를 하마터면 놓칠 뻔했다(로프를 놓쳤다면 목숨을 잃었을 것이다). 잘 이해되지 않는 결정이었지만, 이렇게 위험한 상황에서 그 등산가는 오르는 것을 포기하고 철수하는 대신 계속 위로 올라가기로 결정하였다.

위의 세 가지 일화들은 다양한 스트레스들(즉 앞의 일화들에서 시간 압력의 스트레스, 불안이나 위협이 주는 스트레스, 그리고 추위와 같은 환경적 요인들에 의한 스트레스)이 인간의 수행에 미칠 수 있는 몇 가지 효과들을 예시해 주고 있다. 스트레스의 개념은 그림 13.1을 보면 쉽게 이해할 수 있다. 그림의 왼쪽은 **스트레스 요인**(stressor)을 나타내고 있는데 이것은 정보 자체의 내용과는 무관한 정보 가용성이나 정보 처리에 영향을 미친다. 스트레스 요인에는 소음, 진동, 열, 어두운 조명과 같은 환경적 영향뿐만 아니라 불안, 피로, 좌절 및 분노와 같은 심리적 요인들도 포함한다. 이와 같은 요인들은 전형적으로 네 가지 유형의 효과를 갖는다. (1) 스트레스 요인들은 심리적 **경험**을 유발한다. 예를 들어 우리는 (항상 그러한 것은 아니지만) 대개 스트레스 요인에 의해 좌절감을 느끼거나 신경이 날카로워졌음을 토로할 수 있다. (2) 앞의 효과와 밀접하게 연관되어 있는 것으로 신체의 생리적 변화를 관찰할 수 있다. 이러한 변화들은 비행기를 조종할 때 심장박동수가 증가하거나 교통량이 매우 많을 때 항공 관제사들이 경험하는 스트레스처럼 단기적일 수도 있고, 혹은 장시간에 걸친 전투 비행 훈련이나 실제 전투 상황 이후에 나타나는 소변 중의 카테콜라민 양의 변화와 같이 지속적인 효과를 가질 수도 있다(Bourne, 1971). 이러한 심리적 경험과 생리적 특징들은 항상 그러한 것은 아니지만 대체적으로 서로 관련되어 나타난다. (3) 스트레스 요인들이 항상 수행의 질을 저하시키는 것은 아니지만, 대체적으로 정보 처리의 효율성에 영향을 준다(Driskell & Salas, 1996). (4) 스트레스 요인들은 건강에 장기적으로 나쁜 영향을 줄 수 있다.

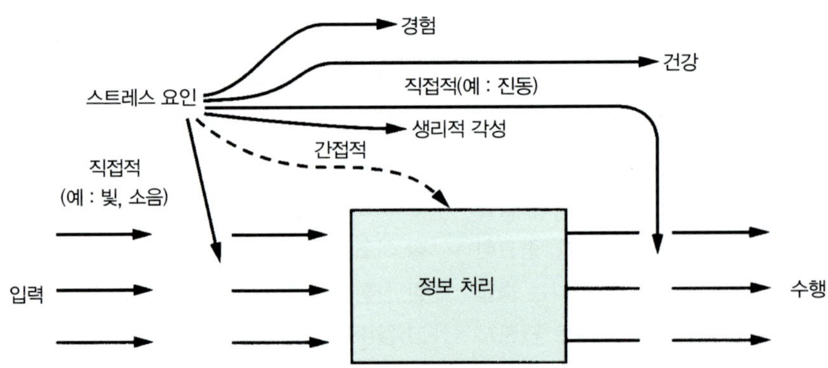

그림 13.1
스트레스 효과의 표상

그림에서도 볼 수 있듯이, 이러한 효과들은 **직접적**일 수도 있고 **간접적**일 수도 있다. 직접적인 효과들은 수용기들에 의해 받아들여진 정보의 질이나 반응의 정확성에 영향을 미친다. 예를 들어 진동은 시각 입력이나 운동 출력의 질을 저하시킬 것이고 소음은 청각 입력에 대해 같은 효과를 가질 것이다(Poulton, 1976). 시간 압력 스트레스는 수용할 수 있는 정보의 양을 감소시켜 결국에는 수행의 질을 저하시킬 것이다. 따라서 스트레스 요인들의 직접적 효과에 의한 수행상의 부정적 결과들은 상당 부분 예언 가능하다.

그러나 불안이나 공포와 같이 직접적인 효과가 관찰되지 않는 스트레스 요인들뿐만 아니라 앞에서 살펴본 소음이나 진동과 같은 스트레스 요인들의 일부는 정보 처리의 효율성에 영향을 미침으로써 좀 더 간접적인 효과를 보여주는 것 같다. 이러한 효과들은 대부분 각성과 관련되어 있다.

이 장에서 우리는 먼저 전형적으로 직접적인 효과를 보여주는 **환경적** 스트레스 요인들에 대해서 살펴볼 것이다(물론 이러한 스트레스 요인들은 간접적인 효과도 갖고 있다). 그 다음에는 위협을 받는다거나 불안을 느끼는 것과 같은 '심리적' 스트레스 요인들과, 직장이나 가정과 연관된 스트레스 요인들에 대해 살펴보고, 마지막으로 작업 과부하, 과소부하, 그리고 수면 방해에 의한 스트레스의 복합적 효과를 고려해 보고자 한다. 각각의 스트레스 요인에 대해 논의하면서, 수행에 영향을 주는 스트레스의 부적인 효과로 어떠한 것들이 있는지, 그리고 그러한 효과들을 감소시킬 수 있는 시스템 설계 방안들은 무엇인지를 모두 살펴볼 것이다.

환경적 스트레스 요인

우리는 이미 환경적 스트레스 요인 중 가장 중요한 두 가지인 **조명**(제4장)과 **소음**(제5장)에 대해 살펴본 바 있다. 이 장에서 논의할 여러 스트레스 요인들에 대한 이해를 돕기 위해 여기에서는 이 두 가지 스트레스 요인들이 가지고 있는 특성에 대해 간략하게 소개하고자 한다. 먼저 이 두 가지 스트레스 요인들은 **수준**에 따라 수행에 영향을 미치는 정도가 다른데, 예를 들어 너무 높거나 낮은 수준에 비해 중간 정도의 수준에서는 더 좋은 수행이 관찰되기도 한다(이러한 속성은 특히 조명의 경우에서 분명하게 관찰되는데, 조도나 휘도가 너무 낮으면 직접적으로 수행의 저하를 가져온다). 또한 이러한 수행에 대한 부정적 효과들은 스트레스 요인이 제시되면 그와 동시에 나타나는 것과 어느 정도의 시간이 경과한 후에 나타나는 것으로 구분할 수 있다. 먼저 즉각적인 부정적 효과는 스트레스 요인들이 과제 수행 중에 제시되어 수행의 질을 떨어뜨리는 경우이고(예 : 소음이 대화를 방해하는 것), 어느 정도의 시간 지연 후에 나타나는 부정적 효과는 장기적으로 스트레스 요인에 노출되어 건강이 손상되는 경우이다(예 : 소음에 의한 난청 증세). 지연적 효과를 갖는 모든 스트레스 요인들에 대해서는 그것이 현재 과제 수행의 질을 떨어뜨리는지의 여부와는 상관없이 그 강도를 감소시키도록 하는 조치를 취하는 것이 당연한 것이다. 그러나 직접적 효과만을 이끌어 내는 스트레스 요인들은 그로 인한 수행상의 손실이 안전이나 제품 질의 저하를 가져오지 않는다면 어느 정도까지는 허용할 수도 있을 것이다.

운동

운동에 의한 스트레스 효과는 고주파 운동인 진동이나 혹은 멀미를 야기하는 매우 낮은 주파의 운동에 의해서 모두 발생할 수 있다. 멀미에 대한 운동의 영향은 제5장에서 전정기관을 다룰 때 논의된 바 있다. 이 절에서는 성능 감소나 반복적인 운동장애를 유발하는 고주파 진동과 운동 멀미의 또 다른 원인이 되는 저주파를 포함하는 진동으로 불리는 순환운동(cyclic motion)의 효과에 대해 논의하고자 한다.

고주파 진동 고주파 진동(high-frequency vibration)은 수동 전동톱에 의해 발생하는 진동과 같이 특정한 사지에 국한되는 진동인가 혹은 헬리콥터나 지상의 차량으로부터의 진동과 같이 전신에 영향을 주는 진동인가에 따라 구별된다. 전자의 진동 유형에 의해 나타나는 장기적인 건강에 유해한 결과는 반복적인 스트레스 상태에 대한 문헌에 잘 기록되어 있다(제11장 참조). 이러한 위험 때문에 제5장에서 논의된 소음에 대한 노출 허용 한계처럼 각각의 진동 수준에 대한 노출 허용 한계가 규정되어 있다(Wasserman, 1987). 또한 공구들이 손에 전달하는 진동은 그 도구를 사용할 때 손이나 팔을 정확하게 조작하지 못하게 하여 결국 작업자를 위험한 상황에 빠뜨리는 결과로 이어질 수 있다.

노출 한계를 제한함으로써 진동에 의한 스트레스의 효과를 줄일 수 있는 방법 외에, 진동을 줄일 수 있도록 설계된 장비들을 사용하거나, 진동을 흡수할 수 있는 소재나 장치를 사용하는 것도 진동에 의한 스트레스의 효과를 감소시켜 줄 수 있는 또 다른 방법이 될 수 있다.

진동에 의한 손가락의 국소적 빈혈 증상에 대해서는 많은 연구나 자료가 있는 반면, 신체 전체의 진동이 자세나 산소 소비량에 영향을 미친다는 것이 관찰되었음에도 불구하고 신체 전체의 진동에 의한 건강상의 문제에 대한 기록이나 연구 자료는 상대적으로 부족하다(Wasserman, 1987). 그러나 그러한 진동은 인간 수행의 많은 측면에 분명하고 중요한 효과를 미친다(Griffin, 1997a, 1997b). 예를 들어 차량에 탑승하고 있을 때 심한 진동이 있을 경우 제어 입력 장치로서 터치스크린을 사용하는 것은 매우 힘든 일이며, 이 때문에 키패드(keypads)가 유일한 입력 장치로 선택된다(제9장 참조). 다른 외부 장치에 의해 손이 안정적으로 지탱되지 않는 한, 진동은 눈-손 협응 과제(eye-hand coordination task)의 수행을 방해할 수 있다. 마지막으로, 진동은 지각하고자 하는 시각 자극들(읽고자 하는 단어든 탐지하고자 하는 이미지든)을 흐리게 하기 때문에 순수한 시각 과제 수행을 방해할 수 있다(Griffin, 1997a, 1997b). 제4장에서 살펴본 바와 같이, 특정 고주파 진동폭의 효과는 주어진 과제의 수행에 필요한 공간 빈도 해상력(spatial frequency resolution)을 토대로 예언할 수 있다. 예를 들어 분석하고자 하는 선이나 점들이 작을수록(높은 공간 주파수) 특정 진동폭에 의한 방해 정도는 더 커진다. 동작의 공간적 정확성에 기초해서도 유사한 예언이 가능하다. 따라서 진동의 효과를 감소시키기 위한 한 가지 방법은 진동이 없는 안정적 환경에 대해 규정된 최소치보다 활자의 크기를 크게 하고 제어 과제에서 사용되는 표적의 크기를 더 크게 하는 것이다. 또한 방진용 재료들을 사용하여 진동의 원천으로부터 사용자와 인터페이스 모두를 차단시키는 것도 좋은 방법이다.

저주파 진동과 운동 멀미 제5장에서 논의되었듯이, 일정한 파도가 일고 있는 바다에서 배를 타고 있거나 약간 빠르게 흔들리는 경비행기를 타고 있는 경우와 같이 훨씬 낮은 진동수를 갖는 운동은 멀미를 야기할 수 있다. 또한 우리는 제5장에서 시각적 입력과 전정감각 입력 사이의 불일치가 멀미의 주된 원인이라는 것도 살펴본 바 있다. 예를 들어 대형 화면에 움직임이 있는 시각적 이미지를 보는 것처럼 시각적으로는 움직임이 관찰되지만 실제로는 움직임이 없는 경우에도 (따라서 이때는 시각 입력과 전정감각 입력 사이에 불일치가 발생한다) 멀미가 생길 수 있다. 하나의 스트레스 요인으로 멀미가 갖는 일차적인 효과는 과제의 수행을 방해하는 것이다. 예를 들어 멀미로 인한 불편감은 주어진 과제를 집중하여 수행하는 것을 방해하기에 충분할 것이다.

온도 스트레스

과도하게 덥거나 추운 온도는 수행 저하와 건강의 문제를 모두 야기할 수 있다. 고온이나 저온의 효과를 이해하는 데는 '쾌적 조건(comfort zone)'을 고려하는 것이 많은 도움을 준다. 이것은 일종의 온도와 습도의 범위를 규정한 것으로, 이 조건에서는 작업 수행이 가장 좋은 것으로 보인다(Fanger, 1977). 이 조건보다 온도가 높은 경우에는 고온 스트레스, 낮은 경우에는 저온 스트레스가 유발된다. 쾌적 온도 조건은 여름인 경우에는 73~79°F (약 23~26°C) 사이이며, 겨울인 경우에는 68~75°F (약 20~24°C) 사이이다. 이러한 온도 범위에 대한 습도의 허용 범위는 달라지는데, 예를 들어 쾌적 조건의 상한 온도(즉 79°F)보다 높은 범위의 온도인 경우에는 60%까지의 습도가, 쾌적 조건의 하한 온도(즉 68°F)보다 낮은 범위의 온도인 경우에는 85%까지의 습도가 허용된다.

태양의 영향에 의한 것이든 아니면 용광로나 보일러에서 발생하는 온도 때문이든 지나치게 높은 온도에 의한 스트레스는 수행상의 저하를 가져오는 것으로 잘 알려져 있는데(Konz, 1997), 특히 추적 과제나 반응시간과 같은 지각 운동 과제들의 수행에 영향을 많이 준다(Bowers et al., 1996). 그러나 진동에 의한 직접적 효과와는 달리 고온의 효과는 간접적이라고 할 수 있는데, 예를 들어 시각적으로 입력되는 정보의 질이나 손동작 같은 운동 안정성보다는 정보 처리의 효율성에 더 큰 영향을 미친다. 장기간 고온에 노출되었을 때 건강에 미치는 영향은 이것이 탈수증, 일사병, 혹은 열사병과 같은 것들을 유발한다는 것 외에는 아직 잘 알려진 것이 없다.

온도(또는 습도)의 특정 수준이 사람에게 미치는 효과를 예측함에 있어서 세 가지 조절요인, 즉 착용의복(Bensel & Santee, 1997), 자연적인 바람이나 환풍기에 의한 공기의 흐름, 그리고 작업자들에 의해 수행되는 육체적인 일의 정도의 영향을 인식하는 것이 중요하다(제12장 참조).

앞에서 언급된 변인들은 작업장에서 발생하는 열이 지나치게 높을 때 고온으로부터 신체를 보호할 수 있는 몇 가지 방법들을 시사해 준다. 예를 들어 고온의 작업 환경에서는 열로부터 신체를 보호할 수 있는 복장을 한다든지, 대사 활동을 감소시켜 줄 수 있도록 직무를 다시 설계한다든지 혹은 공기의 흐름을 조절하기 위해 환풍기를 적절히 사용하는 것 등이 포함된다. 특히 고온의 작업장에서는 작업자들이 마실 수 있는 충분한 양의 음료가 제공되어야 한다.

저온 스트레스의 효과는 고온 스트레스의 효과와는 매우 다르다. 장시간 추위에 노출되면 동상, 저체온증 및 기타 건강상의 문제가 생길 수 있다. 일반적으로 정보 처리에 대한 저온 스트레스 효과(즉 간접적 효과)는 잘 알려지지 않은 것으로 보인다. 이 장의 처음에서 예시하였던 일화에서 등산가가 경험하였던 것처럼, 저온 스트레스가 수행에 미치는 가장 중요한 효과는 손가락이나 손과 같이 추위에 매우 취약한 신체 부분이 손상되어 협응적 운동 수행의 저하를 가져오는 것 같은 직접적 효과들이다. 저온 스트레스에 대처할 수 있는 방법은 말할 것도 없이 체온 상실을 막아주기 위한 적당한 복장을 갖추는 것이다. 그와 같은 복장의 효율성은 상황에 따라 많이 달라질 수 있으며, 특히 장갑과 같은 보호용 복장들은 추위로부터 신체 부분들을 보호하기는 하지만 동시에 그 부분의 유연성을 떨어뜨리는 효과도 갖는다는 것을 주의해야 한다(제9장 참조).

공기 오염

마지막으로 우리가 살펴볼 환경적 스트레스 요인은 오염된 공기에 의한 것이다. 이러한 공기의 오염은 광산이나 선박의 액체 저장 탱크와 같이 폐쇄된 작업장에서 통풍이 잘 되지 않아 발생할 수도 있지만, 대기 중의 스모그나 일산화탄소의 증가와 같은 환경오염에 의한 것도 점점 증가하고 있는 추세이다. 공기 오염에 의한 스트레스 중 가장 심각한 것은 산소 결핍증(anoxia)으로, 이것은 높은 고도에서 흔히 경험되는 산소의 부족 증상이다(West, 1985). 공기의 질이 떨어지면 지각, 운동 및 인지적 수행에 부정적인 영향을 미치는데(Houston, 1987; Kramer et al., 1993), 특히 더 심각한 것은 때때로 공기가 오염되었다는 것을 작업자들이 알아차리기 어려운 경우가 있으며, 이 때문에 공기 오염에 의한 위험에 노출되기도 한다는 점이다. 높은 고도에서 추위와 산소결핍증이 결합되는 경우, 인간의 신체는 뇌와 심장으로의 산소 공급을 유지하기 위해 손가락이나 발가락으로의 혈액 공급은 차단한다. 이것은 동상에 걸릴 위험성을 높이는 결과를 가져온다.

심리적 스트레스 요인

앞에서 살펴본 환경적 스트레스들은 한 가지 공통적인 특징이 있는데, 이들은 모두 소음 측정기, 진동계 혹은 온도계 등과 같은 장치로 측정된 환경 속의 물리적 측정치들이며, 이러한 측정치들은 스트레스가 주는 영향의 크기를 평가하는 데 사용될 수 있다는 것이다. 이에 비해 이 장의 앞 부분에서 예시하였던 일화의 주인공들에게 주어진 두 개의 스트레스 요인들을 고려해 보자. 교수 공채에 지원하여 공개 강의를 하던 그 지원자는 당황함에 의해 스트레스를 받았을 것이고, 가파른 바위를 오르려 하던 등산가는 위험한 상황에 의한 부상이나 심지어 생명을 잃을 수 있다는 두려움에 의해 스트레스를 받았을 것이다. 이 두 경우에서는 스트레스에 의한 심리적 상태를 설명해 줄 수 있는 물리적 측정치들을 찾아내는 것이 불가능하다. 그러나 스트레스가 수행에 부정적인 영향을 준다는 것은 분명하며, 또한 이러한 부정적 효과는 많은 실험 혹은 사고의 분석 결과와 일치한다. 따라서 이 장에서는 심리적 스트레스를 자존감이나 뭔가 가치 있는 것, 혹은 신체 기능의 손상이나 상실에 대한 지각된 위협으로 규정하고자 한다.

인지적 평가

환경적 스트레스 요인들에 비해 심리적 스트레스 요인들을 이해하기 어려운 데는 몇 가지 이유가 있다. 첫째, 사람마다 위협을 느끼는 대상이 매우 다를 수 있다. 예를 들어 문제를 다루는 기술 수준이 다르다는 이유만으로도, 아주 가파른 바위를 좋지 않은 날씨에 오르는 것을 등산 전문가는 일종의 '흥미 있는 도전' 으로 생각할 수 있지만, 초보 등산가는 같은 상황을 엄청나게 위험한 것으로 받아들일 것이다. 둘째, Lazarus와 Folkman(1984)이 지적하였듯이, 주어진 상황에 대한 스트레스의 양은 한 개인의 상황에 대한 이해 혹은 인지적 평가(cognitive appraisal)와 깊은 관련성이 있다.

인지적 평가에 차이가 나는 것에는 몇 가지 이유가 있다. 첫째, 단순히 위험요소가 있는 상황을 지각하지 못했기 때문일 수 있다. 예를 들어 바위를 계속 오르는 데 너무 집중한 등산가는 단순히 일기가 매우 나빠지고 있다는 사실을 알아차리지 못했을 수 있고, 그 사실을 알기 전까지는 스트레스를 받지 않을 것이다. 둘째, 위험요소를 이해하지 못했기 때문일 수 있다. 다시 그 등산가의 예를 들자면, 그 등산가는 구름이 몰려오는 것을 알아차리기는 했어도 그것이 번개를 동반한다거나 손으로 잡고 있는 바위를 얼어붙게 할 수도 있다는 것을 생각하지 못했을 수 있다. 셋째, 사람에 따라 위험한 상황을 다룰 수 있는 자신의 능력을 다르게 평가하였기 때문일 수 있다(제6장 참조). 마지막으로, 만일 사람들이 스스로 상황을 통제하고 있다고 느낄수록 그렇지 않은 경우보다 스트레스를 덜 느끼게 될 것이다(Bowers et al., 1996). 이러한 이유들은 특정한 상황에서 심리적 스트레스 요인들이 주는 '스트레스의 양'을 예언하기 위한 수량화를 어렵게 한다(물론 그러한 수량화를 심장박동수와 같이 심리적 상태와 밀접한 상관이 있는 생리적 측정치들을 통해 구할 수도 있다). 스트레스 원인들에 대해 개인들이 어떻게 반응할지 예측하는 것을 어렵게 하는 또 다른 문제는 개인에 따라 스트레스에 저항하기 위해 상이한 방법들을 사용하기 때문이다(Hockey, 1997).

윤리적인 문제

심리적 스트레스에 관한 연구에는 상당한 도전 과제들이 있다. 윤리적 측면에서 보면, 사람의 심리를 연구해야 하는 경우에도, 실험 참가자들이 신체적이나 정신적인 장애(사전에 이러한 상황이 절대 일어나지 않을 것이라고 보장받았다 할지라도)를 입을 위험으로 인해 스트레스를 받는 상황에 처하게 되는 것은 분명히 적절치 않을 때가 있다. 이것은 제2장에서 논의되었던 바와 같이 이 분야의 연구에서 얻어진 지식이 사회에 주는 혜택이 참여자가 스트레스를 받으면서 경험하는 잠재적 위험보다 클 수 있다는 것을 미리 문서화해 두어야 한다는 것을 의미한다. 이러한 문서의 내용은 종종 심리적 스트레스 요인에 대한 연구로 얻어진 지식이 매우 느리게 사회에 적용된다는 것을 알려주기 어려운 경우가 있다. 그럼에도 불구하고, 준사고 혹은 사고 분석에 대한 실험실 연구와 사례 분석 연구의 총체적인 결과는 사고가 심리적인 스트레스를 받을 때 발생 가능한 예측할 수 있는 결과의 일반적인 패턴을 찾아내 주었다(Broadbent, 1972; Hockey, 1986; Driskell & Salas, 1996; Hancock & Desmond, 2001).

각성의 수준

불안이나 위험에 의한 스트레스가 있는 상황들은 생리적 각성 수준을 증가시키는데, 이것은 심장박동률, 동공의 크기, 그리고 호르몬의 변화 등과 같은 다양한 생리적 변화들을 통해 객관적으로 기록될 수 있다(Hockey, 1986). 연구자들은 그림 13.2에서 보이는 바와 같이 각성 수준의 증가에 따른 수행 함수가 역전된 U자 형을 이룬다는 사실을 오래 전에 관찰하였다. 즉 스트레스에 의해 유도된 각성 수준이 증가함에 따라 **각성의 최적 수준**(optimum level of arousal, OLA)이라고 알려진 지점까지 수행이 증가하다가 그 이후에 급속하게 감소한다. 또한 그림에서 각성의 최적 수준은 복잡한 과제들보다 단순한 과제의 경우가 더 높다는 것을 보여주고 있다. 이 함수는 종종 **Yerkes-Dodson 법칙**이라고도 불린다(Yerkes & Dodson, 1908). 최적 각성 수준까지 각성이 증가함에 따라 수행이 향상되는 것은(곡선의 왼쪽 부분) 단순히 '더 열심히 하기 위해' 노력을 투자했기 때문에 관찰되는 일종의 촉진 효과라고 생각할 수 있다. 즉 상실에 대한 두려움은 일반적으로 종종 더 열심히 그리고 더 잘 수행하도록 동기화시킨다. 그러나 각성의 최적 수준을 넘는 범위에서의 수행 감소는(곡선의 오른쪽 부분) 일종의 **과다각성**(overarousal) 효과 때문인 것으로 생각되는데, 이것에 대해서는 아래에 기술되어 있다.

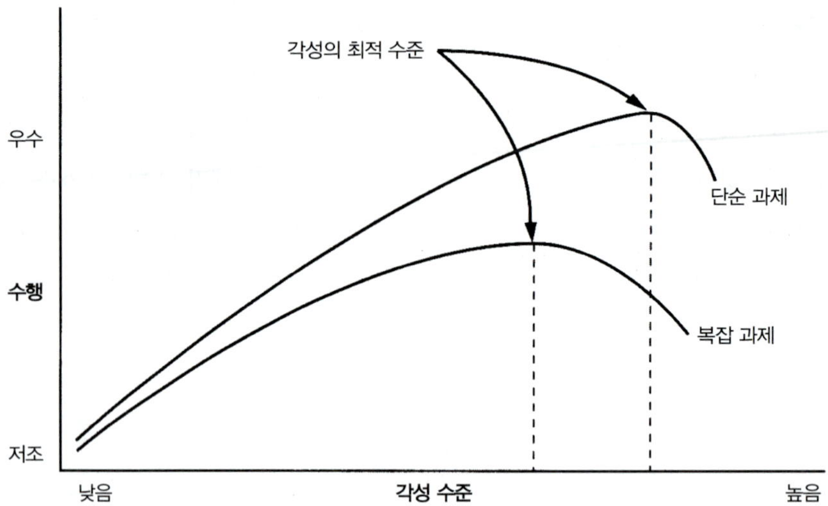

그림 13.2
스트레스에 의해 유도된 각성 수준과 수행 사이의 관계를 보여주는 Yerkes-Dodson 법칙. 각성의 최적 수준은 덜 복잡한 과제에서 더 높은 것으로 보이고 있다.

과다각성에 따른 수행의 변화

사람들이 다양한 형태로 위험이나 위협을 느꼈을 때 정보 처리의 특성에 몇 가지 상이한 변화가 발생한다는 것이 밝혀졌다. 터널화(tunneling)라고도 알려진 지각적 혹은 주의 협소화(attentional narrowing)는 오직 '한 가지'에만 주의를 집중하고자 함으로써 주의의 폭이나 범위가 제한되고 주변 정보 원천들을 무시하는 경향을 말한다(주의를 집중적으로 받는 '이것은' 스트레스의 원천이거나 혹은 그 스트레스를 어떻게 피할 수 있는지에 대한 정보일 수 있다). 이러한 초점 주의 전략은, 만일 터널화되는 대상이 안전한 방법을 찾을 수 있는 정보를 제공하고 있다면 좋은 전략이라고 할 수 있지만, 안전하게 되기 위해서 좀 더 넓은 범위에 걸쳐 신호나 사상(events) 혹은 정보 채널을 탐색해야 하는 것이라면 매우 부적절한 전략이 될 것이다. 따라서 이 장의 처음 부분에서 소개했던, 공개 강의를 하며 스트레스를 받았던 지원자는 비디오의 버튼들에만 지나치게 주의를 둔 나머지 비디오의 전원이 꼽혀 있지 않았다는 사실을 전혀 발견하지 못했을 수 있다. 실제로 Three Mile 섬 원자력 발전소 사고는 부분적으로는 오퍼레이터가 발전소의 통제실에서 들리는 청각 경고음에 스트레스를 받왔고, 이것이 그 오퍼레이터가 오직 하나의 지시계에만 주의를 집중하도록 하게 하여(그러나 그 지시계는 반응로의 냉각수 수준이 지나치게 높다고 잘못 알려주고 있었다) 다른 정확한 지시계들(이 지시계들은 반대로 냉각수의 수준이 너무 낮다는 것을 정확하게 알려주고 있었다)에 주의를 돌리게 하는 좀 더 넓은 범위의 시각적 탐색을 하지 못하게 했다는 증거가 있다(Rubinstein & Mason, 1979; Wickens, 1992).

시각적 주의가 시각적 환경 속의 특정 부분으로만 터널화될 수 있는 것과 마찬가지로, 스트레스를 받고 있는 상황에서의 **인지적 터널화**(cognitive tunneling)는 어떠한 일이 진행되고 있는가에 대해 한 가지 가설에만 주의를 집중하여 좀 더 창의적으로 문제를 파악할 수 있게 하는 다양한 가설들을 고려하지 않는 경향을 말한다(예 : 특정 경고음이 울렸을 때 오퍼레이터는 그 경고음과 연관되었다고 생각하는 작동 오류만이 발생했을 것이라고 생각한다). 따라서 이 장의 처음 부분에서 소개했던 나쁜 날씨에 의해 스트레스를 받은 등산가는 오직 하나의 해결책(즉 계속 위로 올라가는 것)에만 몰두했을 수 있다.

작업 기억 상실(working memory loss)은 바로 그러한 것을 말한다. 스트레스하에서 사람들은 새로운 정보를 저장하거나 시연(rehearsal)하기 위한 작업 기억의 사용이나, 계산이나 다른 주의를 요구하는 정신 활동을 수행하는 능력이 떨어지는 것으로 보인다(Wickens et al., 1991; Stokes & Kite, 1994; Hockey, 1986). 예를 들어 엔진 고장을 일으켰거나 매우 나쁜 날씨 때문에 스트레스를 받은 조종사는 지금 어디를 항행하고 있고 또 어디로 기수를 돌려야 되는지를 알려주는 관제탑으로부터의 지시(혹은 안내)를 잘 기억하지 못할 수 있다.

스트레스하에서 작업 기억 능력이 저하되는 반면, 이미 잘 알고 있는 사실이나 숙달된 기술과 관련 있는 **장기 기억**(long-term memory)은 거의 방해를 받지 않고, 심지어는 더 향상될 수도 있다. 따라서 스트레스하에서 우리는 가장 머릿속에 잘 떠오르는 생각이나 행위를 선택한다. 문제는 이러한 생각이나 행위가 스트레스가 주어진 상황에 대처할 수 있는 적합한 것들이 아닐 경우이다. 예를 들어 매우 드물게 발생하는 위급 상황에 대해서는 적합하지만 거의 연습하지 않았던 어떤 반응은, 일상적인 상황에서 늘 수행했던 반응과는 **부합되지**(incompatible) 않는다. 이러한 경우에 해당하는 한 가지 예는 빙판길 위에서 자동차가 미끄러질 때 요구되는 반응이다. 이러한 상황에서는 미끄러지고 있는 방향으로 핸들을 돌려야 하는데 이것은 정상적인 도로에서 핸들을 조작하는 것(즉 가고자 했던 방향으로 핸들을 돌리는 것)과는 완전히 반대로 반응하는 것이다. 그러나 위급 상황에서는 필요하지만 잘 학습되지 않았던 그러한 반응들은 잘 나타나지 않고 대신 많이 숙달된 반응(이 반응은 위급 상황에 대처하기에는 부적절할 수 있다)을 보이는 경향이 있는데, 이것은 그러한 행동 패턴이 이미 과잉학습(overlearn) 되었기 때문이다.

마지막으로, 스트레스가 유발되는 위급 상황들에서 종종 관찰되는 전략적 변경들(strategic shifts)이 있다. 이러한 것들 중 한 가지는 '당장 무엇인가를 하고자' 하는, 다시 말해 위급 상황에 대해 즉각적으로 행위를 취하고자 하는 경향이다(Hockey, 1986). 제9장에서 살펴본 시간-속도 교환관계에서도 시사하듯이, 이러한 경향성의 문제(즉 빠른 행동을 취하는 것)는 행위의 정확성을 감소시킬 수 있다는 점이다. 따라서 즉각적으로 행동하고자 할 경우 잘못된 행위를 유발할 수 있고, 반면에 신중하게 시간적 여유를 가지고 반응한다면 더 많은 정보와 생각에 기초하여 그 상황에 적절한 반응을 할 수 있을 것이다. 이것이 바로 많은 조직체들에서 위급 상황이 발생하면 당장 행위를 취하는 대신 문제에 대한 적절할 행동을 확인할 때까지 몇 초 혹은 몇 분간 행위를 유보하도록 오퍼레이터들에게 주의를 주는 이유이기도 하다.

심리적 스트레스에 대한 대처

심리적 스트레스를 경험한 후에 나타나는 수행 경향들에 대한 앞의 설명에 기초하여 심리적 스트레스의 효과에 대처하기 위한 몇 가지 방안들이 검토될 수 있을 것이다(Wickens, 1996). 먼저 이러한 스트레스들은 위급 상황에서 제일 많이 발생할 수 있는 것들이기 때문에, 이에 대처하기 위해서는 위급 상황의 본질과 그 상황에서 취해야 하는 행위들에 대한 분석이 선행되어야 한다. 그런 다음, 이를 바탕으로 디스플레이, 제어장치 및 절차들을 가능한 단순하게 설계하는 방안을 모색해야 한다. 예를 들어 위급 상황을 알려주는 것들은 쉽게 찾을 수 있는 곳에 분명하게 제시되어야 한다(이것은 협소화에 의해 위급 상황을 알려주는 것들이 어디에 위치해 있는지 또 어떤 내용인지 알 수 없게 되는 것을 방지하기 위해서이다). 또한 취해야 하는 행위들은 작업 기억에 정보를 가능한 적게 유지하면서 실행될 수 있도록 해야 한다. 예를 들어 제6장과 제8장에서 논의된 것처럼, 세상 속의 지식(knowledge in the world)을 사용하는 것이 바람직하다(Norman, 1988). 위급 상황에서 취해야 하는 행위들은 가능한 분명하게 명시되어야 하고, 기존에 많이 학습된 행위와 부합되어야 하며, 제어하고자 하는 디스플레이와 잘 대응될 수 있어야 한다(제9장). 제5장에서도 논의되었듯이 청각 경보들을 사용할 경우에는 너무 크거나 짜증스러운 소음이 되지 않도록 설계되어야 한다.

마지막으로, 훈련은 다음의 두 가지의 방향으로 심리적 스트레스를 대처하는 데 사용될 수 있다(Johnston & Cannon-Bowers, 1996). 먼저 앞에서도 살펴보았듯이, 위급 상황에 대처하는 절차에 대한 강도 높은 훈련(보는 사람에 따라서는 과도할 정도로)은 이러한 대처 행동 절차들을 필요할 때 장기 기억으로부터 즉시 사용할 수 있게 하는 일종의 습관처럼 만들어 줄 수 있다. 둘째, **위급 상황 스트레스 관리**(emergency stress management)를 통해 (즉각적 반응이 절대적으로 요구되는 것이 아니라면) 즉각적으로 반응하고자 하는 경향을 억제하는 것과 같은 가이드라인과 너무 높은 각성의 수준을 최적 수준까지 낮추기 위해 호흡을 조절하는 것과 같은 기법 등을 적용할 수 있을 것이다. 그러한 스트레스 훈련은 어느 정도의 성공을 가능하게 하며, 하나의 스트레스 요인에서 또 다른 스트레스 요인으로 바꾸어 준다.

생활 스트레스

수행의 방해를 가져올 수 있는 또 다른 스트레스 요인들의 범주는 직무나 작업자의 사생활 속에서 발생할 수 있는 스트레스 상황과 관련되어 있다(Cooper & Cartwright, 2001; Cooper, 1995). 예를 들어 재정적 어려움을 겪고 있는 산업체들에서는 안전 사고 비율이 높다거나, 혹은 노사관계에 대해 만족하고 있는 근로자들은 (노사관계는 직무 스트레스의 한 측면일 수 있는데, 이 스트레스가 노사관계에 대한 만족으로 경감되기 때문에) 생산성이 더 증가한다는 연구 결과들이 있다. 마찬가지로, 가족의 사망이나 배우자와의 갈등과 같이 스트레스를 받을 수 있는 생활사들(Holmes & Rahe, 1967)은 어느 정도는 수행의 저하와 관련이 있다. 예를 들어 이러한 스트레스하에 있는 조종사들은 항공기 조종 수행의 저하를 보인다는 연구 결과가 있다(Alkov et al., 1982). 그러나 생활사 스트레스가 항상 수행의 저하를 가져오는 것은 아니며 사람에 따라서는 이러한 스트레스하에서도 자신의 직무에 매우 잘 적응하기도 한다.

직무나 사생활에서 오는 생활사 스트레스들은 그러한 스트레스를 받는 사람들의 주의(attention)에 서로 다른 영향을 주는 것 같다. 먼저 직무와 관련된 문제들(예 : 좋지 못한 작업 조건이나 형평에 어긋난 임금체계 등)로 인한 스트레스 때문에 수행이 저하되는 것은 주의, 자원 혹은 노력의 결여(예 : 낮은 동기)와 관련되는 것으로 보인다. 반면 사생활과 관련된 스트레스로 인해 안전하지 못한 수행을 보이는 것은 주의의 **교란**(distraction)이나 **전환**(diversion) 때문인 것으로 보이는데, 예를 들어 이러한 스트레스하에 있는 사람들은 수행하고 있는 직무로부터 주의를 돌려 스트레스를 주고 있는 것에만 몰두할 수 있다(Wine, 1971).

그러한 스트레스에 대처하기 위한 방안들은 심리상담이나 산업관계와 같은 영역의 주요 주제들이기 때문에 이들에 대해 논의하는 것은 이 책의 범위를 넘어서는 것이다. 생활 스트레스를 유발하는 사건으로 수행이 저하되었다고 작업자들이 직장을 떠나도록 하는 것은 문제의 소지가 있는데, 그 이유는 많은 사람들이 그러한 스트레스에 효율적으로 잘 대처할 수 있을 뿐만 아니라 그렇게 하는 것은 매우 불공평하게 해직하는 것이기 때문이다. Cooper와 Cartwright(2001)는 조직에서의 스트레스를 종합적으로 살펴보면서 조직이 취할 수 있는 세 가지의 일반적 해결방법을 제시했다.

1. 조직 내에서의 스트레스 발생 원인을 중점적으로 다루고 원인을 제거하라(예 : 낮은 임금, 긴 근로 시간, 미래의 업무 불확실성).
2. 스트레스에 대처하는 전략을 근로자들에게 가르칠 수 있는 스트레스 관리 프로그램을 실행하라.
3. 개개인들에게 카운슬러를 이용할 수 있게 하라.

첫 번째 방안이 선호되기는 하지만 나머지 두 가지 방안도 성공적이었다. 한 연구에서는 스트레스 관리훈련을 도입함으로써 계획적인 결근이 60%나 줄어든 것으로 나타났다(Cooper & Cartwright, 2001). 그러나 이 결과는 그러한 프로그램의 혜택은 매우 짧고 사람들은 일에 대한 태도보다 스트레스의 영향에 대처하려는 경향이 있다. Cooper와 Cartwright는 스트레스를 없애려고 노력하는 것(해결방안 1)이 스트레스의 결과에 대처하는 것보다 더 나은 해결책이라고 결론지었다.

작업 과부하

너무 짧은 시간에 많은 일을 할 때 스트레스를 받게 된다(Svenson & Maule, 1993). 1978년 어느 날 밤, 한 항공기가 에스캄비아 만에 위치한 Pensacola 공항의 매우 짧은 활주로에 착륙하고 있었다. 평소보다 더 급하게 공항 활주로에 접근해야 했기 때문에 조종사는 항공기의 고도를 확인하는 것을 잊은 채 바쁘게 착륙준비 조종 과제들을 수행하느라 정신이 없었다. 조종사가 고도 확인을 하지 않은 것은 짧은 시간 안에 급하게 과제들을 수행하고자 한 것 때문에 발생한 높은 작업부하 때문이었다. 몇 년 전에, 어느 한 관제사는 활주로에 여객기가 있다는 것을 깜박 잊어버리고 또 다른 항공기를 같은 활주로에 착륙하도록 지시하는 실수를 범하였다. 사고를 분석한 미국 교통 안전 위원회(National Transportation Safety Board)는 사고의 원인들 중에서 그 관제사가 당시에 많은 항공기들을 통제해야 하는 책임감에 의해 과부하된 상태였다는 것을 밝혀냈다(National Transportation Safety Board, 1991). 지금부터는 작업 과부하(workload overload)를 어떻게 예언할 수 있는지 기술하고 그 다음에 그것을 측정하는 방법에 대해 살펴보고자 한다.

시간선분 모델(time-line model) 작업부하의 개념은 과제를 수행하도록 주어진 가용한 시간(time available, TA)에 대한 과제를 실제로 수행하는 데 필요한 시간(time required, TR)의 비율로 가장 쉽게, 그리고 가장 직관적으로 이해할 수 있다. 높은 작업부하는 '너무 적은 시간에 너무 많은 일을 해야 하는 경우'라 할 수 있다. 다음에 자세히 살펴보겠지만 작업부하의 개념은 이것보다는 훨씬 더 복잡한 것이다. 그러나 우선은 시간-비율 개념을 사용하는 것은 작업부하를 이해하기 위한 좋은 출발점이 될 것이다(Hendy et al., 1997). 따라서 특정한 환경 속의 특정 작업자가 경험하는 작업부하의 양을 계산하고자 한다면, 언제 상이한 과제들이 수행되어야 하고 전형적으로 각각의 과제들이 요구하는 시간은 얼마나 되는지를 시간선분(timeline)으로 그려 보는 것으로 시작할 수 있을 것이다(그림 13.3). 그와 같은 시간선분은 철저한 과제 분석을 기초로 작성되어야 한다. 그 다음에는 특정 시간 간격에 대한 작업부하를 TR/TA의 비율로 계산한다(Parks & Boucek, 1989; Kirwan & Ainsworth, 1992). 이러한 비례 값은 5개의 구간으로 나누어진 그림의 하단에 나타나 있다.

이러한 작업부하 수치는 두 가지 목적을 위해 만들어졌다. 첫 번째는 얼마나 많은 작업부하, 측정될 수 있는 주관적 상태를 사람이 경험하고 있는지를 예측하는 것이다. 둘째는 과부하로 인해 수행도가 얼마나 많이 손실되는지를 예측하기 위함이다. 그러나 위의 두 가지는 그림 13.4에서 보다시피 전적으로 연결되어 있지는 않다. TR/TA 비율이 증가함에 따라, 직선으로 표현된 작업부하 경험치는 상대적으로 지속적인 증가를 보인다. 그러나 과부하에 의한 사람의 수행도의 손실은 점선이나 점선의 분기점(breakpoint)에서만 발생한다. 즉 TR/TA = 1.0인 곳, 그리고 두 개나 그 이상의 직무를 동시에 수행하면서 손실이 발생하는 곳에서 관찰된다. 이는 제6장에서 논의된 바 있다. 그러므로 그림 13.4는 두 가지 다른 성질의 작업부하를 정의하고 있다. 분기점의 오른쪽은 과부하 영역(overload region)이고 왼쪽은 **여유**

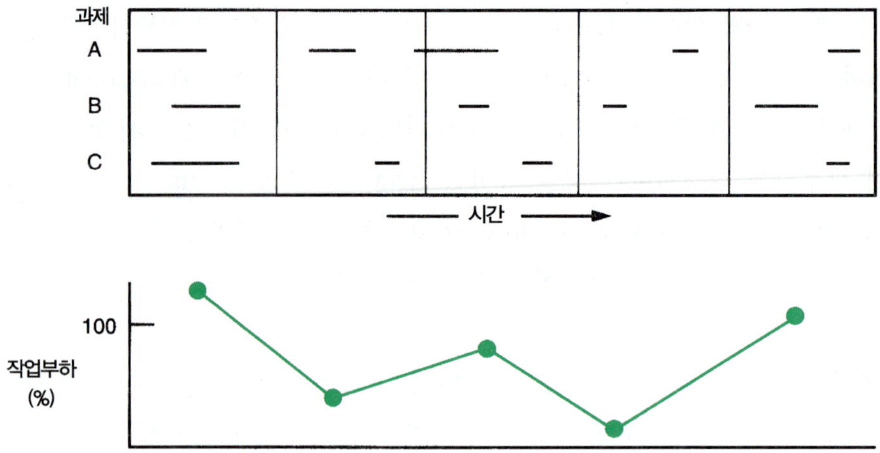

그림 13.3

시간선분 분석. 각 지점에서의 작업부하율은 각 구획 안에서 단위 시간당 과제들의 평균값을 합산하여 계산되었다.

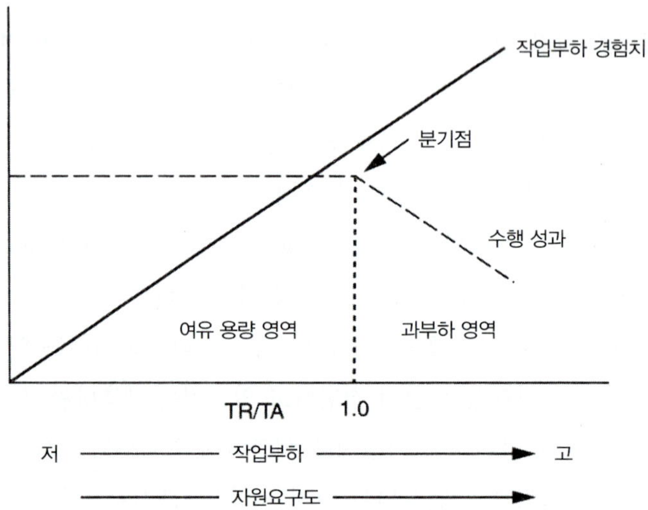

그림 13.4

업무에 의해 부과된 작업부하와 TR/TA에 의해 측정된 숙련된 작업부하 및 수행 성과 간의 가설적인 관계

용량(spare capacity) 영역이다. 그래서 디자이너들은 때때로 예상치 못한 상황을 예비해서 어느 정도의 여유 용량을 주기 위해 시간선분 분석에서 0.8보다 적은 작업부하 환경을 만드

는 것이 좋다고 제안한다(Kirwan & Ainsworth, 1992; Parks & Boucek, 1989).

그림 13.3에서 보여주는 것처럼 업무의 시간선분을 만들고 그것들을 작업부하 평가에 사용하는 것이 상당히 가능해 보이지만, 사실상 다음의 네 가지 요인 때문에 어려움을 겪을 수 있다.

1. 업무시간의 확인. 그림 13.3에서 보여주는 선의 길이는 산출되어야 한다. 일부 연구자들은 표(table lookups)를 보고 선의 길이를 제공하거나(Luczak, 1997), 육군의 IMPRINT 프로그램과 같은 소프트웨어 패키지에 의해 선의 길이를 제공하고 있다. 이러한 수치는 때때로 작업부하나 이 주제의 전문가들에 의해서 제공되기도 한다(Sarno & Wickens, 1995). 때로는 문제시 되는 업무를 수행하는 사람들을 관찰하고 기록하기도 한다. 이러한 업무시간을 추정하는 데 있어서 계획, 진단, 시연 혹은 감시와 같은 드러나지 않는(covert) 업무를 포함시키는 것이 매우 중요하다. 이러한 업무들은 직접 행동으로 나타나는 행위에는 반영되지 않을 수도 있지만 여전히 작업부하에서 중요한 원천이 된다.
2. 스케줄 짜기와 우선순위 정하기. 그림 13.3은 처음 시간 구간에는 과부하가 있다는 것을 보여주고 있다. 그러나 현명한 오퍼레이터는 작업부하를 더 적절하게 분배하기 위해 한두 개의 과부하 업무 수행을 작업부하가 상대적으로 가벼워지는 두 번째 시간 구간으로 연기하기로 할 수도 있다. 그러한 업무 관리 전략(task management strategie)은 제6장에서 논의된 바 있으며 시간선분 모델은 이러한 가능성을 설명할 수 있어야 할 것이다.
3. 업무 자원 요구량(task resource demand)과 자동성(automaticity). 그림 13.3은 모든 업무가 작업 과부하에 기여하는 정도가 같다는 것을 보여주고 있다. 제6장에서 배운 바와 같이 실제로는 그렇지 않다. 만일 두 개의 중복되는 업무 중 하나가 자동화되면(예 : 보행), 동시에 행해지는 업무에 거의 과부하를 걸지 않을 것이다. 두 개의 중복되는 업무가 완전히 자동화가 되지 않았다 하더라도 상대적으로 쉽고 수행성과를 위해 자원을 거의 필요로 하지 않는다면 과부하에 의한 성과 감소가 거의 일어나지 않을 것이다. 업무 자원 요구량의 가치가 어디에서 오는가에 대한 문제는 업무시간 가치에 대한 문제와 비슷하다. 일부 저서들은 특정 업무에 대한 요구량과 IMPRINT와 같은 특정 소프트웨어에 포함된 가치에 대한 명확한 측정도구를 제시하고 있고(Mccracken & Aldrich,

표 13.1 과제 요구 부담 체크리스트

• 가독성(legibility)	• 디스플레이 단순성 : 혼잡을 피하라
• 시각 탐색(병렬적 vs. 계열적; 제4장 참조)	• 작업 기억 부담 정도(군집의 수×파지시간)
• 디스플레이 체제화 : 주사(scanning) 감소	• 자발적 절차들
• 부합성 : 정신 모형과 부합하는 디스플레이	• S-R 부합성
• 일관성 : 디스플레이에 걸친 형태의 일관성	• 행위에 대한 피드백
• 조작 모드의 수	(내적, 촉각 피드백)
• 예측 요구	(외적, 시각 피드백)
• 심적 회전	• 요구된 행위의 정확성
	• 기술-규칙-지식

1989), 표 13.1에 나타난 것과 같이 요구량에 기여하는 특정 업무 관련 요인들을 고려하여 자원 요구량을 1.0이나 0.5의 두 수준 중에 하나가 되도록 적절하게 산정하는 것도 가능하다. 업무 요구량이 클 때, 작업 기억 내의 10개의 정보 군집(chunks)을 시연하는 것과 같은 한 가지 일도 작업 과부하를 일으킬 수 있다.

4. 중다 자원(multiple resources). 과제 방해나 작업 과부하의 다양한 측면은 중다 자원 모델의 네 가지 차원 내에서 과제들이 동일한 유형의 자원을 요구하는지 아니면 서로 독립적인 자원을 요구하는지의 정도에 따라 설명될 수 있다(Wickens, 2002). 예를 들면 두 개의 시각적 과제들은 시각적 과제 한 가지와 청각적 과제 한 가지의 경우보다 더 방해를 많이 받고 수행에 기초한 작업부하를 더 많이 발생시킬 가능성이 있다. 작업부하를 계산하는 몇몇의 발전된 모델은 여기에서 다루어지지는 않았지만 이러한 자원의 중복현상을 설명하고 있다(Sarno & Wickens, 1995; Wickens, 2002).

이 네 가지 조건들을 종합적으로 살펴볼 때, 특히 마지막 세 가지 조건은 그 영향을 어떻게 적용할지를 고려해야만 과부하 영역에서 작업부하를 정량화하기 위해 단순 과제 시간선분을 사용하는 데 문제가 없을 것이다. 순수하게 작업부하를 측정하는 시간선분은 아마도 그림 13.4의 여유 용량 영역 내에서의 작업부하를 예측해 낼 때 사용하는 것이 가장 적합할 것이다.

작업 과부하의 결과 순수하게 시각 압력에 의해서건(TR/TA>1.0) 혹은 과제-자원 요구의 증가에 의해서건 조합된 과제들이 작업부하 과부하 영역으로 들어가게 되면 이것은 인간의 수행에 중요한 영향을 미친다. 즉 무언가가 어려움을 겪게 되는 것이다. 그러나 수행이 어떻게 나빠질지를 예언하기는 매우 어렵다. 한 예로, Edland와 Svenson(1993)은 시간 압력(즉 TR/TA가 증가)하에서 의사결정을 할 때 다음과 같은 결과가 얻어졌다고 보고하였다. 입력을 선택적으로 받아들이고, 더 중요한 정보 원천이 더 큰 비중을 갖게 되며, 정확도가 감소하고, 복잡한 정신적 계산을 포함하는 방략들의 사용이 감소하며, 한 가지 방략에만 집착한다.

제6장에서 논의되었던 과제 관리 방략들(task management strategies)에 관한 연구들은 어떤 과제가 과부하 조건하에서 지장을 받기 쉬운지에 대한 증거들을 보여주기 시작했다. 가장 중요한 사실은, 과부하 상황에서는 자원을 차지하기 위해 경쟁하는 객관적으로 중요한 업무들을 오퍼레이터가 지속적으로 인식하고 있다가 덜 중요한 것들이 우선적으로 배제된다는 것이다(Chao, Madhavan, & Funk, 1996; Wickens et al., 2003).

대처

시간 압력하에서 사람들이 보이는 행동 경향에 대한 관찰을 토대로 몇 가지 대처방안들을 생각해 볼 수 있다. 가장 확실한 대처방안은 시간 부하가 큰 과제들은 다른 오퍼레이터가 분담하여 수행하도록 하거나 자동화하는 방식으로 과제들을 재설계하도록 하는 것이다(제16장 참조). 또한 객관적으로 가장 중요한 정보 원천들이 더 쉽게 접근될 수 있고, 해석 가능하며, 분명하게 제시될 수 있는 디스플레이 설계를 개발하는 것도 시간 압력에 대한 대처방안이다. 높은 시간 압력에 대처하기 위한 훈련은 두 가지 접근 방식으로 이루어질 수 있다. 하나는 요소 과제들을 더 빠르게 혹은 자동적으로 수행될 수 있도록 훈련하는 접근이다(Schneider, 1985; 제6장 참조). 이렇게 요소 과제들을 (빠르고 자동화되도록) 훈련하는 것은 이러한 과제들이 시간선분상에서 시간을 덜 차지하거나 작업부하를 주지 않으면서 다른 과제와 중복되어 수행될 수 있기 때문이다. 또 다른 접근은 과제 관리 기술(task management skills)의 훈련에 초점을 두어(Chao et al., 1996) 오퍼레이터들이 과제나 정보 원천들의 상대적 중요성에 따라 수행 방략들을 적절하게 조정할 수 있게 하는 것이다(Raby & Wickens, 1994). Dismukes와 그의 동료들(2003)은 조종사들을 위한 과제 관리에 관한 특별훈련 패키지를 개발하여 조종실 자원관리(Cockpit Resource Management)를 위한 FAA 규칙에 이를 포함시켰다(제19장 참조). 또 다른 예로, 원자력 발전소의 감독 기관들은 오퍼레이터들이 위급 상황에서 취해야 할 과제들을 명시하고 있는데, 첫 번째는 오퍼레이터들이 위급 상황에서 취해야 할 가장 우선적인 과제는 발전소를 안정시키도록 하는 것이고(즉 상황이 더 나

빠지지 않도록 하는 것), 두 번째는 안전을 확보하도록 조치를 취하는 것이며, 세 번째는 위급 상황의 원인이 무엇인지 진단하는 것이다(제16장).

정신적 작업부하 측정

앞에서 우리는 작업부하가 TR/TA로 정의될 수 있으며, 시간이 작업부하와 관련된 가장 중요한 요인이라는 것을 살펴보았다(Hendy et al., 1997). 그러나 정신적 작업부하는 가용한 자원들에 대한 요구되는 자원들의 비율로서 좀 더 일반적으로 정의될 수 있으며, 여기서 시간은 그러한 자원들 중의 하나이고, 시간만이 유일한 자원은 아니다. 이것은 자원 요구를 좀 더 일반적으로 정의한 것으로, 그림 13.4의 x축을 대체함으로써 가능하다. 예를 들어 어떤 과제들은 시간은 많이 들지만 인지적 자원이나 노력을 그렇게 많이 요구하지는 않는 반면(예 : 키보드로 종이에 적힌 텍스트를 쳐 넣는 것), 약간의 시간만 요구하지만 상당한 노력을 필요로 하는 과제들도 있다(예 : 시험을 볼 때 어려운 논리 문제에 대해 답하는 것). 앞에서 살펴보았듯이, 시간선분에만 기초한 작업부하 예언 기법들은 한계점들이 있으며, 따라서 작업부하 연구자들은 과제들이 요구하는 자원 요구량을 평가하거나 **측정**하는 다양한 형태의 기법들에 관심을 돌려야 한다(O'Donnell & Eggemeier, 1986; Tsang & Wilson, 1997).

작업부하 평가는 두 가지의 기능이 있다. 첫째, 요소 과제에 대한 작업부하의 평가는 작업부하에 대한 예언적 모델의 개발에 기여할 수 있다. 둘째, 작업부하 평가는 어떤 시스템이 이미 개발되었을 때도(혹은 사용되고 있을 때도) 그 시스템의 사용성 분석(usability analysis)에 매우 유용하게 적용될 수 있는데, 왜냐하면 그 시스템을 사용하고 있을 때의 수행이 상당히 우수하다 하더라도 작업부하가 지나치게 높다면, 그 시스템은 개선되어야 하기 때문이다. 셋째, 온라인으로 오퍼레이터의 수행 역량을 추정함으로써 작업부하가 평가될 수 있다. 이를 통해 운전자의 작업부하 수준이 높다고 평가된다면 자동차 안에서의 휴대전화 사용을 차단할 수도 있을 것이다. 전통적으로 작업부하는 다음 네 가지 기법 중 하나로 측정되었다.

일차 과제 측정 방법 일차 과제 측정 방법(primary task measures)은 주어진 과제를 얼마나 잘 수행하고 있는지에 대한 측정 방법이다. 예를 들어 현금 자동 지급기의 인터페이스를 평가할 때, 일차 과제 측정치는 사용자들이 입출금을 할 때의 속도와 정확성이다. 신체 불구자들을 위한 의족을 사용하여 여러 가지 과제를 수행할 때도 사용자들이 보이는 수행의 속도와 정확도는 일차 과제 측정치이다. 일차 과제 측정치는 그 자체만으로 반드시 작업부하의 측정치가 되는 것은 아니지만 때로 작업부하의 영향을 받기 때문에 작업부하를 반영하는 것으로 가정된다(예 : 작업부하가 높으면 수행이 나빠질 것이다). 예를 들어 어떤 운전자는 야간에 혼잡하고 미끄러운 고속도로에서 운전하는 것이 더 높은 작업부하를 요구함에도 불구하고, 맑은 낮 시간에 텅 빈 고속도로를 달릴 때만큼 이 조건에서도 차선 유지 수행(일차 과제 측정치)을 잘 할 수 있을 것이다. 이러한 사례에서 알 수 있듯이, 비록 작업부하 수준이 높다고 해도 사람들이 매우 우수하게 일차 과제를 수행할 수 있는 경우는 많이 있다. 그러나 그림 13.4와 같이 여유 용량의 분기점 근처에서 기대하지 않았던 작업부하 증가가 발생한다면, 보유하고 있는 용량에는 더 이상 여분이 없을 것이다. 또한 다른 수행방식을 선택할 수 있다면 사람들은 높은 작업부하를 요구하는 방식을 취하지 않으려 할 것이다. 예를 들어 현금인출기를 사용하는 것에서 높은 작업부하를 경험하는 은행 고객은 현금인출기를 사용하는 대신 그저 은행 안으로 들어가 출납계원의 도움을 받으려 할 것이다.

이차 과제 측정 방법 이차 혹은 동시 과제 수행은 보유 용량(reserve capacity)의 측정 방법을 제공해 준다. 이 방법의 기본 가정은 일차 과제의 수행이 어느 정도의 인지적 자원을 요구한다는 것이다. 이차 과제들은 잉여 자원이 얼마나 남아있는지를 측정하기 위해 사용된다. 일차 과제에 의해 소비된 자원이 많을수록 이차 과제에 대한 수행은 저하될 것이다. 작업부하를 측정하기 위해 이차 과제 방법을 사용하는 대부분의 연구자들은 외부 이차 과제(external secondary task) 혹은 직무의 일부가 아닌 과제들을 사용해 왔다(Tsang & Wilson, 1997; Kantowitz & Simsek, 2001). 이러한 방법에서 사람들은 일차 과제들을 가능하면 잘 수행하고 그 다음 아직 남아있는 자원 혹은 노력을 이차 과제에 할당하도록 요구받는다. 따라서 일차 과제의 난이도 수준을 증가시키면 이차 과제를 수행하기 위해 사용할 수 있는 자원의 여분이 줄어들 것이며, 이것은 궁극적으로 이차 과제에 대한 수행 수준의 저하를 가져올 것이다. 흔히 사용되는 이차 과제의 예들로는 시간 추정(time estimation), 추적 과제(tracking tasks), 암산(mental arithmetic), 그리고 반응 시간 과제들이 있다(Tsang & Wilson, 1997).

이차 과제에 대한 안면 타당도(face validity)가 높다면, 다시 말해 일차 과제에서 요구되는 부담 정도를 이차 과제를 통해 타당하게 측정할 수 있다고 여겨진다면 이차 과제를 사용하는 것은 작업부하를 측정하기 위한 효과적인 방법이 된다. 그러나 이차 과제가 너무 인위적으로 제시되거나 과제를 수행하고 있는 오퍼레이터를 방해할 경우(혹은 이 두 가지 문제가 모두 있을 경우) 이차 과제를 사용하는 것은 바람직하지 못하다. 이 때문에 몇몇 연구자들은 내재된 이차 과제(embedded secondary task)의 사용을 제안하였는데, 내재된 이차 과제는 전체 수행의 일부이기는 하지만 우선권은 낮은 과제를 말한다(Raby & Wickens, 1994). 예를 들어 운전 중 백미러(rearview mirror) 확인 횟수는 운전 수행의 작업부하를 측정하기 위해 사용될 수 있는 내재된 이차 과제의 측정치이다.

생리적 측정 방법 이차 과제 기법이 갖는 침입성(intrusiveness)과 중다 자원 문제 때문에 몇몇 연구자들은 작업부하에 대한 생리적 측정치들의 사용을 더 선호한다(Tsang & Wilson, 1997; Kramer, 1991). 특히 심장박동률의 변이성에 대한 측정치들은(평균 심장박동률이 신체적 작업부하나 노력의 정도에 대한 좋은 측정치임이 밝혀졌듯이; 제12장 참조) 정신적 작업부하의 비교적 일관적이고 신뢰할 수 있는 측정치라는 것이 증명되었다. 작업부하가 높을수록 심장박동률(즉 박동 간의 간격)은 시간에 따라 좀 더 일정한 데 반해 작업부하가 낮은 수준에서는 느리게는 0.1Hz 근처에서, 그리고 빠르게는 호흡률과 동일한 주파수까지 증가와 감소를 보인다(Tattersall & Hockey, 1995).

시각 탐색(visual scanning) 측정치도 작업부하 변화의 질적 속성을 이해하는 데 사용될 수 있다. 예를 들어 운전하면서 자동차 안에 장착된 계기들을 보는 데 요구되는 작업부하량의 측정치로서 대시보드를 응시하는 빈도를 측정할 수 있을 것이다(Landsdown, 2001; 제17장 참조). 이 밖의 생리학적 측정치들로 눈꺼풀 깜박임률(blink rate), 동공 지름(pupil diameter), 그리고 뇌전위(EEG) 등이 사용될 수 있으나, 여기에서는 이들에 대한 구체적인 설명은 생략하기로 한다(이들에 대한 좀 더 자세한 논의는 Tsang & Wilson, 1997과 Kramer, 1991 참조). 일반적으로, 생리적 측정치들은 다른 작업부하 측정치들과 상관 관계가 있으며, 따라서 타당한 측정치라고 할 수 있다. 그러나 이러한 생리적 측정치들을 얻기 위해서는 우선 장비나 장치가 필요하다는 것이 한계점이라 할 수 있다.

주관적 측정 방법 정신적 작업부하를 측정하기 위한 가장 직관적이면서도 쉬운 방법은 단순히 오퍼레이터들에게 작업부하의 정도를 주관적 척도로 평정하게 하는 것이다. 일반적으로 척도는 작업부하의 가장 높은 수준과 가장 낮은 수준에 대한 분명한 기술이 각각 양쪽 극단에 올 수 있도록 고정시키고 오퍼레이터들이 특정 항목에 대한 작업부하의 수준을 평정하도록 하는 형태이다. 때로 작업부하 평정척도는 질문들을 의사결정 계통도(decision tree)와 같은 형태로 제시한다(Wierwille & Casali, 1983). 몇몇 연구자들은 작업부하가 복잡한 중다 차원적 구성체(multidimensional construct)이기 때문에 주관적 작업부하는 하나 이상의 척도로 평정되어야 한다고 주장한다(예 : Derrick, 1988). 예를 들어 NASA Task Load Index(TLX; Hart & Staveland, 1988)는 다섯 가지의 상이한 하부 척도들에 대해 각각 7개의 수준으로 평정하도록 한다(Wickens & Hollands, 2000).

주관적 작업부하 평정치들은 얻기가 쉬운 반면, 말 그대로 '주관적'이라는 것이 한계점이다. 실제로 사람들의 주관적인 보고는 그들의 수행 정도와 항상 일치하는 것이 아닌 것도 사실이다(Andre & Wickens, 1995). 또한 어떤 이유들 때문에 사람들이 의도적으로 작업부하를 실제 경험한 것보다 더 낮게(혹은 더 높게) 보고할 수도 있을 것이다. 그러나 주관적 노력이 행위, 방략 및 과제를 선택하는 데 영향을 준다면(즉 노력이 덜 드는 것을 선호하여 이것을 선택하려고 한다면; 제6장 참조), 주관적 측정치에 대한 자료는 그와 같은 노력을 이해하는 데 많은 도움을 줄 수 있다.

작업부하 해리 작업부하 측정치들이 항상 수렴적으로 일치하는 것은 아니다(Yeh & Wickens, 1988). 예를 들어 어떤 오퍼레이터가 특정 시스템을 통해 더 열심히 일하고자 하는 동기를 가지고 있다면, 그 특정 시스템에 대한 오퍼레이터의 수행은 더 좋은 반면(더 좋은 일차 과제 수행 → 낮은 작업부하), 이 시스템에 투여된 노력의 정도에 대한 주관적 평정치도 더 높을 것이다(더 많은 노력 → 높은 작업부하). 이러한 이유 혹은 그 외의 다른 이유들 때문에(Yeh & Wickens, 1988), 작업부하의 측정에는 여러 측정치들을 함께 사용하는 것이 중요하다.

피로와 수면 상실

높은 정신적 작업부하는 두 가지 효과를 갖는다. 과제를 수행할 때 즉각적으로 수행을 저하시킬 수 있다. 그러나 높은, 혹은 심지어 중간 정도의 정신적 작업부하는 피로를 누적시켜 계속되는 과제에 대한 수행의 질을 떨어뜨릴 수 있다는 점에서 그 효과가 점증적으로 나타나기도 한다(Orasanu & Backer, 1996; Desmond & Hancock, 2001; Gawron et al., 2001). 피로는 '각성과 졸림 사이의 전이 상태' (Desmond & Handcock, 2001), 혹은 좀 더 구체적으로 '충분한 휴식 없이 장시간의 신체적 혹은 정신적 작업에 의해 근육이나 중추신경계가 원래의 활동 혹은 처리 수준을 유지하도록 하는 데 역량이나 에너지를 충분하지 못하는 상태' (Soames-Job & Dalziel, 2001)로 정의될 수 있다.

스트레스 원인 중 하나인 피로가 수행을 저하시키고 주의를 유지하는 데 문제를 발생시킨다는 것은 확실하다. 작업부하가 높은 과제의 수행에서 휴식시간이나 근무교대 시간을 정하는 데는 신체적 피로뿐만 아니라 정신적 피로도 고려되어야 한다. 예를 들어 미국 육군은 비행시간 동안 경험되는 작업부하의 수준에 기초하여 헬리콥터 비행시간의 최대 한계치를 정했다—주간 비행보다는 야간 비행에서, 그리고 높은 고도보다는 낮은 고도로 비행할 때 더 높은 작업부하가 요구된다.

피로는 또한 군사적 전투 임무와 같이 장기적이고 지속적인 조작이나 연속적인 수행과도 관련된다(Orasanu & Backer, 1996). 피로가 주는 주된 부정적 영향은 장거리 트럭 운전자(Hamelin, 1987)뿐만 아니라, 1991년과 1992년 사이에 수행된 사막의 폭풍(Dessert Storm) 작전에 참전했던 군인들을 통해 잘 연구되었다(Bisson et al., 1992). 또한 피로는 장시간 병원에서 근무하는 작업자들을 전염시킬 수 있는 많은 의료 실수의 원천이기도 하다(Khon et al., 2000). 물론 이러한 사례에서 지속적 작업에 의한 피로 효과는 수면 상실의 효과와 때로 뒤섞여 나타날 수도 있는데, 이 두 가지 효과는 같은 것이 아니다. 수면 상실과 관련된 문제는 이 장의 끝부분에서 다시 논의할 것이다. 여기에서는 너무 많은 작업의 누적된 효과뿐만 아니라, 오랜 시간 너무 할 일이 없는 것의 효과—이것은 경계(vigilance)의 문제이다—에 의해서도 피로가 발생한다는 것(Desmond & Hancock, 2001)에 주목하고자 한다.

경계와 과소각성

언뜻 보기에는 오퍼레이터들이 과부화된 상황보다는 '별로 할 일이 없는' 상황인 경우에 인간 공학적인 문제가 더 적을 것으로 보일 수 있다. 그러나 사고 및 준사고의 분석뿐만 아니라 오랜 연구를 통해 살펴보면, 각성이 낮은 환경에서 경계 과제에 지속적으로 주의를 기울이는 것은 높은 작업부하 때문에 발생하는 것만큼 피곤한 것일 수 있다(Hancock & Warm, 1989). 예를 들어 몇몇 연구들은 생산 라인에서 결함이 있는 제품을 찾아내는 작업만 하는 제품 검사관은 의외로 높은 탈루율(miss rate)을 보인다는 것을 발견하였다.

경계 감소의 원인 경계 문제에 대한 것은 제4장에서 신호 탐지 이론을 다룰 때 살펴본 바 있다. 거기에서 신호 탐지 문제들을 네 가지의 유형(적중, 정기각, 탈루, 헛경보)으로 구분하여 분석한 바 있다. 경계와 관련된 주요 문제들은 경계 과제가 지속됨에 따라 탈루 빈도가 증가한다는 것과 관련되어 있다. 경계 문제를 다룬 수년간의 연구들(Warm, 1984; Warm & Parasuraman, 1987; Davis & Parasuraman, 1982; Wickens & Hollands, 2000)은 신호나 사상(events)의 탐지 수행을 저하시키는 몇 가지 중요한 특징들을 확인하였는데, 그 특징들 중에는 다음과 같은 것들이 있다.

1. 시간. 오퍼레이터가 경계를 유지해야 하는 시간이 길어질수록 탈루 가능성은 더 커진다.
2. 사상 현저성. 밝고, 소리가 크고, 간헐적이며, 현저하게 보이는 사상들은 쉽게 탐지된다. 이와는 반대로 단어 중간의 잘못된 글자나 전자 회로판의 미세한 배선 단절 등은 시간이 지남에 따라 탐지의 상실이 더 커진다.
3. 신호 비율. 신호 자극 자체가 비교적 낮은 비율로 발생하게 되면, 신호의 출현을 감시하는 것이 더 많은 노력을 요구하고, 신호 자극들에 대한 탐지 가능성도 감소한다. 그 이유 중의 하나는 신호의 출현 비율에 대한 낮은 기대가 오퍼레이터들로 하여금 좀 더 보수적인 반응 기준을 채택하도록 하기 때문이기도 하고(이런 경우 더 높은 탈루율과 더 낮은 헛경보율을 보이게 된다) 또 다른 이유로는 사상의 출현(혹은 탐지)은 각성 수준을 지속시켜 주는 일종의 '자극제'로서 작용하는데, 신호 사상의 출현이 감소하면 각성 수준도 떨어지기 때문이다.
4. 각성 수준. 경계 상황과 관련된 한 가지 문제는 지각을 최적화할 수 있는 각성 수준으로 정보 처리 시스템을 유지하게 하는 내재적인 과제 관련 활동이 일반적으로 거의 없다는 점이다. 예를 들어 오퍼레이터들은 때로 그림 13.2에서 보이는 곡선의 왼쪽 끝 부분에 해당하는 조건에 놓이게 될 수 있고(Young & Stanton, 2001), 수면 박탈과 같이 각성 수준을 더 감소시킬 수 있는 변인들은 경계 수행에 큰 영향을 미치게 될 것이다.

경계 감소에 대한 대처 경계 수행에 영향을 미치는 위의 네 가지 요인들을 통해 경계 감소에 대처하기 위한 몇 가지 방안들이 검토될 수 있을 것이다(Wickens & Hollands, 2000). 첫째, 경계나 감시 시간은 너무 길어서는 안 될 것이고, 오퍼레이터들은 휴식을 자주 취할 수 있는 기회를 가져야 한다. 둘째, 항상 쉬운 일은 아니지만 가능하면 신호들이 좀 더 현저하게 제시되어야 한다. 이러한 **신호 향상** 기법들은 실제로 품질 검사와 같은 영역에서 유용하게 사용되기도 한다(Drury, 1982; Wickens & Hollands, 2000).

셋째, 만일 탈루율이 높다면, 보수(신호 탐지에 대한 보상)나 신호 기대감 등을 통해서 오퍼레이터들의 신호 탐지에 대한 반응 기준을 변경시키는 것이 가능하다. 그러나 탐지되어야 하는 신호들(혹은 사상들)이 너무 드물게 발생하는 상황이라면 신호에 대한 기대감을 효율적으로 바꿀 수 있는 유일한 방법은 가짜 신호(false signal)들을 도입하는 것이다(예 : 생산라인에 일부러 불량품을 첨가하거나 공항 등에서 검색해야 할 수화물에 일부러 무기를 숨기는 것). 물론 설계자들이나 이 분야 전문가들은 반응 기준을 변경시키는 것은 더 많은 헛경보율도 산출한다는 것을 항상 기억해야 하며, 따라서 전체 시스템 수행과 관련하여 헛경보율에 의한 비용이 탈루율을 감소시킴으로써 얻을 수 있는 이득보다 작다는 것을 가정해야 한다.

넷째, 높은 각성 수준을 유도하거나 지속하게 할 수 있는 방안들을 모색해야 한다. 자주 휴식을 취하는 것이나 커피(카페인 성분이 있는)와 같은 활성 음료를 적당히 마시는 것도 그러한 방안이 될 수 있다. 다른 유형의 외부적 자극제들(예 : 음악, 소음 혹은 대화)도 효과적일 수는 있겠지만, 이러한 자극제들 때문에 실제 검사하고 있는 항목(혹은 감시 상황)으로부터 주의가 교란되지 않도록 주의해야 한다. 마지막으로 오퍼레이터들이 수면 부족 상태에서 작업하지 않도록 해야 하는데, 왜냐하면 수면 상실에 기인한 피로에 의해 경계 과제가 특히 민감하게 영향을 받기 때문이다.

수면장애에 대해 논의하기 전에, 자동화에 대해 다루는 제16장에서 다시 언급할 하나의 문제를 미리 고려해 보는 것이 중요하다. 점점 더 자동화된 시스템이 인간으로부터 신체적/정신적 활동을 제거하고 있으며, 이러한 활동들은 이제 컴퓨터에 의해 수행되고 있다. 이러한 경향은 인간이 단순한 감시자의 역할만 하도록 하였다. 그 결과, 매우 드물게 발생하는 컴퓨터 작동 오류를 찾아내기 위해 인간 오퍼레이터들이 지속적으로 경계를 유지하는 것을 매우 어려운 과제로 만들었다.

수면 붕괴

수면 붕괴가 피로의 유일한 원인은 아니지만 이것도 피로의 주요 원인이다. 수면 붕괴는 세 가지 요인에 의해 발생한다—(1) 성인의 하루 평균 수면시간인 7~9시간보다 더 적게 수면을 취하는 수면 박탈 혹은 수면 상실, (2) 아침 이른 시간에 일일 주기 리듬이 저점에 있을 때의 수행, (3) 시차 혹은 교대근무에 의한 일일 주기 리듬의 붕괴.

수면 붕괴가 안전이나 생산성에 부정적인 영향을 미치는 주요 스트레스 원인이라는 것에 대해서는 의심의 여지가 없다. 좋든 싫든 우리는 하루 24시간 내내 교통수단을 운용하고, 전기를 생산하며, 제품을 배달하고, 병원 근무를 하며, 항상 보안을 유지해야 하는 사회에서 살고 있다. 이러한 환경에서 발생하는 수면 붕괴는 그 대가를 치른다. 미국 공군에서 최소한 1명 이상의 사망이나 신체장애를 가져온 A급 항공기 사고의 60%는 피로에 의한 것이었고(Palmer et al., 1996), 대형 원자력 발전소 참사 중 4건은 이른 아침 근무교대 시간에 발생한 인간 에러에 의한 것이었으며(Harrison & Horne, 2000), 미 우주선 챌린저호의 폭발은 우주선의 발사 시각을 결정하기 위한 이른 아침의 회의 이전에 충분히 수면을 취하지 못한 발사팀의 열악한 의사결정(즉 너무 낮은 기온에서 우주선 발사를 결정한 것)에 상당 부분 그 원인이 있었다(President' s Commission, 1986). 미국에서 발생하는 2만 건 이상의 교통사고는 부분적으로는 수면 붕괴와 피로에 의한 것이라고 추정된다. 병원(Asken & Raham, 1983; Rosa, 1995)이나 전쟁터(Ainsworth & Bishop, 1971)에서의 수행도 수면 상실에 의해 큰 영향을 받는 것으로 알려져 있다(Huey & Wickens, 1993).

수면 박탈과 수행에 대한 영향

우리 모두 잘 알고 있듯이, 시험 전날 혹은 기말 리포트를 제출하기 위해 '밤샘'을 하거나 수면을 제대로 취하지 못하면 수행에 방해를 받는다. 대부분의 경우, 우리가 많이 졸리면 수행의 거의 모든 측면이 영향을 받는다. 졸다 잠이 들었다면 무슨 일을 할 수 있겠는가! 대부분의 수행이 졸림 때문에 저하된다고 할 수 있지만, 어떤 수행 측면들은 다른 것들에 비해 특히 더 심각하게 손상된다(Huey & Wickens, 1993). 예를 들어 졸림 때문에 눈을 더 많이 깜박거리게 되고, 눈이 감기며, 꾸벅꾸벅 졸게 된다면 시각적 입력에 주로 의존해야 하는 과제들은 수면 붕괴에 의해 특히 더 민감하게 영향을 받을 것이다. 더구나 과제 자체가 (너무 단조롭거나 신호의 출현 확률이 매우 낮다는 이유 등으로) 높은 각성 수준을 요구하는 것이 아니라면 그러한 과제는 오퍼레이터의 주의를 환기시켜 주지 못할 것이고, 따라서 졸림에 의한 수행 저하를 막아주지 못할 것이다. 앞에서도 살펴보았듯이 이것은 특히 경계 과제에 해당되는 것으로, 경계 과제의 수행은 오퍼레이터들의 수면이 박탈되었을 때 가장 먼저 영향을 받는 것으로 보인다(Horne et al., 1983; Hockey et al., 1998).

또한 연구자들에 의하면, 수면 붕괴에 의해 특히 민감하게 영향을 받는 과제들은 상황 인식의 유지나 계획 세우기와 같은 인지적 활동을 포함하는 과제들뿐만 아니라, 의사결정(Harrison & Horne, 2000)이나 혁신적이거나 창조적인 활동(Harrison & Horne, 2000), 그리고 새로운 내용의 학습/저장(Williams et al., 1966) 등을 포함하는 과제들이다. Hockey와 동료들(1998)에 따르면, 중다 과제 수행 상황에서 중심적인 과제는 이차적이거나 부수적인 과제에 비해 수면 상실에 의한 부정적 효과에 더 저항적이다. 당연한 것이지만, 졸림이 갖는 부정적 효과에 상대적으로 영향을 덜 받는 과제들은 활동이 많거나 흥미를 많이 유발하는 것과 같은, 과제 자체가 사람들의 각성 수준을 높이 유지하도록 하는 것들이다. 예를 들어 Haslem(1982)는 군인들의 수면 박탈은 이들의 사격 수행에는 거의 영향을 주지 않는 반면 인지적 활동에는 지속적인 영향을 준다고 보고하고 있다.

수면 상실은 집이 아닌 곳에서 하루 이상 직무 관련 활동을 집중적으로 해야 하는 장기 임무와 관련한 수행에 대해 시사하는 바가 많다. 이러한 장기 임무에는 전투 임무, 장거리 트럭 운전 혹은 항공기 조종사의 비행 임무(이 임무에서는 전형적으로 3~4일 동안의 단거리 비행을 여러 번 해야 한다) 등이 포함된다. 이러한 경우들에서는 두 가지의 요인이 결합되어 수면 박탈을 야기한다. 첫째, 임무 수행 중에는 제대로 수면을 취할 수 없기 때문에 임무 수행이 진행됨에 따라 대개의 경우 **수면 부채**(sleep debt)가 생긴다(Graeber, 1988). 둘째, 임무 수행을 준비하고, 다음 날 아침 일찍 임무를 수행해야 하기 때문에 임무 시작 전날 밤에는 거의 대부분 충분한 양의 수면을 취하지 못한다. 따라서 임무는 전형적으로 수면 부채와 함께 시작되고, 날이 지나면서 수면 부채는 점점 더 커진다고 할 수 있다. 이것은 항공기 승무원이나 장거리 트럭 운전자들을 대상으로 수행된 연구에서도 확인되었다(Graeber, 1988; Feyer & Williamson, 2001).

일일 주기 리듬

수면 상실 외에 졸림을 유발하는 또 다른 원인은 신체의 자연적 **일일 주기 리듬**(circadian rhythms), 즉 낮과 밤의 순환 주기와 관련되어 있다(Horne, 1988). 이러한 리듬들은 생리적 변화에 기초한다. 예를 들어 그림 13.5에서 보이는 것과 같이, 인간의 체온은 아침 이른 시간에는 최저였다가 주간에 점차 상승하여 늦은 오후(혹은 이른 밤)에 최고 온도를 보인 후 다시 내려가는 식으로 자연적인 변동을 겪는다. 이것이 일종의 각성 리듬이며, 이 리듬은 지구의 낮과 밤의 주기와 밀접하게 상관되어 있고 또한 그 영향을 받는다.

최소한 세 가지의 중요한 변인이 체온과 관련되어 있다—졸림(sleepiness), **수면 효율성**(sleep efficiency), 그리고 **수행**(performance). 먼저 졸림은 **수면 잠재 검사**(sleep latency test)를 통해 측정되는데, 이 검사는 실험참가자가 어두운 방의 편안한 침대에 누워 잠이 들 때

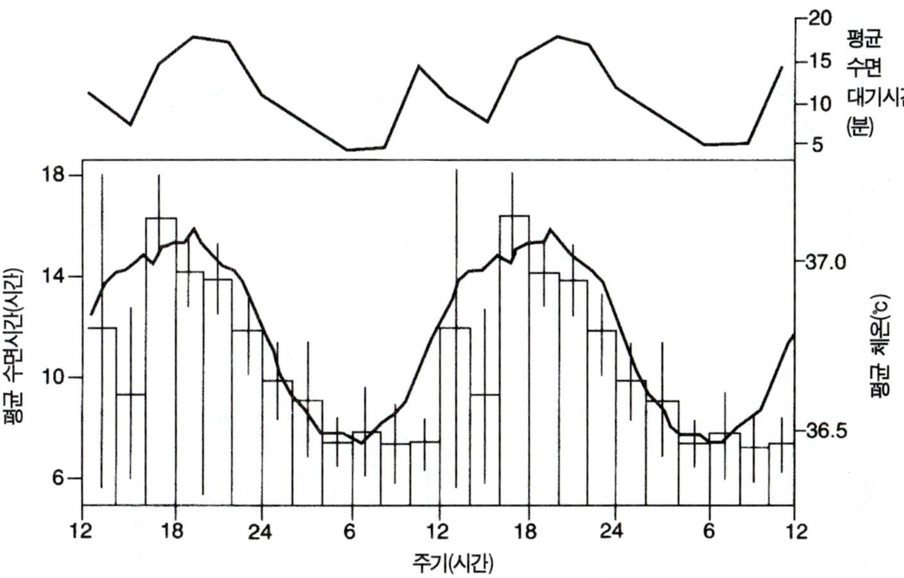

그림 13.5

2회의 주야 순환 시간에 대한 수면 대기시간(상단), 주기 리듬(체온), 그리고 수면시간(하단)의 평균치들

출처 : Czeisler, C. A., Weitzman, E. D., Moore-Ede, M. C., Zimmerman, J. C., & Knauer, R. S., 1980. Human sleep: Its duration and organization depend on its circadian phase. *Science,* 210, pp. 1264-1267. Reprinted with permission. Copyright 1980, American Association for the Advancement of Science.

까지의 시간을 측정한다. 수면 효율성은 얼마나 오랫동안 우리가 수면을 취할 수 있는지에 대한 측정치이다(대개 야간이 더 길다). 그림 13.6에 보이는 것은 네 가지의 서로 다른 과제들에 대해 관찰되는 수행의 변화이다. 네 개의 과제 모두 아침 이른 시간에서 일관적인 수행 저하를 보여주고 있는데, 이것은 아침 이른 시간에 항공 관제사들이 에러를 더 자주 범한다거나(Stager et al., 1989), 트럭 운전자들의 사고 빈도가 더 높다는(Czeisler et al., 1986; Harris, 1977) 것 등 실제 세계에서 관찰되는 수행에서의 저하를 반영하는 것이다. 수면 상실에 의한 효과와 일일 주기 리듬의 효과가 서로 더해질 수 있다는 것은 별로 놀라운 일은 아니다. 따라서 그림과 같은 이른 아침의 수행 저점들보다 수면이 박탈된 근로자들의 수행은 더 저조할 수 있다(Gawron et al.,, 2001). 전날 밤에 수면을 취하지 못한 사람은 다음 날 부족한 수면 양을 보충할 수 있겠지만, 다음 날 아침부터 수면 박탈의 효과가 나타난다면 수면 보충은 매우 힘든 일이 될 것이다.

일일 주기 리듬은 의도적으로 수면을 취하고자 하는 노력도 방해한다. 그림 13.5의 저점

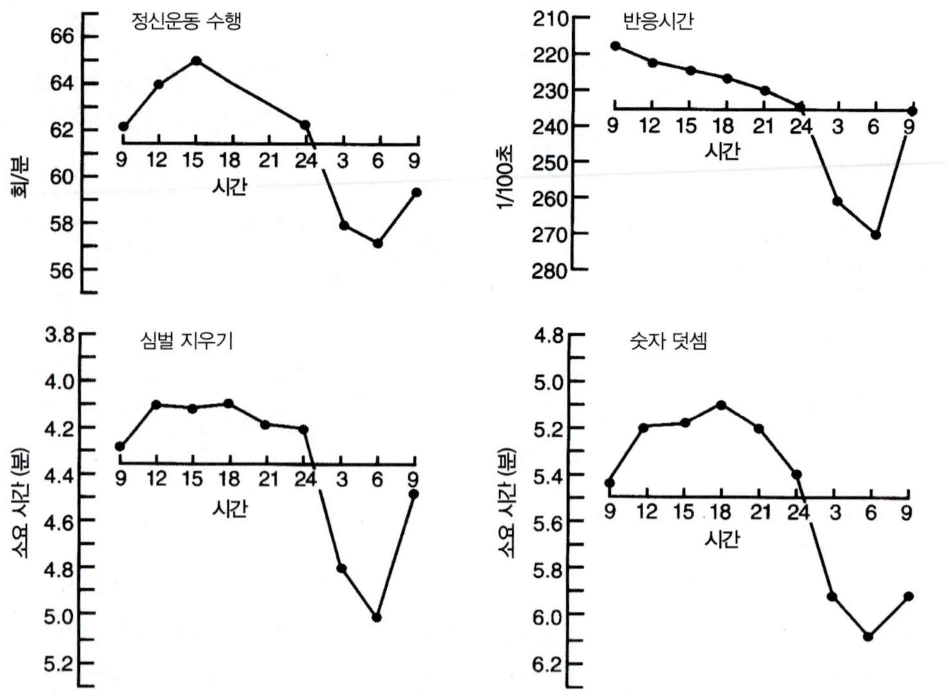

그림 13.6
하루의 주기 리듬에 따라 네 가지 과제들에 대한 수행이 어떻게 달라지고 있는지 보여주는 그래프
출처 : Klein, K. E., and Wegmann, H. M., 1980. *Significance of Circadian Rhythms in Aerospace Operations, [NATO AGARDograph #247].* Neuilly sur Seine, France: NATO AGARD.

에서 깨어 있는 것이 어려운 것처럼, 그림의 고점에서 수면을 취하는 것도 어려운 것이다. 그 결과, 낮이나 이른 저녁에 수면을 취해야 하는 수면 주기는 수면의 질을 떨어뜨리고 결국 수면 부채를 가져올 것이다.

탈동기화

탈동기화(desynchronization)란 한 개인이 유지하려고 하는 활동의 수준과 주기 리듬이 시간적으로 맞지 않는 상황을 일컫는 용어이다. 이러한 탈동기화 상황이 발생할 수 있는 대표적 예는 장거리 여행으로 인한 시차 피로와 교대 근무이다.

시차 피로 시차 피로는 몇 개의 시간대(time zone)를 가로질러 온 후 원래 갖고 있던 일일 주기 리듬 목적지의 주 · 야간 주기와 맞지 않기 때문에 나타난다. 시차 피로로부터 회복되기 위해서는 대략 3~5일 정도의 시간이 필요하다. 몇 가지 이유로 동쪽으로의 비행(예 : 미국에서 유럽으로의 여행)이 서쪽으로의 비행(예 : 미국에서 아시아 국가로)보다 더 긴 시차 적응 시간을 요구한다. 가장 성공적인 대처 방안들은 가능하면 신속하게 목적지의 지역적 주기 리듬에 신체를 맞추도록 하는 것이다. 한 가지 방법은 낮 시간 동안에 잠을 자는 대신 착륙한 후에 그 지역의 취침 시간까지 자지 않고 기다리는 것이다(Graeber, 1988). 신체적 주기 리듬을 목적지의 주기 리듬에 '서둘러' 적응시키기 위한 두 번째 방법은 출발 전에 목적지의 일광(daylight) 수준과 비슷한 강도의 강한 조명에 노출되는 것이다(Czeisler et al., 1989). 생화학적으로 주기 리듬에 적응하는 방법으로서 멜라토닌이라는 약물을 복용하면 앞에서 언급된 것과 유사한 효과를 볼 수 있다(Comperatore et al., 1996).

교대 근무 어떤 직무가 하루 종일 수행되어야 하는 것이라면 주기 리듬이 가장 낮은 각성 수준을 갖는 이른 아침 시간에도 몇몇 작업자들은 작업을 해야 할 것이다. 이 때문에 생길 수 있는 문제에 대처하기 위한 몇 가지 가능한 방략들이 있는데, 각각의 방략은 그 효율성 측면에서 매우 다를 수 있다.

첫 번째 방략은 '야간 교대 근무자' 들의 주기 리듬이 궁극적으로는 야간에 맞춰질 것이라는 가정하에 작업자들을 서로 다른 근무 시간에 할당하여 야간에 근무하는 작업자들은 계속 야간에만 근무하도록 하는 것이다. 이러한 접근 방법의 문제는 야간 작업자들이 지구의 자연적 주야간 주기 리듬이 갖는 몇 가지의 증거(evidence)들에 노출되면 야간 주기 리듬에 대한 완전한 적응은 결코 일어나지 않는다는 점이다. 왜냐하면 그러한 자연적 주기 리듬의 증거들은 의도했던 주기 리듬(즉 야간에 작업하도록 맞춰진 주기 리듬)과는 주기가 맞지 않아 탈동기화가 일어나기 때문이다. 자연적 주기 리듬에 대한 증거의 예들에는 햇빛이나 나머지 사람들의 자연적 주간 수행 활동 등이 포함된다(Rosa, 2001). 이 전략의 또 다른 문제는 개인적 선호 때문에 야간 교대 작업을 원하는 작업자들의 수가 극히 적을 것이라는 점이다.

두 번째 방략은 선박의 갑판 경계 근무에서 사용하고 있는 것으로, 사람들의 근무 시간을 지속적으로 순환하는 것이다. 예를 들어 하루는 야간 근무를 하고, 다음 날에는 아침 근무, 그 다음 날에는 오후 근무를 하는 방식이다. 이러한 방략의 문제는 이렇게 근무 시간을 순환할 경우 신체적 주기 리듬에 의한 각성 수준은 요구되는 수준까지 도달할 기회를 갖지 못하게 되어(즉 변화하는 시간대에 대해 충분히 적응할 수 있는 시간적 여유가 없어서) 탈동기화가 유동적 상태로 계속 남아 있게 된다는 점이다. 따라서 작업자들의 각성 수준은 작업 시간 동안(특히 이른 아침 시간대에) 최적의 상태에 있지 못하게 되며, 같은 이유로 작업이 없는 시간에도 제대로 수면을 취할 수 없게 된다(Carskadon & Dement, 1975; Rosa, 2001). 세 번째는 작업 시간대를 변경시키되 비교적 드물게(예 : 한 번의 순환을 마치는 데 14~21일 정도 소요되도록) 변경시키는 전략이다(Wilkinson, 1992). 이러한 전략의 이점은 주기 리듬이 원하는 시간대에 적응할 수 있게 해주면서도(이러한 적응은 보통 4~5일 걸린다), 모든 작업자들이 야간 근무와 주간 근무 시간을 공평하게 나누어 가질 수 있도록 해준다는 점이다(Czeisler et al., 1982; Rosa, 2001). 그러나 작업 시간대를 느리게 순환시킬 경우 근로자는 작업 시간대가 변경된 후의 첫 교대 근무 시간에 특히 많은 어려움을 겪는다. 당연한 것이지만, 작업 시간대가 바뀐 후 야간 근무 교대를 하는 근로자는 특히 더 취약할 것이다. 이 경우 위험한 직무를 수행하는 근로자에게는 주의를 환기시킬 필요가 있을 것이다.

작업 시간대의 순환을 느리게 하든지 반대로 빠르게 하든지 상관없이 근무 교대 시간을 뒤 시간대로 옮겨 가는 지연형 근무 시간 교대(delayed shift)가 앞 시간대로 근무 시간을 건너뛰는 선행형 근무 시간 교대(advanced shift)보다 더 효율적이다(Barton & Folkard, 1993; Rosa, 2001).

하루 중 특정 시간대에서의 근무 교대뿐만 아니라 근무 교대 시간과 관련된 또 다른 문제들도 피로와 수행에 영향을 미친다. 이러한 문제들 중 가장 중요한 것은 10~14시간 정도 장시간 근무한 뒤 교대하는 것이다. 이렇게 장시간 근무한 후 교대하는 데는 몇 가지 이유가 있는데, 여기에는 하루에 10시간을 계속 근무함으로써 주말에 더 많은 시간을 보내기 위한 목적으로 선택되는 초과근무, 유정(oil rig)에서의 근무와 같이 떨어진 지역에서 소수의 작업반이 일하는 경우, 그리고 12시간 일하고 12시간 쉬는 순환주기를 맞추기 위한 것 등이 포함된다. 이러한 근무 형태에 대한 연구 결과들은 장시간 근무 후 교대하는 것은 더 큰 피로와 더 많은 에러를 가져온다는 것을 매우 분명하게 보여주고 있다(Rosa, 2001; Gawron et al., 2001). 예를 들어 14시간 근무 후 교대하는 트럭 운전자는 10시간 미만 근무 후 교대하는 트럭 운전자에 비해 사고율이 세 배 정도 더 높았고(Hamelin, 1987), 병원에서 긴 시간 근무하는 사람들은 위생에 필요한 중요한 절차를 빠뜨리는 경향이 더 높았다(Rosa, 2001).

수면 붕괴에 대한 대처

우리는 앞에서 수면 붕괴의 세 가지 형태에 의해 발생할 수 있는 많은 문제들을 기술하였다. 여기에서 제안하고자 하는 수면 붕괴에 대한 대처 혹은 해결책도 수면 붕괴의 세 가지 형태 모두에 적용될 수 있다. 졸림의 원인이 분명한 것처럼 졸림에 대처할 수 있는 방안도 확실하다. 졸리면 좀 더 자는 것이다. 실제로 매일 밤에 3~4시간 정도 수면을 취하는 것과 같이 비교적 적은 양의 수면도 (완전한 휴식을 취한 개인의 수행 수준에는 못 미친다고 하더라도) 며칠 동안의 수행 수준을 유지하는 데는 매우 도움이 된다(Orasanu & Backer, 1996; Gawron et al., 2001).

또한 잠깐 동안의 **선잠**(napping)도 졸림에 대한 아주 효율적인 대처 방법이 될 수 있다는 것은 잘 알려져 있다(Rose, 2001). Dinges 등(1987)은 54시간 동안 수면을 취하지 않고 작업한 작업자들의 수행은 2시간의 수면을 한 번 취하게 하는 것만으로도 상당히 향상될 수 있다는 것을 발견하였다. Rosekind 등(1994)은 대륙을 이동하는 장시간의 비행 중 조종실에서 적절한 수면을 취하는 것이 조종사들의 수행에 매우 도움이 된다는 것을 밝혔다. 그와 같은 선잠은 경계 수행의 수준을 향상시켜 줄 뿐만 아니라 전혀 수면을 취하지 않은 것처럼 비행 후에도 조종사들이 수면을 잘 취할 수 있도록 해준다. 일반적으로 선잠은 최소한 15분 이상은 되어야 효율적이다(Naitoh, 1984). 작업장에서는 선잠을 잘 수 있는 편안한 조건을 제공해 주는 것도 중요하다. 이를 위해 작업장 내에 공식적인 '수면실'을 만드는 경우도 있다.

그러한 선잠(혹은 작업 환경에서의 모든 수면도 포함해서)의 한 가지 단점은 **수면 관성**(sleep inertia)이 있다는 점인데, 이것은 선잠에서 깨어 난 후 처음 8~10분 정도는 정신이 최대의 효율성을 발휘하지 못하는 경향을 말한다(Dinges et al., 1985). 따라서 오퍼레이터들이 적절한 선잠을 취하도록 하고자 할 때는 선잠 후에 정신 기능이 완전히 회복될 수 있도록 해주는 방안들이 같이 사용되어야 한다. 예를 들어 선잠을 취한 후 임무 교대를 하고자 하는 경계 근무자는 정보 교환을 시작하기 전에 역시 최소한 10분 정도 미리 깨어 있어야 한다.

또 다른 대처 방안은 **수면 보강**(sleep credits)인데 이것은 임무를 수행하기 이전이나 수면 박탈이 예상되는 경우 미리 추가적인 수면을 취하는 것이다(Huey & Wickens, 1993). 그러나 불행하게도 이 대처 방안은 때로는 비현실적인 것 같다. 예를 들어 Graeber(1988)는 3~4일 동안 단거리 비행을 여러 번 해야 하는 조종사들은(이 기간에는 수면을 취하는 것이 어려울 뿐만 아니라 피로의 누적이 매우 크다) 평상시의 평균 수면 시간보다 전형적으로 수면을 적게 취한다는 것을 관찰하였다.

아마도 앞에서 기술된 졸림에 대한 세 가지의 대처 방안들을 적용하는 가장 좋은 방법은 **수면 관리 프로그램**(sleep management program)을 사용하는 것이다(deSwart, 1989). 이 프로그램은 군대와 같이 비교적 통제가 가능한 장면에서 특히 적절하게 사용될 수 있다. 병원이나 산업체 공장과 같이 통제가 적은 곳에서도 안전을 위해 적당한 수면이 중요하다는 것을 강조함으로써 이러한 프로그램을 적용시킬 수 있다. 예를 들어 '일을 끝내기 위해 이틀 동안 잠을 자지 않는 것'을 칭찬하기보다는 그렇게 하지 않도록 권고하는 것 등이 포함될 수 있다. 두말할 필요 없이, 작업자들이 수면을 충분히 취하지 못하면서 장시간 직무(특히 인명과 관련되는 직무)를 수행하는 조건을 만들지 않는 것은 조직체의 역할이다. 그러나 장시간 수면을 취하지 못하면서 근무해야 하는 상황은 의과대학 학생들, 인턴 혹은 레지던트들에 의해 종종 보고되는 패턴이다(Asken & Raham, 1983; Friedman et al., 1971).

마지막으로 졸림에 대처하기 위한 방법이 두 가지 더 있는데, 이 방법들의 효율성 여부는 여러 이유들 때문에 매우 일관적이지 못하다. 첫째, 카페인과 같은 약물들은 짧은 시간 동안 졸림에 대항할 수 있고, 카페인뿐만 아니라 다른 각성제들은 하룻밤의 수면 박탈 시간 동안이나 혹은 그 이후의 수행을 유지시키는 데 사용될 수 있다(Gawron et al., 2001; Lipschutz et al., 1988). 그러나 이틀 밤을 수면 없이 지낸 이후에는 그러한 약물들의 보상 효과가 제한된다(Horne, 1988). 더구나 카페인의 과다 복용은 짧은 기간 동안에는 졸림을 막아 줄 수 있지만, 장기적으로는 수면을 취할 수 있는 기회가 주어져도 깊은 수면을 취할 수 있는 능력을 손상시켜 결국 전반적인 피로의 수준을 감소시키는 데 오히려 역효과를 가져올 수 있다. 졸음을 쫓기 위해 카페인을 복용하는 것은 낮에 수면을 취하고자 하는 노력을 특히 더 방해한다. 덱스암페타민(dexamphetamine)과 같은 자극제는 며칠에 걸쳐 더 긴 시간 동안 각성을 유지하는 데 효과가 있는 반면, 그 약효가 사라지면 더 이상 수면을 방해하지 않는다(Caldwell et al., 1995). 그러나 이러한 자극제들이 갖는 장기적 효과에 대해 아직 많이 연구되지는 않았다(Gawron et al., 2001).

두 번째의 대처 방안은(이것도 역시 그 효율성은 제한적이다) 단순히 주기 리듬에서 가장 낮은 수준에 있는 시간대인 늦은 밤이나 이른 아침에 일하는 것을 요구하지 않거나 금지하는 것이다. 이렇게 한다면 가장 수행 수준이 낮은 시간대를 피할 수 있고, 수면을 취하기 힘든 주간에 작업자들이 수면을 취하도록 요구하지 않아도 될 것이다. 이러한 방법의 문제는 많은 조직체들이 24시간 쉬지 않고 가동되어야 한다는 데 있다. 즉 선박들은 밤새 운항되어야 하고, 트럭도 마찬가지이며, 많은 공장이나 산업 시설물들이 서비스나 제품을 제공해 주기 위해 하루 24시간 동안 쉬지 않고 가동되어야 한다.

결론

결론적으로 스트레스는 다양한 원인과 증상에 의해 매우 상이한 형태로 나타난다. 인간 공학적 관점에서 한 가지 고려해야 할 것은 스트레스에 의한 과제 수행의 저하이다. 스트레스의 원인이 과다각성이건 아니면 과부하이건 스트레스가 인간 오퍼레이터의 수행에 영향을 주는 것은 분명하다. 그와 같은 인간 오퍼레이터의 스트레스에 대한 취약성은 사고나 에러의 근본적 원인이 될 수 있다(이러한 사고나 에러에 대해서는 다음 장에서 좀 더 자세히 다루어질 것이다). 작업과부하는 작업자들이 항상 직면하는 문제이다. 그러나 최근의 두 가지 추세는 과소부하도 중요한 문제로 부각시키고 있다. 첫째, 모든 영역에서 생산성에 대한 지속적인 압박감은 24시간 내내 공장을 가동시키는 횟수를 증가시켜 야간작업이나 수면 박탈과 같은 문제를 야기하였다(Desmond & Hancock, 2001). 둘째, 자동화의 역량이 점점 커져 인간을 수동적인 감시자의 역할만 하도록 하는 추세가 증가하고 있다. 수동적인 감시는 피로에 의해 쉽게 손상될 수 있는 과소각성 과제의 하나이다. 수동적 감시자의 역할을 할 경우 인간 오퍼레이터가 (감시 이외에) 담당할 수 있는 유일한 책임은, 자동화가 고장을 일으키는 매우 드물지만 심각한 상황에서 창조적이고 신속하게 의사결정을 내려야 하는 것이다. 그러나 우리가 이미 살펴보았듯이, 이러한 신속하고 창조적인 의사결정은 수면 붕괴에 매우 취약하다(Harrison & Horne, 2000).

참고문헌

Ainsworth, L., and Bishop, H.P.(1971). *The effects of a 48-hour period of sustained field activity on tank crew performance.* Alexandria, VA: Human Resource Research Organization.

Alkov, R.A., Borowsky, M.S., and Gaynor, M.S.(1982). Stress coping and the US Navy aircrew factor mishap. *Aviation, Space, and Environmental Medicine, 53*, 1112-1115.

Andre, A.D., and Wickens, C.D.(1995). When users want what' s not best for them. *Ergonomics in Design*, Oct. 10-13.

Asken, M.J., and Raham, D.C.(1983). Resident performance and sleep deprivation: A review. *Journal of Medical Education, 58*, 382-388.

Bahrick, H.P., and Shelly, C.(1958). Time-sharing as an index of automatization. *Journal of Experimental Psychology, 56,* 288-293.

Banderet, L.E., Stokes, J.W., Farncesconi, R., Kowal, D.M., and Naitoh, P.(1981). The twenty-four hour workday. *Proceedings of a symposium on variations in worksleep schedule.* Cincinnati: U.S. Dept. of Health and Human Services.

Barton, J., and Folkard, S.(1993). Advanced versus delaying shift systems. *Ergonomics, 36*, 59-64.

Bensel, C.K., and Santee, W.R.(1997). Climate and clothing. In G, Salvendy(ed.) *Handbook of human factors and ergonomics*. New York: Wiley.

Bourne, P.G.(1971). Altered adrenal function in two combat situations in Vietnam. In B.E. Elefheriou and J.P. Scott(eds.), *The physiology of aggression and defeat.* New York: Plenum.

Bowers, C.A., Weaver, J.L., and Morgan, B.B.(1996). Moderating the performance of effects of stressors. In J. Driskell and E. Salas(eds.), *Stress and human performance.* Mahwah, NJ: Lawrence Erlbaum.

Broadbent, D.E.(1972). *Decision and stress.* New York: Academic Press.

Browne, R.C.(1949). The day and night performance of teleprinter switchboard operators. *Journal of Occupational Psychology, 23,* 121-126.

Carskadon, M.A., and Dement, W.C.(1975). Sleep studies on a 90-minute day. *Electroencephalogram Clinical Neurophysiology, 39*, 145-155.

Chao, C.D., Madhavan, D., and Funk, K.(1996). Studies of cockpit task management errors. *The International Journal of Aviation Psychology, 6*(4), 307-320.

Czeisler, C.A., Kennedy, WA., and Allan, J.S.(1986). Circadian rhythms and performance decrements in the transportation industry. In A.M. Coblentz(ed.), *Proceedings of workshop on the effects of automation on operator performance*(pp.146-171). Paris: Université René Descartes.

Czeisler, C.A., Kronauer, R.E., Allan, J.S., Duffy, J.F., lewett, M.E., Brown, E.N., and Ronda, J.M.(1989). Bright light induction of strong(Type O) resetting of the human circadian pace-maker. *Science, 244*, 1328-1333.

Czeisler, C.A., Moore-Ede, M.C., and Coleman, R.M.(1982). Rotating shift work schedules that disrupt sleep are improved by applying circadian principles. *Science, 217*(30 July), 460-462.

Czeisler, C.A., Weitzman, E.D., Moore-Ede, M.C., Zimmerman, J.C., and Knauer, R.S. (1980). Human sleep: Its duration and organization depend on its circadian phase. *Science, 210,* 1264-1267.

Davies, D.R., and Parasuraman, R.(1982). *The psychology of vigilance.* New York: American Elsivier.

Derrick, W.L.(1988). Dimensions of operator workload. *Human Factors, 30*(1), 95-110.

deSwart, J.(1989). Stress and stress management in the Royal Netherlands Army. *Proceedings of the user's stress workshop*. Washington, DC: U.S. Army Health Services Command.

Dinges, D.F., Orne, K.T., Whitehouse, W.G., and Orne, E.C.(1987). Temporal placement of a nap for alertness: Contributions of circadian phase and prior wakefulness. *Sleep, 10,* 313-329.

Dinges, D.F., Orne, M.T., and Orne, E.C.(1985). Assessing performance upon abrupt awakening from naps during quasi-continuous operations. *Behav. Res. Methods, Instruments, & Computers, 17,* 37-45.

Downey, R., and Bonnet, M.H.(1987). Performance during frequent sleep disruption. *Sleep, 10,* 354-363.

Driskell, K.E., and Salas, E.(eds.)(1996). *Stress and human performance.* Mahwah, NJ: Lawrence Erlbaum.

Drury, C.(1982). Improving inspection performance. In G. Salvendy(ed.), *Handbook of industrial engineering.* New York: Wiley

Edland, A., and Svenson, O.(1993). Judgment and decision making under time pressure: Studies and findings. In O. Svenson and A. J. Maule(eds.), *Time pressure and stress in human judgment and decision making*(PP.27-40). New York: Plenum Press.

Fanger, P.(1977). *Thermal comfort.* New York: McGraw-Hill.

Farmer, E.W., and Green, R.G.(1985). The sleep-deprived pilot: Performance and EEG response. *16th Conference for Western European Association for Aviation Psychology,* Helsinki, 24-285.

Friedman, R.C., Bigger, J.T., and Kornfield, D.S.(1971). The intern and sleep loss. *New England Journal of Medicine, 285,* 201-203.

Funk, K.(1991). Cockpit task management: Preliminary definitions, normative the ory, error taxonomy, and design recommendations. *The International Journal of Aviation Psychology, 1*(4), 271-286.

Graeber, R.C.(1988a). Jet lag and sleep disruption. In M.H. Kryger, T. Roth, and W.C Dement(eds.), *Principles and practice of sleep medicine*(pp.324-331). Philadelphia: W.B. Saunders Co.

Graeber, R.C.(1988b). Aircrew fatigue and circadian rhythmicity. In E.L. Wiener and D.C Nagel(eds.), *Human factors in aviation*(pp.305-344). San Diego: Academic Press.

Griffin, M.(1997). Vibration and motion. In G. Salvendy(ed.), *Handbook of human factors and ergonomics.* New York: Wiley.

Hancock, P.A., and Warm, J.S.(1989). A dynamic model of stress and sustained attention. *Human Factors, 31,* 519-537.

Harris, W.(1977). Fatigue, circadian rhythm, and truck accidents. In R. Mackie(ed.) *Vigilance theory, operational performance, and physiological correlates*(pp.133-146). New York: Plenum.

Hart, S.G., and Hauser, J.R.(1987). In-flight application of three pilot workload measurement techniques *Aviation, Space, and Environmental Medicine, 58*, 402-410.

Hart, S.G., and Staveland, L.E.(1988). Development of NASA-TLX(Task Load Index) Results of experimental and theoretical research. In P.A. Hancock and N. Meshkati(eds.), *Human mental workload*(pp.139-183). Amsterdam: North Holland.

Hart, S.G., and Wickens, C.D.(1990). Workload assessment and prediction. In H.R Booher (ed.), MANPRINT: *An approach to systems integration*(pp.257-296). New York: Van Nostrand Reinhold.

Haslam, D.R.(1985). Sustained operations and military performance. *Behavior Research Methods, Instruments, and Computers, 17*, 9-95.

Hendy, K., Jian Quiao, L., and Milgram, P.(1997). Combining time and intensity of facts in assessing operator information processing load. *Human Factors, 39*, 30-47.

Hockey, G.R.J.(1986). Changes in operator efficiency as a function of environmental stress, fatigue, and circadian rhythms. In K.R. Boff, L. Kaufman, and J.P, Thomas(eds.), *Handbook of perception and human performance, Vol. II*(pp.44-1-44-49). New York: Wiley.

Holmes, T.H., and Rahe, R.H.(1967). The social readjustment rating scale. *Journal of Psychosomatic Research, 11,* 213-218.

Horne, J.A.(1988). *Why we sleep*. Oxford: Oxford University Press.

Horne, J.A., Anderson, N.R., and Wilkinson, R.T.(1983). Effects of sleep deprivation on signal detection measures of vigilance: Implications for sleep function. *Sleep, 6,* 347-358.

Houston, C.(1987). *Going higher: The story of man at high altitudes.* Boston: Little Brown.

Huey, M.B., and Wickens, C.D.(eds.)(1993). *Workload transition: Implications for individual and team performance*. Washington, DC: National Academy Press.

Johnston, J.A., and Cannon-Bowers, J.A.(1996). Training for stress exposure. In J.E. Driskell and E. Salas(eds.), *Stress and human performance*. Mahwah, NJ:. Lawrence Erlbaum.

Kahneman, D.(1973). *Attention and effort.* Englewood Cliffs, NJ: Prentice-Hall.

Kirwan, B., and Ainsworth, L.(1992). *A guide to task analysis.* London: Taylor & Francis.

Klein, K.E., and Wegmann, H.M.(1980). *Significance of circadian rhythms in aerospace operations*(NATO AGARDograph No. 247). Neuilly sur Seine, France: NATO AGARD.

Konz, S.(1997). Toxology and human comfort. In G. Salvendy(ed.), *Handbook of human factors and ergonomics*. New York: Wiley.

Kramer, A.(1991). Physiological metrics of mental workload: A review of recent progress. In D. Damos(ed.), *Multiple task performance*(pp.279-328). London: Taylor & Francis.

Kramer, A.F., Coyne, J.T., and Strayer, D.L.(1993). Cognitive function at high altitude. *Human Factors, 35*(2), 329-344.

Krueger, G.P., Armstrong, R.N., and Cisco, R.R.(1985). *Aviator performance in week long extended flight operations in a helicopter simulator.* Ft. Rucker, AL: U.S. Army Aeromedical Res. Lab.

Lazarus, R.S., and Folkman, S.(1984). *Stress, appraisal and coping.* New York: Springer.

Lipschutz, L., Roehrs, T., Spielman, A., Zwrghuizen H., Lamphere, J., and Roth, T.(1988). Caffeine' s alerting effects in sleepy normals. *Journal of sleep Research, 17,* 49.

Luczak, H.(1997). Task analysis. In G. Salvendy(ed.), *Handbook of human factors and ergonomics.* New York: Wiley.

Lysaght, R.J., Hill, S.G., Dick, A.O., Plamondon, B.D., Linton, P.M. Wierwille, W.W., Zaklad, A.L., Bittner, A.C. Jr., and Wherry, R.J.Jr.(1989). *Operator workload: Comprehensive review and evaluation of workload methodologies*(ARI Technical Report 851). Alexandria, VA: U.S. Army Research Institute for the Behavioral and Social Sciences.

Naitoh, P.(1981). Circadian cycles and restorative power of naps. In L.C. Johnson, D.I. Tepas, W.P. Colquhoun, and M.J. Colligan(eds.), *Biological rhythms, sleep and shift work*(pp.553-580). New York: Spectrum.

National Transportation Safety Board(1991). *Aircraft Accident Report: Runway Collision of US Air flight 1493, Boeing 737 and Skywest flight 5569 Fairchild Metroliner, Los Angeles International Airport*(PB 91-910409-NTSB/AAR-91/08). Washington, DC, Feb. 1.

Norman, D.A.(1988). T*he psychology of everyday things.* New York: Basic Books.

O' Donnell, R.D., and Eggemeier, F.T.(1986). Workload assessment methodology. In K.R. Boff, L. Kaufmlan, and K. Thomas(eds.), *Handbook of perception and human performance: Vol. II: Cognitive processes and performance*(Chapter 42). New York: Wiley.

Orasanu, J., and Backer, P.(1996). Stress and military performance. In J. Driskell and E. Salas(eds.), *Stress and human performance.* Mahwah, NJ: Lawrence Erlbaum.

Parks, D.L., and Boucek, G.Pl.Jr.(1989). Workload prediction, diagnosis, and continuing challenges. In G.R. McMillan, D. Beevis, E. Salas, M.H. Strub, R. Sutton, and L. Yan Breda(eds.), *Applications of human performance models to system design*(pp.47-64). New York: Plenum Press.

Poulton, E.C.(1976). Continuous noise interferes with work by masking auditory feedback and inner speech. *Applied Ergonomics, 7,* 79-84.

Raby, M., and Wickens, C.D.(1994). Strategic workload management and decision biases in aviation. *International Journal of Aviation Psychology, 4*(3), 211-240.

Reid, G.B., and Nygren, T.E.(1988). The subjective workload assessment technique: A scaling procedure for measuring mental workload. In P.A. Hancock and N. Meshkati(eds.), *Human mental workload*(pp.185-218). Amsterdam: North Holland.

Roeskind, M.R., Graeber, R.C., Dinges, D.F, Connell, L.J., Rountree, M.S., Spinweber C.L., and Gillen, K.A.(1994). *Crew factors in flight operations: IX. Effects of preplanned cockpit rest on crew performance and alertness in long-haul operations*(NASA Technical Memorandum 103884). Moffett Field, CA: NASA Ames Research Center.

Rohles, F.H., and Konz, S.A.(1987). Climate. In G. Salvendy(ed.), *Handbook of human factors*(pp.696-707). New York: Wiley.

Roscoe, F.H.(1987). In-flight assessment of workload using pilot ratings and heart rate. In *The practical assessment of pilot workload(*AGARD-AG-282)(pp. 78-82). Neuilly sur Seine, France: Advisory Group for Aerospace Research and Development.

Rubinstein, T., and Mason, A.F.(1979). The accident that shouldn' t have happened: A analysis of Three Mile Island. *IEEE Spectrum,* Nov., 33-57.

Sarno, K.J., and Wickens, C.D.(1995). The role of multiple resources in predicting time-sharing efficiency: An evaluation of three workload models in a multiple tast setting. *The International Journal of Aviation Psychology, 5*(1), 107-130.

Schlegal, R.E., Gilliland, K., and Schlegal, B.(1986). Development of the criterion task set performance database. *Proceedings of the 1986 meeting of the Human Factors Society.* Santa Monica, CA: Human Factors Society.

Shingledecker, C.A.(1987). In-flight workload assessment using embedded secondary radio communications tasks. In *The practical assessment of pilot workload*(AGARDograph No.282)(pp.11-14). Neuilly sur Seine, France: Advisory Group for Aerospace Research and Development.

Stager, P., Hameluck, D., and Jubis, R.(1989). Underlying factors in air traffic control incidents. *Proceedings of the 33rd annual meeting of the human factors society.* Santa Monica, CA: Human Factors Society.

Stokes, A.F., and Kite, K.(1994). *Flight stress: Stress, fatigue and performance in aviation.* Brookfield, VT: Ashgate Aviation.

Svenson, S., and Maule, A.J.(eds.)(1993). *Time pressure and stress in human judgment and decision making.* New York: Plenum Press.

Tattersall, A.J., and Hockey, G.R.J.(1995). Level of operator control and changes in heart rate variability during simulated flight maintenance. *Human Factors, 37*(4), 682-69.

Tsang, p., and Wilson, G.(1997). Mental workload. In G. Salvendy(ed.), *Handbook of human factors and ergonomics*(2nd ed.). New York: Wiley.

Warm, J.S.(1984). *Sustained attention in human performance.* Chichester, UK: John Wiley.

Warm, J.S., and Parasuraman, R.(eds.)(1987). Vigilance: Basic and applied. *Human Factors, 29*, 623-740.

Wasserman, D.E.(1987). Motion and vibration. In G. Salvendy(ed.), *Handbook of Human Factors*(pp. 650-669). New York: Wiley.

West, J.B.(1985). *Everest, the testing place.* New York: McGraw-Hill.

Wickens, C.D.(1991). Processing resources and attention. In D. Damos(ed.), *Multiple task performance.* Bristol, CT: Taylor & Francis, pp.3-34.

Wickens, C.D.(1992). *Engineering psychology and human performance*(2nd ed.). New York: Harpercollins.

Wickens, C.D.(1996). Designing for stress. In J.E. Driskell and E. Salas(eds.), *Stress and human performance.* Mahwah, NJ: Lawrence Erlbaum.

Wickers, C.D., Stokes, A.F., Barnett, B., and Hyman, F.(1991). The effects of stress of pilot judgment in a MIDIS simulator. In O. Svenson and J. Maule(eds.), *Time pressure and stress in human judgment and decision making.* Cambridge, UK: Cambridge University Press.

Wierwille, W.W., and Casali, J.G.(1983). A validated rating scale for global mental workload measurement applications. *Proceedings of the 27th annual meeting of the human factors society*(pp.129-133). Santa Monica, CA: Human Factors Society.

Wierwille, W,W., and Eggemeier, F.T.(1993). Recommendations for mental workload measurement in a test and evaluation environment. *Human Factors, 35*(2), 263-282.

Wilkinson, R.T.(1992). How fast should night shift rotate? *Ergonomics, 35*, 1425-1446

Williams, H.L., Gieseking, C.F., and Lubin, A.(1966). Some effects of sleep loss or memory. *Perceptual Motor Skills,* 23, 1287-1293.

Wine, J.(1971). Test anxiety and direction of attention. *Psychological Bulletin, 76,* 92-104.

Yeh, Y.Y., and Wickens, C.D.(1988). Dissociation of performance and subjective measures of workload. *Human Factors, 30,* 111-120.

Yerkes, R.M., and Dodson, J.D.(1908). The relation of strength of stimulus to rapidity of habit formation. *Journal of Comparative Neurological Psychology, 18*, 459-482.

14 안전과 사고 방지

마르타는 편의점에서 새로 일하게 된 것이 매우 좋았다. 어느 날 아침 그녀는 판매대에 물건들을 채워 놓느라 무척 바쁘게 일을 하다가 상점 옆의 복도로 내려가기 위해 코너를 돌았다. 큰 창을 통해 빛이 눈부시게 들어왔으며 이 때문에 그녀는 바닥에 쏟아져 있던 액체를 보지 못했다. 그녀는 그 액체를 밟아 미끄러졌고, 바닥에 있던 무딘 금속 못에 팔을 찔리고 말았다. 그녀의 팔은 결코 완벽하게 치유되지 못했고, 이때 입은 허리 부상은 평생 동안 남아 있었다.

존은 황량한 밭을 가로질러 걷고 있었는데, 거기에는 땅 위로 튀어나온 직경 6인치짜리 배수관이 있었다. 그 배수관은 큰 얼음 덩어리로 입구가 막혀 있었기 때문에, 존은 금속 지렛대를 이용해서 그 얼음 덩어리를 깨기 시작했다. 얼음 덩어리가 점차 깨짐에 따라 지하에서 생성되었던 고압의 기체가 갑자기 분출되었고, 이 기체가 얼음을 매우 강하게 들어 올려, 얼음을 깨는 데 사용되었던 지렛대가 존의 목을 관통하였다. 존은 병원으로 실려갔고, 놀랍게도 그는 살아날 수 있었다.

스티브와 피트는 비교적 신참인 소방수들과 함께 어느 계곡의 숲에서 발생한 화재를 진압하고 있었다. 갑자기 돌풍이 이들이 있는 쪽으로 불어왔고, 그들은 화염을 피하기 위해 달리기 시작했다. 그러나 화염이 다가오는 속도가 너무 빠르다는 것을 어느 순간 알아차리고 그들은 재빨리 구명 텐트 속에 들어가 땅바닥에 엎드렸다. 한편 다른 두 사람들은 (이들은 빨리 달리기 위해 이미 구명 텐트를 던져버린 상태였다) 화염을 피하기 위해 가파른 언덕을 기어 올라가야 했다. 구명 텐트 속으로 피신했던 두 사람은 사망했고, 다른 곳으로 달려가 몸을 피한 사람들은 안전하게 살아 남았다.

캘리포니아에서 살던 네 살 난 어린아이가 공을 가지고 놀다가 그 공이 자기 집 뒷마당에 새로 설치한 콘크리트 분수대 위로 올라가자, 그 공을 줍기 위해 분수대 위로 올라갔다. 아이가 공을 잡으려고 하는 순간 분수대가 무너졌으며 그 아이는 콘크리트 더미에 깔려 사망했다. 아이의 부모는 분수대를 설치한 회사를 상대로 고소를 했고 승소했다.

우리가 제1장에서 살펴보았듯이, 인간 공학의 주된 목표는 직장, 가정, 그리고 수송체계 등과 같은 다양한 환경 속에서 사람들의 건강과 안전을 향상시키는 것이다. 건강과 안전은 관련되어 있는 것이지만 최소한 두 가지 방식으로 구분될 수 있다. 먼저 안전은 상해를 야기하는 상황에 관심을 가지는 반면 건강은 질병을 야기하는 상황에 관심을 갖는다. 또한 안전은 급성적 조건(즉 갑작스럽고 심각한 조건)에서 발생되는 사고에 초점을 두는 반면 건강은 잘못 설계된 자료 입력 키보드와 같은 비교적 덜 심각하고 좀 더 장기적인 상황에 초점을 둔다(DiBerardinis, 1998; Goetsch, 2001; Manuele, 1997). 작업장에서의 위험요소들은 위생 문제, 안전 문제 혹은 두 가지 모두를 야기할 수 있다(소음이 한 예이다). 이 책의 제10장~제12장에서 우리는 위험요소를 감소시키거나 만성적 외상 장애와 같은 장기적인 인간 공학적 건강 문제들을 감소시키기 위해 물리적인 작업 환경을 어떻게 설계해야 하는지에 대한 정보를 제시함으로써 건강에 영향을 줄 수 있는 위험요소들을 중점적으로 살펴보았다.

이 장에서 우리는 더 갑작스럽고 심각한 상황으로 이어져 사람에게 상해나 사망을 야기할 수 있는 위험한 조건들 혹은 사상들에 초점을 맞출 것이다. 이러한 상황들은 인간 수행의 실패, 기계의 작동 오류, 추락, 화재, 폭발 등과 같은 것들을 포함한다. 대부분의 논의가 비록 작업장의 안전을 중심으로 이루어지겠지만, 작업장에서 사고를 일으킬 수 있는 많은 요소들은 운전과 같이 좀 더 일반적인 과제들에도 적용된다. 좀 더 구체적으로 말하면, (1) 사고의 원인을 제공하는 혹은 사고와 직접적으로 관련된 요인들, (2) 장비와 작업장에서 위험요소들을 체계적으로 확인하는 방법들, (3) 위험요소의 통제방법, 그리고 (4) 위험한 환경에서 인간 행동에 영향을 주는 요인들을 논의함으로써 안전과 사고의 방지에 대한 것을 개관할 것이다.

안전과 사고 방지의 소개

이 장의 처음에 예시했던 사고들은 모두 실화에 바탕을 둔 것이다. 그러나 이러한 사례들은 매년 사람들이 사고에 의해 다치거나 사망하는 수천 가지 원인 중 극히 일부만을 나타내 주고 있다. 안전과 사고 방지는 인간 공학 분야에서 중요한 관심 영역이다. 미국에서는 매년 47,000명이 자동차 사고로, 13,000명이 추락에 의해, 그리고 7,000명이 독극물에 의해 사망한다. 1993년에는 작업장 사고로만 10,000명이 사망했다. 표 14.1은 국가 안전 이사회

표 14.1 작업장 사고 및 상해의 가장 주된 원인들

상해	사망
과로: 신체적 한계를 넘어 작업하는 것	자동차 관련 사고
충격 사고: 물체에 부딪히거나 혹은 물체에 받히는 것	추락
추락	감전 사고
화학물질들에 대한 신체 반응	익사
압착	화재 관련 사고
자동차 사고	항공 교통 관련 사고
방사능이나 부식재에 대한 노출	독극물
마찰이나 찰과상	해상 교통 관련 사고
극한 온도에의 노출	

(1993a)에 의해 보고된 것으로, 작업장에서 발생한 상해와 사망에 대한 주요 원인들을 보여주고 있다. 상해의 주요 원인들로는 과로, 물체와의 충돌사고, 추락 등이다. 사망의 주요 원인들은 자동차 및 추락에 의한 사고와 관련되어 있다. 그러나 다른 원인들, 예를 들어 화재, 익사, 독극물, 감전 등에 의한 사망도 흔히 발생한다. 마지막으로, 미국 산업 안전 보건청(NIOSH)은 매년 천만 명이 넘는 사람들이 궁극적으로 질병을 일으킬 수 있는 위험 물질에 노출된다고 추정하였다(Goetsch, 2001). 사고에 의한 부상이나 사망과 같은 인명 피해뿐만 아니라 사고에 의한 경제적 손실도 엄청나다. 작업장에서 발생하는 상해와 사망만으로도 연간 500억 달러의 경제적 손실이 발생한다. 이러한 경제적 손실은 재산상의 손실, 임금상의 손실, 의료비용, 보험 관리비, 그리고 간접적인 경비 등의 요인들을 반영한 금액이다. Kohn, Friend, Winterberger(1996)에 의하면, 미국에서는 작업장에서의 사망 사고 때문에 희생자당 780,000 달러의 경제적 손실이 발생하는 것으로 추정된다. 이러한 통계치들은 작업장에서의 건강과 안전이 단순한 도덕적 관심사를 넘어 이제는 경제적인 측면으로도 고려되어야 한다는 것을 보여준다. 그러나 기업체들은 항상 안전을 가장 우선적인 문제로 생각하는 것은 아니며, 이러한 사실은 미국에서 안전과 관련된 법령 제정의 역사를 개관해 보면 더 분명해진다.

안전 법령

작업장에서의 안전은 지난 100년 동안 법령 제정에 의해 매우 큰 영향을 받았다. 1800년대에는 근로자들이 안전하지도 위생적이지도 못한 조건에서 작업을 수행해야 했다는 것이 일반적으로 인정되는 사실이다. 기업의 철학은 방임주의, 즉 제약을 가하지 않고 되는대로 놓아 두는 것이었다. 기술적인 의미에서, 이러한 관습법하에서는 고용자들에게 안전한 작업장소와 안전한 작업 도구를 제공하는 것으로 기대되었지만, 실제로 대중들은 사고가 어쩔 수 없이 발생하는 것으로 받아들였다. 사고가 발생했을 때 근로자들이 보상을 받을 수 있는 유일한 방법은 고용자의 과실을 증명하는 것이었는데, 고용자의 과실이란 '충분한 보호를 하지 못했거나 상해나 재산상의 손실을 막을 법적 의무를 다하지 못한 것'으로 정의되었다. 문제는 충분한 보호라는 것이 제대로 정의되지 못했다는 점이다. 회사들은 위험요소가 있는 조건은 정상적인 것이라고 주장했다. 더구나 회사들은 (1) 분담적 과실(contributory negligence)—즉 상해를 당한 근로자의 행동이 사고를 일으키도록 했다는 것—이 있었다거나, (2) 동료 근로자들이 과실을 범했다거나, 혹은 (3) 상해를 입은 근로자가 그들의 작업이 위험하다는 것을 이미 알고 있었지만 위험을 무릅쓰고 스스로 일했다는 것들 중 한 이유를 주장하면서 자신들을 변호했다(Hammer, 2000). 예를 들어 어떤 이유든 사고가 발생하는 데 동료 근로자가 개입되어 있었다면 고용주는 책임을 지지 않아도 된다는 것이다. 회사측에 유리한 이러한 조항 때문에 1900년대까지는 작업 조건이 매우 열악했고, 사고율은 계속 증가하게 되었다.

근로자에 대한 보상 및 책임

1909년과 1910년 사이에 여러 주 정부들은 근로자의 보상 법령들을 입안하였다. 이러한 초기 법령들은 누가 잘못했는지의 여부에 관계없이 작업 현장에서 상해를 당한 근로자들에게 보상을 제공한다는 개념에 기초하고 있었다. 그와 같은 초기 법령이 몬태나 주에서는 광산 근로자에 대해서, 그리고 뉴욕 주에서는 고도로 위험한 8개 직종에 대해 통과되었다. 그러나 두 법령은 위헌적인 것으로 여겨져 부결되었다. 그 후 얼마 지나지 않아 뉴욕의 한 셔츠 공장에서 화재 참사가 발생하여 146명이 사망하고 70명 이상이 중상을 당하였다. 이 사건은 근로자들에 대한 법적인 보호 장치를 요구하는 여론을 증폭시켰고, 1917년에 이르러 미국 대법원은 근로자의 보상에 대한 주법이 합헌이라는 판결을 내리게 되었다. 오늘날 각 주에는 서로 다른 근로자 보상 법령이 시행되고 있는데, 대략 80%의 근로자들이 이러한 법의 보호를 받고 있다(Hammer, 2000). 전반적으로, 근로자 보상법은 다음과 같은 것들을 포함하고 있다.

- 잘못과는 상관없이 모든 직업 관련 사고 희생자들에게 확실하고 신속하며 온당한 임금과 의료혜택을 제공하고, 그들의 부양 가족들에게도 금전적 혜택이 가도록 해야 한다.
- 개인-상해 소송에 의해 발생하는 재판상의 지연, 비용, 그리고 작업 부담을 감소시키기 위해 단일한 해결책을 제시한다.
- 시간이 오래 걸리는 재판이나 항소 절차뿐만 아니라 변호사 비용이나 목격자에 대한 비용 등을 면제한다.
- 경험에 기초한 평가 기제를 통해 안전과 재활에 대한 근로자의 관심을 극대화시킬 수 있도록 한다.
- 사고의 원인에 대한 연구를 촉진시킨다.

근로자에 대한 보상은 보험의 일종이며, 다른 종류의 보험과 마찬가지로 회사가 보험료를 지불하도록 되어 있다. 그리고 근로자 보상 보험은 직무와 상해의 종류에 따라 혜택의 비율을 정하도록 되어 있다. 근로자 보상 보험의 혜택을 받기 위해서는 상해가 3개의 조건에 맞아야 한다. 즉 (1) 사고에 의해 상해가 발생했고, (2) 직무와 관련된 일 때문에 사고가 발생했으며, (3) 사고가 발생했을 당시 고용관계가 유지되고 있어야 한다.

근로자 보상 법령하에서 근로자들은 고용주들의 과실에 대해 직접 그들을 고소할 수 없었고 대신 제3자를 고소할 수 있었다. 이러한 제3자들 중에는 상해를 일으킨 장비의 제조자, 운전자나 관련 자동차 회사들, 건물을 설계한 건축사 혹은 안전 관리사 등이 포함되었다. 많은 대형 제조물 책임 소송(product liability suits)이 상해를 당한 산업체 근로자들에 의해 제기되었는데, 그 이유는 이것이 상대적으로 보상액이 적은 근로자 보상 소송보다 더 많은 보상을 받을 수 있었기 때문이다. 한 예로, 캘리포니아의 한 남자는 안전 스위치에 결함이 있었던 프레스 때문에 8개의 손가락을 잃었다. 그는 근로자 보험을 통해 평생 4만 달러 이상의 장애인 연금을 받았을 뿐만 아니라 제조물 책임 소송으로 제조업체로부터 110만 달러의 보상비도 지급 받았다. 과실에 대한 소송은 지금도 흔하지만 **무과실 책임**(strict liability)에 대한 소송도 증가하고 있다. 무과실 책임이란 상해를 당한 측에서 제조업자의 과실이나 실수를 증명할 필요 없이 제품 결함에 의한 상해에 대해 제품의 제조자가 책임이 있다는 것을 의미한다.

OSHA와 NIOSH 기구의 설립

1960년대에 많은 사람들은 주 정부가 정한 법령들이 여전히 적합하지 않다는 것을 느꼈다. 즉 많은 산업체들은 여전히 열악한 안전과 위생 기준을 갖고 있었으며, 부상이나 사망 역시 여전히 매우 높았다. 그 결과 1970년에 미 연방 정부는 직업 안전 및 보건 법령(Occupational Safety and Health Act)을 제정함으로써 산업체들에 특정한 안전 기준을 부과하는 행동을 취하였다. 이 법령에 의해 정부기관이 만들어졌는데, 이 기관은 미국 노동성 산하의 직업 안전 위생국(Occupational Safety and Health Administration, OSHA)이다. OSHA는 안전 프로그램들의 실시, 위생 및 안전과 관련된 기준들에 대한 새로운 설정과 기존의 잘못된 기준들이 폐기, 기업체 감찰, 프로그램들에 대한 조사, 질병 및 상해의 발생 비율에 대한 계속적 감시, 소환장 발부, 벌금의 산정, 안전 기준을 지키지 않는 고용주에 대해 적합한 행동을 취하기 위한 법원에의 청원, 안전 훈련의 제공, 상해 방지 컨설팅 제공, 위생 및 안전에 관한 통계 데이터베이스의 관리 등을 수행하고 있다(Goetsch, 2001 참조). OSHA는 일반 산업체뿐만 아니라 건설, 농업, 해양 부분과 같은 특수한 산업체에 대해서도 안전 기준을 발간하고 있다(Department of Labor, 1993). 고용주들은 상해 방지 기준을 준수하고, 작업 관련 상해나 사망에 대한 기록을 관리하며, 고용인들이 독극물이나 다른 위험요소들에 노출되는 것을 기록하고, 안전과 위생 문제에 대한 정보를 고용인들에게 제공하는 것과 같은 OSHA가 정한 규정을 따라야 한다.

또 다른 정부기관은 미국 산업 안전 보건청(National Institute for Occupational Safety and Health, NIOSH)으로서 이것 역시 인간 공학이라고 하는 전문 영역에서는 매우 중요한 의미를 갖는 기구이다. NIOSH는 연구와 교육 기능을 수행한다. 또한 작업장에서 위험요소가 있는 조건들을 확인하기 위한 연구들을 수행하고 개관한다. 그리고 NIOSH는 OSHA 기준의 한 준비 단계가 될 수 있는 권장 사항들을 준비하기도 한다. 작업장 설계나 안전과 관련된 영역에 종사하는 인간 공학 전문가들은 종종 NIOSH의 기준과 권장 사항들을 사용한다.

제조물 책임

비록 OSHA 등의 노력에 의해 산업 안전의 정도가 매우 높아지기는 했어도 여전히 많은 문제들이 있다. 다른 대부분의 관료집단들처럼 이 기관 역시 까다롭고 굼뜬 경향이 있다. OSHA 역시 정치적인 로비의 영향을 매우 많이 받고 있고, 너무 경미한 처벌을 내리며, 조사관의 수도 너무 적다. 이러한 이유를 포함해 여러 가지 이유 때문에 산업체와 생산품 제조업체의 안전은 민 · 형사상 소송에 의해 영향을 더 많이 받고 있다.

상해나 사망이 작업장에서 일어나건 혹은 그 외의 다른 곳에서 일어나건, 사람들이 사업체를 상대로 소송을 제기하는 빈도는 점점 증가하고 있다. 이러한 소송들의 대부분은 **제조물 책임 소송**(product liability claims)들인데, 이러한 소송들에서는 제조물이 어떠한 결함이 있고 그러한 결함이 상해나 사망을 야기했다는 주장이 제기된다. 제조물 책임 사건들은 대개 다음 세 가지 유형의 결함 중 하나를 가정한다—**설계 결함**(즉 본래부터 불완전한 것), **제조 결함**, **경고 결함**. 또한 부적합한 경고의 제시 때문에 제기되는 소송뿐만 아니라 부적절한 지시 때문에 제기되는 소송이 증가하고 있다. 예를 들어 앞에서 살펴본 뒷마당 분수대와 관련되어 기술되었던 소송에서는 제조업체가 소매업자에게 500파운드의 분수대를 설치하는 데 대해 올바르게 설명해 주지 못했다는 것(예 : 분수대의 층 사이를 접착제를 사용해 고정시킨 것)과 제조업체와 소매업자 모두 분수대가 갖는 위험 가능성에 대해서 소비자에게 경고하지 못했다는 점이 제기되었다. 그 재판은 캘리포니아에서 열렸고, 네 살짜리 아이를 잃은 어머니에게 835,000달러의 합의금을 주기로 하고 해결되었다. 제조물 책임 사건의 수와 그 규모도 놀랍게 증가하고 있으며, 의회는 제조물 책임 소송과 관련된 범위와 보상 기준을 입안하고자 시도하고 있다.

제조물 책임 사건에 대하여 언급되어야 하는 중요한 질문은 그 제조물이 결함이 있었는가 아니면 단순히 본질적으로 '위험한' 것인가의 문제이다. 예를 들어 조각칼은 위험한 것이기는 하지만 그것이 결함이 있는 것으로 여겨지지는 않는다. 매우 중요한 한 판례가 1970년대에 캘리포니아 대법원에서 내려졌다. 이 판결에서는 "제조물이 의도된 대로 혹은 충분히 예상 가능한(reasonably foreseeable) 방식으로 사용되었을 때, 일상적인 사용자가 기대할 수 있을 만큼 안전하게 수행되지 못했거나 혹은 그 설계 속에 내재해 있는 위험 가능성이 그 설계의 이점을 능가하는 경우에 그 제조물은 결함이 있다."고 규정하였다. 인간 공학에서 이 판결은 다음과 같은 중요한 시사점들을 갖고 있다.

1. **충분히 예상 가능하다는 것의 개념.** 인간 공학 전문가들은 때로 무엇이 충분히 예상 가능한 것으로 여겨질 수 있는지에 대하여 전문가로서 증언하기를 요구받는다. 예를 들어 어린아이가 분수대에 올라가는 것은 충분히 예상 가능한 것인가? 대부분의 사람들은 그렇다고 말할 것이고 이것이 분수대 재판에서의 평결이 되었다. 또 다른 재판은 나무 가지치기를 하기 위해 잔디 깎는 기계를 사용하다 부상을 당한 남자의 사례였다. 잔디

표 14.2 사고의 인과 혹은 기여 요인들

과제요소들		
근로자	**직무**	**장비 및 도구**
연령	각성, 피로	제어장치와 디스플레이
능력	신체적 작업부하	전기적 위험요소들
경험	정신적 작업부하	기계적 위험요소들
약물, 알코올	작업-휴식 주기	고온/저온 위험요소들
성별	교대, 교대 순환	압력 위험요소들
스트레스	작업 속도	독극물 위험요소들
각성, 피로	인간 공학적 위험요소들	폭발물 위험요소들
동기	작업 절차	기타 요소의 작동 실패
사고 경향성		

주변 환경	
물리적 환경	**사회적/심리적 환경**
조명	경영 방식
소음	사회적 규범
진동	작업장 풍토
온도	훈련
습도	인센티브
공기 중 오염물질	
화재 위험요소들	
방사능 위험요소들	
추락	

상당히 광범위하게 다루어지는 주제이다. 다음 부분에서는 이 책에서 아직 다루어지지 않았던 기여 요인들과 인과 요인들에 대해 개관할 것이다. 우리는 먼저 그림 14.1에서 제시하고 있는 다섯 가지의 '작업 시스템' 요인들에 대해 논의한 다음 오퍼레이터 실수에 대해 간략하게 논의할 것이다.

개인 특성

산업체 근로자와 연합된 것으로서 사고의 가능성을 증가시키는 요인들이 많이 있는데, 이러한 요인들은 그림 14.2에 나타나 있다. 일반적으로 이러한 요인들은 위험요소 재인, 적합한 행동에 대한 결정, 그리고 적합하게 행동할 수 있는 능력에 영향을 줄 수 있는 군집 중 하나에 포함된다. 여기에서 우리는 안전 행동에 영향을 주는 좀 더 중요한 몇 가지 요인들에 대

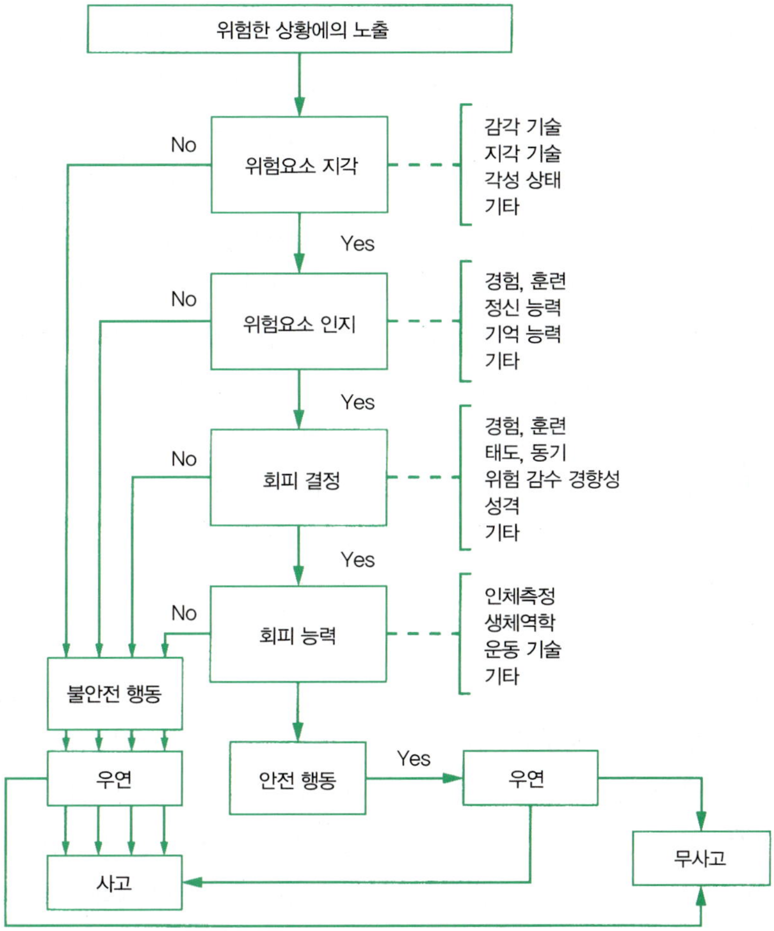

그림 14.2
사고 발생의 각 단계에 영향을 주는 오퍼레이터 특성들
출처 : Ramsey, I., 1985. Ergonomic factors in task analysis for consumer product safety. *Journal of Occupational Accidents*, 7, 113-123.

해서만 개관할 것이다.

연령과 성별 사고율과 관련하여 매우 예언력이 있는 요인 중 하나는 연령이다. 관련 연구들은 일반적으로 젊은 사람들이 더 많이 사고를 경험하며, 사고율은 사람들의 연령이 15~24세인 경우에 가장 높다는 것을 보여주었다(Bell et al., 1990). 산업체 사고율은 25세인 경우에 정점에 달한다. 이런 연구들은 대개 상관 연구였기 때문에 왜 연령이 사고율에 영향을 주는지 결정하기가 매우 어렵다. 어떤 연구자들은 젊은층이 노년층에 비해 사고율이 높은 주된 이유를 사람들이 나이가 들어 갈수록 점점 더 보수적이 되어 이에 따라 위험 가능성에 대한 그들의 추정도 더 보수적으로 되기 때문이라고 추측한다. 즉 젊은 사람들은 노년층에 비해 자신들이 당할 수 있는 사고나 상해의 가능성을 낮게 평가한다는 것이다(Leonard, et al., 1990). 더구나 젊은 남성들은 자신들이 훨씬 더 낮은 위험 가능성에 있다고 지각하기 때문에 더 많은 사고를 당한다(예 : Alexander et al., 1990; Lyng, 1990).

그러나 연령과 사고율 사이의 이러한 일반적인 관계에도 예외는 있다. 즉 사고율이 고용인의 신체적 · 인지적 능력과 연결되면 사고율은 노년층에서 더 올라간다(Slappendel et al., 1993). 벌목과 같은 신체적으로 힘든 직종에서는 수행이 35세 정도에서부터 감소할 수 있다. 지각 · 인지 능력 면에서 보면, 50~60세의 연령에 있는 사람들은 감소된 '유용한 시각장(useful field of view)', 정보 처리 속도의 저하, 그리고 모호한 자극의 부호화에 대한 어려움 등을 보여준다. 운전과 같이 만일 직무가 정보 처리 능력을 요구한다면 사고율은 증가하는 경향을 보일 것이다.

직무 경험 사고율을 예언할 수 있는 근로자의 두 번째 특성은 직무를 수행한 시간 혹은 직무 경험이다. 매우 높은 사고율(대략 70%)이 처음 그 직무를 수행한 지 3년 이내에 발생하며, 직무 시작 후 2~3개월경에 정점에 이른다. 이 시점은 전환 단계를 보여주는 것인데, 이 단계에서 사람들은 훈련을 다 마치고 더 이상 감독을 받지는 않지만 위험요소의 재인이나 적합한 반응을 하기 위해 필요한 경험은 아직 가지고 있지 못한 상태이다.

스트레스, 피로, 약물, 그리고 알코올 근로자의 일시적 특성들도 수행에 영향을 주어 결과적으로 사고율에 영향을 미친다. 예를 들어 스트레스와 피로, 혹은 이 두 가지가 결합된 요인들은 사고와 깊이 관련되어 있는 것으로 밝혀졌다(제13장 참조). 수행은 사랑하는 사람의 사망이나 이혼과 같은, 직장을 벗어난 생활사적 스트레스 요인 때문에 저하되기도 한다(예 : Hartley & Hassani, 1994). 이러한 요인들은 근로자들로 하여금 작업과는 관계없는 생각에 더욱 사로잡히게 하는 경향이 있다.

약물이나 알코올의 영향하에서 작업하는 근로자들의 사고율은 매우 높은 것으로 밝혀졌다(Holcom et al., 1993). 현장 연구들은 약물 사용과 상해율, 이직률, 그리고 근로자 보상 요구율 등과 같은 수행상의 지표들 사이에 의미 있는 관계가 있음을 보여주었다(예 :

Lehman & Simpson, 1992).

많은 고용주들은 고용인들에 대한 약물 검사를 실시하고 있다. 자료에 의하면, 약물 검사 프로그램을 채택하고 있는 조직체들은 인적 상해율의 감소를 보여주고 있다(Taggart, 1989). 이러한 자료들은 약물 사용이 직접적으로 사고율에 영향을 주는 것을 시사하지만 실제로 반드시 그러한 것은 아니다. 몇몇 이론가들은 약물 사용은 단순히 그 개인의 일반적 특성을 나타내는 것뿐이라고 믿는다. '사회적 일탈'로 볼 수 있는 이러한 특성이 바로 작업 관련 사고의 원인을 낳게 하는 작동 기제라는 것이다(Holcom et al., 1993). 이 견해에 따르면 약물 사용에 대한 선별(screening)만으로도 그러한 사람들이 고용되는 비율을 감소시켜 결과적으로는 사고율을 낮게 할 수 있다.

Holcom과 그의 동료들(1993)은 일반적 일탈, 직무 불만족, 약물 사용, 우울증 등과 같은 몇 가지 성격 요인들이 위험성이 높은 직무에서의 사고를 예언하는 것 같다고 제안하였다. 특히 이러한 견해는 어떤 사람들은 다른 사람들보다 사고를 일으킬 가능성이 더 많은 것으로 보인다는 기술적 연구 결과와도 일치한다(예 : Mayer et al., 1987). 이러한 근로자들의 특성은 **사고 경향적**(accident prone)이라고 부른다. 그러나 이 용어는 매우 진단적이지 못하기 때문에 우리는 어떠한 특성이 그 사람들로 하여금 사고를 더 많이 일으키게 하는지를 정확하게 결정하기 위해 연구를 계속해야 한다. 따라서 고용인 보조 프로그램들은 약물 사용 그 자체만을 목표로 하기보다는 전체적인 범위에서 심리사회적인 문제를 다룰 필요가 있다.

직무 특성

직무나 과제 그 자체의 많은 특성들은 오퍼레이터들로 하여금 어려움을 겪게 할 수 있다. 이러한 특성들 중에는 높은 신체적 작업부하, 높은 정신적 작업부하, 그리고 생리적 각성 수준을 저하시키는 경계 과제와 같은 스트레스 유발 요인들이 포함된다. 산업적 위험요소들을 증가시킬 수 있는 다른 특성들로는 장시간 근무와 근무 교대 순환 등이 있는데, 이러한 요인들은 피로의 수준을 증가시킨다. 이러한 직무 특성들은 직무 수행을 손상시켜 사고와 상해의 가능성을 증가시킬 수 있다(이와 관련한 자세한 내용에 대한 개관은 제13장 참조).

장비

작업장과 관련된 많은 위험요소들은 작업자들에 의해 사용되는 도구 혹은 장비 자체에 포함되어 있기 때문에 산업적 환경에서 수행되는 많은 안전 분석들은 장비 그 자체에 내재해 있는 위험요소들에 초점을 두고 있다. 다른 추가적 위험요소들은 장비와 환경 조건들의 조합에 의해 만들어질 수도 있다.

제어장치와 디스플레이 이 책에서 줄곧 살펴보았듯이, 제어장치와 디스플레이가 열악하게 설계되면 이것을 사용하는 오퍼레이터의 실수 가능성을 증가시킬 수 있다(제8장과 제9장 참조). 제어장치와 디스플레이를 잘 설계하는 것이 당연한 것이기는 하지만, 장비와 (혹은) 환경 속에 위험요소가 있다면 이 두 가지를 제대로 설계하는 것은 더 중요한 문제가 될 수 있다.

전기적 위험요소 전기 쇼크라고 하는 것은 전류를 통해 신체 신경 시스템에 갑작스럽고 원하지 않은 방식으로 전기 자극이 주어지는 것을 말한다. 가장 흔한 전기적 위험요소는 가정용 혹은 산업용 전류가 신체를 통해 흐르거나 혹은 번개를 맞는 일이다. 전기는 전류, 전압 및 주파수에 따라 달라진다. 이러한 변인들의 각 수준에 따라 위험성의 정도가 달라진다. 0~10mA의 가장 낮은 전류는 상대적으로 안전한데, 왜냐하면 이러한 전류는 신체가 견딜 수 있는 수준이기 때문이다. 그러나 사람들이 견딜 수 있는 이러한 전류의 크기 범위에서도 어떤 전류의 크기에 대해서는 사람들이 견딜 수 있는 능력을 상실하게 된다. 60Hz 회로에 대해서 견딜 수 있는 전류의 크기는 남성이 대략 9mA, 그리고 여성이 대략 6mA 정도이다. 이 범위보다 큰 전류와 지속적으로 접촉하면 호흡기 근육이 마비되기 때문에 전류는 매우 위험한 것이 된다. 3분 이상 지속되는 마비는 거의 사망을 야기한다. 전류가 200mA에 접근하면 이 전류는 사람을 전류가 발생하는 곳으로부터 튕겨 나가게 하는 경향이 있다. 이것은 오히려 다행한 일인데, 왜냐하면 이 전류의 수준에서 1/4초 이상 지속되는 것은 매우 치명적이기 때문이다. 따라서 감전이 지속되는 경우에는 10~200mA 범위의 전류가 가장 위험하다고 말할 수 있다. 더 높은 전류는 심장을 멎게 하거나 호흡기 마비를 야기하지만, 즉각적으로 조치를 취한다면 때로는 소생 가능할 수 있다.

일반적으로 교류(alternating current, AC)는 직류(direct current, DC)보다 더 위험한데, 그 이유는 교류가 심장의 불수의적 수축(heart fibrillation)을 일으키기 때문이다. 가정용 전류가 가장 위험한 범위인 60Hz의 교류라는 것을 주목하라. 그와 같은 전류에 노출되면 단 25msec만 경과해도 위험할 수 있다. 가정이나 산업체에서 발생하는 사고는 한 사람이 회로를 수리하기 위해 꺼놓았지만 다른 사람이 이것을 모르고 다시 켜는 경우에 빈번하게 발생한다. 수리하기 위해 꺼놓은 회로는 반드시 잠금 장치를 해 놓거나 최소한 경고 꼬리표 등으로 표시를 해 놓아야 한다. 사고는 또한 절연 물질의 훼손 때문에 생길 수도 있다. 전기적 위험요소들을 감소시키기 위한 최근의 방법들은 배선과 절연에 관한 규정들을 포함하고 있는데, 예를 들어 접지, 사람이 닿을 수 있는 곳에 대한 절연, 고무 장갑이나 매트의 사용, 퓨즈나 차단기 그리고 자동 회로 차단기(ground-fault circuit interrupts, GFCI)의 사용 등이 포함된다. GFCI는 전류 수준을 감시하고 있다가 특정 mA 이상의 변화가 감지되면 회로가 자동적으로 차단되는 장치이다. 이러한 기제는 이제 대부분 가정의 욕실에 의무적으로 (그리고 눈에 쉽게 보일 수 있도록) 설치하게 되어 있다.

기계적인 위험요소 산업체나 가정에서 사용되는 도구나 장비들은 매우 많은 위험요소들을 갖고 있다. 한때 산업용 공장에서 발생한 대부분의 상해는 바로 기계적인 위험요소 때문이었다(Hammer, 1989). 기계에는 회전하는 부분, 기어가 노출된 동력 프레스, 그리고 동력 해머 등과 같은 위험한 요소들이 있다. 좀 더 최근에는 그러한 장치들이 다양한 유형의 안전장치들(예 : 가리개 등)에 의해 노출되지 않는 경우도 많지만 기계적인 위험요소들은 아직도 매우 흔하다. 기계적인 위험요소들은 장비나 도구 요소들과의 실제적인 신체적 접촉으로 인한 상해를 초래한다. 그 예들은 다음과 같다.

- 피부, 근육 및 뼈의 잘림 혹은 찢김. 이러한 상해들은 전형적으로 날카로운 모서리, 톱날, 그리고 거친 마무리 등에 의해 발생한다. 찢기는 것은 날카로운 물체가 피부를 뚫고 들어가 갑자기 밖으로 나올 때 발생한다.
- 절단은 가위질과 같이 날카로운 두 물체가 매우 가깝게 지나갈 때 발생하는 것으로, 절단기나 전기 가위 등이 이러한 상해를 야기한다. 산업체 공장들에서 근로자들은 종종 재료를 절단기 속에 맞추어 넣은 다음 그것이 제대로 위치해 있지 않으면 마지막 순간에 그것을 다시 맞추어 놓기 위해 손을 기계 속에 집어넣는 경향이 있다. 이러한 행동은 손가락이나 팔목의 절단을 야기할 수 있다.
- 끼임은 신체의 일부가 두 개의 단단한 물체들이 서로 가깝게 접근하고 있을 때 이러한 두 물체 사이에 들어가 끼었을 때 발생하는 문제이다. OSHA는 이것을 끼임점(pinch points)이라고 부르는데, 이것은 움직이는 두 물체 사이에 신체의 일부가 끼어 들어갈 수 있는 모든 위치를 말한다.
- 부서짐은 끼임의 정도가 너무 심해서 뼈가 부서지는 것을 말한다.

- 삠은 근육이 어긋나는 것을 말하며, 대개 자신이 할 수 있는 것보다 더 과도한 힘을 주기 때문에 발생한다. 예를 들면 너무 무거운 것을 들려고 하다가 근육이 다치는 경우이다. 많은 근로자들은 힘을 다리와 팔 혹은 허리 등에 골고루 분산시켜 작업을 하지 않고, 팔이나 허리만을 사용하여 작업을 하기 때문에 팔과 허리를 자주 삔다. 사람들이 자주 삐는 또 다른 대표적인 경우는 근로자들이 물체를 들고 가다가 젖은 바닥 때문에 넘어지는 경우인데, 이때 대부분의 사람들은 넘어지지 않으려고 자세를 위쪽으로 유지하려 하기 때문에 다른 근육들이 감당할 수 없는 부담을 주게 된다(Hammer, 1989). 제 10장에서는 이러한 문제들에 대해 좀 더 자세히 논의되었다.

기계적 위험요소를 감소시키기 위해 안전 보호장치(guards)들이 많이 사용되지만 때로 (설치의 원래 목적과는 달리) 사용자들이 그 보호장치들을 떼어버리는 경우도 있다 (Hammer, 1989). 안전 보호장치들에는 다양한 종류가 있는데, 장비가 갖는 위험한 부분들을 전체적으로 감싸거나 연동장치(interlock)가 부착된 보호대를 사용하거나(만일 이 보호대가 제거되면 기계가 자동적으로 멈추게 된다) 혹은 차단막을 설치하는 것 등이 포함된다(좀 더 광범위한 개관에 대해서는 National Safety Council, 1993b 참조). 흔히 볼 수 있는 또 다른 유형의 안전 장치들은 신체의 일부가 기계의 위험한 곳에 노출되면 기계의 작동을 멈추게 하는 시스템들이다. 이러한 방식은 광학 센서나 전기장(electrical fields) 등을 이용하여 신체의 일부가 기계의 위험한 지점에 접근했을 때 이것을 감지할 수 있는 기제를 사용한다.

압력 및 유독성 물질에 의한 위험 압력과 관련된 가장 흔한 문제들은 용기 파열(vessel rupture)이다. 많은 산업 장면에서 액체와 가스들은 고압의 용기에 저장된다. 액체나 가스가 팽창되면 용기나 다른 관련 부위들이 파열될 수 있고, 이에 따라 근로자들이 부상을 당할 수 있다. 이것은 '숨겨진 위험요소' 라고 할 수 있는데, 왜냐하면 작업자들이 이러한 내재적인 위험을 모르고 있을 수 있기 때문이다. 용기를 파열시키는 가장 전형적인 요인은 직접적인 가열(예 : 화재), 태양이나 근처에 있는 난방기구에 의한 가열, 과도하게 물질을 채워 넣은 경우, 그리고 고도(altitude)의 변화 등이다. 가압된 액체나 가스가 새어 나오면 내용물 그 자체, 용기의 파편, 혹은 심지어 충격파(shock wave)에 의해 부상이 발생할 수 있다. 가압된 용기에 의한 위험 상황의 예는 압축된 페인트 분사기(spray)를 사용하는 경우이다. 사람의 몸을 향해 페인트 분사기를 쏘게 되면 이 분사기는 페인트의 입자 속에 함유된 유독 물질을 사람의 피부 속으로 들어가게 할 만큼 압력이 세기 때문에 사람들을 유독 물질에 중독시키기도 한다. 그러나 이러한 위험은 많은 사람들이 잘 알지 못하는 것이다. 압력에 의한 위험요소들에 대한 대처 방법에는 안전 밸브를 설치한다든지, 수리하기 전에 용기를 감압시킨다든지, 용기 속에 든 물질이 무엇이고 어떤 위험이 있는지에 대한 경고문을 부착한다든지, 보호용 작업복을 입는 것 등이 포함될 수 있다(Hammer, 2000 참조).

유독성 물질들은 신체에 어떻게 영향을 미치는가에 따라 몇 가지 부류들로 구분될 수 있다. **질식제**(asphyxiants)들은 혈액 속의 산소를 결핍시켜 질식하게 하는 것이다. 이러한 질식물질들에는 이산화탄소, 메탄, 수소 등이 포함된다. 천연가스는 일종의 '숨겨진 위험물' 인데, 왜냐하면 이것은 거의 냄새도 없고 색도 없기 때문이다. 이 때문에 가끔 천연가스에 고의적으로 냄새가 나는 물질을 첨가하여 (누출되었을 때) 일종의 경고를 할 수 있도록 하고 있기도 한다. **자극제**(irritants)들은 접촉했을 때 피부에 붉은 반점, 부어오름, 물집 혹은 통증을 유발시키는 화학물질이다. 이러한 물질들을 들이마셨다거나 먹었을 경우에는 특히 더 위험하다. **전신 작용 약물**(systemic poisons)들은 신체 장기의 기능을 방해하는 물질들로서 알코올이나 다른 약물들이 이에 해당한다. **발암물질**(carcinogens)들은 노출되면 일정 기간의 경과 후에 암을 유발하는 물질이다. 이 발암물질이 효과를 발휘하여 암을 발생시킬 때까지는 비교적 오랜 시간이 필요하기 때문에 산업 장면에서 이 물질들의 영향을 연구하는 것은 매우 어려운 일이다.

위험 물질들은 정부 차원의 관심을 받아왔을 뿐만 아니라, 1987년 이래로 OSHA는 모든 작업자들에게는 위험 물질에 대해 미리 알려주어야 한다는 것을 의무화하고 있다. OSHA의 위험요소에 대한 정보교환 규준(Hazard Communication Standard)에서는 "충분히 이해 가능한 위험요소 정보전달 프로그램을 통해 화학적 위험요소에 대한 정보가 작업자에게 반드시 전달되어야 한다."고 명시하고 있다(OSHA Hazard Communication Standards 29 CFR 1910.1200). 유독성 물질의 범주에는 표백제, 암모니아, 그리고 다른 세척용 용액들이 모두 포함되어 있기 때문에 OSHA의 규준은 거의 모든 사업체에 적용된다.

물리적 환경

조도 조명은 과제의 수행을 상대적으로 쉽게 혹은 어렵게 함으로써 안전에 가장 직접적으로 영향을 미친다. 안전과 관련된 다른 가장 중요한 요인은 과제 영역과 주변 영역(주변 조명) 사이의 조도 차이와 암순응/명순응이다. 또 다른 문제는 **굴광성**(phototropism)의 문제인데, 이것은 우리가 좀 더 밝은 곳으로 눈을 돌리려고 하는 경향을 말한다. 이러한 굴광성은 중심적인 과제로부터 우리의 주의를 돌릴 수 있을 뿐만 아니라 일시적인 순응을 야기하여 과제 영역으로 다시 주의를 돌리고자 할 때 잘 볼 수 없도록 만든다. 이러한 관점에서 큰 창문은 문제를 야기할 수 있다. 앞에서 기술하였던 편의점에서 넘어지거나 미끄러지는 일들은, 만일 고용인의 시각적 주의가 순간적으로 더 밝은 창문 영역으로 돌려졌을 때라면 굴광성이 이러한 사고들이 일어나는 데 기여하는 요인이었다고 할 수 있다.

소음과 진동 소음과 진동은 제5장, 제10장, 13장에서 논의된 것처럼 작업자들에게 해가 될 수 있는 장비와 관련된 두 가지 위험 요인이다.

온도와 습도 너무 춥거나 더운 작업 조건들은 직접적으로는 신체 건강에 영향을 줌으로써 혹은 간접적으로는 오퍼레이터의 수행을 손상시킴으로써 심각한 위험을 초래한다(제13장 참조). 의복 역시 열을 전달하거나 유지하는 신체의 능력과 관련된 주요 요인이다. 그러나 위험한 작업 환경에서 작업하는 오퍼레이터를 보호하기 위해 설계된 보호 의복(protective clothing)의 많은 유형들은 공기 흐름을 제한하거나 신체가 갖는 혈관 확장과 땀 분비를 통한 냉각기제의 효율성을 떨어뜨려 문제를 더 악화시킬 수 있다는 점을 주목하는 것이 매우 중요하다.

화재 위험요소 화재가 발생하기 위해서는 세 가지 요소의 조합이 있어야 한다—연료, 산화제(oxidizer), 그리고 발화원(source of ignition). 흔한 연료로는 종이제품, 옷가지, 고무제품, 금속류, 플라스틱, 제조 화학물, 페인트나 래커(lacquer)와 같은 코팅제, 용매나 세척액, 엔진용 연료, 그리고 살충제 등이 포함된다. 이러한 물질들은 정상적 환경에서도 가연성이 있다고 볼 수 있는데, 이것은 정상적인 공기 중에서도 탈 수 있다는 것을 의미한다. 산화제란 불의 산화-감소 반응을 일으키는 물질들을 의미한다. 대기 속의 산소는 가장 흔한 산화제이며 그 외에 순수한 산소, 불소, 그리고 염소 역시 산화제에 포함된다. 이들 중 몇 가지는 매우 강력한 산화제이기 때문에 이것들이 다른 연료들과 접촉되지 않도록 주의를 기울여야 한다.

발화에 필요한 활동 에너지는 대개 열의 형태로 존재하지만, 빛도 때로는 발화원이 될 수 있다. 전형적인 발화원들에는 불씨, 전기적 호광(arcs, 弧光)이나 스파크(안정적인 전기도 포함), (담뱃불이나 마찰에 의해 뜨거워진 금속, 과열된 전선 등을 포함한) 뜨거운 표면 등이 포함된다. 자발적인 반응 혹은 연소인 경우, 물질들은 점진적으로 산소와 같은 공기 중의 가스들을 흡수하여 분해과정에 의해 점차 뜨거워진다. 이러한 것은 오일이나 지방을 포함한 섬유 재료에서 특히 흔한 현상이다. 만일 물질이 쓰레기통과 같은 밀폐된 장소에 있게 되면 산화에 의해 축적된 열은 제대로 분산되지 못한다. 그러한 물질 속에서의 수많은 반응에 의해 축적된 열은 궁극적으로 발화원이 된다. 기름이 묻은 옷가지나 종이가 자발적으로 연소하기까지 걸리는 시간은 주변의 온도와 산소의 가용성 여부에 따라 몇 시간에서 며칠이 걸릴 수 있다. 자발적인 발화를 방지하기 위해서는 이러한 물질들을 밀폐된 용기에 담아(이렇게 하면 산화제를 제거할 수 있기 때문에) 버려야 한다. 산업 장면에서는 위험을 야기할 수 있는 연료, 산화제, 그리고 발화원의 조합을 막기 위한 표준화된 안전 예방 조치들이 많이 있다(Hammer, 1989 참조).

방사능 위험요소 중성자와 양자가 어떤 형태로 결합되면 이것은 매우 불완전한 원자를 만들게 되고, 이 원자는 지나친 에너지를 입자나 파형(방사선)의 형태로 발산해 버림으로써 안정 상태가 되려는 경향이 있다. 따라서 이러한 불안정적인 원자들은 방사성(radioactive) 원자라고 한다. 방사능 물질(radioactive material)들은 방사능을 포함한 (불완전한) 원자를 갖는 모든 물질이다.

방사능에 노출되었을 때의 심각성은 방사선의 종류(x-선, 감마선, 열중성자 등), 방사선의 강도(REM)[1] 그리고 노출 기간을 포함한 여러 요소에 따라 달라진다. 이러한 모든 요인들은 방사능의 흡수량, 즉 사람의 신체 조직에 얼마만큼의 방사능이 흡수되는가에 영향을 준다. 인체 조직의 손상은 신체 세포 내의 원자들이 이온화되거나 분자들이 분리되기 때문에 발생한다. 방사능에 의한 생물학적인 효과들은 한 번의 강력한 노출에 의해서도 발생할 수 있고 혹은 장기간에 걸친 노출에 의해서도 발생할 수 있다. 장기적이기는 하지만 낮은 수준으로 노출되는 것은 한 번이라도 강한 방사능에 노출되는 것보다 상대적으로 안전하다고 할 수 있는데, 왜냐하면 신체는 스스로 치료할 수 있는 능력이 있기 때문이다. 그러나 방사능에 노출되는 시간이 증가함에 따라 암과 같은 장기적 손상이 발생한다. 강력한 방사능의 흡수는 매우 위험한 것이다. 방사능의 영향을 받지 않게 하기 위한 가장 좋은 방법은 적합한 보

1) REM(roentgen equivalent in man : 인체 뢴트겐 당량)은 방사선의 작용을 나타내는 단위이다(역주).

호막(예 : 베타 입자들에 대해서는 플라스틱이나 유리, 감마선에 대해서는 납이나 강철)을 사용하는 것이다.

추락 추락에 의한 부상이나 사망은 비교적 흔하다. 표 14.1에서와 같이 추락은 작업장에서 일어나는 사망의 두 번째로 흔한 원인이 되고 있다. 가장 흔한 부상의 유형은 뼈가 부러지는 것이고, 가장 심각한 것은 머리 부상이다. 불행하게도, 추락은 대부분의 사람들이 생각하는 것보다 훨씬 더 심각할 수 있다. 한 추정치에 의하면, 18mph의 속도(시속 약 29km)로 어떤 표면에 부딪히는 사람들의 50%가 사망한다고 한다(Hammer, 2000 참조). 이것은 단 11피트(약 330cm) 위에서 떨어지는 것과 같은 것이다. 사람들은 젖은 바닥에 미끄러져 떨어지거나 한 층에서 다른 층으로 떨어지거나, 높은 지점(예 : 등산하다가)이나 빌딩에서 떨어지거나, 혹은 사다리나 간이 통로 등에서 추락하여 부상을 입게 된다. 사다리에서 떨어지는 것이 너무 자주 발생하기 때문에 현재는 OSHA가 다양한 유형의 사다리의 설계와 사용에 대해 예방 조치적 규정들을 정해 두고 있다.

출구와 비상탈출 탈출은 화재나 다른 비상사태를 경감시키는 위급한 피난수단임에도 불구하고, 2001년 9월 11일의 비극적인 월드 트레이드 센터 재난이 일어날 때까지만 해도 이 중대한 안전에 대한 문제는 인간 공학 연구 분야와 규칙/표준 개발을 수립하는 데 있어서 거의 관심을 끌지 못하고 있었다(Pauls & Groner, 2002). 이제는 비상구 수용능력, 계단 폭, 입구표지판과 경보기 디자인을 위한 규칙과 안전에 대한 필요조건을 수립하는 것에 대한 평가와 연구에 대한 절실한 필요성이 있다. 비상탈출구를 위한 연구와 디자인은 군중들의 공포에 허둥대는 행동, 전력 차단, 폭발이나 유독 물질과 같은 다른 동반적인 위험이 있을 가능성에 대한 영향을 고려해야 한다. 빌딩의 층수, 높이, 빌딩의 거주자 수와 층별 배치, 엘리베이터가 탈출을 위해 쓰일 수 있을 정도와 같은 기타의 요소들도 고려되어야 한다(Pauls, 1980, 1994; Proulx, 2001; Sime, 1993).

비상구와 출구는 인간 공학 연구와 디자인 분야에 특별한 도전이 되었고, 인간 공학자들은 인간 공학 자료와 지식을 이 특별한 환경에 어떻게 적용할 것인가를 주의 깊게 조사해야 한다. 예를 들어 제10장에서 배웠던 인체측정학적 데이터와 방법을 고층건물의 비상계단 디자인에 적용하기 위해서는 빌딩거주자들이 비상탈출 시에 나란히 서서 천천히 걸을 것이라고 가정해서는 안 될 것이다. 계단은 거의 모든 사람들이 겁에 질려 공황상태이고, 어둡고 연기가 가득한 계단으로 내려간다는 점을 감안해서 설계되어야 할 것이다. 뿐만 아니라 그 계단은 군중들과 반대 방향으로 움직여야 하는 소방수들과 구조자들도 함께 사용할 가능성이 높으며, 그들은 거의 대부분 무겁고 큰 소방장비나 구조장비를 운반한다는 점도 감안해서 설계되어야 할 것이다. 이와 유사하게, 이러한 상황에서는 전기와 조명이 안 들어오고 사이렌이 시끄럽게 울린다는 점은 비상탈출 상황을 위해 디스플레이를 어떻게 설계하고 통제할 것인가(제8장, 제9장 참조)에 대한 특별한 문제점을 제기하고 있다.

사회적 환경

사고율에 간접적으로 영향을 미치는 많은 맥락적 요인들이 있다. 연구자들은 사람들의 행동이 사회적 맥락에서 발생하기 때문에 장비 수준에서 위험을 통제하는 것은 항상 성공적이지 못할 수도 있다는 것을 깨닫기 시작했다. 어느 배의 선장이 옆방에서 술을 마시고 있다면 그는 경고등(warning light)을 볼 수는 없을 것이다. 건설 현장에서 일하는 어느 근로자에게 감독자가 "남들은 아무도 보호 장구를 착용하려고 애쓰지 않는다."고 말해 주었다면 그 근로자는 3층 지붕 공사를 할 때 보호 장구를 착용하지 않고 일할 수도 있다. 사회적 환경은 인간 행동에 매우 강력한 영향을 줄 수 있다.

표 14.2에 보이는 사회적 요인들의 목록은 사고에 영향을 주는 주요한 몇 가지 요인들을 정리한 것인데, 여기에는 경영 방식, 사회적 규범, 작업장의 분위기나 풍토(morale), 훈련, 그리고 인센티브(incentives) 등이 포함된다. 이러한 각각의 요인들은 근로자들의 안전 행동 가능성에 영향을 준다. 예를 들어 경영층에서는 안전한 행동에 대한 인센티브의 제공을 채택할 수 있다. 사고 감소와 관련된 피드백도 안전하지 못한 행동들의 비율을 감소시키는 효과가 있는 것으로 밝혀졌다(예 : Fellner & Sulzer-Azaroff, 1984). 훈련도 중요하게 생각되어야 한다. 왜냐하면 훈련은 사람들이 위험요소가 무엇인지, 어떤 행동이 적합하고 안전한지, 그리고 안전하지 못한 행동의 결과가 무엇인지에 대해 학습할 수 있는 중요한 방법 중의 하나이기 때문이다.

마지막으로, 사회적 규범이란 한 고용인의 동료들이 갖고 있는 태도나 행동을 말하는데, 사람들은 이러한 사회적 규범에 상당히 민감하게 영향을 받을 수 있다. 즉 사람들은 자신의 주변에 있는 사람들이 어떻게 행동하는지에 따라 안전하게 혹은 불안전하게 행동할 가능성이 있다(예 : Wogalter et al., 1989). 예를 들어 어느 공장에서 아무도 보호용 안경을 착용하지 않고 일한다면, 새로 들어온 근로자가 그 보호 장구를 착용하는 것은 오래가지 않을 것이다. 다음 절에서 우리는 이러한 사회적 규범에 영향을 미침으로써 안전한 행동을 촉진시킬 수 있는 몇 가지 방법들에 대해 개관할 것이다.

인간 에러

인간 에러는 시스템 안전을 저해하는 매우 중요한 요인이다. 예를 들어 의료사고는 매년 98,000건의 예방할 수도 있었던 환자의 사망을 불러왔고, 그 비용은 매년 290억 달러에 이른다(Kohn et al., 2000). 매년 교통사고로 죽는 40,000명의 사망자 대부분의 경우, 그 사망 원인이 부분적으로는 운전자의 에러에 기인한다. 에러는 시스템의 효율이나 안전을 저해하는 부적절한 인간의 행위로 정의될 수 있다. 사고를 일으키는 인간 오퍼레이터의 에러가 갖는 역할에 대해 많은 관심이 기울여져 왔다. Woods와 동료들(1994; 1999)은 인간 오퍼레이터가 시스템의 가장 어려운 부분을 담당하고 있다는 점을 강조하며 인간 에러를 설명하고자 한다. 그러나 시스템 안에는 오퍼레이터로 하여금 특정한 에러를 일으키도록 하는 다양한 원인들이 내재하고 있다. 시스템에 의한 에러의 원인을 살펴보기 전에 인간 에러를 분류하는 두 가지 방법에 대해 알아보기로 한다.

에러의 분류 아마도 가장 간단한 에러의 분류는 작위 에러(errors of commission)와 부작위 에러(errors of omission)일 것이다. 첫 번째 경우는 오퍼레이터가 하지 않아야 할 일을 하는 경우이다. 예를 들면 컴퓨터에서 저장 키 대신 삭제 키를 누르는 경우이다. 두 번째 경우는 해야 할 일을 하는 데 실패한 경우이다. 예를 들면 기계 수리공이 조립 작업을 마치고 볼트를 조이지 않은 경우이다.

부작위/작위 분류는 어떤 일이 행해졌는지는 설명하지만 왜 그렇게 되었는지에 대해서는 설명하지 않는다. 왜 인간 에러가 발생했는지를 이해하는 데 있어 매우 널리 사용되는 방법 중 하나는 부적절한 행동(inappropriate action)이 부분적으로라도 의도되었는지(intended) 아닌지를 알아보는 것이다(Norman, 1981; Reason, 1990). 부적절한 행동이 의도된 행동이었다면 이것은 미스테이크(mistake)라고 불릴 수 있다(작위 에러는 의도되지 않은 경우를 말하는 것이다. 그러나 의도된 경우라도 에러를 범할 수 있다는 점을 주시해야 한다). 예를 들면 길을 잃어버린 여행자가 사거리에서 우회전을 했는데 그 길이 일방통행이라는 사실을 몰랐던 경우이다. 제7장에서 사용하였던 지식(knowledge), 규칙(rule), 기술(skill) 기반적 행동이라는 용어를 사용해서 설명해 보자. Reason은 지식 기반적(knowledge-based) 미스테이크와 규칙 기반적(rule-based) 미스테이크로 구분하였다. 지식 기반적 미스테이크의 경우는 운전자가 머리 속의 지식이나 세상 속의 지식을 가지고도 당면한 운전 상황에 대해 적절한 이해를 하지 못하는 경우를 말하고, 이러한 지식 기반적 미스테이크를 이해의 실패 또는 지각적 에러(perceptual error)라고 부르기도 한다(Wiegmann & Shappell, 2001). 이와는 대조적으로, 규칙 기반적 미스테이크는 적절한 행위를 할 수 있는 방법 자체를 모르거나, 알고 있더라도 잘못 적용하는 경우를 말한다. 예를 들면 미국 운전자들이 영국에서 운전할 때 '영국은 차량 좌측통행' 이라는 규칙을 잊어버리고 고속도로에서 우측 차선으로 진입하는 경우이다.

미스테이크의 경우와는 달리 (규칙 기반적이든 지식 기반적이든 간에) 잘못된 행위가 의도되지 않았고, '아차 하는 사이 수행된(slipped out)' 행동이라면, 이러한 형태의 에러는 슬립(slip)이라고 부른다. 예를 들어 우리는 흔히 '말이 헛나갔다(slips of the tongue)'라는 표현을 사용하기도 하고, 저장 키를 누르려다가 삭제 키를 누르기도 한다. 가스레인지의 경우를 보면 잘못된 스위치를 사용해서 엉뚱한 곳에 불이 들어오게 하는 경우도 있다. 대부분의 슬립(slip)은 의도되지(nonintended) 않은 작위 에러(commission error)로 볼 수 있다. 의도되지 않은 에러가 **부작위**(ommission)라면, 그것은 랩스(lapse)라고 불린다. 예를 들면 정비사들이 자신의 의도와는 달리 조여야 될 나사를 조이지 않고 남겨두는 경우를 말한다. Reason(1997)은 비행기 정비에서 가장 많이 일어나는 에러가 부작위 에러라고 강조하였다.

미스테이크(규칙 또는 지식 기반), 슬립, 랩스 사이의 차이를 비교함으로써 다양한 에러의 성격을 이해하고 이에 대한 대처방안을 내릴 수 있다. 예를 들면 대부분의 미스테이크는 지식의 결여로 발생하는 경우가 많기 때문에, 이때는 제18장에서 기술된 바와 같이 질 높은 훈련을 통해 머릿 속의 지식(knowledge in the head)을 전달하거나 제8장에서 기술된 바와 같이 좋은 디스플레이를 사용하여 세상 속의 지식(knowledge in the world)을 제공하는 것으로 문제를 해결할 수 있다. 또한 초보자의 경우 지식의 결여에 의한 미스테이크가 더 많이 발생하기도 한다. 이와는 대조적으로, 슬립은 흔히 디스플레이와 제어장치 사이의 혼동스러운 결합 때문에 발생된다. 헷갈리거나 유사한 모양의 스위치, 형편없는 디스플레이-제어장치 부합성(display-control compatibility)이 주 원인이다. 더구나 슬립은 미스테이크와는 달리 충분한 주의를 기울이지 않고 자신의 일을 수행하는 숙련된 오퍼레이터에 의해서 발생하는 경우가 많다. 마지막으로 랩스는 제16장에 언급된 **예기 기억**(prospective memory)의 실패로 표현될 수 있고, 이것은 체크리스트를 사용하거나 기억을 되살리는 분명한 표시를 제공함으로써 사전에 예방할 수도 있다. 랩스를 예방할 수 있는 좋은 예는 복사기에서 흔히 볼 수 있는 "**마지막 페이지를 제거하시오**(Remove the last page)"와 같은 문구를 들 수 있다.

인간 에러에 관련된 용어 정의 중 마지막은 행위 위반(violation)이다. 이것은 사용자가 의도적으로 부적절한 행위를 하는 것이다. 말하자면 속도위반을 하거나 의도적으로 안전수칙을 지키지 않는 것이다. 구 소련 연방에서 발생했던 체르노빌 원자력 발전소 사고 역시 부분적으로는 행위 위반이 원인이다(Nature, 1986). 우리가 아는 대로, 행위 위반은 안전보다 생산성을 중시하는 풍조와 부적절한 안전문화가 복합적으로 연결된 데 그 원인이 있다고 보여진다.

에러의 범주를 Reason(1997), 그리고 Wigmann과 Shappell(2001)이 제안한 구조를 참고로 다음과 같이 요약해 볼 수 있다.

의도된 경우

- 지식 기반적 미스테이크(지각과 이해의 실패)
- 규칙 기반적(잘못된 if-then 규칙 선택)
- 행위 위반(의도적으로 옳지 않은 행위를 함)

의도되지 않는 경우

- 슬립
- 랩스(오퍼레이터가 의도하지 않았는데 깜박하고 수행하지 않은 경우)

이 외에도 인간 에러에 대한 분류방법(Park, 1997)은 인간 신뢰성(human reliability) 모델과도 관련이 있다(개관을 위해서는 Kirwan & Ainswoth, 1992 참조). 이 신뢰성 모델들은 인간과 기계가 상호작용해야 하는 원자력 발전소와 같은 고위험 시스템의 전반적인 신뢰성을 예측 평가하는 도구로 사용되기 위해 설계되었다. 예를 들면 이 모델은 원자력 발전소의 설계가 사고 확률 0.0001을 가지고 있다는 사실을 입증해 내는 데 사용되기도 한다. 불행히도 이러한 모델은 그 효용성에 대해서 도전받았고(Dougherty, 1990; Wickens & Hollands, 2000 참조), 현장에서 이러한 모델이 산출한 신뢰도 계수가 의미가 있는 것인지에 대해서도 의심받고 있다.

에러와 시스템 안전. 사고가 발생하면 최종적인 행위를 했던 오퍼레이터는 자주 사고의 요인으로 간주된다. 그러나 대부분의 경우, 오퍼레이터는 이전부터 연속적으로 발생되었던 연결된 문제 또는 이미 잠재되어 있었던 문제를 단지 촉발시킨 마지막 '방아쇠(triggering)' 역할을 담당했다고 보여지고, 이러한 재난적 결과는 불가피했다고 보여진다. 흔히 쓰는 말로 '예기되었던 사고(an accident waiting to happen)'가 발생한 것이라고 볼 수 있다. Reason(1990, 1997)은 사고가 이미 존재하고 있었던 **잠복 사고원인**(resident pathogen)에 의해 발생할 수 있다고 했고, 이러한 내재적 사고원인의 종류를 나열하였다. 여기에는 부적절한 작업 환경(제13장), 잘못된 인간 공학적 인터페이스(제8장, 제9장), 부적절한 수면시간과 피로(제13장), 부족한 훈련(제6장, 제18장), 부실한 작업 지원(제18장), 잘못된 장비 관리, 생산성을 과다하게 중시하는 관리적 태도, 부적절한 작업장 온도 등이 포함된다.

이러한 많은 요인들은 소위 조직 내의 **안전 문화**(safety culture)라고 부르는 것과도 얽혀 있고, 개선의 여지도 많이 있을 수 있다(Reason, 1997).

사고의 책임을 묻는 과정에서, 잠복 사고원인보다 오퍼레이터가 그 책임을 추궁당하는 경우가 일반적이다. 추궁의 내용도 오퍼레이터가 어떤 **잘못된 결정**을 내렸는가에 맞추어져 있는데, 이는 **사후 소견상으로** 잘못되었다는 것만을 얘기할 수 있을 뿐이다(Woods & Cook, 1999). 다시 말해 사고 조사관이 최종 행위자인 오퍼레이터의 분명한 과실을 사후 상황을 보고 판단하는 것은 상대적으로 쉬울 수 있으나, 사고 당시의 상황을 재현하여 에러 여부를 찾아내는 것은 분명하지 않을 수 있다. 이러한 **후견지명 편파**(hindsight bias) 또는 '게임 후 작전지시(Monday morning quaterbacking)'의 예는 제7장에서 논의되었다. 이러한 연구 결과는 인간 오퍼레이터의 행위가 에러 발생에 일조했는지 아니면 전적인 책임이 있는지를 결정하는 데에 상당한 주의가 필요하다는 것을 의미한다. 에러의 책임소재를 판단하는 과정은 안전을 손상시키는 에러의 원인에 대해 더 잘 이해하는 기회가 되기도 한다. 그러나 에러의 책임을 사후 소견만으로 특정 작업자에게 부과한다면, 안전 관리에 오히려 해를 끼치는 결과를 가져올 수 있다. 이런 경우에는, 오퍼레이터가 사고의 책임이 사후 소견에 의해 자신에게 있다고 밝혀져 처벌을 받을지도 모른다고 생각하고, 작업장에서의 위험요소와 위험 정도를 파악하는 데 중요한 자료로 사용될 수 있는 것들에 대한 자발적이고 자유로운 보고를 하지 않을 수 있다.

에러 방지 작업장에서의 인간 에러를 줄이기 위한 많은 방법은 이 책에서 언급해 온 바와 같은 인간 공학적 원리와 훈련을 실천하는 것이다. 또한 에러의 원인에 대한 슬립-미스테이크의 분류와 같은 의미적 정의는 구체적인 해결책을 모색하는 데 도움이 될 것이다. 또한 에러에 강한 시스템(error tolerant system, Rouse, 1990; 제3장, 제15장 참조)의 설계에 포함된 실수 확산 방지(error containment, Reason, 1997)의 역할을 고려하는 것이 매우 중요하다. 이러한 시스템은 인간 오퍼레이터가 불가피하게 에러를 범하는 존재라는 것을 감안하여 설계된다. 이 시스템은 오퍼레이터의 에러를 잡아내어 이들이 에러를 고치도록 하며, 실수가 발생했을 때 이를 '가두어서(trap)' 다른 데로 퍼져 나가지 않도록 하여 사고로 이어지지 않도록 한다. 우리가 제15장에서 논의한 것과 같이 안전과 밀접한 관계가 있는 시스템상의 변화가 발생했을 때 오퍼레이터가 즉각적으로 반응하는 대신약간의 시간적 지체를 두는 것이나 좋은 피드백을 제공해 주는 것도 이러한 목표를 달성하는 데 유용하다(Rouse, 1990). 에러에 강하게 하기 위해서는 오퍼레이터에게 현재 나타난 혹은 미래에 발생할 결과에 대해 피드백해 주거나 에러가 발생할 수 있는 행동을 감시하는 방법 등이 사용될 수 있다. 잘못된 행위가 파악되거나 시스템 수행에 심각한 결과가 초래되기 전에 이것을 되돌리는 설계도 유용하다. 예를 들어 최근의 컴퓨터 시스템은 사용자가 파일을 영구히 삭제하기 전에 '다시 한 번 확인할 수 있는 기회'를 제공하고 있다(예 : "정말 지우시겠습니까?" 라고 물어보거나 되돌아가기 기능 등을 제공하는 것; 제15장 참조).

위험요소 확인과 통제

시스템 안전 분석과 사고 예방은 특정한 환경과 작업에 대한 사고 빈도를 사용하여 잠재적 위험요소를 찾아내는 데 목적이 있다. 예를 들어 어떤 공장에서 특정한 상해가 100만 시간당 5회씩 일어난다고 하자. 다수의 위험요소가 있는 시설물에서는 중대하고 위험 가능성이 높은 요소에 우선순위를 둘 것이다. 위험요소를 제어할 수 있는 방법이 여러 가지라면 그중 가장 최적의 효과를 내고 가장 신뢰성 있는 방법을 선택할 것이다. 이 절에서는 우선 중대하고 위험 가능성이 높은 요소의 의미에 대해 언급할 것이다. 또한 제품이나 장비 설계에 있어 위험요소를 확인하기 위한 다양한 방법을 살펴볼 것이다.

중대성과 위험 가능성

위험요소의 중대성(criticality)에 대해서는 많은 조작적 정의들이 있어 왔다. 이 말은 종종 위험 가능성(risk)과 동의어로 여겨지기도 하는데, 위험 가능성이란 사상이나 사고의 확률

표 14.3 단일 중대성 변인으로 빈도와 심각성을 조합하기 위한 위험요소 행렬표

	심각성			
	치명적임	매우 위험함	약간 위험함	무시 가능함
빈도				
매우 빈번함	1	3	7	13
자주 발생하는 편임	2	5	9	16
가끔씩 발생함	4	6	11	18
거의 발생하지 않음	8	10	14	19
전혀 발생하지 않음	12	15	17	20

출처 : Department of Defense *MIL-STD-882B*, 1984.

(probability)과 심각성(severity)이 조합된 것이다. 확률은 어느 사건이 발생할 가능성이다. 확률은 여러 가지 방법으로 측정되고, 빈도(frequency)라고 표현되기도 한다. 그리고 특정 환경 속에서 이루어지는 과제에 대한 사고 빈도 비율을 사용하여 확률을 정확하게 수량화하기도 한다. 확률이 추정되면 이것은 매우 빈번하게 발생함(frequent), 자주 발생하는 편임(probable), 가끔씩 발생함(occasional), 거의 발생하지 않음(remote), 전혀 발생하지 않음(improbable)과 같은 위계적 척도로 다시 범주화되기도 한다(Roland & Moriarity, 1990). 심각성은 대개 부상의 심각성에 따라 척도화된다. 한 가지 예로서 Military Standard MIL-STD-882B는 다음과 같은 범주들을 사용한다－치명적임(catastrophic), 매우 위험함(critical), 약간 위험함(marginal), 무시 가능함(negligible). 이러한 범주들은 각각 인적 사망과 시스템의 상실, 신체적 중상과 심각한 시스템 파손, 신체의 경상 및 시스템의 미약한 파손, 그리고 상해나 시스템 손상이 전혀 없음과 같은 것에 해당된다(미 국방성, 1984).

이 두 가지 요인들(확률과 심각성)을 단일한 중대성 척도로 통합하는 것이 MIL-STD-882B에 제공되어 있다. 여기에서는 앞에서 기술된 빈도와 심각성 범주들을 조합한 행렬표가 사용된다. 표 14.3에서 보이는 위험요소-평가 행렬표를 사용하여 1~20에 이르는 특정한 숫자값에 위험요소가 할당될 수 있다(1은 가장 높은 중대성 값을, 20은 가장 낮은 중대성 값을 나타낸다). 제7장에서 논의된 기대-가치 의사결정의 용어를 사용하면, 이 척도는 대충 '기대 손실' 로 해석될 수 있다.

위험요소의 확인

이상적으로, 설계자들은 오퍼레이터의 직무 수행 각 단계에서 발생할 수 있는 모든 가능한 위험요소들을 설계 단계에서 찾을 수 있도록 해야 한다. 또한 이러한 절차는 모든 가능한 환경 조건들과 모든 가능한 장비의 사용을 고려하여 이루어져야 한다. 더구나 특정한 장비는 다른 장비들과 조합되어 사용될 뿐만 아니라 다른 환경적 위험요소 안에서도 사용될 수 있기 때문에, 이러한 측면을 모두 고려한 장비의 분석이 필요하다. 잠재적인 위험요소들을 확인하는 데 사용될 수 있는 몇 가지 보완적인 방법들이 있다.

예비적 위험요소 분석 가장 간단한 위험요소 분석 방법인 예비적 위험요소 분석은 개념적 설계의 초기 단계에서, 그리고 좀 더 상세한 분석이 이루어지기 전에 종종 수행되는 분석 방법이다(Hammer, 2000). 예비적 위험요소 분석에서 전문가들은 시스템과 연합될 수 있는 가장 분명한 위험요소들(이러한 것들은 예비적 위험요소들이라고 불리고, 분석들은 대개 종란식의 표 형태[columnar table format]로 제시된다)의 목록을 작성하기 위해 과제 행위들의 조합, 잠재적 사용자, 그리고 환경을 평가하게 된다. 예를 들어 어떤 전동 수공구가 설계되고 있다면, 공학자는 모든 표준적인 전기적 위험요소가 무엇인지 먼저 고려하게 될 것이다. 각각의 위험요소들이 목록화되면 이러한 위험요소를 야기할 수 있는 원인들과 시스템에 영향을 줄 가능성이 가장 많은 효과들을 명세화하기 위해 앞에서 소개된 종란식의 표가 사용된다. 그 다음 공학자들은 위험요소의 결과로서 발생할 수 있는 사고의 가능성과 그 결과의 심각성을 추정하기 위해 가용한 모든 자료나 지식을 사용한다. 그리고 각각의 위험요소들에 대해 (위험을 감소시킬 수 있는) 잠재적으로 수정 가능한 측정치들이 무엇인지 목록화한다. 예비적 위험요소 분석을 실시할 때의 문제는 분석가가 대충 분석을 실시한 후 좀 더 완전한 분석은 더 이상 수행하지 않을 수도 있다는 점이다.

실패 양상 및 효과의 중대성 분석 실패 양상 및 효과의 중대성 분석(failure modes and effects criticality analysis, FMECA)은 FMEA라고 알려진 전통적 방법의 확장된 형태인데, FMEA는 시스템의 물리적 요소와 관련된 위험요소들에 초점을 두었다(Henley & Kumamoto, 1981). FMEA는 물리적 시스템들을 하위 부분으로 나누는 것으로부터 출발하는데, 예를 들어 자동차는 엔진 부위, 냉각 기관, 브레이크 시스템 등과 같은 하위 부분들로 나누어질 수 있을 것이다. 그런 다음 각각의 하위 부분들이 다시 각각의 구성요소들로 나뉘고, 분석가는 이러한 구성요소들이 다른 방법을 사용할 경우 다시 좀 더 작은 부분으로 나뉠 수 있는지 혹은 기능을 제대로 못하고 있는지 (이것을 실패 양상이라고 한다) 확인하기 위해 구성요소들을 검사한다. 이 단계 다음에는 구성요소의 실패가 다른 구성요소들과 다른 하위 부분에 미치는 효과가 추정된다. 예를 들면 자동차 연료 탱크의 구성요소는 '구멍 남' 이라고 하는 실패 양상으로 평가될 수 있는데, 이것은 연료가 새는 결과로 이어질 수 있다. 분석가는 연료의 누출이 연료체계의 다른 요소들이나 하위 부분, 그리고 나아가 전체 시스템에 미치는 효과들을 평가할 수 있다. 이러한 과정은 모든 시스템과 환경 조건에 대해 수행된다. 많은 FMEA들은 각각의 실패 양상에 대한 원인이 무엇인지, 그리고 실패나 그 실패의 효과를 통제하기 위한 정확한 측정치가 무엇인지를 포함하기도 한다(Kirwan & Ainsworth, 1992).

FMECA는 기본적으로는 FMEA라고 할 수 있지만 여기에는 한 가지 요인이 더 추가된다. 즉 일단 시스템에 대한 요소들의 효과가 무엇인지에 대해 분석을 한 다음, 위험요소들에 대해서는 그 효과의 중대성을 나타내기 위한 점수들이 매겨진다.

전통적인 FMEA가 인간과 인간에 의한 에러에 초점을 둔 것은 아니지만, FMECA는 인간 시스템, 즉 오퍼레이터의 수행에 대한 분석에까지 확대할 수 있고, 또 그렇게 하는 것이 바람직할 것이다(Kirwan & Ainsworth, 1992). 요소들과 그 요소들의 실패에 대한 목록을 작성하는 대신 분석가들은 과제 분석 과정에서 각 단계들을 평가한다. 즉 각각의 단계에 대해 발생할 수 있는 에러의 유형들(부작위, 부정확한 수행 등)과 시스템에 대한 이러한 에러들의 효과들을 목록화할 수 있을 것이다. 예를 들어 어떤 사람이 잔디 깎는 기계의 연료통 마개를 막아 두는 단계를 빠뜨렸다면 이것이 시스템의 요소나 전체적인 시스템에 어떠한 효과를 줄 수 있을까? 또 그 효과의 중대성은 얼마나 될까? 이러한 물리적 시스템에 대한 실패를 분석하는 것과 같은 방식이 인간 수행의 실패들이 시스템에 미칠 효과들을 알아보기 위한 분석에도 사용될 수 있다. 이 분석 단계에서는 예상 가능한 오용(misuse)을 포함시키는 것이 중요하다. 인간 에러에 초점을 둔 FMECA의 한 부분이 하나의 예로서 표 14.4에 제시되어 있다.

오류 흐름도 분석 FMECA가 시스템과 그 요소들에 대한 세부적 관점에서부터 출발하여 '상향적' 방식으로 작업하는 것에 비해, 다른 방법들은 반대 방향으로 작업한다. 그와 같은 분석 기법 중의 하나는 **오류 흐름도 분석**(fault tree analysis)인데, 이 분석은 사고나 사건의 결과로부터 출발하여 이들에 대한 가능한 원인들이 무엇이었는지 알아보는 일종의 '하향적' 분석 방법이다(Green, 1983; Kirwan & Ainsworth, 1992). 이러한 사고(혹은 준사고)의 원인들은 물리적 시스템, 사상(event), 인간 에러, 그리고 이들의 몇 가지 조합과 관련된 조건들이

표 14.4 잔디깎기에 대한 FMECA의 '인간 에러' 요소들의 사례

인간 에러 요소	실패 양상	요소들에 대한 효과	시스템/하위 시스템에 대한 효과	중대성	비고
톱날의 회전력 설정	회전력을 너무 높게 선택함	톱날의 회전이 너무 빨라 볼트가 느슨해지거나 부러짐	톱날이 튀어나옴	6	
	회전력을 너무 낮게 선택함				
톱날의 점검	톱날이 깨진 것을 발견하지 못함				

될 수 있다. 각각의 확인된 사상과 조건에 대해 분석가들은 그 사상을 일으켰을 가능성이 있는 모든 원인들을 확인하기 위해 하향적으로 분석한다. 이 작업이 계속됨에 따라 오류 흐름도의 가지들이 더 하향적으로 첨가된다.

오류 흐름도는 인과관계를 나타내기 위하여 불린(Boolean) 형의 AND/OR 논리를 사용한다. 이를 통해 사건이나 조건들의 다음 수준을 발생시킨 인과 요인들의 조합을 나타낼 수 있다. 한 예로, 화재는 연료, 산화제, 그리고 발화원이 필요하다는 것을 회상하라. 화재가 발생하기 위해서는 이 세 가지 모두가 필요하다. 오류 흐름도는 이것을 '연료 AND 산화제 AND 발화원'으로 표시할 것이다(그림 14.3 참조).

오류 흐름도는 위험요소를 확인하는 데 매우 강력한 방법이다. 오류 흐름도 분석의 한 가지 장점은 사고를 일으킨 단독 원인들(single causes)뿐만 아니라 사고와 관련하여 서로 상호작용하는 중다 원인들도 체계적으로 확인할 수 있게 해준다는 점이다. 단독-지점 실패(single-point failure)라고도 하는 단독 원인들은 대개의 경우 조건들이나 사상들의 조합들보다 더 자주 발생할 가능성이 있기 때문에 단독 원인들을 통제하는 데 더 높은 우선권이 주어진다. 단독-지점 실패들은 AND 조건보다는 OR 조건을 통해 위로 올라가거나 퍼져 나가는 원인들이다. 오류 흐름도들은 독자적으로 작성될 수 없기 때문에 이것들은 대개 FMECA와 같은 다른 모델들과 연결되어 사용된다.

위험요소 통제

위험요소가 확인되면 어떻게 엔지니어나 안전 관리 전문가들이 위험요소를 줄이기 위한 방법을 찾아낼 것인가? 안전 관련 책자와 논문들을 사용할 수 있을 것이다. 예를 들면

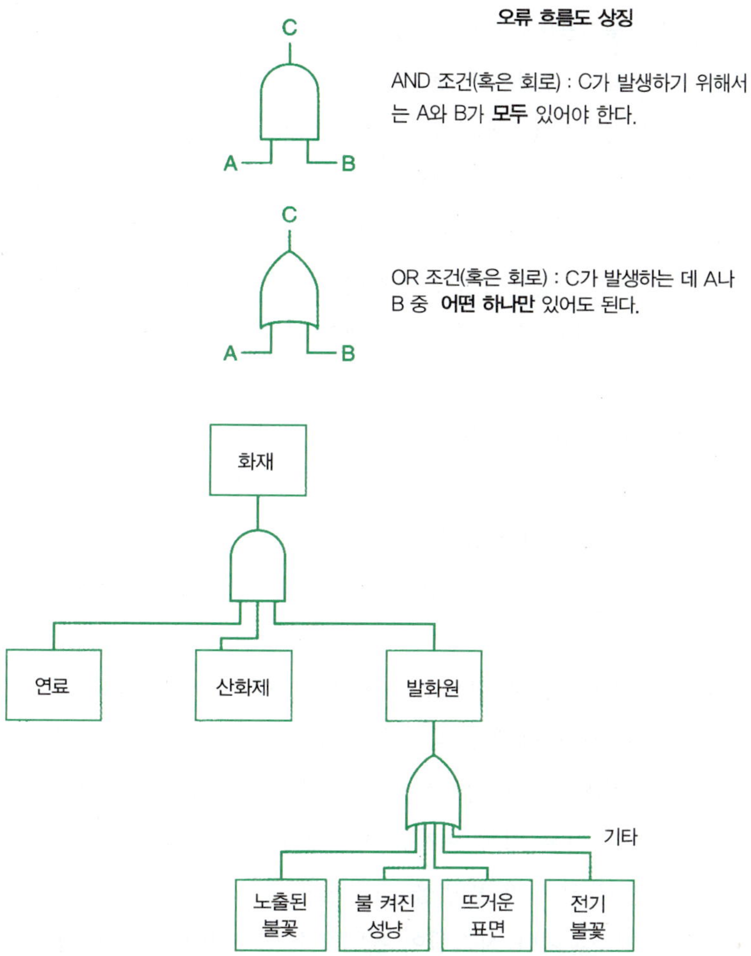

그림 14.3
화재를 발생시킨 사상들의 조합을 보여주고 있는 오류 흐름도의 일부분

Hammer(2000)는 이전에 언급된(화재, 고압, 위험 화학물질 등) 위험요소 감소 방법에 대한 다양한 방법을 완성도 있게 정리해 놓았다. 또한 국가 안전 이사회는 책과 문서들을 출판하였고(Safeguarding Concepts Illustrated, 6판, 1993), 여러 출판사에서도 건강과 안전을 전문적으로 다룬 서적을 출판하였으며(예 : Mansdorf, 1995; Moran, 1996), 그리고 *Journal of Safety Research*와 같은 산업 안전 분야에 있어 다수의 학회지와 학술대회 자료들이 있다.

안전 분석의 가장 중요한 단계는 위험요소에 대한 통제 방법들의 목록을 작성하는 것이다. FMECA나 오류 흐름도 같은 분석들을 통해 많은 위험요소들을 밝혀낼 수 있고, 이러한 위험요소들은 **위험요소 통제표**(hazards control table)의 첫 번째 열에 목록화될 수 있다. 두 번째 열은 각 위험요소들의 중대성을 보여줄 수 있다. 그 다음은 각 위험요소들에 대한 가능한 통제 방법들을 생각해 보는 것이다. 맨 처음에는 설계를 통해서 위험요소들을 제거할 수 있는 통제 방법들을 만들어 내고, 그런 다음 위험요소로부터 보호할 수 있는 방법들을 생성해 낼 수 있도록 해야 한다. 가능하면 각 위험요소를 통제할 수 있는 여러 방법들이 만들어져야 한다. 일단 통제 방법들이 만들어지면 이들은 비용-이득 득실관계의 관점에서 평가되어야 한다. 이때 고려해야 할 요인들은 아래와 같은 것들을 포함한다.

- 다양한 대안적 방법들을 사용했을 때 발생할 수 있는 다른 위험요소들
- 통제를 가한 다음에 제조물이 가질 수 있는 후속적 유용성의 변화
- 제조물의 궁극적 비용에 대한 통제의 효과
- 유사한 제조물들과의 비교(다른 제조물은 어떤 통제 방법을 사용하고 있는가?)

만약 필요하다면 설계자들은 위험요소 통제와 관련된 제조 비용과 같은 요인들에 대한 정보를 얻기 위해 다른 사람들에게 문의해야 할 경우도 있을 것이다. 대안적인 위험요소 통제 방법들의 상대적인 장점들과 단점들을 기록한 표기들은 위험요소 통제 테이블에서 별도의 열을 사용하거나 혹은 다른 기록 용지를 사용해야 할 것이다(책임성 문제 때문에). 마지막으로, 설계자들은 한 가지 통제 방법을 선택해야 하고 그것을 최종의 '추천 방법' 열에 기입해야 한다. 일단 제조물이나 시스템이 위험요소 통제 방법을 포함할 수 있도록 설계되면, 설계팀은 법적인 소지를 낳게 했던 제조물의 결점이 이제는 제거되었다는 것을 확인하기 위해 마지막으로 한 번 더 체크해야 한다.

도구나 장비와 관련된 위험요소는 그 자체에도 있고 사람에게 전달되는 과정에도 있다. 위험요소의 감소는 다음과 같이 우선순위가 정해져야 한다—(1) 원인(source), (2) 경로(path), (3) 사람(person), (4) 행정적 통제(administrative control).

가장 좋은 위험요소 감소 방법은 원천을 제거하는 것이다. 이러한 방법은 **설계 단계에서의 위험요소 제거 방법**(designing out)이라 불린다. 예를 들어 처음부터 날카로운 모서리가 없는 장비를 설계하는 것이다. 위험요소를 설계 단계에서 제거하는 것은 다른 위험요소 통제 방법을 사용하기 전에 항상 시도되어야 한다. 그러나 위험요소를 없애 버릴 경우 도구나 장비

가 제 기능을 하지 못하는 경우가 있다. 자동차가 시속 2마일 정도로 달리게 설계된다면 자동차 안에 있는 사람이나 차 밖에 있는 사람들이 다칠 수 있는 위험요소를 없앨 수는 있을 것이다. 하지만 동시에 제품의 기능성도 사라져 버릴 것이다.

그 다음 방법은 위험요소와 사용자 사이에 존재하는 경로(path)에 있을 수 있는 위험요소를 통제하는 것이다. 이 경우, 흔히 울타리나 보호 장비를 착용하게 하는 것을 의미한다. 이 방법은 위험요소 통제 실패 가능성이 높기 때문에 최적의 방법으로 간주되지 않는다. 위험한 작업 때문에 설치해 놓은 울타리는 센 바람이 불어 없어질 수 있고, 개인 보호 장비(personal protective equipment)는 작업자가 입지 않을 수도 있기 때문이다.

때로는 위험요소의 원인을 완전히 없애거나 위험요소의 경로를 완전히 차단시킬 수 없다. 이 경우는 위험요소 통제가 사람에게서 이루어져야 한다. 즉 사용자의 행위를 바꾸는 것이다. 이러한 접근 방법은 경고(warning)나 훈련(training)에 의지하지만, 보호 장비를 사용하는 것에 비해 신뢰도가 떨어진다. 예를 들면 훈련된 사람들은 의도적으로 손이 기계에 낄 수 있는 곳에서 작업하려 하지 않을 것이지만, 그렇다고 인간의 에러가 사고를 일으킬 가능성은 그대로 있는 것이다. 다른 예로, 세탁소에서 가져다 주는 비닐 커버의 경고 내용을 이해하지 못한 어린아이들이 질식하여 심각한 문제를 야기시킬 가능성도 있다.

마지막으로 위험요인을 통제할 수 있는 방법은 행정적 또는 법적 조치이다. 산업체에서 행정적 조치라 함은 교대 근무 순환(shift rotation), 휴식 시간 준수, 잘못되거나 위험한 행위에 대한 금지 등이다. 산업체를 대상으로 한 법과 규정 외에도, 자동차 안전벨트 사용 의무나 오토바이 헬멧 사용 의무 등의 일반 공공 안전을 위한 법과 규정이 있다. 훈련이나 경고와 같이 이러한 방법도 사람의 행위에 영향을 주기 위해 시행되지만, 사람들은 궁극적으로 자기가 하고 싶은 대로 하기 때문에 (그 결과에 의해 어려움을 당하는 일이 있더라도) 이러한 방법들은 제품 설계 방법이나 보호 장비를 사용하는 방법보다도 신뢰성이 떨어진다. 추가적으로, 법률적으로 통제하는 방법은 작업자의 행위를 수정하는 데 경고나 교육보다 덜 효과적이라는 연구 결과가 있다(예 : Lusk et al., 1995).

안전 관리

산업체에서의 안전은 많은 방법으로 향상될 수 있다. 장비와 시설물의 적합한 설계, 시설물 안전 평가, 안전을 향상시키기 위한 개선, 사고나 준사고 조사 등과 같은 활동들이 여기에 포함된다. 이 절에서는 회사나 시설물에서의 몇 가지 안전 관리 방법에 대해 간략하게 요약하고자 한다.

안전 프로그램

어떤 사람이 업체에 들어가서 기초부터 전반적인 안전 프로그램을 만들어야 하는 경우는 거의 없지만 가끔 그런 경우가 발생하기도 한다. 안전 프로그램은 관리자나 직원들 모두의 참여를 요구한다. 많은 연구들은 근로자들이 안전 프로그램에 참여하게 되면 안전 프로그램의 효율성이 크게 달라질 수 있다는 것을 보여주었다(예 : Robertson et al., 1986). Manning(1996)은 다음과 같은 세 단계를 제안하였다.

1. 위험 가능성의 확인
2. 안전 프로그램들의 개발 및 실행
3. 프로그램 효율성의 측정

위험 가능성의 확인 존재하고 있는 위험요소, 위험요소 통제 방법들, 사고 빈도, 사고나 준사고에 따른 회사의 손실 등을 평가하기 위해 먼저 총체적인 평가가 이루어져야 한다. 안전 관리사는 대개 준사고/사고 보고서, 안전 기록물, 훈련 자료 등을 포함한 회사 기록들을 분석하는 것으로부터 시작한다. 이러한 기록들로부터 얻을 수 있는 정보들은 서로 다른 과제 혹은 직무에 대해 도표화되어야 하는데, OSHA에 의하면 상해의 범주들은 다음과 같다.

물체에 맞음	추락/넘어짐/헛디딤
신체역학 상실	물체 사이에 낌
찢어짐/잘림/베임/찔림	물체에 부딪힘
극히 뜨거운 온도와 접촉	눈 상처
기타	

기록이 분석된 다음, 안전 관리사들은 감독관, 근로자들과의 인터뷰를 수행하고 직접 현장을 돌아다니면서 관찰 분석을 실시한다. 이러한 활동의 목적은 과제 수행과 관련된 장비 혹은 행동기반적 위험요소들을 찾기 위한 것이다. 시설물에 대한 현장 관찰 조사는 OSHA 일반 산업 표준(General Industry Standard) 1910의 안전 체크리스트를 사용하여 수행될 수

도 있다(이러한 체크리스트의 한 가지 예가 표 14.5에 제시되어 있다). 전체적인 체크리스트는 Hammer(1989), Goetsch(1996), Manning(1996)에서 찾을 수 있다.

이러한 활동들로부터 안전 관리사 혹은 분석가는 위험요소들의 목록 작성을 시작할 수 있다. 이러한 수동적/대응적(reactive) 접근뿐만 아니라, 분석가는 위에서 기술한 시스템 안전 분석 방법들을 사용하거나 Kohn, Friend와 Winterberger(1996)가 기술한 분석 기법들을 사용하여 능동적/예방적(proactive)인 접근도 사용해야 한다. 특히 유용한 분석 중의 하나는 **직무 안전 분석**(job safety analysis)이다. 이 방법에서는 특정한 직무와 관련된 위험요소들을 확인하는 데 감독자나 근로자들이 직접 참여하여 자료를 제공해 준다. 이러한 접근 방법의 주요 장점은 (1) 안전 훈련 프로그램의 효율성에 많은 영향을 미치는 것으로 밝혀진 요인 중의 하나인 근로자들의 적극적 참여가 가능하고(Kohn et al., 1996; Ray et al., 1993), (2) 근로자들이 위험요소들에 대해 더 많이 알게 하도록 하는 장기적 효과가 있으며, (3) 근로자들이 위험요소를 직접 확인하도록 하는 것이 더 효율적이라는 것들이다. 마지막으로 분석가들은 반복과 과도한 힘을 요구하는 장비와 같이 장기적으로 건강에 위험요소가 될 수 있는 인간 공학적 요인들을 평가해야 한다(제10장 참조).

이 단계에서 얻어진 결과들은 각각의 직무, 장비, 그리고 시설물의 위치 등에 대한 위험요소들과 이러한 위험요소들의 중대성 점수에 따라 위험요소의 우선순위가 표로 작성되어야 한다. 안전 분석에서는 수많은 사고로 이어지고 또한 엄청난 재정적(잠재적 손실을 포함해서) 손실을 야기하는 위험요소들도 확인해야 한다.

안전 프로그램의 실행 안전 프로그램은 경영층과 근로자들의 도움과 참여를 통해 개발되어야 한다. 안전 프로그램은 다음과 같은 요소들을 포함한다.

표 14.5 산업적 위험요소를 확인하기 위한 체크리스트 항목들의 사례

넘어짐 관련 위험요소	전기적 위험요소
보행 표면이나 보행 통로에 낯선 물체들이 있는가?	공장의 어느 곳이든지 누전이 발생할 수 있는 지점이 있는가?
보행 표면에 설계 결함이 있는가?	공장의 어느 곳이든지 전기적 위험요소가 있는 지점이 있는가?
보행 표면에 미끄러운 영역이 있는가?	전도체들이 서로 불꽃을 낼 만큼 서로 근접해 있는가?
작업 바닥 표면에 작업자를 넘어지게 할 수 있는 튀어나온 혹은 움푹 패인 곳이 있는가?	전도체 근처에 폭발성이나 휘발성의 물질들이 있는가?
보행 영역이 정리가 잘 되어 있는가?	낙뢰 방지 시설(예 : 피뢰침)이 제대로 되어 있는가?
보행 표면이 미끄럽지 않은 재질로 덮여 있는가?	

경영진의 참여 처음부터 간부 경영진을 참여시키고 감독관들은 월별 안전 회의에 참석하거나 회의를 이끌어 가는 데 책임을 가질 수 있도록 하라. 경영진들이 노동조합에서 제안하는 것을 받아들이고 그에 대해 행위를 취할 수 있는 절차들을 개발하라. 회사의 최고 관리자가 서명한 일반 정책들을 개발하고 배포하라.

사고/준사고 조사 조사 절차들이 적재적소에 적용되는지 확인하고, 조사 보고의 절차를 확인하며, 사고 조사를 담당하고 있는 사람들을 훈련하라.

장비와 환경 및 직무 변화에 대한 권고 높은 우선권을 가진 위험요소들을 통제할 수 있는 방법들에 대한 추천 사항들을 개발하고, 모든 시설들의 변화가 OSHA가 정한 규정들을 따를 수 있도록 하라.

안전 규칙 일반적인 안전 규칙과 직무 과제 규칙을 개발하라. 안전 규칙을 매년 평가할 수 있는 계획을 수립하고 안전 규칙을 눈에 잘 띄는 곳에 부착하라. 새로 입사한 근로자의 오리엔테이션 기간 중에 안전 규칙의 교육을 포함하라. 안전 규칙 위반에 대한 정책들을 수립하라.

개인용 보호 장비(personal protective equipment, PPE) PPE의 사용, 이행 기준 및 PPE 위반 시의 정책 등에 대한 표준을 작성하라. PPE 사용에 대한 훈련을 개발하고 실행하라.

근로자 훈련 직무 과제, 신입 근로자 오리엔테이션, 위험요소 인식, 지식, 그리고 위험요소 회피 행동에 관한 훈련을 개발하라. 정기적인 회의를 시작하고 안전 규칙과 기타 안전 정보를 포함하는 근로자 매뉴얼을 개발하라.

안전 증진 : 피드백과 인센티브 안전 포스터, 게시 및 메모 등을 붙여 제시하라. 안전 행동의 비율과 사고 및 재해율에 관한 자료들을 게시하라. 그리고 개인이나 집단적 차원에서 보상이나 다른 인센티브들을 제공하라(인센티브 프로그램은 어느 시점에서 영구히 효과가 없어지기 전까지는 그 효과가 매우 오랫동안 지속된다).

이러한 요소들을 실행하기 위한 제안점들과 가이드라인들은 다양한 곳에서 찾아볼 수 있다. 이러한 안전 프로그램이 실행된 이후에는 OSHA 규정을 얼마나 잘 따르고 있는지 확인하기 위해 안전 체크리스트를 사용하여 현장을 직접 돌아보면서 점검해 볼 수 있다(예 : Davis et al., 1995; Keller & Nussbaum, 2000). 최근의 연구에 의하면 설계가 적용되거나 보호방법들이 도입된 이후에 안전을 증가시킬 수 있는 가장 효율적인 방법은 (1) 경영진과 근로자들이 포함된 참여적 사용, (2) 위험요소에 대한 지식, 안전 행동, 그리고 신념/태도 변화 등에 대한 훈련, 그리고 (3) 피드백과 인센티브 등을 이용한 행동 변화의 사용 등이다(Ray et al., 1993).

프로그램 효율성의 측정 기본 자료(예 : 사고, 상해, 금전적 손실 등에 대한 자료)의 초기 수집이 끝난 후라도 이러한 자료들을 계속 수집하는 것이 중요하다. 프로그램의 효율성은 대개 안전 행동 빈도, 사고/준사고 비율, 부상이나 사망자 수, 그리고 재해에 의한 휴직 일수 등에서의 변화를 살펴봄으로써 평가된다. 이러한 목적에는 (대개 안전 관리사들이 관리하는) OSHA 기록일지가 특히 도움이 되는데, 여기에는 각 근로자들에 대한 상해의 유형이나 빈도에 대한 자료들이 포함되어 있기 때문이다.

사고와 준사고 조사

OSHA는 석유화학 공장 같은 몇 개의 산업체에 대해 모든 사고에 대한 조사를 요구하고 있고, 또한 준사고(incident)에 대한 조사도 요구하고 있다(OSHA Rule 29 CFR1910.119). 준사고란 부상이나 사망을 야기할 수 있었던 사건의 발생으로 실제로는 부상이나 사망이 발생하지는 않은 것을 말한다. 거의 실수(near miss)도 준사고(incident)로 간주된다. 국가 교통안전 위원회(National Transportation Safety Board)에서는 항공운행과 육상운행의 사고 조사를 실시하였다. NASA에 의해 운영되는 항공안전보고 시스템(Aviation Safety Reporting System, ASRS)에서도 항공사고에 대한 자료를 수집하였다(제2장 참조). 사고와 준사고 조사를 위해서는 상대적으로 표준화된 절차가 사용되고 있다. 경찰 수사와 같이 사고 조사는 종종 자세한 증거들의 확보, 광범위한 면담, 정보수집, 증거들에 대한 분석, 그리고 결론의 도출 등을 요구한다. 사고의 증인들로부터의 증언과 관련된 인지적인 주제에 대한 일부 내용은 제6장에서 다루고 있다. 사고나 준사고 조사만을 위한 훈련은 점차 흔한 일이 되고 있다.

안전 심의기관

마지막으로 안전 수칙을 따르게 하기 위한 법적 심의기관(regulator)의 역할이 강조되어야 한다(Reason, 1997). OSHA는 잘못된 위반 행위가 발견되면 감사나 벌금을 부과함으로써 안전 규칙을 따르도록 하는 예방적(proactive) 역할을 할 수 있다. 불행히도 조사관의 수가 업체의 수에 비해 너무 적은데, 이는 안전하지 못한 사업장에서는 사고가 일어날 수밖에 없다는 것을 의미하고, 이때 안전심의기관은 작업자에게 피해가 발생한 후 회사측에 벌금을 부과하는 식의 **사후조치적**(reactive) 역할만을 할 뿐이다. 불행히도 어떤 회사에서는 '안전하게 행동' 하는 예방적 성향이 제7장에서 언급한 틀 편파(framing bias)의 관점에서 이해되기도 한다. 다시 말해 손실 확실성(sure loss)과 손실 위험성(risky loss) 중에서, 결정권자는 손실 위험성 쪽을 선택하게 된다는 것이다. 산업체 경영자의 입장에서 안전 관리 프로그램을 도입할 때 발생하는 비용과 생산성 감소는 확실한 손실로 인식될 것이다. 손실 위험성을 선택하는 이러한 편견은 종종 위험한 작업이 계속되도록 하면서 중대한 사고가 일어나지 않을 것이라는 도박을 하는 것과 같다. 이러한 잘못된 선택은 위험이 지속할 때 발생되는 **예상비용**(expected cost; 벌금, 산업재해 보상비용, 회사 이미지추락)은 안전에 필요한 비용을 훨씬 넘을 수 있기 때문에 매우 비생산적인 결정이 될 수 있다. 이러한 이유로 기업체의 경영자들이 안전을 선택하도록 하는 데 심의기관의 역할이 매우 중요하다.

위험 감수 및 경고

의사결정 과정으로서의 위험 감수

위험요소들이 설계 혹은 보호 장비를 사용해서도 제거되지 못했을 때 안전한 행동은 사람들의 책임이다. 이러한 예로는 사다리를 제대로 사용하는 것, 정확한 직무 절차를 따르는 것, 조심해서 운전하는 것, 그리고 안전 벨트를 착용하는 것 등이 포함된다. 심지어 안전 보호 장비들이 채택되는 경우라도 그것을 사용할지의 여부를 스스로 결정하는 것과 같이 사람들은 보호 장비들에 대한 선택권을 자주 갖는다. 안전한 행동과 안전하지 못한 행동 사이를 선택하는 것은 일차적으로는 지식 기반적 의사결정 과정이다. 궁극적으로 이러한 과정은 규칙 기반적 행동으로 혹은 아주 단순한 자동적 행동으로 발전된다(제7장 참조). 인간 공학의 한 연구 영역은 안전한 행위에 대한 의사결정에 영향을 줄 수 있는 요인들을 고려한다. 즉 안전 행동에 대한 의사결정은 사람들이 위험요소가 존재한다는 것을 알아야 하고(진단), 이에 대해 어떠한 행위가 가능한지를 알아야 하며(대안적 행위들의 생성), 현명한 의사결정을 하기 위해 안전한 행동과 안전하지 못한 행동이 가져올 각각의 결과가 무엇인지(대안적 행위들의 평가) 알아야 한다는 것 등에 의해 영향을 받는다.

일종의 분석적인 지식기반적 의사결정으로 안전하게 행동하고자 하는 것을 선택한다고 보는 견해는 사람들이 때로는 만족화와 같은 단순화 발견법을 사용하고, 다른 경우에는 좀 더 심도 있는 의사결정 분석을 할 수 있다는 것을 시사한다. 첫 번째 경우에서는 한 개인을 '만족시키는' 하나의 행위가 선택되고 그 다음에는 그 행동의 결과가 평가될 것이다. 만일 결과가 어떤 기준으로 볼 때 긍정적인 것으로 보이면 그 행위가 수행될 것이다. 예를 들어 어떤 사람이 회전식 톱으로 나무를 자르려고 한다고 해보자. 그러나 이 톱의 전기 코드가 전원으로부터 작업장까지 닿지 않아 추가적인 연장 전기 코드를 연결했다고 하자. 이 사람은 잠깐 동안 이렇게 했을 때의 긍정적인 결과와 부정적인 결과를 생각해 볼 수 있을 것이다. 긍정적인 측면에서 평가하면 이제 톱을 쓸 수 있게 되었기 때문에 이 사람은 매우 가능성 있는 다른 부정적 결과에 대해서는 생각하지 않을 것이다. 따라서 만족화에 기초하여 이 사람은 추가적인 전기 코드를 연결하여 그 장비를 사용할 것이다. 이 견해를 따르면 위험한 도구나 장비의 사용과 관련된 의사결정은 '행위의 생성'과 '행위의 평가' 과정에 강하게 영향을 받을 것이다. 만일 한 개인이 정신 모형에 기초하여 그 평가를 수행한다면, 이 평가는 그 개인이 갖고 있는 지식기반의 질(quality)과 완결성(completeness), 그리고 기억 속에 있는 상이한 정보 유형들의 가용성에 의해 결정될 것이다.

우리는 어떤 경우에는 사람들이 대안적인 행위를 평가하기 위해 의사결정 분석을 수행할 것이라고 가정할 수도 있을 것이다. 이러한 경우라면 주관적 기대 유용성 이론이 적용 가능할 것이다(DeJoy, 1991). 실제로도 몇몇 연구들은 기대되는 결과의 빈도와 심각성 모두 안전한 행위를 하고자 하는 의사결정이나 의도에 영향을 준다는 것을 보여주었다(예 : Wogalter et al., 1987). 그러나 위험 가능성에 대한 지각에는 상해의 가능성(likelihood)보다는 상해의 심각성(severity)이 더 큰 영향을 주고(Young et al., 1992), 다른 변인들도 의사결정 방향에 영향을 주는 것으로 보인다. 예를 들어 Laughery(1994)와 Schacherer(1993)는 안전한 방식으로 행동하고자 하는 의도는 세 가지의 심리적 요소에 의해 영향을 받는다는 것을 발견하였다. 이 세 가지의 심리적 요소는 (1) 위험요소/상해에 대한 지각된 심각성과 관련된 변인들, (2) 위험요소의 새로움(novelty)과 자발적으로 거기에 노출되었는지의 여부, 그리고 (3) 얼마나 그 제조물이나 항목이 그 사람에 친숙했는지(familiar) 등이다.

안전한 행위의 선택을 이해하는 데는 두 개의 긴밀하게 관련된 인지적 단계(즉 위험 지각과 행위 선택)가 포함된 행위의 선택 과정을 생각해 보는 것도 도움이 된다(Dejoy, 1991). 위험 지각(risk perception)은 한 개인이 스스로 부상 가능성과 심각성의 정도를 결정하는 과정이다. 이것은 기억 속에 있는 위험 가능성에 대한 지식의 가용성에 의해 결정된다. 예를 들어 어느 자동차 운전자가 최근에 추돌 사고를 당했다면 이 사건에 대한 기억이 매우 가용적일 것이며, 이에 따라 추돌 사고는 가능성이 매우 높은 것으로 판단된다. 따라서 앞 차를 바짝 따라 가며 운전하는 것의 위험 가능성은 더 크게 지각된다. 위험 가능성을 추정한 다음에는 안전한 행동과 이에 대한 대안적인 행동들 각각의 주관적 손실과 이득을 고려함으로써 어떤 행동을 취할 것인지를 결정한다. 예를 들어 마당에서 잔디를 깎을 때 보호 안경을 착용하는 것은 눈의 부상 가능성을 제거해 주기 때문에 이득이 있지만, 보호 안경이 어디에 있는지 찾아야 하고 그것을 착용하면 불편감을 느낄 수 있으며, 보호 안경 때문에 평상시만큼 잘 볼 수 없고 또 이웃 사람들에게 '바보처럼' 보일 수 있다는 등의 손실도 있게 된다. 이러한 요인들을 모두 이행 손실(cost of compliance)이라고 부른다. 이와는 반대로, 안경을 착용하지 않고 잔디를 깎는다면, 이것은 눈을 다칠 수 있다는 비용도 있지만 일하는 데 편하다거나 잘 볼 수 있다는 등과 같은 이득도 있다.

다양한 연구들은 실제로 사람들이 의사결정을 할 때 이러한 유형들의 생각에 비중을 두는 것 같다는 것을 보여주었다. 예를 들어 개인용 보호 장비를 착용하는 것과 같은 안전 행동과 관련된 이행 손실은 안전한 행동의 빈도에 매우 강하고 부정적인 효과를 갖는다(Wogalter et al., 1989). 사고발생 확률이나 부상의 심각성이 크다고 생각될 때, 행동에 옮기는 데 소용되는 많은 비용을 감수하게 된다. 그러나 틀 편파(framing bias)의 관점에서는 안전규정 준수가 확실한(certain) 손해로 인식되고, 규정을 준수하지 않았을 때 발생할 수 있는 사고와 부상에 들어가는 불확실한(uncertain) 비용의 발생 확률을 비교해 볼 때 이 두 가지는 차이가 없다고 생각할 수 있다. 그 결과, 앞에서 예시한 경영자처럼 개인도 위험하고 불안전한 행위를 선택하게 될 것이다.

경고문과 경고 라벨

우리는 위험요소 통제가 종종 위험요소에 대한 교육이나 경고에 의존한다는 것을 살펴본 바 있다. 특히 소비 제품인 경우에 경고문은 점점 더 흔한 일이 되고 있다. 이러한 이유 중 하나는 제조업자들이 경고문을 제품에 부착하는 것이 이 장의 앞에서 논의했던 제조물 책임 소송들로부터 자신들을 보호할 수 있는 가장 쉽고도 비용이 적게 드는 방법이라는 것을 알았기 때문이다. 그러나 불행히도 경고를 통해 자신들을 방어할 수 있으려면 경고들이 도구나 장비의 모든 가능한 사용처를 목표로 삼고 제시되어야 하는데, 이것은 대체적으로 가능한 일이 아니다. 그 결과, 심지어 인간 공학 전문가들 사이에서도 제조물에 부착되어야 하는 경고문의 유형과 숫자에 대해 종종 불일치를 보이고 있다.

경고문은 제조물이나 장비가 갖는 위험요소에 대한 정보를 전달하기 위한 수단이다. 이것들의 목표는 사람들의 행위가 사고나 부상 혹은 사망을 가져오지 않도록 하기 위해 사람들의 의도나 행동에 영향을 미치는 것이다. 앞에서도 지적하였듯이, 경고문이나 경고 라벨은 설계나 안전 장비 착용을 통한 위험요소 통제가 가능하지 않을 때에만 사용되어야 한다. 대부분의 가이드라인들은 경고가 신호 단어(signal word)뿐만 아니라 위험요소, 그 결과들, 그리고 필요한 행동들에 대한 정보를 포함해야 한다고 제안하고 있다(Wogalter et al., 1987).

- 신호 단어는 위험, 경고, 그리고 주의와 같이 위험요소의 심각성의 정도를 알려준다
- 위험요소에 대한 설명
- 위험요소에 의한 가능한 결과
- 위험요소를 피하기 위해 요구되는 행동들

이러한 요소들을 포함하고 있는 한 가지 예가 Strawbridge(1986)에 의해 제시되었다.

위험(DANGER)

산 포함(Contain Acid)

심한 화상을 피하려면 열기 전에 잘 흔드시오

표준적인 주의(caution) 아이콘과 그림문자(pictograph)를 사용한 경고문의 또 다른 예가 그림 14.4에 제시되어 있다.

경고 라벨을 설계할 때는 몇 가지 요인을 고려해야 한다. 첫째, 사람들은 경고 라벨을 보지 않거나 읽지 않을 수 있다. 따라서 설계자들은 가능하면 라벨들을 알아차리기 쉽도록 설계해야 한다. 현재 사용되고 있는 한 가지 방법은 경고의 전부 혹은 일부분을 밝은 오렌지색으로 제시하거나 사용자가 장비를 조작할 때 반드시 보아야 하는 장비의 부분(예 : 전원 스위치) 바로 옆에 경고를 부착하는 것이다. 즉 사람들의 주의를 끄는 것이 첫 번째 목표이다. 둘째, 사람들이 단어들을 실제로 읽을 수 있어야 하며, 그림이나 아이콘도 해석할 수 있어야 한다. 이 말은 경고 속의 글자들이 읽을 수 있는 크기나 대비를 가져야 하고(제4장 참조), 짧고 비교적 단순하며, 쉽게 해석될 수 있는 그림이나 아이콘이어야 한다는 것을 의미한다(제8장 참조). 전통적으로 설계자들은 위험요소가 갖는 심각성의 수준들을 구분하여 전

달하기 위해 상이한 신호 단어들을 사용하였다.

- 위험 : 위험요소가 심각한 부상이나 사망을 가져올 수 있는 가능성이 매우 높거나 즉각적일 때
- 경고 : 인적 부상이나 사망을 가져올 수도 있는 위험요소가 있을 때
- 주의 : 가벼운 인명적 부상이나 재산상의 손실을 가져올 수 있는 위험요소나 안전하지 못한 실행이 있을 때

그러나 최근의 몇몇 연구들은 일반인들이 이 세 가지 유형의 신호 단어들 사이의 차이를 제대로 해석하지 못한다는 것을 발견하였다(예 : Wogalter et al., 1992). 특히 경고와 주의의 의미상의 차이를 재인하는 것은 매우 어려운 것으로 보인다(Kalsher et al., 1995). 만일 이러한 가능성이 있을 때 설계자들은 경고문이나 경고 라벨에 더 많은 정보를 제공해 주도록 해야 한다. 그러나 테이블 톱과 같이 위험요소가 많이 있는 도구인 경우에는 상당히 많은 양의 정보를 담은 경고 라벨들이 수백 개씩 부착되어야 하는 문제도 있다. 이럴 경우 어느 시점에서 이러한 경고 라벨들은 무시되거나 효율성을 상실하게 된다.

셋째, 사람들은 경고를 따라야 한다. 경고문에 대한 준수의 정도는 경고문을 준수하지 않

그림 14.4

그림문자, 주의 아이콘 및 위험요소에 대한 정보를 포함하고 있는 경고 라벨

출처 : Dingus, T. A., Hathaway, J. A., & Hunn, B. P., 1991. A most critical warning variable: Two demonstrations of the powerful effects of cost on warning compliance. Proceedings of the Human Factors Society 35th Annual Meeting (pp. 1034-1038). Santa Monica, CA: Human Factors Society.

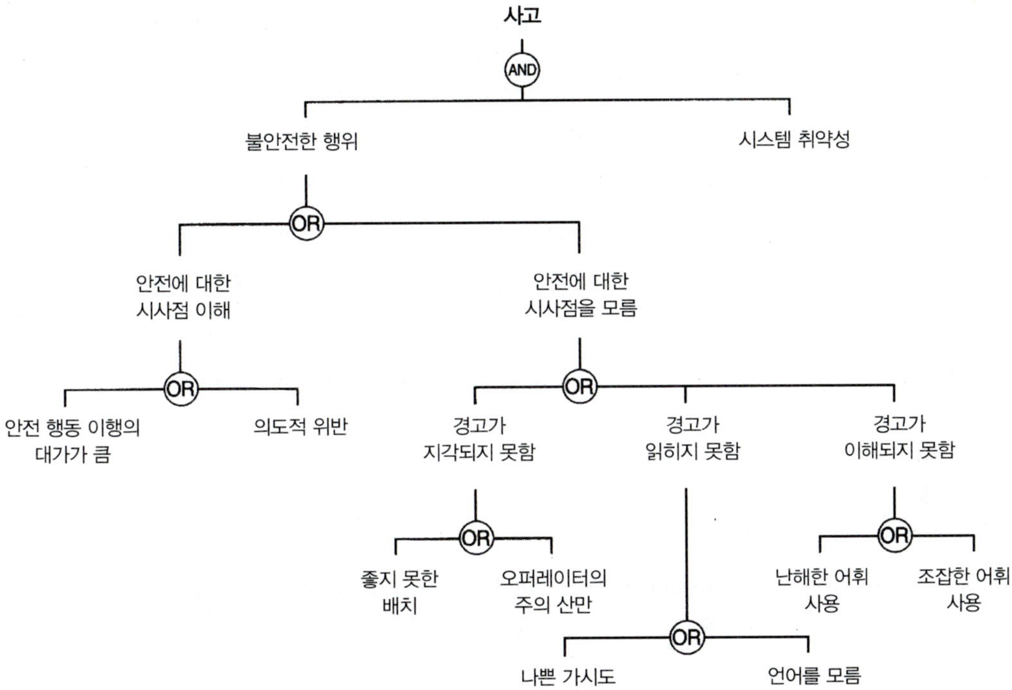

그림 14.5
사고의 원인들을 보여주고 있는 오류 흐름도. 사고가 발생하는 경우는 불안전한 행동과 시스템 취약성이 모두 나타나는 상황이다(따라서 AND 회로). 불안전한 행동이 안전에 대해 갖는 시사점들을 충분히 이해하고 있을 때에도 사람들이 불안전한 행동을 수행하는 이유는 안전한 행동을 이행하는 것의 대가가 너무 크거나 그 밖의 다른 의도적인 이유들 때문이다. 또한 경고가 의도된 효과를 제대로 발휘하지 못한 결과 사람들은 특정 행동들이 갖는 불안전성을 전혀 알지 못할 수도 있다.

았을 때의 결과가 갖는 심각성과 행동 준수 요령에 대한 명료화를 통해 촉진될 수 있다. 또한 제17장의 도로 안전에 관한 논의를 통해 언급된 것처럼 작업장에서는 관리상의 통제나 강제적 요구에 의해서도 경고문에 대한 준수가 향상될 수 있다. 물론 의도적으로 위험한 행동을 하고자 한다면 경고문의 준수는 결코 보장받지 못할 것이다. 그림 14.5는 오류 흐름도의 관점에서 위험한 행동들에 잠재해 있는 많은 인간 행동 요인들을 요약하고 있다.

결론

결론적으로, 안전한 행동을 달성하는 것은 인간 공학에서는 매우 중요한 목적이지만 동시에 매우 복잡한 문제이기도 하다. 이 목적의 달성 여부는 위험요소들에 대한 확인과 분석, 그러한 위험요소들을 이끌 수 있는 설계상의 문제점들에 대한 확인(기계적 측면과 인간 요인 모두), 그리고 위험요소나 사고를 줄여 줄 수 있는 다양한 대처 방안이나 교정 방법들의 제안(혹은 실행) 등에 달려 있다. 물론 위험요소 자체를 제거하는 것이 가장 확실한 방법이지만 이것이 항상 가능한 것은 아니다. 왜냐하면 어떤 특정한 과제 환경에서는 사람들이 피할 수 없는 위험요소에 노출될 수도 있기 때문이다. 따라서 가장 복잡하면서도 시도해 볼 만한 방법은 안전한 행동이나 안전하지 못한 행동에 관여하는 사람들의 선택에 초점을 두는 것이다. 이것에 대한 심리학자들의 지식과 제7장에서 논의한 선택과정들에 대한 지식이 아직 완전한 것은 아니지만, 그와 같은 지식들의 공헌은 안전에 대한 인간 공학의 영역을 상당히 넓혀 줄 것이다.

참고문헌

Alexander, C.S., Kim, Y.J., Ensminger, M., and Johnson, K.E.(1990). A measure of risk taking for young adolescents: Reliability and validity assessments. *Journals of Youth and Adolescence, 19*(6), 559-569.

Bell, C.A., Stout, N.A., Bender, T.R., Conroy, C.S., Crouse, W.E., and Meyers, J.R.(1990). Fatal occupational injuries in the United States, 1980 through 1985. *JAMA, 263,* 3047-3050.

Crowe, M.P.(1986), Hardwood logging accidents and counter-measures for their reduction. *Australian Forestry, 49*(1), 44-45.

Davis, W., Grubbs, J.R., and Nelson, S.M.(1995). *Safety made easy: A checklist approach to OSHA compliance.* Rockville, MD: Government Institutes.

DeJoy, D.M.(1991). A revised model of the warning process derived from value-expectancy theory. *Proceedings of the Human Factors Society 35th Annual Meeting*(pp.1043-1047). Santa Monica, CA: Human Factors Society.

Department of Defense(1984). *MIL-STD-882B*. Washington, DC: U.S. Government Printing Office.

Department of Labor(1990). *OSHA Compliance Manual: Recordkeeping Guidelines.* Washington, DC: U.S. Government Printing Office.

Department of Labor(1993). *Occupational safety and health standards for general industry.* Washington, DC: U.S. Government Printing Office.

Dingus, T.A., Hathaway, J.A., and Hunn, B.P.(1991). A most critical warning variable: Two demonstrations of the powerful effects of cost on warning compliance. *Proceedings of the*

Human Factors Society 35th Annual Meeting(pp.1034-1038). Santa Monica, CA: Human Factors Society.

Embry, D.E.(1986). *SHERPA: A systematic human error reduction and prediction approach.* Paper presented at the International Topical Meeting on Advances in Human Factors in Nuclear Power Systems, Knoxville, Tennessee.

Fellner, D.J., and Sulzer-Azaroff, B.(1984). Increasing industrial safety practices and conditions through posted feedback. *Journal of Safety Research, 15*(1), 7-21.

Fibiger, W.(1981). Physiological cost and physical working capacity: Criterion for tree fallers. In W.H. Gladstone(ed.), *Ergonomics and the disabled person: Proceedings of the 18th Annual Conference of the Ergonomics Society of Australia and New Zealand*(pp.223-230). Canberra: The Ergonomic Society of Australia and New Zealand.

Firenzie, R.K.(1978). *Industrial safety: Management and Technology.* New York: Kendall/Hunt.

Goetsch, D.L.(1996). *Occupational safety and health*(2nd ed.). Englewood Cliffs, NJ: Prentice-Hall.

Green, A.E.(1983). *Safety systems reliability.* Chichester, UK: John Wiley.

Hammer, W.(1989). *Occupational safety management and engineering*(4th ed.) Englewood Cliffs, NJ: Prentice-Hall.

Hartley, L.R., and Hassani, K.E.(1994). Stress, violations and accidents. *Applied Ergonomics, 25*(4), 221-231.

Heinrich, H.W.(1959). *Industrial accidental prevention*(4th ed.). New York: McGraw-Hill.

Heinrich, H.W., Peterson, D., and Roos, N.(1980). *Industrial accident prevention(*5th ed.). New York: McGraw-Hill.

Henley, J., and Kumamoto, J.(1981). *Reliability engineering and risk assessment.* New York: Prentice-Hall.

Henrich, H.W., Petersen, D., and Roos, N.(1980). *Industrial accident prevention*(5th ed.). New York: McGraw-Hill.

Holcom, M.L., Lehman, W.E.K., and Simpson, D.D.(1993). Employee accidents: Influences of personal characteristics, job characteristics, and substance use in jobs differing in accident potential. *Journal of Safety Research, 24,* 205-221.

Jessor, R., and Jessor, S.L.(1978). Theory testing in longitudinal research on marijuana use. In D.S. Kande(ed.), *Longitudinal research on drug use: Empirical findings and methodological issues*(pp. 41-71). Washington, DC: Hemisphere.

Kalsher M.J., Wogalter, M.S., Brewster, B.M., and Spunar, M.E.(1995). Hazard level perceptions of current and proposed warning sign and label panels. *Proceedings of the Human Factors and Ergonomic Society 39th Annual Meeting*(pp.351-355). Santa Monica, CA: Human Factors and Ergonomics Society.

Kirwan, B.(1990). Human reliability assessment. In J.R. Wilson and N. Corlett(eds.), Evaluation of human work(pp. 706-754). London: Taylor & Francis.

Kirwan, B.(1992a). Human error identification in human reliability assessment. Part 1: Overview of approaches. *Applied Ergonomics, 23*(5), 299-318.

Kirwan, B.(1992b). Human error identification in human reliability assessment. Part 2: Detailed comparison of techniques. *Applied Ergonomics, 25*(6), 371-381.

Kirwan, B., and Ainsworth, L.K.(1992). A guide to task analysis. London: Taylor & Francis.

Kohn, J.P., Friend, M. A., and Winterberger, C.A.(1996). Fundamentals of occupational safety and health. Rockville, MD: Government Institutes.

Lehman, W.E.K., and Simpson, D.D.(1992). Employee substance use and on-the-job behaviors. *Journal of Applied Psychology, 77*(3), 309-321.

Leonard, S.D., Hill, G.W., and Otani, H.(1990). Factors involved in risk perception. Proceedings of the Human Factors Society 34th Annual Meeting(pp.1037-1041). Santa Monica, CA: Human Factors Society.

Lusk, S.L., Roms, D.L., and Kerr, M.J.(1995). Predictors of hearing protection use among workers: Implications for training programs. *Human Factors, 37*(3), 635-640.

Lyng, S.(1990). Edgework: A social psychological analysis of voluntary risk-taking. *American Journal of Sociology, 95*(4), 851-886.

Manning, M.V(1996). *So you're the safety director: An introduction to loss control and safety management.* Rockville, MD: Government Institutes.

Mansdorf, S.Z.(1993). *Complete manual of industrial safety.* Englewood Cliffs, NJ: Prentice-Hall.

Manuele, F.A.(1993). *On the practice of safety.* New York: Van Nostrand Reinhold.

Mayer, D.L., Jones, S.F., and Laughery, K.R.(1987). Accident proneness in the industrial setting. *Proceedings of the Human Factors Society 31st Annual Meeting*(pp.196-199). Santa Monica, CA: Human Factors Society.

McCallister, D.R.(1993). *Investigation of industrial incidents: An instructional program.* Salt Lake City, UT: Salt Lake City Business Unit.

Moran, M.M.(1996). *Construction safety handbook: A practical guide to OSHA compliance and injury prevention.* Rockville, MD: Government Institutes.

National Safety Council(1993a). *Accident facts.* Chicago, IL: National Safety Council.

National Safety Council(1993b). *Safeguarding concepts illustrated*(6th ed.). Chicago, IL; National Safety Council.

Norman, D.A.(1981). Categorization of action slips. *Psychological Review, 88,* 1-15.

Normand, J., Salyards, S.D., and Mahony, J.J.(1990). An evaluation of preemployment drug testing. *Journal of Applied Psychology, 75*, 629-639.

Petersen, D.(1984). *Human-error reduction and safety management.* New York: Aloray.

Ray, P.S., Purswell, J. L., and Bowen, D.(1993). Behavioral safety program: Creating a new corporate culture. *International Journal of Industrial Ergonomics, 12,* 193-198.

Reason, J.(1987). Generic error-modelling system(GEMS): A cognitive framework for locating common human error forms. In J. Rasmussen, K. Duncan, and J. Leplat(eds.), *New technology and human error*(pp.63-83). New York: Wiley.

Reason, J.(1990). *Human error.* Cambridge, England: Cambridge University Press.

Reason, J., and Mycielska, K.(1982). *Absent minded: The psychology of mental lapses and everyday errors.* Englewood Cliffs, NJ: Prentice-Hall.

Robertson, M.M., Bowman, J.D., and Rosenberg, S.M.(1986). Evaluating employee participation programs addressing health, safety, and ergonomic issues in the United States. *Proceedings of the Human Factors Society 30th Annual Meeting*(pp.1111-1115). Santa Monica, CA: Human Factors Society.

Roland, H.E., and Moriarty, B.(1990). *System safety engineering and management*(2nd ed.). New York: Wiley.

Rouse, W.B.(1983). Elements of human error. In N. Moray and J.W. Senders(eds.), *Preprints of NATO Conference on human error.*

Rouse, W.B.(1990). Designing for human error: Concepts for error tolerant systems. In H.R. Booher(ed.), *Manprint: An approach to systems integration*(pp.237-255). New York: Van Nostrand Reinhold.

Sanders, M., and Shaw, B.(1988). *Research to determine the contribution of system factors in the occurrence of underground injury accidents.* Pittsburgh, PA: Bureau of Mines.

Schacherer, C.W.(1993). Toward a general theory of risk perception. *Proceedings of the Human Factors and Ergonomics Society 37th Annual Meeting*(pp.984-988). Santa Monica, CA: Human Factors Society.

Slappendel, C., Laird, I., Kawachi, I., Marshall, S, and Cryer, C.(1993). Factors affecting work-related injury among forestry workers: A review. *Journal of Safety Research, 24,* 19-32.

Strawbridge, J.(1986). The influence of position, highlighting, and imbedding on warning effectiveness. *Proceedings of the Human Factors Society 30th Annual Meeting*(pp.716-720). Santa Monica, CA: Human Factors Society.

Swain, A.D., and Guttmann, H.E.(1983) *A handbook of human reliability analysis with emphasis on nuclear power plant applications.* USNRC-Nureg/CR-1278, Washington, DC.

Taggart, R.W.(1989). Results of the drug testing program at Southern Pacific Railroad. In S.W. Gust and J.M. Walsh(eds.), *Drugs in the workplace: Research and evaluation data*(NIDA

Research Monograph No. 91). Washington, DC: U.S. Government Printing Office.

Wagenaar, W.A., and Groeneweg, J.(1988). Accidents at sea: Multiple causes and impossible consequences. In E. Hounagel, G. Mancini, and D.D. Woods(eds.), *Cognitive engineering in complex dynamic worlds*(pp.133-144). San Diego, CA: Academic Press.

Weinstein, A., Twerski, A., Piehler, H., and Donaher, W.(1978). *Products liability and the reasonably safe Product.* New York: Wiley.

Wogalter, M., Allison, S., and McKenna, N.(1989). Effects of cost and social influence on warning compliance. *Human Factors, 31*(2), 133-140.

Wogalter, M.S., Desaulniers, D.R., and Brelsford, J.W.(1987). Consumer products: How are the hazards perceived. *Proceedings of the Human factors Society 31st Annual Meeting*(pp.615-619). Santa Monica, CA: Human Factors Society.

Wogalter, M.S., Jarrard, S.W, and Simpson, S.N.(1992). Effects of warning signal words on consumer-product hazard perceptions. *Proceedings of the Human Factors Society 36th Annual Meeting*(pp. 935-939). Santa Monica, CA: Human Factors Society.

Young, S.L., and Laughery, K.R.(1994). Components of perceived risk: A reconciliation of previous findings. *Proceedings of the Human Factors and Ergonomics Society 38th Annual Meeting*(pp.888-892). Santa Monica, CA: Human Factors Society.

Young, S.L., Wogalter, M.S., and Brelsford, J.W.(1992). Relative contribution of likelihood and severity of injury to risk perceptions. *Proceedings of the Human Factors and Ergonomics Society 36th Annual Meeting*(pp.1014-1018). Santa Monica, CA: Human Factors Society.

15

인간-컴퓨터 상호작용

33세 남자인 레이 콕스는 어깨에 발생한 종양에 대한 방사능 치료를 위해 이스트 텍사스 암센터를 정기적으로 방문하고 있던 환자였다. 그는 이전에도 몇 번 치료를 받기 위해 병원을 방문했으며, 치료는 매우 짧았고 통증은 전혀 없었다. 그날도 늘 하던 대로 그는 금속 테이블 위에 엎드려 누웠고 방사능 치료사인 메리 베스가 테이블의 위치를 조절한 뒤에 통제실로 들어갔다. 치료실은 비디오 카메라가 장착되어 통제실의 모니터를 통해 치료 광경을 볼 수 있도록 되어 있었으나 모니터의 전원은 연결되어 있지 않았고 인터콤도 작동하지 않는 상태였다. 그러나 메리 베스는 방사능 치료를 수십 번 행해 왔고 그 치료 자체가 매우 간단한 것이었기 때문에 이러한 상황을 정상적인 것으로 간주하였다.

Therac-25 방사능 치료기는 암 치료를 위해 두 개의 모드로 작동되었는데, 하나는 2,500만 전자볼트 용량을 사용하는 고출력의 X-선 모드였고, 다른 하나는 신체의 작은 부분에만 200 라드(1라드는 1그램에 대해 100에르그의 흡수 에너지를 부여하는 방사능의 단위)의 방사능만을 쏘아 주는 저출력의 전자빔 모드였다. 레이 콕스는 전자빔 모드로 치료받기로 되어 있었다. 메리 베스는 x 키를 누른 후(x 키는 고출력의 X-선 모드였다) 곧바로 x 키가 아니라 전자빔 모드인 e 키를 눌러야 했다는 것을 깨달았다. 그녀는 편집 모드로 들어가기 위해 재빨리 up 키를 누른 다음, e 키를 다시 눌렀다. 스크린에서는 현재 모드가 전자빔 모드임을 나타내 주고 있었다. 그녀는 스크린의 밑부분으로 커서를 옮기기 위해 리턴 키를 눌렀다. 이 모든 과정이 8초 안에 이루어졌다. 그녀가 전자빔을 쏘기 위해 b 키를 눌렀을 때 레이 콕스는 엄청난 통증을 느꼈는데, 사실 그는 어깨에 2,500만 볼트의 X-선을 쏘였던 것이었다. 통제실에서는 스크린에 '오작동 54'라는 메시지가 나타나 있었다. 메리 베스는 기계를 다시 세팅한 후 다시 b 키를 눌렀다. 레이 콕스는 다시 한 번 고출력의 전자빔을 쏘이게 되었고 너무 아파 소리를 질렀다. 그는 방사능 과다 피폭에 의해 4개월 후에 사망했다. 나중에 밝혀진 것이지만, 다른 치료기관에서도 소프트웨어의 오류 때문에 유사한 사고가 이전에도 몇 번 더 있었다. X-선 모드에서 전자빔 모드로 바꾸기 위해 빠르게 편집 기능을 사용하게 되면 스크린에는 약한 전자빔이 쏘이는 것으로 나타나지만 실제로는 2,500만 전자볼트의 X-선이 쏘이는 것이었다(S. Casey의 *Set phasers on stun and other true tales of design*, technology, and human error, 1993에서 인용된 실화임).

직장이나 가정에서 컴퓨터가 인간의 삶에 많은 영향을 미치고 있다. 컴퓨터는 직장에서의 문서 작성이나 직장 동료들과의 의사소통, 자료 분석, 데이터베이스 관리 혹은 문서 검색과 같은 과제들에 혁명적 변화를 가져왔다. 컴퓨터를 이용한 제조 공정, 의료 장비, 그리고 다양한 산업 장비의 제어가 날로 증가하고 있다. 뿐만 아니라 컴퓨터는 개인이나 집단의 창조적 활동을 향상시키고 있다(Fischer, 1999).

컴퓨터는 신체에 부착하여 생체에 관한 자료들을 감지하고 자료를 전달해 줄 수 있을 만큼 소형화되기도 하였다. 컴퓨터의 응용 속도가 너무 빠르게 전개되고 있기 때문에, 앞으로 복잡한 컴퓨터의 하드웨어나 소프트웨어의 설계에 많은 인간 공학자들이 관여할 것으로 예상된다.

컴퓨터와 관련된 인간 공학적 연구 주제들은 크게 하드웨어 설계, 소프트웨어 기능성(functionality), 그리고 소프트웨어 인터페이스의 설계와 관련된 것으로 구분될 수 있다. 기능성이란 소프트웨어를 통해 사용자가 무엇을 할 수 있고, 또한 소프트웨어가 사용자를 얼마나 지원하거나 혹은 인간 사용자를 대신하여 얼마나 작업할 수 있는지를 의미한다. 제16장에서, 원래 인간이 직접 수행하던 과제를 자동화할 때 소프트웨어는 어떻게 설계되어야 하는지 언급하면서 기능성에 대해 다시 언급할 것이다. 소프트웨어 인터페이스란 우리가 보거나 들을 수 있도록 컴퓨터가 제공해 주는 정보와, 컴퓨터에 정보를 입력하는 데 사용되는 제어 메커니즘을 말한다. 최근 대부분의 컴퓨터에서 이것들은 각각 스크린과 키보드 및 마우스를 의미한다. 생산성을 증가시키도록 설계된 소프트웨어는 유용하면서도(즉 적당한 기능성을 제공해야 한다) 사용 가능해야 한다(즉 사용자가 쉽게 사용할 수 있는 인터페이스를 갖고 있어야 한다). 그러나 잘 설계된 인터페이스라고 해도 유용성을 항상 보장하는 것은 아니다.

하드웨어 측면에서 보면 컴퓨터 단말 장치는 수행을 극대화하는 대신, 누적성 외상 장애와 같은 인간 공학적 문제나 위험요소들을 최소화하도록 설계되어야 한다. 제10장에서는 컴퓨터 단말기나 키보드 혹은 비디오 디스플레이 단말기와 같은 구체적인 하드웨어 요소들에 대한 설계 방법들에 대해 논의하였다. 제9장에서는 컴퓨터의 일반적인 입력 장치들을 이용한 시스템 제어의 다양한 방법들에 대해 논의하였다.

좋은 소프트웨어 인터페이스 설계는 제4장~제6장에서 개관한 바와 같이 인간의 인지적 · 지각적 능력을 고려하여 이루어져야 한다. 또한 인터페이스 설계에는 제8장에서 기술되었던 디스플레이 설계 원리들과, 제9장에서 기술된 제어장치 설계 원리들이 적용되어야 한다. 마지막으로, 인간-컴퓨터 상호과정(human-computer interaction, HCI)은 피로, 정신적 작업부하, 스트레스, 그리고 불안과 같은 요인들의 영향을 받을 수도 있고, 이들에 영향을 미칠 수도 있다. 이 장에서 다룰 대부분의 내용은 어느 정도는 소프트웨어 인터페이스 설계에 대한 것들이다. 일반적인 인간 공학적 원리들이나 가이드라인들이 인터페이스의 설계에도 잘 적용될 수 있지만, HCI에 특수하게 관련되어 있는 연구나 방법론이 있는 것도 사실이다(Olson & Olson, 2002). 이 주제를 중점적으로 다룬 저서나 저널들도 다양하고(예: *Human-Computer Interaction*과 *International Journal of Human-Computer Interaction*), *Computer-Human Interaction*(CHI)과 같은 학술대회가 매년 개최되어 이 분야에서의 첨단 연구나 견해들이 소개되고 있다. 이러한 연구들의 일부가 HCI에 대한 핸드북 안에 담겨 있다(Jacko & Sears, 2002). 인간 공학 영역에서 HCI의 역할이 확장되고 있다는 사실을 감안하면 HCI의 여러 하위 주제들과 관련된 기초적 개념이나 원리들에 대해 살펴보는 것은 중요한 의미가 있을 것이다.

컴퓨터 사용성과 소프트웨어 설계

컴퓨터는 비교적 새로운 도구이고 매우 빠르게 변화하며 복잡하기 때문에, 사람들의 머릿속에 '사용하기 어려운 것' 중 으뜸을 차지할 것이다. 컴퓨터 소프트웨어가 열악하게 설계되어 사용하기 어렵다는 사실은 몇 가지 부정적인 결과를 초래한다. 첫째, 사용자의 수행이 저하된다. 연구자들은 잘못 설계된 소프트웨어의 사용으로 지시체계나 과제 수행, 그리고 업무 처리에서 에러가 발생하는 비율이 경우에 따라서는 46%나 된다는 것을 발견하였다. 에러의 발생뿐만 아니라 잘못된 소프트웨어는 사용자들에게 혼란, 당혹감, 지루함, 짜증을 유발하게 하고, 시스템을 제대로 사용하지 못하게 하며, 심한 경우 시스템 사용을 포기하게 한다. 또한 잘못된 소프트웨어 때문에 과제 자체를 수정해야 한다거나 이에 대한 손해 배상 요구가 발생하기도 한다(Galitz, 1993). 컴퓨터가 생산성에 얼마나 많은 영향을 미칠 수 있는지에 대한 한 포괄적 연구에 따르면 컴퓨터는 의도한 만큼 생산성을 향상시키지는 못하는 것으로 밝혀졌다(Landauer, 1995). 1980년과 1989년 사이에 서비스 영역에서의 컴퓨터 기술 투자는 근로자 1인당 116% 정도 증가한 반면 생산성은 2.2% 증가하는 데 그쳤다(Tenner, 1996). 정보 기술에 대한 투자와 근로자의 생산성 사이에는 어떤 의미 있는 관계가 존재하지 않는 것으로 보인다. 실제로 정보 기술에 가장 많은 투자를 한 산업체들은 생산성 측면에서 가장 적은 이득을 보았다. 사용자의 요구를 충족시켜 줄 수 있는 방향에 설계 강조점이 주어짐에 따라 이러한 관계는 점차 변하고 있지만(Norman, 1998), 컴퓨터 기술이 향상된다고 이것이 생산성을 향상시키리라는 보장은 없다. 오히려 잘못된 소프트웨어 설계로 인해 재앙과 사고가 발생해 왔고, 이 장의 초반부에서 소개한 방사선 치료기의 설계 오류도 그중 하나이다(Leveson, 1995).

인간 공학 설계자들은 제품과 환경의 사용 용이성, 효율성 및 안전성을 극대화하기 위해 노력한다. 이러한 모든 목표들이 소프트웨어 인터페이스 설계에도 적용된다. Shneiderman(1992)이 지적하였듯이 잘 설계된 소프트웨어 인터페이스는 학습시간, 수행 속도, 에러율, 그리고 사용자의 만족도에 지대한 영향을 미친다. 산업체에서 이것은 엄청난 경제적 득실과 직결되고, 소비 제품의 경우 그 제품의 성공 여부를 결정짓는 요인이기도 하다. 소프트웨어가 항공 관제 시스템이나 발전 설비 혹은 의료기기(예: 방사선 치료기) 등과 같이 사람의 생명과 직결되는 시스템을 통제하는 경우 소프트웨어 사용성은 사람의 목숨이 달린 문제가 된다(Leveson, 1995). 따라서 사용성은 소프트웨어 인터페이스 설계에 종사하는 사람들의 가장 중요한 관심사이다.

소프트웨어 사용성을 위한 설계 기준들

지금까지 많은 연구자들이 시스템 사용성이 높다는 것이 무엇을 의미하는지에 대해서 정의하였다. 사용성의 개념에 대해서는 제3장에서 다섯 가지의 기준(즉 효율성, 정확성, 학습 용이성, 기억 용이성, 만족도)과 함께 기술한 바 있다. 설계자들은 이러한 다섯 가지의 기준을 모두 평가해야 하지만, 사용자나 과제의 특성에 따라 이 기준들의 우선순위가 변할 수 있다는 것을 주목하는 것도 중요하다. 예를 들어 이 장의 초반부에서 예시되었던 것과 같은 의료 장비들의 경우 정확성(낮은 에러율)이 가장 중요한 기준이 되는 반면 사용자 만족도 기준은 상대적으로 중요성이 떨어질 것이다.

소프트웨어 설계 순환 : 이해, 설계, 그리고 평가

제3장에서 우리는 시스템의 효과성 및 안전을 향상시키기 위해 인간 공학 전문가들이 사용하는 기본적인 시스템 설계 방법을 개관한 바 있다. HCI에서도 유사한 방법이 사용된다. 설계과정에서 중요한 요소들은 (1) 사용자들의 요구를 이해하기 위하여 전형적인 사용자들을

설계 순환과정 안에 참여시키는 것, (2) 설계와 관련된 중요한 원리나 가이드라인을 사용하는 것, 그리고 (3) 설계의 초기 단계부터 반복적으로 사용성 검증을 수행하는 것 등이다. 소프트웨어 인터페이스 설계에는 많은 모델들이 적용될 수 있지만, 이들 중 대부분은 Mayhew(1992)가 제안한 단계들을 포함한다. 설계과정에서 가장 중요한 특징 중 하나는 사용자들이 적극적으로 관여한다는 점이다.

설계과정의 처음부터 끝까지 사용자들이 실제 설계팀의 구성원으로 참여하는 **참여적 설계** (participatory design)는 지금까지 매우 성공적이었다(Dayton, McFarland, & White, 1994). 그러나 Nielson(1993)이 지적했던 바와 같이 설계팀과 같이 작업하는 사용자들은 점차 설계자의 사고방식에 젖어들게 되고, 설계되고 있는 소프트웨어 시스템에 익숙해져 버린다. 따라서 다양한 사용자 집단이 시스템에 대한 사용성 검증과정에 포함되어야 한다.

설계 순환과정은 사용자에 대한 이해, 설계 및 평가의 세 개의 주요 단계로 단순화할 수 있다(Woods, Patterson, Corban, & Watts, 1996). 과제 분석은 사용자를 이해하는 데 필요한 일차적 데이터를 제공해 준다(제3장 참조). 설계자들은 이러한 과제 분석에 기초한 사용자에 대한 이해를 사용자에 대한 이론적 이해, 인간 행동과 관련된 인터페이스 가이드라인 및 원리들과 결합하여 일차적인 설계 개념을 창출해 낸다. 이러한 일차적 설계 개념이 개발되면 설계자들은 충실도가 낮은(low-fidelity) 모형(mock-ups)이나 원형(prototype)을 이용하여 **발견법적 평가**(heuristic evaluation)나 **사용성 검증**(usability test)을 실시한다(Carroll, 1995). 사용성 평가는 설계자들로 하여금 사용자와 사용자의 요구들을 더 잘 이해할 수 있도록 도와주기 때문에 특히 유용한 방법이다. 이를 통해 얻어진 더욱 향상된 이해는 새로운 설계 개념을 이끌 수 있다. 계속적인 설계의 반복이 이루어질 것이기 때문에 처음부터 스크린의 세부적인 특징이나 스크린이 '멋있게' 보이도록 하는 것들에 대해서는 걱정할 필요가 없다. 그 보다는 유용한 시스템의 기능들은 무엇인지, 그리고 그러한 기능들에 대해 사용자들은 어떻게 반응하는지에 더 강조가 주어져야 한다. 시스템이 점차 최종적인 형태를 갖추게 되면 실제 조작 환경에서 포괄적인 평가와 검사가 수행될 수 있다(제2장 참조). 이러한 최종적 평가는 제품 개발에서 최종적인 단계라고 할 수 있다. 그러나 후속 제품 설계를 위해 사용자를 더 제대로 이해한다는 관점에서 보면 이 단계는 새로운 제품 설계에서의 첫 번째 단계라고도 할 수 있다. 인터페이스 설계에 수정이 가해짐에 따라 사용성 검증은 여러 번 수행된다. 각각의 검사와 수정과정을 거쳐 제품은 더욱 향상된다. 이러한 과정은 매우 가치가 있기 때문에 이때 얻어지는 이점은 60번이나 검사를 반복하는 데 소요되는 비용을 초과할 수

더라도 좀 더 효율적일 수 있는 방법인 명령어 직접 입력 방식으로 잘 전환하지 않으려는 경향이 있다. 이러한 이유 때문에 적응형 인터페이스(adaptive interface)가 때로는 더 바람직한 방안이 될 수 있는데, 이러한 형태의 인터페이스는 사용자의 수행 방식을 자동적으로 감시하여 특정 과제가 익숙해짐에 따라 사용자의 입력 방식을 변화하도록 촉진시켜 준다(예 : Gong & Salvendy, 1994). 제16장에서는 적응형 자동화에 대해 논의할 것이다. 적응형 자동화는 인간의 수행이 저하될 때 자동 제어로 전환되어 시스템이 직접 개입하는 단계까지 자동화의 개념을 확장시킨 것이다.

초기의 사용 용이성이나 기억 용이성은 전문가들에 의해 사용될 시스템에서는 별로 큰 문제가 되지 않을 수 있다. 원자력 발전소의 제어 패널을 설계하고자 할 때 설계자들은 과제와 직접 대응되는 정보와 입력 메커니즘을 제공해 줄 수 있는 인터페이스를 개발하려 할 것이다. 만일 어떤 과제가 복잡한 것이라면 이 과제에 해당되는 소프트웨어 인터페이스를 학습하는 데 어느 정도의 시간이 요구될 것이다. 더구나 인명과 관련된 시스템이나 위험요소가 많은 시스템을 설계할 때 설계자들은 앞에서 언급된 다섯 가지의 사용성 준거들 중에서 에러율을 가장 중요한 것으로 인식할 수 있다. 즉 시스템에 익숙해지기 위한 훈련 기간이 오래 걸린다는 점은 수용 가능하지만, 대신에 이러한 훈련을 통해 빠르고 효율적이며 에러가 없는 수행이 되어야 한다. 그러나 위의 경우처럼 때에 따라서는 설계자들이 학습 용이성의 우선순위를 다른 기준들에 비해 상대적으로 낮게 정할 수는 있지만 일반적으로 설계자들은 앞에서 언급된 다섯 가지의 사용성 기준들이 모두 극대화될 수 있도록 노력해야 한다. 어떤 기준이 가장 중요하게 고려되어야 하는지는 전문가(혹은 의무적으로 매일 사용하는 사람)와 초보자(혹은 간헐적으로 사용하는 사람)에 따라 다르겠지만(즉 효율성과 정확성은 전문가에게 더 중요한 반면 학습 용이성과 기억 용이성은 초보자에게 더 중요하다), 하나의 제품이 두 집단 모두에 다섯 가지의 기준들을 모두 만족시킬 수 있도록 해야 한다.

비록 사용자 집단을 초보자, 중간 수준의 사용자 및 전문가로 분류함으로써 이들에 대해 각각 어떻게 프로그램을 설계해야 하는지 비교적 분명하게 구분할 수 있지만, 현실은 이것보다는 훨씬 더 복잡하다. 사람들은 프로그램의 어떤 부분은 빈번하게 사용하는 반면 어떤 부분은 그렇지 못할 수 있다. 다시 말해 어떤 사람은 워드프로세서에 포함된 '그리기' 기능에 대해서는 전문가, 목차의 자동 완성 기능에 대해서는 중간 수준의 사용자, 그리고 메일 머지 기능(mail merge function)에 대해서는 초보자일 수 있을 것이다. 더구나 전문성이라고 하는 것은 소프트웨어에 대한 경험을 나타낼 수도 있고, 또 다른 특정 영역에서의 경험을 의미할 수도 있다. 예를 들어 20년 근무 경력을 갖는 어떤 비서는 문서 제작에 대해서는 전문가일 수 있지만 특정 워드프로세서에 대해서는 초보자일 수 있다. 이러한 특징은 단순히 전문가, 중간 수준의 사용자 및 초보자로 사용자 집단을 구분하고 소프트웨어를 설계할 경우에는 문제가 발생할 수 있음을 시사한다. 따라서 잠재적 사용자들이 갖고 있는 전문성의 수준을 좀 더 깊이 이해하는 것이 요구된다. 이러한 이해는 이 책의 제3장 혹은 Cooper(1997)에 의해 기술된 페르소나(persona)의 개념으로 요약될 수 있을 것이다.

이론과 모델을 통한 설계

최근의 연구자들은 단순한 직관보다 더 나은 설계가 될 수 있도록 하기 위해 소프트웨어 설계자들에게 가이드라인을 제공해 주려고 노력한다. 설계자들을 위한 이러한 가이드라인은 몇 개의 범주로 구분될 수 있다—고차 수준의 이론이나 모델, 기본적 원리나 가이드라인, 그리고 개발과 검사를 위한 방법. 이 절에서 우리는 흔히 사용되고 있는 몇 개의 이론이나 모델에 대해 개관할 것이다. 그와 같은 이론 혹은 모델은 문제를 개념화하고 논점을 생각할 수 있는 일반적 틀을 설계자들에게 제공해 준다. 모델은 시스템이 어떻게 반응하는지에 대한 좀 더 구체적인 해답을 제공해 준다. 아래에 기술된 모델과 이론은 소프트웨어를 사용하는 동안 발생하는 인지적 활동의 유형을 포함해서 사용자의 역량에 대해 설계자들이 전반적인 아이디어를 개발할 수 있도록 해준다.

행위의 7단계

사용자 중심의 인터페이스 설계에 유용하게 사용될 수 있는 한 가지 이론은 Norman(1986)의 행위의 7단계(seven stages of action) 이론이다. 이 이론은 두 개의 '연결 교각(bridges)' 과 7개의 단계(steps)를 포함하고 있다(그림 15.2). 사용자는 목표(goals)로부터 시작하여, 이 목표를 달성하기 위해 무엇을 해야 하는지 이해해야 한다. 이러한 단계들은 (은유적으로 표현해서) '실행의 만(gulf of execution)' , 즉 사용자의 의도와 소프트웨어가 지원하는 행위 사이의 비대응을 연결시켜 준다. 실행의 간격은 제9장에서 논의된 제어장치 설계 원리에 따라 바람직하고 인간 공학적으로 설계된 제어장치들에 의해 좁혀질 수 있다. 그 다음, 사용자들은 이러한 목표들이 달성되었는지, 그리고 달성되었다면 얼마나 잘 달성되었는지에 관한 피드백을 처리하고 평가한다. 이 단계들은 '평가의 만(gulf of evaluation)' , 즉 사용자의 기대

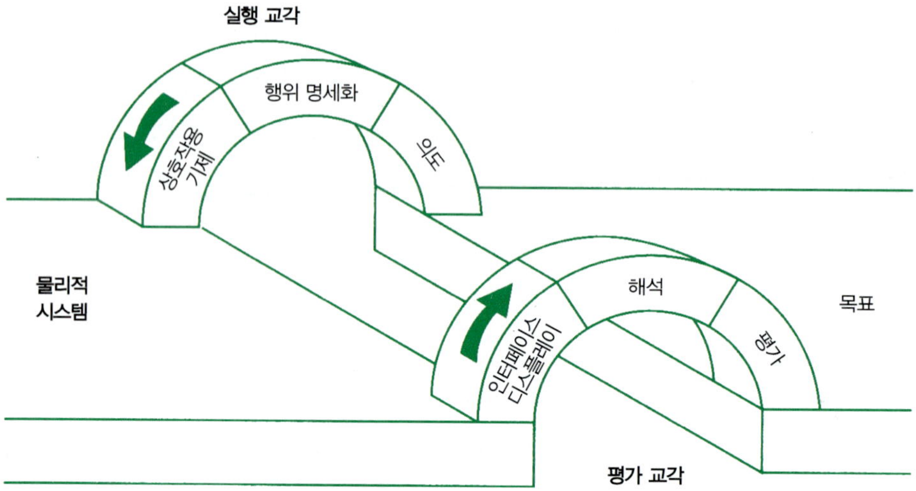

그림 15.2

'실행의 만격'과 '평가의 만격' 및 연결 교각들

출처 : Norman, D., 1986. Cognitive engineering. In D.A. Norman & S.W. Draper(eds.), *User-Centered System Design*. Hillsdale, NJ: Lawrence Erlbaum. Copyright © 1986. Reprinted by permission of Lawrence Erlbaum Associates.

와 시스템 상태 사이의 비대응을 연결시켜 준다. 평가의 만은 제8장에서 논의한 디스플레이 설계 원리에 따라 설계된 바람직하고, 역동적 정보를 제공해 주며, 해석 가능한 디스플레이를 제공해 줌으로써 좁혀질 수 있다.

먼저, 사용자들은 친구에게 전자 메일을 보내는 것과 같은 목표를 설정한다. 만일 사용자가 그의 목표를 시스템을 사용하여 성취될 수 있는 것이라고 느낀다면, 그 사용자는 목표를 성취하기 위해 요구되는 행위 수행에 대한 의도를 형성한다. 그 다음, 사용자는 목표를 달성하는 데 필요한 행위의 순서를 확인한다. 여기가 바로 사용자들이 첫 번째 난관에 봉착할 수 있는 시점이다. 사용자들은 자신들의 심리적 목표나 의도를 시스템의 사상이나 상태로 전환시켜야 하며, 그런 다음 어떠한 입력 행위나 신체적 조작이 요구되는지 결정해야 한다. 심리적 변인들과 시스템 변인들(혹은 시스템 상태) 사이의 차이를 연결하는 것은 매우 힘든 일이다. 이러한 차이를 메꾸는 것은 시스템을 빈번하게 사용하지 않는 초보자에게는 특히 중요한 문제이다. 사람들이 'walk up and use' 시스템을 사용하는 상황에서는 이러한 시스템을 어떻게 사용해야 하는지 분명하게 나타나야 한다. 이러한 시스템과의 상호작용에서 첫 번째 단계를 지원하는 것은 매우 중요한데, 왜냐하면 사용하기 불편한 시스템인 경우 사용자는 그 시스템 대신 다른 시스템을 사용하고자 할 것이기 때문이다. 이것은 웹 사이트나 웹 기반 응용 프로그램에서 특히 더 중요한 문제가 된다.

심지어 사용자들이 요구되는 입력 행위들을 성공적으로 확인했다 하더라도 입력 도구들이 그러한 행위들을 신체적으로 실행하는 것을 어렵게 할 수 있다. 예를 들어 마우스를 사용하여 어떠한 대상의 일부를 클릭해야 할 경우 그 대상이 매우 작다면 정확하게 그곳을 클릭하는 것은 어려운 과제이다. Norman은 전체 절차가 사용자로 하여금 실행의 만 쪽으로 옮겨지도록 해야 한다고 주장하였다(그림 15.2 참조). 잘 설계된 인터페이스는 사용자들의 목표와 물리적 시스템을 잘 연결지어 줌으로써 두 상태 사이의 전환이 쉽고 분명하도록 해준다. 반면 열악하게 설계된 인터페이스는 이러한 전환에 필요한 지식이나 신체적 능력을 제공하지 못하며, 결과적으로 성공적인 과제 수행을 이끌어 내지 못한다.

일단 행위들이 실행되게 되면 사용자들은 원래의 목표(혹은 의도)를 시스템의 사상(혹은 상태)과 비교해야 한다. 이것은 디스플레이 요소들에 대한 지각, 시스템의 현재 사상이나 상태에 대한 해석, 그리고 이러한 해석과 원래 목표와의 비교와 같은 것을 의미한다. 이 과정은 평가의 간격으로 사용자를 이동시킨다. 시스템 디스플레이들이 잘 설계되어 있다면(제8장) 사용자들이 비교적 쉽게 시스템의 사상이나 상태를 확인하고 원래의 목표와 비교할 수 있을 것이다. 간단한 예로 친구에게 전자 메일을 보내려고 하는 사용자를 생각해 보자. 그리고 이 사람은 편지를 작성하여 보낼 준비가 다 되었다고 가정하자. 목표는 '편지 보내기' 이고 그 사용자는 '보내기' 라고 표시된 버튼을 누른다. 이것은 목표를 행위로 전환하는 데 있어 비교적 간단한 대응이라는 것을 주목하라. 그러나 버튼이 눌러지고 난 후에 그 버튼이 다시 나타나 스크린의 상태가 사용자가 버튼을 누르기 전과 같아졌다고 생각해 보자. 이것은 어떤 시스템 사상이 발생했는지 사용자들이 알 수 없기 때문에(예 : 메일이 보내졌는가?) 평가를 어렵게 한다. 이러한 이론의 관점으로 보면 시스템 설계는 두 가지를 분명히 함으로써 사용자들의 수행에 도움을 줄 수 있는데, 하나는 목표를 달성하기 위해 어떤 행위들이 요구되는가이고 다른 하나는 사용자의 입력에 의한 시스템의 사상이나 상태는 무엇인가 하는 것이다. 실행의 만과 평가의 만을 연결시키는 데 필요한 7단계들은 더 많은 구체적 설계 가이드라인과 원리들을 체계화하는 데 유용한 방법을 제공해 준다.

설계를 위한 사용자 수행 모델들 : GOMS

목표와 행위 사이의 관계에 관한 위와 유사한 모델은 Card, Moran 및 Newell(1983)에 의해 개발되고 Kieras(1988a)에 의해 확장된 GOMS(goals, operators, methods, and selection rules) 모델이다. 행위의 7단계 이론과 마찬가지로 GOMS 모델도 설계자들로 하여금 실행의 만격과 평가의 만격을 연결시킬 때 사용자들이 직면하는 문제들을 이해할 수 있도록 해준다. 비록 행위의 7단계 이론이 HCI 가이드라인에 대해 생각할 수 있는 매우 유용한 통합적 틀을 제공해 주기는 하지만, 특정 설계 대안에 대한 사용자들의 구체적 반응을 예측하는 데는 매우 유용하지 못하다. GOMS는 사용자 과제에 대한 상세한 기술을 제공해 줄 뿐만 아니라 특정 시스템에 대해 사용자들이 어떻게 반응할 것인지에 대해 구체적이고 수량적으로 예언하는 데 사용될 수 있다.

GOMS는 사용자들이 목표들(예 : 전자 메일 보내기)과 하위목표들(예 : 메일을 작성하기 위해 새로운 편집 창을 열기)을 형성하여 여러 방법이나 선택 규칙들(selection rules)로 이것을 달성한다고 가정한다. 방법(method)은 지각적, 인지적 혹은 운동 조작의 계열적 단계들이다. 목표나 하위목표들을 달성하는 데 사용될 수 있는 방법들은 대개 여러 가지가 있을 수 있기 때문에 사용자들이 방법들을 달리 사용하는 조건이 무엇인지 확인하기 위해 선택 규칙들이 정해져야 한다. 예를 들어 전형적인 윈도우 환경에서 사용되는 워드프로세서를 이용해 문서를 인쇄하고자 하는 목표를 고려해 보자. 사용자는 인쇄 방법으로 다음과 같은 방법을 선택할 수 있을 것이다.

1. 프린터 모양의 버튼으로 커서를 이동시키기 위해 마우스를 사용한다.
2. 마우스의 왼쪽 버튼을 클릭한다.

혹은 다른 방법으로

1. 마우스를 이용하여 스크린 상단의 문서(File) 메뉴로 커서를 이동시킨다.
2. 그 메뉴에 커서를 놓고 마우스의 왼쪽 버튼을 클릭한다.
3. 마우스를 이용하여 커서를 인쇄(Print) 항목으로 이동시킨다.
4. 마우스의 왼쪽 버튼을 클릭한다.

이 방법들 말고도 마우스를 사용하는 대신 키보드를 이용해 문서를 인쇄하는 방법들도 있다. 선택 규칙들은 어떤 조건에서 사용자들이 방법을 달리하는지를 명세화한다. 사용자에 따라 선택 규칙들도 다양할 뿐만 아니라, 실제 사용자들이 사용하는 선택 규칙은 소프트웨어 설계자들이 '가장 좋은' 선택 규칙이라고 생각하는 것과는 다를 수 있다는 것도 주목하라.

GOMS 모델은 설계자들에게 여러 가지 측면에서 도움이 된다. 그중에서 가장 일반적인 것은 소프트웨어의 기능성과 인터페이스의 특성을 기술할 때 설계자들이 GOMS 언어를 사용하는 것이다(예 : Irving et al., 1994). 이를 통해 가능한 사용성 문제를 체계적으로 분석할 수 있도록 지원해 준다. 설계자들은 (1) 사용자의 목표와 하위목표를 명료하게 확인, 나열하고, (2) 각각의 목표/하위목표를 성취하는 데 사용될 대안적 방법들(조작의 순서)을 확인하며, (3) 각각의 방법들이 사용되는 조건들을 구체화하여 선택 규칙들을 작성한다. GOMS 체계를 통해 (1) 특정한 하나의 목표를 성취하는 데 사용될 수 있는 방법들이 너무 다양하고, (2) 유사한 목표들이 비일관적 방법들에 의해 성취될 수 있으며, (3) 장기 기억에 너무 많이 의존해야 하는 방법들이 많다(예 : Gong & Kieras, 1994 참조)는 것 등을 확인할 수 있다. 하나의 목표를 성취하는 데 사용될 수 있는 방법들이 많은 경우에도 사용자들이 다른 대안들은 전혀 생각하지 않고 한 가지 방법만 선호할 때가 있다는 것을 설계자들은 알아차릴 수 있을 것이다. 이럴 경우 다른 대안적 방법들은 변경되거나 제외될 수 있다. 또한 설계자들은 사용자들이 대안적 방법이 존재하는지 전혀 알지 못할 수도 있으며, 상이한 방법들을 변별하기 위해 올바른 선택 규칙을 적용할 능력이 없을 수 있다는 것도 확인할 수 있을 것이다. 이러한 문제를 해결하기 위해 최근에 제안된 생각이 '도움말(helpful hints)'이다. 예를 들어 워드프로세서 프로그램은 매일 상이한 '도움말 박스'를 열어 주어 과제를 수행하는 데 더 새롭고 쉬운 방법들이나 특정 방법을 선택하는 조건들을 제안해 줄 수 있을 것이다.

다른 연구자들은 GOMS 모델을 사용하여 소프트웨어 시스템에 대한 컴퓨터 모델들을 개발하였다. 예를 들어 Kieras와 Polson(1985)은 상호작용적 텍스트 편집기와 관련된 조건이나 행위들을 명세화하기 위하여 산출 규칙들(production rules)을 사용하였다. 그들은 산출 규칙들의 수나 복잡성이 사용자의 학습시간이나 수행시간과 같은 측면으로 예언될 수 있음을 발견하였다. 따라서 GOMS 모델은 상호작용적 소프트웨어를 모델링하는 데 필요한 언어와 구조를 제공해 준다. 이를 통해 설계자들은 소프트웨어 인터페이스를 수정하거나 그러한 변화가 수행시간에 미치는 영향들을 예언할 수 있게 된다(제3장 참조). 마지막으로, 몇몇 전문가들은 온라인 도움말 체계의 문제들을 검토한 후 특정한 GOMS의 요소들을 이용하여 사

새로운 컴퓨터 워크스테이션 평가를 위한 GOMS 응용의 사례 연구

Gray, John 및 Atwood(1993)는 NYNEX에서 사용할 새로운 전화 교환원 워크스테이션(전산장치)의 평가를 위해 GOMS 모델을 사용하였다. 그들의 모델은 새로운 (그리고 아마도 향상된 것으로 여겨지는) 워크스테이션이 구축될 경우 연간 240만 달러의 생산성 저하가 발생할 것인지에 대한 이유를 예측하고 설명하였다. 새로운 GUI는 교환원의 수행을 더 빠르게 하기는커녕 기존의 명령어-입력 방식의 워크스테이션보다 더 느리게 만들었다.

이 연구자들은 20개의 통화(call) 유형 각각에 대한 GOMS 모델을 만들었다. 이 모델에는 교환원이 각각의 통화에 응답하기 위해 어떻게 워크스테이션을 사용하는지 알려주는 상세한 키입력(keystroke) 정보를 포함하였다. 이 모델은 통화를 처리하기 위해 요구되는 시간에 새로운 시스템이 어떠한 방식으로 영향을 미치는지 매우 정확한 시간 추정치를 제공해 주었다.

놀랍게도 이 모델은 새로운 시스템을 사용할 경우 통화를 처리하는 데 통화당 평균 3초가 더 증가한다는 것을 예측해 냈다. 또한 이러한 시간 차이는 통화에 따라 크게 달라질 수 있으며, 짧게는 0.2초에서 길게는 3.4초의 통화 처리 시간의 증가가 있다는 것으로 예측하였다. 그 다음, 이 자료는 이전의 워크스테이션과 새로운 워크스테이션을 이용한 실제 통화와 비교되었다. 78,240통화를 분석한 결과 새로운 워크스테이션은 각각의 통화를 처리하는 데 평균 4%의 시간 증가가 있음이 밝혀졌다. 이러한 결과는 특히 놀라운 것인데, 왜냐하면 새로운 워크스테이션은 이전 것에 비해 키입력 횟수를 훨씬 더 적게 요구했기 때문이다.

이 모델이 더 유용했던 것은 이 모델이 새로운 시스템의 이러한 열악한 수행을 예측했을 뿐만 아니라 이렇게 놀라운 결과를 설명할 수도 있었다는 점이다. 이 모델로 얻어진 상세한 과제 수행 절차 정보에 따르면 교환원이 통화를 하는 도중 몇 개의 행위들이 병렬적으로 발생한다는 것을 보여주었다. 몇 개의 행위 절차들이 병렬적으로 발생하면 하나의 행위 절차는 다른 것에 비해 시간이 더 오래 걸린다. 이들이 밝혀낸 것은 이렇게 시간이 많이 걸리는 행위 절차가 다름 아닌 핵심 경로(critical path)였다는 점이다. 핵심 경로는 전체 행위 절차가 완수되는 데 요구되는 시간을 결정한다. 전반적으로 보면 새로운 시스템은 더 적은 수의 키입력을 요구하지만 이 시스템은 핵심 경로에서는 더 많은 키입력을 요구하였다. 그 이유는 키능 키들의 간격과 배열 방식 때문이었다. 새로운 시스템의 키보드는 교환원이 어떤 선택을 하는 데 단지 오른손만을 사용하도록 되어 있었다. 통화 시간을 더 길게 한 또 다른 이유는 전화를 건 사람과 교환원, 그리고 컴퓨터 사이의 복잡한 상호작용 때문이었다. 반응시간을 더 길게 하였던 이러한 원인들은 GOMS 모델 없이는 확인할 수 없는 것들이었다.

용자들에게 정보를 제공해 주는 데 필요한 설계 원리들을 개발하였다(Elkerton, 1988).

GOMS와 행위의 7단계 이론은 이론이나 모델이 매우 상이한 방식으로 인터페이스 설계를 지원해 줄 수 있다는 것을 보여준다. 행위의 7단계 이론은 매우 일반적인 방식으로 어떻게 평가의 만(시스템 상태를 이해하고 목표를 설정하는 것)과 실행의 만(목표를 달성하기 위해 무엇을 어떻게 해야 하는가)을 연결시켜야 하는지 기술해 준다. GOMS 모델도 이러한 과정을 기술하는 또 다른 방식이지만, 이것은 목표를 달성하기 위해 반응을 생성하는 것에 좀 더 초점을 둔다. 특히 GOMS는 단일한 목표를 달성하는 데 여러 개의 방법이 있을 경우(이것은 사용자들을 때로 매우 혼란스럽게 하는 상황이다) 발생할 수 있는 문제를 이해하는 데 유용하다. GOMS는 또한 수량화된 예언을 하는 데도 이점이 있는데, 이것은 행위의 7 단계 이론으로는 가능하지 않은 것이다.

개념적 모델과 은유를 통한 정신 모형 지원 설계

실행의 만과 평가의 만을 연결짓는 것은 때로 사용자의 정신 모형(mental models)에 의해 좌우된다. 정신 모형이란 어떤 단계들을 성취하기 위해 어떤 행위가 요구되고, 컴퓨터의 행위는 어떠한 결과를 가져올지에 대한 기대들의 집합이다. 제6장에서도 기술하였듯이 효과적인 정신 모형은 비교적 완전하고 정확하며, 요구된 과제와 하위과제들의 수행을 지원해 준다. 또한 효과적인 정신 모형은 다양한 행위나 시스템 입력에 대한 결과를 사용자들이 정확하게 예측할 수 있도록 해준다. 이를 통해 좋은 정신 모형은 (특히 사용자가 처음 접하는 상황에서) 에러를 줄이고 수행을 향상시켜 준다. 효과적인 정신 모형의 개발은 시스템 설계자에 의해 촉진될 수 있다.

정확한 정신 모형을 형성할 수 있는 한 가지 방법은 분명하게 정의된 개념적 모델을 개발하는 것이다. 개념적 모델(conceptual model)이란 '기능성이 제공되는 일반적이고 개념적인 틀'이다(Mayhew, 1992). 어느 한 시스템의 성공 여부는 원래의 개념적 모델이 갖는 질에 달려 있는 경우가 많다. 예를 들어 많은 프로그램에서 사용하는 '오려 붙이기' 기능이 성공적이었던 것은 이 요소(오려 붙이기)에 대한 단순하지만 기능적인 개념적 모델이 있었기 때문이다(즉 실제 종이 위에 오려 붙이기를 하는 것과 매우 유사한 방식으로 수행될 수 있다). Mayhew(1992)는 개념적 모델이 사용자에게 분명하게 제시될 수 있는 몇 가지 구체적인 방법들을 제안하였다.

들은 소프트웨어를 개발하는 설계팀들에게 방향을 제시해 줄 뿐만 아니라, 원형에 대한 발견법적 평가의 기초로도 사용될 수 있다.

첫 번째 원리, 즉 시스템을 실제 세계와 대응시키는 것은 독자들에게는 이제 매우 친숙하게 들릴 것이다. 이 원리는 소프트웨어 인터페이스가 사용자들이 잘 알고 있는 개념, 생각,

표 15.1 일반적 인터페이스 설계 원리

시스템과 실제 세상을 대응시켜라

- 사용자의 언어로 말하라.
- 친숙한 개념적 모델이나 은유를 사용하라.
- 실제 세상의 약속을 준수하라.
- 사용자의 목표에 대응되는 단서를 제공하라.

일관성과 표준

- 인터페이스 전체를 통해 같은 것은 같은 방식으로 표현하라.
- 색채 부호화는 단일하게(일관적으로) 사용하라.
- 단일한 입력 구문을 사용하라(예 : 같은 기능을 수행하기 위해 같은 행위를 요구하는 것).
- 기능들은 스크린들에 걸쳐 논리적으로 집단화되고 일관적이어야 한다.
- 인터페이스 설계에서 일반적으로 지켜지는 규칙을 준수하라.

시스템 상태의 가시도

- 시스템의 상태가 어떻게 되어 있는지 사용자들에게 항상 알려줄 수 있도록 하라.
- 입력이 수용되었다는 것을 보여주어라.
- 모든 행위들에 대해 시기적절한 피드백을 제공하라.
- 과제 수행의 진행 상태를 제시해 주어라.
- 가시적 대상이나 결과와 같은 직접 조작을 사용하라.

사용자가 갖는 제약과 자유

- 관대성 : 조작의 실수에 대해 되돌아가기나 취소 기능을 제공하라.
- 빠져나가기나 탈출을 분명하게 표시하여 제시하라.
- 사용자가 행위를 개시하고 통제할 수 있도록 하라.
- 가능하면 서로 다른 모드를 피하라.

실수 방지, 실수 재인 및 실수로부터의 회복

- 우선적으로, 실수가 발생하지 않도록 하라.
- 사용자들이 실수를 재인하고, 진단하며, 실수로부터 회복할 수 있도록 하라.
- 분명하고 명료한 실수 메시지를 사용하라.

기억

- 기억해서 입력하는 것(remember-and-type)보다는 보고 선택하는(see-and-point) 방식을 사용하라.
- 가용한 행위의 대안들을 분명하게 하라.
- 선택 목록를 제공하고 목록에서 선택할 수 있도록 하라.
- 가시적 대상이나 결과와 같은 직접 조작을 사용하라.

사용의 유연성과 효율성

- 단축키와 가속기를 제공하라.
- 빈번한 행위들의 수행은 더 빨리 이루어질 수 있도록 옵션을 제공하라.
- 시스템은 사용하기 효율적이어야 한다(또한 과제들을 개시하고, 기록하며, 취소할 수 있도록 해야 한다).

단순화와 미적 통합

- 사물들은 단순한 그래픽 설계를 사용하여 보기 좋도록 해야 한다.
- 단순하고 자연스러운 대화상자를 사용하라. 과외적인 단어나 그래픽을 제거하라.
- 모든 정보들은 자연스럽고 논리적으로 보이도록 해야 한다.

출처 : Nielson, J. *Enhancing the explanatory power of visibility heuristics*. Chi '94 Proceedings. New York : Association for Computing Machinery.

그리고 은유를 사용해야 하며, 사용자의 과제나 정신적 목표와 자연스럽게 대응되도록 설계되어야 한다는 것을 의미한다. 대상, 특성, 그리고 행위들이 친숙한 것이라 해도 사용자의 입장에서 이러한 것들이 실제로 어떤 것인지에 대해 설계자들이 깊은 지식을 갖고 있지 못하다면 이들은 소프트웨어 설계과정에 사용될 수 없다. 그와 같은 정보는 제3장에서 논의하였던 과제 분석의 수행을 통해 얻을 수 있다. 이 말은 인터페이스가 반드시 현재 사용자가 수행하고 있는 과제들만 반영해야 한다는 것을 의미하지는 않는다. 컴퓨터는 이전 방법들의 범위를 넘어 과제 수행에 좀 더 새롭고 강력한 도구를 제공해 줄 수 있다(Nielson, 1994c). 문제는 과제를 좀 더 효과적이고 능률적으로 수행할 수 있도록 해주는 새로운 컴퓨터 기반 도구들을 제공해 주는 것과 함께, 사용자에게 요구된 일반적 과제에 새로운 인터페이스를 어떻게 대응시킬 것인가 하는 것이다.

두 번째 원리는 인터페이스를 내적으로 그리고 기존의 모든 표준들과 일관적으로 설계하는 것이다. 내적 일관성(internal consistency)은 설계 요소들이 인터페이스의 모든 측면에서 일관적으로 반복된다는 것을 의미한다. 예를 들어 서로 다른 스크린이라 해도 같은 정보의 유형은 스크린의 동일한 위치에 제시되어야 하고, 동일한 과제를 수행할 때는 동일한 행위를 요구하는 것 등이다(Nielson, 1989). 어느 한 인터페이스를 응용하여 새로운 소프트웨어를 개발할 때도 이러한 일관성은 유지되어야 한다. 예를 들어 윈도우 프로그램을 이용한 소프트웨어들(예 : 워드나 엑셀)은 윈도우에서 표준화되어 사용하는 것과 동일한 아이콘이나 집단화, 색채, 그리고 대화 상자 제시 방식을 따라야 한다. 이러한 일관성은 일종의 정신 모형처럼 작용하는데, 예를 들어 사용자들이 '윈도우'에 대해 갖고 있는 정신 모형은 응용 프로그램에 있는 전혀 새로운 인터페이스 요소들에 비해 기존의 윈도우에서 사용된 인터페이스 요소들과 더 쉽고 빠르게 상호작용할 수 있도록 해준다.

세 번째 원리인 시스템 상태의 가시성은 시스템의 기능을 사용자에게 '투명하게' 보일 수 있도록 해줌으로써 사용자가 시스템에 대한 분명한 정신 모형을 개발할 수 있도록 지원해 주는 것을 목표로 한다. 이 원리에 따르면 시스템은 입력을 받아들였다는 것을 보여주어야 하고, 시스템이 현재 무엇을 하고 있는지를 보여주어야 하며, 과제가 현재 어떻게 진행되고 있는지 알려주어야 한다. 올바른 은유를 사용한다면 이 원리는 매우 쉽게 달성될 수 있다. 예를 들어 사용자가 마우스를 이용하여 한 파일을 클릭한 후 그 파일을 다른 폴더(혹은 디렉토리)로 '끌어갈(drag)' 때 이것을 사용자에게 보여줄 수 있다면 이러한 가시성은 사용자와 시스템이 현재 어떠한 일을 하고 있는지에 대한 피드백을 제공해 줄 수 있다.

사용자 통제 및 자유(user control and freedom) 원리는 사용자가 어떤 인터페이스 안을 자유롭게 이동할 수 있어야 하고, 어떤 행위가 잘못되었을 때 쉽게 취소할 수 있어야 하며, 잘못 들어간 프로그램에서 쉽게 빠져나올 수 있어야 하고, 과제의 중간에 취소할 수 있어야 하며, 과제의 위계와 상관없이 서로 다른 수준으로 접근할 수 있어야 하고, 일시적으로 특정한 하위과제를 미뤄둘 수 있어야 한다는 것 등을 의미한다. 현재의 잘못된 상태에서 '빠져나가기(exit)' 위해서는 '되돌아가기(undo)' 기능을 사용하면 되는데, 이 기능은 사용자가 이전 단계의 시스템 상태로 되돌아갈 수 있게 해준다(Abowd & Dix, 1992; Nielson, 1993). 또한 이러한 원리에 따르는 인터페이스는 스크린이나 정보 사이를 다양한 방식으로 '항행' 할 수 있도록 해야 하며, 과제를 수행하는 데 필요한 대안적 경로들을 제공해 주어야 한다.

이러한 생각은 에러와 에러로부터의 회복과 밀접하게 관련되어 있다. 에러는 미스테이크(mistakes)나 슬립(slips)의 용어로 기술될 수 있다. 슬립은 잘못된 키를 누르는 것과 같이 의도적이지 않고 적합하지 않은 행위를 말한다. 미스테이크는 잘못된 명령어를 입력하는 경우와 같이 의도적인 행위이긴 하지만 시스템에 대한 오해의 결과로 표출되는 행위이다. 제14장에서 이러한 에러 유형들에 대해 좀 더 자세히 기술하고 있다. 컴퓨터의 사용자들이 컴퓨터를 사용하는 과정 중에 잘못된 키를 누르는 것과 같이 작은 에러라고 해도 항상 에러를 범할 수 있으며, 시스템이 잘 설계된 경우라도 크고 작은 에러를 범한다는 것은 두말할 필요 없는 사실이다.

모든 에러를 방지하는 것은 불가능하기 때문에 에러가 발생했을 때라도 에러에 의한 부정적 결과의 효과를 최소화해 주거나 에러를 범했더라도 사용자들이 에러로부터 쉽게 회복될 수 있게 도와주어야 한다(Nielson, 1993). 이와 같이 에러에 강한(error-tolerant) 시스템이 되기 위해서는 몇 가지 조건이 충족되어야 한다. 첫째, 시스템은 앞에서 언급되었던 '되돌아가기(undo)' 기능을 제공해 주어야 한다. 둘째, 시스템은 사용자의 입력을 감시하여, 사용자가 실제로 그 명령(예 : '파일 삭제'의 경우)을 실행하고자 하는지 사용자에게 확인할 수 있도록 해야 한다. 셋째, 사용자에게 분명하고 정확한 에러 메시지를 제시해 줌으로써 사용자가 (1) 실수를 범했다는 것을 인식할 수 있고, (2) 에러의 본질을 성공적으로 진단하며, (3) 이 에러를 수정하기 위해 무엇을 해야 하는지 정확히 알 수 있도록 해줄 수 있다. Shneiderman(1992)은 에러 메시지가 분명한 단어를 사용하는 대신 애매한 부호는 피해야 하고, 사용자가 문제를 해결할 수 있도록 도와주어야 하며, 에러 메시지는 공손해야 하고,

사용자를 겁먹게 해서는 안 된다는 것 등을 제안하였다(예를 들어 '불법적 사용자 행위[ILLEGAL USER ACTION]' 와 같은 메시지는 사용하지 말아야 한다).

이 장의 서두에서 소개하였던 의료 사고는 (1) 소프트웨어에 탐지되지 않았던 버그(bug)가 포함되어 있었고, (2) 에러를 제대로 방지할 수 없었으며, (3) 에러를 인식하거나 에러로부터 회복될 수 있는 기회가 없었기 때문에 발생한 것이었다. 예를 들어 오퍼레이터가 '오작동 54' 란 메시지를 보았을 때, 그녀는 그 에러 메시지를 시스템이 전자빔을 방출하지 않아 나타난 것으로 생각했으며, 기계를 다시 설정해 전자빔을 재차 쏘았던 것이다.

앞에서 언급된 가이드라인들은 주로 초심자나 시스템을 자주 사용하지 않는 사람들을 염두에 두고 제안된 것들이지만, 효율성과 에러 없는 수행이라는 관점에서 보면 그러한 원리들은 전문가들에게도 적용 가능할 것이다. 일곱 번째 원리인 사용의 유연성과 효능성(flexibility and efficiency of use)은 소프트웨어를 사용하는 목적이 사용자의 요구에 부응할 수 있어야 한다는 것을 의미한다. 예를 들어 소프트웨어는 빈번하게 수행되는 과제를 보다 빠르고 간단하게 달성할 수 있도록 해 주는 일종의 지름길(shortcuts)이나 가속기(accelerator)와 같은 역할을 해 주어야 한다. 이러한 지름길이나 가속기로서의 기능에는, 단 한 번의 키를 누름으로써 명령이 수행될 수 있는 기능키(function keys)나 명령키(command keys), 가장 많이 필요로 하는 기능들을 직접 접근할 수 있도록 스크린 위에 배열된 버튼들 혹은 시스템 디폴트 등과 같은 특성들이 포함될 수 있다(Greenberg, 1993; Nielson, 1993). 다시 말해 이러한 특성들은 사용자들이 동일한 방식으로 자주 혹은 반복적으로 수행하는 과제들에 대해서 과제의 수행 단계를 단축하거나 자동화하는 데 사용될 수 있는 기법들이라고 할 수 있다.

설계자들이 갖고 있는 공통적 특징 중 하나는 사용자들이 모든 환경 조건에서 필요로 할 것으로 여겨지는 모든 기능들을 사용자에게 제공해 주려고 한다는 점이다. 이러한 만능 지향 경향은 어떤 측면에서는 사용자에 대한 서비스를 충분히 제공해 준다고 평가될 수도 있지만, 이러한 설계 방식은 오히려 사용자들의 수행에 더 부정적인 효과를 줄 수 있다. 복잡한 인터페이스나 선택은 때로 사용자들에게 중압감이나 혼란감을 줄 수 있기 때문이다. 설계자들은 사용자들이 설계자들처럼 시스템에 대해 항상 풍부한 지식을 갖고 있거나 시스템에 대해 충분히 이해하고 있는 것은 아니라는 사실을 명심해야 한다. 표 15.1의 여덟 번째 원리는 단순하면서도 미적으로 우수한 소프트웨어를 만드는 것과 관련된다. 많은 정보와 선택 사양을 제공해 주는 인터페이스는 그 자체만으로 너무 복잡하게 보일 것이다. 설계의 궁극적 목표는 단순한 인터페이스를 통해 광범위한 기능성을 제공해 주는 것이다(Mayhew, 1992). 이러한 목적을 달성하기 위한 한 가지 방법은 인터페이스를 여러 층으로 만들어 초보자들이 잘 사용하지 않는 기능들은 그들에게 직접적으로 보이지 않도록 하는 것이다. 이러한 접근의 한 가지 예가 바로 시스템 디폴트인데, 사용자들이 그 시스템에 점점 더 익숙해짐에 따라 사용자들은 이러한 디폴트를 자신이 원하는 설정으로 변경할 수 있게 된다. 예를 들어 윈도우 환경에서 사용하는 전형적인 워드 프로세싱 소프트웨어는 '도구 상자'라는 편집 기능이 있어, 자주 사용하지 않는 도구들(즉 기능들)은 보이지 않게 하지만 사용자가 그 시스템에 익숙해짐에 따라 메뉴 화면에 그 기능들을 첨가할 수 있도록 되어 있다. 소프트웨어를 단순하고 일관적으로 설계했을 때 사용자들이 그 소프트웨어를 배우기 쉽고 또 사용하기 쉽게 느낀다면 단순성과 일관성의 원리에 따른 설계는 성공한 것으로 평가할 수 있으며, 이것은 결국 사용자들이 그 소프트웨어를 불만족 없이 더 잘 사용하도록 해줄 것이다.

기본적 스크린 설계

현재 대부분의 컴퓨터 시스템은 다양한 수동적 입력 방법들(음성 입력이나 다른 방식의 입력과 대비해서)과, 모니터상에 제시된 텍스트나 그래픽 디스플레이를 보는 방식으로 구성되어 있다. 많은 역동적 상호작용들도 있지만 설계자들은 아직 이러한 구성요소들과 정적인 스크린 디스플레이(즉 하나의 디스플레이로서 각각의 스크린이 어떻게 보이는가)에 초점을 맞추고 있다(Galitz, 1985). 현재 대부분의 스크린 배치 형태와 설계는 출력 디스플레이(컴퓨터에 의해 주어진 정보)와 입력 디스플레이(버튼이나 스크린에 직접 제시되는 입력 기제들)의 두 가지 요소에 초점을 두고 있다. 출력 디스플레이에 대한 내용들은 이 책의 제8장을 참조하기 바란다.

출력 디스플레이 설계에서 일반적으로 주어지는 관심사 중의 하나는 색채 사용의 문제이다. 초보 설계자들은 색채를 너무 많이 사용하는 경향이 있는데, 전문 설계자들은 색맹과 같은 요인들을 고려하여 인터페이스 프로그램들은 흰색과 검정색을 사용한 무채색으로 설계되어야 한다고 제안하고 있다(예 : Mayhew, 1992; Shneiderman, 1992). Nielson(1993)도 검정색 바탕에 밝은 회색이나 밝은 색채를 사용할 것을 추천한다. 색채는 조심스럽게 사용되어야 하며, 색채를 사용해야 할 경우라도 색채는 보조적 부호화 수단으로 사용되어야 한다. 기본적 스크린 설계에 대한 가이드라인들은 HCI 영역에서 특정적으로 개발되어 왔다. 예를 들어 Mayhew(1992)는 스크린 배치 형태와 설계에 관한 원리들을 크게 다섯 개의 범주로 구분하였다－일반적 배치, 텍스트, 숫자, 부호화 기법, 그리고 색채. 기존의 연구 결과와 응용 사례들을 개관한 후 그녀는 이러한 각각의 범주와 관련되는 많은 설계 원리들을 확인하였다. 출력 디스플레이와 관련된 추가적인 사항은 제8장을 참조하기 바란다.

대화 스타일

컴퓨터를 정보 처리 시스템이라고 한다면, 사람들이 컴퓨터와 반복적으로 정보를 주고받는 과정은 일종의 컴퓨터와의 대화(dialog)라고 할 수 있다. 그러나 컴퓨터는 아직 무제한적인 인간의 자연 언어를 사용할 수 있을 만큼 기술적으로 정교하지 못하기 때문에, 인터페이스는 컴퓨터와 인간이 모두 이해할 수 있는 대화 수준으로 제한될 수밖에 없다. 대부분의 소프트웨어 인터페이스에서 사용되는 기본적인 대화 스타일은 아래와 같다.

메뉴 : 사용자들이 원하는 항목(들)을 선택할 수 있도록 항목의 목록을 제시한다.

채워 넣기 방식 : 사용자들이 철자나 숫자로 된 정보를 입력할 수 있는 빈 공간을 제공해 준다.

질문/대답 형식 : 한 번에 한 가지의 질문을 제공하고, 사용자들이 그에 대한 대답을 타이핑할 수 있게 한다.

명령어 : 프롬프트(prompt)에서 사용자들은 제한적이고 구체적인 구문(syntax) 형식의 명령어를 타이핑해서 입력한다.

기능키 : 명령이 특정한 키들이나 키의 조합을 누름으로써 주어진다.

직접 조작 : 사용자들은 가시적인 대상들에 대해 직접적인 행위를 취한다.

제한적 자연어 : 컴퓨터가 제한된 범위의 언어를 이해하고 출력한다.

이러한 대화 스타일들을 완전하게 구별하는 것은 매우 힘든 일이지만, 설계 목적에 따라 대화 스타일들을 범주화하면 편리할 때가 있다. 어떤 대화 스타일은 특정한 과제나 응용 프로그램에 더 잘 맞는 것도 있고, 여러 대화 스타일이 조합을 이루어 한 가지의 응용 프로그램에 자주 사용되기도 한다. 아직 인간-컴퓨터 상호작용이라는 분야가 비교적 새로운 분야이기는 하지만 어떤 대화 스타일이 특정한 활동 유형에 최상이 될 수 있는지에 대한 추론은 가능하다. Mayhew(1992)는 이런 점에 대해 심도 있게 논의하였는데, 이들 중 몇 가지는 다음에 논의되어 있다. 이에 대한 추가적인 정보는 Mayhew(1992), Nielson(1993), Helander(1988), Shneiderman(1992)을 참조하기 바란다.

메뉴 매킨토시나 윈도우 환경에서 소프트웨어를 사용해 본 사용자들에게는 메뉴가 매우 친숙한 것이 되었다. 메뉴는 선택할 행위들의 목록을 제공해 주는데, 이러한 메뉴는 스크린상에 항상 제시되어 있는 메뉴로부터 풀-다운(pull-down) 메뉴나 여러 개의 위계적 메뉴에 이르기까지 다양하다.

사용자들이 소프트웨어에 대해 호의적인 태도를 갖고 있지 않거나, 동기가 낮거나, 타이핑하는 기술이 부족하거나, 컴퓨터나 과제에 경험이 거의 없을 때의 대화 스타일은 메뉴 방식이 되어야 한다.

메뉴 설계를 위한 한 가지 접근 방식은 단순한 설계 가이드라인을 따르는 것이다. 예를 들어 일련의 연구들은 사용자의 탐색 시간을 줄이기 위해서는 각각의 메뉴에 포함된 항목들을 4~6개 정도로 제한해야 한다는 것을 발견하였다(제4장 참조)(Lee & MacGregor, 1985). 그리고 메뉴 항목들을 범주화하여 집단화하거나 간단한 구분선으로 분리시켜 준다면 이러한 항목 수는 더 증가될 수 있다.

항목 수가 많다면 각각의 메뉴에 많은 항목이 포함되도록 하여 메뉴 수는 적은 대신 각 메뉴 안에는 다수의 항목이 배열('좁고 깊은 구조')되도록 설계하거나, 아니면 이와는 반대로 각각의 메뉴에 소수의 항목이 포함되도록 하여 메뉴 수는 많은 대신 각 메뉴 안에는 소수의 항목이 배열('넓고 얕은 구조')되도록 설계할 수 있다. 일반적으로 '넓고 얕은 구조'가 사용성이 더 높다. Mayhew(1992)는 다음과 같은 가이드라인들을 제공해 주고 있다.

- 활성화되지 않는 메뉴들은 일시적으로 (희미하게 한다든지 하는 방식으로) 보이지 않게 하라.
- 논리적이고 독특하며 상호 배타적인 의미적 범주를 사용하라.
- 메뉴 선택 표식어는 간략해야 하고 문법적으로도 맞아야 한다.
- 메뉴의 선택을 과제 특성과 사용자의 선호도에 따라 편리성, 사용 빈도, 기능적 집단 혹은 알파벳 순(혹은 가나다 순)으로 서열화하라.
- 기존의 표준을 사용하라 : 파일(File), 편집(Edit), 보기(View) 등은 대부분의 윈도우 응용 프로그램에서는 공통적으로 사용되는 것들이다.

불행하게도, 메뉴 설계는 단순한 가이드라인이 시사하는 것보다 훨씬 더 복잡하다. 비교적 간단한 메뉴 항목들에 대해서도 항목 수가 증가함에 따라 메뉴 설계 방식을 결정하는 방법은 엄청나게 많아진다(Fisher et al., 1990). 예를 들어 하나의 메뉴 위계에서라도 세 개의 수준 각각에 8개의 항목들이 있다면 6.55×10^{13}개의 메뉴 설계 방식이 가능하다. 이러한 경우는 메뉴 설계에 계산적 접근을 적용해야 한다(Francis, 2000). 메뉴 항목 수와 관련된 메뉴 선택 모델들은 메뉴 항목 선택 시간을 최소화하는 방식을 제안한다. 그러나 이러한 모델들이 갖는 단점 중 하나는 메뉴 항목의 의미나 사람들이 메뉴 구조를 어떻게 기억하는지 고려하지 않는 경향이 있다는 점이다. 이해 가능한 메뉴 구조가 있다면 사람들은 좀 더 빠르게 자신이 원하는 메뉴 항목을 선택할 수 있을 것이다. 이해 가능한 메뉴 구조를 설계하는 하나의 방식은 제3장에서 소개했던 군집 분석(cluster analysis)을 이용하는 것이다. 군집 분석을 통해 서로 관련 있는 메뉴 항목들을 확인할 수 있다.

채워 넣기 방식 채워 넣기 방식은 지면을 이용하는 일종의 서식 용지와 같다고 생각하면 된다. 즉 사용자들이 글자나 숫자 정보를 채워 넣을 수 있도록 항목에 따라 빈 공간이 제공되는 형태이다. 메뉴 방식과 마찬가지로 이러한 형태는 사용자들이 부정적인 (혹은 중립적인) 태도를 갖고 있을 때, 동기가 낮을 때, 그리고 시스템에 대한 경험이 거의 없을 때 바람직한 형태이다. 그러나 메뉴 방식과는 달리 채워 넣기 방식을 사용하는 사용자들은 비교적 타이핑에 익숙하고 주어진 과제에 친숙한 사람들이어야 한다. 그렇지 못한 사용자들은 채워 넣기 형태의 대화 스타일을 사용할 때 많은 도움을 필요로 할 것이다. 채워 넣기 방식은 사용하기 쉬울 뿐만 아니라, 이러한 형태를 일상생활에서 사람들이 많이 접해 보았기 때문에 유용하게 사용될 수 있는 대화 스타일이다.

메뉴 방식과 마찬가지로 채워 넣기 방식도 과제의 내용과 구조를 반영할 수 있도록 설계되어야 한다. 채워 넣기 방식의 한 가지 예는 병원에서 환자의 신상에 대해 기록하는 소프트웨어 시스템이다. 이 형태는 전통적인 서식 용지와 매우 유사하며, 환자의 이름이나 주소, 병력(medical history), 보험, 그리고 병원을 찾은 이유 등에 대해 기록하게 되어 있다. 환자들이 대기실에서 컴퓨터를 이용하여 이러한 서식에 필요한 정보를 직접 타이핑해 넣게 한다면 병원에서 환자에 대한 여러 정보를 컴퓨터에 입력해야 하는 일을 담당하는 사람들의 노력이 많이 줄어들 수 있을 것이다. 채워 넣기 방식은 다음의 기본적 원리에 따라 설계되어야 한다.

- 과제의 구조에 따라 항목 집단을 체계화하라.
- 상이한 내용 사이에는 공백을 이용하고 이들을 분리하라.
- 앞과 뒤로 이동할 수 있도록 하라.
- 관련되거나 상호 의존적인 항목들은 항상 같은 스크린상에 보이도록 하라.
- 칸(field)을 반드시 기입해야 하는지 그렇지 않아도 되는지를 나타내 주어라.
- 간략하고 모호하지 않은 프롬프트를 사용하라.
- 칸들 사이를 자유롭게 이동할 수 있도록 직접 조작 기능을 제공하라.

질문-대답 형식 이러한 대화 스타일의 경우 컴퓨터 디스플레이는 한 번에 한 가지의 질문을 하고 사용자는 그에 대한 대답을 주어진 빈칸에 타이핑해 넣도록 한다. 이 방법은 컴퓨터 테크놀로지에 대해 부정적인 태도를 갖고 있거나, 동기가 낮거나, 시스템에 대한 경험이 거의 없거나, 비교적 타이핑 기술이 좋은 사용자들에게는 좋은 방식이다. 또한 사용 빈도가 낮거나, 임의적으로 컴퓨터를 사용하는 경우, 그리고 중요도가 상대적으로 낮은 과제에 적합한 방법이다. 질문-대답 형식은 질문의 의도와 요구되는 행위가 무엇인지 분명하도록 설계되어야 한다. 이렇게 하기 위해서는 (1) 프롬프트, 질문, 입력 영역, 그리고 지시문 등이 분명히 구분될 수 있도록 시각적 단서들과 공백을 사용하고, (2) 단순하면서도 분명한 언어로 질문하며, (3) 화면에 제시된 칸들 사이를 자유롭게 이동할 수 있도록 하고, (4) 타이핑 요구를 최소화하도록 해야 한다.

명령어 '＞' 표시와 같은 프롬프트에서 사용자들은 아주 구체적이고 제한적인 구문을 사용하는 명령들(예 : C++나 Basic)을 직접 타이핑해 넣을 수 있다. 명령어 방식은 컴퓨터의 사용에 긍정적인 태도를 갖고 있고, 동기 수준이 높으며, 중간 수준이나 그 이상의 타이핑 기술이 있고, 컴퓨터에 대해 잘 알고 있으며, 프로그램의 사용 경험이 많은 사용자들에게 적합한 방식이다. 명령어들을 만들어 내는 설계자들은 가능한 사용하는 구문들이 쉽고 자연 언어에 가깝게 설계되도록 노력해야 한다. 즉 구문은 일관적이어야 하고, 임의적인 구두점의 사용을 피해야 하며, 단순하면서도 일관적인 축약어들을 사용해야 한다(추가적인 가이드라인들에 대해서는 Mayhew, 1992 참조).

기능키 기능키를 이용한 대화 스타일의 경우, 사용자들은 특정한 명령을 입력하기 위해 정해진 키들이나 키들의 조합을 누른다. 예를 들어 컨트롤 키를 누르거나 누른 상태에서 'B' 버튼을 누르면 선택된 텍스트 부분이 굵은 글자체로 바뀌는 것과 같은 것이다. 컴퓨터 대화 스타일의 입력 메커니즘으로서 기능키들을 사용하는 것은 요즘 많이 감소하는 추세인데, 왜냐하면 이 방식이 대체적으로 임의적이고 또 인간의 기억에 부담을 주기 때문이다. 그러나 과제를 매우 빈번하게 수행하거나, 빨리 수행하기를 바라거나, 혹은 낮은 수준의 타이핑 기술을 갖고 있는 사람들에게 기능키들은 매우 유용한 방식이다.

기능키들이 갖는 임의성과 기억의 부담 때문에 기능키들을 설계하는 것은 매우 힘든 과정이다. 설계자들은 다음과 같은 가이드라인들을 따라야 한다.

- 포괄적이거나, 자주 사용되거나, 혹은 중요한 기능들에 대해서는 기능키들을 가능하면 사용하지 말라.
- 3~4개의 집단으로 배열하되, 의미적 관련성이나 과제의 흐름에 맞게 배열하라.
- 키들을 분명하고 특징 있게 표시하라.
- 많이 사용하는 키들은 쉽게 접근할 수 있도록 하라.
- 심각한 결과를 초래할 수 있는 키들은 쉽게 닿지 않는 곳에 배치하고, 다른 기능키들 근처에 두지 말라.
- 키보드상에서 다른 키들과 함께 눌려야 하는 alt, ctrl, command 등과 같은 '한정키(qualifier key)' 들의 사용을 최소화하라.

직접 조작 직접 조작(direct manipulation)이란 스크린상에서 '볼 수 있는' 대상들에 대해 직접 행위를 수행하는 것을 말한다. 마우스를 이용하여 파일이나 아이콘을 클릭한 다음, 마우스의 왼쪽 버튼을 누른 상태에서 그 파일(혹은 아이콘)을 '휴지통' 이라고 표시된 아이콘까지 '끌어(dragging)' 간 후, 손가락을 마우스의 왼쪽 버튼으로부터 다시 떼는 것은 파일을 지우는 (즉 파일을 휴지통 속에 넣는 것) 과제에 대한 직접 조작 방식의 한 가지 예가 될 수 있을 것이다. 직접 조작 방식은 과제에 대한 사용자의 정신 모형과 잘 대응되고, 기억하기 쉬우며, 타이핑 기술을 거의 요구하지 않는다는 장점 때문에 최근에 상당히 유행하는 대화 스타일이다. 직접 조작 방식은 컴퓨터에 대해 부정적인 태도를 갖고 있고, 동기가 낮으며, 타이핑 기술이 취약하고, 중간이나 그 이상의 과제 경험이 있는 사용자들에게 적합한 방법이다. Mayhew(1992)는 직접 조작 방식에 대해 다음과 같은 가이드라인들을 제공하고 있다.

- 사용자의 목표와 요구되는 입력 행위 사이의 의미적 거리를 최소화하라.
- 일관적인 아이콘 설계 도식을 사용하라.
- 구체적이고 익숙하며 개념적으로 독특한 아이콘을 설계하라.
- 가능하면 아이콘의 이름을 첨부하라.

직접 조작 인터페이스를 설계하고자 할 때는 (1) 수행되고 있는 과제에 대한 높은 이해도, (2) 은유를 고안해 낼 때의 높은 창조성, 그리고 (3) 직접 조작 인터페이스가 사용자에게 '그럴듯하게 보일 수' 있도록 해줄 수 있는 추가적 수단들과 같은 조건들이 요구된다.

자연어 자연어(natural language)는 현재로서는 아직 제한적으로 사용되는 인터페이스 대화 스타일이다. 이 방식에서는 사용자들이 제한적인 자연어로 컴퓨터와 대화한다. 이 방식은 인공적인 대화 방식에 비해 훨씬 자연스럽기 때문에 가장 추천할 만한 인터페이스라고 할 수 있다. 그리고 앞으로 기술이 발달함에 따라 점점 더 많이 사용될 것으로 생각된다. 그러나 이 방식이 효과적이기 위해서는 컴퓨터가 인간의 자연어를 알아들을 수 있어야 하는데, 이것을 구현하는 것은 현재로서는 매우 힘든 일이다. 말로 입력된 명령어가 말로 표현된 문장을 이해하는 것과는 다르다는 점을 이해한다면, 자연어 인터페이스는 실행의 간격과 평가의 간격을 연결 짓는 궁극적이 수단이 되지 못할 수도 있다(좀 더 자세한 논의는 제9장 참조).

결론 모든 응용 프로그램에 가장 잘 맞는 대화 방식은 없을 것이다. 어떤 대화 방식을 선택할지는 대화 방식이 갖는 특성과, 사용자 혹은 수행되고 있는 과제를 얼마나 대응시킬 수 있는지에 달려 있다. 예를 들어 어떤 과제들은 자연어 대화 방식보다는 직접 조작 방식에 의해 더 잘 수행될 수 있다. 컴퓨터를 이용해 가상의 신발에 끈을 매는 상황을 상상해 보라. 이 경우 컴퓨터를 말로(자연어 방식) 제어하는 것보다 직접 조작 방식으로 제어하는 것이 훨씬 더 쉬울 것이다. 좀 더 현실적인 예로, 자동차 라디오 볼륨을 음성으로 제어하는 것은 가능한 것이기는 하지만 볼륨은 대개 연속적으로 제어된다는 특성을 고려하면 표준적인 다이얼 형태가 더 바람직할 것이다.

사용자 지원을 위한 설계

컴퓨터의 소프트웨어가 사람들의 '직관'과 충분히 부합하는 것이어서 사용자들이 그것을 사용하기 위해 특별한 훈련이나 도움을 받을 필요가 없는 소프트웨어를 개발할 수 있다면 그 이상 바람직한 일은 없을 것이다. 그러나 불행하게도 대부분의 경우 이러한 목적은 완전하게 성취되지는 못하고 있다. 다른 복잡한 장비들처럼 대부분의 컴퓨터 소프트웨어들은 효율적인 과제 수행을 위한 매우 유용한 특징들을 갖고 있기는 하지만, 사용자들이 그것을 사용하기까지는 많은 시간과 훈련을 요구한다. 이 말은 사람들이 소프트웨어를 사용하기 시작할 때는 때때로 도움이나 사용자 지원(user support)을 필요로 한다는 것을 의미한다. 사용자 지원은 다양한 종류의 보조 메커니즘을 의미하는데, 이러한 것 중에는 소프트웨어 매뉴얼(즉 설명서), 온라인 도움말, 교습(tutorials), 소프트웨어 마법사, 혹은 헬프 라인 등이 있다.

이러한 사용자 지원 서비스 범주 안에도 다양한 지원 방법들이 있다. 예를 들어 온라인 도움말 방법들에는 중심어 도움말(Houghton, 1984), 명령어 프롬프팅(Mason, 1986), 맥락-민감형 도움말(Fenchel & Estrin, 1982; Magers, 1983), 과제 지향적 도움말(Magers, 1983), 그리고 지능형 온라인 도움말(Aaronson & Carroll, 1987; Dix et al., 1993; Elkerton, 1988) 등이 여기에 포함된다. 이러한 모든 방법들은 과제를 수행하기 위해 어떻게 인터페이스를 사용해야 하는지에 대한 정보를 사용자들에게 제공해 준다.

아래에서 우리는 가장 흔하게 사용되는 두 가지의 사용자 지원 메커니즘(즉 매뉴얼과 온라인 도움말)에 대해 간단히 고려해 볼 것이다. 독자들은 매뉴얼과 교습과 관련된 내용을 개관하고 있는 제18장도 참조하기 바란다.

소프트웨어 매뉴얼

대부분의 소프트웨어들은 매우 복잡하기 때문에 이에 대한 매뉴얼이나 온라인 도움말을 필요로 하는 것이 일반적이다. 사용자들은 일반적으로 소프트웨어를 사용하기 전에 일종의 교습서로 매뉴얼을 읽는 것이 아니라 그들이 도움이 즉시 필요할 때 찾아보는 일종의 참조 자료로 매뉴얼을 사용하기 때문에 매뉴얼을 작성하는 것은 매우 어려운 일이다(Nielson 1993; Rettig, 1991). 이러한 사용 경향 때문에 매뉴얼은 매우 신중하고 과제 지향적으로 설계되어야 하는데, 왜냐하면 사용자들은 시스템 요소나 명칭보다는 자신들의 목표(goal)나 과제(task)에 기초하여 탐색어를 사용할 것이기 때문이다.

표 15.2 소프트웨어 매뉴얼을 작성하는 데 적용될 수 있는 일반적 가이드라인

가이드라인	예시
정보를 찾기 쉽도록 하라	
• 사용자의 과제를 중심으로 매뉴얼 체제를 작성하라. 즉 라벨링, 등록 기입문(entry names), 그리고 순서를 시스템 요소보다는 사용자의 목표와 과제에 기초하여 작성하라.	좋지 못함 : '서버에 파일 업로드', '서버 데이터 엑세스', 그리고 이와 유사한 시스템 라벨. 좋음 : '메일 보내기' 나 '메일 열기' 와 같은 라벨링이나 등록 기입문에 기초하는 것.
• 목록 검사(browsing)를 통해 쉽게 찾을 수 있는 위치에 진입점(entry point)이 오도록 하라.	좋지 못함 : 내용에 대한 표시 없이 텍스트 블록을 단일한 형태로 제시하는 것. 좋음 : 각각의 텍스트 섹션별로 그 섹션에 해당하는 명칭을 굵은 글자체를 사용하고, 순서를 가나다순이나 알파벳순으로 배열하며, 각 페이지의 상단에는 해당되는 섹션의 머리말을 제시하는 것.
• 매뉴얼의 목차와 색인을 모두 사용하라.	예를 들어 '프린터 출력' 이란 용어와 '인쇄하기' 라는 용어는 같은 것을 의미하지만, 전자는 시스템의 요소와, 반면 후자는 사용자의 과제와 더 가까운 의미를 갖는다. 이 양자는 매뉴얼의 뒤에 제시되는 색인에 모두 포함될 필요가 있다.
• 시스템 요소와 사용자의 목표에 맞는 수록어들을 모두 사용하되, 이 두 유형의 수록어들을 설명서의 맨 뒤에 관련된 모든 동의어들과 함께 제시하라.	

소프트웨어 매뉴얼은 시스템의 사용을 도와주는 수단이 될 뿐만 아니라 그 자체로 하나의 시스템이 될 수 있다는 것을 주목하라. 이러한 이유로 소프트웨어 매뉴얼은 그 효율성(efficiency)과 효과성(effectiveness)을 최대화하기 위해 표준적인 인간 공학 가이드라인과 원리들을 사용하여 설계되어야 한다. 또한 소프트웨어 매뉴얼도 다른 시스템과 마찬가지로 사용성 검증을 받을 수 있다. 표 15.2는 소프트웨어 매뉴얼을 설계할 때 적용될 수 있는 몇 가지의 일반적인 가이드라인들을 정리해 놓은 것이다. 독자들은 Adams와 Halasz(1983), Gordon(1994), 그리고 Weiss(1991)를 참조하기 바란다.

온라인 도움말 시스템

책자와 같은 형태로 만들어진 매뉴얼(흔히 하드카피 매뉴얼이라고 함)은 소프트웨어에 대한 지원 시스템으로 많이 사용되는 것이기는 하지만, 많은 설계자들은 온라인 도움말 시스템이 주는 이점들도 인식하고 있다. 온라인 도움말 시스템이 제공해 줄 수 있는 이점은 다

음과 같다.

- 정보를 쉽게 찾을 수 있게 해준다(하드카피 형태의 매뉴얼들은 어디 두었는지 잘 모르거나 분실될 수 있다).
- 맥락에 민감한 탐색이 가능하다.
- 사용자들은 매뉴얼을 사용할 작업 공간을 따로 찾을 필요가 없다.
- 정보가 전자적으로 갱신(updated)될 수 있다.
- 온라인 도움말 시스템은 문자열 탐색, 중다 색인들, 북마크(bookmarks), 하이퍼텍스트 네비게이션(hypertext navigation), 그리고 후향적 추적 등과 같은 강력한 탐색 메커니즘들을 포함할 수 있다.

이러한 이점들 때문에 대부분의 상업적 목적을 갖는 인터페이스들은 책자로 된 매뉴얼과 함께 온라인 도움말 시스템들을 함께 제공하고 있다. 앞에서 살펴본 매뉴얼 방식의 사용자 보조 수단에 비해 온라인 도움말 시스템은 탐색의 효율성이나 효과성 측면에서 상대적으로 더 어려움이 있다. 예를 들어 Egan과 그의 동료들(1989)은 하드 카피형 매뉴얼에서 정보를 탐색하는 데 걸리는 시간보다 온라인 도움말 시스템을 통해 정보를 탐색할 때 거의 50% 정도 시간이 더 오래 걸린다는 것을 발견하였다(5.6분 대 7.6분). 이러한 긴 탐색 시간은 철저한 사용성 검증과 반복적 설계를 통한다 하더라도 카피 매뉴얼 방식에 비해 약간 감소할 뿐이었다. 온라인 도움말 시스템이 갖는 또 다른 단점들로는 다음과 같은 것들이 있다.

- 텍스트들은 컴퓨터 스크린을 통해서는 읽기 더 어렵다.
- 도움말 페이지가 과제 정보와 겹쳐져 과제의 수행을 방해할 수 있다.
- 컴퓨터로 제시되는 페이지들은 하드카피 매뉴얼에 비해 더 적은 양의 정보만 포함할 수 있다.
- 사람들은 일반적으로 매뉴얼을 통해 정보를 얻는 것에 더 익숙해 있어서 온라인 도움말 시스템의 이곳 저곳을 탐색하는 데 더 큰 어려움을 경험할 수 있다.

신중한 설계를 통해 위에서 언급된 많은 문제들이 해결 가능할 것이다. 예를 들어 강력한 목록 검사 시스템(browsing system)은 온라인 시스템에 사용자들이 더 성공적으로 접근하도록 해줄 수 있다. 또한 온라인 시스템에서의 잘 설계된 내용 목차는 사용자들이 필요로 하는 정보를 쉽게 찾는 데 도움을 줄 수 있을 것이다. Shneiderman(1992)은 텍스트가 제시되고 있을 때 스크린상에 내용 목차를 계속 남아 있게 한다든지, 사용자들이 자신들의 필요에 따라 내용 목차를 늘리거나 줄일 수 있도록 할 수 있는 설계 방안들을 제안하였다. 다른 소프트웨어 시스템과 마찬가지로 온라인 도움말도 좋은 설계 원리를 따라 설계되어야 한다. 또한 온라인 도움말에도 광범위한 사용성 검증 및 반복적 설계가 적용되어야 한다.

사용성 발견법을 통한 평가

설계 가이드라인에 충분히 주의를 기울여 설계한 시스템들에 대해서도 평가가 필요하다. 일차적으로 유용하게 사용될 수 있는 평가방법은 제3장에서 소개했던 **발견법적 평가**(heuristics evaluation)이다. 이 발견법적 평가에서는 몇 명의 HCI 전문가들이 특정한 후보 설계가 인터페이스 가이드라인, 원리, 혹은 발견법(반드시 그런 것은 아니지만 일반적으로 인터페이스 설계에 적용되어야 하는 규칙들)을 얼마나 잘 지켰는지 평가한다. 발견법적 평가는 사용성 검증보다 비용이나 시간이 적게 들기 때문에 상당히 효과적인 방법이 될 수 있다.

발견법적 평가에서는 먼저 제품이 지원하고자 의도한 과제와 가장 관련 있는 인터페이스 설계 원리(예 : 제8장과 제9장에서 논의한 디스플레이와 제어장치 원리들)와 가이드라인들(표 15.1)을 확인한다. 두 번째 단계에서는 선택된 원리, 가이드라인 혹은 발견법들을 제품에 적용해 보는 것이다. 인터페이스가 하나 이상의 발견법들을 위배했다면 사용성에서의 가능한 문제들이 확인될 수 있을 것이다. HCI 전문가들에 따라 서로 다른 문제 유형들을 발견할 가능성이 크기 때문에 2~4명의 전문가들이 독립적으로 시스템을 평가하는 것이 중요하다.

사용성 검증과 사용성 행렬표를 통한 평가

가장 좋은 이론을 이용하여 신중하게 설계된 시스템이라 할지라도 사용성 검증을 통해 평가되어야 한다. 사용성 검증은 실제 환경에서 시스템을 사용하는 전형적인 사용자를 통해 이루어진다. 이때 사용자들이 경험하는 어려움이나 좌절 등은 소프트웨어를 좀 더 향상시키는 데 활용되기 위하여 기록된다.

원형

설계자들이 고려해야 하는 중요한 문제 중 하나는 사용성 검증에 사용될 원형(prototype)의 종류이다. 모든 사용성 검증이 소프트웨어의 최종적 형태에 대해 이루어지는 것으로 보이지만 이것은 사실이 아니다. 대부분의 사용성 전문가들은 다양한 수준의 충실도를 갖는 여러 종류의 원형들을 이용하는데, 설계 초기에 사용되는 낮은 충실도를 갖는 방법으로는 색인 카드, 간단한 스케치, 혹은 **스토리보드**(storyboard) 등이 포함된다. 스토리보드는 실제 시스템의 기능은 나타내지 않으면서 소프트웨어의 외형이 어떠한지를 그림으로 간단히 스케치한 것들을 모아 놓은 것이다. 높은 충실도를 갖는 방법들은 최종적인 소프트웨어의 형태와 외형을 가지면서 완전한 상호작용이 가능한 스크린을 이용하여 사용성을 검증한다. 설계 초기에 낮은 충실도를 갖는 방법들을 사용하는 것은 몇 가지 이점이 있다. (1) 무엇보다 이러한 방법들은 빠르고 쉬우며 사용성 검증 과정 중에 쉽게 수정을 가할 수 있다. (2) 설계 과정의 초기 단계에는 노력이나 비용의 투자가 상대적으로 적기 때문에 설계자들은 쉽게 기존의 생각을 수정하거나 취소할 수 있다. (3) 사용자들은 글자체 유형과 같은 인터페이스 세부 사항에 초점을 맞추지 않기 때문에 낮은 충실도를 갖는 원형의 기능성에 대해 좀 더 중요한 피드백을 제공해 줄 수 있다(Carroll, 1995). Salasoo와 동료들(1994)이 지필 기법 사용에 관해 기술하면서 지적하였듯이 "몇 사람이 동시에 (협동적으로) 작업할 수 있기 때문에 사용자들은 제작팀의 멤버들만큼 원형과 접촉할 수 있는 기회를 많이 가질 수 있다." 목표는 사용자들에게 잘 맞는 최종적인 하나의 설계 아이디어가 확인될 때까지 여러 아이디어들을 서로 비교하고 검토하는 것이다. 특정한 소프트웨어 인터페이스의 원형이 여러 번의 반복적 설계 과정을 거친 후에는 좀 더 진보된 형태의 사용성 검증을 위해 컴퓨터를 사용하게 된다.

사용성 행렬표

설계자들이 사용성 검증을 실시할 때는 설계 순환과정 초기의 낮은 충실도를 갖는 원형을 사용하는 단계이건 설계 과정의 후반기이건 그들이 무엇을 측정하고자 하는지를 확인해야 하는데, 이것을 때로 **사용성 행렬표**(usability metrics)라고 한다. 사용성 행렬표는 프로젝트가 진행됨에 따라 그 본질이나 범위도 일반적으로 변하기 마련이다. 초기의 개념적 설계 국면(phase)에서 사용성은 몇 명의 사용자들을 중심으로 일반적인 사용성 측면들이나 사용자의

표 15.3 소프트웨어 사용성 행렬표의 예

효과성
• 완성된 과제의 비율
• 실패에 대한 성공의 비율
• 사용된 특징이나 명령어의 수
효율성
• 과제 완성 시간
• 학습 시간
• 실수에 소비된 시간
• 실수 비율이나 실수 수
• 도움의 수나 보조자료의 참조 수
• 잘못된 명령의 반복 수
사용자 만족
• 소프트웨어의 유용성에 대한 평정 척도
• 기능/특징에 대한 만족의 평정 척도
• 사용자가 불만감이나 짜증감을 표현한 빈도
• 과제에 대한 컴퓨터 제어나 사용자 제어의 평정 척도
• 사용자가 요구대로 소프트웨어가 과제를 지원해 주는지의 여부에 대한 지각

만족도에 대한 질적인 평가에 초점을 맞추어 검증될 수 있다. 이 경우 사용자들에게 낮은 충실도를 갖는 원형들을 제공해 주고 제한된 범위의 과제를 수행하는 것을 상상하도록 한다(Carroll, 1995). 이 단계에서는 양적인 자료의 수집은 거의 이루어지지 않고, 단지 소수의 사용자들이 귀중한 정보들을 많이 제공해 줄 수 있도록 이들과 상호작용한다.

설계과정이 구체적인 형태를 갖게 됨에 따라 사용성 검증도 좀 더 형식화되고 때로는 수량화된다. 표 15.3은 유효성, 효율성 및 사용자의 만족도 등과 같은 가장 흔하게 사용되는 사용성 범주들을 보여주고 있다(Mayhew, 1992; Nielson, 1993에서 인용). 이러한 측정치들에 대한 자료를 수집하기 위해서 완전하게 기능하는 원형이 만들어지고, 사용자들에게는 정상적인 상황과 같은 방식으로 다양한 과제들을 수행하도록 한다(예 : Carroll, 1995 참조). 표 15.3에 제시되어 있는 수량적 측정치들에 대한 수집과 함께, 설계자들은 사용자들에게 과제를 수행하면서 머릿속에 있는 내용들을 말하도록(think aloud) 하고, 또한 사용자들에게 필요한 질문을 한다. 이러한 절차의 목적은 사용자들이 선호하고, 사용하기 쉬우며, 과제를 성공적으로 수행하기 위해 사용될 수 있는 원형의 설계 방안을 찾아내기 위한 것이다. 사용자들에 대한 관찰을 통해 설계자들은 제어, 프로그램 안에서의 항행(navigation), 그리고 일반적인 개념적 모델 등에 대해 사용자들이 경험할 수 있는 어려움들을 통찰할 수 있다.

사용자들은 주어진 과제들을 수행하기 위해 소프트웨어를 사용한다. 또한 사용자들의 수행은 녹화되거나 관찰되고, 과제 수행 시간이 기록된다. 그 다음 과제 수행 시간과 에러의 빈도가 설계팀이 확인했던 원래의 목표와 비교된다. 그리고 과제의 수행이 종료된 후에, 사용자들에게는 소프트웨어에 대한 자신들의 반응을 평가하도록 평정 척도가 주어진다. 예를 들어 평정 척도는 '1 = 사용하기 매우 어려움', '9 = 사용하기 매우 쉬움' 등과 같은 형태를 취할 수 있을 것이다. 그러나 때로는 특정 소프트웨어에 대한 사용자의 주관적인 선호만으로 그 소프트웨어가 과제 수행을 지원하는 데 최상의 것이라는 것을 예언하지는 못한다는 것에 주목하는 것이 중요하다(Andre & Wickens, 1995; Bailey, 1993). 마지막으로, 사용성 검증 결과에 기초하여 인터페이스 설계는 사용자의 수행 시간, 에러율, 그리고 주관적 반응들이 설계팀이나 프로젝트 담당자들이 수용할 수 있는 범위 안에 올 때까지 계속 수정된다.

사용성 검증 결과에 대한 보고서를 작성할 때 평가자들은 (심리적 기제나 원리와 가이드라인의 위반 등의 관점에서) 왜 그러한 행동들이 관찰되었는지에 대한 그들의 추론뿐만 아니라 어떠한 행동(예 : 사용자의 에러, 혼란, 에러로부터 회복 속도 등)이 관찰되었는지 신중하게 명시해야 한다. 그러나 **어떠한**과 **왜**는 매우 분명하게 구분되어야 한다. 사용성 검증은 어떻게 유용성 문제를 해결해야 하는지는 포함시킬 필요가 없다(그리고 그렇게 해서도 안 될 것이다). 왜냐하면 일반적인 순환적 검증 과정에서는 이러한 문제는 해결책을 만들어 내는 팀의 몫이기 때문이다.

사용자의 수와 자료 해석

사용성 검증은 연구를 위한 것은 아니다. 사용성 검증의 목적은 소프트웨어 설계가 갖고 있는 특정한 문제가 무엇인지 확인하는 것이다. 반면 인간 공학 연구는 사람들이 시스템에 어떻게 반응하는지 이해하기 위해 이론을 평가하고 대안적인 설계들을 서로 비교한다(제2장 참조). 이러한 관점상의 차이 때문에 사용성 검증은 가설 검증(예 : A 조건이 B 조건보다 낫다)에서 충분한 검증력을 얻기 위해 요구되는 많은 표본 수는 별로 신경 쓰지 않는다. 왜냐하면 단일한 시스템이 갖고 있는 문제를 확인하는 것은 두 시스템 사이에 존재하는 유의한 차이를 확인하는 것과는 질적으로 다른 문제이기 때문이다.

참가자의 수를 증가시키면 더 많은 문제들을 확인할 수 있을 것이지만 5~6명 이상이 되면 사람들을 추가적으로 참여시키는 것의 이점은 별로 증가하지 않는다. 개발자들은 6명의

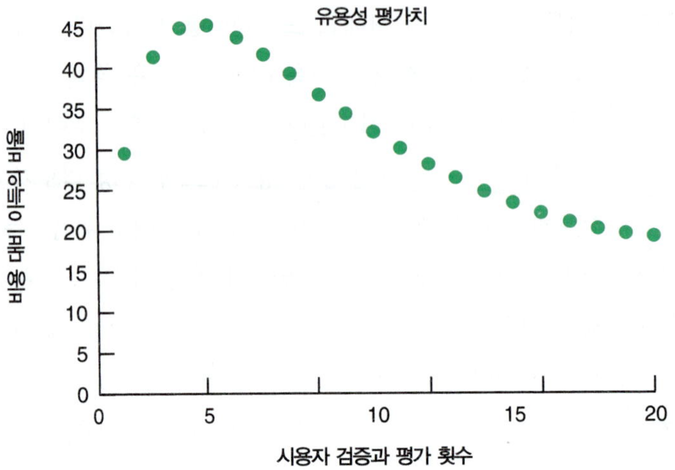

그림 15.3
1,000명이 사용할 전형적인 소프트웨어 시스템에 대해 비용 대비 이득의 비율은 3~5회의 평가-재설계 순환에서 가장 높다.
출처 : T. K. Landauer (1995). *The Trouble with Computers. Usefulness, Usability and Productivity*. Cambridge MA.: MIT Press.

참가자들로 하나의 사용성 검증을 실시한 후 소프트웨어를 변화시키고, 이렇게 변화된 소프트웨어에 대해 다시 한 번 사용성 검증을 실시하는 것이 또 다른 6명의 참가자들을 이용해 사용성 검증을 실시하는 것보다 더 유리하다. 평가와 재설계의 순환이 매번 반복될 때마다 수행은 대략 50% 정도 향상된다(Landauer, 1995). 따라서 평가와 재설계의 순환 횟수가 많아지더라도 비용 면에서는 효과적이다. 그림 15.3은 사용성 검증의 순환 횟수에 따른 이득/비용 비율을 보여주고 있다(Landauer, 1995). 비록 그림 15.3에 예시된 어떤 유형의 시스템에 대한 최대 비용/이득 비율이 대략 5번 정도의 평가-재설계 순환 횟수에서 발생하고 있지만, 심지어 60번의 순환 횟수에서도 비용/이득 비율이 1보다 더 크다. 사용성 검증과 관련하여 중요하게 고려해야 하는 또 다른 측면은, 사용성 검증을 통해 얻어진 자료를 사용하는 사람들은 새로운 이론을 창출하는 학자가 아닌 어떤 제품을 만들어 내는 프로그래머라는 점이다. 따라서 프로그래머가 사용성 검증을 직접 관찰하는 것이 도움이 될 것이다. 사용성 검증을 관찰한 프로그래머는 거의 대부분 그러한 사용성 검증을 통해 시사된 변화에 대해 호의적으로 반응한다. 프로그래머가 단순하고 사용하기 쉬울 것이라고 생각한 인터페이스에 대해 사용자들이 어려움을 겪는 것을 직접 보는 것이 사용성 검증 동안 얻어진 자료에 대한 '정성들여 만든' 보고서보다 더 효과적이다.

사용성 검증이 갖는 문제

소프트웨어 개발에서 사용성 검증은 필수적인 부분이다. 모든 마이크로소프트 제품의 거의 모든 기능들은 이제 사용성 검증을 받고 있다. 그러나 어떤 소프트웨어에 대해 사용성 검증을 했다는 것만으로 그 소프트웨어가 효과적인 것이라고 보장하기에는 충분하지 못하다. 사실 사용성 검증은 좋은 설계가 되지 못하게 방해하기도 한다. 사용자나 사용자 과제에 대한 이해에 기반하지 않은 원형, 혹은 기초적인 인간 공학 가이드라인과 이론을 고려하지 않고 개발된 원형을 이용해 수행된 사용성 검증은 근본적으로 잘못된 원형을 정교화할 뿐이다. 사용성 검증을 많이 반복한다고 해도 근본적인 문제를 해결하지 못할 수 있다. 좋은 설계의 근본은 사용자와 그들이 수행하는 과제에 대한 충분한 이해에 있다는 것을 주의해야 한다.

사용성 검증의 또 다른 문제는 실험실 환경에 너무 집착한다는 점이다. 사용성 검증은 일방경(one-way mirror : 즉 참가자에게는 거울로 보이지만 관찰자는 안을 들여다 볼 수 있도록 된 거울), 특수하게 설치된 컴퓨터, 그리고 비디오카메라 등이 포함된 엄격하게 통제된 실험실 장면에서 자주 실시된다. 인간 공학 연구자들이 많이 수행하는 실험실처럼 엄격하게 통제된 환경은 수행에 영향을 줄 수 있는 다른 변인들을 간과하게 할 수 있다. 또한 이러한 통제된 환경은 인공적이다. 어떤 제품들에 대해서는 중대한 문제가 좀 더 현실적인 장면에서 드러날 수 있다. 예를 들어 개인 휴대용 정보 단말기(personal digital assistant, PDA)에 대한 사용성 문제 중 하나는 햇빛에 의해 화면이 잘 보이지 않을 수 있다는 것인데, 이것은 PDA를 바깥으로 가져가서 사용하는 경우에 발견될 수 있는 것이다. 사용성 검증을 실험실에서만 실시하는 것은 때로 중대한 오류를 낳을 수 있다.

정보 기술

원래 컴퓨터는 전통적인 계산 장치로 설계된 것이었지만, 컴퓨터의 가장 큰 잠재력은 정보를 다루는 데 있다. 현재의 컴퓨터는 예전에 비해 훨씬 효율적으로 엄청난 양의 정보를 사용할 수 있게 해줄 수 있다. 거대한 도서관 데이터베이스가 하나의 컴퓨터를 통해서도 접근 가능하기 때문에 직접 도서관을 방문하여 도서 목록을 일일이 체크할 필요가 없게 되었다.

제7장에서도 논의하였듯이, 양적으로도 방대하고 때로는 구식이 되어 버린(혹은 몇 페이지가 찢겨져 나간) 설명서를 보지 않고도 단지 몇 개의 컴퓨터 키들을 누름으로써 진단 검사와 문제 파악이 가능하게 되었다. 또한 의사들도 희귀한 질병에 대한 다양한 치료방법들을 찾아보기 위해 수백 건의 임상 사례들을 매우 빠르게 검색해 볼 수 있다. 이러한 모든 예들은 사람들이 정보를 탐색하기 위해서는 컴퓨터와 상호작용할 수 있어야 한다는 것을 의미한다. 정보의 탐색이나 인출을 지원해 주는 일은 인간 공학자들이나 인터페이스 설계자들의 중요한 임무 중 하나이다. 아래에서는 정보 시스템의 설계와 관련된 여러 문제들을 논의하고자 한다.

하이퍼텍스트, 하이퍼미디어, 그리고 인터넷

많은 컴퓨터 기반 문서들은 정보를 서로 '군집(chunk)'으로 연결하고, 전통적인 선형적 텍스트 형식에서 비선형적 텍스트 형식으로 바꾸어 주는 컴퓨터의 계산 능력을 사용하고 있다. 정보의 군집들을 연결시켜 주는 이러한 기법을 하이퍼텍스트(hypertext)라고 부른다. 하이퍼텍스트의 가장 흔한 예 중 하나는 텍스트 안에 있는 특정한 단어가 부각되어 제시되고(highlighted), 이 단어와 관련된 다른 추가적인 정보들을 얻기 위해 사용자가 그 단어를 클릭하는 것이다. 부각된 내용들을 클릭하면 때로는 새로운 팝업 스크린(pop-up screen)상에 추가적인 정보가 제시되기도 하고, 혹은 같은 문서에서 추가적 정보가 있는 곳으로 커서가 '이동' 하기도 한다.

하이퍼텍스트는 본질적으로 하나의 네트워크 안에서 모든 텍스트나 그래프들을 정보의 군집으로 연결시켜 주는데, 이것은 노드(node)라고도 한다. 군집들은 설계자들이 선택하는 방식에 따라 다양하게 서로 전자적으로 연결될 수 있다. 원래 하이퍼텍스트는 정적인 텍스트나 그래프에 사용되도록 설계되었지만, 지금은 텍스트, 오디오, 비디오 클립, 애니메이션 등을 포함한 모든 정보들의 군집에 사용되고 있다. 이러한 정보들은 일종의 멀티미디어(multimedia)라고 할 수 있기 때문에, 이러한 자료들을 연결시키는 기법은 하이퍼미디어(hypermedia)라고 불린다. 하이퍼미디어는 인터넷과 같은 다양한 종류의 정보망을 구성하는 기본적 원리라 할 수 있다.

웹을 사용할 때 '브라우징(browsing)' [1]이라는 은유는 웹이 주로 정보 저장소(information repository)라고 생각하면 그럴듯한 은유이다. 그러나 최근에는 인터넷의 본질에 변화가 생겼는데, 특히 웹 기반 응용 프로그램의 증가가 대표적인 것이다. 예를 들어 Bruce Tognazzini에 의해 이름붙여진(Norman, 1998) '웨블리케이션(weblication)'은 웹을 통해 서비스되는 소프트웨어이다. 웨블리케이션의 예들은 컴퓨터 기반 훈련인 여행 계획에서부터 인터넷 뱅킹까지 다양하다. 이러한 서비스를 인터넷을 통해 이용할 때는 단순히 정보를 인출하는 과정에서 발생하는 상호작용보다 훨씬 더 복잡하면서도 상이한 특성을 갖는다. 따라서 브라우징 은유는 웨블리케이션의 경우에는 잘 맞지 않으며, 이 이유로 그대로 사용할 경우 웨블리케이션이 갖는 사용성을 저하시킬 수 있다. 웨블리케이션은 인터넷의 중요한 부분이 되었지만 이들에 대한 설계나 구현에 대해 효과적인 가이드라인은 전혀 존재하고 있지 않다. Wroblewski와 Rantanen(2001)은 전형적이 데스크톱 응용 프로그램에 대한 가이드라인들이 웹을 통해 얻을 수 있는 다양한 기능들에는 잘 맞지 않는다고 주장하였다. 마찬가지로, 웹 사용성 가이드라인은 웨블리케이션의 사용에서 요구되는 새로운 상호작용에 대해서는 제대로 맞지 않을 수 있다. 더구나 웨블리케이션 사용자의 동기와 웹 사이트 사용자의 목표는 서로 다르기 때문에 웹 가이드라인은 적합하지 못할 수 있다.

정보 데이터베이스 접근

컴퓨터가 기술적으로 더 정교해짐에 따라 엄청난 양의 복잡한 데이터베이스에 대한 접근이 날로 증가하고 있다. 비록 컴퓨터들이 사용자들로 하여금 엄청난 양의 정보 데이터베이스에 접근, 탐색, 그리고 조작할 수 있도록 하는 잠재성을 갖고 있다는 것은 확실하지만, 이러한 과정을 지원하기 위해 컴퓨터가 어떻게 설계되어야 하는지는 아직 분명하지 못하다. 이것은 인간-컴퓨터 상호작용에서 매우 중요한 문제이다(Wickens & Seidler, 1995).

인간 공학의 다른 영역과 마찬가지로, 이 문제를 해결하기 위한 첫 번째 단계는 과제 분석의 실시이다(제3장 참조). 즉 정보 데이터베이스와 상호작용하는 과정에서 어떤 과제가 요구되고 또 사용자들이 필요로 하는 측면들은 무엇인지를 알아보아야 한다. 우리는 사용자들이 데이터베이스로부터 얻고자 하는 정보들을 미리, 그리고 얼마나 구체적으로 명세화할 수 있는지에 따라 최소한 네 가지의 수준으로 그러한 요구들을 나누어 볼 수 있다.

---

1) 'browsing'은 'brows'라는 동사를 명사화한 것이다. 'brows'는 '책 등을 여기 저기 읽다', '이것저것 구경하다'라는 뜻을 갖는다. 이를 은유적으로 사용하여 인터넷에 들어가 필요한 정보를 찾아내는 것을 '브라우징'이라고 한다. 마찬가지로, 인터넷에서 자신이 필요로 하는 정보를 찾아낼 때 사용하는 클라이언트 프로그램을 '브라우저'라고 한다.

1. 사용자들은 검색하고자 하는 정보들에 대한 정확한 표식어를 알고 있어야 한다. 예를 들어 교환수들은 전화번호를 안내하고자 하는 사람의 이름을 알고 있어야 그 사람의 전화번호를 검색할 수 있을 것이다.
2. 사용자들은 찾고자 하는 항목들에 대한 몇 가지의 전반적 특징만을 알고 있고, 실제로 그 항목을 보아야만 확인할 수 있다. 예를 들어 당신은 어떤 책의 일반적 주제는 알고 있지만 그 책의 저자나 제목에 대해서는 기억하지 못할 수 있다.
3. 사용자는 일반적 영역에 대해 데이터베이스에 어떤 정보들이 있는지 알기를 원하지만 그 안에 어떠한 정보들이 있는지는 미리 알고 있지 못한 채, 뭔가 흥미 있는 항목이 있는지 그 영역을 탐색하기를 원한다. 예를 들어 당신은 특정한 사고 사례들을 알아보기 위해 사고 데이터베이스를 탐색해 보겠지만 그것을 데이터베이스에서 실제로 찾을 수 있을 때까지는 당신이 원하는 사고의 종류에 대한 자료가 있는지 여부를 알지 못할 수 있다.
4. 사용자는 단순히 데이터베이스의 전반적 구조(예 : 어떤 사례가 데이터베이스 안에 있고, 특정 사례들의 부류들이 서로 어떠한 관계가 있는지)에 대해 이해하고자 할 수 있다. 예를 들어 어떤 전염병 학자는 특정 질병의 전염 특성을 알아보기 위해 어디에서, 언제 그 질병이 발생했는지 알아보고자 할 수 있다.

구체적으로, 정보 검색 인터페이스를 적용할 때는 앞에서 구분한 사용자의 요구보다는 더 정교한 과제 분석이 요구될 것이지만(예 : Belkin et al., 1993), 앞에서 언급한 네 가지의 탐색 유형들은 여러 가지 데이터베이스 상호작용 기법들이 갖는 장단점을 분석하는 데 중요하게 사용될 수 있을 것이다. 위에서 분류한 네 가지의 탐색 유형 중에서 특정한 탐색 유형에 대해 가장 적합한 대화 인터페이스 방법들이 있다.

매개형 인출 요구되는 정보의 본질이 미리, 그리고 정확하게 명세화될 수 있을 때 그 정보를 직접적으로 인출해 내는 데는 명령어나 키워드 탐색이 때로 적합한 기법이 된다. 책에서 정보를 찾아보기 위해 사람들이 색인어를 사용하는 것처럼 사람들은 찾고자 하는 정보의 속성들에 대해 독특한 방식으로 키워드들의 목록을 형성하게 된다. 직접 인출 시스템과 같은 인터페이스를 설계할 때 설계자들은 사용자들이 생성할 가능성이 가장 많은 표식어들을 사용하여 각 영역에서 표준화된 서식에 따라 색인이나 키워드를 결정해야 한다.

그러나 하나의 인터페이스를 통해 다양한 유형의 사용자들이 정보 검색을 하도록 설계하고자 할 때는 이러한 원리가 적용되기 힘든데, 왜냐하면 같은 대상을 검색하는 데도 사람들에 따라 매우 상이한 용어들이 사용되기 때문이다. 몇몇 연구 결과들은 익숙한 대상에 대해 두 사람이 동일한 용어를 선택할 가능성은 15%밖에 되지 않는다는 것을 보여주었다(Furnas et al., 1987). 예를 들어 만일 당신이 공학을 전공하는 학생이라면 인간 공학의 주제들로 접근하기 위해 디스플레이, 제어장치, 혹은 수동 제어와 같은 공학적인 용어를 주로 사용하게 될 것이다. 그러나 심리학자들은 이와 유사한 주제에 대해 지각, 반응, 혹은 추적(tracking)과 같은 심리학적인 용어를 사용하여 검색을 시도할 것이다. 따라서 바람직한 형태의 키워드 검색 방안은 같은 대상에 대해 여러 접근 경로들을 제공해 주는 것이다. 그와 같은 설계 방식은 가장 짧거나 경제적인 형태의 색인/키워드 목록을 제공해 주지는 못할 것이지만 사용자들이 검색하고자 하는 정보에 대한 접근 실패 가능성은 상당히 줄여 줄 수 있을 것이다.

잘 설계된 중다 접근 경로라 해도 사용자의 관점에서 볼 때 키워드 탐색은 항상 만족스러운 것이 아닐 수 있는데, 여기에는 두 가지 이유가 있다. 첫째, 때때로 사용자들은 그들이 원하는 조회어(query)나 키워드의 조합들을 정확하게 명세화하기 어려울 때가 있다. 특히 사람들은 조회 시스템의 근간을 이루는 불린형 논리(Boolean logic)를 사용하는 데 매우 익숙하지 못하다(Mackinlay et al., 1995).

둘째, 사용자들은 키워드 탐색을 통한 결과에 항상 완전히 만족하는 것은 아니다(Muckler, 1987). 예를 들어 도서관의 데이터베이스를 탐색할 때 탐색 목표어와 관련 없는 많은 수의 문서 목록들이 인출될 수도 있고(헛경보), 반대로 관련 있는 많은 문서들이 인출되지 않은 채 남아 있을 수도 있다(탈루). 이러한 가능성들을 없애기 위해서는 충분하다고 여겨졌던 것보다 더 광범위한 탐색을 시도해야 하는데, 왜냐하면 사람들은 탈루율이 얼마나 될지 모르기 때문이다(즉 사람들은 자신이 모르는 것이 무엇인지 모른다)(Blair & Maron, 1985).

지능형 대리자 앞에서 기술한 것처럼 사람들은 그들이 찾기 원하거나 찾아야 하는 정보들을 탐색하는 데 다양한 어려움을 경험하게 되는데, 이를 해결하기 위한 새로운 접근 방법이 컴퓨터 기반 조력자(computer-based helper)라는 개념이다. 이것은 사용자와 정보 데이터베이스 사이에서 일종의 인터페이스 대리자처럼 작용한다(Maes, 1994). 이러한 지능형 대리자

(inteligent agent)들은 사용자의 일반적인 목표나 요구의 형태로 입력 내용을 받아들인다. 정보 접근 기제뿐만 아니라 정보 데이터베이스의 체계에 대한 자세한 지식은 지능형 대리자들이 가장 관련 있고 유용한 정보를 탐색할 수 있도록 해준다. 이 대리자는 정보를 찾아내어 (의사결정 보조수단처럼) 정보 그 자체나 정보 목록들을 제시해 준다. 지능형 대리자는 본질적으로 사용자들에게는 일종의 전문적 보조자 역할을 해주는 인터페이스 유형이며, 이를 통해 사용자들은 직접 자신이 정보를 탐색해야 할 부담을 줄일 수 있도록 해준다.

공간적으로 조직화된 데이터베이스 컴퓨터-매개형 인출에 대한 대안적 접근 중 하나는 사용자의 탐색 과정을 지원하기 위해 정보 공간에 대한 공간적 표상을 이용하는 것이다(예 : Flower et al., 1991). 즉 직접적으로 정보를 인출하기보다는 데이터베이스나 정보 공간을 항행하거나 여행하는 것을 지원해 주는 대화 인터페이스의 방식이 가능하다. 항행한다거나 여행한다고 하는 표현은 공간적으로 관련된 것들이기 때문에, 이것은 흔히 공간적으로 조직화된 데이터베이스(spatially organized database)라는 용어로 표현된다(Lund, 1994). 많은 데이터베이스에서 항목들은 서로 유사한 관련성을 갖고 있기 때문에, 그와 같은 체계는 어느 정도 논리적이라고 할 수 있다. 즉 어떤 항목들끼리는 다른 것들에 비해 더 유사할 수 있는데, 왜냐하면 이들은 공통적인 키워드들을 더 많이 공유하거나 혹은 동일한 과제와 더 많이 관련되어 있기 때문일 것이다. 즉 서로 '가깝다' 고 할 수 있다. 또한 공간적 조직화에서 사용하는 공간이나 항행이라는 은유는 우리가 일상적 환경과의 상호작용을 통해 경험하는 것과 매우 유사하다(Hutchins et al., 1985).

공간적으로 조직화된 데이터베이스나 정보 공간들이 어떤 종류인지에 따라 근접성(proximity), 즉 '얼마나 가깝고' 혹은 '얼마나 떨어져 있는지'에 대한 정의가 달라진다(Durding et al., 1977). 예를 들어 그림 15.4a에서 보이는 것과 같은 메뉴 구조에서 근접성은 전형적으로 위계상 가장 낮은 공통 '조상(ancestor)'에 의해 정의된다. 따라서 이 그림에서 X는 Z에 비해 Y와 더 '가깝다'. 인터넷상에서 '누가 누구에게 이야기하는가'를 결정하는 의사소통 네트워크와 같은 네트워크형 정보 공간에서는 노드의 쌍을 연결하는 링크들의 수로 근접성이 정의된다(그림 15.4b; 그림 10.8 참조). 스프레드시트와 같은 행렬표형 데이터베이스에서(그림 15.4c) 근접성은 셀(cell) 사이의 열이나 행의 수로 정의될 수 있을 것이다. 그림 15.4d와 같은 유클리드형 공간에서는 실제의 3차원 공간에서 정의된 것과 동일한 방식으로 근접성이나 거리가 정의된다. 유클리드형 공간은 상이한 유클리드 좌표상에 위치한 과학적 자료들(예 : 폭풍우의 진로, 지층의 구조, 오염물질의 확산 형태 등)을 보여주는 데 많이 사용된다.

공간적으로 표상된 데이터베이스는 장점과 단점을 모두 갖고 있다. 장점으로는 첫째, 공간적 데이터베이스는 일반적으로 과제와 관련된 요소들을 서로 근접하여 위치하도록 하기 때문에 사용자들이 이러한 요소들을 '한 눈에' 고려하게 할 수 있고, 혹은 요소들 사이를 이동하는 시간을 최소로 줄여 줄 수 있다. 예를 들어 두 개의 유사한 항목들 중에서 어느 것이 주어진 과제와 더 관련 있는지 비교하거나, 몇 개의 관련 있는 항목들을 다음에 인출하기 위해 표시해야 하는 경우에 이러한 구조는 큰 이점을 갖는다. 따라서 제8장에서 논의했던 좋은 디스플레이 배치에 관한 원리와 마찬가지로, 공간적으로 정의된 데이터베이스는 관련성에 따른 배치 원리와 사용 순서에 따른 배치 원리를 지킬 수 있다(Seidler & Wickens, 1992; Wickens & Baker, 1995). 두 번째의 장점은 사용자들이 데이터베이스 구조 속에 포함된 각 요소들에 대한 배열 형태를 검토할 수 있기 때문에 전체 데이터베이스 구조에 대해 더 잘 이해할 수 있다는 점이다. 이러한 장점은 우리가 이미 익숙해 있는 '방' 이나 '벽' 과

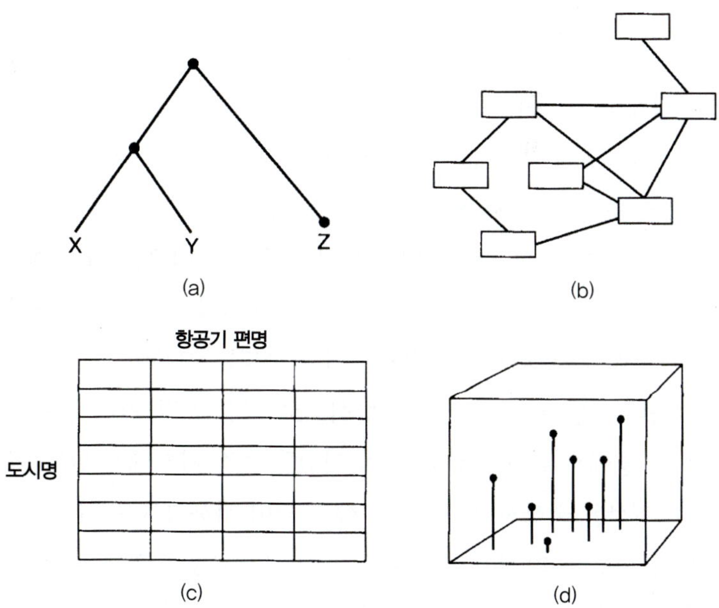

그림 15.4

공간적으로 체제화된 데이터베이스의 네 가지 사례. (a) 메뉴 구조, (b) 정보 네트워크, (c) 스프레드시트, (d) 유클리드 공간. 각각에서 '거리' 라는 개념은 중요한 공간적 표상을 갖는다.

같은 은유들을 고려해 보면 더 분명해진다(Robertson et al., 1993).

셋째, 사용자들이 다시 이전 항목으로 돌아갈 수 있게 하거나 상위의 메뉴로(혹은 정보 공간 속에서 사용자가 잘 알고 있는 참조 지점으로) 쉽게 돌아갈 수 있는 옵션 등을 제공해 줌으로써 사용자들이 '길을 잃었을 때' 이것으로부터 '회복' 할 수 있게 해줄 수 있다(Nielson, 1987). 넷째, 사용자들이 정보 공간 속에서 최근에 어디를 항해했었는지를 알려주는 일종의 항행 기록(historical record)을 제공해 주는 것도 유용한 방법이다. 많은 시스템들은 '북마크(bookmark)' 기능 등을 제공하여 사용자들이 방문했던 곳을 즉각적으로 다시 방문할 수 있게 해준다(Bernstein, 1988).

이러한 장점과는 대조적으로, 공간적 구조를 갖는 데이터베이스의 단점들은 아래와 같다. 이러한 것들은 신중한 설계를 통해 최소화해야 하는 것들이다.

1. **길을 잃음** 데이터베이스가 복잡해지고 내용이 많아짐에 따라, 정보 공간에서 사용자들이 '길을 잃는' 문제가 발생할 수 있다. 이러한 문제를 해결하기 위한 몇 가지 방안이 있다. 첫 번째 해결방안은 사용자의 정신 모형과 일치하도록 데이터베이스를 공간적으로 조직화하는 것이다(Roske-Hofstrand & Paap, 1986; Seidler & Wickens, 1992). 둘째, 사용자들에게 스크린을 통해 지속적으로 볼 수 있거나, (만일 스크린의 공간이 여의치 않으면) 빠르고 쉽게 다른 창을 열어서 볼 수 있는 정보 공간에 대한 전반적 '지도'를 제공해 주는 것이다(Vicente & Williges, 1988; Beard & Walker, 1990).
2. **갱신율** 공간적으로 조직화된 데이터베이스는 너무 느려질 수 있는데, 이 때문에 우리는 쉽게 짜증감을 느낀다. 그와 같은 시스템들의 컴퓨터 그래픽은 때로 매우 복잡할 뿐만 아니라 사용자들이 정보 공간을 이동할 때마다 공간들이 새롭게 '다시 그려져야' 하는 경우처럼 스크린의 그래픽을 갱신하는 데 요구되는 시간이 상당히 증가할 수 있다. 또한 사용자들이 공간 속을 이동하는 방식으로 직접 조작 인터페이스를 사용하는 경우라면, 우리가 9장에서 살펴본 바와 같이 이러한 추적 과제에서 발생하는 시간상의 지연은 제어의 안정성을 손상시킬 수 있다. 예를 들어 사용자들은 시스템의 시간적 지연 때문에 목표 자극으로부터 벗어나는 과다 조정이나 이동에 쉽게 빠질 수 있으며, 이에 따라 본래 목표했던 가장 중요한 측면 중의 하나인 상호작용성(interactivity)을 해칠 수 있다. 느린 갱신율(즉 시스템 시간의 지연)에 대해 주목해야 할 가장 중요한 측면은 이러한 것들이 사용자들을 쉽게 짜증나게 하여 결국 그러한 시스템을 더 이상 사용하

지 않게 될 가능성이 높다는 점이다.

가상현실과 증강현실

우리는 지금까지 상호작용이 가능한 공간적 데이터베이스에 관해 논의했지만 이보다 한 단계 더 앞선 형태는 가상현실(virtual reality, VR)을 포함하는 인터페이스이다. 가상현실도 분명히 일종의 인간-컴퓨터 상호작용의 한 형태라고 할 수 있다. 이러한 형태의 시스템에서는 매우 강력한 컴퓨터 성능이 요구되고, 실제 세계와 사용자들이 직접 상호작용하는 과정에서 제공되는 것과 매우 유사한 경험을 할 수 있게 해준다. 다시 말해 컴퓨터 인터페이스가 사용자에게 완전히 '투명하게' 제공될 수 있다. 우리는 이미 가상현실과 관련된 다른 인간 공학적 문제들에 대해 이 책에서 논의한 바 있다(이 주제에 대한 자세한 논의를 위해 독자들은 Durlarch & Mavor, 1995; Barfield & Furness, 1995; Sherman & Craig, 2003을 참조하기 바란다). 여기서는 앞에서 언급했던 것들 중 두 가지 측면에 대해서만 다시 강조하고자 한다. (1) 설계자들은 가상현실 인터페이스를 사용하여 수행하고자 하는 과제가 가상현실로 완전히 잠입(immersion)하는 것을 반드시 요구하는지(즉 가상현실로 완전히 잠입해야만 과제 수행이 최상이 되는 것인지) 여부를 확실히 해야 한다. (2) 설계자들은 갱신이 지연되는 경우 발생할 수 있는 부정적 효과를 매우 중요하게 다루어야 한다. 그와 같은 지체의 정도는 가상적 환경 속으로 더 '들어가야' 할수록, 그리고 설계자들이 시각적 현실성을 더 풍부하게 하고자 할수록 점점 더 증가하게 될 것이다. 상호작용적인 가상현실 상황에서는 지체 시간이 더 긴 복잡한 이미지들보다 자주 갱신될 수 있는 단순한 이미지들이 대개 훨씬 더 효과적이라는 것을 이해하는 것이 중요하다(Wickens & Baker, 1995).

감정 컴퓨팅

컴퓨터가 더 복잡해지고 장소와 상관없이 사용되는 경우가 많아짐에 따라 소프트웨어 설계에서 정서 혹은 감정요소에 대한 고려가 중요해지고 있다. 사람들은 시스템에 대해 사회적으로 반응하고 사람에 대한 방식과 유사한 방식으로 컴퓨터를 대한다는 것을 많은 연구들이 보여주고 있다(Reeves & Nass, 1996). 예를 들어 사회심리학에서 유사성 매력 가설은 사람들이 자신과 유사한 성격 특성을 갖는 사람들에게 더 많은 매력을 느끼는 것을 예언한다. 이러한 가설은 소프트웨어에 대한 사용자의 수용성에도 적용된다(Nass et al., 1995). 사용자의 성격 특성과 유사한 성격 특성을 보여주는 소프트웨어는 사용자들에 의해 좀 더 쉽게 수

초점을 맞추는 것이 좀 더 용이해진다.

컴퓨터는 복잡한 인지적 기능(제7장 참조), 문제해결이나 의사결정과 같은 집단적 작업(제7장과 제19장 참조), 과학적 시각화, 데이터베이스 관리 등과 같은 매우 다양한 과제들을 지원하기 위해 사용되고 있다. 인터넷과 정보 가전의 급속한 증가만 보아도 소프트웨어를 설계하는 데 우리가 직면할 수 있는 문제가 무엇인지 금방 알 수 있을 것이다. 인간 공학 전문가는 표면적인 상호작용 수준에서의 사용성뿐만 아니라, 좀 더 '깊은' 의미에서 사용자의 효과적 과제 수행을 지원하기 위한 시스템을 설계하고 평가해야 한다. 이를 위해서는 사용자의 인지적 · 신체적 기능과 과제 수행 중에 사용자들이 처하는 사회적 특성에 대한 자세한 이해가 있어야 한다(제19장 참조).

참고문헌

Aaronson, A., and Carroll, J.M.(1987). Intelligent help in a one-shot dialogue: A protocol study. *In Proceedings of CHI + G I 1987*(pp.163-168). New York: Association for Computing Machinery.

Abowd, G.D., and Dix, A.J.(1992). Giving undo attention. *Interacting with Computers, 4*(3), 317-342.

Adams, K.A., and Halasz, I.M.(1983). *Twenty-five ways to improve your software user manuals.* Worthington, OH: Technology Training Systems.

Alwood, C.M.(1986). Novices on the computer: A review of the literature. *International Journal of Man-Machine Studies, 25,* 633-658.

Andre, A.D., and Wickens, C.D.(1995, Oct.). When users want what' s not best for them: A review of performance-preference dissociations. *Ergonomics in Design,* 10-13.

Bailey, R.W.(1993). Performance vs. preference. *Proceedings of the Human Factors and Ergonomics Society 37th Annual Meeting*(pp.282-286). Santa Monica, CA: Human Factors and Ergonomics Society.

Barfield, W., and Furness, T.A., III(eds.).(1995). *Virtual environments and advanced interface design.* New York: Oxford University Press.

Beard, D.V., and Walker, J.Q.(1990). Navigational techniques to improve the display of large two-dimensional spaces. *Behavior & Information Technology, 9*(6), 451-466.

Belkin, N.J., Marchetti, P.G., and Cool, C.(1993) BRAQUE: Design of an interface to support user interaction in information retrieval. *Information Processing and Management, 29*(3), 325-344.

Bernstein, M.(1988). The bookmark and the compass. *ACM SIGOIS Bulletin*, *9*(4), 34-45.

Billingsley, P.A.(1982). Navigation through hierarchical menu structures: Does it help to have a map? *Proceedings of the 26th Annual Meeting of the Human Factors Society*(pp.103-107). Santa Monica, CA: Human Factors Society.

Blair, D.C., and Maron, M.E. (1985). An evaluation of retrieval effectiveness for a fulltext document-retrieval system. *Communications of the ACM, 28*(3) , 289-299.

Card, W., Moran, T.P., and Newell, A.(1983). *The psychology of human-computer interaction.* Hillsdale, NJ: Lawrence Erlbaum Associates.

Carroll, J.M.(ed.).(1995). *Scenario-based design: Envisioning work and technology in system development.* New York: Wiley.

Carroll, J.M., Mack, R.L., and Kellogg, W.A.(1988). Interface metaphors and the user interface design. In M. Helander(ed.), *Handbook of human-computer interaction*(pp.67-85). Amsterdam: North-Holland.

Carroll, J.M., and Olson, J.R.(1988). Mental models in human-computer interaction. In M. Helander(ed.), *Handbook of human-computer Interaction*(pp.45-65). Amsterdam: North-Holland .

Casey, S.(1993). *Set Phasers on stun and other true tales of design, technology and human error.* Santa Barbara, CA: Aegean Publishing.

Casner, S., and Lewis, C.(1987). Learning about hidden events in system interactions. *CHI '87 Proceedings*(pp.197-204). New York: Association for Computing Machinery.

Dayton, T., McFarland, A., and White, E.(1994). Software development: Keeping users at the center. *Exchange: Information technology at work, 10*(5), 12-17.

Dix, A., Finlay, J., Abowd, G., and Beale, R.(1993). *Human-computer interaction.* New York: Prentice-Hall.

Douglas, S., and Moran, T.P.(1983). Learning text editor semantics by analogy. *Proceeding's CHI '83: Human factors in computing systems*(pp.207-211). New York: Association of Computing Machinery.

Durding, B.M., Beaker, C.A., and Gould, J.D.(1977). Data organization. *Human Factors, 19*, 1-14.

Durlach, N.I., and Mavor, A.S.(eds.).(1995). *Virtual reality: Scientific and technological challenges.* Washington, DC: National Academy Press.

Egan, D.E., Remde, J.R., Gomez, L.M., Landauer, T.K., Eberhardt, J., and Lochbaum, C.C.(1989). Formative design-evaluation of SuperBook. *ACM Transactions on Information Systems, 7*(1), 30-57.

Elkerton, J.(1988). Online aiding for human-computer interfaces. In M. Helander(ed.), *Handbook of human-computer interaction*(pp.345-364). Amsterdam: North-Holland.

Fenchel, R.S., and Estrin, G.(1982). Self-describing systems using integral help. *IEEE Transactions on Systems, Man, and Cybernetics, SMC-12,* 162-167.

Fenn, B., and Maurer, H.(1994). Harmony on an expanding net. *Interactions: New visions of human-computer interaction, 1*(4), 29-38.

Finin, T.W.(1982). *Help advice in task oriented systems.* Philadelphia: The Moore School, Department of Computer and Information Science, University of Pennsylvania, Technical Report MS-CIS-1982-22.

Fowler, R.H., Fowler, W.A.L., and Wilson, B.A.(1991). Integrating query, thesaurus, and documents through a common visual representation. *Proceedings of CHI '91*(pp.142-151). New York: Association for Computing Machinery.

Furnas, G.W., Landuaer, T.K., Gomez, L.M., and Dumais. S.T.(1987). The vocabulary problem in human system communication. *Communications of the ACM, 30*(11), 967-971.

Galitz, W.O.(1985). *Handbook of screen format design.* Wellesley Hills, MA: QED Information Sciences.

Galitz, W.O.(1993). *User-interface screen design.* New York: Wiley.

Gentner, D.R., and Grudin, J.(1990). Why good engineers(sometimes) create bad interfaces. *CHI '90 Proceedings*(pp.277-282). New York: Association for Computing Machinery.

Gentner, D., and Stevens, A.L.(1983). *Mental models.* Hillsdale, NJ: Erlbaum.

Gong, R., and Kieras, D.(1994). A validation of the GOMS model methodology in the development of a specialized, commercial software application. *CHI '94*(pp.351-357). New York: Association for Computing Machinery.

Gong, O., and Salvendy, G.(1994). Design of skill-based adaptive interface: The effects of a gentle push. *Proceedings of the Human Factors and Ergonomics Society 38th Annual Meeting*(pp.295-299). Santa Monica, CA: Human Factors and Ergonomics Society.

Gordon, S.E.(1994). *Systematic training program design: Maximizing effectiveness and minimizing liability.* Englewood Cliffs, NJ: Prentice-Hall.

Gordon, S.E., and Gill, R.T.(1989). The formation and use of conceptual structures in problem solving domains. Technical Report for the Air force Office of Scientific Research, grant #AFOSR-88-0063.

Gordon, S.E., and Gill, R.T.(1992). Knowledge acquisition with question probes and conceptual graph structures. In T. Lauer, E. Peacock, and A. Graesser(eds.), *Questions and information systems*(pp. 29-46). Hillsdale, NJ: Lawrence Erlbaum Associates.

Gottfredson, C.A., and Guymon, R.E.(1989). *Style Guide for designing and writing computer documentation.* Alpine, UT: The Gottfredson Group.

Graesser, A.C., Lang, K.L., and Elofson, C.S.(1987). Some tools for redesigning system-operator interfaces. In D.E. Berger, K. Pezdek, and W.P. Banks(eds.), *Applications of cognitive psychology: Problems solving, education, and computing*(pp.163-181). Hillsdale, NJ: Lawrence Erlbaum Associates.

Greenberg, S.(1993). *The computer user as toolsmith: The use, reuse, and organization of computer-based tools.* Cambridge, UK: Cambridge University Press.

Halasz, F., and Moran, T.P.(1982). Analogy considered harmful. *Human Factors in Computer Systems Proceedings*(pp.383-386). Washington, DC: National Bureau of Standards.

Helander, M.(ed.).(1988). *Handbook of human-computer interaction.* Amsterdam: North-Holland.

Hiltz, S.R.(1984). *Online communities: A case study of the office of the future.* Norwood, NJ: Ablex Publishers.

Houghton, R.C.(1984). Online help systems: A conspectus. *Communications of the ACM, 27,* 126-133.

Hutchins, E.L., Hollan, J.D., and Norman, D.A.(1985). Direct manipulation interfaces. *Human-Computer Interaction, 1*(4), 311-338.

Iannella, R.(1995, April). HyperSAM: A management tool for large user interface guideline sets. *SIGCHI*(pp.42-45). New York: Association for Computing Machiner.

Irving, S., Polon, P., and Irving, J.E.(1994). A GOMS analysis of the advanced automated cockpit. *CHI '94*(pp.344-350). New York: Association for Computing Machiner.

Kieras, D.E.(1988a) Towards a practical GOMS model methodology for user se interface design. In M. Helander(ed.), *Handbook of human-computer interaction(*pp.135-157). Amsterdam: North-Holland.

Kieras, D.E.(1988b). What mental models should be taught: Choosing instructional content for complex engineering systems. In J. Psotka, L. Massed, and S. Mutt(eds.), *Intelligent tutoring systems: Lessons learned*(pp.85-112). Hillsdale, NJ: Lawrence Erlbaum Associates.

Kieras, D., and Polson, P.G.(1985). An approach to the formal analysis of user complexity, *International Journal of Man-Machine Studies, 22,* 365-394.

Kissel, G.V.(1995). The effect of computer experience on subjective and objective software usability measures. *Human Factors in Computing Systems: CHI '95 Conference Companion*(pp.284-285). New York: Association for Computing Machinery.

Lund, A.M.(1994). Navigating on the information highway. *Proceedings of the Human Factors and Ergonomics Society 38th Annual Meeting*(pp.271-274). Santa Monica, CA: Human Factors and Ergonomics Society.

Mackinlay, J.D., Rao, R., and Card, S.K.(1995). An organic user interface for searching citaction links. *CHI '95*(pp.67-73). New York: Association for Computing Machinery.

Maes, P.(1994). Agents that reduce work and information overload. *Communications, of the ACM, 37*(7), 31-40.

Magers, C.S.(1983). An experimental evaluation of on-line HELP for non-programmers. In *Proceedings of CHI '83: Human Factors in Computing Systems*(pp.277-281). New York: Association for Computing Machinery.

Mason, M.V.(1986). Adaptive command prompting in an online documentation system. *International Journal of Man-Machine Studies, 25,* 33-51.

Masson, M.E.J., Hill, W,C., and Conner, J.(1988). Misconceived misconception. *Proceedings of CHI '88* (pp.151-156). New York: Association for Computing Machinery.

Mayhew, D.J.(1992). *Principles and guidelines in software user interface design.* Englewood Cliffs, NJ: Prentice-Hall.

Muckler, F.A.(1987). The human-computer interface: The past 35 years and the no: 35 years. In G. Salvendy(ed.), *Cognitive engineering in the design of human-computer interaction and expert systems: Proceedings of the 2nd International Conference on Human-Computer Interaction.* Amsterdam: Elsevier Science Publishers.

Mukherjea, S., Foley, J.D., and Hudson, S.(1995). Visualizing complex hypermedia networks through multiple hierarchical views. *CHI '95*(pp.331-337). New York Association for Computing Machinery.

Neale, D.C., and Kies, J.K.(1996). Scenario-based design for human-computer interface development. *Proceedings of the Human Factors and Ergonomics Society 40th Annual Meeting*(pp.338-342). Santa Monica, CA: Human Factors and Ergonomics Society.

Nielson, J.(1987). Using scenarios to develop user friendly videotext system: *Proceedings of NordDATA '87 Joint Scandinavian Computer Conference*(pp.133-138). Trondheim, Norway.

Nielson, J.(1989). Executive summary. In J. Nielson(ed.), *Coordinating user interface for consistency*(pp.1-7). Boston, MA: Academic Press.

Nielson, J.(1993). *Usability engineering.* Cambridge, MA: AP Professional.

Nielson, J.(1994a). Enhancing the explanatory power of usability heuristics. *Chi '94 Proceedings* (pp.152-158). New York: Association for Computing Machinery.

Nielson, J.(1994b). Heuristic evaluation. In J. Nielsen and R.L. Mack(eds.), *Usability inspection methods*(pp.25-64). New York: Wiley.

Nielson, J.(1994c). As they may work. Interactions: *New Visions of Human-Computer Inreraction*(October, pp.19-24). New York: Association for Computing Machinery.

Nielson, J., Mack, R.L., Bergendorff, K.H., and Grischkowsky, N.L.(1986). Integrated software in the professional work environment: Evidence from questionnaires and interviews. *Proceedings of the ACM CHI '86 Conference*(pp.162-167). New York: Association for Computing

Machinery.

Nielson, J., and Molich, R.(1990). Heuristic evaluation of user interfaces. *CHI '90 Proceedings*(pp.249-256). New York: Association for Computing Machinery.

Norman, D.A.(1986). Cognitive engineering. In D.A. Norman and S.W. Draper(eds.), U*ser centered system design: New perspectives on human-computer interaction*(pp.31-61). Hillsdale, NJ: Lawrence Erlbaum Associates.

Norman, D.A.(1987). Some observations of mental models. In R.M. Baecker and W.A.S. Burton(eds.), *Readings in human-computer interaction*(pp.241-244). Los Altos, CA: Morgan Kaufmann Publishers.

Perkins, R., and Rollert, D.(1994). Interchange, an outline service for people with special interests. In M.E. Wiklund(ed.), *Usability in practice: How companies develop user-friendly products*(pp.427-456). Cambridge, MA: AP Professional.

Phillips, M.D., Bashinski, H.S., Ammerman, H.L., and Fligg, C.M.(1988). A task analytic approach to dialogue design. In M. Helander(ed.), *Handbook of human-computer interaction*(pp.835-857). Amsterdam: North-Holland.

Rettig, M.(1991). Nobody reads documentation. *Communications of the ACM, 34*(7), 19-24.

Robertson, G.G., Card, S. K., and Mackinlay, J.D.(1993). Information visualization using 3D interactive animation. *Communications of the ACM, 36*(4), 57-71.

Roske-Hofstrand, R.J., and Paap, K.R.(1986). Cognitive networks as a guide to menu organization: An application in the automated cockpit. *Ergonomics, 29,* 1301-1311.

Rosson, M.B.(1983). Patterns of experience in text editing. *Proceedings of the CHI '85 Conference on Human Factors in Computing*(pp.171-175). New York: Association for Computing Machinery.

Rouse, W.B., and Morris, N.M.(1986). On looking into the black box: Prospects and limits in the search for mental models. *Psychological Bulletin, 100,* 349-363.

Salasoo, A., White, E.A., Dayton, T., Burkhart, B.J., and Root, R.W.(1994). Bellcore's user-centered design approach. In M.E. Wiklund(ed.), *Usability in practice: How companies develop user-friendly products*(pp.489-515). Boston, MA: AP Professional.

Santhanam, R., and Wiedenbeck, S.(1993). Neither novice nor expert: The discretionary user of software. *International Journal of Man-Machine Studies, 38*(2), 201-229.

Seidler, K.S., and Wickens, C.D.(1992). Distance and organization in multifunction displays. *Human Factors, 34,* 555-569.

Seligmann, D.D., Mercuri, R.T., and Edmark, J.T.(1995). Providing assurances in a multimedia interactive environment. *Proceedings of the ACM CHI '85 Conference*(pp.250-256), New York: Association for Computing Machinery.

Sheppard, S.B.(1987). Documentation for software systems. In G. Salvendy(ed.), *Handbook of human factors*(pp.1542-1584). New York: Wiley.

Shneiderman, B.(1992). *Designing the user interface: Strategies effective human-computer interaction*(2nd ed.). Reading, MA: Addison-Wesley Publishing Company.

Smith, S.L., and Mosier, J.N.(1986). *Guidelines for designing user interface software*(Technical Report NTIS No. A177 198). Hanscom Air Force Base, MA: USA Electronic Systems Division.(NTIS No. AD.)

Stimart, R.P.(1994). GE information services. In M.E. Wiklund(ed.), *Usability in practice: How companies develop user-friendly products*(pp.517-557). Boston MA: AP Professional.

Terveen, L.G.(1993). Interface support for data archaeology. In *Proceedings of the Second International Conference on Information and Knowledge Management*(pp.356-363). New York: Association for Computing Machinery.

Tullis, T.S.(1988). Screen design. In M. Helander(ed.), *Handbook of human-computer interaction*(pp. 377-411). Amsterdam: North-Holland.

Utting, K., and Yankelovich, N.(1989), Context and orientation in hypermedia networks. *ACM Transactions on Information Systems, 7*(1), 58-84.

Vicente, K.J., and Williges, R.C.(1988). Accommodating individual differences in searching a hierarchical file system. *International Journal of Man-Machine Studio 29*, 647-668.

Weiss, E. H.(1991). *How to write usable user documentation*(2nd ed.). Phoenix, AZ: Oryx Press.

Whiteside, J., Bennett, J., and Holtzblatt, K.(1988). Usability engineering: Our experience and evolution. In M. Helander(ed.), *Handbook of human-computer interaction*(pp.791-817). Amsterdam: North-Holland.

Wickens, C.D., and Baker, P.(1995). Cognitive issues in virtual reality. In W. Barfield, and T.A. Furness III(eds.), *Virtual environments and advanced interface design*(pp.515-541). New York: Oxford University Press.

Wickens, C.D., and Seidler, K.S.(1985). Information access, representation and utilization. In R. Nickerson(ed.), *Emerging needs and opportunities for human factor research.* Washington, DC: National Academy of Sciences.

Wickens, C.D., and Seidler, K.S.(1997). Information access in a dual task context. *Journal of Experimental Psychology: Applied, 3,* 1-20.

Wiklund, M.E.(ed.).(1994). *Usability in practice: How company develop user-friedly products.* Boston, MA: AP Professional.

Willeges, R.C., Willeges, B.H., and Elkerton, J.(1987). Software interface design. In G Salvendy(ed.), *Handbook of human factors*(pp.1416-1449). New York: Wiley.

Wilson, C.E., Loring, B.E., Conte, L., and Stanley, K.(1994). Usability engineering at Dun &

Bradstreet Software. In M.E. Wiklund(ed.), *Usability in practice: How companies develop user-friendly products*(pp. 389-425). Boston, MA: AP Professiona

Wilson, J.R., and Rutherford, A.(1989). Mental models: Theory and application in human factors. *Human Factors, 31*(6), 617-634.

Wozny, L.A.(1989). The application of metaphor, analogy, and conceptual models in computer systems. *Interacting with Computers, 1*(3), 273-283.

16 자동화

어느 민간 항공사 소속의 조종사들은 장거리의 정기 노선 비행 중에 항공기를 자동 항법 장치로 날아가도록 해 놓은 채 태평양 상공을 비행하고 있었다. 그런데 점차 엔진 하나가 힘을 잃기 시작했고 항공기는 오른쪽으로 항로를 바꾸었다. 이때 자동 항법 장치는 원래 지정해 놓았던 방향으로 비행기가 진행하도록 하기 위해 다시 왼쪽으로 방향을 틀었다. 그러나 엔진의 힘이 점차 약화됨에 따라 자동 항법 장치도 더 이상 필요한 교정을 할 수 없게 되었다. 전쟁 중의 주도권 싸움에서 어느 한쪽의 저항력이 저하되면 급속하게 무너지는 것처럼, 자동 항법 장치도 더 이상 작동하지 못하게 되었고, 그 순간 비행기는 갑자기 아래로 곤두박질치며 심하게 흔들렸다. 비행기는 상공에서 3만 피트 이상 급하강했으며, 조종사들은 비행기가 바다에 빠지기 불과 수초 전에 겨우 비행기에 대한 통제를 다시 할 수 있었다 (National Transportation and Safety Board, 1986; Billings, 1996). 왜 이러한 일이 발생했을까? 이 사고를 분석했던 조사관들은 자동 항법 장치가 장시간의 정기적인 비행과정에서 비행기의 주요 핵심 장치들을 완전하게 통제했기 때문에 조종사들은 일종의 '안심감'에 젖어, 해야 할 만큼 자세하게 자동 항법 장치의 작동을 감시하지 않았기 때문이라고 결론 내렸다. 만일 항법 장치의 작동 상태를 감시하거나 감독했다면 조종사들은 엔진이 점차 힘을 잃어가고 있었다는 것(그리고 이에 따라 자동 항법 장치들이 항로 조정을 점점 더 크게 하고 있었다는 것)을 알아차릴 수 있었을 것이고, 자동 항법 장치에 의존하기보다는 조종사들이 직접 항공기를 조종하였을 것이다.

자동화란 인간 오퍼레이터들에 의해 수행되어야 하는 과제들을 기계(대개는 컴퓨터)가 수행하는 경우를 일컫는다. 앞에서 예시한 항공기의 경우처럼, 자동화는 때에 따라 긍정적인 면도 있고 부정적인 면도 있다(Bainbridge, 1983). 자동화된 시스템의 작동이 원활하면(실제로 자동화된 시스템들은 대개 매우 잘 작동한다) 우리는 때로 필요 이상으로 그 시스템을 신뢰한다는 것도 사실이다. 그러나 어쩌다 자동화된 시스템에 오류가 있을 경우에는 같은 상황에서 사람에 의해 오류가 발생한 것보다 더 큰 대형 참사로 이어질 수 있고, 쉽게 용납이 되지 않으며, 더 큰 좌절감을 야기한다. 물론 자동화된 시스템에 오류가 발생해도 때로는 사소한 것이 될 수 있고 쉽게 무시될 수도 있다. 그러나 앞에서 예시한 항공기 사고나 자동화 문제 때문에 발생한 최근의 몇몇 항공기 충돌 사고의 경우처럼 그 결과가 매우 심각한 경우도 있다(Billings, 1996; Dornheim, 1995; Sarter & Woods, 2000).

만일 자동화에 의한 심각한 문제들이 시스템의 소프트웨어나 하드웨어 요소들만의 문제 때문에 발생한 것이라면, 이러한 것들은 인간 공학의 주제는 되지 않을 것이다. 그러나 자동화된 시스템이 정상적으로 작동하고 있는 단계뿐만 아니라 시스템 전체 혹은 시스템의 자동화된 일부 요소가 오작동하고 있을 때에도 자동화된 시스템과 관련된 문제들은 인간의 지각이나 인지와 뗄 수 없는 관계가 있음이 밝혀졌다(Parasuraman & Riley, 1997). 이러한 문제들에 대해 언급하기 전에, 우리는 왜 시스템을 자동화하고자 하는지에 대해 먼저 생각해 보고 그러한 시스템 자동화의 종류에는 어떠한 것들이 있는지 기술하고자 한다. 그 다음, 자동화와 관련된 인간 수행의 다양한 문제들을 논의한 후에 이에 대한 해결책들을 제안하고, 산업적 처리 제어나 제조에서의 자동화 문제를 논의함으로써 결론을 맺고자 한다.

왜 자동화하는가

설계자들이 인간의 수행을 대신할 수 있는 기계를 개발하고자 하는 이유에는 여러 가지가 있겠지만 대략 다음과 같은 네 가지의 이유로 묶어 볼 수 있을 것이다.

1. **불가능하거나 사고 가능성이 있는 경우** 동일한 과제를 인간이 수행하기에는 너무 위험하거나 불가능하기 때문에 몇 개의 과정들은 자동화된다. 제9장에서도 살펴보았지만, 위험한 물질(혹은 위험한 환경에서의 물질 취급)을 원격조정이나 로봇을 이용하여 취급하는 것은 이러한 이유 때문에 자동화한 대표적 사례가 될 수 있을 것이다. 또한 어떤 신

체적 장애 때문에 도움을 받지 않고는 수행을 제대로 하지 못하는 사람들을 위해서 특정한 목적에 맞는 자동화가 요구되는 경우도 많이 있다. 사지가 마비된 사람들을 위한 자동 안내 시스템이나 시각적인 장애가 있는 사람들을 위한 자동 낭독기 같은 것들이 이러한 예에 포함될 것이다.

2. 어렵거나 하기 싫은 일일 경우 그렇게 불가능한 것은 아니지만, 사람들의 수행이 열악하여 도움을 받지 않고는 과제를 수행하는 데 매우 어려운 것들이 있을 수 있다(물론 앞의 1항에서 언급한 '불가능하다'는 것과 '어렵다'는 것 사이의 경계는 모호한 것이다). 예를 들어 계산기를 이용하면 숫자들을 곱하는 것은 '자동적으로' 처리될 수 있다. 이러한 계산은 사람의 머리로도 가능한 것이기는 하지만, 사람의 머리로 계산하는 경우는 노력이 많이 들 뿐만 아니라 종종 실수를 만들어 내기도 한다. 매우 반복적이고 사람이 하기에는 피로도가 높은 작업들은 로봇 등을 이용하여 자동화한다. 물론 이러한 것들은 사람이 할 수도 있지만, 사람이 직접 수행할 경우에는 피로나 사기의 문제, 그리고 때로는 안전상의 문제를 초래하기도 한다. 항공기에서 사용하는 자동 항법 장치들은 더 정확한 비행 제어를 제공해 주고, 장거리 비행에 따른 계속적인 항공기 제어에서 오는 피로를 덜어줄 수 있다. 제7장에서는 매우 일관적으로 결정하는 것이 중요한 정규적 상황에서는 전문가 시스템이 인간을 대신할 수 있다고 기술한 바 있다. 또 다른 예로, 우리는 제4장과 제13장에서 사람들은 경계적 감시(vigilant monitoring) 수행에 매우 빈약하다는 것을 살펴본 바 있다. 따라서 자동차에서 오일 압력이나 연료가 부족할 때 켜지는 '이상 경고등(idiot light)'과 같이 거의 발생하지 않는 사상들을 감시하는 것은 자동화하는 것이 효율적이다. 물론 자동화하는 것 자체가 사람들에게 더 큰 경계적 감시 과제 수행의 부담을 주는 경우도 있는데, 이것은 '자동화가 갖고 있는 많은 아이러니'들 중의 하나이다(Bainbridge, 1983).

3. 사람의 역량을 확장하는 경우 때로 자동화된 기능은 사람이 하기에는 어려운 과제들에 대해 사람을 대신해서 그 과제를 수행하기보다는 사람의 수행을 단순히 도와주는 역할을 한다. 예를 들어 우리는 제6장에서 인간의 작업 기억은 망각에 매우 취약하다는 것을 살펴보았는데, 이러한 이유로 기억을 보완해 줄 수 있는 자동화된 보조수단들은 매우 유용할 수 있을 것이다. 당신이 문의했던 전화번호를 작은 디스플레이를 통해 직접 제시해 주거나, 당신을 대신해서 그 전화번호로 직접 전화를 걸어 주는 자동 전화 안내 시스템을 고려해 보라. 제7장에서 논의했던 예측 디스플레이들도 인지적으로 부담이

되는 정신적 조작의 부담을 덜어줄 수 있는 자동화의 또 다른 예들이다. 자동화된 계획 수립 보조 시스템들도 이와 유사한 기능을 한다(Layton et al., 1994). 자동화는 인간의 중다 과제 수행 역량을 확장시키는 데 특히 유용하다. 항공기 조종사들의 정신적 작업 부하를 일시적으로 매우 높게 하는 다른 과제의 요구가 있을 때 자동 조정 장치들은 조종사들의 항공기 통제 부담을 일시적으로 덜어줄 수 있다.

4. 기계로 쉽게 대치가 가능한 경우 마지막으로, 인간 사용자들에게는 가치가 전혀 혹은 거의 없을지라도 어느 기능들에 대한 자동화 기술이 가능하고 또 그렇게 하는 것이 더 저렴하다는 이유만으로 몇몇 기능들을 자동화하는 경우가 종종 있다. 우리는 때로 (인간) 교환원에 문의했을 때는 곧바로 얻을 수 있는 정보를 자동 응답 시스템을 이용할 경우에는 전화기 버튼을 몇 번씩 눌러 가며 계속 수화기를 붙잡고 있어야만 원하는 번호를 얻을 수 있었던(더구나 많은 경우 한 번의 실수로 처음부터 다시 시작하는 경우가 많다) 경험을 해 보았을 것이다. 이러한 불편함에도 불구하고 회사들이 자동 응답 시스템 방식을 채택하는 이유는 단지 더 저렴하다는 이유 외에는 별다른 것이 없을 것이다. 우리가 가정에서 사용하는 각종 가전 제품이나 자동차 등에는 자동화된 기능을 제공하는 것이 별로 이점이 없을 뿐만 아니라 심지어 추가적인 비용이 더 요구됨에도 불구하고 그러한 기능을 제공하고 있는 것들이 많다. 특히 이러한 자동화된 기능들은 기본적으로 전기의 힘에 의존해야 하고 자동화된 기능을 추가함으로써 시스템이 점차 더 복잡해지기 때문에, 이전의 수동으로 직접 조작한 기능에 비해 오류가 발생할 가능성이 더 많아진다. 자동화된 기능들을 추가함으로써 실제적인 사용성의 이점이 없는데도 불구하고 단순히 '기술적 과시'를 위해 굳이 자동화를 첨가하는 것은 별로 바람직한 일이 못 된다.

자동화의 단계와 수준

자동화를 설명하는 방법 중 하나는 자동화된 과정들이 인간의 어떤 정보 처리 과정을 대치하였는가, 그리고 얼마나 인지 또는 동작 활동을 대치하였는가 하는 관점에서 분류해 보는 것이다. 자동화의 분류는 Parasuraman 등(2000)의 4단계(stage)와 각 단계별 수준(levels)의 정의를 따른다.

1. **정보의 획득, 선택, 여과** 자동화는 제6장에서 언급한 선택 주의 같은 인지적 과정을 도와주는 역할을 한다. 예를 들어 경고 시스템이나 위험 신호들은 주변의 시설이나 부품에 대해 주의를 기울이게 도와주며, 이 분야는 앞으로 많은 연구가 필요할 것이다(Woods, 1995). 또한 철자가 잘못된 단어를 표시해 주는 자동화된 기능도 주의를 끄는 예이다. 그리고 자동으로 목표물을 알려주는(target-cueing) 기기도 있다(Dzindolet et al., 2002; Yeh & Wickens, 2001b). 마지막으로, 조작자가 주의를 기울일 필요가 없다고 생각되는 정보를 여과하거나 없애 버리는 보다 '적극적인' 의미의 자동화의 예를 1단계에서 볼 수 있다.
2. **정보 통합** 제6장과 제7장에서 언급한 바와 같이 자동화는 지각, 작업 기억과 같은 인지적 처리를 대신해 줌으로써 오퍼레이터가 상황 평가, 추론, 진단, 작업 관련 정보에 대한 전체적인 그림을 쉽게 해석할 수 있게 해준다. 낮은 수준의 예로는 지각적 정보를 쉽고 통합적으로 이해할 수 있게 해주는 형상 디스플레이를 들 수 있다(제8장). 높은 수준의 예로는 자동화된 형태 인식기(pattern recognizer), 예측 표시기(predictor displays), 진단적 전문가 시스템(diagnostic expert system, 제7장) 같은 것들이 있다. 또한 선택 주의(1단계)를 도와주는 다양한 지능형 경고 시스템(intelligent warning system, Pritchett, 2002)도 문제나 위험한 상황의 존재를 추론하는 데 필요한 정교하고 통합적인 알고리즘을 가지고 있다(Mosier et al., 1998; 2단계).
3. **행위 선택** 제7장에서 언급한 바와 같이, 진단은 선택과는 매우 다르고, 제4장에서 언급한 바와 같이 민감도는 반응 기준과는 매우 다르다. 두 경우 모두, 후자는 잠재적 결과가 어떤 가치를 주는지를 고려한다. 같은 맥락에서, 2단계에서 상황을 진단하는 자동화 과정은 특정한 반응행동을 추천해 주는 3단계와는 매우 다른 것을 알 수 있다. 후자를 실행하면서 오퍼레이터에게 충고해 주기 위해서 자동화 시스템은 분명하게 또는 암묵적으로 어떤 가치 기준을 가지고 있어야 한다. 3단계의 예로는 항공 관제 및 충돌 방지 시스템(TCAS)이 있으며, 이 시스템은 분명하게(그리고 강하게) 다른 항공기와의 충돌을 피하기 위해 조종사에게 고도 조정을 지시(advise)하게 된다. 이 경우, 조종사와 충돌 방지를 위한 자동화 시스템은 결과에 대해 동일한 가치를 공유하게 된다. 그러나 자동 의료 진단 시스템이 회복 불가능한 환자에 대해서도 특정한 치료를 추천하는 경우를 보면, 자동화의 선택이 사람의 행위 선택과 동일한 가치를 공유하는지 불분명할 수가 있다.
4. **제어와 실행** 자동화는 인간이 행해야 하는 여러 가지 수준의 행위나 제어기능들을 대신

(cruise control)의 경우를 살펴보자. 이것은 차량 속도를 늦추기 위해 브레이크를 사용하지 않기 때문에 언덕길을 내려갈 때는 설정된 속도를 유지하지 못할 것이다.

셋째, 인간이 자동화 시스템을 잘못 설정할 수 있다. 간호사들은 정맥 주사를 통해 환자에게 일정 농도의 진통제를 투여하는 시스템을 잘못 프로그램하는 경우가 종종 있다. 간호사가 시스템에 잘못된 약물 농도를 입력하더라도 시스템은 입력된 그대로 '충실하게' 수행하여 환자에게 약물을 과다하게 투여할 수 있다(Lin et al., 2001). 이 때문에 자동화 시스템은 가끔 '멍청한 충실맨(dumb and dutiful)' 이라고 묘사되기도 한다.

넷째, 때로 자동화된 시스템들은 정해진 일을 정확하게 수행하기는 하지만, 그 시스템의 배후에 있는 논리가 너무 복잡해서 인간 오퍼레이터들이 그것을 잘 이해하지 못하여(즉 열악한 정신 모형) 겉으로는 그 시스템이 잘못 작동되고 있는 것으로 보이는 경우가 종종 있다. Sarter와 Woods(2000; Starter et al., 1997)는 근래 항공기에 적용되고 있는 복잡한 비행 관리 시스템과 조종사들이 상호작용할 때 이러한 자동화에 의한 당황이 비교적 빈번하게 발생한다는 것을 관찰하였다. 이 자동 장치가 갑자기 비행 속도나 고도를 바꾸는 것과 같은 행위를 취하게 되면 조종사들은 왜 자동 장치가 그러한 변화를 만들어 냈는지에 대한 이유를 쉽게 알 수 없게 된다. 만일 조종사들이 이러한 변화를 일종의 오류로 지각하여 부적절하게 개입하고자 한다면 재앙이 초래될 수도 있는 것이다(Strauch, 1997; Dornheim, 1995).

비신뢰 자동화(unreliable automation)라는 용어에는 부정적인 의미가 함축되어 있다. 그러나 일기를 예보하거나, 항공기의 궤적이나 적기의 의도를 예측하는 것과 같이 자동화 시스템은 종종 우리가 사는 역동적 세상 속에서 본질적으로 불확실한 과제를 수행하도록 요구받고 있다는 것을 인식하는 것이 중요하다(Wickens et al., 2000). 따라서 그러한 자동화에 대해서는 '비신뢰' 라는 용어보다는 '불완전' 이라는 용어를 붙이는 것이 더 타당할 것이다. 그러한 불완전성이 오퍼레이터들에게 잘 알려져 있거나 이해되고 있다면, 70% 이하의 신뢰도를 갖는 자동화라 하더라도 여전히 가치를 갖고 있는 것이며, 작업부하가 높은 상황이라면 더욱 그렇다(Lee & See, 2002; Wickens & Xu, 2003). 불완전 자동화로부터 얻을 수 있는 가치는 신뢰의 개념과 직접적으로 관련되어 있다.

믿음 : 교정과 불신

지각된 자동화 신뢰도란 개념은 인간의 수행 문제를 이해하는 데 매우 중요한 역할을 하는데, 왜냐하면 시스템 신뢰도와 시스템에 대한 인간의 믿음 사이에는 밀접한 관계가 있기 때문이다. 일상생활에서 우리가 경험하는 것이지만, 다른 사람을 믿는 것은 우리가 그들에게 기대했던 행위들을 그들이 얼마나 잘 수행할 것인지의 여부에 대해 우리가 갖고 있는 믿음의 정도와 관련되어 있다. 이러한 믿음은 자동화된 시스템 요소들의 행위에 대해서도 유사하게 작용한다(Muir, 1987; Lee & Moray, 1992). 그 대상이 친구이건, 판매원이건, 재판 중에 출석한 목격자이건, 혹은 자동화된 장치이건 간에 어떤 실체에 대한 믿음은 이상적으로는 교정(calibration)되어야 한다. 이 말은 사람이든 컴퓨터든 우리가 어떤 대상에 대해 갖는 확신은 그 대상이 갖는 신뢰도와 직접적인 비율적 관계가 있어야 한다는 것을 의미한다. 어떤 대상에 대한 우리의 확신이 낮아짐에 따라 우리는 우리 스스로 행위할 수 있도록 해야 하고, 우리가 불신하는 대상에 의해 제공되는 것보다는 다른 곳으로부터 충고나 정보를 더 받아들여야 할 것이다.

이러한 관련성은 어느 정도까지는 유지되는 것이 사실이지만(Kantowitz et al., 1997; Lee & Moray, 1992; Lewandowsky et al., 2000), 자동화에 대한 인간의 신뢰는 완전하게 교정되지 않는다는 증거도 있다. 즉 어떤 경우에는 신뢰감이 너무 낮고 어떤 경우에는 너무 높다(Parasuraman & Riley, 1997). 불신의 한 유형인 과다불신(distrust)은 지나치게 자동화 시스템을 믿지 못하는 것이다. 예를 들어 사람들은 자신의 수행이나 컴퓨터의 수행이 그 정확성에서 동일하더라도 자신들의 수행이 컴퓨터의 수행보다 더 좋다고 신뢰하는 경우들이 있다(Liu et al., 1993). 유사한 효과가 탐지나 지각을 목적으로 구현된 자동화 시스템에 대해서도 나타나는데, 사람들은 자동화 시스템이 제공한 정보보다 자신의 판단을 더 편파적으로 신뢰한다(Dzindolet et al., 2002). 높은 헛경보율을 가진 경보 시스템에 대한 과다불신은 흔히 볼 수 있는 일이다. 자동화에 대한 불신은 결과물(그 결과물들이 지각적 범주화이건, 의사결정이나 진단적 조언이건 혹은 통제된 행위이건)을 출력해 내는 시스템의 자동화된 알고리즘을 잘 이해하지 못하기 때문에 발생할 수도 있다.

이러한 불신이 반드시 심각한 결과를 초래하는 것은 아니지만, 이러한 불신 때문에 자동화가 제공해 줄 수 있는 많은 도움을 사람들이 거부하게 된다면 최소한 시스템을 효율적으로 사용하지 못하게 될 수 있다. 예를 들어 비행 관리 시스템에 대해 불신감을 갖고 있는 조종사는 직접 비행기를 조종하고자 할 것이고, 이로 인해 더 피로해지거나 연료의 경제성 측면에서 효율적이지 못한 비행 경로를 선택할 수 있다. 또한 컴퓨터에 기초한 자동화의 신뢰도가 높은 경우에, '손으로 직접 수행하는 것'은 컴퓨터를 이용하는 경우보다 작업의 수행 속도가 느리고 그 정확성 또한 떨어질 수 있다. 제5장에서 언급했듯이, 오류가 있는 자동화된 경고 시스템에 대한 불신감은 실제 위험이 있는 상황에서 제공되는 경고도 무시하게 함으로써 더 큰 재앙을 가져올 수 있다(Sorkin, 1988).

과신과 안심

자동화된 시스템에 대한 불신과는 대조적으로, 시스템의 신뢰도가 그렇게 높지 않은데도 자동화된 시스템을 과신(이러한 과신은 때로 지나친 안심이라고 표현되기도 한다)한다면 심각한 부정적 결과를 초래할 수 있다(Parasuraman et al., 1993; Parasuraman & Riley., 1997). 이 장의 처음에 소개했던 사고에서도 볼 수 있듯이 항공기의 자동 항법 장치를 너무 많이 믿었던 조종사는 그 시스템의 활동을 감시하는 것을 소홀히 하였고, 결국 큰 재앙을 가져올 뻔했던 것이다. 이러한 안심감의 원인은 사람들이 경험에 너무 의존하려고 하는 어쩔 수 없는 경향 때문인지 모른다. 판매되고 있는 대부분의 자동화된 시스템들은 상당히 신뢰성 있는 것들이다(그렇지 못했다면 오랜 기간 판매되지 못했을 것이다). 따라서 특정한 시스템을 사용하는 사람들은 그 시스템에 오류가 발생하는 것을 거의 경험해 보지 못했을 것이고, 이 때문에 그 시스템의 자동화 신뢰도가 완전하다고 지각하게 될 것이다(즉 사람들은 시스템의 자동화 신뢰도가 높기는 하지만 모든 기능들이 100% 완벽하게 수행되지 않을 수도 있다는 것을 생각하지 않는다). 그 장치가 완전한 신뢰도를 갖고 있다고 지각하게 되면 그 장치의 작동에 대한 감시를 아예 중단하거나 최소한 요구되는 것보다는 덜 열심히 감시하게 되는 것은 사람들이 보이는 극히 자연스러운 경향이다(Bainbridge, 1983; Moray, 2003). 우리가 제3장에서도 보았듯이, 이러한 상황은 극히 열악하게 설계된 모니터를 통해 사람들이 감시 수행 이외에 다른 과제를 수행하지 않을 경우 더 심각해질 수 있다(Parasuraman, 1986; Warm et al., 1996).

물론 자동화된 시스템의 작동 상태를 제대로 감시하지 못해 발생하는 문제들은 실제로 어떤 문제가 발생하여(혹은 잘못된 것으로 지각하여) 인간 오퍼레이터들이 직접 개입해야 하는(혹은 개입해야 한다고 느끼는) 상황인 경우에만 가시화되는 것이고, 또 이러한 상황은 그렇게 자주 발생하는 것도 아니다. 자동화된 시스템이 인간의 개입을 요구하는 경우, 인간이 갖는 탐지 능력, 상황 인식 능력 및 기술 상실과 같은 측면들이 고려되어야 한다.

1. **탐지** 안심감에 젖어 있는 오퍼레이터는 실제로 오류가 발생했을 때 그것을 신속하게 탐지해 내지 못한다(Parasuraman et al., 1994; Parasuraman et al., 1992). 제4장과 제13

장에서 살펴보았듯이 사상이 드물게 발생하는 상황(즉 자동화가 신뢰성 있는 경우)은 오퍼레이터에게 일종의 경계 감시 과제의 부담을 부과하는 결과를 초래하기 때문에, 자동화가 신뢰성 있을수록 '신호 사상의 출현'은 드물게 되고 오퍼레이터의 탐지 수행은 더 저조해진다(Parasuraman et al., 1996).

2. **상황 인식** 지금까지는 사람들이 다른 사람이나 기계가 어떤 처리를 수행하는 것을 수동적으로 감시하는 것보다 자신들이 직접 그러한 처리에 능동적으로 참여하는 경우에 처리의 상태에 대해 더 잘 인식하는 것으로 알려지고 있다(Slamecka & Graf, 1978; Endsley & Kiris, 1995; Hopkin & Wise, 1996). 따라서 어떠한 자동화된 시스템에서 발생한 오류를 탐지하는 능력과는 독립적으로, 사람들이 처리과정에 직접 참여하지 않거나 시스템의 순간적인 상태에 대해 이해하고 있지 못하다면 시스템의 오류가 발생되었을 때 올바르거나 적합하게 개입할 가능성이 줄어든다(Starter & Woods, 2000). 자동차 자동 속도 제어장치를 사용할 경우 운전자는 액셀러레이터로부터 발을 떼고 운전하기 때문에 일정한 속도를 유지하기 위해 액셀러레이터 페달을 어떻게 움직여야 하는지에 대한 인식이 감소할 수 있다. 그 결과, 자동차가 언덕길을 내려오면서 가속되기 시작할 때 그 운전자가 브레이크에 발을 올려놓는 시간은 더 느려질 수 있을 것이다. 상황 인식과 관련된 이러한 문제는 시스템이 자동적으로 처리되고 있는 상태에 대해 피드백을 제대로 제공해 주지 못할 경우에 더 심각해질 수 있다.
3. **기술 상실** 자동화 때문에 사람들이 직접 처리 과정에 참여하지 않음으로써 발생할 수 있는 마지막 문제는 사람들이 잘못 반응할 수 있다는 것보다는 좀 더 장기적인 결과와 관련되어 있다. Wiener(1988)는 자동화된 시스템이 과제를 대신 수행해 주는 동안 오퍼레이터가 능동적인 지각자나 의사결정자, 혹은 제어자가 되지 못하는 것 때문에 경험할 수 있는 점진적인 기술의 상실을 **탈기술화**(deskilling)라고 묘사하였다. 그와 같은 기술의 상실은 두 가지 시사점을 가질 수 있다. 첫째, 오퍼레이터들은 자신의 기술을 덜 신뢰하게 되어, 이에 따라 지속적으로 자동화를 사용하고자 하는 경향이 더 커질 수 있다(Lee & Moray, 1992). 둘째, 시스템의 오류가 발생했을 때 이에 대해 적절하게 개입할 수 있는 오퍼레이터의 능력을 더 저하시킬 수 있다. 자동화된 시스템에 대한 사람들의 믿음과 자동화의 이러한 특징들 사이의 관계가 그림 16.1에 제시되어 있다.

자동화가 갖는 또 한 가지 모순은 오류를 발생시키는 자동화된 시스템들은 대개 그 오류

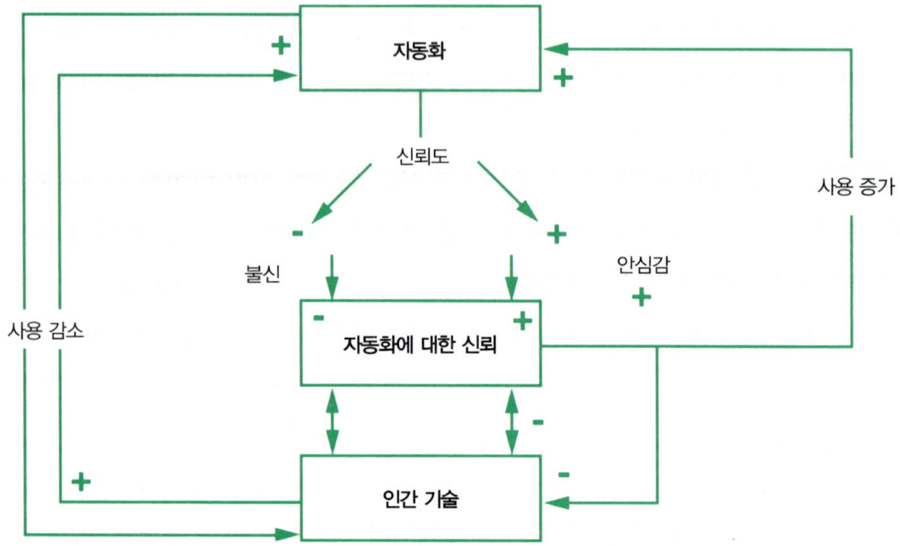

그림 16.1

자동화 신뢰도와 인간 신뢰의 요소들. '+'와 '−' 기호는 효과의 방향을 나타낸다. 예를 들어 자동화 신뢰도가 증가하면(+) 자동화에 대한 사람들의 믿음도 증가하고(+), 이것은 다시 자동화 시스템에 대한 사용의 증가(+)와 인간 기술의 감소(−)를 가져온다.

도 해결하기 매우 어려운 시스템이라는 점이다. 이와 같은 경우는 이 장의 처음 부분에서 소개했던 항공기의 엔진 고장이다. 또한 이러한 경우는 일상적인 문제를 다루도록 프로그램되어 있지만 복잡한 문제들에 대해서는 필요한 조언을 해주지 못하는 의사결정 보조수단들에서 볼 수 있다. 물론 이러한 상황이 발생하면 자동화된 시스템은 그 문제를 인간 오퍼레이터가 해결하도록 할 수도 있다(Hopkin & Wise, 1996). 그러나 인간 오퍼레이터는 능동적으로 처리과정에 개입하고 있지 않았기 때문에 이미 기술을 상실했을 수 있으며, 따라서 인간 오퍼레이터가 갑자기 그러한 문제를 해결하는 것은 매우 어려운 일이 될 수 있다.

작업부하와 상황 인식

자동화는 때로 오퍼레이터의 작업부하를 감소시켜 줄 목적으로 도입되기도 한다(제13장 참조). 예를 들어 운전 중에 자동적으로 차선을 유지하거나 앞 차와의 거리를 유지하도록 하는 자동화된 장치들은 운전하는 것의 작업부하를 줄여주는 것을 목적으로 하였을 것이며

(Hancock et al., 1996; Walker et al., 2001; 제17장 참조), 따라서 운전 외의 다른 과제들에 정신 자원들이 사용될 수 있도록 할 수 있을 것이다. 그러나 작업부하의 부담을 줄여주기 위해 자동화가 적용되는 상황들은 작업부하가 높은(따라서 진정한 의미에서 자동화의 도움을 받을 수 있는) 경우보다는 오히려 작업부하가 원래부터 매우 낮고 각성 수준도 낮은 경우가 많다. 즉각적으로 사상을 탐지할 수 있도록 경계 과제들에 주의를 충분히 할당할 수 있다고 해서 그 경계 과제들이 요구하는 작업부하가 낮을 것이라고 생각하는 것은 잘못된 것일 수 있다(Warm et al., 1996). 더구나 자동화 시스템이 추천하거나 자동화 시스템이 수행하는 행위를 사람이 능동적으로 선택하지 못하는 경우에, 자동화를 통해 얻어진 작업부하의 감소는 상황 인식의 상실을 가져올 수 있다. 즉 상황 인식과 작업부하는 서로 관련이 있다. 따라서 표 16.1에서 제시된 자동화의 수준이 높아질수록 작업부하와 상황 인식은 모두 낮아진다(Endsley & Kiris, 1995).

때로 자동화는 작업부하가 이미 낮은 수준인데도 작업부하를 더 낮추고, 반대로 작업부하가 이미 높은 수준인데도 작업부하를 더 증가시키는 바람직하지 못한 효과를 가져오기도 한다. 이러한 형편없는 자동화(clumsy automation) 때문에 쉬운 과제는 더 쉽게 되는 반면, 어려운 과제는 더 어렵게 된다. 예를 들어 어떤 비행 관리 시스템은 직선/수평 비행이나 정상적인 고도 상승과 같이 작업부하가 낮은 비행 단계는 더 쉽게 만드는 반면, 착륙 절차를 준수하고, 의사소통하며, 비행 관리 시스템을 프로그래밍하는 등의 과제에 주의를 분산해야 하는 것과 같이 작업부하가 높은 착륙 준비 단계는 더 어렵게 만드는 경우가 있다.

훈련과 인증과정

자동화를 이해할 만한 훈련이 결여되어 있을 때 실수가 발생할 수 있다. 점점 고도화되는 자동화는 많은 육체적인 작업을 줄여 주고, 복잡한 작업도 쉽게 보일 수 있게 하여 훈련의 중요성을 잊게 만들 수 있다. 선박에서도, 새로운 레이더와 충돌방지 시스템에 대한 몰이해가 사고로 연결된 적이 있다(NTSB, 1990). 이러한 사고를 유발시킨 것은 자동화에서 요구하는 것들을 반영하지 못한 훈련과 인증과정에 있다. 미국 해상 경비대에서 사용했던 시험문제를 분석해 본 결과, 자동화 장치를 사용하는 기술에 대한 문항 중 75%가 새로운 자동화 시스템에서는 사용되지 않는 것들이었다(Lee & Sanquist, 2000). 역설적으로, 새로운 기술로 인해 더 많은 선박들을 감시할 수 있게 된 반면, 사람들에게는 자동화와 관련된 방법이나 기술을 습득해야 하는 필요성이 증대되었다. 이러한 기술들은 시험과정에서 잘 나타나 있지

표 16.2 자동화와 인간의 상대적 기능을 보여주는 'Fitts의 리스트'

인간이 잘 하는 것	자동화가 잘 하는 것
작은 양의 시각, 청각, 화학적 신호를 탐지(예 : 와인이나 향수 냄새 판별)	모니터하기(예 : 다양한 경고신호)
다양한 자극을 탐지(예 : 요리 시 시각, 청각, 후각을 동시에 사용)	인간이 감지 못하는 신호 탐지(예 : 고온, 적외선, x-선)
패턴은 감지하고 일반화시킴(예 : '전체적으로 큰 그림'을 보기)	부적절한 요인들 무시하기(예 : 계산기는 시험 도중 긴장하지 않음)
높은 수준의 주변 소음에도 신호 탐지(예 : 빽빽한 레이더 화면에서 주변 선박 탐지하기)	빠른 반응, 큰 힘을 부드럽고 정밀하게 쓰기(예 : 비행 조종사, 자동 코르크 적용기기)
유연한 과정을 즉흥적으로 바꿔 활용하기(예 : 공학적 문제해결, 제7장에 언급한 아폴로 13호 임무)	같은 일을 정확하게 반복적으로 하기(예 : 조립라인의 로봇)
정보를 장기간 보존하고 필요할 때 꺼내 쓰기(예 : 옛 친구를 수년 후에 알아보기)	많은 양의 정보를 보관하고 완전히 지우기(예 : 동적 환경에서 예측치를 업데이트하기)
귀납적으로 사고하기(예 : 자료로부터 의미있는 관계 추출하기)	연역적으로 사고하기(예 : fault tree에서 사고확률 분석하기)
판단하기(예 : 직장과 대학원 사이에서 선택하기)	많은 복잡한 조작을 한 번에 수행하기(예 : 선박 추적과 같이 복잡한 화면 구성을 위해 자료 통합하기)

다는 자동화 시스템과의 상호작용에서 인간이 무엇을 해야 하는지 명료하게 제시해 주어야 한다.

표 16.2에 제시된 것과 같은 비교 방법을 사용하는 것은 기껏해야 부분적으로만 성공적일 것이다. 그러나 표 16.2는 설계를 향상시키는 데 사용될 수 있는 몇 가지 일반적인 고려사항들도 포함되어 있다. 인간의 기억은 연합망(network of association) 안에서 서로 관련된 많은 양의 정보를 체계화하는 경향이 있고, 이러한 정보들은 많은 요인들을 고려해야 하는 판단 과정에 영향을 미친다. 사람들은 완전한 패턴을 처리하는 데는 효과적인 반면 세부적인 것을 처리하는 데는 그렇지 못하다. 이러한 이유 때문에 '큰 그림'은 사람에게 맡기고 세부적인 것은 자동화된 시스템에 맡기는 것이 중요하다(Sheridan, 2002).

인간 중심적 자동화

자동화 설계에서 봉착하는 한 가지 어려움은 자동화 설계가 자동화 시스템 혹은 인간 중 어느 한쪽이 기능을 전적으로 담당할 것인지를 결정하는 것이 아니라는 점이다. 그보다는 자동화 시스템이 어떻게 시스템의 요구에 인간이 적응할 수 있도록 인간을 지원하고 인간의 역할을 보완해 줄 것인지를 생각하는 것이 더 바람직하다. 앞에서 언급한 몇 가지 자동화와 관련된 문제들은 **인간 중심적 자동화**(human-centered automation) 원리를 적용함으로써 극복 가능하다(Billings, 1996). 물론 인간 중심적 자동화란 말이 시사하는 것들은 많이 있다. 예를 들어 이 말은 자동화되어 있는 과정과 인간이 좀 더 긴밀하게 '접촉'할 수 있게 한다거나, 자동화된 시스템보다 인간 오퍼레이터에게 좀 더 많은 권위를 준다거나, 최상의 수행을 가져올 수 있는 인간의 개입 수준을 선택한다거나, 혹은 작업자에게 최대의 만족감을 줄 수 있도록 하는 것 등을 의미할 수 있다. 이와 같은 의미들이 서로 완전히 부합하는 것이 아님에도 불구하고, 이러한 의미들은 인간 공학적 관점에서는 매우 중요한 것들이다. 아래에는 인간과 시스템, 그리고 자동화 사이의 최대의 조화를 달성할 수 있게 해줄 것으로 여겨지는 다섯 가지의 인간 중심적 자동화의 특징들에 대한 설명이 제시되어 있다.

1. **지속적인 정보의 제공** 어느 과제에 얼마만큼의 자동화가 이루어졌건, 감시자가 좋은 디스플레이를 통해 자동화 시스템이 어떤 일을, 왜 하고 있는지에 대한 정보를 얻는 것은 매우 중요한 일이다. 앞에서도 언급했듯이, 인간은 '큰 그림'을 가지고 있어야 한다. 그렇다면 잘 설계된 디스플레이 이외에 인간에게 '큰 그림'을 제공해 줄 수 있는 방법은 무엇일까? 예를 들어 조종사들은 엔진에 의해 제공되는 추진력의 양뿐만 아니라 곧바로 날아가기 위해 자동 항법 장치가 방향 각도를 얼마나 조정했는지에 대해서도 알 수 있어야 할 것이다. 그러나 Three Mile 섬 원자력 발전소 사고는 인간 오퍼레이터가 '큰 그림'을 갖지 못했을 때 발생할 수 있는 재앙의 사례를 보여주고 있다(Rubinstein & Mason, 1979). 엄청나게 많은 디스플레이들 중에서 한 디스플레이가 오퍼레이터에게 자동화된 밸브가 닫혀 있다는 정보를 제공해 주었다. 그러나 실제로 그 디스플레이는 밸브가 닫히도록 하는 신호를 받았다는 것만을 알려주었을 뿐이었고, 밸브는 고정되어 있어 실제로는 닫히지 않았던 것이다. 이에 따라 밸브는 계속 액체를 흘려 보냈고 반응로에서 나오는 냉각수를 배출시키고 있었다. 그 오퍼레이터는 밸브가 닫혀 있다는 '신호'만 보았을 뿐 자동화 밑에 깔린 과정들에 대해서는 알지 못했기 때문에 발전소의 냉각수 상태를 잘못 진단하여 결국 반응로가 노출되었던 것이다.

   물론 정보를 제공해 주는 것만으로 오퍼레이터들이 그것을 이해할 것이라고 보장하기는 어렵다. 이 목적을 달성하기 위해서는 제8장에서 기술된 것과 같은 이해하기 쉽고 통합적인 디스플레이가 필요하다.

2. 훈련의 유지 자동화는 수동으로 수행되어야 하는 작업이 자동화되는 경우 복잡한 과제들을 단순하게 만드는 것으로 보인다. 이와 동시에 자동화는 오퍼레이터가 자동화의 역량과 한계를 이해하도록 할 뿐만 아니라 좀 더 추상적인 추론과 판단을 해야 하는 방향으로 과제를 변화시키기도 한다(Zuboff, 1988). 이 때문에 오퍼레이터들이 자동화 시스템을 제대로 사용하고 이것이 갖는 잠재적 이점을 활용할 수 있도록 자동화와 관련된 많은 측면들에 대해 오퍼레이터를 훈련해야 할 필요가 생긴다(Lee & Sanquist, 2000). 오퍼레이터는 상호적인 방식으로 자동화가 갖는 다양한 기능과 특징들을 탐구하는 훈련을 많이 받아야 한다(Sherry & Polson, 1999). 또한 자동화된 시스템이 오류를 범할 가능성이 있고, 인간의 신속한 개입을 요구하는 한, 위에서 언급한 기술 상실의 문제를 피하기 위해서는 자동화된 기능들을 직접 수행할 수 있는 사람들의 기술이 가능한 높은 수준으로 유지되어야 하는 것은 필수적인 일이다.
3. 오퍼레이터의 관여 이 문제는 인간 중심의 자동화라는 목표들 중에서 가장 어려운 목표 중 하나이다. 즉 이미 자동화되어 있는 시스템을 완전히 수동으로 전환하여 조작하는 것은 자동화의 의도(예 : 필요할 경우 작업부하를 감소시키는 것)를 손상시키는 것인데, 이러한 수동적 제어로 완전히 전환하지 않고 오퍼레이터들이 자동화된 상태를 인식할 수 있도록 하기 위해 이들을 어떻게 제어 과정에 충분히 관여시킬 것인지의 문제이다. Endsley와 Kiris(1995)는 자동화된 차량 항법 과제에서 표 16.1과 유사한 자동화의 다른 수준들을 비교하였는데, 이들은 최상의 자동화 수준은 운전자들의 상황 인식과 시스템이 오작동할 때 수동적인 제어로 전환하는 능력을 저하시킨다는 것을 발견하였다. 그러나 중간 정도의 세 수준들에서는 수행이 비교적 동일하다는 증거도 있다. 즉 인간이 자동화된 시스템이 제시하는 내용을 받아들일지의 여부를 결정하는 데 관여하고 있는 한(예 : 수준 5에서와 같이 받아들일 수 없는 해결책에 대해 거부하는 것), 작업부하가 감소한 경우라도 상황 인식 수준은 적합하게 유지할 수 있다. 다시 말해 상황 인식과 작업부하 사이의 득실관계는 필연적인 것은 아니다.
4. 자동화가 불완전한 경우 적절한 단계와 수준의 선택 설계자들은 종종 시스템이 갖출 수 있는 자동화의 단계와 수준을 선택해야 한다. 예를 들어 의사를 돕기 위한 자동화된 의사결정 보조수단은 환자가 갖고 있는 중요한 증상을 부각시켜 보여줄 수도 있고(1단계),

전문가 시스템을 통해 직접 진단할 수도 있으며(2단계), 치료 방법을 추천해 줄 수도 있고(3단계), 혹은 실제로 치료를 수행할 수도 있다(4단계). 몇몇 연구들은 자동화 시스템이 불완전한 경우, 나중 단계의 자동화가 불완전해서 발생하는 결과가 초기 단계의 자동화가 불완전해서 발생한 결과에 비해 더 부정적이라는 것을 보여주고 있다(Sarter & Schroeder, 2001; Lee et al, 1999).

이러한 연구 결과들에 대해서는 세 가지 측면에서의 설명이 가능하다. 첫째, 낮은 자동화 단계(혹은 수준)에서는 오퍼레이터가 좀 더 많이 관여해야 하기 때문에 능동적인 선택을 할 수 있다(이것은 오퍼레이터의 상황 인식을 더 증가시키는 결과를 가져온다). 둘째, 좀 더 높은 자동화 단계에서는 에러가 확인될 시점에서는 이미 어떤 작동이 어느 정도 완료된 상태이기 때문에 결과를 되돌릴 수 없는 경우가 많다는 점이다(한 가지 예로 약물 주입 펌프를 생각해 보라). 셋째, 3단계 자동화에서는 가치를 명확하게 고려하지만 초기 단계들은 그렇지 않다는 점이다. 3단계의 높은 수준의 자동화가 사람이 갖고 있는 가치와 다른 가치를 사용하여 결정을 내릴 경우 그 자동화는 '실패' 할 수도 있는 것이다.

높은 위험 부담을 갖고 있는 의사결정을 돕기 위한 보조수단으로서의 자동화 수준이나 자동화 단계를 결정할 때 시간 압력이 갖는 효과도 영향을 미친다는 것을 고려해야 한다. 시간이 촉박한 상황에서 의사결정을 해야 한다면 선택 추천이나 실행과 같은 나중 단계는 인간 오퍼레이터보다는 자동화된 시스템에 의해 더 빠르게 수행될 수 있을 것이다. 이 때문에 시간이 중요한 반응에 대해서는 3단계 자동화의 수준들을 더 높은 수준으로 설정하고자 할 것이다.

5. 유연성 자동화와 적응형 자동화. 자동화와 관련된 연구들을 통해 얻을 수 있는 분명한 결론 중의 하나는 과제 수행에 요구되는 자동화의 양이 사람에 따라 혹은 한 개인에 대해서도 때에 따라 변화될 수 있어야 한다는 점이다. 따라서 그림 16.2의 차원들에 걸쳐 자동화의 수준들이 변화될 수 있는 유연한 자동화 시스템이 고정되어 있거나 경직되어 있는 시스템보다 더 선호되는 것으로 보인다. 유연한 시스템이란 자동화 수준들을 다양하게 할 수 있는 시스템을 말한다. 어떤 운전자는 자동 속도 제어장치를 선택하고자 할 것이지만 다른 운전자는 그렇지 않을 수 있다. 유연성 자동화의 중요성은 전문가의 유연하고 적응적인 의사결정과 유사하다. 제7장에서 논의하였듯이, 유연성을 지원해 주는 의사결정 보조수단은 성공적이지만, 그렇지 못한 것은 실패하는 경향이 있으며,

이러한 경향은 완전하게 예측될 수 없는 상황에서 특히 더 그렇다.

적응형 자동화(adaptive automation)는 환경, 사용자, 과제의 어떤 특정한 특징들에 기초하여 자동화의 수준을 변화시킨다는 점에서 유연한 자동화보다는 한 단계 더 진보된 형태이다(Rouse, 1988; Scerbo, 1996; Wickens & Hollands, 2000). 예를 들어 어느 한 오퍼레이터에게 부여된 작업부하의 양이 증가하거나, (피로 등에 의해) 오퍼레이터의 역량이 감소할 경우 자동화의 수준이 증가하도록 하는 것은 적응형 자동화라 할 수 있다. 비록 항공기의 조종석과 같이 작업부하의 양이 시간에 따라 많이 변하는 환경의 경우, 그와 같은 시스템이 매우 효율적인 것으로 밝혀지긴 했지만(Rouse, 1988; Parasuraman et al., 1993) 이러한 시스템을 적용하고자 할 때는 매우 신중을 기해야 한다. 왜냐하면 이들 역시 잠재적인 문제들을 갖고 있기 때문이다(Wickens & Hollands, 2000). 첫째, 그와 같은 시스템들은 적응형 폐쇄-루프 시스템이기 때문에, 제9장에서 논의된 바와 같이 부적 피드백(negative feedback)이나 폐쇄-루프 불안정성(closed-loop instability)과 같은 문제들에 봉착할 수 있다. 둘째, 사람들은 급변하는 시스템의 형태에 항상 쉽게 대처할 수 있는 것은 아니다. 일관성(consistency)이 설계의 중요한 특징임을 상기하라(제8장). 마지막으로, Rouse(1988)가 지적하였듯이, 컴퓨터들은 자동화를 떠맡는 일은 잘 할 수 있을지는 모르지만(예 : 인간의 저하된 수행의 측정에 기초해서), 인간에게 제어를 넘겨 주는 일을 항상 잘 하는 것은 아니다.

자동화의 수준		역할: 인간	역할: 시스템
없음	1	의사결정, 행위	——
의사결정 지원	2	의사결정, 행위	제안
합의적 인공지능	3	동의	의사결정, 행위
감시적 인공지능	4	거부	의사결정, 행위
완전 자동화	5	——	의사결정, 행위

그림 16.2

인간과 컴퓨터 사이의 공유된 책임감 연속체

출처 : Endsley, M. R., and Kiris, E. O., 1995. The out-of-the-loop performance problem and level of control in automation. *Human Factors*, *37*(2), 381-394. Reprinted with permission.

6. **긍정적인 사고방식의 유지** 어느 한 작업자의 자동화에 대한 수용이나 인정은 그 작업자가 자동화에 대해 갖고 있는 사고방식에 의해 매우 크게 영향을 받을 수 있다(McClumpha & James, 1994). 작업자들이 생각하기에 자동화가 그들보다 수행을 더 잘할 수 있기 때문에 자동화가 이루어졌다고 생각한다면, 자동화에 대한 작업자들의 태도는 아마 좋지 않을 것이다. 반면 인간-시스템 수행을 향상시키기 위한 하나의 보조수단으로 자동화가 도입되었고, 여전히 인간이 '주인'으로, 그리고 자동화가 일종의 '하인'으로 역할을 담당한다는 생각을 갖고 있다면 자동화에 대한 작업자들의 태도는 보다 수용적일 것이다(Billings, 1991, 1996). 이러한 사고방식은 자동화가 어떤 과제들을 어떻게 수행하는가에 대한 훈련에도 영향을 미칠 수 있다. 또한 자동화에 대한 좀 더 호의적인 태도는 자동화에 대한 이해, 자동화가 갖는 장점들에 대한 인정, 그리고 그와 같은 특징들의 효율적인 활용 가능성을 높여 줄 것이다. 실제로 몇몇 연구들은 조직에 자동화를 도입했을 때 이것이 성공하기 위한 관리상의 특징들에 대해 밝힌 바 있다(Bessant et al., 1992).

감독 제어와 자동화 기반 복합 시스템

처리 제어

자동화는 소수의 오퍼레이터들이 매우 복잡한 원격 처리 시스템을 제어하거나 감독해야 하는 상황에서 특히 중요한 역할을 담당한다. 제9장에 기술된 바와 같이 이러한 복잡한 원격 처리 과정은 이것이 갖는 원거리성, 복잡성 혹은 높은 수준의 위험성 때문에 사람이 직접 제어하는 것을 어렵게 한다. 이러한 경우 자동화는 선택사항이 아닌 필수사항이다(Sheridan, 2002). 이러한 제어에는 화학 공장에서의 처리(공정) 제어, 제조 공장에서의 제품 생산(Karwowski et al., 1997; Sanderson, 1989), 그리고 로봇 제어 영역에서의 로봇이나 원격 수송체 제어 등이 포함된다. 이러한 모든 경우에 인간 감독자/제어자는 중요한 인간공학적 문제들에 직면한다. 즉 오퍼레이터가 조작하는 대상의 원거리성, 시스템의 복잡성(중다의 상호 관련된 요소들), 오퍼레이터 입력에 대해 제대 반응하지 않는 시스템의 굼뜸, 그리고 높은 위험성 등은 시스템의 오작동을 일으킬 수 있다. 이러한 시스템들에 대한 자세한 대처 방안들에 대해서는 다른 문헌들(Moray, 1997; Sheridan, 1997, 2002; Wickens and Hollands, 2000, Chapter 13)에 소개되어 있다. 따라서 여기에서는 인간 공학적 측면과 관련이 깊은 몇 가지 주요 연구 결과만을 기술하고자 한다.

석유화학 제품의 제조나 원자력 혹은 전통적 방식의 전력 생산에 포함되는 처리 제어 과정은 너무 복잡하기 때문에 높은 수준의 자동화가 요구된다. 여기에서 가장 중요한 인간 공학적 문제는 시스템이 오류나 오작동을 보일 때 감독자들을 어떻게 지원해 주어야 Three Mile 섬 원자력 발전소 사고(Rubinstein and Mason, 1979)나 체르노빌 원자력 발전소 사고(Read, 1993)와 같이 오퍼레이터의 열악한 상황 진단과 의사결정에 의해 발생한 재앙을 반복하지 않을 것인가 하는 것이다. 그와 같은 지원을 위한 방법들은 지식 기반 행동에 대한 의사결정 지원의 중요성이 강조되었던 제7장과, 예측 디스플레이와 생태학적 인터페이스(ecological interfaces)가 소개되었던(Woods & Roth, 1988; Vicente, 2002; Wickens and Hollands, 2000) 제8장에서 제안된 바 있다. 그와 같은 인터페이스는 두 가지 중요한 특징이 있다. (1) 이들은 고도로 도표화되어 있다. 예를 들어 이러한 인터페이스는 시스템이 갖는 다양한 상태를 나타내는 데 종종 형상 디스플레이(configural display)를 사용함으로써 높은 인지적 부담 없이 시스템의 상태를 쉽게 지각할 수 있도록 한다. (2) 이러한 인터페이스는 감독자로 하여금 고장 난 파이프나 펌프와 같은 물리적 문제들로부터 에너지 상실이나 안전과 생산성 사이에 조화를 이루는 문제와 같은 추상적 문제에 이르기까지 다양한 수준에서 유연하게 사고하도록 해준다(Burns, 2000; Vicente, 2002). 어떤 측면에서는 항공관제의 많은 부분들이 처리 제어에서 이루어지고 있는 부분을 모방하여 수행되고 있다(Wickens et al, 1998; Hopkin, 1995).

반복적이고, 피로를 유발하며, 때로 위험한 기계적 조작이 요구되는 제조 과정에서 로봇을 이용한 자동화는 바람직한 선택이다. 또한 큰 힘이 요구되는 경우라면 로봇을 사용하는 것은 필수적이다. 제9장에서도 논의하였지만, 여기에서 중요하게 부각되는 문제는 제조업자들이 고품질의 주문 생산품을 신속하게 공급할 수 있도록 하는 신속 제조(agile manufacturing)와 관련된 문제이다(Gunasekaran, 1999). 이러한 상황에서는 의사결정 권한이 전통적인 경영층으로부터 중요한 의사결정을 직접 내릴 수 있도록 위임받은 오퍼레이터에게로 이양된다. 이 경우, 자동화된 시스템은 오퍼레이터로 하여금 다양한 요인들을 고려하여 의사결정을 할 수 있도록 정보를 통합해야 한다(의사결정 보조수단이 어떻게 이러한 과정을 수행할 수 있는지에 대해서는 제7장 참조).

로봇이 사용되는 또 다른 영역은 무인 항공기나 무인 육상용 차량을 이용하는 경우이다. 예를 들어 군사 작전에서 감시 임무를 수행할 수 있는 무인 항공기나 유해 폐기물이 있는 지역을 정화하는 데 사용되는 육상용 차량에는 로봇이 많이 사용되고 있다. 여기에서 중요한 문제는 원격 조작 장치에 포함된 디스플레이-제어장치 사이의 관계이다. 복잡한 환경을 이해하는 데 필수적인 시각 디스플레이 화면은 제어가 연속적이고 안정적으로 이루어질 수 있을 만큼 지연시간이 짧아야 한다. 원격 통신 채널에서의 밴드위쓰 한계 때문에 이것이 불가능하다면 어떤 형태와 수준의 자동화가 최선일까?

마지막으로, 원격 제어 오퍼레이터는 때로 작업반이나 임무 수행팀을 직접적인(그리고 지연된) 제어를 통해 감독하기보다는 이들의 바람직한 행동에 대해 격려하거나 '유도' 함으로써 그들의 행동을 감독하기도 한다. **권고적 제어(hortatory control)**라고 불리는 이러한 개념은 감독되어야 하는 대상이 고도의 자율성을 갖고 있을 때 적용된다(Lee, 2001; Murray & Liu, 1997). 이에 대한 한 가지 사례는 도로교통 통제 시스템이다. 이 시스템은 현재의 혹은 앞으로의 교통 상황을 운전자들에게 알려주어 도로가 막히지 않도록 운전자들이 미리 대비하여 (다른 도로로 우회하는 것과 같은) 행동을 취할 수 있도록 유도한다. 그러나 이 시스템은 운전자 각자의 행동을 이끌어 낼 만큼 충분한 권위나 기술적 능력을 지니고 있지 못하다. 또한 이들은 예상하지 못한 상황에 자주 직면한다. 권고적 제어가 사용될 수 있는 또 다른 환경에는 교육 시스템, 안전관리 프로그램, 그리고 몇 가지 재정관리 시스템 등이 포함된다. 이 경우 관리자들은 어떤 행동들에 대해 격려하거나 벌칙을 줄 수 있지만 이들은 시스템에 대해 신뢰할 수 있거나 완전한 지식을 갖고 있지 못할 수 있으며, 직접적이고 엄격한 감독 제어를 위한 수단 역시 부족할 수 있다. 그와 같은 경우 인간 공학에서 고려해야 하는 가장 중요한 과제는 사용자들이 어떤 행동을 취하도록 하기 위한 조언 정보를 어떻게 제공해야 가장 효과적인 것인지, 그리고 애매한 환경에서 상황 인식을 유지할 수 있도록 하기 위해 어떻게 정보를 수집하고 통합해야 하는지를 결정하는 것이다.

결론

자동화는 많은 분야에서 안전, 안락감, 그리고 직무 만족 수준을 크게 증진시킴과 동시에 많은 문제들도 야기시켰다. 사람의 역할을 고려한 사려 깊은 설계는 이러한 문제들을 없애는 데 도움이 된다. 이 장에서는 자동화의 단계와 수준에 대해 기술하였고, 이를 사용하여 어떻게 기능 할당과 인간 중심적 접근을 통해 인간-자동화 수행을 증대시킬 수 있는지를 보여주었다. 많은 경우, 자동화는 인간의 의사결정을 도와주며, 제7장에서는 이에 대해 자세히 논의하였다. 비록 처리 제어, 제조, 그리고 권고적 제어가 이미 자동화에 의존하여 이루어지고 있지만, 다른 영역에서도 자동화가 점점 유능해지고 우리 생활 속에 파고 들어올수록(집 안에 들어가거나 혹은 심지어 자동차를 타는 것을 포함해서) 유용한 자동화 시스템을 설계하는 것은 점점 더 중요한 문제가 되고 있다.

자동화는 때로 인간을 대치하거나 인간 중심적 설계에서 나타나는 어려움을 피하고자 도입된다. 이 장에서는 시스템이 자동화될수록 시스템 설계에서의 인간 요인에 대한 고려가(덜 중요해지는 것이 아니라 오히려) 더 중요해진다는 몇 가지 역설적인 사실을 확인하였다. 특히 자동화가 점점 더 흔한 것이 될수록 의사결정 보조수단(제7장), 좋은 디스플레이(제8장), 그리고 훈련(제18장)과 관련된 문제들은 더 중요해지고 있다.

참고문헌

Bainbridge, L.(1983). Ironies of automation. *Automatica, 19*(6), 775-779.

Bessant, J., Levy, P., Ley, C., Smith, S., and Tranfield, D.(1992). Organization design for factory 2000. *The International Journal of Human Factors in Manufacturing.* 2(2), 95-125.

Biard, S., and Salvendy, G.(1994). Analytical modeling and experimental study of human workload in scheduling of advanced manufacturing systems. *The International Journal of Human Factors in Manufacturing, 4,* 205-234.

Billings, C.E.(1991). Toward a human-centered aircraft automation philosophy. *The International Journal of Aviation Psychology, 1*(4), 261-270.

Billings, C.E.(1996). *Aviation automation: The search for a human-centered approach.* Mahwah, NJ: Lawrence Erlbaum.

Bowers, C.A., Oser, R.L., Salas, E., and Cannon-Bowers, J.A.(1996). Team performance in automated systems. In R. Parasuraman and M. Mouloua(eds.) *Automation and human performance: Theory and applications*(pp.243-263). Mahwah, NJ: Lawrence Erlbaum.

Chappell, S.L.(1990). Pilot performance research for TCAS. *Managing the modern cockpit: Third human error avoidance techniques conference proceedings*(SAI 902357; PP. 51-68). Warrendale, PA: Society of Automotive Engineers.

Chignell, H.J., and Peterson, J.G.(1988). Strategic issues in knowledge engineering. *Human Factors, 30,* 381-394.

Cowan, N.(1988). Evolving conceptions of memory storage, selective attention, and their mutual constraints within the human information processing system *Psychological Bulletin,* 104(2), 163-191.

Diehl, A.E.(1991). Human performance and systems safety considerations in aviation mishaps. *International Journal of Aviation Psychology, 1*(2), 97-106.

Dornheim, M.P.(1995). Dramatic incidents highlight mode problems in cockpit. *Aviation Week and Space Technology*(Jan 30), 55-59.

Endsley, M.R., and Kiris, E.O.(1995). The out-of-the-loop performance problem and level of control in automation. *Human Factors,* 37(2), 381-394.

Endsley, M.R., and Rodgers, M.D.(1996). Attention distribution and situation awareness in air traffic control(pp.82-85). *Proceedings of the 40th Annual Meeting of the Human Factors & Ergonomics Society.* Santa Monica, CA: Human Factors all Ergonomics Society.

Erzberger, H., Davis, T.J., and Green, S.(1993). Design of center-TRACON automation system. *AGARD Conference Proceedings 538: Machine intelligence in air traffic management*(pp.11-1—11-12). Neuilly sur Seine, France: Advisory Group for Aerospace Research and Development.

Grimm, R.(1976). Autonomous I/O-colour-screen-system for process-control with virtual keyboards adapted to the actual task. In T.B. Sheridan and G. Johannsen(eds.), *Monitoring behavior and supervisory control.* New York: Plenum Press.

Hancock, P.A., Parasuraman, R., and Byrne, E.A.(1996). Driver-centered issues in advanced automation for motor vehicles. In R. Parasuraman and M. Mouloua(eds.), *Automation and human performance: Theory and applications*(pp.337-364). Mahwah, NJ: Lawrence Erlbaum.

Hopkin, D.(1996). Human factors of air traffic control. London: Taylor & Francis.

Hopkin, V.D., and Wise, J.A.(1996). *Human factors in air traffic system automation.* In R. Parasuraman and M. Mouloua(eds.), *Automation and human performance: Theory and applications*(pp.319-336). Mahwah, NJ: Lawrence Erlbaum.

Irving, S., Polson, P., and Irving, J.E.(1994). A GOMS analysis of the advanced automated cockpit. *CHI-94 Conference Proceedings.* New York: Association of Computing Machinery.

Kantowitz, B.H., Hanowski, R.J., and Kantowitz, S.C.(1997). Driver acceptance of unreliable traffic information. *Human Factors, 2*, 164-176.

Kerns, K.(1991). Data-link communication between controllers and pilots: A review and synthesis of the simulation literature. *The International Journal of Aviation Psychology, 1*(3), 181-204.

Layton, C., Smith, P.J., and McCoy, E.(1994). Design of a cooperative problem-solving system for enroute flight planning: An empirical evaluation. *Human Factor 36*(10), 94-119.

Lee, J., and Moray, N.(1992). Trust, control strategies and allocation of function in human-machine systems. *Ergonomics, 35*(10), 1243-1270.

Liu, Y., Fuld, R., and Wickens, C.D.(1993). Monitoring behavior in manual and automated scheduling systems. *International Journal of Man-Machine Studies, 39,* 1015-1029.

McClumpha, A.M., and James, M.(1994). Understanding automated aircraft. In M. Mouloua and R. Parasuraman(eds.), *Human performance in automated systems: Current research and trends* (pp.183-190). Hillsdale, NJ: Lawrence Erlbaum.

Meshkati, N.(1996). Orgaizational and safety factors in automated oil and gas pipeline systems. In R. Parasuraman and M. Mouloua(eds.), *Automation and human performance: Theory and applications*(pp.427-446), Mahwah, NJ: Lawrence Erlbaun

Moray, N.(1997). Human factors in process control. In G. Salvendy(ed.), *The handbook of human factors and ergonomics(*2nd ed.). New York: Wiley.

Muir, B.(1987). Trust between humans and machines, and the design of decision aids. *International Journal of Man-Machine Studies, 27,* 527-549.

National Transportation Safety Board(1986). China Airlines B-747 Northwest of San Francisco, Cal. 2/09/85(NTSB Report # AAR-86/03. Washington, DC.

Parasuraman, R.(1986). Vigilance, monitoring and search. In K. Boff, L. Kaufman, and J. Thomas(eds.), *Handbook of perception and performance*(Vol. 2, pp.43. 1-43. 39). New York: Wiley.

Parasuraman, R., Molloy, R., and Singh, I.L.(1993). Performance consequences of automation-induced complacency. *International Journal of Aviation Psychology, 3*(1), 1-23.

Parasuraman, R., Mouloua, M., Molloy, R., and Hilburn, B.(1996). Monitoring of automated systems. In R. Parasuraman and M. Mouloua(Eds.), *Automation and human performance: Theory and applications*(pp.91-115). Mahwah, NJ: Lawrence Erlbaum.

Parasuraman, R., and Riley, V.(1997). Humans and automation: Use, misuse, disuse abuse. *Human Factors.*

Read, P.P.(1993). *Ablaze: The story of the heroes and victims of Chernobyl.* New York: Random House.

Reason, J.(1990). *Human error.* New York: Cambridge University Press.

Rouse, W.B.(1988). Adaptive aiding for human/computer control. *Human Factors, 30*(4), 431-443.

Rubinstein, T., and Mason, A.F.(1979). The accident that shouldn' t have happened: An analysis of Three Mile Island. *IEEE Spectrum,* Nov., 38-40.

Sanderson, P.M.(1989). The human planning and scheduling role in advanced manufacturing systems: An emerging human factors domain. *Human Factors, 31,* 635-666.

Sanderson, P.M.(1991). Toward the model human scheduler. *International Journal of Human Factors in Manufacturing. 1,* 195-219.

Sarter, N.B., and Woods, D.D.(1992). Pilot interaction with cockpit automation: Operational experiences with the flight management system. *The International Journal of aviation*

Psychology, 2(4), 303-321.

Sarter, N.B., and Woods, D.D.(1994). Pilot interaction with cockpit automation II: An experimental study of pilots' model and awareness of the flight management system. *The International Journal of Aviation Psychology, 4*(1), 1-28.

Sarter, N.B., and Woods, D.D.(1995). "How in the world did we get into that mode?" *Human Factors, 37*(1), 5-19.

Scerbo, M.W.(1996). Theoretical perspectives on adaptive automation. In A. Parasuraman and M. Mouloua(eds.), *Automation and human performance: Theory and applications*(pp.37-64). Mahwah, NJ: Lawrence Erlbaum.

Sorkin, R.(1988). Why are people turning off our alarms? *Journal of Acoustial Society of America, 84,* 1107-1108.

Sperandio, J.C.(1976). From the plane space to the air mobile space: Experimental comparison between two displays of spatio temporal information. *Le Travail Humain, 30,* 130-154.

Stein, K.J.(1983). Human factors analyzed in 007 navigational error. *Aviation Week and Space Technology,* 165-167.

Vicente, K.J.(1992). Multilevel interfaces for power plant control. *Nuclear Safety, 33*(3), 381-397.

Vicente, K.J., Moray, N., Lee, J.D., Rasmussen, J. Jones, B.G., Brock, R., and Djemil, T.(1996). Evaluation of a Rankine Cycle display for nuclear power plant monitoring and diagnosis. *Human Factors, 38*(3), 506-522.

Vicente, K.J., and Rasmussen, J.(1992). Ecological interface design: Theoretical foundations. *IEEE Transactions on Systems, Man, and Cybernetics, 22*(4), 589-606.

Warm, J.S., Dember, W.N., and Hancock, P.A.(1996). Vigilance and workload in automated systems. In R. Parasuraman and M. Mouloua(eds.), *Automation and human performance: Theory and applications*(pp.183-199). Mahwah, NJ: Lawrence Erlbaum.

Wickens, C.D.(1992). *Engineering psychology and human performance*(2nd ed.). New York: Harpercollins.

Wickens, C.D., and Kessel, C.(1980). The processing resource demands of failure detection in dynamic systems. *Journal of Experimental Psychology: Human Perception & Performance, 6,* 564-577.

Wiener, E.L.(1988). Cockpit automation. In E.L. Wiener and D.C. Nagel(eds.), *Human Factors in aviation*(pp.433-461). San Diego, CA: Academic Press.

Wiener, E.L., and Curry, R. E.(1980). Flight deck automation: Promises and problems. *Ergonomics, 23*(10), 995-1011.

Woods, D.D.(1996). Decomposing automation: Apparent simplicity, real complexity. In R. Parasuraman and M. Mouloua(eds.), *Automation and human performance: Theory and applications*(pp.3-17). Mahwah, NJ: Lawrence Erlbaum.

Woods, D.D., and Roth, E.(1988). Aiding human performance: II. From cognitive analysis to support systems. *Le Travail Humain, 51*, 139-172.

17 교통 인간 공학

Daytona 해변에서 잠도 제대로 자지 않고 매우 즐겁게 봄 방학을 보낸 4명의 대학생들이 다시 대학으로 돌아가고 있었다. 월요일 아침 수업에 늦지 않기 위해 그들은 밤을 새워 운전하기로 했다. 8시간 동안 계속 운전한 조는 새벽 3시에 쭉 뻗은 한적한 고속도로에서 졸음과 싸우고 있었다. 시간을 좀 더 벌기 위해 그는 시속 80마일로 자동차의 자동 속도 제어장치(cruise control)를 맞추었다. 이 장치를 맞춘 지 얼마 지나지 않아 조는 잠에 빠져들었고, 차는 차선을 벗어나 노견으로 천천히 쏠리기 시작했다. 다행히 조의 각성 상태를 감시하고 있던 시스템이 조가 졸기 시작한 것과 차가 길 밖으로 나가고 있다는 것을 탐지하고 의자를 떨리게 하는 방식(예 : 가상적 자갈길을 달리는 경우와 같은 좌석의 떨림)의 경보를 제공해 주었다. 이러한 경고 덕에 조는 졸음에서 깰 수 있었고, 재빨리 차를 원래 차선 위치로 되돌려 치명적인 사고를 피할 수 있었다.

매일 수백만 명의 사람들이 차량이나 선박, 항공기를 이용해 여행한다. 이러한 교통수단들은 인간 공학에서 다른 시스템들과는 구분하여 살펴보아야 하는 많은 특징들을 갖고 있으며, 이에 따라 교통수단과 관련된 인간 공학적 고찰은 장을 따로 하여 이 장에서 다루고자 한다. 인간과 교통수단의 상호작용 과정에서 추적이나 연속적 수동 제어는 일반적으로 매우 중요한 부분이다. 또한 낯선 곳을 여행할 때는 항행과 관련된 문제들이 중요해진다. 더구나 여행하는 곳의 환경은 시간에 따라(주간이나 야간), 일기에 따라(맑거나 비오는 날씨) 혹은 장소에 따라(교통이 혼잡하거나 그렇지 않은 경우) 매우 심하게 변할 수 있다. 그와 같은 변화들은 인간과 교통 시스템의 상호작용에 대해 중요한 시사점을 갖고 있다. 인공위성에 기반한 전지구 위치 파악 시스템(global positioning system, GPS)과 같은 새로운 기술의 도래와 컴퓨터의 발달에 힘입어 육상과 항공 교통의 많은 측면들이 혁명적인 변화를 보이고 있는 과정이다. 항공기나 육상용 차량들은 매우 빠른 속도로 움직이기 때문에 교통 시스템에 대한 안전의 문제는 극히 중요하다. 수많은 사람이 이용하면서도 자동차만큼 고도의 위험 가능성이 있을 뿐만 아니라 생명까지도 위협할 수 있는 시스템은 없을 것이다. 매년 전 세계적으로 약 50만 명이 교통사고에 의해 생명을 잃고 있고, 미국에서만 4만 명이 교통사고에 의해 사망한다는 통계가 있다(Evans, 1996). 또한 미국의 경우, 교통사고와 관련된 사망이나 부상에 의한 경제적 손실은 매년 2천억 달러를 넘는다.

이 장에서 우리는 가장 흔한 교통수단인 자동차와 항공기에 초점을 두고자 하는데, 이 두 가지 교통 수단은 인간 공학적 관점에서 방대한 연구가 이루어진 영역이기도 하다. 또한 우리는 육상 대중교통 수단과 관련된 인간 공학적 시사점들에 대해서도 고려해 볼 것인데, 이 부분에서는 육상 대중교통 수단의 오퍼레이터뿐만 아니라 이들을 이용하는 사람들(대중교통 수단을 이용하고자 선택한 사람들)의 특성에 대해서도 살펴보고자 한다.

자동차 인간 공학

도로에서의 믿을 수 없을 만큼 높은 교통사고율과 보험 회사나 사고를 당한 사람들에게 주어지는 손실(사망, 부상, 혹은 도로 정체) 등은 도로교통의 안전을 국가적인 중요성을 갖는 문제로 부각시켰다. 대부분의 사고에 사람들이 연루되고, 그러한 사고의 대부분이 인간의 에러(90% 이상)에 의한 것이라는 사실은 이러한 문제들을 인간 공학의 관심 영역으로 가져오게 하는 원인이 되었다.

도로교통의 안전과 관련된 많은 인간 공학적 문제들은 이 책의 여러 곳에서도 다루어진 바 있지만, 이러한 문제들이 도로상에서 빠르게 움직이는 차량을 제어하는 과제들을 주로 포함하는 문제들이기 때문에, 여기에서는 이들을 통합하여 다루기로 한다. 먼저 도로와 차량 시스템에 대한 과제 분석을 먼저 살펴본 후, 가시도(visibility), 위험요소 및 충돌(hazards and collision), 손상된 운전자, 운전에서의 안전 향상 방안, 그리고 자동화 등과 관련된 문제를 논의하고자 한다.

운전은 일반적으로 생산성과 안전이라는 두 가지의 경쟁적인 목표들을 동시에 얻기 위해 수행되는 과제라는 것에 주목하는 것이 중요하다. 생산성(productivity)은 빠른 시간 안에 목표 지점에 도달하고자 하는 것을 말하며, 이로 인해 운전자들은 과속을 할 수도 있다. 안전(safety)은 본인이나 다른 사람들에 의한 사고의 회피를 말하며, 때로 과속에 의해 이 목표가 손상된다. 이 장에서는 주로 안전에 관해 초점을 두고 논의할 것이다. 안전의 정도는 사망자 수, 부상자 수, 사고 수, 교통 위반에 대한 벌칙 횟수 혹은 일반적인 운전 속도에 대한 측정치와 같은 다양한 통계치들로 평가될 수 있다(Evans, 1991, 1996).

이러한 통계치들을 해석할 때는 두 가지 측면을 주의해야 한다. 첫째, 사망률과 같은 통계치들은 이에 대한 기저선(baseline)으로 어떤 것을 선택하는가에 따라 상당히 달라진다. 예를 들어 연간 교통사고 사망률은 한 사람이 1마일을 이동하는 것을 1단위로 하여 측정한(이것을 passenger mile이라고 부른다) 사망률과는 매우 다른 정보를 제공해 줄 수 있다. 미국에서 지난 몇십 년 동안 연간 교통사고 사망률은 증가하거나 혹은 비교적 안정된 수준을 유지하는 것으로 나타났지만, 후자의 경우는 계속 감소하는 추세를 보이고 있다(Evans, 1996). 둘째, 통계치들은 조사가 이루어진 전집 속의 특정 집단에 의해 크게 편파될 수 있다. 예를 들어 앞으로 우리가 살펴보게 되겠지만, 전체 운전자 수를 감안한 사고 통계치는 젊은 운전자, 남성 운전자, 혹은 젊은 남성 운전자들을 포함하지 않고 산출된 통계치와는 매우 다른 양상을 보인다.

자동차 도로 시스템에서의 과제 분석

운전에서의 방략 과제, 책략 과제 및 제어 과제 세 수준의 활동들을 통해 운전을 구성하는 복잡한 과제들을 기술할 수 있다(Michon, 1989). 방략 과제들(strategic tasks)은 이동의 목적이나 운전자의 전반적 목표에 초점을 맞춘다. 심지어 방략 과제들의 많은 부분은 우리가 차에 올라타기 이전에 벌써 수행된다. 방략 과제들은 어디를, 언제, 그리고 어떻게 갈 것인지 등을 결정하는 것과 같은 일반적 과정을 포함한다. 앞의 예시에서 방략 과제는 월요일 아침 수업에 출석하기 위해 야간에 운전하기로 결정한 것이었다. 책략 과제들(tactical tasks)은 운전 방식의 선택이나 목적지까지 가기 위해 지금 당장 주어진 목표에 초점을 두는 과제들이다. 책략 과제들에는 운전 속도는 얼마나 빠르게 할 것인지, 앞 차를 추월할 것인지, 그리고 몇 번째 차선에서 운전할 것인지를 결정하는 것 등이 포함된다. 앞의 예시에서 조가 자동차 속도를 높이고자 결정한 것은 책략 과제의 한 예이다. 제어 과제(control tasks)는 자동차 조작에 대한 순간순간의 선택에 초점을 둔다. 이 과제들에는 바람직한 운전 속도를 유지하는 것, 앞 차와 안전한 거리를 유지하는 것, 그리고 차선을 유지하는 것 등이 포함된다. 조가 운전하면서 잠이 드는 바람에 차가 차선을 이탈한 것은 중요한 제어 과제 중 하나를 실패한 것이다. 운전을 방략, 책략, 그리고 제어 과제 중 어떤 관점에서 기술하는지에 따라 운전 수행 측정치의 유형이나 운전의 안전 향상 방안, 그리고 훈련과 평가의 방법이 달라진다.

운전자의 수행을 측정할 때 가장 중요한 측면 중 하나는 운전 활동의 다양한 수준을 고려하는 것이다. 방략 과제 수준에서 운전 수행은 최단 거리를 선택하는 운전자의 능력이나 하루 중 언제 운전할 것인지 선택하는 것(예 : 피곤한 상태에서 이른 아침에 운전하는 것은 위험한 선택이 될 수 있다) 등을 통해 측정할 수 있다. 책략 과제 수준에서 운전 수행은 갑자기 나타나는 위험요소(예 : 공사 지역)에 대한 반응 능력뿐만 아니라, 적합한 운전 속도나 차선을 선택하는 능력의 관점에서 측정될 수 있다. 예를 들어 운전 중에 휴대전화를 사용하는 운전자는 도로가 갑자기 빙판으로 바뀌었을 때 운전 속도를 줄이지 못하는 경우가 종종 있다(Cooper & Zheng, 2002). 제어 과제 수준에서 운전자의 운전 수행은 차선을 유지하고, 운전 속도를 제어하며, 앞 차와 안전한 거리를 유지하는 능력의 관점에서 측정될 수 있다. 운전 활동의 세 수준들은 운전 수행을 포괄적으로 기술할 수 있게 해주며, 모든 수준들이 운전의 안전과 밀접한 관계가 있다.

제어 과제 제어 과제는 운전과 관련하여 특히 중요한 측면이다. 그림 17.1에서 보이듯이, 자동차 운전자들은 중다 과제 환경에서 운전한다. 이 과정에서의 핵심은, 그림의 위쪽에 제시되어 있듯이 운전자들이 차량을 통제할 때 이차원적인 추적 과제들(tracking tasks)을 수행한다는 점이다. 제9장에서 사용했던 용어를 빌면, 차선을 유지하기 위한 횡적(lateral) 과제는 미리 봄(preview, 운전자의 전방에 제시되어 있는 도로 장면)과 예측자(predictor, 자신의 차량이 진행할 방향에 대한 정보)가 포함된 이차 제어 과제로 볼 수 있다. 종적

(longitudinal) 과제는 속도 유지를 위한 일차 추적 과제라고 생각할 수 있다. 속도 유지 과제는 운전자의 내적 목표(예 : 빠르게 운전하면서도 차량에 대한 통제를 상실하거나 속도위반으로 걸리지 않는 것)와 차량의 움직임, 위험요소 혹은 전방의 교통신호와 같은 것들에 영향을 받는다. 따라서 운전자들은 추적 과제 수행을 위해 두 개의 축(즉 종적 축과 횡적 축)을 따라 시각 정보를 추적해야 한다. 횡적 추적은 도로의 곡률에 의해 수행된다. 종적 추적

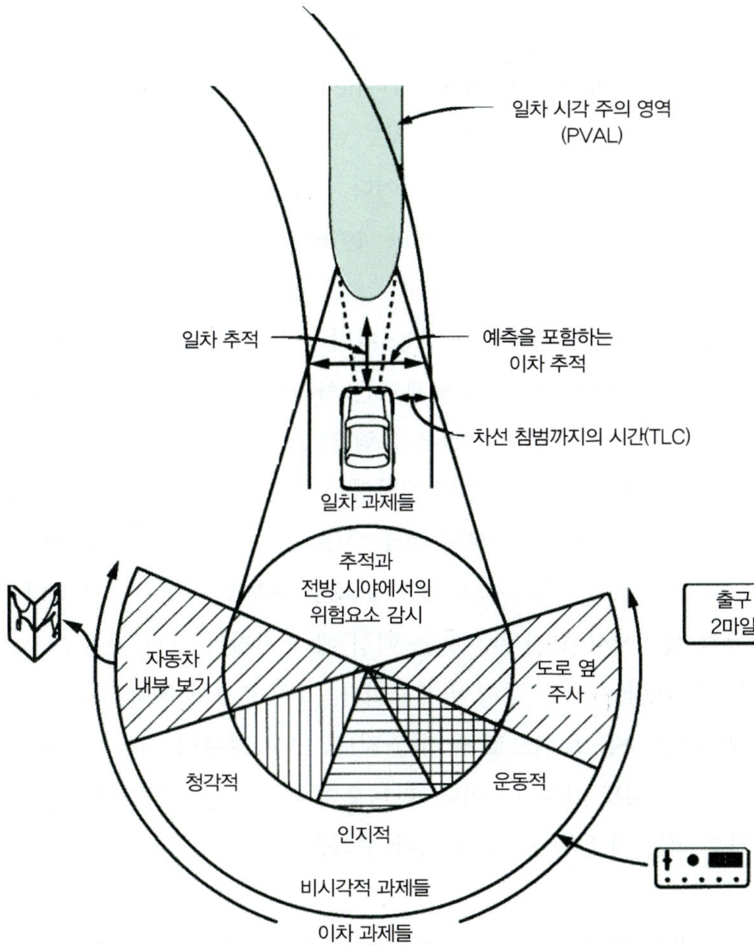

그림 17.1

운전자의 정보 처리 과제들에 대한 표상. 그림의 위쪽에는 차선 유지와 위험요소 회피에 포함된 추적 과제와 자동차 제어 과제들을 보여주고 있다. 그림의 아래쪽에는 자동차 추적 과제에 주어지는 자원과 경쟁하는 다양한 요인들을 제시하고 있다. 이러한 것들은 이차적 과제들로 볼 수 있다.

은 도로를 통해 제시되는 운동의 흐름(flow of motion), 위험요소의 위치나 거리, 혹은 교통 제어 장치와 같은 입력 정보에 기초하여 수행된다. 좋지 않은 가시도 조건(야간이나 안개), 혹은 운전자들이 도로가 아닌 다른 주변을 일시적으로 주시하는 경우 이러한 시각 입력의 질은 저하될 수 있다.

Gibson과 Crooks(1938)는 그림 17.1에 보이는 제어 과제들을 안전 이동장(field of safe travel)이라는 관점에서 기술한 바 있는데, 여기에서 운전자들은 위험요소를 회피하기 위해 속도와 방향을 조절하고, 자신의 목표를 향해 진행한다. 더 중요한 것은 이러한 관점이 위험요소와의 거리(예 : 선행 차량이나 노변)를 시간에 기초한 기술로 생각하도록 했다는 점이다. 그 한 예가 차선 침범까지의 시간(time-to-line-crossing, TLC) 측정치이다. 마찬가지로, 충돌까지의 시간(time-to-contact, TTC) 측정치도 운전자가 선행 차량과의 거리를 얼마나 안전하게 유지하는지에 대한 시간 기반 측정치이다. TTC는 두 차량 사이의 거리를 두 차량의 상대적 속도로 나눔으로써 계산할 수 있다(Lee, 1976).

중다 과제 요구 운전은 다양한 중요도를 갖는 여러 가지 운전 및 비운전 과제들을 포함한다(제6장과 제13장 참조). 운전의 일차 제어 과제는 차선의 유지와 도로상에 제시되는 위험요소의 감시라고 할 수 있다. 이러한 과제들은 그림 17.1의 빗금 친 부분처럼 운전자의 전방으로 수십 혹은 수백 미터 뻗어 있는 영역에 해당하는 정보의 일차 시각 주의 영역(primary visual attention lobe, PVAL)에 의해 크게 영향을 받는다(Mourant & Rockwell, 1972). 그림 17.2는 이 영역을 측면과 정면, 그리고 위쪽에서 보았을 때로 구분하여 나타내고 있다. 도로상의 안전(즉 인간 공학적 설계에서 고려해야 하는 핵심)에서 가장 중요한 것은 PVAL로부터 운전자의 시각적 주의를 빼앗는 모든 경쟁 과제들이다. 그림 17.1의 책략 운전 과제들(예 : 출구 표시를 주사하기 위해 눈을 노변으로 돌리는 것)도 PVAL로부터 시각 주의를 빼앗는다. 운전하면서 지도를 보는 것도 마찬가지이다. 라디오의 다이얼을 조절하거나 동승자와 이야기하는 것, 햄버거를 먹는 것 등도 PVAL과 시각 주의를 놓고 경쟁한다(Dingus et al., 1988; 표 17.1).

운전자에게는 시각적 경로가 가장 중요한 경로이기는 하지만 운전 중에 수행하는 제어장치들의 조정, 휴대전화 사용, 혹은 손을 뻗거나 당기는 것 등과 같은 이차적 운동 활동들도 중요하다. 왜냐하면 이들은 차량의 효율적 조작에 필요한 수동 자원들(manual resource)과 경쟁을 벌이기 때문이다. 제6장에서의 중다 자원에 관한 우리의 논의에서도 지적되었듯이

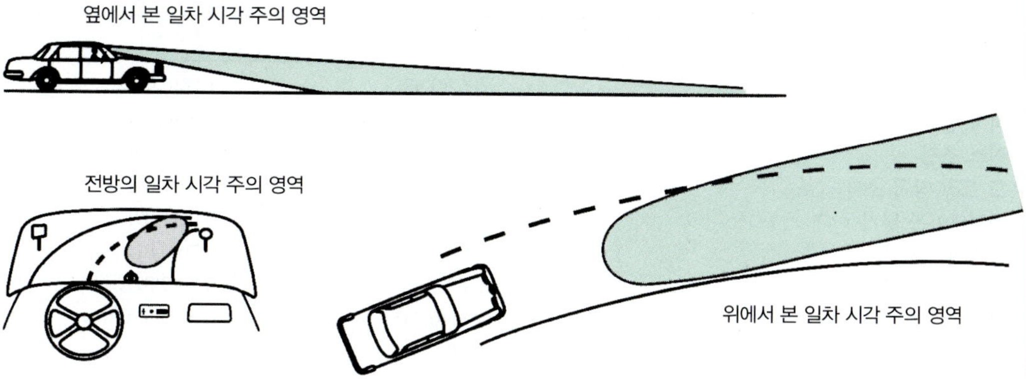

그림 17.2
일차 시각 주의 영역에 대한 표상

강력한 인지 활동이나 청각 정보 처리는 효율적인 주사(scanning)에 필요한 지각/인지 자원을 놓고 시각적 경로와 경쟁한다. 동시에 수행하는 모든 과제(청각, 인지 운동)는 PVAL에 있는 시각 정보를 감시하거나 처리하는 것을 방해할 수 있다(제6장). 예를 들어 Recarte와 Nunes(2000)는 인지적 과제들이 운전자의 도로 주사 수행을 감소시킨다는 것을 발견하였다.

운전석 환경 자동차 안전의 관점에서 보면, 운전자들이 차량 안의 계기나 장치들에 눈을 두어야 하는 시간 때문에 발생하는 위험을 최소화할 수 있는 가장 좋은 방법은, 이 책의 이전 장들에서 기술되었던 많은 원리들을 사용하여 실내의 제어장치들이나 디스플레이들을 가능한 단순하고 사용자 중심으로 설계하는 것이다. 디스플레이는 높은 대비를 가질 수 있도록 해야 하고(제4장), 해석과 읽기가 쉬워야 한다(제6장과 제8장). 또한 차량 내의 불필요한 특징이나 계기들의 설치를 피함으로써 운전석 안에서 운전자들이 수행해야 하는 과제들을 단순화하도록 해야 한다. 제어장치들은 일관적인 위치에 설치되어야 하고, 적당하게 분리되어 있어야 하며, 해당되는 디스플레이들과 부합적으로 연결되어야 한다(제9장). 간단히 말해 자동차의 제어장치들은 시각장애인이라도 쉽게 사용할 수 있도록 설계되어야 한다. 이러한 설계 철학을 가지고 설계한다면 시각 주의에 대한 부담을 최소화하는 데 도움이 될 것이다.

운전자의 눈이 차 안에 머무는 시간을 줄이는 중요한 방법 중 하나는 텍스트 디스플레이나 라벨을 쉽게 읽을 수 있을 만큼 크게 만드는 것이다. 시각도(visual angle)는 최소한 16분(arcminutes)[1)]이상 되어야 하지만, 24분이 이상적이다(Campbell, et al., 1988). 텍스트의 크

표 17.1 각각의 과제에 대해 1회의 응시에 소요되는 시간(초)과 응시 횟수

과제	응시 시간	응시 횟수
속도계 보기	0.62(0.48)	1.26(0.40)
목적지 방향 확인*	1.20(0.73)	1.31(0.62)
밸런스 조절	0.86(0.35)	2.59(1.18)
온도 조절 장치 조작	1.10(0.52)	3.18(1.66)
카세트테이프 넣기	0.80(0.29)	2.06(1.29)
차량 방향 확인*	1.30(0.56)	2.76(1.81)
자동 속도 제어장치 설정	0.82(0.36)	5.88(2.81)
전자식 사이드미러 조작	0.86(0.34)	6.64(2.56)
라디오 다이얼 맞추기	1.10(0.47)	6.91(2.39)
다음 교차로 이름 확인*	1.66(0.82)	5.21(3.20)
다음 주행 도로까지의 거리 확인*	1.53(0.65)	5.78(2.85)
다음 주행 도로의 이름 확인*	1.63(0.80)	6.52(3.15)

괄호 안은 표준편차.

* 이 연구 자료는 원래 기존의 자동차에 'ETAK'라고 불리는 차량 내 항법 장치를 부착한 후에, 운전자들이 실제 도로를 운전하면서 일반적인 차량 제어 과제(예 : 속도계를 보거나 라디오 다이얼 맞추기)뿐만 아니라, 항법 장치의 디스플레이를 통한 항행 과제를 모두 수행하도록 하면서 각각의 과제에 대해 운전자의 응시 시간이 어떠한 양상을 보이는지 관찰한 것이다. 따라서 '*' 표시는 (기존의 자동차에는 없는) ETAK 시스템에 대해 운전자들이 수행한 과제를 의미한다. 예를 들어 '다음 주행 도로의 이름 확인'은 시스템 디스플레이를 스크롤하면서 다음에 주행해야 할 도로의 이름을 확인하는 과제를 의미한다. 또한 비록 1회의 응시 시간은 짧더라도 여러 번 응시해야 했다면, 그만큼 주어진 과제가 시각적 주의를 많이 요구했다는 것을 의미한다(역주).

출처 : T. A. Dingus, J. F. Antin, M. C. Hulse, and W. Wierwille, 1988. Human factors associated with in-car navigation system use. *Proceedings of the 32nd Annual Meeting of the Human Factors Society.* Santa Monica, CA : Human Factors Society, pp.1448-1453.

기가 충분히 크다는 것을 보장할 수 있는 한 가지 간단한 규칙을 소개하고자 한다. 즉 텍스트의 높이(H)를 거리(D)로 나눈 값이 .007보다 커야 한다($H/D > 0.007$). '007' 이라는 상수는 무엇을 떠오르게 하는가? 이 상수 때문에 이 가이드라인은 '제임스 본드' 규칙이라고 알려져 있다(Green, 1999). 물론 H와 D의 단위는 같아야 한다.

가시도

차량 통제와 위험요소 탐지를 위해서는 PVAL의 가시도를 높일 수 있는 차량을 설계하도록

1) 우리는 흔히 각도에서 도(degree)를 사용하는데, 1분(arcminute)은 60분의 1도이다. 즉 1° = 60arcminutes 이다. 시간을 나타내는 분은 'minute'를 쓰는데, 각도에서의 분은 이와 혼동을 피하기 위해 'arcminute'를 사용한다(역주).

많은 주의를 기울여야 한다. 가시도와 관련되어 있는 네 가지 주요 범주는 인체측정학, 조도, 표지판 및 자원 경쟁이다.

인체측정학 먼저, 인간 공학을 자동차의 설계에 적용하기 위해서는 무엇보다 제10장에서 논의된 좌석과 관련된 인체측정학적 요인들이 고려되어야 한다(Peacock & Karwowiski, 1993). 예를 들어 좌석의 위치를 조정함으로써 신체의 크기가 다른 많은 사람들이 필요한 가시도를 확보할 수 있어야 하고, 키가 작은 사람인 경우 눈높이가 너무 낮아 도로 위의 위험물을 발견하지 못하는 일이 없어야 한다. 이와 같은 인체측정학적 자료들은 적합한 가시도를 제공하기 위한 것뿐만 아니라 차량 안에 있는 여러 제어장치들에 대한 도달 가능성(reachability)의 측면에서도 같이 고려되어야 한다. 이러한 관점에서 보면 자동차의 설계는 평균인을 대상으로 하는 설계의 개념이 잘 적용되지 않는 경우라 할 수 있다. 그러나 신체의 크기가 다른 많은 사람들이 사용할 수 있도록 의자의 위치 조정 옵션을 다양하게 제공해 주고자 할 때는 그와 같은 옵션들이 정확하게 사용될 수 있도록 하는 것이 가장 중요한 문제이다. 이를 위해서는 사람들의 손이나 발이 그러한 조절 장치들에 쉽게 접근할 수 있고(따라서 사용될 수 있어야 하고) 또한 쉽게 해석될 수 있도록(즉 부합하도록) 해야 한다.

조도 둘째, 우리가 제4장에서도 지적하였듯이, 정보를 가시 영역(line of sight) 안에 둔다는 것만으로 그 정보가 감각되고 지각될 것이라고 보장하지는 못한다. 야간 운전은 많은 안전상의 문제를 야기하는데, 왜냐하면 어두움이 도로뿐만 아니라 보행자, 주차해 있는 차량, 혹은 도로상의 구덩이와 같은 위험요소들의 확인을 방해하기 때문이다. Schwing과 Kamerud(1988)는 주간 운전에 비해 야간 운전에 의한 상대적 사망 위험 가능성이(비록 이러한 높은 위험성이 가시도와는 부분적으로만 관련된다고 하여도) 거의 10배 이상 높을 수 있다는 것을 시사하는 통계치를 제공해 준 바 있다. 가시도를 확보하여 도로상의 안전을 높이기 위해서는 도로의 조명을 적당하게 유지해야 한다. 예를 들어 미국 오하이오 주의 클리블랜드에 있는 31개 도로에 대한 교통사고 통계 분석은, 도로에 오버헤드형 조명등(overhead lights)을 설치한 결과 교통사고 사망자가 전년도의 556명에서 202명으로 감소하였다는 것을 보여주었다(Sanders & McCormick, 1993). 야간 운전에서의 안전을 확보하기 위한 또 다른 방법 중의 하나는 도로의 중앙선이나 가장자리 선을 표시해 줄 수 있는 일종의 반사물(야광 페인트나 표시등과 같은)을 사용하는 것이다.

피드백 장치들이다. 도로의 가장자리를 나타내는 가시적인 표식들은 운전자들이 차선을 유지하는 데 도움을 줄 수 있고, 이것은 야간 운전에 특히 더 유용하다. 또한 차선 자체에 혹은 도로 위에 직접 작은 홈들을 새겨 운전자들에게 차선 이탈이나 차량 통제의 상실에 대한 정보를 청각적/촉각적으로 경고해 줄 수 있는 방안도 차선 유지나 운전 속도 제어에 대한 아주 좋은 피드백으로 작용한다(Godley et al., 1997). 앞에서도 기술하였듯이 최근의 기술 발달은 운전자에게 직접 차선 이탈에 대한 경고를 제공해 줄 수도 있는 시스템의 개발을 가능하게 하였다. 예를 들어 센서가 차선 이탈을 탐지하면 운전자의 좌석을 떨리게 하는 방식 등으로 운전자에게 경보를 제공할 수 있다(Raby et al., 2000).

위험요소에 대한 반응 좋지 못한 가시도나 부주의 때문에 생기는 시각적 감시의 소홀은 결국 위험요소에 대한 탐지의 실패로 이어진다. 위험요소에 대한 반응을 이해하기 위한 가장 중요한 변인은 기대하지 못했던 대상에 대해 반응하기까지 소요되는 시간의 추정치이며, 이것은 때로 **지각-반응 시간**(perception-reaction time)이라고도 한다. 브레이크 반응시간에는 위험요소를 발견하고, 액셀러레이터로부터 발을 뗀 후, 액셀러레이터로부터 브레이크까지 발을 옮기는 시간이 포함된다. 액셀러레이터로부터 브레이크까지 발을 옮기는 시간은 대략 0.2~0.3초이다. 실제 운전 상황에서 측정한 결과에 의하면 일반적인 운전자들이 보이는 지각-반응 시간은 대략 1~2초 정도(평균 1.5초)이다(Summala, 1981; Dewar, 1993; American Association of State Highway & Transportation Officials, 1990; Henderson, 1987; Green, 2000; Sohn & Stepleman, 1998). 이러한 수치는 심리학적 실험을 통해 전형적으로 얻어지는 반응시간에 비해 훨씬 큰 값이다. 또한 1.5초라는 값이 운전 중에 운전자들이 보이는 지각-반응 시간의 평균값이라는 것과, 개인이나 운전 조건에 따라서는 이 값이 달라질 수 있다는 것에 주목해야 한다. 예를 들어 운전자들은 기대하지 않았던 사상(event)에 대해서는 상대적으로 더 느리게 반응하는 반면(제9장 참조), 심각한 상황에서는 더 빠르게 반응한다(Summala, 2000). 기대하지 않았던 사상에 대해 더 느리게 반응하는 것은 위험한 상황을 초래하는 가장 중요한 원인 중 하나이다(Evans, 1991). 선행 차량과의 거리가 10미터이고, 운전자는 선행 차량 운전자가 브레이크를 밟을 것이라고 생각하지 못할 경우 반응시간 추정치에 대한 85번째 백분위수는 1.92초, 그리고 99번째 백분위수는 2.52초이다(Sohn & Stepleman, 1998). 음주나 주의 분산과 같은 요인들도 반응시간을 증가시키는 요인들이다. 따라서 설계자들은 이러한 요인들을 감안하여 지각-반응 시간을 좀 더 길게 설정해야 한다

(Dewar, 1993; Triggs & Harris, 1982).

과속 과속은 다음의 네 가지 측면에서 운전자의 안전에 위협적인 요소가 된다(Evans, 1996)—(1) 과속은 차량에 대한 통제 상실의 가능성을 증가시킨다. (2) 과속은 위험요소를 적시에 탐지할 수 있는 확률을 감소시킨다. (3) 과속은 성공적인 회피 조작을 실행하기 전에 자동차가 이동하는 거리를 증가시킨다. 그리고 (4) 과속은 충돌 시의 충격을 증가시킨다. 이러한 요인들은 그림 17.3에 제시되어 있는데, 이 그림에서는 차량의 운전 속도가 증가함에 따라 위험요소와 충돌하기까지 소요되는 시간이 어떻게 감소하는지를 보여주고 있다. 운전은 전체 가용 시간보다 충돌까지의 소요 시간을 항상 짧게 하여 안전 여유 시간(safety margin)이 남을 수 있도록 해야 한다.

그렇다면 왜 사람들이 과속하는 것일까? 분명히 때로 이것은 의식적으로 형성된 목표의 결과(예 : 늦게 출발했기 때문에 제시간에 목적지에 도착하기 위해서 서두른 결과)이다. 그러나 브레이크 조작 역량을 넘는 속도로 운전자들이 운전하게 하는 데는 또 다른 이유들도 있다(Wasielewski, 1984; Evans, 1991, 1996; Summala, 1988). 예를 들어 Wasielewski(1984)는 안전한 정지를 위해 권고되는 최소 차간 거리가 2초임에도 불구하고, 복잡한 고속도로에서 평균 차간 거리는 1.32초라는 것을 발견하였다. 그와 같은 편파의 원천은 지각적인 것(예 : 실제 운전 속도에 대한 과소평가)일 수도 있고 인지적인 것(예 : 차량을 정지시킬 수 있는 자신의 역량에 대한 과대평가)일 수도 있다.

제4장에서 논의했던 Eberts와 MacMillan(1985)의 연구에서는 작은 차들이 실제보다 더 멀리 떨어져 있는 것으로 지각되는 것(지각적 편파) 때문에 크기가 작은 차들에 대한 추돌 가능성이 더 크다는 것이 발견되었다. 실제와는 다른 외견상의 운전 속도감을 감소시켜 주는 다른 요인들(예 : 엔진 소음이 더 작다거나, 운전자들의 눈높이가 더 높다거나, 혹은 지면의 결들을 잘 볼 수 없는 경우)도 운전자들이 과속하도록 할 수 있다(Evans, 1991). 속도 순응도 중요한 역할을 한다. 고속도로와 같은 비교적 일정한 환경에서 장시간 운전한 운전자들은 자신의 운전 속도를 실제보다 더 낮게 평가하기 때문에, 예를 들어 고속도로를 빠져나가기 위한 출구 근처에서는 더 과속하는 경향을 보인다. 높은 속도감을 제공하는 지각적 착시를 만들어 낼 수 있는 기법들은 운전자들이 출구 근처에서 속도를 낮추도록 하는 데 사용될 수 있다(Denton, 1980; Godley et al., 1997).

위험 행동 운전자의 과속을 이끄는 데 지각적 편파만큼 중요한 역할을 하지만 좀처럼 수량화하기 어려운 것들이 인지적 편파(cognitive bias)와 위험 행동이다. 그와 같은 편파들은 운전자들이 위험요소들은 갑자기 출현하지는 않을 것이라는 것과, 만일 갑자기 출현한다 해도 자신이 충분히 차량을 정지시킬 수 있을 것이라는 과다확신(overconfidence) 때문에 생긴다. 즉 과다확신은 위험 가능성에 대한 과소평가를 낳는 것이다(Brown et al., 1988; Summla, 1988; 제7장과 제14장 참조). 위험 가능성에 대한 이러한 과소평가는 운전자들이 다른 '평균적 운전자' 들에 비해 자신은 교통사고에 휘말리지 않을 것이라고 믿는 것과 같은 것이다(Svenson, 1981). 우리는 이러한 위험 가능성 지각에 대한 편파의 원인을 제4장과 제8장을 통해 논의된 기대(expectancy)의 효과에서 찾을 수 있을 것이다. 즉 실제 대부분의 운전자들은 실제 충돌 경험이 없었기 때문에, 세상에 대한 그들의 정신 모형은 이러한 충돌 가능성을 매우 낮게 혹은 거의 불가능한 것으로 생각하게 할 수 있다는 것이다(Summala, 1988; Evans, 1991). 예를 들어 일반적인 운전자들은 자신의 앞에서 달리고 있는 차량의 운전자가 브레이크를 갑자기 (그리고 강하게) 밟을 것이라거나, 차들이 달리는 도로 위에서 어떤 차가 멈추어 있을 것이라고는 거의 생각하지 않는다. 그러나 바로 이러한 경우에 추돌 사고가

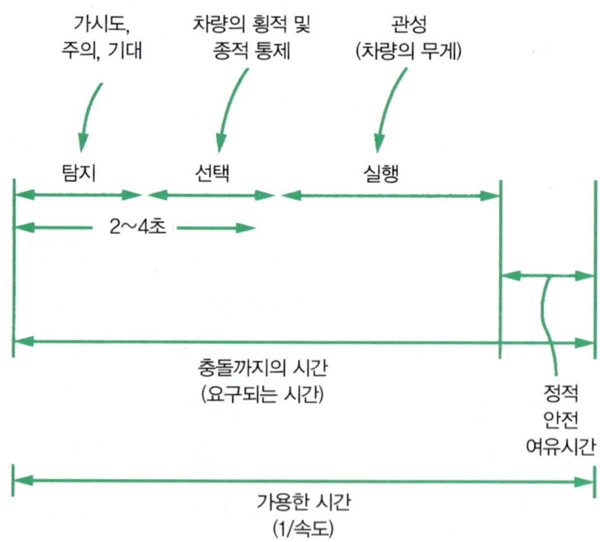

그림 17.3

위험요소에 대한 반응시간 요소들. 그림에서는 위험요소와 접촉하기 전에 차를 멈추기 위해 요구되는 시간, 이러한 요소들에 영향을 주는 요인 그리고 요구된 시간과 가용적인 시간 사이의 차이인 정적 안전 여유시간의 유지 필요성을 보여주고 있다.

발생한다.

흥미로운 것은 이러한 기대가 운전자가 심각한 교통사고를 경험한 이후에도 지속된다는 점이다. 즉 치명적 교통사고라 해도 살아남은 운전자의 행동에는 거의 영향을 미치지 못한다. 사고가 난 후 운전자들에게 오는 변화는 극히 일부의 사고 상황에 국한하여 나타나고, 그것도 몇 달을 넘기지 않는다. 또한 그러한 변화도 사고를 당한 것과 다른 상황으로는 일반화되지 않는다(Rajalin & Summala, 1997). 운전에서 위험 행동을 선택하는 것은 피드백을 제대로 받지 못하고 이루어지는 의사결정의 전형적 사례이다(제7장 참조). 다시 말해 부정적인 결과(피드백) 없이 수년간 의사결정을 하게 되고, 이와 같은 의사결정 때문에 운전자가 사망하는 충돌 사고가 발생할 수 있다.

손상된 운전자

술에 취했거나, 피로하거나, 화가 나 있거나(Simon & Corbett, 1996) 혹은 다른 이유 등으로 손상된 운전자들은 자신뿐만 아니라 다른 운전자들의 안전에도 위협을 줄 수 있다.

피로 도로나 위험요소들에 대한 나쁜 가시도와 함께 피로도 야간 운전의 안전 정도를 경감시키는 주요 요인이다(Summala & Mikkola, 1994). 심야에 운전하는 사람들은 생체 주기에서(제13장) 낮은 각성 상태에 있을 뿐만 아니라 주간부터 시작한 계속적이고 지루한 운전에 의해 매우 피로한 상태에 놓이게 된다. 피로는 트럭 운전자가 교통사고로 사망하는 전체 비율 중 50%를 차지하고, 전체 교통사고로 인한 사망자 중에서는 10%를 차지한다. 한 조사에 따르면 장거리 트럭 운전자 중 47.1%가 운전 중에 졸은 경험이 있다고 응답했고, 이 중 25.4%는 과거 1년 안에 졸은 경험이 있다고 응답했다(McCartt et al., 2000). 운전 중에 트럭 운전자들을 졸게 하는 몇 가지 요인들에는 계속되는 운전 스케줄, 장시간의 운전, 짧은 휴식 시간, 도로상에서의 열악한 취침, 그리고 수면장애(예 : 수면 무호흡증) 등과 같은 것들이 포함된다(McCartt et al., 2000). 트럭 운전자들과 마찬가지로, 이 장의 서두 부분에서 예시했던 것처럼, 대학생들도 불규칙적인 수면에 의해 특히 위험한 상황에 놓일 수 있다. 하루 6.5시간보다 적은 수면량은 운전에 치명적일 수 있다는 연구도 있다(Bonnet & Arand, 1995). 제13장에서도 살펴보았듯이 그러한 상태에서 가장 손상을 많이 입는 것은 자주 발생하지 않는 (따라서 기대하지 못한) 사상에 대한 경계 과제이다. 운전 중에 나타날 수 있는 이러한 사상들에는 도로 위의 잘 보이지 않는 위험요소나 자기도 모르게 차량이 도로의 가장 자리 쪽으로 '쏠려 가는' 것 등이 포함될 수 있을 것이다.

알코올 미국의 경우 고속도로 교통사고에 의한 전체 사망자의 약 50%는 음주 운전에 의한 것이다(Shults et al., 2001). 알코올이 운전 수행에 미치는 영향은 이미 잘 알려져 있다. 혈중 알코올의 농도가 0.05% 정도만 되어도 운전자들의 반응시간은 느려지고, 추적 과제 수행이 저하되며, 시간-공유의 효율성이 떨어지고, 정보 처리의 손상을 보인다(Evans, 1991). 이러한 변화들은 야간에 과속을 하거나, 위험요소들이 출현하였을 때 이들을 탐지하는 능력이 부족하거나, 혹은 그러한 위험요소들에 대해 신속하게 반응하지 못하는 운전자들에게는 매우 치명적인 결과로 이어질 수 있다. 음주 운전 사고에 대해 매우 엄격한 법을 적용하는 국가나 주에서는 음주 운전에 대한 사고가 비교적 낮기는 하지만, 음주 운전에 대한 경고나 안전 프로그램은 음주 운전자의 수를 줄이는 데 단지 부분적으로만 성공하고 있는 것으로 보인다(Evans, 1991). 엄격한 음주 운전 법령의 적용이 교통사고 사망자의 수를 줄여준 아주 극적인 사례는 Ross(1988)에 의해 보고되었는데, 그는 영국에서 이러한 법령이 적용된 직후 주말의 야간 운전 시에 발생하는 중상자 수가 1개월당 1,200명에서 600명으로 감소하였다는 것을 관찰하였다. Evans는 음주 운전 법령의 일관적인 적용 이외에 흡연에 대한 사회적 압력과 같이 음주 운전을 보는 사회적 관점을 변화시키는 **사회적 규범화**(social norming)가 음주 운전 방지를 위한 가장 효과적인 방법이라고 지적하였다.

연령 연령 그 자체가 손상인 것은 아니지만, 연령은 안전 운전에 많은 영향을 미친다. 그림 17.4에 보이는 것처럼, 안전의 정도는 20대 중반까지 증가하다가 50대 중반을 넘어서면 다시 감소하기 시작한다. 젊은 운전자들과 노령의 운전자들에게서 보이는 높은 사고율에 대한 이유가 서로 다르기 때문에 각각은 따로 다루어져야 할 것이다. 젊은층 운전자의 사고율이 높은 것은 (단순히 운전에 대한 훈련 부족 때문에) 운전과 관련된 기술이나 지식이 다른 연령층에 비해 부족하기 때문일 것이다. 더구나 젊은층의 운전자들일수록 다른 연령층에 비해 더 큰 과다확신감(혹은 위험이나 위험 가능성에 대한 더 큰 과소평가)을 갖는 경향이 있다(Brown et al., 1988). 예를 들어 젊은 운전자일수록 과속 운전, 야간 운전(Waller, 1991), 그리고 음주 운전의 경향이 더 높다.

통계 자료에 의하면 운전을 맨 처음 시작하는 연령인 16세의 초보 운전자들의 위험 가능성이 특히 높은데, 그 이유는 이들의 운전 기술이 부족할 뿐만 아니라 운전 실수의 가능성도 높기 때문인 것으로 보인다(Status Report, 1994). 예를 들어 이 연령의 운전자들은 차량 통제 상실에 의한 차량 전도 사고로 많이 사망하는데, 이것은 이들의 운전 기술에 결함이 있다는 것을 시사한다. 또한 16세 운전자들은 과속에 의한 교통사고에 의해서도 사망할 가능성이 높다는 연구 결과도 있다(Status Report, 1994). 그러나 17세 이후의 운전자들(특히 남성 운전자들)에게는 또 다른 요인들이 작용하는 것으로 보인다. 17세의 운전자들은 (1) 매우 위험한 운전 조건에 노출될 가능성이 높고(예 : 과속 운전, 야간 운전, 그리고 피로 및 음주 운전; Summala & Mikkola, 1994; Brown, 1994), (2) 위험 가능성을 일종의 내적 보상으로 경험할 수 있으며(Fuller, 1988), (3) 과다확신감의 정도가 더 크고(Brown et al., 1988), (4) 순수한 지각-운동 기술들은 어느 정도 획득했을 수 있지만 이들과는 달리 안전 운전에 요구되는 미묘한 운전 방략들은 충분히 획득하지 못한 상태이다(Evans, 1991). 예를 들어 운전 중에 라디오나 카세트 혹은 휴대전화를 사용할 때 운전 경험이 없는 운전자들은 3초 이상의 응시 시간이 걸리지만, 이러한 경험이 없는 운전자의 29%가 운전 중에 이러한 장치들

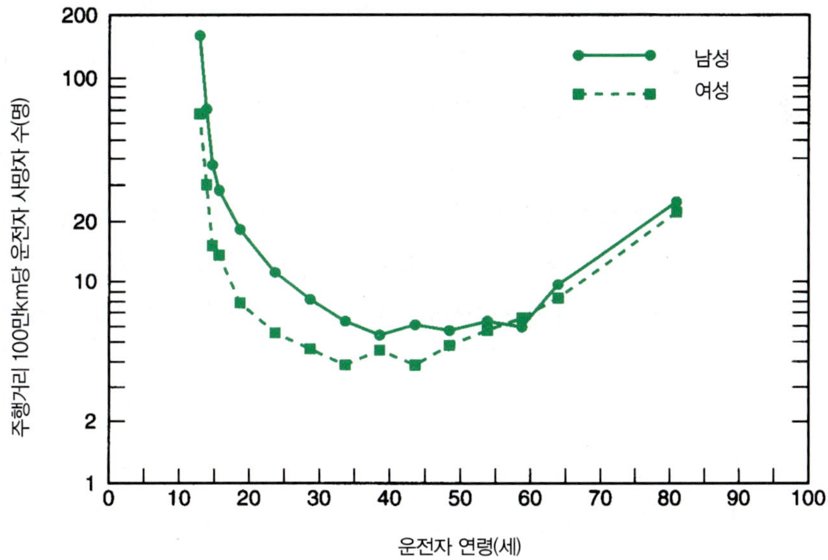

그림 17.4

연령과 성별에 따른 사망률

출처 : Evans, L., 1988. Older driver involvement in fatal and severe traffic crashes. *Journal of Gerontoligy: Social Sciences*, 43(5), 186-193. Copyright, Gerontological Scocirty of America.))

을 사용한다(Wikman, Nieminen, & Summala, 1998). 운전을 시작한 지 1년 정도 지나면 젊은 운전자들은 운전에 필요한 기초적인 기술들은 습득하지만 안전 운전에 필요한 방략적 판단 능력은 갖추지 못한 상태이다(Ferguson, 2003; Tränkle et al., 1990).

젊은층 운전자들의 높은 사고율은 주로 기술의 부족이나 빈번한 위험요소에의 노출에 의한 것이지만, 노령층 운전자들의 높은 사고율은 주로 정보 처리 능력의 한계 때문에 발생한다(Barr & Eberhard, 1991; Evans, 1988). 연령이 증가함에 따라 시각적 역량이 감소하는 것은 물론(특히 야간이나 눈부심에 노출되었을 때; Shinar & Schieber, 1991; 제4장 참조), 반응시간이 느려지고, 주의의 폭이 제한되며(Owsley et al., 1998), 시간-공유 능력이 감소한다(Brouwer et al., 1991; Kortelling, 1994). 노령층 운전자들은 정상적인 운전 조건에서도 좀 더 느리고 조심스럽게 운전하거나, 혹은 위험 가능성이 높은 운전 환경을 피함으로써 이러한 저하된 역량을 보상할 수 있다(Waller, 1991). 운전 제어 능력에서 보면, 노령층 운전자들은 덜 안전하게 운전하기는 하지만 (야간에는 운전을 하지 않는 것과 같이) 운전 방략 측면에서 이러한 제약점들을 보상하는 것이다(De Raedt & Ponjaert-Kristoffersen, 2000).

운전자 손상 요인들의 상호작용 피로, 알코올 및 연령이 서로 결합되어 운전 수행을 저하시킬 수 있다. 특히 이러한 경우는 젊은 운전자들에게서 흔히 볼 수 있다. 예를 들어 대학생들은 높은 수준의 피로를 가져올 수 있는 불규칙한 수면 습관을 갖고 있는 경향이 있다. 또한 이들은 음주 후에 운전할 가능성이 더 큰데, 음주와 피로가 결합되면 운전을 특히 더 심각하게 손상시킨다. 만일 차 안에 동승한 사람들이 있다면 이들은 운전자의 주의를 분산시키거나 위험한 방식으로 운전하도록 하여 상황을 더 악화시킬 수 있다. 젊은 운전자가 야간에, 그리고 음주 후에 친구와 동승하여 운전하는 것은 극히 위험하게 위험요소들이 결합된 것이라 할 수 있다(Williams, 2003).

안전 운전 향상 방법

안전 운전 문제에 대한 단일한 해답은 없다. 그보다 안전 운전을 향상하기 위해서는 운전자, 자동차, 그리고 도로 환경을 모두 포함하는 시스템적 접근이 요구된다. Haddon의 행렬표(표 17.2)는 이러한 각각의 요소에 대해 안전성을 향상시킴으로써 어떻게 교통사고를 방지하고, 사고로 인한 상해를 줄이며, 사고 후 부상으로부터 회복을 빠르게 할 수 있을지 보여주고 있다(Noy, 1997). 이 행렬표 각각의 셀 안에는 안전 운전을 향상시킬 수 있는 방안이

표 17.2 운전자, 차량 및 도로 환경이 충돌 회피, 충돌 시 충격완화 및 충돌 이후 처리에 기여할 수 있는 사례들을 예시한 Haddon 행렬표

	운전자	차량	도로 환경
충돌 이전	훈련과 선발, 법규 준수, 위험 예측, 운전 능력	충돌 경고장치, 브레이크 잠금장치(ABS)	도로 설계, 일관성, 표지 가시도 대중교통 접근 용이성
충돌	안전벨트 사용	에어백, 차량 크기	차단벽과 차선 분리
충돌 이후	휴대전화를 이용한 도움 요청 응급처치 지식	자동 응급 전화	교통정체, 구급차 혹은 응급실 가용성

소개되고 있다.

표 17.2 안에는 '사고 이전'에 사고를 피하는 데 도움을 주는 운전자, 자동차 및 도로 환경의 몇 가지 특성을 보여주고 있다. 앞에서 우리는 교통사고 방지에 도움을 주는 도로 설계나 도로 표지 가시성의 역할에 대해 논의한 바 있다. 지금부터는 운전자, 자동차 및 도로 환경의 측면에서 안전 운전을 향상시킬 수 있는 또 다른 방안들에 대해 기술하고자 한다.

운전자 특성 : 훈련과 선발 앞에서 우리는 사고율이 높은 이유를 제한된 기술(특히 젊은층 운전자들)과 제한된 정보 처리 능력(특히 노령층 운전자들) 모두와 관련되어 있다는 것을 살펴본 바 있다. 이 두 가지 제한점에 대한 해결책들은 훈련과 선발이라고 하는 주제를 통해서도 모색될 수 있다(제18장 참조). 운전자 교습 프로그램에서는 크게 선언적 지식(필기시험)과 절차적 지식(실제 도로나 연습 장소에서 교육자가 동승한 차량을 직접 운전하는 것)의 두 가지 측면에서 훈련되는데, 이 두 가지는 운전 교습 기간 동안 어느 정도 병행적으로 이루어진다. 그러나 운전 교습이 의무적이기는 하지만 운전자 교습 프로그램들이 교통안전을 실제로 향상시키는 데 기여한다는 증거는 거의 없을 뿐만 아니라(Evans, 1991; Mayhew et al., 1997), 만일 아주 어린 나이에 운전면허를 가질 수 있도록 할 경우 안전에는 오히려 더 좋지 않은 영향을 미칠 수도 있다.

젊은 운전자에게 완전한(제약이 없는) 운전면허를 발급해 주는 데 몇 가지 조건을 추가하여 운전 교습 프로그램이 갖고 있는 한계를 보충할 수 있다. 예를 들어 미국의 몇 개 주에서는 운전이 가능한 최소 연령을 높인 바 있다. 뉴저지 주를 포함한 다른 16개 주들은 완전한 운전면허를 가질 수 있는 최소 연령을 18세로 높여 교통사고를 많이 줄였다(유럽 대부분의

antilock brake system, ABS)가 도입되면 운전자들은 이러한 특징들의 이점을 믿고 더 빠르고 조심스럽지 못하게 운전하는 경향을 보이고자 할 것이다. 그러나 도로교통안전에 관한 데이터들은 이러한 견해를 부분적으로만 지지해 주고 있는 것으로 보인다(Evans, 1991; Summala, 1988). 예를 들어 Evans는 운전자들이 사고에 대한 주관적 위험 가능성을 거의 의식하지 않고 있다고 주장한다. 따라서 운전 속도는 이러한 지각된 위험 가능성보다는 좀 더 빠르게 운전하고자 하는 직접적인 동기(예 : 목적지까지 빨리 도착해야 한다는 것)나 단순한 습관에 의해 결정된다는 것이다. 또한 Evans는 안전 향상을 위한 여러 특징들이 안전에 대해 실제적으로 매우 상이한 효과를 갖는다는 것을 지적하고 있다. 자동차의 성능을 향상시켰던 몇 가지 특징들(예 : ABS)은 실제로 안전 측면에서는 기대 이하의 효과를 갖는 것으로 나타났다(Farmer et al., 1997; Wilde, 1988). 특히 한 연구에 따르면 ABS를 부착한 택시의 운전자들은 이 장치가 장착되지 않은 차량에 비해 선행 차량에 훨씬 더 접근하여 운전한다(Sagberg et al., 1997). 그러나 도로의 차선을 2차선에서 4차선으로 넓히는 것과 같은 노력들은 안전에 대해 매우 분명한 효과를 갖는 것으로 보인다(Evans, 1996). 마찬가지로, 자동차에 부착된 보호 장치들은 운전 수행 자체에는 아무런 영향을 주지 않지만, 충돌 시에 운전자를 어느 정도 보호해 주는 효과를 갖고 있다. 교통안전을 위한 모든 방안들은 새로운 상황에 대해 사람들이 어떻게 적응하는지를 고려하여 이루어져야 한다(Tenner, 1996).

운전자 특성 : 법규 준수 교통사고 문제를 해결하기 위한 가장 이상적인 방법은 모든 운전자들이 느리게 운전하도록 하는 것이며, 실제로 속도 제한 제도가 갖는 안전상의 이점은 이미 널리 알려진 바 있다(Summala, 1988; McKenna, 1988; Evans, 1996). 그러나 이러한 이점에도 불구하고 미국에서는 여론 때문에 연방정부가 정하는 고속도로의 속도 제한을 처음에는 시속 65마일로 올렸다가 그 다음에는 아예 속도 제한을 연방정부가 아닌 각각의 주 정부에서 결정하도록 하였는데, 이 때문에 교통사고 사망률이 10~16% 정도 증가하였다. 효과적으로 속도 제한을 규제할 경우 그 효과는 매우 크다. 과속의 위험성에 대한 '위협적인' 캠페인은 실제적인 법적 규제보다 일반적으로 효과적이지 못하지만(Summala, 1988), 제한 속도를 지키면서 운전하는 사람들의 비율을 표지판을 통해 제시해 주는 것과 같은 좀더 긍정적인 행동 수정 기법은 매우 효과적인 것으로 밝혀졌다(Van Houten & Nau, 1983). 자동 속도관리 시스템은 운전자들이 속도 제한을 준수하도록 하는 효과적인 방법이 될 수 있다. 이 시스템은 GPS와 전자 지도를 이용하여 현재 운전하고 있는 지점의 제한 속도에 맞추어 자동적으로

차량의 속도를 조절한다. 그러나 이 시스템을 사람들이 받아들일지의 여부에 대해서는 아직 문제가 많다(Varhelyi, 2002). 또한 적색 신호등을 지키지 않고 운전한 운전자에게 자동으로 범칙금 고지서를 발부하는 것도 교통 법규 준수의 측면에서 보면 효과적인 방법이기는 하다. 그러나 이것 역시 논쟁의 소지가 많다.

운전자와 차량 특성 : 운전 적합성 일반 차량의 운전자들에 대해서는 피로 문제를 해결하기 위한 방법들로 제13장에서 논의했던 바와 같이 운전자의 각성 수준을 높게 하는 방법들(적당한 수면을 취하는 것, 라디오를 듣는 것, 커피를 마시는 것 등) 외에는 특별한 것이 없다. 장거리 트럭 운전자들에 대해서는 24시간에 걸쳐 운전해야 하는 시간에 한계를 정하거나 휴식을 취하도록 하는 좀 더 관리적 차원의 절차들이 적용될 수 있다. 고속도로 안전 연구자들은 또한 근무 적합 검사의 사용 가능성에 대해서도 검증을 해 보았는데, 이 검사는 특정한 검사소나 주요한 지리적 경계 지점에서 실시되도록 되어 있다(Miller, 1996; Gilliland & Schlegel, 1995). 그러한 검사들은 동시 추적 과제나 탐지 과제의 수행을 요구하는 일종의 '비디오 게임' 과 유사한 형식을 갖기도 하는데, 이러한 검사를 통해 특정 운전자가 운전을 계속하기 전에 수면을 취해야 하는지의 여부를 추론할 수 있다.

피로의 문제에 대한 미래의 해결 방안으로 운전자 감시 시스템(driver monitoring system)의 사용이 제안되기도 하였는데(Brookhuis & de Waard, 1993), 이 시스템은 차량 상태(예 : 핸들의 움직임)와 운전자의 상태(예 : 눈 깜박임 비율이나 EEG 등; Stern et al., 1994)에 대한 지표들을 모두 감시하여 각성의 상실 여부를 추론할 수 있다. 그와 같은 추론에 기초하여 이 시스템은 청각적 혹은 촉작적 경고 장치를 통해 운전자들의 주의를 환기시켜 줄 수 있다(Bittner et al., 2000; Eriksson & Papanikolopoulos, 2001).

차량 특성 : 센서와 경고 속도 제한 단속은 앞 차에 바짝 접근하여 운전하는 운전자들, 혹은 부주의나 필요한 시각적 기술의 부족으로 인해 자신의 차량이 앞에 있는 차량에 접근하고 있다는 것을 지각하지 못하는 운전자들에게는 별로 영향을 미치지 않을 것이라는 것은 분명하다. 추돌 사고는 전체 교통사고의 30%를 차지하고 있기 때문에(National Safety Council, 1996), 인간 공학이 이 부분에 공헌할 수 있는 잠재성은 매우 크다. 자동차에 설치된 센서나 경고 장치들은 선행 차량들에 대한 운전자의 지각을 향상시켜 이들과 안전한 거리를 유지하면서 운전할 수 있게 해준다. 한 가지 예로, 인간 공학적 연구들은 차량 뒷유리의 중앙 부위에 추

가적으로 설치한 브레이크 등이 브레이크를 밟은 선행 차량을 좀 더 분명히 지각할 수 있도록 하여 추돌 방지에 어느 정도의 성공을 거두었다는 것을 보여주었다(Kahane, 1989; McKnight & Shinar, 1992; Mortimer, 1993). 또한 앞 차의 운전자가 가속기 페달로부터는 발을 떼었지만 브레이크는 밟지 않은 상태인 경우 (브레이크를 밟았을 때 나타나는 빨간색 대신) 노란색 등이 켜지는 '3색광 시스템(trilight system)' 도 운전자들에게 앞 차의 갑작스런 정지에 미리 준비할 수 있는 정보를 제공해 줄 수 있다(Shinar, 1996).

앞에서 열거한 인간 공학적 노력들은 운전자들이 앞 차의 움직임에 대해 스스로 추론해야 한다는 점에서 비교적 '소극적' 시스템들이라 할 수 있다. 이러한 노력에 비해 좀 더 적극적인 해결 방안은 앞 차와의 거리를 직접 감지할 수 있는 시스템(레이더나 레이저 시스템)을 차량에 장착하여 운전자에게 제공해 주는 것이다. 만일 앞 차와 가까워지는 속도가 빠르다면 이러한 시스템은 뒤에 오는 운전자들에게 시각적, 청각적 혹은 촉각적(kinesthetic)인 신호들을 제공해 준다(Dingus et al., 1997). 촉각적인 신호의 경우 발로 누르고 있던 가속기의 저항 압력이 갑자기 증가하는 형태를 띤다. 선행 차량과의 차간 거리에 대해 시각적 혹은 청각적 경보를 통해 계속해서 피드백을 줄 경우 운전자들이 선행 차량과 1초 이하의 차간 거리를 유지하는(따라서 추돌 위험이 있는) 시간을 줄여준다(Fairclough et al., 1997). 또한 추돌 가능성이 있는 상황에서 시각적, 청각적으로 경고를 제공해 줄 경우 운전자들이 좀 더 빠르게 반응하도록 하여 추돌을 피할 수 있게 해준다(Lee et al., 2002).

도로 특성 : 기대 이 책의 앞 부분에서 사람들은 자신의 경험에 기초하여 그들이 기대하는 대상에 대해서는 빠르게 지각하고 반응하지만, 기대하지 못했던 것에 대해서는 그렇지 않다는 것을 살펴본 바 있다. 이러한 기대(expectancy)의 역할은 운전자의 지각에 매우 중요하며(Theeuwes & Hagenzieker, 1993), 따라서 설계도 기대의 속성을 충분히 활용하여 이루어져야 한다. 예를 들어 도로의 형태나 신호의 배치가 표준화되어 있으면 운전자들이 특정 지점에서 어떠한 교통 행동을 해야 한다거나 혹은 정보를 얻기 위해 어디를 주시해야 하는지 등과 같은 기대를 할 수 있다(Theeuwes & Godthelp, 1995). 그러나 도로나 교통 제어장치들을 설계할 때는 운전자들에게 기대하지 못했던 것도 미리 잘 알려줄 수 있도록 해야 한다. 이러한 생각에 기초하여 운전자들에게 효과적이고 가시적인 신호들을 제시함으로써 의사결정이 요구되는 지점을 운전자들이 미리 예측할 수 있는 일련의 해결책들이 제안되었는데, 이러한 기법은 적극적 안내 기법(positive guidance)이라고 알려져 있다(Alexander &

Lunenfeld, 1975; Dewar, 1993). 고속도로의 출구나 교통 신호가 있는 곳, 혹은 교차로와 같은 지점들은 그 자체로는 위험한 곳은 아니지만, 이 지점에 도착할 것을 미리 준비하지 못한 운전자들은 때로 위험하게 차량을 조작해야 하는 경우(예 : 갑자기 차선을 바꾼다거나, 과속으로 회전한다거나, 혹은 빨간 신호등인데도 교차로를 통과하는 것과 같은)가 발생할 수 있다. 예를 들어 너무 빨리 바뀌는 파란 신호등(즉 빨간등에서 노란등, 그리고 파란등의 순서로)은 운전자들이 이러한 변화에 대해 제대로 예상할 수 없게 하기 때문에 브레이크를 밟는 시간을 지연시키거나 빨간 신호등으로 바뀐 상태에서 도로를 건너도록 할 수 있다(Van der Horst, 1988). 특정 지점에서 교통 신호등이 전환되는 주기는 그 지점에 접근하는 전형적인 운전자들의 운전 속도에 맞추어 표준화되어야 한다.

기대나 표준화는 도로 표지의 위치나 교차로 설계에도 적용된다. 예를 들어 영국, 인도, 혹은 일본을 제외한 모든 나라의 고속도로는 출구가 오른쪽으로 되어 있는 것이 일반적인데, 어쩌다 왼쪽에 출구가 있을 경우(즉 기대하기 어려웠던 위치에 있을 경우) 운전자들이 사고를 당할 가능성은 증가한다. 평균보다 매우 급한 곡선길이나 회전하는 동안 곡률(radius of curvature)이 점차 줄어드는 곡선길도 마찬가지이다.

안전 운전을 위한 또 다른 접근 방법은 (사고 빈도 자체를 줄이기보다) 사고 결과의 심각성을 줄이는 것이다. 표 17.2에 제시된 Haddon의 행렬표의 '사고' 수준에는 사고가 발생했을 때 운전자의 생명을 구할 수 있는 운전자, 자동차 및 도로의 특성들에 대한 몇 가지 예시를 보여주고 있다. 운전자들은 안전벨트를 착용함으로써 사고에서 생존할 가능성을 극적으로 높일 수 있다. 에어백이나 다른 보호 장치들을 장착하는 것과 같은 차량 설계도 매우 중요한 역할을 할 수 있으며, 도로 설계도 마찬가지이다. 특히 가드레일 설계나 차선 분리 등은 사고에서 운전자의 생명을 구하는 데 중요한 역할을 한다. 예를 들어 현재 설치되고 있는 가드레일은 승용차의 무게중심에 기초하여 설계되었기 때문에, SUV가 이러한 가드레일과 충돌했을 때는 전복될 가능성이 높아 일반 승용차에 비해 더 심각한 결과를 초래할 수 있다(Bradsher, 2002).

운전자와 차량의 특성 : 보호 장치 사고가 발생했을 때 충돌 효과를 감소시킬 수 있는 보호 장치들(예 : 안전벨트나 에어백)을 의무적으로 자동차에 장착하여 사용하도록 하는 것은 차량 설계를 통해 충돌과 관련된 상해 정도를 감소시켜 주는 좋은 사례들이다. 그와 같은 장치들의 효과에 대해서는 이미 잘 알려져 있다(Evans, 1996). 예를 들어 안전벨트를 착용하지 않았을 때의 사망 가능성은 40% 정도 증가하고(Evans, 1991), 반면에 에어백을 장착하면 사망 가능성을 약 40% 정도 줄여주는 효과가 있다(Status Report, 1995). 물론 안전벨트와 같은 보호 장치들을 의무적으로 차량에 장착하는 것만으로 그것들이 제대로 사용되리라는 보장은 없다. 이에 따라 미국의 여러 주 정부에서는 안전벨트 착용을 의무화하고 있으며, 이러한 강제 규정으로 안전벨트 착용 비율의 증가뿐만 아니라 안전성의 향상도 가져온 것으로 보고되고 있다(Campbell et al., 1988). 마찬가지로, 오토바이 운전자들에 대한 통행 방법과 헬멧 착용에 대한 의무 규정을 통해서도 안전성이 많이 향상되었다(Evans, 1991). 한 연구는 차량에 안전벨트를 장착하고 운전자들이 안전벨트를 착용하도록 하는 의무 조항의 도입으로 미국의 경우 안전벨트 착용 비율이 25%에서 64%로 증가하였고, 사망률은 11.6%, 그리고 중상률은 14.6% 감소했음을 보여주었다(Reinfurt et al., 1990). '채찍' 보다는 '당근' 을 사용했던 접근 방식에 대한 한 가지 흥미 있는 연구는 교통 경찰관들이 무선적으로 안전벨트를 착용한 운전자들에게 현금이나 쿠폰과 같은 것으로 보상을 준다면 그 지역에서 안전벨트를 착용하는 사람 수의 비율이 증가할 뿐만 아니라, 단순한 강제 수단보다는 그러한 행동이 더 오랫동안 유지될 수 있다는 것을 보여주었다(Mortimer et al., 1990).

표 17.2에 제시된 Haddon의 행렬표의 사고 후 수준에서는 사고가 발생했을 때 운전자, 자동차 및 도로 특성들이 보일 수 있는 몇 가지 대처 방식을 예시하고 있다. 이러한 대처 방식들은 사고가 발생했을 때 운전자의 생존 가능성을 높이기 위한 것들이다. 사고 이후에 운전자의 생존 여부를 결정짓는 가장 중요한 요인 중 하나는 운전자를 응급실로 이송하기까지 소요되는 시간이다. 휴대전화가 있을 경우 운전자는 쉽게 도움을 요청할 수 있을 것이며, 구급 차량이 현장에 도착하는 시간도 줄일 수 있을 것이다. 그러나 심각한 사고의 경우 이것이 불가능할 수 있다. 이러한 이유로 에어백이 터졌을 때 자동으로 도움을 요청하는 새로운 시스템이 개발되었다. 도로나 기반 시설도 운전자의 인명 구제를 포함한 사고 처리에 중요한 역할을 한다. 예를 들어 도로가 정체되어 있다면 앰뷸런스가 늦지 않게 사고 현장으로 도착하는 것을 어렵게 할 것이고, 사고 현장 근처에서 응급실을 찾기 어려울 수 있다. 앰뷸런스에 장착된 항법 시스템은 도로 혼잡 정도가 덜한 경로를 알려줄 수 있고, 이에 따라 좀 더 빠르게 사고 현장에 도착할 수 있게 한다.

자동차 자동화

우리는 앞에서 도로 안전과 관련된 문제들을 해결하기 위한 자동차의 몇 가지 자동화된 요소들에 대해 언급한 바 있다. 예를 들어 충돌 감시 장치, 자동 항법 장치, 운전자 감시 장치 등을 고려해 볼 수 있을 것이다(Lee, 1997). 이러한 것들은 **지능형 교통 시스템**(Intelligent Transportation System, ITS)이라고 하는 이름으로 개발되고 있다. 이러한 시스템에 포함되어 있는 다양한 장치들의 개발은 많은 기술의 진보 여부에 달려 있다. 예를 들어 자동 항행 보조장치가 제 역할을 다하기 위해서는 자동차 안에 설치된 컴퓨터가 인공위성을 통한 **전지구 위치 파악 시스템**(GPS)이나 지능형 도로 센서들(이것은 도로에 설치되어, 지나가는 자동차의 순간적 위치에 대한 정보를 제공해 준다)을 활용하여, 움직이는 자동차의 현재 위치를 순간적으로 파악할 수 있는 능력이 있어야 한다. 또한 추돌 경고 시스템에는 선행 차량과의 접근 비율을 탐지할 수 있는 감지 장치들이 있어야 하고, 지능형 경로 안내 시스템에도 주변에 있는 도로 상태에 대한 최근의 정보(**전자 지도 데이터베이스**)를 정확하게 알려줄 수 있는 장치(실시간 교통 정보를 전달하기 위한 **무선 연결 장치**)가 요구된다. 일단 GPS, 교통 감지장치, 지도 데이터베이스, 그리고 무선 연결 장치들이 표준적 장치로 활용될 수 있다면 차량 내에서 다양한 자동화 시스템이 가능해진다. 예를 들어 몇몇 차종에는 차량 충돌을 자동적으로 감지하는 센서(예 : 에어백이 팽창을 감지하는 센서)가 장착되어 실제로 충돌 사고가 발생했을 때 차량에 있는 GPS를 통해 사고 지점에 대한 정확한 정보를 전달해 줄 수 있다. 이러한 시스템은 구급 차량이 사고 현장에 도착하는 시간을 크게 줄여줌으로써 운전자의 생명을 구할 수 있었다. 표 17.3은 자동차나 트럭에 장착될 수 있는 차량 내 자동화 시스템의 몇 가지 사례들을 보여주고 있다.

이러한 자동화된 장치들을 도입하고자 할 때는 세 가지 문제가 고려되어야 한다. 첫째, 제 16장에서도 논의되었듯이 자동화의 도입은 자동화된 시스템에 대한 사용자의 **신뢰나 지나친 안심감**의 문제를 고려하여 이루어져야 한다(Stanton & Marsden, 1996; Walker et al., 2001). 예를 들어 운전자들이 자동화된 추돌 경고 시스템을 너무 신뢰한 결과 선행 차량의 움직임을 주의 깊게 살피지 않거나 오랫동안 도로 위를 주시하지 않는 상황을 가정해 보라(Lee et al., 2002). 실제로 자동화된 제동 장치와 관련된 한 연구에서 Young과 Stanton(1997)은 많은 운전자들이 추돌을 방지하기에는 너무 느리게 반응하여 자동화된 브레이크가 제대로 작동하지 못하는 것을 관찰한 바 있다. 자동화된 장치들에 대한 지나친 신뢰나 안심감 때문에

표 17.3 차량 내 자동화 영역, 기능 및 예시

영역	기능	예시
경로 안내 및 항법	1.1 여행 계획 1.2 교통수단 선택 1.3 운전 이전의 경로 및 목적지 선택	여행 거리 추정 버스 스케줄 정보 목적지까지의 경로
운전자용 편의시설 및 관광지 정보	2.1 편의시설/가볼 만한 곳 여부 2.2 편의시설/가볼 만한 곳 목록 2.3 목적지 위치	숙박업소 위치 전자 전화번호부 식당 위치 및 식당까지의 거리
도로 표지	3.1 노선표지 정보 3.2 안내표지 정보 3.3 규제표지 정보	관광지 위치 및 경로 표시 전방 급커브 경고 제한속도 정보
안전과 경고	4.1 긴급 위험요소 정보 4.2 도로 조건 정보 4.3 자동 도움요청	전방 응급차 정지 전방 도로 정체 도움요청 통지
충돌 회피와 차량 제어	5.1 전방 차량과 충돌 경고 5.2 도로시설과 충돌 경고 5.3 차선변경 시 충돌 경고	청각 경고 운전석에 가상적 노면 요철 정보 제공 차선 위치에 따라 등급화된 경보
운전자 안락감, 의사소통 및 편리성	6.1 실시간 의사소통 6.2 통화 상대 검색 및 통화기록 6.3 오락과 일반 정보 6.4 온도조절, 환기 및 소음	휴대전화 최근에 통화한 사람 CD의 트랙 번호 히터 조절

이러한 장치가 갖는 전체적 효과가 상쇄되는 것은 아닌지, 그리고 자동화된 시스템들의 신뢰도가 매우 높은 것 자체가 지나친 안심감을 더 많이 유도할 가능성은 없는지 신중히 고려해야 할 것이다.

둘째, 항행이나 여행 계획에 대한 조언과 같은 이차적 정보를 제공해 주는 자동화된 장치들이 사용될 경우, 운전자들이 자동차 안에서 제시되는(즉 항행 보조장치들이 제공하는) 중요한 정보들을 처리해 감에 따라 운전자의 주의가 일차 시각 주의 영역을 벗어나 자동차 안으로 더욱 집중될 위험성이 있다(Dingus et al., 1988; Lee et al., 1997). 충돌 사고가 발생했을 때 자동으로 구급차를 부르도록 설계된 무선 연결 시스템을 이용하면, 운전하면서 인터넷도 사용할 수 있을 것이다. 이 때문에 업무상 중요한 일로 이메일을 체크해야 하는 사람이라면 운전 중이라도 인터넷을 사용하고자 할 것이고, 이 경우 운전 중 휴대전화를 사용하는 것보다 더 심각하게 운전자의 주의를 분산시킬 수 있다(Walker et al., 2001).

셋째, 이러한 장치들은 생산성과 안전이라는 운전의 두 가지 목적에 또 다른 형태의 상호교환적 관계를 만들어 낸다. 이 장의 서두에서 생산성과 안전은 운전 속도라는 관점에서 기술된 바 있다. 사람들은 운전 중에라도 차량 안에서 휴대전화나 인터넷을 사용함으로써 자신이 하는 일의 생산성을 높일 수 있을 것이다(이 경우 생산성은 운전하면서 얼마나 많은 일을 할 수 있는지로 정의될 것이다). 운전하면서 휴대전화를 통해 일을 할 수 있는 경우 얻을 수 있는 이점은 매우 크다. 한 추정치에 따르면 그 이익은 매년 430억 달러에 이른다고 한다(Cohen & Graham, 2003). 흥미로운 것은 이 추정치가 운전 중 휴대전화를 통해 사업 거래를 할 경우에 발생할 수 있는 생산성 감소나 작업 관련 의사결정에서의 질 저하의 측면들은 고려하지 않았다는 점이다. Parkes(1993)는 운전을 하면서 사업 협상을 벌일 경우 의사결정의 질이 저하된다는 것을 보여주었다. 운전 중 휴대전화 사용으로 인한 금전적 손해도 엄청나서 매년 430억 달러에 이른다(Cohen & Graham, 2003). 이러한 추정치들은 운전 중 휴대전화 사용에 따른 생산성 이득보다는 안전 비용이 더 클 수 있다는 것을 시사한다.

지금까지 언급한 세 가지 문제점들이 자동차의 자동화가 바람직하지 못한 생각이라는 것을 의미하는 것은 아니다. 우리가 보았듯이 많은 자동차의 자동화 방안들이 안전을 향상시킬 수 있다는 것은 분명한 사실이다. 그러나 제16장에서도 지적하였듯이, 자동화는 인간 중심적 사고방식의 범위 안에서 도입되어야 한다. 한 가지 유망한 접근 방식은 제16장에 소개되어 있는 적응형 자동화(adaptive automation)이다. 이러한 형태의 자동화 시스템은 자동으로 운전자의 피로, 주의산만, 혹은 위험한 운전 조건들을 감시한 후 이에 따라 차량이나 차량에 제공된 항법 시스템(혹은 경고 시스템)의 작동방식을 조절해 준다. 예를 들어 운전자가 피로하거나, 주의가 산만하거나, 혹은 위험한 곳을 운전하는 경우 운전자의 주의를 많이 요구하는 장치들은 자동적으로 작동을 멈추도록 할 수 있을 것이다.

결론

운전은 작업장 안팎의 다른 행위들과 비교하여 매우 위험하게 수행되는 과제이다. 다양한 교통안전 향상 프로그램들과 사고 통계치들, 안전을 위한 개입 방안들(safety intervention)을 모두 포괄적으로 개관한 후, Evans(1991)는 안전 운전에 도움을 줄 수 있는 최상의 방법이 무엇인지 확인해 보고자 하였다. 그의 결론을 한 마디로 요약하면 (사고 방지를 위한 장치들의 개발과 같은) 공학적인 개입보다는 (안전에 대한 태도의 변화와 같은) 사람에 대한 개입이 더 효과적이라는 것이다. 그의 이러한 결론은 앞에서도 언급되었던 사고 방지를 위

표 17.4 사망 요인과 이에 대한 연구 투자비용과의 관계

	연구 투자비용 (단위 : 백만 달러)	조기퇴직에 의한 경제적 손실 (단위 : 백만 달러)	연구 투자비용/ 경제적 손실
원인 :			
교통사고 상해	112	4.1	27.3
암	998	1.7	587.0
심장관련 질환	624	2.1	297.1

출처 : L. Evans, 1991. *Traffic safety and the driver*. New York: Van Nostrand Reinhold.

한 여러 해결책들의 상대적 효과성에 대한 판단에도 근거하고 있다. 음주 운전으로 인한 높은 사고 위험의 가능성과 자신의 과속 운전에 의해 무고한 다른 사람들을 희생시킬 수 있다는 사실을 강조함으로써 운전자들이 스스로 음주 운전이나 과속 운전을 하지 않도록 하는 사회적 규범을 확립하는 것이 교통안전의 향상에 가장 효과적인 방법이기 때문이다. 법의 제정이나 시행도 교통사고 감소에 어느 정도 효과를 가질 수 있겠지만, 사회적 압력(즉 사회적 규범)은 점진적이기는 하지만 더 지속적인 태도의 변화를 만들어 낼 수 있다. 한 예로 상대방이 운전 중에 휴대전화를 통해 통화하고 있다면 바로 통화를 중지하고자 하는 사람들의 수가 증가하고 있다. 이러한 사회적 압력은 운전 중 휴대전화 사용에 대한 사람들의 태도와 행동을 바꿀 수 있을 것이다.

또한 도로교통의 안전을 위한 연구에 좀 더 많은 투자가 이루어져야 한다. 표 17.4는 미국에서 교통사고 사망자에 의한 수명 손실 연수가 암이나 심장질환에 의한 것보다 훨씬 많음에도 불구하고 이에 대한 연구비의 지출은 상대적으로 가장 적다는 것을 보여주고 있다 (Evans, 1991).

육상 대중교통

통계적으로 보면 자신의 자동차를 운전하는 것보다 버스, 기차, 혹은 지하철로 여행하는 것이 훨씬 더 안전하다(버스는 약 30배, 항공기는 30~50배, 기차는 약 7배 더 안전하다; National Traffic Safety Council, 1989). 이 때문에 대중교통에 대한 접근 용이성을 더 높이는 것은 운전자에 의한 교통사고를 줄일 수 있는 또 다른 방법이 될 수 있다. 버스 운전자들은 일반 운전자들에 비해 더 신중하게 선발되고 훈련받으며, 물론 선로 위를 달리는 교통수단

들은 위험한 도로와는 분리되어 운행된다. 또한 이러한 교통수단들은 일반적으로 자가용에 비해 크기가 더 크기 때문에 고속으로 충돌했을 때 승객들이 '살아남을 수 있는' 가능성도 더 많다. 더구나 육상 대중교통 수단들은 동시에 다수의 승객들을 운송할 수 있기 때문에 한 사람이 1마일을 이동하는 것을 한 단위(즉 passenger miles)로 생각해 볼 때 자가용에 비해 대기 오염의 정도가 훨씬 더 적다는 점에서 매우 환경 친화적인 이동 수단이기도 하다. 마지막으로, 통근자들이 모두 인식하고 있듯이, 출퇴근 시간일 때에는 교통 혼잡으로 꼼짝하지 못하는 자가용보다 대중교통 수단을 이용하는 것이 더 효율적이다.

육상 대중교통 수단들이 갖는 이러한 안전, 효율성, 그리고 환경오염 측면에서의 이점들을 고려하면, 가장 중요한 인간 공학적 문제 중의 하나는 어떻게 여행이나 통근을 목적으로 하는 사람들이 육상 대중교통이 갖는 이러한 장점들(즉 낮은 위험 가능성, 낮은 비용, 그리고 더 높은 효율성)을 인식하도록 하여 궁극적으로 육상 대중교통 수단들을 이용하도록 하는 **행동 변화**(behavioral changes)를 이끌어 낼 수 있는가 하는 것이다(Nickerson & Moray, 1995; Leibowitz et al., 1995). 이와 동시에, 사람들의 이동 요구에 맞게 대중교통 수단들의 운행 시간이나 운행 지점 등을 설계함으로써 대중교통 수단에 대한 **접근성**(accessibility)을 향상시키기 위한 체계적인 노력도 매우 중요하다.

대중교통 수단들은 그 크기가 훨씬 더 크기 때문에, 앞의 위험요소들과 충돌 부분에서 논의했던 관성의 특징이 더 중요해진다. 예를 들어 기차는 브레이크를 완전히 작동시킨 후라도 1마일(약 1.6km)까지 더 나갈 수 있다. 따라서 기차의 속도 자체보다 운동 에너지에 기초한 디스플레이를 제공해 줄 수 있다면 내리막 철로에서 기관사들이 최적의 기차 속도를 계산하는 데 도움을 줄 수 있을 것이다(Sheridan, 2002). 트럭도 일반 차량에 비해 훨씬 큰 폐쇄-루프 불안정성(제9장)을 보인다.

버스와 같이 도로를 이용하는 차량들과는 달리, 지하철이나 기차는 선로와 관련된 기반시설의 상태에 많은 영향을 받는다. 지하철이나 기차가 운행되는 선로나 선로 밑의 노반뿐만 아니라 선로 변경 장치나 신호 관리 체계 등은 이러한 교통 수단의 안전 운행에 필수적인 요소들이다. 최근에 발생한 대부분의 철도 사고는 지상 근무자들이 선로나 신호를 잘못 설정해서 발생한 것이다. 철도 관련 근로자들에 대해서는 제13장에서 논의되었던 피로, 생체주기 리듬, 그리고 근무 교대 시간과 같은 문제들이 중요한 문제로 남아 있다.

마지막으로, 교통 수단으로 항공기를 이용하기 위해서는 공항 활주로의 유지/보수뿐만 아니라, 특히 안전과 매우 밀접하게 관련된 항공관제 등을 포함한 엄청난 기반시설을 요구한다. 항공관제와 관련된 인간 공학은 산업적 처리 제어에서의 특징들과 많은 공통점이 있으나(예 : 제어가 위험 가능성이 높으며 복잡하다), 여기에서 다루기에는 너무 많은 나름대로의 주제들이 포함되어 있기 때문에 항공기 조종사와 관련된 인간 요인을 논의할 때 다시 언급하고자 한다. 항공관제와 관련된 인간 요인에 대해서는 Hopkin(1997)과 Wickens 등(1997, 1999)을 참조하기 바란다.

해상 인간 공학

해상 교통은 매우 힘들고 거친 환경 속에서 이루어지며, 해상 사고의 주된 원인이 되는 인간 에러에 대해 인간 공학적 접근의 필요성은 매우 중요하다(Wagenaar & Groeneweg, 1987). 해상 교통은 하루 24시간 1주일에 7일 동안 쉬지 않고 진행되며, 사람들은 일반적으로 30~60일 이상 배 안에서 생활한다. 이 때문에 사람들은 수면을 제대로 취할 수 없을 뿐만 아니라 특히 바다가 출렁일 때는 선실의 침대 위에서 제대로 쉬지 못한다(Raby & Lee, 2001). 새로운 자동화 시스템의 도입과 경제적 이유 때문에 유조선이나 그 밖의 대형 선박에서 일하는 사람들의 수가 대략 30명 이상에서 10~12명 수준으로 감축되었다(Grabowski & Hendrick, 1993). 이러한 인원 감축은 누가 아프거나 예기치 않았던 고장이 발생했을 때 추가적으로 활용 가능한 인원을 부족하게 하기 때문에, 사람들이 경험하는 피로의 문제는 더 심각해진다. 피로와 선원 감축은 많은 해상 사고의 원인이 되었는데, 그중에서 대표적인 것은 Exxon Valdez 호의 좌초 사고였다(NTSB, 1990). 제19장에서 논의된 사회적 요인들, 그리고 제13장에서 논의된 피로에 영향을 미치는 요인들은 해상 교통에 특히 중요한 요인들이다.

피로와 관련된 인간 수행 문제뿐만 아니라, 대형 선박은 산업 처리 제어와 유사한 특징들을 많이 공유하고 있다. 예를 들어 대형 선박은 그 자체가 매우 굼뜬 시스템이기 때문에 예측 디스플레이를 통해 많은 이점을 얻을 수 있고(von Breda, 1999; 제8장과 제9장 참조), 높은 수준의 자동화를 갖는 경향이 증가하고 있다. 선박에서의 자동화는 단순히 자동 항법 시스템을 갖추는 것을 넘어, 항해사가 충돌을 회피하기 위해 경로를 설정하는 것을 도울 수 있는 자동 레이더 표시 장치, 자동적으로 선박의 항로를 갱신하고 선박이 얕은 수면을 항해할 때 경고를 해주는 전자 해도(electronic chart)를 제공해 준다(Lee & Sanquist, 1996). 이러한 시스템들은 안전을 향상시키는 데 크게 기여할 수 있지만 문제가 없는 것은 아니다. 예를 들어 Royal Majesty 호의 항해사들은 배가 좌초된 이후에야 전자 해도에 배의 위치가 잘못 표시되었다는 것을 알 수 있었다(NTSB, 1997). 이 사고의 주된 원인은 항해사들이 선박의 자동화 시스템들은 잘못되지 않는다는 믿음을 갖고 있어 다른 정보 원천에 주의를 기울이지 않았기 때문이다(이것은 자동화 시스템에 대한 과다신임과 지나친 안심감의 고전적 예이다). 이 사고에서 자동화가 문제를 야기한 또 다른 이유는 항해사에 대한 훈련과 면허 발급 과정이 급속하게 발전하는 기술의 수준에 항상 제대로 부응하는 것은 아니기 때문이다(Lee & Sanquist, 2000). 만일 이러한 자동화 시스템들이 항해사의 안전을 (저하시키기보다) 향상시키기 위해서는 제16장에서 논의된 자동화에 대한 과다신임의 문제, 그리고 제18장에서 논의된 훈련 문제를 심각하게 고려해야 한다.

항공 인간 공학

전체 조종사들의 수는 운전자들의 수보다 훨씬 적을 뿐만 아니라, 항공기 사고도 자동차에 의한 교통사고에 비해 훨씬 그 빈도가 적다. 그러나 항공기를 통해 이동하는 사람들의 수도 상당히 많을 뿐만 아니라 사고가 났을 때의 비용이 자동차 사고와 비교하여 엄청나게 크기 때문에, 항공기 안전에 대한 인간 공학적 문제도 앞에서 살펴본 육상 대중교통과 마찬가지로 매우 중요하다. 지금부터는 항공기 조종사의 과제, 조종사가 작업하는 사회적 맥락과 스트레스, 그리고 자동화가 갖는 시사점 등에 대해 논의하고자 한다(Tsang & Vidulich, 2003; Wickens, 2002a; Orlady & Orlady, 1999; Garland et al., 1999; O'Hare & Roscoe, 1990).

과제

항공기 조종사의 과제들은 자동차 운전자들과 같이 일차적 중다 추적 과제를 수행함과 동시에 다른 과제들의 수행을 위해 자원이 다른 과제들과 공유되어야 하는 중다 과제 맥락으로 기술될 수 있을 것이다. 자동차 운전과 비교하여 조종사들의 추적 과제에는 다른 사람과의 의사소통을 요구한다. 더구나 자동차 운전과 비교하여 대부분의 측면에서 조종사의 과제들은 훨씬 더 어렵다. 예를 들어 조종사의 추적 과제는 제어 차수가 높고(제9장), 운동 방향 축(axis)이 더 많으며, 축들 사이에 상호작용이 더 많은 시스템을 통해 이루어진다. 그러나 어떤 측면에서는 조종사의 추적 과제가 운전자의 추적 과제에 비해 덜 어려운 측면들도 있는데, 예를 들어 입력의 밴드위쓰가 더 낮고(즉 시간당 입력의 변화량이 적다), 운전자들이 좁은 도로에서 경험하는 것보다 이탈의 허용 정도는 어느 정도 더 크다. 이러한 과제들 중에서 조종사가 수행해야 하는 가장 중요한 과제는 역시 비행(aviating)이다. 이러한 조종사의 추적 과제에는 주변 상공의 위험요소에 대한 상황 인식(situation awareness)의 유지, 상공에서 3차원적인 목표 지점으로의 항행(navigating), 비행과 관련된 다양한 조작 절차(procedures) 준수, 관제소나 조종실에 있는 사람들과의 의사소통(communicating), 그리고 시스템 상태의 감시(monitoring) 등이 포함된다. 대부분의 과제들은 조종사의 시각적 자원을 놓고 경쟁하지만(제6장 참조), 다른 많은 과제들은 지각적 자원, 인지적 자원, 그리고 반응과 관련된 자원들과도 경쟁한다. 조종사의 작업부하는 조종하는 항공기나 비행 임무의 성격, 그리고 비행 조건에 따라 과소부하 조건(예 : 대양 위를 장시간 비행하는 경우)에서부터 극한적인 과부하 조건(예 : 전투 임무, 헬리콥터 구조 임무, 좋지 못한 날씨에 혼자 비행하는 것)에 이르기까지 매우 다양한 범위를 가질 수 있다.

추적과 비행 제어 비행이 요구하는 추적 과제의 부담에 대해서는 제9장에서 이미 소개한 바 있다. 그림 17.5의 윗부분에서도 볼 수 있듯이, 항공기의 운동은 6개의 자유도(degree of freedom)를 갖는다. 항공기는 세 개의 회전축을 통해 회전할 수 있고(그림에서 굵은 흰색 화살표), 세 개의 변위축(axes of displacement)을 통해 위치를 이동할 수 있다(그림에서 굵은 검정색 화살표). 전통적으로 항공기의 회전은 세 가지 회전축들을 이용하여 피치(pitch)[2], 롤(roll 혹은 bank)[3], 그리고 요(yaw)[4]로 나타낼 수 있다. 항공기의 위치 변화도 세 가지의 변위축들을 이용해 표현할 수 있는데, 예를 들어 좌우 방향으로의 위치 변화는 횡축(lateral axis)으로, 상하 방향으로의 위치 변화는 수직축(vertical axis)으로, 그리고 전후 방향으로의 위치 변화는 종축(longitudinal axis)으로 표시할 수 있다(실제로는 자동차 운전과 마찬가지로 횡적 위치 변화는 항공기의 진행 방향으로 결정된다). 이러한 6개의 축들을 통해 나타낸 항공기의 회전이나 위치는 조종사의 명령 입력(command input) 혹은 표적 입력(target input)에 따라 변화되고, 조종사는 이러한 변화를 계속 추적해야 한다. 그러나 바람이나 난기류와 같은 교란 입력(disturbance input)이 항공기에 작용할 수 있기 때문에 의도했던 명령 입력에 맞지 않는 추적이 이루어질 수 있다. 이러한 6개의 자유도를 제어함에 있어(즉 6축 추적 과제) 조종사에게는 두 가지의 중요한 목표가 있다. 하나는 항공기의 날개에 가해

2) 가로축에 대한 항공기 기수의 상하 운동(역주).
3) 세로축에 대한 항공기의 회전 운동(역주).
4) 수직축에 대한 항공기의 회전 운동. 이것은 굴곡된 비행로를 따라 비행한다는 점에서 정상적인 선회와는 차이가 있다(역주).

지는 공기의 흐름을 충분하게 유지함으로써 항공기가 실속(失速, stall)하지 않도록 하는 것이다. 이것은 대기 속도와 항공기의 자세(attitude), 즉 피치와 롤을 신중히 제어함으로써 성취될 수 있다. 또 다른 목표는 3차원 공간 속의 한 지점으로 항공기를 항행시키는 것이다. 상업용 비행에서 종종 볼 수 있는 것과 같이 만일 그 목표 지점에 정확한 시간 안에 도달해야 한다면 그 과제는 4차원(4-D) 항행으로 일컬어질 수 있다.

이러한 일련의 과제들을 완수하기 위하여 조종사들은 그림 17.5의 윗부분에 제시되어 있는 세 개의 제어장치들을 조작한다. **조종간**(yoke)을 통해서는 주 날개의 승강타(elevator)와 보조익(ailerons)을 제어하게 되는데, 이들은 항공기의 전후 기울기(즉 피치)와 좌우 기울기(즉 롤 혹은 뱅크)를 결정하며, 조종간의 위치에 따라 피치나 뱅크의 변화율이 결정된다.[5] **스로틀**(throttle)로는 대기 속도를 제어하고 러더 페달(rudder pedal)은 선회와 진행 방향의 협응을 돕는 데 사용된다. 이러한 직접적인 제어의 연결관계는 그림 17.5의 가는 실선으로 된 화살표로 나타나 있다.

항공기 조종에서 요구되는 이러한 중다 요소 추적 과제를 운전에서 요구되는 것에 비해 더 어렵게 하는 요인들은 크게 세 가지로 나누어 볼 수 있는데, 이것들은 디스플레이, 제어 역동, 그리고 6개의 축들 사이에서 보이는 상호작용들이다. 첫째, 운전자들이 차량을 통제하는 데 필요한 거의 모든 정보들은 앞의 도로를 응시함으로써 얻을 수 있는 것과는 달리, 항공기의 조종사들은 그림 17.5의 하단에 제시된 것과 같은 계기들을 통해 비행에 필요한 정확한 정보를 얻을 수 있다. 특히 비행 계기들은 두 가지의 과제, 즉 비행과 항행 수행을 직접적으로 지원할 수 있는 통합적이고 회화적인 정보를 제공해 주는 것도 아니다. 둘째, 비행기 제어의 몇몇 측면들은 높은 제어 차수(control order)를 갖고 있고, 비행할 때 제어되어야 하는 많은 변인들은 매우 굼뜨고 불안정적으로 변화하기 때문에(제9장 참조) 항공기 제어에서는 예측의 필요성이 중요하게 제기된다. 예를 들어 고도에 대한 제어는 이차 과제인 반면(즉 조종간 위치의 변화는 고도 변화의 가속도에 영향을 준다), 원하는 항로에 대한 항공기의 횡적 위치에 대한 제어는 3차 과제이다. 셋째, 그림 17.5의 점선으로 된 화살표에서 보이듯이, 항공기 역동의 여러 다른 측면들은 서로 상호작용한다. 예를 들어 비행사가 속도

5) 즉 조종간을 크게 작동할수록 항공기의 피치나 뱅크의 변화 속도가 빨라지는데, 이를 일차 역동 제어 시스템, 혹은 속도 제어 시스템이라 부른다. 일상생활에서 볼 수 있는 일차적인 속도 제어 시스템으로 대표적인 예는 자동차의 액셀러레이터(가속기)인데, 예를 들어 가속기를 깊이 밟으면 자동차 엔진의 회전 속도가 빨라진다(역주).

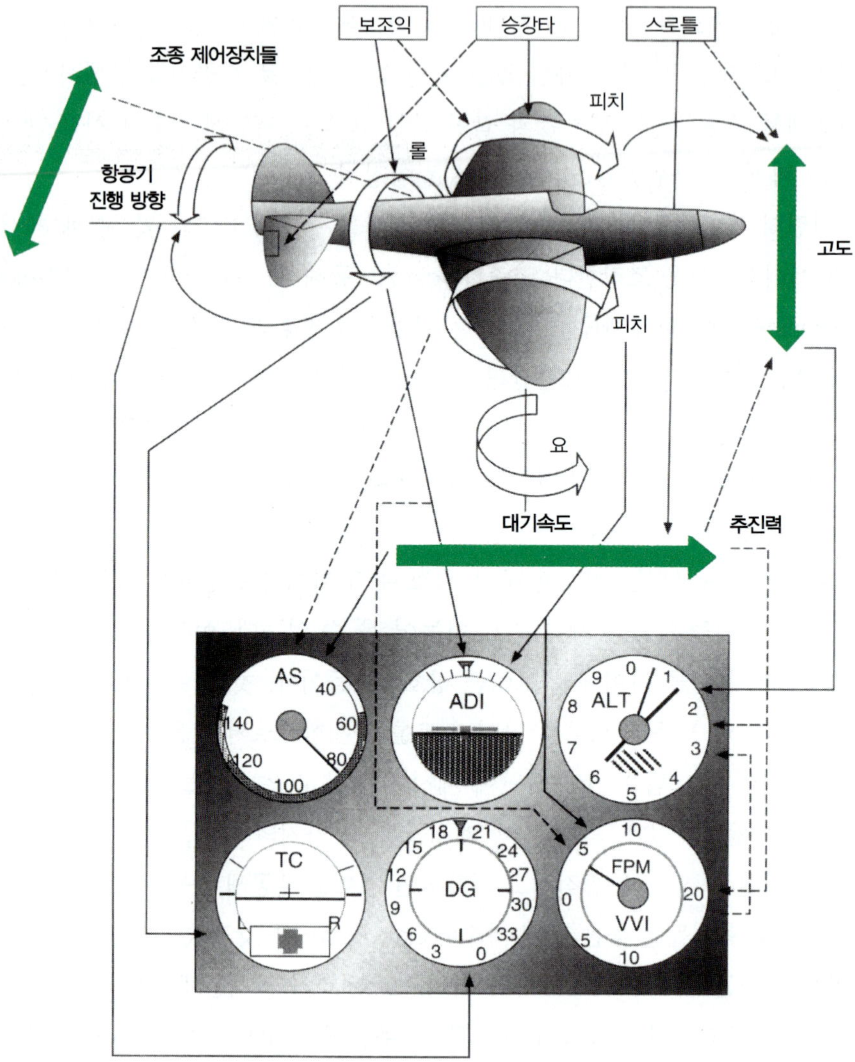

그림 17.5

항공기 제어 역학에 대한 표상, 제어 형태(상단)와 주요 비행 디스플레이(하단). 가는 실선은 인과적 관계를 나타낸다.

를 낮추면 이것은 (원하지 않았던) 고도의 저하를 야기한다.

조종실에서 사용되는 기존의 전기-기계적인 '원형의 다이얼 형' 계기판들(그림 17.5 참조)을 대신할 수 있는 컴퓨터 기반 디스플레이들이 개발됨에 따라, 항공기 설계자들은 근접 부합성의 원리, 움직이는 부분의 원리, 그리고 회화적 실재성의 원리(Roscoe, 1968, 2002; 제8장

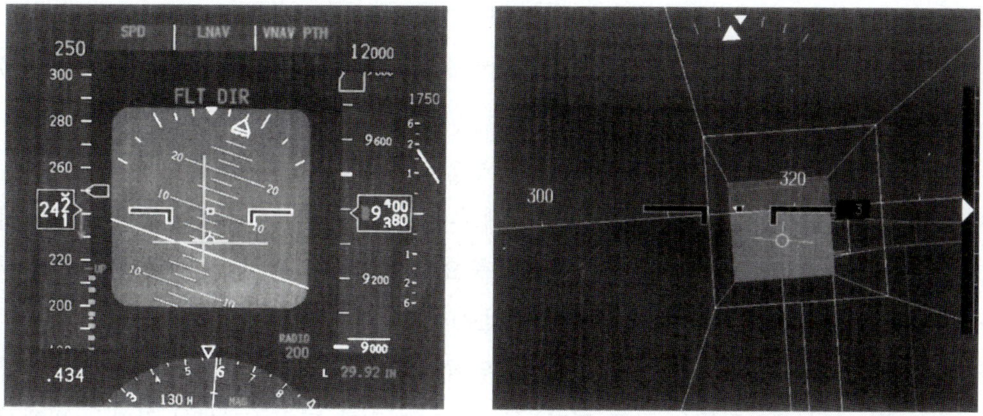

(a) (b)

그림 17.6

(a) 최근의 상업용 항공기 비행 디스플레이

출처 : Courtesy of the Boeing Corporation.

(b) 미래의 항공기에 대해 제안되고 있는 비행 디스플레이. '하늘 속의 터널(tunnel in the sky)'을 통해 비행 경로를 미리 볼 수 있다는 것에 주목하라.

참조)와 같은 인간 공학적 원리들을 좀 더 사용자 중심적인 디스플레이의 설계에 통합할 수 있는 방안들을 모색하고 있다. 예를 들어 그림 17.5의 아랫부분에 제시되어 있는 표준적인 계기 디스플레이를 그림 17.6a에 제시된 것과 같은 (현재 사용되고 있는) 최신형 항공기의 디스플레이, 혹은 그림 17.6b의 좀 더 통합적인 미래형 디스플레이와 비교해 보라.

항공기 역학의 굼뜸을 고려하면, 대부분의 진보적인 디스플레이들이 갖는 가장 값진 특징은 항공기의 미래 위치에 대한 예측(prediction)과 명령 입력에 대한 미리 봄(preview)의 기능이다(Jensen, 1982; Haskell & Wickens, 1993). 이보다 더 미래형의 디스플레이는 그림 17.6b와 같은 3차원 디스플레이다(Fadden et al., 2001). 이와 같은 3차원 디스플레이는 공간 속의 세 축(즉 세 방향)에 대한 정보를 통합적으로 제시할 수 있다는 장점은 있지만, 지상이나 주변 위험요소에 대한 항공기의 상대적 위치 정보는 비교적 모호하다는 단점도 포함하고 있다(Wickens, 2003; 제8장 참조).

상황 인식의 유지 조종은 매우 다양한 상황에서 이루어진다. 운전과는 매우 다르게 비행 안전의 유지에 중요한 대부분의 정보는 '공간적' 형태로 직접 관찰될 수 있는 것이 아니다.

그보다 조종사는 항공기 자체에 설치되어 있는 자동화 시스템의 상태뿐만 아니라(Sarter & Woods, 2000), 항공기의 현재 위치와 항공기의 현재 상태로부터 발생할 수 있는 미래의 위험요소들(주변 교통, 지상, 기상 상태 등)에 대한 이해 혹은 상황 인식(situation awareness)에 의존해야 한다.

비행과 관련된 상황 인식 문제에 대한 해결방안 중 하나는 그림 17.6b에 제시된 것과 같은 헤드-업 디스플레이를 사용하는 것이다. 헤드-업 디스플레이는 조종사들이 외부 세계에 대한 감시로부터 눈을 돌리지 않고도 비행에 중요한 계기들을 감시할 수 있도록 해줄 뿐만 아니라 전통적인 계기들이 제공할 수 있는 것보다 더 넓은 범위에 대한 정보를 제공해 준다. 그러나 헤드-업 디스플레이를 포함한 3차원의 '파노라마식' 디스플레이는 인간 공학적 관점에서 몇 가지 제약점들을 갖고 있다. 무엇보다 이러한 디스플레이의 장착을 위해서는 기본적으로 더 많은 디스플레이의 설치 공간이 요구될 것이고, 이에 따라 항공기의 위치나 움직임을 아주 작게 표시할 수밖에 없기 때문에, 조종사들이 디스플레이의 내용을 파악하는 것의 정확성을 떨어뜨릴 수 있다. 또한 우리가 바로 앞에서, 그리고 제8장에서도 살펴보았듯이 평평한 2차원적인 화면에 3차원적인 이미지를 제시하게 되면 대상들이 공간 속의 어느 위치에 존재하는지에 대해 애매해지기 때문에 이에 대한 정확한 판단을 어렵게 할 수 있다(McGreevy & Ellis, 1986; Wickens, 2003).

절차의 준수 제6장에서 기술하였듯이, 특정 시점에서 특정 절차를 따르기 위한 조종사의 예기 기억(perspective memory)은 엄청난 양의 절차적 지식과 선언적 지식을 통해 지원되지만, 각 국면에 따라(예 : 비행 전, 지상 활주, 이륙 등) 혹은 조작 조건들에 따라(예 : 정상적인 상태, 엔진이 꺼진 상태, 화재가 발생한 경우 등) 취해야 할 과제들을 기술한 몇 가지 체크리스트 형태의 세상 속의 지식(knowledge in the world)을 조종사들에게 제공해 줌으로써 조종사의 과제 수행을 지원해 줄 수 있다.

그러나 체크리스트에 제시된 절차들(예 : '스위치 A를 켜라')을 따르고자 할 때는 두 가지 유형의 에러를 범할 가능성이 있다. 첫째, 제8장에서 논의하였듯이 하향 처리는 (특히 시간 압력과 결부되면) 조종사들로 하여금 제시된 항목을 실제와는 달리 자신이 기대한 방향으로 오해하게 할 수 있다. 둘째, 제6장과 제13장에서도 논의되었듯이, 동시에 여러 과제를 수행해야 하는 중다 과제 환경에서 발생하는 교란(distraction)은 조종사들이 체크리스트의 어느 한 항목을 생략하게 할 수 있다. 즉 교란이 발생하면 조종사들의 주의는 체크리스트를 확인하는 것에서부터 순간적으로 벗어나고, 다시 체크리스트를 확인할 때는 처음에 주의를 기울였던 항목을 건너뛰어 다음 항목으로 주의가 옮겨질 수 있다. 실제로 이러한 가능성은 디트로이트 공항에서 발생했던 사고의 원인이 되었던 것으로 보이는데, 사고 당시 조종사의 주의는 관제소에서 요구하는 절차 변경 때문에 체크리스트로부터 벗어났으며, 다시 주의가 체크리스트로 되돌아갔을 때는 매우 중요한 항목이었던 '보조익 조정' 항목을 건너뛰어 다음 항목에 주의가 주어졌던 것이다. 이러한 문제들은 체크리스트 사용 절차에 중복성을 제공하거나(Degani & Wiener, 1993)[6) 자동화를 통해(Bresley, 1995)[7) 해결될 수 있을 것이다.

사회적 맥락

1980년대 이래 항공 영역에서는 조종사들의 팀 수행 붕괴가 발생하는 이유가 무엇인지를 밝히는 데 많은 강조점이 주어졌는데, 이러한 원인 중 하나로 제5장에서 논의되었던 말을 통한 의사소통에서의 문제가 종종 지적되어 왔다. 이러한 의사소통의 붕괴 중에는 경험이 없는 하급 조종사들이 자기보다 상급자인 기장이나 상관에게 '거리낌없이' 말하거나 상급자의 실수를 지적하거나 혹은 상급자들이 알고 있어야 하는 조건들을 확인시켜 주는 것을 꺼리는 것과 같은 상황에서 발생할 수 있을 것이다(Helmreich, 1997; Wiener, Kanki, & Helmreich, 1993). 때로 이러한 의사소통 붕괴는 위기를 해결해야 하는 상황에서 모든 가능한 자원을 다 활용하지 못하는 열악한 리더십과도 관련이 있을 것이다. 이러한 문제들을 방지하기 위해 **승무원 자원 관리**(Crew Resource Management)라고 불리는 훈련 프로그램들이 개발되었다(제19장 참조). 이러한 프로그램들 중 일부는 성공적이었지만(Diehl, 1991), 비행에서 이러한 프로그램들이 일관적으로 더 안전한 행동을 이끌어 내는지의 여부는 연구자에 따라 다르다(Salas et al., 2002).

---

6) 예를 들어 한 승무원이 다른 승무원에게 체크리스트에 있는 항목을 체크하도록 요구하고, 언어적인 반응이 있을 때까지 다음 항목으로 넘어가지 않는 방식을 취함으로써 체크리스트에 제시된 절차들을 빠짐없이 준수할 수 있도록 할 수 있다(역주).

7) 예를 들어 조종사들이 중요한 단계를 실행하지 않을 경우 자동화된 시스템이 조종사들에게 이를 알려줌으로써 실수로 빠뜨릴 수 있는 절차를 다시 확인할 수 있도록 해 줄 수 있다(역주).

조종사 수행 지원

마지막으로, 항공기 비행사들은 세 가지 주요 영역으로부터 지원을 받는다. 첫째, 항공기 보수/유지 기술자들과, 제3장과 제4장, 그리고 제6장에서 기술되었던 이들의 항공기 검사와 오류진단 기술은 항공기 안전에 매우 중요한 역할을 담당한다. 둘째, 비행사들은 자동화 시스템에 의존하는 정도가 날로 증가하고 있다. 제16장에서 논의했던 자동화의 일반적 특성과 마찬가지로 항공기에 대한 자동화도 몇 가지의 형태를 가질 수 있다. 자동 항행 시스템은 추적 과제를, 경로 안내 시스템은 항행 과제를, 추돌 회피용 감시 시스템은 주변의 항공기나 지면에 대한 감시 과제를(Pritchett, 2001) 그리고 좀 더 정교한 형태의 비행 관리 시스템(flight management system)은 항로를 최적화하도록 도와줄 수 있다(Sarter & Woods, 2000). 몇몇 자동화 시스템들은 조종사의 작업부하를 줄여주거나(예 : 자동 항법 장치) 인간이 비교적 잘 하지 못하는 감시 과제를 도와주기 위해(예 : 충돌 경보 시스템) 주로 도입되었고, 비행 관리 시스템과 같은 자동화된 시스템들은 경제적인 이유로 도입되었다(예 : 이 시스템은 최단 거리 혹은 최소의 연료 소모가 가능한 항로를 제시해 준다).

제16장에서도 논의하였듯이, 항공 분야에서의 자동화와 관련된 인간 공학적 문제들은 사고나 준사고에 대한 직접적 분석, 그리고 이들과 결부된 실험실 연구 혹은 시뮬레이션 연구를 통해 확인되었으며, 이러한 연구들을 통해 인간 중심적 자동화(human-centered automation; Billings, 1996; Parasuraman & Byrne, 2003)에 대한 많은 가이드라인들이 소개되고 개선되었다.

셋째, 조종사들은 지상에 있는 항공 관제사들의 도움을 받게 된다. 전체적으로 보면, 항공 교통 관제(air traffic control, ATC) 시스템은 이것이 담당해야 할 과제의 속성(즉 복잡한 상공을 통해 매년 수백만 명의 승객들을 시속 수백 마일의 속도로 이동시키는 것)에 비하면 매우 안전한 시스템이라고 볼 수 있다. 2001년 9월 11일, 뉴욕과 워싱턴 DC, 그리고 펜실베이니아에서 테러범들이 항공기를 납치하는 사건이 발생했을 때 항공 관제사들은 3시간 동안 4,546대의 항공기를 안전하게 착륙시켰다. 이러한 안전성은 시스템에 구현된 상당한 수준의 중복성(redundancy)과 더불어 항공 교통 관제 인력의 높은 전문성 때문에 가능했을 것이다. 그러나 인간 오퍼레이터의 제어에 주로 기초하여 성취된 이러한 높은 안전성은 지상에서는 필요 이상의 지체를, 그리고 상공에서는 필요 이상으로 넓게 항공기를 분리시킴으로써 얻어진 것이기 때문에 결과적으로 교통의 효율성을 손상시키고 있다는 주장도 제기되었다. 이러한 이유로 지능형의 컴퓨터가 인간 오퍼레이터보다 더 정확하고 효율적으로 항공기를 관제할 수 있을 것이라는 가정하에 인간 관제사에 의해 수행되었던 전통적인 관제 기능을 자동화된 시스템으로 대체해야 한다는 상당한 압력이 항공사들에게 가해졌다(Wickens et al., 1998).

결론

교통 시스템과 관련된 인간 공학적 문제는 매우 복잡하고 광범위한 것이다. 한 개인이 비행기를 이용할 것인지, 운전을 할 것인지, 혹은 다른 육상 대중교통을 이용할 것인지를 선택하는 것은 위험 지각, 비용 지각, 그리고 기대 등과 관련된 복잡한 요인들에 의해 영향을 받는다. 사람들이 어떤 교통수단을 선택할 것인가에 따라 각각이 인간 공학적 문제들에 미치는 영향은 달라질 수 있다. 예를 들어 더 많은 사람들이 항공기를 이용하고자 한다면 도로를 달리는 차량의 수는 그만큼 줄어들 것이고, 이에 따라 도로는 더 안전해질 것이다. 반면 하늘은 더 많아진 항공기 때문에 더 혼잡해질 것이고, 그만큼 항공기의 안전성도 감소하게 될 것이며, 항공 교통 관제사들의 직무는 더 힘들어질 것이다. 또한 이러한 상황에서는 항공기 흐름의 원활함이 무엇보다 중요한 문제가 되어, 항공 교통 관제 시스템의 자동화 수준을 더 높이거나 경로 선택과 다른 항공기와의 간격을 유지하는 것과 같은 과제들의 책임을 관제사로부터 항공기 조종사로 이양해야 할 필요가 발생할 수도 있다(Wickens et al., 1998; Metzger & Parasuraman, 2001). 전지구 위치 파악 시스템(GPS)이 도입되어 다양한 시스템에 적용됨에 따라 이러한 일을 감당할 수 있는 기술의 실현도 가능하게 되었다. 그러나 이러한 기술을 구현하는 데 신중을 기하지 않는다면 상공은 더 위험한 곳이 되어 더 많은 항공기 사고를 유발할 것이고, 이에 따라 사람들이 갖고 있는 항공기에 대한 지각된 위험 가능성의 수준과 항공사가 치러야 하는 경제적 손실도 더 커질 것이다.

사람들이 다양한 교통수단들에 대해 지각하고 있는 위험 가능성 수준과 이에 따라 소비자들이 어떤 교통수단을 주로 선택할 것인지 등과 관련된 경제적 문제들은 어떻게 교통수단들이 갖고 있는 특성을 바꿔야 하는지(예 : 자동화의 수준), 그리고 교통수단들이 운항되는 곳에 어떠한 조건을 충족시켜 주어야 하는지(예 : 도로 차선의 수를 늘리는 것)와 같은 인간 공학적 설계 문제에 많은 영향을 줄 것이다.

참고문헌

Adams, M.J., Tenney, Y.J., and Pew, R.W.(1995). Situation awareness and the cognitive management of complex systems. *Human Factors, 37*(1), 85-104.

Alexander, G., and Lunenfeld, H.(1975). *Positive guidance in traffic control.* Washington, DC: Federal Highway Administration.

Allen, R.W., Stein, A.C., and Jex, H.R.(1984). Field test off drunk driving warning system(DDWS). *American Association for Automotive Medicine, 28th Annual Proceedings*(pp.262-272).

Alm, H., and Nilsson, L.(1995). The effects of a mobile telephone task on driver behaviour in a car following situation. *Accid. Anal. and Prev., 27*(5), 707-715.

American Association of State Highway and Transportation Officials(1990). *A policy on geometric design of highways and streets.* Washington, DC: Author.

Baker, S.P., Lamb, M.W., Li, G., and Dodd, R.S.(1996). *Crashes of instructional flights: Analysis of cases and remedial approaches(*DOT/FAA/AM-9613). Washington, DC: Office of Aviation Medicine, Federal Aviation Administration.

Ball, K., and Owsley, C.(1991). Identifying correlates of accident involvement for older driver, *Human Factors, 33*(5), 583-596.

Ball, K., Owsley, C., Sloan, M., Roenker, D.L., and Bruni, J.R.(1993). Visual attention problems as a predictor of vehicle crashes among older drivers. *Investigate Ophthalmology and Visual Science, 34*(11), 3110-3123.

Barr, R.A., and Eberhard, J.W.(eds.).(1991). Safety and mobility of elderly drivers, Part 1. *Human Factors Special Issue, 33*(5).

Bellenkes, A.H., Wickens, C.D., and Kramer, A.(1997). Visual scanning and pilot expertise: The role of attentional flexibility and mental model development. *Aviation, Space, and Environmental Medicine, 68* #5, 1-11.

Benel, D.C.R., Huey, R.W., and Lerner, N.D.(1995). *Driver information overload(conceptual model description*) (Technical Report NCHRP 3-50). Silver Spring, MD: COMSIS Corporation.

Billings, C.(1996). *Toward a human centered approach to automation.* Englewood Cliffs, NJ: Lawrence Erlbaum.

Bresley, B.(1995). 777 flight deck design. *Airliner,* 1-9 (Apr.- Jun.).

Brookhuis, K.A., and de Waard, D.(1993). The use of psychophysiology to assess driver status. *Ergonomics, 36,* 1099-1110.

Brouwer, W.H., Waternik, W., Van Wolffelaar, P.C., and Rothengatter, T.(1991). Divided attention in experienced young and older drivers: Lane tracking and visual analysis in a dynamic driving simulator. *Human Factors, 33*(5), 573-582.

Brown, I.D. (1994). Driver fatigue. *Human Factors, 36*(2), 298-314.

Brown, I.D., Groeger, J.A., and Biehl, B.(1988). Is driver training contributing enough towards road safety? In J.A. Rothergatter, and R.A. de Bruin(eds.), *Road users and traffic safety*(pp.135-156). Assen/Maastricht, Netherlands: Van Corcum.

Campbell, B.J., Stewart, J.R., and Campbell, F.A.(1988). *Changes with death and injury associated with safety belt laws 1985-1987*(Report HSRC-Al38). Chapel Hill, NC: University of North Carolina Highway Safety Res. Ctr.

Degani, A., and Wiener, E.L.(1993). Cockpit checklists: Concept, design, and use. *Human Factors, 35*(2), 345-360.

Denton, G.G.(1980). The influence of visual pattern on perceived speed. *Perception, 9,* 393-402.

Dewar, R.(1993). Warning: Hazardous road signs ahead. *Ergonomics in Design,* July. 26-31

Diehl, A.E.(1991). The effectiveness of training programs for preventing aircrew error. In R.S. Jensen(ed.), *Proceedings of the 6th International Symposium on Aviation Psychology*(pp.640-655). Columbus, OH: Dept. of Aviation, Ohio State University.

Dingus, T.A., Antin, J.F., Hulse, M.C., and Wierwille, W.(1988). Human factors issues associated with in-car navigation system usage. *Proceedings of the 32nd Annual Meeting of the Human Factors Society*(pp.1448-1453). Santa Monica, CA: Human Factors Society.

Dingus, T.A., and Hulse, M.C.(1993). Some human factor design issues and recommendations for automobile navigation information systems. *Transportation Research, 1C*(2), 119-131.

Dingus, T.A., McGehee, D.V., Manakkal, N., Johns, S.K., Carney, C., and Hanked, J.(1997). Human factors field evaluation of automobile headway maintenance/collision warning devices. *Human Factors, 39*, 216-229.

Eberts, R.E., and MacMillan, A.G.(1985). Misperception of small cars. In R.E. Eberts and C.G. Eberts(eds.), *Trends in ergonomics/human factors II*(pp.33-39). North Holland, The Netherlands: Elsevier Science Publishers, B.V.

Endsley, M.R.(1995). Measurement of situation awareness in dynamic systems. *Human Factors, 37*(1), 65-84.

Endsley, M.R., and Rodgers, M.(1996). Attention distribution and situation awareness in air traffic control. In *Proceedings 40th Annual Meeting of the Human Factors Society.* Santa Monica, CA: Human Factors. pp.82-86.

Erzberger, H., Davis, T.O., and Green, S.(1993). Design of the Center-TRACON Automation System. In *Proceedings of the AGAARD Guidance & Control Panel 56th Symposium on Machine Intelligence in Air Traffic Control.* Berlin, Germany.

Evans, L.(1988). Older driver involvement in fatal and severe traffic crashes. *Journal of Gerontology: Social Sciences, 43*(5), 186-193.

Evans, L.(1991). *Traffic safety and the driver.* New York: Van Nostrand.

Evans, L.(1996). A crash course in traffic safety. 1997 *Medical and Health Annual,* Chicago: Encyclopaedia Britannica.

Farmer, C.M., Lund, A.K., Trempel, R.E., and Brover, E.R.(1997 in press). Fatal crashes of passenger vehicle systems before and after adding antilock braking systems. *Accident Analysis and Prevention.*

Fischhoff, B., and MacGregor, D.(1982). Subjective confidence in forecasts. *Journal of Forecasting, 1,* 155-172.

Foushee, H.C.(1984). Dyads and triads at 35,000 feet: Factors affecting group process and aircrew performance. *American Psychology, 39,* 885-893.

Fuller, R.(1988). Psychological aspects of learning to drive. In J.A. Rothergatter and R.A. de Bruin(eds.), *Road users and traffic safety*(pp.527-537). Assen/Maastricht, Netherlands: Van Gorcum.

Garland, D.J., and Endsley, M.R.(eds.).(1995). *Experimental analysis and measurement of situation awareness: Proceedings of the international conference.* Daytona Beach, FL: Embry-Riddle Aeronautical University Press.

Gilliland, K., and Schlegal, R.E.(1995). Readiness to perform testing and the worker. *Ergonomics and Design, 3* January, 14-19.

Godley, S., Fildes, B.N., and Triggs, T.J.(1997). Perceptual counter measures to speeding. In D. Harris(ed.), *Engineerins psychology and cognitive ergonomics.* London, England: Ashgate.

Godthelp, H., Milgram, P., and Blaauw, T.S.(1983). Driving under temporary visual occlusion. *Proceedings 3rd European Conference on Human Decision Making & Manual Control.* pp.357-370. Roskilde, Denmark.

Green, P.(1995) Automotive techniques. In J. Weimer(ed.), *Research techniques in human engineering,* 165-201. San Diego, CA: Academic Press.

Gugerty, L.J.(1997). Situation awareness during driving: Explicit and implicit knowledge in dynamic spatial memory. *Journal of Experimental Psychology: Applied, 3*(1), 42-66.

Hale, A., Quist, A., and Stoop, J.(1988). Errors in routine driving tasks. *Ergonomics, 31*, 631-641.

Hart, S.G.(1988). Helicopter human factors. In E.L. Wiener and D.C. Nagel(eds.), *Human factors in aviation*(pp.591-638). San Diego, CA: Academia Press.

Haskell, I.D., and Wickens, C.D.(1993). Two-and three-dimensional displays for aviation: A theoretical and empirical comparison. *Internatioanl Jouranl of Aviation Psychology, 3*(2), 87-109.

Henderson, R.L.(ed.).(1987). *Driver performance data book.* Washington, DC: National Highway Traffic Safety Administration.

Hopkin, V.D.(1995). *Human Factors in Air Traffic Control.* London: Taylor & Francis.

Hopkin, V.D., and Wise, J.M.(1996). Human factors in air traffic control automation. In R. Parasuraman and M. Mouloua(eds.), *Human Performance in Automated Systems.* Hillsdale, NJ: Lawrence Erlbaum.

Jensen, R.S. (1982). Pilot judgment: Training and evaluation. *Human Factors, 24,* 61-74.

Kahane, C.J.(1989). *An evaluation of center high mounted stop lamps based on 1987 data*(DOT HS 807 442). Washington, DC: National Highway Traffic Safe Administration.

Kaptein, N.A.(1994). Benefits of in-car head-up displays(Technical report #TNO-T 1994 B-20). Soesterberg, The Netherlands: TNO Human Factors Research Institute.

Kaptein, N.A., Theeuwes, J., and Van Der Horst, R.(1996). *Driving simulator validity: Some considerations*(Report 96-13 38). Transportation Research Board 75 Annual Meeting, Washington, DC, Jan. 7-11.

Kerns, C.(1991) Data link communications between controllers and pilots *International Journal of Aviation Psychology, 1,* 187-204.

Kiefer, R.J.(1995). Defining the "HUD benefit time window". In *Vision in vehicles VI Conference.* Amsterdam: Elsevier Science Publishers B.V.

Kiefer, R. and Gellatly, A.W.(1996). *Quantifying the consequences of the "Eyes on the Road" benefit attributed to Head Up Displays.* Society of Automative Engines Publication 960946. Warrendale, PA: Society for Automotive Engineers.

Klein, R.(1991). Age-related eye disease, visual impairment, and driving in the elder *Human Factors, 33*(5), 521-526.

Kortelling, J.E.(1994). Effects of aging, skill modification and demand alternation(multiple task performance. *Human Factors, 36,* 27-43.

Lee, J.D., Morgan, J., Wheeler, W.A., Hulse, M.C. and Dingus, T.A.(1997). Development of Human Factors Guidelines for Advanced Traveler Information Systems. US Federal Highway Administration Report FHWA-RD-95-201. Washington, DC.

Leibowitz, H.W., Owens, D.A., and Helmreich, R.L.(1995). Transportation. In Nickerson(ed.), *Emerging needs and opportunities for human factors research*(pp.241-261). Washington, DC: National Academy Press.

Luffsey W.S.(1990). *How to become an FAA Air Traffic Controller.* New York: Random House.

Lunenfeld, H., and Alexander, G.(1990). *A user's guide to positive guidance*(3rd ed, Washington, DC: Federal Highway Administration.

Malaterre, G.(1990). Error analysis and in-depth accident studies. *Ergonomics, 33,* 1403-1421.

Manning, C.(1995). Empirical Investigation of the use of flight strips. In R. Jensen(ed.). *Proceedings 8th International Symposium on Aviation Psychology.* Columbus, OH: Ohio State.

Mayhew, D.R., Simpson, H.M., Williamson, S.R., and Ferguson, S.A.(1997, in press) Effectiveness and role of driver education in a graduated licensing system. *Journal of Public Health Policy.*

McGreevy, M.W., and Ellis, S.R.(1986). The effect of perspective geometry on judged direction in spatial information instruments. *Human Factors, 28*, 439-456.

McKenna, F.P.(1988). What role should the concept of risk play in theories of accident involvement? *Ergonomics, 31,* 469-484.

McKnight, A.J., and Shinar, D.(1992). Brake reaction time to center high-mounted stop lamps on vans and trucks. *Human Factors, 34*(2), 205-213.

Miller, J.(1996). Fit for duty? *Ergonomics in design, 4,* April, 11-17

Mortimer, R.G.(1993). The high mounted brake lamp: A cause without a theory. *Proceedings of the 37th Annual Meeting of the Human Factors & Ergonomics Society*(pp.955-959). Santa Monica, CA: Human Factor and Ergonomics Society.

Mortimer, R.G., Goldsteen, K., Armstrong, R.W., and Macrina, D.(1990). Effects of incentives and enforcement on the use of seat belts by drivers. *Journal of Safety Research, 21,* 25-37.

Mourant, R.R., and Rockwell, T.H.(1972). Strategies of visual search by novice and experienced drivers. *Human Factors, 14,* 325-335.

National Highway Traffic Safety Administration(1989). *Interim report on the safety consequences of raising the speed limit on rural interstate highways.* Washington, DC.

National Highway Traffic Safety Administration(1990, Dec.). *General estimates system 1989: A review of information on police reported traffic crashes in the United States*(DOT-HS-807-665). Washington, DC: U.S. Department of Transportation.

National Traffic Safety Council(1989). *Accident Facts,* Chicago.

National Transportation Safety Board(1988). Northwest Airlines. *DC-9-82 N312RC, Detroit Metropolitan Wayne County Airport. Romulus, Michigan, August 16, 1987*(Aircraft Accident Report, NTSB/AAR-88/05). Washington, DC.

Nagel, D.C.(1988). Human error in aviation operations. In E.L. Wiener and D.C. Nagel(eds.), *Human factors in aviation*(pp.263-303). San Diego, CA: Academic Press.

Nickerson, R.S., and Moray, N.P.(1995). Environmental change. In R. Nickerson(ed.), *Emerging needs and opportunities for human factors research*(pp.158-176). Washington, DC: National Academy Press.

Nicolle, C.(1995). Design issues for older drivers. *Ergonomics in Design, 3,* 14-18, July.

O' Hare, D., and Roscoe, S.N.(1990). *Flightdeck performance: The human factor.* Ames, IA: lowa State University Press.

Owens, D.A., Helmers, G., and Sivak, M.(1993). Intelligent vehicle highway systems: A call for user-centered design. *Ergonomics, 36,* 363-369.

Palmer, E., and Degani, A.(1991). Electronic checklists: Evaluation of two levels of automation. *Proceedings of the sixth international Symposium on Aviation Psychology.* Columbus, OH: Ohio State University, Department of Aviation.

Parkes, A.M., and Coleman, N.(1990). Route guidance systems: A comparison of methods of presenting directional information to the driver. In E.J. Lovesey(ed.), *Contemporary ergonomics 1990*(pp.480-485). London: Taylor & Francis.

Planzer, N., and Jenny, M.T.(1995). Managing the evolution to free flight. *Journal of ATC,* Jan.-Mar., 18-20.

Raby, M., and Wickens, C.D.(1994). Strategic workload management and decision biases in aviation. *International Journal of Aviation Psychology, 4*(3), 211-240.

Redelmeier, D.A., and Tibshirani, R.J.(1997). Association between cellular-telephone calls and motor vehicle collisions. *New England Journal of Medicine, 336,* 453-502.

Reinfurt, D.W., Campbell, B.J., Stewart, J.R., and Stutts, J.C.(1990). Evaluating the North Carolina safety belt wearing law. *Acid Anal & Prev, 22*(3), 197-210.

Roscoe, S.N.(1968). Airborne displays for flight and navigation. *Human Factors, 10,* 321-332.

Ross, H.L.(1988). Deterrence-based policies in Britain, Canada, and Australia. In Lawrence, M.D., Stortum, J.R., and Zimrig, F.E.(eds.), *Social control of the drinking driver*(pp.64-78). Chicago, IL: University of Chicago Press.

Sanders, M.S., and McCormick, E.J.(1993). *Human factors in engineering and design.* New York: McGraw-Hill.

Sarter, N.B., and Woods, D.D.(1994). Pilot interaction with cockpit automation II: An experimental study of pilots' model and awareness of the flight management system. *The International Journal of Aviation Psychology, 4*(1), 1-28.

Sarter, N.B., and Woods, D.D.(1995). How in the world did we ever get into this mode Mode? error and awareness in supervisory control. *Human Factors, 37*(1), 5-19.

Schumann, J.(1994). *On the use of discrete proprioceptive tactile warning signals during manual control.* Munster, Germany/New York: Waxrnan.

Schutte, P.C., and Trujillo, A.C.(1996). Flight crew task management in non-normal situations. *Proceedings of the 40th Annual Meetring of the Human Factors Society*(pp.244-248). Santa Monica, CA: Human Factors and Ergonomics Society.

Schwing, R.C., and Kamerud, D.B.(1988). The distribution of risks: Vehicle occupant fatalities and time of the week. *Risk Analysis, 8,* 127-133.

Shinar, D., and Schieber, F.(1991). Visual requirements for safety and mobility of older drivers. *Human Factors, 33*(5), 507-520.

Shinar, D., Rotenberg, E., and Cohen, T.(1997). Crash reduction with an advancer brake warning system: a digital simulation. *Human Factors, 39*, 296-302.

Simon, F., and Corbett, C.(1996). Road traffic offending, stress, age, and accident history among male and female drivers. *Ergonomics, 39*(5), 757-780.

Sojourner, R.J., and Antin, J.F.(1990). The effect of a simulated head-up display speed meter on perceptual task performance. *Human Factors, 32,* 329-340.

Sperandio J.C.(1976). Variation of operator' s strategies and regulating effects or workload. *Ergonomics, 14.* 571-577.

Srinivasan, R. and Jovanis, P.P.(1997). Effect of selected in-vehicle route guidance system on driver reaction times. *Human Factors, 39,* 200-215.

Stanton, N.A., and Marsden, P.(1996). From fly-by-wire to drive-by-wire: Safety implications of automation in vehicles. *Safety Science.*

Status Report(Dec 17, 1994). All the 16-year-olds didn' t make it home. 29. #13. Arlington, VA: Insurance Institute for Highway Safety.

Status Report(March 18, 1995). Airbags Save Lives. 30 #3. Arlington, VA: Insurance Institute for Highway Safely.

Stern, J.A., Boyer, D., and Schroeder, D.(1994). Blink rate: A possible measure of fatigue. *Human Factors, 36*(2), 285-297.

Summala, H.(1981). Driver/vehicle steering response latencies. *Human Factors, 23*, 683-692.

Summala, H.(1988). Zero-risk theory of driver behaviour. *Ergonomics, 31*, 491-506.

Summala, H., and Mikkola, T.(1994). Fatal accidents among car and truck drivers Effects of fatigue, age, and alcohol consumption. *Human Factors, 36*(2), 315-326.

Svenson, O.(1981). Are we less risky and more skillful than our fellow drivers? *Acta Psychologica, 47,* 143-148.

Theeuwes, J., and Godthelp, H.(1995). Self-explaining roads. *Safety Science, 19*, 217-225.

Theeuwes, J., and Hagenzieker, M.P.(1993). Visual search of traffic scenes: On the effect of location expectations. In A.G. Gale et al.(eds.), *Vision in vehicles-IV*(pp.149-158). Amsterdam: Elsevier Science Publishers B.V

Triggs, T., and Harris, W.G.(1982). *Reaction time of drivers to read stimuli*(Human Factors Report HFR-12). Clayton, Australia: Monash University.

Van Der Horst, R.(1988). Driver decision making at traffic signals. In Traffic accident anaysis and roadway visibility(pp.93-97). Washington, DC: National Research Council.

Van Houton, R., and Nau, J.A.(1983). Feedback interventions and driving speed: A parametric and comparative analysis. *Journal of Applied Behavior Analysis, 16,* 253-281.

Violanti, J.M., and Marshall, J.R.(1996). Cellular phones and traffic accidents: An epidemiological approach. *Accid Anal and Prev, 28*(2), 265-270.

Voas, R.B.(1988). Emerging technologies for controlling the drunk driver. In M. Laurence, J.R. Snortum, and F.E. Zimring(eds.), *Social control of the drinking driver*(pp.321-370). Chicago, IL: University of Chicago Press.

Waller, P.F.(1991). The older driver. *Human Factors,* 33(5), 499-506.

Warren, R., and Wertheim, A.H.(1990). *Perception and control of self-motion.* Hillsdale, NJ: Lawrence Erlbaum.

Wasielewski, P.(1984). Speed as a measure of driver risk: Observed speeds versus driver and vehicle characteristics. *Accident Analysis and Prevention, 16,* 89-103.

Weintraub, D.J., and Ensing, M.J.(1992). Human factors issues in head-up display design: *The book of HUD*(SOAR CSERIAC State of the Art Report 92-2). Dayton, OH: Crew System Ergonomics Information Analysis Center, Wright-Patterson AFB.

Wickens, C.D.(1997) Attentional issues in head up displays. In D. Harris(ed.), *Engineering Psychology and Cognitive Ergonomics.* VT: Ashgate.

Wickens, C.D.(1995). The tradeoff of design for routine and unexpected performance: Implications of situation awareness. In D.J. Garland and M.R. Endsley(eds.), *Situation Awareness Analysis and Measurement: Proceedings of the International Conference.* Daytona Beach, FL: Embry-Riddle Aeronautical University Press.

Wickens, C.D., Liang, C.C., Prevett, T., and Olson, O.(1996). Electronic maps for terminal area navigation: Effects of frame of reference and dimensionality. *International Journal of Aviation Psychology, 6*(3), 241-271.

Wickens, C.D., and Long, J.(1995). Object-vs. space-based models of visual attention: Implications for the design of head-up displays. *Journal of Experimental Psychology: Applied, 1*(3), 179-194.

Wickens, C.D., Mavor, A., and McGee, J.(1997). *Flight to the future: Human factors Air Traffic Control.* Washington, DC.: National Academy of Sciences.

Wiener, E.L., Kanki, B.G., and Helmreich, R.L.(eds.)(1993). *Cockpit resource management.* San Diego, CA: Academic Press.

Wiener, E.L., and Nagel, D.C.(1988). *Human factors in aviation.* San Diego, CA: Academic Press.

Wilde, G.J.S.(1988). Risk homeostasis theory and traffic accidents: Propositions, deductions and discussion of dissension in recent reactions. *Ergonomics, 31*(4), 441-468.

Williams, A.F., and O' Neill, B.(1974). On-the-road driving records of licensed race drivers. *Accident Analysis and Prevention, 6,* 263-270.

Wood, J.M., and Troutbeck, R.(1994). Effect of visual impairment on driving. *Human Factors, 36*(3), 476-487.

Young, M., and Stanton, N.(1997). Automotive automation: Effects, problems and implications for driver mental workload. In D. Harris(ed.), *Engineering psychology and cognitive ergonomics.* London, UK: Ashgate.

18 선발과 훈련

2002년에 미국 교통안전국(Transportation Security Agency)은 수많은 항공기 승객들 중에서 악의적 의도를 가지고 항공기에 탑승하고자 하는 소수의 사람들을 찾아낼 수 있는 공항 검색 인력을 대규모로 확충하고자 하였다. 이를 위해 다양한 노력이 시도될 수 있을 것이다. 예를 들어 디스플레이, 작업장, 그리고 직무 등을 적합하게 설계하거나, 자동 검색 장치와 지능형 의사결정 보조수단을 사용하는 것도 도움이 될 것이다. 그러나 보다 효과적으로 검색 과제를 수행하기 위해서는 뛰어난 시각 탐색이나 의사결정 기술을 갖고 있으면서, 동기 수준이 높고, 검색과정에서 승객들에게 불쾌감을 주지 않을 수 있는 대인관계 기술을 보유한 사람을 선발하는 것이 요구된다. 그와 같은 기술과 성격 특질을 예측할 수 있는 검사가 있는가? 만일 그와 같은 기술을 보유한 사람이 충분하지 않다면 어떻게 해야 하는가? 이러한 기술이 부족할 경우에는 검색 과제를 도와줄 수 있는 온라인 직무 보조수단을 제공해 줄 수 있을 것이다. 예를 들어 어떻게 검색을 해야 하는지에 대한 전반적 지시 사항과 무기의 전형적인 이미지가 어떻게 생겼는지에 대한 그림 등이 제공될 수 있을 것이다. 마지막으로, 기술을 보유하고 있는 사람이라 할지라도 검색과정에서 무엇을 살펴보아야 하고, 의심스러운 사람의 특징은 무엇이며, 가장 짧은 시간에 무기를 찾을 수 있는 최상의 스캔 패턴이 어떤 것인지 등에 대해 훈련을 받는다면 분명히 이득을 얻을 수 있을 것이다.

으로 거부할 수도 없다. 이것은 고용주들이 타당하고 공정한 선발 절차들을 신중하게 사용해야 한다는 것을 의미한다. 즉 선발 기준들은 직무 기술이나 능력과 직접적으로 관련되어 있어야 한다. 부적절한 선발 기준을 사용하는 것은 고용 차별로 여겨진다. 예를 들어 소방수는 성별에만 기초하여 선발되어서는 안 된다. 그러나 소방수의 선발 검사 중에는 (정상적인 직무의 일부라고 여겨진다면) 지원자들에게 100파운드(약 45Kg)의 소방 호스를 들고 옮겨 보도록 요구할 수 있다.

선발의 기초

주어진 직무를 성공적으로 수행할 수 있는 사람을 찾아내기 위해서는 먼저 그 직무를 정의하는 임무나 행동에 대한 철저한 분석이 있어야 하는데, 이 절차를 **직무 분석**(job analysis)이라고 한다. 직무 분석은 선발, 훈련, 수행 평가, 그리고 임금 조정과 같은 많은 활동들의 기초가 된다(직무 분석은 과제 분석과 밀접한 관계가 있다). 직무 분석은 다양한 방법으로 이루어질 수 있지만, 대개 정상적으로 수행되는 과제, 직무가 수행되는 환경, 그리고 성공적인 과제 수행에 요구되는 관련 지식, 기술, 그리고 능력 등에 대한 명세화를 포함한다(Smither, 1994).

일단 직무와 관련된 지식, 기술, 그리고 능력 등이 확인되면, 고용주들은 어떤 지식이나 능력이 직무 수행에 필수적인 것인지, 그리고 필수적인 것은 아니지만 지원자가 갖고 있으면 바람직할 수 있는 것이 무엇인지에 대해 우선순위를 매기게 된다. 그런 다음 고용주들은 지원자들이 특정 직무의 수행에 요구되는 과제 특정적인 지식이나 기술을 이미 갖고 있는 사람인지, 아니면 궁극적으로 성공적인 직무 수행을 이끌 기본적인 지식이나 능력(예 : 수리력이나 정신-운동적 기술들)을 갖고 있다는 증거를 보여주는 사람인지를 가려낸다. 군대와 같은 국가 조직뿐만 아니라 많은 사업체들은 이러한 두 번째 범주에 해당하는 사람들을 많이 접하게 되는데, 왜냐하면 대학을 막 졸업한 지원자들은 직무를 수행하는 데 필요한 구체적인 기술을 거의 갖고 있지 못하기 때문이다(즉 현재 상태에서 이들이 보유하고 있는 직무 관련 기술만으로 선발하는 것은 문제가 있다). 따라서 직무 기술 자체에 대한 측정치들보다는 궁극적인 직무 수행에 필요한 기본적인 능력에 대한 측정치들에 기초하여 사람들을 선발해야 한다.

궁극적인 직무 수행과 높은 상관을 갖고 있는 측정치는 높은 **준거 관련 타당도**(criterion-related validity)를 갖고 있는 측정치이다. 높은 타당도를 갖고 있는 측정치는 선발에 매우 유용하게 사용되는데, 그 이유는 검사에서 높은 점수를 받은 지원자들이 앞으로의 직무도 잘 수행할 것이라고 가정할 수 있기 때문이다. 두말할 것도 없이 어느 한 검사 점수와 직무 수행 사이의 상관 계수가 클수록 검사 점수가 작업 수행의 정도를 예언해 주는 정도도 커진다. 그러나 어떠한 검사 점수도 직무 수행과 완전하게 관련되는 것은 아니기 때문에(즉 상관 계수값이 1이 되는 경우는 거의 없다) 고용주들은 이러한 불확실성에 대한 대책을 세워야 한다. 그림 18.1은 신호 탐지 분석의 맥락에서 이러한 문제를 보여주고 있다. 고용주는 선발 성공(즉 적중)을 극대화해 줄 수 있는 예언적 측정치를 얻기 위해 당락점수를 선택해야 한다. 만일 높은 점수를 받은 지원자들이 충분히 많이 있다면, 오른쪽 아래 칸에 해당되는 사람들을(헛경보) 배제하는 것은 상대적으로 쉬운 일이다. 그러나 지원자들의 수가 비교적 적은 경우에는 당락점수를 높게 설정할 수 없을 것이다.

선발 검사와 절차

선발 절차들이 완벽한 것은 아니기 때문에 선발 에러에 의한 손실은 조직체에 따라 상당할

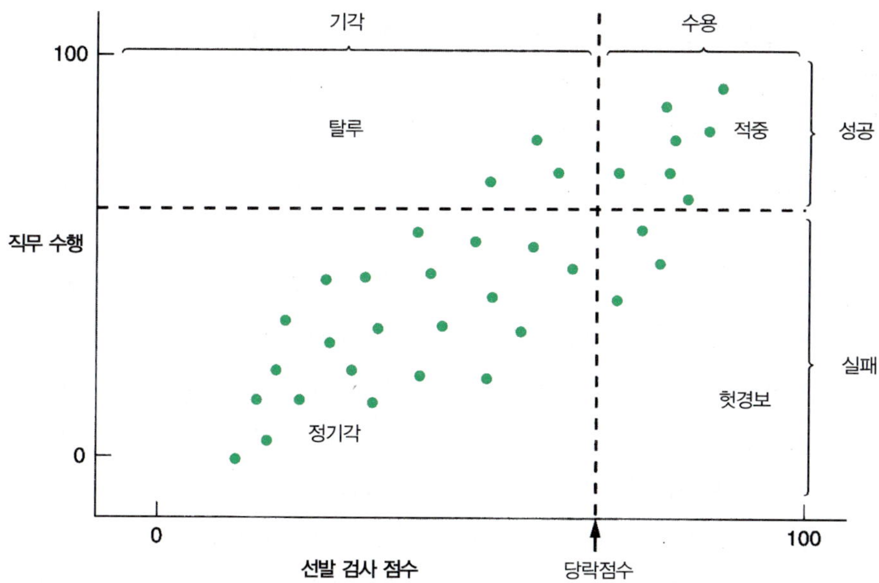

그림 18.1

선발 검사와 실제 직무 수행에 대한 가상적 관계. 검사의 타당도는 검사 점수(x축)와 직무 수행 측정치(y축) 사이의 상관관계로 나타낼 수 있다.

수 있다. 그와 같은 선발 에러 때문에 필요 이상의 훈련 시간이나 비용이 요구되고, 감독자나 간부 사원들이 (새로 그러나 잘못 선발된 사람들에 의한) 불충분한 수행들을 보충해야 하며, 감독자들은 문제점들을 찾고 이를 기록하는 데 시간을 더 보내야 한다. 더구나 선발이 잘못될 경우, 종업원들 사이의 사기 저하나 불평과 같은 문제들을 야기할 수도 있다. 이 절에서는 가장 흔히 사용되는 (따라서 직무 수행에 대한 예언력이 높은) 선발 검사와 절차들에 대해 논의하고자 한다.

인지 능력에 대한 측정치 많이 사용되는 선발 검사들은 인지 능력 혹은 정보 처리 능력에 대한 검사들이다. 사람들은 많은 능력을 갖고 있으며 이러한 능력들은 다양하게 조합되어 과제를 수행하는 데 사용된다. 선발을 위해 측정되는 인지 능력의 전형적 범주들에는 일반적 능력, 언어 능력, 수리 능력, 추리 혹은 분석 능력, 지각 속도, 기억, 그리고 공간적-기계적 능력 등이 포함된다(Osburn, 1987; Ackerman & Cianiallo, 2000). Schmidt와 Hunter(1981)는 인지 능력 검사들이 직무 수행에 대한 타당한 예언자이며, 특히 다른 평가 절차들에 비해 타당도가 훨씬 더 높다는 증거를 제시한 바 있다. 복잡도가 높은 직무의 경우 일반 지능에 대한 측정치는 매우 타당한 예언자이다(Borman et al., 1997). 일반 지능은 작업 기억 역량과 밀접한 관계가 있고, 우리가 제6장에서도 살펴보았듯이 작업 기억은 많은 심적 조작과정에서 중요한 요소로 작용한다. 또한 Hunter와 Hunter(1984)는 언어 능력이나 수리력에 대한 검사는 고도의 복잡성을 갖는 직무에 더 좋은 예언자인 반면, 운동 협응력이나 수동적 민첩성(manual dexterity)에 대한 검사들은 복잡성이 낮은 직무에 더 좋은 예언자라는 것을 발견하였다.

어떤 직무들은 더 추가적인 혹은 더 구체적인 정보 처리 능력을 요구하기도 한다. 예를 들어 몇몇 연구자들은 운전이나 비행 과제들이 선택적 주의 능력에 상당히 많이 의존한다는 것을 시사하였다(예 : Gopher & Kahneman, 1971; Kahneman et al., 1973; Gopher et al., 1994; Ball et al., 1993). 따라서 선택적 주의 능력에 대한 측정치들도 고용 여부의 결정에 사용될 수 있을 것이다(예 : Gopher, 1982). 마지막으로, 어떤 직무들은 기술들의 복잡한 조합을 요구하기 때문에, 선발 방법들도 이러한 복잡성을 반영해야 한다. 예를 들어 Hunter와 Burke(1994)는 조종사 선발 방법들에 대한 68개 연구들을 분석한 결과, 인지 능력에 대한 몇 가지 측정치들을 함께 사용하는 것이 조종사의 성공 여부를 예언하는 데 가장 좋다는 것을 발견하였다. 이러한 측정치들에는 언어 능력과 수리력, 기계학적 지식, 공간 능력, 지각 속도, 그리고 반응시간에 대한 검사들이 포함된다. 전반적으로, 특정한 능력 검사는 누구를 선발할 것인지에 사용하는 경우보다는 이미 선발된 사람을 특정한 직무에 배치하는 데 더 효과적인 것으로 보인다(Borman et al., 1997).

신체 능력과 정신-운동 기술에 대한 측정치 어떤 직무들은 특정 근육군의 근력, 신체적 지구력, 수동적 민첩성, 혹은 정신-운동 기술 등을 요구하며, 이러한 능력을 측정하는 검사에 기초해서 사람들을 선발하는 것은 매우 흔하고 당연한 것이다. 신체적 능력에 대한 측정치들에는 정적 근력(static strength), 동적 근력(dynamic strength), 몸통 근력(trunk strength), 유연성, 전신 협응력, 전신 평형 능력, 그리고 지구력 등이 포함된다. 이러한 변인들에 대한 측정치들 외에 주어진 과제를 수행하는 데 지나치게 피로해지지 않을 정도로 최소한의 심폐기능 능력과 신체적 능력이 있으면 선발하는 대안적 방법들을 사용하기도 한다(제10장~제12장에서 논의한 내용 참조). 다른 검사들은 수동적 민첩성, 손가락 민첩성, 그리고 손-팔 안정성과 같은 운동 능력에 초점을 맞추기도 한다(Osburn, 1987).

성격 평가 성격 평가는 최근에 들어 선발과정에서 점차 많이 사용되고 있는 방법이다(Borman et al., 1997). 일반적으로 두 가지의 표준화된 성격 측정치가 사용된다. '임상적(clinical)' 측정치라고 할 수 있는 첫 번째 측정치는 정신적 질병이 있거나 행동장애가 있는 사람을 확인하기 위한 목적으로 주로 사용된다. 이러한 검사 중에서 잘 알려진 것 중 하나는 미네소타 다면 인성 검사(Minnesota Multiphasic Personality Inventory, MMPI)이다. 그러나 그와 같은 전통적인 성격 검사들은 사람들의 선발에는 적합하지 않다고 할 수 있는데, 왜냐하면 이러한 검사들이 성공을 예언하는 데 얼마나 타당한지 아직 증명되지 않았고(Newcomb & Jerome, 1995), 법적인 관점에서 종종 문제의 소지가 있기 때문이다(Burke, 1995a).

또 다른 유형의 성격 검사들은 모든 사람들에게서 발견되는 성격 차원(personality dimensions)을 측정한다. 이러한 일반적 성격 특성을 측정하는 검사의 예들로는 Cattell의 16PF(Cattell et al., 1970)와 아이젠크 성격 검사(Eysenck Personality Inventory, Eysenck & Eysenck 1964) 등을 들 수 있다. 성격 측정치들을 선발과정에 적용한 최근의 연구들은 다음의 다섯 가지 기본적 성격 요인(혹은 군집들)이 직무 수행을 예언하는 데 유용하다는 것을 나타내 주고 있다(Barrick & Mount, 1991; Hogan et al., 1992).

신경증(neuroticism) : 불안, 우울, 충동성, 그리고 취약성과 같은 특질들의 군집

외향성(extroversion) : 따뜻함, 사교성, 활동성, 그리고 긍정적인 정서 등과 같은 특질들의 군집

개방성(openness) : 느낌, 행위, 생각, 가치 등을 포함

상냥함(agreeableness) : 신뢰, 이타성, 순종, 솔직성 등을 포함하는 특질들의 군집

성실성(conscientiousness) : 역능성, 단정함, 의무감, 성취 노력, 자기-수양 등을 포함

Barrick과 Mount(1991)는 경찰, 관리자, 판매원, 그리고 숙련된(혹은 어느 정도 숙련된) 근로자들을 포함한 다양한 직무에서의 수행을 예언하는 데 성실성 요인이 매우 효과적임을 발견하였다. 이 결과와 마찬가지로, 조종사 선발을 위한 성격 검사에 대한 연구들도 성실성 요인이 가장 강력한 예언적 측정치임을 발견하였다(Bartram, 1995). 최근의 연구들도 정직성 검사와 성실성 검사의 예언적 가치가 높다는 것을 발견하였다(Borman et al., 1997).

작업 표본과 직무 지식 작업 표본은 전형적으로 정상적인 직무 수행 중에 요구될 수 있는 작업의 일부를 지원자들에게 완수해 보도록 요구한다. 예를 들어 지게차 운전자에게 일정 코스를 운전해 보도록 하거나, 비서직 근무자에게 타이핑을 시켜 보거나, 관리직 지원자에게 관리자의 우편함에서 자주 볼 수 있는 메모들에 대해 반응해 보도록 하는 '서류함 검사(in-basket test)' 등이 여기에 포함된다. 작업 표본은 다른 방법에 비해 보다 실제적이기 때문에 선발 방법으로서 타당도가 가장 높은 것 중의 하나이지만(Burke, 1995b; Hunter & Hunter, 1984; Hunter & Burke, 1995), 이를 사용하는 데는 비용이 많이 요구된다. 비교적 저렴하면서도 효과적인 방법 중의 하나는 비디오 평가를 사용하는 것이다(Smither, 1994). 이 방법에서는 지원자들에게 어떠한 의사결정이 요구되는 상황을 짧게 묘사한 비디오를 보여주고 그러한 상황에서 자신은 어떻게 반응할 것인지 말해 보도록 요구한다.

작업 표본은 장기적으로 사용될 수 있다. 예를 들어 지원자들이 일단 고용된 이후에 담당 직무의 중요한 부분을 수행하기 위한 훈련이 필요할 때에도 작업 표본 방법들의 몇 가지 변형이 사용될 수 있다. 이러한 것의 한 가지 사례가 축소형 직무 훈련(miniature job training)인데, 이 방법도 높은 예언 타당도를 갖는 것으로 보인다(Reilly & Chao, 1982; Siegel, 1983). 물론 작업 표본을 수행하기 위해서 지원자들은 어느 정도의 직무 지식을 가지고 있어야 한다. 직무가 수행되는 영역에 대한 지식을 평가하는 직무 지식 검사(job knowledge test)는 다

른 능력 검사에 비해 더 높은 예언 타당도를 제공하기도 한다(Borman et al., 1997). 직무 지식 검사가 높은 예언 타당도를 갖는 이유는 크게 두 가지로 나누어 볼 수 있다. 첫째, 높은 수준의 직무 지식을 갖고 있는 사람은 이 지식을 실제 직무에도 더 잘 전이시킬 수 있을 것이다. 둘째, 그와 같은 지식을 습득한 사람들은 아마도 그 지식과 관련된 영역의 직무에 관심이 더 많을 것이고, 이것은 우수한 직무 수행을 위해 필요한 동기 요인을 반영하기 때문일 것이다.

구조화된 면접 다른 객관적 검사들에 비해 선발을 위한 면접(혹은 '개인적 인상') 방법은 비교적 낮은 예언 타당도를 갖는 것으로 알려져 있다(Osburn, 1987; Dawes et al., 1989). 그것은 추천장도 마찬가지이다. Smither(1994)는 면접이 낮은 예언적 능력을 갖고 있음에도 불구하고 많이 사용되는 몇 가지 흥미 있는 이유를 기술한 바 있다. 추천서가 너무 긍정적인 내용으로 편파되는 가장 강력한 이유 중 하나는 아마도 이전 직장에서의 고용주가 법적인 문제에 휘말리기를 꺼리기 때문일 것이다(Liebler & Parkman, 1992). 면접이 비록 낮은 예언 타당도를 갖고 있기는 하지만, 몇 가지 **구조화 방법**(structuring methods)을 사용하면 좀 더 높은 예언력을 가질 수 있다(Friedman & Mann, 1981; Borman et al., 1997). 최소한 면접에 사용되는 질문들은 직무 분석을 통해 확인된 직무 관련 지식이나 기술에 기초하거나 이와 관련된 것들이어야 한다. 면접을 구조화하는 또 다른 방법은 지원자들에게 이전의 작업 행동들을 기술해 보도록 요구하는 것에 초점을 둔다. 예를 들어 Hendrickson(1987)은 '주요 행동 면접(critical behavior interview)' 기법의 사용을 제안했는데, 이 방법은 지원자들에게 자신이 최근에 가장 잘 수행했다고 느꼈던 경우에 대해 논의해 보도록(예 : 그 상황이 구체적으로 어떠했고, 자신들은 어떤 행동이나 말을 했는지 등) 요구한다. 면접자들은 지원자들이 보고하는 행동 중에 직무 관련 선발 기준에 맞는 것이 무엇인지 확인하고 이를 토대로 점수를 매긴다. 면접을 할 때 항목에 따라 점수를 매겨서 최종적으로 이 점수를 합산하는 방식이 단순히 당락만을 평가하는 면접 방식보다 일반적으로 더 타당하다(Liebler & Parkman, 1992).

결론 직무를 얼마나 잘 수행할 것인지 예측하기 위해 사용되는 다양한 형태의 방법들에 대한 연구 결과들을 종합적으로 고려해 보면, 모든 평가방법들은 나름대로 장단점을 갖고 있으며(Schmidt & Hunter, 1998), 각각의 방법은 다른 방법들이 제공하는 것과는 다른 독특한 예측력을 갖고 있다고 할 수 있다. 그러나 직무와 관련된 지식의 상당 부분은 직무 경험을 통해 획득되는 것이기 때문에, 평가 기법들이 미래의 직무 수행(특히 복잡한 직무의 수행)을 완전하게 예측하는 것은 매우 어려운 문제이다. 이 장의 나머지 부분에서의 초점은 이러한 지식이 직무 보조수단이나 훈련을 통해 어떻게 지원될 수 있는지 살펴보는 것이다.

수행 지원과 직무 보조수단

직무는 점점 더 복잡해지고 있고, 성공적인 직무 수행을 위해 필요한 지식이나 기술도 급속하게 변하고 있다. 따라서 과제 수행과 관련된 엄청나게 많고 급속하게 변하는 정보와 기술에 대처할 수 있도록 작업자들을 훈련하는 것은 매우 어려운 일이다. 예를 들어 어느 한 컴퓨터 소프트웨어 회사에서 전화를 통해 고객 서비스를 담당하는 사람을 훈련시킨다고 가정해 보자. 이들은 엄청나게 많은 양의 정보를 알고 있어야 하거나 그렇지 않으면 최소한 몇 초 이내에 정보가 어디에 있는지 찾을 수 있어야 한다. 대부분의 직무에서 요구되는 정보의 양은 강의실 교육과 같은 전통적인 훈련 방법들로 보충하기에는 너무 많은 것이다.

직무가 요구하는 것과 세미나나 교습서 등을 이용하는 전통적인 훈련 방법들 사이의 괴리 때문에 수행 기술 전문가들은 직접적인 수행 지원(performance-support) 접근법에 점차 관심을 갖게 되었다. 이러한 방법의 기본적인 생각은 직무 수행의 필요에 따라 정보나 훈련 활동이 제공되어야 하며, '배운 다음 그것을 적용하는 사이클(learn-and-apply cycle)'에서 '적용하면서 배우는 사이클(learning-while-applying cycle)'로 전환되어야 한다는 것이다(Rosow & Zager, 1990; Vazquez-Abad & Winer, 1992). 따라서 사람들에게 엄청나게 많은 양의 지식을 제공한 다음 그들이 다음에 그 지식들을 기억으로부터 인출하여 사용할 것이라고 가정하는 것보다 직무를 수행하는 동안 필요할 정보에 접근할 수 있도록(즉 배울 수 있도록) 해주는 것이 더 효율적일 것이다. 수행 지원은 과제 수행 동안에 맥락 특정적인 방식으로 일정량의 정보나 훈련 활동들을 제공해 주는 과정이다. 또한 수행 지원은 다른 방법에 비해 더 효율적이고 작업자들의 기억 부담을 덜어주기 때문에(예 : 어느 한 맥락에서 배운 내용을 다른 맥락에서 다시 기억해 낼 필요가 없다) 더 선호된다(Geber, 1991; Gery, 1989; Vazquez-Abad & Winer, 1992).

이러한 '효율성' 견해는 소프트웨어 사용자들에 대한 교습에도 적용될 수 있다(예 : Spool & Snyder, 1993). 그림 18.2는 소프트웨어 인터페이스 설계자들이 새로운 소프트웨어

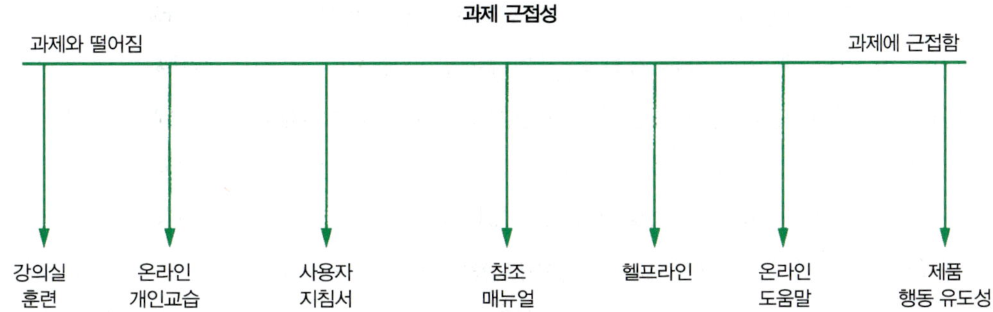

그림 18.2
컴퓨터 인터페이스 훈련 모델들의 연속체

를 배우는 사용자들을 도와주기 위해 사용하는 방법들의 연속체를 보여주고 있다. 오른쪽 부분이 가장 바람직한 부분인데, 여기서 훈련 시스템은 '행동 유도성(affordance)[1]'을 갖고 있어 소프트웨어를 처음부터 사용하기 쉽게 해주고, '세상 속의 지식'을 가장 많이 갖고 있다. 또한 학습시간을 거의 요구하지 않을 뿐만 아니라 사용자의 역량이나 동기 수준에 영향을 받지 않는다. 가장 바람직하지 않은 지원 방법은 전통적인 '미리 배우기'를 위한 강의실 교습인데, 왜냐하면 이 방법은 학습자의 동기 수준에 따라 그 성과가 달라질 수 있고, 학습 자료들을 이해해야 하며, 배운 내용을 기억 속에 남겨 두어야 하기 때문이다. 인간 공학 연구자들도 과제가 수행되기 전에 사람들에게 많은 양의 선언적 지식을 부담시키는 전통적 훈련 방식에 대해 강하게 반대하고 있다(예 : Mumaw & Roth, 1995). 우리가 제6장에서도 살펴보았지만 그러한 지식은 종종 사용되지 않을 수 있으며, 실제 직무 수행 환경으로 쉽게 전이되지 않을 수 있다.

직무 보조수단과 교습서 직무 보조수단은 사용자가 과제를 수행할 때 사용자의 과제 수행을 이끌어 주는 장치나 문서들이다(Swezey, 1987). 문서로 되어 있는 것이든 아니면 컴퓨터를 이용한 것이든, 이러한 직무 보조수단들은 사용자가 필요로 할 때는 언제 어디에서나 제공되어야 한다. 직무 보조수단들의 예들에는 일일 수행 리스트, 해결 요령법, 메모, 제품을 조

1) 행동 유도성이란 시스템이 사용되는 대상(예 : 소프트웨어)에 물리적 또는 의미적인 특성을 부여하여 사용자가 쉽게 사용할 수 있도록 행동에 관한 단서를 제공하는 것을 의미한다(역주).

립하는 데 필요한 설명서, (세금 신고서와 같은) 양식 작성 요령과 같은 것들이 포함될 수 있다. 직무 보조수단은 몇 개의 단어, 그림 한 장 혹은 일련의 그림들, 절차 체크리스트 혹은 완전한 한 권의 책 등과 같은 형태를 가질 수 있다. 잘 설계된 직무 보조수단은 사용자의 역량뿐만 아니라 과제 자체의 복잡성을 충분히 고려함으로써 과제를 더 정확하고 효과적으로 수행할 수 있도록 해준다.

전통적으로, 교습 매뉴얼은 수행 지원을 위한 직무 보조수단의 가장 중요한 형태이다(이것은 반드시 책자로 된 형태일 필요는 없다). 심리학자들은 효과적인 교습에 대해 상당히 많은 지식을 제공해 주고 있는데, 이 대부분은 이해(제6장)나 효과적인 디스플레이 설계(제8장)에 대한 것으로부터 얻어졌다. Wright(1977)는 기술 교습서의 작성 방식에 대해 실험에 기초한 몇 가지 효과적인 가이드라인들을 제시해 주었다. 이러한 가이드라인들 중에는 복잡한 관련성이나 절차들을 설명하는 데는 산문체를 사용하는 것이 바람직하지 않다는 것과, 그러한 장황한 설명들은 잘 구성된 플로우차트(flow chart) 등으로 대체해야 한다는 것 등이

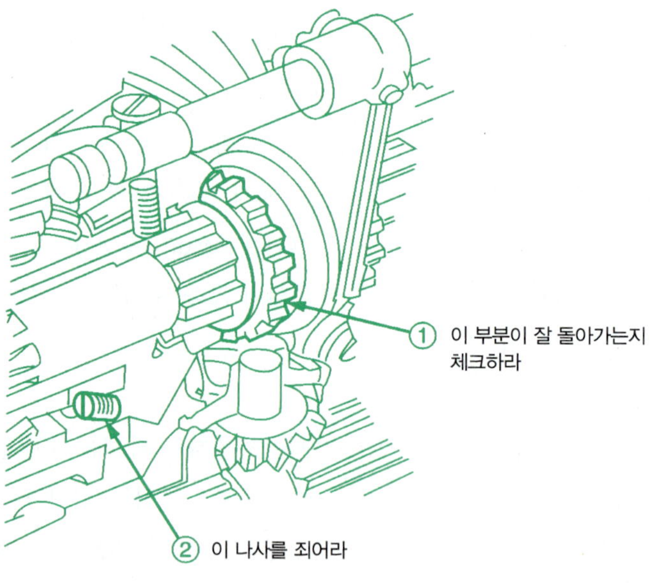

그림 18.3

그림과 단어의 부분적인 중복 조합 방식의 이점

출처 : Wright, P., 1977. Presenting technical information: A survey of research finding. *Instructional Science*, 6, 93-134. Reprinted by permission of Kluwer Academic Publishers.

포함된다. Wright의 가이드라인 중에는 그림 18.3에서 보이는 것과 같이 교습 내용과 중복되는, 혹은 이와 관련되는 그림들을 적절하게 사용하는 것이 중요하다는 내용도 포함되어 있는데, 이것은 제8장에서 논의했던 중복 이득이 갖는 장점에 대한 또 다른 사례를 보여주는 것이다(Booher, 1975; Wickens & Hollands, 2002 참조). 또한 Wright는 그림이나 도표를 관련 텍스트와 근접하도록 위치시켜야 한다는 것도 지적하였는데, 이것은 근접 부합성 원리의 한 예이다.

물론 제6장에서 논의했듯이 모든 텍스트들은 직접적으로 표현되어야 하며, 사례들을 통한 설명도 분명해야 한다. 그러나 이러한 명료성은 사진으로 제시하는 것과 같이 현실감이 있어야 한다는 것을 의미하는 것은 아니다(Spencer, 1988). 사실 응급 상황에서 승객들이 비행기를 탈출하는 데 필요한 절차와 같은 것들은 사진보다는 잘 구성된 그림이 이해하기 더 쉽다(Schmidt & Kysor, 1987). 마지막으로, 음성 합성이 멀티미디어 교습 방법의 하나로 요즘 많이 사용되고 있는데, 음성으로 제공되는 교습 내용은 그림과 결합되어 전달되어야 이점이 있다는 것을 주목해야 한다(Nugent, 1987; Tindall-Ford et al., 1997; Meyer, 1999). 음성과 그림을 조합하여 정보를 제공할 경우, 단순한 인쇄물과는 달리 학습자는 눈을 그림으로부터 돌릴 필요없이 제시되는 내용을 청취하면서 계속 그림을 살펴볼 수 있다.

직무 보조수단들이 직무 수행을 도와주는 것은 분명한 장점이지만 이와 관련된 문제가 없는 것은 아니다. 최근의 연구들은 체크리스트를 잘못 사용한 것이 몇 개의 중요한 항공기 사고의 부분적인 원인이 되었다는 것을 밝혀 주었으며(예 : Degani & Wiener, 1993), 제17장에서도 논의되었듯이, 이러한 체크리스트 사용의 문제들은 다른 산업체 등에서도 확인된 바 있다(Swain & Guttmann, 1983). Degani와 Wiener(1993)는 그와 같은 체크리스트의 사용과 관련된 많은 인간 에러들을 기술한 바 있는데, 이러한 에러들에는 긴 체크 항목 중의 어느 항목을 간과하고 지나가는 것, 체크리스트의 한 절차를 실제로는 수행하지 않고도 수행했다고 잘못 생각하는 것, 그리고 체크리스트를 살펴보는 것으로부터 일시적으로 주의가 다른 곳으로 분산되는 것 등이 포함된다.

컴퓨터를 통한 수행 지원 현재는 많은 과제들이 컴퓨터의 도움을 받아 수행되고 있다. 이러한 컴퓨터는 사용자들이 지금 무엇을 원하고 있는지 추론하여 자동적으로 필요한 정보를 제공하는 능력을 갖고 있다(Hammer, 1999). 이러한 온라인 헬프 시스템에 대해서는 제15장에서 기술된 바 있다. 제16장에서 기술된 **적응형 자동화 시스템**(adaptive automation system)

도 분명히 많은 이점을 제공할 수 있다. 그러나 제6장에서도 기술되었듯이, 이러한 시스템들을 사용할 때는 수행 중인 과제가 방해받을 수 있기 때문에 어느 정도의 (경우에 따라서는 심각한) 문제점도 갖고 있다(Bailey et al., 2001; Czerwinski et al., 2000).

마지막으로 고려해야 할 것은 수행 지원 수단이나 훈련, 혹은 이 두 가지 모두를 언제 사용할 것인지를 결정하는 문제이다. 대부분의 교습 설계에는 이러한 결정이 이루어져야 하는 단계를 명시하고 있고, 이러한 결정과 관련하여 교습 설계자들을 위한 가이드라인들도 있다. 표 18.1은 여러 연구자들(예 : Gordon, 1994)이 제공한 가이드라인의 목록이다. 그러나 이러한 가이드라인들은 상대적으로 기본적 수행 지원 수단들을 가정하고 제안된 것이기 때문에 좀 더 진보된 형태의 디스플레이나 지능형 대리자(intelligent agent)에게는 잘 적용되지 않는다는 것에 주의해야 한다.

장애자 지원

인사 선발, 개인차 및 직무 보조수단 등과 관련된 문제들은 장애를 갖고 있는 사람들이 겪는 문제들을 해결하는 데 특히 중요하다. 장애는 시각, 청각, 인지 및 신체적 손상(여기에는 부상에 의한 것뿐만 아니라 다발성경화증과 같은 질병에 의한 신체적 손상과도 관련된다)을 모두 포함한다. 2000년에 미국에서 실시한 조사에 따르면, 미국 국민의 20% 정도가 공식적인 장애를 갖고 있다고 한다. 이러한 장애는 은퇴 연령에 해당되는 노령층에서 빈도가 더 높다. 그러나 젊은 층의 전체 노동인력 중에서 장애가 있는 사람들의 비율은 상당히 높을 뿐만 아니라, 장애가 있는 사람들 중 대략 3분의 1에 해당하는 사람들은 일을 할 수 있고, 또한 일을 하고자 해도 고용되지 않고 있다(Vanderheiden, 1997). 미국 장애인법(Americans with Disabilities Act)을 고려하면 장애인에 대한 직무 지원은 특히 중요한 문제가 된다. 그러나 장애인에 대한 그러한 지원의 중요성은 작업장을 넘어서 학교, 지역사회 및 가정으로까지 확대된다.

특정한 정신적/신체적 결함에 의해 특별한 서비스나 편의시설 제공을 받을 자격이 있는 사람이 누구인지를 정의하기 위해서는 '장애'를 공식적으로 분류하기 위한 선발과 개인차 문제들이 중요해진다. 예를 들어 '법적으로 맹인'에 해당되는 사람들은 교정 후 Snellen 시력이 20/200(일반적으로 0.1) 이하이거나, 시각장 범위가 20도보다 작은 경우이다.

Vanderheiden(1997)은 직무 수행(혹은 다른 영역)에서 장애가 있는 사람들을 지원하는

표 18.1 수행 지원 시스템이나 훈련 시스템의 사용을 요구하는 요인들

수행 지원 시스템은 다음과 같은 경우에 사용한다
• 작업자가 정보를 찾아볼 수 있을 만큼 직무나 과제가 충분한 시간을 허락해 줄 때. • 과제가 많은 양의 정보 사용하거나/혹은 복잡한 판단이나 의사결정을 요구할 때. • 과제 수행이 지시문을 읽거나 도표를 본다고 저하되지는 않을 때. • 과제나 직무가 기억하거나 학습하는 데 힘들 정도로 매우 많은 단계들을 포함하고 있을 때. • 안전이 매우 중요한 문제이고, 보조수단들에 의존한다고 해서 부정적인 결과가 초래될 염려가 없을 때. • 과제가 초보자나, 그 과제를 어쩌다가 수행하는 사람들에 의해 수행될 때. • 어떤 직무에 대한 고용인들의 이직률이 매우 높을 때(즉 그 직무에 사람들이 익숙하지 못할 것이기 때문에). • 고용인들이 어떤 직무에 대해 (거리나 시간상의 이유로) 훈련을 제대로 받을 수 없을 때.
훈련 시스템은 다음과 같은 경우에 사용한다
• 과제의 단계들이 신속하게, 그리고 빠른 연속으로 수행되어야 할 때. • 과제가 빈번하게 수행될 때. • 좀 더 고차적인 수준의 과제를 수행하기 위해 과제들에 대한 학습이 필요할 때(예 : 악기를 연주하기 위해서는 악보를 보는 훈련을 해야 한다). • 사람들이 (수행 지원 시스템들과 같은) 다른 도움을 받지 않으면서 과제를 수행하기를 원할 때. • 사람들이 (수행 지원 시스템들과 같은) 다른 도움을 받지 못하면서 과제를 수행해야 할 때. • 과제의 수행이 보조 수단들에 주의를 기울이는 것으로 인해 방해를 받을 수 있을 때. • 과제 자체가 그 본질상 정신-운동적 혹은 지각적 과제이기 때문에 직무 보조수단이 사용될 수 없을 때.

데 사용될 수 있는 세 가지의 일반적 방법들을 제안하였다. 첫째는 과제가 좀더 쉽게 수행될 수 있도록 교습이나 훈련 방략을 통해 개인을 변화시키는 것이다. 둘째는 보청기, 휠체어, 혹은 인공적 보철물(예 : 의족) 등과 같은 도구나 장치를 제공하여 원래의 기능 일부를 회복할 수 있도록 하는 것이다. 그와 같은 도구나 장치들을 설계할 때는 사용성과 관련된 몇 가지 인간 공학적 원리들이 중요해진다. 예를 들어 이러한 것들이 제대로 기능하는 것은 당연하지만 그렇게 기능하도록 하기 위해 지나친 정신적 혹은 인지적 노력을 요구해서는 안 된다. 또한 가능하다면 그러한 도구나 장치들을 여러 사람들 앞에서 사용하더라도 장애자들이 당혹스럽지 않도록 설계자들은 세심한 주의를 기울여야 한다. 마지막으로, 작업장, 학교, 지역사회, 혹은 가정에서 장애를 갖고 있는 사람들이 좀 더 효과적으로 수행할 수 있도록 설계 방식을 변경하는 것이다.

세 번째 방법−설계 방식을 변경하는 것−은 소수의 장애가 있는 사람들을 직접적으로 지원하기 위한 것이기 때문에 언뜻 보기에는 비용이 많이 소요되고 반드시 필요한 것은 아닌 것으로 여겨질 수도 있을 것이다. 그러나 Vanderheiden(1997)이 유니버설 디자인

(universal design)의 개념에 대해 언급하면서 지적하였듯이, 장애인을 위해 만들어진 많은 설계 특징들은 나머지 사람들이 사용하기에도 훨씬 용이한 것들이다. 예를 들어 휠체어 사용자를 위해 만들어진 경사로는 정상인이 보행할 때도 발을 헛디디거나 넘어지는 것을 줄여준다. 가독성이 높게 설계된 디스플레이들은 (조명과 같은) 읽기 조건이 열악한 상황에서 시각장애가 있는 사람들뿐만 아니라 정상인들도 잘 읽을 수 있을 것이다. 인지장애의 측면에서 보면, 정신지체자들을 위해 단순하고, 읽기 쉬우며, 그래픽을 많이 사용하여 만들어진 지시문은 그 언어의 원어민이 아닌 사람이나 읽기 기술이 낮은 사람, 혹은 스트레스 상황하에서 지시문의 내용에 따라 수행해야 할 사람들에게도 많은 도움이 될 것이다.

유니버설 설계를 위해 취해질 수 있는 많은 방법들은 이 책에서 여러 번 언급된 '좋은 설계'를 위한 방법이기도 하다. Vanderheiden(1997)은 여러 장애 유형의 각각에 대해 어떠한 설계가 효과적이고 바람직한지 소개하고 있다.

훈련

학습과 전문성

제6장에서 우리는 정보 저장과 관련된 심적 과정들에 대해 자세히 기술한 바 있다. 지각된 정보는 주의를 요구하는 조작을 통해 작업 기억 안에서 '좀 더 깊은 수준으로 처리'된다. 그리고 이것에 대한 처리가 충분할 경우 장기 기억에 사실들이 저장되거나(이것은 선언적 지식의 특징이다) 혹은 장기 기억에서의 연결이나 연합을 형성시킨다(이것은 절차적 지식의 특징이다). 또한 다양한 지각 및 운동 기술들에 대한 연습과 반복을 통해 장기 기억 속에서 이들이 영구적으로 표상될 수 있도록 해준다.

심리학자들은 영구적인 기억 발달을 **전문성**(expertise) 발달의 세 단계와 연결짓기도 하였다(Anderson, 1995; Fitts & Posner, 1967). (1) 처음에, 직무나 과제에 대한 지식은 주로 **선언적 지식**(declarative knowledge)이다. 그와 같은 지식은 대개 잘 조직화되어 있지 않고, 직무를 수행할 때도 제대로 사용되지 못한다. 제15장에서도 논의되었듯이, 초보 컴퓨터 사용자는 취약한 선언적 지식을 보완하기 위해 필요한 여러 단계를 찾아보면서 컴퓨터를 조작해야 한다. (2) 많은 연습과 친숙성이 증가함에 따라 **절차적 지식**(procedural knowledge)이 발달한다. 절차적 지식은 일반적으로 규칙(rule)이나 'if-then' 진술문의 형태를 갖는데, 이런 것들은 매우 효율적으로 회상되고 사용될 수 있다. (3) 마지막으로, 몇 주, 몇 개월 혹은 몇 년에 걸쳐 **자동성**(automaticity)이 발달하면 기술은 매우 정교해진다. 자동화의 개념에 대해서는 제6장에서 논의된 바 있다. 수행이 자동화되면 주의를 거의 필요로 하지 않을 뿐만 아니라 매우 신속하게 수행될 수 있다.

이 세 가지 단계는 각각 갑자기 나타나는 것이 아니라 점진적이고 연속적으로, 그리고 부분적으로 중복되어 나타난다. 이 결과, 기술은 비교적 연속적인 형태로 향상된다. 그림 18.4의 실선과 같이 수행을 전체적으로 평가해 보면(그리고 높은 점수가 '저조한' 수행이라고 하면), 전형적인 학습곡선은 세 가지 단계 모두에 걸쳐 지수적으로 감소하는 함수를 따른다(Newell & Rosenbloom, 1981). 그러나 그림 18.4의 점선들이 나타내는 것과 같이 기술의 상이한 측면들(에러, 수행 시간, 그리고 주의 요구)은 세 가지 단계 중 한 단계에서 두드러진 변화를 보인다. 에러율은 전형적으로 기술 발달의 초기 단계에서 급격하게 감소하고, 에러가 사라진 후에는 수행 시간이 점차적으로 짧아지며, 지속적인 연습에 의해 수행에 필요한 주의의 양이 감소하여 궁극적으로는 완전한 자동성에 이르게 된다. 그러나 만일 어떤 수행이 비일관적 대응(inconsistent mapping)을 통해 수행된다면 완전한 자동성은 결코 획득되지 못한다(Schneider, 1985).

물론 그림 18.4에 제시된 것은 수행 측정치들에 대해 정확한 값을 나타낸 것이라기보다는 단지 도식적인 형태로 나타낸 것이다. 에러나 수행 시간, 혹은 주의 요구량이 감소하는 정도

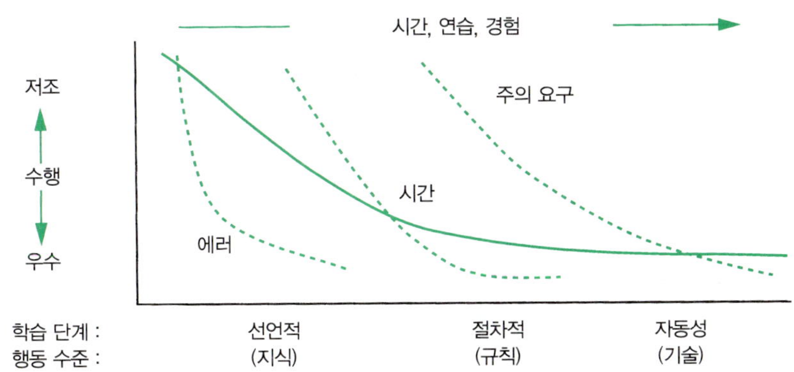

그림 18.4
숙련된 행동의 발달과정

훨씬 전에 에러가 없는 수준에 이를 수 있다. 에러가 없는 수행 상태에서 연습을 계속하는 것을 과잉학습(overlearning)이라고 하는데, 과잉학습은 인지적 수행이든 운동 제어 수행이든 간에 수행 속도를 지속적으로 향상시켜 주는 이점이 있다. 따라서 과잉학습은 수행 속도가 중요한 직무에 더 도움이 된다고 할 수 있다. 과잉학습은 자동성을 만들어 내기 때문에 운전이나 비행과 같은 중다과제 수행 요구가 많은 기술들에 특히 더 중요하다. 또한 과잉학습은 망각률(rate of forgetting)을 낮춰 주고, 일정한 시간이 경과한 후에 원래의 내용을 다시 학습하는 것을 더 쉽게 해주는 것으로 밝혀졌다(Anderson, 1990; Fisk & Hodge, 1992). 우리가 제13장에서 논의했듯이, 어떠한 응급 상황이나 특수 상황에서 필수적인 기술들은 정기적으로 연습되지 않을 수 있다. 이러한 경우 과잉학습은 응급 상황에서 오퍼레이터들이 어떻게 과제를 수행해야 하는가를 더 잘 기억해 낼 수 있게 해주고, 과제를 더 빨리, 더 정확하게, 그리고 상대적으로 자동적 방식으로 수행할 수 있게 해준다.

깊고 능동적이며 의미 있는 처리 제6장에서 작업 기억에 대해 논의하면서 새로운 재료를 학습하기 위해서는 작업 기억에 이미 존재하고 있는 재료들에 대한 의미 있는 연합형성 과정에서 능동적 군집화가 중요하다는 것을 살펴본 바 있다. 이러한 심적 활동은 때로 '깊은' 처리라고도 하는데(Craik & Lockhart, 1972), 재료에 대한 능동적인 처리가 효과적인 학습에 매우 중요하다는 연구 결과들은 많이 있다(Goldman et al., 1999). 능동적 처리를 유도하는 데는 크게 세 가지 기법이 사용될 수 있다. 첫째, 자동성 형성과 관련된 '생성 효과(generation effect)'를 생각해 볼 수 있을 것이다. 즉 능동적으로 행위를 생성하는 사람들은 그 행위들을 더 잘 기억한다(Slamecka & Graf, 1978). 따라서 능동적 참여를 이끄는 훈련 기법은 더 우수한 회상을 가져온다. 한 예로, 강의 도중 노트 필기를 하는 것은 이해를 돕고 들은 내용을 시각적 형태로 다시 표현할 수 있도록 한다. 둘째, 능동적 문제해결과 집단 참여는 학습해야 할 재료를 응용하거나 그 재료에 대해 서로 의사소통하게 함으로써 수동적으로 교습된 것에 비해 훨씬 다양한 방식으로 생각할 수 있게 해준다(Goldman et al., 1999). 셋째, 절차적 지시와 같은 재료들에 대한 의미는 학습자가 단지 무엇이(what) 수행되어야 하는지만을 이해하는 것보다 왜(why) 그것이 수행되어야 하는지를 이해할 경우 더 잘 파지되고, 더 효과적인 정신 모형을 만들어 낼 수 있게 한다. 그러나 이론적인 내용(어떤 과정에서 '왜' 에 해당하는 부분)이 기술적 지시에 포함되어 있는 경우에는 이것이 분리된 단위로 제공되기보다는 절차적 과제 맥락 안에 구현되도록 해야 한다(Mumaw & Roth, 1995).

피드백 제공 효과적 학습을 위해서는 효과적인 피드백의 제공이 필수적이라는 것은 잘 알려진 사실이다(Holding, 1987). 그와 같은 피드백에는 두 가지의 유형이 있다. 첫째, 교정 피드백(corrective feedback)은 학습자가 무엇을 잘못했는지(그리고 어떻게 하는 것이 제대로 하는 것인지) 알려주는 것이다. 둘째, 동기 피드백(motivational feedback) 혹은 보상은 잘 수행된 직무에 제공되는 것이다. 피드백이 가장 효율적이기 위해서는 수행이 이루어진 직후에 즉각적으로 제공되어야 한다. 그러나 피드백이 적시에 제공되는 것도 중요하지만 주의가 어려운 기술 요소에 할당되는 동안에는 피드백이 제공되어서는 안 된다. 그와 같은 상황에서 바람직한 것은 학습자가 수행되고 있는 기술 요소에 주의 자원을 할당하는 대신 피드백은 무시하는 것이다. 피드백이 무시된다면 이 피드백은 학습자에게 주어지지 않게 될 것이다. 그러나 최악의 경우, 기술이 위험한 환경에서 학습되고 있다면(예 : 실제 도로에서 운전 교습을 받는 상황) 피드백을 처리하기 위해 주의 자원을 분산시키는 것은 안전에 심각한 손상을 초래할 수 있을 것이다.

개인차 고려 앞에서도 논의하였듯이, 학습자들 사이의 개인차는 특정 과제 영역에 대한 기존 지식의 수준과 인지적 능력 모두에 존재한다. 이러한 개인차는 중요한 문제이다. 예를 들어 기존에 더 높은 전문성을 갖고 있는 학습자는 복잡한 과제에 대해 더 복잡하게 주어지는 지시에 더 많은 이점을 얻을 수 있을 것이다. 반면, 기존 지식의 수준이 낮은 학습자라면 복잡한 개념에 대한 것은 처음에는 좀 더 단순화된 방식으로 제시해 주는 것이 바람직할 것이다(Pollack et al., 2002). 공간적 그래픽을 사용하여 재료를 제시한다면 전반적인 인지 능력이 낮은 사람이나 높은 공간 능력이 있는 사람에게 모두 이점이 된다(Meyer, 1999). 단일한 훈련 재료인 경우 인지 능력에서의 개인차를 극복하는 가장 효과적인 방법 중 하나는 그래픽과 단어를 중복적으로 사용하는 것이다(Meyer, 1999; Tindall-Ford et al., 1997).

주의에 주의를 기울이는 것 학습은 정보 처리이고, 제6장에서 논의된 바와 같이 정보 처리에 가용한 자원은 일반적으로 한정적이다. 이러한 사실은 교습에 몇 가지 시사점을 주는데, 이러한 시사점들은 Sweller와 그의 동료들(Sweller, 1994, 1999; Sweller & Chandler, 1994; Pollack et al., 2002)이 제안하고 Meyer(1999)의 연구에 의해 경험적으로 지지된 **인지 부하 이론**(cognitive load theory)에서 자세하게 다루어지고 있다. 특히 이 연구자들은 장기 기억에서 새로운 연합을 생성하는 데 작업 기억이 역할을 제대로 할 수 있게 하기 위해서는 교습이 정보 처리 역량을 과부하시키지 않는 것이 중요하다는 것을 강조하였다. 주의 과부하를 초래할 수 있는 예들은 다음과 같다.

- 제시되는 피드백과 수행하는 과제를 동시에 처리하는 경우(앞에서 논의되었음).
- 문제의 난이도가 높아서 문제해결 조작과 얻어져야 하는 지식 사이의 관계가 이해되지 못하는 예시 문제를 이용하여 작업하는 경우(Sweller, 1993)
- 물리적으로 서로 분리된 문장 단어 및 이와 관련된 그림 도식을 정신적으로 통합해야 하는 경우(이것은 제8장의 원리 9에서 논의한 근접 부합성 원리를 위반한 것이다)
- 기초적 지식만을 소유한 학습자에게 매우 어려운(즉 여러 학습요소들을 통합해야 하는) 개념을 제공하는 경우(Pollack et al., 2002)
- 컴퓨터를 통해 제시되는 재료를 학습하기 위해 열악하게 설계된 컴퓨터 인터페이스를 다루는 경우
- 교습해야 하는 내용과 전혀 관계없는, 그러나 주의를 끄는 그래픽 정보나 다른 정보에 주의를 빼앗긴 후 다시 그것들로부터 주의를 돌려야 하는 경우

이러한 문제들을 해결하기 위해서는 다음과 같은 교습과 관련된 주의 원리들을 적용하는 것이다.

1. 피드백 제공 시점을 신중하게 결정하여 수행과 피드백이 동시에 처리되지 않게 하라.
2. 잘 정제된 예시 문제를 제공하여 문제가 해결될 수 있도록 하라(Sweller, 1993).
3. 중복적인 혹은 관련되는 그림과 단어를 사용하고(Booher, 1975), 그림을 관련된 단어와 근접하게 혹은 연결지어 제공하라(Tindall-Ford et al., 1997).
4. 시각 주의 분산으로 인한 자원 경쟁을 피하기 위해서는 그림과 함께 음성(혹은 합성음성)을 제공함으로써 중다의 자원을 활용하는 것을 고려하라(Meyer, 1999; Tindall-Ford et al., 1997; 제8장의 원리 10 참조).
5. 재료가 갖는 인지 복잡성을 학습자의 전문성 수준에 맞추어라(Pollack et al., 2002).
6. 교습 시스템의 인터페이스를 인간 중심적이고, 산만하지 않으며, 학습해야 하는 재료로부터 주의를 빼앗기기 않도록 신중하게 구성하라.

부분 훈련 앞 절에서는 복잡한 과제들을 위한 몇몇 훈련 프로그램은 그것이 갖는 복잡성 때문에 학습자를 압도할 수 있다는 것을 살펴보았다. 예를 들어 이전에 비행 경험이 전혀 없는 초보 비행 훈련 학생에게 '비행기를 조종하라'고 요구하는 것을 상상해 보라. 인간 공학 실천가들은 복잡한 전체 과제를 부분 과제들로 쪼개거나 단순화한 다음, 각각 따로 훈련하여 나중에 다시 조합한다면 좀 더 효율적인 훈련이 될 수 있다고 주장하였다(Fisk, 1987; Lesgold & Curtis, 1981). 이러한 방법의 한 가지 예로 피아노 악보를 각각의 손으로 먼저 연습한 다음 나중에 두 손으로 연주하는 것을 들 수 있다. 그러나 연구 문헌들은 **부분-과제 훈련**(part-task training)이 모든 하위과제들이 동시에 훈련되는 **전체-과제 훈련**(whole-task training)에 비해 항상 우수한 것은 아니라는 것을 보여주었다(Cream et al., 1978; Wightman & Lintern, 1985). 오히려 어떤 연구들은 전체-과제 훈련은 전이 효과율의 측면에서는 부분-과제 훈련보다 더 우수하다는 것을 보여주기도 하였다. Wightman과 Lintern(1985)은 부분-과제 훈련의 성공 여부에 영향을 미치는 한 가지 요인은 전체 과제를 어떤 방법으로 나눌 것인지의 문제라고 지적하였는데, 이것은 **분절화**(segmentation)와 **세분화**(fractionation)의 두 가지 방식으로 이루어질 수 있다.

부분-과제 훈련을 가장 성공적으로 사용하는 방법은 분절화인데, 이 방법에서 전체 과제는 시간적으로 중복되지 않는 요소들을 중심으로 분할되어 개별적으로 훈련된다. 이러한 절차는 전체 과제 중의 어떤 분절들이 특히 더 어려운 경우에 잘 적용된다. 즉 전체 과제를 분절함으로써 쉬운 과제에 시간을 낭비하지 않고 어려운 과제에 더 많은 시간을 할당할 수 있게 되는 것이다. 예를 들어 매우 어려운 악보는 그중에서 가장 어려운 소절을 먼저 연습한 다음에 쉬운 소절들과 함께 연결하는 것이다. 비행 장면의 경우, 착륙에서 가장 어려운 부분은 바퀴가 지면에 닿는 순간이기 때문에(Benbassat & Abramson, 2002), 항공 시뮬레이션 훈련 과정에서 이 부분만 따로 여러 번 그리고 강도 높게 연습할 수 있을 것이다.

부분-과제 훈련이 잘 수행되기 곤란한 경우는 하나의 복잡한 과제가 동시에 수행되어야 하는 몇 개의 과제요소들로 나누어져야 하는 경우인데, 이러한 방식을 세분화라고 한다. 이것은 예를 들어 피아노 악보를 연습할 때 (실제 연주는 두 손을 같이 동작해야 하지만) 동일한 소절에 대해 두 손을 따로 연습하는 것이다. 대개 세분화를 통한 훈련은 전체 과제 중 일부분에 해당하는 몇 가지 요소들의 집합에 대한 훈련에만 적용된다. 세분화를 통한 부분-과제 훈련은 훈련을 위해 어떤 세부 과제들이 선택되었는가에 따라 성공할 수도 있고 그렇지 못할 수도 있다(Wightman & Lintern, 1985). Anderson(1990)은 만일 세부 과제들이 전체 과제의 수행에서 서로 독립적이라면(예 : 항공기를 조종하는 것과 무선 교신하는 것) 세분화를 통한 부분-과제 훈련을 사용할 수 있을 것이라고 제안하였다. 만일 항공기 조종과 같이 전체 과제가 정보 처리 측면에서 매우 복잡한 것이라면, 이러한 세분화를 통한 부분-과제 훈련은 매우 유용한 훈련 방법이 될 수 있다(제17장 참조). 특히 훈련 초기 단계에서 수행의 특정 부분이 자동화 수준까지 연습될 수 있다면 최소한 연습의 초기 단계에서는 이 훈련이 성공적이라고 평가될 수 있다(Schneider, 1985). 그러나 세부 과제들이 상당히 상호의존적이라면 부분-과제 훈련의 이점은 사라진다. 이러한 상호의존성(interdependence)은 어느 부분 과제들에 대한 수행이 다른 부분 과제들의 수행과 결합되었을 때 그 수행에 영향을 미치거나 혹은 영향을 받는 경우에 발생한다. 예를 들어 수동 변속 자동차의 경우, 클러치를 밟는 것과 기어를 변경하는 것은 상호의존성이 있는 것이다.

단순화, 유도 훈련 및 적응 훈련 학습자의 인지 부하를 줄이는 또 다른 방법은 실제 세계에서 수행되는 궁극적인 목표 수준으로부터 과제들을 단순화시키는 것이다(Wightman & Lintern, 1985). 이러한 단순화는 인지 부하도 줄여 주고 때로 수행에서의 에러도 줄여 주는 복합적인 효과가 있기 때문에 학습자가 잘못된 방식으로 학습하지 않도록 해준다. 여기에는 두 가지 접근 방법이 있다. 단순화(simplification)는 실제 과제를 더 쉽게 만들어 준다. 예를 들어 항공기 조종을 가르칠 때 우리가 제9장과 제17장에서 보았듯이 제어하기 더 쉬운 낮은 차수의 항공기 역동에 대한 것부터 가르치는 것이다. 유도 훈련(guiding)은 에러가 발생하지 않도록 하면서 옳은 반응만 제공해 주는 것이다. 비행의 경우, 훈련생들이 정확한 비행 경로에 따라 비행할 수 있도록 올바른 궤적에 맞게 훈련생이 사용하는 제어장치들을 설정하는 것이 한 예이다. 컴퓨터 사용 기술을 가르치는 경우라면, 해당되지 않는 키들은 미리 작동되지 않도록 하는 대신 사용되어야 하는 키들은 사용 순서대로 부각시켜 줄 수 있을 것이다. 유도 훈련은 때로 '훈련 휠(training wheel)' 접근이라고 불리는 방법을 채택하는데(Caroll & Carrithers, 1984; Cotrambone & Carroll, 1987), 이 방법은 마치 아이가 자전거를 배울 때 넘어지지 않도록 보조 바퀴를 제공해 주는 것처럼 사용자의 수행에 영향을 미칠 수 있는 중요하거나 전형적인 에러를 방지해 주는 방법이다. 단순화 방법을 사용하건 아니면 유도 훈련 방법을 사용하건, 학습자들이 기술을 점차 습득하여 최종 기술 수준에 도달해 감에 따라 난이도 수준은 적응적으로(adaptively) 증가될 수 있을 것이다(Mane et al., 1989; Druckman & Bjork, 1994). 연구자들은 이 기법을 스캐폴딩(scaffolding)이라고도 부르는데(Goldman et al., 1999; Brock, 1997), 그것은 이 기법이 빌딩을 지을 때 비계(scaffold)를 설치하고 작업하면서 공사가 완공되어 감에 따라 점차 비계를 제거해 나가는 것과 유사하기 때문이다.

부분-과제 훈련과 마찬가지로 단순화와 유도 훈련도 학습 초기에 가치 있는 역할을 할 수 있다. 이것은 두 가지 이유 때문에 가능하다. 첫째, 이 방법들이 불필요한 에러에 주의를 빼앗기지 않도록 해준다(Carroll & Carrithers, 1984). 둘째, 이 방법들은 충분한 여유 자원을 사용할 수 있게 함으로써 필요한 기술을 약호화하는 데 학습자들의 작업 기억이 도움을 줄 수 있게 한다. 그러나 이 두 가지 기법들은 잠재적 문제들도 갖고 있다. 때로 기술의 단순화된 형태만 학습하는 것은 복잡한 형태로 전이되지 못할 수 있다. 예를 들어 비행 역동에서 0차 추적 과제를 학습하는 것은 2차 과제의 수행에 전혀 전이되지 않을 수 있다. 그리고 학습자들은 유도 훈련에 의한 유도 자체에 너무 의존적이 되어 그것이 제거되었을 때는 어려움을 경험할 수 있다(Lintern & Roscoe, 1980). 이것은 학습자들이 유도 훈련 과정에서 주어진 주의, 인지 및 운동 기술을 대체할 수 있는 기술들을 습득하지 못하는 경우에 특히 더 그렇다. 예를 들어 보조 바퀴를 부착한 자전거로 아동이 자전거 타는 연습을 할 때 보조 바퀴 없이 균형 잡는 것을 학습하지 못하는 경우를 고려해 보라. 따라서 단순화 방법이나 유도 훈련 방법을 사용하고자 할 때는 훈련 내용과 직접적으로 관련되지 않는 내용으로도 수행할 수 있도록 점차적으로 훈련 방식을 조절해야 한다.

단순화 방법이나 유도 훈련 방법이 훈련과정에서 학습자들이 범할 수 있는 에러를 줄이도록 고안되었다는 것에 대해서는 몇 가지 언급할 필요가 있다. 에러 방지는 에러에 의한 결과가 비교적 심각하거나(예 : 에러가 발생한다면 처음부터 다시 훈련을 시작해야 한다거나 훈련 장비가 손상되는 것), 훈련이 교정 피드백 없이 에러가 반복되는 것을 막지 못하는 경우에 의미가 있을 것이다. 그러나 훈련 동안의 에러 없는 수행이 실제 환경에서도 에러 없는 수행을(혹은 최소한 효과적인 수행을) 보장할 것이라고 가정하는 것은 무리가 있다(Druckman & Bjork, 1995). 그보다는 만일 훈련의 일부분에 학습자가 에러를 범하고 난 후 그것을 효과적으로 교정하는 기술이 포함되어 있다면, 학습자들이 에러를 범하도록 해주는 것은 많은 이점이 있을 수 있다. 그 이유는 에러-교정 기술이 훈련 상황으로부터 실제 작업 환경에 전이된다면 이것은 실제 직무 수행에서 매우 중요한 가치를 가질 수 있기 때문이다.

훈련 매체 지난 30여 년간 훈련 영역에서는 다양한 형태의 매체를 통해 훈련 재료를 제시하고자 하는 시도가 광범위하게 이루어졌다(이에 대한 개관은 Brock, 1997; Swezey &

Llaneras, 1997; Meyer, 1999; Wetzel et al., 1994 참조). 훈련 매체들로는 강의, 비디오, 그리고 다양한 형태의 컴퓨터 기반 교습 방법들에 이르기까지 다양하다. 특히 컴퓨터 기반 훈련 매체들을 통해 인공적인 혹은 매우 현실적인(예 : 가상 현실) 학습 환경을 제공할 수 있다(Sherman & Craig, 2003; Durlach & Mavor, 1995). 지식 습득에 대한 것이라면 컴퓨터 기반 교습은 전통적인 교습 방법에 비해 약간 이점이 있다는 것이 일반적인 결론이다(Brock, 1997). 그러나 이러한 이득이 그렇게 큰 것은 아니며(Meyer, 1999), 이러한 이득은 컴퓨터 자체가 갖고 있는 고유의 장점보다는 컴퓨터의 어떤 측면이 활용되는지와 더 많은 관련이 있는 것으로 보인다. 매체가 갖는 특성들을 신중하게 검토함으로써 가장 효과적인 교습의 속성이 무엇인지 탐색될 수 있을 것이다. 예를 들어 다음과 같은 속성들을 고려해야 한다.

- 상호작용이 가능한 비디오는 항공 관제사가 움직임에 대해 예측하는 경우와 같이 애니메이션 처리가 중요한 기술을 애니메이션해 줄 수 있다.
- 소리(음성)와 그림을 동시에 제공하면 병렬 처리를 촉진하고, 중다 자원을 통해 두 매체를 통합할 수 있게 한다.
- 컴퓨터 기반 교습은 피드백을 즉각적이고 적시에 제공할 수 있고, 능동적인 문제해결을 지원해 주며, 수행에 따라 훈련 수준을 달리할 수 있다(예 : 기술이 향상됨에 따라 훈련 난이도를 증가시킬 수 있다).
- 컴퓨터 기반 지능형 개인교습 시스템(intelligent tutoring system)은 특정 학습자의 요구에 따라 학습재료를 맞출 수 있다(Farr & Psotka, 1992; Mark & Greer, 1995). (이것은 '인간 교습자'를 단순히 '자동화된 지능형 교습 시스템'으로 바꾼 형태이기 때문에 인간 교습자에 비해 효과가 떨어질 수 있다. 그러나 학습자의 수가 많을 경우에는 비용이 더 적게 소요된다는 점을 주목하라.)
- 특정 매체는 학습과제를 더 흥미 있게, 그리고 학습동기를 유발할 수 있게(특히 아동의 경우) 하기 때문에, 학습자들은 학습재료를 깊게 처리하는 데 필요한 인지적 노력을 더 많이 투여할 것이고, 그 결과 장기 기억에 학습재료가 더 잘 저장될 것이다(Goldman et al., 1999).

결론 훈련 기법에 따라 학습 효과성은 달라질 수 있으며, 여기서 소개한 기법들 이외에 훨씬 더 많은 기법들이 있다. 예를 들어 Swezey와 Llaneras(1997)는 156개의 교습 원리들을 제시한 바 있다. 훈련 시스템의 설계자들은 훈련되어야 할 기술이 무엇인지, 그리고 실제 직무 환경에서 그것들이 어떻게 발휘될 수 있을 것인지의 측면에서 훈련 기법들을 생각해야 한다. 훈련 기법들을 고려하고 평가하는 것에서 한 가지 중요한 점은 실제 직무 환경으로의 전이를 통해 알 수 있듯이 **훈련 기간 동안 수행을 향상시킨 훈련 기법이 학습을 항상 향상시키는 것은 아니라는 점이다.** Schmidt와 Bjork(1992)는 훈련 기간 동안의 수행과 실제 직무 환경에서의 기술 수준 사이에 해리가 있는 몇 가지 사례들을 제시한 바 있다(Bjork, 1994, 1999 참조). 이러한 측면은 단순화나 유도 훈련 방법에 의해 훈련 기간 동안 인지 부하를 줄이고 수행을 향상시키고자 설계된 기법인 경우에는 특히 중요한 문제가 된다.

훈련과 시뮬레이션의 전이

훈련의 전이는 일반적으로 훈련 시뮬레이터나 컴퓨터 기반 교습과 같은 하나의 환경에서 발생한 학습이 새로운 환경에서의 수행을 얼마나 잘 향상시킬 수 있는지를 의미한다. Holding(1987)의 용어를 빌면, "첫 번째 과제에 대한 학습과정(A) 없이 두 번째 과제만을 학습한(B) 통제집단의 점수에 비해, 첫 번째 과제에 대한 학습이 두 번째 과제에서 얻어진 점수를 더 향상시켰다면 A에서 B로의 훈련 전이는 정적이라고 표현된다"(p. 955). **훈련의 정적 전이**(positive transfer of training)란 개념은 이것이 모든 훈련 프로그램의 주요 목표가 된다는 점에서 매우 중요하며, 훈련 전이에 대한 측정치들은 훈련 효과성을 평가하는 데 종종 사용된다. 훈련 전이에 대한 질적 측정치들도 많이 있지만, 흔히 사용되는 접근 중의 하나는 훈련을 받지 않은 통제집단에 비해 훈련 프로그램을 적용한 집단의 경우 실제 환경에서 과제를 습득하는 데 얼마만큼의 시간이 절약되었는지를 백분율로 표시하는 것이다.

$$\%\ 전이 = \frac{(통제\ 시간 - 전이\ 시간)}{통제\ 시간} \times 100 = \frac{절약}{통제\ 시간} \times 100$$

이것을 훈련 프로그램에 적용한다면, **통제 시간**(control time)은 훈련을 받지 않은 사람들이 새로운 환경에서 과제 B를 특정 **준거 수준**(criterion level)까지 수행하는 데 걸린 시간의 양이고, **전이 시간**(transfer time)은 훈련을 받은 사람들이 새로운 환경에서 과제 B를 특정 준거 수준까지 수행하는 데 걸린 시간의 양이다. 따라서 실제 작업 환경에서 특정한 수행 수준까지 도달하는 데 통제집단은 10시간이 소요되었고 훈련을 받은 집단이 2시간이 소요되었다면, 전이 절약률은 80%인 것이다. 그러나 전이 절약률은 훈련 자체가 시간을 소모한다는 사실을 고려하지 않은 측정치임을 주목하라. 예를 들어 만일 훈련 프로그램 자체가 8시간의 훈련 시간을 요구할 경우 기술을 습득하는 데 걸린 전체 시간으로 보면 전이 절약률의 값은 0이 된다. 따라서 전이 절약률은 훈련 시간과 같이 고려되어야 하는데, 전이 절약률과 훈련 시간의 비율은 전이 **효과율**(transfer effectiveness ratio)이라고 한다(Povenmire & Roscoe, 1973). 따라서 8시간의 훈련을 통해 2시간의 절약을 보였다면 전이 효과율은 2/8 = 0.25이다.

실제 환경 이외의 다른 환경에서 이루어지는 훈련이 바람직한 이유에는 전이 절약뿐만 아니라 안전, 연습 경험의 다양성, 조작 비용 등과 같은 요인들도 포함된다. 예를 들어 높은 충실도를 갖는 전투기 시뮬레이터에 소요되는 비용은 실제로 F-16기를 조작할 때 드는 비용의 극히 일부에 지나지 않는다. 이러한 이유 때문에 전이 효과율이 1.0보다 작은 경우에도 훈련 시스템들은 매우 바람직한 방법이 될 수 있다. 비행 시뮬레이터나 운전 시뮬레이터는 각각 실제로 상공이나 육상에서 훈련하는 것에 비해 더 안전하다. 시뮬레이터의 또 다른 장점은 실제 환경에 비해 학습조건들을 최적화하면서 훈련할 수 있다는 점이다. 예를 들어 비행 시뮬레이터를 이용한 훈련에서는 착륙할 때 랜딩 기어가 지면에 닿은 순간(앞에서도 언급하였듯이 이 부분은 비행에서 가장 어려운 부분 중 하나이다)을 분절화 부분-과제 훈련 방법을 통해 빠르게 반복할 수 있을 것이다. 물론 이러한 훈련은 실제 항공기로는 불가능하다. 또한 시뮬레이터를 이용하여 훈련하는 상황에서는 시뮬레이터를 잠깐 멈추고 필요한 피드백을 제공할 수 있기 때문에 피훈련자가 주어진 과제의 수행 때문에 피드백을 놓치는 일을 방지할 수 있을 것이다.

시뮬레이터 훈련과 관련된 중요한 문제 중 하나는 시뮬레이터가 실제 세계를 얼마나 반영해 줄 수 있는지, 즉 시뮬레이터의 **실재성**(realism) 혹은 **충실도**(fidelity)의 문제이다. 높은 충실도를 갖는 시뮬레이터는 대개 값이 비싼 경향이 있다. 그러나 최근 연구들은 충실도가 높다고 해서 반드시 더 많은 정적 전이를 가져오는 것은 아니라는 점을 지적하고 있다(Swezey & Llaneras, 1997). 때로 투자를 많이 해서 실재성을 높인 특징들이 과제의 훈련 내용과는 관련이 없는 경우도 있다. 더 좋지 않은 점은 (특히 훈련 초기에) 높은 실재성 때문에 피훈련자의 주의가 분산되어 기술 학습에 요구되는 중요한 정보의 처리가 방해받을 수 있다는 점이다(즉 학습해야 할 내용 자체보다 높은 실재성을 갖는 여러 특징들이 피훈련자의 주의를 더 끌 수 있다).

거의 모든 훈련 기법(혹은 장치)들은 어느 정도의 정적 전이를 만들어 낸다. 그렇지 못하다면 훈련 기법들은 가치가 없는 것이다. 훈련 기법들은 **부적 전이**(negative transfer)를 가져와서는 안 된다. 즉 훈련을 받지 않은 경우에 비해 목표 과제에서의 수행이 훈련 때문에 더 나빠져서는 안 된다. 그러나 어느 한 시스템에 익숙한 것은 다른 (새로운) 시스템을 사용하는 데 부적 전이를 가져올 수 있다. 예를 들면 사용자에게 익숙한 시스템과 새로운 시스템의 제어장치들이 서로 다르게 배치되어 있을 경우이다. 제8장과 제9장에서 지적하였듯이, 부적 전이는 표준화를 통해서 방지할 수 있다.

현장 직무 훈련과 내장형 훈련

지금까지 우리는 목표 과제와 매우 상이한 훈련 유형(예 : 강의실 강의)으로부터 목표 직무와 매우 유사한 훈련 유형(예 : 충실도 높은 시뮬레이션)에 이르기까지 다양한 훈련 방법들을 기술하였다. 본질적으로, 목표 직무와 최대의 유사성을 갖도록 하는 훈련 방법은 '현장 직무'에서 이루어지는 훈련이다.

현장 직무 훈련(OJT)은 경험이 많은 고용인이 새로 들어온 고용인에게 과제를 어떻게 수행해야 하는지를 시범해 보여주는 일종의 비공식적 절차이다. 이 훈련에는 특별한 지침이 거의 없고, 훈련의 효과는 훈련하는 사람에게 거의 전적으로 달려 있다. OJT는 일반적으로 다른 훈련 방법에 비해 효과가 훨씬 더 적은 것으로 보인다. 그러나 다음에 소개할 교습 시스템 설계(Instructional System Design, ISD) 방법을 활용하여 피훈련자를 강도 높게 지도하면서 현장 직무 훈련이 이루어진다면 이 방법은 매우 효과적일 수 있다(Goldstein, 1986).

마지막으로, 다른 교습 방법 유형 중의 하나는 **내장형 훈련**(embedded training)인데, 이것은 컴퓨터 기반 훈련을 현장 직무 훈련과 결합한 것이다. Evans(1988)는 내장형 훈련을 '장비를 작동하거나 정비하는 데 필요한 기술 숙달을 향상시키고 유지하기 위해, 작동 시스템(operational system) 속에 이미 구현되어 있거나 혹은 새로 추가되는 시스템의 역량에 의해 제공되는 훈련'이라고 정의하였다. 내장형 훈련은 직무가 최소한 부분적으로는 컴퓨터와 관련되는 직무에 가장 적합한데, 그 이유는 훈련 자체가 컴퓨터에 기초하고 있기 때문이다. 이러한 유형의 훈련은 기술 수준을 유지하기 위해 어쩌다 추가적인 훈련만을 필요로 하는 사람들에게 특히 유용한 방법이다. 또한 안전의 관점에서 과제가 매우 중요하거나 과제 자체가 중간 이상의 높은 인지적 복잡성을 갖고 있을 때는 훈련 방법으로 내장형 훈련이 고려되어야 한다(Evans, 1988).

훈련 프로그램 설계

사람들에게 어떻게 수행을 해야 하는지 가르치는 방법은 많이 있다. 강의나 교습서와 같은 훈련 매체의 유형도 다양하고, 기술을 학습하는 데 어떤 유형의 연습을 얼마나 실시하는 것이 가장 효율적인지에 대한 것도 고려해야 한다. 이 책에서 다루어진 다른 많은 주제들처럼 훈련 프로그램의 설계에도 그 자체에 모든 인간 공학적 고려들이 내포되어 있다. 여기에서는 표면적인 개념이나 문제들을 생략하고 핵심적인 것만을 기술하고자 한다. 이러한 개념이나 문제들을 기술하기 전에 훈련 프로그램을 개발하기 위한 몇 가지 일반적 설계 모델들을 개관하고, 훈련 전문가들이 훈련 프로그램의 설계에 포함시킬 수 있는 여러 훈련 매체들의 유형에 대해 살펴보고자 한다.

훈련 프로그램 설계 모델

전문적으로 설계된 사업체나 정부의 훈련 프로그램은 대부분은 교습 시스템 설계(Instructional System Design, ISD)라고 하는 체계적인 설계 방법을 사용하여 개발된다(Andrews & Goodson, 1980; Gordon, 1994; Reigeluth, 1989). ISD 모델들은 인간 공학적 설계 모델들과 유사하다(제3장 참조). 이들은 전형적으로 전단 분석 단계, 설계와 개발 단계, 구현 단계, 그리고 최종적인 시스템 평가 단계 등을 포함한다. ISD 모델들은 또한 직무 보조 수단이나 수행 평가 시스템을 개발하는 데도 사용될 수 있다. 대부분의 전문적 교습 설계자들은 훈련 프로그램의 설계에 사용되는 과정들이 프로그램의 유형이나 매체의 유형(예 : 비디오나 컴퓨터 기반 훈련 등)의 선택만큼 중요하다는 것에 동의하고 있다. 많은 연구들은 단순히 전문가에게 훈련을 부탁하는 것과 같은 체계적이지 못한 방법보다는 좀 더 체계적인 설계 방법을 사용하는 것이 더 효과적인 훈련 프로그램을 개발하도록 한다는 것을 보여주었다(Goldstein, 1986).

교습 프로그램은 일종의 제품 혹은 시스템으로 볼 수 있고, 따라서 인간 공학적 접근을 사용하여 설계될 수 있다. Gordon(1994)은 인지심리학과 인간 공학에서 얻어온 모델들을 적용하여 원래의 ISD 모델을 수정하였다. 이 모델은 다음에 기술될 세 가지 단계들, 즉 전단 분석이나 설계 및 개발, 그리고 시스템 평가와 같은 원래의 ISD 단계들을 여전히 포함하고 있다. 그러나 이 모델은 초기 사용성 평가와 같은 비교적 전통적이지 않은 방법들도 포함한다. 이 설계 모델은 전통적인 훈련 프로그램뿐만 아니라 직무 보조 수단, 교습 매뉴얼, 그리고 수행 지원 시스템들을 개발하는 데 사용될 수 있다. 이 모델에는 네 가지의 기본적인 절차 혹은 단계들이 있다—전단 분석, 설계 및 개발, 전면적인 완전 형태의 개발, 그리고 최종적 시스템 평가.

단계 1 : 전단 분석 다른 유형의 설계처럼, 훈련 프로그램 설계도 요구 분석으로부터 시작한다. 이 모델에서 전단 분석은 조직 분석, 과제 분석, 그리고 피훈련자 분석을 통해 이루어진다. 그 다음 이렇게 수집된 정보들은 훈련이나 그 밖의 개입이 필요한지의 여부를 결정하거나, 훈련 시스템의 설계에 주어지는 요구 조건과 제약점들은 무엇인지 정의하는 데 사용된다.

조직 분석(organizational analysis)은 좀 더 넓은 맥락에서 직무나 과제의 정보를 수집하는 활동을 말한다. 이 분석의 목표는 훈련 프로그램을 요구하는, 혹은 훈련 프로그램의 성공 여부를 결정지을 수 있는 모든 요인들을 확인하는 것이다. 그와 같은 요인들에는 직무 재설계나 기업 인수, 새로운 기술, 직무에 대한 경영층의 태도와 같은 것들을 포함한다. 이 분석에서는 조직 목표나 우선순위가 무엇인지, 고용인과 훈련에 대한 경영층의 태도는 어떠한지, 그리고 고용인들에게서 요구되는 수행의 수준은 어느 정도인지 등에 대한 해답을 얻고자 한다(보다 자세한 논의는 Gordon, 1994 참조). 여기에서 필요한 정보는 기록 분석, 면접, 질문지, 직무 검사, 그리고 관찰과 같은 방법들을 조합해서 수집할 수 있다(Wexley & Latham, 1991). 이러한 정보를 기초로 훈련이 필요한지의 여부, 그리고 훈련이 조직과 근로자의 목표나 가치와 일치하는지를 파악할 수 있다.

과제 분석(task analysis)은 성공적인 직무 수행에 필요한 지식, 기술, 그리고 행동이 무엇인지를 확인하기 위해 실시된다. 전단 분석 과정에서 사용되는 과제 분석은 다른 인간 공학적 분석에서 사용된 것과 같은 방법을 통해 이루어질 수 있다(제3장 참조). 과제 분석을 끝낸 다음에는 간단한 피훈련자 분석(trainee analysis)이 실시된다. 이 과정에서는 (1) 훈련 프로그램을 시작하기 위해 피훈련자들이 갖고 있어야 하는 지식이나 기술의 전제 조건(예 : 자동차 역학과정을 훈련받기 위해서는 어느 정도의 언어 능력이 있어야 한다는 것 등), (2) 연령, 신체적 역량, 사용 언어, 혹은 배경과 같은 인구학적 자료, 그리고 (3) 조직 분석 단계에서 실시되지 않았다면 훈련 방법에 대한 태도 등을 확인한다.

조직 분석, 과제 분석, 그리고 피훈련자 분석을 통해 얻어진 결과들은 훈련 요구 분석(training needs analysis)에 사용되는데, 이 분석에서는 가장 적합한 수행 향상 방법이 어떤 것이 될 것인지(예 : 직무 재설계, 수행 지원, 혹은 훈련 프로그램의 개발 중에서 어느 것이 가장 적합할 것인지) 결정한다. 그러나 만일 훈련에 대한 피훈련자들의 동기 수준에 문제가 있다면 이러한 방법들은 어떤 것도 사용될 수 없을 것이다.

이 시점에서 훈련 프로그램의 목표, 훈련 목적, 훈련 시스템의 수행에 대한 요구 조건, 그리고 훈련 프로그램 개발상의 제약점 등을 포함하는 기능 명세서(functional specifications)가 작성된다. 여기에서는 시스템 수행에 대한 요구 조건이 특히 중요한데, 왜냐하면 이 요구 조건들은 교육 설계나 인간 공학적 관점에서 훈련 프로그램이 갖고 있어야 하는 중요한 특징들(예 : 바람직한 교습 방략이 무엇인지 혹은 인터페이스가 사용하거나 학습하기 쉽게 설계되어 있는지)을 포함하기 때문이다(Baird et al., 1983; Fisk & Gallini, 1989; Gordon, 1994; Holding, 1987; Jonassen, 1988).

단계 2 : 설계와 개발 두 번째 단계인 설계 및 개발에서 분석가들은 특정한 훈련 프로그램 방법이나 이러한 방법들의 조합을 선택하고, 형성 평가(formative evaluation)를 계속 수행하면서 설계와 개발 단계를 계속 진행시킨다. 이때 진행되는 각 단계들은 특정 국면에 따라 순서적으로 나열되지만, 각 단계들은 앞뒤를 오가며 몇 번씩 반복되기도 한다. 이것은 대부분의 ISD 모델이 수행하는 표준적인 방식으로 여겨진다.

기능 명세서에 포함된 정보를 고려함으로써, 설계자들은 문제를 해결할 수 있는 많은 설계 개념(design concepts)을 만들어 낸다. 만일 하나 이상의 해결책이 가능하다면, 각각의 대안들은 행렬표 형태의 비용-이득 분석을 통해 비교될 수 있다. 그와 같은 표를 사용함으로써 설계자들은 전반적으로 가장 좋은 설계 해결책을 선택할 수도 있고, 혹은 다른 해결책이 갖는 단점에 대응할 수 있는 보완적인 방법을 선택할 수도 있다. 일단 설계 개념이 선택되면 예산, 장비, 인력, 그리고 과제 시간 선분표(task timeline) 등을 포함한 프로젝트 계획이 작성된다. 때에 따라서는 제안된 설계 해결책이 비용 측면에서 유리하다는 것을 확인하기 위해 비용-이득 분석이 실시될 수 있다(Marrelli, 1993).

설계 개념에 대한 형성 평가(formative evaluation)에는 원형(prototype)이 사용된다. 원형은 경영층과 동료들(인간 공학 설계자나 교육 설계자)의 승인을 얻거나 사용성 검증을 수행하는 데 사용된다. 사용성 검증에 원형이 사용되는 경우, 대표적인 피훈련자 집단에게 원형을 잘 검토해 본 다음 그것이 갖는 수용성(acceptability), 지각된 효과성, 단점 등에 대한 코멘트를 해달라고 부탁한다. 좀 더 완전하게 기능하는 원형이 개발됨에 따라 피훈련자들은 실제 제품이나 프로그램을 사용하면서 수행하는 표준적 사용성 평가와 같은 방식으로 그 원형을 사용하게 된다. 특히 요즘에는 이러한 목적을 위해 신속 원형화 기법(rapid prototyping technique)을 사용한다.

형성 평가와 사용성 검증이 끝난 후에 전체 훈련 프로그램 개발이 본격적으로 착수된다. 과제 분석을 통해 얻어진 자료들은 Clark(1989)나 Romiszowski(1984) 등에 의해 제안된 교습 설계 가이드라인을 사용하여 교습 단위들로 전환된다. 시스템이 개발되어 감에 따라 설계팀은 추가적인 형성 평가를 정기적으로 실시해야 한다. 이것은 마지막 단계에서 예상하지 못했거나 좋지 않은 상황이 발생하여 다시 설계를 변경해야 함으로써 더 많은 비용이 요구되는 것을 방지하기 위한 것이다. 평가는 훈련 프로그램이 피훈련자들에 의해 받아들여질 것으로 보이는지, 그리고 훈련의 목표를 달성하는 데 효과가 있을 것인지에 초점을 맞추어 실시되어야 한다. 가능하다면 훈련 프로그램은 설계과정에 한 번도 참여해 보지 않았던 피훈련자들을 대상으로 실시되어야 한다. 이들은 훈련이 끝난 후에 즉각적으로 혹은 일정 시간이 경과한 후에 학습했던 기술이나 지식에 대해 검사를 받아야 한다. 피훈련자들은 훈련 시스템에 대해 자신들이 주관적으로 갖고 있는 생각을 면접이나 질문지를 통해 답한다(Gordon, 1994). 이 단계가 종료되면 **최종 사용성 검사**(final usability test)가 이루어진다.

단계 3 : 프로그램 평가 실제 상황에서 실시되는 훈련 프로그램과 직무 보조수단들은 이것들이 갖고 있는 효과성 측면에서 평가되어야 하고, 그 이후에도 정기적으로 이것이 확인되어야 한다. 이러한 평가과정은 제3장에서 기술되었던 평가과정과 거의 같은 방식으로 수행된다. 평가과정의 목표는 다음과 같은 질문들에 답하는 것이다(Goldstein, 1986).

- 피훈련자의 과제 수행에 변화가 발생하였는가?
- 그러한 변화가 (관리상의 변화나 인센티브 프로그램과 같은 다른 요인들에 의한 것이 아니고) 순수하게 교육 프로그램에 의한 것인가?
- 그러한 변화가 훈련 프로그램 개발과정에 적용하였던 피훈련자들 외에 다른 피훈련자들에게서도 일어날 것인가?
- 이러한 변화가 다른 맥락 혹은 과제들에서도 나타날 것인가?

이러한 질문들에 답하기 위해서 측정되어야 하는 준거들이 무엇인지, 그 준거들을 언제 측정할 것인지, 준거들을 측정하는 데 누구를 사용할 것인지, 그리고 어떤 맥락을 사용할 것

Bricken, M., and Byrne, C.M.(1993). Summer students in virtual reality. In A. Wexelblat(ed.), *Virtual reality: Applications and explorations*(pp.199-218). New York: Academic Press.

Brown, J.S., and VanLehn, K.(1980). Repair theory: A generative theory of bugs in procedural skills. *Cognitive Science, 44*, 379-415.

Burke, E.(1995a). Pilot selection I: The state-of-play. *Proceedings of the Eighth International Symposium on Aviation Psychology*(pp.1341-1346). Columbus, OH: Ohio State University.

Burke, E.(1995b). Pilot selection II: Where do we go from here? *Proceedings of the Eighth International Symposium on Aviation Psychology*(pp.1347-1353). Columbus, OH: Ohio State University.

Campion, M.A.(1972). Work sampling for personnel selection. *Journal of Applied Psychology, 56,* 40-44.

Cannon-Bowers, J.A., Tannenbaum, S.I., Salas, E., and Converse, S.A.(1991). Toward an integration of training theory and technique. *Human Factors, 33*(3), 281-292.

Carr, C.(1992). Performance support systems: A new horizon for expert systems. *AI Expert, 7*(5), 44.

Catalina, B.H., and Bills, C.G.(1993). Applying the instructional system development(ISD) process in U.S. Air Force system defense system acquisition. *Proceedings of the 15th Interservice/Industry Training Systems and Education Conference*(pp.406-413). Washington, DC: National Security Industrial Association.

Cattell, R.B., Eber, H.W., and Tatsuoka, M.(1970). *Handbook for the Sixteen Personality Factor Questionnaire(16PF).* Champaign, IL: Institute for Personality and Ability Testing.

Chandler, P., and Sweller, J.(1991). Cognitive load theory and the format of instruction. *Cognition and Instruction*, *8*(4), 293-332.

Chandler, T.N.(1996). Star: Situating the work experience through storytelling and multimedia techniques. *Proceedings of the Human Factors and Ergonomic Society 40th Annual Meeting*(pp. 1087-1091). Santa Monica, CA: Human Factors and Ergonomics Society.

Clark, R.C.(1989). *Developing technical training: A structured approach for the development of classroom and computer-based instructional materials.* Reading, MA: Addison-Wesley.

Clibbon, K.(1995). Conceptually adapted hypertext for learning. *Proceedings of CHI '95*(pp.224-225).

Connelly, J.G., Wickens, C.D., Lintern, G., and Harwood, K.(1987). Attention theory and training research. *Proceedings of the Human Factors Society 31st Annual Meeting*(pp.648-651). Santa Monica, CA: Human Factors Society.

Cooke, N.J., Durso, F.T., and Schvaneveldt, R.W.(1994). Retention of skilled search after nine years. *Human Factors, 36*(4), 597-605.

Cotrambone, R., and Carroll, J.M.(1987). Learning a word processing system with training wheels and guided exploration. *Proceedings of CHI and GI Human Factors in Computing Systems and Graphics Conference*(pp.169-174). New York: ACM.

Cream, B.W., Eggemeier, F.T., and Klein, G.A.(1978). A strategy for the development of training devices. *Human Factors, 20,* 145-158.

Damos, D.(1995). Issues in pilot selection. *Proceedings of the Eighth international Symposium on Aviation Psychology*(pp.1365-1368). Columbus, OH: Ohio State University.

Degani, A., and Wiener, E.L.(1993). Cockpit checklists: Concepts, design, and use. *Human Factors, 35*(2), 345-359.

Druckman, D., and Bjork, R.(1994). *Learning, remembering, believing: Enhancing human performance.* Washington, DC: National Academy Press.

Druckman, D., and Swets, J.(1988). *Enhancing human performance.* Washington, DC: National Academy Press.

Evans, D.C.(1988). Developing embedded training(ET) design and integration concepts for the all source analysis system/enemy situation correlation element(ASAS/ENSCE). *Proceedings of the Human Factors Society 32nd Annual Meeting*(pp.1256-1260). Santa Monica, CA: Human Factors Society.

Eysenck, H.J., and Eysenck, S.B.G.(1964). *Manual of the Eysenck Personality Inventory.* London: University of London Press Limited.

Farr, M.J., and Psotka, J.(eds.).(1992). *Intelligent instruction by computer: Theory and practice.* New York: Taylor & Francis.

Fisk, A.D.(1987). High performance cognitive skill acquisition: Perceptual/rule learning. *Proceedings of the Human Factors Society 31st Annual Meeting*(pp.652-656). Santa Monica, CA: Human Factors Society.

Fisk, A.D.(1989). Training consistent components of tasks: Developing an instructional system based on automatic/controlled processing principles. *Human Factors, 31*(4), 453-463.

Fisk, A.D., and Hodge, K.A.(1992). Retention of trained performance in consistent mapping search after extended delay. *Human Factors, 34*(2), 147-164.

Frederiksen, J.R., and White, B.Y.(1989). An approach to training based upon principled task decomposition. *Acta Psychologica, 71*, 89-146.

Friedman, B.A., and Mann, R.W.(1981). Employee assessment methods assessed. *Personnel, 58(*6), 69-74.

Geber, B.(1991). HELP! The rise of performance support systems. *Training, 28,* 23-29.

Gery, G.J.(1989). Training versus performance support: Inadequate training is now insufficient. *Performance Improvement Quarterly, 2*(3), 51-71.

CA: Human Factors Society.

Mane, A.M., Adams, J.A., and Donchin, E.(1989). Adaptive and part-whole training in the acquisition of a complex perceptual-motor skill. *Acta Psychologica, 71,* 179-196.

Mark, M.A., and Greer, J.E. (1995). The VCR tutor: Effective instruction for device operation. *The Journal of the Learning Sciences, 4*(2), 209-246.

Marrelli, A.F.(1993). Determining costs, benefits, and results. *Technical and Skills Training,* November/December, 8-14.

McCrae R.R., and Costa, P.T.(1985). Updating Norman's "Adequate Taxonomy": Intelligence and personality dimensions in natural language and in questionnaires. *Journal of personality and Social Psychology, 49,* 710-721.

Merrill, M.D.(1983). Component display theory. In C.M. Reigeluth(ed.), *Instructional-design theories and models: An overview of their current status*(pp.279-334). Hillsdale, NJ: Lawrence Erlbaum.

Mitchell, C.M., and Govindaraj, T.(1991). Design and effectiveness of intelligent tutors for operators of complex dynamic systems: A tutor implementation for satellite system operators. *Interactive Learning Environments, 1*(3), 193-229.

Mumaw, R.J., and Roth, E.M.(1995). Training complex tasks in a functional context. *Proceedings of the Human Factors and Ergonomics Society 39th Annual Meeting*(pp.1253-1257). Santa Monica, CA: Human Factors and Ergonomics Society.

Newcomb, L.C., and Jerome, G.C.(1995). A statistical model for predicting success in aviation. *Proceedings of the Eighth International Symposium on Aviation Psychology*(pp.1113-1116). Columbus, OH: Ohio State University.

Newell, A., and Rosenbloom, P.S.(1981). Mechanisms of skill acquisition and the law of practice. In J.R. Anderson(ed.), *Cognitive skills and their acquisition*(pp.1-55). Hillsdale, NJ: Erlbaum.

Niemiec, R., and Walberg, H.J.(1987). Comparative effects of computer-assisted instruction: A synthesis of reviews. *Journal of Educational Computing Research, 3* 19-37.

Nix, D., and Spiro, R.(eds.). (1990). *Cognition, education, & multimedia.* Hillsdale, NJ: Lawrence Erlbaum.

Nugent, W.A. (1987). A comparative assessment of computer-based media for presenting job task instructions. *Proceedings of the 31st Annual Meeting of the Human Factors Society*(pp.696-700). Santa Monica, CA: Human Factors Society.

Osburn, H.G.(1987). Personnel selection. In G. Salvendy(ed.), *Handbook of human factors*(pp.911-938). New York: Wiley.

Parasuraman, R.(1986). Vigilance, monitoring, and search. In K.R. Boff, L. Kaufrnan, and J.P. Thomas(eds.), *Handbook of perception and human performance: Volume II: Cognitive processes and performance*(pp.43-1-43-39). New York: Wiley.

Pedersen, L.A., Allan, K.E., Laue, F.J., and Siem, R.(1992). *Personality theory and construction in selection and classification*(Tech. Report AL-TR-1992-0021). Brooks Air Force Base, San Antonio, TX: Armstrong Laboratory.

Pettitt, M.A., and Dunlap, J.H.(1995). Psychological factors that predict successful performance in a professional pilot program. *Proceedings of the Eighth International Symposium on Aviation Psychology*(pp.1122-1126). Columbus, OH: Ohio State University.

Povenmire, H.K., and Roscoe, S.N.(1973). Incremental transfer effectiveness of a ground-based general aviation trainer. *Human Factors, 15*, 534-542.

Psotka, J., Massey, L.D., and Mutter, S.A.(eds.).(1988). *Intelligent tutoring systems.* Hillsdale, NJ: Lawrence Erlbaum.

Reigeluth, C.M.(1989). *Instructional design theories and models: An overview of the current status.* Hillsdale, NJ: Lawrence Erlbaum Associates.

Reilly, R.R., and Chao, G.T.(1982). Validity and fairness of some alternative employee selection procedures. *Personnel Psychology, 35*, 1-62.

Robertson, M.M., Stelly, J.W., and Wagner, R.(1995). A systematic training evaluation model applied to measure the effectiveness of an aviation maintenance team training program. *Proceedings of the Eighth International Symposium on Aviation Psychology*(pp.631-636). Columbus, OH: Ohio State University.

Romiszowski, A.J.(1984). *Producing instructional systems: Lesson planning for individualized and group learning activities.* New York: Nichols Publishing.

Root, R.W.(1993). Growing a styleguide: Macroergonomic strategies for achieving consistent user interface design. *Proceedings of the Human Factors and Ergonomics Society 37th Annual Meeting*(pp.882-885). Santa Monica, CA: Human Factor and Ergonomics Society.

Rosow, J.M., and Zager, R.(1990). *Training—The competitive edge.* San Francisco, CA: Jossey-Bass.

Rossett, A.(1992). Analysis of human performance problems. In H.D. Stolovitch an, E.J. Keeps(eds.), *Handbook of human performance technology: A comprehensive guide for analyzing and solving performance problems in organizations*(pp.97-113). San Francisco, CA: Jossey-Bass.

Rouse, W.B.(1991). *Design for success: A human-centered approach to designing successful products and systems.* New York: Wiley.

Rummler, G.A.(1983) Human performance problems and their solutions. In L.S Baird, C.E. Schneider, and D. Laird(eds.), *The training and development source book*(pp.7-14). Amherst, MA: Human Resource Development Press.

Salas, E., Dickinson, T.L., Converse, S.A., and Tannenbaum, S.I.(1992). Toward an understanding of team performance and training. In R. Sweezey and E. Salas(eds.). *Teams: Their training and performance*(pp.3-29). Norwood, NJ: Ablex Publishing.

Salmoni, A.W., Schmidt, R. A., and Walter, C.B.(1984). Knowledge of results and motor learning: A review and critical reappraisal. *Psychological Bulletin, 95*, 355-386.

Salzman, M.C., Dede, C., and Loftin, R.B.(1995). Usability and learning in educational virtual realities. *Proceedings of the Human Factors and Ergonomics Society 39th Annual Meeting*(pp.486-490). Santa Monica, CA: Human Factors ant Ergonomics Society.

Schmidt, F.L., and Hunter, J.E.(1981). Employment testing: Old theories and new research findings. *American Psychologist, 36*(10), 1128-1137

Schmidt, J.K., and Kysor, K.P.(1987). Designing airline passenger safety cards. *Proceedings of the 3lst Annual Meeting of the Human Factors Society*(pp.51-55). Santa Monica, CA: Human Factors Society.

Schneider, W.(1985). Training high-performance skills: Fallacies and guidelines. *Human Factors, 27,* 285-300.

Scott, D.R., McIntire, S.A., and Burroughs, W.A.(1992). *Improving performance and retention through video assessment*: *A longitudinal study*. Paper presented at the annual meeting of the American Psychological Association, Washington, DC.

Siegel, A.I.(1983). The miniature job training and evaluation approach: Additional findings. *Personnel Psychology, 36,* 41-56.

Singley, M.K., and Anderson, J.R.(1989). *The transfer of cognitive skill.* Cambridge, MA: Harvard University Press.

Skelly, J.(1993). The role of event time in attenuating. *Time and Society, 2(*1), 107-128.

Smith, M.(1994). A theory of the validation of predictors in selection. *Journal of Occupational and Organizational Psychology, 67,* 13-32.

Smith, P.J., Miller, T.E., Gross, S., Guerlain, S., Smith, J.W., Svirbely, J., Rudmann, S., and Strohm, P.(1991). The transfusion medicine tutor: Methods and results from the development of an interactive learning environment for teaching problem-solving skills. *Proceedings of the Human Factors Society 35th Annual Meeting*(pp.1408-1411). Santa Monica, CA: Human Factors Society.

Smither, R.D.(1994). *The psychology of work and human performance*(2nd ed.). New York: Harpercollins.

Spencer, K.(1988). *The psychology of educational technology and instructional media.* London: Routledge.

Spool, J.M. and Snyder, C.(1993) *Product usability: Survival techniques.* Tutorial presented for

IBM Santa Teresa Laboratory. Andover, MA: User Interface Engineering.

Steuffert, S., Pogash, R., and Piasecki, M.(1988). Simulation-based assessment of managerial competence: Reliability and validity. *Personnel Psychology, 41,* 537-557.

Stokes, A.F., and Bohan, M.(1995). Academic proficiency, anxiety, and information-processing variables as predictors of success in university flight training. *Proceedings of the Eighth International Symposium on Aviation Psychology*(pp.1107-1112). Columbus, OH: Ohio State University.

Stolovitch, H.D., and Keeps, E.J.(eds.).(1992). *Handbook of human performance technology. A comprehensive guide for analyzing and solving performance problems in organizations.* San Francisco, CA: Jossey-Bass.

Swain, A.D., and Guttmann, H.E. (1983). *Handbook of human reliability analysis with emphasis on nuclear power plant applications*(NUREG/CR-1278). Washington, DC: Nuclear Regulatory Commission.

Swezey, R.W.(1987). Design of job aids and procedural writing. In G. Salvendy(ed.), *Handbook of human factors*(pp.1039-1057). New York: Wiley.

Swezey, R.W., Perez, R.S., and Allen, J.A.(1988). Effects of instructional delivery system and training parameter manipulations on electromechanical maintenance performance. *Human Factors, 30*(6), 751-762.

Tait, K.(1994). DISCOURSE: The design and production of simulation-based learning environments. In T. de Jong and L. Sarti(eds.), *Design and production of multimedia and simulation-based learning material*(pp.111-131). The Netherlands: Kluwer Academic.

Ulrich, L., and Trumbo, D. (1965). The selection interview since 1949. *Psychological Bulletin, 63,* 100-116.

Varnadoe, S., and Barron, A.E.(1993). Designing electronic performance support systems. *Proceedings of the 15th Interservice/Industry Training Systems and Education Conference*(pp.748-754). Washington, DC: National Security Industrial Association.

Vazquez-Abad, J., and Winer, L.R.(1992). Emerging trends in instructional interventions. In H.D. Stolovitch and E.J. Keeps(eds.), *Handbook of human performance technology*(pp.672-687). San Francisco, CA: Jossey-Bass.

Vidulich, M., Yeh, Y.Y., and Schneider, W.(1983). Time compressed components for air intercept control skills. *Proceedings of the Human Factors Society 27th Annual Meeting*(pp.161-164). Santa Monica, CA: Human Factors Society.

Wexley, K.M., and Latham, G.P.(1991). Developing and training human resources in organizations(2nd ed.). New York: Harpercollins.

Wickens, C.D.(1992a). Virtual reality and education. *Proceedings of the IEEE International*

Conference on Systems, Man, and Cybernetics, 1(pp.842-847). New York: IEEE Press.

Wickens, C.D.(1992b). *Engineering psychology and human performance*(2nd ed.). New York: Harpercollins.

Wightman, D.C., and Lintern, G.(1985). Part-task training for tracking and manual control. *Human Factors, 27*(3), 267-283.

Wightman, D.C., and Sistrunk, F.(1987). Part-task training strategies in simulated carrier landing final-approach training. *Human Factors, 29*(3), 245-254.

Williams, H.P., Wickens, C.D., and Hutchinson, S.(1994). Fidelity and interactivity in navigational training: A comparison of three methods. *Proceedings of the Human Factors and Ergonomics Society 38th Annual Meeting*(pp.1163-1167). Santa Monica, CA: Human Factors and Ergonomics Society.

Wilson, J., and Rosenberg, D.(1988). Rapid prototyping for user interfere design. In M. Helander(ed.), *Handbook of human-computer interaction*(pp.859-875). Amsterdam: North-Holland.

Wright, P.(1977). Presenting technical information: A survey of research findings. *Instructional Science, 6*, 93-134.

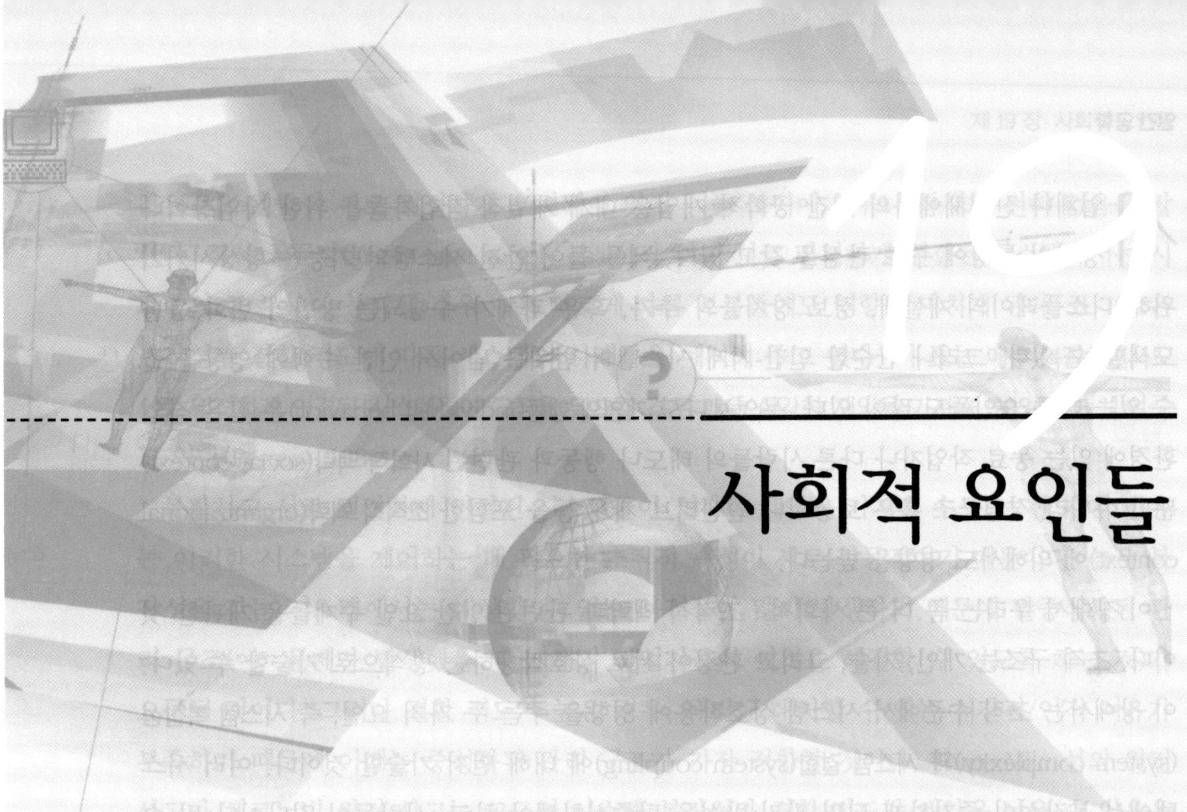

19 사회적 요인들

조지가 다니는 회사는 매주 월요일 아침 7시 30분에 회의를 한다. 조지는 그 회의에 참석하기 위해 7시 25분에 회의실로 들어왔다. 그는 회의실에 들어오면서 월요일 아침마다 열리는 회의가 없다면 그 시간에 더 많은 일을 할 수 있을 것이라고 생각했다. 그의 상관인 샤론은 언제나 그렇듯이 회의실에 이미 들어와 있을 것이고 두 페이지짜리 회의용 자료를 준비해 놓고 기다릴 것이다. 그가 회의실에 들어갔을 때는 이미 회의가 시작되고 있었다. 두세 개의 프로젝트 팀들 앞에서 개발부의 마틴은 회의 동안 토의해야 할 문제들을 하나도 빼지 않고 장황하게 이야기를 늘어놓고 있었다. 지난번의 프로젝트는 온통 문제투성이였으며 사실 그것은 시작하지 말았어야 할 프로젝트였다. 그 프로젝트 때문에 모든 사람들이 시간을 너무 많이 낭비했고 그것은 지금도 계속되고 있다. 마틴은 끊임없이 토의를 주도하는 것 같았지만 실제로 이루어지는 것은 아무것도 없었다. 조지는 이 회의가 좀 더 생산적이 될 수 있게 하는 마술 같은 방편이 있었으면 얼마나 좋을까 하고 생각했다.

다는 것 등이다(Steeb & Johnson, 1981).

컴퓨터-지원 팀 수행

컴퓨터의 지원을 받는 몇몇 집단들은 조종실 관리, 유지 과제 혹은 처리 제어와 같은 팀 수행 활동들에 참여한다. 그룹웨어를 통해 작업하는 집단은 때로 '가상팀(virtual team)' 이라고 불린다(Cano & Kleiner, 1996). 그룹웨어가 이러한 유형의 협동적 과제를 지원해 주기 위해서는 소프트웨어의 기능들이 앞에서 논의한 기초적인 의사소통이나 의사결정 지원 시스템들보다는 대개 훨씬 더 정교해야 한다는 것에 주목하라. 이러한 유형의 그룹웨어들은 제어장치나 디스플레이, 시스템 상태 정보, 다른 팀들이 무엇을 하고 있는지에 대한 정보, 절차 체크리스트, 그리고 제7장과 제16장에서 논의한 것과 같은 다른 유형의 지원 수단들을 통해 과제 수행을 지원해 준다. Stubler와 O'Hara(1995)는 최근에 복잡한 과제 수행을 지원해 주는 그룹웨어의 핵심적 디스플레이 요소들—이러한 시스템들이 갖는 디스플레이를 집단-관찰 디스플레이(group-view display)라고 부른다—을 평가하였다. Stubler와 O'Hara(1995)는 집단-관찰 디스플레이는 다음과 같은 것들을 지원해 주어야 한다고 제안하였다.

1. **상태에 대한 (전반적인) 개관을 제공해야 한다.** 집단-관찰 디스플레이는 중요한 상태 조건들에 대해 모든 사람들이 인식할 수 있는 높은 수준의 요약적 정보를 제공해 주어야 한다.
2. **사람들에게 추가적 정보들을 제공해야 한다.** 이러한 디스플레이는 현 상태에서는 제시되고 있지 않지만 제공된다면 도움이 될 수 있는 다른 정보들을 팀 구성원들이 접근할 수 있도록 유도해야 한다. 이러한 디스플레이는 일반적으로 인간 공학적인 디스플레이 설계 원리나 가이드라인들(예 : 정보 인출이 용이하도록 해주는 것)을 준수하여야 한다(예 : O'Hara et al., 1995; Woods, 1984; Woods et al., 1990).
3. **작업반원 사이의 협동을 지원해 주어야 한다.** 작업반원들이 동일한 과제들을 같이 수행하고 있을 경우(그리고 역할의 분화가 없을 경우)에는 그들이 협동할 수 있도록 해주는 것이 중요하다. 이러한 구성원들 사이의 협동에 대한 지원은 각 구성원들의 행위들을 기록하고, 협동적인 문제해결이나 브레인스토밍을 위한 칠판이나 작업 공간을 제공해 주며, 이전의 활동이나 핵심 사항을 제시해 주는 것 등을 통해 이루어질 수 있다. 대면적인 협동 상황에서는 제스처나 표정, 그리고 신체 언어(body language) 등을 사용하

는 것도 의사소통 과정에서 중요한 측면이다(Tang, 1991). 작업반원들이 떨어져서 작업할 때도 그들의 의사소통은 다른 가능한 수단들에 의해 지원되어야 한다.

4. **작업반원의 활동들이 조화를 이룰 수 있도록 해주어야 한다.** 팀 구성원이나 작업반원들 중에서 몇 사람들은 고도로 분화된 역할을 담당하고 있기 때문에 전체 과제와는 관련되어 있기는 하지만 상이한 하위과제들도 수행한다고 할 수 있다. 이러한 경우, 그룹웨어는 각각의 다양한 작업반원들에 의해 수행되는 작업들이 조화를 이룰 수 있도록 해주어야 한다. 그와 같은 지원은 구성원 각자가 갖고 있는 목표, 활동, 그리고 정보 요구에 대한 공동의 이해를 촉진할 것이다. 또한 그러한 지원을 통해 에러의 확인과 해결, 정보의 교환, 다른 사람에 대한 도움의 제공, 그리고 다른 사람들의 활동에 대한 관찰과 같은 활동들이 도움을 받을 수 있을 것이다. 이러한 제안들은 성공적인 팀워크를 위해 그룹웨어가 다양한 대인적 활동들을 지원해 줄 수 있어야 한다는 것을 시사해 준다.

원격 협동 작업의 어려움

실제 세계에서 협동적인 컴퓨터 기반 작업 환경을 연구하는 몇몇 연구자들은 원격으로 작업하는 사람들이 사용하는 CSCW가 갖는 단점들에 주의를 기울여 왔다. 예를 들어 같은 장소에서 작업하는 사람들은 과제 활동, 시스템 상태, 주의, 기분, 정체감 등과 같은 요인들에 대해 명료하거나 암묵적인 정보를 교환하기 위해 표정이나 신체적 제스처를 사용한다는 증거들이 있다(예 : Benford et al., 1995; Tang, 1991). Inzana, Willis, 그리고 Kass(1994)는 분산되어 작업하는 팀들에 비해 협동적으로 작업하는 팀들이 더 응집력 있고 나은 수행을 보인다는 것을 발견하였다.

높은 작업부하나 스트레스하에서 팀이 과제를 수행하는 데 어려움이 있다는 사실을 고려한다면, 원격적인 팀의 작업 수행은 (1) 누가 어떤 작업을 수행하고 있는지를 알지 못하는 것과 같은 협동에서의 어려움 증가, (2) 시선 접촉이나 신체 언어로 제공되는 미묘한 단서들의 상실에 의한 의사소통의 어려움 증가, 그리고 (3) 의사소통의 감소에 의한 상황 인식 유지의 어려움 증가 등과 같은 문제들로 이어질 수 있다는 것을 충분히 예상할 수 있을 것이다. 예를 들어 조종실에서의 승무원 의사소통 과정을 연구한 Segal(1994)은 승무원들이 팀 작업 수행 동안 서로를 관찰하고 의사소통이나 작업 협응을 위해 비언어적 정보에 많이 의존한다는 것을 발견하였다. 다른 현장 연구들도 과제 협응이나 의사소통을 위해 작업자들이 시각 정보를 사용하고 있으며(예 : Burgoon et al., 1989; Hutchins, 1990), 이러한 시각 정보

Airways selection procedures. *Proceedings of the Eighth International Symposium on Aviation Psychology*(pp.1330-1335). Columbus, OH: Ohio State University.

Bartram, D., and Dale, H.C.A.(1982). The Eysenck Personality Inventory as a selection test for pilots. *Journal of Occupational Psychology, 55*, 287-296.

Batra, S., Bishu, R., and Donohue, B.J.(1995). The potential of computerized interactive training in manufacturing. *Proceedings of the Human Factors and Ergonomic Society 39th Annual Meeting*(pp.1294-1298). Santa Monica, CA: Human Factors and Ergonomics Society.

Booher, H.R.(1975). Relative comprehensibility of pictorial information and printed words in proceduralized instructions. *Human Factors, 17,* 266-277.

Bothwell, R. L., and Lacey, J.W.(1993). Low-cost cockpit trainer design: Challenges and solutions. *Proceedings of the Interservice/Industry Training Systems and Education Conference*(pp.650-658) Washington, DC.

Brandenburg, D.C., and Binder, C.(1992). Emerging trends in human performance interventions. In H.D. Stolovitch and E.J. Keeps(eds.), *Handbook of human performance technology*(pp.651-671). San Francisco, CA: Jossey-Bass.

Bricken, M., and Byrne, C.M.(1993). Summer students in virtual reality. In A. Wexelblat(ed.), *Virtual reality: Applications and explorations*(pp.199-218). New York: Academic Press.

Brown, J.S., and VanLehn, K.(1980). Repair theory: A generative theory of bugs in procedural skills. *Cognitive Science, 44*, 379-415.

Burke, E.(1995a). Pilot selection I: The state-of-play. *Proceedings of the Eighth International Symposium on Aviation Psychology*(pp.1341-1346). Columbus, OH: Ohio State University.

Burke, E.(1995b). Pilot selection II: Where do we go from here? *Proceedings of the Eighth International Symposium on Aviation Psychology*(pp.1347-1353). Columbus, OH: Ohio State University.

Campion, M.A.(1972). Work sampling for personnel selection. *Journal of Applied Psychology, 56,* 40-44.

Cannon-Bowers, J.A., Tannenbaum, S.I., Salas, E., and Converse, S.A.(1991). Toward an integration of training theory and technique. *Human Factors, 33*(3), 281-292.

Carr, C.(1992). Performance support systems: A new horizon for expert systems. *AI Expert, 7*(5), 44.

Catalina, B.H., and Bills, C.G.(1993). Applying the instructional system development(ISD) process in U.S. Air Force system defense system acquisition. *Proceedings of the 15th Interservice/Industry Training Systems and Education Conference*(pp.406-413). Washington, DC: National Security Industrial Association.

Cattell, R.B., Eber, H.W., and Tatsuoka, M.(1970). *Handbook for the Sixteen Personality Factor*

Questionnaire(16PF). Champaign, IL: Institute for Personality and Ability Testing.

Chandler, P., and Sweller, J.(1991). Cognitive load theory and the format of instruction. *Cognition and Instruction, 8*(4), 293-332.

Chandler, T.N.(1996). Star: Situating the work experience through storytelling and multimedia techniques. *Proceedings of the Human Factors and Ergonomic Society 40th Annual Meeting*(pp. 1087-1091). Santa Monica, CA: Human Factors and Ergonomics Society.

Clark, R.C.(1989). *Developing technical training: A structured approach for the development of classroom and computer-based instructional materials.* Reading, MA: Addison-Wesley.

Clibbon, K.(1995). Conceptually adapted hypertext for learning. *Proceedings of CHI '95*(pp.224-225).

Connelly, J.G., Wickens, C.D., Lintern, G., and Harwood, K.(1987). Attention theory and training research. *Proceedings of the Human Factors Society 31st Annual Meeting*(pp.648-651). Santa Monica, CA: Human Factors Society.

Cooke, N.J., Durso, F.T., and Schvaneveldt, R.W.(1994). Retention of skilled search after nine years. *Human Factors, 36*(4), 597-605.

Cotrambone, R., and Carroll, J.M.(1987). Learning a word processing system with training wheels and guided exploration. *Proceedings of CHI and GI Human Factors in Computing Systems and Graphics Conference*(pp.169-174). New York: ACM.

Cream, B.W., Eggemeier, F.T., and Klein, G.A.(1978). A strategy for the development of training devices. *Human Factors, 20,* 145-158.

Damos, D.(1995). Issues in pilot selection. *Proceedings of the Eighth international Symposium on Aviation Psychology*(pp.1365-1368). Columbus, OH: Ohio State University.

Degani, A., and Wiener, E.L.(1993). Cockpit checklists: Concepts, design, and use. *Human Factors, 35*(2), 345-359.

Druckman, D., and Bjork, R.(1994). *Learning, remembering, believing: Enhancing human performance.* Washington, DC: National Academy Press.

Druckman, D., and Swets, J.(1988). *Enhancing human performance.* Washington, DC: National Academy Press.

Evans, D.C.(1988). Developing embedded training(ET) design and integration concepts for the all source analysis system/enemy situation correlation element(ASAS/ENSCE). *Proceedings of the Human Factors Society 32nd Annual Meeting*(pp.1256-1260). Santa Monica, CA: Human Factors Society.

Eysenck, H.J., and Eysenck, S.B.G.(1964). *Manual of the Eysenck Personality Inventory.* London: University of London Press Limited.

Farr, M.J., and Psotka, J.(eds.).(1992). *Intelligent instruction by computer: Theory and practice.*

ㅂ

ㅅ

ㅇ

ㅈ

ㅊ

ㅋ

ㅌ

ㅍ

ㅎ

기타

역자 약력

이재식

서울대학교 심리학과 졸업(학사)

서울대학교 대학원 심리학과 졸업(석사)

아이오와대학교 대학원 심리학과 졸업(박사)

현재 부산대학교 심리학과 교수

jslee100@hyowon.pusan.ac.kr

김정룡

한양대학교 기계공학과 졸업(학사)

오하이오주립대학교 산업공학과 인간공학 전공(석사)

오하이오주립대학교 산업공학과 인간공학 전공(박사)

현재 한양대학교 정보경영공학과 교수

jungkim@hanyang.ac.kr